计 算 机 科 学 丛 书

量子信息论

[加] 约翰·沃特罗斯（John Watrous）
滑铁卢大学
著

王希鸣　　王睿
南洋理工大学　布里斯托大学
译

The Theory of Quantum Information

The Theory
of
Quantum
Information

JOHN WATROUS

机械工业出版社
CHINA MACHINE PRESS

图书在版编目（CIP）数据

量子信息论 /（加）约翰·沃特罗斯（John Watrous）著；王希鸣，王睿译 . —北京：机械工业出版社，2020.7（2023.4 重印）

（计算机科学丛书）

书名原文：The Theory of Quantum Information

ISBN 978-7-111-66123-8

I. 量… II.① 约… ② 王… ③ 王… III. 量子力学 - 信息技术 IV. O413.1

中国版本图书馆 CIP 数据核字（2020）第 128712 号

北京市版权局著作权合同登记 图字：01-2019-0933 号。

　　本书主要讨论量子信息论中基础理论的精确数学表示和证明，可帮助读者全面理解这一领域的关键结论、证明技术和方法论，进而将其应用到不同的研究方向 . 书中首先给出线性代数、数学分析和概率论等必要的数学预备知识，在此基础上，对所有结论均给出了清晰和完整的证明 . 此外，书中还配备了一些有挑战性的练习，目的是帮助读者提升技能，逐步加深对量子信息论的理解 .

　　本书主要面向数学、计算机科学和理论物理方向的研究人员和高校研究生 .

出版发行：机械工业出版社（北京市西城区百万庄大街 22 号　邮政编码：100037）

责任编辑：孙榕舒	责任校对：殷　虹
印　　刷：北京捷迅佳彩印刷有限公司	版　　次：2023 年 4 月第 1 版第 3 次印刷
开　　本：185mm×260mm　1/16	印　　张：30.25
书　　号：ISBN 978-7-111-66123-8	定　　价：149.00 元

客服电话：(010) 88361066　68326294

版权所有·侵权必究

封底无防伪标均为盗版

不同于传统的量子理论方法，在量子信息论中，所有的量子物理过程都被抽象为量子信息的处理过程. 由经典分析力学传承下来的哈密顿力学和拉格朗日力学被从量子理论中解耦. 这种解耦及抽象化在物理、数学以及信息论之间构造了一条漂亮的桥梁. 在这里，经典概率论被推广，信息论中常见的信道、熵等概念也与线性代数有机结合起来，而过程背后的物理原理被抽象成了一个个数学约束. 不同领域之间的交互，给了我们探索更深层次物理原理的更多可能. 另一方面，严格的数学抽象使得我们可以精确地讨论量子物理过程. 这让我们拥有了分析与发展量子信息技术的工具，也支撑起了量子计算、量子算法、量子通信、量子密码学等前沿领域的蓬勃发展.

本书主要讨论本领域中的常用数学工具，适合作为研究生教材以及科研参考书. 本书是 John Watrous 教授对其教学讲义的整理汇编. 本书结构有序、自成体系，侧重于对基础概念的讲解. 鉴于本书涉及的数学知识相对广泛，建议读者拥有一定的线性代数、概率论等领域的基础知识，并对泛函分析、测度论等方面有一定的了解. 为了理解本书所介绍的数学工具背后的现实意义，在阅读本书的同时阅读一些其他量子信息或者量子计算领域的入门书籍将有所裨益. 本书着眼于可数维空间，特别是有限维空间中的量子信息，并不涉及连续变量量子信息. 在几十年的发展过程中，量子信息论已成为一个庞大的领域，本书自然无法一一介绍所有的数学工具. 但这里讨论的数学知识已经囊括了理解量子信息论许多前沿研究所需的理论基础. 理解本书对于学习其他相关数学工具也有着积极的作用. 作为新兴的交叉学科，无论是何背景的读者，对本书涉及的领域都难免感到陌生，加之本书讨论的内容相对抽象，初入量子信息论领域者也许会感到本书有些晦涩. 但是耐心细读，多与相关文献相互参考，必有收获.

本书的翻译工作历时一年有余，途中不免有些波折. 只因许多人提供的帮助与支持，本书的翻译工作才得以顺利完成，特此鸣谢！感谢翁文康教授在承接工作以及后续翻译过程中提供的帮助. 感谢本书作者 John Watrous 教授对翻译工作的支持，以及提供的本书源码. 感谢各位编辑的耐心与信任. 另外也要感谢郑盛根等师友在翻译与校对过程中提供的帮助.

译者水平有限，错漏之处在所难免，还望海涵.

译者

2020 年 7 月

本书是关于量子信息的数学理论教材，着重于定义、定理与证明的形式化表述. 本书主要面向有一定量子信息与计算基础 (譬如本科与研究生入门级课程，或本领域内现有书籍所涉及的内容) 的研究生和科研人员.

近年来 (特别是近 20 年来)，量子信息科学得到了爆炸式的发展. 因此，这整个领域，即使是仅涉及理论层面，也远不是一本书所能完整介绍的. 基于这样的事实，本书并没有尝试用所选章节的内容去代表整个领域. 量子信息科学理论的许多有趣且基础的分支方向，譬如量子误差校正与容错、量子算法与复杂度理论、量子密码学以及拓扑量子计算等，皆未纳入本书. 然而，对于希望学习这些主题的读者而言，接触本书中的一些核心数学概念也十分有帮助.

进一步说，虽然对量子信息理论的研究确实是被量子力学与量子计算设备的应用前景所同时驱动的，但这些主题远超本书所涉及的范围. 因此本书不会涉及薛定谔方程，并且直接忽视了建造量子信息处理设备的艰难的技术挑战. 总的来说，本书并未考虑如何激发读者学习量子信息理论的动力. 这里我们假设读者已对该领域的学习有一定的热情，可能还对独立证明量子信息中的新定理有兴趣.

有些读者可能会发现，本书与传统的量子信息和计算标准框架有差异，特别是在符号与术语方面. 例如，本书并未采用通常使用的狄拉克符号，某些概念的名称和符号与其他教材也有区别. 但是这些差异其实是非常表面的，如果读者过去对这些概念与传统量子信息框架有所涉猎，将本书中的符号、术语与其他书籍中的进行相互转换并非难事.

除第 1 章之外，本书每一章皆包含一个习题集. 其中一些习题可能很简单，一些习题可能很困难. 虽然这些习题可能对相关课程的教师有帮助，但是它们的真正目的还是帮助该方向的学生. 没有什么比刻苦钻研困难的问题 (能解决自然更为理想) 更对学生的学习有帮助. 有的时候，这些习题可能来自某些已发表的科研论文. 在这些情况下，我们自然没有试图掩饰这一事实或隐藏其来源，毕竟那些文献可能清楚地揭示了其解决方法.

在这里我要感谢 Debbie Leung、Ashwin Nayak、Marco Piani 和 Patrick Hayden 就本书涉及的一些课题提供了很有帮助的讨论. 在过去的数年中，本书从讲义开始，经历过数版草稿，最终发展成当前的版本. 在此期间，许多人指出了书中的错误并且给出了有价值的建议，在这里也对他们表示感谢. 由于列出所有值得感谢的人的名单会显得过于冗长，因而并未在此列出整个名单，但是特别感谢 Yuan Su 与 Maris Ozols 对本书的贡献，他们提供了广泛且详细的评论、更正与建议. 另外也感谢 Sascha Agne 提供的关于德文翻译的帮助.

这里我还要感谢滑铁卢大学计算机科学学院与量子计算研究所为我提供撰写本书的机会与完成本书的环境. 另外我也要对加拿大自然科学和工程研究理事会与加拿大高等研究

院为我的研究项目提供的资金支持致以诚挚的谢意.

最后，我还要感谢 Christiane、Anne、Liam 和 Ethan，虽然这无关乎量子信息.

John Watrous

2018 年 1 月于滑铁卢

符 号 说 明

Σ, Γ, Λ	字母表 (有限非空集合，其中的元素为符号) 的典型名称
$\mathbb{C}^\Sigma$	由从字母表 Σ 到复数的函数构成的复欧几里得空间 (等价地，这也是由以 Σ 作为索引的向量构成的复欧几里得空间)
$\mathcal{W}, \mathcal{X}, \mathcal{Y}, \mathcal{Z}$	复欧几里得空间的典型名称
$\langle u, v \rangle$	向量 u 与 v 之间的内积
$\|u\|$	向量 u 的欧几里得范数
$\mathcal{S}(\mathcal{X})$	复欧几里得空间 $\mathcal{X}$ 中的单位球
$\|u\|_p$	向量 u 的 p-范数
$\|u\|_\infty$	向量 u 的 ∞-范数
$u \perp v, u \perp \mathcal{A}$	表示向量 u 与向量 v 垂直或者与集合 $\mathcal{A}$ 中的所有向量都垂直
e_a	向量标准基中，对应符号 (或者索引) a 的一个元素
$\Sigma_1 \sqcup \cdots \sqcup \Sigma_n$	字母表 $\Sigma_1, \cdots, \Sigma_n$ 的不相交并
$\mathcal{X}_1 \oplus \cdots \oplus \mathcal{X}_n$	复欧几里得空间 $\mathcal{X}_1, \cdots, \mathcal{X}_n$ 的直和
$u_1 \oplus \cdots \oplus u_n$	向量 $u_1, \cdots, u_n$ 的直和
$\mathcal{X}_1 \otimes \cdots \otimes \mathcal{X}_n$	复欧几里得空间 $\mathcal{X}_1, \cdots, \mathcal{X}_n$ 的张量积
$u_1 \otimes \cdots \otimes u_n$	向量 $u_1, \cdots, u_n$ 的张量积
$\mathcal{X}^{\otimes n}$	复欧几里得空间 $\mathcal{X}$ 与自身的 n 重张量积
$u^{\otimes n}$	向量 u 与自身的 n 重张量积
$\mathbb{R}^\Sigma$	由从字母表 Σ 到实数的函数构成的实欧几里得空间 (等价地，这也是由以 Σ 作为索引的向量构成的实欧几里得空间)
$\mathrm{L}(\mathcal{X}, \mathcal{Y})$	由将复欧几里得空间 $\mathcal{X}$ 映射到复欧几里得空间 $\mathcal{Y}$ 的线性算子构成的空间
$E_{a,b}$	算子标准基中，对应符号 (或者索引) a 与 b 的一个元素
$\overline{A}, \overline{u}$	算子 A 或向量 u 的元素复共轭
$A^\mathsf{T}, u^\mathsf{T}$	算子 A 或向量 u 的转置
A^*, u^*	算子 A 或向量 u 的伴随算子/伴随向量
$\ker(A)$	算子 A 的核
$\mathrm{im}(A)$	算子 A 的像
$\mathrm{rank}(A)$	算子 A 的秩

$A_1 \otimes \cdots \otimes A_n$	算子 $A_1, \cdots, A_n$ 的张量积
$A^{\otimes n}$	算子 A 与自身的 n 重张量积
$\mathrm{L}(\mathcal{X})$	由将复欧几里得空间 $\mathcal{X}$ 映射到自身的线性算子构成的空间
$\mathbb{1}$	单位算子, 当需要强调它作用在某复欧几里得空间 $\mathcal{X}$ 上时会表示为 $\mathbb{1}_{\mathcal{X}}$
X^{-1}	可逆方算子 X 的逆
$\mathrm{Tr}(X)$	方算子 X 的迹
$\langle A, B \rangle$	算子 A 与 B 的内积
$\mathrm{Det}(X)$	方算子 X 的行列式
$\mathrm{Sym}(\Sigma)$	由 $\pi : \Sigma \to \Sigma$ 形式的置换或双射函数构成的集合
$\mathrm{sign}(\pi)$	置换 π 的符号或奇偶性
$\mathrm{spec}(X)$	方算子 X 的谱
$[X, Y]$	方算子 X 与 Y 的 Lie 括号
$\mathrm{comm}(\mathcal{A})$	方算子集合 $\mathcal{A}$ 的中心化子
$\mathrm{Herm}(\mathcal{X})$	由作用在复欧几里得空间 $\mathcal{X}$ 上的 Hermite 算子构成的集合
$\mathrm{Pos}(\mathcal{X})$	由作用在复欧几里得空间 $\mathcal{X}$ 上的半正定算子构成的集合
$\mathrm{Pd}(\mathcal{X})$	由作用在复欧几里得空间 $\mathcal{X}$ 上的正定算子构成的集合
$\mathrm{D}(\mathcal{X})$	由作用在复欧几里得空间 $\mathcal{X}$ 上的密度算子构成的集合
$\mathrm{Proj}(\mathcal{X})$	由作用在复欧几里得空间 $\mathcal{X}$ 上的投影算子构成的集合
$\Pi_{\mathcal{V}}$	像为 $\mathcal{V}$ 的投影算子
$\mathrm{U}(\mathcal{X}, \mathcal{Y})$	由从复欧几里得空间 $\mathcal{X}$ 映射到复欧几里得空间 $\mathcal{Y}$ 的等距算子构成的集合
$\mathrm{U}(\mathcal{X})$	由作用在复欧几里得空间 $\mathcal{X}$ 上的酉算子构成的集合
$\mathrm{Diag}(u)$	对角元由向量 u 表示的对角方算子
$\lambda(H)$	由 Hermite 算子 H 的本征值构成的向量
$\lambda_k(H)$	Hermite 算子 H 的第 k 大本征值
$X \geqslant Y$ 或 $Y \leqslant X$	表示 $X - Y$ 是半正定的, 其中 X 与 Y 为 Hermite 算子
$X > Y$ 或 $Y < X$	表示 $X - Y$ 是正定的, 其中 X 与 Y 为 Hermite 算子
$\mathrm{T}(\mathcal{X}, \mathcal{Y})$	由从 $\mathrm{L}(\mathcal{X})$ 映射到 $\mathrm{L}(\mathcal{Y})$ 的线性映射构成的空间, 其中 $\mathcal{X}$ 与 $\mathcal{Y}$ 为复欧几里得空间
Φ^*	映射 $\Phi \in \mathrm{T}(\mathcal{X}, \mathcal{Y})$ 的伴随映射
$\Phi_1 \otimes \cdots \otimes \Phi_n$	映射 $\Phi_1, \cdots, \Phi_n$ 的张量积
$\Phi^{\otimes n}$	映射 Φ 与自身的 n 重张量积
$\mathbb{1}_{\mathrm{L}(\mathcal{X})}$	作用在 $\mathrm{L}(\mathcal{X})$ 上的单位映射

$\mathrm{Tr}_{\mathcal{X}}$	作用在复欧几里得空间 $\mathcal{X}$ 上的偏迹
$\mathrm{CP}(\mathcal{X}, \mathcal{Y})$	由形如 $\Phi \in \mathrm{T}(\mathcal{X}, \mathcal{Y})$ 的全正映射构成的集合
$\mathrm{vec}(A)$	作用在算子 A 上的向量映射
$\sqrt{P}$	半正定算子 P 的平方根
$s(A)$	由算子 A 的奇异值组成的向量
$s_k(A)$	算子 A 的第 k 大奇异值
A^+	算子 A 的 Moore-Penrnose 伪逆
$\|A\|_p, \|A\|_\infty$	算子 A 的 Schatten p-范数或 Schatten ∞-范数
$\|A\|$	算子 A 的谱范数, 等价于 A 的 Schatten ∞-范数
$\|A\|_2$	算子 A 的 Frobenius 范数, 等价于 A 的 Schatten 2-范数
$\|A\|_1$	算子 A 的迹范数, 等价于 A 的 Schatten 1-范数
$\nabla f(x)$	函数 $f: \mathbb{R}^n \to \mathbb{R}$ 在向量 $x \in \mathbb{R}^n$ 上的梯度向量
$(Df)(x)$	(可微) 函数 $f: \mathbb{R}^n \to \mathbb{R}$ 在向量 $x \in \mathbb{R}^n$ 上的微分
$\mathcal{B}(\mathcal{X})$	复欧几里得空间 $\mathcal{X}$ 上的单位球
$\mathrm{Borel}(\mathcal{A})$	实或复向量空间的子集 $\mathcal{A}$ 上所有 Borel 子集的合集
$\int f(x)\,\mathrm{d}\mu(x)$	函数 f 对 Borel 测度 μ 的积分
$\mathrm{cone}(\mathcal{A})$	实或复向量空间的子集 $\mathcal{A}$ 生成的锥
$\mathcal{P}(\Sigma)$	以字母表 Σ 为索引的概率向量的集合
$\mathrm{conv}(\mathcal{A})$	实或复向量空间的子集 $\mathcal{A}$ 的凸包
$\mathrm{E}(X)$	随机变量 X 的期望
$\Gamma(\alpha)$	Γ-函数在 α 上的值
γ_n	$\mathbb{R}^n$ 上的标准 Gauss 测度
X, Y, Z	寄存器的典型名称
$(\mathsf{X}_1, \cdots, \mathsf{X}_n)$	由寄存器 $\mathsf{X}_1, \cdots, \mathsf{X}_n$ 构成的复合寄存器
$\omega_{\mathcal{V}}$	正比于子空间 $\mathcal{V}$ 上的投影的扁平态
$\rho[\mathsf{X}_1, \cdots, \mathsf{X}_n]$	ρ 在寄存器 $\mathsf{X}_1, \cdots, \mathsf{X}_n$ 上的约化态
$\mathrm{C}(\mathcal{X}, \mathcal{Y})$	将 $\mathrm{L}(\mathcal{X})$ 映射到 $\mathrm{L}(\mathcal{Y})$ 的所有信道的集合
$\mathrm{C}(\mathcal{X})$	将 $\mathrm{L}(\mathcal{X})$ 映射到自身的所有信道的集合
$K(\Phi)$	映射 Φ 的自然表示
$J(\Phi)$	映射 Φ 的 Choi 表示
Ω 或 $\Omega_{\mathcal{X}}$	作用在 $\mathrm{L}(\mathcal{X})$ 上的完全去极化信道的典型名称
Δ 或 $\Delta_{\mathcal{X}}$	作用在 $\mathrm{L}(\mathcal{X})$ 上的完全失相信道的典型名称
$\mathrm{F}(P, Q)$	两个半正定算子 P 与 Q 间的保真度

$\mathrm{B}(P,Q\|\mu)$	将测量 μ 作用在半正定算子 P 与 Q 上得到的非负实向量的 Bhattacharyya 系数
$\mathrm{F}(\Phi,P)$	映射 Φ 对于半正定算子 P 的映射保真度
W 或 $W_{\mathcal{X}}$	作用在二分张量积空间 $\mathcal{X}\otimes\mathcal{X}$ 上的交换算子的典型名称
$\|\Phi\|_1$	映射 Φ 的诱导迹范数
$\|\|\|\Phi\|\|\|_1$	映射 Φ 的完全有界迹范数
$\mathcal{N}(X)$	方算子 X 的数值域
$\mathrm{F}_{\max}(\Psi_0,\Psi_1)$	正映射 Ψ_0 与 Ψ_1 的最大输出保真度
$\mathbb{Z}_n$	由整数模 n 构成的环
$W_{a,b}$	作用在 $\mathbb{C}^{\mathbb{Z}_n}$ 上的离散 Weyl 算子，其中 $a,b\in\mathbb{Z}_n$
$\sigma_x,\ \sigma_y,\ \sigma_z$	Pauli 算子
$A\odot B$	算子 A 与 B 的对应元素的乘积
V_π	对应于置换 π 的置换算子
$v\prec u$	表示 u 优超于 v，其中 u 与 v 是实向量
$r(u)$	将实向量 u 的元素由大到小排列得到的向量
$r_k(u)$	实向量 u 的第 k 大元素
$Y\prec X$	表示 X 优超于 Y，其中 X 与 Y 是 Hermite 算子
S_n	n 个符号上的对称群，等价于 $\mathrm{Sym}(\{1,\cdots,n\})$
$\mathrm{H}(u)$	由非负实数构成的向量 u 的 Shannon 熵
$\mathrm{H}(\mathsf{X})$	经典寄存器 X 上的概率态的 Shannon 熵，或者寄存器 X 上的量子态的 von Neumann 熵
$\mathrm{H}(\mathsf{X}_1,\cdots,\mathsf{X}_n)$	复合寄存器 $(\mathsf{X}_1,\cdots,\mathsf{X}_n)$ 的 Shannon 熵或者 von Neumann 熵
$\mathrm{D}(u\|v)$	u 关于 v 的相对熵，其中 u 与 v 的元素为非负实数
$\mathrm{H}(\mathsf{X}\|\mathsf{Y})$	寄存器 X 关于寄存器 Y 的条件 Shannon 熵或 von Neumann 熵
$\mathrm{I}(\mathsf{X}:\mathsf{Y})$	寄存器 X 与 Y 间的互信息或者量子互信息
$\mathrm{H}(P)$	半正定算子 P 的 von Neumann 熵
$\mathrm{D}(P\|Q)$	P 关于 Q 的量子相对熵，其中 P 与 Q 为半正定算子
$T_{n,\varepsilon}(p)$	关于概率向量 p 的长度为 n 的 ε-典型字符串的集合
$\Pi_{n,\varepsilon}$	$\mathcal{X}^{\otimes n}$ 的 ε-典型子空间上关于给定态的投影算子
$\mathrm{I}_{\mathrm{acc}}(\eta)$	系综 η 的可得信息
$\chi(\eta)$	系综 η 的 Holevo 信息
$\mathrm{Sep}(\mathcal{X}:\mathcal{Y})$	作用在张量积空间 $\mathcal{X}\otimes\mathcal{Y}$ 上，关于 $\mathcal{X}$ 与 $\mathcal{Y}$ 之间二分系统的可分算子的集合

$\mathrm{SepD}(\mathcal{X}:\mathcal{Y})$	作用在张量积空间 $\mathcal{X}\otimes\mathcal{Y}$ 上，关于 $\mathcal{X}$ 与 $\mathcal{Y}$ 之间二分系统的可分密度算子的集合
$\mathrm{Ent}_r(\mathcal{X}:\mathcal{Y})$	作用在张量积空间 $\mathcal{X}\otimes\mathcal{Y}$ 上，关于 $\mathcal{X}$ 与 $\mathcal{Y}$ 之间二分系统的纠缠秩不大于 r 的算子的集合
$\mathrm{SepCP}(\mathcal{X},\mathcal{Z}:\mathcal{Y},\mathcal{W})$	关于 $\mathcal{X}$ 与 $\mathcal{Y}$ 之间以及 $\mathcal{Z}$ 与 $\mathcal{W}$ 之间二分系统的由 $\mathrm{L}(\mathcal{X}\otimes\mathcal{Y})$ 映射到 $\mathrm{L}(\mathcal{Z}\otimes\mathcal{W})$ 的可分映射的集合
$\mathrm{SepC}(\mathcal{X},\mathcal{Z}:\mathcal{Y},\mathcal{W})$	关于 $\mathcal{X}$ 与 $\mathcal{Y}$ 之间以及 $\mathcal{Z}$ 与 $\mathcal{W}$ 之间二分系统的由 $\mathrm{L}(\mathcal{X}\otimes\mathcal{Y})$ 映射到 $\mathrm{L}(\mathcal{Z}\otimes\mathcal{W})$ 的可分信道的集合
$\mathrm{LOCC}(\mathcal{X},\mathcal{Z}:\mathcal{Y},\mathcal{W})$	关于 $\mathcal{X}$ 与 $\mathcal{Y}$ 之间以及 $\mathcal{Z}$ 与 $\mathcal{W}$ 之间二分系统的由 $\mathrm{L}(\mathcal{X}\otimes\mathcal{Y})$ 映射到 $\mathrm{L}(\mathcal{Z}\otimes\mathcal{W})$ 的 LOCC 信道的集合
$\mathrm{E_D(X:Y)}$	寄存器对 (X,Y) 的态的可提取纠缠
$\mathrm{E_C(X:Y)}$	寄存器对 (X,Y) 的态的纠缠费用
$\mathrm{PPT}(\mathcal{X}:\mathcal{Y})$	关于 $\mathcal{X}$ 和 $\mathcal{Y}$ 之间二分系统的作用在 $\mathcal{X}\otimes\mathcal{Y}$ 上的一组 PPT 算子
$\mathrm{E_F(X:Y)}$	寄存器对 (X,Y) 的态的构造纠缠
W_π	作用于 $\mathcal{X}^{\otimes n}$ 的根据置换 π 置换张量因子的酉算子，其中 $\mathcal{X}$ 为复欧几里得空间
$\mathcal{X}^{\textcircled{\tiny S}n}$	$\mathcal{X}^{\otimes n}$ 的对称子空间，其中 $\mathcal{X}$ 为复欧几里得空间；也表示 $\mathcal{X}_1\textcircled{s}\cdots\textcircled{s}\mathcal{X}_n$，其中 $\mathcal{X}_1,\cdots,\mathcal{X}_n$ 为 $\mathcal{X}$ 的全同拷贝
$\mathrm{Bag}(n,\Sigma)$	描述一袋 (n 个) 物品的函数的集合，其中每个物品都由字母表 Σ 中的一个元素标记
$\mathbb{N}$	非负整数 $\{0,1,2,\cdots\}$ 的集合
Σ_ϕ^n	对应给定函数 $\phi\in\mathrm{Bag}(n,\Sigma)$ 的 Σ^n 的子集
$\mathcal{X}^{\textcircled{\tiny A}n}$	$\mathcal{X}^{\otimes n}$ 的反对称子空间，其中 $\mathcal{X}$ 为复欧几里得空间
$\mathrm{L}(\mathcal{X})^{\textcircled{\tiny S}n}$	作用在 $\mathcal{X}^{\otimes n}$ 上的置换不变算子代数，其中 $\mathcal{X}$ 为复欧几里得空间
μ	用于表示均匀球测度的符号
η	用于表示 Haar 测度的符号
$\mathrm{H_{min}}(\Phi)$	信道 Φ 的最小输出熵
$\mathrm{C}(\Phi)$	信道 Φ 的经典容量
$\mathrm{C_E}(\Phi)$	信道 Φ 的有纠缠协助的经典容量
$\chi(\Phi)$	信道 Φ 的 Holevo 容量
$\chi_\mathrm{E}(\Phi)$	信道 Φ 的有纠缠协助的 Holevo 容量
$\mathrm{I_C}(\rho;\Phi)$	态 ρ 通过 Φ 后的相干信息
$\mathrm{I_C}(\Phi)$	信道 Φ 的最大相干信息

$K_{a_1\cdots a_n,\varepsilon}(p)$ 在字符串 $a_1\cdots a_n$ 的前提下, 关于概率向量 p 的长度为 n 的 ε-典型字符串的集合

$\Lambda_{a_1\cdots a_n,\varepsilon}$ 在字符串 $a_1\cdots a_n$ 的前提下, 在 $\mathcal{X}^{\otimes n}$ 的 ε-典型子空间上的投影, 其中 $\mathcal{X}$ 为复欧几里得子空间

$S_{n,\varepsilon}(p)$ 关于概率向量 p 的长度为 n 的 ε-强典型字符串的集合

$Q(\Phi)$ 信道 Φ 的量子容量

$Q_{\mathrm{EG}}(\Phi)$ 信道 Φ 的纠缠生成容量

$Q_{\mathrm{E}}(\Phi)$ 信道 Φ 的有纠缠协助的量子容量

$\Phi_0 \oplus \Phi_1$ 映射 Φ_0 与 Φ_1 的直和

目录

The Theory of Quantum Information

数 学 基 础

本章对一些可能将在本书中用到的数学概念进行回顾, 在后续的章节中, 我们可能会使用这些基本概念. 1.1 节着重介绍线性代数, 1.2 节主要介绍数学分析以及相关内容. 与本书其他章节不同, 本章不包含证明, 并且本章也不是这些相关内容的主要学习材料. 若读者对进一步学习这些内容感兴趣, 可以参阅本章结尾提供的相关参考文献.

1.1 线性代数

量子信息理论在很大程度上依赖于有限维空间线性代数. 在下面的小节我们将概述与量子信息理论最相关的一些内容. 我们假设读者已经熟悉线性代数中的一些最基本的概念, 包括线性相关及无关、子空间、生成集、基和维数等.

1.1.1 复欧几里得空间

复欧几里得空间这个概念将贯穿全书. 每个离散有限的系统都与一个复欧几里得空间相对应, 并且系统的状态和测量等基本概念将被表示成这些空间上的一些线性代数术语.

1.1.1.1 复欧几里得空间的定义

字母表是一个有穷的非空集合, 它的元素可以表示成字母表里的符号. 一般使用大写的希腊字母表示字母表, 例如 Σ、Γ 和 Λ, 同时使用排在前面的小写罗马字母表示符号, 例如 a、b、c 和 d. 字母表的例子包括二元字母表 $\{0,1\}$、二元字母表自身的 n 重笛卡儿积 $\{0,1\}^n$ 和字母表 $\{1,\cdots,n\}$, 其中 n 为固定的正整数.

给定一个字母表 Σ, $\mathbb{C}^\Sigma$ 表示所有从 Σ 映射到复数集 $\mathbb{C}$ 的函数集合. 如果我们使用如下的方法定义加法和标量乘法:

1. 加法: 给定向量 $u,v \in \mathbb{C}^\Sigma$, 向量 $u + v \in \mathbb{C}^\Sigma$ 定义为, 对所有的 $a \in \Sigma$, $(u+v)(a) = u(a) + v(a)$.

2. 标量乘法: 给定一个向量 $u \in \mathbb{C}^\Sigma$ 和一个标量 $\alpha \in \mathbb{C}$, 向量 $\alpha u \in \mathbb{C}^\Sigma$ 定义为, 对所有的 $a \in \Sigma$, $(\alpha u)(a) = \alpha u(a)$.

那么 $\mathbb{C}^\Sigma$ 这个集合构成一个在复数上的 $|\Sigma|$ 维向量空间. 一个用这种方式定义的向量空间叫作复欧几里得空间$^\ominus$. 对每一个 $u \in \mathbb{C}^\Sigma$ 和 $a \in \Sigma$, $u(a)$ 的值是指 u 向量中以 a 为索引的元

$\ominus$ 许多量子信息理论学家喜欢用希尔伯特空间这个术语. 但是本书将使用复欧几里得空间, 因为复欧几里得空间是一个更广的定义, 它允许有无限的索引集.

素, 所有的元素都为 0 的向量可简单地记为 0.

复欧几里得空间由一些排在字母表后面的字母的大写花体表示, 例如 $\mathcal{W}$、$\mathcal{X}$、$\mathcal{Y}$ 和 $\mathcal{Z}$. 这些空间的子集不一定能构成向量空间, 在本书中为了方便, 我们将使用排在字母表前面的符号表示, 例如 $\mathcal{A}$、$\mathcal{B}$ 和 $\mathcal{C}$. 向量将由排在字母表后面的小写罗马字母表示, 例如 u、v、w、x、y 和 z.

当 n 为正整数时, 我们通常记为 $\mathbb{C}^n$ 而不是 $\mathbb{C}^{\{1,\cdots,n\}}$. 我们通常也将向量 $u \in \mathbb{C}^n$ 看成一个 n 元的行向量 $u = (\alpha_1, \cdots, \alpha_n)$ 或者列向量

$$u = \begin{pmatrix} \alpha_1 \\ \vdots \\ \alpha_n \end{pmatrix}, \tag{1.1}$$

其中 $\alpha_1, \cdots, \alpha_n$ 为复数.

当 $n = |\Sigma|$ 时, 对任意的字母表 Σ, 其对应的复欧几里得空间 $\mathbb{C}^\Sigma$ 可以等价地看成 $\mathbb{C}^n$; 我们只要简单地固定一个双射

$$f : \{1, \cdots, n\} \to \Sigma \tag{1.2}$$

并且使每个向量 $u \in \mathbb{C}^\Sigma$ 与一个在 $\mathbb{C}^n$ 中的向量对应, 它的第 k 个元素为 $u(f(k))$, 其中 $k \in \{1, \cdots, n\}$. 当这个双射 f 是一种自然的或者显然首选的选择时, 这种变换可以隐式地完成. 例如, 字母表 $\Sigma = \{0,1\}^2$ 的元素很自然地排列为 00, 01, 10, 11. 因此在方便的情况下, 每一个向量 $u \in \mathbb{C}^\Sigma$ 可以对应 4 元行向量

$$(u(00), u(01), u(10), u(11)) \tag{1.3}$$

或者列向量

$$\begin{pmatrix} u(00) \\ u(01) \\ u(10) \\ u(11) \end{pmatrix}. \tag{1.4}$$

因此, 虽然只是关注 $\mathbb{C}^n$ 这个形式的复欧几里得空间几乎不会丢失一般性, 但允许在复欧几里得空间使用任意的索引集, 在计算和信息理论中是非常自然的, 并且会带来计算上的方便.

1.1.1.2 向量的内积与范数

两个向量 $u, v \in \mathbb{C}^\Sigma$ 的内积 $\langle u, v \rangle$ 定义如下:

$$\langle u, v \rangle = \sum_{a \in \Sigma} \overline{u(a)}\, v(a). \tag{1.5}$$

我们可以验证内积满足如下属性:

1. 第二个参数满足线性性: 对任意给定 $u, v, w \in \mathbb{C}^\Sigma$ 和 $\alpha, \beta \in \mathbb{C}$, 有

$$\langle u, \alpha v + \beta w \rangle = \alpha \langle u, v \rangle + \beta \langle u, w \rangle. \tag{1.6}$$

2. 共轭对称性：对任意给定 $u, v \in \mathbb{C}^\Sigma$，有

$$\langle u, v \rangle = \overline{\langle v, u \rangle}. \tag{1.7}$$

3. 非负性：对任意给定 $u \in \mathbb{C}^\Sigma$，有

$$\langle u, u \rangle \geqslant 0, \tag{1.8}$$

当且仅当 $u = 0$ 时等号成立.

通常任意满足这三个属性的函数都可以被认为是一个内积，然而在本书中，我们只考虑复欧几里得空间中向量的内积.

向量 $u \in \mathbb{C}^\Sigma$ 的欧几里得范数定义为

$$\|u\| = \sqrt{\langle u, u \rangle} = \sqrt{\sum_{a \in \Sigma} |u(a)|^2}. \tag{1.9}$$

欧几里得范数具有如下属性，这些属性定义了范数的更一般的概念.

1. 非负性：对任意的 $u \in \mathbb{C}^\Sigma$，有 $\|u\| \geqslant 0$，当且仅当 $u = 0$ 时 $\|u\| = 0$.

2. 正值齐次性：对任意的 $u \in \mathbb{C}^\Sigma$ 和 $\alpha \in \mathbb{C}$，有 $\|\alpha u\| = |\alpha| \|u\|$.

3. 三角不等式：对任意的 $u, v \in \mathbb{C}^\Sigma$，有 $\|u + v\| \leqslant \|u\| + \|v\|$.

对任意的 $u, v \in \mathbb{C}^\Sigma$，根据 Cauchy-Schwarz 不等式，满足

$$|\langle u, v \rangle| \leqslant \|u\| \|v\|, \tag{1.10}$$

当且仅当 u 与 v 线性相关时等式成立. 由所有复欧几里得空间 $\mathcal{X}$ 里的单位向量组成的集合称为该空间的单位球面，记为

$$\mathcal{S}(\mathcal{X}) = \{u \in \mathcal{X} : \|u\| = 1\}. \tag{1.11}$$

欧几里得范数是 p-范数类中 $p = 2$ 的情况，对任意的 $u \in \mathbb{C}^\Sigma$，它的 p-范数定义为

$$\|u\|_p = \left(\sum_{a \in \Sigma} |u(a)|^p \right)^{\frac{1}{p}}, \tag{1.12}$$

其中 $p < \infty$ 且

$$\|u\|_\infty = \max\{|u(a)| : a \in \Sigma\}. \tag{1.13}$$

对任意的 $p \in [1, \infty]$，$\|\cdot\|_p$ 都满足范数的三个属性，即非负性、正值齐次性和三角不等式.

1.1.1.3 正交与规范正交

若两个向量 $u, v \in \mathbb{C}^\Sigma$ 满足 $\langle u, v \rangle = 0$，则我们称它们是正交的. 我们使用记号 $u \perp v$ 表示 u 与 v 正交. 进一步推广，对任意的集合 $\mathcal{A} \subseteq \mathbb{C}^\Sigma$，记号 $u \perp \mathcal{A}$ 表示对所有的 $v \in \mathcal{A}$ 满足 $\langle u, v \rangle = 0$.

给定一个由字母表 Γ 标示的向量集合

$$\{u_a : a \in \Gamma\} \subset \mathbb{C}^{\Sigma}, \tag{1.14}$$

若对任意的 $a, b \in \Gamma$ 且 $a \neq b$, 满足 $\langle u_a, u_b \rangle = 0$, 则我们称这个集合是一个正交集. 一组非零的正交向量必须是线性无关的.

一个由单位向量组成的正交集合称为规范正交集, 当这个集合构成一个基时, 我们将其称为规范正交基. 当且仅当 $|\Gamma| = |\Sigma|$ 时, 一个如式 (1.14) 的规范正交集构成一个规范正交基. 给定规范正交基 $\{e_a : a \in \Sigma\}$, 若它对所有的 $a, b \in \Sigma$ 满足

$$e_a(b) = \begin{cases} 1 & a = b \\ 0 & a \neq b \end{cases}, \tag{1.15}$$

则我们称它为标准基.

1.1.1.4 复欧几里得空间的直和

n 个复欧几里得空间 $\mathcal{X}_1 = \mathbb{C}^{\Sigma_1}, \cdots, \mathcal{X}_n = \mathbb{C}^{\Sigma_n}$ 的直和是复欧几里得空间

$$\mathcal{X}_1 \oplus \cdots \oplus \mathcal{X}_n = \mathbb{C}^{\Sigma_1 \sqcup \cdots \sqcup \Sigma_n}, \tag{1.16}$$

其中 $\Sigma_1 \sqcup \cdots \sqcup \Sigma_n$ 表示字母表 $\Sigma_1, \cdots, \Sigma_n$ 的不相交并, 定义为

$$\Sigma_1 \sqcup \cdots \sqcup \Sigma_n = \bigcup_{k \in \{1, \cdots, n\}} \{(k, a) : a \in \Sigma_k\}. \tag{1.17}$$

给定向量 $u_1 \in \mathcal{X}_1, \cdots, u_n \in \mathcal{X}_n$, 记号 $u_1 \oplus \cdots \oplus u_n \in \mathcal{X}_1 \oplus \cdots \oplus \mathcal{X}_n$ 是指对任意的 $k \in \{1, \cdots, n\}$ 及 $a \in \Sigma_k$, 满足

$$(u_1 \oplus \cdots \oplus u_n)(k, a) = u_k(a) \tag{1.18}$$

的向量. 若把每一个 u_k 看成一个 $|\Sigma_k|$ 维的列向量, 则向量 $u_1 \oplus \cdots \oplus u_n$ 可以看成 $|\Sigma_1| + \cdots + |\Sigma_n|$ 维的列向量

$$\begin{pmatrix} u_1 \\ \vdots \\ u_n \end{pmatrix}. \tag{1.19}$$

每一个空间 $\mathcal{X}_1 \oplus \cdots \oplus \mathcal{X}_n$ 上的元素都可以写成 $u_1 \oplus \cdots \oplus u_n$, 且 $u_1, \cdots, u_n$ 的选择是唯一的. 对任意的 $u_1, v_1 \in \mathcal{X}_1, \cdots, u_n, v_n \in \mathcal{X}_n$ 及 $\alpha \in \mathbb{C}$, 如下等式成立:

$$u_1 \oplus \cdots \oplus u_n + v_1 \oplus \cdots \oplus v_n = (u_1 + v_1) \oplus \cdots \oplus (u_n + v_n), \tag{1.20}$$

$$\alpha(u_1 \oplus \cdots \oplus u_n) = (\alpha u_1) \oplus \cdots \oplus (\alpha u_n), \tag{1.21}$$

$$\langle u_1 \oplus \cdots \oplus u_n, v_1 \oplus \cdots \oplus v_n \rangle = \langle u_1, v_1 \rangle + \cdots + \langle u_n, v_n \rangle. \tag{1.22}$$

1.1.1.5 复欧几里得空间的张量积

n 个复欧几里得空间 $\mathcal{X}_1 = \mathbb{C}^{\Sigma_1}, \cdots, \mathcal{X}_n = \mathbb{C}^{\Sigma_n}$ 的张量积是如下的复欧几里得空间:

$$\mathcal{X}_1 \otimes \cdots \otimes \mathcal{X}_n = \mathbb{C}^{\Sigma_1 \times \cdots \times \Sigma_n}. \tag{1.23}$$

给定向量 $u_1 \in \mathcal{X}_1, \cdots, u_n \in \mathcal{X}_n$, 记号 $u_1 \otimes \cdots \otimes u_n \in \mathcal{X}_1 \otimes \cdots \otimes \mathcal{X}_n$ 是指满足

$$(u_1 \otimes \cdots \otimes u_n)(a_1, \cdots, a_n) = u_1(a_1) \cdots u_n(a_n) \tag{1.24}$$

的向量. 形式如 $u_1 \otimes \cdots \otimes u_n$ 的向量称为基本张量. 它们张成整个空间 $\mathcal{X}_1 \otimes \cdots \otimes \mathcal{X}_n$, 然而并不是空间里的每个元素都是一个基本张量.

任意给定向量 $u_1, v_1 \in \mathcal{X}_1, \cdots, u_n, v_n \in \mathcal{X}_n$, 标量 $\alpha, \beta \in \mathbb{C}$ 及索引 $k \in \{1, \cdots, n\}$, 如下等式成立:

$$\begin{aligned}
&u_1 \otimes \cdots \otimes u_{k-1} \otimes (\alpha u_k + \beta v_k) \otimes u_{k+1} \otimes \cdots \otimes u_n \\
&= \alpha \left(u_1 \otimes \cdots \otimes u_{k-1} \otimes u_k \otimes u_{k+1} \otimes \cdots \otimes u_n \right) \\
&\quad + \beta \left(u_1 \otimes \cdots \otimes u_{k-1} \otimes v_k \otimes u_{k+1} \otimes \cdots \otimes u_n \right),
\end{aligned} \tag{1.25}$$

$$\langle u_1 \otimes \cdots \otimes u_n, v_1 \otimes \cdots \otimes v_n \rangle = \langle u_1, v_1 \rangle \cdots \langle u_n, v_n \rangle. \tag{1.26}$$

我们通常有一种比如上定义更具普适性的张量积定义, 称为 Kronecker 积, 如下面的命题所示.

命题 1.1 令 $\mathcal{X}_1, \cdots, \mathcal{X}_n$ 与 $\mathcal{Y}$ 为复欧几里得空间, 且

$$\phi : \mathcal{X}_1 \times \cdots \times \mathcal{X}_n \to \mathcal{Y} \tag{1.27}$$

为多线性函数, 也就是说映射

$$u_k \mapsto \phi(u_1, \cdots, u_n) \tag{1.28}$$

对所有的 $k \in \{1, \cdots, n\}$ 和每一组固定的向量 $u_1, \cdots, u_{k-1}, u_{k+1}, \cdots, u_n$ 都是线性的. 则存在唯一的线性映射

$$A : \mathcal{X}_1 \otimes \cdots \otimes \mathcal{X}_n \to \mathcal{Y} \tag{1.29}$$

使得

$$\phi(u_1, \cdots, u_n) = A(u_1 \otimes \cdots \otimes u_n) \tag{1.30}$$

对所有的 $u_1 \in \mathcal{X}_1, \cdots, u_n \in \mathcal{X}_n$ 成立.

若 $\mathcal{X}$ 是一个复欧几里得空间, $u \in \mathcal{X}$ 是一个向量, 且 n 是一个正整数, 则记号 $\mathcal{X}^{\otimes n}$ 和 $u^{\otimes n}$ 分别表示 $\mathcal{X}$ 与 u 自身的 n 重张量积.

若 $\mathcal{X}_1, \cdots, \mathcal{X}_n$ 和 $\mathcal{X}$ 是相同的复欧几里得空间, 则通常为了方便, 记

$$\mathcal{X}^{\otimes n} = \mathcal{X}_1 \otimes \cdots \otimes \mathcal{X}_n. \tag{1.31}$$

这个记号使我们能够单独引用 $\mathcal{X}^{\otimes n}$ 中不同的张量因子, 并更简洁地表示 $\mathcal{X}_1 \otimes \cdots \otimes \mathcal{X}_n$.

注：对上述定义的严格解释表明，复欧几里得空间 (或复欧几里得空间中的向量) 的张量积是不满足结合律的，因为笛卡儿积不满足结合律. 例如，给定字母表 Σ、Γ 和 Λ，字母表 $(\Sigma \times \Gamma) \times \Lambda$ 包含形如 $((a,b),c)$ 的元素，字母表 $\Sigma \times (\Gamma \times \Lambda)$ 包含形如 $(a,(b,c))$ 的元素，而字母表 $\Sigma \times \Gamma \times \Lambda$ 包含形如 (a,b,c) 的元素，其中 $a \in \Sigma$、$b \in \Gamma$ 及 $c \in \Lambda$. 给定 $\mathcal{X} = \mathbb{C}^{\Sigma}$、$\mathcal{Y} = \mathbb{C}^{\Gamma}$ 与 $\mathcal{Z} = \mathbb{C}^{\Lambda}$，我们可以认为 $(\mathcal{X} \otimes \mathcal{Y}) \otimes \mathcal{Z}$、$\mathcal{X} \otimes (\mathcal{Y} \otimes \mathcal{Z})$ 和 $\mathcal{X} \otimes \mathcal{Y} \otimes \mathcal{Z}$ 是不同的复欧几里得空间.

然而，如果我们简单地把括号去掉，那么字母表 $(\Sigma \times \Gamma) \times \Lambda$、$\Sigma \times (\Gamma \times \Lambda)$ 和 $\Sigma \times \Gamma \times \Lambda$ 当然可以看成是等价的. 因此，复欧几里得空间 $(\mathcal{X} \otimes \mathcal{Y}) \otimes \mathcal{Z}$、$\mathcal{X} \otimes (\mathcal{Y} \otimes \mathcal{Z})$ 和 $\mathcal{X} \otimes \mathcal{Y} \otimes \mathcal{Z}$ 两两之间存在着一种自然的等价关系. 只要方便，在本书中我们会隐含地进行这种识别. 例如给定向量 $u \in \mathcal{X} \otimes \mathcal{Y}$ 与 $v \in \mathcal{Z}$，向量 $u \otimes v$ 应该看成 $\mathcal{X} \otimes \mathcal{Y} \otimes \mathcal{Z}$ 中的元素，而不是 $(\mathcal{X} \otimes \mathcal{Y}) \otimes \mathcal{Z}$ 中的元素.

虽然这种情况在本书中很少见，但类似惯例适用于复欧几里得空间的直和.

1.1.1.6 实欧几里得空间

实欧几里得空间的定义与复欧几里得空间类似，但每个定义和概念中出现的复数域 $\mathbb{C}$ 由实数域 $\mathbb{R}$ 代替. 自然，复数共轭在实数里是没有意义的，因此可以省略.

在本书中，复欧几里得空间将比实欧几里得空间发挥更重要的作用. 然而，实欧几里得空间的概念在凸性理论中更为重要. 由作用于给定复欧几里得空间的 Hermite 算子形成的空间是实向量空间的一个重要例子，可以将其看成一个实欧几里得空间，我们将会在本章后面的小节进行讨论.

1.1.2 线性算子

给定两个复欧几里得空间 $\mathcal{X}$ 与 $\mathcal{Y}$，我们记所有形如

$$A : \mathcal{X} \to \mathcal{Y} \tag{1.32}$$

的线性映射的集合为 $\mathrm{L}(\mathcal{X}, \mathcal{Y})$. 在本书中，这种映射称为从 $\mathcal{X}$ 到 $\mathcal{Y}$ 的线性算子，或者简称算子. 在没有混淆的情况下，我们将省略线性算子作用到向量上的括号. 例如，我们用 Au 而不是 $A(u)$ 表示线性算子 $A \in \mathrm{L}(\mathcal{X}, \mathcal{Y})$ 作用到向量 $u \in \mathcal{X}$ 后的结果向量.

当我们如下定义加法和标量乘法时，集合 $\mathrm{L}(\mathcal{X}, \mathcal{Y})$ 构成一个复向量空间.

1. 加法：给定算子 $A, B \in \mathrm{L}(\mathcal{X}, \mathcal{Y})$，对所有的 $u \in \mathcal{X}$，算子 $A + B \in \mathrm{L}(\mathcal{X}, \mathcal{Y})$ 由下面的等式定义：

$$(A + B)u = Au + Bu. \tag{1.33}$$

2. 标量乘法：给定一个算子 $A \in \mathrm{L}(\mathcal{X}, \mathcal{Y})$ 及一个标量 $\alpha \in \mathbb{C}$，对所有的 $u \in \mathcal{X}$，算子 $\alpha A \in \mathrm{L}(\mathcal{X}, \mathcal{Y})$ 由下面的等式定义：

$$(\alpha A)u = \alpha Au. \tag{1.34}$$

1.1.2.1　矩阵及其与算子的对应关系

给定字母表 Σ 与 Γ，一个复数上的矩阵是如下形式的一种映射：

$$M : \Gamma \times \Sigma \to \mathbb{C}. \tag{1.35}$$

给定 $a \in \Gamma$ 与 $b \in \Sigma$，数值 $M(a,b)$ 称为 M 的 (a,b) 项，元素 a 和 b 称为索引：a 和 b 分别是项 $M(a,b)$ 的行索引和列索引. 矩阵的加法和标量乘法与复欧几里得空间上向量的加法和标量乘法定义类似：

1. 加法：给定矩阵 $M : \Gamma \times \Sigma \to \mathbb{C}$ 与 $N : \Gamma \times \Sigma \to \mathbb{C}$，对所有的 $a \in \Gamma$ 与 $b \in \Sigma$，矩阵 $M + N$ 定义为

$$(M + N)(a,b) = M(a,b) + N(a,b). \tag{1.36}$$

2. 标量乘法：给定矩阵 $M : \Gamma \times \Sigma \to \mathbb{C}$ 和一个标量 $\alpha \in \mathbb{C}$，对所有的 $a \in \Gamma$ 与 $b \in \Sigma$，矩阵 αM 定义为

$$(\alpha M)(a,b) = \alpha M(a,b). \tag{1.37}$$

同时，我们可以如下定义矩阵的乘法：

3. 矩阵的乘法：给定矩阵 $M : \Gamma \times \Lambda \to \mathbb{C}$ 与 $N : \Lambda \times \Sigma \to \mathbb{C}$，对所有的 $a \in \Gamma$ 与 $b \in \Sigma$，矩阵 $MN : \Gamma \times \Sigma \to \mathbb{C}$ 定义为

$$(MN)(a,b) = \sum_{c \in \Lambda} M(a,c) N(c,b). \tag{1.38}$$

对于任意给定复欧几里得空间 $\mathcal{X} = \mathbb{C}^{\Sigma}$ 与 $\mathcal{Y} = \mathbb{C}^{\Gamma}$，算子集 $L(\mathcal{X}, \mathcal{Y})$ 与所有形如 $M : \Gamma \times \Sigma \to \mathbb{C}$ 的矩阵集合之间存在如下的线性双射. 对于每一个算子 $A \in L(\mathcal{X}, \mathcal{Y})$，对所有的 $a \in \Gamma$ 和 $b \in \Sigma$，我们可以将与之对应的一个矩阵 M 定义为

$$M(a,b) = \langle e_a, A e_b \rangle. \tag{1.39}$$

算子 A 可由 M 唯一确定，且对所有的 $a \in \Gamma$，其可以由 M 通过如下等式恢复：

$$(Au)(a) = \sum_{b \in \Sigma} M(a,b) u(b). \tag{1.40}$$

由于有如上的对应关系，矩阵的乘法与算子的组合是等价的.

此后在本书中，在没有明确指出差别的情况下，线性算子与矩阵将是相对应的，线性算子可以看成矩阵，矩阵也可以看成算子. 考虑到这一点，对每个 $A \in L(\mathcal{X}, \mathcal{Y})$，$a \in \Gamma$，$b \in \Sigma$（假设 $\mathcal{X} = \mathbb{C}^{\Sigma}$，$\mathcal{Y} = \mathbb{C}^{\Gamma}$，如上所述），引入记号

$$A(a,b) = \langle e_a, A e_b \rangle. \tag{1.41}$$

1.1.2.2　算子空间的标准基

任意给定复欧几里得空间 $\mathcal{X} = \mathbb{C}^{\Sigma}$、$\mathcal{Y} = \mathbb{C}^{\Gamma}$ 与符号 $a \in \Gamma$、$b \in \Sigma$，对所有的 $u \in \mathcal{X}$，算子 $E_{a,b} \in \mathrm{L}(\mathcal{X}, \mathcal{Y})$ 定义为

$$E_{a,b} u = u(b) e_a. \tag{1.42}$$

等价地，对所有的 $c \in \Gamma$ 与 $d \in \Sigma$，$E_{a,b}$ 可以由如下等式定义：

$$E_{a,b}(c,d) = \begin{cases} 1 & (c,d) = (a,b) \\ 0 & \text{其他}. \end{cases} \tag{1.43}$$

集合

$$\{E_{a,b} : a \in \Gamma,\ b \in \Sigma\} \tag{1.44}$$

构成 $\mathrm{L}(\mathcal{X}, \mathcal{Y})$ 上的一组基，我们称这组基为该空间的**标准基**. 显然，这组基中元素的个数与 $\mathrm{L}(\mathcal{X}, \mathcal{Y})$ 的维数一致，可由 $\dim(\mathrm{L}(\mathcal{X}, \mathcal{Y})) = \dim(\mathcal{X}) \dim(\mathcal{Y})$ 给出.

1.1.2.3　算子的元素复共轭、转置和伴随

对每一个算子 $A \in \mathrm{L}(\mathcal{X}, \mathcal{Y})$、复欧几里得空间 $\mathcal{X} = \mathbb{C}^{\Sigma}$ 和 $\mathcal{Y} = \mathbb{C}^{\Gamma}$，我们另外定义三种算子

$$\overline{A} \in \mathrm{L}(\mathcal{X}, \mathcal{Y}) \quad \text{和} \quad A^{\mathsf{T}}, A^* \in \mathrm{L}(\mathcal{Y}, \mathcal{X}) \tag{1.45}$$

如下：

1. 算子 $\overline{A} \in \mathrm{L}(\mathcal{X}, \mathcal{Y})$ 的矩阵表示形式可由算子 A 的矩阵表示形式的每一项都取共轭而得到. 对所有的 $a \in \Gamma$ 与 $b \in \Sigma$，

$$\overline{A}(a,b) = \overline{A(a,b)}. \tag{1.46}$$

2. 算子 $A^{\mathsf{T}} \in \mathrm{L}(\mathcal{Y}, \mathcal{X})$ 的矩阵表示形式可由算子 A 对应的矩阵的转置取得. 对所有的 $a \in \Gamma$ 与 $b \in \Sigma$，

$$A^{\mathsf{T}}(b,a) = A(a,b). \tag{1.47}$$

3. 算子 $A^* \in \mathrm{L}(\mathcal{Y}, \mathcal{X})$ 可唯一地由满足下面等式的算子确定. 对所有的 $u \in \mathcal{X}$ 与 $v \in \mathcal{Y}$，

$$\langle v, Au \rangle = \langle A^* v, u \rangle. \tag{1.48}$$

它也可以通过 1 和 2 的算子取得：

$$A^* = \overline{A^{\mathsf{T}}}. \tag{1.49}$$

算子 $\overline{A}$、A^{T} 与 A^* 分别称为算子 A 的**元素复共轭**、**转置**与**伴随**.

映射 $A \mapsto \overline{A}$ 和 $A \mapsto A^*$ 是共轭线性的, $A \mapsto A^{\mathsf{T}}$ 是线性的, 对所有的 $A, B \in \mathrm{L}(\mathcal{X}, \mathcal{Y})$ 和 $\alpha, \beta \in \mathbb{C}$, 有

$$\overline{\alpha A + \beta B} = \overline{\alpha}\,\overline{A} + \overline{\beta}\,\overline{B},$$

$$(\alpha A + \beta B)^* = \overline{\alpha} A^* + \overline{\beta} B^*,$$

$$(\alpha A + \beta B)^{\mathsf{T}} = \alpha A^{\mathsf{T}} + \beta B^{\mathsf{T}},$$

这些映射都是双射, 每个映射都有自己的逆.

复欧几里得空间 $\mathcal{X}$ 中的每一个向量 u 都可以用 $\mathrm{L}(\mathbb{C}, \mathcal{X})$ 中的一个线性算子来定义: 对所有的 $\alpha \in \mathbb{C}$, 定义 $\alpha \mapsto \alpha u$. 通过这个定义, 线性映射 $\overline{u} \in \mathrm{L}(\mathbb{C}, \mathcal{X})$ 和 $u^{\mathsf{T}}, u^* \in \mathrm{L}(\mathcal{X}, \mathbb{C})$ 可以如上述进行类似定义. 作为空间 $\mathcal{X}$ 的一个元素, 向量 $\overline{u}$ 是 u 的元素复共轭, 也就是说, 若 $\mathcal{X} = \mathbb{C}^{\Sigma}$, 则对每一个 $a \in \Sigma$,

$$\overline{u}(a) = \overline{u(a)}. \tag{1.50}$$

任意给定向量 $u \in \mathcal{X}$, 映射 $u^* \in \mathrm{L}(\mathcal{X}, \mathbb{C})$ 对所有的 $v \in \mathcal{X}$ 满足 $u^* v = \langle u, v \rangle$.

1.1.2.4　核、像与秩

算子 $A \in \mathrm{L}(\mathcal{X}, \mathcal{Y})$ 的核是如下定义的 $\mathcal{X}$ 的子空间:

$$\ker(A) = \{ u \in \mathcal{X} : Au = 0 \}, \tag{1.51}$$

A 的像是如下定义的 $\mathcal{Y}$ 的子空间:

$$\mathrm{im}(A) = \{ Au : u \in \mathcal{X} \}. \tag{1.52}$$

任意给定一个算子 $A \in \mathrm{L}(\mathcal{X}, \mathcal{Y})$, 我们有

$$\ker(A) = \ker(A^* A) \quad \text{和} \quad \mathrm{im}(A) = \mathrm{im}(AA^*), \tag{1.53}$$

同时有如下等式

$$\dim(\ker(A)) + \dim(\mathrm{im}(A)) = \dim(\mathcal{X}). \tag{1.54}$$

算子 $A \in \mathrm{L}(\mathcal{X}, \mathcal{Y})$ 的秩记为 $\mathrm{rank}(A)$, 是 A 的像的维度:

$$\mathrm{rank}(A) = \dim(\mathrm{im}(A)). \tag{1.55}$$

通过式 (1.53) 和式 (1.54), 对每一个算子 $A \in \mathrm{L}(\mathcal{X}, \mathcal{Y})$, 我们可以得到

$$\mathrm{rank}(A) = \mathrm{rank}(AA^*) = \mathrm{rank}(A^* A). \tag{1.56}$$

任意给定向量 $u \in \mathcal{X}$ 与 $v \in \mathcal{Y}$, 对所有的 $w \in \mathcal{X}$, 算子 $vu^* \in \mathrm{L}(\mathcal{X}, \mathcal{Y})$ 满足

$$(vu^*)w = v(u^* w) = \langle u, w \rangle v. \tag{1.57}$$

假定 u 与 v 为非零向量, 那么算子 vu^* 的秩为 1; 同时, 在 $\mathrm{L}(\mathcal{X}, \mathcal{Y})$ 里任意秩为 1 的算子都可以写成向量 u 与 v 的这种表示形式, 而且这种表示是唯一的 (如果忽略标量乘法的话).

1.1.2.5 与复欧几里得空间直和相关的算子

假定

$$\mathcal{X}_1 = \mathbb{C}^{\Sigma_1}, \cdots, \mathcal{X}_n = \mathbb{C}^{\Sigma_n} \quad \text{和} \quad \mathcal{Y}_1 = \mathbb{C}^{\Gamma_1}, \cdots, \mathcal{Y}_m = \mathbb{C}^{\Gamma_m} \tag{1.58}$$

是复欧几里得空间, 其字母表分别为 $\Sigma_1, \cdots, \Sigma_n$ 与 $\Gamma_1, \cdots, \Gamma_m$. 给定一个算子

$$A \in \mathrm{L}(\mathcal{X}_1 \oplus \cdots \oplus \mathcal{X}_n, \mathcal{Y}_1 \oplus \cdots \oplus \mathcal{Y}_m), \tag{1.59}$$

存在唯一的算子集合

$$\{A_{j,k} \in \mathrm{L}(\mathcal{X}_k, \mathcal{Y}_j) : 1 \leqslant j \leqslant m, 1 \leqslant k \leqslant n\} \tag{1.60}$$

使得等式

$$A_{j,k}(a,b) = A\big((j,a),(k,b)\big) \tag{1.61}$$

对所有的 $j \in \{1, \cdots, m\}$、$k \in \{1, \cdots, n\}$、$a \in \Gamma_j$ 和 $b \in \Sigma_k$ 成立. 任意给定向量 $u_1 \in \mathcal{X}_1, \cdots, u_n \in \mathcal{X}_n$, 我们有

$$A(u_1 \oplus \cdots \oplus u_n) = v_1 \oplus \cdots \oplus v_m, \tag{1.62}$$

其中对每一个 $j \in \{1, \cdots, m\}$, $v_1 \in \mathcal{Y}_1, \cdots, v_m \in \mathcal{Y}_m$ 定义为

$$v_j = \sum_{k=1}^{n} A_{j,k} u_k. \tag{1.63}$$

反过来, 任意给定一组形如式 (1.60) 的算子集合, 存在唯一形如式 (1.59) 的算子 A, 对所有的 $u_1 \in \mathcal{X}_1, \cdots, u_n \in \mathcal{X}_n$, 使得式 (1.62) 和式 (1.63) 成立.

因此形如式 (1.59) 的算子与形如式 (1.60) 的算子集合之间存在一个双射对应. 如果用这些算子的矩阵表示形式, 则这个对应可以简明地表示为

$$A = \begin{pmatrix} A_{1,1} & \cdots & A_{1,n} \\ \vdots & & \vdots \\ A_{m,1} & \cdots & A_{m,n} \end{pmatrix}. \tag{1.64}$$

我们可以认为式 (1.64) 的等号右边是由集合 (1.60) 定义的形如式 (1.59) 的算子.

1.1.2.6 算子的张量积

假定

$$\mathcal{X}_1 = \mathbb{C}^{\Sigma_1}, \cdots, \mathcal{X}_n = \mathbb{C}^{\Sigma_n} \quad \text{和} \quad \mathcal{Y}_1 = \mathbb{C}^{\Gamma_1}, \cdots, \mathcal{Y}_n = \mathbb{C}^{\Gamma_n} \tag{1.65}$$

为复欧几里得空间, 其字母表分别为 $\Sigma_1, \cdots, \Sigma_n$ 与 $\Gamma_1, \cdots, \Gamma_n$. 任意给定算子

$$A_1 \in \mathrm{L}(\mathcal{X}_1, \mathcal{Y}_1), \cdots, A_n \in \mathrm{L}(\mathcal{X}_n, \mathcal{Y}_n), \tag{1.66}$$

我们定义它们的张量积

$$A_1 \otimes \cdots \otimes A_n \in \mathrm{L}(\mathcal{X}_1 \otimes \cdots \otimes \mathcal{X}_n, \mathcal{Y}_1 \otimes \cdots \otimes \mathcal{Y}_n) \tag{1.67}$$

为唯一满足下式的算子

$$(A_1 \otimes \cdots \otimes A_n)(u_1 \otimes \cdots \otimes u_n) = (A_1 u_1) \otimes \cdots \otimes (A_n u_n), \tag{1.68}$$

其中 $u_1 \in \mathcal{X}_1, \cdots, u_n \in \mathcal{X}_n$ 是任意给定的. 这个算子也可以等价地用矩阵形式表示为

$$\begin{aligned}
&(A_1 \otimes \cdots \otimes A_n)((a_1, \cdots, a_n), (b_1, \cdots, b_n)) \\
&= A_1(a_1, b_1) \cdots A_n(a_n, b_n),
\end{aligned} \tag{1.69}$$

对所有的 $a_1 \in \Gamma_1, \cdots, a_n \in \Gamma_n$ 及 $b_1 \in \Sigma_1, \cdots, b_n \in \Sigma_n$ 成立.

任意给定复欧几里得空间 $\mathcal{X}_1, \cdots, \mathcal{X}_n, \mathcal{Y}_1, \cdots, \mathcal{Y}_n$ 及 $\mathcal{Z}_1, \cdots, \mathcal{Z}_n$, 算子

$$\begin{aligned}
&A_1, B_1 \in \mathrm{L}(\mathcal{X}_1, \mathcal{Y}_1), \quad \cdots, \quad A_n, B_n \in \mathrm{L}(\mathcal{X}_n, \mathcal{Y}_n), \\
&C_1 \in \mathrm{L}(\mathcal{Y}_1, \mathcal{Z}_1), \quad \cdots, \quad C_n \in \mathrm{L}(\mathcal{Y}_n, \mathcal{Z}_n),
\end{aligned} \tag{1.70}$$

和标量 $\alpha, \beta \in \mathbb{C}$, 下面的等式成立:

$$\begin{aligned}
&A_1 \otimes \cdots \otimes A_{k-1} \otimes (\alpha A_k + \beta B_k) \otimes A_{k+1} \otimes \cdots \otimes A_n \\
&= \alpha(A_1 \otimes \cdots \otimes A_{k-1} \otimes A_k \otimes A_{k+1} \otimes \cdots \otimes A_n) \\
&\quad + \beta(A_1 \otimes \cdots \otimes A_{k-1} \otimes B_k \otimes A_{k+1} \otimes \cdots \otimes A_n),
\end{aligned} \tag{1.71}$$

$$(C_1 \otimes \cdots \otimes C_n)(A_1 \otimes \cdots \otimes A_n) = (C_1 A_1) \otimes \cdots \otimes (C_n A_n), \tag{1.72}$$

$$(A_1 \otimes \cdots \otimes A_n)^{\mathsf{T}} = A_1^{\mathsf{T}} \otimes \cdots \otimes A_n^{\mathsf{T}}, \tag{1.73}$$

$$\overline{A_1 \otimes \cdots \otimes A_n} = \overline{A_1} \otimes \cdots \otimes \overline{A_n}, \tag{1.74}$$

$$(A_1 \otimes \cdots \otimes A_n)^* = A_1^* \otimes \cdots \otimes A_n^*. \tag{1.75}$$

与向量的张量积类似, 给定一个算子 A 和一个正整数 n, 记号 $A^{\otimes n}$ 表示 A 自身的 n 重张量积.

1.1.2.7 方算子

任意给定复欧几里得空间 $\mathcal{X}$, 记号 $\mathrm{L}(\mathcal{X})$ 可以理解为 $\mathrm{L}(\mathcal{X}, \mathcal{X})$ 的缩写. 空间 $\mathrm{L}(\mathcal{X})$ 的算子称为方算子, 因为它们的矩阵表示形式是方阵, 其行标和列标为同一个集合.

空间 $\mathrm{L}(\mathcal{X})$ 是一个结合代数. 它不仅是一个向量空间, 而且对任意给定的 $X, Y, Z \in \mathrm{L}(\mathcal{X})$ 与 $\alpha, \beta \in \mathbb{C}$, 方算子的组合满足结合律和双线性:

$$\begin{aligned}
&(XY)Z = X(YZ), \\
&Z(\alpha X + \beta Y) = \alpha Z X + \beta Z Y, \\
&(\alpha X + \beta Y)Z = \alpha X Z + \beta Y Z.
\end{aligned} \tag{1.76}$$

单位算子 $\mathbb{1} \in L(\mathcal{X})$ 定义为 $\mathbb{1}u = u$，对所有的 $u \in \mathcal{X}$ 成立. 假定 $\mathcal{X} = \mathbb{C}^{\Sigma}$，对所有的 $a, b \in \Sigma$，单位算子也可以用矩阵表示定义为

$$\mathbb{1}(a,b) = \begin{cases} 1 & a = b \\ 0 & a \neq b. \end{cases} \tag{1.77}$$

为了明确表明它是 $\mathcal{X}$ 空间上的算子，有时我们将其记为 $\mathbb{1}_{\mathcal{X}}$ 而不是 $\mathbb{1}$.

给定一个复欧几里得空间 $\mathcal{X}$，算子 $X \in L(\mathcal{X})$，若存在一个算子 $Y \in L(\mathcal{X})$ 使得 $YX = \mathbb{1}$，则算子 X 是可逆的. 当这样的算子存在时，它必须是唯一的，我们将其记为 X^{-1}. 当 X 的逆 X^{-1} 存在时，它一定满足 $XX^{-1} = \mathbb{1}$.

1.1.2.8　迹与行列式

给定 $\mathcal{X} = \mathbb{C}^{\Sigma}$，一个方算子 $X \in L(\mathcal{X})$ 的主对角线上的项为形如 $X(a,a)$ 的项，其中 $a \in \Sigma$. 方算子 $X \in L(\mathcal{X})$ 的迹定义为主对角线上各个元素之和:

$$\mathrm{Tr}(X) = \sum_{a \in \Sigma} X(a,a). \tag{1.78}$$

对所有的向量 $u, v \in \mathcal{X}$，迹也可以定义为唯一的线性函数 $\mathrm{Tr}: L(\mathcal{X}) \to \mathbb{C}$，满足

$$\mathrm{Tr}(uv^*) = \langle v, u \rangle. \tag{1.79}$$

任意给定复欧几里得空间 $\mathcal{X}$ 与 $\mathcal{Y}$，算子 $A \in L(\mathcal{X}, \mathcal{Y})$ 与 $B \in L(\mathcal{Y}, \mathcal{X})$ 满足

$$\mathrm{Tr}(AB) = \mathrm{Tr}(BA). \tag{1.80}$$

这一属性叫作迹的循环性质.

通过迹，对所有的 $A, B \in L(\mathcal{X}, \mathcal{Y})$，我们可以定义空间 $L(\mathcal{X}, \mathcal{Y})$ 上的一个内积如下:

$$\langle A, B \rangle = \mathrm{Tr}(A^*B). \tag{1.81}$$

我们可以验证这个内积满足内积所要求的各种属性:

1. 第二个参数满足线性性: 任意给定 $A, B, C \in L(\mathcal{X}, \mathcal{Y})$ 和 $\alpha, \beta \in \mathbb{C}$，有

$$\langle A, \alpha B + \beta C \rangle = \alpha \langle A, B \rangle + \beta \langle A, C \rangle. \tag{1.82}$$

2. 共轭对称性: 任意给定 $A, B \in L(\mathcal{X}, \mathcal{Y})$，有

$$\langle A, B \rangle = \overline{\langle B, A \rangle}. \tag{1.83}$$

3. 非负性: 任意给定 $A \in L(\mathcal{X}, \mathcal{Y})$，$\langle A, A \rangle \geqslant 0$，当且仅当 $A = 0$ 时等号成立.

给定 $\mathcal{X} = \mathbb{C}^{\Sigma}$，方算子 $X \in L(\mathcal{X})$ 的行列式定义如下:

$$\mathrm{Det}(X) = \sum_{\pi \in \mathrm{Sym}(\Sigma)} \mathrm{sign}(\pi) \prod_{a \in \Sigma} X(a, \pi(a)). \tag{1.84}$$

这里 $\mathrm{Sym}(\Sigma)$ 表示所有置换 $\pi : \Sigma \to \Sigma$ 的集合，$\mathrm{sign}(\pi) \in \{-1, +1\}$ 表示置换 π 的符号 (奇偶性). 行列式是可以相乘的，对任意给定的 $X, Y \in \mathrm{L}(\mathcal{X})$，

$$\mathrm{Det}(XY) = \mathrm{Det}(X)\,\mathrm{Det}(Y), \tag{1.85}$$

并且当且仅当 X 可逆时 $\mathrm{Det}(X) \neq 0$.

1.1.2.9 本征向量与本征值

若 $X \in \mathrm{L}(\mathcal{X})$ 是一个算子，$u \in \mathcal{X}$ 是一个非零向量，且对一些 $\lambda \in \mathbb{C}$，满足

$$Xu = \lambda u, \tag{1.86}$$

则 u 是 X 的一个本征向量，而 λ 是其对应的本征值.

任意给定一个算子 $X \in \mathrm{L}(\mathcal{X})$，

$$p_X(\alpha) = \mathrm{Det}(\alpha \mathbb{1}_\mathcal{X} - X) \tag{1.87}$$

是一个关于变量 α 的首一多项式，且其度为 $\dim(\mathcal{X})$，这个多项式称为 X 的特征多项式. X 的谱记为 $\mathrm{spec}(X)$，是一个包含多项式 p_X 的所有根的多重集，其中每个根出现的次数等于它在集合中出现的次数. 由于 p_X 是首一的，所以它满足

$$p_X(\alpha) = \prod_{\lambda \in \mathrm{spec}(X)} (\alpha - \lambda). \tag{1.88}$$

每个元素 $\lambda \in \mathrm{spec}(X)$ 都必须是 X 的一个本征值，并且每个 X 的本征值都属于集合 $\mathrm{spec}(X)$.

任意给定算子 $X \in \mathrm{L}(\mathcal{X})$，它的迹和行列式可以采用谱的形式表示如下：

$$\mathrm{Tr}(X) = \sum_{\lambda \in \mathrm{spec}(X)} \lambda \quad \text{和} \quad \mathrm{Det}(X) = \prod_{\lambda \in \mathrm{spec}(X)} \lambda. \tag{1.89}$$

算子 $X \in \mathrm{L}(\mathcal{X})$ 的谱半径是指值最大的 $|\lambda|$，其中 λ 取遍 X 的所有本征值. 任意给定算子 $X, Y \in \mathrm{L}(\mathcal{X})$，满足

$$\mathrm{spec}(XY) = \mathrm{spec}(YX). \tag{1.90}$$

1.1.2.10 Lie 括号中心化子

任意给定 $X, Y \in \mathcal{A}$ 与 $\alpha \in \mathbb{C}$，当一个算子集合 $\mathcal{A} \subseteq \mathrm{L}(\mathcal{X})$ 对加法、标量乘法和算子组合封闭时，它是 $\mathrm{L}(\mathcal{X})$ 的一个子代数.

$$X + Y \in \mathcal{A}, \quad \alpha X \in \mathcal{A} \quad \text{且} \quad XY \in \mathcal{A}. \tag{1.91}$$

当 $\mathrm{L}(\mathcal{X})$ 的一个子代数 $\mathcal{A}$ 对所有的 $X \in \mathcal{A}$ 满足 $X^* \in \mathcal{A}$ 时，称它是自伴的；当 $\mathbb{1} \in \mathcal{A}$ 时，称它是有幺元的.

对任意给定的算子对 $X, Y \in L(\mathcal{X})$，Lie 括号 $[X, Y] \in L(\mathcal{X})$ 定义为

$$[X, Y] = XY - YX. \tag{1.92}$$

当且仅当 X 和 Y 是可对易的 $(XY = YX)$ 时，$[X, Y] = 0$. 任意给定一个算子子集 $\mathcal{A} \subseteq L(\mathcal{X})$，我们定义 $\mathcal{A}$ 导出的中心化子为

$$\mathrm{comm}(\mathcal{A}) = \{ Y \in L(\mathcal{X}) : [X, Y] = 0, \text{对所有的 } X \in \mathcal{A} \}. \tag{1.93}$$

$L(\mathcal{X})$ 的每个子集导出的中心化子是 $L(\mathcal{X})$ 中的一个保幺子代数.

1.1.2.11　一些重要的算子类

下面的几类算子在量子信息理论中特别重要：

1. **正规算子**. 当一个算子 $X \in L(\mathcal{X})$ 与它的伴随算子可对易 $([X, X^*] = 0$，即 $XX^* = X^*X)$ 时，它是正规的. 在本书中，这类算子的重要性主要在于两点：正规算子是满足谱定理（将在 1.1.3 节讨论到）的算子；下面所讨论的一些特殊算子类都是正规算子类的子集.

2. **Hermite 算子**. 当 $X = X^*$ 时，算子 $X \in L(\mathcal{X})$ 是 Hermite 算子. 在本书中，从这里开始，作用在复欧几里得空间 $\mathcal{X}$ 上的 Hermite 算子的集合将记为 $\mathrm{Herm}(\mathcal{X})$：

$$\mathrm{Herm}(\mathcal{X}) = \{ X \in L(\mathcal{X}) : X = X^* \}. \tag{1.94}$$

每一个 Hermite 算子都是一个正规算子.

3. **半正定算子**. 当一个算子 $X \in L(\mathcal{X})$ 对某些 $Y \in L(\mathcal{X})$ 满足 $X = Y^*Y$ 时，它是半正定的. 在本书中，为了方便，半正定算子通常将会用 P、Q 及 R 表示. 作用在复欧几里得空间 $\mathcal{X}$ 上的半正定算子的集合将记为 $\mathrm{Pos}(\mathcal{X})$，即

$$\mathrm{Pos}(\mathcal{X}) = \{ Y^*Y : Y \in L(\mathcal{X}) \}. \tag{1.95}$$

每一个半正定算子都是一个 Hermite 算子.

4. **正定算子**. 当一个半正定算子 $P \in \mathrm{Pos}(\mathcal{X})$ 不仅是半正定的而且是可逆的时，它是正定的. 记号

$$\mathrm{Pd}(\mathcal{X}) = \{ P \in \mathrm{Pos}(\mathcal{X}) : \mathrm{Det}(P) \neq 0 \} \tag{1.96}$$

用来表示复欧几里得空间 $\mathcal{X}$ 中的这类算子.

5. **密度算子**. 迹为 1 的半正定算子称为密度算子. 为了方便，我们一般用小写的希腊字母，例如 ρ、ξ 与 σ 表示密度算子. 记号

$$D(\mathcal{X}) = \{ \rho \in \mathrm{Pos}(\mathcal{X}) : \mathrm{Tr}(\rho) = 1 \} \tag{1.97}$$

将用来表示作用在复欧几里得空间 $\mathcal{X}$ 上的所有密度算子的集合.

6. **投影算子.** 当一个半正定算子 $\Pi \in \text{Pos}(\mathcal{X})$ 不仅是半正定的而且满足 $\Pi^2 = \Pi$ 时，它是投影算子$^{\ominus}$. 等价地，投影算子是一个本征值只为 0 和 1 的 Hermite 算子. 所有形式如 $\Pi \in \text{Pos}(\mathcal{X})$ 的投影算子的集合记为 $\text{Proj}(\mathcal{X})$. 任意给定一个子空间 $\mathcal{V} \subseteq \mathcal{X}$，存在唯一定义的投影算子 $\Pi \in \text{Proj}(\mathcal{X})$ 使得 $\text{im}(\Pi) = \mathcal{V}$；方便时，我们使用记号 $\Pi_{\mathcal{V}}$ 来表示这个投影算子.

7. **等距算子.** 当一个算子 $A \in \text{L}(\mathcal{X}, \mathcal{Y})$ 对所有的 $u \in \mathcal{X}$ 保持欧几里得范数不变（$\|Au\| = \|u\|$）时，它是等距算子. 这个条件等价于 $A^* A = \mathbb{1}_{\mathcal{X}}$. 记号

$$\text{U}(\mathcal{X}, \mathcal{Y}) = \left\{ A \in \text{L}(\mathcal{X}, \mathcal{Y}) : A^* A = \mathbb{1}_{\mathcal{X}} \right\} \tag{1.98}$$

用来表示这类算子的集合. 为了使得形式如 $A \in \text{U}(\mathcal{X}, \mathcal{Y})$ 的等距算子存在，必须满足 $\dim(\mathcal{Y}) \geqslant \dim(\mathcal{X})$. 每一个等距算子不仅保持欧几里得范数不变，而且对所有的 $u, v \in \mathcal{X}$ 保持内积不变：$\langle Au, Av \rangle = \langle u, v \rangle$.

8. **酉算子.** 将复欧几里得空间 $\mathcal{X}$ 映射到自身的等距算子的集合记为 $\text{U}(\mathcal{X})$，这个集合的算子是酉算子. 在本书中，U、V 与 W 通常用来表示酉算子（有时也表示比酉算子更一般的等距算子）. 每个酉算子 $U \in \text{U}(\mathcal{X})$ 都必然可逆且满足等式 $UU^* = U^*U = \mathbb{1}_{\mathcal{X}}$，因此它也是正规的.

9. **对角算子.** 给定一个复欧几里得空间 $\mathcal{X} = \mathbb{C}^{\Sigma}$，当一个算子 $X \in \text{L}(\mathcal{X})$ 对所有的 $a, b \in \Sigma$ 满足 $X(a, b) = 0$，其中 $a \neq b$ 时，它是对角算子. 给定一个向量 $u \in \mathcal{X}$，我们用 $\text{Diag}(u) \in \text{L}(\mathcal{X})$ 来表示如下定义的对角算子

$$\text{Diag}(u)(a, b) = \begin{cases} u(a) & a = b \\ 0 & a \neq b. \end{cases} \tag{1.99}$$

1.1.2.12　关于 Hermite 和半正定算子的进一步讨论

两个 Hermite 算子之和是 Hermite 算子，Hermite 算子乘以一个实数也是 Hermite 算子. 两个 Hermite 算子的内积也是实数. 因此，任意给定一个复欧几里得空间 $\mathcal{X}$，空间 $\text{Herm}(\mathcal{X})$ 构成一个实数上的向量空间，在其上定义内积.

确实，假定 $\mathcal{X} = \mathbb{C}^{\Sigma}$，空间 $\text{Herm}(\mathcal{X})$ 与实欧几里得空间 $\mathbb{R}^{\Sigma \times \Sigma}$ 是等距同构的：存在一个线性双射

$$\phi : \mathbb{R}^{\Sigma \times \Sigma} \to \text{Herm}(\mathcal{X}) \tag{1.100}$$

对所有的 $u, v \in \mathbb{R}^{\Sigma \times \Sigma}$，使得

$$\langle \phi(u), \phi(v) \rangle = \langle u, v \rangle. \tag{1.101}$$

$\ominus$　在有些其他文献中，投影算子指一个算子 $X \in \text{L}(\mathcal{X})$ 满足 $X^2 = X$，但它可能不是 Hermite 算子. 这不是与本书中该术语相关的含义.

这个线性双射的存在让我们可以把许多实欧几里得空间的性质直接转换成作用在复欧几里得空间上的 Hermite 算子所形成的空间的性质.

一种定义上述映射 ϕ 的方法如下. 首先, 我们固定 Σ 上的一个全序, 并且定义一个集合

$$\{H_{a,b} : (a,b) \in \Sigma \times \Sigma\} \subset \mathrm{Herm}(\mathcal{X}), \tag{1.102}$$

对其中任意的 $(a,b) \in \Sigma \times \Sigma$,

$$H_{a,b} = \begin{cases} E_{a,a} & a = b \\ \dfrac{1}{\sqrt{2}}(E_{a,b} + E_{b,a}) & a < b \\ \dfrac{1}{\sqrt{2}}(\mathrm{i}E_{a,b} - \mathrm{i}E_{b,a}) & a > b. \end{cases} \tag{1.103}$$

式 (1.102) 是一个规范正交集 (对应平常定义在 $\mathrm{L}(\mathcal{X})$ 上的内积), 并且每一个 $\mathrm{Herm}(\mathcal{X})$ 的元素可以唯一地写成这个集合上的算子的实线性组合. 我们定义映射 ϕ 为

$$\phi\big(e_{(a,b)}\big) = H_{a,b}, \tag{1.104}$$

同时由线性性扩展至所有的 $\mathbb{R}^{\Sigma \times \Sigma}$, 这个映射可满足式 (1.101) 的要求.

Hermite 算子的本征值一定是实数, 因此可以从大到小排序. 任意给定复欧几里得空间 $\mathcal{X}$ 和 Hermite 算子 $H \in \mathrm{Herm}(\mathcal{X})$, 定义向量

$$\lambda(H) = (\lambda_1(H),\ \lambda_2(H),\ \cdots,\ \lambda_n(H)) \in \mathbb{R}^n \tag{1.105}$$

使得

$$\mathrm{spec}(H) = \big\{\lambda_1(H),\ \lambda_2(H),\ \cdots,\ \lambda_n(H)\big\} \tag{1.106}$$

且

$$\lambda_1(H) \geqslant \lambda_2(H) \geqslant \cdots \geqslant \lambda_n(H). \tag{1.107}$$

记号 $\lambda_k(H)$ 也用来单独表示 Hermite 算子 H 的第 k 大本征值.

Hermite 算子的本征值可由 Courant-Fischer 定理刻画.

定理 1.2 (Courant-Fischer 定理)　令 $\mathcal{X}$ 为 n 维复欧几里得空间并且令 $H \in \mathrm{Herm}(\mathcal{X})$ 为 Hermite 算子. 对每一个 $k \in \{1, \cdots, n\}$, 有

$$\begin{aligned} \lambda_k(H) &= \max_{\substack{u_1, \cdots, u_{n-k} \in \mathcal{S}(\mathcal{X})}} \min_{\substack{v \in \mathcal{S}(\mathcal{X}) \\ v \perp \{u_1, \cdots, u_{n-k}\}}} v^* H v \\ &= \min_{\substack{u_1, \cdots, u_{k-1} \in \mathcal{S}(\mathcal{X})}} \max_{\substack{v \in \mathcal{S}(\mathcal{X}) \\ v \perp \{u_1, \cdots, u_{k-1}\}}} v^* H v \end{aligned} \tag{1.108}$$

(如果在一个向量的空集里取值, 则可以将最大值或最小值忽略, 并且对所有的 $v \in \mathcal{X}$, 有 $v \perp \varnothing$).

在不同的情况下，我们还可以用不同的方法来描述半正定算子. 特别是，以下对算子 $P \in \mathrm{L}(\mathcal{X})$ 的陈述都是等价的：

1. P 是半正定的.
2. 对于某些复欧几里得空间 $\mathcal{Y}$，存在算子 $A \in \mathrm{L}(\mathcal{X}, \mathcal{Y})$ 使得 $P = A^*A$.
3. P 是 Hermite 的，同时 P 的每个本征值都是非负的.
4. 对所有的 $u \in \mathcal{X}$，满足 $\langle u, Pu \rangle$ 是非负的实数.
5. 对所有的 $Q \in \mathrm{Pos}(\mathcal{X})$，满足 $\langle Q, P \rangle$ 是非负的实数.
6. 存在一个向量集 $\{u_a : a \in \Sigma\} \subset \mathcal{X}$ 使得 $P(a,b) = \langle u_a, u_b \rangle$ 对所有的 $a, b \in \Sigma$ 成立.
7. 在某些复欧几里得空间 $\mathcal{Y}$ 中，存在一组向量集 $\{u_a : a \in \Sigma\} \subset \mathcal{Y}$ 使得 $P(a,b) = \langle u_a, u_b \rangle$ 对所有的 $a, b \in \Sigma$ 成立.

沿着相似的思路，我们可以得到以下对算子 $P \in \mathrm{L}(\mathcal{X})$ 的陈述都是等价的：

1. P 是正定的.
2. P 是 Hermite 的，同时 P 的每个本征值是正的.
3. 对每一个非零的 $u \in \mathcal{X}$，满足 $\langle u, Pu \rangle$ 是正实数.
4. 对每一个非零的 $Q \in \mathrm{Pos}(\mathcal{X})$，满足 $\langle Q, P \rangle$ 是正实数.
5. 存在一个正实数 $\varepsilon > 0$ 使得 $P - \varepsilon \mathbb{1} \in \mathrm{Pos}(\mathcal{X})$.

记号 $P \geqslant 0$ 和 $0 \leqslant P$ 表示 P 是半正定的，$P > 0$ 和 $0 < P$ 表示 P 是正定的. 更为一般地，对于 Hermite 算子 X 与 Y，我们用 $X \geqslant Y$ 或 $Y \leqslant X$ 表示 $X - Y$ 是半正定的，$X > Y$ 或 $Y < X$ 表示 $X - Y$ 是正定的.

1.1.2.13　方算子的线性映射

给定复欧几里得空间 $\mathcal{X}$ 和 $\mathcal{Y}$，形式如

$$\Phi : \mathrm{L}(\mathcal{X}) \to \mathrm{L}(\mathcal{Y}) \tag{1.109}$$

的线性映射在量子信息理论中发挥着重要作用. 这类映射的集合记为 $\mathrm{T}(\mathcal{X}, \mathcal{Y})$，它本身是一个复向量空间，我们直接在上面定义加法和标量乘法：

1. 加法：给定两个映射 $\Phi, \Psi \in \mathrm{T}(\mathcal{X}, \mathcal{Y})$，对所有的 $X \in \mathrm{L}(\mathcal{X})$，映射 $\Phi + \Psi \in \mathrm{T}(\mathcal{X}, \mathcal{Y})$ 定义为

$$(\Phi + \Psi)(X) = \Phi(X) + \Psi(X). \tag{1.110}$$

2. 标量乘法：给定一个映射 $\Phi \in \mathrm{T}(\mathcal{X}, \mathcal{Y})$ 和一个标量 $\alpha \in \mathbb{C}$，对所有的 $X \in \mathrm{L}(\mathcal{X})$，映射 $\alpha\Phi \in \mathrm{T}(\mathcal{X}, \mathcal{Y})$ 定义为

$$(\alpha\Phi)(X) = \alpha\Phi(X). \tag{1.111}$$

给定一个映射 $\Phi \in \mathrm{T}(\mathcal{X}, \mathcal{Y})$，$\Phi$ 的伴随定义为唯一的映射 $\Phi^* \in \mathrm{T}(\mathcal{Y}, \mathcal{X})$ 对所有的 $X \in \mathrm{L}(\mathcal{X})$ 和 $Y \in \mathrm{L}(\mathcal{Y})$ 满足

$$\langle \Phi^*(Y), X \rangle = \langle Y, \Phi(X) \rangle. \tag{1.112}$$

形式如式 (1.109) 的映射的张量积与算子的张量积定义类似. 具体来说, 对任意给定的复欧几里得空间 $\mathcal{X}_1, \cdots, \mathcal{X}_n$ 及 $\mathcal{Y}_1, \cdots, \mathcal{Y}_n$ 和线性映射

$$\Phi_1 \in T(\mathcal{X}_1, \mathcal{Y}_1), \cdots, \Phi_n \in T(\mathcal{X}_n, \mathcal{Y}_n), \tag{1.113}$$

我们定义这些映射的张量积

$$\Phi_1 \otimes \cdots \otimes \Phi_n \in T(\mathcal{X}_1 \otimes \cdots \otimes \mathcal{X}_n, \mathcal{Y}_1 \otimes \cdots \otimes \mathcal{Y}_n) \tag{1.114}$$

为唯一的线性映射, 对所有的算子 $X_1 \in L(\mathcal{X}_1), \cdots, X_n \in L(\mathcal{X}_n)$ 满足

$$(\Phi_1 \otimes \cdots \otimes \Phi_n)(X_1 \otimes \cdots \otimes X_n) = \Phi_1(X_1) \otimes \cdots \otimes \Phi_n(X_n). \tag{1.115}$$

与向量和算子一样, 记号 $\Phi^{\otimes n}$ 表示映射 Φ 自身的 n 重张量积.

记号 $T(\mathcal{X})$ 可以理解为 $T(\mathcal{X}, \mathcal{X})$ 的缩写. 对所有的 $X \in L(\mathcal{X})$, 单位映射 $\mathbb{1}_{L(\mathcal{X})} \in T(\mathcal{X})$ 定义为

$$\mathbb{1}_{L(\mathcal{X})}(X) = X. \tag{1.116}$$

作用在 $\mathcal{X}$ 上的方算子的迹函数可以定义为一个形式如下的线性映射:

$$\mathrm{Tr} : L(\mathcal{X}) \to \mathbb{C}. \tag{1.117}$$

令 $L(\mathbb{C}) = \mathbb{C}$, 我们可以看到迹函数是一个形式如下的线性映射:

$$\mathrm{Tr} \in T(\mathcal{X}, \mathbb{C}). \tag{1.118}$$

对于第二个复欧几里得空间 $\mathcal{Y}$, 我们可以考虑映射

$$\mathrm{Tr} \otimes \mathbb{1}_{L(\mathcal{Y})} \in T(\mathcal{X} \otimes \mathcal{Y}, \mathcal{Y}). \tag{1.119}$$

根据上面所述张量积的定义, 这是唯一的映射, 对所有的算子 $X \in L(\mathcal{X})$ 和 $Y \in L(\mathcal{Y})$, 满足

$$(\mathrm{Tr} \otimes \mathbb{1}_{L(\mathcal{Y})})(X \otimes Y) = \mathrm{Tr}(X)Y. \tag{1.120}$$

这个映射称为偏迹, 通常记为 $\mathrm{Tr}_\mathcal{X}$. 根据一样的思想, 映射 $\mathrm{Tr}_\mathcal{Y} \in T(\mathcal{X} \otimes \mathcal{Y}, \mathcal{X})$ 定义为

$$\mathrm{Tr}_\mathcal{Y} = \mathbb{1}_{L(\mathcal{X})} \otimes \mathrm{Tr}. \tag{1.121}$$

这些映射更为一般的情况可以定义为三个或更多的复欧几里得空间的张量积.

本书将会详细讨论形如式 (1.109) 的下面几种映射:

1. **保 Hermite 映射.** 一个映射 $\Phi \in T(\mathcal{X}, \mathcal{Y})$ 是保 Hermite 映射, 如果它对每一个 Hermite 算子 $H \in \mathrm{Herm}(\mathcal{X})$ 满足

$$\Phi(H) \in \mathrm{Herm}(\mathcal{Y}). \tag{1.122}$$

2. **正映射**. 一个映射 $\Phi \in T(\mathcal{X}, \mathcal{Y})$ 是正映射, 如果它对每一个半正定算子 $P \in \text{Pos}(\mathcal{X})$ 满足

$$\Phi(P) \in \text{Pos}(\mathcal{Y}). \tag{1.123}$$

3. **全正映射**. 一个映射 $\Phi \in T(\mathcal{X}, \mathcal{Y})$ 是全正映射, 如果它对每一个复欧几里得空间 $\mathcal{Z}$ 满足

$$\Phi \otimes \mathbb{1}_{L(\mathcal{Z})}. \tag{1.124}$$

所有这种形式的全正映射的集合记为 $\text{CP}(\mathcal{X}, \mathcal{Y})$.

4. **保迹映射**. 一个映射 $\Phi \in T(\mathcal{X}, \mathcal{Y})$ 是保迹映射, 如果它对每一个 $X \in L(\mathcal{X})$ 满足

$$\text{Tr}(\Phi(X)) = \text{Tr}(X). \tag{1.125}$$

5. **保幺映射**. 一个映射 $\Phi \in T(\mathcal{X}, \mathcal{Y})$ 是保幺映射, 如果

$$\Phi(\mathbb{1}_{\mathcal{X}}) = \mathbb{1}_{\mathcal{Y}}. \tag{1.126}$$

这些类型的映射将在第 2 和 4 章中详细讨论.

1.1.2.14 算子–向量对应

任意给定复欧几里得空间 $\mathcal{X} = \mathbb{C}^{\Sigma}$ 和 $\mathcal{Y} = \mathbb{C}^{\Gamma}$, 空间 $L(\mathcal{Y}, \mathcal{X})$ 与 $\mathcal{X} \otimes \mathcal{Y}$ 之间存在一个对应关系, 在本书中我们将会反复用到这一概念. 这个对应关系可以由如下线性映射给出:

$$\text{vec} : L(\mathcal{Y}, \mathcal{X}) \to \mathcal{X} \otimes \mathcal{Y}, \tag{1.127}$$

对所有的 $a \in \Sigma$ 和 $b \in \Gamma$, 满足

$$\text{vec}(E_{a,b}) = e_a \otimes e_b. \tag{1.128}$$

换句话说, 这种映射是转换基, 把 $L(\mathcal{Y}, \mathcal{X})$ 的标准基转换为 $\mathcal{X} \otimes \mathcal{Y}$ 的标准基. 根据线性性, 对所有的 $u \in \mathcal{X}$ 与 $v \in \mathcal{Y}$, 满足

$$\text{vec}(uv^*) = u \otimes \bar{v}. \tag{1.129}$$

通过分别设定 $v = 1$ 和 $u = 1$, 我们有特别的情况

$$\text{vec}(u) = u \quad 和 \quad \text{vec}(v^*) = \bar{v}. \tag{1.130}$$

映射 vec 是一个线性双射, 这意味着每一个向量 $u \in \mathcal{X} \otimes \mathcal{Y}$ 唯一地确定一个算子 $A \in L(\mathcal{Y}, \mathcal{X})$ 使得 $\text{vec}(A) = u$. 它也是等距的, 因为对所有的 $A, B \in L(\mathcal{Y}, \mathcal{X})$, 有

$$\langle A, B \rangle = \langle \text{vec}(A), \text{vec}(B) \rangle. \tag{1.131}$$

在本书中, 一些有关 vec 映射的特定等式将会有特别有用. 一个这样的等式是, 对所有的算子 $A_0 \in L(\mathcal{X}_0, \mathcal{Y}_0)$、$A_1 \in L(\mathcal{X}_1, \mathcal{Y}_1)$ 及 $B \in L(\mathcal{X}_1, \mathcal{X}_0)$ 和任意给定的复欧几里得空间 $\mathcal{X}_0$、$\mathcal{X}_1$ $\mathcal{Y}_0$ 及 $\mathcal{Y}_1$, 满足

$$(A_0 \otimes A_1) \text{vec}(B) = \text{vec}(A_0 B A_1^{\mathsf{T}}). \tag{1.132}$$

另外的两个等式是, 任意给定复欧几里得空间 $\mathcal{X}$ 与 $\mathcal{Y}$, 对所有的 $A, B \in \mathrm{L}(\mathcal{Y}, \mathcal{X})$, 满足

$$\mathrm{Tr}_{\mathcal{Y}}\big(\mathrm{vec}(A)\,\mathrm{vec}(B)^*\big) = AB^*, \tag{1.133}$$

$$\mathrm{Tr}_{\mathcal{X}}\big(\mathrm{vec}(A)\,\mathrm{vec}(B)^*\big) = A^{\mathsf{T}}\overline{B}. \tag{1.134}$$

1.1.3 算子的分解与范数

在本小节中, 我们将讨论算子的两种分解－谱分解和奇异值分解, 以及一些相关的概念. 在这些概念中, 有一类算子的范数, 称为 Schatten 范数, 包括迹范数、Frobenius 范数和谱范数. 这三种范数在本书中将会常常使用.

1.1.3.1 谱定理

谱定理指出, 每一个正规算子都可以表示为其正交子空间上的投影的线性组合. 正式的谱定理陈述如下.

定理 1.3 (谱定理) 令 $\mathcal{X}$ 为一个复欧几里得空间, $X \in \mathrm{L}(\mathcal{X})$ 为一个正规算子. 存在一个正整数 m、不同的复数 $\lambda_1, \cdots, \lambda_m \in \mathbb{C}$ 和非零投影算子 $\Pi_1, \cdots, \Pi_m \in \mathrm{Proj}(\mathcal{X})$ 满足 $\Pi_1 + \cdots + \Pi_m = \mathbb{1}_{\mathcal{X}}$, 使得

$$X = \sum_{k=1}^{m} \lambda_k \Pi_k. \tag{1.135}$$

如果我们不考虑排序, 则标量 $\lambda_1, \cdots, \lambda_m$ 和投影算子 $\Pi_1, \cdots, \Pi_m$ 是唯一的: 每一个标量 λ_k 是 X 的本征值, 它的重数等于 Π_k 的秩, 同时 Π_k 是投影到 X 的本征值 λ_k 对应的本征向量张成的子空间的算子.

正规算子 X 形如式 (1.135) 的分解称为 X 的谱分解.

谱分解定理的一个简单的推论如下. 它表达的内容基本上与谱定理相同, 但是其形式稍微有点不同, 本书后面的部分有时将会使用到.

推论 1.4 令 $\mathcal{X}$ 为一个 n 维复欧几里得空间, $X \in \mathrm{L}(\mathcal{X})$ 为正规算子, 假设

$$\mathrm{spec}(X) = \{\lambda_1, \cdots, \lambda_n\}. \tag{1.136}$$

则 $\mathcal{X}$ 中存在一组规范正交基 $\{x_1, \cdots, x_n\}$ 使得

$$X = \sum_{k=1}^{n} \lambda_k x_k x_k^*. \tag{1.137}$$

根据式 (1.137) 和集合 $\{x_1, \cdots, x_n\}$ 是一组规范正交基的要求, 我们可以明显看出每一个 x_k 都是 X 的本征向量, 其对应的本征值为 λ_k. 同时, 我们也可以知道任意一个可以表示成形式如式 (1.137) 的算子 X 是正规的, 意味着正规性和由本征向量组成的规范正交基的存在性是等价的.

在本书的一些地方, 为了方便, 我们用字母表 Σ 里的符号标示给定正规算子 $X \in \mathrm{L}(\mathbb{C}^{\Sigma})$ 的本征向量和本征值, 而不是集合 $\{1, \cdots, n\}$ (其中 $n = |\Sigma|$) 里的整数. 根据推论 1.4, 我们

马上得出，一个正规算子 $X \in \mathrm{L}(\mathbb{C}^\Sigma)$ 可以分解成

$$X = \sum_{a \in \Sigma} \lambda_a x_a x_a^*, \tag{1.138}$$

其中 $\{x_a : a \in \Sigma\}$ 为 $\mathbb{C}^\Sigma$ 的某些规范正交基，$\{\lambda_a : a \in \Sigma\}$ 为一组复数. 确实，这组表达式可以由式 (1.137) 得到，我们只要用任意的双射把字母表的符号与集合 $\{1, \cdots, n\}$ 中的整数关联起来.

我们称形式如式 (1.137) 或式 (1.138) 的算子表达式为谱分解，尽管事实上它们与式 (1.135) 的形式略微不同. 不像式 (1.135)，式 (1.137) 和式 (1.138) 的形式通常是不唯一的. 沿着这个思路，术语谱定理有时指的是推论 1.4 的陈述，而不是定理 1.3 的陈述. 在不会产生任何混淆的危险的条件下，这些惯例贯穿了本书.

下面的重要定理指出，当两个正规算子可对易时，我们可以选择本征向量的相同规范正交基.

定理 1.5 令 $\mathcal{X}$ 为 n 维复欧几里得空间，$X, Y \in \mathrm{L}(\mathcal{X})$ 为满足 $[X, Y] = 0$ 的正规算子. 存在 $\mathcal{X}$ 的一组规范正交基 $\{x_1, \cdots, x_n\}$，使得

$$X = \sum_{k=1}^{n} \alpha_k x_k x_k^* \quad \text{和} \quad Y = \sum_{k=1}^{n} \beta_k x_k x_k^*, \tag{1.139}$$

其中 $\alpha_1, \cdots, \alpha_n, \beta_1, \cdots, \beta_n$ 为满足

$$\mathrm{spec}(X) = \{\alpha_1, \cdots, \alpha_n\} \quad \text{和} \quad \mathrm{spec}(Y) = \{\beta_1, \cdots, \beta_n\} \tag{1.140}$$

的一些复数.

1.1.3.2 Jordan-Hahn 分解

每一个 Hermite 算子都是正规的且有实本征值. 因此，对每一个 Hermite 算子 $H \in \mathrm{Herm}(\mathcal{X})$，我们从谱定理 (定理 1.3) 可以得到下面的结论：存在一个正整数 m 和非零的投影算子 $\Pi_1, \cdots, \Pi_m$ 满足

$$\Pi_1 + \cdots + \Pi_m = \mathbb{1}_{\mathcal{X}}, \tag{1.141}$$

以及实数 $\lambda_1, \cdots, \lambda_m$ 使得

$$H = \sum_{k=1}^{m} \lambda_k \Pi_k. \tag{1.142}$$

通过定义算子

$$P = \sum_{k=1}^{m} \max\{\lambda_k, 0\} \, \Pi_k \quad \text{和} \quad Q = \sum_{k=1}^{m} \max\{-\lambda_k, 0\} \, \Pi_k, \tag{1.143}$$

我们可以发现

$$H = P - Q, \tag{1.144}$$

其中 $P, Q \in \text{Pos}(\mathcal{X})$ 且满足 $PQ = 0$. 给定一个 Hermite 算子 H, 其如式 (1.144) 的分解称为 Jordan-Hahn 分解. 对给定的算子 $H \in \text{Herm}(\mathcal{X})$, 只存在一种这样的分解; 算子 P 和 Q 是由 $P, Q \in \text{Pos}(\mathcal{X})$、$PQ = 0$ 和 $H = P - Q$ 唯一定义的.

1.1.3.3   正规算子的函数

对给定的复欧几里得空间 $\mathcal{X}$, 根据谱定理 (定理 1.3), 每一个形式如 $f: \mathbb{C} \to \mathbb{C}$ 的函数都可以扩展到正规算子集合 $\text{L}(\mathcal{X})$ 上. 具体地, 若 $X \in \text{L}(\mathcal{X})$ 是正规的且有谱分解 (1.135), 则我们可以定义

$$f(X) = \sum_{k=1}^{m} f(\lambda_k)\Pi_k. \tag{1.145}$$

自然地, 只定义在 $\mathbb{C}$ 的子集上的函数可以相应地扩展到对本征值作约束的正规算子上.

以下将标量函数扩展到算子的例子将在此书中有很重要的作用:

1. 给定 $r > 0$, 对所有的 $\lambda \in [0, \infty)$, 定义函数 $\lambda \mapsto \lambda^r$. 给定半正定算子 $P \in \text{Pos}(\mathcal{X})$, 它有谱分解

$$P = \sum_{k=1}^{m} \lambda_k \Pi_k, \tag{1.146}$$

其中对所有的 $k \in \{1, \cdots, m\}$ 满足 $\lambda_k \geqslant 0$, 我们可以定义

$$P^r = \sum_{k=1}^{m} \lambda_k^r \Pi_k. \tag{1.147}$$

对给定的正整数 r, 显然 P^r 与通常意义下算子乘积的表示是一致的.

$r = 1/2$ 是一种特别常见的情况, 在这种情况下, 我们可以用 $\sqrt{P}$ 来表示 $P^{1/2}$. 算子 $\sqrt{P}$ 是唯一满足以下方程的半正定算子.

$$\sqrt{P}\sqrt{P} = P. \tag{1.148}$$

2. 沿着与上述例子相似的思路, 给定任意的实数 $r \in \mathbb{R}$, 对所有的 $\lambda \in (0, \infty)$, 定义函数 $\lambda \mapsto \lambda^r$. 给定一个正定算子 $P \in \text{Pd}(\mathcal{X})$, 其有一个如式 (1.146) 的谱分解, 其中对所有的 $k \in \{1, \cdots, m\}$ 满足 $\lambda_k > 0$, 我们可以用类似式 (1.147) 的形式定义 P^r.

3. 对所有的 $\lambda \in (0, \infty)$, 可以定义 (底为 2 的) 对数函数 $\lambda \mapsto \log(\lambda)$. 给定正定算子 $P \in \text{Pd}(\mathcal{X})$, 其有如式 (1.146) 的谱分解, 我们可以定义

$$\log(P) = \sum_{k=1}^{m} \log(\lambda_k)\Pi_k. \tag{1.149}$$

1.1.3.4   奇异值定理

奇异值定理与谱定理有非常紧密的关系. 然而与谱定理不同, 奇异值定理是对任意的 (非零) 算子都成立的, 而不仅仅是正规算子.

定理 1.6(奇异值定理)　对给定的复欧几里得空间 $\mathcal{X}$ 与 $\mathcal{Y}$，令 $A \in \mathrm{L}(\mathcal{X}, \mathcal{Y})$ 为一个非零算子且它的秩等于 r. 存在规范正交集 $\{x_1, \cdots, x_r\} \subset \mathcal{X}$ 和 $\{y_1, \cdots, y_r\} \subset \mathcal{Y}$ 以及正实数 $s_1, \cdots, s_r$，使得

$$A = \sum_{k=1}^{r} s_k y_k x_k^*. \tag{1.150}$$

给定算子 A，一个如式 (1.150) 的表达式称为 A 的一个奇异值分解. 数值 $s_1, \cdots, s_r$ 称为奇异值，向量 $x_1, \cdots, x_r$ 和 $y_1, \cdots, y_r$ 分别称为右奇异向量和左奇异向量.

在不考虑顺序的情况下，一个算子 A 的奇异值 $s_1, \cdots, s_r$ 是唯一确定的. 因此，从这里开始，我们假定奇异值总是从大排到小的：$s_1 \geqslant \cdots \geqslant s_r$. 当需要指出这些奇异值在算子中是第几个奇异值时，我们用 $s_1(A), \cdots, s_r(A)$ 标记. 尽管正式来讲，0 并非任何算子的奇异值，但是为了方便，对 $k > \mathrm{rank}(A)$，我们也定义了 $s_k(A) = 0$. 如果 $A = 0$，那么对所有的 $k \geqslant 1$，有 $s_k(A) = 0$. 记号 $s(A)$ 用来表示奇异值的向量：

$$s(A) = (s_1(A), \cdots, s_r(A)), \tag{1.151}$$

或者这个向量的一个扩充：

$$s(A) = (s_1(A), \cdots, s_m(A)), \tag{1.152}$$

其条件是我们方便把它看成 $\mathbb{R}^m$ 的一个元素，其中 $m > \mathrm{rank}(A)$.

如上所述，奇异值定理与谱定理之间存在密切的关系. 具体地说，一个算子 A 的奇异值分解和算子 A^*A 及 AA^* 的谱分解有着如下关系：对 $1 \leqslant k \leqslant \mathrm{rank}(A)$，满足

$$s_k(A) = \sqrt{\lambda_k(AA^*)} = \sqrt{\lambda_k(A^*A)}, \tag{1.153}$$

而且 A 的右奇异向量就是 A^*A 的本征向量，A 的左奇异向量就是 AA^* 的本征向量. 事实上，我们可以自由地选择 AA^* 的任意非零本征值对应的规范正交的本征向量集合为 A 的左奇异向量，而一旦确定以后，右奇异向量也被唯一确定下来. 同样，我们可以自由地选择 A^*A 的任意非零本征值对应的规范正交的本征向量集合为 A 的右奇异向量，而一旦确定以后，左奇异向量也被唯一确定下来.

在 $X \in \mathrm{L}(\mathcal{X})$ 为正规算子的特殊情况下，我们可以直接从其谱分解

$$X = \sum_{k=1}^{n} \lambda_k x_k x_k^* \tag{1.154}$$

中得到它的一个奇异值分解. 具体地，我们可以定义 $S = \{k \in \{1, \cdots, n\} : \lambda_k \neq 0\}$，且对每一个 $k \in S$，有

$$s_k = |\lambda_k| \quad \text{和} \quad y_k = \frac{\lambda_k}{|\lambda_k|} x_k. \tag{1.155}$$

只要我们把求和的标记调整一下，表达式

$$X = \sum_{k \in S} s_k y_k x_k^* \tag{1.156}$$

就是 X 的一个奇异值分解.

下面的推论是奇异值定理的另一种表示形式, 在有些情况下, 这种表示会很有用.

推论 1.7 令 $\mathcal{X}$ 与 $\mathcal{Y}$ 是复欧几里得空间, $A \in \mathrm{L}(\mathcal{X}, \mathcal{Y})$ 是非零算子, $r = \mathrm{rank}(A)$. 存在一个对角且正定的算子 $D \in \mathrm{Pd}(\mathbb{C}^r)$ 和等距算子 $U \in \mathrm{U}(\mathbb{C}^r, \mathcal{X})$ 与 $V \in \mathrm{U}(\mathbb{C}^r, \mathcal{Y})$ 使得 $A = VDU^*$.

1.1.3.5 极分解

对每一个方算子 $X \in \mathrm{L}(\mathcal{X})$, 我们可以选择一个半正定算子 $P \in \mathrm{Pos}(\mathcal{X})$ 和一个酉算子 $W \in \mathrm{U}(\mathcal{X})$ 使得等式

$$X = WP \tag{1.157}$$

成立. 根据推论 1.7, 取 $W = VU^*$ 和 $P = UDU^*$, 我们就可以得到上面的结论. 同样, 通过相似的推导, 我们可以得到

$$X = PW, \tag{1.158}$$

其中算子 (一般这些算子与式 (1.157) 的不同) $P \in \mathrm{Pos}(\mathcal{X})$ 且 $W \in \mathrm{U}(\mathcal{X})$. 式 (1.157) 和式 (1.158) 称为 X 的极分解.

1.1.3.6 Moore-Penrose 伪逆

对一个给定的算子 $A \in \mathrm{L}(\mathcal{X}, \mathcal{Y})$, 我们可以定义一个算子 $A^+ \in \mathrm{L}(\mathcal{Y}, \mathcal{X})$, 称为 A 的 Moore-Penrose 伪逆, 它是唯一满足下列属性的算子.

1. $AA^+A = A$.
2. $A^+AA^+ = A^+$.
3. AA^+ 和 A^+A 都是 Hermite 的.

显然至少存在一个这样的 A^+, 因为若

$$A = \sum_{k=1}^{r} s_k y_k x_k^* \tag{1.159}$$

是非零算子 A 的一个奇异值分解, 则

$$A^+ = \sum_{k=1}^{r} \frac{1}{s_k} x_k y_k^* \tag{1.160}$$

满足上面所列的三个属性. 我们可以发现 AA^+ 和 A^+A 是投影算子, 它们分别投影到由 A 的左奇异向量和右奇异向量所张成的空间.

事实上 A^+ 是唯一由上述等式确定的, 我们验证如下. 假定 $B, C \in \mathrm{L}(\mathcal{Y}, \mathcal{X})$ 同时满足上面的属性:

1. $ABA = A = ACA$.
2. $BAB = B$ 且 $CAC = C$.
3. AB、BA、AC 和 CA 都是 Hermite 的

我们可以得到

$$
\begin{aligned}
B = BAB &= (BA)^*B = A^*B^*B = (ACA)^*B^*B \\
&= A^*C^*A^*B^*B = (CA)^*(BA)^*B = CABAB \\
&= CAB = CACAB = C(AC)^*(AB)^* = CC^*A^*B^*A^* \\
&= CC^*(ABA)^* = CC^*A^* = C(AC)^* = CAC = C,
\end{aligned}
\tag{1.161}
$$

这就表明 $B = C$.

1.1.3.7　Schmidt 分解

令 $\mathcal{X}$ 和 $\mathcal{Y}$ 是复欧几里得空间, 同时假定 $u \in \mathcal{X} \otimes \mathcal{Y}$ 是非零向量. 给定双射 vec, 存在一个唯一的算子 $A \in \mathrm{L}(\mathcal{Y}, \mathcal{X})$ 使得 $u = \mathrm{vec}(A)$. 对任意的奇异值分解

$$
A = \sum_{k=1}^{r} s_k x_k y_k^*,
\tag{1.162}
$$

它满足

$$
u = \mathrm{vec}(A) = \mathrm{vec}\left(\sum_{k=1}^{r} s_k x_k y_k^*\right) = \sum_{k=1}^{r} s_k x_k \otimes \overline{y_k}.
\tag{1.163}
$$

$\{y_1, \cdots, y_r\}$ 的规范正交性意味着 $\{\overline{y_1}, \cdots, \overline{y_r}\}$ 也是规范正交的. 从而我们可以得到每一个非零的向量 $u \in \mathcal{X} \otimes \mathcal{Y}$ 都可以写成这种形式:

$$
u = \sum_{k=1}^{r} s_k x_k \otimes z_k,
\tag{1.164}
$$

其中 $s_1, \cdots, s_r$ 为正实数, $\{x_1, \cdots, x_r\} \subset \mathcal{X}$ 与 $\{z_1, \cdots, z_r\} \subset \mathcal{Y}$ 为规范正交集. u 的这种形式的表示称为 u 的一个 Schmidt 分解.

1.1.3.8　算子的范数

对于复欧几里得空间 $\mathcal{X}$ 与 $\mathcal{Y}$, 其算子空间 $\mathrm{L}(\mathcal{X}, \mathcal{Y})$ 上的一个范数是满足下面属性的 $\|\cdot\|$ 函数:

1. 非负性: 对所有的 $A \in \mathrm{L}(\mathcal{X}, \mathcal{Y})$, 有 $\|A\| \geqslant 0$; 当且仅当 $A = 0$ 时 $\|A\| = 0$.
2. 齐次性: 对所有的 $A \in \mathrm{L}(\mathcal{X}, \mathcal{Y})$ 与 $\alpha \in \mathbb{C}$, 有 $\|\alpha A\| = |\alpha| \|A\|$.
3. 三角不等式: 对所有的 $A, B \in \mathrm{L}(\mathcal{X}, \mathcal{Y})$, 有 $\|A + B\| \leqslant \|A\| + \|B\|$.

在算子空间上可以定义很多有趣且有用的范数, 但是在本书中, 我们主要关心一类范数, 它叫 Schatten p- 范数. 这类范数包含了我们在量子信息理论里面最常用的三种范数: 谱范数、Frobenius 范数和迹范数.

任意给定算子 $A \in \mathrm{L}(\mathcal{X}, \mathcal{Y})$ 和实数 $p \geqslant 1$, 我们可以定义 A 的 Schatten p- 范数为

$$
\|A\|_p = \left(\mathrm{Tr}\left((A^*A)^{\frac{p}{2}}\right)\right)^{\frac{1}{p}}.
\tag{1.165}
$$

Schatten ∞- 范数定义为

$$\|A\|_\infty = \max\{\|Au\| : u \in \mathcal{X}, \|u\| \leqslant 1\}, \tag{1.166}$$

它与 $\lim_{p \to \infty}\|A\|_p$ 一致, 这就是我们要用下标 ∞ 的原因. 一个算子 A 的 Schatten p- 范数与 A 的奇异值向量的一般向量 p- 范数是一致的:

$$\|A\|_p = \|s(A)\|_p. \tag{1.167}$$

Schatten p- 范数有很多属性, 总结如下:

1. Schatten p- 范数是不随 p 递增的: 对任意的 A 和 $1 \leqslant p \leqslant q \leqslant \infty$, 满足

$$\|A\|_p \geqslant \|A\|_q. \tag{1.168}$$

2. 对每一个非零算子 A 和 $1 \leqslant p \leqslant q \leqslant \infty$, 满足

$$\|A\|_p \leqslant \operatorname{rank}(A)^{\frac{1}{p} - \frac{1}{q}}\|A\|_q. \tag{1.169}$$

特别是, 我们有

$$\|A\|_1 \leqslant \sqrt{\operatorname{rank}(A)}\|A\|_2 \quad \text{和} \quad \|A\|_2 \leqslant \sqrt{\operatorname{rank}(A)}\|A\|_\infty. \tag{1.170}$$

3. 对每一个 $p \in [1, \infty]$, p- 范数是等距不变的 (当然也是酉不变的): 对每一个 $A \in \mathrm{L}(\mathcal{X}, \mathcal{Y})$、$U \in \mathrm{U}(\mathcal{Y}, \mathcal{Z})$ 和 $V \in \mathrm{U}(\mathcal{X}, \mathcal{W})$ 满足

$$\|A\|_p = \|UAV^*\|_p. \tag{1.171}$$

4. 对每一个 $p \in [1, \infty]$, 我们可以用下面的等式定义 $p^* \in [1, \infty]$:

$$\frac{1}{p} + \frac{1}{p^*} = 1. \tag{1.172}$$

对每一个算子 $A \in \mathrm{L}(\mathcal{X}, \mathcal{Y})$, 它的 Schatten p- 范数与 p^*- 范数是对偶的, 也就是

$$\|A\|_p = \max\{|\langle B, A\rangle| : B \in \mathrm{L}(\mathcal{X}, \mathcal{Y}), \|B\|_{p^*} \leqslant 1\}. \tag{1.173}$$

式 (1.173) 一个后续的结论就是不等式

$$|\langle B, A\rangle| \leqslant \|A\|_p\|B\|_{p^*}, \tag{1.174}$$

它称为 Schatten 范数的 Hölder 不等式.

5. 对算子 $A \in \mathrm{L}(\mathcal{Z}, \mathcal{W})$、$B \in \mathrm{L}(\mathcal{Y}, \mathcal{Z})$ 与 $C \in \mathrm{L}(\mathcal{X}, \mathcal{Y})$, 给定任意 $p \in [1, \infty]$, 满足

$$\|ABC\|_p \leqslant \|A\|_\infty\|B\|_p\|C\|_\infty. \tag{1.175}$$

因此 Schatten p- 范数是子乘性的:

$$\|AB\|_p \leqslant \|A\|_p\|B\|_p. \tag{1.176}$$

6. 对每一个 $p \in [1, \infty]$ 和 $A \in \mathrm{L}(\mathcal{X}, \mathcal{Y})$, 满足

$$\|A\|_p = \|A^*\|_p = \|A^\mathsf{T}\|_p = \|\overline{A}\|_p. \tag{1.177}$$

Schatten 1-范数通常称为迹范数, Schatten 2-范数称为 Frobenius 范数, Schatten ∞-范数称为谱范数或者是算子范数. 这三个范数的一些其他属性如下:

1. **谱范数**. 谱范数 $\|\cdot\|_\infty$ 在几点上是特别的. 根据谱范数的属性 (1.166), 我们容易看出它是从欧几里得范数中引导出来的. 它同时也有下面的属性: 对每一个 $A \in \mathrm{L}(\mathcal{X}, \mathcal{Y})$,

$$\|A^*A\|_\infty = \|AA^*\|_\infty = \|A\|_\infty^2. \tag{1.178}$$

从这里开始, 在本书中, 我们记一个算子 A 的谱范数为 $\|A\|$ 而不是 $\|A\|_\infty$, 这也表明这种范数是非常重要的.

2. **Frobenius 范数**. 把 $p = 2$ 代入 $\|\cdot\|_p$ 的定义中, 我们看到 Frobenius 范数 $\|\cdot\|_2$ 可以由下面的式子给出:

$$\|A\|_2 = \left(\mathrm{Tr}(A^*A)\right)^{\frac{1}{2}} = \sqrt{\langle A, A \rangle}, \tag{1.179}$$

因此它与向量的欧几里得范数相似, 只是定义在 $\mathrm{L}(\mathcal{X}, \mathcal{Y})$ 的内积上.

本质上, Frobenius 范数就是对应地把欧几里得范数里的算子看成向量:

$$\|A\|_2 = \|\mathrm{vec}(A)\| = \sqrt{\sum_{a,b} |A(a, b)|^2}, \tag{1.180}$$

其中 a 和 b 为 A 矩阵表示的索引.

3. **迹范数**. 将 $p = 1$ 代入 $\|\cdot\|_p$ 的定义中, 我们得到迹范数 $\|\cdot\|_1$ 如下:

$$\|A\|_1 = \mathrm{Tr}\left(\sqrt{A^*A}\right), \tag{1.181}$$

它等于 A 的奇异值之和. 对给定的两个密度算子 $\rho, \sigma \in \mathrm{D}(\mathcal{X})$, 数值 $\|\rho - \sigma\|_1$ 一般是指 ρ 与 σ 的迹距离.

对任意的方算子 $X \in \mathrm{L}(\mathcal{X})$, $\|X\|_1$ 的一种非常常用的表示形式是

$$\|X\|_1 = \max\{|\langle U, X \rangle| : U \in \mathrm{U}(\mathcal{X})\}, \tag{1.182}$$

它是由式 (1.167) 和奇异值定理 (定理 1.6) 得到的. 由上述表示, 我们可以得到迹范数在取偏迹的作用下是非增的: 对每一个算子 $X \in \mathrm{L}(\mathcal{X} \otimes \mathcal{Y})$, 满足

$$\begin{aligned}\|\mathrm{Tr}_\mathcal{Y}(X)\|_1 &= \max\{|\langle U \otimes \mathbb{1}_\mathcal{Y}, X \rangle| : U \in \mathrm{U}(\mathcal{X})\} \\ &\leqslant \max\{|\langle V, X \rangle| : V \in \mathrm{U}(\mathcal{X} \otimes \mathcal{Y})\} = \|X\|_1.\end{aligned} \tag{1.183}$$

等式

$$\|\alpha u u^* - \beta v v^*\|_1 = \sqrt{(\alpha + \beta)^2 - 4\alpha\beta|\langle u, v \rangle|^2} \tag{1.184}$$

对所有的单位向量 u, v 与非负实数 α, β 成立，我们在本书中将会多次用到这个等式. 我们可以通过考虑 $\alpha u u^* - \beta v v^*$ 的谱来证明上面的式子；这个算子是 Hermite 的，并且最多有两个非零的本征值，表示如下：

$$\frac{\alpha - \beta}{2} \pm \frac{1}{2}\sqrt{(\alpha + \beta)^2 - 4\alpha\beta|\langle u, v\rangle|^2}. \tag{1.185}$$

特别指出，对单位向量 u 和 v，我们有

$$\left\| u u^* - v v^* \right\|_1 = 2\sqrt{1 - |\langle u, v\rangle|^2}. \tag{1.186}$$

1.2　分析、凸性和概率论

本书将要展示的证明中的一部分将要用到分析、凸性和概率论中的概念. 下面的概述给出了这些概念的综述，这一综述主要关注本书的需要.

1.2.1　分析和凸性

本着同上一节关于线性代数的内容相同的精神，我们假设读者熟悉数学分析中最基本的概念，包括实数集的上确界和下确界、数列和极限，以及实数上的标准单变量微积分.

下面的讨论限制在有限维度的实向量空间及复向量空间上——并且读者需要注意，所述事实的一部分依赖于在有限维空间上这一假设. 在本小节的剩余部分，$\mathcal{V}$ 和 $\mathcal{W}$ 将表示有限维的实或复向量空间，在这些空间上我们定义了某些范数 $\|\cdot\|$. 除非有另外特别说明，否则该范数可以是任选的——因此在本节中，符号 $\|\cdot\|$ 并不必须表示欧几里得范数或谱范数.

1.2.1.1　开集和闭集

如果对于每一个 $u \in \mathcal{A}$，存在 $\varepsilon > 0$ 使得

$$\{v \in \mathcal{V} : \|u - v\| < \varepsilon\} \subseteq \mathcal{A}. \tag{1.187}$$

则集合 $\mathcal{A} \subseteq \mathcal{V}$ 是开的.

如果定义为

$$\mathcal{V} \backslash \mathcal{A} = \{v \in \mathcal{V} : v \notin \mathcal{A}\} \tag{1.188}$$

的 $\mathcal{V} \backslash \mathcal{A}$ 中的元素是开的，那么集合 $\mathcal{A} \subseteq \mathcal{V}$ 是闭的.

给定子集 $\mathcal{A} \subseteq \mathcal{B} \subseteq \mathcal{V}$，如果 $\mathcal{A}$ 是 $\mathcal{B}$ 和 $\mathcal{V}$ 中的某些开或闭的集合的交集，那么我们可以相应地定义 $\mathcal{A}$ 相对于 $\mathcal{B}$ 是开或闭的. 等价地，如果对于每一个 $u \in \mathcal{A}$，存在 $\varepsilon > 0$ 使得

$$\{v \in \mathcal{B} : \|u - v\| < \varepsilon\} \subseteq \mathcal{A}, \tag{1.189}$$

那么 $\mathcal{A}$ 相对于 $\mathcal{B}$ 是开的，并且如果 $\mathcal{B} \backslash \mathcal{A}$ 相对于 $\mathcal{B}$ 是开的，那么 $\mathcal{A}$ 相对于 $\mathcal{B}$ 是闭的.

对于子集 $\mathcal{A} \subseteq \mathcal{B} \subseteq \mathcal{V}$，我们可以定义 $\mathcal{A}$ 相对于 $\mathcal{B}$ 的闭包 为满足 $\mathcal{A} \subseteq \mathcal{C} \subseteq \mathcal{B}$ 和 $\mathcal{C}$ 相对于 $\mathcal{B}$ 是闭的这两个条件的所有子集 $\mathcal{C}$ 的交集. 换句话说，这是包含 $\mathcal{A}$ 的最小集合且相对于 $\mathcal{B}$ 是闭的. 如果 $\mathcal{A}$ 相对于 $\mathcal{B}$ 的闭包是 $\mathcal{B}$ 本身，那么称集合 $\mathcal{A}$ 是在 $\mathcal{B}$ 中稠密的.

1.2.1.2　连续函数

令 $f: \mathcal{A} \to \mathcal{W}$ 为一个定义在某些子集 $\mathcal{A} \subseteq \mathcal{V}$ 上的函数. 对于任意向量 $u \in \mathcal{A}$, 如果下面的说法成立, 那么函数 f 称为在 u 上连续: 对于每一个 $\varepsilon > 0$ 存在 $\delta > 0$ 使得

$$\|f(v) - f(u)\| < \varepsilon \tag{1.190}$$

对于所有满足 $\|u - v\| < \delta$ 的 $v \in \mathcal{A}$ 都成立. 如果 f 在每一个 $\mathcal{A}$ 中的向量上都是连续的, 那么我们可以说 f 是在 $\mathcal{A}$ 上连续的.

对于定义在某些子集 $\mathcal{A} \subseteq \mathcal{V}$ 上的函数 $f: \mathcal{A} \to \mathcal{W}$, 集合 $\mathcal{B} \subseteq \mathcal{W}$ 的前像定义为

$$f^{-1}(\mathcal{B}) = \{u \in \mathcal{A} : f(u) \in \mathcal{B}\}. \tag{1.191}$$

当且仅当 $\mathcal{W}$ 中每一个开集的前像相对于 $\mathcal{A}$ 都是开的时候, 这样的函数 f 在 $\mathcal{A}$ 上是连续的. 等价地, 当且仅当 $\mathcal{W}$ 中每一个闭集的前像相对于 $\mathcal{A}$ 都是闭的时候, f 在 $\mathcal{A}$ 上是连续的.

对于一个正实数 κ, 定义在子集 $\mathcal{A} \subseteq \mathcal{V}$ 上的函数 $f: \mathcal{A} \to \mathcal{W}$ 被称为 κ-Lipschitz 函数, 如果

$$\|f(u) - f(v)\| \leqslant \kappa\|u - v\| \tag{1.192}$$

对于所有的 $u, v \in \mathcal{A}$ 都成立. 每一个 κ-Lipschitz 函数都必须是连续的.

1.2.1.3　紧集

如果 $\mathcal{A}$ 中的每一个序列都有收敛到向量 $u \in \mathcal{A}$ 的子序列, 那么集合 $\mathcal{A} \subseteq \mathcal{V}$ 是紧的. 由于我们假设 $\mathcal{V}$ 是有限维的, 所以当且仅当集合 $\mathcal{A}$ 是闭的且有界时集合 $\mathcal{A} \subseteq \mathcal{V}$ 是紧的——这一事实称为 Heine-Borel 定理.

在本书中特别值得注意的两个关于连续函数和紧集的性质如下:

1. 如果 $\mathcal{A}$ 是紧的且 $f: \mathcal{A} \to \mathbb{R}$ 在 $\mathcal{A}$ 上连续, 那么 f 在 $\mathcal{A}$ 上可以取得其最大值和最小值.

2. 如果 $\mathcal{A} \subset \mathcal{V}$ 是紧的且 $f: \mathcal{V} \to \mathcal{W}$ 在 $\mathcal{A}$ 上连续, 那么

$$f(\mathcal{A}) = \{f(u) : u \in \mathcal{A}\} \tag{1.193}$$

也是紧的. 换句话说, 连续函数总是将紧集映射到紧集上.

1.2.1.4　多元实函数的微分

在本书的后面我们会用到基本的微分计算, 在这些情况下我们只需考虑实值的函数.

假设 n 是一个正整数, $f: \mathbb{R}^n \to \mathbb{R}$ 是一个函数且 $u \in \mathbb{R}^n$ 是一个向量. 在偏微分

$$\partial_k f(u) = \lim_{\alpha \to 0} \frac{f(u + \alpha e_k) - f(u)}{\alpha} \tag{1.194}$$

存在且对于每个 $k \in \{1, \cdots, n\}$ 都是有限的这一假设下, 我们可以定义 f 对 u 的梯度向量为

$$\nabla f(u) = (\partial_1 f(u), \cdots, \partial_n f(u)). \tag{1.195}$$

函数 $f : \mathbb{R}^n \to \mathbb{R}$ 对向量 $u \in \mathbb{R}^n$ 是可微的，其条件是存在一个有着下面性质的向量 $v \in \mathbb{R}^n$：对于 $\mathbb{R}^n$ 中向量的每一个收敛到 0 的序列 $(w_1, w_2, \cdots)$，我们有

$$\lim_{k \to \infty} \frac{|f(u + w_k) - f(u) - \langle v, w_k \rangle|}{\|w_k\|} = 0 \tag{1.196}$$

(此处 $\|\cdot\|$ 表示欧几里得范数). 在这种情况下 v 必须是唯一的，并且 $v = (Df)(u)$.如果 f 对 u 是可微的，那么有

$$(Df)(u) = \nabla f(u) \tag{1.197}$$

成立. 可能有时梯度向量 $\nabla f(u)$ 是关于向量 u 定义的且 f 是不可微的，但如果函数 $u \mapsto \nabla f(u)$ 对 u 是连续的，那么 f 必定对 u 是可微的.

如果函数 $f : \mathbb{R}^n \to \mathbb{R}$ 既可微又是 κ-Lipschitz 的，那么对于所有的 $u \in \mathbb{R}^n$ 且对于表示欧几里得范数的 $\|\cdot\|$，一定有

$$\|\nabla f(u)\| \leqslant \kappa \tag{1.198}$$

成立.

最后，假设 $g_1, \cdots, g_n : \mathbb{R} \to \mathbb{R}$ 是对实数 $\alpha \in \mathbb{R}$ 可微的函数且 $f : \mathbb{R}^n \to \mathbb{R}$ 是对向量 $(g_1(\alpha), \cdots, g_n(\alpha))$ 可微的函数. 微分的链式法则 说明定义为

$$h(\beta) = f(g_1(\beta), \cdots, g_n(\beta)) \tag{1.199}$$

的函数 $h : \mathbb{R} \to \mathbb{R}$ 对 α 是可微的，其微分由

$$h'(\alpha) = \langle \nabla f(g_1(\alpha), \cdots, g_n(\alpha)), (g_1'(\alpha), \cdots, g_n'(\alpha)) \rangle \tag{1.200}$$

给出.

1.2.1.5　网

令 $\mathcal{V}$ 为一个实或复向量空间，$\mathcal{A} \subseteq \mathcal{V}$ 为 $\mathcal{V}$ 的一个子集，$\|\cdot\|$ 为 $\mathcal{V}$ 上的一个范数，并且 $\varepsilon > 0$ 为一个正实数. 如果对于每一个向量 $u \in \mathcal{A}$，存在向量 $v \in \mathcal{N}$ 使得 $\|u - v\| \leqslant \varepsilon$，那么向量集合 $\mathcal{N} \subseteq \mathcal{V}$ 是关于 $\mathcal{A}$ 的 ε- 网. 如果 $\mathcal{N}$ 是有限的且 $\mathcal{A}$ 的 ε- 网包含至少 $|\mathcal{N}|$ 个向量，那么关于 $\mathcal{A}$ 的 ε- 网 $\mathcal{N}$ 是最小的.

下面的定理给出了一个关于复欧几里得空间中的单位球

$$\mathcal{B}(\mathcal{X}) = \{u \in \mathcal{X} : \|u\| \leqslant 1\} \tag{1.201}$$

的关于欧几里得范数的最小 ε- 网中元素数量的上界.

定理 1.8(Pisier)　令 $\mathcal{X}$ 为一个 n 维复欧几里得空间且使 $\varepsilon > 0$ 为一个正实数. 关于 $\mathcal{X}$ 上的欧几里得范数，存在一个关于单位球 $\mathcal{B}(\mathcal{X})$ 的 ε- 网 $\mathcal{N} \subset \mathcal{B}(\mathcal{X})$ 使得

$$|\mathcal{N}| \leqslant \left(1 + \frac{2}{\varepsilon}\right)^{2n}. \tag{1.202}$$

对该定理的证明不需要很复杂的构建. 我们可以取 $\mathcal{N}$ 为从单位球中选取的对于所有的 $u, v \in \mathcal{N}$ (其中 $u \neq v$) 使 $\|u - v\| \geqslant \varepsilon$ 成立的向量的任意最大集合. 这样的集合对于 $\mathcal{B}(\mathcal{X})$ 必然是一个 ε- 网, 并且 $|\mathcal{N}|$ 上的边界可以通过将 $\mathcal{B}(\mathcal{X})$ 的体积与围绕着 $\mathcal{N}$ 中的向量的 $\varepsilon/2$ 球的并集的体积相对比得到.

1.2.1.6 Borel 集合和 Borel 函数

本小节中 $\mathcal{A} \subseteq \mathcal{V}$ 和 $\mathcal{B} \subseteq \mathcal{W}$ 将分别表示有限维实或复向量空间 $\mathcal{V}$ 和 $\mathcal{W}$ 的固定子集. 如果下面归纳定义的性质中的一个或多个成立, 那么称集合 $\mathcal{C} \subseteq \mathcal{A}$ 是 $\mathcal{A}$ 的一个 Borel 子集:

1. $\mathcal{C}$ 相对于 $\mathcal{A}$ 是一个开集.
2. $\mathcal{C}$ 是 $\mathcal{A}$ 的 Borel 子集的元素.
3. 对于 $\mathcal{A}$ 的 Borel 子集的一个可数集 $\{\mathcal{C}_1, \mathcal{C}_2, \cdots\}$, 有 $\mathcal{C}$ 等于并集

$$\mathcal{C} = \bigcup_{k=1}^{\infty} \mathcal{C}_k. \tag{1.203}$$

$\mathcal{A}$ 的所有 Borel 子集的集合可以表示为 $\mathrm{Borel}(\mathcal{A})$.

如果对于所有的 $\mathcal{C} \in \mathrm{Borel}(\mathcal{B})$ 都有 $f^{-1}(\mathcal{C}) \in \mathrm{Borel}(\mathcal{A})$, 那么 $f : \mathcal{A} \to \mathcal{B}$ 是一个 Borel 函数. 也就是说, Borel 函数是使每一个 Borel 子集的前像也是 Borel 子集的函数. 如果 f 是一个连续函数, 那么 f 也必然是一个 Borel 函数. Borel 函数的另一个重要类型是对于任意的 $v \in \mathcal{B}$, 形式为

$$f(u) = \chi_{\mathcal{C}}(u)\, v \tag{1.204}$$

的任意函数, 其中

$$\chi_{\mathcal{C}}(u) = \begin{cases} 1 & u \in \mathcal{C} \\ 0 & u \notin \mathcal{C} \end{cases} \tag{1.205}$$

为 Borel 子集 $\mathcal{C} \in \mathrm{Borel}(\mathcal{A})$ 的特征函数.

所有 Borel 函数 $f : \mathcal{A} \to \mathcal{B}$ 的集合有着各种闭包性质, 包括:

1. 如果 $\mathcal{B}$ 是一个向量空间, $f, g : \mathcal{A} \to \mathcal{B}$ 是 Borel 函数, 且 α 是一个标量 (实或复的, 取决于 $\mathcal{B}$ 是实或复的向量空间), 那么函数 αf 和 $f + g$ 也是 Borel 函数.
2. 如果 $\mathcal{B}$ 是 $\mathrm{L}(\mathcal{Z})$ 的一个子代数, 其中 $\mathcal{Z}$ 为一个实或复欧几里得空间, 且 $f, g : \mathcal{A} \to \mathcal{B}$ 为 Borel 函数, 那么对于所有的 $u \in \mathcal{A}$, 由

$$h(u) = f(u)g(u) \tag{1.206}$$

所定义的函数 $h : \mathcal{A} \to \mathcal{B}$ 也是一个 Borel 函数 (这包含了特殊情况 $f, g : \mathcal{A} \to \mathbb{R}$ 和 $f, g : \mathcal{A} \to \mathbb{C}$).

1.2.1.7　Borel 集上的测度

定义在 Borel($\mathcal{A}$) 上的一个Borel 测度 (或简称一个测度) 是函数

$$\mu : \text{Borel}(\mathcal{A}) \to [0, \infty], \tag{1.207}$$

它有着两个性质:

1. $\mu(\varnothing) = 0$.

2. 对于 $\mathcal{A}$ 的 成对 Borel 不相交子集的任意可数集合 $\{\mathcal{C}_1, \mathcal{C}_2, \cdots\} \subseteq \text{Borel}(\mathcal{A})$, 有

$$\mu\left(\bigcup_{k=1}^{\infty} \mathcal{C}_k\right) = \sum_{k=1}^{\infty} \mu(\mathcal{C}_k) \tag{1.208}$$

成立.

如果有 $\mu(\mathcal{A}) = 1$ 成立, 那么称定义在 Borel($\mathcal{A}$) 上的测度 μ 为规范的. 术语概率测度也指规范测度.

存在定义在 Borel($\mathbb{R}$) 上的测度 ν, 称为标准 Borel 测度[注], 它对于所有使 $\alpha \leqslant \beta$ 的 $\alpha, \beta \in \mathbb{R}$ 有着性质

$$\nu([\alpha, \beta]) = \beta - \alpha. \tag{1.209}$$

如果 $\mathcal{A}_1, \cdots, \mathcal{A}_n$ 是有限维实或复向量空间的 (并不必须相等的) 子集, 且

$$\mu_k : \text{Borel}(\mathcal{A}_k) \to [0, \infty] \tag{1.210}$$

是关于每个 $k \in \{1, \cdots, n\}$ 的测度, 那么有一个唯一定义的积测度

$$\mu_1 \times \cdots \times \mu_n : \text{Borel}(\mathcal{A}_1 \times \cdots \times \mathcal{A}_n) \to [0, \infty] \tag{1.211}$$

使

$$(\mu_1 \times \cdots \times \mu_n)(\mathcal{B}_1 \times \cdots \times \mathcal{B}_n) = \mu_1(\mathcal{B}_1) \cdots \mu_n(\mathcal{B}_n) \tag{1.212}$$

对于所有的 $\mathcal{B}_1 \in \text{Borel}(\mathcal{A}_1), \cdots, \mathcal{B}_n \in \text{Borel}(\mathcal{A}_n)$ 成立.

1.2.1.8　Borel 函数的积分

对于某些 (但并非所有) Borel 函数 $f : \mathcal{A} \to \mathcal{B}$, 以及形式是 $\mu : \text{Borel}(\mathcal{A}) \to [0, \infty]$ 的 Borel 测度 μ, 我们可以定义积分

$$\int f(u) \, \mathrm{d}\mu(u), \tag{1.213}$$

它在定义之始就是 $\mathcal{B}$ 的一个元素.

[注]　标准 Borel 测度在每一个 $\mathbb{R}$ 的 Borel 子集上与著名的 Lebesgue 测度相同. Lebesgue 测度也有关于 $\mathbb{R}$ 的非 Borel 子集的定义, 这使它拥有一些额外的性质, 而这些性质与本书的内容无关.

理解这种积分定义的细节在本书的上下文中并不重要，但是一些读者可能会发现定义的高级概述有助于将直观含义与实际出现的积分关联起来. 简而言之，我们定义了越来越大的函数集合的积分意味着什么. 我们从采用非负实数值的函数开始，然后通过取线性组合前进到向量 (或算子) 函数上.

1. **非负简单函数.** 函数 $g : \mathcal{A} \to [0, \infty)$ 是一个非负简单函数，如果它可以写作

$$g(u) = \sum_{k=1}^{m} \alpha_k \, \chi_k(u) \tag{1.214}$$

这一形式，其中包括一个非负整数 m、离散正实数 $\alpha_1, \cdots, \alpha_m$，以及对于 Borel 不交集 $\mathcal{C}_1, \cdots, \mathcal{C}_m \in \mathrm{Borel}(\mathcal{A})$ 由

$$\chi_k(u) = \begin{cases} 1 & u \in \mathcal{C}_k \\ 0 & u \notin \mathcal{C}_k \end{cases} \tag{1.215}$$

所给出的特征函数 $\chi_1, \cdots, \chi_m$ (需要理解在 $m = 0$ 时这个求和是空的，这对应于 g 全部为零).

如果 $\mu(\mathcal{C}_k)$ 对于每一个 $k \in \{1, \cdots, m\}$ 都是有限的，那么形式为式 (1.214) 的非负简单函数 g 关于测度 $\mu : \mathrm{Borel}(\mathcal{A}) \to [0, \infty]$ 是可积的，在这一情况下 g 关于 μ 的积分定义为

$$\int g(u) \, \mathrm{d}\mu(u) = \sum_{k=1}^{m} \alpha_k \, \mu(\mathcal{C}_k). \tag{1.216}$$

这是一个定义明确的量，因为式 (1.214) 对于一个给定的简单函数 g 恰好是唯一的.

2. **非负 Borel 函数.** 关于一个给定测度 $\mu : \mathrm{Borel}(\mathcal{A}) \to [0, \infty]$，形式是 $f : \mathcal{A} \to [0, \infty)$ 的 Borel 函数的积分定义为

$$\int f(u) \, \mathrm{d}\mu(u) = \sup \int g(u) \, \mathrm{d}\mu(u), \tag{1.217}$$

其中上确界是在所有使 $g(u) \leqslant f(u)$ (对于所有 $u \in \mathcal{A}$) 成立的形式为 $g : \mathcal{A} \to [0, \infty)$ 的非负简单函数上选取的. 如果式 (1.217) 中的上确界值是有限的，那么我们称 f 是可积的.

3. **实和复 Borel 函数.** 如果存在可积 Borel 函数 $f_0, f_1 : \mathcal{A} \to [0, \infty)$ 使得 $g = f_0 - f_1$，那么 Borel 函数 $g : \mathcal{A} \to \mathbb{R}$ 关于测度 $\mu : \mathrm{Borel}(\mathcal{A}) \to [0, \infty]$ 是可积的，在这种情况下 g 关于 μ 的积分定义为

$$\int g(u) \, \mathrm{d}\mu(u) = \int f_0(u) \, \mathrm{d}\mu(u) - \int f_1(u) \, \mathrm{d}\mu(u). \tag{1.218}$$

相似地，如果存在可积 Borel 函数 $g_0, g_1 : \mathcal{A} \to \mathbb{R}$ 使得 $h = g_0 + \mathrm{i}g_1$，则 Borel 函数 $h : \mathcal{A} \to \mathbb{C}$ 关于测度 $\mu : \mathrm{Borel}(\mathcal{A}) \to [0, \infty]$ 是可积的，在这种情况下 h 关于 μ 的积分定义为

$$\int h(u) \, \mathrm{d}\mu(u) = \int g_0(u) \, \mathrm{d}\mu(u) + \mathrm{i} \int g_1(u) \, \mathrm{d}\mu(u). \tag{1.219}$$

4. **任意 Borel 函数.** 如果存在一个有限维向量空间 $\mathcal{W}$ 使得 $\mathcal{B} \subseteq \mathcal{W}$，存在 $\mathcal{W}$ 的一个基 $\{w_1, \cdots, w_m\}$，以及可积函数 $g_1, \cdots, g_m : \mathcal{A} \to \mathbb{R}$ 或 $g_1, \cdots, g_m : \mathcal{A} \to \mathbb{C}$ (取决于 $\mathcal{W}$ 是一个实向量空间还是复向量空间) 使得

$$f(u) = \sum_{k=1}^{m} g_k(u) w_k. \tag{1.220}$$

则任意 Borel 函数 $f : \mathcal{A} \to \mathcal{B}$ 关于给定测度 $\mu : \mathrm{Borel}(\mathcal{A}) \to [0, \infty]$ 是可积的. 在这种情况下, f 关于 μ 的积分定义为

$$\int f(u) \, \mathrm{d}\mu(u) = \sum_{k=1}^{m} \left(\int g_k(u) \, \mathrm{d}\mu(u) \right) w_k. \tag{1.221}$$

上述第 3、4 项会导向可积函数唯一定义的积分, 这一事实并不直观且需要证明.

下面我们将挑选出一些关于以这种方式定义的积分的性质和约定, 目标都是满足本书的特定需要.

1. **线性.** 对于可积函数 f 和 g, 以及标量值 α 和 β, 我们有

$$\int (\alpha f(u) + \beta g(u)) \, \mathrm{d}\mu(u) = \alpha \int f(u) \, \mathrm{d}\mu(u) + \beta \int g(u) \, \mathrm{d}\mu(u). \tag{1.222}$$

2. **默认的标准 Borel 测度.** 在本书中, 当 $f : \mathbb{R} \to \mathbb{R}$ 是一个可积函数且 ν 表示 $\mathbb{R}$ 上的标准 Borel 测度时, 我们将采用简化符号

$$\int f(\alpha) \, \mathrm{d}\alpha = \int f(\alpha) \, \mathrm{d}\nu(\alpha). \tag{1.223}$$

事实上, 在 f 是一个使广泛研究的 Riemann 积分被定义的可积函数时, Riemann 积分将与前面对标准 Borel 测度所定义的积分一致——所以这一简化不可能导致混淆与歧义.

3. **子集上的积分.** 对于一个可积函数 $f : \mathcal{A} \to \mathcal{B}$ 和一个 Borel 子集 $\mathcal{C} \in \mathrm{Borel}(\mathcal{A})$, 我们定义

$$\int_{\mathcal{C}} f(u) \, \mathrm{d}\mu(u) = \int f(u) \chi_{\mathcal{C}}(u) \, \mathrm{d}\mu(u), \tag{1.224}$$

其中 $\chi_{\mathcal{C}}$ 是 $\mathcal{C}$ 的特征函数. 符号

$$\int_{\beta}^{\gamma} f(\alpha) \, \mathrm{d}\alpha = \int_{[\beta, \gamma]} f(\alpha) \, \mathrm{d}\alpha \tag{1.225}$$

也在 f 形如 $f : \mathbb{R} \to \mathcal{B}$ 且 $\beta, \gamma \in \mathbb{R}$ 满足 $\beta \leqslant \gamma$ 的情况下使用.

4. **积分顺序.** 假设 $\mathcal{A}_0 \subseteq \mathcal{V}_0$、$\mathcal{A}_1 \subseteq \mathcal{V}_1$ 和 $\mathcal{B} \subseteq \mathcal{W}$ 是有限维实或复向量空间的子集, 为简便起见, 我们假设 $\mathcal{V}_0$ 和 $\mathcal{V}_1$ 都是实的或复的. 如果 $\mu_0 : \mathrm{Borel}(\mathcal{A}_0) \to [0, \infty]$ 和 $\mu_1 : \mathrm{Borel}(\mathcal{A}_1) \to [0, \infty]$ 是 Borel 测度, $f : \mathcal{A}_0 \times \mathcal{A}_1 \to \mathcal{B}$ 是一个 Borel 函数, 且 f 关于积测度 $\mu_0 \times \mu_1$ 是

可积的，那么 (根据 Fubini 定理) 有

$$
\begin{aligned}
\int\left(\int f(u,v)\,\mathrm{d}\mu_0(u)\right)\mathrm{d}\mu_1(v) &= \int f(u,v)\,\mathrm{d}(\mu_0 \times \mu_1)(u,v) \\
&= \int\left(\int f(u,v)\,\mathrm{d}\mu_1(v)\right)\mathrm{d}\mu_0(u)
\end{aligned}
\tag{1.226}
$$

成立.

1.2.1.9　凸集、凸锥和凸函数

令 $\mathcal{V}$ 为实数或复数上的向量空间. 如果对于所有向量 $u, v \in \mathcal{C}$ 和标量 $\lambda \in [0,1]$, 有

$$
\lambda u + (1-\lambda)v \in \mathcal{C}
\tag{1.227}
$$

成立, 那么 $\mathcal{V}$ 的子集 $\mathcal{C}$ 是凸的. 直觉上来说, 这意味着对于 $\mathcal{C}$ 的任意两个独立元素 u 和 v, 终点是 u 和 v 的线段完全处于 $\mathcal{C}$ 内. 凸集中的任意集合的交集也是凸的.

如果 $\mathcal{V}$ 和 $\mathcal{W}$ 是向量空间, 它们或者都在实数上或者都在复数上, 且 $\mathcal{A} \subseteq \mathcal{V}$ 和 $\mathcal{B} \subseteq \mathcal{W}$ 是凸集, 那么集合

$$
\{u \oplus v : u \in \mathcal{A}, v \in \mathcal{B}\} \subseteq \mathcal{V} \oplus \mathcal{W}
\tag{1.228}
$$

也是凸的. 此外, 如果 $A \in \mathrm{L}(\mathcal{V}, \mathcal{W})$ 是一个算子, 那么集合

$$
\{Au : u \in \mathcal{A}\} \subseteq \mathcal{W}
\tag{1.229}
$$

也是凸的.

如果对于选定的所有 $u \in \mathcal{K}$ 和 $\lambda \geqslant 0$, 有 $\lambda u \in \mathcal{K}$ 成立, 那么集合 $\mathcal{K} \subseteq \mathcal{V}$ 是一个锥. 由集合 $\mathcal{A} \subseteq \mathcal{V}$ 所生成的锥定义为

$$
\mathrm{cone}(\mathcal{A}) = \{\lambda u : u \in \mathcal{A}, \lambda \geqslant 0\}.
\tag{1.230}
$$

如果 $\mathcal{A}$ 是一个不包含 0 的紧集, 那么 $\mathrm{cone}(\mathcal{A})$ 必然是一个闭集. 凸锥就是一个凸的锥. 当且仅当锥 $\mathcal{K}$ 在加法下是闭的时, 它是凸的, 这意味着 $u + v \in \mathcal{K}$ 对于所有 $u, v \in \mathcal{K}$ 都成立.

定义在凸集 $\mathcal{C} \subseteq \mathcal{V}$ 上的函数 $f : \mathcal{C} \to \mathbb{R}$ 是一个凸函数, 如果不等式

$$
f(\lambda u + (1-\lambda)v) \leqslant \lambda f(u) + (1-\lambda)f(v)
\tag{1.231}
$$

对于所有的 $u, v \in \mathcal{C}$ 和 $\lambda \in [0,1]$ 都成立. 定义在凸集 $\mathcal{C} \subseteq \mathcal{V}$ 上的函数 $f : \mathcal{C} \to \mathbb{R}$ 是一个中点凸函数, 如果不等式

$$
f\left(\frac{u+v}{2}\right) \leqslant \frac{f(u)+f(v)}{2}
\tag{1.232}
$$

对于所有的 $u, v \in \mathcal{C}$ 都成立. 每一个连续的中点凸函数都是凸的.

如果 $-f$ 是凸的, 那么定义在凸集 $\mathcal{C} \subseteq \mathcal{V}$ 上的函数 $f : \mathcal{C} \to \mathbb{R}$ 是一个凹函数. 等价地, 如果不等式 (1.231) 的逆向对于所有的 $u, v \in \mathcal{C}$ 和 $\lambda \in [0,1]$ 都成立, 那么 f 是凹的. 相似地, 如果 $-f$ 是一个中点凸函数, 那么定义在凸集 $\mathcal{C} \subseteq \mathcal{V}$ 上的函数 $f : \mathcal{C} \to \mathbb{R}$ 是中点凹函数, 因此每一个连续的中点凹函数都是凹的.

1.2.1.10   凸包

对于任意字母表 Σ，如果 $p(a) \geqslant 0$ 对于所有的 $a \in \Sigma$ 和

$$\sum_{a \in \Sigma} p(a) = 1 \tag{1.233}$$

都成立，则向量 $p \in \mathbb{R}^{\Sigma}$ 称为概率向量. 所有这样的向量的集合表示为 $\mathcal{P}(\Sigma)$.

对于任意向量空间 $\mathcal{V}$ 和任意子集 $\mathcal{A} \subseteq \mathcal{V}$，$\mathcal{A}$ 中向量的凸组合是形式为

$$\sum_{a \in \Sigma} p(a) u_a \tag{1.234}$$

的任意表达式，这一表达式是对于选定的某些字母表 Σ、概率向量 $p \in \mathcal{P}(\Sigma)$ 以及集合 $\mathcal{A}$ 中向量的集合

$$\{u_a : a \in \Sigma\} \subseteq \mathcal{A} \tag{1.235}$$

而言的.

一个集合 $\mathcal{A} \subseteq \mathcal{V}$ 的凸包可以表示为 $\mathrm{conv}(\mathcal{A})$，它是所有包括 $\mathcal{A}$ 的凸集的交集. 集合 $\mathrm{conv}(\mathcal{A})$ 等于所有可以写作 $\mathcal{A}$ 的元素的凸组合的向量集合 (这即使在 $\mathcal{A}$ 是无限的情况下也成立). 一个闭集 $\mathcal{A}$ 的凸包 $\mathrm{conv}(\mathcal{A})$ 并不需要它自身也是闭的. 然而，如果 $\mathcal{A}$ 是紧的，那么 $\mathrm{conv}(\mathcal{A})$ 也是紧的.

下面的定理为元素数量建立了一个上界，在这些元素上我们必须进行凸组合来生成给定集合凸包的每一个点. 该定理使用了仿射子空间的概念：如果存在一个维度是 n 的仿射子空间 $\mathcal{W} \subseteq \mathcal{V}$ 和一个向量 $u \in \mathcal{V}$ 使得

$$\mathcal{U} = \{u + v : v \in \mathcal{W}\}, \tag{1.236}$$

那么集合 $\mathcal{U} \subseteq \mathcal{V}$ 是 $\mathcal{V}$ 的维度为 n 的仿射子空间.

定理 1.9 (Carathéodory 定理)   令 $\mathcal{V}$ 为一个实向量空间且使 $\mathcal{A}$ 为 $\mathcal{V}$ 的一个子集. 此外，假设 $\mathcal{A}$ 包含在 $\mathcal{V}$ 的一个维度为 n 的仿射子空间内. 对于 $\mathcal{A}$ 的凸包内的每一个向量 $v \in \mathrm{conv}(\mathcal{A})$，存在 $m \leqslant n + 1$ 个向量 $u_1, \cdots, u_m \in \mathcal{A}$ 使得 $v \in \mathrm{conv}(\{u_1, \cdots, u_m\})$.

1.2.1.11   极点

如果对于每一个表达式

$$w = \lambda u + (1 - \lambda)v, \tag{1.237}$$

其中 $u, v \in \mathcal{C}$ 且 $\lambda \in (0, 1)$，有 $u = v = w$ 成立，则凸集 $\mathcal{C}$ 内的点 $w \in \mathcal{C}$ 称为 $\mathcal{C}$ 的一个极点. 换句话说，极点是 $\mathcal{C}$ 的那些没有正确处于 $\mathcal{C}$ 的两个不同点之间的元素.

下面的定理说明每一个在实数或复数上的有限维向量空间的凸且紧的子集等于它的极点的凸包.

定理 1.10 (Minkowski)   令 $\mathcal{V}$ 为一个在实数或复数上的有限维向量空间，令 $\mathcal{C} \subseteq \mathcal{V}$ 为一个紧且凸的集合，并且使 $\mathcal{A} \subseteq \mathcal{C}$ 为 $\mathcal{C}$ 的极点集合. 有 $\mathcal{C} = \mathrm{conv}(\mathcal{A})$ 成立.

下面我们将给出一些凸且紧的集合的例子, 并对它们的极点进行识别.

1. **谱范数单位球.** 对于任意复欧几里得空间 $\mathcal{X}$, 集合

$$\{X \in \mathrm{L}(\mathcal{X}) : \|X\| \leqslant 1\} \tag{1.238}$$

是一个凸且紧的集合. 该集合的极点是酉算子 $\mathrm{U}(\mathcal{X})$.

2. **迹范数单位球.** 对于任意复欧几里得空间 $\mathcal{X}$, 集合

$$\{X \in \mathrm{L}(\mathcal{X}) : \|X\|_1 \leqslant 1\} \tag{1.239}$$

是一个凸且紧的集合. 该集合的极点是形式为 uv^* 的算子, 其中 $u, v \in \mathcal{S}(\mathcal{X})$ 为单位向量.

3. **密度算子.** 对于任意复欧几里得空间 $\mathcal{X}$, 作用在 $\mathcal{X}$ 上的密度算子的集合 $\mathrm{D}(\mathcal{X})$ 是凸且紧的. $\mathrm{D}(\mathcal{X})$ 的极点与秩为 1 的投影算子相同. 它们是形式为 uu^* 的算子, 其中 $u \in \mathcal{S}(\mathcal{X})$ 为单位向量.

4. **概率向量.** 对于任意字母表 Σ, 概率向量 $\mathcal{P}(\Sigma)$ 的集合是凸且紧的. 该集合的极点是 $\mathbb{R}^{\Sigma}$ 的标准基 $\{e_a : a \in \Sigma\}$ 的元素.

1.2.1.12　超平面分离定理和最大–最小定理

实欧几里得空间中的凸集有着一个重要的基本性质: 每一个处在给定实欧几里得空间中的凸集外的向量可以通过一个超平面将其和那个凸集分离. 也就是说, 如果下面的欧几里得空间的维度是 n, 那么存在一个空间维度是 $n-1$ 的仿射子空间, 这一仿射子空间会将整个空间分为两个半空间: 一个包含该凸集, 另一个包含选定的处在该凸集外的点. 下面的定理给出了这一事实的一个特定公式.

定理 1.11(超平面分离定理)　*令 $\mathcal{V}$ 为一个实欧几里得空间, $\mathcal{C} \subset \mathcal{V}$ 为 $\mathcal{V}$ 的一个闭合凸集, 并且 $u \in \mathcal{V}$ 为一个向量且 $u \notin \mathcal{C}$. 存在一个向量 $v \in \mathcal{V}$ 和一个标量 $\alpha \in \mathbb{R}$ 使得*

$$\langle v, u \rangle < \alpha \leqslant \langle v, w \rangle \tag{1.240}$$

对于所有的 $w \in \mathcal{C}$ 都成立. 如果 $\mathcal{C}$ 是一个锥, 那么我们可以选择 v 使得式 (1.240) 对于 $\alpha = 0$ 成立.

在量子信息理论中会起到作用的另外一个关于凸集的定理如下所述.

定理 1.12(Sion 最大–最小定理)　*令 $\mathcal{X}$ 和 $\mathcal{Y}$ 为实或复欧几里得空间, $\mathcal{A} \subseteq \mathcal{X}$ 和 $\mathcal{B} \subseteq \mathcal{Y}$ 为凸集且 $\mathcal{B}$ 是紧的, 并且 $f : \mathcal{A} \times \mathcal{B} \to \mathbb{R}$ 为一个连续函数, 使得*

1. *对于所有 $v \in \mathcal{B}$, $u \mapsto f(u, v)$ 在 $\mathcal{A}$ 上是一个凸函数.*

2. *对于所有 $u \in \mathcal{A}$, $v \mapsto f(u, v)$ 在 $\mathcal{B}$ 上是一个凹函数.*

有

$$\inf_{u \in \mathcal{A}} \max_{v \in \mathcal{B}} f(u, v) = \max_{v \in \mathcal{B}} \inf_{u \in \mathcal{A}} f(u, v) \tag{1.241}$$

成立.

1.2.2 概率论

概率论中的概念将在本书的大部分内容里起到重要作用. 在字母表或其他有限集上的概率分布有着根本的重要性, 在考虑信息论任务和设定时它们会自然而然地出现. 我们假定读者熟悉关于包含有限多个元素的集合上的分布的基本概率. 利用概率论的语言来讨论 Borel 测度的性质也很方便.

1.2.2.1 关于概率测度分布的随机变量

假设 $\mathcal{A}$ 是有限维实或复向量空间 $\mathcal{V}$ 的一个子集且 $\mu : \text{Borel}(\mathcal{A}) \to [0,1]$ 是一个概率测度 (这意味着 μ 是一个规范 Borel 测度). 关于 μ 分布的随机变量 X 是形式为

$$X : \mathcal{A} \to \mathbb{R} \tag{1.242}$$

的实值可积 Borel 函数, 它通常被看作表示某种随机过程的结果.

对于每一个实数上的 Borel 子集 $\mathcal{B} \subseteq \mathbb{R}$, X 在 $\mathcal{B}$ 中取值的概率定义为

$$\Pr(X \in \mathcal{B}) = \mu(\{u \in \mathcal{A} : X(u) \in \mathcal{B}\}). \tag{1.243}$$

为了符号上的方便, 我们通常将表达式写作如

$$\Pr(X \geqslant \beta) \quad \text{和} \quad \Pr(|X - \beta| \geqslant \varepsilon) \tag{1.244}$$

的形式, 我们可以将其理解为用 $\Pr(X \in \mathcal{B})$ 相应地表示

$$\mathcal{B} = \{\alpha \in \mathbb{R} : \alpha \geqslant \beta\} \quad \text{和} \quad \mathcal{B} = \{\alpha \in \mathbb{R} : |\alpha - \beta| \geqslant \varepsilon\}, \tag{1.245}$$

这一形式的另一个表达式可以用一种相似的方式进行解释.

Boole 不等式说明, 对于任意随机变量 X 和 $\mathbb{R}$ 的任意 Borel 子集 $\mathcal{B}_1, \cdots, \mathcal{B}_n$, 有

$$\Pr(X \in \mathcal{B}_1 \cup \cdots \cup \mathcal{B}_n) \leqslant \Pr(X \in \mathcal{B}_1) + \cdots + \Pr(X \in \mathcal{B}_n). \tag{1.246}$$

一个关于概率测度 $\mu : \text{Borel}(\mathcal{A}) \to [0,1]$ 分布的随机变量 X 的*期望值*(或*平均值*) 定义为

$$\text{E}(X) = \int X(u) \, \mathrm{d}\mu(u). \tag{1.247}$$

如果 X 是一个取非负实数值的随机变量, 那么有

$$\text{E}(X) = \int_0^\infty \Pr(X \geqslant \lambda) \, \mathrm{d}\lambda \tag{1.248}$$

成立.

1.2.2.2　离散分布的随机变量

对于一个给定的字母表 Σ 和概率向量 $p \in \mathcal{P}(\Sigma)$，我们还可以用一种与关于 Borel 测量分布的随机变量相似的方式定义关于 p 分布的随机变量 X. 特别地，这样的随机变量是形式为

$$X : \Sigma \to \mathbb{R} \tag{1.249}$$

的函数，并且对于每一个子集 $\Gamma \subseteq \Sigma$，我们可以写出

$$\Pr(X \in \Gamma) = \sum_{a \in \Gamma} p(a). \tag{1.250}$$

在这种情况下 X 的期望值(或平均值) 是

$$\mathrm{E}(X) = \sum_{a \in \Sigma} p(a) X(a). \tag{1.251}$$

在某种意义上，对于关于形式是 $p \in \mathcal{P}(\Sigma)$ 的概率向量分布的随机变量，我们并不需要认为它们与关于 Borel 概率测度分布的随机变量有根本的不同. 事实上，对于某些选定的正整数 n，我们可以考虑集合

$$\{1, \cdots, n\} \subset \mathbb{R}, \tag{1.252}$$

并且观察到每一个 $\{1, \cdots, n\}$ 的子集都是该集合的一个 Borel 子集. Borel 概率测度

$$\mu : \mathrm{Borel}(\{1, \cdots, n\}) \to [0, 1] \tag{1.253}$$

恰恰与所有概率向量 $p \in \mathcal{P}(\{1, \cdots, n\})$ 的集合一致，这可以通过对于每一个 $\mathcal{B} \subseteq \{1, \cdots, n\}$ 和 $a \in \{1, \cdots, n\}$ 的等式

$$\mu(\mathcal{B}) = \sum_{b \in \mathcal{B}} p(b) \quad \text{和} \quad p(a) = \mu(\{a\}) \tag{1.254}$$

看出.

因此，通过将一个任意的字母表 Σ 与集合 $\{1, \cdots, n\}$ 联系起来，我们发现关于概率向量 $p \in \mathcal{P}(\Sigma)$ 分布的随机变量是由关于 Borel 概率测度分布的随机变量所表示的.

1.2.2.3　向量值随机变量和算子值随机变量

有些时候定义取向量或算子值的随机变量，而非实数值随机变量会很方便. 这种随机变量在本书中将总会用普通随机变量 (例如取实值的随机变量) 明确指定. 例如，给定随机变量 $X_1, \cdots, X_n$ 和 $Y_1, \cdots, Y_n$，对于选定的某些正整数 n，我们可以考虑向量值随机变量

$$(X_1, \cdots, X_n) \in \mathbb{R}^n \quad \text{和} \quad (X_1 + \mathrm{i} Y_1, \cdots, X_n + \mathrm{i} Y_n) \in \mathbb{C}^n. \tag{1.255}$$

我们应该把术语随机变量的默认含义理解为实值的随机变量，而术语向量值随机变量或算子值随机变量指用刚才描述的方法获得的随机变量.

1.2.2.4　独立与同分布随机变量

如果

$$\Pr((X,Y) \in \mathcal{A} \times \mathcal{B}) = \Pr(X \in \mathcal{A})\Pr(Y \in \mathcal{B}) \tag{1.256}$$

对于每一个 Borel 子集 $\mathcal{A}, \mathcal{B} \subseteq \mathbb{R}$ 都成立, 那么称两个随机变量 X 和 Y 是独立的, 并且如果

$$\Pr(X \in \mathcal{A}) = \Pr(Y \in \mathcal{A}) \tag{1.257}$$

对于每一个 Borel 子集 $\mathcal{A} \subseteq \mathbb{R}$ 都成立, 那么称这两个随机变量是同分布的. 通常来说, 这些条件并不要求 X 和 Y 是关于相同 Borel 测度定义的. 在这两种情况下, 这些概念可以用一种直接的方式扩展到两个随机变量以上, 以及向量值随机变量上.

假设 $\mathcal{A}$ 是一个有限维实或复向量空间的子集, $\mu : \mathrm{Borel}(\mathcal{A}) \to [0,1]$ 是一个概率测度, 并且 $Y : \mathcal{A} \to \mathbb{R}$ 是一个关于 μ 分布的随机变量. 对于任选的正整数 n, 我们可以考虑独立且同分布的随机变量 $X_1, \cdots, X_n$, 它们每一个都以与 Y 相同的方式分布. 对本书的目标而言, 我们可以假设这意味着 $X_1, \cdots, X_n$ 是 Borel 函数, 其形式为

$$X_k : \mathcal{A}^n \to \mathbb{R} \tag{1.258}$$

并且对于每个 k 和每个 $(u_1, \cdots, u_n) \in \mathcal{A}^n$ 定义为

$$X_k(u_1, \cdots, u_n) = Y(u_k) \tag{1.259}$$

且这样做不会损失普遍性. 此外, 我们认为每个 X_k 都是关于在 $\mathcal{A}^n$ 上的 n 重积测度 $\mu \times \cdots \times \mu$ 分布的. 本质上, 这一形式规范代表简单且直观的概念: $X_1, \cdots, X_n$ 是随机变量 Y 的不相关拷贝.

1.2.2.5　一些基本定理

在本书后面的部分, 我们将要用到关于随机变量的一些基本定理. 尽管这些定理对更普遍的随机变量的概念成立, 但我们应该认识到下面的定理应该应用到关于 Borel 概率测度分布的随机变量上 (如前面描述的那样, 将关于形式为 $p \in \mathcal{P}(\Sigma)$ 的概率向量分布的随机变量作为一种特殊情况).

本小节将要阐述的第一个定理是 Markov 不等式, 它为一个非负随机变量超过一个给定阈值的概率给出了某些时候较为粗糙的上界.

定理 1.13 (Markov 不等式) 令 X 为一个非负实数值的随机变量, 并且 $\varepsilon > 0$ 为一个正实数. 有

$$\Pr(X \geqslant \varepsilon) \leqslant \frac{\mathrm{E}(X)}{\varepsilon} \tag{1.260}$$

成立.

下面的定理称作 Jensen 不等式, 它是关于一个凸函数作用在一个随机变量上时的期望值的定理.

定理 1.14 (Jensen 不等式)　*假设 X 是一个随机变量且 $f : \mathbb{R} \to \mathbb{R}$ 是一个凸函数. 有*

$$f\big(\mathrm{E}(X)\big) \leqslant \mathrm{E}(f(X)) \tag{1.261}$$

成立.

两个额外的定理——弱大数定律和 Hoeffding 不等式——为一组独立且同分布的随机变量与它们平均值的偏差确立了边界.

定理 1.15 (弱大数定律)　*令 X 为一个随机变量且 $\alpha = \mathrm{E}(X)$. 此外, 假设对于每一个正整数 n, $X_1, \cdots, X_n$ 是与 X 同分布的独立随机变量. 对于每一个正实数 $\varepsilon > 0$, 有*

$$\lim_{n \to \infty} \mathrm{Pr}\left(\left| \frac{X_1 + \cdots + X_n}{n} - \alpha \right| \geqslant \varepsilon \right) = 0 \tag{1.262}$$

成立.

定理 1.16 (Hoeffding 不等式)　*令 $X_1, \cdots, X_n$ 为独立且同分布的随机变量, 其取值范围在 $[0, 1]$ 之内且平均值为 α. 对于每一个正实数 $\varepsilon > 0$, 有*

$$\mathrm{Pr}\left(\left| \frac{X_1 + \cdots + X_n}{n} - \alpha \right| \geqslant \varepsilon \right) \leqslant 2 \exp\big(-2n\varepsilon^2\big) \tag{1.263}$$

成立.

1.2.2.6　Gauss 测度和正态分布随机变量

在 $\mathbb{R}$ 上的标准 Gauss 测度是 Borel 概率测度

$$\gamma : \mathrm{Borel}(\mathbb{R}) \to [0, 1]. \tag{1.264}$$

对于每一个 $\mathcal{A} \in \mathrm{Borel}(\mathbb{R})$, 它被定义为

$$\gamma(\mathcal{A}) = \frac{1}{\sqrt{2\pi}} \int_{\mathcal{A}} \exp\left(-\frac{\alpha^2}{2}\right) \mathrm{d}\alpha, \tag{1.265}$$

其中积分是关于 $\mathbb{R}$ 上的标准 Borel 测度选取的. 这是一个定义明确的测度, 通过观察函数

$$\alpha \mapsto \begin{cases} \dfrac{1}{\sqrt{2\pi}} \exp\left(-\dfrac{\alpha^2}{2}\right) & \alpha \in \mathcal{A} \\ 0 & \text{其他} \end{cases} \tag{1.266}$$

对于每一个 Borel 子集 $\mathcal{A} \subseteq \mathbb{R}$ 都是可积 Borel 函数获得, 并且从 Gauss 积分

$$\int \exp\left(-\frac{\alpha^2}{2}\right) \mathrm{d}\alpha = \sqrt{2\pi} \tag{1.267}$$

可以看出它是一个概率测度.

如果 $\mathrm{Pr}(X \in \mathcal{A}) = \gamma(\mathcal{A})$ 对于每一个 $\mathcal{A} \in \mathrm{Borel}(\mathbb{R})$ 都成立, 那么随机变量 X 是一个标准正态随机变量. 这等价于 X 与关于标准 $\mathbb{R}$ 上的标准 Gauss 测度 γ 分布的随机变量 $Y(\alpha) = \alpha$ 是同分布的.

下面的积分有许多相似的种类, 在分析标准正态随机变量时很有用.

1. 对于每一个正实数 $\lambda > 0$ 和每一个实数 $\beta \in \mathbb{R}$，有

$$\int \exp\left(-\lambda\alpha^2 + \beta\alpha\right) \mathrm{d}\alpha = \sqrt{\frac{\pi}{\lambda}} \exp\left(\frac{\beta^2}{4\lambda}\right) \tag{1.268}$$

成立.

2. 对于每一个正整数 n，有

$$\int_0^\infty \alpha^n \, \mathrm{d}\gamma(\alpha) = \frac{2^{\frac{n}{2}}\Gamma\left(\dfrac{n+1}{2}\right)}{2\sqrt{\pi}} \tag{1.269}$$

成立，其中 Γ- 函数可以定义在下面的正半整数点上：

$$\Gamma\left(\frac{m+1}{2}\right) = \begin{cases} \sqrt{\pi} & m = 0 \\ 1 & m = 1 \\ \dfrac{m-1}{2}\Gamma\left(\dfrac{m-1}{2}\right) & m \geqslant 2. \end{cases} \tag{1.270}$$

3. 对于每一个正实数 $\lambda > 0$ 和每一对实数 $\beta_0, \beta_1 \in \mathbb{R}$ $(\beta_0 \leqslant \beta_1)$，有

$$\int_{\beta_0}^{\beta_1} \alpha \exp(-\lambda\alpha^2) \, \mathrm{d}\alpha = \frac{1}{2\lambda}\exp(-\lambda\beta_0^2) - \frac{1}{2\lambda}\exp(-\lambda\beta_1^2). \tag{1.271}$$

通过自然的解释 $\exp(-\infty) = 0$ 可知这一公式对 β_0 和 β_1 的无限值也成立.

对于每一个正整数 n，$\mathbb{R}^n$ 上的标准 Gauss 测度是通过取 γ 的 n 重积测度及其本身获得的 Borel 概率测度

$$\gamma_n : \mathrm{Borel}(\mathbb{R}^n) \to [0,1]. \tag{1.272}$$

等价地，

$$\gamma_n(\mathcal{A}) = (2\pi)^{-\frac{n}{2}} \int_{\mathcal{A}} \exp\left(-\frac{\|u\|^2}{2}\right) \mathrm{d}\nu_n(u), \tag{1.273}$$

其中 ν_n 表示与其自身的标准 Borel 测度 ν 的 n 重积测度，且范数是欧几里得范数.

对于每一个 Borel 集 $\mathcal{A} \subseteq \mathbb{R}^n$ 和每一个正交算子 $U \in \mathrm{L}(\mathbb{R}^n)$，即满足 $UU^\mathsf{T} = \mathbb{1}$ 的算子，$\mathbb{R}^n$ 上的标准高斯测量在正交变换 (包括旋转) 下是不变的：

$$\gamma_n(U\mathcal{A}) = \gamma_n(\mathcal{A}). \tag{1.274}$$

因此，对于独立标准正态随机变量 $X_1, \cdots, X_n$，向量值随机变量 $(X_1, \cdots, X_n)$ 与对于每个 $k \in \{1, \cdots, n\}$ 通过

$$Y_k = \sum_{j=1}^n U(k,j)X_j \tag{1.275}$$

定义的向量值随机变量 $(Y_1, \cdots, Y_n)$ 是同分布的，其中 $U \in \mathrm{L}(\mathbb{R}^n)$ 为任意正交算子. 由于这个事实，如果标准 Gauss 测度投影到了一个子空间上，那么它便等价于该子空间上的标准 Gauss 测度.

命题 1.17　令 m 和 n 为满足 $m < n$ 的正整数, 并且 $V \in \mathrm{L}(\mathbb{R}^m, \mathbb{R}^n)$ 满足 $V^{\mathsf{T}}V = \mathbb{1}$. 对于每一个 Borel 集 $\mathcal{A} \subseteq \mathbb{R}^m$, 我们有

$$\gamma_m(\mathcal{A}) = \gamma_n\big(\{u \in \mathbb{R}^n : V^{\mathsf{T}}u \in \mathcal{A}\}\big). \tag{1.276}$$

从这一命题我们可以得出, $\mathbb{R}^n$ 的任意适当子空间 $\mathcal{V}$ 的标准 Gauss 测度 $\gamma_n(\mathcal{V})$ 都为零. 最后, 对于独立标准正态随机变量 $X_1, \cdots, X_n$, 我们可以定义一个随机变量

$$Y = \sqrt{X_1^2 + \cdots + X_n^2}. \tag{1.277}$$

Y 的分布称为 χ-分布. Y 的平均值有如下解析表达式:

$$\mathrm{E}(Y) = \frac{\sqrt{2}\,\Gamma\!\left(\dfrac{n+1}{2}\right)}{\Gamma\!\left(\dfrac{n}{2}\right)}. \tag{1.278}$$

从这一表达式可以证明

$$\mathrm{E}(Y) = v_n \sqrt{n}, \tag{1.279}$$

其中 $(v_1, v_2, \cdots)$ 是一个严格递增的序列, 其起始为

$$v_1 = \sqrt{\frac{2}{\pi}}, \quad v_2 = \frac{\sqrt{\pi}}{2}, \quad v_3 = \sqrt{\frac{8}{3\pi}}, \quad \cdots \tag{1.280}$$

并且在 n 趋近于无穷这一极限下收敛到 1.

1.2.3　半定规划

半定规划的范例在量子信息理论中的分析和计算上都有着大量的应用. 本节阐述半定规划的公式, 这一公式迎合了半定规划在本书中可以找到的 (主要是分析的) 应用.

1.2.3.1　半定规划的相关定义

令 $\mathcal{X}$ 和 $\mathcal{Y}$ 为复欧几里得空间, 令 $\Phi \in \mathrm{T}(\mathcal{X}, \mathcal{Y})$ 为一个保 Hermite 映射, 并且 $A \in \mathrm{Herm}(\mathcal{X})$ 和 $B \in \mathrm{Herm}(\mathcal{Y})$ 为 Hermite 算子. 半定规划是一个三元组 (Φ, A, B), 下面的这对优化问题与其相关联:

原始问题	对偶问题
最大化:　$\langle A, X \rangle$	最小化:　$\langle B, Y \rangle$
条件:　$\Phi(X) = B$,	条件:　$\Phi^*(Y) \geqslant A$,
$X \in \mathrm{Pos}(\mathcal{X})$.	$Y \in \mathrm{Herm}(\mathcal{Y})$.

有了这些问题, 我们定义 (Φ, A, B) 的原始可行集 $\mathcal{A}$ 和对偶可行集 $\mathcal{B}$ 如下:

$$\begin{aligned}
\mathcal{A} &= \big\{X \in \mathrm{Pos}(\mathcal{X}) : \Phi(X) = B\big\}, \\
\mathcal{B} &= \big\{Y \in \mathrm{Herm}(\mathcal{Y}) : \Phi^*(Y) \geqslant A\big\}.
\end{aligned} \tag{1.281}$$

相应地, 算子 $X \in \mathcal{A}$ 和 $Y \in \mathcal{B}$ 也称为原始可行的和对偶可行的.

从 $\mathrm{Herm}(\mathcal{X})$ 到 $\mathbb{R}$ 的函数 $X \mapsto \langle A, X \rangle$ 是 (Φ, A, B) 的原始目标函数, 而从 $\mathrm{Herm}(\mathcal{Y})$ 到 $\mathbb{R}$ 的函数 $Y \mapsto \langle B, Y \rangle$ 是 (Φ, A, B) 的对偶目标函数. 与原始问题和对偶问题相关的最优值相应地定义为

$$\alpha = \sup\{\langle A, X \rangle : X \in \mathcal{A}\} \quad \text{和} \quad \beta = \inf\{\langle B, Y \rangle : Y \in \mathcal{B}\} \tag{1.282}$$

(如果 $\mathcal{A} = \varnothing$ 或 $\mathcal{B} = \varnothing$, 那么我们相应地定义 $\alpha = -\infty$ 和 $\beta = \infty$).

1.2.3.2 半定规划对偶性

半定规划与对偶性这一概念相关联, 这是指原始问题与对偶问题之间的特殊关系.

对所有半定规划都成立的弱对偶性的性质是, 原始最优永远不会超过对偶最优. 用更简洁的术语来说, 必然有 $\alpha \leqslant \beta$ 成立. 这说明每一个对偶可行算子 $Y \in \mathcal{B}$ 都为在所有选择的原始可行算子 $X \in \mathcal{A}$ 上可以获得的值 $\langle A, X \rangle$ 上的 $\langle B, Y \rangle$ 提供了上界. 同样地, 每一个 $X \in \mathcal{A}$ 都为在所有选择的对偶可行算子 $Y \in \mathcal{B}$ 上可以获得的值 $\langle B, Y \rangle$ 上的 $\langle A, X \rangle$ 提供了下界.

半定规划 (Φ, A, B) 的原始最优和对偶最优并不总是相同的, 但是对于许多应用中自然出现的半定规划问题, 原始最优和对偶最优是相等的. 这一情况称作强对偶性. 下面的定理给出了保证强对偶性成立的一组条件集合.

定理 1.18(Slater 半定规划定理) 令 $\mathcal{X}$ 和 $\mathcal{Y}$ 为复欧几里得空间, $\Phi \in \mathrm{T}(\mathcal{X}, \mathcal{Y})$ 为一个保 Hermite 映射, 并且 $A \in \mathrm{Herm}(\mathcal{X})$ 和 $B \in \mathrm{Herm}(\mathcal{Y})$ 为 Hermite 算子. 令 $\mathcal{A}$、$\mathcal{B}$、α 和 β 关于半定规划 (Φ, A, B) 定义如上, 则我们有下面两个结论:

1. 如果 α 是有限的且存在一个 Hermite 算子 $Y \in \mathrm{Herm}(\mathcal{Y})$ 使得 $\Phi^*(Y) > A$, 那么 $\alpha = \beta$, 此外存在一个原始可行算子 $X \in \mathcal{A}$ 使得 $\langle A, X \rangle = \alpha$.

2. 如果 β 是有限的并且存在一个正定算子 $X \in \mathrm{Pd}(\mathcal{X})$ 使得 $\Phi(X) = B$, 那么 $\alpha = \beta$, 此外存在一个对偶可行算子 $Y \in \mathcal{B}$ 使得 $\langle B, Y \rangle = \beta$.

在最优的原始值和对偶值相等并且它们都是关于选定的某些可行算子获得的情况下, 一个在这些算子间称为互补松弛性的简单关系一定成立.

命题 1.19(半定规划的互补松弛性) 令 $\mathcal{X}$ 和 $\mathcal{Y}$ 为复欧几里得空间, $\Phi \in \mathrm{T}(\mathcal{X}, \mathcal{Y})$ 为一个保 Hermite 映射, 并且 $A \in \mathrm{Herm}(\mathcal{X})$ 和 $B \in \mathrm{Herm}(\mathcal{Y})$ 为 Hermite 算子. 令 $\mathcal{A}$ 和 $\mathcal{B}$ 为与半定规划 (Φ, A, B) 相关的原始可行集和对偶可行集, 并且假设 $X \in \mathcal{A}$ 和 $Y \in \mathcal{B}$ 为满足 $\langle A, X \rangle = \langle B, Y \rangle$ 的算子. 有

$$\Phi^*(Y)X = AX \tag{1.283}$$

成立.

1.2.3.3 半定规划的简单形式及其另外的表达式

半定规划通常会以一种某种程度上相比对于三元组 (Φ, A, B) 的详述不那么正式的方式展现, 其中 $\Phi \in \mathrm{T}(\mathcal{X}, \mathcal{Y})$ 为一个保 Hermite 映射且 $A \in \mathrm{Herm}(\mathcal{X})$ 和 $B \in \mathrm{Herm}(\mathcal{Y})$ 为 Hermite

算子. 原始和对偶问题经常以一种简单的形式被直接陈述出来, 并且有时需要读者自己来规定对应于该简化问题陈述的三元组 (Φ, A, B).

下面是半定规划的两个例子, 这两种情况都包含了它们的正式详述与简化形式.

例 1.20 (迹范数的半定规划)　令 $\mathcal{X}$ 和 $\mathcal{Y}$ 为复欧几里得空间且使 $K \in \mathrm{L}(\mathcal{X}, \mathcal{Y})$ 为任意算子. 对于所有的 $X \in \mathrm{L}(\mathcal{X})$ 和 $Y \in \mathrm{L}(\mathcal{Y})$, 定义保 Hermite 映射 $\Phi \in \mathrm{T}(\mathcal{X} \oplus \mathcal{Y})$ 为

$$\Phi \begin{pmatrix} X & \cdot \\ \cdot & Y \end{pmatrix} = \begin{pmatrix} X & 0 \\ 0 & Y \end{pmatrix}, \tag{1.284}$$

其中的点表示 $\mathrm{L}(\mathcal{X}, \mathcal{Y})$ 和 $\mathrm{L}(\mathcal{Y}, \mathcal{X})$ 被 Φ 有效归零的元素. 映射 Φ 是自伴的: $\Phi^* = \Phi$. 此外定义 $A, B \in \mathrm{Herm}(\mathcal{X} \oplus \mathcal{Y})$ 为

$$A = \frac{1}{2} \begin{pmatrix} 0 & K^* \\ K & 0 \end{pmatrix} \quad \text{和} \quad B = \begin{pmatrix} \mathbb{1}_{\mathcal{X}} & 0 \\ 0 & \mathbb{1}_{\mathcal{Y}} \end{pmatrix}. \tag{1.285}$$

在一些简化之后, 半定规划 (Φ, A, B) 的原始问题和对偶问题可以表述如下:

原始问题	对偶问题
最大化: $\frac{1}{2}\langle K, Z \rangle + \frac{1}{2}\langle K^*, Z^* \rangle$	最小化: $\frac{1}{2}\mathrm{Tr}(X) + \frac{1}{2}\mathrm{Tr}(Y)$
条件: $\begin{pmatrix} \mathbb{1}_{\mathcal{X}} & Z^* \\ Z & \mathbb{1}_{\mathcal{Y}} \end{pmatrix} \geqslant 0,$	条件: $\begin{pmatrix} X & -K^* \\ -K & Y \end{pmatrix} \geqslant 0,$
$Z \in \mathrm{L}(\mathcal{X}, \mathcal{Y}).$	$X \in \mathrm{Pos}(\mathcal{X}),$
	$Y \in \mathrm{Pos}(\mathcal{Y}).$

在 $\|K\|_1$ 这一条件下, 原始最优条件和对偶最优条件对于所有 K 的选择都相等 (给定 K 的一个奇异值分解, 我们可以同时建立获得这个值的原始可行解和对偶可行解).

表达这一半定规划的标准方式是只列出上面给出的简化后的原始问题和最优问题, 在此我们暗中指定了三元组 (Φ, A, B).　　□

例 1.21 (带不等式约束的半定规划)　令 $\mathcal{X}$、$\mathcal{Y}$ 和 $\mathcal{Z}$ 为复欧几里得空间, $\Phi \in \mathrm{T}(\mathcal{X}, \mathcal{Y})$ 和 $\Psi \in \mathrm{T}(\mathcal{X}, \mathcal{Z})$ 为保 Hermite 映射, 并且 $A \in \mathrm{Herm}(\mathcal{X})$、$B \in \mathrm{Herm}(\mathcal{Y})$ 和 $C \in \mathrm{Herm}(\mathcal{Z})$ 为 Hermite 算子. 对于所有的 $X \in \mathrm{L}(\mathcal{X})$ 和 $Z \in \mathrm{L}(\mathcal{Z})$, 定义映射

$$\Xi \in \mathrm{T}(\mathcal{X} \oplus \mathcal{Z}, \mathcal{Y} \oplus \mathcal{Z}) \tag{1.286}$$

为

$$\Xi \begin{pmatrix} X & \cdot \\ \cdot & Z \end{pmatrix} = \begin{pmatrix} \Phi(X) & 0 \\ 0 & \Psi(X) + Z \end{pmatrix} \tag{1.287}$$

(与前面的例子相似, 对 Ξ 的论证中的点表示 $\mathrm{L}(\mathcal{X}, \mathcal{Z})$ 和 $\mathrm{L}(\mathcal{Z}, \mathcal{X})$ 的任意 Ξ 不依赖的元素). Ξ 的伴随映射

$$\Xi^* \in \mathrm{T}(\mathcal{Y} \oplus \mathcal{Z}, \mathcal{X} \oplus \mathcal{Z}) \tag{1.288}$$

由

$$\Xi^*\begin{pmatrix} Y & \cdot \\ \cdot & Z \end{pmatrix} = \begin{pmatrix} \Phi^*(Y) + \Psi^*(Z) & 0 \\ 0 & Z \end{pmatrix} \tag{1.289}$$

给出.

由映射 Ξ 指定的半定规划的原始问题和对偶问题, 以及 Hermite 算子

$$\begin{pmatrix} A & 0 \\ 0 & 0 \end{pmatrix} \in \mathrm{Herm}(\mathcal{X} \oplus \mathcal{Z}) \quad \text{和} \quad \begin{pmatrix} B & 0 \\ 0 & C \end{pmatrix} \in \mathrm{Herm}(\mathcal{Y} \oplus \mathcal{Z}) \tag{1.290}$$

可以用下面的简化形式表达:

原始问题		对偶问题	
最大化:	$\langle A, X \rangle$	最小化:	$\langle B, Y \rangle + \langle C, Z \rangle$
条件:	$\Phi(X) = B,$	条件:	$\Phi^*(Y) + \Psi^*(Z) \geqslant A,$
	$\Psi(X) \leqslant C,$		$Y \in \mathrm{Herm}(\mathcal{Y}),$
	$X \in \mathrm{Pos}(\mathcal{X}).$		$Z \in \mathrm{Pos}(\mathcal{Z}).$

有时考虑这种形式的半定规划问题会很方便. 与仅有等式约束相比, 这种形式既包含了原始问题中的等式约束也包含了其中的不等式约束. □

1.3 推荐参考资料

有许多教科书包含了本章总结的线性代数的材料, 例如 Halmos (1978) 以及 Hoffman 和 Kunze (1971) 的两本经典著作. 对有限维空间线性代数的一些更为现代的发展感兴趣的读者可以参考 Axler (1997) 的书. Horn 和 Johnson (1985) 以及 Bhatia (1997) 的书也包含了关于本章中总结的线性代数的多数材料 (它们还包含了更多内容, 包括本书随后章节中要证明的相关定理), 它们关注这一主题的矩阵理论方面.

此外还有许多主题是数学分析的教材, 包括 Rudin (1964) 和 Apostol (1974) 的经典著作, 以及关注测度理论的 Bartle (1966) 和 Halmos (1974) 的书. Rockafellar (1970) 的书是凸分析的标准参考书, 而 Feller (1968, 1971) 的两卷本是概率论的标准参考书. Wolkowicz、Saigal 和 Vandenberge (2000) 的著作讨论了半定规划.

量子信息基本概念

本章将介绍量子信息理论最基本的对象与概念，包括寄存器 (register)、态 (state)、信道 (channel) 与测量 (measurement). 本章还将研究它们的一些基本性质.

2.1 寄存器与态

本节讨论寄存器与态. 寄存器是一种对可以储存量子信息的物理设备的抽象，而寄存器的态表示特定时刻对该寄存器的内容的描述.

2.1.1 寄存器与经典态的集合

寄存器实际上指计算机中可以储存并操纵有限数据的一种组件. 虽然这种关联确实有助于理解这个概念，但是读者应该记住，所有可以储存有限数据，并且状态可以随时间而改变的物理系统都可以被当作寄存器. 例如，寄存器可以表示从发出者到接收者的一个信息传输媒介. 直觉上来说，寄存器最关键的性质就是它表示了储存信息的物理对象，或者说物理对象中储存信息的部分.

2.1.1.1 寄存器的定义

下面的寄存器的形式定义是为了捕捉一个基本但重要的概念：多个寄存器合起来可以作为一个寄存器处理. 为了表达这个概念，这里我们自然地选择了一种归纳性的定义.

定义 2.1 **寄存器** X 是下列两种对象之一：

1. 一个字母表 Σ.
2. 一个 n 元组 $X = (Y_1, \cdots, Y_n)$，这里 n 为正整数，而 $Y_1, \cdots, Y_n$ 皆为寄存器.

在我们需要区分它们的时候，第一类寄存器称为单寄存器，而第二类寄存器称为复合寄存器.

对于单寄存器 $X = \Sigma$ 而言，字母表 Σ 代表该寄存器可存储的所有经典态的集合. 紧接着让我们来说明一下复合寄存器存储的经典态. 正如我们在定义中所做的那样，寄存器由黑体的大写字母表示，例如 X、Y 与 Z. 当需要引入可变数量的寄存器，或者由于其他原因需要以某种简便的方式命名时，寄存器必须带有下标，例如 $X_1, \cdots, X_n$.

基于定义 2.1，对于一个给定的寄存器，我们可以自然地为其对应一个树形结构，其中每一个叶子节点都对应一个单寄存器. 如果一个寄存器 Y 对应的树是 X 对应的树的子树，则称 Y 为 X 的子寄存器.

例 2.2 定义寄存器 X、Y_0、Y_1、Z_1、Z_2 与 Z_3 如下:

$$X = (Y_0, Y_1), \qquad Y_0 = \{1, 2, 3, 4\}, \qquad Z_1 = \{0, 1\},$$
$$Y_1 = (Z_1, Z_2, Z_3), \qquad Z_2 = \{0, 1\}, \tag{2.1}$$
$$Z_3 = \{0, 1\}.$$

寄存器 X 所对应的树显示在图 2.1 中, 即 Y_0、Y_1、Z_1、Z_2、Z_3 及 (平凡地) X 本身.   □

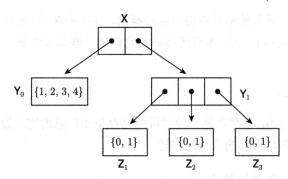

图 2.1   例 2.2 中的寄存器所对应的树

2.1.1.2   寄存器的经典态集合

每一个寄存器都会对应一个由下列定义所规定的经典态集合.

定义 2.3   寄存器 X 的**经典态集合**由下式所决定:

1. 如果 $X = \Sigma$ 是单寄存器, 则 X 的经典态集合就是 Σ.

2. 如果 $X = (Y_1, \cdots, Y_n)$ 是复合寄存器, 则 X 的经典态集合是它们的笛卡儿积

$$\Sigma = \Gamma_1 \times \cdots \times \Gamma_n, \tag{2.2}$$

这里对于每一个 $k \in \{1, \cdots, n\}$, Γ_k 代表寄存器 Y_k 所对应的经典态集合.
寄存器的经典态集合中的元素称为寄存器的**经典态**.

经典态这个名字来源于对计算机科学中"态"的经典描述. 直觉上来说, 可以清楚地识别寄存器的经典态, 就像单比特内存组件存储的值 0 和 1 一样. 注意, 请不要混淆经典态与态. 在本书中, 后者将默认指量子态而非经典态.

如果一个寄存器的经典态集合只包含一个元素, 则它是平凡的. 虽然从信息处理的角度来说, 平凡寄存器是无用的, 但是允许平凡寄存器的存在可以给我们带来数学上的便利. 然而, 读者会注意到, 该定义不适用于寄存器的经典态集合为空的情况. 这与寄存器代表物理系统的思想是一致的. 虽然一个物理系统也许只有一个可能的经典态, 但是一个没有任何态的系统是毫无意义的.

2.1.1.3   经典态的约化

我们可以找到一种直接的方法使寄存器的每一个经典态都唯一地确定其每一个子寄存

器的经典态. 更准确地说, 假设

$$X = (Y_1, \cdots, Y_n) \tag{2.3}$$

是复合寄存器. 将寄存器 $Y_1, \cdots, Y_n$ 的经典态集合对应地记作 $\Gamma_1, \cdots, \Gamma_n$, 使得 X 的经典态集合等于 $\Sigma = \Gamma_1 \times \cdots \times \Gamma_n$. 对于 X 的一个给定经典态 $a = (b_1, \cdots, b_n)$, 以及每一个 $k \in \{1, \cdots, n\}$, 这确定了 Y_k 的经典态是 $b_k \in \Gamma_k$. 通过递归地使用上述定义, 我们可以确定 X 的每一个子寄存器的唯一经典态.

反过来, 每一个寄存器的经典态也是由它包含的单子寄存器的经典态所唯一确定的. 因此寄存器 X 的每一个经典态唯一确定了所有由其包含的单子寄存器的子集所构成的寄存器的经典态. 特别地, 如果 X 有着式 (2.3) 的形式, 则我们希望选择某些索引 $1 \leqslant k_1 < \cdots < k_m \leqslant n$, 构造一个新寄存器

$$Z = (Y_{k_1}, \cdots, Y_{k_m}). \tag{2.4}$$

如果 $a = (b_1, \cdots, b_n)$ 是 X 在某特定时刻的经典态, 则 Z 所对应的经典态是 $(b_{k_1}, \cdots, b_{k_m})$.

2.1.2 寄存器的量子态

在本书中, 我们将会对比概率态来介绍量子态, 并且假设读者已经对概率态有所了解.

2.1.2.1 寄存器的概率态

寄存器 X 所对应的概率态代表该寄存器上所有经典态的一个概率分布或随机混合. 假设 X 的经典态集合是 Σ, 则 X 上的一个概率态与一个概率向量 $p \in \mathcal{P}(\Sigma)$ 对应, $p(a)$ 的值代表特定经典态 $a \in \Sigma$ 所对应的概率. 通常我们会将概率态看作寄存器所含内容的一种数学表示, 或者一种理论上对某寄存器特定时刻的内容的认知.

概率态与量子态的区别在于, 概率态是由概率向量所表示的, 而量子态是由密度算子 (见 1.1.2 节) 所表示的. 不同于概率态, 量子态并没有一个清晰直观的意义. 虽然尝试理解为什么自然界在某些状态下能够被量子态模型非常好地描述是一个自然且有趣的方向, 但是本书并不会试图对此加以解释: 在这里, 量子态仅仅被视为一种数学对象, 不包含任何其他意义.

2.1.2.2 寄存器对应的复欧几里得空间

对于用数学用语讨论量子态, 接下来我们介绍的术语会很有帮助.

定义 2.4 寄存器 X 所对应的复欧几里得空间被定义为 $\mathbb{C}^\Sigma$. 这里 Σ 是 X 的经典态集合.

给定寄存器所对应的复欧几里得空间会使用与寄存器相同的符号标记, 但其字体采用花体, 而非黑体. 例如, 寄存器 X 所对应的复欧几里得空间记为 $\mathcal{X}$, 而寄存器 $Y_1, \cdots, Y_n$ 所对应的复欧几里得空间记为 $\mathcal{Y}_1, \cdots, \mathcal{Y}_n$.

读者会注意到, 复合寄存器 $X = (Y_1, \cdots, Y_n)$ 所对应的复欧几里得空间 $\mathcal{X}$ 将由张量积

$$\mathcal{X} = \mathcal{Y}_1 \otimes \cdots \otimes \mathcal{Y}_n \tag{2.5}$$

给出. 这个事实源于经典态的定义, 即 X 的经典态集合由 $\Sigma = \Gamma_1 \times \cdots \times \Gamma_n$ 所定义. 假设 $Y_1, \cdots, Y_n$ 对应的经典态集合是 $\Gamma_1, \cdots, \Gamma_n$. 因此 X 对应的复欧几里得空间是

$$\mathcal{X} = \mathbb{C}^{\Sigma} = \mathbb{C}^{\Gamma_1 \times \cdots \times \Gamma_n} = \mathcal{Y}_1 \otimes \cdots \otimes \mathcal{Y}_n, \tag{2.6}$$

这里 $\mathcal{Y}_1 = \mathbb{C}^{\Gamma_1}, \cdots, \mathcal{Y}_n = \mathbb{C}^{\Gamma_n}$.

2.1.2.3   量子态的定义

正如我们前面介绍的, 量子态是由密度算子所表示的. 为了更准确地说明这一点, 我们使用下列定义.

定义 2.5   量子态是 $\rho \in \mathrm{D}(\mathcal{X})$ 形式的密度算子. 这里 $\mathcal{X}$ 是一个选定的复欧几里得空间.

当我们说寄存器 X 的量子态的时候, 事实上是在说 $\rho \in \mathrm{D}(\mathcal{X})$ 中的态, 这里 $\mathcal{X}$ 是 X 对应的复欧几里得空间. 在量子信息的设定中, 态这个词用来指代量子态, 因为我们默认在这个设定中最重要的对象是量子态 (而非经典态与概率态).

2.1.2.4   量子态的凸组合

对所有复欧几里得空间 $\mathcal{X}$ 而言, 集合 $\mathrm{D}(\mathcal{X})$ 是一个凸集. 这意味着, 对于从字母表 Γ 中选择的任意量子态

$$\{\rho_a : a \in \Gamma\} \subseteq \mathrm{D}(\mathcal{X}) \tag{2.7}$$

以及一个概率向量 $p \in \mathcal{P}(\Gamma)$, 它们的凸组合

$$\rho = \sum_{a \in \Gamma} p(a) \rho_a \tag{2.8}$$

是 $\mathrm{D}(\mathcal{X})$ 中的元素. 式 (2.8) 所定义的态 ρ 称为态 $\{\rho_a : a \in \Gamma\}$ 相对于概率向量 p 的混合.

假设寄存器 X 对应的复欧几里得空间是 $\mathcal{X}$. 则根据概率向量 p, 随机选择一个 $a \in \Gamma$, 然后将 X 制备为态 ρ_a, 这样得到的态即是由式 (2.8) 所定义的态 ρ. 在本书中, 这将作为一个公理存在. 简明扼要地说, 我们假设对量子态的随机选择可以用密度算子的凸组合表示.

2.1.2.5   量子态的系综

有限量子态集合上的概率分布这个概念在量子信息理论中非常常见. 上述分布可以简单地表示为满足

$$\mathrm{Tr}\left(\sum_{a \in \Gamma} \eta(a) \right) = 1 \tag{2.9}$$

的函数

$$\eta : \Gamma \to \mathrm{Pos}(\mathcal{X}). \tag{2.10}$$

这类函数 η 称为态的系综. 态的系综 $\eta : \Gamma \to \mathrm{Pos}(\mathcal{X})$ 可以理解为, 对每一个元素 $a \in \Gamma$, 算子 $\eta(a)$ 代表一个态与该态所对应的概率: 这个概率是 $\mathrm{Tr}(\eta(a))$, 而这个态是

$$\rho_a = \frac{\eta(a)}{\mathrm{Tr}(\eta(a))} \tag{2.11}$$

(当然, 仅当 $\eta(a) \neq 0$ 时, ρ_a 才会被确定. 如果对于某个 a, $\eta(a) = 0$, 则我们不需要特别指定 ρ_a 是什么密度算子, 因为它对应的是那些概率为零的离散事件).

2.1.2.6 纯态

量子态 $\rho \in \mathrm{D}(\mathcal{X})$ 在秩为 1 的时候称为纯态. 相对地, 如果存在一个单位向量 $u \in \mathcal{X}$ 满足

$$\rho = uu^*, \tag{2.12}$$

则 ρ 是一个纯态. 根据谱定理 (推论 1.4), 每一个量子态都是纯量子态的混合, 并且当且仅当态 $\rho \in \mathrm{D}(\mathcal{X})$ 是集合 $\mathrm{D}(\mathcal{X})$ 上的一个极点时, 它是纯的.

通常我们用 u 而非 uu^* 来表示纯态 (2.12). 但是这种简化会带来一种歧义: 如果我们讨论两个单位向量 u 与 $v = \alpha u$, 且对任意选择的 $\alpha \in \mathbb{C}$ 满足 $|\alpha| = 1$, 则它们所对应的纯态 uu^* 与 vv^* 是一样的, 因为

$$vv^* = |\alpha|^2 uu^* = uu^*. \tag{2.13}$$

幸运的是, 这种简化一般并不会带来混乱. 我们要记住, 每一个纯态都对应着一个单位向量的等价类. 当且仅当对于某些 $|\alpha| = 1$ 的 $\alpha \in \mathbb{C}$ 有 $v = \alpha u$ 时单位向量 u 和 v 等价, 因此这个等价类中的所有单位向量都可以用作该纯态的表示.

2.1.2.7 扁平态

一个量子态 $\rho \in \mathrm{D}(\mathcal{X})$ 被称为扁平态, 意味着它对一个非零投影算子 $\Pi \in \mathrm{Proj}(\mathcal{X})$ 满足

$$\rho = \frac{\Pi}{\mathrm{Tr}(\Pi)}. \tag{2.14}$$

我们用符号 ω 表示扁平态. 另外, 我们有时也用符号

$$\omega_{\mathcal{V}} = \frac{\Pi_{\mathcal{V}}}{\mathrm{Tr}(\Pi_{\mathcal{V}})} \tag{2.15}$$

表示那些与投影到非零子空间 $\mathcal{V} \subseteq \mathcal{X}$ 上的投影算子成正比的扁平态. 扁平态的例子包括纯态与完全混合态

$$\omega = \frac{\mathbb{1}_{\mathcal{X}}}{\dim(\mathcal{X})}, \tag{2.16}$$

其中纯态对应的 Π 是秩为 1 的投影算子. 直观上, 完全混合态代表对态完全没有认知, 类似于均匀概率态.

2.1.2.8   作为量子态处理的经典态与概率态

假设 X 是一个寄存器, 而 Σ 是 X 的经典态集合, 则 X 所对应的复欧几里得空间为 $\mathcal{X} = \mathbb{C}^\Sigma$. 在 X 对应的态的集合 $D(\mathcal{X})$ 中, 我们可以用下列方法来简单表述可能的经典态: 对于每一个 $a \in \Sigma$, 算子 $E_{a,a} \in D(\mathcal{X})$ 可以作为寄存器 X 处于经典态 a 的一个表示. 通过这种关联, 寄存器的概率态则对应着对角密度算子, 其中每一个概率态 $p \in \mathcal{P}(\Sigma)$ 都可以由对角密度算子表示:

$$\sum_{a \in \Sigma} p(a) E_{a,a} = \mathrm{Diag}(p). \tag{2.17}$$

通过这种方法, 一个给定的寄存器的概率态集合构成了该寄存器所有量子态集合的一个子集 (除非该寄存器是平凡的, 否则这个包含关系必然为真包含)[○].

在有些情况下, 将一个或多个寄存器当作经典寄存器是有必要的或者有帮助的. 在不需要特别严谨的情况下, 经典寄存器可以被理解为一种限制于前面所述的经典 (概率) 态所对应的那些对角密度算子的寄存器. 对这个术语更严格而精确的解释必须推迟到 2.2 节才能介绍.

2.1.2.9   乘积态

设 $X = (Y_1, \cdots, Y_n)$ 为一个复合寄存器. 则如下形式的态 $\rho \in D(\mathcal{X})$ 称为 X 的乘积态:

$$\rho = \sigma_1 \otimes \cdots \otimes \sigma_n, \tag{2.18}$$

其中, $\sigma_1 \in D(\mathcal{Y}_1), \cdots, \sigma_n \in D(\mathcal{Y}_n)$ 分别为 $Y_1, \cdots, Y_n$ 上的态. 乘积态意味着寄存器的态之间有着独立性, 并且如果复合寄存器 $X = (Y_1, \cdots, Y_n)$ 处于式 (2.18) 形式的乘积态 ρ, 则寄存器 $Y_1, \cdots, Y_n$ 称为独立的. 反之, $Y_1, \cdots, Y_n$ 是非独立的, 这时它们被称为关联的.

例 2.6   考虑一个 $X = (Y, Z)$ 形式的复合寄存器. 这里寄存器 Y 和 Z 有着相同的经典态集合 $\{0,1\}$ (使用经典态集合 $\{0,1\}$ 的寄存器通常称为量子比特 (quantum bit, qubit)).

如下定义的态 $\rho \in D(\mathcal{Y} \otimes \mathcal{Z})$ 可以作为乘积态的一个例子:

$$\rho = \frac{1}{4} E_{0,0} \otimes E_{0,0} + \frac{1}{4} E_{0,0} \otimes E_{1,1} + \frac{1}{4} E_{1,1} \otimes E_{0,0} + \frac{1}{4} E_{1,1} \otimes E_{1,1}; \tag{2.19}$$

因为它可以写成

$$\rho = \left(\frac{1}{2} E_{0,0} + \frac{1}{2} E_{1,1} \right) \otimes \left(\frac{1}{2} E_{0,0} + \frac{1}{2} E_{1,1} \right). \tag{2.20}$$

○ 本章讨论的一些其他概念也有类似的性质, 概率论中的一些概念可以被当作它们的特殊情况. 一般而言, 量子信息论可以被看作经典信息论的一种拓展, 包括对随机过程、协议与计算的研究.

在矩阵形式下, 这可以等价地表示为

$$\rho = \begin{pmatrix} \frac{1}{4} & 0 & 0 & 0 \\ 0 & \frac{1}{4} & 0 & 0 \\ 0 & 0 & \frac{1}{4} & 0 \\ 0 & 0 & 0 & \frac{1}{4} \end{pmatrix} = \begin{pmatrix} \frac{1}{2} & 0 \\ 0 & \frac{1}{2} \end{pmatrix} \otimes \begin{pmatrix} \frac{1}{2} & 0 \\ 0 & \frac{1}{2} \end{pmatrix}. \tag{2.21}$$

而由

$$\sigma = \frac{1}{2} E_{0,0} \otimes E_{0,0} + \frac{1}{2} E_{1,1} \otimes E_{1,1} \tag{2.22}$$

与

$$\tau = \frac{1}{2} E_{0,0} \otimes E_{0,0} + \frac{1}{2} E_{0,1} \otimes E_{0,1} + \frac{1}{2} E_{1,0} \otimes E_{1,0} + \frac{1}{2} E_{1,1} \otimes E_{1,1} \tag{2.23}$$

定义的态 $\sigma, \tau \in \mathrm{D}(\mathcal{Y} \otimes \mathcal{Z})$ 则是非乘积态的示例. 因为它们不能写为张量积的形式, 进而意味着寄存器 Y 与 Z 之间存在关联性. 它们的矩阵形式如下:

$$\sigma = \begin{pmatrix} \frac{1}{2} & 0 & 0 & 0 \\ 0 & 0 & 0 & 0 \\ 0 & 0 & 0 & 0 \\ 0 & 0 & 0 & \frac{1}{2} \end{pmatrix}, \quad \tau = \begin{pmatrix} \frac{1}{2} & 0 & 0 & \frac{1}{2} \\ 0 & 0 & 0 & 0 \\ 0 & 0 & 0 & 0 \\ \frac{1}{2} & 0 & 0 & \frac{1}{2} \end{pmatrix}. \tag{2.24}$$

因为态 ρ 与 σ 都是对角的, 所以它们都对应着概率态. ρ 代表 Y 与 Z 储存着独立的随机比特的情况, 而 σ 代表 Y 与 Z 储存着完全关联的随机比特的情况. 态 τ 不表示概率态, 更具体地说, 它是一个纠缠态的例子. 纠缠是量子信息论中一种极其重要的关联, 它将是第 6 章的主要内容. □

2.1.2.10 密度算子的基

复欧几里得空间存在一个很基础但是很有用的事实, 即对任一复欧几里得空间 $\mathcal{X}$, 存在一个能张成整个空间 $\mathrm{L}(\mathcal{X})$ 的密度算子集合. 这个事实的一个结果是, 每一个

$$\phi : \mathrm{L}(\mathcal{X}) \to \mathbb{C} \tag{2.25}$$

形式的线性映射都唯一地由其在 $\mathrm{D}(\mathcal{X})$ 上的行为所确定. 这意味着, 例如信道与测量皆由它们在密度算子上的行为唯一地确定. 下面的示例描述了构造这样一个集合的方法.

例 2.7 设字母表 Σ 上存在一个全序关系. 对每一对 $(a,b) \in \Sigma \times \Sigma$, 定义密度算子 $\rho_{a,b} \in \mathrm{D}(\mathbb{C}^{\Sigma})$ 如下:

$$\rho_{a,b} = \begin{cases} E_{a,a} & a = b \\ \frac{1}{2}(e_a + e_b)(e_a + e_b)^* & a < b \\ \frac{1}{2}(e_a + \mathrm{i}e_b)(e_a + \mathrm{i}e_b)^* & a > b. \end{cases} \tag{2.26}$$

对于每一对满足 $a < b$ 的 $(a, b) \in \Sigma \times \Sigma$ 可以得到

$$
\begin{aligned}
\left(\rho_{a,b} - \frac{1}{2}\rho_{a,a} - \frac{1}{2}\rho_{b,b}\right) - \mathrm{i}\left(\rho_{b,a} - \frac{1}{2}\rho_{a,a} - \frac{1}{2}\rho_{b,b}\right) &= E_{a,b}, \\
\left(\rho_{a,b} - \frac{1}{2}\rho_{a,a} - \frac{1}{2}\rho_{b,b}\right) + \mathrm{i}\left(\rho_{b,a} - \frac{1}{2}\rho_{a,a} - \frac{1}{2}\rho_{b,b}\right) &= E_{b,a},
\end{aligned}
\tag{2.27}
$$

由这些等式可以得出

$$
\mathrm{span}\{\rho_{a,b} : (a, b) \in \Sigma \times \Sigma\} = \mathrm{L}(\mathbb{C}^{\Sigma}).
\tag{2.28}
$$

$\square$

2.1.3　量子态的约化与纯化

考虑一个由复合寄存器去掉一个或多个子寄存器所得到的新寄存器. 通过这个过程得到的新寄存器, 在与被去除的寄存器分离开的新系统中, 它的量子态唯一地由原复合寄存器的态所确定. 本节所讨论的便是新的态是如何被确定的. 原态为纯态的情况是极其重要的, 因而我们会更细致地讨论这种特例.

2.1.3.1　量子态的偏迹与约化

对 $n \geqslant 2$, 设 $\mathsf{X} = (\mathsf{Y}_1, \cdots, \mathsf{Y}_n)$ 为复合寄存器. 对于任选的 $k \in \{1, \cdots, n\}$, 通过从 X 中去除寄存器 Y_k, 同时保持其他寄存器不变, 我们可以构造一个新的寄存器

$$
(\mathsf{Y}_1, \cdots, \mathsf{Y}_{k-1}, \mathsf{Y}_{k+1}, \cdots, \mathsf{Y}_n).
\tag{2.29}
$$

对于 X 上的每一个态 $\rho \in \mathrm{D}(\mathcal{X})$, 寄存器 (2.29) 上由这个过程决定的态称为 ρ 在寄存器 (2.29) 上的约化态, 记为 $\rho[\mathsf{Y}_1, \cdots, \mathsf{Y}_{k-1}, \mathsf{Y}_{k+1}, \cdots, \mathsf{Y}_n]$. 它被定义为

$$
\rho[\mathsf{Y}_1, \cdots, \mathsf{Y}_{k-1}, \mathsf{Y}_{k+1}, \cdots, \mathsf{Y}_n] = \mathrm{Tr}_{\mathcal{Y}_k}(\rho),
\tag{2.30}
$$

这里

$$
\mathrm{Tr}_{\mathcal{Y}_k} \in \mathrm{T}(\mathcal{Y}_1 \otimes \cdots \otimes \mathcal{Y}_n, \mathcal{Y}_1 \otimes \cdots \otimes \mathcal{Y}_{k-1} \otimes \mathcal{Y}_{k+1} \otimes \cdots \otimes \mathcal{Y}_n)
\tag{2.31}
$$

表示偏迹映射 (见 1.1.2 节)⊖. 这是唯一一种对所有算子 $Y_1 \in \mathrm{L}(\mathcal{Y}_1), \cdots, Y_n \in \mathrm{L}(\mathcal{Y}_n)$ 都满足等式

$$
\mathrm{Tr}_{\mathcal{Y}_k}(Y_1 \otimes \cdots \otimes Y_n) = \mathrm{Tr}(Y_k) Y_1 \otimes \cdots \otimes Y_{k-1} \otimes Y_{k+1} \otimes \cdots \otimes Y_n
\tag{2.32}
$$

的线性映射. 相应地, 我们可以把它定义为

$$
\mathrm{Tr}_{\mathcal{Y}_k} = \mathbb{1}_{\mathrm{L}(\mathcal{Y}_1)} \otimes \cdots \otimes \mathbb{1}_{\mathrm{L}(\mathcal{Y}_{k-1})} \otimes \mathrm{Tr} \otimes \mathbb{1}_{\mathrm{L}(\mathcal{Y}_{k+1})} \otimes \cdots \otimes \mathbb{1}_{\mathrm{L}(\mathcal{Y}_n)},
\tag{2.33}
$$

这里等式右边的迹映射是作用在 $\mathrm{L}(\mathcal{Y}_k)$ 上的.

⊖ 值得注意的是, 通过偏迹来确定态的约化有其必要性——没有其他的选择能与接下来我们要讨论的信道与测量的概念保持一致.

如果 $Y_1, \cdots, Y_n$ 所对应的经典态集合为 $\Gamma_1, \cdots, \Gamma_n$, 则对于任意的 $a_j, b_j \in \Gamma_j$, 我们可以用 $((a_1, \cdots, a_{k-1}, a_{k+1}, \cdots, a_n), (b_1, \cdots, b_{k-1}, b_{k+1}, \cdots, b_n))$ 把态 $\rho[Y_1, \cdots, Y_{k-1}, Y_{k+1}, \cdots, Y_n]$ 确切地写成

$$\sum_{c \in \Gamma_k} \rho\big((a_1, \cdots, a_{k-1}, c, a_{k+1}, \cdots, a_n), (b_1, \cdots, b_{k-1}, c, b_{k+1}, \cdots, b_n)\big), \tag{2.34}$$

这里 j 的取值范围为 $\{1, \cdots, n\} \backslash \{k\}$.

例 2.8 令寄存器 Y 与 Z 有相同经典态集合 Σ, 设 $X = (Y, Z)$. 定义 $u \in \mathcal{X} = \mathcal{Y} \otimes \mathcal{Z}$ 为

$$u = \frac{1}{\sqrt{|\Sigma|}} \sum_{a \in \Sigma} e_a \otimes e_a, \tag{2.35}$$

则有

$$uu^* = \frac{1}{|\Sigma|} \sum_{a,b \in \Sigma} E_{a,b} \otimes E_{a,b}. \tag{2.36}$$

并且

$$(uu^*)[Y] = \frac{1}{|\Sigma|} \sum_{a,b \in \Sigma} \operatorname{Tr}(E_{a,b}) E_{a,b} = \frac{1}{|\Sigma|} \mathbb{1}_{\mathcal{Y}}. \tag{2.37}$$

态 uu^* 是两个寄存器共享经典态集合 Σ 而达到最大纠缠态的标准例子. □

通过迭代地使用这个定义, 我们可以发现寄存器 $(Y_1, \cdots, Y_n)$ 的每一个态 ρ 都唯一地确定了

$$(Y_{k_1}, \cdots, Y_{k_m}) \tag{2.38}$$

的态. 这里 $k_1, \cdots, k_m$ 可以是任意满足 $1 \leqslant k_1 < \cdots < k_m \leqslant n$ 的系数. 由这个过程所决定的态记为 $\rho[Y_{k_1}, \cdots, Y_{k_m}]$. 同样, 它被称为 ρ 在 $(Y_{k_1}, \cdots, Y_{k_m})$ 上的约化态.

上述定义可以自然地推广到从一个给定的复合寄存器中移除多个任意的子寄存器之后的态. 当然这里假设去除之后剩下的是一个有效的寄存器. 对例 2.2 中描述的寄存器, 例如, 当 X 的态为 ρ 时, 去除子寄存器 Z_3 会使得剩下的寄存器上的态变为

$$\big(\mathbb{1}_{\mathrm{L}(\mathcal{Y}_0)} \otimes (\mathbb{1}_{\mathrm{L}(\mathcal{Z}_1)} \otimes \mathbb{1}_{\mathrm{L}(\mathcal{Z}_2)} \otimes \operatorname{Tr})\big)(\rho), \tag{2.39}$$

注意, 这里的迹映射是作用在 $\mathcal{Z}_3$ 上的. 本例中, 这些根据考虑的寄存器结构所张成的恒等映射与迹映射的形式可以很直接地推广到其他例子中去. 虽然我们可以在这里给出最一般的形式化定义, 但是这个定义对本书几乎没有意义: 所有值得考虑的约化后的态或者是上述的形式 $\rho[Y_{k_1}, \cdots, Y_{k_m}]$, 或者是前面的例 (2.39) 中非常简单的情况.

2.1.3.2 态与算子的纯化

在量子信息论的各种情形中, 当我们考虑一个寄存器 X 时, 将 X 假设 (或仅仅想象) 为复合寄存器 (X, Y) 的一个子寄存器, 并将 X 上的态 $\rho \in D(\mathcal{X})$ 视为从 (X, Y) 的态 σ 上约化的结果是很有用的:

$$\rho = \sigma[X] = \operatorname{Tr}_{\mathcal{Y}}(\sigma). \tag{2.40}$$

这样的态 σ 称为 ρ 上的**扩张**. 一个非常有用的情况是, 当 σ 是纯态时, 我们思考有哪些 X 上的态可以用这种方法从 (X, Y) 的纯态上得到. 这个问题有一个非常简单并且能很快验证的答案: 当且仅当 ρ 的秩不超过从 (X, Y) 中去除的寄存器 Y 上经典态的数量时, 可以用这种方法得到 X 上的态 $\rho \in D(\mathcal{X})$.

下面的定义就是上面所说的情况的表述. 这里定义的纯化概念会在接下来的内容中广泛使用.

定义 2.9　设 $\mathcal{X}$ 与 $\mathcal{Y}$ 为复欧几里得空间, $P \in \text{Pos}(\mathcal{X})$ 为半正定算子, $u \in \mathcal{X} \otimes \mathcal{Y}$ 为向量. 如果 u 满足

$$\text{Tr}_{\mathcal{Y}}(uu^*) = P, \tag{2.41}$$

则称 u 为 P 的**纯化态**.

这个定义在两个方面与我们之前设定的有些许区别: 一方面, 我们不要求 P 的迹为 1; 另一方面, 纯化的对象是向量 u 而非算子 uu^*. 允许 P 是一个任意的半正定算子, 这是一个有用的推广, 它在定义纯化这个概念时并不会产生什么麻烦 (另外术语扩张也是以类似的方式被推广的). 事实上使用 u 而不是 uu^* 作为 P 的纯化态仅仅是为了方便这个概念通常所使用的方式——我们也常将算子 uu^* 作为纯化态.

扩展纯化这个概念是非常直接的. 比如, 我们可以将寄存器 X 当作通过从任意复合寄存器 Z 上去除一个或多个子寄存器得到的. 在这种情况下, 给定态 $\rho \in D(\mathcal{X})$ 的纯化态可以对应为 Z 上约化到 X 后约化态为 ρ 的态. 然而, 纯化最有意思的地方就在于定义 2.9. 因此, 为简单起见, 本节剩下的内容将专注于该定义. 但是, 你要明白, 前面讨论的各种需要考虑到纯化的事实会简单直接地将纯化推广到更一般的概念中.

2.1.3.3　纯化态存在的条件

1.1.2 节中定义的 vec 映射对于理解纯化非常有用. 既然该映射是从 $\text{L}(\mathcal{Y}, \mathcal{X})$ 到 $\mathcal{X} \otimes \mathcal{Y}$ 上的线性双射, 则每一个向量 $u \in \mathcal{X} \otimes \mathcal{Y}$ 都可以写为 $u = \text{vec}(A)$, 其中 $A \in \text{L}(\mathcal{Y}, \mathcal{X})$. 由于对应关系 (1.133),

$$\text{Tr}_{\mathcal{Y}}(uu^*) = \text{Tr}_{\mathcal{Y}}(\text{vec}(A)\,\text{vec}(A)^*) = AA^* \tag{2.42}$$

成立. 对于一个给定的 $P \in \text{Pos}(\mathcal{X})$, 这构建了下列的对应关系:

1. 存在 P 的纯化态 $u \in \mathcal{X} \otimes \mathcal{Y}$.
2. 存在一个算子 $A \in \text{L}(\mathcal{Y}, \mathcal{X})$ 使得 $P = AA^*$.

基于我们观察到的上述事实, 下一个定理的证明将回答给定算子的纯化态存在的必要与充分条件是什么.

定理 2.10　设 $\mathcal{X}$ 与 $\mathcal{Y}$ 为复欧几里得空间, $P \in \text{Pos}(\mathcal{X})$ 为半正定算子. 当且仅当 $\dim(\mathcal{Y}) \geqslant \text{rank}(P)$ 时向量 $u \in \mathcal{X} \otimes \mathcal{Y}$ 满足 $\text{Tr}_{\mathcal{Y}}(uu^*) = P$.

证明　从上面可以看到, 存在使得 $\text{Tr}_{\mathcal{Y}}(uu^*) = P$ 的向量 $u \in \mathcal{X} \otimes \mathcal{Y}$ 等价于存在满足 $P = AA^*$ 的算子 $A \in \text{L}(\mathcal{Y}, \mathcal{X})$. 在这样的算子 A 存在的假设下, $\text{rank}(P) = \text{rank}(A)$ 必然成立, 因此 $\dim(\mathcal{Y}) \geqslant \text{rank}(P)$.

相应地，在 $\dim(\mathcal{Y}) \geqslant \operatorname{rank}(P)$ 的假设下，我们可以通过下面的方法证明满足 $P = AA^*$ 的算子 $A \in \mathrm{L}(\mathcal{Y}, \mathcal{X})$ 存在. 设 $r = \operatorname{rank}(P)$，然后根据谱定理 (推论 1.4) 写成

$$P = \sum_{k=1}^{r} \lambda_k(P) x_k x_k^*, \tag{2.43}$$

这里 $\{x_1, \cdots, x_r\} \subset \mathcal{X}$ 为一个规范正交集. 假设 $\dim(\mathcal{Y}) \geqslant \operatorname{rank}(P)$，必然存在一个规范正交集 $\{y_1, \cdots, y_r\} \subset \mathcal{Y}$，对于这个集合，算子

$$A = \sum_{k=1}^{r} \sqrt{\lambda_k(P)} x_k y_k^* \tag{2.44}$$

满足 $AA^* = P$. $\qquad\square$

推论 2.11 设 $\mathcal{X}$ 与 $\mathcal{Y}$ 为满足 $\dim(\mathcal{Y}) \geqslant \dim(\mathcal{X})$ 的复欧几里得空间. 对于每一个半正定算子 $P \in \operatorname{Pos}(\mathcal{X})$，都存在一个向量 $u \in \mathcal{X} \otimes \mathcal{Y}$ 使得 $\operatorname{Tr}_{\mathcal{Y}}(uu^*) = P$.

2.1.3.4 纯化态的酉等价

在理解了给定半正定算子的纯化态存在的简单条件后，我们自然会考虑给定算子的不同纯化态之间的关系. 接下来的定理建立了纯化态之间必然始终成立的联系.

定理 2.12(纯化态的酉等价) 设 $\mathcal{X}$ 与 $\mathcal{Y}$ 为复欧几里得空间，$u, v \in \mathcal{X} \otimes \mathcal{Y}$ 为向量，并且假设

$$\operatorname{Tr}_{\mathcal{Y}}(uu^*) = \operatorname{Tr}_{\mathcal{Y}}(vv^*). \tag{2.45}$$

则存在酉算子 $U \in \mathrm{U}(\mathcal{Y})$ 使得 $v = (\mathbb{1}_{\mathcal{X}} \otimes U)u$.

证明 设 $A, B \in \mathrm{L}(\mathcal{Y}, \mathcal{X})$ 为满足 $u = \operatorname{vec}(A)$ 和 $v = \operatorname{vec}(B)$ 的唯一算子，并且 $P \in \operatorname{Pos}(\mathcal{X})$ 满足

$$\operatorname{Tr}_{\mathcal{Y}}(uu^*) = P = \operatorname{Tr}_{\mathcal{Y}}(vv^*). \tag{2.46}$$

则 $AA^* = P = BB^*$ 成立. 令 $r = \operatorname{rank}(P)$，可以得到 $\operatorname{rank}(A) = r = \operatorname{rank}(B)$.

接下来，设 $x_1, \cdots, x_r \in \mathcal{X}$ 为 P 的一系列规范正交的本征向量，对应的本征值为 $\lambda_1(P), \cdots, \lambda_r(P)$. 由于 $AA^* = P = BB^*$，对于 $\mathcal{Y}$ 上的一些规范正交的向量 $\{y_1, \cdots, y_r\}$ 与 $\{w_1, \cdots, w_r\}$ (正如 1.1.3 节所介绍的)，我们可以选择 A 与 B 的奇异值分解

$$A = \sum_{k=1}^{r} \sqrt{\lambda_k(P)} x_k y_k^* \quad \text{和} \quad B = \sum_{k=1}^{r} \sqrt{\lambda_k(P)} x_k w_k^*. \tag{2.47}$$

最后，设 $V \in \mathrm{U}(\mathcal{Y})$ 为对每一个 $k \in \{1, \cdots, r\}$ 都满足 $Vw_k = y_k$ 的酉算子. 则 $AV = B$，取 $U = V^\mathsf{T}$，正如我们要证明的那样，这将得到

$$(\mathbb{1}_{\mathcal{X}} \otimes U)u = (\mathbb{1}_{\mathcal{X}} \otimes V^\mathsf{T}) \operatorname{vec}(A) = \operatorname{vec}(AV) = \operatorname{vec}(B) = v. \tag{2.48}$$

$\qquad\square$

2.2　量子信道

(理想情况下) 量子信道代表那些被认为是物理上可实现的寄存器态的离散变化. 例如, 量子计算中的一步, 或者量子信息的任何过程, 还有量子寄存器上错误与噪声的影响, 都可以被考虑为量子信道.

2.2.1　信道的定义与基本概念

用数学的语言来说, 量子信道是从一个方算子空间到另一个方算子空间上的线性映射, 满足全正与保迹两个条件.

定义 2.13　对于复欧几里得空间 $\mathcal{X}$ 与 $\mathcal{Y}$, **量子信道** (简称信道) 是线性映射

$$\Phi : \mathrm{L}(\mathcal{X}) \to \mathrm{L}(\mathcal{Y}) \tag{2.49}$$

(即元素 $\Phi \in \mathrm{T}(\mathcal{X}, \mathcal{Y})$), 满足条件

1. Φ 是全正的.
2. Φ 是保迹的.

式 (2.49) 中的所有信道记为 $\mathrm{C}(\mathcal{X}, \mathcal{Y})$. $\mathrm{C}(\mathcal{X}, \mathcal{X})$ 简记为 $\mathrm{C}(\mathcal{X})$.

对给定的寄存器 X 与 Y, 我们可以将 $\Phi \in \mathrm{C}(\mathcal{X}, \mathcal{Y})$ 形式的信道看作从 X 到 Y 的变换. 也就是说, 当这个变换发生时, 寄存器 X 不再存在, 取而代之的是寄存器 Y. 另外, 这时 Y 上的态是向 X 上的态 $\rho \in \mathrm{D}(\mathcal{X})$ 作用了映射 Φ 后得到的 $\Phi(\rho) \in \mathrm{D}(\mathcal{Y})$. 当 X = Y 时, 我们可以简单地将其看作寄存器 X 上的态根据映射 Φ 而改变.

例 2.14　设 $\mathcal{X}$ 为复欧几里得空间, $U \in \mathrm{U}(\mathcal{X})$ 为酉算子. 对每个 $X \in \mathrm{L}(\mathcal{X})$, 由

$$\Phi(X) = UXU^* \tag{2.50}$$

定义的映射 $\Phi \in \mathrm{C}(\mathcal{X})$ 是信道的例子. 这类信道称为**酉信道**. 令 $U = \mathbb{1}_{\mathcal{X}}$, 则恒等信道 $\mathbb{1}_{\mathrm{L}(\mathcal{X})}$ 也是一种酉信道. 直观上, 这类信道代表理想的量子通信信道, 或者量子计算机的内存中进行作用后不改变寄存器 X 上的态的完美组件.　　　　□

例 2.15　设 $\mathcal{X}$ 与 $\mathcal{Y}$ 为复欧几里得空间, $\sigma \in \mathrm{D}(\mathcal{Y})$ 为密度算子. 对每个 $X \in \mathrm{L}(\mathcal{X})$, 由

$$\Phi(X) = \mathrm{Tr}(X)\sigma \tag{2.51}$$

定义的映射 $\Phi \in \mathrm{C}(\mathcal{X}, \mathcal{Y})$ 是信道. 该信道对每个 $\rho \in \mathrm{D}(\mathcal{X})$ 有 $\Phi(\rho) = \sigma$. 等效来看, 这个信道 Φ 表示丢弃寄存器 X, 然后将其替换为寄存器 Y 并初始化到态 σ 上的行为. 这种形式的信道称为**替换信道**.　　　　□

前面两个例子 (与其他信道的例子一起) 在 2.2.3 节中会有非常详细的介绍. 虽然我们可以直接证明这些映射都是信道, 但是这个事实将从 2.2.2 节所给出的更一般的结果中得到.

2.2.1.1　乘积信道

假设 $X_1, \cdots, X_n$ 与 $Y_1, \cdots, Y_n$ 都是寄存器, $\mathcal{X}_1, \cdots, \mathcal{X}_n$ 和 $\mathcal{Y}_1, \cdots, \mathcal{Y}_n$ 是这些寄存器所对应的复欧几里得空间. 将 $(X_1, \cdots, X_n)$ 变换到 $(Y_1, \cdots, Y_n)$ 的信道

$$\Phi \in \mathrm{C}(\mathcal{X}_1 \otimes \cdots \otimes \mathcal{X}_n, \mathcal{Y}_1 \otimes \cdots \otimes \mathcal{Y}_n) \tag{2.52}$$

称为乘积信道，如果对于某些信道 $\Psi_1 \in C(\mathcal{X}_1, \mathcal{Y}_1), \cdots, \Psi_n \in C(\mathcal{X}_n, \mathcal{Y}_n)$ 有

$$\Phi = \Psi_1 \otimes \cdots \otimes \Psi_n. \tag{2.53}$$

乘积信道代表在一系列寄存器上独立作用的一系列信道. 这种方式类似于用乘积态表示寄存器上独立的态.

一个信道只作用在一个寄存器上，而完全不涉及一个或多个其他信道的情况是关于独立信道的重要特例 (正如例 2.14 所展示的那样，对寄存器不做任何操作的行为等价于在该寄存器上作用一个恒等信道).

例 2.16 假设 X、Y 与 Z 为寄存器，并且 $\Phi \in C(\mathcal{X}, \mathcal{Y})$ 是将 X 变换到 Y 上的信道. 同时假设复合寄存器 (X, Z) 在某个时刻处于特定的态 $\rho \in D(\mathcal{X} \otimes \mathcal{Z})$，然后用信道 Φ 将 X 变换为 Y. 最后得到的寄存器对 (Y, Z) 上的态为

$$(\Phi \otimes \mathbb{1}_{L(\mathcal{Z})})(\rho) \in D(\mathcal{Y} \otimes \mathcal{Z}), \tag{2.54}$$

可以认为，恒等信道 $\mathbb{1}_{L(\mathcal{Z})}$ 已经独立作用在寄存器 Z 上. □

例 2.16 展现了要求信道全正的重要性. 即对于任意的 Z 和每个密度算子 $\rho \in D(\mathcal{X} \otimes \mathcal{Z})$，$(\Phi \otimes \mathbb{1}_{L(\mathcal{Z})})(\rho)$ 是密度算子，这与 Φ 的线性性一起使得 Φ 是全正的 (在保迹的基础上).

2.2.1.2 作为量子信道的态的制备

就像 2.1.1 节所说，如果一个寄存器的经典态集合只含有一个元素，则它是平凡的. 因此，平凡寄存器对应的复欧几里得空间是一维的：它一定是 $\mathbb{C}^{\{a\}}$ 形式的，这里 $\{a\}$ 是该寄存器的一元经典态集合. 不失一般性，可以将这样的空间与复数域 $\mathbb{C}$ 联系起来，并使标识 $L(\mathbb{C}) = \mathbb{C}$. 我们会发现，这种情况下，1 是平凡寄存器唯一允许的态. 正如我们预期的那样，这样的寄存器从信息处理的角度来说是完全没有用的，平凡寄存器的存在仅用于将我们想处理的态张成标量 1.

然而在讨论量子信道的性质时考虑平凡寄存器是有指导意义的. 特别地，假设 X 是平凡寄存器，对于任意的 Y，考虑一个 $\Phi \in C(\mathcal{X}, \mathcal{Y})$ 形式的从 X 变换到 Y 的信道. 对于所有 $\alpha \in \mathbb{C}$，存在某 $\rho \in D(\mathcal{Y})$，使得 Φ 必然有

$$\Phi(\alpha) = \alpha\rho, \tag{2.55}$$

因为 Φ 一定是线性的，并且 $\Phi(1)$ 是半正定的，同时迹为 1. 由式 (2.55) 定义的信道 Φ 可以被看作在新寄存器 Y 上对量子态 ρ 的制备. 平凡寄存器 X 基本可以被当作该制备过程的占位符，它仅在信道 Φ 作用时出现. 这样，态的制备就可以被视为对这种形式的信道的应用.

要确认式 (2.55) 形式的映射是不是信道，可以检测对于任何密度算子 $\rho \in D(\mathcal{Y})$，全正性与保迹性是不是都满足. 式 (2.55) 给出的映射 Φ 很明显对于 $\mathrm{Tr}(\rho) = 1$ 都是保迹的，而下面这个简单命题导出了 Φ 的全正性.

命题 2.17　设 $\mathcal{Y}$ 为复欧几里得空间, 而 $P \in \mathrm{Pos}(\mathcal{Y})$ 为半正定算子. 对于所有 $\alpha \in \mathbb{C}$, $\Phi(\alpha) = \alpha P$ 定义的映射 $\Phi \in \mathrm{T}(\mathbb{C}, \mathcal{Y})$ 是全正的.

证明　设 $\mathcal{Z}$ 为复欧几里得空间. 将映射 $\Phi \otimes \mathbb{1}_{\mathrm{L}(\mathcal{Z})}$ 作用到算子 $Z \in \mathrm{L}(\mathcal{Z}) = \mathrm{L}(\mathbb{C} \otimes \mathcal{Z})$ 的行为由

$$\big(\Phi \otimes \mathbb{1}_{\mathrm{L}(\mathcal{Z})}\big)(Z) = P \otimes Z \tag{2.56}$$

给出. 如果 Z 是半正定的, 则 $P \otimes Z$ 也是半正定的, 因而 Φ 是全正的.　□

2.2.1.3　作为信道的迹映射

信道 Φ 涉及平凡寄存器的另一种情况是, 寄存器将一个任意寄存器 X 变换到平凡寄存器 Y 上. 正如前面一样, 若将复欧几里得空间 $\mathcal{Y}$ 表示为 $\mathbb{C}$, 则信道 Φ 必须采取 $\Phi \in \mathrm{C}(\mathcal{X}, \mathbb{C})$ 的形式.

唯一有保迹性的这种形式的映射只有迹映射本身, 因此对于所有 $X \in \mathrm{L}(\mathcal{X})$ 都有

$$\Phi(X) = \mathrm{Tr}(X). \tag{2.57}$$

将寄存器 X 转化为一个平凡寄存器 Y 等同于 X 被摧毁、去除, 或只是被忽略. 这个信道实际上就像 2.1.3 节中定义量子态的约化时所介绍的那样.

为了证明迹映射确实是一个可行的信道, 我们必须确定它是全正的. 证明这个简单事实的一个方法是将下面的命题与命题 2.17 结合起来.

命题 2.18　设 $\Phi \in \mathrm{T}(\mathcal{X}, \mathcal{Y})$ 是一个关于复欧几里得空间 $\mathcal{X}$ 与 $\mathcal{Y}$ 的正映射. 则 Φ^* 也是正的.

证明　由于 Φ 的正性, 所以对于所有半正定算子 $P \in \mathrm{Pos}(\mathcal{X})$ 都有 $\Phi(P) \in \mathrm{Pos}(\mathcal{Y})$. 这等价于对于所有 $P \in \mathrm{Pos}(\mathcal{X})$ 与 $Q \in \mathrm{Pos}(\mathcal{Y})$,

$$\langle Q, \Phi(P) \rangle \geqslant 0. \tag{2.58}$$

这使得对于所有 $P \in \mathrm{Pos}(\mathcal{X})$ 与 $Q \in \mathrm{Pos}(\mathcal{Y})$,

$$\langle \Phi^*(Q), P \rangle = \langle Q, \Phi(P) \rangle \geqslant 0. \tag{2.59}$$

这等价于对于所有 $Q \in \mathrm{Pos}(\mathcal{Y})$ 都有 $\Phi^*(Q) \in \mathrm{Pos}(\mathcal{X})$. 因此映射 Φ^* 是正的.　□

注: 由命题 2.18 可以推导出, 如果 $\Phi \in \mathrm{CP}(\mathcal{X}, \mathcal{Y})$ 是全正的映射, 则伴随映射 Φ^* 也是全正的. 这是因为, 如果 Φ 全正, 则对所有复欧几里得空间 $\mathcal{Z}$, $\Phi \otimes \mathbb{1}_{\mathrm{L}(\mathcal{Z})}$ 是正的, 因而 $(\Phi \otimes \mathbb{1}_{\mathrm{L}(\mathcal{Z})})^* = \Phi^* \otimes \mathbb{1}_{\mathrm{L}(\mathcal{Z})}$ 也是正的.

推论 2.19　对于任选的复欧几里得空间 $\mathcal{X}$, 迹映射 $\mathrm{Tr} \in \mathrm{T}(\mathcal{X}, \mathbb{C})$ 是全正的.

证明　对于所有 $\alpha \in \mathbb{C}$, 迹的伴随映射是 $\mathrm{Tr}^*(\alpha) = \alpha \mathbb{1}_{\mathcal{X}}$. 由命题 2.17 可知该映射是全正的, 因此根据前面的注中所说, 迹映射是全正的.　□

2.2.2 信道的表示与特征

假设 $\Phi \in \mathrm{C}(\mathcal{X}, \mathcal{Y})$ 是关于复欧几里得空间 $\mathcal{X}$ 与 $\mathcal{Y}$ 的一个信道. 可能在有些情况下, 将信道抽象地看作一个 $\Phi : \mathrm{L}(\mathcal{X}) \to \mathrm{L}(\mathcal{Y})$ 形式的全正且保迹的线性映射就足够了. 在其他情况下, 用一个更具体的表示来研究信道会非常有用.

本小节将讨论信道 ($\Phi \in \mathrm{T}(\mathcal{X}, \mathcal{Y})$ 形式的关于复欧几里得空间 $\mathcal{X}$ 与 $\mathcal{Y}$ 的任意映射) 的四种具体表示. 这些不同的表示能揭示信道有趣的性质, 并且在本书中的不同情况下有着各自的用途. 一般来说这些表示间的简单关系可以让我们将一个表示转换成另外一个, 并且根据特定情况选择最合适的表示.

2.2.2.1 自然表示

对于任意的复欧几里得空间 $\mathcal{X}$ 与 $\mathcal{Y}$, $\Phi \in \mathrm{T}(\mathcal{X}, \mathcal{Y})$ 是线性映射, 这等价于映射

$$\mathrm{vec}(X) \mapsto \mathrm{vec}(\Phi(X)) \tag{2.60}$$

是线性的, 因为它可以表示为线性映射的组合. 因此对所有 $X \in \mathrm{L}(\mathcal{X})$, 必定存在线性算子 $K(\Phi) \in \mathrm{L}(\mathcal{X} \otimes \mathcal{X}, \mathcal{Y} \otimes \mathcal{Y})$, 满足

$$K(\Phi) \, \mathrm{vec}(X) = \mathrm{vec}(\Phi(X)). \tag{2.61}$$

对所有 $X \in \mathrm{L}(\mathcal{X})$ 都唯一满足式 (2.61) 的算子 $K(\Phi)$ 是 Φ 的自然表示. 它直接把 Φ 的行为表示为一个线性映射 (在算子–向量对应意义下).

读者可能注意到, 对于所有 $\alpha, \beta \in \mathbb{C}$ 和 $\Phi, \Psi \in \mathrm{T}(\mathcal{X}, \mathcal{Y})$, 映射 $K : \mathrm{T}(\mathcal{X}, \mathcal{Y}) \to \mathrm{L}(\mathcal{X} \otimes \mathcal{X}, \mathcal{Y} \otimes \mathcal{Y})$ 是线性的:

$$K(\alpha\Phi + \beta\Psi) = \alpha K(\Phi) + \beta K(\Psi). \tag{2.62}$$

另外, 因为任何映射 Φ 都可以从 $K(\Phi)$ 恢复, 所以 K 是一个双射. 对于任意的算子 $X \in \mathrm{L}(\mathcal{X})$, $Y = \Phi(X)$ 是唯一满足 $\mathrm{vec}(Y) = K(\Phi) \, \mathrm{vec}(X)$ 的算子.

自然表示保留了伴随的概念, 也就是说, 对于所有映射 $\Phi \in \mathrm{T}(\mathcal{X}, \mathcal{Y})$,

$$K(\Phi^*) = (K(\Phi))^*. \tag{2.63}$$

这里等式左边的 K 代表通过交换 $\mathcal{X}$ 与 $\mathcal{Y}$ 在上面定义中的角色所得到的从 $\mathrm{T}(\mathcal{Y}, \mathcal{X})$ 到 $\mathrm{L}(\mathcal{Y} \otimes \mathcal{Y}, \mathcal{X} \otimes \mathcal{X})$ 的一个映射.

虽然映射 Φ 的自然表示 $K(\Phi)$ 确实是将 Φ 直接用线性映射表示, 但是这个表示是本节讨论的四个表示中与全正性和保迹性的相关性最弱的表示. 正因如此, 从本书的角度来说, 它是四个表示中最没有用的. 对此的一个解释是, 映射 Φ 的输入与输出参数的算子结构并没有被 $K(\Phi)$ 以方便或者易读的形式表示出来. 算子–向量对应有着忽视这种结构的效果.

2.2.2.2 Choi 表示

对于任意的复欧几里得空间 $\mathcal{X}$ 与 $\mathcal{Y}$, 对于每一个 $\Phi \in \mathrm{T}(\mathcal{X}, \mathcal{Y})$ 我们可以定义映射 $J : \mathrm{T}(\mathcal{X}, \mathcal{Y}) \to \mathrm{L}(\mathcal{Y} \otimes \mathcal{X})$ 为

$$J(\Phi) = \big(\Phi \otimes \mathbb{1}_{\mathrm{L}(\mathcal{X})}\big)\big(\mathrm{vec}(\mathbb{1}_{\mathcal{X}}) \, \mathrm{vec}(\mathbb{1}_{\mathcal{X}})^*\big). \tag{2.64}$$

相应地, 假设 $\mathcal{X} = \mathbb{C}^\Sigma$, 我们可以把它写成

$$J(\Phi) = \sum_{a,b\in\Sigma} \Phi(E_{a,b}) \otimes E_{a,b}. \tag{2.65}$$

算子 $J(\Phi)$ 称为 Φ 的 Choi 表示 (或者 Choi 算子).

式 (2.65) 表明, 映射 J 是线性双射. 证明映射 J 是双射的另一种方法是使用等式

$$\Phi(X) = \mathrm{Tr}_{\mathcal{X}}\big(J(\Phi)\big(\mathbb{1}_{\mathcal{Y}} \otimes X^{\mathsf{T}}\big)\big). \tag{2.66}$$

我们发现映射 Φ 的行为可以通过该等式由算子 $J(\Phi)$ 复现出来.

$J(\Phi)$ 的算子结构与 Φ 的输入和输出参数的算子结构有着紧密的关系. 这种关系的一个核心部分就是, 当且仅当 $J(\Phi)$ 是半正定的, 给定的映射 Φ 是全正的 (正如后面的定理 2.22 所示).

对于一个给定的映射 $\Phi \in \mathrm{T}(\mathcal{X}, \mathcal{Y})$, 其 Choi 表示的秩称为 Φ 的 Choi 秩.

2.2.2.3 Kraus 表示

对于任意的复欧几里得空间 $\mathcal{X}$ 与 $\mathcal{Y}$、字母表 Σ 和从空间 $\mathrm{L}(\mathcal{X}, \mathcal{Y})$ 中抽取的一些算子

$$\{A_a : a \in \Sigma\} \quad \text{和} \quad \{B_a : a \in \Sigma\}, \tag{2.67}$$

对每个 $X \in \mathrm{L}(\mathcal{X})$, 我们可以定义一个线性映射 $\Phi \in \mathrm{T}(\mathcal{X}, \mathcal{Y})$ 为

$$\Phi(X) = \sum_{a\in\Sigma} A_a X B_a^*. \tag{2.68}$$

式 (2.68) 即是映射 Φ 的 Kraus 表示. 我们很快可以得到, 对于每一个 $\Phi \in \mathrm{T}(\mathcal{X}, \mathcal{Y})$ 形式的映射, 都存在一个 Kraus 表示. 然而, 不同于自然表示和 Choi 表示, Kraus 表示并不是唯一的.

在 Φ 由式 (2.68) 所决定的假设下,

$$\Phi^*(Y) = \sum_{a\in\Sigma} A_a^* Y B_a \tag{2.69}$$

成立. 如下是基于迹的循环特性的计算: 对每一个 $X \in \mathrm{L}(\mathcal{X})$ 和 $Y \in \mathrm{L}(\mathcal{Y})$,

$$\begin{aligned}
\left\langle Y, \sum_{a\in\Sigma} A_a X B_a^* \right\rangle &= \sum_{a\in\Sigma} \mathrm{Tr}\big(Y^* A_a X B_a^*\big) \\
&= \sum_{a\in\Sigma} \mathrm{Tr}\big(B_a^* Y^* A_a X\big) = \left\langle \sum_{a\in\Sigma} A_a^* Y B_a, X \right\rangle.
\end{aligned} \tag{2.70}$$

在量子信息理论中, Kraus 表示通常会使对于每个 $a \in \Sigma$, 都有 $A_a = B_a$. 正如定理 2.22 所揭示的那样, 如果考虑的映射是全正的, 则这样的表示总是成立的.

2.2.2.4 Stinespring 表示

假设 $\mathcal{X}$、$\mathcal{Y}$ 与 $\mathcal{Z}$ 是复欧几里得空间，而 $A, B \in \mathrm{L}(\mathcal{X}, \mathcal{Y} \otimes \mathcal{Z})$ 是算子. 对于每一个 $X \in \mathrm{L}(\mathcal{X})$，我们可以定义映射 $\Phi \in \mathrm{T}(\mathcal{X}, \mathcal{Y})$ 如下：

$$\Phi(X) = \mathrm{Tr}_{\mathcal{Z}}(AXB^*). \tag{2.71}$$

式 (2.71) 即是映射 Φ 的 Stinespring 表示. 类似于 Kraus 表示，对于给定的映射 Φ, Stinespring 表示总是存在的且不唯一.

如果映射 $\Phi \in \mathrm{T}(\mathcal{X}, \mathcal{Y})$ 有着式 (2.71) 形式的 Stinespring 表示，则对所有 $Y \in \mathrm{L}(\mathcal{Y})$ 有

$$\Phi^*(Y) = A^*(Y \otimes \mathbb{1}_{\mathcal{Z}})B. \tag{2.72}$$

我们观察到的这个性质来自如下计算：对于每一个 $X \in \mathrm{L}(\mathcal{X})$ 和 $Y \in \mathrm{L}(\mathcal{Y})$，

$$\langle Y, \Phi(X) \rangle = \langle Y, \mathrm{Tr}_{\mathcal{Z}}(AXB^*) \rangle = \langle Y \otimes \mathbb{1}_{\mathcal{Z}}, AXB^* \rangle$$
$$= \mathrm{Tr}\left((Y \otimes \mathbb{1}_{\mathcal{Z}})^* AXB^*\right) = \mathrm{Tr}\left(B^*(Y \otimes \mathbb{1}_{\mathcal{Z}})^* AX\right) \tag{2.73}$$
$$= \langle A^*(Y \otimes \mathbb{1}_{\mathcal{Z}})B, X \rangle.$$

虽然这个写法不会在本书中使用，但有时式 (2.72) 形式的表达式也会被当作 Stinespring 表示 (对于映射 Φ^*).

类似于 Kraus 表示，在量子信息论中，通常会使 Stinespring 表示中 $A = B$. 同样，与 Kraus 表示类似，当 Φ 是全正的时候，这种表示存在.

2.2.2.5 表示间的关系

下列的命题将上述四个表示相互关联了起来，并且 (隐含地) 展示了如何将一个表示变换成另一个.

命题 2.20 设 $\mathcal{X}$ 与 $\mathcal{Y}$ 为复欧几里得空间，Σ 为字母表，$\{A_a : a \in \Sigma\}$, $\{B_a : a \in \Sigma\} \subset \mathrm{L}(\mathcal{X}, \mathcal{Y})$ 为由 Σ 作索引的一些算子，且 $\Phi \in \mathrm{T}(\mathcal{X}, \mathcal{Y})$. 下列分别对应前面介绍的表示的四个声明是等价的.

1. 自然表示.

$$K(\Phi) = \sum_{a \in \Sigma} A_a \otimes \overline{B_a} \tag{2.74}$$

成立.

2. Choi 表示.

$$J(\Phi) = \sum_{a \in \Sigma} \mathrm{vec}(A_a)\, \mathrm{vec}(B_a)^* \tag{2.75}$$

成立.

3. Kraus 表示. 对于所有 $X \in \mathrm{L}(\mathcal{X})$，

$$\Phi(X) = \sum_{a \in \Sigma} A_a X B_a^* \tag{2.76}$$

成立.

4. Stinespring 表示. 对于 $\mathcal{Z} = \mathbb{C}^{\Sigma}$ 以及由

$$A = \sum_{a \in \Sigma} A_a \otimes e_a \quad \text{和} \quad B = \sum_{a \in \Sigma} B_a \otimes e_a \tag{2.77}$$

定义的 $A, B \in \mathrm{L}(\mathcal{X}, \mathcal{Y} \otimes \mathcal{Z})$,

$$\Phi(X) = \mathrm{Tr}_{\mathcal{Z}}(AXB^*) \tag{2.78}$$

对所有 $X \in \mathrm{L}(\mathcal{X})$ 成立.

证明   声明 3 与 4 的等价性计算起来是很直接的. 声明 1 与 3 的等价性来自等式

$$\mathrm{vec}(A_a X B_a^*) = \left(A_a \otimes \overline{B_a}\right) \mathrm{vec}(X) \tag{2.79}$$

对所有 $a \in \Sigma$ 和 $X \in \mathrm{L}(\mathcal{X})$ 都成立. 最后, 声明 2 与 3 的等价性来自等式

$$\begin{aligned}
(A_a \otimes \mathbb{1}_{\mathcal{X}}) \mathrm{vec}(\mathbb{1}_{\mathcal{X}}) &= \mathrm{vec}(A_a), \\
\mathrm{vec}(\mathbb{1}_{\mathcal{X}})^* (B_a^* \otimes \mathbb{1}_{\mathcal{X}}) &= \mathrm{vec}(B_a)^*
\end{aligned} \tag{2.80}$$

对所有 $a \in \Sigma$ 都成立.   □

推论 2.21   设 $\mathcal{X}$ 与 $\mathcal{Y}$ 为复欧几里得空间, $\Phi \in \mathrm{T}(\mathcal{X}, \mathcal{Y})$ 为非零线性映射, $r = \mathrm{rank}(J(\Phi))$ 为 Φ 的 Choi 秩. 下列两个事实成立:

1. 对于满足 $|\Sigma| = r$ 的字母表 Σ, 存在如下形式的 Φ 的 Kraus 表示:

$$\Phi(X) = \sum_{a \in \Sigma} A_a X B_a^*, \tag{2.81}$$

这里 $\{A_a : a \in \Sigma\}, \{B_a : a \in \Sigma\} \subset \mathrm{L}(\mathcal{X}, \mathcal{Y})$.

2. 对于任何满足 $\dim(\mathcal{Z}) = r$ 的复欧几里得空间 $\mathcal{Z}$, 存在如下形式的 Φ 的 Stinespring 表示:

$$\Phi(X) = \mathrm{Tr}_{\mathcal{Z}}(AXB^*), \tag{2.82}$$

这里的算子 $A, B \in \mathrm{L}(\mathcal{X}, \mathcal{Y} \otimes \mathcal{Z})$.

证明   对于满足 $|\Sigma| = r$ 的字母表 Σ, 以及某些向量

$$\{u_a : a \in \Sigma\}, \{v_a : a \in \Sigma\} \subset \mathcal{Y} \otimes \mathcal{X}, \tag{2.83}$$

我们可以写出

$$J(\Phi) = \sum_{a \in \Sigma} u_a v_a^*. \tag{2.84}$$

特别地, 我们可以将 $\{u_a : a \in \Sigma\}$ 当作 $J(\Phi)$ 的像上的任何基. 这唯一地决定了那些使式 (2.84) 成立的 $\{v_a : a \in \Sigma\}$. 将 $\{A_a : a \in \Sigma\}$ 和 $\{B_a : a \in \Sigma\}$ 设为使

$$\mathrm{vec}(A_a) = u_a \quad \text{和} \quad \mathrm{vec}(B_a) = v_a \tag{2.85}$$

对所有 $a \in \Sigma$ 都成立的算子，根据命题 2.20，式 (2.81) 是 Φ 的一个 Kraus 表示. 另外，式 (2.82) 是一个由

$$A = \sum_{a \in \Sigma} A_a \otimes e_a \quad \text{和} \quad B = \sum_{a \in \Sigma} B_a \otimes e_a \tag{2.86}$$

定义的 $A, B \in \mathrm{L}(\mathcal{X}, \mathcal{Y} \otimes \mathcal{Z})$ 所构成的 Stinespring 表示. 证明完成. □

2.2.2.6　全正映射的特征

我们将介绍基于 Choi、Kraus 与 Stinespring 表示的全正映射的特征.

定理 2.22　对于复欧几里得空间 $\mathcal{X}$ 与 $\mathcal{Y}$，设 $\Phi \in \mathrm{T}(\mathcal{X}, \mathcal{Y})$ 是非零映射. 下列的几个声明是等价的.

1. Φ 是全正的.
2. $\Phi \otimes \mathbb{1}_{\mathrm{L}(\mathcal{X})}$ 是正的.
3. $J(\Phi) \in \mathrm{Pos}(\mathcal{Y} \otimes \mathcal{X})$.
4. 对于某字母表 Σ，存在 $\{A_a : a \in \Sigma\} \subset \mathrm{L}(\mathcal{X}, \mathcal{Y})$ 使得对所有 $X \in \mathrm{L}(\mathcal{X})$ 都有

$$\Phi(X) = \sum_{a \in \Sigma} A_a X A_a^*. \tag{2.87}$$

5. 声明 4 对于所有满足 $|\Sigma| = \mathrm{rank}(J(\Phi))$ 的字母表 Σ 都成立.
6. 对于某复欧几里得空间 $\mathcal{Z}$，存在算子 $A \in \mathrm{L}(\mathcal{X}, \mathcal{Y} \otimes \mathcal{Z})$ 使得对所有 $X \in \mathrm{L}(\mathcal{X})$ 都有

$$\Phi(X) = \mathrm{Tr}_{\mathcal{Z}}(AXA^*). \tag{2.88}$$

7. 声明 6 对所有维度为 $\mathrm{rank}(J(\Phi))$ 的 $\mathcal{Z}$ 都成立.

证明　我们会用这七个声明的如下蕴含关系来证明该定理，这些关系足以证明它们的等价性：

$$(1) \Rightarrow (2) \Rightarrow (3) \Rightarrow (5) \Rightarrow (4) \Rightarrow (1)$$
$$(5) \Rightarrow (7) \Rightarrow (6) \Rightarrow (1)$$

注意，其中有一些关系是很直接的：由全正性的定义可以由声明 1 推出声明 2，由声明 5 推导声明 4 是平凡的，由声明 7 推导声明 6 也是平凡的，而根据命题 2.20，由声明 5 可以推出声明 7.

假设 $\Phi \otimes \mathbb{1}_{\mathrm{L}(\mathcal{X})}$ 是正的. 因为

$$\mathrm{vec}(\mathbb{1}_{\mathcal{X}}) \mathrm{vec}(\mathbb{1}_{\mathcal{X}})^* \in \mathrm{Pos}(\mathcal{X} \otimes \mathcal{X}) \tag{2.89}$$

以及

$$J(\Phi) = (\Phi \otimes \mathbb{1}_{\mathrm{L}(\mathcal{X})})(\mathrm{vec}(\mathbb{1}_{\mathcal{X}}) \mathrm{vec}(\mathbb{1}_{\mathcal{X}})^*), \tag{2.90}$$

使得 $J(\Phi) \in \mathrm{Pos}(\mathcal{Y} \otimes \mathcal{X})$，所以由声明 2 可以推出声明 3.

接下来，假设 $J(\Phi) \in \mathrm{Pos}(\mathcal{Y} \otimes \mathcal{X})$. 根据谱定理 (推论 1.4) 以及半正定算子的本征值都是非负数这个事实，我们可以得到

$$J(\Phi) = \sum_{a \in \Sigma} u_a u_a^*, \tag{2.91}$$

这里 Σ 是满足 $|\Sigma| = \mathrm{rank}(J(\Phi))$ 的字母表，而

$$\{u_a : a \in \Sigma\} \subset \mathcal{Y} \otimes \mathcal{X} \tag{2.92}$$

是一些向量. 假设 $A_a \in \mathrm{L}(\mathcal{X}, \mathcal{Y})$ 是对每一个 $a \in \Sigma$ 都满足 $\mathrm{vec}(A_a) = u_a$ 的算子，则我们可以得到

$$J(\Phi) = \sum_{a \in \Sigma} \mathrm{vec}(A_a) \mathrm{vec}(A_a)^*. \tag{2.93}$$

因此，根据命题 2.20，式 (2.87) 对于每一个 $X \in \mathrm{L}(\mathcal{X})$ 都成立. 这意味着由声明 3 可以推出声明 5.

现在假设对所有 $X \in \mathrm{L}(\mathcal{X})$，以及某个字母表 Σ 定义的一些算子

$$\{A_a : a \in \Sigma\} \subset \mathrm{L}(\mathcal{X}, \mathcal{Y}), \tag{2.94}$$

式 (2.87) 都成立. 对于一个复欧几里得空间 $\mathcal{W}$ 和半正定算子 $P \in \mathrm{Pos}(\mathcal{X} \otimes \mathcal{W})$，这等价于对每一个 $a \in \Sigma$ 都有

$$(A_a \otimes \mathbb{1}_{\mathcal{W}}) P (A_a \otimes \mathbb{1}_{\mathcal{W}})^* \in \mathrm{Pos}(\mathcal{Y} \otimes \mathcal{W}), \tag{2.95}$$

因此，根据 $\mathrm{Pos}(\mathcal{Y} \otimes \mathcal{W})$ 是凸锥的事实，

$$(\Phi \otimes \mathbb{1}_{\mathrm{L}(\mathcal{W})})(P) \in \mathrm{Pos}(\mathcal{Y} \otimes \mathcal{W}). \tag{2.96}$$

因为 Φ 是全正的，所以由声明 4 可以推出声明 1.

最后，假设对每一个 $X \in \mathrm{L}(\mathcal{X})$，都有复欧几里得空间 $\mathcal{Z}$ 以及算子 $A \in \mathrm{L}(\mathcal{X}, \mathcal{Y} \otimes \mathcal{Z})$ 使得式 (2.88) 成立. 对任何复欧几里得空间 $\mathcal{W}$ 以及任何半正定算子 $P \in \mathrm{Pos}(\mathcal{X} \otimes \mathcal{W})$，显然

$$(A \otimes \mathbb{1}_{\mathcal{W}}) P (A \otimes \mathbb{1}_{\mathcal{W}})^* \in \mathrm{Pos}(\mathcal{Y} \otimes \mathcal{Z} \otimes \mathcal{W}), \tag{2.97}$$

因而根据迹的全正性 (推论 2.19)，

$$(\Phi \otimes \mathbb{1}_{\mathrm{L}(\mathcal{W})})(P) = \mathrm{Tr}_{\mathcal{Z}}\big((A \otimes \mathbb{1}_{\mathcal{W}}) P (A \otimes \mathbb{1}_{\mathcal{W}})^*\big) \in \mathrm{Pos}(\mathcal{Y} \otimes \mathcal{W}). \tag{2.98}$$

于是映射 Φ 是全正的，所以由声明 6 可以推出声明 1. 至此我们完成了所有的证明.   □

下面这个推论是上述定理的一个结果，它将 Kraus 表示与给定的全正映射关联了起来.

推论 2.23 设 Σ 为字母表，$\mathcal{X}$ 与 $\mathcal{Y}$ 为复欧几里得空间. 假设 $\{A_a : a \in \Sigma\}, \{B_a : a \in \Sigma\} \subset \mathrm{L}(\mathcal{X}, \mathcal{Y})$ 是一些对所有 $X \in \mathrm{L}(\mathcal{X})$ 都满足

$$\sum_{a \in \Sigma} A_a X A_a^* = \sum_{a \in \Sigma} B_a X B_a^* \tag{2.99}$$

的算子. 则存在酉算子 $U \in \mathrm{U}(\mathbb{C}^\Sigma)$ 使得对所有 $a \in \Sigma$ 都有

$$B_a = \sum_{b \in \Sigma} U(a,b) A_b \,. \tag{2.100}$$

证明 映射

$$X \mapsto \sum_{a \in \Sigma} A_a X A_a^* \quad \text{与} \quad X \mapsto \sum_{a \in \Sigma} B_a X B_a^* \tag{2.101}$$

对所有 $X \in \mathrm{L}(\mathcal{X})$ 都成立, 因此它们的 Choi 表示也必须相等:

$$\sum_{a \in \Sigma} \mathrm{vec}(A_a) \mathrm{vec}(A_a)^* = \sum_{a \in \Sigma} \mathrm{vec}(B_a) \mathrm{vec}(B_a)^*. \tag{2.102}$$

设 $\mathcal{Z} = \mathbb{C}^\Sigma$ 并将向量 $u,v \in \mathcal{Y} \otimes \mathcal{X} \otimes \mathcal{Z}$ 定义为

$$u = \sum_{a \in \Sigma} \mathrm{vec}(A_a) \otimes e_a \quad \text{和} \quad v = \sum_{a \in \Sigma} \mathrm{vec}(B_a) \otimes e_a, \tag{2.103}$$

则

$$\begin{aligned} \mathrm{Tr}_{\mathcal{Z}}(uu^*) &= \sum_{a \in \Sigma} \mathrm{vec}(A_a) \mathrm{vec}(A_a)^* \\ &= \sum_{a \in \Sigma} \mathrm{vec}(B_a) \mathrm{vec}(B_a)^* = \mathrm{Tr}_{\mathcal{Z}}(vv^*). \end{aligned} \tag{2.104}$$

根据纯化态的酉等价 (定理 2.12), 必然存在一个酉算子 $U \in \mathrm{U}(\mathcal{Z})$ 使得

$$v = (\mathbb{1}_{\mathcal{Y} \otimes \mathcal{X}} \otimes U)u. \tag{2.105}$$

因此, 对所有 $a \in \Sigma$,

$$\mathrm{vec}(B_a) = (\mathbb{1}_{\mathcal{Y} \otimes \mathcal{X}} \otimes e_a^*)v = (\mathbb{1}_{\mathcal{Y} \otimes \mathcal{X}} \otimes e_a^* U)u = \sum_{b \in \Sigma} U(a,b) \mathrm{vec}(A_b) \tag{2.106}$$

成立, 这等价于式 (2.100). $\qquad\square$

下面这个关于 Stinespring 表示而非 Kraus 表示的推论与前面的推论类似. 正如证明中揭示的那样, 这两个推论本质上是等价的.

推论 2.24 设 $\mathcal{X}$、$\mathcal{Y}$ 与 $\mathcal{Z}$ 为复欧几里得空间, 并且算子 $A, B \in \mathrm{L}(\mathcal{X}, \mathcal{Y} \otimes \mathcal{Z})$ 对所有 $X \in \mathrm{L}(\mathcal{X})$ 都满足

$$\mathrm{Tr}_{\mathcal{Z}}(AXA^*) = \mathrm{Tr}_{\mathcal{Z}}(BXB^*). \tag{2.107}$$

则存在酉算子 $U \in \mathrm{U}(\mathcal{Z})$ 使得

$$B = (\mathbb{1}_{\mathcal{Y}} \otimes U)A. \tag{2.108}$$

证明 设 Σ 为使 $\mathcal{Z} = \mathbb{C}^\Sigma$ 的字母表, 然后对每一个 $a \in \Sigma$, 定义两组算子 $\{A_a : a \in \Sigma\}$, $\{B_a : a \in \Sigma\} \subset \mathrm{L}(\mathcal{X}, \mathcal{Y})$ 如下:

$$A_a = (\mathbb{1}_{\mathcal{Y}} \otimes e_a^*)A \quad \text{和} \quad B_a = (\mathbb{1}_{\mathcal{Y}} \otimes e_a^*)B, \tag{2.109}$$

使得

$$A = \sum_{a \in \Sigma} A_a \otimes e_a \quad 和 \quad B = \sum_{a \in \Sigma} B_a \otimes e_a. \tag{2.110}$$

在推论 2.23 中，式 (2.107) 与式 (2.99) 等价. 根据推论，存在一个酉算子 $U \in \mathrm{U}(\mathcal{Z})$ 使得式 (2.100) 成立，这等价于 $B = (\mathbb{1}_{\mathcal{Y}} \otimes U)A$. $\qquad\square$

如果映射 $\Phi \in \mathrm{T}(\mathcal{X}, \mathcal{Y})$ 满足对所有 $H \in \mathrm{Herm}(\mathcal{X})$ 都有 $\Phi(H) \in \mathrm{Herm}(\mathcal{Y})$，则该映射是保 Hermite 的. 下面这个通过定理 2.22 得到的定理提供了这类映射的另外四个特性.

定理 2.25 设 $\Phi \in \mathrm{T}(\mathcal{X}, \mathcal{Y})$ 是复欧几里得空间 $\mathcal{X}$ 与 $\mathcal{Y}$ 上的映射. 下面这些声明是等价的.

1. Φ 是保 Hermite 的.
2. 对所有 $X \in \mathrm{L}(\mathcal{X})$, $(\Phi(X))^* = \Phi(X^*)$ 都成立.
3. $J(\Phi) \in \mathrm{Herm}(\mathcal{Y} \otimes \mathcal{X})$ 成立.
4. 存在全正映射 $\Phi_0, \Phi_1 \in \mathrm{CP}(\mathcal{X}, \mathcal{Y})$ 使得 $\Phi = \Phi_0 - \Phi_1$.
5. 存在正映射 $\Phi_0, \Phi_1 \in \mathrm{CP}(\mathcal{X}, \mathcal{Y})$ 使得 $\Phi = \Phi_0 - \Phi_1$.

证明 首先，假设 Φ 是一个保 Hermite 映射. 对于任意算子 $X \in \mathrm{L}(\mathcal{X})$，我们可以由如下定义的 $H, K \in \mathrm{Herm}(\mathcal{X})$ 的

$$H = \frac{X + X^*}{2} \quad 与 \quad K = \frac{X - X^*}{2\mathrm{i}} \tag{2.111}$$

构造一个 $X = H + \mathrm{i}K$. 由于 $\Phi(H)$ 与 $\Phi(K)$ 都是 Hermite 映射，而 Φ 是线性的，所以有

$$
\begin{aligned}
(\Phi(X))^* &= (\Phi(H) + \mathrm{i}\Phi(K))^* \\
&= \Phi(H) - \mathrm{i}\Phi(K) = \Phi(H - \mathrm{i}K) = \Phi(X^*).
\end{aligned}
\tag{2.112}
$$

因此可以由声明 1 推出声明 2.

接下来，假设声明 2 成立，并且设 Σ 为使得 $\mathcal{X} = \mathbb{C}^{\Sigma}$ 的字母表. 则我们会得到

$$
\begin{aligned}
J(\Phi)^* &= \sum_{a,b \in \Sigma} \Phi(E_{a,b})^* \otimes E_{a,b}^* = \sum_{a,b \in \Sigma} \Phi(E_{a,b}^*) \otimes E_{a,b}^* \\
&= \sum_{a,b \in \Sigma} \Phi(E_{b,a}) \otimes E_{b,a} = J(\Phi).
\end{aligned}
\tag{2.113}
$$

由于 $J(\Phi)$ 是 Hermite 算子，所以声明 3 成立.

现在假设声明 3 成立. 设 $J(\Phi) = P_0 - P_1$ 为 $J(\Phi)$ 的 Jordan-Hahn 分解，并且设 $\Phi_0, \Phi_1 \in \mathrm{CP}(\mathcal{X}, \mathcal{Y})$ 为满足 $J(\Phi_0) = P_0$ 与 $J(\Phi_1) = P_1$ 的映射. 因为 P_0 和 P_1 都是半正定的，所以由定理 2.22 可知，Φ_0 与 Φ_1 是全正映射. 由与 Choi 表示相关的映射 J 的线性性可知 $J(\Phi) = J(\Phi_0 - \Phi_1)$，因此 $\Phi = \Phi_0 - \Phi_1$. 这就推出了声明 4 成立.

声明 4 到声明 5 的推导是平凡的.

最后，假设声明 5 成立. 设 $H \in \mathrm{Herm}(\mathcal{X})$ 为 Hermite 算子，并且设 $H = P_0 - P_1$ 为 H 的 Jordan-Hahn 分解，其中 $P_0, P_1 \in \mathrm{Pos}(\mathcal{X})$. 则由于 Φ_0 和 Φ_1 的正性，对于所有 $a, b \in \{0, 1\}$,

$\Phi_a(P_b) \in \text{Pos}(\mathcal{Y})$ 都成立. 因此我们得到

$$\Phi(H) = \big(\Phi_0(P_0) + \Phi_1(P_1)\big) - \big(\Phi_0(P_1) + \Phi_1(P_0)\big) \tag{2.114}$$

是两个半正定算子的差, 因此它是一个 Hermite 算子. 所以声明 1 成立.

至此, 我们构建了这些声明间的推导关系 (1) ⇒ (2) ⇒ (3) ⇒ (4) ⇒ (5) ⇒ (1), 因此证明了该定理. □

2.2.2.7 保迹映射的特征

下面这个定理展示了保迹映射的一些特征.

定理 2.26   设 $\Phi \in \text{T}(\mathcal{X}, \mathcal{Y})$ 为复欧几里得空间 $\mathcal{X}$ 与 $\mathcal{Y}$ 上的映射. 则下面这几条声明是等价的.

1. Φ 是保迹的映射.

2. Φ^* 是保幺映射.

3. $\text{Tr}_{\mathcal{Y}}\big(J(\Phi)\big) = \mathbb{1}_{\mathcal{X}}$.

4. 存在一些算子 $\{A_a : a \in \Sigma\}$, $\{B_a : a \in \Sigma\} \subset \text{L}(\mathcal{X}, \mathcal{Y})$ 使得

$$\Phi(X) = \sum_{a \in \Sigma} A_a X B_a^* \tag{2.115}$$

和

$$\sum_{a \in \Sigma} A_a^* B_a = \mathbb{1}_{\mathcal{X}}. \tag{2.116}$$

5. 对于所有满足式 (2.115) 的算子合集 $\{A_a : a \in \Sigma\}$, $\{B_a : a \in \Sigma\} \subset \text{L}(\mathcal{X}, \mathcal{Y})$, 式 (2.116) 必然成立.

6. 对于某欧几里得空间 $\mathcal{Z}$, 存在算子 $A, B \in \text{L}(\mathcal{X}, \mathcal{Y} \otimes \mathcal{Z})$ 使得

$$\Phi(X) = \text{Tr}_{\mathcal{Z}}\big(A X B^*\big) \tag{2.117}$$

并且 $A^* B = \mathbb{1}_{\mathcal{X}}$.

7. 对所有满足式 (2.117) 的给定算子 $A, B \in \text{L}(\mathcal{X}, \mathcal{Y} \otimes \mathcal{Z})$, $A^* B = \mathbb{1}_{\mathcal{X}}$ 都成立.

证明   在 Φ 保迹的假设下,

$$\langle \mathbb{1}_{\mathcal{X}}, X \rangle = \text{Tr}(X) = \text{Tr}(\Phi(X)) = \langle \mathbb{1}_{\mathcal{Y}}, \Phi(X) \rangle = \langle \Phi^*(\mathbb{1}_{\mathcal{Y}}), X \rangle \tag{2.118}$$

成立, 因此对于所有 $X \in \text{L}(\mathcal{X})$ 都有

$$\langle \mathbb{1}_{\mathcal{X}} - \Phi^*(\mathbb{1}_{\mathcal{Y}}), X \rangle = 0. \tag{2.119}$$

这意味着 $\Phi^*(\mathbb{1}_{\mathcal{Y}}) = \mathbb{1}_{\mathcal{X}}$, 所以 Φ^* 是保幺映射. 通过类似的过程, Φ^* 是保幺映射这个假设可以推出对每一个 $X \in \text{L}(\mathcal{X})$ 都有

$$\text{Tr}(\Phi(X)) = \langle \mathbb{1}_{\mathcal{Y}}, \Phi(X) \rangle = \langle \Phi^*(\mathbb{1}_{\mathcal{Y}}), X \rangle = \langle \mathbb{1}_{\mathcal{X}}, X \rangle = \text{Tr}(X), \tag{2.120}$$

因此 Φ 是保迹的. 至此, 声明 1 和 2 的等价关系就建立起来了.

接下来, 假设 $\{A_a : a \in \Sigma\}$, $\{B_a : a \in \Sigma\} \subset \text{L}(\mathcal{X}, \mathcal{Y})$ 对所有 $X \in \text{L}(\mathcal{X})$ 满足

$$\Phi(X) = \sum_{a \in \Sigma} A_a X B_a^*. \tag{2.121}$$

因此, 对所有 $Y \in \text{L}(\mathcal{Y})$,

$$\Phi^*(Y) = \sum_{a \in \Sigma} A_a^* Y B_a, \tag{2.122}$$

特别地, 我们可以得到

$$\Phi^*(\mathbb{1}_{\mathcal{Y}}) = \sum_{a \in \Sigma} A_a^* B_a. \tag{2.123}$$

因此, 如果 Φ^* 是一个保幺映射, 则

$$\sum_{a \in \Sigma} A_a^* B_a = \mathbb{1}_{\mathcal{X}}, \tag{2.124}$$

这证明了由声明 2 可以推出声明 5. 另外, 如果式 (2.124) 成立, 则可知 $\Phi^*(\mathbb{1}_{\mathcal{Y}}) = \mathbb{1}_{\mathcal{X}}$, 所以 Φ^* 是保幺映射. 因此, 由声明 4 可以推出声明 2. 由于由声明 5 可以推出声明 4, 这个事实说明每一个映射都存在 Kraus 表示, 至此我们建立了声明 2、4 和 5 的等价关系.

现在, 假设 $A, B \in \text{L}(\mathcal{X}, \mathcal{Y} \otimes \mathcal{Z})$ 对每一个 $X \in \text{L}(\mathcal{X})$ 都满足 $\Phi(X) = \text{Tr}_{\mathcal{Z}}(A X B^*)$. 则对所有 $Y \in \text{L}(\mathcal{Y})$ 都有

$$\Phi^*(Y) = A^*(Y \otimes \mathbb{1}_{\mathcal{Z}}) B, \tag{2.125}$$

特别地, $\Phi^*(\mathbb{1}_{\mathcal{Y}}) = A^* B$. 与声明 2、4 和 5 的等价性的证明一样, 这构建了声明 2、6 和 7 的等价关系.

最后, 设 Γ 为满足 $\mathcal{X} = \mathbb{C}^\Gamma$ 的字母表, 然后考虑算子

$$\text{Tr}_{\mathcal{Y}}(J(\Phi)) = \sum_{a,b \in \Gamma} \text{Tr}(\Phi(E_{a,b})) E_{a,b}. \tag{2.126}$$

如果 Φ 是保迹的, 则可知

$$\text{Tr}(\Phi(E_{a,b})) = \begin{cases} 1 & a = b \\ 0 & a \neq b, \end{cases} \tag{2.127}$$

因此

$$\text{Tr}_{\mathcal{Y}}(J(\Phi)) = \sum_{a \in \Gamma} E_{a,a} = \mathbb{1}_{\mathcal{X}}. \tag{2.128}$$

反过来, 如果 $\text{Tr}_{\mathcal{Y}}(J(\Phi)) = \mathbb{1}_{\mathcal{X}}$, 那么我们由式 (2.126) 得知式 (2.127) 必成立. 由于集合 $\{E_{a,b} : a, b \in \Gamma\}$ 是 $\text{L}(\mathcal{X})$ 的一个基, 我们可以总结出, 由于 Φ 的线性性, 所以它是保迹的. 因此, 声明 1 和声明 3 是等价的, 从而完成了证明. □

2.2.2.8　信道的特征

定理 2.22 与 2.26 可以被组合起来, 得到信道基于 Choi、Kraus 与 Stinespring 表示的各种特征.

推论 2.27　设 $\Phi \in \mathrm{T}(\mathcal{X}, \mathcal{Y})$ 是一个关于复欧几里得空间 $\mathcal{X}$ 与 $\mathcal{Y}$ 的映射. 则下列这些声明是等价的.

1. Φ 是一个信道.

2. $J(\Phi) \in \mathrm{Pos}(\mathcal{Y} \otimes \mathcal{X})$ 并且 $\mathrm{Tr}_{\mathcal{Y}}(J(\Phi)) = \mathbb{1}_{\mathcal{X}}$.

3. 存在一个字母表 Σ 和 $\{A_a : a \in \Sigma\} \subset \mathrm{L}(\mathcal{X}, \mathcal{Y})$ 使得对所有 $X \in \mathrm{L}(\mathcal{X})$ 都有

$$\sum_{a \in \Sigma} A_a^* A_a = \mathbb{1}_{\mathcal{X}} \quad \text{和} \quad \Phi(X) = \sum_{a \in \Sigma} A_a X A_a^* \tag{2.129}$$

4. 对于 $|\Sigma| = \mathrm{rank}(J(\Phi))$, 声明 3 成立.

5. 对于某复欧几里得空间 $\mathcal{Z}$, 存在一个等距算子 $A \in \mathrm{U}(\mathcal{X}, \mathcal{Y} \otimes \mathcal{Z})$, 使得对所有 $X \in \mathrm{L}(\mathcal{X})$,

$$\Phi(X) = \mathrm{Tr}_{\mathcal{Z}}\big(A X A^*\big) \tag{2.130}$$

成立.

6. 在满足条件 $\dim(\mathcal{Z}) = \mathrm{rank}(J(\Phi))$ 时, 声明 5 成立.

对所有选定的复欧几里得空间 $\mathcal{X}$ 与 $\mathcal{Y}$ 而言, 我们可以看到信道的集合 $\mathrm{C}(\mathcal{X}, \mathcal{Y})$ 是紧且凸的. 证明这个事实的一个方法是使用上面的推论.

命题 2.28　设 $\mathcal{X}$ 与 $\mathcal{Y}$ 为复欧几里得空间. 则集合 $\mathrm{C}(\mathcal{X}, \mathcal{Y})$ 是紧且凸的.

证明　Choi 表示对应的映射 $J : \mathrm{T}(\mathcal{X}, \mathcal{Y}) \to \mathrm{L}(\mathcal{Y} \otimes \mathcal{X})$ 是线性且可逆的. 根据推论 2.27, 我们可知 $J^{-1}(\mathcal{A}) = \mathrm{C}(\mathcal{X}, \mathcal{Y})$. 这里 $\mathcal{A}$ 定义为

$$\mathcal{A} = \big\{ X \in \mathrm{Pos}(\mathcal{Y} \otimes \mathcal{X}) : \mathrm{Tr}_{\mathcal{Y}}(X) = \mathbb{1}_{\mathcal{X}} \big\}. \tag{2.131}$$

因此这已经可以充分证明 $\mathcal{A}$ 是紧且凸的. 因为 $\mathcal{A}$ 是半正定锥 $\mathrm{Pos}(\mathcal{Y} \otimes \mathcal{X})$ 与仿射子空间

$$\big\{ X \in \mathrm{L}(\mathcal{Y} \otimes \mathcal{X}) : \mathrm{Tr}_{\mathcal{Y}}(X) = \mathbb{1}_{\mathcal{X}} \big\} \tag{2.132}$$

的交集, 而这两者都是闭且凸的, 所以 $\mathcal{A}$ 是闭且凸的. 为了补全这个证明, 只要证明 $\mathcal{A}$ 是有界的就足够了. 对于每一个 $X \in \mathcal{A}$, 我们可以得到

$$\|X\|_1 = \mathrm{Tr}(X) = \mathrm{Tr}\big(\mathrm{Tr}_{\mathcal{Y}}(X)\big) = \mathrm{Tr}\big(\mathbb{1}_{\mathcal{X}}\big) = \dim(\mathcal{X}), \tag{2.133}$$

因此, 正如我们所需证明的那样, $\mathcal{A}$ 是有界的.　　□

推论 2.27 在本书中会经常用到, 虽然有时不是很显然的. 下一个建立在纯化态的酉等价 (定理 2.12) 上的命题将一个半正定算子的纯化态与这个算子的扩张联系了起来. 这个命题是该推论的一个应用的例子.

命题 2.29　设 $\mathcal{X}$、$\mathcal{Y}$ 与 $\mathcal{Z}$ 为复欧几里得空间，并且假设 $u \in \mathcal{X} \otimes \mathcal{Y}$ 与 $P \in \mathrm{Pos}(\mathcal{X} \otimes \mathcal{Z})$ 满足

$$\mathrm{Tr}_{\mathcal{Y}}(uu^*) = \mathrm{Tr}_{\mathcal{Z}}(P). \tag{2.134}$$

存在一个信道 $\Phi \in \mathrm{C}(\mathcal{Y}, \mathcal{Z})$ 使得

$$\big(\mathbb{1}_{\mathrm{L}(\mathcal{X})} \otimes \Phi\big)(uu^*) = P. \tag{2.135}$$

证明　设 $\mathcal{W}$ 为一个维度足够大的复欧几里得空间，使得

$$\dim(\mathcal{W}) \geqslant \mathrm{rank}(P) \quad 且 \quad \dim(\mathcal{Z} \otimes \mathcal{W}) \geqslant \dim(\mathcal{Y}), \tag{2.136}$$

并且设 $A \in \mathrm{U}(\mathcal{Y}, \mathcal{Z} \otimes \mathcal{W})$ 为等距算子. 另外，设 $v \in \mathcal{X} \otimes \mathcal{Z} \otimes \mathcal{W}$ 满足 $\mathrm{Tr}_{\mathcal{W}}(vv^*) = P$. 则我们有

$$\mathrm{Tr}_{\mathcal{Z} \otimes \mathcal{W}}\big((\mathbb{1}_{\mathcal{X}} \otimes A)uu^*(\mathbb{1}_{\mathcal{X}} \otimes A)^*\big)$$
$$= \mathrm{Tr}_{\mathcal{Y}}(uu^*) = \mathrm{Tr}_{\mathcal{Z}}(P) = \mathrm{Tr}_{\mathcal{Z} \otimes \mathcal{W}}(vv^*). \tag{2.137}$$

根据定理 2.12，必然存在一个酉算子 $U \in \mathrm{U}(\mathcal{Z} \otimes \mathcal{W})$ 使得

$$(\mathbb{1}_{\mathcal{X}} \otimes UA)u = v. \tag{2.138}$$

对所有 $Y \in \mathrm{L}(\mathcal{Y})$ 定义 $\Phi \in \mathrm{T}(\mathcal{Y}, \mathcal{Z})$ 为

$$\Phi(Y) = \mathrm{Tr}_{\mathcal{W}}\big((UA)Y(UA)^*\big). \tag{2.139}$$

根据推论 2.27，我们可以知道 Φ 是一个信道. 所以，正如我们想证明的，

$$\big(\mathbb{1}_{\mathrm{L}(\mathcal{X})} \otimes \Phi\big)(uu^*) = \mathrm{Tr}_{\mathcal{W}}\big((\mathbb{1}_{\mathcal{X}} \otimes UA)uu^*(\mathbb{1}_{\mathcal{X}} \otimes UA)^*\big)$$
$$= \mathrm{Tr}_{\mathcal{W}}(vv^*) = P. \tag{2.140}$$

$\square$

2.2.3　信道与其他映射的例子

本小节讨论的是信道与其他映射的例子，以及它们其与前面提到的四种表示所对应的规范. 许多其他的例子连同信道和映射的一般分类将会贯穿全书.

2.2.3.1　等距信道与酉信道

设 $\mathcal{X}$ 与 $\mathcal{Y}$ 为复欧几里得空间，$A, B \in \mathrm{L}(\mathcal{X}, \mathcal{Y})$ 为算子，然后考虑一个定义为对所有 $X \in \mathrm{L}(\mathcal{X})$ 都满足

$$\Phi(X) = AXB^* \tag{2.141}$$

的映射 $\Phi \in \mathrm{T}(\mathcal{X}, \mathcal{Y})$.

当 $A = B$ 时，在算子是从 $\mathcal{X}$ 到 $\mathcal{Y}$ 的线性等距的额外假设下，根据推论 2.27，Φ 是一个信道. 这样的信道称为等距信道. 如果 $\mathcal{Y} = \mathcal{X}$ 并且 $A = B$ 是酉算子，则 Φ 称为酉信道. 第 4 章将详细讨论酉信道与酉信道的凸组合.

由式 (2.141) 定义的映射 Φ 的自然表示是

$$K(\Phi) = A \otimes \overline{B}, \tag{2.142}$$

而 Φ 的 Choi 表示是

$$J(\Phi) = \text{vec}(A) \, \text{vec}(B)^*. \tag{2.143}$$

式 (2.141) 是 Φ 的 Kraus 表示. 如果 $\mathcal{Z} = \mathbb{C}$ 并且在 $\mathbb{C}$ 上取迹的作用与恒等映射是一样的, 那么也可以将其视为 Stinespring 表示的一个平凡例子.

恒等映射 $\mathbb{1}_{\text{L}(\mathcal{X})}$ 是酉信道的一个简单例子. 这类信道的自然表示是单位算子 $\mathbb{1}_{\mathcal{X}} \otimes \mathbb{1}_{\mathcal{X}}$, 而它的 Choi 表示是由秩为 1 的算子 $\text{vec}(\mathbb{1}_{\mathcal{X}}) \, \text{vec}(\mathbb{1}_{\mathcal{X}})^*$ 给出的.

2.2.3.2 替换信道与完全去极化信道

设 $\mathcal{X}$ 与 $\mathcal{Y}$ 为复欧几里得空间, $A \in \text{L}(\mathcal{X})$ 与 $B \in \text{L}(\mathcal{Y})$ 为算子. 考虑一个定义为对所有 $X \in \text{L}(\mathcal{X})$ 都有

$$\Phi(X) = \langle A, X \rangle \, B \tag{2.144}$$

的映射 $\Phi \in \text{T}(\mathcal{X}, \mathcal{Y})$. Φ 的自然表示是

$$K(\Phi) = \text{vec}(B) \, \text{vec}(A)^*, \tag{2.145}$$

而 Φ 的 Choi 表示是

$$J(\Phi) = B \otimes \overline{A}. \tag{2.146}$$

Φ 的 Kraus 与 Stinespring 表示虽然在这种情况下并不一定具有启发性, 但也是可以被构造出来的. 一种获得 Φ 的 Kraus 表示的方法是先把某些字母表 Σ 与 Γ 以及四组向量写为

$$A = \sum_{a \in \Sigma} u_a x_a^* \quad \text{和} \quad B = \sum_{b \in \Gamma} v_b y_b^*, \tag{2.147}$$

这里的四组向量定义为

$$\begin{aligned} &\{u_a : a \in \Sigma\}, \{x_a : a \in \Sigma\} \subset \mathcal{X}, \\ &\{v_b : b \in \Gamma\}, \{y_b : b \in \Gamma\} \subset \mathcal{Y}. \end{aligned} \tag{2.148}$$

然后我们可以得到 Φ 的一个 Kraus 表示:

$$\Phi(X) = \sum_{(a,b) \in \Sigma \times \Gamma} C_{a,b} X D_{a,b}^*, \tag{2.149}$$

这里对每一个 $a \in \Sigma$ 与 $b \in \Gamma$ 都满足 $C_{a,b} = v_b u_a^*$ 和 $D_{a,b} = y_b x_a^*$. 而 Stinespring 表示则为

$$\Phi(X) = \text{Tr}_{\mathcal{Z}}(CXD^*), \tag{2.150}$$

这里

$$C = \sum_{(a,b) \in \Sigma \times \Gamma} C_{a,b} \otimes e_{(a,b)}, \quad D = \sum_{(a,b) \in \Sigma \times \Gamma} D_{a,b} \otimes e_{(a,b)}, \tag{2.151}$$

并且 $\mathcal{Z} = \mathbb{C}^{\Sigma \times \Gamma}$.

如果 A 与 B 都是半正定算子, 而对所有 $X \in L(\mathcal{X})$, 映射 $\Phi \in T(\mathcal{X}, \mathcal{Y})$ 由式 (2.144) 定义, 则 $J(\Phi) = B \otimes \overline{A}$ 是半正定的, 并且根据定理 2.22, Φ 是全正的. 若对于某密度算子 $\sigma \in D(\mathcal{Y})$ 有 $A = \mathbb{1}_{\mathcal{X}}$ 与 $B = \sigma$, 则映射 Φ 也是保迹的, 因而它是一个信道. 这样的信道就是替换信道, 也就是说, 这个信道等效于丢弃它的输入并将其替换成态 σ.

完全去极化信道 $\Omega \in C(\mathcal{X})$ 是替换信道的一个重要例子. 这个信道定义为, 对所有 $X \in L(\mathcal{X})$ 都满足

$$\Omega(X) = \mathrm{Tr}(X)\omega, \tag{2.152}$$

这里

$$\omega = \frac{\mathbb{1}_{\mathcal{X}}}{\dim(\mathcal{X})} \tag{2.153}$$

代表空间 $\mathcal{X}$ 上的完全混态. 等价地, 对于所有 $\rho \in D(\mathcal{X})$, Ω 是将所有密度算子变换到这个完全混态的唯一信道: $\Omega(\rho) = \omega$. 由式 (2.145) 与式 (2.146) 可得到完全去极化信道 $\Omega \in C(\mathcal{X})$ 的自然表示为

$$K(\Omega) = \frac{\mathrm{vec}(\mathbb{1}_{\mathcal{X}}) \, \mathrm{vec}(\mathbb{1}_{\mathcal{X}})^*}{\dim(\mathcal{X})}, \tag{2.154}$$

而这个信道的 Choi 表示为

$$J(\Omega) = \frac{\mathbb{1}_{\mathcal{X}} \otimes \mathbb{1}_{\mathcal{X}}}{\dim(\mathcal{X})}. \tag{2.155}$$

2.2.3.3 转置映射

设 Σ 为字母表, $\mathcal{X} = \mathbb{C}^{\Sigma}$, 转置映射 $T \in T(\mathcal{X})$ 定义为对所有 $X \in L(\mathcal{X})$ 都有

$$T(X) = X^{\mathsf{T}} \tag{2.156}$$

的映射. 由于这个映射与纠缠态的性质间的联系, 它在第 6 章中扮演着重要的角色.

根据定义, T 的自然表示 $K(T)$ 必须满足对所有 $X \in L(\mathcal{X})$ 都有

$$K(T) \, \mathrm{vec}(X) = \mathrm{vec}(X^{\mathsf{T}}). \tag{2.157}$$

考虑那些由向量 $u, v \in \mathcal{X}$ 构成的 $X = uv^{\mathsf{T}}$ 形式的算子, 我们可以看到

$$K(T)(u \otimes v) = v \otimes u. \tag{2.158}$$

这意味着 $K(T) = W$, 这里的 $W \in L(\mathcal{X} \otimes \mathcal{X})$ 是交换算子, 这个算子定义为对所有向量 $u, v \in \mathcal{X}$ 都进行 $W(u \otimes v) = v \otimes u$ 操作的算子.

T 的 Choi 表示也等于交换算子, 因为

$$J(T) = \sum_{a,b \in \Sigma} E_{b,a} \otimes E_{a,b} = W. \tag{2.159}$$

在 $|\Sigma| \geqslant 2$ 的假设下，根据定理 2.22，因为在这种情况下 W 不是半正定算子，所以 T 不是全正映射.

T 的 Kraus 表示的一个例子是，对于所有 $X \in L(\mathcal{X})$，

$$T(X) = \sum_{a,b \in \Sigma} E_{a,b} X E_{b,a}^*. \tag{2.160}$$

据此我们可以得到 $T(X) = \mathrm{Tr}_{\mathcal{Z}}(AXB^*)$ 是 T 的 Stinespring 表示，这里 $\mathcal{Z} = \mathbb{C}^{\Sigma \times \Sigma}$，

$$A = \sum_{a,b \in \Sigma} E_{a,b} \otimes e_{(a,b)} \quad \text{而} \quad B = \sum_{a,b \in \Sigma} E_{b,a} \otimes e_{(a,b)}. \tag{2.161}$$

2.2.3.4　完全失相信道

设 Σ 为字母表，$\mathcal{X} = \mathbb{C}^{\Sigma}$. 映射 $\Delta \in T(\mathcal{X})$ 定义为对所有 $X \in L(\mathcal{X})$ 都有

$$\Delta(X) = \sum_{a \in \Sigma} X(a,a) E_{a,a} \tag{2.162}$$

的映射. 这是一个完全失相信道的例子. 这个信道有着将给定算子 $X \in L(\mathcal{X})$ 的所有非对角项替换为 0，而不影响对角项的效果.

虽然正如 2.1.2 节中所讨论的，对角密度算子与概率态相对应，但是我们可以把信道 Δ 看作一个用于经典通信的理想信道：它对所有对角密度算子来说都相当于作用一个恒等映射，也就是说它有效地将经典概率态进行了准确无误的传输，同时将其他所有的态都映射到它们的对角项所给出的概率态上.

Δ 的自然表示必须满足等式

$$K(\Delta) \mathrm{vec}(E_{a,b}) = \begin{cases} \mathrm{vec}(E_{a,b}) & a = b \\ 0 & a \neq b, \end{cases} \tag{2.163}$$

这等价于对所有 $a,b \in \Sigma$ 都有

$$K(\Delta)(e_a \otimes e_b) = \begin{cases} e_a \otimes e_b & a = b \\ 0 & a \neq b. \end{cases} \tag{2.164}$$

因此

$$K(\Delta) = \sum_{a \in \Sigma} E_{a,a} \otimes E_{a,a}. \tag{2.165}$$

类似于转置映射，Δ 的 Choi 表示刚好与它的自然表示相同. 这可以从

$$J(\Delta) = \sum_{a,b \in \Sigma} \Delta(E_{a,b}) \otimes E_{a,b} = \sum_{a \in \Sigma} E_{a,a} \otimes E_{a,a} \tag{2.166}$$

的计算中看出. 这个表达式与推论 2.27 一起证明了 Δ 确实是一个信道.

Δ 的 Kraus 表示的一个例子是

$$\Delta(X) = \sum_{a \in \Sigma} E_{a,a} X E_{a,a}^*, \tag{2.167}$$

而 Δ 的 Stinespring 表示的例子可以是

$$\Delta(X) = \mathrm{Tr}_{\mathcal{Z}}(AXA^*), \tag{2.168}$$

这里 $\mathcal{Z} = \mathbb{C}^{\Sigma}$ 并且

$$A = \sum_{a \in \Sigma}(e_a \otimes e_a)e_a^*. \tag{2.169}$$

2.2.3.5　关于经典寄存器的题外话

正如 2.1.2 节中所说, 寄存器的经典概率态可以与对角密度算子相对应. 在那一节中, 我们提到了经典寄存器, 但并没有完整地解释这一点. 现在我们既然已经介绍了信道 (特别是完全失相信道), 希望可以更准确地说明一下这个概念.

从数学的角度来说, 经典寄存器的定义方法与普通的 (量子) 寄存器并无不同. 但是, 根据所考虑的进程的性质, 经典寄存器是指在任何时刻都不会受到完全失相信道 Δ 作用的影响的寄存器. 经典寄存器的每一个态都必然是一个对应于概率态的对角密度算子, 因为这些算子不受信道 Δ 作用的影响. 另外, 经典寄存器与一个或多个其他寄存器之间存在的关系是受限的. 例如, 对于一个经典寄存器 X 与一个任意的寄存器 Y, 为了满足 X 是经典寄存器的要求, 复合寄存器 (X, Y) 的态只能是

$$\sum_{a \in \Sigma} p(a)E_{a,a} \otimes \rho_a, \tag{2.170}$$

这里 Σ 是 X 的经典态集合, $\{\rho_a : a \in \Sigma\} \subseteq \mathrm{D}(\mathcal{Y})$ 是 Y 的态的一个合集, 而 $p \in \mathcal{P}(\Sigma)$ 是一个概率向量. 这个形式的态一般称为经典–量子态. 在有些时候, 将态 (2.170) 与系综 $\eta : \Sigma \to \mathrm{Pos}(\mathcal{Y})$ 关联起来是自然且有帮助的, 这里 $\eta(a) = p(a)\rho_a$ 是定义在所有 $a \in \Sigma$ 上的.

2.2.4　极点信道

对于任选的复欧几里得空间 $\mathcal{X}$ 与 $\mathcal{Y}$, 信道的集合 $\mathrm{C}(\mathcal{X}, \mathcal{Y})$ 是紧且凸的 (根据命题 2.28). 定理 2.31 给出了这个集合的极点的特征. 接下来的引理可以用来证明这个定理.

引理 2.30　设 $A \in \mathrm{L}(\mathcal{Y}, \mathcal{X})$ 为复欧几里得空间 $\mathcal{X}$ 与 $\mathcal{Y}$ 上的算子, 则有

$$\{P \in \mathrm{Pos}(\mathcal{X}) : \mathrm{im}(P) \subseteq \mathrm{im}(A)\} = \{AQA^* : Q \in \mathrm{Pos}(\mathcal{Y})\}. \tag{2.171}$$

证明　对每一个 $Q \in \mathrm{Pos}(\mathcal{Y})$ 都有 AQA^* 是半正定的, 并且满足 $\mathrm{im}(AQA^*) \subseteq \mathrm{im}(A)$. 因此式 (2.171) 右边的集合被包含在左边的集合中.

对于反向包含，如果 $P \in \text{Pos}(\mathcal{X})$ 满足 $\text{im}(P) \subseteq \text{im}(A)$，通过设定

$$Q = A^+ P (A^+)^*, \tag{2.172}$$

这里 A^+ 代表 A 的 Moore-Penrose 伪逆，我们可以得到

$$AQA^* = (AA^+) P (AA^+)^* = \Pi_{\text{im}(A)} P \Pi_{\text{im}(A)} = P, \tag{2.173}$$

至此完成了证明. □

定理 2.31 (Choi) 设 $\mathcal{X}$ 与 $\mathcal{Y}$ 为复欧几里得空间，$\Phi \in \text{C}(\mathcal{X}, \mathcal{Y})$ 为信道，而 $\{A_a : a \in \Sigma\} \subset \text{L}(\mathcal{X}, \mathcal{Y})$ 为对所有 $X \in \text{L}(\mathcal{X})$ 满足

$$\Phi(X) = \sum_{a \in \Sigma} A_a X A_a^* \tag{2.174}$$

的线性无关的算子的集合. 当且仅当算子的合集

$$\{A_b^* A_a : (a, b) \in \Sigma \times \Sigma\} \subset \text{L}(\mathcal{X}) \tag{2.175}$$

线性无关时, 信道 Φ 是集合 $\text{C}(\mathcal{X}, \mathcal{Y})$ 的极点.

证明 设 $\mathcal{Z} = \mathbb{C}^{\Sigma}$, 定义算子 $M \in \text{L}(\mathcal{Z}, \mathcal{Y} \otimes \mathcal{X})$ 为

$$M = \sum_{a \in \Sigma} \text{vec}(A_a) e_a^*, \tag{2.176}$$

我们可以看到

$$MM^* = \sum_{a \in \Sigma} \text{vec}(A_a) \text{vec}(A_a)^* = J(\Phi). \tag{2.177}$$

因为 $\{A_a : a \in \Sigma\}$ 是一些线性无关的算子, 所以必然有 $\ker(M) = \{0\}$.

首先假设 Φ 不是 $\text{C}(\mathcal{X}, \mathcal{Y})$ 的极点. 则存在信道 $\Psi_0, \Psi_1 \in \text{C}(\mathcal{X}, \mathcal{Y})$, 满足 $\Psi_0 \neq \Psi_1$, 并且存在一个标量 $\lambda \in (0, 1)$, 使得

$$\Phi = \lambda \Psi_0 + (1 - \lambda) \Psi_1. \tag{2.178}$$

设 $P = J(\Phi)$, $Q_0 = J(\Psi_0)$, 并且 $Q_1 = J(\Psi_1)$, 则

$$P = \lambda Q_0 + (1 - \lambda) Q_1. \tag{2.179}$$

由于 Φ、Ψ_0 与 Ψ_1 都是信道, 所以算子 $P, Q_0, Q_1 \in \text{Pos}(\mathcal{Y} \otimes \mathcal{X})$ 都是半正定的, 并且满足

$$\text{Tr}_{\mathcal{Y}}(P) = \text{Tr}_{\mathcal{Y}}(Q_0) = \text{Tr}_{\mathcal{Y}}(Q_1) = \mathbb{1}_{\mathcal{X}}, \tag{2.180}$$

这源于推论 2.27.

由于 λ 是正的, 并且算子 Q_0 与 Q_1 都是半正定的, 所以由式 (2.179) 可以推出

$$\text{im}(Q_0) \subseteq \text{im}(P) = \text{im}(M). \tag{2.181}$$

根据引理 2.30，存在一个半正定算子 $R_0 \in \mathrm{Pos}(\mathcal{Z})$ 使得 $Q_0 = MR_0M^*$. 通过类似的论证可知，存在半正定算子 $R_1 \in \mathrm{Pos}(\mathcal{Z})$ 使得 $Q_1 = MR_1M^*$.

设 $H = R_0 - R_1$，我们可以发现

$$0 = \mathrm{Tr}_{\mathcal{Y}}(Q_0) - \mathrm{Tr}_{\mathcal{Y}}(Q_1) = \mathrm{Tr}_{\mathcal{Y}}(MHM^*) = \sum_{a,b \in \Sigma} H(a,b)\left(A_b^* A_a\right)^{\mathsf{T}}, \tag{2.182}$$

因此

$$\sum_{a,b \in \Sigma} H(a,b) A_b^* A_a = 0. \tag{2.183}$$

因为由 $\Psi_0 \neq \Psi_1$ 有 $Q_0 \neq Q_1$，所以 $R_0 \neq R_1$，并且 $H \neq 0$. 因此可以证明 $\{A_b^* A_a : (a,b) \in \Sigma \times \Sigma\}$ 是一些线性无关算子的合集.

对于某选定的非零算子 $Z \in \mathrm{L}(\mathcal{Z})$，现在我们假设集合 (2.175) 是线性相关的：

$$\sum_{a,b \in \Sigma} Z(a,b) A_b^* A_a = 0. \tag{2.184}$$

通过对等式两边取伴随矩阵，我们可以得到

$$\sum_{a,b \in \Sigma} Z^*(a,b) A_b^* A_a = 0, \tag{2.185}$$

由此可知

$$\sum_{a,b \in \Sigma} H(a,b) A_b^* A_a = 0 \tag{2.186}$$

对于两个 Hermite 算子

$$H = \frac{Z + Z^*}{2} \quad \text{与} \quad H = \frac{Z - Z^*}{2\mathrm{i}} \tag{2.187}$$

都成立. 这两个算子中至少有一个是非零算子，因此可以推出式 (2.186) 必然对某非零 Hermite 算子 H 成立. 设选定的 H 不变，然后假设 $\|H\| = 1$ (这并不会失去一般性，因为即使 H 被替换成 $H/\|H\|$，式 (2.186) 也一样成立).

设 $\Psi_0, \Psi_1 \in \mathrm{T}(\mathcal{X}, \mathcal{Y})$ 为由如下等式定义的映射：

$$J(\Psi_0) = M(\mathbb{1} + H)M^* \quad \text{和} \quad J(\Psi_1) = M(\mathbb{1} - H)M^*. \tag{2.188}$$

因为 H 是 Hermite 的，并且满足 $\|H\| = 1$，所以我们有算子 $\mathbb{1} + H$ 与 $\mathbb{1} - H$ 都是半正定的. 因此算子 $M(\mathbb{1} + H)M^*$ 与 $M(\mathbb{1} - H)M^*$ 也都是半正定的. 由定理 2.22 可以得出 Ψ_0 与 Ψ_1 都是全正的. 因而

$$\begin{aligned} \mathrm{Tr}_{\mathcal{Y}}(MHM^*) &= \sum_{a,b \in \Sigma} H(a,b)\left(A_b^* A_a\right)^{\mathsf{T}} \\ &= \left(\sum_{a,b \in \Sigma} H(a,b) A_b^* A_a\right)^{\mathsf{T}} = 0 \end{aligned} \tag{2.189}$$

成立, 进而如下两式成立:

$$\text{Tr}_{\mathcal{Y}}\left(J(\Psi_0)\right) = \text{Tr}_{\mathcal{Y}}\left(MM^*\right) + \text{Tr}_{\mathcal{Y}}\left(MHM^*\right) = \text{Tr}_{\mathcal{Y}}(J(\Phi)) = \mathbb{1}_{\mathcal{X}},$$
$$\text{Tr}_{\mathcal{Y}}\left(J(\Psi_1)\right) = \text{Tr}_{\mathcal{Y}}\left(MM^*\right) - \text{Tr}_{\mathcal{Y}}\left(MHM^*\right) = \text{Tr}_{\mathcal{Y}}(J(\Phi)) = \mathbb{1}_{\mathcal{X}}. \tag{2.190}$$

根据定理 2.26, 可以得到 Ψ_0 与 Ψ_1 都是保迹的, 因此它们都是信道.

最后, 鉴于 $H \neq 0$ 与 $\ker(M) = \{0\}$, 则有 $J(\Psi_0) \neq J(\Psi_1)$, 因而 $\Psi_0 \neq \Psi_1$. 由于

$$\frac{1}{2}J(\Psi_0) + \frac{1}{2}J(\Psi_1) = MM^* = J(\Phi), \tag{2.191}$$

我们可知

$$\Phi = \frac{1}{2}\Psi_0 + \frac{1}{2}\Psi_1, \tag{2.192}$$

这说明 Φ 不是 $\text{C}(\mathcal{X}, \mathcal{Y})$ 的极点. □

例 2.32　设 $\mathcal{X}$ 与 $\mathcal{Y}$ 为复欧几里得空间, 并且 $\dim(\mathcal{X}) \leqslant \dim(\mathcal{Y})$, 令 $A \in \text{U}(\mathcal{X}, \mathcal{Y})$ 为等距算子, 定义等距信道 $\Phi \in \text{C}(\mathcal{X}, \mathcal{Y})$ 为对所有 $X \in \text{L}(\mathcal{X})$ 有

$$\Phi(X) = AXA^*. \tag{2.193}$$

集合 $\{A^*A\}$ 包含唯一非零算子, 因此是线性无关的. 由定理 2.31 得知, Φ 是集合 $\text{C}(\mathcal{X}, \mathcal{Y})$ 的极点. □

例 2.33　设 $\Sigma = \{0, 1\}$ 代表二元字母表, $\mathcal{X} = \mathbb{C}^\Sigma$ 且 $\mathcal{Y} = \mathbb{C}^{\Sigma \times \Sigma}$. 另外, 定义算子 $A_0, A_1 \in \text{L}(\mathcal{X}, \mathcal{Y})$ 如下:

$$A_0 = \frac{1}{\sqrt{6}}\left(2E_{00,0} + E_{01,1} + E_{10,1}\right),$$
$$A_1 = \frac{1}{\sqrt{6}}\left(2E_{11,1} + E_{01,0} + E_{10,0}\right). \tag{2.194}$$

(为了更清晰, 我们将 $(a, b) \in \Sigma \times \Sigma$ 形式的元素写成 ab.) 若用矩阵来表示 (相对 Σ 与 $\Sigma \times \Sigma$ 的自然顺序), 则这些算子可以写成

$$A_0 = \frac{1}{\sqrt{6}} \begin{pmatrix} 2 & 0 \\ 0 & 1 \\ 0 & 1 \\ 0 & 0 \end{pmatrix} \quad \text{与} \quad A_1 = \frac{1}{\sqrt{6}} \begin{pmatrix} 0 & 0 \\ 1 & 0 \\ 1 & 0 \\ 0 & 2 \end{pmatrix}. \tag{2.195}$$

现在, 将信道 $\Phi \in \text{C}(\mathcal{X}, \mathcal{Y})$ 定义为对所有 $X \in \text{L}(\mathcal{X})$ 有

$$\Phi(X) = A_0 X A_0^* + A_1 X A_1^*. \tag{2.196}$$

则下式成立:

$$A_0^* A_0 = \frac{1}{3}\begin{pmatrix} 2 & 0 \\ 0 & 1 \end{pmatrix}, \qquad A_0^* A_1 = \frac{1}{3}\begin{pmatrix} 0 & 0 \\ 1 & 0 \end{pmatrix},$$

$$A_1^* A_0 = \frac{1}{3}\begin{pmatrix} 0 & 1 \\ 0 & 0 \end{pmatrix}, \qquad A_1^* A_1 = \frac{1}{3}\begin{pmatrix} 1 & 0 \\ 0 & 2 \end{pmatrix}. \tag{2.197}$$

集合

$$\{A_0^* A_0, A_0^* A_1, A_1^* A_0, A_1^* A_1\} \tag{2.198}$$

是线性无关的, 因此由定理 2.31 可以推出 Φ 是 $\mathrm{C}(\mathcal{X}, \mathcal{Y})$ 的极点. □

2.3 测量

测量提供了一种从量子态中获得经典信息的机制. 这一节将会对测量以及与测量相关的概念做出定义, 并且提供这个概念的基本数学框架.

2.3.1 测量的两种定义

当一个假想的观察者测量一个寄存器时, 这个观察者可以得到一个经典的测量结果 (例如, 与寄存器的态的描述相反). 一般而言, 这个测量结果是随机产生的. 它取决于由测量所定义的概率分布以及刚好在测量前的时刻的寄存器的态. 由此, 测量可以让我们为量子态的密度矩阵的描述赋予意义, 至少密度矩阵确定了每一个可能的测量中不同经典结果出现的概率.

测量可以用两种不同但等价的数学语言定义. 我们会在本节讨论这两种方式以及它们的等价性.

2.3.1.1 由测量算子定义的测量

下列的定义代表了本书讨论的第一种形式的测量. 本书中测量这个术语的精确数学意义将与这个定义保持一致.

定义 2.34 测量是如下形式的函数:

$$\mu : \Sigma \to \mathrm{Pos}(\mathcal{X}), \tag{2.199}$$

这里的字母表 Σ 与复欧几里得空间 $\mathcal{X}$ 满足限制

$$\sum_{a \in \Sigma} \mu(a) = \mathbb{1}_{\mathcal{X}}. \tag{2.200}$$

集合 Σ 便是该测量的测量结果的集合, 而每个算子 $\mu(a)$ 都是关于结果 $a \in \Sigma$ 的测量算子.

当测量 μ 作用在一个给定的寄存器 X 上时, 我们必须假设对于某个字母表 Σ 与关于 X 的复欧几里得空间 $\mathcal{X}$, μ 有着式 (2.199) 的形式. 当这样的测量起作用的时候, 会发生两件事情. 假设 X 在测量前即刻的态是 $\rho \in \mathrm{D}(\mathcal{X})$:

1. 随机选择 Σ 的一个元素. 这个随机选择的概率分布是由定义为对每个 $a \in \Sigma$ 都满足

$$p(a) = \langle \mu(a), \rho \rangle \tag{2.201}$$

的概率向量 $p \in \mathcal{P}(\Sigma)$ 描述的.

2. 寄存器 X 不再存在, 即其不再有一个可以定义的态并且不会在之后的计算中被考虑到.

从第一项可以看到，关于给定测量结果的概率与测量的态是线性相关的. 另外可以看到，由式 (2.201) 定义的概率向量 $p \in \mathcal{P}(\Sigma)$ 确实是一个概率向量: 由于 ρ 与 $\mu(a)$ 都是半正定的，所以它们的内积 $\langle \mu(a), \rho \rangle$ 是非负的，并且把这些值加起来可以得到

$$\sum_{a \in \Sigma} p(a) = \sum_{a \in \Sigma} \langle \mu(a), \rho \rangle = \langle \mathbb{1}_{\mathcal{X}}, \rho \rangle = \mathrm{Tr}(\rho) = 1. \tag{2.202}$$

寄存器在被测量后就不复存在的假设在量子信息论中并不是通用的——在另一种定义中，寄存器在被测量后的态是确定的，这时就不需要此要求了. 这种不同的测量在本书中称为非破坏测量. 我们将在 2.3.2.5 节中详细讨论这类测量. 事实上，非破坏测量可以表示为 (如上的) 普通测量与信道的结合. 由于这个原因，我们假设寄存器在被测量后会消失，并不会损失一般性.

有时用测量算子的合集刻画一个测量会比较方便，我们可以把测量结果的集合作为这个合集的索引. 特别地，当说一个测量对应着合集

$$\{P_a : a \in \Sigma\} \subset \mathrm{Pos}(\mathcal{X}) \tag{2.203}$$

的时候，我们应该明白，我们说的测量是 $\mu : \Sigma \to \mathrm{Pos}(\mathcal{X})$，这里对每一个 $a \in \Sigma$，都有 $\mu(a) = P_a$.

2.3.1.2　作为信道的测量

测量的第二种定义本质上将测量描述为一个将输出储存至经典寄存器的一个信道. 这个定义与第一种定义是等价的. 下面对量子-经典信道的定义精确地表达了这个概念.

定义 2.35　对于复欧几里得空间 $\mathcal{X}$ 和 $\mathcal{Y}$，设 $\Phi \in \mathrm{C}(\mathcal{X}, \mathcal{Y})$ 为一个信道. 则 Φ 是一个量子-经典信道，如果

$$\Phi = \Delta \Phi, \tag{2.204}$$

这里 $\Delta \in \mathrm{C}(\mathcal{Y})$ 表示定义在空间 $\mathcal{Y}$ 上的完全失相信道

信道 $\Phi \in \mathrm{C}(\mathcal{X}, \mathcal{Y})$ 是量子-经典信道的等价条件为对每一个 $\rho \in \mathrm{D}(\mathcal{X})$，$\Phi(\rho)$ 都是对角密度算子. 下面这个简单的命题表明这个条件为真.

命题 2.36　对于复欧几里得空间 $\mathcal{X}$ 与 $\mathcal{Y}$，设 $\Phi \in \mathrm{C}(\mathcal{X}, \mathcal{Y})$ 为一个信道. 当且仅当对每一个 $\rho \in \mathrm{D}(\mathcal{X})$，$\Phi(\rho)$ 都是对角密度算子时，Φ 是量子-经典信道.

证明　如果 Φ 是量子-经典信道，则

$$\Phi(\rho) = \Delta(\Phi(\rho)), \tag{2.205}$$

因此对于所有密度算子 $\rho \in \mathrm{D}(\mathcal{X})$，$\Phi(\rho)$ 都是对角的.

反过来，如果 $\Phi(\rho)$ 是对角的，则 $\Phi(\rho) = \Delta(\Phi(\rho))$，因此对于每一个 $\rho \in \mathrm{D}(\mathcal{X})$ 都有

$$(\Phi - \Delta \Phi)(\rho) = 0. \tag{2.206}$$

由于密度算子 $D(\mathcal{X})$ 张成整个 $L(\mathcal{X})$，我们可以得到 $\Phi = \Delta\Phi$，并且因此可知 Φ 是量子-经典信道.   □

下一个定理揭示了量子-经典信道与测量的等价关系. 本质上，$\Phi \in C(\mathcal{X}, \mathcal{Y})$ 形式的量子-经典信道精确地表示了可以被当作对寄存器 X 的测量的信道. 即进行测量 $\mu : \Sigma \to \mathrm{Pos}(\mathcal{X})$，然后将结果储存到带有经典态集合 Σ 的寄存器 Y 上.

定理 2.37   *设 $\mathcal{X}$ 为复欧几里得空间，Σ 为字母表，而 $\mathcal{Y} = \mathbb{C}^\Sigma$. 下列两个互补的事实成立：*

1. *对每一个量子-经典信道 $\Phi \in C(\mathcal{X}, \mathcal{Y})$，存在一个唯一的测量 $\mu : \Sigma \to \mathrm{Pos}(\mathcal{X})$ 使得对所有 $X \in L(\mathcal{X})$，*

$$\Phi(X) = \sum_{a \in \Sigma} \langle \mu(a), X \rangle E_{a,a} \tag{2.207}$$

   都成立.

2. *对每一个测量 $\mu : \Sigma \to \mathrm{Pos}(\mathcal{X})$，由式 (2.207) 定义的、对所有 $X \in L(\mathcal{X})$ 都成立的映射 $\Phi \in T(\mathcal{X}, \mathcal{Y})$ 是一个量子-经典信道.*

证明   首先假设 $\Phi \in C(\mathcal{X}, \mathcal{Y})$ 是一个量子-经典信道. 因此对所有 $X \in L(\mathcal{X})$，

$$\Phi(X) = \Delta(\Phi(X)) = \sum_{a \in \Sigma} \langle E_{a,a}, \Phi(X) \rangle E_{a,a} = \sum_{a \in \Sigma} \langle \Phi^*(E_{a,a}), X \rangle E_{a,a} \tag{2.208}$$

都成立. 将函数 $\mu : \Sigma \to L(\mathcal{X})$ 定义为对每一个 $a \in \Sigma$ 都满足

$$\mu(a) = \Phi^*(E_{a,a}). \tag{2.209}$$

由于 Φ 是正的，所以 Φ^* 也是正的 (根据命题 2.18)，因此可知对每一个 $a \in \Sigma$ 都有 $\mu(a) \in \mathrm{Pos}(\mathcal{X})$. 另外，由于 Φ 是保迹的，则 Φ^* 是保幺映射 (根据定理 2.26)，因此我们有

$$\sum_{a \in \Sigma} \mu(a) = \sum_{a \in \Sigma} \Phi^*(E_{a,a}) = \Phi^*(\mathbb{1}_{\mathcal{Y}}) = \mathbb{1}_{\mathcal{X}}. \tag{2.210}$$

由上可知，既然对所有的 $X \in L(\mathcal{X})$，式 (2.207) 都成立，则 μ 是一个测量.

为了证明对于所有 $X \in L(\mathcal{X})$ 满足式 (2.207) 的测量 μ 是唯一的，我们设 $\nu : \Sigma \to \mathrm{Pos}(\mathcal{X})$ 是对所有 $X \in L(\mathcal{X})$ 都满足

$$\Phi(X) = \sum_{a \in \Sigma} \langle \nu(a), X \rangle E_{a,a} \tag{2.211}$$

的任意测量. 我们可以得到，对所有 $X \in L(\mathcal{X})$ 都有

$$\sum_{a \in \Sigma} \langle \mu(a) - \nu(a), X \rangle E_{a,a} = 0. \tag{2.212}$$

这意味着对每一个 $a \in \Sigma$ 都有 $\nu(a) = \mu(a)$，即完成了对第一个事实的证明.

现在，我们假设 $\mu : \Sigma \to \mathrm{Pos}(\mathcal{X})$ 是一个测量，然后设 $\Phi \in T(\mathcal{X}, \mathcal{Y})$ 满足式 (2.207). 这个映射的 Choi 表示是

$$J(\Phi) = \sum_{a \in \Sigma} E_{a,a} \otimes \overline{\mu(a)}. \tag{2.213}$$

这是一个半正定算子，因此满足

$$\text{Tr}_{\mathcal{Y}}(J(\Phi)) = \sum_{a \in \Sigma} \overline{\mu(a)} = \overline{\mathbb{1}_{\mathcal{X}}} = \mathbb{1}_{\mathcal{X}}. \tag{2.214}$$

根据推论 2.27，Φ 是一个信道. 我们可以看到，对每一个 $\rho \in \text{D}(\mathcal{X})$，$\Phi(\rho)$ 都是对角的. 因此根据命题 2.36，Φ 是一个量子–经典信道. 至此我们完成了对第二个事实的证明. □

正如下一个命题所说，$\Phi \in \text{C}(\mathcal{X}, \mathcal{Y})$ 形式的量子–经典信道的集合是紧且凸的.

命题 2.38　设 $\mathcal{X}$ 与 $\mathcal{Y}$ 为复欧几里得空间. $\Phi \in \text{C}(\mathcal{X}, \mathcal{Y})$ 形式的量子–经典信道的集合是紧且凸的.

证明　首先我们可以看到，$\Phi \in \text{C}(\mathcal{X}, \mathcal{Y})$ 形式的量子–经典信道的集合可以由

$$\{\Delta \Psi : \Psi \in \text{C}(\mathcal{X}, \mathcal{Y})\} \tag{2.215}$$

给出，这里 $\Delta \in \text{C}(\mathcal{Y})$ 是定义在空间 $\mathcal{Y}$ 上的完全失相信道. 事实上，对每一个信道 $\Psi \in \text{C}(\mathcal{X}, \mathcal{Y})$ 而言，基于信道 Δ 是幂等的 (即 $\Delta\Delta = \Delta$) 的事实，可知 $\Delta\Psi$ 是一个量子–经典信道. 另一方面，根据定义，每一个量子–经典信道 Φ 都满足 $\Phi = \Delta\Phi$，因此可以用集合 (2.215) 表示它，这里 $\Psi = \Phi$.

根据命题 2.28，集合 $\text{C}(\mathcal{X}, \mathcal{Y})$ 是紧且凸的. 定义在 $\text{C}(\mathcal{X}, \mathcal{Y})$ 上的映射 $\Psi \mapsto \Delta\Psi$ 是连续的，因此它将 $\text{C}(\mathcal{X}, \mathcal{Y})$ 映射到一个紧且凸的集合上. $\text{C}(\mathcal{X}, \mathcal{Y})$ 相对这个映射的像正好就是集合 (2.215)，也就是与 $\Phi \in \text{C}(\mathcal{X}, \mathcal{Y})$ 形式的量子–经典信道的集合保持一致. 至此我们完成了证明. □

2.3.2　测量的基本概念

下面几个小节将介绍与测量相关的各种概念与事实.

2.3.2.1　乘积测量

假设 $\text{X} = (\text{Y}_1, \cdots, \text{Y}_n)$ 是一个复合寄存器. 我们可以考虑一些独立作用于寄存器 $\text{Y}_1, \cdots, \text{Y}_n$ 上的测量

$$\mu_1 : \Sigma_1 \to \text{Pos}(\mathcal{Y}_1)$$
$$\vdots \tag{2.216}$$
$$\mu_n : \Sigma_n \to \text{Pos}(\mathcal{Y}_n).$$

这个步骤可以看作一个单独作用在 X 上的测量

$$\mu : \Sigma_1 \times \cdots \times \Sigma_n \to \text{Pos}(\mathcal{X}). \tag{2.217}$$

这个测量被定义为对每一对 $(a_1, \cdots, a_n) \in \Sigma_1 \times \cdots \times \Sigma_n$ 都满足

$$\mu(a_1, \cdots, a_n) = \mu_1(a_1) \otimes \cdots \otimes \mu_n(a_n) \tag{2.218}$$

的测量. 这一类测量 μ 称为 X 上的乘积测量.

我们可以验证: 当一个乘积测量作用在乘积态上时, 每一个独立测量的测量结果都是独立分布的.

2.3.2.2 部分测量

假设 $X = (Y_1, \cdots, Y_n)$ 是一个复合寄存器, 而对于每一个选定的 $k \in \{1, \cdots, n\}$, 测量

$$\mu : \Sigma \to \text{Pos}(\mathcal{Y}_k) \tag{2.219}$$

都仅作用于寄存器 Y_k 上. 这样的测量不仅产生一个测量结果 $a \in \Sigma$, 而且可以决定寄存器在测量后的态

$$(Y_1, \cdots, Y_{k-1}, Y_{k+1}, \cdots, Y_n). \tag{2.220}$$

当然具体的态由测量的结果决定. 对于寄存器 X 上给定的态 $\rho \in \text{D}(\mathcal{X})$, 每一个测量结果出现的概率以及该结果对应的测量后寄存器的态 (2.220), 都可以通过对应于测量 μ 的量子–经典信道计算出来.

对于 $\mathcal{Z} = \mathbb{C}^\Sigma$, 将这个量子–经典信道记为 $\Phi \in \text{C}(\mathcal{Y}_k, \mathcal{Z})$, 使得对应每一个 $Y \in \text{L}(\mathcal{Y}_k)$ 都有

$$\Phi(Y) = \sum_{a \in \Sigma} \langle \mu(a), Y \rangle E_{a,a}. \tag{2.221}$$

考虑复合寄存器的态

$$(Z, Y_1, \cdots, Y_{k-1}, Y_{k+1}, \cdots, Y_n). \tag{2.222}$$

这个态是由先作用信道 Φ 到 Y_k, 然后作用一个置换而不改变寄存器的信道

$$(Y_1, \cdots, Y_{k-1}, Z, Y_{k+1}, \cdots, Y_n) \to (Z, Y_1, \cdots, Y_{k-1}, Y_{k+1}, \cdots, Y_n) \tag{2.223}$$

得到的. 这个寄存器的态 (2.222) 的结果可以确切地写成

$$\sum_{a \in \Sigma} E_{a,a} \otimes \text{Tr}_{\mathcal{Y}_k} \big((\mathbb{1}_{\mathcal{Y}_1 \otimes \cdots \otimes \mathcal{Y}_{k-1}} \otimes \mu(a) \otimes \mathbb{1}_{\mathcal{Y}_{k+1} \otimes \cdots \otimes \mathcal{Y}_n}) \rho \big). \tag{2.224}$$

态 (2.224) 是一个经典–量子态, 因而它自然地对应到一个系综

$$\eta : \Sigma \to \text{Pos}(\mathcal{Y}_1 \otimes \cdots \otimes \mathcal{Y}_{k-1} \otimes \mathcal{Y}_{k+1} \otimes \cdots \otimes \mathcal{Y}_n) \tag{2.225}$$

上, 这个系综定义为对每一个 $a \in \Sigma$ 都满足

$$\eta(a) = \text{Tr}_{\mathcal{Y}_k} \big((\mathbb{1}_{\mathcal{Y}_1 \otimes \cdots \otimes \mathcal{Y}_{k-1}} \otimes \mu(a) \otimes \mathbb{1}_{\mathcal{Y}_{k+1} \otimes \cdots \otimes \mathcal{Y}_n}) \rho \big). \tag{2.226}$$

这个系综描述了测量 μ 的测量结果的分布以及剩下的寄存器的态, 也即是对应每一个概率为

$$\text{Tr}(\eta(a)) = \langle \mu(a), \rho[Y_k] \rangle \tag{2.227}$$

的测量结果 $a \in \Sigma$, 假设结果 $a \in \Sigma$ 出现的概率是正的, $(\mathsf{Y}_1, \cdots, \mathsf{Y}_{k-1}, \mathsf{Y}_{k+1}, \cdots, \mathsf{Y}_n)$ 剩下的态变成

$$\frac{\eta(a)}{\mathrm{Tr}(\eta(a))} = \frac{\mathrm{Tr}_{\mathcal{Y}_k}\left((\mathbb{1}_{\mathcal{Y}_1 \otimes \cdots \otimes \mathcal{Y}_{k-1}} \otimes \mu(a) \otimes \mathbb{1}_{\mathcal{Y}_{k+1} \otimes \cdots \otimes \mathcal{Y}_n})\rho\right)}{\langle \mu(a), \rho[\mathsf{Y}_k] \rangle}. \tag{2.228}$$

例 2.39 设 Σ 为一个字母表, 而 Y 与 Z 为以 Σ 为经典态集合的寄存器, 使得 $\mathcal{Y} = \mathbb{C}^{\Sigma}$ 并且 $\mathcal{Z} = \mathbb{C}^{\Sigma}$. 定义态 $\tau \in \mathrm{D}(\mathcal{Y} \otimes \mathcal{Z})$ 为

$$\tau = \frac{1}{|\Sigma|} \sum_{b,c \in \Sigma} E_{b,c} \otimes E_{b,c}, \tag{2.229}$$

然后考虑一个任意的测量 $\mu : \Gamma \to \mathrm{Pos}(\mathcal{Y})$. 如果当寄存器对 (Y, Z) 处于态 τ 时将这个测量作用到 Y 上, 则结果 $a \in \Gamma$ 的出现概率为

$$p(a) = \langle \mu(a), \rho[\mathsf{Y}] \rangle = \frac{\mathrm{Tr}(\mu(a))}{|\Sigma|}. \tag{2.230}$$

当测量结果为 a 的事件发生时, Z 上的态变成

$$\frac{1}{p(a)} \mathrm{Tr}_{\mathcal{Y}}\left((\mu(a) \otimes \mathbb{1}_{\mathcal{Z}})\tau\right)$$
$$= \frac{|\Sigma|}{\mathrm{Tr}(\mu(a))} \frac{1}{|\Sigma|} \sum_{b,c \in \Sigma} \mathrm{Tr}(\mu(a)E_{b,c})E_{b,c} = \frac{\mu(a)^{\mathsf{T}}}{\mathrm{Tr}(\mu(a))}. \tag{2.231}$$

$\square$

2.3.2.3 投影测量与 Naimark 定理

当且仅当一个测量 $\mu : \Sigma \to \mathrm{Pos}(\mathcal{X})$ 对于每一个 $a \in \Sigma$ 都满足其每个测量算子是一个投影 $\mu(a) \in \mathrm{Proj}(\mathcal{X})$ 时, 它称为投影测量.

下面这个命题表明投影测量的测量算子必然是两两正交的, 并且因此必须投影到正交空间上. 因此对于 $\mu : \Sigma \to \mathrm{Pos}(\mathcal{X})$ 形式的投影测量, 使得 $\mu(a)$ 非零的 $a \in \Sigma$ 的不同值的数量不会超过 $\dim(\mathcal{X})$.

命题 2.40 设 Σ 为字母表, $\mathcal{X}$ 为复欧几里得空间, 而 $\mu : \Sigma \to \mathrm{Pos}(\mathcal{X})$ 为投影测量. 集合

$$\{\mu(a) : a \in \Sigma\} \tag{2.232}$$

是一个正交集合.

证明 由于 μ 是一个测量, 则有

$$\sum_{a \in \Sigma} \mu(a) = \mathbb{1}_{\mathcal{X}}, \tag{2.233}$$

因此它的和的平方必然是其本身:

$$\sum_{a,b \in \Sigma} \mu(a)\mu(b) = \left(\sum_{a \in \Sigma} \mu(a)\right)^2 = \sum_{a \in \Sigma} \mu(a). \tag{2.234}$$

因为每一个算子 $\mu(a)$ 都是投影算子，所以我们可以得到

$$\sum_{a,b\in\Sigma}\mu(a)\mu(b) = \sum_{a\in\Sigma}\mu(a) + \sum_{\substack{a,b\in\Sigma\\a\neq b}}\mu(a)\mu(b), \tag{2.235}$$

因此

$$\sum_{\substack{a,b\in\Sigma\\a\neq b}}\mu(a)\mu(b) = 0. \tag{2.236}$$

将等式两边同时取迹，可以得到

$$\sum_{\substack{a,b\in\Sigma\\a\neq b}}\langle\mu(a),\mu(b)\rangle = 0. \tag{2.237}$$

任意两个半正定算子的内积都是非负的，因此对于所有满足 $a\neq b$ 的 $a,b\in\Sigma$，都有 $\langle\mu(a),\mu(b)\rangle = 0$. 至此我们完成了证明. $\qquad\square$

对于复欧几里得空间 $\mathcal{X} = \mathbb{C}^\Sigma$ 上任意的规范正交基 $\{x_a : a\in\Sigma\}$，定义为对每一个 $a\in\Sigma$ 都满足

$$\mu(a) = x_a x_a^* \tag{2.238}$$

的测量 $\mu:\Sigma\to\mathrm{Pos}(\mathcal{X})$ 是投影测量的一个例子. 这一类测量可以更确切地称为**完全投影测量**. 这个测量通常也称为对应基 $\{x_a : a\in\Sigma\}$ 的测量.

例 2.41   设 Σ 为字母表，$\mathcal{X} = \mathbb{C}^\Sigma$. 基于 $\mathcal{X}$ 的标准基的测量是定义为对每一个 $a\in\Sigma$ 都满足

$$\mu(a) = E_{a,a} \tag{2.239}$$

的测量 $\mu:\Sigma\to\mathrm{Pos}(\mathcal{X})$. 对应给定的态 $\rho\in\mathrm{D}(\mathcal{X})$，该态在作用完测量 μ 后的每一个测量结果 $a\in\Sigma$ 对应的概率等于对应的对角元 $\rho(a,a)$. 另外，我们可以看到这个测量所对应的量子–经典信道是一个完全失相信道 $\Delta\in\mathrm{C}(\mathcal{X})$. $\qquad\square$

下面这个定理 (Naimark 定理) 确立了任意测量与投影测量的关联. 这个定理可以引出，任何测量都能被看作一个作用在复合寄存器上的投影测量，而原寄存器是这个复合寄存器的一个子寄存器.

定理 2.42 (Naimark 定理)   设 $\mathcal{X}$ 为复欧几里得空间，Σ 为字母表，$\mu:\Sigma\to\mathrm{Pos}(\mathcal{X})$ 为一个测量，而 $\mathcal{Y} = \mathbb{C}^\Sigma$. 存在一个等距算子 $A\in\mathrm{U}(\mathcal{X},\mathcal{X}\otimes\mathcal{Y})$ 使得对于每一个 $a\in\Sigma$ 都有

$$\mu(a) = A^*(\mathbb{1}_\mathcal{X}\otimes E_{a,a})A. \tag{2.240}$$

证明   将算子 $A\in\mathrm{L}(\mathcal{X},\mathcal{X}\otimes\mathcal{Y})$ 定义为

$$A = \sum_{a\in\Sigma}\sqrt{\mu(a)}\otimes e_a. \tag{2.241}$$

则有

$$A^*A = \sum_{a\in\Sigma} \mu(a) = \mathbb{1}_{\mathcal{X}}, \tag{2.242}$$

因此 A 是等距的. 对每一个 $a\in\Sigma$, 我们想要的式 (2.240) 都成立, 因而至此我们完成了证明. □

推论 2.43　设 $\mathcal{X}$ 为复欧几里得空间, Σ 为字母表, 而 $\mu:\Sigma\to\mathrm{Pos}(\mathcal{X})$ 为一个测量. 另外设 $\mathcal{Y}=\mathbb{C}^\Sigma$ 且 $u\in\mathcal{Y}$ 为单位向量. 则存在一个投影测量 $\nu:\Sigma\to\mathrm{Pos}(\mathcal{X}\otimes\mathcal{Y})$ 使得对每一个 $X\in\mathrm{L}(\mathcal{X})$ 都有

$$\langle\nu(a), X\otimes uu^*\rangle = \langle\mu(a), X\rangle. \tag{2.243}$$

证明　设 $A\in\mathrm{U}(\mathcal{X},\mathcal{X}\otimes\mathcal{Y})$ 为等距算子. 定理 2.42 保证了它的存在性. 选择酉算子 $U\in\mathrm{U}(\mathcal{X}\otimes\mathcal{Y})$ 使得

$$U(\mathbb{1}_{\mathcal{X}}\otimes u) = A \tag{2.244}$$

成立. 然后将 $\nu:\Sigma\to\mathrm{Pos}(\mathcal{X}\otimes\mathcal{Y})$ 定义为对每一个 $a\in\Sigma$ 都有

$$\nu(a) = U^*(\mathbb{1}_{\mathcal{X}}\otimes E_{a,a})U. \tag{2.245}$$

可知 ν 是一个投影测量, 并且如我们希望的那样, 对每一个 $a\in\Sigma$ 都有

$$\begin{aligned}\langle\nu(a), X\otimes uu^*\rangle &= \langle(\mathbb{1}_{\mathcal{X}}\otimes u^*)U^*(\mathbb{1}_{\mathcal{X}}\otimes E_{a,a})U(\mathbb{1}_{\mathcal{X}}\otimes u), X\rangle\\ &= \langle A^*(\mathbb{1}_{\mathcal{X}}\otimes E_{a,a})A, X\rangle = \langle\mu(a), X\rangle.\end{aligned} \tag{2.246}$$

□

2.3.2.4　信息完备测量

寄存器的态是由它们生成的测量的统计性质唯一决定的. 更精确地说, 给定寄存器上每一个测量的结果的概率已经足够给出对该寄存器的态的描述. 事实上, 有时我们可以给出一个更有力的声明: 存在某些测量, 它们可以通过单独产生的测量统计唯一地确定寄存器的每一个可能的态. 这些测量称为**信息完备测量**, 其特征是测量算子可以张成它们所在的整个算子空间.

更明确地说, 当一个作用在复欧几里得空间 $\mathcal{X}$ 上的测量 $\mu:\Sigma\to\mathrm{Pos}(\mathcal{X})$ 满足

$$\mathrm{span}\{\mu(a):a\in\Sigma\} = \mathrm{L}(\mathcal{X}) \tag{2.247}$$

时, 它称为**信息完备测量**. 对于任意这样的测量, 以及任选的 $\rho\in\mathrm{D}(\mathcal{X})$, 我们可以得到, 由 $p(a)=\langle\mu(a),\rho\rangle$ 定义的概率向量 $p\in\mathcal{P}(\Sigma)$ 唯一地决定了态 ρ. 这个事实来自下面这个命题.

命题 2.44　设 Σ 为字母表, $\mathcal{X}$ 为复欧几里得空间, $\{A_a:a\in\Sigma\}\subset\mathrm{L}(\mathcal{X})$ 为一些满足

$$\mathrm{span}\{A_a:a\in\Sigma\} = \mathrm{L}(\mathcal{X}) \tag{2.248}$$

的算子. 对每个 $X \in L(\mathcal{X})$ 与 $a \in \Sigma$, 都满足

$$(\phi(X))(a) = \langle A_a, X \rangle \tag{2.249}$$

的映射 $\phi : L(\mathcal{X}) \to \mathbb{C}^\Sigma$ 是一个单射.

证明　设 $X, Y \in L(\mathcal{X})$ 满足 $\phi(X) = \phi(Y)$, 使得对每一个 $a \in \Sigma$ 都有

$$\langle A_a, X - Y \rangle = 0. \tag{2.250}$$

由于 $\{A_a : a \in \Sigma\}$ 张成 $L(\mathcal{X})$, 根据内积的共轭线性可知对所有 $Z \in L(\mathcal{X})$ 都有

$$\langle Z, X - Y \rangle = 0, \tag{2.251}$$

因此 $X - Y = 0$, 由此完成了证明. □

下面这个例子提供了一个在任选的复欧几里得空间上构造信息完备测量的方法.

例 2.45　设 Σ 为字母表, $\mathcal{X} = \mathbb{C}^\Sigma$, 而

$$\{\rho_{a,b} : (a, b) \in \Sigma \times \Sigma\} \subseteq D(\mathcal{X}) \tag{2.252}$$

为可以张成所有 $L(\mathcal{X})$ 的密度算子的合集. 例 2.7 构造了一种这样的集合. 我们再定义

$$Q = \sum_{(a,b) \in \Sigma \times \Sigma} \rho_{a,b}, \tag{2.253}$$

我们可以看到 Q 是半正定的; 如果不是, 则会存在一个非零向量 $u \in \mathcal{X}$ 对每一对 $(a, b) \in \Sigma \times \Sigma$ 都满足 $\langle \rho_{a,b}, uu^* \rangle = 0$. 这与命题 2.44 相矛盾. 可以验证, 定义为对每一个 $(a, b) \in \Sigma \times \Sigma$ 都满足

$$\mu(a, b) = Q^{-\frac{1}{2}} \rho_{a,b} Q^{-\frac{1}{2}} \tag{2.254}$$

的函数 $\mu : \Sigma \times \Sigma \to \text{Pos}(\mathcal{X})$ 是一个信息完备测量. □

2.3.2.5　非破坏性测量与仪器

在有些情况下, 考虑测量的另一种定义会更方便. 在这种定义下, 测量不再破坏寄存器. 相反, 一个被测量的寄存器会进入一个由初态与得到的测量结果共同决定的态中. 更一般地, 我们可以认为测量过程将被测量的寄存器转换成另一个寄存器.

在这类定义中, 经常被其他作者当作测量定义的一个例子是由如下过程的合集所描述的:

$$\{M_a : a \in \Sigma\} \subset L(\mathcal{X}), \tag{2.255}$$

这里 Σ 是测量结果的字母表, $\mathcal{X}$ 是对应被测量寄存器的复欧几里得空间, 使得

$$\sum_{a \in \Sigma} M_a^* M_a = \mathbb{1}_{\mathcal{X}} \tag{2.256}$$

成立. 当这种形式的测量作用到处于态 $\rho \in D(\mathcal{X})$ 的寄存器 X 上时, 将会发生两件事:

1. Σ 中的一个元素会被随机选出. 得到每一个结果 $a \in \Sigma$ 的概率是 $\langle M_a^* M_a, \rho \rangle$.

2. 当结果 $a \in \Sigma$ 被选出后, 寄存器 X 的态变成

$$\frac{M_a \rho M_a^*}{\langle M_a^* M_a, \rho \rangle}. \tag{2.257}$$

在本书中, 这类测量将称为非破坏性测量.

一个更一般化的测量概念将由如下合集描述:

$$\{\Phi_a : a \in \Sigma\} \subset \mathrm{CP}(\mathcal{X}, \mathcal{Y}), \tag{2.258}$$

这里 Σ 是测量结果的字母表, $\mathcal{X}$ 是对应被测量寄存器的复欧几里得空间, 而 $\mathcal{Y}$ 是任意的复欧几里得空间. 在这种情况下, 这些映射的和必须构成一个信道:

$$\sum_{a \in \Sigma} \Phi_a \in \mathrm{C}(\mathcal{X}, \mathcal{Y}). \tag{2.259}$$

当这类测量作用到处于态 $\rho \in \mathrm{D}(\mathcal{X})$ 的寄存器 X 上时, 会发生两件事:

1. Σ 中的一个元素会被随机选出. 得到每一个结果 $a \in \Sigma$ 的概率是 $\mathrm{Tr}(\Phi_a(\rho))$.

2. 当测量结果 $a \in \Sigma$ 被选出后, 寄存器 X 被转换为处于态

$$\frac{\Phi_a(\rho)}{\mathrm{Tr}(\Phi_a(\rho))} \tag{2.260}$$

的寄存器 Y.

通过这种方法推广得到的测量的概念称为仪器 (或者量子仪器). 式 (2.255) 形式的非破坏性测量可以用式 (2.258) 形式的仪器表示. 这个表示定义为, 对每一个 $a \in \Sigma$,

$$\Phi_a(X) = M_a X M_a^*. \tag{2.261}$$

可以表示为仪器的过程, 包括非破坏性测量, 也可以用信道与 (普通的) 测量的结合来表示. 特别地, 对于式 (2.258) 形式的给定仪器, 我们可以考虑一个 (经典) 寄存器 Z 及其对应的经典态集合 Σ, 然后定义信道 $\Phi \in \mathrm{C}(\mathcal{X}, \mathcal{Z} \otimes \mathcal{Y})$ 为对任意 $X \in \mathrm{L}(\mathcal{X})$ 都满足

$$\Phi(X) = \sum_{a \in \Sigma} E_{a,a} \otimes \Phi_a(X). \tag{2.262}$$

Φ 确实是一个信道, 因为我们在考虑一个仪器时, 必须在式 (2.258) 形式的函数上加上一些限制: 由映射合集 $\{\Phi_a : a \in \Sigma\}$ 的全正性可以推出 Φ 是全正的, 而由条件 (2.259) 可以推出 Φ 是保迹的.

现在, 如果这样的信道 Φ 作用在寄存器 X 上, 然后在寄存器 Z 上作用一个基于 $\mathcal{Z}$ 的标准基的测量, 那么正如前面所说, 这个测量结果的分布, 以及每一个可能的结果对应的寄存器 Y 上的态, 与仪器 (2.258) 对应的过程一一对应.

2.3.3 极点测量与系综

测量与系综可以相对直接地当作凸集中的元素. 我们将在下面介绍这些集合的极点的特征.

2.3.3.1 测量的凸组合

对于复欧几里得空间 $\mathcal{X}$ 与字母表 Σ，我们可以用如下方法得到 $\mu : \Sigma \to \mathrm{Pos}(\mathcal{X})$ 形式的测量的凸组合. 对于字母表 Γ、概率向量 $p \in \mathcal{P}(\Gamma)$，以及对于每个 $b \in \Gamma$ 的 $\mu_b : \Sigma \to \mathrm{Pos}(\mathcal{X})$ 形式的测量的一个合集 $\{\mu_b : b \in \Gamma\}$，我们定义测量

$$\mu = \sum_{b \in \Gamma} p(b)\mu_b \tag{2.263}$$

使得对所有 $a \in \Sigma$ 都有

$$\mu(a) = \sum_{b \in \Gamma} p(b)\mu_b(a). \tag{2.264}$$

这样给出的测量的凸组合等价于将所有 $\theta : \Sigma \to \mathrm{Herm}(\mathcal{X})$ 形式的函数的集合直接当作实数上的向量空间，然后取其凸组合.

通过将每个测量 $\mu : \Sigma \to \mathrm{Pos}(\mathcal{X})$ 与其量子–经典信道

$$\Phi_\mu(X) = \sum_{a \in \Sigma} \langle \mu(a), X \rangle E_{a,a} \tag{2.265}$$

一一对应，我们可以得到上述概念的一个等价描述. 这样，测量的凸组合就与其相关信道的一般凸组合对应起来.

由凸组合 (2.263) 描述的测量可以被看作如下过程的一个等价形式：根据概率向量 p 选择 $b \in \Gamma$，然后根据选择的符号 $b \in \Gamma$ 作用测量 μ_b. 测量 μ_b 的结果将作为新测量的输出，而符号 $b \in \Gamma$ 将被舍弃.

2.3.3.2 极点测量

正如命题 2.38 所说，所有量子–经典信道的集合是紧且凸的. 如果一个测量所对应的量子–经典信道是这个集合的极点，则这样的测量称为**极点测量**. 下列声明给出了这种情况更具体的定义. 而接下来的定理揭示了极点信道的一个性质.

定义 2.46 设 Σ 为字母表，$\mathcal{X}$ 为复欧几里得空间. 如果对于所有满足 $\mu = \lambda\mu_0 + (1-\lambda)\mu_1$ 的测量 $\mu_0, \mu_1 : \Sigma \to \mathrm{Pos}(\mathcal{X})$（这里的实数 $\lambda \in (0,1)$），都有 $\mu_0 = \mu_1$，则测量 $\mu : \Sigma \to \mathrm{Pos}(\mathcal{X})$ 是一个**极点测量**.

定理 2.47 设 $\mathcal{X}$ 为复欧几里得空间，Σ 为字母表，而 $\mu : \Sigma \to \mathrm{Pos}(\mathcal{X})$ 为一个测量. 当且仅当每一个函数 $\theta : \Sigma \to \mathrm{Herm}(\mathcal{X})$，如果对所有 $a \in \Sigma$ 都满足

$$\sum_{a \in \Sigma} \theta(a) = 0 \tag{2.266}$$

且 $\mathrm{im}(\theta(a)) \subseteq \mathrm{im}(\mu(a))$，则 θ 恒等于零（即对于所有 $a \in \Sigma$，$\theta(a) = 0$）时，μ 为一个极点测量.

证明 这里我们用逆反命题来证明这个定理. 首先假设 μ 不是极点测量，则存在不同的测量 $\mu_0, \mu_1 : \Sigma \to \mathrm{Pos}(\mathcal{X})$ 与标量 $\lambda \in (0,1)$ 使得

$$\mu = \lambda\mu_0 + (1 - \lambda)\mu_1. \tag{2.267}$$

在这种情况下，存在不同的测量 $\nu_0, \nu_1 : \Sigma \to \mathrm{Pos}(\mathcal{X})$ 使得

$$\mu = \frac{\nu_0 + \nu_1}{2}. \tag{2.268}$$

特别地，我们可以设

$$\begin{aligned}
\nu_0 &= 2\lambda\mu_0 + (1 - 2\lambda)\mu_1 \quad \text{且} \quad \nu_1 = \mu_1, \qquad \lambda \leqslant 1/2; \\
\nu_0 &= \mu_0 \quad \text{且} \quad \nu_1 = (2\lambda - 1)\mu_0 + (2 - 2\lambda)\mu_1, \quad \lambda \geqslant 1/2.
\end{aligned} \tag{2.269}$$

定义 $\theta : \Sigma \to \mathrm{Herm}(\mathcal{X})$ 使得对每一个 $a \in \Sigma$ 都有 $\theta(a) = \nu_0(a) - \nu_1(a)$. 则

$$\sum_{a \in \Sigma} \theta(a) = \sum_{a \in \Sigma} \nu_0(a) - \sum_{a \in \Sigma} \nu_1(a) = \mathbb{1}_{\mathcal{X}} - \mathbb{1}_{\mathcal{X}} = 0. \tag{2.270}$$

另外，对于每一个 $a \in \Sigma$,

$$\mathrm{im}(\theta(a)) \subseteq \mathrm{im}(\nu_0(a)) + \mathrm{im}(\nu_1(a)) = \mathrm{im}(\mu(a)). \tag{2.271}$$

其中的等号来源于如下事实：$\nu_0(a)$ 与 $\nu_1(a)$ 是半正定的，且 $\mu(a) = (\nu_0(a) + \nu_1(a))/2$. 最后，由于 ν_0 与 ν_1 是不同的，所以 θ 不可能恒等于零.

现在假设函数 $\theta : \Sigma \to \mathrm{Herm}(\mathcal{X})$ 不恒等于零，并且对所有 $a \in \Sigma$ 都满足

$$\sum_{a \in \Sigma} \theta(a) = 0 \tag{2.272}$$

并且 $\mathrm{im}(\theta(a)) \subseteq \mathrm{im}(\mu(a))$. 对每一个 $a \in \Sigma$，必然存在一个正实数 $\varepsilon_a > 0$ 使得

$$\mu(a) + \varepsilon_a\theta(a) \geqslant 0 \quad \text{且} \quad \mu(a) - \varepsilon_a\theta(a) \geqslant 0. \tag{2.273}$$

这是由于 $\mu(a)$ 是半正定的，且 $\theta(a)$ 是一个 Hermite 算子，使得 $\mathrm{im}(\theta(a)) \subseteq \mathrm{im}(\mu(a))$. 设

$$\varepsilon = \min\{\varepsilon_a : a \in \Sigma\} \tag{2.274}$$

然后定义

$$\mu_0 = \mu - \varepsilon\theta \quad \text{且} \quad \mu_1 = \mu + \varepsilon\theta. \tag{2.275}$$

我们可以看到 $\mu = (\mu_0 + \mu_1)/2$. 由于 θ 不恒等于零，而 ε 是正数，则 μ_0 与 μ_1 不一致. 最后，因为 μ_0 与 μ_1 都是测量：由假设 (2.272) 可以推出

$$\sum_{a \in \Sigma} \mu_0(a) = \sum_{a \in \Sigma} \mu_1(a) = \sum_{a \in \Sigma} \mu(a) = \mathbb{1}_{\mathcal{X}}. \tag{2.276}$$

另外由不等式 (2.273) 可以得出测量算子 $\mu_0(a)$ 与 $\mu_1(a)$ 对于每一个 $a \in \Sigma$ 都是半正定的. 因此我们可以得到 μ 不是一个极点测量. 至此我们完成了证明. $\qquad\square$

定理 2.47 有着各种各样的影响，包括如下推论. 第一个推论告诉我们极点测量最多可以有 $\dim(\mathcal{X})^2$ 个非零测量算子.

推论 2.48　设 $\mathcal{X}$ 为复欧几里得空间, Σ 为字母表, 而 $\mu : \Sigma \to \mathrm{Pos}(\mathcal{X})$ 为一个测量. 如果 μ 是极点测量, 则

$$\left| \{ a \in \Sigma : \mu(a) \neq 0 \} \right| \leqslant \dim(\mathcal{X})^2. \tag{2.277}$$

证明　这里我们用逆反命题来证明这个定理. 设

$$\Gamma = \{ a \in \Sigma : \mu(a) \neq 0 \}, \tag{2.278}$$

假设 $|\Gamma| > \dim(\mathcal{X})^2$, 然后将测量算子的合集 $\{ \mu(a) : a \in \Gamma \}$ 当作实向量空间 $\mathrm{Herm}(\mathcal{X})$ 的一个子集. 根据假设 $|\Gamma| > \dim(\mathcal{X})^2$, 集合 $\{ \mu(a) : a \in \Gamma \}$ 必然是线性相关的, 因此存在不全为零的实数 $\{ \alpha_a : a \in \Gamma \}$, 使得

$$\sum_{a \in \Gamma} \alpha_a \mu(a) = 0. \tag{2.279}$$

将函数 $\theta : \Sigma \to \mathrm{Herm}(\mathcal{X})$ 定义为

$$\theta(a) = \begin{cases} \alpha_a \mu(a) & a \in \Gamma \\ 0 & a \notin \Gamma. \end{cases} \tag{2.280}$$

则有 θ 不恒等于零, 并且满足对所有 $a \in \Sigma$,

$$\sum_{a \in \Sigma} \theta(a) = 0 \tag{2.281}$$

并且 $\mathrm{im}(\theta(a)) \subseteq \mathrm{im}(\mu(a))$. 因此根据定理 2.47, 测量 μ 不是一个极点测量. 至此我们完成了证明. □

结合推论 2.48、命题 2.38 以及定理 1.10 可以推出下面的推论.

推论 2.49　设 $\mathcal{X}$ 为复欧几里得空间, Σ 为字母表, 而 $\mu : \Sigma \to \mathrm{Pos}(\mathcal{X})$ 为一个测量. 存在一个字母表 Γ、概率向量 $p \in \mathcal{P}(\Gamma)$, 以及 $\mu_b : \Sigma \to \mathrm{Pos}(\mathcal{X})$ 形式的测量的合集 $\{ \mu_b : b \in \Gamma \}$, 满足对所有 $b \in \Gamma$ 都有

$$\left| \{ a \in \Sigma : \mu_b(a) \neq 0 \} \right| \leqslant \dim(\mathcal{X})^2 \tag{2.282}$$

且

$$\mu = \sum_{b \in \Gamma} p(b) \mu_b. \tag{2.283}$$

对于测量算子的秩皆为 1 的测量, 如下列推论所示, 定理 2.47 给出了一个测量是否是极点的判据.

推论 2.50　设 $\mathcal{X}$ 为复欧几里得空间, Σ 为字母表, 而 $\{ x_a : a \in \Sigma \} \subset \mathcal{X}$ 是一个非零向量的合集, 并满足

$$\sum_{a \in \Sigma} x_a x_a^* = \mathbb{1}_{\mathcal{X}}. \tag{2.284}$$

对每一个 $a \in \Sigma$, 当且仅当 $\{ x_a x_a^* : a \in \Sigma \} \subset \mathrm{Herm}(\mathcal{X})$ 是一个线性无关集合时, 由 $\mu(a) = x_a x_a^*$ 定义的测量 $\mu : \Sigma \to \mathrm{Pos}(\mathcal{X})$ 是一个极点测量.

证明 这个推论来源于定理 2.47 以及如下事实: 当且仅当对于某些 $\alpha \in \mathbb{C}$ 有 $H = \alpha uu^*$ 时, Hermite 算子 $H \in \mathrm{Herm}(\mathcal{X})$ 与向量 $u \in \mathcal{X}$ 满足 $\mathrm{im}(H) \subseteq \mathrm{im}(uu^*)$. □

定理 2.47 的另一个结果是投影测量都是极点测量.

推论 2.51 设 $\mathcal{X}$ 为复欧几里得空间, Σ 为字母表, 而 $\mu : \Sigma \to \mathrm{Pos}(\mathcal{X})$ 为一个投影测量. 此时 μ 是一个极点测量.

证明 设函数 $\theta : \Sigma \to \mathrm{Herm}(\mathcal{X})$ 满足对每一 $a \in \Sigma$ 都有

$$\sum_{a \in \Sigma} \theta(a) = 0 \tag{2.285}$$

且 $\mathrm{im}(\theta(a)) \subseteq \mathrm{im}(\mu(a))$. 因此对于每一个 $b \in \Sigma$, 都满足

$$\sum_{a \in \Sigma} \mu(b)\theta(a) = 0. \tag{2.286}$$

根据命题 2.40, 合集 $\{\mu(b) : b \in \Sigma\}$ 是正交的. 因此, 只要 $a \neq b$, $\theta(a)$ 的像中的每一个向量都与 $\mu(b)$ 的像中的向量垂直, 因而

$$\mu(b)\theta(a) = \begin{cases} \theta(a) & a = b \\ 0 & a \neq b. \end{cases} \tag{2.287}$$

由此可知, 对每一个 $b \in \Sigma$, $\theta(b) = 0$. 因此函数 θ 恒等于零. 既然如上的结果对任意的 θ 都成立, 则根据定理 2.47, μ 是一个极点测量. □

2.3.3.3 态的系综的凸组合

态的系综的凸组合本质上可以用类似测量的凸组合来定义. 也就是说, 如果 $\mathcal{X}$ 是复欧几里得空间, Σ 与 Γ 是字母表, $p \in \mathcal{P}(\Gamma)$ 是概率向量, 并且

$$\eta_b : \Sigma \to \mathrm{Pos}(\mathcal{X}) \tag{2.288}$$

对每一个 $b \in \Gamma$ 都是一个态的系综, 则满足: 对所有 $a \in \Sigma$ 都有

$$\eta(a) = \sum_{b \in \Gamma} p(b)\eta_b(a) \tag{2.289}$$

的函数 $\eta : \Sigma \to \mathrm{Pos}(\mathcal{X})$ 也是一个系综. 在这种情况下, 我们可以将其写成

$$\eta = \sum_{b \in \Gamma} p(b)\eta_b. \tag{2.290}$$

如果代表系综 η_b 的平均态的密度算子 $\rho_b \in \mathrm{D}(\mathcal{X})$ 定义为对每一个 $b \in \Gamma$, 有

$$\rho_b = \sum_{a \in \Sigma} \eta_b(a), \tag{2.291}$$

则系综 η 的平均态是

$$\sum_{a \in \Sigma} \eta(a) = \sum_{b \in \Gamma} p(b)\rho_b. \tag{2.292}$$

谱定理 (推论 1.4) 的一个直接结果是, 所有 $\eta : \Sigma \to \mathrm{Pos}(\mathcal{X})$ 形式系综的集合的极点有着简单的形式, 即它们是可以定义为

$$\eta(a) = \begin{cases} uu^* & a = b \\ 0 & a \neq b \end{cases} \tag{2.293}$$

的系综 η. 这里 $u \in \mathcal{X}$ 是一个单位向量, $b \in \Sigma$ 是一个符号.

但是, 在有些情况下, 我们只想考虑 $\eta : \Sigma \to \mathrm{Pos}(\mathcal{X})$ 形式的系综中平均态为 ρ 的子集. 这个集合代表与同样形式的测量的集合相同的凸结构. 下面的命题揭示了其引申出的一个有用的事实.

命题 2.52 设 $\eta : \Sigma \to \mathrm{Pos}(\mathcal{X})$ 为系综, $\mathcal{X}$ 为复欧几里得空间, Σ 为字母表, 并设

$$\rho = \sum_{a \in \Sigma} \eta(a). \tag{2.294}$$

存在字母表 Γ 以及 $\eta_b : \Sigma \to \mathrm{Pos}(\mathcal{X})$ 形式的系综的合集 $\{\eta_b : b \in \Gamma\}$, 满足

1. 对每一个 $b \in \Gamma$, η_b 的平均态是 ρ:

$$\sum_{a \in \Sigma} \eta_b(a) = \rho. \tag{2.295}$$

2. 对每一个 $b \in \Gamma$, 满足

$$\left| \{a \in \Sigma : \eta_b(a) \neq 0\} \right| \leqslant \mathrm{rank}(\rho)^2. \tag{2.296}$$

3. 系综 η 是系综 $\{\eta_b : b \in \Gamma\}$ 的凸组合. 等价地, 对任选的概率向量 $p \in \mathcal{P}(\Gamma)$,

$$\eta = \sum_{b \in \Gamma} p(b)\eta_b \tag{2.297}$$

都成立.

证明 设 $\mathcal{Y}$ 为复欧几里得空间, 满足 $\dim(\mathcal{Y}) = \mathrm{rank}(\rho)$, 并且 $A \in \mathrm{L}(\mathcal{Y}, \mathcal{X})$ 为满足 $AA^* = \rho$ 的算子. 这样的算子 A 必然满足 $\ker(A) = \{0\}$ 并且 $\mathrm{im}(A) = \mathrm{im}(\rho)$. 对每一个 $a \in \Sigma$, 都有

$$\mathrm{im}(\eta(a)) \subseteq \mathrm{im}(\rho) = \mathrm{im}(A). \tag{2.298}$$

因此根据引理 2.30, 我们可以得到结论: 存在一个半正定算子 $Q_a \in \mathrm{Pos}(\mathcal{Y})$ 使得对每一个 $a \in \Sigma$,

$$\eta(a) = A Q_a A^*. \tag{2.299}$$

现在定义 $\mu : \Sigma \to \mathrm{Pos}(\mathcal{Y})$ 满足对每一个 $a \in \Sigma$ 都有 $\mu(a) = Q_a$. 由于

$$AA^* = \rho = \sum_{a \in \Sigma} \eta(a) = A \left(\sum_{a \in \Sigma} \mu(a) \right) A^*, \tag{2.300}$$

则由 $\ker(A) = \{0\}$ 可以推出

$$\sum_{a \in \Sigma} \mu(a) = \mathbb{1}_{\mathcal{Y}}, \tag{2.301}$$

因此 μ 是一个测量.

根据推论 2.49，存在字母表 Γ，满足对所有 $b \in \Gamma$

$$\left|\{a \in \Sigma : \mu_b(a) \neq 0\}\right| \leqslant \dim(\mathcal{Y})^2 \tag{2.302}$$

都成立的 $\mu_b : \Sigma \to \mathrm{Pos}(\mathcal{Y})$ 形式测量的合集 $\{\mu_b : b \in \Gamma\}$，以及概率向量 $p \in \mathcal{P}(\Gamma)$，使得

$$\mu = \sum_{b \in \Gamma} p(b)\mu_b. \tag{2.303}$$

对每一个 $b \in \Gamma$，定义函数 $\eta_b : \Sigma \to \mathrm{Pos}(\mathcal{X})$ 使得对每一个 $a \in \Sigma$

$$\eta_b(a) = A\mu_b(a)A^*. \tag{2.304}$$

可以看到，每一个 η_b 都是一个平均态为 ρ 的系综. 这是由于 μ_b 都是测量，并且要满足由式 (2.302) 直接得到的必要条件 (2.296). 最后，我们得到对每一个 $a \in \Sigma$，

$$\sum_{b \in \Gamma} p(b)\eta_b(a) = A\left(\sum_{b \in \Gamma} p(b)\mu_b(a)\right)A^* = A\mu(a)A^* = \eta(a). \tag{2.305}$$

因此式 (2.297) 成立，也即完成了证明. □

2.4　习题

习题 2.1　设 Σ 为字母表，$\mathcal{X}$ 为复欧几里得空间，而 $\phi : \mathrm{Herm}(\mathcal{X}) \to \mathbb{R}^\Sigma$ 为线性函数. 证明如下两个命题等价：

1. 对每一个密度算子 $\rho \in \mathrm{D}(\mathcal{X})$，$\phi(\rho) \in \mathcal{P}(\Sigma)$ 成立.
2. 存在测量 $\mu : \Sigma \to \mathrm{Pos}(\mathcal{X})$ 使得对每一个 $H \in \mathrm{Herm}(\mathcal{X})$ 与 $a \in \Sigma$，

$$(\phi(H))(a) = \langle \mu(a), H \rangle. \tag{2.306}$$

习题 2.2　设 $\mathcal{X}$ 与 $\mathcal{Y}$ 为复欧几里得空间，Σ 为字母表，而 $\eta : \Sigma \to \mathrm{Pos}(\mathcal{X})$ 为态的系综. 进一步假设向量 $u \in \mathcal{X} \otimes \mathcal{Y}$ 满足

$$\mathrm{Tr}_{\mathcal{Y}}(uu^*) = \sum_{a \in \Sigma} \eta(a). \tag{2.307}$$

证明存在测量 $\mu : \Sigma \to \mathrm{Pos}(\mathcal{Y})$ 使得对所有 $a \in \Sigma$ 都满足

$$\eta(a) = \mathrm{Tr}_{\mathcal{Y}}((\mathbb{1}_{\mathcal{X}} \otimes \mu(a))uu^*). \tag{2.308}$$

习题 2.3　设 $\Phi \in \mathrm{CP}(\mathcal{X}, \mathcal{Y})$ 为非零全正映射. 这里 $\mathcal{X}$ 与 $\mathcal{Y}$ 为复欧几里得空间. 设 $r = \mathrm{rank}(J(\Phi))$ 为 Φ 的 Choi 秩. 证明存在 r 维复欧几里得空间 $\mathcal{Z}$，以及算子 $A \in \mathrm{L}(\mathcal{X} \otimes \mathcal{Z}, \mathcal{Y})$ 使得对于所有 $X \in \mathrm{L}(\mathcal{X})$，

$$\Phi(X) = A(X \otimes \mathbb{1}_{\mathcal{Z}})A^*. \tag{2.309}$$

给出一个简单的包含算子 A 的保迹算子，使其与 Φ 等价.

习题 2.4   设 $\mathcal{X}$ 与 $\mathcal{Y}$ 为复欧几里得空间，$\Phi \in \mathrm{T}(\mathcal{X}, \mathcal{Y})$ 为正映射，而 $\Delta \in \mathrm{C}(\mathcal{Y})$ 代表关于空间 $\mathcal{Y}$ 的完全失相信道. 证明 $\Delta\Phi$ 是全正的.

习题 2.5   设 $\Phi \in \mathrm{C}(\mathcal{X} \otimes \mathcal{Z}, \mathcal{Y} \otimes \mathcal{W})$ 为信道，这里 $\mathcal{X}$、$\mathcal{Y}$、$\mathcal{Z}$ 与 $\mathcal{W}$ 为复欧几里得空间. 证明如下两个命题等价：

1. 存在信道 $\Psi \in \mathrm{C}(\mathcal{X}, \mathcal{Y})$ 使得

$$\mathrm{Tr}_{\mathcal{W}}\big(J(\Phi)\big) = J(\Psi) \otimes \mathbb{1}_{\mathcal{Z}}. \tag{2.310}$$

2. 存在复欧几里得空间 $\mathcal{V}$ 满足 $\dim(\mathcal{V}) \leqslant \dim(\mathcal{X} \otimes \mathcal{Y})$，且存在信道 $\Phi_0 \in \mathrm{C}(\mathcal{X}, \mathcal{Y} \otimes \mathcal{V})$ 和 $\Phi_1 \in \mathrm{C}(\mathcal{V} \otimes \mathcal{Z}, \mathcal{W})$，使得

$$\Phi = \big(\mathbb{1}_{\mathrm{L}(\mathcal{Y})} \otimes \Phi_1\big)\big(\Phi_0 \otimes \mathbb{1}_{\mathrm{L}(\mathcal{Z})}\big). \tag{2.311}$$

习题 2.6   设 $\mathcal{X}$、$\mathcal{Y}$、$\mathcal{Z}$ 与 $\mathcal{W}$ 为复欧几里得空间.

(a) 证明如果一个算子 $P \in \mathrm{Pos}(\mathcal{Y} \otimes \mathcal{X})$ 对任意信道 $\Phi \in \mathrm{C}(\mathcal{X}, \mathcal{Y})$ 都满足

$$\langle P, J(\Phi) \rangle = 1, \tag{2.312}$$

则其必然是如下的形式：

$$P = \mathbb{1}_{\mathcal{Y}} \otimes \rho, \tag{2.313}$$

这里 $\rho \in \mathrm{D}(\mathcal{X})$.

(b) 设 $\Xi \in \mathrm{CP}(\mathcal{Y} \otimes \mathcal{X}, \mathcal{W} \otimes \mathcal{Z})$ 为全正映射，则下列命题成立：对于每一个信道 $\Phi \in \mathrm{C}(\mathcal{X}, \mathcal{Y})$，都存在一个信道 $\Psi \in \mathrm{C}(\mathcal{Z}, \mathcal{W})$ 使得

$$\Xi(J(\Phi)) = J(\Psi). \tag{2.314}$$

证明必然存在一个保幺映射 $\Lambda \in \mathrm{CP}(\mathcal{X}, \mathcal{Z})$ 使得对所有 $X \in \mathrm{L}(\mathcal{Y} \otimes \mathcal{X})$ 都满足

$$\mathrm{Tr}_{\mathcal{W}}\big(\Xi(X)\big) = \Lambda\big(\mathrm{Tr}_{\mathcal{Y}}(X)\big). \tag{2.315}$$

(c) 设 $\Xi \in \mathrm{CP}(\mathcal{Y} \otimes \mathcal{X}, \mathcal{W} \otimes \mathcal{Z})$ 为全正映射，且满足 (b) 中的条件. 证明对于某些复欧几里得空间 $\mathcal{V}$，存在信道 $\Xi_0 \in \mathrm{C}(\mathcal{Z}, \mathcal{X} \otimes \mathcal{V})$ 与 $\Xi_1 \in \mathrm{C}(\mathcal{Y} \otimes \mathcal{V}, \mathcal{W})$，使得下列性质成立：对每一个信道 $\Phi \in \mathrm{C}(\mathcal{X}, \mathcal{Y})$，由式 (2.314) 唯一地确定的信道 $\Psi \in \mathrm{C}(\mathcal{Z}, \mathcal{W})$ 为

$$\Psi = \Xi_1(\Phi \otimes \mathbb{1}_{\mathrm{L}(\mathcal{V})})\Xi_0. \tag{2.316}$$

2.5   参考书目注释

量子信息理论代表了量子物理的某些方面的数学形式，特别是关于在抽象物理系统中储存与处理信息的方面. 虽然本书并不讨论量子物理的历史，但是还是应当指明，本书中的数学理论根本上来自拓展出这一领域的物理学家的贡献，包括 Plank、Einstein、Bohr、Heisenberg、

Schrödinger、Born、Dirac 与 Pauli. von Neumann (1955) 的Mathematical Foundations of Quantum Mechanics 奠定了坚实的数学基础.

"量子态可以由密度算子表示"是由 von Neumann (1927) 与 Landau (1927) 分别独立提出的. 而等价于量子信道的一个表示是由 Haag 和 Kastle (1964) 提出的. 本书使用的测量的定义是由 Davies 和 Lewis (1970) 提出的. 测量的这个定义的重要性在 Holevo (1972, 1973b, c, d) 中被清晰地指出；早期的理论只考虑了投影测量. Helstrom (1976) 与 Kraus (1983) 的书中进一步重新定义了量子信息论中关键的基础要素.

关于量子信息历史的更多信息可以在 Peres (1993)、Nielsen (2000) 以及 Wilde (2013) 的书中找到. 这也是该理论本身不可缺少的参考. Kitaev、Shen 和 Vyalyi (2002) 以及 Bengtsson 和 Życzkowski (2006) 的著作也介绍了本章所讨论的数学形式，并且包含了有关量子信息与计算的某些专题.

Choi 表示因 Choi (1975) 而得名. 他将全正映射的特征表示了出来 (见定理 2.22 中的声明 1 与 3 的等价性). 定理 2.31 也是在同一篇文章中被证明的. 在这之前, de Pillis (1967) 与 Jamiołkowski (1972) 使用了类似于 Choi 表示的表示，因此有些人也认为这个表示应当被看作传统表示.

定理 2.22 是 Stinespring (1955)、Kraus (1971, 1983) 与 Choi (1975) 的著作中的多种结果的融合. Stinespring 与 Kraus 还证明了更一般化的结果，即这个定理在无穷维也成立；定理 2.22 仅仅是它们证明的结果在有限维上的对应 (本书中介绍的有些定理都与此类似，它们通常最初在 C*- 代数中被证明，然后被简化成复欧几里得空间的版本). 定理 2.25 与 2.26 包括它们的等价形式都可以从 de Pillis (1967) 与 Jamiolkowski (1972) 的工作中对应得出.

定理 2.42 是我们熟知的 Naimark 定理 (或者 Naimark 扩展定理) 的一个简化版本. 这个定理更一般的形式由 Naimark (1943) 给出，他的名字有时也写作 Neumark. 这个更一般的形式对于某些无穷维空间以及测量理论中有着无穷多结果的测量也成立. 这个定理现在普遍被认为是上面提到的 Stinespring 后来的工作的直接结果.

定理 2.47 给出的极点测量的特征等价于 Parthasarathy(1999) 的工作中的结果. 同一篇论文中也包含了推论 2.48、2.50 以及 2.51 的等价结果. 投影测量都是极点测量这个结论 (推论 2.51) 在此之前已经在 Holevo (1973d) 的工作中被证明.

习题 2.2 展示了由 Hughston、Jozsa 和 Wootters (1993) 最初证明的结果. 而习题 2.5 展示的是 Eggeling、Schlingemann 和 Werner (2002) 对 Beckman、Gottesman、Nielsen 和 Preskill (2001) 所提出的问题 (他们表示这个问题是 David DiVincenzo 最早想到的) 的回答. Gutoski 和 Watrous (2007) 与 Chiribella、D'Ariano 和 Perinotti (2009) 将这个结果推广到了多步不同输入、输出的量子过程中. 习题 2.6 展示了与 Chiribella、D'Ariano 和 Perinotti (2008) 的工作相关的结果.

态与信道间的相似性及距离

本章的主要内容包括：量子态之间可以量化的相似性与距离的概念、如何分辨两个或多个量子态，以及与信道相关的概念.

本章有三个主要部分：3.1 节讨论如何区分一对量子态、相关迹范数的概念，以及如何将这种方法推广到多个态的情况；3.2 节介绍保真度函数及其基本性质和形式，以及与其他概念的关系；3.3 节讨论完全有界迹范数，即迹范数在算子空间中的映射上的自然对应，以及这一概念与量子态区分问题的联系.

3.1 量子态区分

自然地，我们会问——对于给定的一组量子态，通过测量，我们能在多大程度上分辨它们. 态区分理论即是对于思考这一问题的一种抽象.

在态区分问题中，最简单的形式是：从两个已知的量子态中随机选出一个，制备该态的寄存器并将其交给一个理论上的观察者. 观察者的任务便是通过测量这个寄存器，区分出这两个态中的哪一个被选了出来. 基于两个态加权差的迹范数，Holevo-Helstrom 定理给出了一个最优测量，能正确分辨出该态的概率的封闭形式表达式. 最优测量的具体表述会在该定理的证明中给出.

态区分问题同样可以考虑区分多于两个态的情况. 但是对这种情况的分析比双态问题要难得多. 我们至今无法给出三个或更多态的情况下最优成功率的封闭形式表示. 但是我们可以将求解这一最优概率表述为半定规划问题. 这为我们分析态区分问题提供了一个非常有价值的工具. 此外我们还考虑了近似解及其性能界限.

3.1.1 区分一对量子态

区分寄存器 X 上给定的两个量子态 $\rho_0, \rho_1 \in D(\mathcal{X})$ 是态区分问题最简单的形式. 分析这个问题的关键在于建立态区分与迹范数之间的联系. 更一般地说，我们可以看到迹范数提供了一个量化两个量子态"可测差别"的自然方法.

3.1.1.1 区分一对概率态

在讨论一对量子态的态区分的问题之前，先讨论在概率态上的类似情况会很有帮助. 在这个问题中，考虑包含 Alice 和 Bob 两个观察者的情形：

情形 3.1 设 X 是以 Σ 为经典态集合的寄存器，并设 Y 是以 $\{0,1\}$ 为经典态集合的寄存器. X 与 Y 在本情形下应视为经典寄存器. 另外，设 $p_0, p_1 \in \mathcal{P}(\Sigma)$ 为表述 X 的概率态的概率向量，并设 $\lambda \in [0,1]$ 为实数. 假设 Alice 与 Bob 都知道向量 p_0 与 p_1，以及 λ 的信息.

Alice 在寄存器 Y 上制备一个概率态，使得其值为 0 的概率为 λ，而值为 1 的概率为 $1 - \lambda$. 在给定 Y 的经典态的条件下，Alice 进行如下操作之一：

1. 如果 $Y = 0$，则 Alice 将 X 制备到概率态 p_0.

2. 如果 $Y = 1$，则 Alice 将 X 制备到概率态 p_1.

然后将寄存器 X 给 Bob.

Bob 的目标是仅通过他可以从 X 中获取的信息，正确地区分 Y 储存的比特值.   □

在上述情形下，Bob 的最优策略，即最大化正确猜测 Y 值的概率，可以通过 Bayes 定理给出，即对于每一个 $b \in \Sigma$，

$$
\begin{aligned}
\Pr(Y = 0 | X = b) &= \frac{\lambda p_0(b)}{\lambda p_0(b) + (1 - \lambda) p_1(b)}, \\
\Pr(Y = 1 | X = b) &= \frac{(1 - \lambda) p_1(b)}{\lambda p_0(b) + (1 - \lambda) p_1(b)}.
\end{aligned}
\tag{3.1}
$$

假设我们知道 $X = b$，Bob 应该选择 Y 更可能的值：如果满足 $\lambda p_0(b) > (1 - \lambda) p_1(b)$，则 Bob 应该猜 $Y = 0$；而如果满足 $\lambda p_0(b) < (1 - \lambda) p_1(b)$，则 Bob 应该猜 $Y = 1$. 在 $\lambda p_0(b) = (1 - \lambda) p_1(b)$ 的情况下，Bob 可以随意地猜 $Y = 0$ 或者 $Y = 1$. 因为这两个值的可能性相等，因而这不会影响到他的正确率.

在这个策略下，Bob 正确得到 Y 的值的概率可以看作他正确的概率减去他错误的概率. 这个差值由

$$
\sum_{b \in \Sigma} \left| \lambda p_0(b) - (1 - \lambda) p_1(b) \right| = \left\| \lambda p_0 - (1 - \lambda) p_1 \right\|_1
\tag{3.2}
$$

给出. 因此 Bob 正确的概率是由值

$$
\frac{1}{2} + \frac{1}{2} \left\| \lambda p_0 - (1 - \lambda) p_1 \right\|_1
\tag{3.3}
$$

确定的. 这个表达式清晰地将概率态区分与向量的 1-范数关联了起来.

注意，

$$
0 \leqslant \left\| \lambda p_0 - (1 - \lambda) p_1 \right\|_1 \leqslant 1.
\tag{3.4}
$$

这里第二个不等号来自三角不等式. 这与概率的表达式 (3.3) 一致. 在极限情况下，

$$
\left\| \lambda p_0 - (1 - \lambda) p_1 \right\|_1 = 0,
\tag{3.5}
$$

其中 $\lambda = 1/2$ 并且 $p_0 = p_1$. Bob 事实上可以任意猜测，因为无论如何正确率都是 1/2. 在另一种极限的情况下，

$$
\left\| \lambda p_0 - (1 - \lambda) p_1 \right\|_1 = 1
\tag{3.6}
$$

满足 λp_0 与 $(1 - \lambda) p_1$ 的支撑集不相交，因此 Bob 可以准确无误地区分 Y 的值. 在其他情况下，当式 (3.4) 中的不等号严格不等时，这代表与 Bob 的猜测相应的确定度.

3.1.1.2   区分一对量子态

区分一对量子态的任务将由如下情形表示. 这是情形 3.1 的自然量子推广.

情形 3.2   设 X 是寄存器, 且寄存器 Y 是经典态集合为 $\{0,1\}$. 寄存器 Y 可以被看作一个经典寄存器, 而 X 可以是任意的寄存器. 另外设 $\rho_0, \rho_1 \in D(\mathcal{X})$ 为 X 的态, 并且设 $\lambda \in [0,1]$ 为实数. 假设 Alice 与 Bob 都知道态 ρ_0 与 ρ_1 以及数字 λ 的信息.

Alice 将寄存器 Y 制备到一个概率态上, 使得它的值为 λ 的概率为 0, 值为 $1 - \lambda$ 的概率为 1. 在给定 Y 经典态的前提下, Alice 进行如下操作之一:

1. 如果 $Y = 0$, 则 Alice 将 X 制备到态 ρ_0 上.
2. 如果 $Y = 1$, 则 Alice 将 X 制备到态 ρ_1 上.

然后将寄存器 X 给 Bob.

Bob 的目标是通过测量 X, 正确地区分存储在 Y 中的二元值.   □

下列讨论的主要目的是将这个情形和迹范数的关系与情形 3.1 和向量 1-范数的关系对应起来. 下面这个关于谱范数而非迹范数的引理对于建立这种对应非常有用. 这个引理使用了一种比完成本节目标所需的更一般化的表述. 但是这个更一般化的表述形式在本书的其他地方将非常有用.

引理 3.3   设 $\mathcal{X}$ 为复欧几里得空间, Σ 为字母表, $u \in \mathbb{C}^\Sigma$ 为向量, 且 $\{P_a : a \in \Sigma\} \subset \mathrm{Pos}(\mathcal{X})$ 为一组半正定算子. 如下不等式成立:

$$\left\| \sum_{a \in \Sigma} u(a) P_a \right\| \leqslant \|u\|_\infty \left\| \sum_{a \in \Sigma} P_a \right\|. \tag{3.7}$$

证明   将算子 $A \in \mathrm{L}(\mathcal{X}, \mathcal{X} \otimes \mathbb{C}^\Sigma)$ 定义为

$$A = \sum_{a \in \Sigma} \sqrt{P_a} \otimes e_a. \tag{3.8}$$

谱范数对于算子复合来说是次可乘的, 而对张量积来说是可乘的, 因此

$$\begin{aligned}
\left\| \sum_{a \in \Sigma} u(a) P_a \right\| &= \left\| \sum_{a \in \Sigma} u(a) A^* (\mathbb{1}_{\mathcal{X}} \otimes E_{a,a}) A \right\| \\
&\leqslant \|A^*\| \left\| \sum_{a \in \Sigma} u(a) E_{a,a} \right\| \|A\| = \|u\|_\infty \|A\|^2.
\end{aligned} \tag{3.9}$$

根据谱范数的性质 (1.178), 我们可以得到

$$\|A\|^2 = \|A^* A\| = \left\| \sum_{a \in \Sigma} P_a \right\|, \tag{3.10}$$

因而完成了证明.   □

现在我们可以构建情形 3.2 与迹范数的直接联系. 下一个定理 (Holevo-Helstrom 定理) 用数学语言将这个关系表示了出来.

定理 3.4(Holevo-Helstrom 定理)　设 $\mathcal{X}$ 为复欧几里得空间，$\rho_0, \rho_1 \in D(\mathcal{X})$ 为密度算子，而 $\lambda \in [0,1]$. 对任选的测量 $\mu : \{0,1\} \rightarrow \text{Pos}(\mathcal{X})$，下式成立：

$$\lambda\langle\mu(0), \rho_0\rangle + (1-\lambda)\langle\mu(1), \rho_1\rangle \leqslant \frac{1}{2} + \frac{1}{2}\|\lambda\rho_0 - (1-\lambda)\rho_1\|_1. \tag{3.11}$$

另外，存在投影测量 $\mu : \{0,1\} \rightarrow \text{Pos}(\mathcal{X})$ 使式 (3.11) 取等.

证明　定义

$$\rho = \lambda\rho_0 + (1-\lambda)\rho_1 \quad \text{和} \quad X = \lambda\rho_0 - (1-\lambda)\rho_1 \tag{3.12}$$

使得

$$\lambda\rho_0 = \frac{\rho + X}{2} \quad \text{且} \quad (1-\lambda)\rho_1 = \frac{\rho - X}{2}, \tag{3.13}$$

因此

$$\lambda\langle\mu(0), \rho_0\rangle + (1-\lambda)\langle\mu(1), \rho_1\rangle = \frac{1}{2} + \frac{1}{2}\langle\mu(0) - \mu(1), X\rangle. \tag{3.14}$$

根据引理 3.3，以及 Schatten 范数的 Hölder 不等式，我们有

$$\begin{aligned}&\frac{1}{2} + \frac{1}{2}\langle\mu(0) - \mu(1), X\rangle\\&\leqslant \frac{1}{2} + \frac{1}{2}\|\mu(0) - \mu(1)\|\,\|X\|_1 \leqslant \frac{1}{2} + \frac{1}{2}\|X\|_1.\end{aligned} \tag{3.15}$$

将式 (3.14) 与式 (3.15) 合起来就得到了式 (3.11).

为了证明投影测量 $\mu : \{0,1\} \rightarrow \text{Pos}(\mathcal{X})$ 可以使得式 (3.11) 取等，我们要考虑 Jordan-Hahn 分解：

$$X = P - Q, \tag{3.16}$$

这里 $P, Q \in \text{Pos}(\mathcal{X})$. 定义 $\mu : \{0,1\} \rightarrow \text{Pos}(\mathcal{X})$ 为投影测量

$$\mu(0) = \Pi_{\text{im}(P)} \quad \text{和} \quad \mu(1) = \mathbb{1} - \Pi_{\text{im}(P)}. \tag{3.17}$$

则有

$$\langle\mu(0) - \mu(1), X\rangle = \text{Tr}(P) + \text{Tr}(Q) = \|X\|_1, \tag{3.18}$$

因此

$$\lambda\langle\mu(0), \rho_0\rangle + (1-\lambda)\langle\mu(1), \rho_1\rangle = \frac{1}{2} + \frac{1}{2}\|X\|_1, \tag{3.19}$$

也即完成了证明.　$\square$

根据定理 3.4，Bob 在情形 3.2 中对测量最优的选择以

$$\frac{1}{2} + \frac{1}{2}\|\lambda\rho_0 - (1-\lambda)\rho_1\|_1 \tag{3.20}$$

的正确率确定了 Y 的值，并且这个最优概率是由投影测量达到的.

读者可能会对 Bob 在情形 3.2 中只能考虑输出为 0 和 1 的测量这个命题有所疑问. 比如 Bob 可以用有三个或更多可能结果的测量来测量 X，然后根据他测量的结果来猜测 Y 的

值. 但是这类策略, 或者任何只能考虑 X 的策略都不会产生更一般的结果. Y 的经典态只可能定义一个二元的测量, 并且定理 3.4 对这个测量适用, 因而 Bob 使用的任何过程最终都只能产生两种猜测结果.

下面这个命题建立了算子迹范数与该算子和任何测量中测量算子的内积定义的向量的 1-范数的联系. 该命题的证明与定理 3.4 的证明有所重叠.

命题 3.5   设 $\mathcal{X}$ 为复欧几里得空间, Σ 为字母表, $\mu : \Sigma \to \mathrm{Pos}(\mathcal{X})$ 为一个测量, 而 $X \in \mathrm{L}(\mathcal{X})$ 为算子. 定义向量 $v \in \mathbb{C}^{\Sigma}$ 为

$$v(a) = \langle \mu(a), X \rangle, \tag{3.21}$$

这里 $a \in \Sigma$. 则满足 $\|v\|_1 \leqslant \|X\|_1$.

证明   对于满足对每一个 $a \in \Sigma$ 都有 $|u(a)| = 1$ 的一些向量 $u \in \mathbb{C}^{\Sigma}$, 我们有

$$\|v\|_1 = \sum_{a \in \Sigma} |\langle \mu(a), X \rangle| = \sum_{a \in \Sigma} u(a) \langle \mu(a), X \rangle = \left\langle \sum_{a \in \Sigma} \overline{u(a)} \mu(a), X \right\rangle. \tag{3.22}$$

根据引理 3.3, 以及 Schatten 范数的 Hölder 不等式, 正如我们要证明的, 可以得到

$$\|v\|_1 \leqslant \left\| \sum_{a \in \Sigma} \overline{u(a)} \mu(a) \right\| \|X\|_1 \leqslant \|X\|_1. \tag{3.23}$$

$\square$

3.1.1.3   区分量子态的凸集

区分一对量子态的任务可以拓展到区分量子态的两个凸集的问题. 下面这个情形用更精确的语言描述了这个问题.

情形 3.6   设 X 是寄存器而 Y 是经典态为 $\{0, 1\}$ 的寄存器. 这里寄存器 Y 被看作一个经典寄存器, 而 X 是任意的寄存器. 另外设 $\mathcal{C}_0, \mathcal{C}_1 \subseteq \mathrm{D}(\mathcal{X})$ 为态的非空凸集, 并且设 $\lambda \in [0, 1]$ 为实数. 假设 Alice 与 Bob 都知道集合 $\mathcal{C}_0$ 与 $\mathcal{C}_1$ 以及数字 λ 的信息.

Alice 将一个概率态制备到寄存器 Y 上, 使得它的值为 λ 的概率为 0, 而值为 $1 - \lambda$ 的概率为 1. 在知道 Y 经典态的前提下, Alice 进行如下操作之一:

1. 如果 Y = 0, 则 Alice 将她从 $\rho_0 \in \mathcal{C}_0$ 选择的一个态制备到 X 上.
2. 如果 Y = 1, 则 Alice 将她从 $\rho_1 \in \mathcal{C}_1$ 选择的一个态制备到 X 上.

然后将寄存器 X 给 Bob.

Bob 的目标是通过测量 X 正确地得到 Y 中储存的二元值. $\square$

在情形 3.6 的描述中, 除了声明 $\rho_0 \in \mathcal{C}_0$ 和 $\rho_1 \in \mathcal{C}_1$, 并没有规定 Alice 如何选择 ρ_0 或者 ρ_1. 比如, Alice 可以根据一个固定的分布随机选择这些态, 或者可以对抗性地选择, 甚至可以根据 Bob 准备使用的测量来选择. 此情形仅表示 Bob 除了知道 Alice 的选择 $\rho_0 \in \mathcal{C}_0$ 与 $\rho_1 \in \mathcal{C}_1$ 以外不能对她对 ρ_0 和 ρ_1 的选择做任何假设.

读者可能会发现情形 3.2 代表的是情形 3.6 的一种特殊情况: C_0 与 C_1 是相应的单点集 $\{\rho_0\}$ 与 $\{\rho_1\}$.

根据 Holevo-Helstrom 定理 (定理 3.4), 不管 Alice 选择的是 $\rho_0 \in C_0$ 与 $\rho_1 \in C_1$ 中的哪个态, Bob 都不能指望以高于

$$\frac{1}{2} + \frac{1}{2} \|\lambda\rho_0 - (1-\lambda)\rho_1\|_1 \tag{3.24}$$

的概率成功地完成情形 3.6 中的任务. 因为这是他在知道 Alice 选择了哪两个态这个额外信息之后能达到的最优成功率. 由下面这个命题可以得到 Bob 的成功率至少为

$$\frac{1}{2} + \frac{1}{2} \inf_{\rho_0,\rho_1} \|\lambda\rho_0 - (1-\lambda)\rho_1\|_1, \tag{3.25}$$

这里的下确界是对于所有可能的 $\rho_0 \in C_0$ 和 $\rho_1 \in C_1$ 而言的. 根据 Holevo-Helstrom 定理给出的限制, 这必然是最差情况下的最优成功率.

定理 3.7 设 $C_0, C_1 \subseteq D(\mathcal{X})$ 为非空凸集, 这里 $\mathcal{X}$ 是一个复欧几里得空间, 另设 $\lambda \in [0,1]$. 则有

$$\max_{\mu} \inf_{\rho_0,\rho_1} \left(\lambda\langle\mu(0),\rho_0\rangle + (1-\lambda)\langle\mu(1),\rho_1\rangle\right)$$
$$= \inf_{\rho_0,\rho_1} \max_{\mu} \left(\lambda\langle\mu(0),\rho_0\rangle + (1-\lambda)\langle\mu(1),\rho_1\rangle\right) \tag{3.26}$$
$$= \frac{1}{2} + \frac{1}{2} \inf_{\rho_0,\rho_1} \|\lambda\rho_0 - (1-\lambda)\rho_1\|_1,$$

这里的下确界是对于所有可能的 $\rho_0 \in C_0$ 与 $\rho_1 \in C_1$ 而言的, 而极大值是对于所有可能的二元测量 $\mu: \{0,1\} \to \mathrm{Pos}(\mathcal{X})$ 而言的.

证明 定义集合 $\mathcal{A}, \mathcal{B} \subset \mathrm{Pos}(\mathcal{X} \oplus \mathcal{X})$ 为

$$\mathcal{A} = \left\{ \begin{pmatrix} \rho_0 & 0 \\ 0 & \rho_1 \end{pmatrix} : \rho_0 \in C_0, \rho_1 \in C_1 \right\} \tag{3.27}$$

和

$$\mathcal{B} = \left\{ \begin{pmatrix} \lambda P_0 & 0 \\ 0 & (1-\lambda)P_1 \end{pmatrix} : P_0, P_1 \in \mathrm{Pos}(\mathcal{X}), P_0 + P_1 = \mathbb{1}_{\mathcal{X}} \right\}, \tag{3.28}$$

以及函数 $f: \mathcal{A} \times \mathcal{B} \to \mathbb{R}$ 使得 $f(A,B) = \langle A, B \rangle$. 我们有 $\mathcal{A}$ 与 $\mathcal{B}$ 是凸的, $\mathcal{B}$ 是紧的, 并且 f 是双线性函数. 因此根据 Sion 最大–最小定理 (定理 1.12),

$$\inf_{A \in \mathcal{A}} \max_{B \in \mathcal{B}} f(A,B) = \max_{B \in \mathcal{B}} \inf_{A \in \mathcal{A}} f(A,B), \tag{3.29}$$

式 (3.29) 等价于式 (3.26) 中的第一个等式, 而式 (3.26) 中的第二个等式来自定理 3.4. $\qquad\square$

3.1.2 区分系综的量子态

本章讨论的量子态区分的最后一种变形与情形 3.2 中的类似. 只是这里要区分的是从给定系综里取出的两个以上的态. 下面这个情形更精确地表述了这个任务.

情形 3.8 设 X 为寄存器, Σ 为字母表, 而 Y 为以 Σ 为经典态的寄存器. 这里寄存器 Y 被看作一个经典寄存器, 而 X 是任意寄存器. 另外设 $\eta : \Sigma \to \mathrm{Pos}(\mathcal{X})$ 为态的系综, 假设 Alice 与 Bob 都知道这个系综的信息.

Alice 将由系综 η 决定的经典–量子态

$$\sigma = \sum_{a \in \Sigma} E_{a,a} \otimes \eta(a) \tag{3.30}$$

制备到寄存器对 (Y, X) 上. 或者说, 寄存器 Y 以 $p(a) = \mathrm{Tr}(\eta(a))$ 的概率处于 $a \in \Sigma$. 然后对每个 $a \in \Sigma$, 在 Y $= a$ 的条件下, 将 X 的态设为

$$\frac{\eta(a)}{\mathrm{Tr}(\eta(a))}, \tag{3.31}$$

然后将寄存器 X 给 Bob.

Bob 的目标是通过测量 X 得到的信息正确地确定 Y 中储存的经典态. □

对于由 Bob 任选的测量 $\mu : \Sigma \to \mathrm{Pos}(\mathcal{X})$, 他正确预测 Y 的经典态的概率由下列表达式给出:

$$\sum_{a \in \Sigma} \langle \mu(a), \eta(a) \rangle. \tag{3.32}$$

自然地, 我们想得到这个值在所有可选的测量 μ 中的最大值.

更一般地说, 我们可以用一个 $\phi : \Sigma \to \mathrm{Herm}(\mathcal{X})$ 形式的任意函数替代系综 $\eta : \Sigma \to \mathrm{Pos}(\mathcal{X})$, 然后考虑在所有测量 $\mu : \Sigma \to \mathrm{Pos}(\mathcal{X})$ 的集合中最大化

$$\sum_{a \in \Sigma} \langle \mu(a), \phi(a) \rangle. \tag{3.33}$$

这个更一般化的优化问题的一个有意义的应用是情形 3.8 的一个变形. 在这个变形下每一对 (a,b) 都关联了一个不同的回报值. 这里 a 是 Alice 的寄存器 Y 的态, b 是 Bob 测量的结果. 如果在 Alice 的寄存器 Y 的态为符号 a 的情况下 Bob 测量到了结果 b 且可以得到 $K(a,b)$ 的回报, 则对于给定的测量 $\mu : \Sigma \to \mathrm{Pos}(\mathcal{X})$, Bob 对收益的期望为

$$\sum_{a \in \Sigma} \sum_{b \in \Sigma} K(a,b) \langle \mu(b), \eta(a) \rangle = \sum_{b \in \Sigma} \langle \mu(b), \phi(b) \rangle, \tag{3.34}$$

这里

$$\phi(b) = \sum_{a \in \Sigma} K(a,b)\, \eta(a). \tag{3.35}$$

这一类假定的情形可以被继续一般化, 使得 Alice 的寄存器 Y 所允许的经典态集合与 Bob 测量结果的集合不一致.

3.1.2.1 最优测量的半定规划

对于任选的函数 $\phi : \Sigma \to \mathrm{Herm}(\mathcal{X})$, 以及复欧几里得空间 $\mathcal{X}$ 和字母表 Σ, 定义

$$\mathrm{opt}(\phi) = \max_{\mu} \sum_{a \in \Sigma} \langle \mu(a), \phi(a) \rangle. \tag{3.36}$$

这里的最大值是对所有 $\mu : \Sigma \to \mathrm{Pos}(\mathcal{X})$ 形式的测量而言的. 这个最优值必然可以由某些测量得到, 因为它是紧集上连续函数的最大值, 因此可以是最大值而非上确界. 如果对于某个测量 μ, 式 (3.33) 与 $\mathrm{opt}(\phi)$ 的值一致, 则我们可以说该策略关于 ϕ 是*最优的*.

我们并不知道对于任意函数 $\phi : \Sigma \to \mathrm{Herm}(\mathcal{X})$ 的 $\mathrm{opt}(\phi)$ 值的封闭形式表达式. 但是我们可以用半定规划的方式来表示 $\mathrm{opt}(\phi)$ 的值. 这个方法可以用于在计算机上求数值解. 关于这个半定规划的原始问题以及对偶问题的一个简化表示如下:

原始问题 (简化)

最大化:　$\sum_{a \in \Sigma} \langle \mu(a), \phi(a) \rangle$

条件:　$\mu : \Sigma \to \mathrm{Pos}(\mathcal{X})$,

　　　$\sum_{a \in \Sigma} \mu(a) = \mathbb{1}_{\mathcal{X}}$.

对偶问题 (简化)

最小化:　$\mathrm{Tr}(Y)$

条件:　$Y \geqslant \phi(a)$ (对于所有 $a \in \Sigma$),

　　　$Y \in \mathrm{Herm}(\mathcal{X})$.

这个半定规划与 1.2.3 节定义的半定规划一致的形式化表示由三元组 $(\Phi, A, \mathbb{1}_{\mathcal{X}})$ 给出. 这里映射 $\Phi \in \mathrm{T}(\mathcal{Y} \otimes \mathcal{X}, \mathcal{X})$ 定义为在 $\mathcal{Y} = \mathbb{C}^{\Sigma}$ 上的偏迹 $\Phi = \mathrm{Tr}_{\mathcal{Y}}$, 而算子 A 定义为

$$A = \sum_{a \in \Sigma} E_{a,a} \otimes \phi(a). \tag{3.37}$$

这个三元组 $(\Phi, A, \mathbb{1}_{\mathcal{X}})$ 对应的原始与对偶问题如下:

原始问题 (正式)

最大化:　$\langle A, X \rangle$

条件:　$\mathrm{Tr}_{\mathcal{Y}}(X) = \mathbb{1}_{\mathcal{X}}$,

　　　$X \in \mathrm{Pos}(\mathcal{Y} \otimes \mathcal{X})$.

对偶问题 (正式)

最小化: $\mathrm{Tr}(Y)$

条件: $\mathbb{1}_y \otimes Y \geqslant A,$

$Y \in \mathrm{Herm}(\mathcal{X}).$

这些问题等价于前面讨论的原始与对偶问题的简化版本. 更具体地说, 任何前面讨论的简化的原始问题的可行解 μ 都可以引出一个正式原始问题的可行解

$$X = \sum_{a \in \Sigma} E_{a,a} \otimes \mu(a), \tag{3.38}$$

并且它达到的目标值与正式原始问题的一致:

$$\langle A, X \rangle = \sum_{a \in \Sigma} \langle \mu(a), \phi(a) \rangle. \tag{3.39}$$

尽管正式原始问题的可行解一般不是式 (3.38) 的形式, 我们还是可以从算子 X 中得到简化的原始问题的可行解 μ. 它满足对每一个 $a \in \Sigma$ 都有

$$\mu(a) = (e_a^* \otimes \mathbb{1}_{\mathcal{X}}) X (e_a \otimes \mathbb{1}_{\mathcal{X}}). \tag{3.40}$$

这时式 (3.39) 还是成立的, 因此这两个原始问题有着相同的最优解. 两个对偶问题等价的这个事实可以通过观察不等式

$$\mathbb{1}_y \otimes Y \geqslant \sum_{a \in \Sigma} E_{a,a} \otimes \phi(a) \tag{3.41}$$

与 $Y \geqslant \phi(a)$ 对所有 $a \in \Sigma$ 都等价得知.

这个半定规划满足强对偶. 算子

$$X = \frac{1}{|\Sigma|} \mathbb{1}_y \otimes \mathbb{1}_{\mathcal{X}} \tag{3.42}$$

是严格的原始可行解, 而 $Y = \gamma \mathbb{1}_{\mathcal{X}}$ 对所有实数 $\gamma > \lambda_1(A)$ 都是严格的对偶可行解. 由半定规划的 Slater 定理 (定理 1.18) 可知, 原始及对偶最优值在原始及对偶问题中都可以达到.

3.1.2.2 最优测量的判据

由于我们不知道最优测量的封闭形式表示, 我们可能很难得到给定函数 $\phi: \Sigma \to \mathrm{Herm}(\mathcal{X})$ 的最优测量 $\mu: \Sigma \to \mathrm{Pos}(\mathcal{X})$ 的解析描述. 但是反过来, 利用下面这个定理可以直接验证一个最优策略真的最优.

定理 3.9 (Holevo-Yuen-Kennedy-Lax) 设 $\phi: \Sigma \to \mathrm{Herm}(\mathcal{X})$ 是一个函数而 $\mu: \Sigma \to \mathrm{Pos}(\mathcal{X})$ 是一个测量. 这里 $\mathcal{X}$ 是复欧几里得空间, 而 Σ 是字母表. 当且仅当算子

$$Y = \sum_{a \in \Sigma} \phi(a)\mu(a) \tag{3.43}$$

是 Hermite 的并且满足对所有 $b \in \Sigma$ 都有 $Y \geqslant \phi(b)$ 时, 测量 μ 关于函数 ϕ 是最优的.

证明 设 $\mathcal{Y} = \mathbb{C}^\Sigma$ 并定义算子 $X \in \mathrm{Herm}(\mathcal{Y} \otimes \mathcal{X})$ 为

$$X = \sum_{a \in \Sigma} E_{a,a} \otimes \mu(a). \tag{3.44}$$

首先假设 μ 是 ϕ 的最优测量. 正如前面所述, 这使得 X 是半定规划问题 $(\Phi, A, \mathbb{1}_{\mathcal{X}})$ 的最优原始解. 因为这个半定规划问题的对偶最优解总是可以得到的, 所以我们可以选择 $Z \in \mathrm{Herm}(\mathcal{X})$ 作为这个对偶最优解. 由于半定规划问题的互补松弛性 (命题 1.19), 所以必然满足

$$(\mathbb{1}_{\mathcal{Y}} \otimes Z) X = AX. \tag{3.45}$$

对式 (3.45) 的两边取 $\mathcal{Y}$ 的偏迹, 我们可以看到

$$Z = Z \mathrm{Tr}_{\mathcal{Y}}(X) = \mathrm{Tr}_{\mathcal{Y}}(AX) = \sum_{a \in \Sigma} \phi(a)\mu(a) = Y. \tag{3.46}$$

因此算子 Y 是对偶可行的, 并且因此它是 Hermite 的且对所有 $b \in \Sigma$ 都满足 $Y \geqslant \phi(b)$.

为了证明等价性的另一个方向, 我们首先要观察到, 如果 Y 是 Hermite 的, 并且对所有 $b \in \Sigma$ 都满足 $Y \geqslant \phi(b)$, 则它是关于 $\mathrm{opt}(\phi)$ 的半定规划问题 $(\Phi, A, \mathbb{1}_{\mathcal{X}})$ 的一个对偶可行解. 因为 μ 是一个测量, 所以式 (3.44) 中定义的算子 X 对于这个半定规划问题是可行的. 在这个原始问题中由 X 达到的目标值与在对偶问题中由 Y 达到的目标值都等于

$$\sum_{a \in \Sigma} \langle \mu(a), \phi(a) \rangle. \tag{3.47}$$

根据半定规划的弱对偶性质, 由这两个值相等可以推出它们都是最优的. 因此测量 μ 对于 ϕ 是最优的. $\square$

3.1.2.3 极优测量

回到情形 3.8 中 Bob 的任务. 假设给定一个系综 $\eta : \Sigma \to \mathrm{Pos}(\mathcal{X})$ 与测量 $\mu : \Sigma \to \mathrm{Pos}(\mathcal{X})$ 使得正确确定 Alice 的经典寄存器 Y 的态的概率

$$\sum_{a \in \Sigma} \langle \mu(a), \eta(a) \rangle \tag{3.48}$$

可以达到.

在 η 的详细表示已知的具体条件下, $\mathrm{opt}(\eta)$ 的半定规划形式使得我们可以高效地数值近似 η 的最优测量 μ. 但是这种近似在更抽象的条件下可能并不能被满足, 比如当我们把 η 看作一个未知系综的时候. 虽然定理 3.9 让我们可以验证一个给定的最优测量是否是最优的, 但是它并不能提供找到最优测量的方法.

另一个寻找最优测量的方法是考虑 η 可以定义的封闭表示, 虽然这个结果可能是亚最优的. 极优测量就是这类测量的一个例子.

为了定义给定系综 η 的极优测量，我们要先考虑 η 的平均态

$$\rho = \sum_{a \in \Sigma} \eta(a). \tag{3.49}$$

当 ρ 正定的时候，关于 η 的极优测量 $\mu : \Sigma \to \mathrm{Pos}(\mathcal{X})$ 定义为

$$\mu(a) = \rho^{-\frac{1}{2}} \eta(a) \rho^{-\frac{1}{2}}. \tag{3.50}$$

一般来说，当 ρ 不一定可逆的时候，我们会使用 ρ 的 Moore-Penrose 伪逆替代 ρ 的逆，从而定义$^{\ominus}$ 关于 η 的极优测量为使得对每一个 $a \in \Sigma$ 都满足

$$\mu(a) = \sqrt{\rho^+}\, \eta(a) \sqrt{\rho^+} + \frac{1}{|\Sigma|} \Pi_{\mathrm{ker}(\rho)} \tag{3.52}$$

的测量.

虽然极优测量一般来说不是给定系综的最优策略，但是它的正确预测概率总是至少可以达到最优成功率的平方.

定理 3.10(Barnum-Knill)　设 $\mathcal{X}$ 为复欧几里得空间，Σ 为字母表，$\eta : \Sigma \to \mathrm{Pos}(\mathcal{X})$ 为态的系综，而 $\mu : \Sigma \to \mathrm{Pos}(\mathcal{X})$ 代表关于 η 的极优测量. 我们有

$$\sum_{a \in \Sigma} \langle \mu(a), \eta(a) \rangle \geqslant \mathrm{opt}(\eta)^2. \tag{3.53}$$

证明　设

$$\rho = \sum_{a \in \Sigma} \eta(a) \tag{3.54}$$

且 $\nu : \Sigma \to \mathrm{Pos}(\mathcal{X})$ 为一个测量. 对所有 $a \in \Sigma$ 都有 $\mathrm{im}(\eta(a)) \subseteq \mathrm{im}(\rho)$，因而

$$\langle \nu(a), \eta(a) \rangle = \left\langle \rho^{\frac{1}{4}} \nu(a) \rho^{\frac{1}{4}}, (\rho^+)^{\frac{1}{4}} \eta(a) (\rho^+)^{\frac{1}{4}} \right\rangle. \tag{3.55}$$

根据 Cauchy-Schwarz 不等式，可知对于每一个 $a \in \Sigma$ 都有

$$\langle \nu(a), \eta(a) \rangle \leqslant \left\| \rho^{\frac{1}{4}} \nu(a) \rho^{\frac{1}{4}} \right\|_2 \left\| (\rho^+)^{\frac{1}{4}} \eta(a) (\rho^+)^{\frac{1}{4}} \right\|_2. \tag{3.56}$$

再次应用 Cauchy-Schwarz 不等式. 这次是应用在实数的向量而非算子上. 我们可以得到

$$\sum_{a \in \Sigma} \langle \nu(a), \eta(a) \rangle \leqslant \sqrt{\sum_{a \in \Sigma} \left\| \rho^{\frac{1}{4}} \nu(a) \rho^{\frac{1}{4}} \right\|_2^2} \sqrt{\sum_{a \in \Sigma} \left\| (\rho^+)^{\frac{1}{4}} \eta(a) (\rho^+)^{\frac{1}{4}} \right\|_2^2}. \tag{3.57}$$

$\ominus$ 值得注意的是，这里我们把式 (3.52) 作为极优测量的定义，但是在 ρ 不可逆的情况下，它的定义比较随意. 任何满足对所有 $a \in \Sigma$ 都有

$$\mu(a) \geqslant \sqrt{\rho^+}\, \eta(a) \sqrt{\rho^+} \tag{3.51}$$

的测量 $\mu : \Sigma \to \mathrm{Pos}(\mathcal{X})$ 对接下来的讨论都是等价的.

式 (3.57) 右边第一项最大为 1. 为了证明这一点，我们可以利用 Frobenius 范数的定义得到对每一个 $a \in \Sigma$ 的表达式

$$\left\| \rho^{\frac{1}{4}} \nu(a) \rho^{\frac{1}{4}} \right\|_2^2 = \left\langle \rho^{\frac{1}{4}} \nu(a) \rho^{\frac{1}{4}}, \rho^{\frac{1}{4}} \nu(a) \rho^{\frac{1}{4}} \right\rangle = \left\langle \nu(a), \sqrt{\rho} \nu(a) \sqrt{\rho} \right\rangle. \tag{3.58}$$

根据 $\nu(a) \leqslant \mathbb{1}_{\mathcal{X}}$ 且 $\sqrt{\rho} \nu(a) \sqrt{\rho} \geqslant 0.$ 的事实，可得

$$\left\| \rho^{\frac{1}{4}} \nu(a) \rho^{\frac{1}{4}} \right\|_2^2 \leqslant \mathrm{Tr}\left(\sqrt{\rho} \nu(a) \sqrt{\rho} \right). \tag{3.59}$$

将其对所有 $a \in \Sigma$ 求和得到

$$\sum_{a \in \Sigma} \left\| \rho^{\frac{1}{4}} \nu(a) \rho^{\frac{1}{4}} \right\|_2^2 \leqslant \sum_{a \in \Sigma} \mathrm{Tr}\left(\sqrt{\rho} \nu(a) \sqrt{\rho} \right) = \mathrm{Tr}(\rho) = 1. \tag{3.60}$$

根据极优测量的定义，以及类似于式 (3.58) 中的计算，对每一个 $a \in \Sigma$ 有

$$\left\| (\rho^+)^{\frac{1}{4}} \eta(a) (\rho^+)^{\frac{1}{4}} \right\|_2^2 = \left\langle \sqrt{\rho^+} \eta(a) \sqrt{\rho^+}, \eta(a) \right\rangle \leqslant \langle \mu(a), \eta(a) \rangle, \tag{3.61}$$

因此

$$\sum_{a \in \Sigma} \left\| (\rho^+)^{\frac{1}{4}} \eta(a) (\rho^+)^{\frac{1}{4}} \right\|_2^2 \leqslant \sum_{a \in \Sigma} \langle \mu(a), \eta(a) \rangle. \tag{3.62}$$

根据式 (3.57)、式 (3.60) 以及式 (3.62) 可知

$$\left(\sum_{a \in \Sigma} \langle \nu(a), \eta(a) \rangle \right)^2 \leqslant \sum_{a \in \Sigma} \langle \mu(a), \eta(a) \rangle. \tag{3.63}$$

因为这个不等式对所有测量 $\nu : \Sigma \to \mathrm{Pos}(\mathcal{X})$ 都成立，包括对于 η 的最优策略，所以我们完成了证明。   □

3.2 保真度函数

本节介绍保真度函数. 它提供了关于量子态 (或者更一般地，半正定算子) 之间相似性，或者"重叠"的度量. 这个函数将贯穿全书. 它的定义如下.

定义 3.11 设 $P, Q \in \mathrm{Pos}(\mathcal{X})$ 为复欧几里得空间 $\mathcal{X}$ 上的半正定算子，则 P 与 Q 之间的**保真度**定义为

$$\mathrm{F}(P, Q) = \left\| \sqrt{P} \sqrt{Q} \right\|_1. \tag{3.64}$$

函数 F 称为**保真度函数**.

保真度函数经常只考虑密度算子，但是一个更一般化的定义是很有价值的，这样我们可以讨论任意半正定算子的保真度. 根据迹范数的定义展开式 (3.64)，就得到了保真度函数的另一个表达式：

$$\mathrm{F}(P, Q) = \mathrm{Tr}\left(\sqrt{\sqrt{Q} P \sqrt{Q}} \right). \tag{3.65}$$

3.2.1 保真度函数的基本性质

下列命题解释了保真度函数的一些基本性质.

命题 3.12 设 $P, Q \in \mathrm{Pos}(\mathcal{X})$ 为复欧几里得空间 $\mathcal{X}$ 上的半正定算子. 下列事实成立:

1. 保真度函数 F 在 (P, Q) 上是连续的.

2. $\mathrm{F}(P, Q) = \mathrm{F}(Q, P)$.

3. 对每一个实数 $\lambda \geqslant 0$ 都有 $\mathrm{F}(\lambda P, Q) = \sqrt{\lambda}\,\mathrm{F}(P, Q) = \mathrm{F}(P, \lambda Q)$.

4. $\mathrm{F}(P, Q) = \mathrm{F}\big(\Pi_{\mathrm{im}(Q)} P \Pi_{\mathrm{im}(Q)}, Q\big) = \mathrm{F}\big(P, \Pi_{\mathrm{im}(P)} Q \Pi_{\mathrm{im}(P)}\big)$.

5. $\mathrm{F}(P, Q) \geqslant 0$, 当且仅当 $PQ = 0$ 时取等.

6. $\mathrm{F}(P, Q)^2 \leqslant \mathrm{Tr}(P)\,\mathrm{Tr}(Q)$, 当且仅当 P 与 Q 线性相关时取等.

7. 对每一个满足 $\dim(\mathcal{Y}) \geqslant \dim(\mathcal{X})$ 的复欧几里得空间 $\mathcal{Y}$ 以及每一个等距算子 $V \in \mathrm{U}(\mathcal{X}, \mathcal{Y})$, 都有 $\mathrm{F}(P, Q) = \mathrm{F}(VPV^*, VQV^*)$.

证明 声明 1、2 与 3 是保真度函数 (定义 3.11) 的直接结果: 保真度函数是一些连续函数 (算子开方、算子复合以及迹范数) 复合的结果, 因此在定义域的每一个点上都连续; 对于任选的算子 A 满足 $\|A\|_1 = \|A^*\|_1$, 因此有

$$\left\| \sqrt{P}\sqrt{Q} \right\|_1 = \left\| \left(\sqrt{P}\sqrt{Q}\right)^* \right\|_1 = \left\| \sqrt{Q}\sqrt{P} \right\|_1 ; \tag{3.66}$$

另外根据迹范数的正可扩展性, 我们可以得到

$$\left\| \sqrt{\lambda P}\sqrt{Q} \right\|_1 = \sqrt{\lambda} \left\| \sqrt{P}\sqrt{Q} \right\|_1 = \left\| \sqrt{P}\sqrt{\lambda Q} \right\|_1. \tag{3.67}$$

接下来是声明 4. 我们可以通过观察得到

$$\sqrt{Q} = \sqrt{Q}\,\Pi_{\mathrm{im}(Q)} = \Pi_{\mathrm{im}(Q)}\sqrt{Q} \tag{3.68}$$

使得

$$\sqrt{Q} P \sqrt{Q} = \sqrt{Q}\,\Pi_{\mathrm{im}(Q)} P \Pi_{\mathrm{im}(Q)}\sqrt{Q}. \tag{3.69}$$

通过使用式 (3.65), 我们可以得到

$$\mathrm{F}(P, Q) = \mathrm{F}\big(\Pi_{\mathrm{im}(Q)} P \Pi_{\mathrm{im}(Q)}, Q\big). \tag{3.70}$$

这证明了声明 4 的第一个等式. 第二个等式来自第一个等式与声明 2 的结合.

声明 5 来自迹范数半正定的事实:

$$\left\| \sqrt{P}\sqrt{Q} \right\|_1 \geqslant 0, \tag{3.71}$$

当且仅当 $\sqrt{P}\sqrt{Q} = 0$ 时取等. 这等价于 $PQ = 0$.

为了证明声明 6, 我们要先观察到, 根据式 (1.182), 必然存在酉算子 $U \in \mathrm{U}(\mathcal{X})$ 使得

$$\mathrm{F}(P, Q)^2 = \left\| \sqrt{P}\sqrt{Q} \right\|_1^2 = \left| \left\langle U, \sqrt{P}\sqrt{Q} \right\rangle \right|^2 = \left| \left\langle \sqrt{P}U, \sqrt{Q} \right\rangle \right|^2. \tag{3.72}$$

根据 Cauchy-Schwarz 不等式,

$$\left|\left\langle \sqrt{P}U, \sqrt{Q}\right\rangle\right|^2 \leqslant \left\|\sqrt{P}U\right\|_2^2 \left\|\sqrt{Q}\right\|_2^2 = \mathrm{Tr}(P)\,\mathrm{Tr}(Q) \tag{3.73}$$

成立, 这即是声明 6 中的不等式. 如果 P 与 Q 是线性无关的, 则必然存在某些非零的实数 λ 使得 $P = \lambda Q$ 或 $Q = \lambda P$. 不管是哪种情况, 我们都可以直接证明

$$\mathrm{F}(P,Q)^2 = \mathrm{Tr}(P)\,\mathrm{Tr}(Q). \tag{3.74}$$

另一方面, 如果 P 与 Q 是线性无关的, 则 $\sqrt{P}U$ 与 $\sqrt{Q}$ 对于所有的 U 也是线性无关的. 这是因为, 如果对标量 $\alpha, \beta \in \mathbb{C}$ 满足

$$\alpha\sqrt{P}U + \beta\sqrt{Q} = 0, \tag{3.75}$$

则有

$$|\alpha|^2 P = |\beta|^2 Q. \tag{3.76}$$

因此由 P 与 Q 线性无关的假设可以推出式 (3.73) 中的 Cauchy-Schwarz 不等式严格成立, 也即证明了声明 6.

最后, 为了证明声明 7, 我们要先观测到对每一个等距算子 $V \in \mathrm{U}(\mathcal{X}, \mathcal{Y})$,

$$\sqrt{VPV^*} = V\sqrt{P}V^* \quad 且 \quad \sqrt{VQV^*} = V\sqrt{Q}V^*. \tag{3.77}$$

根据迹范数的等距不变性, 我们可以得到

$$\mathrm{F}(VPV^*, VQV^*) = \left\|V\sqrt{P}V^*V\sqrt{Q}V^*\right\|_1 = \left\|\sqrt{P}\sqrt{Q}\right\|_1, \tag{3.78}$$

也即证明了声明 7. □

由命题 3.12 的声明 5 和 6 可以推出对所有密度算子 $\rho, \sigma \in \mathrm{D}(\mathcal{X})$ 都有

$$0 \leqslant \mathrm{F}(\rho, \sigma) \leqslant 1. \tag{3.79}$$

另外, 当且仅当 ρ 与 σ 的像正交时 $\mathrm{F}(\rho, \sigma) = 0$, 而当且仅当 $\rho = \sigma$ 时 $\mathrm{F}(\rho, \sigma) = 1$.

如下命题所示, 如果保真度函数的输入算子的秩为 1, 则它的输出可以由一个简单的式子给出.

命题 3.13 设 $\mathcal{X}$ 为复欧几里得空间, $v \in \mathcal{X}$ 为向量, 而 $P \in \mathrm{Pos}(\mathcal{X})$ 为半正定算子. 我们有

$$\mathrm{F}(P, vv^*) = \sqrt{v^*Pv}. \tag{3.80}$$

特别地, 对于给定的向量 $u, v \in \mathcal{X}$, 下式成立:

$$\mathrm{F}(uu^*, vv^*) = |\langle u, v \rangle|. \tag{3.81}$$

证明 算子

$$\sqrt{P}\,vv^*\sqrt{P} \tag{3.82}$$

是半正定的, 并且秩最多为 1. 因此它的最大本征值为

$$\lambda_1\left(\sqrt{P}\,vv^*\sqrt{P}\right) = \mathrm{Tr}\left(\sqrt{P}\,vv^*\sqrt{P}\right) = v^*Pv, \tag{3.83}$$

而其他本征值为 0. 正如我们声明的, 这时我们有

$$\mathrm{F}(P, vv^*) = \mathrm{Tr}\left(\sqrt{\sqrt{P}\,vv^*\sqrt{P}}\right) = \sqrt{\lambda_1\left(\sqrt{P}\,vv^*\sqrt{P}\right)} = \sqrt{v^*Pv}. \tag{3.84}$$

$\square$

下列命题是保真度函数有简单形式的另一种情况. 这个命题的一个推论称为 Winter 柔测量引理. 这在很多情形下非常有用.[⊖]

命题 3.14 设 $P, Q \in \mathrm{Pos}(\mathcal{X})$ 为半正定算子. 这里 $\mathcal{X}$ 是一个复欧几里得空间. 下式成立:

$$\mathrm{F}(P, QPQ) = \langle P, Q \rangle. \tag{3.85}$$

证明 我们有

$$\sqrt{\sqrt{P}QPQ\sqrt{P}} = \sqrt{\left(\sqrt{P}Q\sqrt{P}\right)^2} = \sqrt{P}Q\sqrt{P}, \tag{3.86}$$

所以像我们声明的那样,

$$\mathrm{F}(P, QPQ) = \mathrm{Tr}\left(\sqrt{\sqrt{P}QPQ\sqrt{P}}\right) = \mathrm{Tr}\left(\sqrt{P}Q\sqrt{P}\right) = \langle P, Q \rangle. \tag{3.87}$$

$\square$

推论 3.15 (Winter 柔测量引理) 设 $\mathcal{X}$ 为复欧几里得空间, $\rho \in \mathrm{D}(\mathcal{X})$ 为半正定算子, 而 $P \in \mathrm{Pos}(\mathcal{X})$ 为满足 $P \leqslant \mathbb{1}_{\mathcal{X}}$ 且 $\langle P, \rho \rangle > 0$ 的半正定算子. 下式成立:

$$\mathrm{F}\left(\rho, \frac{\sqrt{P}\rho\sqrt{P}}{\langle P, \rho \rangle}\right) \geqslant \sqrt{\langle P, \rho \rangle}. \tag{3.88}$$

证明 根据命题 3.14, 以及命题 3.12 的声明 3, 我们有

$$\mathrm{F}\left(\rho, \frac{\sqrt{P}\rho\sqrt{P}}{\langle P, \rho \rangle}\right) = \frac{1}{\sqrt{\langle P, \rho \rangle}}\mathrm{F}\left(\rho, \sqrt{P}\rho\sqrt{P}\right) = \frac{\langle \sqrt{P}, \rho \rangle}{\sqrt{\langle P, \rho \rangle}}. \tag{3.89}$$

在 $0 \leqslant P \leqslant \mathbb{1}$ 的假设下, $\sqrt{P} \geqslant P$ 成立, 因此 $\langle \sqrt{P}, \rho \rangle \geqslant \langle P, \rho \rangle$, 由此可得到引理. $\square$

保真度函数另一个简单但是有用的性质是它对张量积是可乘的.

⊖ 柔测量这个词代表: 如果对一个特定的态进行测量会以极高的概率给出一个特定的结果, 则这个测量所对应的非破坏性测量在得到最可能的结果时只会对被测态造成微小的扰动.

命题 3.16 设 $P_0, Q_0 \in \mathrm{Pos}(\mathcal{X}_0)$ 与 $P_1, Q_1 \in \mathrm{Pos}(\mathcal{X}_1)$ 为半正定算子, 这里 $\mathcal{X}_0$ 和 $\mathcal{X}_1$ 为复欧几里得空间. 下式成立:

$$\mathrm{F}(P_0 \otimes P_1, Q_0 \otimes Q_1) = \mathrm{F}(P_0, Q_0)\,\mathrm{F}(P_1, Q_1). \tag{3.90}$$

证明 算子平方根、张量积的复合以及迹范数对于张量积都是可乘的, 因此正如声明的那样, 有

$$\begin{aligned}
\mathrm{F}(P_0 \otimes P_1, Q_0 \otimes Q_1) &= \left\| \sqrt{P_0 \otimes P_1}\sqrt{Q_0 \otimes Q_1} \right\|_1 \\
&= \left\| \sqrt{P_0}\sqrt{Q_0} \otimes \sqrt{P_1}\sqrt{Q_1} \right\|_1 = \left\| \sqrt{P_0}\sqrt{Q_0} \right\|_1 \left\| \sqrt{P_1}\sqrt{Q_1} \right\|_1 \\
&= \mathrm{F}(P_0, Q_0)\,\mathrm{F}(P_1, Q_1).
\end{aligned} \tag{3.91}$$

$\square$

3.2.2 保真度函数的特征

已知的保真度函数的特征有很多种. 这些特征中的一部分将在下面介绍. 这些特征中有的可以刻画保真度函数更多的性质, 有的会在本书的其他地方发挥作用.

3.2.2.1 块算子特征

保真度函数的一种特征由如下定理表示. 这个特征在刻画保真度函数相关性质 (包括联合凹性和信道作用下的单调性) 时非常有用. 这将在下一节中介绍.

定理 3.17 设 $\mathcal{X}$ 为复欧几里得空间, 而 $P, Q \in \mathrm{Pos}(\mathcal{X})$ 为

$$\mathrm{F}(P, Q) = \max \left\{ \left| \mathrm{Tr}(X) \right| : X \in \mathrm{L}(\mathcal{X}), \begin{pmatrix} P & X \\ X^* & Q \end{pmatrix} \in \mathrm{Pos}(\mathcal{X} \oplus \mathcal{X}) \right\}. \tag{3.92}$$

如下这个用于证明定理 3.17 的引理在本书其他地方也会用到. 这个引理的形式将比这里需要的更一般化. 这里我们不要求 P 与 Q 作用在同一个空间上. 但是这个一般化的条件并不会让证明更加困难.

引理 3.18 设 $\mathcal{X}$ 与 $\mathcal{Y}$ 为复欧几里得空间, $P \in \mathrm{Pos}(\mathcal{X})$ 与 $Q \in \mathrm{Pos}(\mathcal{Y})$ 为半正定算子, 并且 $X \in \mathrm{L}(\mathcal{Y}, \mathcal{X})$ 为任意算子. 我们有

$$\begin{pmatrix} P & X \\ X^* & Q \end{pmatrix} \in \mathrm{Pos}(\mathcal{X} \oplus \mathcal{Y}), \tag{3.93}$$

当且仅当对某些满足 $\|K\| \leqslant 1$ 的 $K \in \mathrm{L}(\mathcal{Y}, \mathcal{X})$ 有 $X = \sqrt{P}K\sqrt{Q}$.

证明 首先假设对于满足 $\|K\| \leqslant 1$ 的算子 $K \in \mathrm{L}(\mathcal{Y}, \mathcal{X})$, 有 $X = \sqrt{P}K\sqrt{Q}$. 这可以得到 $KK^* \leqslant \mathbb{1}_{\mathcal{X}}$, 因此

$$0 \leqslant \begin{pmatrix} \sqrt{P}K \\ \sqrt{Q} \end{pmatrix} \left(K^*\sqrt{P} \quad \sqrt{Q} \right) = \begin{pmatrix} \sqrt{P}KK^*\sqrt{P} & X \\ X^* & Q \end{pmatrix} \leqslant \begin{pmatrix} P & X \\ X^* & Q \end{pmatrix}. \tag{3.94}$$

对于反向的推导，假设

$$\begin{pmatrix} P & X \\ X^* & Q \end{pmatrix} \in \mathrm{Pos}(\mathcal{X} \oplus \mathcal{Y}), \tag{3.95}$$

然后定义

$$K = \sqrt{P^+} X \sqrt{Q^+}. \tag{3.96}$$

这可以证明 $X = \sqrt{P} K \sqrt{Q}$ 并且 $\|K\| \leqslant 1$. 首先要看到，对于每一个 Hermite 算子 $H \in \mathrm{Herm}(\mathcal{X})$，块算子

$$\begin{pmatrix} H & 0 \\ 0 & \mathbb{1} \end{pmatrix} \begin{pmatrix} P & X \\ X^* & Q \end{pmatrix} \begin{pmatrix} H & 0 \\ 0 & \mathbb{1} \end{pmatrix} = \begin{pmatrix} HPH & HX \\ X^*H & Q \end{pmatrix} \tag{3.97}$$

是半正定的. 特别地，对于投影到 P 的核上的 $H = \Pi_{\ker(P)}$，我们可以得到算子

$$\begin{pmatrix} 0 & \Pi_{\ker(P)}X \\ X^*\Pi_{\ker(P)} & Q \end{pmatrix} \tag{3.98}$$

是半正定的，这意味着 $\Pi_{\ker(P)}X = 0$，因此 $\Pi_{\mathrm{im}(P)}X = X$. 通过类似的过程，我们可以发现 $X\Pi_{\mathrm{im}(Q)} = X$. 因此

$$\sqrt{P} K \sqrt{Q} = \Pi_{\mathrm{im}(P)} X \Pi_{\mathrm{im}(Q)} = X. \tag{3.99}$$

接下来，注意到对于任选的向量 $x \in \mathcal{X}$ 与 $y \in \mathcal{Y}$，

$$\begin{pmatrix} x^*Px & x^*Xy \\ y^*X^*x & y^*Qy \end{pmatrix} = \begin{pmatrix} x^* & 0 \\ 0 & y^* \end{pmatrix} \begin{pmatrix} P & X \\ X^* & Q \end{pmatrix} \begin{pmatrix} x & 0 \\ 0 & y \end{pmatrix} \geqslant 0. \tag{3.100}$$

设对于任选的向量 $u \in \mathcal{X}$ 和 $v \in \mathcal{Y}$，

$$x = \sqrt{P^+}u \quad 且 \quad y = \sqrt{Q^+}v, \tag{3.101}$$

我们可以发现

$$\begin{pmatrix} 1 & u^*Kv \\ v^*K^*u & 1 \end{pmatrix} \geqslant \begin{pmatrix} u^*\Pi_{\mathrm{im}(P)}u & u^*Kv \\ v^*K^*u & v^*\Pi_{\mathrm{im}(Q)}v \end{pmatrix} \geqslant 0, \tag{3.102}$$

因此 $|u^*Kv| \leqslant 1$. 由于这个不等式对所有单位向量 u 与 v 都成立，所以正如我们希望的，我们可以得到 $\|K\| \leqslant 1$. $\qquad\square$

定理 3.17 的证明　根据引理 3.18，式 (3.92) 右边的表达式可以写作

$$\max\left\{ \left| \mathrm{Tr}\left(\sqrt{P} K \sqrt{Q} \right) \right| : K \in \mathrm{L}(\mathcal{X}), \|K\| \leqslant 1 \right\}, \tag{3.103}$$

这等价于

$$\max\left\{ \left| \left\langle K, \sqrt{P}\sqrt{Q} \right\rangle \right| : K \in \mathrm{L}(\mathcal{X}), \|K\| \leqslant 1 \right\}. \tag{3.104}$$

根据迹与谱范数的对偶 (式 (1.173))，我们有

$$
\begin{aligned}
&\max\left\{\left|\left\langle K, \sqrt{P}\sqrt{Q}\right\rangle\right| : K \in \mathrm{L}(\mathcal{X}), \|K\| \leqslant 1\right\} \\
&= \left\|\sqrt{P}\sqrt{Q}\right\|_1 = \mathrm{F}(P, Q),
\end{aligned}
\tag{3.105}
$$

至此完成了证明. □

注：对于任选的 $P, Q \in \mathrm{Pos}(\mathcal{X})$，$X \in \mathrm{L}(\mathcal{X})$，以及满足 $|\alpha| = 1$ 的标量 $\alpha \in \mathbb{C}$，我们有

$$
\begin{pmatrix} P & X \\ X^* & Q \end{pmatrix} \in \mathrm{Pos}(\mathcal{X} \oplus \mathcal{X}),
\tag{3.106}
$$

其条件是当且仅当

$$
\begin{pmatrix} P & \alpha X \\ \overline{\alpha} X^* & Q \end{pmatrix} \in \mathrm{Pos}(\mathcal{X} \oplus \mathcal{X}).
\tag{3.107}
$$

这个事实来自引理 3.18. 从另一个角度来说, 根据等式

$$
\begin{pmatrix} \mathbb{1} & 0 \\ 0 & \alpha\mathbb{1} \end{pmatrix}^* \begin{pmatrix} P & X \\ X^* & Q \end{pmatrix} \begin{pmatrix} \mathbb{1} & 0 \\ 0 & \alpha\mathbb{1} \end{pmatrix} = \begin{pmatrix} P & \alpha X \\ \overline{\alpha} X^* & Q \end{pmatrix},
\tag{3.108}
$$

我们可以总结由式 (3.106) 可以推出式 (3.107). 反向的推论可以由下面的等式得到：

$$
\begin{pmatrix} \mathbb{1} & 0 \\ 0 & \alpha\mathbb{1} \end{pmatrix} \begin{pmatrix} P & \alpha X \\ \overline{\alpha} X^* & Q \end{pmatrix} \begin{pmatrix} \mathbb{1} & 0 \\ 0 & \alpha\mathbb{1} \end{pmatrix}^* = \begin{pmatrix} P & X \\ X^* & Q \end{pmatrix}.
\tag{3.109}
$$

因此，对于任意两个半正定算子 $P, Q \in \mathrm{Pos}(\mathcal{X})$，可以得知保真度函数 $\mathrm{F}(P, Q)$ 由下式给出

$$
\max\left\{\Re(\mathrm{Tr}(X)) : X \in \mathrm{L}(\mathcal{X}), \begin{pmatrix} P & X \\ X^* & Q \end{pmatrix} \in \mathrm{Pos}(\mathcal{X} \oplus \mathcal{X})\right\},
\tag{3.110}
$$

这里 $\Re(\beta)$ 代表复数 β 的实部. 另外，必然存在一个算子 $X \in \mathrm{L}(\mathcal{X})$ 使得

$$
\begin{pmatrix} P & X \\ X^* & Q \end{pmatrix} \in \mathrm{Pos}(\mathcal{X} \oplus \mathcal{X})
\tag{3.111}
$$

并且 $\mathrm{F}(P, Q) = \mathrm{Tr}(X)$.

由定理 3.17 给出的保真度函数的特征给出了保真度函数关于半定规划的最优值的表达式. 我们在这里将解释这一点. 首先, 定义一个映射 $\Phi \in \mathrm{T}(\mathcal{X} \oplus \mathcal{X})$ 使得对于每一个 $X_0, X_1 \in \mathrm{L}(\mathcal{X})$ 都有

$$
\Phi\begin{pmatrix} X_0 & \cdot \\ \cdot & X_1 \end{pmatrix} = \frac{1}{2}\begin{pmatrix} X_0 & 0 \\ 0 & X_1 \end{pmatrix},
\tag{3.112}
$$

这里的点代表 $\mathrm{L}(\mathcal{X})$ 中对映射的输出没有影响的元素. 我们可以验证映射 Φ 是自伴的: $\Phi = \Phi^*$. 然后, 对于给定的 $P, Q \in \mathrm{Pos}(\mathcal{X})$, 定义 Hermite 算子 $A, B \in \mathrm{Herm}(\mathcal{X} \oplus \mathcal{X})$ 为

$$A = \frac{1}{2} \begin{pmatrix} 0 & \mathbb{1} \\ \mathbb{1} & 0 \end{pmatrix} \quad 和 \quad B = \frac{1}{2} \begin{pmatrix} P & 0 \\ 0 & Q \end{pmatrix}. \tag{3.113}$$

进行了细微的简化后, 关于半定规划 (Φ, A, B) 的原始和对偶优化问题如下:

原始问题	对偶问题
最大化: $\dfrac{1}{2}\mathrm{Tr}(X) + \dfrac{1}{2}\mathrm{Tr}(X^*)$	最小化: $\dfrac{1}{2}\langle P, Y_0 \rangle + \dfrac{1}{2}\langle Q, Y_1 \rangle$
条件: $\begin{pmatrix} P & X \\ X^* & Q \end{pmatrix} \geqslant 0,$	条件: $\begin{pmatrix} Y_0 & -\mathbb{1} \\ -\mathbb{1} & Y_1 \end{pmatrix} \geqslant 0,$
$X \in \mathrm{L}(\mathcal{X}).$	$Y_0, Y_1 \in \mathrm{Herm}(\mathcal{X}).$

这个半定规划问题的最优原始值等于 $\mathrm{F}(P,Q)$, 因为它满足式 (3.110).

这个原始问题的解显然是可行的, 因为我们可以简单地取 $X = 0$ 来得到一个原始可行解. 它的对偶问题是严格可行的: 对于任选的 $Y_0 > \mathbb{1}$ 以及 $Y_1 > \mathbb{1}$, 我们可以知道算子

$$\begin{pmatrix} Y_0 & -\mathbb{1} \\ -\mathbb{1} & Y_1 \end{pmatrix} \tag{3.114}$$

是半正定的. 因此, 半定规划的 Slater 定理 (定理 1.18) 具有强对偶性.

3.2.2.2 Alberti 定理

由于如上所述的保真度的半定规划满足强对偶, 所以它的对偶最优解必须等于原始最优解 $\mathrm{F}(P,Q)$. 下一个定理就是基于这个事实的一个结果.

定理 3.19 设 $\mathcal{X}$ 为复欧几里得空间而 $P, Q \in \mathrm{Pos}(\mathcal{X})$ 为半正定算子. 下式成立:

$$\mathrm{F}(P,Q) = \inf\left\{ \frac{1}{2}\langle P, Y \rangle + \frac{1}{2}\langle Q, Y^{-1} \rangle : Y \in \mathrm{Pd}(\mathcal{X}) \right\}. \tag{3.115}$$

证明 根据引理 3.18, 我们可以验证, 对于给定的 $Y_0, Y_1 \in \mathrm{Herm}(\mathcal{X})$, 当且仅当 Y_0 与 Y_1 都是正定的并且满足 $Y_1 \geqslant Y_0^{-1}$ 时, 算子

$$\begin{pmatrix} Y_0 & -\mathbb{1} \\ -\mathbb{1} & Y_1 \end{pmatrix} \tag{3.116}$$

是半正定的. 由于 Q 是半正定的, 则有 $\langle Q, Y_1 \rangle \geqslant \langle Q, Y_0^{-1} \rangle$ 可以给出 $Y_0 > 0$ 并且 $Y_1 \geqslant Y_0^{-1}$. 因此, 关于如上所述由 P 与 Q 定义的半定规划 (Φ, A, B) 的对偶问题等价于对所有半正定算子 $Y \in \mathrm{Pd}(\mathcal{X})$ 取

$$\frac{1}{2}\langle P, Y \rangle + \frac{1}{2}\langle Q, Y^{-1} \rangle \tag{3.117}$$

的最小值. 因为对偶问题的最优值等于 $\mathrm{F}(P,Q)$, 所以我们就得到了上述定理. $\qquad\square$

由定理 3.19 可以推出如下称为 Alberti 定理的推论.[○]

推论 3.20(Alberti 定理)　设 $\mathcal{X}$ 为复欧几里得空间而 $P, Q \in \mathrm{Pos}(\mathcal{X})$ 为半正定算子. 则下式成立:

$$\mathrm{F}(P,Q)^2 = \inf\big\{\langle P, Y\rangle\langle Q, Y^{-1}\rangle : Y \in \mathrm{Pd}(\mathcal{X})\big\}. \tag{3.118}$$

证明　当 P 或 Q 为零的时候, 这个引理是平凡的, 所以我们可以假设在接下来的证明中 P 与 Q 都不为零.

由计算–几何平均值不等式可以推出对所有算子 $Y \in \mathrm{Pd}(\mathcal{X})$ 都有

$$\sqrt{\langle P, Y\rangle\langle Q, Y^{-1}\rangle} \leqslant \frac{1}{2}\langle P, Y\rangle + \frac{1}{2}\langle Q, Y^{-1}\rangle. \tag{3.119}$$

根据定理 3.19, 我们可以得到

$$\inf\big\{\langle P, Y\rangle\langle Q, Y^{-1}\rangle : Y \in \mathrm{Pd}(\mathcal{X})\big\} \leqslant \mathrm{F}(P,Q)^2. \tag{3.120}$$

另一方面, 对任选的 $Y \in \mathrm{Pd}(\mathcal{X})$, 对于所有非零实数 $\alpha \in \mathbb{R}$ 都有

$$\sqrt{\langle P, Y\rangle\langle Q, Y^{-1}\rangle} = \sqrt{\langle P, \alpha Y\rangle\langle Q, (\alpha Y)^{-1}\rangle}. \tag{3.121}$$

特别地, 选择一个满足 $\langle P, \alpha Y\rangle = \langle Q, (\alpha Y)^{-1}\rangle$ 的

$$\alpha = \sqrt{\frac{\langle Q, Y^{-1}\rangle}{\langle P, Y\rangle}}, \tag{3.122}$$

我们有

$$\begin{aligned}
\sqrt{\langle P, Y\rangle\langle Q, Y^{-1}\rangle} &= \sqrt{\langle P, \alpha Y\rangle\langle Q, (\alpha Y)^{-1}\rangle} \\
&= \frac{1}{2}\langle P, \alpha Y\rangle + \frac{1}{2}\langle Q, (\alpha Y)^{-1}\rangle \geqslant \mathrm{F}(P,Q),
\end{aligned} \tag{3.123}$$

因此

$$\inf\big\{\langle P, Y\rangle\langle Q, Y^{-1}\rangle : Y \in \mathrm{Pd}(\mathcal{X})\big\} \geqslant \mathrm{F}(P,Q)^2, \tag{3.124}$$

至此完成了证明.　□

如下证明所示, 即使不用半定规划的对偶性我们也可以证明定理 3.19.

定理 3.19 的另一种证明　首先考虑 $P = Q$ 的特殊情况. 这时我们的目标是证明

$$\inf\Big\{\frac{1}{2}\langle Y, P\rangle + \frac{1}{2}\langle Y^{-1}, P\rangle : Y \in \mathrm{Pd}(\mathcal{X})\Big\} = \mathrm{Tr}(P). \tag{3.125}$$

由于 $Y = \mathbb{1}$ 是半正定的, 式 (3.125) 的下确界最大为 $\mathrm{Tr}(P)$, 所以这足以证明对任选的 $Y \in \mathrm{Pd}(\mathcal{X})$,

$$\frac{1}{2}\langle Y, P\rangle + \frac{1}{2}\langle Y^{-1}, P\rangle \geqslant \mathrm{Tr}(P). \tag{3.126}$$

○ 我们可以证明由推论 3.20 可以推出定理 3.19, 所以这两个事实其实是等价的.

由于算子

$$\frac{Y + Y^{-1}}{2} - \mathbb{1} = \frac{1}{2}\left(Y^{\frac{1}{2}} - Y^{-\frac{1}{2}}\right)^2 \qquad (3.127)$$

是 Hermite 算子的平方，所以它必然是半正定的，因此

$$\frac{1}{2}\langle Y + Y^{-1}, P \rangle \geqslant \langle \mathbb{1}, P \rangle = \mathrm{Tr}(P). \qquad (3.128)$$

这证明式 (3.125) 成立，因而在 $P = Q$ 的特殊情况下证明了该定理.

接下来，我们可以考虑 P 与 Q 皆为半正定算子的情况. 设

$$R = \sqrt{\sqrt{P}Q\sqrt{P}}, \qquad (3.129)$$

然后定义映射 $\Phi \in \mathrm{CP}(\mathcal{X})$ 对所有 $X \in \mathrm{L}(\mathcal{X})$ 都满足

$$\Phi(X) = R^{-\frac{1}{2}}\sqrt{P}X\sqrt{P}R^{-\frac{1}{2}}. \qquad (3.130)$$

对任选的 $Y \in \mathrm{Pd}(\mathcal{X})$，下式成立：

$$\langle \Phi(Y), R \rangle = \langle Y, P \rangle \quad \text{且} \quad \langle \Phi(Y)^{-1}, R \rangle = \langle Y^{-1}, Q \rangle. \qquad (3.131)$$

因此

$$\inf_{Y \in \mathrm{Pd}(\mathcal{X})} \frac{\langle Y, P \rangle + \langle Y^{-1}, Q \rangle}{2} = \inf_{Y \in \mathrm{Pd}(\mathcal{X})} \frac{\langle \Phi(Y), R \rangle + \langle \Phi(Y)^{-1}, R \rangle}{2}. \qquad (3.132)$$

我们可以观察到，由于 Y 可以取遍所有半正定算子，则 $\Phi(Y)$ 也可以. 根据我们在证明一开始考虑的特殊情况，我们有

$$\inf_{Y \in \mathrm{Pd}(\mathcal{X})} \frac{\langle Y, P \rangle + \langle Y^{-1}, Q \rangle}{2} = \mathrm{Tr}(R) = \mathrm{F}(P, Q). \qquad (3.133)$$

最后，在最一般的情况下，这个定理可以由一个连续命题给出. 更详细地说，对每一个正实数 $\varepsilon > 0$，以及任选的 $Y \in \mathrm{Pd}(\mathcal{X})$，我们有

$$\frac{1}{2}\langle Y, P \rangle + \frac{1}{2}\langle Y^{-1}, Q \rangle \leqslant \frac{1}{2}\langle Y, P + \varepsilon\mathbb{1} \rangle + \frac{1}{2}\langle Y^{-1}, Q + \varepsilon\mathbb{1} \rangle. \qquad (3.134)$$

取所有半正定算子 $Y \in \mathrm{Pd}(\mathcal{X})$ 的下确界，可以得到不等式

$$\inf_{Y \in \mathrm{Pd}(\mathcal{X})} \frac{\langle Y, P \rangle + \langle Y^{-1}, Q \rangle}{2} \leqslant \mathrm{F}(P + \varepsilon\mathbb{1}, Q + \varepsilon\mathbb{1}), \qquad (3.135)$$

这来自事实：$P + \varepsilon\mathbb{1}$ 及 $Q + \varepsilon\mathbb{1}$ 必为正定的. 因为这个不等式对所有 $\varepsilon > 0$ 都成立，所以根据保真度函数的连续性，

$$\inf_{Y \in \mathrm{Pd}(\mathcal{X})} \frac{\langle Y, P \rangle + \langle Y^{-1}, Q \rangle}{2} \leqslant \mathrm{F}(P, Q). \qquad (3.136)$$

另一方面，对于任选的 $Y \in \mathrm{Pd}(\mathcal{X})$ 以及所有的 $\varepsilon > 0$，我们有

$$\frac{1}{2}\langle Y, P + \varepsilon\mathbb{1} \rangle + \frac{1}{2}\langle Y^{-1}, Q + \varepsilon\mathbb{1} \rangle \geqslant \mathrm{F}(P + \varepsilon\mathbb{1}, Q + \varepsilon\mathbb{1}), \qquad (3.137)$$

因此根据式 (3.137) 左右两边表达式的连续性,我们有

$$\frac{1}{2}\langle Y, P \rangle + \frac{1}{2}\langle Y^{-1}, Q \rangle \geqslant \mathrm{F}(P, Q). \tag{3.138}$$

这一点对所有 $Y \in \mathrm{Pd}(\mathcal{X})$ 都成立,因此

$$\inf_{Y \in \mathrm{Pd}(\mathcal{X})} \frac{\langle Y, P \rangle + \langle Y^{-1}, Q \rangle}{2} \geqslant \mathrm{F}(P, Q), \tag{3.139}$$

至此完成了证明. □

3.2.2.3 Uhlmann 定理

Uhlmann 定理建立了保真度函数与态 (或者更一般地说,半正定算子) 的纯化概念之间的联系,提供了量子信息论中保真度函数的非常有用的一个特征. 下面的引理将用于证明这个定理.

引理 3.21 设 $A, B \in \mathrm{L}(\mathcal{Y}, \mathcal{X})$ 为复欧几里得空间 $\mathcal{X}$ 与 $\mathcal{Y}$ 上的算子. 下式成立:

$$\mathrm{F}(AA^*, BB^*) = \|A^*B\|_1. \tag{3.140}$$

证明 对于半正定算子 $P, Q \in \mathrm{Pos}(\mathcal{X} \oplus \mathcal{Y})$ 与酉算子 $U, V \in \mathrm{U}(\mathcal{X} \oplus \mathcal{Y})$,根据算子的极分解,我们可以写出

$$\begin{pmatrix} 0 & A \\ 0 & 0 \end{pmatrix} = PU \quad \text{和} \quad \begin{pmatrix} 0 & B \\ 0 & 0 \end{pmatrix} = QV, \tag{3.141}$$

可以验证下面这些等式:

$$P^2 = \begin{pmatrix} AA^* & 0 \\ 0 & 0 \end{pmatrix}, \quad Q^2 = \begin{pmatrix} BB^* & 0 \\ 0 & 0 \end{pmatrix}, \tag{3.142}$$

以及

$$U^*PQV = \begin{pmatrix} 0 & 0 \\ 0 & A^*B \end{pmatrix}. \tag{3.143}$$

正如我们想要的那样,根据迹范数的等距不变性,我们可以得到

$$\mathrm{F}(AA^*, BB^*) = \left\| \sqrt{AA^*}\sqrt{BB^*} \right\|_1 \\ = \|PQ\|_1 = \|U^*PQV\|_1 = \|A^*B\|_1. \tag{3.144}$$

□

定理 3.22 (Uhlmann 定理) 设 $\mathcal{X}$ 与 $\mathcal{Y}$ 为复欧几里得空间,$P, Q \in \mathrm{Pos}(\mathcal{X})$ 是秩最大为 $\dim(\mathcal{Y})$ 的半正定算子,而 $u \in \mathcal{X} \otimes \mathcal{Y}$ 满足 $\mathrm{Tr}_{\mathcal{Y}}(uu^*) = P$. 下式成立:

$$\mathrm{F}(P, Q) = \max\{|\langle u, v \rangle| : v \in \mathcal{X} \otimes \mathcal{Y}, \mathrm{Tr}_{\mathcal{Y}}(vv^*) = Q\}. \tag{3.145}$$

证明 设 $A \in \mathrm{L}(\mathcal{Y}, \mathcal{X})$ 为满足 $u = \mathrm{vec}(A)$ 的算子，$w \in \mathcal{X} \otimes \mathcal{Y}$ 为满足 $Q = \mathrm{Tr}_{\mathcal{Y}}(ww^*)$ 的向量，而 $B \in \mathrm{L}(\mathcal{Y}, \mathcal{X})$ 为满足 $w = \mathrm{vec}(B)$ 的算子. 根据纯化态的酉等价 (定理 2.12) 我们有

$$
\begin{aligned}
&\max\big\{|\langle u, v\rangle| : v \in \mathcal{X} \otimes \mathcal{Y}, \, \mathrm{Tr}_{\mathcal{Y}}(vv^*) = Q\big\} \\
&= \max\big\{|\langle u, (\mathbb{1}_{\mathcal{X}} \otimes U)w\rangle| : U \in \mathrm{U}(\mathcal{Y})\big\} \\
&= \max\big\{|\langle A, BU^{\mathsf{T}}\rangle| : U \in \mathrm{U}(\mathcal{Y})\big\} \\
&= \max\big\{|\langle \overline{U}, A^*B\rangle| : U \in \mathrm{U}(\mathcal{Y})\big\} \\
&= \big\|A^*B\big\|_1.
\end{aligned}
\tag{3.146}
$$

根据引理 3.21，下式成立：

$$
\big\|A^*B\big\|_1 = \mathrm{F}(AA^*, BB^*) = \mathrm{F}(P, Q),
\tag{3.147}
$$

至此完成了证明. $\qquad\square$

在本章接下来的内容中使用如下推论将更为方便. 这本质上是引理 3.21 的一种重述.

推论 3.23 设向量 $u, v \in \mathcal{X} \otimes \mathcal{Y}$，这里 $\mathcal{X}$ 与 $\mathcal{Y}$ 是复欧几里得空间. 则

$$
\mathrm{F}\big(\mathrm{Tr}_{\mathcal{Y}}(uu^*), \mathrm{Tr}_{\mathcal{Y}}(vv^*)\big) = \big\|\mathrm{Tr}_{\mathcal{X}}(vu^*)\big\|_1.
\tag{3.148}
$$

证明 设 $A, B \in \mathrm{L}(\mathcal{Y}, \mathcal{X})$ 为满足 $u = \mathrm{vec}(A)$ 与 $v = \mathrm{vec}(B)$ 的算子. 根据引理 3.21，正如我们想要的那样，我们有

$$
\begin{aligned}
\mathrm{F}\big(\mathrm{Tr}_{\mathcal{Y}}(uu^*), \mathrm{Tr}_{\mathcal{Y}}(vv^*)\big) &= \mathrm{F}\big(AA^*, BB^*\big) \\
&= \big\|A^*B\big\|_1 = \big\|(A^*B)^{\mathsf{T}}\big\|_1 = \big\|\mathrm{Tr}_{\mathcal{X}}(vu^*)\big\|_1.
\end{aligned}
\tag{3.149}
$$

$\qquad\square$

3.2.2.4 Bhattacharyya 系数特征

本节讨论的保真度函数的最后一个特征基于一个称为Bhattacharyya 系数 的量. 对于一个字母表 Σ，以及由非负实数组成的向量 $u, v \in [0, \infty)^{\Sigma}$，Bhattacharyya 参数 $\mathrm{B}(u, v)$ 定义为

$$
\mathrm{B}(u, v) = \sum_{a \in \Sigma} \sqrt{u(a)}\sqrt{v(a)}.
\tag{3.150}
$$

Bhattacharyya 参数与保真度函数的关联在于一对态之间的测量统计. 为了解释这个关联，下面这个概念会有所帮助：对于半正定算子 $P, Q \in \mathrm{Pos}(\mathcal{X})$ 与测量 $\mu : \Sigma \to \mathrm{Pos}(\mathcal{X})$，我们定义

$$
\mathrm{B}(P, Q \,|\, \mu) = \sum_{a \in \Sigma} \sqrt{\langle \mu(a), P\rangle}\sqrt{\langle \mu(a), Q\rangle}.
\tag{3.151}
$$

等价地，

$$
\mathrm{B}(P, Q \,|\, \mu) = \mathrm{B}(u, v).
\tag{3.152}
$$

这是因为向量 $u, v \in [0, \infty)^{\Sigma}$ 被定义为对所有 $a \in \Sigma$ 都有

$$u(a) = \langle \mu(a), P \rangle \quad \text{且} \quad v(a) = \langle \mu(a), Q \rangle. \tag{3.153}$$

定理 3.24 *设 $\mathcal{X}$ 为复欧几里得空间，Σ 为字母表，而 $P, Q \in \text{Pos}(\mathcal{X})$ 为半正定算子. 对于任选的测量 $\mu : \Sigma \to \text{Pos}(\mathcal{X})$ 都有*

$$\text{F}(P, Q) \leqslant \text{B}(P, Q \mid \mu). \tag{3.154}$$

另外，如果 $|\Sigma| \geqslant \dim(\mathcal{X})$ 成立，则存在一个测量 $\mu : \Sigma \to \text{Pos}(\mathcal{X})$ 使得式 (3.154) 中的等号成立.

证明 首先假设 $\mu : \Sigma \to \text{Pos}(\mathcal{X})$ 是任意的测量，而 $U \in \text{U}(\mathcal{X})$ 为满足

$$\text{F}(P, Q) = \left\| \sqrt{P} \sqrt{Q} \right\|_1 = \left\langle U, \sqrt{P} \sqrt{Q} \right\rangle \tag{3.155}$$

的酉算子. 根据 Cauchy-Schwarz 不等式得到的三角不等式，我们首先可以得到

$$\begin{aligned}
\text{F}(P, Q) = \left\langle U, \sqrt{P} \sqrt{Q} \right\rangle &= \sum_{a \in \Sigma} \left\langle U, \sqrt{P} \mu(a) \sqrt{Q} \right\rangle \\
&\leqslant \sum_{a \in \Sigma} \left| \left\langle \sqrt{\mu(a)} \sqrt{P} U, \sqrt{\mu(a)} \sqrt{Q} \right\rangle \right| \\
&\leqslant \sum_{a \in \Sigma} \sqrt{\langle \mu(a), P \rangle} \sqrt{\langle \mu(a), Q \rangle} = \text{B}(P, Q \mid \mu).
\end{aligned} \tag{3.156}$$

接下来，在 $|\Sigma| \geqslant \dim(\mathcal{X})$ 的假设下，我们将证明存在一个测量 $\mu : \Sigma \to \text{Pos}(\mathcal{X})$ 使得 $\text{F}(P, Q) = \text{B}(P, Q \mid \mu)$. 我们只要证明存在测量

$$\mu : \{1, \cdots, n\} \to \text{Pos}(\mathcal{X}) \tag{3.157}$$

使得 $\text{F}(P, Q) = \text{B}(P, Q \mid \mu)$ 就足够了. 这里 $n = \dim(\mathcal{X})$.

首先考虑 P 可逆的情况. 定义

$$R = P^{-\frac{1}{2}} \left(\sqrt{P} Q \sqrt{P} \right)^{\frac{1}{2}} P^{-\frac{1}{2}}, \tag{3.158}$$

然后假设

$$R = \sum_{k=1}^{n} \lambda_k(R) u_k u_k^* \tag{3.159}$$

是 R 的谱分解. 我们可以验证 $Q = RPR$，这可以得到

$$\begin{aligned}
\sum_{k=1}^{n} \sqrt{\langle u_k u_k^*, P \rangle} \sqrt{\langle u_k u_k^*, Q \rangle} &= \sum_{k=1}^{n} \sqrt{\langle u_k u_k^*, P \rangle} \sqrt{\langle u_k u_k^*, RPR \rangle} \\
&= \sum_{k=1}^{n} \lambda_k(R) \langle u_k u_k^*, P \rangle = \langle R, P \rangle = \text{Tr}\left(\sqrt{\sqrt{P} Q \sqrt{P}} \right) = \text{F}(P, Q).
\end{aligned} \tag{3.160}$$

因此，对于所有 $k \in \{1, \cdots, n\}$，由

$$\mu(k) = u_k u_k^* \tag{3.161}$$

定义的测量 $\mu : \{1, \cdots, n\} \to \mathrm{Pos}(\mathcal{X})$ 满足 $\mathrm{F}(P, Q) = \mathrm{B}(P, Q \mid \mu)$.

最后，考虑 $r = \mathrm{rank}(P) < n$ 的情况. 设 $\Pi = \Pi_{\mathrm{im}(P)}$ 为到 P 的像上的投影. 让我们只关注这个子空间，则由上述讨论可以推出，对于 $\mathrm{im}(P)$，存在一个规范正交基 $\{u_1, \cdots, u_r\}$ 满足

$$\mathrm{F}(P, \Pi Q \Pi) = \sum_{k=1}^{r} \sqrt{\langle u_k u_k^*, P \rangle} \sqrt{\langle u_k u_k^*, \Pi Q \Pi \rangle}. \tag{3.162}$$

设 $\{u_1, \cdots, u_n\}$ 为由规范正交集 $\{u_1, \cdots, u_r\}$ 拓展出来的 $\mathcal{X}$ 的规范正交基. 由于对 $k > r$ 有 $\langle u_k u_k^*, P \rangle = 0$，且对 $k \leqslant r$ 有

$$\langle u_k u_k^*, \Pi Q \Pi \rangle = \langle u_k u_k^*, Q \rangle, \tag{3.163}$$

则可以得到

$$\begin{aligned}
&\sum_{k=1}^{n} \sqrt{\langle u_k u_k^*, P \rangle} \sqrt{\langle u_k u_k^*, Q \rangle} \\
&= \sum_{k=1}^{r} \sqrt{\langle u_k u_k^*, P \rangle} \sqrt{\langle u_k u_k^*, \Pi Q \Pi \rangle} = \mathrm{F}(P, \Pi Q \Pi) = \mathrm{F}(P, Q),
\end{aligned} \tag{3.164}$$

这里最后的等号来自命题 3.12 的声明 4. 因此，根据式 (3.161) 在所有 $k \in \{1, \cdots, n\}$ 上定义的测量 $\mu : \{1, \cdots, n\} \to \mathrm{Pos}(\mathcal{X})$ 满足 $\mathrm{F}(P, Q) = \mathrm{B}(P, Q \mid \mu)$，证明完成. □

3.2.3　保真度函数的其他性质

通过 3.2.2 节中展示的各种特征，我们可以得到保真度函数的多种性质.

3.2.3.1　信道作用下的联合凹性与单调性

下一个定理将会由保真度函数的块算子特征 (定理 3.17) 来证明. 从该定理的一个推论我们可以看到，保真度函数关于它的参数是联合凹的.

定理 3.25　设 P_0, P_1, Q_0, $Q_1 \in \mathrm{Pos}(\mathcal{X})$ 为半正定算子，这里 $\mathcal{X}$ 为复欧几里得空间. 下式成立：

$$\mathrm{F}(P_0 + P_1, Q_0 + Q_1) \geqslant \mathrm{F}(P_0, Q_0) + \mathrm{F}(P_1, Q_1). \tag{3.165}$$

证明　根据定理 3.17(以及它后面的注)，我们可以选择算子 $X_0, X_1 \in \mathrm{L}(\mathcal{X})$ 使得块算子

$$\begin{pmatrix} P_0 & X_0 \\ X_0^* & Q_0 \end{pmatrix} \quad \text{与} \quad \begin{pmatrix} P_1 & X_1 \\ X_1^* & Q_1 \end{pmatrix} \tag{3.166}$$

都是半正定的，并且使得

$$\mathrm{Tr}(X_0) = \mathrm{F}(P_0, Q_0) \quad \text{与} \quad \mathrm{Tr}(X_1) = \mathrm{F}(P_1, Q_1) \tag{3.167}$$

两个半正定算子的和还是半正定的, 因此

$$\begin{pmatrix} P_0 + P_1 & X_0 + X_1 \\ (X_0 + X_1)^* & Q_0 + Q_1 \end{pmatrix} = \begin{pmatrix} P_0 & X_0 \\ X_0^* & Q_0 \end{pmatrix} + \begin{pmatrix} P_1 & X_1 \\ X_1^* & Q_1 \end{pmatrix} \tag{3.168}$$

是半正定的. 再次使用定理 3.17, 正如我们想要的, 我们可以看到

$$\mathrm{F}(P_0 + P_1, Q_0 + Q_1) \geqslant |\mathrm{Tr}(X_0 + X_1)| = \mathrm{F}(P_0, Q_0) + \mathrm{F}(P_1, Q_1). \tag{3.169}$$

□

推论 3.26(保真度的联合凹性) 设 $\mathcal{X}$ 为复欧几里得空间, $\rho_0, \rho_1, \sigma_0, \sigma_1 \in \mathrm{D}(\mathcal{X})$ 为密度算子, 而 $\lambda \in [0,1]$. 下式成立:

$$\begin{aligned} &\mathrm{F}(\lambda\rho_0 + (1-\lambda)\rho_1, \lambda\sigma_0 + (1-\lambda)\sigma_1) \\ &\geqslant \lambda\,\mathrm{F}(\rho_0, \sigma_0) + (1-\lambda)\,\mathrm{F}(\rho_1, \sigma_1). \end{aligned} \tag{3.170}$$

证明 根据定理 3.25, 以及命题 3.12 中的命题 3, 正如声明的那样,

$$\begin{aligned} &\mathrm{F}(\lambda\rho_0 + (1-\lambda)\rho_1, \lambda\sigma_0 + (1-\lambda)\sigma_1) \\ &\geqslant \mathrm{F}(\lambda\rho_0, \lambda\sigma_0) + \mathrm{F}((1-\lambda)\rho_1, (1-\lambda)\sigma_1) \\ &= \lambda\,\mathrm{F}(\rho_0, \sigma_0) + (1-\lambda)\,\mathrm{F}(\rho_1, \sigma_1) \end{aligned} \tag{3.171}$$

成立.

□

由保真度函数的联合凹性可以推出保真度函数对它每一个参数都是凹的: 对于所有 $\rho_0, \rho_1, \sigma \in \mathrm{D}(\mathcal{X})$ 以及 $\lambda \in [0,1]$,

$$\mathrm{F}(\lambda\rho_0 + (1-\lambda)\rho_1, \sigma) \geqslant \lambda\,\mathrm{F}(\rho_0, \sigma) + (1-\lambda)\,\mathrm{F}(\rho_1, \sigma). \tag{3.172}$$

对于它的第二个参数的凹性的证明是类似的.

保真度函数在信道作用下的单调性也是由块算子特征得到的另一个性质.

定理 3.27 设 $\mathcal{X}$ 与 $\mathcal{Y}$ 为复欧几里得空间, $\Phi \in \mathrm{C}(\mathcal{X}, \mathcal{Y})$ 为信道, 而 $P, Q \in \mathrm{Pos}(\mathcal{X})$ 为半正定算子. 下式成立:

$$\mathrm{F}(P, Q) \leqslant \mathrm{F}(\Phi(P), \Phi(Q)). \tag{3.173}$$

证明 根据定理 3.17, 我们可以选择 $X \in \mathrm{L}(\mathcal{X})$ 使得

$$\begin{pmatrix} P & X \\ X^* & Q \end{pmatrix} \tag{3.174}$$

是半正定的, 并且满足 $|\mathrm{Tr}(X)| = \mathrm{F}(P, Q)$. 根据 Φ 的全正性, 块算子

$$\begin{pmatrix} \Phi(P) & \Phi(X) \\ \Phi(X^*) & \Phi(Q) \end{pmatrix} = \begin{pmatrix} \Phi(P) & \Phi(X) \\ \Phi(X)^* & \Phi(Q) \end{pmatrix} \tag{3.175}$$

也是半正定的. 再次使用定理 3.17, 以及 Φ 保迹的事实, 正如需要的那样, 我们得到了

$$F(\Phi(P), \Phi(Q)) \geqslant |Tr(\Phi(X))| = |Tr(X)| = F(P, Q). \tag{3.176}$$

$\square$

3.2.3.2 算子扩张之间的保真度

假设对于给定的复欧几里得空间 $\mathcal{X}$ 与 $\mathcal{Y}$, $P_0, P_1 \in Pos(\mathcal{X})$ 与 $Q_0 \in Pos(\mathcal{X} \otimes \mathcal{Y})$ 都是半正定算子, 并且 Q_0 是 P_0 的扩张, 即 $Tr_{\mathcal{Y}}(Q_0) = P_0$. 对每一个满足 $Tr_{\mathcal{Y}}(Q_1) = P_1$ 的半正定算子 $Q_1 \in Pos(\mathcal{X} \otimes \mathcal{Y})$ 而言, 根据定理 3.27, 我们有

$$F(Q_0, Q_1) \leqslant F(Tr_{\mathcal{Y}}(Q_0), Tr_{\mathcal{Y}}(Q_1)) = F(P_0, P_1). \tag{3.177}$$

在有些情况下, 我们很自然地希望知道对于 P_1 所有的扩张 $Q_1 \in Pos(\mathcal{X} \otimes \mathcal{Y})$, $F(Q_0, Q_1)$ 的最大值是多少. 正如下列定理所说明的, 不管如何选择 Q_0, 这个最大值必然等于 $F(P_0, P_1)$.

定理 3.28   设 $P_0, P_1 \in Pos(\mathcal{X})$ 与 $Q_0 \in Pos(\mathcal{X} \otimes \mathcal{Y})$ 为复欧几里得空间 $\mathcal{X}$ 与 $\mathcal{Y}$ 上的半正定算子, 并且假设 $Tr_{\mathcal{Y}}(Q_0) = P_0$. 下式成立:

$$\max\{F(Q_0, Q_1) : Q_1 \in Pos(\mathcal{X} \otimes \mathcal{Y}), Tr_{\mathcal{Y}}(Q_1) = P_1\} = F(P_0, P_1). \tag{3.178}$$

证明   设 $\mathcal{Z}$ 为满足 $\dim(\mathcal{Z}) = \dim(\mathcal{X} \otimes \mathcal{Y})$ 的复欧几里得空间, 然后选择向量 $u_0 \in \mathcal{X} \otimes \mathcal{Y} \otimes \mathcal{Z}$ 使得其满足

$$Tr_{\mathcal{Z}}(u_0 u_0^*) = Q_0. \tag{3.179}$$

由于 Q_0 是 P_0 的扩张, 所以下式成立:

$$Tr_{\mathcal{Y} \otimes \mathcal{Z}}(u_0 u_0^*) = P_0. \tag{3.180}$$

根据 Uhlmann 定理 (定理 3.22), 存在一个向量 $u_1 \in \mathcal{X} \otimes \mathcal{Y} \otimes \mathcal{Z}$ 使得

$$Tr_{\mathcal{Y} \otimes \mathcal{Z}}(u_1 u_1^*) = P_1 \quad 且 \quad |\langle u_0, u_1 \rangle| = F(P_0, P_1). \tag{3.181}$$

令

$$Q_1 = Tr_{\mathcal{Z}}(u_1 u_1^*), \tag{3.182}$$

然后使用定理 3.27(由于这个信道是 $\mathcal{Z}$ 上的偏迹), 我们有

$$\begin{aligned} F(Q_0, Q_1) &= F(Tr_{\mathcal{Z}}(u_0 u_0^*), Tr_{\mathcal{Z}}(u_1 u_1^*)) \\ &\geqslant F(u_0 u_0^*, u_1 u_1^*) = |\langle u_0, u_1 \rangle| = F(P_0, P_1). \end{aligned} \tag{3.183}$$

这代表式 (3.178) 中的最大值至少是 $F(P_0, P_1)$. 根据式 (3.177), 最大值最大为 $F(P_0, P_1)$, 也即完成了证明. $\square$

3.2.3.3　保真度的平方和关系

下列定理声明了将两个给定态间的保真度与它们分别与第三个态的保真度的平方和关联起来的事实.

定理 3.29　设 $\rho_0, \rho_1 \in \mathrm{D}(\mathcal{X})$ 为复欧几里得空间 $\mathcal{X}$ 上的密度算子. 下式成立:

$$\max_{\sigma \in \mathrm{D}(\mathcal{X})} \left(\mathrm{F}(\rho_0, \sigma)^2 + \mathrm{F}(\rho_1, \sigma)^2 \right) = 1 + \mathrm{F}(\rho_0, \rho_1). \tag{3.184}$$

证明　对于从任意复欧几里得空间中选出的任何两个单位向量 u_0 与 u_1, 它们对应的秩为 1 的投影的最大本征值有一个简单的封闭形式表达式:

$$\lambda_1 \left(u_0 u_0^* + u_1 u_1^* \right) = 1 + \left| \langle u_0, u_1 \rangle \right|. \tag{3.185}$$

本证明有两步, 这两步都要用到式 (3.185) 以及 Uhlmann 定理 (定理 3.22).

第一步要证明存在一个密度算子 $\sigma \in \mathrm{D}(\mathcal{X})$ 使得

$$\mathrm{F}(\rho_0, \sigma)^2 + \mathrm{F}(\rho_1, \sigma)^2 \geqslant 1 + \mathrm{F}(\rho_0, \rho_1). \tag{3.186}$$

设 $\mathcal{Y}$ 为满足 $\dim(\mathcal{Y}) = \dim(\mathcal{X})$ 的任意复欧几里得空间, 而向量 $u_0, u_1 \in \mathcal{X} \otimes \mathcal{Y}$ 满足如下等式:

$$\begin{aligned}
\mathrm{Tr}_{\mathcal{Y}}(u_0 u_0^*) &= \rho_0, \\
\mathrm{Tr}_{\mathcal{Y}}(u_1 u_1^*) &= \rho_1, \\
\left| \langle u_0, u_1 \rangle \right| &= \mathrm{F}(\rho_0, \rho_1).
\end{aligned} \tag{3.187}$$

这些向量的存在性来自 Uhlmann 定理. 设 $v \in \mathcal{X} \otimes \mathcal{Y}$ 为算子 $u_0 u_0^* + u_1 u_1^*$ 最大本征值对应的单位本征向量, 使得

$$v^* \left(u_0 u_0^* + u_1 u_1^* \right) v = 1 + \left| \langle u_0, u_1 \rangle \right|, \tag{3.188}$$

然后设

$$\sigma = \mathrm{Tr}_{\mathcal{Y}}(v v^*). \tag{3.189}$$

再次使用 Uhlmann 定理, 我们得到

$$\mathrm{F}(\rho_0, \sigma) \geqslant \left| \langle u_0, v \rangle \right| \quad \text{和} \quad \mathrm{F}(\rho_1, \sigma) \geqslant \left| \langle u_1, v \rangle \right|, \tag{3.190}$$

使得

$$\begin{aligned}
\mathrm{F}(\rho_0, \sigma)^2 + \mathrm{F}(\rho_1, \sigma)^2 &\geqslant v^* \left(u_0 u_0^* + u_1 u_1^* \right) v \\
&= 1 + \left| \langle u_0, u_1 \rangle \right| = 1 + \mathrm{F}(\rho_0, \rho_1),
\end{aligned} \tag{3.191}$$

至此完成了所需不等式的证明.

本证明的第二步是证明对应所有 $\sigma \in \mathrm{D}(\mathcal{X})$,

$$\mathrm{F}(\rho_0, \sigma)^2 + \mathrm{F}(\rho_1, \sigma)^2 \leqslant 1 + \mathrm{F}(\rho_0, \rho_1). \tag{3.192}$$

再次设 $\mathcal{Y}$ 为满足 $\dim(\mathcal{Y}) = \dim(\mathcal{X})$ 的复欧几里得空间，$\sigma \in \mathrm{D}(\mathcal{X})$，并且选择单位向量 $v \in \mathcal{X} \otimes \mathcal{Y}$ 使得

$$\sigma = \mathrm{Tr}_{\mathcal{Y}}(vv^*). \tag{3.193}$$

另外设 $u_0, u_1 \in \mathcal{X} \otimes \mathcal{Y}$ 为满足

$$
\begin{aligned}
\mathrm{Tr}_{\mathcal{Y}}(u_0 u_0^*) &= \rho_0, \\
\mathrm{Tr}_{\mathcal{Y}}(u_1 u_1^*) &= \rho_1, \\
|\langle u_0, v \rangle| &= \mathrm{F}(\rho_0, \sigma), \\
|\langle u_1, v \rangle| &= \mathrm{F}(\rho_1, \sigma)
\end{aligned}
\tag{3.194}
$$

的单位向量. 从本证明的第一步可知, Uhlmann 定理保证了这样的向量的存在. 由于 v 是单位向量, 它满足

$$
\begin{aligned}
v^*(u_0 u_0^* + u_1 u_1^*)v &\leqslant \lambda_1(u_0 u_0^* + u_1 u_1^*) \\
&= 1 + |\langle u_0, u_1 \rangle| \leqslant 1 + \mathrm{F}(\rho_0, \rho_1),
\end{aligned}
\tag{3.195}
$$

这里最后的不等式也是由 Uhlmann 定理得到的. 因此, 正如我们所需要的, 我们有

$$\mathrm{F}(\rho_0, \sigma)^2 + \mathrm{F}(\rho_1, \sigma)^2 = v^*(u_0 u_0^* + u_1 u_1^*)v \leqslant 1 + \mathrm{F}(\rho_0, \rho_1). \tag{3.196}$$

$\square$

3.2.3.4 全正映射的输入与输出之间的保真度

对于量子信息的储存与传输过程而言, 单位映射代表一个理想量子信道, 因为这个信道对它作用的量子态不会产生扰动. 由于这个原因, 在有些情况下, 我们可以比较给定的 $\Phi \in \mathrm{C}(\mathcal{X})$ 形式的信道与单位信道 $\mathbb{1}_{\mathrm{L}(\mathcal{X})}$ 的相似性.

其中一种可以比较的情况与量子源编码有关 (这将在 5.3.2 节中讨论). 在这种情况下, 我们感兴趣的是给定信道 $\Phi \in \mathrm{C}(\mathcal{X})$ 的输入与输出间的保真度. 其中我们假设这个信道是作用在给定的态 $\rho \in \mathrm{D}(\mathcal{X})$ 的扩张 $\sigma \in \mathrm{D}(\mathcal{X} \otimes \mathcal{Y})$ 上的. 当 σ 是 ρ 的纯化态的时候, 由如下定义所规定的映射保真度便代表了这种情况.

定义 3.30 设 X 为复欧几里得空间, $\Phi \in \mathrm{CP}(\mathcal{X})$ 为全正映射, 而 $P \in \mathrm{Pos}(\mathcal{X})$ 为半正定算子. Φ 相对于 P 的**映射保真度**定义为

$$\mathrm{F}(\Phi, P) = \mathrm{F}\big(uu^*, \big(\Phi \otimes \mathbb{1}_{\mathrm{L}(\mathcal{X})}\big)(uu^*)\big), \tag{3.197}$$

这里 $u = \mathrm{vec}\big(\sqrt{P}\big)$.

当 Φ 是信道并且 $P = \rho$ 是密度算子时, 映射保真度也称为信道保真度 (这种情况下它也经常称为*纠缠保真度*. 但是本书中不会使用这个术语).

映射保真度 $\mathrm{F}(\Phi, P)$ 相对于映射 Φ 的任意 Kraus 表示的具体形式将由如下命题给出.

命题 3.31 设 $\{A_a : a \in \Sigma\} \subset \mathrm{L}(\mathcal{X})$ 为算子的合集. 这里 $\mathcal{X}$ 为复欧几里得空间, Σ 为字母表. 设 $\Phi \in \mathrm{CP}(\mathcal{X})$ 为对所有 $X \in \mathrm{L}(\mathcal{X})$ 都满足

$$\Phi(X) = \sum_{a \in \Sigma} A_a X A_a^* \tag{3.198}$$

的全正映射. 对每一个算子 $P \in \mathrm{Pos}(\mathcal{X})$ 都有

$$\mathrm{F}(\Phi, P) = \sqrt{\sum_{a \in \Sigma} |\langle P, A_a \rangle|^2}. \tag{3.199}$$

证明 利用命题 3.13, 我们可以推出式 (3.197), 从而像需要的那样得到

$$\mathrm{F}(\Phi, P) = \sqrt{\sum_{a \in \Sigma} \left| \mathrm{vec}(\sqrt{P})^* (A_a \otimes \mathbb{1}_{\mathcal{X}}) \mathrm{vec}(\sqrt{P}) \right|^2}$$

$$= \sqrt{\sum_{a \in \Sigma} \left| \langle \sqrt{P}, A_a \sqrt{P} \rangle \right|^2} = \sqrt{\sum_{a \in \Sigma} |\langle P, A_a \rangle|^2}. \tag{3.200}$$

$\square$

从下一个命题中可以看到, 映射保真度的定义中用到的纯化态 $u = \mathrm{vec}(\sqrt{P})$ 代表最差的情形. 也就是说, 对于给定态 $\rho \in \mathrm{D}(\mathcal{X})$ 的任意扩张 $\sigma \in \mathrm{D}(\mathcal{X} \otimes \mathcal{Y})$, 保真度 $\mathrm{F}(\sigma, (\Phi \otimes \mathbb{1}_{\mathrm{L}(\mathcal{Y})})(\sigma))$ 不可能小于映射保真度 $\mathrm{F}(\Phi, \rho)$.

命题 3.32 设 $\Phi \in \mathrm{CP}(\mathcal{X})$ 为全正映射而 $P \in \mathrm{Pos}(\mathcal{X})$ 为半正定算子. 这里 X 为复欧几里得空间. 另外假设 $u \in \mathcal{X} \otimes \mathcal{Y}$ 是满足 $\mathrm{Tr}_{\mathcal{Y}}(uu^*) = P$ 的向量, 而 $Q \in \mathrm{Pos}(\mathcal{X} \otimes \mathcal{Z})$ 是满足 $\mathrm{Tr}_{\mathcal{Z}}(Q) = P$ 的算子. 这里 $\mathcal{Y}$ 与 $\mathcal{Z}$ 是复欧几里得空间. 我们有

$$\mathrm{F}(Q, (\Phi \otimes \mathbb{1}_{\mathrm{L}(\mathcal{Z})})(Q)) \geqslant \mathrm{F}(uu^*, (\Phi \otimes \mathbb{1}_{\mathrm{L}(\mathcal{Y})})(uu^*)). \tag{3.201}$$

证明 根据命题 2.29, 必然存在信道 $\Psi \in \mathrm{C}(\mathcal{Y}, \mathcal{Z})$ 使得

$$(\mathbb{1}_{\mathrm{L}(\mathcal{X})} \otimes \Psi)(uu^*) = Q. \tag{3.202}$$

根据命题 3.27, 我们有

$$\mathrm{F}(uu^*, (\Phi \otimes \mathbb{1}_{\mathrm{L}(\mathcal{Y})})(uu^*))$$

$$\leqslant \mathrm{F}((\mathbb{1}_{\mathrm{L}(\mathcal{X})} \otimes \Psi)(uu^*), (\Phi \otimes \Psi)(uu^*)) \tag{3.203}$$

$$= \mathrm{F}(Q, (\Phi \otimes \mathbb{1}_{\mathrm{L}(\mathcal{Z})})(Q)),$$

至此完成了证明.

$\square$

这个命题同时揭示了用 P 的任何其他的纯化态替代定义 3.30 中的 $u = \mathrm{vec}(\sqrt{P})$ 都会得到完全一样的结果.

3.2.3.5 Fuchs-van de Graaf 不等式

本节最后要介绍的保真度函数的性质关于它与两个量子态的迹距离. 这个关系非常重要. 它允许将一对态间更容易实际计算出的迹距离与很多时候在分析上更具鲁棒性的保真度近似地相互转换.

定理 3.33(Fuchs-van de Graaf 不等式) 设 $\mathcal{X}$ 为复欧几里得空间，而 $\rho, \sigma \in \mathrm{D}(\mathcal{X})$ 为密度算子. 下式成立：

$$1 - \frac{1}{2}\left\|\rho - \sigma\right\|_1 \leqslant \mathrm{F}(\rho, \sigma) \leqslant \sqrt{1 - \frac{1}{4}\left\|\rho - \sigma\right\|_1^2}. \tag{3.204}$$

等价地，

$$2 - 2\,\mathrm{F}(\rho, \sigma) \leqslant \left\|\rho - \sigma\right\|_1 \leqslant 2\sqrt{1 - \mathrm{F}(\rho, \sigma)^2}. \tag{3.205}$$

证明   本证明需要分别证明式 (3.205) 中的两个不等式. 对于第一个不等式，根据定理 3.24，存在字母表 Σ 以及测量 $\mu : \Sigma \to \mathrm{Pos}(\mathcal{X})$ 使得

$$\mathrm{F}(\rho, \sigma) = \mathrm{B}(\rho, \sigma \,|\, \mu). \tag{3.206}$$

给定这个测量，然后定义 $p, q \in \mathcal{P}(\Sigma)$ 为对每一个 $a \in \Sigma$ 都满足

$$p(a) = \langle \mu(a), \rho \rangle \quad \text{和} \quad q(a) = \langle \mu(a), \sigma \rangle \tag{3.207}$$

的概率向量，使得 $\mathrm{B}(p, q) = \mathrm{F}(\rho, \sigma)$. 根据命题 3.5，以及对于任选的非负实数 $\alpha, \beta \geqslant 0$，有

$$\left(\sqrt{\alpha} - \sqrt{\beta}\right)^2 \leqslant |\alpha - \beta| \tag{3.208}$$

这个事实，我们可以得到

$$\begin{aligned}
\left\|\rho - \sigma\right\|_1 &\geqslant \left\|p - q\right\|_1 = \sum_{a \in \Sigma} |p(a) - q(a)| \\
&\geqslant \sum_{a \in \Sigma} \left(\sqrt{p(a)} - \sqrt{q(a)}\right)^2 = 2 - 2\,\mathrm{B}(p, q) = 2 - 2\,\mathrm{F}(\rho, \sigma).
\end{aligned} \tag{3.209}$$

这即证明了式 (3.205) 中的第一个不等式.

接下来证明式 (3.205) 中的第二个不等式. 设 $\mathcal{Y}$ 为复欧几里得空间，使得 $\dim(\mathcal{Y}) = \dim(\mathcal{X})$. 根据 Uhlmann 定理 (定理 3.22)，存在一个单位向量 $u, v \in \mathcal{X} \otimes \mathcal{Y}$ 满足等式

$$\mathrm{Tr}_{\mathcal{Y}}(uu^*) = \rho, \quad \mathrm{Tr}_{\mathcal{Y}}(vv^*) = \sigma \quad \text{和} \quad |\langle u, v \rangle| = \mathrm{F}(\rho, \sigma). \tag{3.210}$$

根据恒等式 (1.186)，下式成立：

$$\left\|uu^* - vv^*\right\|_1 = 2\sqrt{1 - |\langle u, v \rangle|^2} = 2\sqrt{1 - \mathrm{F}(\rho, \sigma)^2}. \tag{3.211}$$

由此可知，根据迹范数在偏迹作用下的单调性 (1.183)，我们有

$$\left\|\rho - \sigma\right\|_1 \leqslant \left\|uu^* - vv^*\right\|_1 = 2\sqrt{1 - \mathrm{F}(\rho, \sigma)^2}. \tag{3.212}$$

因此我们就得到了式 (3.205) 中的第二个不等式，至此完成了证明.   □

如上证明中使用保真度的 Bhattacharyya 参数特征 (定理 3.24) 的方法可以由如下算子范数不等式得出. 这个不等式本身也非常有用.

引理 3.34 设 $\mathcal{X}$ 为复欧几里得空间而 $P_0, P_1 \in \mathrm{Pos}(\mathcal{X})$ 为半正定算子. 下式成立:

$$\left\| P_0 - P_1 \right\|_1 \geqslant \left\| \sqrt{P_0} - \sqrt{P_1} \right\|_2^2. \tag{3.213}$$

证明 对于 $Q_0, Q_1 \in \mathrm{Pos}(\mathcal{X})$, 设

$$\sqrt{P_0} - \sqrt{P_1} = Q_0 - Q_1 \tag{3.214}$$

为 $\sqrt{P_0} - \sqrt{P_1}$ 的 Jordan-Hahn 分解, 而 Π_0 与 Π_1 分别为到 $\mathrm{im}(Q_0)$ 与 $\mathrm{im}(Q_1)$ 上的投影. 算子 $\Pi_0 - \Pi_1$ 的谱范数最大为 1, 因此

$$\left\| P_0 - P_1 \right\|_1 \geqslant \left\langle \Pi_0 - \Pi_1, P_0 - P_1 \right\rangle. \tag{3.215}$$

通过使用算子恒等式

$$A^2 - B^2 = \frac{1}{2}(A - B)(A + B) + \frac{1}{2}(A + B)(A - B), \tag{3.216}$$

我们可以得到

$$
\begin{aligned}
&\left\langle \Pi_0 - \Pi_1, P_0 - P_1 \right\rangle \\
&= \frac{1}{2}\left\langle \Pi_0 - \Pi_1, \left(\sqrt{P_0} - \sqrt{P_1}\right)\left(\sqrt{P_0} + \sqrt{P_1}\right) \right\rangle \\
&\quad + \frac{1}{2}\left\langle \Pi_0 - \Pi_1, \left(\sqrt{P_0} + \sqrt{P_1}\right)\left(\sqrt{P_0} - \sqrt{P_1}\right) \right\rangle \\
&= \frac{1}{2}\mathrm{Tr}\left((Q_0 + Q_1)\left(\sqrt{P_0} + \sqrt{P_1}\right)\right) \\
&\quad + \frac{1}{2}\mathrm{Tr}\left(\left(\sqrt{P_0} + \sqrt{P_1}\right)(Q_0 + Q_1)\right) \\
&= \left\langle Q_0 + Q_1, \sqrt{P_0} + \sqrt{P_1} \right\rangle.
\end{aligned}
\tag{3.217}
$$

最后, 由于 Q_0、Q_1、$\sqrt{P_0}$ 以及 $\sqrt{P_1}$ 都是半正定的, 我们有

$$
\begin{aligned}
&\left\langle Q_0 + Q_1, \sqrt{P_0} + \sqrt{P_1} \right\rangle \\
&\geqslant \left\langle Q_0 - Q_1, \sqrt{P_0} - \sqrt{P_1} \right\rangle = \left\| \sqrt{P_0} - \sqrt{P_1} \right\|_2^2,
\end{aligned}
\tag{3.218}
$$

至此完成了证明. □

定理 3.33 的另一种证明 对于式 (3.205) 中的第一个不等式, 根据引理 3.34. 我们有

$$
\begin{aligned}
\left\| \rho - \sigma \right\|_1 &\geqslant \left\| \sqrt{\rho} - \sqrt{\sigma} \right\|_2^2 = \mathrm{Tr}\left(\sqrt{\rho} - \sqrt{\sigma}\right)^2 \\
&= 2 - 2\,\mathrm{Tr}\left(\sqrt{\rho}\sqrt{\sigma}\right) \geqslant 2 - 2\,\mathrm{F}(\rho, \sigma).
\end{aligned}
\tag{3.219}
$$

式 (3.205) 中的第二个不等式的证明同上. □

3.3 信道距离与区分

通过 Holevo-Helstrom 定理 (定理 3.4)，迹范数带来了一个与态区分问题紧密相关的量子态间距离的概念. 本节将介绍一个关于信道间距离的类似概念. 这将由完全有界迹范数引出，并且将类似地与信道区分问题关联起来.

3.3.1 信道区分

区分一对信道的任务将由如下情形所表示.

情形 3.35 设 X 与 Y 为寄存器，而 Z 为经典态集为 $\{0,1\}$ 的寄存器. 寄存器 Z 可以被看作经典寄存器，而 X 与 Y 是任意的. 另外 $\Phi_0, \Phi_1 \in C(\mathcal{X}, \mathcal{Y})$ 为信道而 $\lambda \in [0,1]$ 是任意实数. 假设 Alice 与 Bob 都知道信道 Φ_0 与 Φ_1，以及数字 λ 的信息.

Alice 将寄存器 Z 制备到一个概率态上，使得它的态为 0 的概率为 λ 且为 1 的概率为 $1 - \lambda$. Alice 从 Bob 那里得到寄存器 X，然后根据 Z 的经典态，Alice 将做如下两个操作之一：

1. 如果 $Z = 0$，则 Alice 根据 Φ_0 的行为将 X 变换成 Y.
2. 如果 $Z = 1$，则 Alice 根据 Φ_1 的行为将 X 变换成 Y.

然后将寄存器 Y 给 Bob.

Bob 的任务是通过如上所述的与 Alice 交互的过程分辨 Z 的经典态是什么. □

Bob 可能采用的一个方法是选择一个态 $\sigma \in D(\mathcal{X})$ 从而最大化

$$\left\| \lambda \rho_0 - (1 - \lambda)\rho_1 \right\|_1, \tag{3.220}$$

这里 $\rho_0 = \Phi_0(\sigma)$ 而 $\rho_1 = \Phi_1(\sigma)$. 如果他将寄存器 X 制备到态 σ 上然后传递给 Alice，则他会拿回处于态 ρ_0 或 ρ_1 的寄存器 Y. 之后他就可以通过 ρ_0 和 ρ_1(分别以概率 λ 与 $1 - \lambda$ 出现) 的最优测量来分辨信道.

然而，这并不是最一般的方法. 更一般地，Bob 可以用如下方法使用辅助寄存器 W：首先，他将给定的态 $\sigma \in D(\mathcal{X} \otimes \mathcal{W})$ 制备到一对寄存器 (X, W) 上，然后让 Alice 根据 Φ_0 或 Φ_1 将 X 转换为 Y. 结果寄存器对 (Y, W) 将分别以 λ 与 $1 - \lambda$ 的概率处于态

$$\rho_0 = \left(\Phi_0 \otimes \mathbb{1}_{L(\mathcal{W})}\right)(\sigma) \quad \text{与} \quad \rho_1 = \left(\Phi_1 \otimes \mathbb{1}_{L(\mathcal{W})}\right)(\sigma). \tag{3.221}$$

最后，他将测量寄存器对 (Y, W) 从而分辨两个态. 如下例所示，在某些情况下，这个更一般的方法可以显著地提高正确分辨 Φ_0 与 Φ_1 的概率.

例 3.36 设 $n \geq 2$，Σ 为满足 $|\Sigma| = n$ 的字母表，而 X 为经典态集合为 Σ 的寄存器. 定义两个信道 $\Phi_0, \Phi_1 \in C(\mathcal{X})$ 如下：对于所有 $X \in L(\mathcal{X})$,

$$\Phi_0(X) = \frac{1}{n+1}\left((\operatorname{Tr} X)\mathbb{1} + X^\mathsf{T}\right),$$

$$\Phi_1(X) = \frac{1}{n-1}\left((\operatorname{Tr} X)\mathbb{1} - X^\mathsf{T}\right). \tag{3.222}$$

映射 Φ_0 与 Φ_1(有时称为 Werner-Holevo 信道) 确实是信道. 显然这些映射是保迹的, 而从它们的 Choi 表示可以计算出它们是全正的:

$$J(\Phi_0) = \frac{\mathbb{1} \otimes \mathbb{1} + W}{n+1} \quad \text{和} \quad J(\Phi_1) = \frac{\mathbb{1} \otimes \mathbb{1} - W}{n-1}, \tag{3.223}$$

这里 $W \in \mathrm{L}(\mathcal{X} \otimes \mathcal{X})$ 是交换算子, 也即满足对所有 $u, v \in \mathcal{X}$ 都有 $W(u \otimes v) = v \otimes u$. 由于 W 是幺正且 Hermite 的, 所以算子 $J(\Phi_0)$ 与 $J(\Phi_1)$ 都是半正定的.

现在, 在情形 3.35 中考虑信道 Φ_0 与 Φ_1, 以及标量

$$\lambda = \frac{n+1}{2n}. \tag{3.224}$$

对于每一个 $X \in \mathrm{L}(\mathcal{X})$,

$$\lambda \Phi_0(X) - (1 - \lambda)\Phi_1(X) = \frac{1}{n} X^{\mathsf{T}}. \tag{3.225}$$

因此对于任选的密度算子 $\sigma \in \mathrm{D}(\mathcal{X})$,

$$\left\| \lambda \Phi_0(\sigma) - (1 - \lambda)\Phi_1(\sigma) \right\|_1 = \frac{1}{n}. \tag{3.226}$$

当 n 较大时, 这个值相对较小. 这与 $\Phi_0(\sigma)$ 和 $\Phi_1(\sigma)$ 对于任选的输入 $\sigma \in \mathrm{D}(\mathcal{X})$ 都接近于完全混态的事实一致. 如果 Bob 将 X 制备为某个态 σ, 并且不使用辅助寄存器 W, 则他正确分辨 Z 的经典态的概率最大为

$$\frac{1}{2} + \frac{1}{2n}. \tag{3.227}$$

另一方面, 如果 Bob 使用了辅助寄存器, 那么情况将大为不同. 特别地, 假设 W 与 X 有着相同的经典态集合 Σ, 并且假设寄存器对 (X, W) 处于定义为

$$\tau = \frac{1}{n} \sum_{a,b \in \Sigma} E_{a,b} \otimes E_{a,b} \tag{3.228}$$

的态 $\tau \in \mathrm{D}(\mathcal{X} \otimes \mathcal{W})$. 信道 Φ_0 与 Φ_1 在这个态上的作用如下:

$$\left(\Phi_0 \otimes \mathbb{1}_{\mathrm{L}(\mathcal{W})}\right)(\tau) = \frac{\mathbb{1} \otimes \mathbb{1} + W}{n^2 + n},$$
$$\left(\Phi_1 \otimes \mathbb{1}_{\mathrm{L}(\mathcal{W})}\right)(\tau) = \frac{\mathbb{1} \otimes \mathbb{1} - W}{n^2 - n}. \tag{3.229}$$

根据如下计算, 它们是正交密度算子:

$$\langle \mathbb{1} \otimes \mathbb{1} + W, \mathbb{1} \otimes \mathbb{1} - W \rangle = \mathrm{Tr}(\mathbb{1} \otimes \mathbb{1} + W - W - W^2) = 0. \tag{3.230}$$

因此在这个情况下 $\left(\Phi_0 \otimes \mathbb{1}_{\mathrm{L}(\mathcal{W})}\right)(\tau)$ 与 $\left(\Phi_1 \otimes \mathbb{1}_{\mathrm{L}(\mathcal{W})}\right)(\tau)$ 可以被无误地区分: 对于每一个 $\lambda \in [0, 1]$, 我们有

$$\left\| \lambda\left(\Phi_0 \otimes \mathbb{1}_{\mathrm{L}(\mathcal{W})}\right)(\tau) - (1 - \lambda)\left(\Phi_1 \otimes \mathbb{1}_{\mathrm{L}(\mathcal{W})}\right)(\tau) \right\|_1 = 1. \tag{3.231}$$

因此通过这样使用辅助寄存器 W, Bob 可以无误地区分信道 Φ_0 与 Φ_1. $\qquad\square$

这个例子清晰地表明了在讨论信道可以被分辨的概率时考虑辅助寄存器的必要性.

3.3.2 完全有界迹范数

本节定义了映射空间 $T(\mathcal{X}, \mathcal{Y})$ 上的一个范数 (称为完全有界迹范数)，并且讨论了它的一些性质. 这里 $\mathcal{X}$ 与 $\mathcal{Y}$ 是复欧几里得空间. 这个范数与信道区分任务的确切联系将会在下一节讨论，但是这里通过它的定义，我们可以看到这个范数是由上一节中对信道区分任务中辅助寄存器的重要性的讨论启发的.

3.3.2.1 诱导迹范数

在介绍完全有界迹范数的时候，我们最好先定义一个相关的范数，它称为诱导迹范数.

定义 3.37   设 $\mathcal{X}$ 与 $\mathcal{Y}$ 为复欧几里得空间. 映射 $\Phi \in T(\mathcal{X}, \mathcal{Y})$ 的**诱导迹范数**定义为

$$\|\Phi\|_1 = \max\{\|\Phi(X)\|_1 : X \in L(\mathcal{X}), \|X\|_1 \leqslant 1\}. \tag{3.232}$$

正如这个范数的名字所示，它是诱导范数的一个例子. 一般来说，我们可以考虑通过将这个定义中的两个迹范数替换为任何其他定义在 $L(\mathcal{X})$ 和 $L(\mathcal{Y})$ 上的范数来得到该范数. 这里我们使用了最大值而非上确界. 这个最大值的存在性可以从定义在 $L(\mathcal{Y})$ 上的范数的连续性以及定义在 $L(\mathcal{X})$ 上的范数对应的单位球的紧致性得到.

一般来讲，诱导范数并不能提供一个物理上有明显意义的信道间距离的度量. 然而，这个范数的一些基本性质可能非常有用. 这些性质可以被我们接下来将定义的完全有界迹范数继承.

诱导范数的第一个性质是，定义 3.37 中的最大值总是可以由一个秩为 1 的算子 X 到达.

命题 3.38   设 $\Phi \in T(\mathcal{X}, \mathcal{Y})$ 为复欧几里得空间 $\mathcal{X}$ 与 $\mathcal{Y}$ 上的映射. 下式成立:

$$\|\Phi\|_1 = \max_{u,v \in \mathcal{S}(\mathcal{X})} \|\Phi(uv^*)\|_1. \tag{3.233}$$

证明   满足 $\|X\|_1 \leqslant 1$ 的 $X \in L(\mathcal{X})$ 中的算子都可以写成 uv^* 形式的算子的凸组合，这里 $u, v \in \mathcal{S}(\mathcal{X})$ 是单位向量. 式 (3.233) 来自迹范数是凸函数这个事实. $\qquad\square$

如下列定理所述，在考虑的映射是正映射的额外前提下，定义 3.37 中的最大值可以由秩为 1 的投影得到.

定理 3.39 (Russo-Dye)   设 $\mathcal{X}$ 与 $\mathcal{Y}$ 为复欧几里得空间而 $\Phi \in T(\mathcal{X}, \mathcal{Y})$ 为正映射. 下式成立:

$$\|\Phi\|_1 = \max_{u \in \mathcal{S}(\mathcal{X})} \operatorname{Tr}\big(\Phi(uu^*)\big). \tag{3.234}$$

证明   根据迹映射与谱映射的对偶性，以及恒等式 (1.182)，我们可以得到

$$\|\Phi\|_1 = \max_{U \in U(\mathcal{Y})} \|\Phi^*(U)\|. \tag{3.235}$$

考虑一个任意的酉算子 $U \in U(\mathcal{Y})$，并设

$$U = \sum_{k=1}^{m} \lambda_k \Pi_k \tag{3.236}$$

为 U 的谱分解. 由于 Φ 是正的, 我们有 Φ^* 也是正的 (根据命题 2.18), 因此对应每一个索引 $k \in \{1, \cdots, m\}$,

$$\Phi^*(\Pi_k) \in \mathrm{Pos}(\mathcal{X}). \tag{3.237}$$

根据引理 3.3, 以及所有本征值 $\lambda_1, \cdots, \lambda_m$ 都在单位圆上的事实, 可以得到

$$\|\Phi^*(U)\| = \left\|\sum_{k=1}^m \lambda_k \Phi^*(\Pi_k)\right\| \leqslant \left\|\sum_{k=1}^m \Phi^*(\Pi_k)\right\| = \|\Phi^*(\mathbb{1}_{\mathcal{Y}})\|. \tag{3.238}$$

由于 $\mathbb{1}_{\mathcal{Y}}$ 本身是一个酉算子, 所有我们有

$$\|\Phi\|_1 = \|\Phi^*(\mathbb{1}_{\mathcal{Y}})\|. \tag{3.239}$$

最后, 由于 $\Phi^*(\mathbb{1}_{\mathcal{Y}})$ 必然是半正定的, 我们有

$$\|\Phi^*(\mathbb{1}_{\mathcal{Y}})\| = \max_{u \in \mathcal{S}(\mathcal{X})} \langle uu^*, \Phi^*(\mathbb{1}_{\mathcal{Y}})\rangle = \max_{u \in \mathcal{S}(\mathcal{X})} \mathrm{Tr}(\Phi(uu^*)), \tag{3.240}$$

至此完成了证明. □

推论 3.40　设 $\Phi \in \mathrm{T}(\mathcal{X}, \mathcal{Y})$ 为保迹正映射, 这里 $\mathcal{X}$ 与 $\mathcal{Y}$ 为复欧几里得空间. 我们有 $\|\Phi\|_1 = 1$.

注: 我们可以观察到, 上一个推论不止告诉我们迹范数在信道的作用下是单调递减的, 而且在一般的保迹正映射下也是单调递减的, 即对所有的 $X \in \mathrm{L}(\mathcal{X})$ 以及保迹正映射 $\Phi \in \mathrm{T}(\mathcal{X}, \mathcal{Y})$,

$$\|\Phi(X)\|_1 \leqslant \|X\|_1. \tag{3.241}$$

下一个命题给出了诱导迹范数的三个基本性质: 复合作用下的次可乘性、复合作用下信道差的可加性, 以及酉不变性.

命题 3.41　对应任选的复欧几里得空间 $\mathcal{X}$、$\mathcal{Y}$ 与 $\mathcal{Z}$, 如下关于诱导迹范数的事实成立:

1. 对所有映射 $\Phi \in \mathrm{T}(\mathcal{X}, \mathcal{Y})$ 与 $\Psi \in \mathrm{T}(\mathcal{Y}, \mathcal{Z})$, 下式成立:

$$\|\Psi\Phi\|_1 \leqslant \|\Psi\|_1 \|\Phi\|_1. \tag{3.242}$$

2. 对所有信道 $\Phi_0, \Psi_0 \in \mathrm{C}(\mathcal{X}, \mathcal{Y})$ 与 $\Phi_1, \Psi_1 \in \mathrm{C}(\mathcal{Y}, \mathcal{Z})$, 下式成立:

$$\|\Psi_1\Psi_0 - \Phi_1\Phi_0\|_1 \leqslant \|\Psi_0 - \Phi_0\|_1 + \|\Psi_1 - \Phi_1\|_1. \tag{3.243}$$

3. 设 $\Phi \in \mathrm{T}(\mathcal{X}, \mathcal{Y})$ 为映射, $U_0, V_0 \in \mathrm{U}(\mathcal{X})$ 与 $U_1, V_1 \in \mathrm{U}(\mathcal{Y})$ 为酉算子, 而 $\Psi \in \mathrm{T}(\mathcal{X}, \mathcal{Y})$ 定义为对所有 $X \in \mathrm{L}(\mathcal{X})$ 都有

$$\Psi(X) = U_1\Phi(U_0 X V_0)V_1, \tag{3.244}$$

我们有 $\|\Psi\|_1 = \|\Phi\|_1$.

证明 想证明第一个事实，我们首先要注意到，对于每一个 $Y \in \mathrm{L}(\mathcal{Y})$，都有 $\|\Psi(Y)\|_1 \leqslant \|\Psi\|_1 \|Y\|_1$. 因此对于所有 $X \in \mathrm{L}(\mathcal{X})$，

$$\left\|\Psi(\Phi(X))\right\|_1 \leqslant \|\Psi\|_1 \|\Phi(X)\|_1. \tag{3.245}$$

在所有满足 $\|X\|_1 \leqslant 1$ 的 $X \in \mathrm{L}(\mathcal{X})$ 上取最大值，我们就得到了不等式 (3.242).

为了证明第二个事实，我们需要使用三角不等式、不等式 (3.242) 以及推论 3.40，从而得到

$$
\begin{aligned}
\left\|\Psi_1\Psi_0 - \Phi_1\Phi_0\right\|_1 &\leqslant \left\|\Psi_1\Psi_0 - \Psi_1\Phi_0\right\|_1 + \left\|\Psi_1\Phi_0 - \Phi_1\Phi_0\right\|_1 \\
&= \left\|\Psi_1(\Psi_0 - \Phi_0)\right\|_1 + \left\|(\Psi_1 - \Phi_1)\Phi_0\right\|_1 \\
&\leqslant \|\Psi_1\|_1 \|\Psi_0 - \Phi_0\|_1 + \|\Psi_1 - \Phi_1\|_1 \|\Phi_0\|_1 \\
&= \|\Psi_0 - \Phi_0\|_1 + \|\Psi_1 - \Phi_1\|_1.
\end{aligned}
\tag{3.246}
$$

最后，根据迹范数的酉不变性，可以得到对所有 $X \in \mathrm{L}(\mathcal{X})$ 都满足

$$
\begin{aligned}
\|\Psi(X)\|_1 &= \left\|U_1\Phi(U_0 X V_0)V_1\right\|_1 = \left\|\Phi(U_0 X V_0)\right\|_1 \\
&\leqslant \|\Phi\|_1 \|U_0 X V_0\|_1 = \|\Phi\|_1 \|X\|_1,
\end{aligned}
\tag{3.247}
$$

因此 $\|\Psi\|_1 \leqslant \|\Phi\|_1$. 可以观察到，对所有 $X \in \mathrm{L}(\mathcal{X})$ 都有

$$\Phi(X) = U_1^* \Psi(U_0^* X V_0^*) V_1^*. \tag{3.248}$$

通过类似的证明，我们可以发现 $\|\Phi\|_1 \leqslant \|\Psi\|_1$，至此完成了第三个事实的证明. $\square$

诱导迹范数的一个不理想的性质是，它对于张量积不具有可乘性. 这可以从如下例子 (与例 3.36 紧密相关) 看出.

例 3.42 设 $n \geqslant 2$，Σ 为满足 $|\Sigma| = n$ 的字母表，$\mathcal{X} = \mathbb{C}^\Sigma$，然后考虑转置映射 $\mathrm{T} \in \mathrm{T}(\mathcal{X})$ (定义为对所有 $X \in \mathrm{L}(\mathcal{X})$，$\mathrm{T}(X) = X^\mathsf{T}$). 显然，$\|\mathrm{T}\|_1 = 1$，这源于对所有算子 $X \in \mathrm{L}(\mathcal{X})$ $\|X\|_1 = \|X^\mathsf{T}\|_1$，并且 $\|\mathbb{1}_{\mathrm{L}(\mathcal{X})}\|_1 = 1$. 另一方面，我们有

$$\left\|\mathrm{T} \otimes \mathbb{1}_{\mathrm{L}(\mathcal{X})}\right\|_1 = n. \tag{3.249}$$

为了证明这个声明，我们可以首先考虑密度算子

$$\tau = \frac{1}{n} \sum_{a,b \in \Sigma} E_{a,b} \otimes E_{a,b} \in \mathrm{D}(\mathcal{X} \otimes \mathcal{X}). \tag{3.250}$$

它的迹范数等于 1. 下式成立：

$$\left\|(\mathrm{T} \otimes \mathbb{1}_{\mathrm{L}(\mathcal{X})})(\tau)\right\|_1 = \frac{1}{n} \|W\|_1 = n, \tag{3.251}$$

这里 $W \in \mathrm{U}(\mathcal{X} \otimes \mathcal{X})$ 表示交换算子，因此

$$\left\|\mathrm{T} \otimes \mathbb{1}_{\mathrm{L}(\mathcal{X})}\right\|_1 \geqslant n. \tag{3.252}$$

为了证明 $\|\mathrm{T}\otimes\mathbb{1}_{\mathrm{L}(\mathcal{X})}\|_1$ 不大于 n, 我们首先要看到由迹与 Frobenius 范数的关系 (1.169) 可以推出对每一个算子 $X\in\mathrm{L}(\mathcal{X}\otimes\mathcal{X})$,

$$\left\|(\mathrm{T}\otimes\mathbb{1}_{\mathrm{L}(\mathcal{X})})(X)\right\|_1 \leqslant n\left\|(\mathrm{T}\otimes\mathbb{1}_{\mathrm{L}(\mathcal{X})})(X)\right\|_2. \tag{3.253}$$

由于算子 X 的元与 $(\mathrm{T}\otimes\mathbb{1}_{\mathrm{L}(\mathcal{X})})(X)$ 除了顺序被转置算子打乱以外都相等, 所以

$$\left\|(\mathrm{T}\otimes\mathbb{1}_{\mathrm{L}(\mathcal{X})})(X)\right\|_2 = \|X\|_2. \tag{3.254}$$

最后, 根据式 (1.168), 我们有 $\|X\|_2 \leqslant \|X\|_1$, 由此可得

$$\left\|\mathrm{T}\otimes\mathbb{1}_{\mathrm{L}(\mathcal{X})}\right\|_1 \leqslant n. \tag{3.255}$$

□

3.3.2.2 完全有界迹范数的定义

完全有界迹范数的定义如下. 如果用语言描述, 那么它在一个给定映射上的值即是该映射张成有相同输入空间的单位映射后, 新映射的诱导迹范数.

定义 3.43 对于任选的复欧几里得空间 $\mathcal{X}$ 与 $\mathcal{Y}$, 映射 $\Phi\in\mathrm{T}(\mathcal{X},\mathcal{Y})$ 的**完全有界迹范数**定义为

$$|\!|\!|\Phi|\!|\!|_1 = \left\|\Phi\otimes\mathbb{1}_{\mathrm{L}(\mathcal{X})}\right\|_1. \tag{3.256}$$

如同在 3.3.1 节中讨论的, 与诱导迹范数相比, 这个范数与信道区分的任务更为相关. 本质上, 完全有界迹范数量化了一个映射作用在张量空间的一个张量因子 (或者更物理化的术语是, 复合系统的一部分) 上而非仅作用在输入空间上的效应. 最后我们会发现, 这个定义不只产生了一个与信道分类任务更相关的范数, 而且带来了许多有意思并且有用的性质 (包括张量积下的可乘性).

接下来我们将详细解释为什么选择在 $\mathrm{L}(\mathcal{X})$, 而非 $\mathrm{L}(\mathcal{Y})$ 或其他复欧几里得空间 $\mathcal{Z}$ 上的 $\mathrm{L}(\mathcal{Z})$ 上作用单位映射. 简单来说, 空间 $\mathcal{X}$ 已经足够大了. 在最坏的情况下, 刚好大到式 (3.256) 的值不因作用在 $\mathrm{L}(\mathcal{X})$ 上的单位映射被替换为 $\mathrm{L}(\mathcal{Z})$ 上的单位映射而改变. 这里 $\mathcal{Z}$ 可以是任何维度不小于 $\mathcal{X}$ 的维度的复欧几里得空间.

3.3.2.3 完全有界迹范数的基本性质

接下来的这个命题是命题 3.38、推论 3.40 以及命题 3.41 的声明 3 的直接结果. 它们总结了完全有界迹范数从诱导迹范数继承的几个基本性质.

命题 3.44 下列几个事实关于任选的复欧几里得空间 $\mathcal{X}$ 与 $\mathcal{Y}$ 的完全有界迹范数:

1. 对所有映射 $\Phi\in\mathrm{T}(\mathcal{X},\mathcal{Y})$, 下式成立:

$$|\!|\!|\Phi|\!|\!|_1 = \max\left\{\left\|(\Phi\otimes\mathbb{1}_{\mathrm{L}(\mathcal{X})})(uv^*)\right\|_1 : u,v\in\mathcal{S}(\mathcal{X}\otimes\mathcal{X})\right\}. \tag{3.257}$$

2. 对所有信道 $\Phi\in\mathrm{C}(\mathcal{X},\mathcal{Y})$, $|\!|\!|\Phi|\!|\!|_1 = 1$.

3. 设 $\Phi \in \mathrm{T}(\mathcal{X}, \mathcal{Y})$ 为映射, $U_0, V_0 \in \mathrm{U}(\mathcal{X})$ 与 $U_1, V_1 \in \mathrm{U}(\mathcal{Y})$ 为酉算子, 并且定义 $\Psi \in \mathrm{T}(\mathcal{X}, \mathcal{Y})$ 为对所有 $X \in \mathrm{L}(\mathcal{X})$ 都满足

$$\Psi(X) = U_1 \Phi(U_0 X V_0) V_1. \tag{3.258}$$

则 $\||\Psi\||_1 = \||\Phi\||_1$ 成立.

下列引理使我们可以讨论完全有界迹范数的其他性质.

引理 3.45　设 $\Phi \in \mathrm{T}(\mathcal{X}, \mathcal{Y})$ 为映射, 这里 $\mathcal{X}$ 与 $\mathcal{Y}$ 为复欧几里得空间. 对于任选的复欧几里得空间 $\mathcal{Z}$ 以及单位向量 $x, y \in \mathcal{X} \otimes \mathcal{Z}$, 存在单位向量 $u, v \in \mathcal{X} \otimes \mathcal{X}$ 使得下列等式成立:

$$\begin{aligned} \left\| (\Phi \otimes \mathbb{1}_{\mathrm{L}(\mathcal{Z})})(xy^*) \right\|_1 &= \left\| (\Phi \otimes \mathbb{1}_{\mathrm{L}(\mathcal{X})})(uv^*) \right\|_1, \\ \left\| (\Phi \otimes \mathbb{1}_{\mathrm{L}(\mathcal{Z})})(xx^*) \right\|_1 &= \left\| (\Phi \otimes \mathbb{1}_{\mathrm{L}(\mathcal{X})})(uu^*) \right\|_1. \end{aligned} \tag{3.259}$$

证明　当 $\dim(\mathcal{Z}) \leqslant \dim(\mathcal{X})$ 时, 这个引理是很直接的: 对任选的等距算子 $U \in \mathrm{U}(\mathcal{Z}, \mathcal{X})$, 向量 $u = (\mathbb{1}_{\mathcal{X}} \otimes U)x$ 与 $v = (\mathbb{1}_{\mathcal{X}} \otimes U)y$ 满足要求的条件.

当 $\dim(\mathcal{Z}) > \dim(\mathcal{X})$ 时, 我们可以考虑 x 与 y 的 Schmidt 分解

$$x = \sum_{k=1}^{n} \sqrt{p_k}\, x_k \otimes z_k \quad \text{与} \quad y = \sum_{k=1}^{n} \sqrt{q_k}\, y_k \otimes w_k, \tag{3.260}$$

这里 $n = \dim(\mathcal{X})$. 这时 u 与 v 的一个可行的选择是

$$u = \sum_{k=1}^{n} \sqrt{p_k}\, x_k \otimes x_k \quad \text{和} \quad v = \sum_{k=1}^{n} \sqrt{q_k}\, y_k \otimes y_k. \tag{3.261}$$

对于定义为

$$U = \sum_{k=1}^{n} z_k x_k^* \quad \text{和} \quad V = \sum_{k=1}^{n} w_k y_k^* \tag{3.262}$$

的线性等距算子 $U, V \in \mathrm{U}(\mathcal{X}, \mathcal{Z})$, $x = (\mathbb{1}_{\mathcal{X}} \otimes U)u$ 与 $y = (\mathbb{1}_{\mathcal{X}} \otimes V)v$ 成立. 因此, 正如我们需要的,

$$\begin{aligned} \left\| (\Phi \otimes \mathbb{1}_{\mathrm{L}(\mathcal{Z})})(xy^*) \right\|_1 &= \left\| (\Phi \otimes \mathbb{1}_{\mathrm{L}(\mathcal{Z})})\big((\mathbb{1} \otimes U) uv^* (\mathbb{1} \otimes V^*)\big) \right\|_1 \\ &= \left\| (\mathbb{1} \otimes U)(\Phi \otimes \mathbb{1}_{\mathrm{L}(\mathcal{X})})(uv^*)(\mathbb{1} \otimes V^*) \right\|_1 \\ &= \left\| (\Phi \otimes \mathbb{1}_{\mathrm{L}(\mathcal{X})})(uv^*) \right\|_1, \end{aligned} \tag{3.263}$$

并且

$$\begin{aligned} \left\| (\Phi \otimes \mathbb{1}_{\mathrm{L}(\mathcal{Z})})(xx^*) \right\|_1 &= \left\| (\Phi \otimes \mathbb{1}_{\mathrm{L}(\mathcal{Z})})\big((\mathbb{1} \otimes U) uu^* (\mathbb{1} \otimes U^*)\big) \right\|_1 \\ &= \left\| (\mathbb{1} \otimes U)(\Phi \otimes \mathbb{1}_{\mathrm{L}(\mathcal{X})})(uu^*)(\mathbb{1} \otimes U^*) \right\|_1 \\ &= \left\| (\Phi \otimes \mathbb{1}_{\mathrm{L}(\mathcal{X})})(uu^*) \right\|_1. \end{aligned} \tag{3.264}$$

$\square$

有了引理 3.45 之后，我们可以证明如下定理. 由这个定理可以推出我们之前的一个声明: 定义 3.43 中作用在 $\mathrm{L}(\mathcal{X})$ 上的单位映射可以替换为作用在 $\mathrm{L}(\mathcal{Z})$ 上的单位映射而不改变这个范数的值. 这里 $\mathcal{Z}$ 是任意维度不小于 $\mathcal{X}$ 的维度的空间.

定理 3.46　设 $\mathcal{X}$ 与 $\mathcal{Y}$ 为复欧几里得空间，$\Phi \in \mathrm{T}(\mathcal{X}, \mathcal{Y})$ 为映射，而 $\mathcal{Z}$ 为复欧几里得空间. 下式成立:

$$\left\| \Phi \otimes \mathbb{1}_{\mathrm{L}(\mathcal{Z})} \right\|_1 \leqslant \left\|\!\left\| \Phi \right\|\!\right\|_1, \tag{3.265}$$

并且在满足 $\dim(\mathcal{Z}) \geqslant \dim(\mathcal{X})$ 时取等.

证明　根据命题 3.38，存在单位向量 $x, y \in \mathcal{X} \otimes \mathcal{Z}$ 使得

$$\left\| \Phi \otimes \mathbb{1}_{\mathrm{L}(\mathcal{Z})} \right\|_1 = \left\| \left(\Phi \otimes \mathbb{1}_{\mathrm{L}(\mathcal{Z})}\right)(xy^*) \right\|_1. \tag{3.266}$$

因此，根据引理 3.45，存在单位向量 $u, v \in \mathcal{X} \otimes \mathcal{X}$ 使得

$$\left\| \Phi \otimes \mathbb{1}_{\mathrm{L}(\mathcal{Z})} \right\|_1 = \left\| \left(\Phi \otimes \mathbb{1}_{\mathrm{L}(\mathcal{X})}\right)(uv^*) \right\|_1, \tag{3.267}$$

因而有

$$\left\| \Phi \otimes \mathbb{1}_{\mathrm{L}(\mathcal{Z})} \right\|_1 \leqslant \left\|\!\left\| \Phi \right\|\!\right\|_1. \tag{3.268}$$

在 $\dim(\mathcal{Z}) \geqslant \dim(\mathcal{X})$ 的假设下，存在等距算子 $V \in \mathrm{U}(\mathcal{X}, \mathcal{Z})$. 对于每一个满足 $\|X\|_1 \leqslant 1$ 的算子 $X \in \mathrm{L}(\mathcal{X} \otimes \mathcal{X})$，由迹范数的等距不变性可以推出

$$
\begin{aligned}
\left\| \left(\Phi \otimes \mathbb{1}_{\mathrm{L}(\mathcal{X})}\right)(X) \right\|_1 &= \left\| \left(\mathbb{1}_{\mathcal{Y}} \otimes V\right)\left(\Phi \otimes \mathbb{1}_{\mathrm{L}(\mathcal{X})}\right)(X)\left(\mathbb{1}_{\mathcal{Y}} \otimes V\right)^* \right\|_1 \\
&= \left\| \left(\Phi \otimes \mathbb{1}_{\mathrm{L}(\mathcal{Z})}\right)\left(\left(\mathbb{1}_{\mathcal{X}} \otimes V\right)X\left(\mathbb{1}_{\mathcal{X}} \otimes V\right)^*\right) \right\|_1 \\
&\leqslant \left\| \Phi \otimes \mathbb{1}_{\mathrm{L}(\mathcal{Z})} \right\|_1 \left\| \left(\mathbb{1}_{\mathcal{X}} \otimes V\right)X\left(\mathbb{1}_{\mathcal{X}} \otimes V\right)^* \right\|_1 \\
&= \left\| \Phi \otimes \mathbb{1}_{\mathrm{L}(\mathcal{Z})} \right\|_1 \|X\|_1 \\
&\leqslant \left\| \Phi \otimes \mathbb{1}_{\mathrm{L}(\mathcal{Z})} \right\|_1.
\end{aligned}
\tag{3.269}
$$

因此下式成立:

$$\left\|\!\left\| \Phi \right\|\!\right\|_1 \leqslant \left\| \Phi \otimes \mathbb{1}_{\mathrm{L}(\mathcal{Z})} \right\|_1, \tag{3.270}$$

至此完成了证明.　　□

推论 3.47　设 $\mathcal{X}$、$\mathcal{Y}$ 与 $\mathcal{Z}$ 为复欧几里得空间并且 $\Phi \in \mathrm{T}(\mathcal{X}, \mathcal{Y})$ 为映射. 下式成立:

$$\left\|\!\left\| \Phi \otimes \mathbb{1}_{\mathrm{L}(\mathcal{Z})} \right\|\!\right\|_1 = \left\|\!\left\| \Phi \right\|\!\right\|_1. \tag{3.271}$$

通过使用定理 3.46，我们可以证明完全有界迹范数有着类似于命题 3.41 中声明 1 和 2 的性质.

命题 3.48　对于任选的复欧几里得空间 $\mathcal{X}$、$\mathcal{Y}$ 和 $\mathcal{Z}$，如下关于完全有界迹范数的事实成立:

1. 对于所有映射 $\Phi \in T(\mathcal{X}, \mathcal{Y})$ 与 $\Psi \in T(\mathcal{Y}, \mathcal{Z})$，下式成立：

$$\||\Psi\Phi\||_1 \leqslant \||\Psi\||_1 \||\Phi\||_1. \tag{3.272}$$

2. 对于所有信道 $\Phi_0, \Psi_0 \in C(\mathcal{X}, \mathcal{Y})$ 与 $\Phi_1, \Psi_1 \in C(\mathcal{Y}, \mathcal{Z})$，下式成立：

$$\||\Psi_1\Psi_0 - \Phi_1\Phi_0\||_1 \leqslant \||\Psi_0 - \Phi_0\||_1 + \||\Psi_1 - \Phi_1\||_1. \tag{3.273}$$

证明 根据命题 3.41，我们可以算出

$$\||\Psi\Phi\||_1 = \|\Psi\Phi \otimes \mathbb{1}_{L(\mathcal{X})}\|_1 \leqslant \|\Psi \otimes \mathbb{1}_{L(\mathcal{X})}\|_1 \|\Phi \otimes \mathbb{1}_{L(\mathcal{X})}\|_1 \tag{3.274}$$

并且

$$\begin{aligned}
\||\Psi_1\Psi_0 - \Phi_1\Phi_0\||_1 &= \|\Psi_1\Psi_0 \otimes \mathbb{1}_{L(\mathcal{X})} - \Phi_1\Phi_0 \otimes \mathbb{1}_{L(\mathcal{X})}\|_1 \\
&\leqslant \|\Psi_0 \otimes \mathbb{1}_{L(\mathcal{X})} - \Phi_0 \otimes \mathbb{1}_{L(\mathcal{X})}\|_1 \\
&\quad + \|\Psi_1 \otimes \mathbb{1}_{L(\mathcal{X})} - \Phi_1 \otimes \mathbb{1}_{L(\mathcal{X})}\|_1.
\end{aligned} \tag{3.275}$$

这个命题可以从定理 3.46 得到. $\qquad\square$

我们同样可以证明完全有界迹范数对于张量积是可乘的.

定理 3.49 设 $\Phi_0 \in T(\mathcal{X}_0, \mathcal{Y}_0)$ 与 $\Phi_1 \in T(\mathcal{X}_1, \mathcal{Y}_1)$ 为映射，这里 $\mathcal{X}_0$、$\mathcal{X}_1$、$\mathcal{Y}_0$ 与 $\mathcal{Y}_1$ 都是复欧几里得空间. 下式成立：

$$\||\Phi_0 \otimes \Phi_1\||_1 = \||\Phi_0\||_1 \||\Phi_1\||_1. \tag{3.276}$$

证明 根据命题 3.48 以及推论 3.47，我们有

$$\begin{aligned}
\||\Phi_0 \otimes \Phi_1\||_1 &= \||(\Phi_0 \otimes \mathbb{1}_{L(\mathcal{Y}_1)})(\mathbb{1}_{L(\mathcal{X}_0)} \otimes \Phi_1)\||_1 \\
&\leqslant \||\Phi_0 \otimes \mathbb{1}_{L(\mathcal{Y}_1)}\||_1 \||\mathbb{1}_{L(\mathcal{X}_0)} \otimes \Phi_1\||_1 = \||\Phi_0\||_1 \||\Phi_1\||_1.
\end{aligned} \tag{3.277}$$

我们还需要证明反向的不等式.

首先，选择算子 $X_0 \in L(\mathcal{X}_0 \otimes \mathcal{X}_0)$ 与 $X_1 \in L(\mathcal{X}_1 \otimes \mathcal{X}_1)$ 使得 $\|X_0\|_1 = 1$ 且 $\|X_0\|_1 = 1$，并且如下等式成立：

$$\begin{aligned}
\||\Phi_0\||_1 &= \|(\Phi_0 \otimes \mathbb{1}_{L(\mathcal{X}_0)})(X_0)\|_1, \\
\||\Phi_1\||_1 &= \|(\Phi_1 \otimes \mathbb{1}_{L(\mathcal{X}_1)})(X_1)\|_1.
\end{aligned} \tag{3.278}$$

由于迹范数对于张量积是可乘的，所以我们有 $\|X_0 \otimes X_1\|_1 = 1$.

接下来，我们需要看到

$$\begin{aligned}
\||\Phi_0 \otimes \Phi_1\||_1 &= \|\Phi_0 \otimes \Phi_1 \otimes \mathbb{1}_{L(\mathcal{X}_0 \otimes \mathcal{X}_1)}\|_1 \\
&= \|\Phi_0 \otimes \mathbb{1}_{L(\mathcal{X}_0)} \otimes \Phi_1 \otimes \mathbb{1}_{L(\mathcal{X}_1)}\|_1.
\end{aligned} \tag{3.279}$$

第二个等式关系来自诱导迹范数的酉不变性 (命题 3.41 的声明 3). 这代表这个范数在改变映射的张量积顺序后不变. 再一次使用迹范数关于张量积的可乘性, 我们得到

$$
\begin{aligned}
\left\|\left|\Phi_0 \otimes \Phi_1\right|\right\|_1 &\geqslant \left\|\left(\Phi_0 \otimes \mathbb{1}_{L(\mathcal{X}_0)} \otimes \Phi_1 \otimes \mathbb{1}_{L(\mathcal{X}_1)}\right)(X_0 \otimes X_1)\right\|_1 \\
&= \left\|\left(\Phi_0 \otimes \mathbb{1}_{L(\mathcal{X}_0)}\right)(X_0)\right\|_1 \left\|\left(\Phi_1 \otimes \mathbb{1}_{L(\mathcal{X}_1)}\right)(X_1)\right\|_1 \\
&= \left\|\left|\Phi_0\right|\right\|_1 \left\|\left|\Phi_1\right|\right\|_1,
\end{aligned}
\tag{3.280}
$$

至此完成了证明. □

3.3.3 信道间的距离

本节将解释上一节引出的完全有界迹范数与信道区分之间的关系, 并讨论由完全有界迹范数导出的信道间距离这个概念的其他角度.

3.3.3.1 保 Hermite 映射的完全有界迹范数

给定一个映射 $\Phi \in \mathrm{T}(\mathcal{X}, \mathcal{Y})$, 我们有某些单位向量 $u, v \in \mathcal{X} \otimes \mathcal{X}$ 使得

$$
\left\|\left|\Phi\right|\right\|_1 = \left\|\left(\Phi \otimes \mathbb{1}_{L(\mathcal{X})}\right)(uv^*)\right\|_1.
\tag{3.281}
$$

如果不对 Φ 加以限制, 则对于一个单位向量 $u \in \mathcal{X} \otimes \mathcal{X}$ 满足

$$
\left\|\left|\Phi\right|\right\|_1 = \left\|\left(\Phi \otimes \mathbb{1}_{L(\mathcal{X})}\right)(uu^*)\right\|_1
\tag{3.282}
$$

的更强的条件一般并不成立.

然而, 当 Φ 是保 Hermite 映射的时候, 总存在单位向量 $u \in \mathcal{X} \otimes \mathcal{X}$ 使式 (3.282) 成立. 这个事实由后面的定理 3.51 给出, 而它的证明需要用到如下引理.

引理 3.50 设 $\mathcal{X}$ 与 $\mathcal{Y}$ 为复欧几里得空间, $\Phi \in \mathrm{T}(\mathcal{X}, \mathcal{Y})$ 为保 Hermite 映射, 而 $\mathcal{Z}$ 为任意满足 $\dim(\mathcal{Z}) \geqslant 2$ 的复欧几里得空间. 存在一个单位向量 $u \in \mathcal{X} \otimes \mathcal{Z}$ 使得

$$
\left\|\left(\Phi \otimes \mathbb{1}_{L(\mathcal{Z})}\right)(uu^*)\right\|_1 \geqslant \left\|\left|\Phi\right|\right\|_1.
\tag{3.283}
$$

证明 设 $X \in \mathrm{L}(\mathcal{X})$ 为满足 $\|X\|_1 = 1$ 与 $\|\Phi(X)\|_1 = \||\Phi|\|_1$ 的算子. 设 $z_0, z_1 \in \mathcal{Z}$ 为任意两个正交单位向量, 定义 Hermite 算子 $H \in \mathrm{Herm}(\mathcal{X} \otimes \mathcal{Z})$ 如下:

$$
H = \frac{1}{2} X \otimes z_0 z_1^* + \frac{1}{2} X^* \otimes z_1 z_0^*.
\tag{3.284}
$$

然后我们可以看到 $\|H\|_1 = \|X\|_1 = 1$. 另外, 我们有

$$
\begin{aligned}
\left(\Phi \otimes \mathbb{1}_{L(\mathcal{Z})}\right)(H) &= \frac{1}{2} \Phi(X) \otimes z_0 z_1^* + \frac{1}{2} \Phi(X^*) \otimes z_1 z_0^* \\
&= \frac{1}{2} \Phi(X) \otimes z_0 z_1^* + \frac{1}{2} \Phi(X)^* \otimes z_1 z_0^*.
\end{aligned}
\tag{3.285}
$$

这里第二个等式来自定理 2.25 以及 Φ 是保 Hermite 映射的假设. 因此在这个情况下有

$$
\left\|\left(\Phi \otimes \mathbb{1}_{L(\mathcal{Z})}\right)(H)\right\|_1 = \|\Phi(X)\|_1 = \||\Phi|\|_1.
\tag{3.286}
$$

现在考虑谱分解

$$H = \sum_{k=1}^{n} \lambda_k u_k u_k^*, \tag{3.287}$$

这里 $n = \dim(\mathcal{X} \otimes \mathcal{Z})$. 根据三角不等式, 我们有

$$\left\| (\Phi \otimes \mathbb{1}_{\mathrm{L}(\mathcal{Z})})(H) \right\|_1 \leqslant \sum_{k=1}^{n} |\lambda_k| \left\| (\Phi \otimes \mathbb{1}_{\mathrm{L}(\mathcal{Z})})(u_k u_k^*) \right\|_1. \tag{3.288}$$

由于 $\|H\|_1 = 1$, 所以不等式 (3.288) 右边的表达式是所有 $k \in \{1, \cdots, n\}$ 定义的

$$\left\| (\Phi \otimes \mathbb{1}_{\mathrm{L}(\mathcal{Z})})(u_k u_k^*) \right\|_1 \tag{3.289}$$

的凸组合. 因此必然存在 $k \in \{1, \cdots, n\}$ 满足

$$\left\| (\Phi \otimes \mathbb{1}_{\mathrm{L}(\mathcal{Z})})(u_k u_k^*) \right\|_1 \geqslant \left\| (\Phi \otimes \mathbb{1}_{\mathrm{L}(\mathcal{Z})})(H) \right\|_1 = \|\Phi\|_1. \tag{3.290}$$

设 $u = u_k$, 则完成了证明. □

定理 3.51 设 $\Phi \in \mathrm{T}(\mathcal{X}, \mathcal{Y})$ 为保 Hermite 映射, 这里 $\mathcal{X}$ 与 $\mathcal{Y}$ 为复欧几里得空间. 则

$$\|\Phi\|_1 = \max_{u \in \mathcal{S}(\mathcal{X} \otimes \mathcal{X})} \left\| (\Phi \otimes \mathbb{1}_{\mathrm{L}(\mathcal{X})})(uu^*) \right\|_1. \tag{3.291}$$

证明 对于每一个单位向量 $u \in \mathcal{X} \otimes \mathcal{X}$, 都有

$$\left\| (\Phi \otimes \mathbb{1}_{\mathrm{L}(\mathcal{X})})(uu^*) \right\|_1 \leqslant \left\| \Phi \otimes \mathbb{1}_{\mathrm{L}(\mathcal{X})} \right\|_1 = \|\Phi\|_1, \tag{3.292}$$

所以我们只需要证明存在一个单位向量 $u \in \mathcal{X} \otimes \mathcal{X}$ 使得

$$\left\| (\Phi \otimes \mathbb{1}_{\mathrm{L}(\mathcal{X})})(uu^*) \right\|_1 \geqslant \left\| \Phi \otimes \mathbb{1}_{\mathrm{L}(\mathcal{X})} \right\|_1 = \|\Phi\|_1. \tag{3.293}$$

设 $\mathcal{Z} = \mathbb{C}^2$. 根据引理 3.50, 必然存在一个单位向量 $x \in \mathcal{X} \otimes \mathcal{X} \otimes \mathcal{Z}$ 使得

$$\left\| (\Phi \otimes \mathbb{1}_{\mathrm{L}(\mathcal{X})} \otimes \mathbb{1}_{\mathrm{L}(\mathcal{Z})})(xx^*) \right\|_1 \geqslant \left\| \Phi \otimes \mathbb{1}_{\mathrm{L}(\mathcal{X})} \right\|_1, \tag{3.294}$$

另外根据引理 3.45, 必然存在单位向量 $u \in \mathcal{X} \otimes \mathcal{X}$ 使得

$$\left\| (\Phi \otimes \mathbb{1}_{\mathrm{L}(\mathcal{X})})(uu^*) \right\|_1 = \left\| (\Phi \otimes \mathbb{1}_{\mathrm{L}(\mathcal{X})} \otimes \mathbb{1}_{\mathrm{L}(\mathcal{Z})})(xx^*) \right\|_1. \tag{3.295}$$

对于这样选择的 u, 我们有式 (3.293), 至此完成了证明. □

3.3.3.2 Holevo-Helstrom 定理的信道版本

通过用完全有界迹范数替代迹范数, 下面这个定理表示了 Holevo-Helstrom 定理 (定理 3.4) 的信道版本.

定理 3.52 设 $\Phi_0, \Phi_1 \in \mathrm{C}(\mathcal{X}, \mathcal{Y})$ 为信道，这里 $\mathcal{X}$ 与 $\mathcal{Y}$ 为复欧几里得空间，而 $\lambda \in [0,1]$. 对任选的复欧几里得空间 $\mathcal{Z}$、测量 $\mu : \{0,1\} \to \mathrm{Pos}(\mathcal{Y} \otimes \mathcal{Z})$ 以及密度算子 $\sigma \in \mathrm{D}(\mathcal{X} \otimes \mathcal{Z})$，下式成立：

$$\lambda \langle \mu(0), (\Phi_0 \otimes \mathbb{1}_{\mathrm{L}(\mathcal{Z})})(\sigma) \rangle + (1-\lambda) \langle \mu(1), (\Phi_1 \otimes \mathbb{1}_{\mathrm{L}(\mathcal{Z})})(\sigma) \rangle$$
$$\leqslant \frac{1}{2} + \frac{1}{2} \big\| \lambda \Phi_0 - (1-\lambda) \Phi_1 \big\|_1. \tag{3.296}$$

另外，对于任选的满足 $\dim(\mathcal{Z}) \geqslant \dim(\mathcal{X})$ 的 $\mathcal{Z}$，式 (3.296) 中的等号可以由某些投影测量 μ 以及纯态 σ 达到.

证明 根据 Holevo-Helstrom 定理 (定理 3.4)，式 (3.296) 左边的值最大为

$$\frac{1}{2} + \frac{1}{2} \big\| \lambda (\Phi_0 \otimes \mathbb{1}_{\mathrm{L}(\mathcal{Z})})(\sigma) - (1-\lambda)(\Phi_1 \otimes \mathbb{1}_{\mathrm{L}(\mathcal{Z})})(\sigma) \big\|_1. \tag{3.297}$$

这个值的上界是

$$\frac{1}{2} + \frac{1}{2} \big\| (\lambda \Phi_0 - (1-\lambda)\Phi_1) \otimes \mathbb{1}_{\mathrm{L}(\mathcal{Z})} \big\|_1, \tag{3.298}$$

根据定理 3.46，其最大值为

$$\frac{1}{2} + \frac{1}{2} \big\|\big| \lambda \Phi_0 - (1-\lambda)\Phi_1 \big|\big\|_1. \tag{3.299}$$

根据 Φ_0 与 Φ_1 是全正映射以及 λ 是实数的事实，$\lambda \Phi_0 - (1-\lambda)\Phi_1$ 是保 Hermite 映射. 根据定理 3.51，必然存在一个单位向量 $u \in \mathcal{X} \otimes \mathcal{X}$ 使得

$$\big\| \lambda(\Phi_0 \otimes \mathbb{1}_{\mathrm{L}(\mathcal{X})})(uu^*) - (1-\lambda)(\Phi_1 \otimes \mathbb{1}_{\mathrm{L}(\mathcal{X})})(uu^*) \big\|_1$$
$$= \big\|\big| \lambda \Phi_0 - (1-\lambda)\Phi_1 \big|\big\|_1. \tag{3.300}$$

因此在 $\dim(\mathcal{Z}) \geqslant \dim(\mathcal{X})$ 的假设下，我们有

$$\big\| \lambda(\Phi_0 \otimes \mathbb{1}_{\mathrm{L}(\mathcal{Z})})(\sigma) - (1-\lambda)(\Phi_1 \otimes \mathbb{1}_{\mathrm{L}(\mathcal{Z})})(\sigma) \big\|_1$$
$$= \big\|\big| \lambda \Phi_0 - (1-\lambda)\Phi_1 \big|\big\|_1, \tag{3.301}$$

这里

$$\sigma = (\mathbb{1}_{\mathcal{X}} \otimes V) uu^* (\mathbb{1}_{\mathcal{X}} \otimes V^*) \tag{3.302}$$

为纯态，$V \in \mathrm{U}(\mathcal{X}, \mathcal{Z})$ 为任意的等距算子.

最后，根据 Holevo-Helstrom 定理 (定理 3.4)，必然存在投影测量 $\mu : \{0,1\} \to \mathrm{Pos}(\mathcal{Y} \otimes \mathcal{Z})$ 使得

$$\lambda \langle \mu(0), (\Phi_0 \otimes \mathbb{1}_{\mathrm{L}(\mathcal{Z})})(\sigma) \rangle + (1-\lambda) \langle \mu(1), (\Phi_1 \otimes \mathbb{1}_{\mathrm{L}(\mathcal{Z})})(\sigma) \rangle$$
$$= \frac{1}{2} + \frac{1}{2} \big\| \lambda(\Phi_0 \otimes \mathbb{1}_{\mathrm{L}(\mathcal{Z})})(\sigma) - (1-\lambda)(\Phi_1 \otimes \mathbb{1}_{\mathrm{L}(\mathcal{Z})})(\sigma) \big\|_1 \tag{3.303}$$
$$= \frac{1}{2} + \frac{1}{2} \big\|\big| \lambda \Phi_0 - (1-\lambda)\Phi_1 \big|\big\|_1,$$

至此完成了证明. □

3.3.3.3　信道网络间的距离

量子信息与计算中的很多计算与交互都可以由信道的**网络**来描述. 这里我们假设一些有着不同输入与输出空间的信道 $\Phi_1, \cdots, \Phi_N$ 组成一张非循环网络 (如图 3.1 中的例子所示). 完全有界迹范数正好适合分析这样的网络中的错误、误差以及噪声.

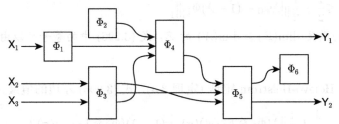

图 3.1　一个非循环信道网络的理论模型. 箭头表示寄存器. 这里假设信道 (由方形表示) 的输入和输出空间与箭头表示的寄存器是契合的. 例如信道 Φ_1 将寄存器 X_1 转化为其他的寄存器 (在这张图上没有命名), 也即是信道 Φ_4 的三个输入中的第二个. 通过将信道 $\Phi_1, \cdots, \Phi_6$ 以如图方式组合起来, 我们可以得到一个新的信道 $\Phi \in \mathrm{C}(\mathcal{X}_1 \otimes \mathcal{X}_2 \otimes \mathcal{X}_3, \mathcal{Y}_1 \otimes \mathcal{Y}_2)$

通过以与网络一致的方法组合信道 $\Phi_1, \cdots, \Phi_N$, 我们可以得到信道 Φ. 假设寄存器 $\mathsf{X}_1, \cdots, \mathsf{X}_n$ 为网络的输入而寄存器 $\mathsf{Y}_1, \cdots, \mathsf{Y}_m$ 为输出, 则信道 Φ 表示信道 $\Phi_1, \cdots, \Phi_N$ 的如下组合:

$$\Phi \in \mathrm{C}(\mathcal{X}_1 \otimes \cdots \otimes \mathcal{X}_n, \mathcal{Y}_1 \otimes \cdots \otimes \mathcal{Y}_m). \tag{3.304}$$

现在假设 $\Psi_1, \cdots, \Psi_N$ 的输入和输出空间和 $\Phi_1, \cdots, \Phi_N$ 一一对应, 并且对于每一个 $k \in \{1, \cdots, N\}$, 用 Ψ_k 替换 Φ_k. 同样地, 信道 $\Psi_1, \cdots, \Psi_N$ 通过与网络一致的方法结合到一起, 构成信道

$$\Psi \in \mathrm{C}(\mathcal{X}_1 \otimes \cdots \otimes \mathcal{X}_n, \mathcal{Y}_1 \otimes \cdots \otimes \mathcal{Y}_m) \tag{3.305}$$

以替代 Φ. 例如, $\Phi_1, \cdots, \Phi_N$ 可以表示被一个协议或者算法决定的理想信道, 而 $\Psi_1, \cdots, \Psi_N$ 代表 $\Phi_1, \cdots, \Phi_N$ 在少量噪声或者损坏下的变形.

我们会自然地提出疑问, 在对所有 $k \in \{1, \cdots, N\}$ 给定 Φ_k 与 Ψ_k 的差别函数后, Φ 与 Ψ 可能差多少. Φ 与 Ψ 之差的完全有界迹范数的上界可以通过归纳法从命题 3.48 以及推论 3.47 得到:

$$\vvvert \Phi - \Psi \vvvert_1 \leqslant \vvvert \Phi_1 - \Psi_1 \vvvert_1 + \cdots + \vvvert \Phi_N - \Psi_N \vvvert_1. \tag{3.306}$$

因此, 不论考虑的网络有什么性质, 当把信道组成网络时, 对于 $k \in \{1, \cdots, N\}$, 信道 Φ_k 与 Ψ_k 之间的差别仅仅是累加的.

3.3.3.4　等距信道对之间的区分

正如例 3.36 强调的, 在情形 3.35 的某些情况下, Bob 必须使用辅助寄存器 W 来完成对给定信道对的最优区分. 一个有意思的情况是, 当这两个信道等距的时候, Bob 不一定需

要辅助寄存器. 这对等距信道定义为, 对所有 $X \in L(\mathcal{X})$,

$$\Phi_0(X) = V_0 X V_0^* \quad 和 \quad \Phi_1(X) = V_1 X V_1^*, \tag{3.307}$$

这里 $V_0, V_1 \in U(\mathcal{X}, \mathcal{Y})$. 这个情况下的最优区分不需要辅助寄存器的证明如下. 这个证明中用到了算子数值域的概念.

定义 3.53　设 $\mathcal{X}$ 为复欧几里得空间, 而 $X \in L(\mathcal{X})$ 为算子. X 的**数值域**为如下定义的集合 $\mathcal{N}(X) \subset \mathbb{C}$:

$$\mathcal{N}(X) = \{u^* X u : u \in \mathcal{S}(\mathcal{X})\}. \tag{3.308}$$

一般来说, 给定算子 X 的每一个本征值都属于 $\mathcal{N}(X)$, 而且我们可以证明当 X 是正规算子时, $\mathcal{N}(X)$ 等于 X 本征值的凸包. 然而, 对于非正规算子而言, 这一般不成立. 但 $\mathcal{N}(X)$ 总是紧且凸的, 也就是下面这个定理的内容.

定理 3.54(Toeplitz-Hausdorff 定理)　对于任意复欧几里得空间 $\mathcal{X}$ 以及算子 $X \in L(\mathcal{X})$, 集合 $\mathcal{N}(X)$ 是紧且凸的.

证明　定义为 $f(u) = u^* X u$ 的函数 $f : \mathcal{S}(\mathcal{X}) \to \mathbb{C}$ 是连续的, 并且单位球 $\mathcal{S}(\mathcal{X})$ 是紧的. 从紧集到紧集的连续映射意味着 $\mathcal{N}(X) = f(\mathcal{S}(\mathcal{X}))$ 是紧的.

接下来我们要证明 $\mathcal{N}(X)$ 的凸性. 固定 $\alpha, \beta \in \mathcal{N}(X)$ 以及实数 $\lambda \in [0, 1]$. 我们要证明的是

$$\lambda \alpha + (1 - \lambda)\beta \in \mathcal{N}(X). \tag{3.309}$$

这已经足够证明这个定理了. 这里我们假设 $\alpha \neq \beta$, 因为在 $\alpha = \beta$ 的情况下这个论断是平凡的.

根据数值域的定义, 我们选择单位向量 $u, v \in \mathcal{S}(\mathcal{X})$ 使得 $u^* X u = \alpha$ 且 $v^* X v = \beta$. 假设 $\alpha \neq \beta$, 我们有向量 u 与 v 是线性无关的.

接下来, 定义

$$Y = \frac{-\beta}{\alpha - \beta}\mathbb{1}_{\mathcal{X}} + \frac{1}{\alpha - \beta}X \tag{3.310}$$

使得 $u^* Y u = 1$ 并且 $v^* Y v = 0$. 设 $H, K \in \mathrm{Herm}(\mathcal{X})$ 定义如下:

$$H = \frac{Y + Y^*}{2} \quad 和 \quad K = \frac{Y - Y^*}{2\mathrm{i}}, \tag{3.311}$$

使得 $Y = H + \mathrm{i}K$. 我们可以得到

$$\begin{aligned} u^* H u = 1, \qquad v^* H v = 0, \\ u^* K u = 0, \qquad v^* K v = 0. \end{aligned} \tag{3.312}$$

不失一般性地, 我们可以假设 $u^* K v$ 是纯虚数 (即实部为 0), 否则我们可以用 $\mathrm{e}^{\mathrm{i}\theta}v$ 替换 v 然后选择 θ 使它变成纯虚数. 这不会改变前面提到的性质.

由于 u 与 v 是线性无关的, 所以对于任选的 $t \in \mathbb{R}$, 向量 $tu + (1-t)v$ 不等于零. 因此, 对每一个 $t \in [0, 1]$, 我们可以定义单位向量

$$z(t) = \frac{tu + (1-t)v}{\|tu + (1-t)v\|}. \tag{3.313}$$

由于 $u^* K u = v^* K v = 0$ 且 $u^* K v$ 是纯虚数, 所以对每一个 $t \in [0, 1]$, $z(t)^* K z(t) = 0$, 因此

$$z(t)^* Y z(t) = z(t)^* H z(t) = \frac{t^2 + t(1-t)(v^* H u + u^* H v)}{\|tu + (1-t)v\|^2}. \tag{3.314}$$

式 (3.314) 右边的表达式是一个将 0 映射到 0、将 1 映射到 1 的连续实值函数. 由此可得, 必然存在至少一个 $t \in [0, 1]$ 使得 $z(t)^* Y z(t) = \lambda$. 给定 t, 设 $w = z(t)$, 使得 $w^* Y w = \lambda$. 则 w 是一个单位向量, 并且

$$w^* X w = (\alpha - \beta)\left(\frac{\beta}{\alpha - \beta} + w^* Y w\right) = \lambda \alpha + (1-\lambda)\beta. \tag{3.315}$$

因此我们可以看到, 正如我们需要的, $\lambda \alpha + (1-\lambda)\beta \in \mathcal{N}(X)$. $\qquad\square$

定理 3.55 设 $\mathcal{X}$ 与 $\mathcal{Y}$ 为满足 $\dim(\mathcal{X}) \leqslant \dim(\mathcal{Y})$ 的复欧几里得空间, $V_0, V_1 \in \mathrm{U}(\mathcal{X}, \mathcal{Y})$ 为等距算子, 并定义信道 $\Phi_0, \Phi_1 \in \mathrm{C}(\mathcal{X}, \mathcal{Y})$ 为对所有 $X \in \mathrm{L}(\mathcal{X})$ 都满足

$$\Phi_0(X) = V_0 X V_0^* \quad \text{且} \quad \Phi_1(X) = V_1 X V_1^*. \tag{3.316}$$

存在单位向量 $u \in \mathcal{X}$ 使得对每一个 $\lambda \in [0, 1]$ 都有

$$\left\| \lambda \Phi_0(uu^*) - (1-\lambda)\Phi_1(uu^*) \right\|_1 = \left\|\!\left\| \lambda \Phi_0 - (1-\lambda)\Phi_1 \right\|\!\right\|_1. \tag{3.317}$$

证明 利用恒等式 (1.184), 我们发现, 对于所有的单位向量 $u \in \mathcal{X}$,

$$\begin{aligned} &\left\| \lambda \Phi_0(uu^*) - (1-\lambda)\Phi_1(uu^*) \right\|_1 \\ &= \sqrt{1 - 4\lambda(1-\lambda)\left|u^* V_0^* V_1 u\right|^2}. \end{aligned} \tag{3.318}$$

类似地, 对所有复欧几里得空间 $\mathcal{Z}$ 与单位向量 $v \in \mathcal{X} \otimes \mathcal{Z}$,

$$\begin{aligned} &\left\| \lambda(\Phi_0 \otimes \mathbb{1}_{\mathrm{L}(\mathcal{Z})})(vv^*) - (1-\lambda)(\Phi_1 \otimes \mathbb{1}_{\mathrm{L}(\mathcal{Z})})(vv^*) \right\|_1 \\ &= \sqrt{1 - 4\lambda(1-\lambda)\left|v^*\left(V_0^* V_1 \otimes \mathbb{1}_{\mathcal{Z}}\right)v\right|^2}. \end{aligned} \tag{3.319}$$

设 $\mathcal{Z}$ 为满足 $\dim(\mathcal{Z}) = \dim(\mathcal{X})$ 的复欧几里得空间, 根据式 (3.319) 以及定理 3.51, 必然存在单位向量 $v \in \mathcal{X} \otimes \mathcal{Z}$ 使得

$$\left\|\!\left\| \lambda \Phi_0 - (1-\lambda)\Phi_1 \right\|\!\right\|_1 = \sqrt{1 - 4\lambda(1-\lambda)\left|v^*\left(V_0^* V_1 \otimes \mathbb{1}_{\mathcal{Z}}\right)v\right|^2} \tag{3.320}$$

现在我们可以看到, 对于 $\rho = \mathrm{Tr}_{\mathcal{Z}}(vv^*)$,

$$v^*\left(V_0^* V_1 \otimes \mathbb{1}_{\mathcal{Z}}\right)v = \langle \rho, V_0^* V_1 \rangle. \tag{3.321}$$

根据 ρ 的谱分解，我们可以发现式 (3.321) 表示的值是如下形式的值的凸组合：

$$w^* V_0^* V_1 w, \tag{3.322}$$

这里 $w \in \mathcal{X}$ 的取值范围是 ρ 的单位本征向量集合. 每一个如上的值都在 $V_0^* V_1$ 的数值域内，所以根据 Toeplitz–Hausdorff 定理 (定理 3.54) 必然存在单位向量 $u \in \mathcal{X}$ 使得

$$u^* V_0^* V_1 u = \langle \rho, V_0^* V_1 \rangle. \tag{3.323}$$

根据式 (3.318)，下式成立：

$$\left\| \lambda \Phi_0(uu^*) - (1-\lambda)\Phi_1(uu^*) \right\|_1 = \left\| \left| \lambda \Phi_0 - (1-\lambda)\Phi_1 \right| \right\|_1. \tag{3.324}$$

我们可以看到向量 u 与 λ 无关，至此完成了证明. $\qquad\square$

3.3.3.5 信道与单位信道间的完全有界迹距离

再次回到例3.36，我们看到，通过使用足够大的辅助寄存器，我们可以完美地区分 Werner-Holevo 信道. 但是如果不允许使用辅助寄存器，那么我们几乎无法区分它们 (假设这些信道定义在高维度的空间上). Werner-Holevo 信道还有另一个与我们接下来要讨论的问题相关的性质：它是高噪声的信道，它的输出接近于所有可能输入的完全混态.

我们可能会想知道，当其中一个信道是单位信道的时候，是否会出现辅助寄存器能带来巨大影响的现象. 这是个非常自然的问题，因为给定信道与单位信道的接近程度在有些情况下是该信道本质的展示. 下面这个定理展示在上述现象在这个设定中是受限的. 特别地，这个定理展示在使用辅助寄存器区分一个给定的信道与单位信道时，其可能的优势与维度无关.

定理 3.56 设 $\mathcal{X}$ 为复欧几里得空间，$\Phi \in \mathrm{C}(\mathcal{X})$ 为信道，$\varepsilon \in [0, 2]$，并假设对每一个密度算子 $\rho \in \mathrm{D}(\mathcal{X})$,

$$\left\| \Phi(\rho) - \rho \right\|_1 \leqslant \varepsilon. \tag{3.325}$$

则下式成立：

$$\left\| \left| \Phi - \mathbb{1}_{\mathrm{L}(\mathcal{X})} \right| \right\|_1 \leqslant \sqrt{2\varepsilon}. \tag{3.326}$$

证明 从该定理的假设来看，显然，对每一个单位向量 $u \in \mathcal{X}$，我们有

$$\left\| \Phi(uu^*) - uu^* \right\|_1 \leqslant \varepsilon, \tag{3.327}$$

因此

$$\left| \langle uu^*, \Phi(uu^*) - uu^* \rangle \right| \leqslant \frac{\varepsilon}{2}. \tag{3.328}$$

本证明的第一个主要步骤是，对每一对正交单位向量 $u, v \in \mathcal{X}$ 建立一个类似形式的上界：

$$\left| \langle uv^*, \Phi(uv^*) - uv^* \rangle \right| \leqslant \frac{\varepsilon}{2}. \tag{3.329}$$

为了完成这个目标，假设 $u, v \in \mathcal{X}$ 为正交单位向量，对每一个 $k \in \{0, 1, 2, 3\}$ 定义单位向量

$$w_k = \frac{u + \mathrm{i}^k v}{\sqrt{2}}. \tag{3.330}$$

我们可以观察到

$$uv^* = \frac{1}{2} \sum_{k=0}^{3} \mathrm{i}^k w_k w_k^*, \tag{3.331}$$

因而

$$\Phi(uv^*) - uv^* = \frac{1}{2} \sum_{k=0}^{3} i^k \big(\Phi(w_k w_k^*) - w_k w_k^* \big). \tag{3.332}$$

由于无迹 (迹为 0) Hermite 算子的谱范数不大于其迹范数的一半，所以下式成立：

$$
\begin{aligned}
\big\| \Phi(uv^*) - uv^* \big\| &\leqslant \frac{1}{2} \sum_{k=0}^{3} \big\| \Phi(w_k w_k^*) - w_k w_k^* \big\| \\
&\leqslant \frac{1}{4} \sum_{k=0}^{3} \big\| \Phi(w_k w_k^*) - w_k w_k^* \big\|_1 \leqslant \frac{\varepsilon}{2}.
\end{aligned}
\tag{3.333}
$$

由此可以推出我们想要的界 (3.329).

现在，设 $z \in \mathcal{X} \otimes \mathcal{X}$ 为单位向量，并将其写成 Schmidt 分解的形式

$$z = \sum_{a \in \Sigma} \sqrt{p(a)} x_a \otimes y_a, \tag{3.334}$$

这里 Σ 为字母表，$\{x_a : a \in \Sigma\}$ 与 $\{y_a : a \in \Sigma\}$ 为 $\mathcal{X}$ 的规范正交子集，而 $p \in \mathcal{P}(\Sigma)$ 为概率向量. 下式成立：

$$\big\langle zz^*, (\Phi \otimes \mathbb{1}_{\mathrm{L}(\mathcal{X})})(zz^*) \big\rangle = \sum_{a,b \in \Sigma} p(a)p(b) \langle x_a x_b^*, \Phi(x_a x_b^*) \rangle, \tag{3.335}$$

因而，根据三角不等式以及上述的界 (3.328) 与 (3.329)，

$$
\begin{aligned}
1 - \big\langle zz^*, (\Phi \otimes \mathbb{1}_{\mathrm{L}(\mathcal{X})})(zz^*) \big\rangle &= \big| \big\langle zz^*, (\Phi \otimes \mathbb{1}_{\mathrm{L}(\mathcal{X})})(zz^*) - zz^* \big\rangle \big| \\
&\leqslant \sum_{a,b \in \Sigma} p(a)p(b) \big| \langle x_a x_b^*, \Phi(x_a x_b^*) - x_a x_b^* \rangle \big| \leqslant \frac{\varepsilon}{2}.
\end{aligned}
\tag{3.336}
$$

利用参数的秩为 1 的保真度函数的表达式 (命题 3.13)，下式成立：

$$\mathrm{F}\big((\Phi \otimes \mathbb{1}_{\mathrm{L}(\mathcal{X})})(zz^*), zz^* \big)^2 \geqslant 1 - \frac{\varepsilon}{2}. \tag{3.337}$$

因此，根据 Fuchs-van de Graaf 不等式 (定理 3.33) 之一，我们有

$$
\begin{aligned}
& \big\| (\Phi \otimes \mathbb{1}_{\mathrm{L}(\mathcal{X})})(zz^*) - zz^* \big\|_1 \\
& \leqslant 2\sqrt{1 - \mathrm{F}\big((\Phi \otimes \mathbb{1}_{\mathrm{L}(\mathcal{X})})(zz^*), zz^* \big)^2} \leqslant \sqrt{2\varepsilon}.
\end{aligned}
\tag{3.338}
$$

因为 $\Phi - \mathbb{1}_{\mathrm{L}(\mathcal{X})}$ 是保 Hermite 映射，所以由定理 3.51 即可得到该定理. $\qquad \square$

3.3.4 完全有界迹范数的特征

下面将展示完全有界迹范数的另外两种特征，以及一个关于有限 Choi 秩映射的完全有界迹范数的定理.

3.3.4.1 全正映射间的最大输出保真度

我们可以用由一个映射推出的两种全正映射间的**最大输出保真度**来刻画该映射的完全有界迹范数. 最大输出保真度定义如下.

定义 3.57 设 $\Psi_0, \Psi_1 \in \mathrm{CP}(\mathcal{X}, \mathcal{Y})$ 为全正映射，这里 $\mathcal{X}$ 与 $\mathcal{Y}$ 为复欧几里得空间. Ψ_0 与 Ψ_1 之间的**最大输出保真度**定义为

$$\mathrm{F_{max}}(\Psi_0, \Psi_1) = \max_{\rho_0, \rho_1 \in \mathrm{D}(\mathcal{X})} \mathrm{F}\big(\Psi_0(\rho_0), \Psi_1(\rho_1)\big). \tag{3.339}$$

对于任意复欧几里得空间 $\mathcal{X}$ 与 $\mathcal{Y}$ 上选定的 $u, v \in \mathcal{X} \otimes \mathcal{Y}$ 形式的向量，推论 3.23 指出，

$$\big\|\mathrm{Tr}_{\mathcal{Y}}(vu^*)\big\|_1 = \mathrm{F}\big(\mathrm{Tr}_{\mathcal{X}}(uu^*), \mathrm{Tr}_{\mathcal{X}}(vv^*)\big). \tag{3.340}$$

这个事实的一个扩充提供了完全有界迹范数与最大输出保真度之间的关联. 为了讨论这个扩充，先把下列引理表述的事实独立出来会更加方便.

引理 3.58 设 $A_0, A_1 \in \mathrm{L}(\mathcal{X}, \mathcal{Y} \otimes \mathcal{Z})$ 为算子，这里 $\mathcal{X}$、$\mathcal{Y}$ 与 $\mathcal{Z}$ 为复欧几里得空间，并定义映射 $\Psi_0, \Psi_1 \in \mathrm{CP}(\mathcal{X}, \mathcal{Z})$ 与 $\Phi \in \mathrm{T}(\mathcal{X}, \mathcal{Y})$ 如下：对每一个 $X \in \mathrm{L}(\mathcal{X})$，

$$\begin{aligned}
\Psi_0(X) &= \mathrm{Tr}_{\mathcal{Y}}\big(A_0 X A_0^*\big), \\
\Psi_1(X) &= \mathrm{Tr}_{\mathcal{Y}}\big(A_1 X A_1^*\big), \\
\Phi(X) &= \mathrm{Tr}_{\mathcal{Z}}\big(A_0 X A_1^*\big).
\end{aligned} \tag{3.341}$$

另外，设 $u_0, u_1 \in \mathcal{X} \otimes \mathcal{W}$ 为向量，这里 $\mathcal{W}$ 为复欧几里得空间. 下式成立：

$$\big\|\big(\Phi \otimes \mathbb{1}_{\mathrm{L}(\mathcal{W})}\big)(u_0 u_1^*)\big\|_1 = \mathrm{F}\big(\Psi_0\big(\mathrm{Tr}_{\mathcal{W}}(u_0 u_0^*)\big), \Psi_1\big(\mathrm{Tr}_{\mathcal{W}}(u_1 u_1^*)\big)\big). \tag{3.342}$$

证明 设 $W \in \mathrm{U}(\mathcal{Y} \otimes \mathcal{Z} \otimes \mathcal{W}, \mathcal{Z} \otimes \mathcal{Y} \otimes \mathcal{W})$ 为对所有 $y \in \mathcal{Y}$、$z \in \mathcal{Z}$ 与 $w \in \mathcal{W}$ 都满足

$$W(y \otimes z \otimes w) = z \otimes y \otimes w \tag{3.343}$$

的算子. 换句话说，W 代表对张量因子从 $\mathcal{Y} \otimes \mathcal{Z} \otimes \mathcal{W}$ 到 $\mathcal{Z} \otimes \mathcal{Y} \otimes \mathcal{W}$ 重排序. 显然，我们有

$$\begin{aligned}
\big(\Phi \otimes \mathbb{1}_{\mathrm{L}(\mathcal{W})}\big)(u_0 u_1^*) &= \mathrm{Tr}_{\mathcal{Z}}\big((A_0 \otimes \mathbb{1}_{\mathcal{W}}) u_0 u_1^* (A_1^* \otimes \mathbb{1}_{\mathcal{W}})\big) \\
&= \mathrm{Tr}_{\mathcal{Z}}\big(W(A_0 \otimes \mathbb{1}_{\mathcal{W}}) u_0 u_1^* (A_1^* \otimes \mathbb{1}_{\mathcal{W}}) W^*\big).
\end{aligned} \tag{3.344}$$

应用推论 3.23, 我们得到

$$
\begin{aligned}
&\big\|\big(\Phi \otimes \mathbb{1}_{\mathrm{L}(\mathcal{W})}\big)\big(u_0 u_1^*\big)\big\|_1 \\
&= \mathrm{F}\Big(\mathrm{Tr}_{\mathcal{Y} \otimes \mathcal{W}}\big(W\big(A_0 \otimes \mathbb{1}_{\mathcal{W}}\big)u_0 u_0^*\big(A_0^* \otimes \mathbb{1}_{\mathcal{W}}\big)W^*\big), \\
&\qquad\quad \mathrm{Tr}_{\mathcal{Y} \otimes \mathcal{W}}\big(W\big(A_1 \otimes \mathbb{1}_{\mathcal{W}}\big)u_1 u_1^*\big(A_1^* \otimes \mathbb{1}_{\mathcal{W}}\big)W^*\big)\Big) \\
&= \mathrm{F}\Big(\mathrm{Tr}_{\mathcal{Y}}\big(A_0 \mathrm{Tr}_{\mathcal{W}}\big(u_0 u_0^*\big)A_0^*\big), \mathrm{Tr}_{\mathcal{Y}}\big(A_1 \mathrm{Tr}_{\mathcal{W}}\big(u_1 u_1^*\big)A_1^*\big)\Big) \\
&= \mathrm{F}\big(\Psi_0\big(\mathrm{Tr}_{\mathcal{W}}\big(u_0 u_0^*\big)\big), \Psi_1\big(\mathrm{Tr}_{\mathcal{W}}\big(u_1 u_1^*\big)\big)\big),
\end{aligned}
\tag{3.345}
$$

也即我们想要的结果. □

定理 3.59　设 $A_0, A_1 \in \mathrm{L}(\mathcal{X}, \mathcal{Y} \otimes \mathcal{Z})$ 为算子, 这里 $\mathcal{X}$、$\mathcal{Y}$ 与 $\mathcal{Z}$ 为复欧几里得空间, 并定义映射 $\Psi_0, \Psi_1 \in \mathrm{CP}(\mathcal{X}, \mathcal{Z})$ 与 $\Phi \in \mathrm{T}(\mathcal{X}, \mathcal{Y})$ 如下: 对每一个 $X \in \mathrm{L}(\mathcal{X})$,

$$
\begin{aligned}
\Psi_0(X) &= \mathrm{Tr}_{\mathcal{Y}}\big(A_0 X A_0^*\big), \\
\Psi_1(X) &= \mathrm{Tr}_{\mathcal{Y}}\big(A_1 X A_1^*\big), \\
\Phi(X) &= \mathrm{Tr}_{\mathcal{Z}}\big(A_0 X A_1^*\big).
\end{aligned}
\tag{3.346}
$$

则下式成立:

$$
\|\!|\Phi|\!\|_1 = \mathrm{F}_{\max}(\Psi_0, \Psi_1).
\tag{3.347}
$$

证明　设 $\mathcal{W}$ 为满足 $\dim(\mathcal{W}) = \dim(\mathcal{X})$ 的复欧几里得空间. 根据命题 3.44 以及引理 3.58, 我们有

$$
\begin{aligned}
\|\!|\Phi|\!\|_1 &= \max_{u_0, u_1 \in \mathcal{S}(\mathcal{X} \otimes \mathcal{W})} \big\|\big(\Phi \otimes \mathbb{1}_{\mathrm{L}(\mathcal{W})}\big)\big(u_0 u_1^*\big)\big\|_1 \\
&= \max_{u_0, u_1 \in \mathcal{S}(\mathcal{X} \otimes \mathcal{W})} \mathrm{F}\big(\Psi_0\big(\mathrm{Tr}_{\mathcal{W}}\big(u_0 u_0^*\big)\big), \Psi_1\big(\mathrm{Tr}_{\mathcal{W}}\big(u_1 u_1^*\big)\big)\big) \\
&= \max_{\rho_0, \rho_1 \in \mathrm{D}(\mathcal{X})} \mathrm{F}\big(\Psi_0(\rho_0), \Psi_1(\rho_1)\big) \\
&= \mathrm{F}_{\max}(\Psi_0, \Psi_1),
\end{aligned}
\tag{3.348}
$$

也即我们想要的结果. □

注:　定理 3.59 的证明建立了达到表达式

$$
\mathrm{F}_{\max}\big(\Psi_0, \Psi_1\big) = \max_{\rho_0, \rho_1 \in \mathrm{D}(\mathcal{X})} \mathrm{F}\big(\Psi_0(\rho_0), \Psi_1(\rho_1)\big)
\tag{3.349}
$$

最大值的算子 $\rho_0, \rho_1 \in \mathrm{D}(\mathcal{X})$ 与达到表达式

$$
\|\!|\Phi|\!\|_1 = \max_{u_0, u_1 \in \mathcal{S}(\mathcal{X} \otimes \mathcal{W})} \big\|\big(\Phi \otimes \mathbb{1}_{\mathrm{L}(\mathcal{W})}\big)\big(u_0 u_1^*\big)\big\|_1
\tag{3.350}
$$

最大值的向量 $u_0, u_1 \in \mathcal{S}(\mathcal{X} \otimes \mathcal{W})$ 之间的关系. 特别地, 对于任选的单位向量 $u_0, u_1 \in \mathcal{S}(\mathcal{X} \otimes \mathcal{W})$, 我们可以选择

$$
\rho_0 = \mathrm{Tr}_{\mathcal{W}}\big(u_0 u_0^*\big) \quad \text{和} \quad \rho_1 = \mathrm{Tr}_{\mathcal{W}}\big(u_1 u_1^*\big),
\tag{3.351}
$$

反过来, 对于任选的密度算子 $\rho_0, \rho_1 \in \mathrm{D}(\mathcal{X})$, 我们可以使 $u_0, u_1 \in \mathcal{S}(\mathcal{X} \otimes \mathcal{W})$ 为 ρ_0 和 ρ_1 的相应纯化态. 如上选择在两种情况中都可以得到与上述表达式相同的结果.

通过结合定理 3.59 与完全有界迹范数关于张量积的可乘性 (定理 3.49), 我们可以发现最大输出保真度关于张量积也是可乘的.

推论 3.60　设 $\mathcal{X}_0$、$\mathcal{X}_1$、$\mathcal{Y}_0$ 与 $\mathcal{Y}_1$ 为复欧几里得空间, 且 $\Phi_0, \Psi_0 \in \mathrm{CP}(\mathcal{X}_0, \mathcal{Y}_0)$ 与 $\Phi_1, \Psi_1 \in \mathrm{CP}(\mathcal{X}_1, \mathcal{Y}_1)$ 为全正映射. 下式成立:

$$\mathrm{F}_{\max}(\Phi_0 \otimes \Phi_1, \Psi_0 \otimes \Psi_1) = \mathrm{F}_{\max}(\Phi_0, \Psi_0)\, \mathrm{F}_{\max}(\Phi_1, \Psi_1). \tag{3.352}$$

由这个引理可以推出一个简单但不一定显然的事实: 两个全正积映射之间的最大输出保真度可以由张量积态的输入得到. 这与一些其他感兴趣的量不同 (比如在第 7 章中会介绍的最小输出熵), 它们并不像这样保持张量积的形式.

3.3.4.2　最大输出保真度的半定规划

我们会很自然地想知道, 给定映射 $\Phi \in \mathrm{T}(\mathcal{X}, \mathcal{Y})$ 的完全有界迹范数的值 $\|\|\Phi\|\|_1$ 是否可以高效地计算出来. 虽然目前我们并不知道这个值的封闭形式表达式, 但是它等于一个用映射 Φ 可以简单描述的半定规划问题的最优解. 特别地, 当把定理 3.59 与 3.2.2 节讨论的保真度函数的半定规划问题结合起来后, 我们就可以得到完全有界迹范数的半定规划. 这允许我们用计算机对值 $\|\|\Phi\|\|_1$ 进行高效的计算, 并且通过半定规划的对偶性进行高效的验证.

更详细地说, 设 $\Phi \in \mathrm{T}(\mathcal{X}, \mathcal{Y})$ 为一个映射, 这里 $\mathcal{X}$ 与 $\mathcal{Y}$ 为复欧几里得空间, 然后假设 Φ 的 Stinespring 表示为, 对所有 $X \in \mathrm{L}(\mathcal{X})$,

$$\Phi(X) = \mathrm{Tr}_{\mathcal{Z}}(A_0 X A_1^*), \tag{3.353}$$

这里 $A_0, A_1 \in \mathrm{L}(\mathcal{X}, \mathcal{Y} \otimes \mathcal{Z})$ 为某个复欧几里得空间 $\mathcal{Z}$ 上的算子. 定义全正映射 $\Psi_0, \Psi_1 \in \mathrm{CP}(\mathcal{X}, \mathcal{Z})$ 如下: 对于所有 $X \in \mathrm{L}(\mathcal{X})$,

$$\begin{aligned} \Psi_0(X) &= \mathrm{Tr}_{\mathcal{Y}}(A_0 X A_0^*), \\ \Psi_1(X) &= \mathrm{Tr}_{\mathcal{Y}}(A_1 X A_1^*). \end{aligned} \tag{3.354}$$

接下来, 考虑原始问题如下的半定规划:

原始问题

最大化:　$\dfrac{1}{2}\mathrm{Tr}(Y) + \dfrac{1}{2}\mathrm{Tr}(Y^*)$

条件:　$\begin{pmatrix} \Psi_0(\rho_0) & Y \\ Y^* & \Psi_1(\rho_1) \end{pmatrix} \geqslant 0$

$\rho_0, \rho_1 \in \mathrm{D}(\mathcal{X}),\ Y \in \mathrm{L}(\mathcal{Z}).$

根据 1.2.3 节中半定规划的定义, 这个半定规划问题可以更形式化地表述如下.

首先, 我们定义一个保 Hermite 映射

$$\Xi : \mathrm{L}(\mathcal{X} \oplus \mathcal{X} \oplus \mathcal{Z} \oplus \mathcal{Z}) \to \mathrm{L}(\mathbb{C} \oplus \mathbb{C} \oplus \mathcal{Z} \oplus \mathcal{Z}) \tag{3.355}$$

对所有 $X_0, X_1 \in \mathrm{L}(\mathcal{X})$ 与 $Z_0, Z_1 \in \mathrm{L}(\mathcal{Z})$ 都有

$$
\Xi \begin{pmatrix} X_0 & \cdot & \cdot & \cdot \\ \cdot & X_1 & \cdot & \cdot \\ \cdot & \cdot & Z_0 & \cdot \\ \cdot & \cdot & \cdot & Z_1 \end{pmatrix}
$$
$$
= \frac{1}{2} \begin{pmatrix} \mathrm{Tr}(X_0) & 0 & 0 & 0 \\ 0 & \mathrm{Tr}(X_1) & 0 & 0 \\ 0 & 0 & Z_0 - \Psi_0(X_0) & 0 \\ 0 & 0 & 0 & Z_1 - \Psi_1(X_1) \end{pmatrix},
\tag{3.356}
$$

这里的点表示 Ξ 不依赖的空间上的算子.

下面, 我们定义 Hermite 算子 $A \in \mathrm{Herm}(\mathcal{X} \oplus \mathcal{X} \oplus \mathcal{Z} \oplus \mathcal{Z})$ 与 $B \in \mathrm{Herm}(\mathbb{C} \oplus \mathbb{C} \oplus \mathcal{Z} \oplus \mathcal{Z})$
为

$$
A = \frac{1}{2} \begin{pmatrix} 0 & 0 & 0 & 0 \\ 0 & 0 & 0 & 0 \\ 0 & 0 & 0 & \mathbb{1} \\ 0 & 0 & \mathbb{1} & 0 \end{pmatrix} \quad \text{与} \quad B = \frac{1}{2} \begin{pmatrix} 1 & 0 & 0 & 0 \\ 0 & 1 & 0 & 0 \\ 0 & 0 & 0 & 0 \\ 0 & 0 & 0 & 0 \end{pmatrix}.
\tag{3.357}
$$

显然, 上面给定的原始问题等价于量 $\langle A, X \rangle$ 在所有满足限制 $\Xi(X) = B$ 的

$$
X = \begin{pmatrix} X_0 & \cdot & \cdot & \cdot \\ \cdot & X_1 & \cdot & \cdot \\ \cdot & \cdot & Z_0 & Y \\ \cdot & \cdot & Y^* & Z_1 \end{pmatrix} \in \mathrm{Pos}(\mathcal{X} \oplus \mathcal{X} \oplus \mathcal{Z} \oplus \mathcal{Z})
\tag{3.358}
$$

上取最大值的问题.

Ξ 的伴随映射如下:

$$\Xi^* \begin{pmatrix} \lambda_0 & \cdot & \cdot & \cdot \\ \cdot & \lambda_1 & \cdot & \cdot \\ \cdot & \cdot & Z_0 & \cdot \\ \cdot & \cdot & \cdot & Z_1 \end{pmatrix}$$

$$= \frac{1}{2} \begin{pmatrix} \lambda_0 \mathbb{1}_{\mathcal{X}} - \Psi_0^*(Z_0) & 0 & 0 & 0 \\ 0 & \lambda_1 \mathbb{1}_{\mathcal{X}} - \Psi_1^*(Z_1) & 0 & 0 \\ 0 & 0 & Z_0 & 0 \\ 0 & 0 & 0 & Z_1 \end{pmatrix}, \tag{3.359}$$

因此半定规划 (Ξ, A, B) 对应的对偶问题即是在

$$\lambda_0 \mathbb{1}_{\mathcal{X}} \geqslant \Psi_0^*(Z_0) \quad \text{和} \quad \lambda_1 \mathbb{1}_{\mathcal{X}} \geqslant \Psi_1^*(Z_1) \tag{3.360}$$

的条件下，最小化 $(\lambda_0 + \lambda_1)/2$ 的值. 这里 $Z_0, Z_1 \in \mathrm{Herm}(\mathcal{Z})$ 是满足

$$\begin{pmatrix} Z_0 & 0 \\ 0 & Z_1 \end{pmatrix} \geqslant \begin{pmatrix} 0 & \mathbb{1} \\ \mathbb{1} & 0 \end{pmatrix} \tag{3.361}$$

的 Hermite 算子. 我们可以观察到，为了满足式 (3.361)，Z_0 与 Z_1 必然是半正定的. 结合 Ψ_0^* 与 Ψ_1^* 都是正映射的事实，我们得到对偶问题的表述如下:

对偶问题

最小化:　$\dfrac{1}{2}\|\Psi_0^*(Z_0)\| + \dfrac{1}{2}\|\Psi_1^*(Z_1)\|$

条件:　$\begin{pmatrix} Z_0 & -\mathbb{1}_{\mathcal{Z}} \\ -\mathbb{1}_{\mathcal{Z}} & Z_1 \end{pmatrix} \geqslant 0$

$Z_0, Z_1 \in \mathrm{Pd}(\mathcal{Z}).$

为了证明这个半定规划问题满足强对偶，我们要先观察到这个原始问题是可行的并且这个对偶问题是严格可行的. 特别地，对于这个半定规划问题的如上形式化表述，我们可知算子

$$\begin{pmatrix} \rho_0 & 0 & 0 & 0 \\ 0 & \rho_1 & 0 & 0 \\ 0 & 0 & \Psi_0(\rho_0) & 0 \\ 0 & 0 & 0 & \Psi_1(\rho_1) \end{pmatrix} \tag{3.362}$$

对任选的密度算子 $\rho_0, \rho_1 \in \mathrm{D}(\mathcal{X})$ 都是可行的. 这里, 为了验证对偶问题的严格可行性, 我们先观察到算子

$$
\begin{pmatrix}
2\lambda_0 & 0 & 0 & 0 \\
0 & 2\lambda_1 & 0 & 0 \\
0 & 0 & 2\mathbb{1}_{\mathcal{Z}} & 0 \\
0 & 0 & 0 & 2\mathbb{1}_{\mathcal{Z}}
\end{pmatrix}
\tag{3.363}
$$

对 $\lambda_0 > \|\Psi_0^*(\mathbb{1}_{\mathcal{Z}})\|$ 与 $\lambda_1 > \|\Psi_1^*(\mathbb{1}_{\mathcal{Z}})\|$ 是严格对偶可行的. 根据 Slater 定理 (定理 1.18), 原始最优解与对偶最优解相等, 并且原始最优值可以由原始可行算子得到.

这个半定规划问题的最优解与完全有界范数 $\||\Phi\||_1$ 相等的事实源于定理 3.59 以及定理 3.17.

上述对偶问题可以再做如下简化:

<u>对偶问题 (简化)</u>

最小化: $\dfrac{1}{2}\|\Psi_0^*(Z)\| + \dfrac{1}{2}\|\Psi_1^*(Z^{-1})\|$

条件: $Z \in \mathrm{Pd}(\mathcal{Z})$.

为了证明这个问题与前面的对偶问题有着相同的最优值, 我们要先观察到不等式 (3.361) 当且仅当 Z_0 与 Z_1 皆为半正定且满足 $Z_1 \geqslant Z_0^{-1}$ 时成立. 对于这样的 Z_0 与 Z_1, 根据 Ψ_1^* 的正性, 不等式

$$
\|\Psi_1^*(Z_1)\| \geqslant \|\Psi_1^*(Z_0^{-1})\|
\tag{3.364}
$$

成立, 并可以由此推出, 将问题局限到 $Z_0 = Z$ 与 $Z_1 = Z^{-1}$ 上并不会丢失一般性. 这里 $Z \in \mathrm{Pd}(\mathcal{Z})$. 下面这个定理便是这个观察的结果.

定理 3.61 设 $A_0, A_1 \in \mathrm{L}(\mathcal{X}, \mathcal{Y} \otimes \mathcal{Z})$ 为算子, 这里 $\mathcal{X}$、$\mathcal{Y}$ 与 $\mathcal{Z}$ 为复欧几里得空间, 然后定义映射 $\Psi_0, \Psi_1 \in \mathrm{CP}(\mathcal{X}, \mathcal{Z})$ 与 $\Phi \in \mathrm{T}(\mathcal{X}, \mathcal{Y})$ 如下: 对于每一个 $X \in \mathrm{L}(\mathcal{X})$,

$$
\begin{aligned}
\Psi_0(X) &= \mathrm{Tr}_{\mathcal{Y}}(A_0 X A_0^*), \\
\Psi_1(X) &= \mathrm{Tr}_{\mathcal{Y}}(A_1 X A_1^*), \\
\Phi(X) &= \mathrm{Tr}_{\mathcal{Z}}(A_0 X A_1^*).
\end{aligned}
\tag{3.365}
$$

则下式成立:

$$
\||\Phi\||_1 = \inf_{Z \in \mathrm{Pd}(\mathcal{Z})} \left(\frac{1}{2}\|\Psi_0^*(Z)\| + \frac{1}{2}\|\Psi_1^*(Z^{-1})\| \right).
\tag{3.366}
$$

3.3.4.3　完全有界迹范数的谱范数特征

考虑复欧几里得空间 $\mathcal{X}$ 与 $\mathcal{Y}$ 上的映射 $\Phi \in \mathrm{T}(\mathcal{X}, \mathcal{Y})$. 根据定理 2.22, 我们有: 当且仅当复欧几里得空间 $\mathcal{Z}$ 的维度不小于 Φ 的 Choi 秩时, 存在 Φ 的 Stinespring 表示

$$
\Phi(X) = \mathrm{Tr}_{\mathcal{Z}}(A_0 X A_1^*),
\tag{3.367}
$$

这里 $A_0, A_1 \in \mathrm{L}(\mathcal{X}, \mathcal{Y} \otimes \mathcal{Z})$. 对于所有的算子 $X \in \mathrm{L}(\mathcal{X})$, 存在一个与式 (3.367) 等价的条件

$$J(\Phi) = \mathrm{Tr}_{\mathcal{Z}}\big(\mathrm{vec}(A_0)\,\mathrm{vec}(A_1)^*\big). \tag{3.368}$$

如下一个定理所示, Φ 的完全有界迹范数等于乘积 $\|A_0\|\|A_1\|$ 在所有 A_0 与 A_1 上的下确界.

定理 3.62 (Smith)　设 $\Phi \in \mathrm{T}(\mathcal{X}, \mathcal{Y})$ 为复欧几里得空间 $\mathcal{X}$ 与 $\mathcal{Y}$ 上的映射, $\mathcal{Z}$ 为满足 $\dim(\mathcal{Z}) \geqslant \mathrm{rank}(J(\Phi))$ 的复欧几里得空间, 并且

$$
\begin{aligned}
\mathcal{K}_\Phi = \big\{ &(A_0, A_1) \in \mathrm{L}(\mathcal{X}, \mathcal{Y} \otimes \mathcal{Z}) \times \mathrm{L}(\mathcal{X}, \mathcal{Y} \otimes \mathcal{Z}) \\
&: J(\Phi) = \mathrm{Tr}_{\mathcal{Z}}\big(\mathrm{vec}(A_0)\,\mathrm{vec}(A_1)^*\big)\big\}.
\end{aligned}
\tag{3.369}
$$

则下式成立:

$$\|\|\Phi\|\|_1 = \inf_{(A_0, A_1) \in \mathcal{K}_\Phi} \|A_0\|\|A_1\|. \tag{3.370}$$

证明　存在一对单位向量 $u, v \in \mathcal{X} \otimes \mathcal{X}$ 使得对任意算子对 $(A_0, A_1) \in \mathcal{K}_\Phi$, 都有

$$\|\|\Phi\|\|_1 = \big\|\mathrm{Tr}_{\mathcal{Z}}\big((A_0 \otimes \mathbb{1}_{\mathcal{X}})uv^*(A_1 \otimes \mathbb{1}_{\mathcal{X}})^*\big)\big\|_1. \tag{3.371}$$

根据偏迹下迹范数的单调性 1.183 以及谱范数关于张量积的可乘性, 我们有

$$
\begin{aligned}
\|\|\Phi\|\|_1 &\leqslant \big\|(A_0 \otimes \mathbb{1}_{\mathcal{X}})uv^*(A_1 \otimes \mathbb{1}_{\mathcal{X}})^*\big\|_1 \\
&= \big\|(A_0 \otimes \mathbb{1}_{\mathcal{X}})u\big\|\big\|(A_1 \otimes \mathbb{1}_{\mathcal{X}})v\big\| \\
&\leqslant \|A_0 \otimes \mathbb{1}_{\mathcal{X}}\|\|A_1 \otimes \mathbb{1}_{\mathcal{X}}\| \\
&= \|A_0\|\|A_1\|.
\end{aligned}
\tag{3.372}
$$

由于该不等式对每一对 $(A_0, A_1) \in \mathcal{K}_\Phi$ 都成立, 可得

$$\|\|\Phi\|\|_1 \leqslant \inf_{(A_0, A_1) \in \mathcal{K}_\Phi} \|A_0\|\|A_1\|. \tag{3.373}$$

下面我们要证明反向的不等式. 固定算子对 $(B_0, B_1) \in \mathcal{K}_\Phi$, 然后定义 $\Psi_0, \Psi_1 \in \mathrm{CP}(\mathcal{X}, \mathcal{Z})$ 使得对所有 $X \in \mathrm{L}(\mathcal{X})$ 都有

$$
\begin{aligned}
\Psi_0(X) &= \mathrm{Tr}_{\mathcal{Y}}\big(B_0 X B_0^*\big), \\
\Psi_1(X) &= \mathrm{Tr}_{\mathcal{Y}}\big(B_1 X B_1^*\big),
\end{aligned}
\tag{3.374}
$$

因而对所有 $Z \in \mathrm{L}(\mathcal{Z})$ 都有

$$
\begin{aligned}
\Psi_0^*(Z) &= B_0^*(\mathbb{1}_{\mathcal{Y}} \otimes Z)B_0, \\
\Psi_1^*(Z) &= B_1^*(\mathbb{1}_{\mathcal{Y}} \otimes Z)B_1.
\end{aligned}
\tag{3.375}
$$

根据定理 3.61, 式 (3.366) 成立. 因此对任选的正实数 $\varepsilon > 0$, 必然存在半正定算子 $Z \in \mathrm{Pd}(\mathcal{Z})$ 使得

$$\frac{1}{2}\big\|\Psi_0^*(Z)\big\| + \frac{1}{2}\big\|\Psi_1^*(Z^{-1})\big\| < \|\|\Phi\|\|_1 + \varepsilon. \tag{3.376}$$

根据算术–几何平均数不等式，我们有

$$\sqrt{\left\|\Psi_0^*(Z)\right\|}\sqrt{\left\|\Psi_1^*(Z^{-1})\right\|} < \|\Phi\|_1 + \varepsilon. \tag{3.377}$$

设

$$\begin{aligned}
A_0 &= \left(\mathbb{1}_{\mathcal{Y}} \otimes Z^{\frac{1}{2}}\right)B_0, \\
A_1 &= \left(\mathbb{1}_{\mathcal{Y}} \otimes Z^{-\frac{1}{2}}\right)B_1,
\end{aligned} \tag{3.378}$$

根据迹的循环性，我们有 $(A_0, A_1) \in \mathcal{K}_\Phi$. 另外，下式成立：

$$\begin{aligned}
\|A_0\|\|A_1\| &= \sqrt{\|A_0^*A_0\|}\sqrt{\|A_1^*A_1\|} \\
&= \sqrt{\|\Psi_0^*(Z)\|}\sqrt{\|\Psi_1^*(Z^{-1})\|} < \|\Phi\|_1 + \varepsilon.
\end{aligned} \tag{3.379}$$

正如我们已经证明过的，对任选的 $\varepsilon > 0$，存在一个算子对 $(A_0, A_1) \in \mathcal{K}_\Phi$ 满足不等式 (3.379)，所以下式成立：

$$\inf_{(A_0, A_1) \in \mathcal{K}_\Phi} \|A_0\|\|A_1\| \leqslant \|\Phi\|_1, \tag{3.380}$$

至此完成了证明. □

3.3.4.4　有限 Choi 秩映射的完全有界迹范数

对于给定的映射 $\Phi \in \mathrm{T}(\mathcal{X}, \mathcal{Y})$ 以及复欧几里得空间 $\mathcal{Z}$，(根据定理 3.46) 下式成立：

$$\left\|\Phi \otimes \mathbb{1}_{\mathrm{L}(\mathcal{Z})}\right\|_1 \leqslant \|\Phi\|_1, \tag{3.381}$$

并且当 $\dim(\mathcal{Z}) \geqslant \dim(\mathcal{X})$ 时取等. 如果 $\dim(\mathcal{Z}) < \dim(\mathcal{X})$，则这个不等式有可能不成立. 例如，任意复欧几里得空间上的转置映射 $\mathrm{T}(X) = X^{\mathsf{T}}$，对所有复欧几里得空间 $\mathcal{Z}$ 都有

$$\left\|\mathrm{T} \otimes \mathbb{1}_{\mathrm{L}(\mathcal{Z})}\right\|_1 = \min\{\dim(\mathcal{X}), \dim(\mathcal{Z})\}. \tag{3.382}$$

然而，在这种情况下，如下定理所示，在一个一般而言完全不同的假设，即当 $\mathcal{Z}$ 的维度不小于 Φ 的 Choi 秩的条件下，不等式 (3.381) 还是成立的.

定理 3.63 (Timoney)　设 $\mathcal{X}$、$\mathcal{Y}$ 与 $\mathcal{Z}$ 为复欧几里得空间，$\Phi \in \mathrm{T}(\mathcal{X}, \mathcal{Y})$ 为映射，并且假设 $\dim(\mathcal{Z}) \geqslant \mathrm{rank}(J(\Phi))$. 下式成立：

$$\|\Phi\|_1 = \left\|\Phi \otimes \mathbb{1}_{\mathrm{L}(\mathcal{Z})}\right\|_1. \tag{3.383}$$

下面对定理 3.63 的证明需要用到如下引理.

引理 3.64　设 $\mathcal{X}$ 与 $\mathcal{Y}$ 为复欧几里得空间，$\Phi \in \mathrm{T}(\mathcal{X}, \mathcal{Y})$ 为正映射，而 $P \in \mathrm{Pos}(\mathcal{Y})$ 为满足对某些密度矩阵 $\rho \in \mathrm{D}(\mathcal{X})$ 有 $P = \Phi(\rho)$ 的非零半正定算子. 存在一个使 $\mathrm{rank}(\sigma) \leqslant \mathrm{rank}(P)$ 的密度算子 $\sigma \in \mathrm{D}(\mathcal{X})$ 满足 $P = \Phi(\sigma)$.

证明　定义集合

$$\mathcal{C} = \big\{\xi \in \mathrm{D}(\mathcal{X}) : \Phi(\xi) = P\big\}. \tag{3.384}$$

根据这个引理的假设，集合 $\mathcal{C}$ 是非空的，并且显然它是紧且凸的. 因此必然存在一个 $\mathcal{C}$ 的极点. 设 σ 为这个极点，并且 $r = \mathrm{rank}(\sigma)$. 我们要证明的即是 $r \leqslant \mathrm{rank}(P)$，这等价于证明这个引理.

设 $n = \dim(\mathcal{X})$ 和 $m = \mathrm{rank}(P)$，以及 $\Pi = \Pi_{\mathrm{im}(P)}$. 定义线性映射 $\Psi : \mathrm{Herm}(\mathcal{X}) \to \mathrm{Herm}(\mathcal{Y} \oplus \mathbb{C})$ 对所有 $H \in \mathrm{Herm}(\mathcal{X})$ 都有

$$\Psi(H) = \begin{pmatrix} \Pi\Phi(H)\Pi & 0 \\ 0 & \langle \mathbb{1}_{\mathcal{Y}} - \Pi, \Phi(H) \rangle \end{pmatrix}. \tag{3.385}$$

Ψ 的像的维度最大为 $m^2 + 1$，因此 Ψ 的核是维度至少为 $n^2 - m^2 - 1$ 的 $\mathrm{Herm}(\mathcal{X})$ 的子空间. 另外定义子空间 $\mathcal{W} \subseteq \mathrm{Herm}(\mathcal{X})$ 为

$$\mathcal{W} = \big\{ H \in \mathrm{Herm}(\mathcal{X}) : \mathrm{im}(H) \subseteq \mathrm{im}(\sigma) \text{ 且 } \mathrm{Tr}(H) = 0 \big\}. \tag{3.386}$$

$\mathcal{W}$ 的维度为 $r^2 - 1$.

现在考虑任意算子 $H \in \ker(\Psi) \cap \mathcal{W}$. 由于 $\mathrm{im}(H) \subseteq \mathrm{im}(\sigma)$ 并且 σ 是半正定的，所以必然存在一个正实数 $\varepsilon > 0$ 使得 $\sigma + \varepsilon H$ 与 $\sigma - \varepsilon H$ 同时为半正定算子. 因为 H 是无迹的，所以 $\sigma + \varepsilon H$ 与 $\sigma - \varepsilon H$ 都是密度算子. 根据 $H \in \ker(\Psi)$ 的假设，我们有 $\langle \mathbb{1}_{\mathcal{Y}} - \Pi, \Phi(H) \rangle = 0$，因此

$$\langle \mathbb{1}_{\mathcal{Y}} - \Pi, \Phi(\sigma + \varepsilon H) \rangle = \langle \mathbb{1}_{\mathcal{Y}} - \Pi, P + \varepsilon\Phi(H) \rangle = 0. \tag{3.387}$$

由于 Φ 的正性，下式成立：

$$\Phi(\sigma + \varepsilon H) = \Pi\Phi(\sigma + \varepsilon H)\Pi = P + \varepsilon\,\Pi\Phi(H)\Pi = P. \tag{3.388}$$

由于类似的原因，$\Phi(\sigma - \varepsilon H) = P$. 因此我们证明了 $\sigma + \varepsilon H$ 与 $\sigma - \varepsilon H$ 都是 $\mathcal{C}$ 的元素；但是如果 σ 是 $\mathcal{C}$ 的极点，并且

$$\frac{1}{2}(\sigma + \varepsilon H) + \frac{1}{2}(\sigma - \varepsilon H) = \sigma, \tag{3.389}$$

则会得到 $H = 0$. 因此，子空间 $\ker(\Psi) \cap \mathcal{W}$ 的维度必然为 0.

最后，由于 $\mathrm{Herm}(\mathcal{X})$ 的维度为 n^2，$\ker(\Psi) \subseteq \mathrm{Herm}(\mathcal{X})$ 的维度至少为 $n^2 - m^2 - 1$，$\mathcal{W} \subseteq \mathrm{Herm}(\mathcal{X})$ 的维度为 $r^2 - 1$，而 $\ker(\Psi) \cap \mathcal{W}$ 的维度为 0，因而

$$(n^2 - m^2 - 1) + (r^2 - 1) \leqslant n^2, \tag{3.390}$$

所以

$$r^2 \leqslant m^2 + 2. \tag{3.391}$$

由于 r 与 m 都是正整数，所以我们有 $r \leqslant m$，至此完成了证明. $\qquad\square$

定理 3.63 的证明 根据推论 2.21，我们可以选择算子 $A_0, A_1 \in \mathrm{L}(\mathcal{X}, \mathcal{Y} \otimes \mathcal{Z})$ 使得对所有 $X \in \mathrm{L}(\mathcal{X})$ 都有

$$\Phi(X) = \mathrm{Tr}_{\mathcal{Z}}\big(A_0 X A_1^*\big). \tag{3.392}$$

根据定理 3.59，我们有

$$\|\Phi\|_1 = \mathrm{F}_{\max}(\Psi_0, \Psi_1), \tag{3.393}$$

这里 $\Psi_0, \Psi_1 \in \mathrm{CP}(\mathcal{X}, \mathcal{Z})$ 是定义为对所有 $X \in \mathrm{L}(\mathcal{X})$ 都有

$$\begin{aligned}
\Psi_0(X) &= \mathrm{Tr}_{\mathcal{Y}}\big(A_0 X A_0^*\big), \\
\Psi_1(X) &= \mathrm{Tr}_{\mathcal{Y}}\big(A_1 X A_1^*\big)
\end{aligned} \tag{3.394}$$

的全正映射. 设 $\rho_0, \rho_1 \in \mathrm{D}(\mathcal{X})$ 为满足

$$\mathrm{F}\big(\Psi_0(\rho_0), \Psi_1(\rho_1)\big) = \mathrm{F}_{\max}(\Psi_0, \Psi_1) = \|\Phi\|_1 \tag{3.395}$$

的密度算子.

因为算子 $P_0 = \Psi_0(\rho_0)$ 与 $P_1 = \Psi_1(\rho_1)$ 为 $\mathrm{Pos}(\mathcal{Z})$ 的元素，所以它们的秩不可以超过 $\mathcal{Z}$ 的维度. 根据引理 3.64，存在秩也不超过 $\mathcal{Z}$ 的维度的密度算子 $\sigma_0, \sigma_1 \in \mathrm{D}(\mathcal{X})$，使得 $\Psi_0(\sigma_0) = P_0$ 且 $\Psi_1(\sigma_1) = P_1$. 因此我们有

$$\mathrm{F}\big(\Psi_0(\sigma_0), \Psi_1(\sigma_1)\big) = \|\Phi\|_1. \tag{3.396}$$

因为 σ_0 与 σ_1 的秩最多等于 $\mathcal{Z}$ 的维度，所以必然存在 $u_0, u_1 \in \mathcal{X} \otimes \mathcal{Z}$ 满足

$$\begin{aligned}
\sigma_0 &= \mathrm{Tr}_{\mathcal{Z}}\big(u_0 u_0^*\big), \\
\sigma_1 &= \mathrm{Tr}_{\mathcal{Z}}\big(u_1 u_1^*\big).
\end{aligned} \tag{3.397}$$

根据引理 3.58，我们有

$$\big\|(\Phi \otimes \mathbb{1}_{\mathrm{L}(\mathcal{Z})})(u_0 u_1^*)\big\|_1 = \mathrm{F}\big(\Psi_0(\sigma_0), \Psi_1(\sigma_1)\big) = \|\Phi\|_1, \tag{3.398}$$

这代表

$$\big\|\Phi \otimes \mathbb{1}_{\mathrm{L}(\mathcal{Z})}\big\|_1 \geqslant \|\Phi\|_1. \tag{3.399}$$

根据定理 3.46，反向的不等式也成立，我们便完成了证明. $\qquad\square$

推论 3.65 设 $\Phi_0, \Phi_1 \in \mathrm{C}(\mathcal{X}, \mathcal{Y})$ 为复欧几里得空间 $\mathcal{X}$ 与 $\mathcal{Y}$ 上的信道，$\mathcal{Z}$ 为满足

$$\dim(\mathcal{Z}) \geqslant 2\,\mathrm{rank}(J(\Phi_0 - \Phi_1)) \tag{3.400}$$

的复欧几里得空间. 存在单位向量 $u \in \mathcal{X} \otimes \mathcal{Z}$ 使得

$$\big\|(\Phi_0 \otimes \mathbb{1}_{\mathrm{L}(\mathcal{Z})})(uu^*) - (\Phi_1 \otimes \mathbb{1}_{\mathrm{L}(\mathcal{Z})})(uu^*)\big\|_1 = \|\Phi_0 - \Phi_1\|_1. \tag{3.401}$$

证明　当 $\Phi_0 = \Phi_1$ 时，这个定理没有意义，因此我们假设它们不相等. 设 $\mathcal{W}$ 为维度为 $\mathrm{rank}(J(\Phi_0 - \Phi_1))$ 的复欧几里得空间. 根据定理 3.63，下式成立：

$$\left\| \Phi_0 - \Phi_1 \right\|_1 = \left\| \Phi_0 \otimes \mathbb{1}_{\mathrm{L}(\mathcal{W})} - \Phi_1 \otimes \mathbb{1}_{\mathrm{L}(\mathcal{W})} \right\|_1. \tag{3.402}$$

根据引理 3.50，我们可以得到，对于维度为 2 的复欧几里得空间 $\mathcal{V}$，存在单位向量 $v \in \mathcal{X} \otimes \mathcal{W} \otimes \mathcal{V}$ 使得

$$\left\| \big(\Phi_0 \otimes \mathbb{1}_{\mathrm{L}(\mathcal{W} \otimes \mathcal{V})}\big)(vv^*) - \big(\Phi_1 \otimes \mathbb{1}_{\mathrm{L}(\mathcal{W} \otimes \mathcal{V})}\big)(vv^*) \right\|_1 \geqslant \left\| \Phi_0 - \Phi_1 \right\|_1. \tag{3.403}$$

现在，在 $\dim(\mathcal{Z}) \geqslant 2\,\mathrm{rank}(J(\Phi_0 - \Phi_1))$ 的假设下，必然存在 $V \in \mathrm{U}(\mathcal{W} \otimes \mathcal{V}, \mathcal{Z})$ 形式的线性等距算子. 根据迹范数的等距不变性以及式 (3.403)，我们可以设

$$u = (\mathbb{1}_{\mathcal{X}} \otimes V)v, \tag{3.404}$$

从而得到

$$
\begin{aligned}
&\left\| \big(\Phi_0 \otimes \mathbb{1}_{\mathrm{L}(\mathcal{Z})}\big)(uu^*) - \big(\Phi_1 \otimes \mathbb{1}_{\mathrm{L}(\mathcal{Z})}\big)(uu^*) \right\|_1 \\
&= \big\| (\mathbb{1}_{\mathcal{Y}} \otimes V)\big(\big(\Phi_0 \otimes \mathbb{1}_{\mathrm{L}(\mathcal{W} \otimes \mathcal{V})}\big)(vv^*) \\
&\quad - \big(\Phi_1 \otimes \mathbb{1}_{\mathrm{L}(\mathcal{W} \otimes \mathcal{V})}\big)(vv^*)\big)(\mathbb{1}_{\mathcal{Y}} \otimes V^*) \big\|_1 \\
&= \left\| \big(\Phi_0 \otimes \mathbb{1}_{\mathrm{L}(\mathcal{W} \otimes \mathcal{V})}\big)(vv^*) - \big(\Phi_1 \otimes \mathbb{1}_{\mathrm{L}(\mathcal{W} \otimes \mathcal{V})}\big)(vv^*) \right\|_1 \\
&\geqslant \left\| \Phi_0 - \Phi_1 \right\|_1.
\end{aligned}
\tag{3.405}
$$

因为根据定理 3.46，反向的不等式对所有单位向量 $u \in \mathcal{X} \otimes \mathcal{Z}$ 都成立，所以我们便完成了证明.　　$\square$

3.4　习题

习题3.1　设 $\mathcal{X}$ 为复欧几里得空间，$\rho_0, \rho_1 \in \mathrm{D}(\mathcal{X})$ 为态，而 $\delta = \mathrm{F}(\rho_0, \rho_1)$. 另外设 n 为正整数并且定义两个新密度算子如下：

$$
\begin{aligned}
\sigma_0 &= \frac{1}{2^{n-1}} \sum_{\substack{a_1, \cdots, a_n \in \{0,1\} \\ a_1 + \cdots + a_n \text{ even}}} \rho_{a_1} \otimes \cdots \otimes \rho_{a_n}, \\
\sigma_1 &= \frac{1}{2^{n-1}} \sum_{\substack{a_1, \cdots, a_n \in \{0,1\} \\ a_1 + \cdots + a_n \text{ odd}}} \rho_{a_1} \otimes \cdots \otimes \rho_{a_n}.
\end{aligned}
\tag{3.406}
$$

证明

$$\mathrm{F}(\sigma_0, \sigma_1) \geqslant 1 - \exp\left(-\frac{n\delta^2}{2} \right). \tag{3.407}$$

习题3.2   设 $P, Q \in \mathrm{Pos}(\mathcal{X})$ 为半正定算子而 $\Phi \in \mathrm{T}(\mathcal{X}, \mathcal{Y})$ 为保迹正映射 (不一定是全正的). 这里 $\mathcal{X}$ 与 $\mathcal{Y}$ 为复欧几里得空间. 证明

$$\mathrm{F}(P, Q) \leqslant \mathrm{F}(\Phi(P), \Phi(Q)). \tag{3.408}$$

习题3.3   找到复欧几里得空间 $\mathcal{X}$ 与 $\mathcal{Y}$ 上的两个信道 $\Phi_0, \Phi_1 \in \mathrm{C}(\mathcal{X}, \mathcal{Y})$，使得对所有密度算子 $\rho \in \mathrm{D}(\mathcal{X})$ 都有

$$\left\| \Phi_0(\rho) - \Phi_1(\rho) \right\|_1 < \left\| \Phi_0 - \Phi_1 \right\|_1. \tag{3.409}$$

习题3.4   设 $\Phi \in \mathrm{T}(\mathcal{X}, \mathcal{Y})$ 为映射，这里 $\mathcal{X}$ 与 $\mathcal{Y}$ 为复欧几里得空间. 证明

$$\left\| \Phi \right\|_1 = \max_{\rho_0, \rho_1 \in \mathrm{D}(\mathcal{X})} \left\| \left(\mathbb{1}_{\mathcal{Y}} \otimes \sqrt{\rho_0} \right) J(\Phi) \left(\mathbb{1}_{\mathcal{Y}} \otimes \sqrt{\rho_1} \right) \right\|_1. \tag{3.410}$$

习题3.5   设 $H \in \mathrm{Herm}(\mathcal{Y} \otimes \mathcal{X})$ 为 Hermite 算子，这里 $\mathcal{X}$ 与 $\mathcal{Y}$ 为复欧几里得空间. 然后考虑在所有的信道 $\Phi \in \mathrm{C}(\mathcal{X}, \mathcal{Y})$ 上最大化

$$\langle H, J(\Phi) \rangle \tag{3.411}$$

的值. 证明当且仅当算子 $\mathrm{Tr}_{\mathcal{Y}}(H J(\Phi))$ 是 Hermite 的并且满足

$$\mathbb{1}_{\mathcal{Y}} \otimes \mathrm{Tr}_{\mathcal{Y}}(H J(\Phi)) \geqslant H \tag{3.412}$$

时，信道 $\Phi \in \mathrm{C}(\mathcal{X}, \mathcal{Y})$ 满足

$$\langle H, J(\Phi) \rangle = \max\{ \langle H, J(\Psi) \rangle : \Psi \in \mathrm{C}(\mathcal{X}, \mathcal{Y}) \}. \tag{3.413}$$

习题3.6   设 $\Phi \in \mathrm{T}(\mathcal{X}, \mathcal{Y})$ 为映射，这里 $\mathcal{X}$ 与 $\mathcal{Y}$ 为复欧几里得空间，然后设 $n = \dim(\mathcal{X})$. 证明

$$\left\| \Phi \right\|_1 \leqslant \left\| J(\Phi) \right\|_1 \leqslant n \left\| \Phi \right\|_1. \tag{3.414}$$

3.5   参考书目注释

虽然对于具体的量子物理系统，量子态区分问题在更早的时候就有人考虑了，但是这个问题最早是由 Helstrom (1967) (用抽象语言) 提出的. 定理 3.4 最早由 Helstrom (1967) 对受限的投影测量的情况进行了证明，然后由 Holevo (1972) 证明了更一般的情况.

定理 3.7 是由 Gutoski 和 Watrous (2005) 证明的，而它的一个更弱的版本 (对于有限的态的集合) 几乎在同时被 Jain (2005) 用 Sion 最大–最小定理证明. Jain 的证明可以扩展到更一般的情况. 这个扩展的证明在本章中已经讨论过了.

定理 3.9 归功于 Holevo (1972，1973a) 与 Yuen、Kennedy 和 Lax (1970，1975). 这个证明使用的半定规划形式源于 Yuen、Kennedy 和 Lax，虽然他们在该工作中并没有发现这是半定规划 (他们的工作出现在半定规划的发展之前). Eldar、Megretski 和 Verghese (2003) 发现这个问题是一个半定规划.

极优测量 (pretty good measurement) 这个名字取自 Hausladen 和 Wootters (1994)——它是由 Belavkin (1975) 给出并在其他工作 (比如 Eldar 和 Forney (2001)) 中考虑的一系列测量中的一种. 定理 3.10 来自 Barnum 和 Knil (2002) 的工作.

保真度函数是由 Uhlmann (1976) 给出的, 他将其称为跃迁率(Uhlmann) 将跃迁率定义为本书中定义的保真度函数的平方. 很多其他作者按照这个传统将这个平方后的保真度定义为保真度). Uhlmann 在同一篇论文中证明了定理 3.22 并且观察到了保真度的一些基本性质. 推论 3.20 来自 Alberti (1983) 的工作, 而定理 3.27 来自 Alberti 和 Uhlmann (1983) 的工作. **保真度** 这个术语最初由 Jozsa (1994) 给出, 他也给出了 Uhlmann 定理的一个简化版的证明.

推论 3.15 的一个变形由 Winter (1999) 证明, 但是由迹距离而非保真度定义. 定理 3.24 来自 Fuchs 和 Caves (1995) 的工作, 定理 3.29 来自 Spekkens 和 Rudolph (2001) 的工作, 而定理 3.33 来自 Fuchs 和 van de Graaf (1999) 的工作. 定理 3.17 以及关于这个定理的半定规划独立地出现于 Killoran (2012) 与 Watrous (2013) 的工作.

信道保真度是由 Schumacher (1996) 提出的. 他命名了纠缠保真度并且得到了它的一些基本性质, 包括推导了命题 3.31 中的表达式, 及其对用于定义自身的纯化态的选择无关的事实. 命题 3.32 的证明出现在 Nielsen (1998) 的工作中.

完全有界迹范数与量子信息和计算理论的关系最初由 Kitaev (1997) 发现, 他把谱范数特征 (定理 3.62) 当作它的定义并证明了这与定义 3.43 等价. 完全有界迹范数的几个基本性质出现在上述论文, 以及 Aharonov、Kitaev 和 Nisan (1998) 的工作中. Kitave 在讨论完全有界迹范数时使用了符号 $\|\cdot\|_\diamond$ 而非 $\|\|\cdot\|\|_1$, 因此这也被称为 “菱形范数”. 人们之后发现了这个范数与完全有界范数 (在算子代数中非常重要) 的紧密关系: 在有限维中, 一个映射的完全有界范数等于其伴随映射的完全有界迹范数. Paulsen (2002)的著作给出了关于这个性质的概论、应用, 以及这个范数在算子代数领域的历史.

例 3.36 从某种程度来说是一个传统的结果. Kretschmann、Schlingemann 和 Werner (2008) 给出了这个例子的一个变种, 并且在许多年前被其他人 (包括本书作者) 所认可. 关于类似特征的另一个不同但差异不大的例子由 Kitaev、Shen 和 Vyalyi (2002) 给出(见该书的例 11.1 以及后面的内容). 在这些例子的背后, 我们可以看到, 转置映射给出了诱导迹范数与完全有界迹范数之间的一个差异; 一个等价的例子 (至少) 可以回溯到 Arveson (1969) 的工作.

定理 3.39 等价于 Russo 和 Dye (1966) 提出的一个定理. 其有着与 Gilchrist、Langford 和 Nielsen (2005) 的论文中的引理 3.45, 以及 Watrous (2005) 的工作, 加上 Rosgen 和 Watrous (2005) 的工作 中的引理 3.50 类似的结果. 在酉信道情况下的定理 3.55 由 Aharonov、Kitaev

和 Nisan (1998) 给出，而 Childs、Preskill 和 Renes (2000) 证明了一个等价的命题. 定理 3.56 的一个类似的界出现在 Kretschmann 和 Werner (2004) 的工作中.

定理 3.59 由 Kitaev、Shen 和 Vyalyi (2002) 给出 (作为练习，并给出了答案). 定理 3.62 源于 Smith (1983). 定理 3.63 源于 Timoney (2003)，而本章中这个定理的证明来源于 Watrous (2008).

完全有界迹范数可以通过不同的方式表示为半定规划. 这由 Watrous (2009b，2013) 证明. Ben-Aroya 和 Ta-Shma (2010) 独立证明了完全有界迹范数可以用凸规划技术高效计算. Gilchrist、Langford 和 Nielson (2005) 在考虑计算两个信道的完全有界迹范数之差这个更有限的任务时，也得到了类似的结果. 另一个计算完全有界迹范数的方法由 Zarikian (2006) 以及 Johnston、Kribs 和 Paulsen (2009) 给出，但他们没有给出计算效率的证明.

保幺信道与优超

本章主要研究保幺信道 (unital channel) 的分类, 以及 Hermite 算子优超 (majorization) 的概念. 4.1 节介绍保幺信道的多种分类, 包括混合酉信道、Weyl 协变信道和 Schur 信道; 4.2 节涉及保幺信道的普遍性质; 4.3 节讨论 Hermite 算子的优超, 以及对于实向量的类似概念. 关于保幺信道, 本章会一直使用下面的定义.

定义 4.1　令 $\mathcal{X}$ 为一个复欧几里得空间. 若 $\Phi(\mathbb{1}_{\mathcal{X}}) = \mathbb{1}_{\mathcal{X}}$, 则称信道 $\Phi \in C(\mathcal{X})$ 为一个**保幺信道**.

普遍来讲, 我们认为, 对某种选定的复欧几里得空间 $\mathcal{X}$ 和 $\mathcal{Y}$, 任何形式为 $\Phi \in C(\mathcal{X}, \mathcal{Y})$ 且满足条件 $\Phi(\mathbb{1}_{\mathcal{X}}) = \mathbb{1}_{\mathcal{Y}}$ 的信道都是保幺信道. 不过, 因为信道必须保迹, 所以这样的信道的存在意味着 $\dim(\mathcal{Y}) = \dim(\mathcal{X})$; 也正因为如此, 把保幺信道的定义限制在 $\Phi \in C(\mathcal{X})$ 的形式内几乎不会丧失普遍性. 此外, 对于所选择的复欧几里得空间 $\mathcal{X}$, 保幺信道必须以 $\Phi \in C(\mathcal{X})$ 形式存在, 这一要求对于本章讨论的内容来说是自然且方便的.

4.1　保幺信道的分类

本节将介绍三类保幺信道: 混合酉信道、Weyl 协变信道和 Schur 信道. 此外本节还会讨论这三类保幺信道的多种性质, 以及它们互相之间、它们与广义酉信道之间的关系.

4.1.1　混合酉信道

显然, 每一个酉信道都是保幺信道, 任意酉信道的凸组合也是如此. 后一种信道称为混合酉信道. 以下为严格的定义.

定义 4.2　令 $\mathcal{X}$ 为一个复欧几里得空间, $\Phi \in C(\mathcal{X})$ 为一个信道. 若存在一个字母表 Σ、一个概率向量 $p \in \mathcal{P}(\Sigma)$ 以及一组酉算子 $\{U_a : a \in \Sigma\} \subset U(\mathcal{X})$ 使得对于任意一个 $X \in L(\mathcal{X})$, 均有

$$\Phi(X) = \sum_{a \in \Sigma} p(a) U_a X U_a^*, \tag{4.1}$$

则我们说 Φ 是一个**混合酉信道**. 等价地说, 如果映射 $\Phi(\mathbb{1}_{\mathcal{X}}) \in C_{\mathcal{X}}$ 是酉信道的凸组合, 则称该映射为一个混合酉信道.

4.1.1.1　不是混合酉信道的保幺信道的示例

每一个混合酉信道都必须是保幺信道, 但是这一表述反过来并不成立. 下面的例子说明了这一点.

例 4.3　令 $\mathcal{X} = \mathbb{C}^3$. 对于任意 $X \in \mathrm{L}(\mathcal{X})$, 定义 $\Phi \in \mathrm{C}(\mathcal{X})$ 为

$$\Phi(X) = \frac{1}{2}\operatorname{Tr}(X)\mathbb{1} - \frac{1}{2}X^{\mathsf{T}}. \tag{4.2}$$

例 3.36 已经把 Φ 构造为一个信道. 显然 Φ 是保幺信道, 但它并不是混合酉信道.

为了证明 Φ 不是混合酉信道, 首先我们注意到

$$\Phi(X) = A_1 X A_1^* + A_2 X A_2^* + A_3 X A_3^* \tag{4.3}$$

对于任意 $X \in \mathrm{L}(\mathcal{X})$ 和

$$A_1 = \begin{pmatrix} 0 & 0 & 0 \\ 0 & 0 & \frac{1}{\sqrt{2}} \\ 0 & d\frac{-1}{\sqrt{2}} & 0 \end{pmatrix}, \ A_2 = \begin{pmatrix} 0 & 0 & \frac{1}{\sqrt{2}} \\ 0 & 0 & 0 \\ \frac{-1}{\sqrt{2}} & 0 & 0 \end{pmatrix}, \ A_3 = \begin{pmatrix} 0 & \frac{1}{\sqrt{2}} & 0 \\ \frac{-1}{\sqrt{2}} & 0 & 0 \\ 0 & 0 & 0 \end{pmatrix} \tag{4.4}$$

均成立. 式 (4.3) 右侧所定义的映射的 Choi 表示与 $J(\Phi)$ 相符, 这也证明了该式对于所有 $X \in \mathrm{L}(\mathcal{X})$ 确实都成立. 正如例 3.36 中所计算的:

$$\frac{1}{2}\mathbb{1} \otimes \mathbb{1} - \frac{1}{2}W = \sum_{k=1}^{3} \operatorname{vec}(A_k)\operatorname{vec}(A_k)^*, \tag{4.5}$$

其中 W 表示 $\mathcal{X} \otimes \mathcal{X}$ 上的交换算子.

我们可以看到集合 $\{A_j^* A_k : 1 \leqslant j, k \leqslant 3\}$ 包含了下列算子:

$$A_1^* A_1 = \begin{pmatrix} 0 & 0 & 0 \\ 0 & \frac{1}{2} & 0 \\ 0 & 0 & \frac{1}{2} \end{pmatrix}, \quad A_1^* A_2 = \begin{pmatrix} 0 & 0 & 0 \\ \frac{1}{2} & 0 & 0 \\ 0 & 0 & 0 \end{pmatrix}, \quad A_1^* A_3 = \begin{pmatrix} 0 & 0 & 0 \\ 0 & 0 & 0 \\ \frac{-1}{2} & 0 & 0 \end{pmatrix},$$

$$A_2^* A_1 = \begin{pmatrix} 0 & \frac{1}{2} & 0 \\ 0 & 0 & 0 \\ 0 & 0 & 0 \end{pmatrix}, \quad A_2^* A_2 = \begin{pmatrix} \frac{1}{2} & 0 & 0 \\ 0 & 0 & 0 \\ 0 & 0 & \frac{1}{2} \end{pmatrix}, \quad A_2^* A_3 = \begin{pmatrix} 0 & 0 & 0 \\ 0 & 0 & 0 \\ 0 & \frac{1}{2} & 0 \end{pmatrix}, \tag{4.6}$$

$$A_3^* A_1 = \begin{pmatrix} 0 & 0 & \frac{-1}{2} \\ 0 & 0 & 0 \\ 0 & 0 & 0 \end{pmatrix}, \quad A_3^* A_2 = \begin{pmatrix} 0 & 0 & 0 \\ 0 & 0 & \frac{1}{2} \\ 0 & 0 & 0 \end{pmatrix}, \quad A_3^* A_3 = \begin{pmatrix} \frac{1}{2} & 0 & 0 \\ 0 & \frac{1}{2} & 0 \\ 0 & 0 & 0 \end{pmatrix}.$$

可以验证, 这个集合是线性无关的. 从定理 2.31 可以得出 Φ 是信道集合 $\mathrm{C}(\mathcal{X})$ 的一个极点. Φ 本身并不是酉信道, 因此它无法被表示成一个酉信道的凸组合.　□

4.1.1.2 剪枝信道

关于混合酉信道存在许多有趣的例子. 一种称为剪枝信道的信道提供了一组例子.

定义 4.4 令 $\mathcal{X}$ 为一个复欧几里得空间. 若存在一个投影算子的集合 $\{\Pi_a : a \in \Sigma\}$ 满足

$$\sum_{a \in \Sigma} \Pi_a = \mathbb{1}_{\mathcal{X}} \tag{4.7}$$

(即该条件使得集合 $\{\Pi_a : a \in \Sigma\}$ 代表一个投影测量), 则我们称信道 $\Phi \in C(\mathcal{X})$ 为一个**剪枝信道**, 或者简称该信道是**剪枝**的. 其中,

$$\Phi(X) = \sum_{a \in \Sigma} \Pi_a X \Pi_a \tag{4.8}$$

对任意 $X \in L(\mathcal{X})$ 均成立.

在寄存器 X 上的由式 (4.8) 定义的信道的行为, 等同于 X 被由 $\{\Pi_a : a \in \Sigma\}$ 定义的无损测量所测量, 且测量之后得到的结果会被舍弃.

例 4.5 定义信道 $\Phi \in C(\mathbb{C}^5)$ 为

$$\Phi(X) = \Pi_0 X \Pi_0 + \Pi_1 X \Pi_1, \tag{4.9}$$

其中,

$$\Pi_0 = E_{1,1} + E_{2,2} \quad \text{且} \quad \Pi_1 = E_{3,3} + E_{4,4} + E_{5,5}. \tag{4.10}$$

该信道为剪枝信道的一个例子. 这个信道在 $L(\mathcal{X})$ 中的一个广义算子上的行为的矩阵形式可以表示为

$$\Phi \begin{pmatrix} \alpha_{1,1} & \alpha_{1,2} & \alpha_{1,3} & \alpha_{1,4} & \alpha_{1,5} \\ \alpha_{2,1} & \alpha_{2,2} & \alpha_{2,3} & \alpha_{2,4} & \alpha_{2,5} \\ \alpha_{3,1} & \alpha_{3,2} & \alpha_{3,3} & \alpha_{3,4} & \alpha_{3,5} \\ \alpha_{4,1} & \alpha_{4,2} & \alpha_{4,3} & \alpha_{4,4} & \alpha_{4,5} \\ \alpha_{5,1} & \alpha_{5,2} & \alpha_{5,3} & \alpha_{5,4} & \alpha_{5,5} \end{pmatrix} = \begin{pmatrix} \alpha_{1,1} & \alpha_{1,2} & 0 & 0 & 0 \\ \alpha_{2,1} & \alpha_{2,2} & 0 & 0 & 0 \\ 0 & 0 & \alpha_{3,3} & \alpha_{3,4} & \alpha_{3,5} \\ 0 & 0 & \alpha_{4,3} & \alpha_{4,4} & \alpha_{4,5} \\ 0 & 0 & \alpha_{5,3} & \alpha_{5,4} & \alpha_{5,5} \end{pmatrix}. \tag{4.11}$$

该信道的作用意味着表示输入算子的矩阵是"被剪枝的", 也就是说它导致矩阵某些非对角元变为 0. 这也正是用这一术语来描述这种映射的原因. 当一个剪枝信道由一组在标准基下非对角化的投影算子集合所定义时, 该术语并不能以这种方式描述. 不过, 我们还是沿用了这一定义. □

虽然从定义中, 我们无法立即看出每一个剪枝信道都是混合酉信道, 但我们可以相当直接地证明这一点, 如下面的命题所示.

命题 4.6 令 $\mathcal{X}$ 为一个复欧几里得空间, Σ 为一个字母表, $\{\Pi_a : a \in \Sigma\}$ 为一个在 $\mathcal{X}$ 上投影算子的集合且满足

$$\sum_{a \in \Sigma} \Pi_a = \mathbb{1}_{\mathcal{X}}. \tag{4.12}$$

则对于任意 $X \in \mathrm{L}(\mathcal{X})$，定义为

$$\Phi(X) = \sum_{a \in \Sigma} \Pi_a X \Pi_a \tag{4.13}$$

的信道 $\Phi \in \mathrm{C}(\mathcal{X})$ 为混合酉信道.

证明 考虑在 $\mathbb{C}^\Sigma$ 中的向量集合 $\{-1,1\}^\Sigma$ 且其元素在集合 $\{-1,1\}$ 内. 对每个向量 $w \in \{-1,1\}^\Sigma$，定义酉算子

$$U_w = \sum_{a \in \Sigma} w(a) \Pi_a. \tag{4.14}$$

则对任意 $X \in \mathrm{L}(\mathcal{X})$，均有

$$\frac{1}{2^{|\Sigma|}} \sum_{w \in \{-1,1\}^\Sigma} U_w X U_w^* = \frac{1}{2^{|\Sigma|}} \sum_{a,b \in \Sigma} \sum_{w \in \{-1,1\}^\Sigma} w(a) w(b) \Pi_a X \Pi_b \tag{4.15}$$

成立. 为了简化这一表达式，可以看到对任选的 $a, b \in \Sigma$ 均有

$$\frac{1}{2^{|\Sigma|}} \sum_{w \in \{-1,1\}^\Sigma} w(a) w(b) = \begin{cases} 1 & a = b \\ 0 & a \neq b. \end{cases} \tag{4.16}$$

因此，对任意 $X \in \mathrm{L}(\mathcal{X})$ 均有

$$\frac{1}{2^{|\Sigma|}} \sum_{w \in \{-1,1\}^\Sigma} U_w X U_w^* = \sum_{a \in \Sigma} \Pi_a X \Pi_a = \Phi(X) \tag{4.17}$$

成立. 这说明 Φ 是一个混合酉信道，命题得证. $\square$

例 4.7 在任意复欧几里得空间 $\mathcal{X} = \mathbb{C}^\Sigma$ 上定义的完全失相信道 $\Delta \in \mathrm{C}(\mathcal{X})$ 是剪枝信道的一个范例. 其原因是该信道是由投影算子的集合 $\{E_{a,a} : a \in \Sigma\}$ 根据定义 4.4 所定义的. 根据命题 4.6，我们可以推断出 Δ 是一个混合酉信道. $\square$

4.1.1.3 环境协助下的信道修正

基于环境协助下的信道修正的概念，混合酉信道有另一种描述方法如下.

令 $\Phi \in \mathrm{C}(\mathcal{X})$ 为一个信道，对任意 $X \in \mathrm{L}(\mathcal{X})$，某个选定的复欧几里得空间 $\mathcal{Z}$ 及等距算子 $A \in \mathrm{U}(\mathcal{X}, \mathcal{X} \otimes \mathcal{Z})$，在 Stinespring 形式下可以表示为

$$\Phi(X) = \mathrm{Tr}_{\mathcal{Z}}(AXA^*). \tag{4.18}$$

环境协助下的信道修正是指，存在一个字母表 Σ、一组信道

$$\{\Psi_a : a \in \Sigma\} \subset \mathrm{C}(\mathcal{X}) \tag{4.19}$$

以及一个测量 $\mu : \Sigma \to \mathrm{Pos}(\mathcal{Z})$，使得

$$X = \sum_{a \in \Sigma} \Psi_a \big(\mathrm{Tr}_{\mathcal{Z}} \big((\mathbb{1}_{\mathcal{X}} \otimes \mu(a)) A X A^* \big) \big) \tag{4.20}$$

对所有 $X \in \mathrm{L}(\mathcal{X})$ 均成立.

对式 (4.20) 的解释如下. 想象一个包含量子态 $\rho \in \mathrm{D}(\mathcal{X})$ 的寄存器 X. 映射 $X \mapsto AXA^*$ 会导致该量子态被编码在以寄存器对 (X, Z) 为基底的量子态中, 其中 Z 为另一个寄存器. 通过舍弃寄存器 Z, 寄存器 X 会留在量子态 $\Phi(\rho)$ 里, 该量子态可能与 ρ 非常不同. 本质上, 寄存器 Z 即代表所谓的 "环境". 部分 ρ 的编码可能已经逃逸或泄露到了这一环境中. 在寄存器 Z 上的测量 μ, 以及 Ψ_a 在 X 上的应用 (无论其测量结果 $a \in \Sigma$ 是什么) 均可被视为一次修正 (correct) X 的尝试. 因此它会被变回 ρ. 式 (4.20) 代表完成这种修正的一种理想情形.

下面的定理表明, 当且仅当 Φ 是一个混合酉信道时, 上述的理想修正才可能实现.

定理 4.8 令 $A \in \mathrm{U}(\mathcal{X}, \mathcal{X} \otimes \mathcal{Z})$ 为复欧几里得空间 $\mathcal{X}$ 和 $\mathcal{Z}$ 内的一个等距算子, $\Phi \in \mathrm{C}(\mathcal{X})$ 为由下列等式定义的信道:

$$\Phi(X) = \mathrm{Tr}_{\mathcal{Z}}(AXA^*). \tag{4.21}$$

该等式对任意 $X \in \mathrm{L}(\mathcal{X})$ 均成立. 下面两种声明是等价的:

1. Φ 是一个混合酉信道.
2. 存在一个字母表 Σ、一个测量 $\mu : \Sigma \to \mathrm{Pos}(\mathcal{Z})$ 以及一组信道集合 $\{\Psi_a : a \in \Sigma\} \subset \mathrm{C}(\mathcal{X})$, 其中

$$X = \sum_{a \in \Sigma} \Psi_a \left(\mathrm{Tr}_{\mathcal{Z}} \left((\mathbb{1}_{\mathcal{X}} \otimes \mu(a)) AXA^* \right) \right) \tag{4.22}$$

对任意 $X \in \mathrm{L}(\mathcal{X})$ 均成立.

证明 首先, 我们假设声明 1 成立, 从而对于任意 $X \in \mathrm{L}(\mathcal{X})$、字母表 Σ 内的某些元素、一组酉算子的集合 $\{U_a : a \in \Sigma\} \subset \mathrm{U}(\mathcal{X})$, 以及一个概率向量 $p \in \mathcal{P}(\Sigma)$, 有

$$\Phi(X) = \sum_{a \in \Sigma} p(a) U_a X U_a^*. \tag{4.23}$$

不失一般性地, 假设 $|\Sigma| \geqslant \dim(\mathcal{Z})$; 我们可以向 Σ 内加入任何有限数目的元素, 使 $p(a) = 0$, 并任意选择与这些元素对应的 $U_a \in \mathrm{U}(\mathcal{X})$, 以保持式 (4.23) 的正确性. 通过这个假设可以得出, 一定存在一个向量集合 $\{v_a : a \in \Sigma\} \subset \mathcal{Z}$, 使得

$$\sum_{a \in \Sigma} v_a v_a^* = \mathbb{1}_{\mathcal{Z}}. \tag{4.24}$$

固定这样的一个集合, 并且对每个 $a \in \Sigma$ 都定义算子 $\{A_a : a \in \Sigma\} \subset \mathrm{L}(\mathcal{X})$ 为

$$A_a = (\mathbb{1}_{\mathcal{X}} \otimes v_a^*) A. \tag{4.25}$$

对任意 $X \in \mathrm{L}(\mathcal{X})$, 有下列等式成立:

$$\Phi(X) = \mathrm{Tr}_{\mathcal{Z}}(AXA^*) = \sum_{a \in \Sigma} A_a X A_a^*. \tag{4.26}$$

因此，根据推论 2.23，对任意 $a \in \Sigma$，一定存在一个酉算子 $W \in \mathrm{U}(\mathbb{C}^\Sigma)$，使

$$\sqrt{p(a)}U_a = \sum_{b \in \Sigma} W(a,b)A_b. \tag{4.27}$$

对每一个符号 $a \in \Sigma$，定义向量 $u_a \in \mathcal{Z}$ 为

$$u_a = \sum_{b \in \Sigma} \overline{W(a,b)}v_b, \tag{4.28}$$

并且定义 $\mu : \Sigma \to \mathrm{Pos}(\mathcal{Z})$ 为 $\mu(a) = u_a u_a^*$. 因为 W 是一个酉算子，所以有

$$\sum_{a \in \Sigma} \mu(a) = \sum_{a,b,c \in \Sigma} \overline{W(a,b)}W(a,c)v_b v_c^* = \sum_{b \in \Sigma} v_b v_b^* = \mathbb{1}_{\mathcal{Z}}, \tag{4.29}$$

因此 μ 是一个测量. 此外，对每个 $X \in \mathrm{L}(\mathcal{X})$ 和 $a \in \Sigma$，定义信道集合 $\{\Psi_a : a \in \Sigma\}$ 为

$$\Psi_a(X) = U_a^* X U_a. \tag{4.30}$$

现在，有

$$(\mathbb{1}_{\mathcal{X}} \otimes u_a^*)A = \sum_{b \in \Sigma} W(a,b)A_b = \sqrt{p(a)}U_a, \tag{4.31}$$

所以对于每个 $a \in \Sigma$，

$$\mathrm{Tr}_{\mathcal{Z}}\big((\mathbb{1}_{\mathcal{X}} \otimes \mu(a))AXA^*\big) = p(a)U_a X U_a^*, \tag{4.32}$$

从而，对所有 $X \in \mathrm{L}(\mathcal{X})$，

$$\sum_{a \in \Sigma} \Psi_a\big(\mathrm{Tr}_{\mathcal{Z}}((\mathbb{1}_{\mathcal{X}} \otimes \mu(a))AXA^*)\big) = \sum_{a \in \Sigma} p(a)U_a^* U_a X U_a^* U_a = X. \tag{4.33}$$

因此，由声明 1 推出了声明 2.

接下来假设声明 2 成立. 对每一个 $a \in \Sigma$，以及所有 $X \in \mathrm{L}(\mathcal{X})$，定义 $\Phi_a \in \mathrm{CP}(\mathcal{X})$ 为

$$\Phi_a(X) = \mathrm{Tr}_{\mathcal{Z}}\big((\mathbb{1}_{\mathcal{X}} \otimes \mu(a))AXA^*\big). \tag{4.34}$$

此外，令

$$\{A_{a,b} : a \in \Sigma, b \in \Gamma\} \quad \text{和} \quad \{B_{a,b} : a \in \Sigma, b \in \Gamma\} \tag{4.35}$$

为 $\mathrm{L}(\mathcal{X})$ 中的算子的集合. 若适当地选择字母表 Γ，我们可以得到关于所有 $a \in \Sigma$ 和 $X \in \mathrm{L}(\mathcal{X})$ 的 Kraus 表示：

$$\Psi_a(X) = \sum_{b \in \Gamma} A_{a,b} X A_{a,b}^* \quad \text{和} \quad \Phi_a(X) = \sum_{c \in \Gamma} B_{a,c} X B_{a,c}^* \tag{4.36}$$

(此处，我们为了这种表示选取了共用的字母表 Γ 作为索引集. 这只是为了标记上的简化，并不会损失结论的普遍性；事实上，对于任一映射，我们都可以对 Kraus 算子添加任意多的零算子). 通过假设声明 2 成立，我们有

$$\sum_{a \in \Sigma} \Psi_a \Phi_a = \mathbb{1}_{\mathrm{L}(\mathcal{X})}, \tag{4.37}$$

因此式 (4.37) 两边的 Choi 表示必须相同:

$$\sum_{a\in\Sigma}\sum_{b,c\in\Gamma}\mathrm{vec}(A_{a,b}B_{a,c})\,\mathrm{vec}(A_{a,b}B_{a,c})^* = \mathrm{vec}(\mathbb{1}_{\mathcal{X}})\,\mathrm{vec}(\mathbb{1}_{\mathcal{X}})^*. \tag{4.38}$$

因此,必然存在一个复数集合 $\{\alpha_{a,b,c} : a\in\Sigma,\, b,c\in\Gamma\}$,使等式

$$A_{a,b}B_{a,c} = \alpha_{a,b,c}\mathbb{1}_{\mathcal{X}} \tag{4.39}$$

对所有的 $a\in\Sigma$ 和 $b,c\in\Gamma$ 都成立. 此外,这个集合显然还应该满足约束条件

$$\sum_{a\in\Sigma}\sum_{b,c\in\Gamma}|\alpha_{a,b,c}|^2 = 1. \tag{4.40}$$

最终,对于所有的 $a\in\Sigma$ 和 $c\in\Gamma$ 我们可以得到

$$\sum_{b\in\Gamma}|\alpha_{a,b,c}|^2\mathbb{1}_{\mathcal{X}} = \sum_{b\in\Gamma}B_{a,c}^*A_{a,b}^*A_{a,b}B_{a,c} = B_{a,c}^*B_{a,c}. \tag{4.41}$$

因为每个映射 Ψ_a 都是一个信道. 所以,对于任意的 $a\in\Sigma$ 和 $c\in\Gamma$ 都有

$$B_{a,c} = \beta_{a,c}U_{a,c} \tag{4.42}$$

成立. 其中我们选取酉算子 $U_{a,c}\in\mathrm{U}(\mathcal{X})$ 以及满足下列条件的复数 $\beta_{a,c}\in\mathbb{C}$:

$$|\beta_{a,c}|^2 = \sum_{b\in\Gamma}|\alpha_{a,b,c}|^2. \tag{4.43}$$

对于每个 $a\in\Sigma$ 和 $c\in\Gamma$,我们可以得到

$$\Phi(X) = \sum_{a\in\Sigma}\Phi_a(X) = \sum_{a\in\Sigma}\sum_{c\in\Gamma}p(a,c)U_{a,c}XU_{a,c}^*, \tag{4.44}$$

此处 $p\in\mathcal{P}(\Sigma\times\Gamma)$ 定义为 $p(a,c) = |\beta_{a,c}|^2$ 的概率向量. 因此,信道 Φ 是一个混合酉信道. 这证明由声明 2 可以推导出声明 1. □

4.1.1.4 混合酉信道与 Carathéodory 定理

根据定义,每一个混合酉信道 $\Phi\in\mathrm{C}(\mathcal{X})$ 都是一个酉信道集合的凸包上的元素. 根据 Carathéodory 定理 (定理 1.9),我们可以得到必须取均值以获得任意混合酉信道的酉信道数量的上界. 下面的命题证明了这一点.

命题 4.9 令 $\mathcal{X}$ 为一个复欧几里得空间,记 $n = \dim(\mathcal{X})$,且 $\Phi\in\mathrm{C}(\mathcal{X})$ 为一个混合酉信道. 存在一个正整数 m 满足

$$m \leqslant n^4 - 2n^2 + 2, \tag{4.45}$$

存在一组酉算子 $\{U_1,\cdots,U_m\}\subset\mathrm{U}(\mathcal{X})$,及一个概率向量 $(p_1,\cdots,p_m)$,使得

$$\Phi(X) = \sum_{k=1}^{m}p_kU_kXU_k^* \tag{4.46}$$

对任意 $X\in\mathrm{L}(\mathcal{X})$ 均成立.

证明 对于任意 $X, Y \in \mathrm{Herm}(\mathcal{X})$，考虑由下列等式定义的线性映射 $\Xi : \mathrm{Herm}(\mathcal{X} \otimes \mathcal{X}) \to \mathrm{Herm}(\mathcal{X} \oplus \mathcal{X})$：

$$\Xi(X \otimes Y) = \begin{pmatrix} \mathrm{Tr}(X)Y & 0 \\ 0 & \mathrm{Tr}(Y)X \end{pmatrix}, \tag{4.47}$$

并且固定任意包含单位算子的 $\mathrm{Herm}(\mathcal{X})$ 的正交基 $\{\mathbb{1}, H_1, \cdots, H_{n^2-1}\}$. 对于任意的 $j, k \in \{1, \cdots, n^2 - 1\}$，均有

$$\Xi(H_j \otimes H_k) = 0 \tag{4.48}$$

成立，其中算子

$$\Xi(\mathbb{1} \otimes H_k), \quad \Xi(H_k \otimes \mathbb{1}) \quad \text{和} \quad \Xi(\mathbb{1} \otimes \mathbb{1}) \tag{4.49}$$

的范围在 $k \in \{1, \cdots, n^2 - 1\}$ 之间，它们均非零并且两两正交. 因此，Ξ 的核等同于被下列正交集合扩展的子空间：

$$\{H_j \otimes H_k : 1 \leqslant j, k \leqslant n^2 - 1\}. \tag{4.50}$$

特别地，映射 Ξ 的核的维度由

$$(n^2 - 1)^2 = n^4 - 2n^2 + 1 \tag{4.51}$$

确定.

接下来，考虑任意的酉算子 $U \in \mathrm{U}(\mathcal{X})$，并且使 $\Psi_U \in \mathrm{C}(\mathcal{X})$ 为对于任意 $X \in \mathrm{L}(\mathcal{X})$，由 $\Psi_U(X) = UXU^*$ 定义的酉信道. 通过估算定义在 Ψ_U 的 Choi 表示上的映射 Ξ，我们可以得到

$$\Xi(J(\Psi_U)) = \Xi(\mathrm{vec}(U)\,\mathrm{vec}(U)^*) = \begin{pmatrix} \mathbb{1} & 0 \\ 0 & \mathbb{1} \end{pmatrix}. \tag{4.52}$$

所以，Ψ_U 的 Choi 表示是从一个维度为 $n^4 - 2n^2 + 1$ 的 $\mathrm{Herm}(\mathcal{X} \otimes \mathcal{X})$ 的仿射子空间得到的.

由于 Φ 是一个混合酉信道，Φ 的 Choi 表示 $J(\Phi)$ 包含在形式为 $J(\Psi_U)$ 的算子集的凸包上，其中 U 的取值范围是酉算子 $\mathrm{U}(\mathcal{X})$ 的集合. 从而，由 Carathéodory 定理我们可以得到

$$J(\Phi) = \sum_{k=1}^{m} p_k J(\Psi_{U_k}), \tag{4.53}$$

该等式对于某些满足条件 (4.45) 的正整数 m、酉算子 $U_1, \cdots, U_m \in \mathrm{U}(\mathcal{X})$ 和概率向量 $(p_1, \cdots, p_m)$ 成立. 同样，等式

$$\Phi(X) = \sum_{k=1}^{m} p_k U_k X U_k^* \tag{4.54}$$

对任何 $X \in \mathrm{L}(\mathcal{X})$ 以及相同条件下的 m、$U_1, \cdots, U_m$ 和 $(p_1, \cdots, p_m)$ 成立. 这样我们便完成了证明. $\qquad \square$

我们可以通过使用与前面证明中所用的相似技巧得到信道数量的上界. 这些信道可以从任意的集合中获得, 且必须取均值以获得该集合凸包上的一个给定元素. 作为一个推论, 我们可以获得一个不同的 (通常也是更好的) 酉信道数量的阈值, 这些酉信道必须取均值以获得一个给定的混合酉信道.

定理 4.10 令 $\mathcal{X}$ 和 $\mathcal{Y}$ 为复欧几里得空间, $\mathcal{A} \subseteq \mathrm{C}(\mathcal{X}, \mathcal{Y})$ 为任意一个信道的非空集合, $\Phi \in \mathrm{conv}(\mathcal{A})$ 为 $\mathcal{A}$ 的凸包上的一个信道. 存在一个正整数

$$m \leqslant \mathrm{rank}(J(\Phi))^2, \tag{4.55}$$

一个概率向量 $(p_1, \cdots, p_m)$, 以及一些信道 $\Psi_1, \cdots, \Psi_m \in \mathcal{A}$, 使得

$$\Phi = p_1 \Psi_1 + \cdots + p_m \Psi_m. \tag{4.56}$$

证明 令 $r = \mathrm{rank}(J(\Phi))$, Π 为投影到 $J(\Phi)$ 的像的投影算子. 对每个 $H \in \mathrm{Herm}(\mathcal{Y} \otimes \mathcal{X})$, 定义一个线性映射

$$\Xi : \mathrm{Herm}(\mathcal{Y} \otimes \mathcal{X}) \to \mathrm{Herm}(\mathbb{C} \oplus (\mathcal{Y} \otimes \mathcal{X}) \oplus (\mathcal{Y} \otimes \mathcal{X})) \tag{4.57}$$

为

$$\Xi(H) = \begin{pmatrix} \mathrm{Tr}(H) & 0 & 0 \\ 0 & (\mathbb{1} - \Pi)H(\mathbb{1} - \Pi) & (\mathbb{1} - \Pi)H\Pi \\ 0 & \Pi H(\mathbb{1} - \Pi) & 0 \end{pmatrix}, \tag{4.58}$$

可以看出对于满足

$$H = \Pi H \Pi \quad 且 \quad \mathrm{Tr}(H) = 0 \tag{4.59}$$

的 Hermite 算子 H, $\Xi(H) = 0$ 恰恰成立. 因此 Ξ 的核的维度是 $r^2 - 1$.

令

$$\mathcal{B} = \{\Psi \in \mathcal{A} : \mathrm{im}(J(\Psi)) \subseteq \mathrm{im}(J(\Phi))\}, \tag{4.60}$$

由于 $\Phi \in \mathrm{conv}(\mathcal{A})$, 所以我们可以观察到 $\Phi \in \mathrm{conv}(\mathcal{B})$. 对于每个信道 $\Psi \in \mathcal{B}$, 有

$$\Xi(J(\Psi)) = \begin{pmatrix} \dim(\mathcal{X}) & 0 & 0 \\ 0 & 0 & 0 \\ 0 & 0 & 0 \end{pmatrix} \tag{4.61}$$

成立. 因此, 对于每个 $\Psi \in \mathcal{B}$, 存在一个维度为 $r^2 - 1$ 的 $\mathrm{Herm}(\mathcal{Y} \otimes \mathcal{X})$ 的仿射子空间, 它含有 $J(\Phi)$. 由于 $J(\Phi)$ 是该仿射空间内算子的一个凸组合, 所以根据 Carathéodory 定理我们可以得知存在一个整数 $m \leqslant (r^2 - 1) + 1 = r^2$、一系列信道 $\Psi_1, \cdots, \Psi_m \in \mathcal{B} \subseteq \mathcal{A}$ 和一个概率向量 $(p_1, \cdots, p_m)$, 使得

$$J(\Phi) = p_1 J(\Psi_1) + \cdots + p_m J(\Psi_m). \tag{4.62}$$

式 (4.62) 与式 (4.56) 等价, 定理得证.   □

推论 4.11 令 $\mathcal{X}$ 为一个复欧几里得空间，$\Phi \in \mathrm{C}(\mathcal{X})$ 为一个混合酉信道. 存在一个正整数 $m \leqslant \mathrm{rank}(J(\Phi))^2$、一系列酉算子 $U_1, \cdots, U_m \in \mathrm{U}(\mathcal{X})$ 以及一个概率向量 $(p_1, \cdots, p_m)$，使得

$$\Phi(X) = \sum_{k=1}^{m} p_k U_k X U_k^* \tag{4.63}$$

对任意 $X \in \mathrm{L}(\mathcal{X})$ 成立.

4.1.2 Weyl 协变信道

本节主要关注 Weyl 协变信道. 这类保幺信道与一组称为离散 Weyl 算子的算子集合 (以多种方式) 相关.

4.1.2.1 离散 Weyl 算子

对于每一个正整数 n，集合 $\mathbb{Z}_n$ 定义为

$$\mathbb{Z}_n = \{0, \cdots, n-1\} \tag{4.64}$$

这个集合对于模 n 的加法和乘法形成了一个环. 无论何时 $\mathbb{Z}_n$ 的元素在本书的算术表达式中出现，我们均默认假设这些运算是取模 n.

离散 Weyl 算子是一组在给定正整数 n 的情况下作用在 $\mathcal{X} = \mathbb{C}^{\mathbb{Z}_n}$ 上的酉算子集合. 这种算子以下面的方式定义[⊖]. 首先我们可以定义一个标量

$$\zeta = \exp\left(\frac{2\pi i}{n}\right), \tag{4.65}$$

以及酉算子

$$U = \sum_{c \in \mathbb{Z}_n} E_{c+1,c} \quad \text{和} \quad V = \sum_{c \in \mathbb{Z}_n} \zeta^c E_{c,c}. \tag{4.66}$$

对于每一组 $(a,b) \in \mathbb{Z}_n \times \mathbb{Z}_n$，离散 Weyl 算子 $W_{a,b} \in \mathrm{U}(\mathcal{X})$ 定义为

$$W_{a,b} = U^a V^b, \tag{4.67}$$

或者等价地，

$$W_{a,b} = \sum_{c \in \mathbb{Z}_n} \zeta^{bc} E_{a+c,c}. \tag{4.68}$$

例 4.12 对于 $n = 2$，离散 Weyl 算子 (矩阵形式) 由下式给出：

$$W_{0,0} = \begin{pmatrix} 1 & 0 \\ 0 & 1 \end{pmatrix}, \quad W_{0,1} = \begin{pmatrix} 1 & 0 \\ 0 & -1 \end{pmatrix},$$

$$W_{1,0} = \begin{pmatrix} 0 & 1 \\ 1 & 0 \end{pmatrix}, \quad W_{1,1} = \begin{pmatrix} 0 & -1 \\ 1 & 0 \end{pmatrix}. \tag{4.69}$$

⊖ 有时，把离散 Weyl 算子的定义从形式为 $\mathcal{X} = \mathbb{C}^{\mathbb{Z}_n}$ 的复欧几里得空间扩展到任意复欧几里得空间 $\mathcal{X} = \mathbb{C}^{\Sigma}$ 是很方便的. 我们只需把 Σ 替换成 $\mathbb{Z}_n$，其中 $n = |\Sigma|$. 这种方法是固定的，但从某种角度来说也是任意的.

等价地,

$$W_{0,0} = \mathbb{1}, \quad W_{0,1} = \sigma_z, \quad W_{1,0} = \sigma_x, \quad W_{1,1} = -i\sigma_y, \tag{4.70}$$

其中

$$\sigma_x = \begin{pmatrix} 0 & 1 \\ 1 & 0 \end{pmatrix}, \quad \sigma_y = \begin{pmatrix} 0 & -i \\ i & 0 \end{pmatrix}, \quad \sigma_z = \begin{pmatrix} 1 & 0 \\ 0 & -1 \end{pmatrix} \tag{4.71}$$

为 Pauli 算子. □

有下面的等式成立:

$$UV = \sum_{c \in \mathbb{Z}_n} \zeta^c E_{c+1,c} \quad \text{且} \quad VU = \sum_{c \in \mathbb{Z}_n} \zeta^{c+1} E_{c+1,c}, \tag{4.72}$$

由此有对易关系

$$VU = \zeta UV. \tag{4.73}$$

通过这个关系,我们可以得到一些恒等式,以及一些相当直接的计算,包括

$$\overline{W_{a,b}} = W_{a,-b}, \quad W_{a,b}^\mathsf{T} = \zeta^{-ab} W_{-a,b} \quad \text{和} \quad W_{a,b}^* = \zeta^{ab} W_{-a,-b} \tag{4.74}$$

对所有 $a,b \in \mathbb{Z}_n$ 成立,以及

$$W_{a,b} W_{c,d} = \zeta^{bc} W_{a+c,b+d} = \zeta^{bc-ad} W_{c,d} W_{a,b} \tag{4.75}$$

对所有 $a,b,c,d \in \mathbb{Z}_n$ 成立.

由等式

$$\sum_{c \in \mathbb{Z}_n} \zeta^{ac} = \begin{cases} n & a = 0 \\ 0 & a \in \{1, \cdots, n-1\} \end{cases} \tag{4.76}$$

可以得到

$$\mathrm{Tr}(W_{a,b}) = \begin{cases} n & (a,b) = (0,0) \\ 0 & \text{其他}. \end{cases} \tag{4.77}$$

把这个结果和式 (4.75) 结合起来,可以得到

$$\langle W_{a,b}, W_{c,d} \rangle = \begin{cases} n & (a,b) = (c,d) \\ 0 & (a,b) \neq (c,d) \end{cases} \tag{4.78}$$

对所有 $a,b,c,d \in \mathbb{Z}_n$ 成立. 所以集合

$$\left\{ \frac{1}{\sqrt{n}} W_{a,b} : (a,b) \in \mathbb{Z}_n \times \mathbb{Z}_n \right\} \tag{4.79}$$

会形成一个规范正交集. 因为这个集合的势等于 $\mathrm{L}(\mathcal{X})$ 的维数,所以它能构成这个空间的一个规范正交基.

由下式定义的离散傅里叶变换算子 $F \in \mathrm{U}(\mathcal{X})$

$$F = \frac{1}{\sqrt{n}} \sum_{a,b \in \mathbb{Z}_n} \zeta^{ab} E_{a,b} \tag{4.80}$$

与离散 Weyl 算子有着特别的联系. F 是幺正的, 这可由一个直接的计算证明:

$$F^* F = \frac{1}{n} \sum_{a,b,c \in \mathbb{Z}_n} \zeta^{a(b-c)} E_{c,b} = \sum_{b \in \mathbb{Z}_n} E_{b,b} = \mathbb{1}. \tag{4.81}$$

我们还可以证明 $FU = VF$ 和 $FV = U^* F$, 从而可得

$$FW_{a,b} = \zeta^{-ab} W_{-b,a} F \tag{4.82}$$

对所有 $a, b \in \mathbb{Z}_n$ 成立.

4.1.2.2　Weyl 协变映射和信道

对于如上定义的 $\mathcal{X} = \mathbb{C}^{\mathbb{Z}_n}$, 如果映射 $\Phi \in \mathrm{T}(\mathcal{X})$ 与每一个离散 Weyl 算子的结合都对易, 那么它是一个 Weyl 协变映射. 下面给出了精确的定义.

定义 4.13　令 $\mathcal{X} = \mathbb{C}^{\mathbb{Z}_n}$, 其中 n 是正整数. 如果对于每个 $X \in \mathrm{L}(\mathcal{X})$ 和 $(a,b) \in \mathbb{Z}_n \times \mathbb{Z}_n$, 都有

$$\Phi\big(W_{a,b} X W_{a,b}^*\big) = W_{a,b} \Phi(X) W_{a,b}^*, \tag{4.83}$$

那么 $\Phi \in \mathrm{T}(\mathcal{X})$ 是一个 Weyl **协变映射**. 此外, 如果除了作为 Weyl 协变映射以外 Φ 还是一个信道, 那么 Φ 称为 Weyl **协变信道**.

从这个定义我们可以看出 $\Phi \in \mathrm{T}(\mathcal{X})$ 形式下的 Weyl 协变映射的集合是 $\mathrm{T}(\mathcal{X})$ 的一个线性子空间; 对于任意两个 Weyl 协变映射 $\Phi, \Psi \in \mathrm{T}(\mathcal{X})$ 以及标量 $\alpha, \beta \in \mathbb{C}$, 映射 $\alpha\Phi + \beta\Psi$ 也是 Weyl 协变的. 从这里我们可以看出 $\Phi \in \mathrm{C}(\mathcal{X})$ 形式下的 Weyl 协变信道集合是 $\mathrm{C}(\mathcal{X})$ 的一个凸子集.

下面的定理提供了 Weyl 协变映射的两种特征. 第一种特征声明, 一个映射是 Weyl 协变的, 当且仅当每一个离散 Weyl 算子都是该映射的本征算子[○]. 另一种特征声明, 一个映射是 Weyl 协变的, 当且仅当它是一个离散 Weyl 算子的结合的线性组合. 这两种特征通过离散傅里叶变换算子联系起来.

定理 4.14　对于一个正整数 n, 令 $\mathcal{X} = \mathbb{C}^{\mathbb{Z}_n}$, 并且 $\Phi \in \mathrm{T}(\mathcal{X})$ 为一个映射. 下面的声明是等价的:

1. Φ 是一个 Weyl 协变映射.

2. 存在一个算子 $A \in \mathrm{L}(\mathcal{X})$, 使得对于所有的 $(a,b) \in \mathbb{Z}_n \times \mathbb{Z}_n$ 都有

$$\Phi(W_{a,b}) = A(a,b) W_{a,b} \tag{4.84}$$

成立.

○ 术语本征算子应以一种自然的方式解释, 即一种与作用在一个算子空间上的线性映射的本征向量类似的算子.

3. *存在一个算子 $B \in L(\mathcal{X})$ 使等式*

$$\Phi(X) = \sum_{a,b \in \mathbb{Z}_n} B(a,b) W_{a,b} X W_{a,b}^* \qquad (4.85)$$

对所有 $X \in L(\mathcal{X})$ 成立.

假设这三个声明成立, 则声明 2 和 3 中的算子 A 和 B 由下面的等式联系起来:

$$A^\mathsf{T} = n F^* B F. \qquad (4.86)$$

证明 假设 Φ 是一个 Weyl 协变映射. 考虑算子

$$W_{a,b}^* \Phi(W_{a,b}), \qquad (4.87)$$

其中 $(a,b) \in \mathbb{Z}_n \times \mathbb{Z}_n$ 是任意选择的. 对于每对 $(c,d) \in \mathbb{Z}_n \times \mathbb{Z}_n$, 有

$$\begin{aligned} W_{a,b}^* \Phi(W_{a,b}) W_{c,d}^* &= W_{a,b}^* W_{c,d}^* W_{c,d} \Phi(W_{a,b}) W_{c,d}^* \\ &= W_{a,b}^* W_{c,d}^* \Phi(W_{c,d} W_{a,b} W_{c,d}^*) = W_{c,d}^* W_{a,b}^* \Phi(W_{a,b} W_{c,d} W_{c,d}^*) \\ &= W_{c,d}^* W_{a,b}^* \Phi(W_{a,b}) \end{aligned} \qquad (4.88)$$

成立. 其中第二个等式使用了 Φ 的 Weyl 协变性, 第三个等式使用了等式

$$W_{c,d} W_{a,b} = \alpha W_{a,b} W_{c,d} \quad \text{和} \quad W_{a,b}^* W_{c,d}^* = \overline{\alpha}\, W_{c,d}^* W_{a,b}^*. \qquad (4.89)$$

在该等式中, $\alpha = \zeta^{ad-bc}$. 从而, 对于所有的 $(c,d) \in \mathbb{Z}_n \times \mathbb{Z}_n$,

$$[W_{a,b}^* \Phi(W_{a,b}), W_{c,d}^*] = 0 \qquad (4.90)$$

成立. 由于所有离散 Weyl 算子的集合形成了关于 $L(\mathcal{X})$ 的基, 所以 $W_{a,b}^* \Phi(W_{a,b})$ 与 $L(\mathcal{X})$ 内的所有算子均对易是一定成立的, 因此 $W_{a,b}^* \Phi(W_{a,b})$ 等于一个单位算子的标量积.

因为这对任选的 $(a,b) \in \mathbb{Z}_n \times \mathbb{Z}_n$ 都成立, 所以我们必须选择算子 $A \in L(\mathcal{X})$ 使

$$W_{a,b}^* \Phi(W_{a,b}) = A(a,b)\mathbb{1} \qquad (4.91)$$

成立, 也正因为如此,

$$\Phi(W_{a,b}) = A(a,b) W_{a,b} \qquad (4.92)$$

对所有的 $(a,b) \in \mathbb{Z}_n \times \mathbb{Z}_n$ 成立. 所以由声明 1 推导出了声明 2.

相反, 由声明 2 推导出声明 1 可由对易关系 (4.75) 导出. 更详细地说, 假设声明 2 成立, 令 $(a,b) \in \mathbb{Z}_n \times \mathbb{Z}_n$. 对于任意一对 $(c,d) \in \mathbb{Z}_n \times \mathbb{Z}_n$, 有

$$\begin{aligned} \Phi(W_{a,b} W_{c,d} W_{a,b}^*) &= \zeta^{bc-ad} \Phi(W_{c,d}) = A(c,d) \zeta^{bc-ad} W_{c,d} \\ &= A(c,d) W_{a,b} W_{c,d} W_{a,b}^* = W_{a,b} \Phi(W_{c,d}) W_{a,b}^*, \end{aligned} \qquad (4.93)$$

因此，通过再次利用离散 Weyl 算子形成了 $L(\mathcal{X})$ 的基这一事实，我们可以得到

$$\Phi(W_{a,b}XW_{a,b}^*) = W_{a,b}\Phi(X)W_{a,b}^* \tag{4.94}$$

对所有的 $X \in L(\mathcal{X})$ 线性成立.

现在假设声明 3 对某些 $B \in L(\mathcal{X})$ 成立. 再次应用对易关系 (4.75)，我们可以得到

$$\Phi(W_{c,d}) = \sum_{a,b \in \mathbb{Z}_n} B(a,b)W_{a,b}W_{c,d}W_{a,b}^* = \sum_{a,b \in \mathbb{Z}_n} \zeta^{bc-ad}B(a,b)W_{c,d} \tag{4.95}$$

对每一对 $(c,d) \in \mathbb{Z}_n \times \mathbb{Z}_n$ 成立. 选择 $A \in L(\mathcal{X})$ 使得

$$A(c,d) = \sum_{a,b \in \mathbb{Z}_n} \zeta^{bc-ad}B(a,b) \tag{4.96}$$

对所有的 $(c,d) \in \mathbb{Z}_n \times \mathbb{Z}_n$ 成立. 这等价于 $A = (nF^*BF)^{\mathsf{T}}$. 我们可以得到

$$\Phi(W_{c,d}) = A(c,d)W_{c,d} \tag{4.97}$$

对所有 $(c,d) \in \mathbb{Z}_n \times \mathbb{Z}_n$ 成立. 从而由声明 3 推导出了声明 2, 其中算子 A 和 B 具有上述关系.

最后，假设声明 2 对于某些 $A \in L(\mathcal{X})$ 成立, 且定义 $B = \frac{1}{n}FA^{\mathsf{T}}F^*$. 通过类似于建立如上推断所使用的计算，我们可以得到

$$\begin{aligned}
\Phi(W_{c,d}) &= A(c,d)W_{c,d} \\
&= \sum_{a,b \in \mathbb{Z}_n} \zeta^{bc-ad}B(a,b)W_{c,d} = \sum_{a,b \in \mathbb{Z}_n} B(a,b)W_{a,b}W_{c,d}W_{a,b}^*
\end{aligned} \tag{4.98}$$

对每一对 $(c,d) \in \mathbb{Z}_n \times \mathbb{Z}_n$ 成立. 因此，

$$\Phi(X) = \sum_{a,b \in \mathbb{Z}_n} B(a,b)W_{a,b}XW_{a,b}^* \tag{4.99}$$

对所有的 $X \in L(\mathcal{X})$ 线性成立. 至此由声明 2 推导出了声明 3, 其中算子 A 和 B 依旧具有上述关系. $\qquad\square$

推论 4.15　对于一个正整数 n, 令 $\mathcal{X} = \mathbb{C}^{\mathbb{Z}_n}$, 且 $\Phi \in C(\mathcal{X})$ 为一个 Weyl 协变信道. 存在一个概率向量 $p \in \mathcal{P}(\mathbb{Z}_n \times \mathbb{Z}_n)$ 使

$$\Phi(X) = \sum_{a,b \in \mathbb{Z}_n} p(a,b)W_{a,b}XW_{a,b}^* \tag{4.100}$$

对所有 $X \in L(\mathcal{X})$ 成立. 特别地，上述等式当 Φ 是混合酉信道时也成立.

证明 根据定理 4.14，存在一个算子 $B \in \mathrm{L}(\mathcal{X})$ 使

$$\Phi(X) = \sum_{a,b \in \mathbb{Z}_n} B(a,b) W_{a,b} X W_{a,b}^* \tag{4.101}$$

对于所有的 $X \in \mathrm{L}(\mathcal{X})$ 成立. 我们有

$$J(\Phi) = \sum_{a,b \in \mathbb{Z}_n} B(a,b) \operatorname{vec}(W_{a,b}) \operatorname{vec}(W_{a,b})^*, \tag{4.102}$$

当 Φ 全正时，这是一个半正定算子. 这说明对于每一对 $(a,b) \in \mathbb{Z}_n \times \mathbb{Z}_n, B(a,b)$ 都是非负的. 这是因为向量

$$\{\operatorname{vec}(W_{a,b}) : a,b \in \mathbb{Z}_n\} \tag{4.103}$$

形成了一个正交集. 对于任意的 $X \in \mathrm{L}(\mathcal{X})$，

$$\operatorname{Tr}(\Phi(X)) = \sum_{a,b \in \mathbb{Z}_n} B(a,b) \operatorname{Tr}(W_{a,b} X W_{a,b}^*) = \sum_{a,b \in \mathbb{Z}_n} B(a,b) \operatorname{Tr}(X) \tag{4.104}$$

成立，所以通过假设 Φ 保迹，

$$\sum_{a,b \in \mathbb{Z}_n} B(a,b) = 1 \tag{4.105}$$

成立. 对每一对 $(a,b) \in \mathbb{Z}_n \times \mathbb{Z}_n$，定义 $p(a,b) = B(a,b)$. 可以看到 p 是一个概率向量. 证毕. $\qquad \square$

4.1.2.3 完全去极化信道与完全失相信道

对任意的复欧几里得空间 $\mathcal{X} = \mathbb{C}^\Sigma$，完全去极化信道 $\Omega \in \mathrm{C}(\mathcal{X})$ 和完全失相信道 $\Delta \in \mathrm{C}(\mathcal{X})$ 对所有的 $X \in \mathrm{L}(\mathcal{X})$ 有如下定义：

$$\Omega(X) = \frac{\operatorname{Tr}(X)}{\dim(\mathcal{X})} \mathbb{1}_{\mathcal{X}} \quad \text{且} \quad \Delta(X) = \sum_{a \in \Sigma} X(a,a) E_{a,a} \tag{4.106}$$

(见 2.2.3 节). 在复欧几里得空间 $\mathcal{X}$ 关于正整数 n 取 $\mathcal{X} = \mathbb{C}^{\mathbb{Z}_n}$ 的形式时，这两种信道都是 Weyl 协变信道的例子.

通过观察下面的等式，我们可以看出完全去极化信道是 Weyl 协变信道：

$$\Omega(W_{a,b}) = \begin{cases} W_{a,b} & (a,b) = (0,0) \\ 0 & (a,b) \neq (0,0), \end{cases} \tag{4.107}$$

或者等价地，对于每一个 $(a,b) \in \mathbb{Z}_n \times \mathbb{Z}_n$ 都有 $\Omega(W_{a,b}) = E_{0,0}(a,b) W_{a,b}$. 因此，根据定理 4.14 以及等式

$$\frac{1}{n} F E_{0,0} F^* = \frac{1}{n^2} \sum_{a,b \in \mathbb{Z}_n} E_{a,b}, \tag{4.108}$$

我们可以得到，对所有的 $X \in \mathrm{L}(\mathcal{X})$，

$$\Omega(X) = \frac{1}{n^2} \sum_{a,b \in \mathbb{Z}_n} W_{a,b} X W_{a,b}^*. \tag{4.109}$$

我们还有另一种验证式 (4.109) 的有效性的方式. 通过观察可以发现，由等式右侧所定义的映射的 Choi 算子与 Ω 的 Choi 算子是相同的：

$$\frac{1}{n^2} \sum_{a,b \in \mathbb{Z}_n} \mathrm{vec}(W_{a,b}) \, \mathrm{vec}(W_{a,b})^* = \frac{1}{n} \mathbb{1}_{\mathcal{X}} \otimes \mathbb{1}_{\mathcal{X}} = J(\Omega). \tag{4.110}$$

正如第 170 页的脚注所提到的，通过利用 Σ 内的元素和 $\mathbb{Z}_n$ 之间确定的任意对应关系 (假设 $n = |\Sigma|$)，我们可以将一个离散 Weyl 算子的概念从形式为 $\mathbb{C}^{\mathbb{Z}_n}$ 的空间变换到任意的复欧几里得空间 $\mathbb{C}^{\Sigma}$. 由此我们还可以得知，对于任选的复欧几里得空间 $\mathcal{X} = \mathbb{C}^{\Sigma}$，完全去极化信道 $\Omega \in \mathrm{C}(\mathcal{X})$ 是一个混合酉信道. 这是因为对于选定的 Σ 与 $\mathbb{Z}_n$ 之间的对应关系，它等于上面所定义的 Weyl 协变信道.

完全失相信道是 Weyl 协变信道. 通过观察下列等式我们可以显而易见地得到这一结论.

$$\Delta(W_{a,b}) = \begin{cases} W_{a,b} & a = 0 \\ 0 & a \neq 0, \end{cases} \tag{4.111}$$

或者等价地，对于所有的 $(a,b) \in \mathbb{Z}_n \times \mathbb{Z}_n$，对于

$$A = \sum_{c \in \mathbb{Z}_n} E_{0,c}, \tag{4.112}$$

有 $\Delta(W_{a,b}) = A(a,b)W_{a,b}$ 成立. 由定理 4.14 以及 $FA^{\mathsf{T}}F^* = A$，我们有

$$\Delta(X) = \frac{1}{n} \sum_{c \in \mathbb{Z}_n} W_{0,c} X W_{0,c}^* \tag{4.113}$$

对于任意的 $X \in \mathrm{L}(\mathcal{X})$ 成立.

4.1.3 Schur 信道

Schur 信道的定义如下所示. 它代表了保幺信道另一种有趣的子类.

定义 4.16 令 $\mathcal{X} = \mathbb{C}^{\Sigma}$ 为一个复欧几里得空间，其中 Σ 为一个字母表. 若存在一个算子 $A \in \mathrm{L}(\mathcal{X})$ 满足

$$\Phi(X) = A \odot X, \tag{4.114}$$

则称映射 $\Phi \in \mathrm{T}(\mathcal{X})$ 为 **Schur 映射**，其中 $A \odot X$ 表示对所有的 $a, b \in \Sigma$，A 和 X 的对应元素的乘积：

$$(A \odot X)(a,b) = A(a,b)X(a,b). \tag{4.115}$$

此外，若映射 Φ 是一个信道，则其被称为 **Schur 信道**.

下述命题给出了一个给定的 Schur 映射是全正的 (或等价地说, 正的) 简单情形.

命题 4.17　令 Σ 为一个字母表, $\mathcal{X} = \mathbb{C}^{\Sigma}$, $A \in \mathrm{L}(\mathcal{X})$ 为一个算子, $\Phi \in \mathrm{T}(\mathcal{X})$ 为对于所有的 $X \in \mathrm{L}(\mathcal{X})$, 由 $\Phi(X) = A \odot X$ 定义的 Schur 映射. 下面的声明都是等价的:

1. A 是半正定的.
2. Φ 是正的.
3. Φ 是全正的.

证明　假设 A 是半正定的. 有下述等式成立:

$$J(\Phi) = \sum_{a,b \in \Sigma} \Phi(E_{a,b}) \otimes E_{a,b} = \sum_{a,b \in \Sigma} A(a,b) E_{a,b} \otimes E_{a,b} = VAV^*, \tag{4.116}$$

其中 $V \in \mathrm{U}(\mathcal{X}, \mathcal{X} \otimes \mathcal{X})$ 为由

$$V = \sum_{a \in \Sigma} (e_a \otimes e_a) e_a^* \tag{4.117}$$

定义的等距算子. 这说明 $J(\Phi)$ 是半正定的, 所以根据定理 2.22, Φ 是全正的. 这也证明由声明 1 可以推导出声明 3.

显然, 由声明 3 可以推导出声明 2, 因为每一个全正的映射都是正的.

最后, 假设 Φ 是正的. 算子 $X \in \mathrm{L}(\mathcal{X})$ 的元素都等于 1(例如, 对于所有的 $a, b \in \Sigma, X(a,b) = 1$), 该算子是半正定的. 由于 Φ 是正的, 所以 $\Phi(X) = A$ 是半正定的. 因此, 由声明 2 可以推导出声明 1, 命题得证.　□

根据与上述命题相似的思路, 下列命题提供了一个给定的 Schur 映射保迹 (或者等价地, 有幺元) 的简单情形.

命题 4.18　令 Σ 为一个字母表, $\mathcal{X} = \mathbb{C}^{\Sigma}$, $A \in \mathrm{L}(\mathcal{X})$ 为一个算子, $\Phi \in \mathrm{T}(\mathcal{X})$ 为对于所有 $X \in \mathrm{L}(\mathcal{X})$, 由

$$\Phi(X) = A \odot X \tag{4.118}$$

定义的 Schur 映射. 下面的声明都是等价的:

1. 对于所有的 $a \in \Sigma$, $A(a,a) = 1$.
2. Φ 是保迹的.
3. Φ 是保幺映射.

证明　假设对于每个 $a \in \Sigma, A(a,a) = 1$. 可以得到 Φ 是保幺映射, 因为

$$\Phi(\mathbb{1}) = A \odot \mathbb{1} = \sum_{a \in \Sigma} A(a,a) E_{a,a} = \sum_{a \in \Sigma} E_{a,a} = \mathbb{1}. \tag{4.119}$$

我们还可以得到 Φ 是保迹映射, 因为

$$\mathrm{Tr}(\Phi(X)) = \sum_{a \in \Sigma} (A \odot X)(a,a)$$
$$= \sum_{a \in \Sigma} A(a,a) X(a,a) = \sum_{a \in \Sigma} X(a,a) = \mathrm{Tr}(X) \tag{4.120}$$

对所有的 $X \in \mathrm{L}(\mathcal{X})$ 都成立.

假设 Φ 是保迹的,可以推导出,对于所有的 $a \in \Sigma$,有

$$A(a,a) = \mathrm{Tr}(A(a,a)E_{a,a}) = \mathrm{Tr}(\Phi(E_{a,a})) = \mathrm{Tr}(E_{a,a}) = 1 \tag{4.121}$$

成立. 因此,声明 1 和 2 是等价的.

最后,由 Φ 是保幺映射的假设可以得到

$$\sum_{a \in \Sigma} A(a,a)E_{a,a} = \Phi(\mathbb{1}) = \mathbb{1} = \sum_{a \in \Sigma} E_{a,a}, \tag{4.122}$$

所以对于每一个 $a \in \Sigma$,$A(a,a) = 1$. 因此,声明 1 和 3 是等价的. $\qquad\square$

全正的 Schur 映射还可能被分为一类有着仅由相等的对角算子对所构成的 Kraus 表示的映射. 这正如下列定理所述.

定理 4.19 令 Σ 为一个字母表,$\mathcal{X} = \mathbb{C}^{\Sigma}$ 为由 Σ 标记的复欧几里得空间,$\Phi \in \mathrm{CP}(\mathcal{X})$ 为一个全正映射. 下面的声明是等价的:

1. Φ 是一个 Schur 映射.

2. 对于某些字母表 Γ,存在 Φ 的一个形式为

$$\Phi(X) = \sum_{a \in \Gamma} A_a X A_a^* \tag{4.123}$$

的 Kraus 表示,使得对于每个 $a \in \Gamma$,$A_a \in \mathrm{L}(\mathcal{X})$ 都是一个对角算子.

3. 对于每一个形如式 (4.123) 的 Φ 的 Kraus 表示,以及每个 $a \in \Gamma$,A_a 都是一个对角算子.

证明 首先假设对于所有的 $X \in \mathrm{L}(\mathcal{X})$ 和某些算子 $P \in \mathrm{L}(\mathcal{X})$,$\Phi$ 是由

$$\Phi(X) = P \odot X \tag{4.124}$$

给出的 Schur 映射. 根据 Φ 全正这一假设,由命题 4.17 可以推导出 P 是半正定的. 就如该命题的证明中所计算的,Φ 的 Choi 表示由

$$J(\Phi) = VPV^* \tag{4.125}$$

给出,其中

$$V = \sum_{b \in \Sigma} (e_b \otimes e_b)e_b^*. \tag{4.126}$$

对于某些字母表 Γ 和算子集合 $\{A_a : a \in \Gamma\} \subset \mathrm{L}(\mathcal{X})$,考虑形如式 (4.123) 的 Φ 的任意 Choi 表示. 因为该映射中由等式右侧所定义的 Choi 表示必须与式 (4.125) 相同,所以有

$$\sum_{a \in \Gamma} \mathrm{vec}(A_a)\,\mathrm{vec}(A_a)^* = VPV^* \tag{4.127}$$

成立. 因此, 对于每一个 $a \in \Gamma$, 有

$$\text{vec}(A_a) \in \text{im}(V) = \text{span}\{e_b \otimes e_b : b \in \Sigma\}, \tag{4.128}$$

这与 A_a 对于每一个 $a \in \Gamma$ 都是对角的这一条件等价. 至此我们证明了由声明 1 可以推导出声明 3.

显然由声明 3 可以推导出声明 2, 所以我们只需证明由声明 2 可以推导出声明 1. 对于 Φ 的一个形如式 (4.123) 的 Kraus 表示, 其中 Γ 是一个字母表、$\{A_a : a \in \Gamma\}$ 是一个对角算子的集合, 令 $\{v_a : a \in \Gamma\} \subset \mathcal{X}$ 为满足条件 $A_a = \text{Diag}(v_a)$ $(a \in \Gamma)$ 的向量的集合, 并且定义

$$P = \sum_{a \in \Gamma} v_a v_a^*. \tag{4.129}$$

通过计算我们有

$$P \odot X = \sum_{a \in \Gamma} \sum_{b,c \in \Sigma} X(b,c) \, v_a(b) \overline{v_a(c)} \, E_{b,c} = \sum_{a \in \Gamma} A_a X A_a^* \tag{4.130}$$

对于每一个 $X \in \text{L}(\mathcal{X})$ 都成立. 因此, 我们证明了 Φ 是一个 Schur 映射, 所以正如所要求的那样, 由声明 2 可以推导出声明 1. □

4.2　保幺信道的普遍性质

本节将证明保幺信道的一些普遍的基本性质. 我们将重点说明对于一个给定空间的所有保幺信道集合的极点. 此外, 我们还将证明保幺信道集合的不动点和模的相关性质.

4.2.1　保幺信道集合的极点

由定理 2.31 所给出的判据, 我们可以确定一个给定的信道 $\Phi \in \text{C}(\mathcal{X})$ 是否是所有信道集合 $\text{C}(\mathcal{X})$ 的一个极点. 下面所述的定理 4.21 证明了当我们用所有保幺信道

$$\{\Phi \in \text{C}(\mathcal{X}) : \Phi(\mathbb{1}_{\mathcal{X}}) = \mathbb{1}_{\mathcal{X}}\} \tag{4.131}$$

的集合代替集合 $\text{C}(\mathcal{X})$ 时, 有相似的判据成立. 事实上, 关于极值保幺信道的判据可以直接通过定理 2.31 以及将集合 (4.131) 嵌入有着形式 $\text{C}(\mathcal{X} \oplus \mathcal{X})$ 的所有信道的集合得出.

假设已固定一个复欧几里得空间 $\mathcal{X}$, 通过对所有算子 $X \in \text{L}(\mathcal{X})$ 均成立的等式

$$V \text{vec}(X) = \text{vec} \begin{pmatrix} X & 0 \\ 0 & X^{\mathsf{T}} \end{pmatrix} \tag{4.132}$$

定义算子

$$V \in \text{L}(\mathcal{X} \otimes \mathcal{X}, (\mathcal{X} \oplus \mathcal{X}) \otimes (\mathcal{X} \oplus \mathcal{X})). \tag{4.133}$$

可以证明 $V^*V = 2\mathbb{1}_{\mathcal{X} \otimes \mathcal{X}}$. 对于任意映射 $\Phi \in \text{T}(\mathcal{X})$, 定义 $\phi(\Phi) \in \text{T}(\mathcal{X} \oplus \mathcal{X})$ 为唯一使得

$$J(\phi(\Phi)) = V J(\Phi) V^* \tag{4.134}$$

成立的映射，我们观察到以这种方式定义的映射 $\phi : \mathrm{T}(\mathcal{X}) \to \mathrm{T}(\mathcal{X} \oplus \mathcal{X})$ 是线性单射的. 如果 $\Phi \in \mathrm{T}(\mathcal{X})$ 由 Kraus 表示

$$\Phi(X) = \sum_{a \in \Sigma} A_a X B_a^* \tag{4.135}$$

所定义，那么

$$\phi(\Phi) \begin{pmatrix} X_{0,0} & X_{0,1} \\ X_{1,0} & X_{1,1} \end{pmatrix} = \sum_{a \in \Sigma} \begin{pmatrix} A_a & 0 \\ 0 & A_a^{\mathsf{T}} \end{pmatrix} \begin{pmatrix} X_{0,0} & X_{0,1} \\ X_{1,0} & X_{1,1} \end{pmatrix} \begin{pmatrix} B_a & 0 \\ 0 & B_a^{\mathsf{T}} \end{pmatrix}^* \tag{4.136}$$

为 $\phi(\Phi)$ 的一个 Kraus 表示. 可以证明下面与映射 $\phi : \mathrm{T}(\mathcal{X}) \to \mathrm{T}(\mathcal{X} \oplus \mathcal{X})$ 有关的性质成立:

1. 当且仅当 $\phi(\Phi) \in \mathrm{T}(\mathcal{X} \oplus \mathcal{X})$ 全正时，映射 $\Phi \in \mathrm{T}(\mathcal{X})$ 全正.

2. 当且仅当 $\phi(\Phi) \in \mathrm{T}(\mathcal{X} \oplus \mathcal{X})$ 保迹时，映射 $\Phi \in \mathrm{T}(\mathcal{X})$ 保迹且有幺元.

特别地，当且仅当 $\phi(\Phi) \in \mathrm{C}(\mathcal{X} \oplus \mathcal{X})$ 是一个信道时，$\Phi \in \mathrm{C}(\mathcal{X})$ 是一个保幺信道. 在这种情况下，$\phi(\Phi)$ 也是保幺信道.

引理 4.20 令 $\mathcal{X}$ 为一个复欧几里得空间，$\Phi \in \mathrm{C}(\mathcal{X})$ 为一个保幺信道，$\phi(\Phi) \in \mathrm{C}(\mathcal{X} \oplus \mathcal{X})$ 为根据式 (4.134) 由 Φ 定义的信道. Φ 是 $\mathrm{C}(\mathcal{X})$ 中的所有保幺信道集合的一个极点，当且仅当 $\phi(\Phi)$ 为信道集合 $\mathrm{C}(\mathcal{X} \oplus \mathcal{X})$ 的一个极点时成立.

证明 首先假设 Φ 不是 $\mathrm{C}(\mathcal{X})$ 中所有保幺信道的集合的一个极点，从而

$$\Phi = \lambda \Psi_0 + (1 - \lambda) \Psi_1 \tag{4.137}$$

对不同的保幺信道 $\Psi_0, \Psi_1 \in \mathrm{C}(\mathcal{X})$ 和标量 $\lambda \in (0, 1)$ 成立. 因为映射 ϕ 为线性单射的，所以

$$\phi(\Phi) = \lambda \phi(\Psi_0) + (1 - \lambda) \phi(\Psi_1) \tag{4.138}$$

成立. 该映射也是不同信道的适当凸组合. 由此可推出 $\phi(\Phi)$ 不是信道集合 $\mathrm{C}(\mathcal{X} \oplus \mathcal{X})$ 的一个极点.

另外，假设 $\phi(\Phi)$ 不是信道集合 $\mathrm{C}(\mathcal{X} \oplus \mathcal{X})$ 的一个极点，从而

$$\phi(\Phi) = \lambda \Xi_0 + (1 - \lambda) \Xi_1 \tag{4.139}$$

对不同的信道 $\Xi_0, \Xi_1 \in \mathrm{C}(\mathcal{X} \oplus \mathcal{X})$ 和标量 $\lambda \in (0, 1)$ 成立. 取等式两边的 Choi 表示，我们可以得到

$$V J(\Phi) V^* = \lambda J(\Xi_0) + (1 - \lambda) J(\Xi_1). \tag{4.140}$$

因此，根据引理 2.30，可以得到

$$J(\Xi_0) = V Q_0 V^* \quad \text{和} \quad J(\Xi_1) = V Q_1 V^* \tag{4.141}$$

对某些半正定算子 $Q_0, Q_1 \in \mathrm{Pos}(\mathcal{X} \otimes \mathcal{X})$ 成立. 令 $\Psi_0, \Psi_1 \in \mathrm{T}(\mathcal{X})$ 为由

$$J(\Psi_0) = Q_0 \quad \text{和} \quad J(\Psi_1) = Q_1 \tag{4.142}$$

定义的映射，我们有

$$\Xi_0 = \phi(\Psi_0) \quad \text{和} \quad \Xi_1 = \phi(\Psi_1) \tag{4.143}$$

成立. 因为 Ξ_0 和 Ξ_1 是不同的信道，所以 Ψ_0 和 Ψ_1 是不同的保幺信道. 等式

$$\phi(\Phi) = \lambda\phi(\Psi_0) + (1-\lambda)\phi(\Psi_1) \tag{4.144}$$

成立，故

$$\Phi = \lambda\Psi_0 + (1-\lambda)\Psi_1 \tag{4.145}$$

成立. 从这一等式可以推导出，Φ 并非 $C(\mathcal{X})$ 中所有保幺信道的集合的一个极点. □

定理 4.21 令 $\mathcal{X}$ 为一个复欧几里得空间，$\Phi \in C(\mathcal{X})$ 为一个保幺信道，Σ 为一个字母表，并使 $\{A_a : a \in \Sigma\} \subset L(\mathcal{X})$ 为对所有的 $X \in L(\mathcal{X})$ 满足

$$\Phi(X) = \sum_{a \in \Sigma} A_a X A_a^* \tag{4.146}$$

的线性独立集合. 信道 $X \in L(\mathcal{X})$ 是 $C(\mathcal{X})$ 中所有保幺信道的集合的一个极点，当且仅当算子的集合

$$\left\{ \begin{pmatrix} A_b^* A_a & 0 \\ 0 & A_a A_b^* \end{pmatrix} : (a,b) \in \Sigma \times \Sigma \right\} \tag{4.147}$$

是线性独立的.

证明 根据引理 4.20，信道 Φ 是 $C(\mathcal{X})$ 中保幺信道的集合的一个极点，当且仅当信道 $\phi(\Phi)$ 是集合 $C(\mathcal{X} \oplus \mathcal{X})$ 的一个极点，其中 $\phi : T(\mathcal{X}) \to T(\mathcal{X} \oplus \mathcal{X})$ 是由式 (4.134) 所定义的映射. 根据定理 2.31，我们可以知道 $\phi(\Phi)$ 是信道集合 $C(\mathcal{X} \oplus \mathcal{X})$ 的一个极点，当且仅当

$$\left\{ \begin{pmatrix} A_b^* A_a & 0 \\ 0 & \overline{A_b A_a^\mathsf{T}} \end{pmatrix} : (a,b) \in \Sigma \times \Sigma \right\} \tag{4.148}$$

是一个线性独立的算子集合. 对右下方的区块取转置，该操作并不影响该集合是否是线性独立的，我们可以得到 $\phi(\Phi)$ 是集合 $C(\mathcal{X} \oplus \mathcal{X})$ 的一个极点，当且仅当集合 (4.147) 是线性独立的. □

保幺量子比特信道是混合酉信道

正如例 4.3 所示，不是混合酉信道的保幺信道是存在的. 然而，这种信道的存在要求底层空间的维度至少为 3；若将定理 4.21 与下面的引理结合起来，则我们可以得到结论：每一个保幺信道都是混合酉信道.

引理 4.22 令 $\mathcal{X}$ 为一个复欧几里得空间且 $A_0, A_1 \in L(\mathcal{X})$ 为满足条件

$$A_0^* A_0 + A_1^* A_1 = \mathbb{1}_{\mathcal{X}} = A_0 A_0^* + A_1 A_1^* \tag{4.149}$$

的算子. 存在酉算子 $U, V \in U(\mathcal{X})$ 使 $V A_0 U^*$ 和 $V A_1 U^*$ 为对角算子.

证明　我们只需证明存在一个酉算子 $W \in \mathrm{U}(\mathcal{X})$ 使得算子 WA_0 和 WA_1 都是正规的且满足

$$[WA_0, WA_1] = 0, \tag{4.150}$$

从而根据定理 1.5 可知，我们可以选择 U 使 UWA_0U^* 和 UWA_1U^* 是对角的，并且取 $V = UW$。

使 $U_0, U_1 \in \mathrm{U}(\mathcal{X})$ 和 $P_0, P_1 \in \mathrm{Pos}(\mathcal{X})$ 为提供极分解 $A_0 = U_0P_0$ 和 $A_1 = U_1P_1$ 的算子，并且使 $W = U_0^*$。有等式 $WA_0 = P_0$ 成立，该等式是半正定的，因此也是正规的。为了证明 WA_1 是正规的，通过观察假设 (4.149) 可以得出

$$U_1P_1^2U_1^* = \mathbb{1} - U_0P_0^2U_0^* \quad \text{和} \quad P_1^2 = \mathbb{1} - P_0^2, \tag{4.151}$$

因此

$$
\begin{aligned}
(WA_1)(WA_1)^* &= U_0^*U_1P_1^2U_1^*U_0 = U_0^*(\mathbb{1} - U_0P_0^2U_0^*)U_0 \\
&= \mathbb{1} - P_0^2 = P_1^2 = P_1U_1^*U_0U_0^*U_1P_1 = (WA_1)^*(WA_1).
\end{aligned}
\tag{4.152}
$$

我们还需证明算子 WA_0 与算子 WA_1 对易。从等式 $P_1^2 = \mathbb{1} - P_0^2$ 可以得出 P_0^2 与 P_1^2 相互对易。因为 P_0^2 和 P_1^2 是对易的半正定算子，所以 P_0 与 P_1 对易。将 $P_1^2 = \mathbb{1} - P_0^2$ 代入等式

$$U_1P_1^2U_1^* = \mathbb{1} - U_0P_0^2U_0^*, \tag{4.153}$$

我们可以得到

$$U_0P_0^2U_0^* = U_1P_1^2U_1^*, \tag{4.154}$$

因此，通过对等式两侧同时取平方根，可以得到

$$U_0P_0U_0^* = U_1P_0U_1^*. \tag{4.155}$$

这说明

$$P_0U_0^*U_1 = U_0^*U_1P_0, \tag{4.156}$$

所以 P_0 与 $U_0^*U_1$ 对易。我们还可以进一步得到

$$(WA_0)(WA_1) = P_0U_0^*U_1P_1 = U_0^*U_1P_1P_0 = (WA_1)(WA_0), \tag{4.157}$$

从而 WA_0 与 WA_1 对易，命题得证。　$\square$

定理 4.23　令 $\mathcal{X}$ 为一个维度 $\dim(\mathcal{X}) = 2$ 的复欧几里得空间。每一个保幺信道 $\Phi \in \mathrm{C}(\mathcal{X})$ 都是混合酉信道。

证明　在空间 $\mathcal{X}$ 上定义的保幺信道的集合

$$\{\Phi \in \mathrm{C}(\mathcal{X}) : \Phi(\mathbb{1}_{\mathcal{X}}) = \mathbb{1}_{\mathcal{X}}\} \tag{4.158}$$

是紧且凸的. 这两个性质的根据是这个集合等于紧且凸的集合 $C(\mathcal{X})$ 和所有满足条件 $\Phi(\mathbb{1}_{\mathcal{X}}) = \mathbb{1}_{\mathcal{X}}$ 的映射 $\Phi \in T(\mathcal{X})$ 的 (闭合的) 仿射子空间的交集. 由于该集合是紧且凸的, 所以由定理 1.10 可以推导出它等于其极点的凸包. 为了完成这一证明, 我们必须证明每一个不是酉信道的保幺信道 $\Phi \in C(\mathcal{X})$ 不是集合 (4.158) 的极点.

为了这个目标, 我们令 $\Phi \in C(\mathcal{X})$ 为一个任意的保幺信道, 并令 $\{A_a : a \in \Sigma\} \subset L(\mathcal{X})$ 为一组对于所有的 $X \in L(\mathcal{X})$ 满足

$$\Phi(X) = \sum_{a \in \Sigma} A_a X A_a^* \tag{4.159}$$

的算子的线性独立组合. 可以得到 Φ 是一个酉信道, 当且仅当 $|\Sigma| = 1$. 因此我们只需证明每当 $|\Sigma| \geqslant 2$ 时, Φ 不是集合 (4.158) 的一个极点即可.

根据定理 4.21, 信道 Φ 是集合 (4.158) 的一个极点, 当且仅当

$$\left\{ \begin{pmatrix} A_b^* A_a & 0 \\ 0 & A_a A_b^* \end{pmatrix} : (a, b) \in \Sigma \times \Sigma \right\} \subset L(\mathcal{X} \oplus \mathcal{X}) \tag{4.160}$$

是一个线性独立的算子组合. 有两种情况必须考虑在内: 第一种是 $|\Sigma| \geqslant 3$, 第二种是 $|\Sigma| = 2$.

对于第一种情况, 我们可以看到合集 (4.160) 包括至少 9 个从 8 维子空间

$$\left\{ \begin{pmatrix} X & 0 \\ 0 & Y \end{pmatrix} : X, Y \in L(\mathcal{X}) \right\} \tag{4.161}$$

得到的算子. 所以, 如果 $|\Sigma| \geqslant 3$, 那么合集 (4.160) 不能是线性独立的, 因此 Φ 不是集合 (4.158) 的一个极点.

我们还需考虑当 $|\Sigma| = 2$ 时的情况. 不失一般性地, 假设 $\Sigma = \{0, 1\}$, 以及 $\mathcal{X} = \mathbb{C}^{\Sigma}$. 根据 Φ 有幺元且保迹的假设, 有

$$A_0^* A_0 + A_1^* A_1 = \mathbb{1}_{\mathcal{X}} = A_0 A_0^* + A_1 A_1^* \tag{4.162}$$

成立. 根据引理 4.22, 必须存在酉算子 $U, V \in U(\mathcal{X})$ 使得 $V A_0 U^*$ 与 $V A_1 U^*$ 都是对角算子:

$$\begin{aligned} V A_0 U^* &= \alpha_0 E_{0,0} + \beta_0 E_{1,1}, \\ V A_1 U^* &= \alpha_1 E_{0,0} + \beta_1 E_{1,1}. \end{aligned} \tag{4.163}$$

因此, 下面的等式对每个选定的 $a, b \in \Sigma$ 成立:

$$\begin{aligned} A_b^* A_a &= \alpha_a \overline{\alpha_b} U^* E_{0,0} U + \beta_a \overline{\beta_b} U^* E_{1,1} U, \\ A_a A_b^* &= \alpha_a \overline{\alpha_b} V^* E_{0,0} V + \beta_a \overline{\beta_b} V^* E_{1,1} V. \end{aligned} \tag{4.164}$$

所以集合 (4.160) 包含在由算子集合

$$\left\{ \begin{pmatrix} U^* E_{0,0} U & 0 \\ 0 & V^* E_{0,0} V \end{pmatrix}, \begin{pmatrix} U^* E_{1,1} U & 0 \\ 0 & V^* E_{1,1} V \end{pmatrix} \right\} \tag{4.165}$$

生成的子空间内. 合集 (4.160) 包含 4 个从一个二维空间提取的算子, 因此它不会是线性独立的. 由此可以推导出信道 Φ 不是集合 (4.158) 的一个极点, 命题得证. □

4.2.2 保幺信道的不动点、谱和模

每个形式为 $\Phi \in C(\mathcal{X})$ 的信道都必须至少有一个密度算子的不动点, 这意味着密度算子 $\rho \in D(\mathcal{X})$ 满足

$$\Phi(\rho) = \rho. \tag{4.166}$$

我们可以把这一事实作为 Brouwer 不动点定理的结论, 该定理说明每个将欧几里得空间内的紧且凸集合映射到它自身的连续函数一定有一个不动点. 不过, 我们的情况其实不需要 Brouwer 不动点定理的全部效力; 信道是线性映射这一事实使得证明变得更简单. 对于任意正且保迹的映射 $\Phi \in T(\mathcal{X})$, 下述定理给出了对这一事实略微普遍一些的证明.

定理 4.24 令 $\mathcal{X}$ 为一个复欧几里得空间, $\Phi \in T(\mathcal{X})$ 为一个正且保迹的映射. 存在一个密度算子 $\rho \in D(\mathcal{X})$ 使 $\Phi(\rho) = \rho$.

证明 对每一个非负整数 n, 定义映射 $\Psi_n \in T(\mathcal{X})$ 为

$$\Psi_n(X) = \frac{1}{2^n} \sum_{k=0}^{2^n-1} \Phi^k(X), \tag{4.167}$$

其中 $X \in L(\mathcal{X})$. 定义集合

$$\mathcal{C}_n = \{\Psi_n(\rho) : \rho \in D(\mathcal{X})\}. \tag{4.168}$$

因为 Φ 是线性、正且保迹的, 所以这些性质对于 Ψ_n 同样成立. 因此, 可以看出 $\mathcal{C}_n$ 是 $D(\mathcal{X})$ 的一个紧且凸的子集. 由于 $\mathcal{C}_n$ 是凸的, 所以对每一个 $\rho \in D(\mathcal{X})$, 有

$$\Psi_{n+1}(\rho) = \frac{1}{2}\Psi_n(\rho) + \frac{1}{2}\Psi_n\left(\Phi^{2^n}(\rho)\right) \in \mathcal{C}_n. \tag{4.169}$$

因此对于每一个 n, 有 $\mathcal{C}_{n+1} \subseteq \mathcal{C}_n$. 由于每个 $\mathcal{C}_n$ 都是紧的, 并且对于所有的 n 有 $\mathcal{C}_{n+1} \subseteq \mathcal{C}_n$, 从而一定存在一个元素

$$\rho \in \mathcal{C}_0 \cap \mathcal{C}_1 \cap \cdots \tag{4.170}$$

被包含在所有这些集合的交集内.

现在, 我们将满足式 (4.170) 的任选的 ρ 固定下来. 对于一个任意的非负整数 n, 存在某些 $\sigma \in D(\mathcal{X})$, 使得 $\rho = \Psi_n(\sigma)$ 成立. 因此,

$$\Phi(\rho) - \rho = \Phi(\Psi_n(\sigma)) - \Psi_n(\sigma) = \frac{\Phi^{2^n}(\sigma) - \sigma}{2^n}. \tag{4.171}$$

由于两个密度算子间迹的距离不能超过 2, 有

$$\|\Phi(\rho) - \rho\|_1 \leqslant \frac{1}{2^{n-1}}. \tag{4.172}$$

这一限制对于每一个 n 都成立, 这说明 $\|\Phi(\rho) - \rho\|_1 = 0$, 故有 $\Phi(\rho) = \rho$, 命题得证. □

显然, 想要证明一个保幺信道的密度算子不动点的存在并不困难: 如果 $\Phi \in C(\mathcal{X})$ 是一个保幺信道, 那么 $\omega = \mathbb{1}_{\mathcal{X}} / \dim(\mathcal{X})$ 是 Φ 的一个密度算子不动点. 更有趣的是, 所有满足 $\Phi(X) = X$ 的算子 $X \in L(\mathcal{X})$ 的组合构成了 $L(\mathcal{X})$ 的一个保幺子代数. 下面的定理证明了这一点.

定理 4.25 令 $\mathcal{X}$ 为一个复欧几里得空间, $\Phi \in C(\mathcal{X})$ 为一个保幺信道. 并令 Σ 为一个字母表, $\{A_a : a \in \Sigma\} \subset L(\mathcal{X})$ 为对于所有 $X \in L(\mathcal{X})$ 满足下面等式的算子组合:

$$\Phi(X) = \sum_{a \in \Sigma} A_a X A_a^*. \tag{4.173}$$

则对于每一个 $X \in L(\mathcal{X})$ 有 $\Phi(X) = X$, 当且仅当对每一个 $a \in \Sigma, [X, A_a] = 0$.

证明 如果 $X \in L(\mathcal{X})$ 是一个算子并且对于每一个 $a \in \Sigma$ 均满足 $[X, A_a] = 0$, 那么

$$\Phi(X) = \sum_{a \in \Sigma} A_a X A_a^* = \sum_{a \in \Sigma} X A_a A_a^* = X\Phi(\mathbb{1}) = X, \tag{4.174}$$

其中最后一个等式关系由 Φ 是保幺信道这一假设推断得出.

现在假设 $X \in L(\mathcal{X})$ 是一个算子, 且有 $\Phi(X) = X$, 考虑半正定算子

$$\sum_{a \in \Sigma} [X, A_a] [X, A_a]^*. \tag{4.175}$$

将这个算子展开, 并且考虑 Φ 是保幺信道这一假设, 以及 $\Phi(X) = X$ (因此, $\Phi(X^*) = \Phi(X)^* = X^*$, 因为 Φ 必须是保 Hermite 的), 我们可以得到

$$\begin{aligned}
&\sum_{a \in \Sigma} [X, A_a] [X, A_a]^* \\
&= \sum_{a \in \Sigma} (X A_a - A_a X)(A_a^* X^* - X^* A_a^*) \\
&= \sum_{a \in \Sigma} (X A_a A_a^* X^* - A_a X A_a^* X^* - X A_a X^* A_a^* + A_a X X^* A_a^*) \\
&= XX^* - \Phi(X)X^* - X\Phi(X^*) + \Phi(XX^*) \\
&= \Phi(XX^*) - XX^*.
\end{aligned} \tag{4.176}$$

因为 Φ 是一个信道, 因此也是保迹的, 所以由前面的等式所表达的算子的迹为 0. 唯一无迹的半正定算子是零算子, 所以

$$\sum_{a \in \Sigma} [X, A_a] [X, A_a]^* = 0. \tag{4.177}$$

这说明 $[X, A_a] [X, A_a]^*$ 的每一项都是 0, 所以每个算子 $[X, A_a]$ 为 0.   □

对于任意形式为 $\Phi \in C(\mathcal{X})$ 的信道, 其中 $\mathcal{X}$ 是一个复欧几里得空间, 我们可以得到 Φ 的自然表示是一个形式为 $K(\Phi) \in L(\mathcal{X} \otimes \mathcal{X})$ 的方算子. 下面的命题证明 $K(\Phi)$ 的谱半径必须等于 1.

命题 4.26 令 $\mathcal{X}$ 为一个复欧几里得空间，$\Phi \in \mathrm{T}(\mathcal{X})$ 为一个正且保迹的映射. 则 $K(\Phi)$ 的谱半径等于 1.

证明 根据定理 4.24，一定存在一个密度算子 $\rho \in \mathrm{D}(\mathcal{X})$ 使得 $\Phi(\rho) = \rho$，这说明 $K(\Phi)$ 有等于 1 的本征值.

我们还需证明 $K(\Phi)$ 任一本征值的绝对值至多为 1，这与下面的声明等价：对满足

$$\Phi(X) = \lambda X \tag{4.178}$$

的任选的非零算子 $X \in \mathrm{L}(\mathcal{X})$ 和复数 $\lambda \in \mathbb{C}$，$|\lambda| \leqslant 1$ 成立. 假设 $X \in \mathrm{L}(\mathcal{X})$ 是一个非零算子，$\lambda \in \mathbb{C}$ 是满足式 (4.178) 的标量. 根据推论 3.40，有 $\|\Phi\|_1 = 1$ 成立，因此

$$1 \geqslant \frac{\|\Phi(X)\|_1}{\|X\|_1} = \frac{\|\lambda X\|_1}{\|X\|_1} = |\lambda| \tag{4.179}$$

关于 λ 所要求的约束成立，从而完成了证明. □

尽管任意信道 $\Phi \in \mathrm{C}(\mathcal{X})$ 的自然表示 $K(\Phi)$ 的谱半径必须等于 1，但 $K(\Phi)$ 的谱范数通常并不为 1. 正如下面的定理所表明的，当且仅当 Φ 是一个保幺信道时，这一说法才成立. 类似于定理 4.24 和命题 4.26，在这一证明中我们并不需要"全正"这一性质，所以它不仅对信道成立，而且对所有的正且保迹的映射成立.

定理 4.27 令 $\mathcal{X}$ 为一个复欧几里得空间，$\Phi \in \mathrm{T}(\mathcal{X})$ 为一个正且保迹的映射. 则 Φ 是保幺映射，当且仅当 $\|K(\Phi)\| = 1$.

证明 首先假设 Φ 是一个保幺映射. 显然有 $\|K(\Phi)\| \geqslant 1$，因为命题 4.26 已经证明了 $K(\Phi)$ 的谱范数为 1，且任意方算子的谱范数大于等于其自身的谱半径. 因此我们只需证明 $\|K(\Phi)\| \leqslant 1$，这等价于如下条件：对于所有 $X \in \mathrm{L}(\mathcal{X})$，

$$\|\Phi(X)\|_2 \leqslant \|X\|_2. \tag{4.180}$$

首先考虑任意的 Hermite 算子 $H \in \mathrm{Herm}(\mathcal{X})$. 令

$$H = \sum_{k=1}^{n} \lambda_k x_k x_k^* \tag{4.181}$$

为 H 的一个谱分解，其中 $n = \dim(\mathcal{X})$，又令

$$\rho_k = \Phi(x_k x_k^*) \tag{4.182}$$

对于每一个 $k \in \{1, \cdots, n\}$ 都成立. 我们可以得到 $\rho_1, \cdots, \rho_n$ 是密度算子，因为 Φ 是正且保迹的. 此外，因为 Φ 是保幺映射，从而有 $\rho_1 + \cdots + \rho_n = \mathbb{1}$. 我们还有下面的等式成立：

$$\left\|\Phi(H)\right\|_2^2 = \left\|\lambda_1 \rho_1 + \cdots + \lambda_n \rho_n\right\|_2^2 = \sum_{1 \leqslant j,k \leqslant n} \lambda_j \lambda_k \langle \rho_j, \rho_k \rangle. \tag{4.183}$$

从 Cauchy-Schwarz 不等式可以得出

$$\sum_{1 \leqslant j,k \leqslant n} \lambda_j \lambda_k \langle \rho_j, \rho_k \rangle$$

$$\leqslant \sqrt{\sum_{1 \leqslant j,k \leqslant n} \lambda_j^2 \langle \rho_j, \rho_k \rangle} \sqrt{\sum_{1 \leqslant j,k \leqslant n} \lambda_k^2 \langle \rho_j, \rho_k \rangle} = \sum_{k=1}^{n} \lambda_k^2 = \|H\|_2^2, \tag{4.184}$$

其中第一个等式可由 $\rho_1 + \cdots + \rho_n = \mathbb{1}$ 得到. 所以我们证明了对于所有的 Hermite 算子 $H \in \mathrm{Herm}(\mathcal{X})$, 有 $\|\Phi(H)\|_2 \leqslant \|H\|_2$.

现在考虑任一算子 $X \in \mathrm{L}(\mathcal{X})$, 它可以写作 $X = H + \mathrm{i}K$, 其中

$$H = \frac{X + X^*}{2} \quad \text{和} \quad K = \frac{X - X^*}{2\mathrm{i}} \tag{4.185}$$

为 Hermite 算子, 并且我们观察到

$$\|X\|_2^2 = \|H\|_2^2 + \|K\|_2^2. \tag{4.186}$$

由于 Φ 必须是保 Hermite 的, 所以我们发现

$$\|\Phi(X)\|_2^2 = \|\Phi(H) + \mathrm{i}\Phi(K)\|_2^2 = \|\Phi(H)\|_2^2 + \|\Phi(K)\|_2^2. \tag{4.187}$$

因此

$$\|\Phi(X)\|_2^2 = \|\Phi(H)\|_2^2 + \|\Phi(K)\|_2^2 \leqslant \|H\|_2^2 + \|K\|_2^2 = \|X\|_2^2, \tag{4.188}$$

所以 $\|\Phi(X)\|_2 \leqslant \|X\|_2$. 从而我们证明了如果 Φ 是保幺映射, 那么 $\|K(\Phi)\| = 1$.

现在假设 $\|K(\Phi)\| = 1$, 这与对于每一个 $X \in \mathrm{L}(\mathcal{X})$ 有 $\|\Phi(X)\|_2 \leqslant \|X\|_2$ 这一条件等价. 特别地, 对于 $n = \dim(\mathcal{X})$, 一定有

$$\|\Phi(\mathbb{1})\|_2 \leqslant \|\mathbb{1}\|_2 = \sqrt{n} \tag{4.189}$$

成立. 因为 Φ 是正且保迹的, 所以 $\Phi(\mathbb{1})$ 是半正定的并且迹等于 n. 把这些性质与 Cauchy-Schwarz 不等式结合起来, 我们可以得到

$$n = \mathrm{Tr}(\Phi(\mathbb{1})) = \langle \mathbb{1}, \Phi(\mathbb{1}) \rangle \leqslant \|\mathbb{1}\|_2 \|\Phi(\mathbb{1})\|_2 \leqslant n. \tag{4.190}$$

从而得到了 Cauchy-Schwarz 不等式中的相等关系, 这说明 $\Phi(\mathbb{1})$ 和 $\mathbb{1}$ 是线性相关的. 由于 $\mathrm{Tr}(\mathbb{1}) = \mathrm{Tr}(\Phi(\mathbb{1}))$, 所以 $\Phi(\mathbb{1})$ 和 $\mathbb{1}$ 实际上必须相等, 因此 Φ 是保幺映射. $\qquad\square$

4.3 优超

本节介绍 Hermite 算子的优超关系, 这一概念是从针对实向量的一个相似概念推广而来的. 直观上来讲, 优超关系通过某种 "随机混合过程" 从一个对象中获得另一个对象的概念.

对于实向量和 Hermite 算子，我们可以通过许多等价的方式建立优超关系. 这种关系一旦建立起来就会成为一个非常有用的数学概念. 在量子信息理论中，优超在 Nielsen 定理 (定理 6.33) 下有着特别显著的应用价值. 该定理给出了两个纯态之间相互转换的一种精确的特征描述，即使这两个纯态与对方的交流被限制在经典信息交换中也可以进行转换.

4.3.1 实向量的优超

在本书中，对于实向量的优超关系的定义是在一类双随机算子的基础上给出的. 在给出实向量的优超关系的定义后，我们将对这种算子进行讨论.

4.3.1.1 双随机算子

令 Σ 为一个字母表，并且考虑实欧几里得空间 $\mathbb{R}^\Sigma$. 如果对于作用在该向量空间上的算子 $A \in \mathrm{L}(\mathbb{R}^\Sigma)$，有

1. $A(a,b) \geqslant 0$ 对于所有的 $a,b \in \Sigma$ 成立.
2. $\sum_{a \in \Sigma} A(a,b) = 1$ 对所有的 $b \in \Sigma$ 成立.

那么该算子被称为是随机的. 该条件与 Ae_b 对于每个 $b \in \Sigma$ 均为概率向量是等价的，或者等价地说，A 将概率向量映射到概率向量.

对于算子 $A \in \mathrm{L}(\mathbb{R}^\Sigma)$，如果有

1. $A(a,b) \geqslant 0$ 对于所有 $a,b \in \Sigma$ 成立.
2. $\sum_{a \in \Sigma} A(a,b) = 1$ 对于所有 $b \in \Sigma$ 成立.
3. $\sum_{b \in \Sigma} A(a,b) = 1$ 对于所有 $a \in \Sigma$ 成立.

那么该算子被称为是双随机的. 也就是说，当且仅当 A 和 A^{T} (或者等价地，A 和 A^*) 都是随机的时，称算子 A 是双随机的. 这与该条件等价：A 的矩阵表示的每一列和每一行都形成一个概率向量.

双随机算子与置换算子有着很密切的关系. 对于每一个置换 $\pi \in \mathrm{Sym}(\Sigma)$，我们可以对每一个 $(a,b) \in \Sigma \times \Sigma$ 定义置换算子 $V_\pi \in \mathrm{L}(\mathbb{R}^\Sigma)$ 为

$$V_\pi(a,b) = \begin{cases} 1 & a = \pi(b) \\ 0 & \text{其他}. \end{cases} \tag{4.191}$$

等价地，对于每一个 $b \in \Sigma$，V_π 为满足等式 $V_\pi e_b = e_{\pi(b)}$ 的唯一算子. 显然，置换算子为双随机的. 接下来的定理证明了所有双随机算子的集合事实上与置换算子的凸包相等.

定理 4.28 (Birkhoff-von Neumann 定理)　令 Σ 为一个字母表，$A \in \mathrm{L}(\mathbb{R}^\Sigma)$ 为一个算子. 则 A 是双随机的，当且仅当存在一个概率向量 $p \in \mathcal{P}(\mathrm{Sym}(\Sigma))$ 使得

$$A = \sum_{\pi \in \mathrm{Sym}(\Sigma)} p(\pi) V_\pi. \tag{4.192}$$

证明　所有作用在 $\mathbb{R}^\Sigma$ 上的双随机算子的集合都是凸且紧的，因此根据定理 1.10，该集合与其极点的凸包相等. 通过证明该集合的每一个极点都是一个置换算子，我们便可证明该

定理. 牢记这一事实, 我们令 A 为一个不是置换算子的双随机算子. 可以证明 A 不是双随机算子集合的一个极点, 这便足以完成证明.

考虑到 A 是一个不是置换算子的双随机算子, 那么一定存在至少一对 $(a_1, b_1) \in \Sigma \times \Sigma$ 使 $A(a_1, b_1) \in (0,1)$. 由于 $\sum_b A(a_1, b) = 1$ 且 $A(a_1, b_1) \in (0,1)$, 我们可以得出结论: 一定存在一个索引 $b_2 \neq b_1$ 使 $A(a_1, b_2) \in (0,1)$. 通过对第一个索引而不是第二个索引应用相似的论证, 可以得到一定存在一个索引 $a_2 \neq a_1$ 使得 $A(a_2, b_2) \in (0,1)$. 重复这一论证, 我们最终可以得到一个由在区间 $(0,1)$ 内的 A 的元素所构成的偶数长度的闭环, 这一闭环在第一个和第二个索引之间 (例如在行与列之间) 相互交替. 仅在矩阵 A 中只有有限数量的元素时, 闭环才可以最终形成; 并且一个奇数长度的闭环可以通过选择结束这一闭环的合适元素来避免. 图 4.1 说明了这一过程.

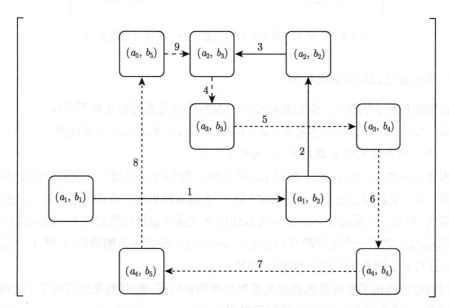

图 4.1 一个由在区间 $(0,1)$ 内的 A 的元素所构成的闭环的例子 (循环由虚线箭头表示)

令 $\varepsilon \in (0,1)$ 等于上面所描述的形式下闭环内元素的最小值, 并且定义 B 为可以令闭环内的每一个元素均等于 $\pm\varepsilon$ 的算子, 这里正负号交错出现, 正如图 4.2 所示. B 中所有其他的元素都被设置为 0. 最后, 考虑算子 $A+B$ 和 $A-B$. 因为 A 是双随机的, 且 B 的行与列的和都是 0, 所以 $A+B$ 和 $A-B$ 也满足对行和对列求和均等于 1. 由于选定的 ε 不会大于所选择的闭环内最小的元素, 所以 $A+B$ 或者 $A-B$ 中没有为负的元素, 正因如此 $A-B$ 和 $A+B$ 是双随机的. 因为 B 是非零的, 所以 $A+B$ 和 $A-B$ 为离散的. 因此,

$$A = \frac{1}{2}(A+B) + \frac{1}{2}(A-B) \tag{4.193}$$

是双随机算子的一个正常凸组合, 且因此不是双随机算子集合的一个极点. $\square$

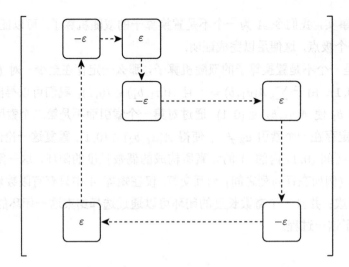

图 4.2　算子 B（除了提到的元素之外，所有元素均为 0）

4.3.1.2　实向量优超的定义与特征

根据双随机算子的作用，由实数构成的向量的优超关系的定义如下所述.

定义 4.29　令 Σ 为一个字母表，$u, v \in \mathbb{R}^{\Sigma}$ 为向量. 若存在一个双随机算子 $A \in \mathrm{L}(\mathbb{R}^{\Sigma})$ 使得 $v = Au$，那么我们称 u **优超于** v，写作 $v \prec u$.

根据 Birkhoff-von Neumann 定理（定理 4.28），我们可以把这一定义看作对于本节开头所提到的一类"随机混合过程"的形式化. 算子 A 是双随机的，当且仅当它等于置换算子的一个凸组合. 因此，关系式 $v \prec u$ 在 v 可以通过下列操作获得时恰好成立：随机选择一个置换 $\pi \in \mathrm{Sym}(\Sigma)$，对于一个选定的分布 $p \in \mathcal{P}(\mathrm{Sym}(\Sigma))$，根据选定的置换 π 对 u 的元素进行混洗，并且对于 p 对所得到的向量进行平均.

下面的定理给出了实向量的优超关系的另外两种特征. 定理的表述利用了下述概念：对每一个向量 $u \in \mathbb{R}^{\Sigma}$ 以及 $n = |\Sigma|$，我们可以用

$$r(u) = (r_1(u), \cdots, r_n(u)) \tag{4.194}$$

来描述通过对 u 的元素以降序进行排列所获得的向量. 也就是说，我们有

$$\{u(a) : a \in \Sigma\} = \{r_1(u), \cdots, r_n(u)\}, \tag{4.195}$$

其中，相等关系考虑了等式两边是多重集的情况，此外 $r_1(u) \geqslant \cdots \geqslant r_n(u)$.

定理 4.30　令 Σ 为一个字母表，$u, v \in \mathbb{R}^{\Sigma}$. 下面的声明是等价的：

1. $v \prec u$.

2. 对于 $n = |\Sigma|$，对于任选的 $m \in \{1, \cdots, n-1\}$ 我们有

$$r_1(u) + \cdots + r_m(u) \geqslant r_1(v) + \cdots + r_m(v) \tag{4.196}$$

以及

$$r_1(u) + \cdots + r_n(u) = r_1(v) + \cdots + r_n(v). \tag{4.197}$$

3. **存在一个酉算子** $U \in \mathrm{U}(\mathbb{C}^\Sigma)$，**使得对于在所有的** $a, b \in \Sigma$ **上由**

$$A(a, b) = |U(a, b)|^2 \tag{4.198}$$

所定义的双随机算子 $A \in \mathrm{L}(\mathbb{R}^\Sigma)$，有 $v = Au$ 成立.

证明 首先假设声明 1 成立，则存在一个双随机算子 $A \in \mathrm{L}(\mathbb{R}^\Sigma)$ 使得 $Au = v$. 可以证明

$$\sum_{a \in \Sigma} u(a) = \sum_{a \in \Sigma} v(a), \tag{4.199}$$

并且，对于每一个子集 $S \subseteq \Sigma$，存在一个子集 $T \subseteq \Sigma$ 使得 $|S| = |T|$ 以及

$$\sum_{a \in T} u(a) \geqslant \sum_{a \in S} v(a). \tag{4.200}$$

由此可以推导出声明2. 条件 (4.199) 等价于式 (4.197)，同时我们考虑到对于每一个 $m \in \{1, \cdots, n-1\}$，S 由 v 中 m 个最大元素的索引构成，则此时通过式 (4.200) 可以推导出式 (4.196). 第一个条件 (4.199) 可以直接从假设 A 是随机的得出：

$$\sum_{a \in \Sigma} v(a) = \sum_{a \in \Sigma} (Au)(a) = \sum_{a, b \in \Sigma} A(a, b)u(b) = \sum_{b \in \Sigma} u(b). \tag{4.201}$$

为了证明第二个条件，首先可以观察到，对于选定的某些概率向量 $p \in \mathcal{P}(\mathrm{Sym}(\Sigma))$，由 Birkhoff-von Neumann 定理 (定理 4.28) 可以推导出

$$A = \sum_{\pi \in \mathrm{Sym}(\Sigma)} p(\pi) V_\pi. \tag{4.202}$$

对于一个任选的子集 $S \subseteq \Sigma$，从式 (4.202) 可以推出

$$\sum_{a \in S} v(a) = \sum_{a \in S} (Au)(a) = \sum_{\pi \in \mathrm{Sym}(\Sigma)} p(\pi) \sum_{b \in \pi^{-1}(S)} u(b). \tag{4.203}$$

一组实数的凸组合不能超过该集合内的最大元素，因此一定存在一个置换 $\pi \in \mathrm{Sym}(\Sigma)$ 使得

$$\sum_{b \in \pi^{-1}(S)} u(b) \geqslant \sum_{a \in S} v(a). \tag{4.204}$$

由于 $|\pi^{-1}(S)| = |S|$，我们便已经证明了对于某些合适的索引集 T，不等式 (4.200) 成立. 所以，我们证明了由声明 1 可以推导出声明 2.

接下来我们将证明由声明 2 可以推导出声明 3，这也是整个证明中最困难的部分. 此推论的证明将归结于 $n = |\Sigma|$，其中的基础情形 $n = 1$ 是平凡的. 所以在余下的证明中我们假设

$n \geqslant 2$. 由于优超关系在重命名操作和对考虑范围内的向量索引的独立重排操作下是不变的, 所以不失一般性地, 我们可以假设 $\Sigma = \{1, \cdots, n\}$, 同时 $u = (u_1, \cdots, u_n)$ 满足 $u_1 \geqslant \cdots \geqslant u_n$, 以及 $v = (v_1, \cdots, v_n)$ 满足 $v_1 \geqslant \cdots \geqslant v_n$.

在假设声明 2 成立的前提下, 对于选定的某些 $k \in \{1, \cdots, n\}$ 一定存在情况 $u_1 \geqslant v_1 \geqslant u_k$. 我们将 k 固定为所有这些索引中的最小值. 存在两种情况: $k = 1$ 和 $k > 1$.

如果情况是 $k = 1$, 那么有 $u_1 = v_1$, 从而有

$$u_2 + \cdots + u_m \geqslant v_2 + \cdots + v_m \tag{4.205}$$

对每一个 $m \in \{2, \cdots, n-1\}$ 成立, 此外

$$u_2 + \cdots + u_n = v_2 + \cdots + v_n \tag{4.206}$$

也成立. 定义向量 $x = (u_2, \cdots, u_n)$ 以及 $y = (v_2, \cdots, v_n)$. 根据最开始引入的归纳假设, 一定存在一个酉算子 V, 其元素由集合 $\{2, \cdots, n\}$ 所标记. 该算子有如下性质: 对于所有的 $a, b \in \{2, \cdots, n\}$, 由

$$B(a, b) = |V(a, b)|^2 \tag{4.207}$$

所定义的双随机算子 B 满足 $y = Bx$. 使 U 为酉算子

$$U = \begin{pmatrix} 1 & 0 \\ 0 & V \end{pmatrix}, \tag{4.208}$$

且对于所有的 $a, b \in \{1, \cdots, n\}$, 定义 A 为

$$A(a, b) = |U(a, b)|^2, \tag{4.209}$$

我们可以得到 $v = Au$, 从而得证.

如果情况是 $k > 1$, 那么有 $u_1 > v_1 \geqslant u_k$, 所以一定存在一个实数 $\lambda \in [0, 1)$ 使得 $v_1 = \lambda u_1 + (1 - \lambda)u_k$. 定义向量 $x = (x_2, \cdots, x_n)$ 和 $y = (y_2, \cdots, y_n)$ 为

$$\begin{aligned} x &= (u_2, \cdots, u_{k-1}, (1-\lambda)u_1 + \lambda u_k, u_{k+1}, \cdots, u_n) \\ y &= (v_2, \cdots, v_n). \end{aligned} \tag{4.210}$$

对于 $m \in \{2, \cdots, k-1\}$, 因为 k 是对于 $v_1 \geqslant u_k$ 的最小的索引, 所以有

$$x_2 + \cdots + x_m = u_2 + \cdots + u_m > (m-1)v_1 \geqslant v_2 + \cdots + v_m \tag{4.211}$$

成立. 对于 $m \in \{k, \cdots, n\}$, 有

$$\begin{aligned} &x_2 + \cdots + x_m \\ =&(1-\lambda)u_1 + u_2 + \cdots + u_{k-1} + \lambda u_k + u_{k+1} + \cdots + u_m \\ =&u_1 + \cdots + u_m - v_1 \geqslant v_1 + \cdots + v_m - v_1 = v_2 + \cdots + v_m, \end{aligned} \tag{4.212}$$

其中等号在 $m = n$ 时成立. 根据最开始引入的归纳假设, 一定存在一个酉算子 V, 其元素由集合 $\{2, \cdots, n\}$ 所标记, 该算子有下列性质: 对于每一个 $a, b \in \{2, \cdots, n\}$, 由

$$B(a, b) = |V(a, b)|^2 \tag{4.213}$$

定义的双随机算子 B 满足 $y = Bx$. 令 W 为由

$$\begin{aligned} We_1 &= \sqrt{\lambda}e_1 - \sqrt{1-\lambda}e_k, \\ We_k &= \sqrt{1-\lambda}e_1 + \sqrt{\lambda}e_k \end{aligned} \tag{4.214}$$

定义的酉算子并且当 $a \in \{2, \cdots, n\} \backslash \{k\}$ 时有 $We_a = e_a$, 令

$$U = \begin{pmatrix} 1 & 0 \\ 0 & V \end{pmatrix} W. \tag{4.215}$$

我们必须精确地计算 U 的元素:

$$\begin{aligned} U(1,1) &= \sqrt{\lambda} & U(a,1) &= -\sqrt{1-\lambda}V(a,k) \\ U(1,k) &= \sqrt{1-\lambda} & U(a,k) &= \sqrt{\lambda}V(a,k) \\ U(1,b) &= 0 & U(a,b) &= V(a,b), \end{aligned} \tag{4.216}$$

其中 $a \in \{2, \cdots, n\}$ 且 $b \in \{2, \cdots, n\} \backslash \{k\}$. 对于每一个 $a, b \in \{1, \cdots, n\}$, 令 A 为由

$$A(a, b) = |U(a, b)|^2 \tag{4.217}$$

定义的双随机算子, 我们可以得到一个算子, 其元素由

$$\begin{aligned} A(1,1) &= \lambda & A(a,1) &= (1-\lambda)B(a,k) \\ A(1,k) &= 1-\lambda & A(a,k) &= \lambda B(a,k) \\ A(1,b) &= 0 & A(a,b) &= B(a,b) \end{aligned} \tag{4.218}$$

给出, 其中 $a \in \{2, \cdots, n\}$ 且 $b \in \{2, \cdots, n\} \backslash \{k\}$. 等价地,

$$A = \begin{pmatrix} 1 & 0 \\ 0 & B \end{pmatrix} D, \tag{4.219}$$

其中 D 为由

$$\begin{aligned} De_1 &= \lambda e_1 + (1-\lambda)e_k, \\ De_k &= (1-\lambda)e_1 + \lambda e_k \end{aligned} \tag{4.220}$$

定义的双随机算子, 此处对于 $a \in \{2, \cdots, n\} \backslash \{k\}$, $De_a = e_a$ 成立. 有

$$Du = \begin{pmatrix} v_1 \\ x \end{pmatrix} \tag{4.221}$$

成立, 因此

$$Au = \begin{pmatrix} v_1 \\ Bx \end{pmatrix} = v. \tag{4.222}$$

从而, 我们证明了由声明 2 可以推导出声明 3.

证明的最后一步是观察由声明 3 可以推导出声明 1, 而这是非常直接的, 因为由声明 3 所确定的算子 A 一定是双随机的. □

注: 鉴于在定理 4.30 中声明 1 和声明 3 的等价性, 我们可以很自然地提出问题, 即是否每一个双随机算子 $A \in \mathrm{L}(\mathbb{R}^\Sigma)$ 对于某些选定的酉算子 $U \in \mathrm{U}(\mathbb{C}^\Sigma)$ 都可由 $A(a, b) = |U(a, b)|^2$ 所给出. 答案是否定的. $\mathrm{L}(\mathbb{R}^3)$ 中的算子

$$A = \frac{1}{2} \begin{pmatrix} 0 & 1 & 1 \\ 1 & 0 & 1 \\ 1 & 1 & 0 \end{pmatrix} \tag{4.223}$$

是不能通过这种方式从一个酉算子获得双随机算子的一个例子. 事实上, 如果要从酉算子 $U \in \mathrm{U}(\mathbb{C}^3)$ 得到 A, 那么 U 必须有下面的形式:

$$U = \frac{1}{\sqrt{2}} \begin{pmatrix} 0 & \alpha_2 & \alpha_1 \\ \alpha_3 & 0 & \beta_1 \\ \beta_3 & \beta_2 & 0 \end{pmatrix}, \tag{4.224}$$

其中 α_1、α_2、α_3、β_1、β_2 和 β_3 是单位圆上的复数. 然而, 如果 U 是幺正的, 那么一定有

$$\mathbb{1} = UU^* = \frac{1}{2} \begin{pmatrix} |\alpha_1|^2 + |\alpha_2|^2 & \alpha_1\overline{\beta_1} & \alpha_2\overline{\beta_2} \\ \overline{\alpha_1}\beta_1 & |\alpha_3|^2 + |\beta_1|^2 & \alpha_3\overline{\beta_3} \\ \overline{\alpha_2}\beta_2 & \overline{\alpha_3}\beta_3 & |\beta_2|^2 + |\beta_3|^2 \end{pmatrix} \tag{4.225}$$

成立. 而这是不可能的, 因为当 α_1、α_2、α_3、β_1、β_2 和 β_3 是单位圆上的复数时, 式 (4.225) 右侧算子的非对角元都不可能等于 0.

4.3.2 Hermite 算子的优超

现在我们定义 Hermite 算子的优超关系. 这一关系继承于其相应的实向量类比的一些重要性质; 同时与其实向量类比相似的是, 它也可以有多种特征. 在讨论它的另外一些特征之后, 我们会给出 Hermite 算子优超的两个应用.

4.3.2.1 Hermite 算子优超的定义与特征

与前面对于实向量优超关系的直观描述类似, 如果 Hermite 算子 Y 可以通过一个 "随机混合" 过程从另一个 Hermite 算子 X 得出, 那么我们可以认为 X 优超于 Y. 给出 Hermite 算子 "随机混合" 概念的一个很自然的方式是考虑用混合酉信道来表示这些过程. 下面的定义便采用了这一观点.

定义 4.31 令 $X, Y \in \mathrm{Herm}(\mathcal{X})$ 为 Hermite 算子，其中 $\mathcal{X}$ 为一个复欧几里得空间. 若存在一个混合酉信道 $\Phi \in \mathrm{C}(\mathcal{X})$ 使得 $\Phi(X) = Y$，则我们称 X **优超于** Y，写作 $Y \prec X$.

直觉上，我们并没有一定要选择定义 4.31 而非另一种定义的理由，即可以用 "Φ 是一个保幺信道" 替代 "Φ 是一个混合酉信道". 这的确是一种很自然的替代选择，因为在某种程度上，保幺信道可以类比于作用在实欧几里得空间上的双随机算子，而混合酉信道可以类比于置换算子的凸组合. Hermite 算子优超存在两种差别如此大的定义，正是我们无法找到 Birkhoff-von Neumann 定理的直接量子对应的原因.

下面的定理证明了这两种选择事实上是等价的. 这一定理同样提供了 Hermite 算子优超关系的另外两种特征.

定理 4.32 (Uhlmann) 令 $X, Y \in \mathrm{Herm}(\mathcal{X})$ 为 Hermite 算子，其中 $\mathcal{X}$ 是一个复欧几里得空间. 下面的声明是等价的：

1. $Y \prec X$.
2. 存在一个保幺信道 $\Phi \in \mathrm{C}(\mathcal{X})$ 使得 $Y = \Phi(X)$.
3. 存在一个正的、保迹的保幺映射 $\Phi \in \mathrm{T}(\mathcal{X})$ 使得 $Y = \Phi(X)$.
4. $\lambda(Y) \prec \lambda(X)$.

证明 假设声明 1 成立，那么存在一个混合酉信道 $\Phi \in \mathrm{C}(\mathcal{X})$ 使得 $Y = \Phi(X)$. 这样的信道必须是保幺信道，从而由声明 1 简单地推出了声明 2. 因为每一个保幺信道都是正的、保迹的且有幺元的，所以由声明 2 简单地推出了声明 3.

现在假设声明 3 成立. 令 $n = \dim(\mathcal{X})$，且令

$$X = \sum_{j=1}^{n} \lambda_j(X)\, x_j x_j^* \quad \text{和} \quad Y = \sum_{k=1}^{n} \lambda_k(Y)\, y_k y_k^* \tag{4.226}$$

为 X 和 Y 的相应谱分解. 由于 $\Phi(X) = Y$，所以我们可以总结出对于每个 $k \in \{1, \cdots, n\}$，

$$\lambda_k(Y) = \sum_{j=1}^{n} \lambda_j(X)\, y_k^* \Phi(x_j x_j^*) y_k. \tag{4.227}$$

等价地，$\lambda(Y) = A\lambda(X)$ $(A \in \mathrm{L}(\mathbb{R}^n))$ 为对于每一个 $j, k \in \{1, \cdots, n\}$，由

$$A(k, j) = y_k^* \Phi(x_j x_j^*) y_k \tag{4.228}$$

定义的算子. 由于 Φ 是正的，A 的每个元素都是非负的. 因为 Φ 是保迹的，所以有

$$\sum_{k=1}^{n} A(k, j) = 1 \tag{4.229}$$

对于每个 $j \in \{1, \cdots, n\}$ 成立. 此外由于 Φ 是有幺元的，所以

$$\sum_{j=1}^{n} A(k, j) = 1 \tag{4.230}$$

对于每个 $k \in \{1, \cdots, n\}$ 成立. 所以算子 A 是双随机的, 从而 $\lambda(Y) \prec \lambda(X)$. 因此我们证明了由声明 3 可以推导出声明 4.

最后, 假设 $\lambda(Y) \prec \lambda(X)$. 如式 (4.226) 中那样, 我们再次考虑了 X 和 Y 的谱分解. 从定理 4.28 中, 我们可以得到结论: 存在一个概率向量 $p \in \mathcal{P}(S_n)$ 使得

$$\lambda(Y) = \sum_{\pi \in S_n} p(\pi) V_\pi \lambda(X). \tag{4.231}$$

对于每个置换 $\pi \in S_n = \mathrm{Sym}(\{1, \cdots, n\})$, 定义酉算子

$$U_\pi = \sum_{j=1}^{n} y_{\pi(j)} x_j^*, \tag{4.232}$$

我们有

$$\begin{aligned} &\sum_{\pi \in S_n} p(\pi) U_\pi X U_\pi^* \\ &= \sum_{j=1}^{n} \sum_{\pi \in S_n} p(\pi) \lambda_j(X) y_{\pi(j)} y_{\pi(j)}^* = \sum_{k=1}^{n} \lambda_k(Y) y_k y_k^* = Y. \end{aligned} \tag{4.233}$$

所以 $Y \prec X$ 成立, 也因此由声明 4 可以推导出声明 1, 命题得证. $\qquad \square$

4.3.2.2 Hermite 算子优超的两个应用

下面的定理提供了 Hermite 算子优超应用的一个例子. 第一个定理的证明实质上应用了定理 4.32, 它为某些实向量给出了一个精确的特征. 这些实向量可以通过对于一组任选的规范正交基取给定 Hermite 算子的对角元获得.

定理 4.33(Schur-Horn 定理) 令 $\mathcal{X}$ 为复欧几里得空间, $n = s \dim(\mathcal{X})$, 并且 $X \in \mathrm{Herm}(\mathcal{X})$ 为 Hermite 算子. 有下面所述的两种推论成立, 它们互为逆命题:

1. 对于 $\mathcal{X}$ 的每一个规范正交基 $\{x_1, \cdots, x_n\}$, 以及每一个 $k \in \{1, \cdots, n\}$, 由 $v(k) = x_k^* X x_k$ 所定义的向量 $v \in \mathbb{R}^n$ 满足 $v \prec \lambda(X)$.

2. 对于每一个满足 $v \prec \lambda(X)$ 的向量 $v \in \mathbb{R}^n$, 存在 $\mathcal{X}$ 的一个规范正交基 $\{x_1, \cdots, x_n\}$, 对于每个 $k \in \{1, \cdots, n\}$ 有 $v(k) = x_k^* X x_k$.

证明 假设 $\{x_1, \cdots, x_n\}$ 是 $\mathcal{X}$ 的一个规范正交基, 且对于每个 $k \in \{1, \cdots, n\}$ 定义 $v \in \mathbb{R}^n$ 为 $v(k) = x_k^* X x_k$. 对于每个算子 $Y \in \mathrm{L}(\mathcal{X})$, 定义映射 $\Phi \in \mathrm{T}(\mathcal{X})$ 为

$$\Phi(Y) = \sum_{k=1}^{n} x_k x_k^* Y x_k x_k^*, \tag{4.234}$$

可以看到 Φ 是一个剪枝信道. 根据命题 4.6, 可以推出 Φ 是一个混合酉信道. 从而我们有 $\Phi(X) \prec X$, 根据定理 4.32, 由此可以推导出 $\lambda(\Phi(X)) \prec \lambda(X)$. 因为

$$\Phi(X) = \sum_{k=1}^{n} v(k) x_k x_k^*, \tag{4.235}$$

显然有

$$\mathrm{spec}(\Phi(X)) = \{v(1), \cdots, v(n)\}, \tag{4.236}$$

或者等价地,

$$\lambda(\Phi(X)) = V_\pi v, \tag{4.237}$$

其中置换算子 V_π 的作用是将 v 的元素从大到小排序:

$$(V_\pi v)(1) \geqslant \cdots \geqslant (V_\pi v)(n). \tag{4.238}$$

从而我们有 $v \prec \lambda(X)$, 这证明了第一个推导成立.

现在假设 $v \in \mathbb{R}^n$ 是一个满足条件 $v \prec \lambda(X)$ 的向量, 令

$$X = \sum_{k=1}^{n} \lambda_k(X) u_k u_k^* \tag{4.239}$$

为 X 的一个谱分解. 根据定理 4.30, 由假设 $v \prec \lambda(X)$ 可以推出存在一个酉算子 $U \in \mathrm{U}(\mathbb{C}^n)$ 使得对于由

$$A(j,k) = |U(j,k)|^2 \tag{4.240}$$

定义的 $A \in \mathrm{L}(\mathbb{R}^n)$ (其中 $j, k \in \{1, \cdots, n\}$), 有 $v = A\lambda(X)$. 定义 $V \in \mathrm{U}(\mathcal{X}, \mathbb{C}^n)$ 为

$$V = \sum_{k=1}^{n} e_k u_k^*, \tag{4.241}$$

且对于每个 $k \in \{1, \cdots, n\}$, 令

$$x_k = V^* U^* V u_k. \tag{4.242}$$

算子 $V^* U^* V \in \mathrm{U}(\mathcal{X})$ 是一个酉算子, 由此可以推导出 $\{x_1, \cdots, x_n\}$ 是 $\mathcal{X}$ 的一组规范正交基. 我们有

$$x_k^* X x_k = \sum_{j=1}^{n} |U(k,j)|^2 \lambda_j(X) = (A\lambda(X))(k) = v(k) \tag{4.243}$$

成立, 从而第二条推导得到了证明. □

下一条定理代表了 Hermite 算子优超的第二种应用. 它定义了一组概率向量, 这些概率向量与一个给定的密度算子的表象一致, 而这个给定的密度算子是一组纯态的混合.

定理 4.34　令 $\mathcal{X}$ 为复欧几里得空间, $\rho \in \mathrm{D}(\mathcal{X})$ 为密度算子, $n = \dim(\mathcal{X})$, 且 $p = (p_1, \cdots, p_n)$ 为概率向量. 存在一组 (并不一定正交的) 单位向量 $\{u_1, \cdots, u_n\} \subset \mathcal{X}$ 使得

$$\rho = \sum_{k=1}^{n} p_k u_k u_k^* \tag{4.244}$$

当且仅当 $p \prec \lambda(\rho)$ 时成立.

证明 首先假设

$$\rho = \sum_{k=1}^{n} p_k u_k u_k^* \tag{4.245}$$

对于一组单位向量 $\{u_1, \cdots, u_n\} \subset \mathcal{X}$ 成立. 定义 $A \in \mathrm{L}(\mathbb{C}^n, \mathcal{X})$ 为

$$A = \sum_{k=1}^{n} \sqrt{p_k}\, u_k e_k^*, \tag{4.246}$$

可以看到 $AA^* = \rho$. 我们有

$$A^*A = \sum_{j=1}^{n} \sum_{k=1}^{n} \sqrt{p_j p_k} \langle u_k, u_j \rangle E_{k,j} \tag{4.247}$$

成立, 所以

$$e_k^* A^* A e_k = p_k \tag{4.248}$$

对每一个 $k \in \{1, \cdots, n\}$ 成立. 根据定理 4.33, 由此可以推导出 $p \prec \lambda(A^*A)$. 因为

$$\lambda(A^*A) = \lambda(AA^*) = \lambda(\rho), \tag{4.249}$$

所以 $p \prec \lambda(\rho)$. 因此我们证明了上面定理要求的一个推断.

现在假设 $p \prec \lambda(\rho)$. 根据定理 4.33, 对于每个 $k \in \{1, \cdots, n\}$, 存在一个有着性质

$$p_k = x_k^* \rho x_k \tag{4.250}$$

的 X 的规范正交基 $\{x_1, \cdots, x_n\}$. 令

$$y_k = \sqrt{\rho}\, x_k, \tag{4.251}$$

对于每个 $k \in \{1, \cdots, n\}$, 定义

$$u_k = \begin{cases} \dfrac{y_k}{\|y_k\|} & y_k \neq 0 \\[2mm] z & y_k = 0, \end{cases} \tag{4.252}$$

此处 $z \in \mathcal{X}$ 是一个任选的单位向量. 我们有

$$\|y_k\|^2 = \langle \sqrt{\rho}\, x_k, \sqrt{\rho}\, x_k \rangle = x_k^* \rho x_k = p_k \tag{4.253}$$

对于每个 $k \in \{1, \cdots, n\}$ 成立, 所以

$$\sum_{k=1}^{n} p_k u_k u_k^* = \sum_{k=1}^{n} y_k y_k^* = \sum_{k=1}^{n} \sqrt{\rho}\, x_k x_k^* \sqrt{\rho} = \rho. \tag{4.254}$$

这便证明了定理要求的另一个推断. $\qquad\square$

4.4 习题

习题4.1 令 $\mathcal{X}$ 为复欧几里得空间且 $\dim(\mathcal{X}) = 3$, 令 $\Phi \in C(\mathcal{X})$ 为 Schur 信道. 证明 Φ 是混合酉信道.

习题4.2 对于任意的正整数 $n \geqslant 2$, 对于每一个 $X \in L(\mathbb{C}^n)$, 定义保幺信道 $\Phi_n \in C(\mathbb{C}^n)$ 为

$$\Phi_n(X) = \frac{\text{Tr}(X)\mathbb{1}_n - X^\mathsf{T}}{n-1}, \tag{4.255}$$

此处 $\mathbb{1}_n$ 表示 $\mathbb{C}^n$ 上的单位算子. 证明当 n 是奇数的时候, Φ_n 不是混合酉信道.

关于本习题, 一个正确的解答是对例 4.3 的推广. 不过与例子中相比, 你可能需要一个在 $n \geqslant 5$ 条件下的不同论证.

习题4.3 令 n 为正整数, $\mathcal{X} = \mathbb{C}^{\mathbb{Z}_n}$, 令

$$\{W_{a,b} : a, b \in \mathbb{Z}_n\} \subset U(\mathcal{X}) \tag{4.256}$$

为作用在 $\mathcal{X}$ 上的一组离散 Weyl 算子的集合, 并且令 $\Phi \in C(\mathcal{X})$ 为一个信道. 证明下面两条声明是等价的:

1. Φ 既是 Schur 信道, 也是 Weyl 协变信道.

2. 存在一个概率向量 $p \in \mathcal{P}(\mathbb{Z}_n)$ 使得

$$\Phi(X) = \sum_{a \in \mathbb{Z}_n} p(a) W_{0,a} X W_{0,a}^* \tag{4.257}$$

对所有的 $X \in L(\mathcal{X})$ 成立.

习题4.4 令 $\mathcal{X}$ 为复欧几里得空间, $\Phi \in T(\mathcal{X})$ 为保 Hermite 的映射. 证明下面两条声明是等价的:

1. Φ 是正的、保迹的保幺映射.

2. 对于每一个 $H \in \text{Herm}(\mathcal{X})$, $\Phi(H) \prec H$ 成立.

习题4.5 令 $\mathcal{X}$ 为复欧几里得空间, $\rho \in D(\mathcal{X})$ 为密度算子, $p = (p_1, \cdots, p_m)$ 为概率向量, 并且假设 $p_1 \geqslant p_2 \geqslant \cdots \geqslant p_m$. 证明存在单位向量 $u_1, \cdots, u_m \in \mathcal{X}$ 满足

$$\rho = \sum_{k=1}^m p_k u_k u_k^*, \tag{4.258}$$

当且仅当

$$p_1 + \cdots + p_k \leqslant \lambda_1(\rho) + \cdots + \lambda_k(\rho) \tag{4.259}$$

对于所有满足 $1 \leqslant k \leqslant \text{rank}(\rho)$ 的 k 成立.

这个问题的正确解答推广了定理 4.34, 因为 m 并非必须与 $\mathcal{X}$ 的维数一致.

习题4.6　令 $\mathcal{X}$ 为复欧几里得空间，$n = \dim(\mathcal{X})$，使 $\Phi \in \mathrm{C}(\mathcal{X})$ 为保幺信道. 依据在 1.1.3 节内讨论过的约定，令 $s_1(Y) \geqslant \cdots \geqslant s_n(Y)$ 表示一个给定算子 $Y \in \mathrm{L}(\mathcal{X})$ 的奇异值且从大到小排列，且当 $k > \mathrm{rank}(Y)$ 时取 $s_k(Y) = 0$. 证明对于每一个算子 $X \in \mathrm{L}(\mathcal{X})$，对于每一个 $m \in \{1, \cdots, n\}$ 有

$$s_1(X) + \cdots + s_m(X) \geqslant s_1(\Phi(X)) + \cdots + s_m(\Phi(X)) \tag{4.260}$$

成立.

4.5　参考书目注释

在某些时候，保幺信道在数学文献中是指双随机映射，不过这些术语也用来指正的 (但并不必须完全为正)、保迹的保幺映射. 保幺信道集合的极点由 Landau 和 Streater (1993) 所研究. 定理 4.21、例 4.3 和定理 4.23 都出现在了这篇论文中. 关于正的、保迹的保幺映射的相关研究结果此前也见于 Tregub (1986) 的工作，他也给出了一个不是混合酉信道的保幺 (Schur) 信道的不同例子. 这种类型的其他例子也出现在 Kümmerer 和 Maassen (1987) 的工作中.

混合酉信道曾经常被称为随机酉信道，如 Audenaert 和 Scheel (2008) 的文章中所示. 环境协助信道修正的概念由 Alber、Beth、Charnes、Delgado、Grassl 和 Mussinger (2001) 提出. 定理 4.8 根据这一概念描述了混合酉信道的特征，这承接了 Gregoratti 和 Werner (2003) 的工作中的一个稍微更具有普遍性的结果. 推论 4.11 是根据 Buscemi (2006) 的工作得到的，他通过利用由定理 4.8 所表达的特征证明了这一推论.

离散 Weyl 算子出现在 Weyl 关于量子力学群论理论性方面的工作中 (例如，可以参考 Weyl (1950) 的著作中章节 IV 的第 14 和 15 节). 协变性的概念不仅可以用在离散 Weyl 算子和量子信道上，还可以用在其他酉算子和代数对象的组合上. 关于这一概念，Weyl (1950) 的著作中有一些讨论，Davies (1970) 则针对量子仪器对其做了更明确的考虑. Holevo (1993，1996) 考虑了离散 Weyl 算子的信道协变性，由定理 4.14 所表示的事实可以从这一工作中推导出来.

Schur (1911) 证明了半正定锥在元素积下是闭合的——这一事实现在被称为 Schur 积定理. 算子的元素积称为 Schur 积，Schur 映射也是因为这个理由而得名. 术语 Hadamard 积有时也被用来指元素积，相应地，Schur 映射有时也称为 Hadamard 映射. Schur 映射也被某些作者称为对角映射，因为它们对应于有着对角 Kraus 算子的映射 (如同定理 4.19 中叙述的那样).

定理 4.25 得自 Kribs (2003)，其证明利用了可以在 Lindblad (1999) 的论文中找到的论证. 量子信道、保幺信道以及其他类型的全正映射的不动点也被其他研究人员研究过，包括 Bratteli、Jorgensen、Kishimoto 和 Werner (2000)，以及 Arias、Gheondea 和 Gutter (2002) 等. 定理 4.27 是 Pérez-García、Wolf、Petz 和 Ruskai (2006) 的文章中的定理的一个特例 (该定理对另一类更具普遍性的范数成立，而不仅仅是谱范数).

实向量优超的概念在二十世纪上半叶由 Hardy、Littlewood、Pólya、Schur、Radó 和 Horn 等数学家建立. 关于优超的历史细节可以在 Marshall、Olkin 和 Arnold (2011) 的文章中找到. 关于 Hermite 算子概念的拓展得自 Uhlmann (1971，1972，1973)，也就是定理 4.32 (还可查阅 Alberti 和 Uhlmann (1982) 的著作). 定理 4.33 的两部分推导分别由 Schur (1923) 和 Horn (1954) 证明，此外，定理 4.34 得自 Nielsen (2000).

量子熵与信源编码

量子态的 von Neumann 熵是该态蕴含的随机性或不确定度的信息学度量, 而一个量子态相对另一个态的量子相对熵是第一个态与第二个态之间区别的相对度量. 本章定义了这些函数, 确立了它们的一些基本性质, 并且解释了它们与信源编码任务的关联.

5.1 经典熵

von Neumann 熵与量子相对熵函数对应着经典信息论的概念: Shannon 熵与 (经典) 相对熵函数. 我们最好先从这些经典概念开始讨论, 因为 von Neumann 熵与量子相对熵的数学性质是自然建立在它们的经典对应上的.

5.1.1 经典熵函数的定义

在如下定义中, Shannon 熵定义在任意实欧几里得空间中所有由非负元构成的向量上. 虽然我们通常只在概率向量上考虑这个函数, 但是将它的定义域进行扩展会更为方便.

定义 5.1 设 Σ 为字母表, $u \in [0, \infty)^{\Sigma}$ 为由 Σ 作索引的非负实数构成的向量. 我们定义该向量 u 的Shannon 熵为

$$H(u) = - \sum_{\substack{a \in \Sigma \\ u(a) > 0}} u(a) \log(u(a)) \tag{5.1}$$

(在这里以及本书后面的章节中, $\log(\alpha)$ 代表 α 底为 2 的对数. α 的自然对数记为 $\ln(\alpha)$).

概率向量 $p \in \mathcal{P}(\Sigma)$ 的 Shannon 熵 $H(p)$ 通常被表述为由比特 (bit) 所度量的概率分布 p 的随机度. $H(p)$ 也可以被表述为在知道结果前, 我们对由 p 描述的随机过程的不确定度的比特数, 或者在得知该过程产生了 $a \in \Sigma$ 中的哪一个结果时, 我们获得的信息的比特数.

特别地, 对于最简单的情况, 即当 $\Sigma = \{0, 1\}$ 而 $p(0) = p(1) = 1/2$ 时, 我们有 $H(p) = 1$. 正如我们期望的那样, 自然地, 一个均匀生成的随机比特 (用比特度量) 蕴含 1 比特的不确定度. 相反, 对于确定性的过程, 即 p 是一个基本单位向量, 不存在随机性或者不确定度. 因此当我们知道结果时, 我们没有得到任何信息. 对于这种情况, 我们有熵 $H(p)$ 为零.

但是, 我们必须要注意到, 对 Shannon 熵的这种直观的描述只是对随机性、不确定性或者信息增益的期望的度量, 而非绝对或确定性的度量. 如下例子可以体现这一点.

例 5.2 设 m 为正整数,

$$\Sigma = \left\{ 0, 1, \cdots, 2^{m^2} \right\}, \tag{5.2}$$

并定义概率向量 $p \in \mathcal{P}(\Sigma)$ 如下:

$$p(a) = \begin{cases} 1 - \dfrac{1}{m} & a = 0 \\ \dfrac{1}{m} 2^{-m^2} & 1 \leqslant a \leqslant 2^{m^2}. \end{cases} \tag{5.3}$$

我们可以算出 $H(p) > m$, 然而在由 p 描述的随机选择中, 结果 0 出现的概率为 $1 - 1/m$. 因此, 当 m 增大, 我们将会越来越"确定"结果为 0, 然而 (由熵所度量的) "不确定度"会增大. □

这个例子并不是一个悖论或者是 Shannon 熵不能被看作不确定性度量的一个佐证. 如果我们考虑一个独立地大量选出 Σ 中的元素的实验, 每一次都遵循概率向量 p, 则直觉上 $H(p)$ 的值确实代表了每一次随机选择的不确定度的平均值或期望.

有时候我们会讨论经典寄存器 X 的 Shannon 熵, 在这种情况下它记作 $H(X)$. 这是我们为了方便, 对由 p 描述的 X 上的概率态对应的 $H(p)$ 进行的缩写. 在考虑复合寄存器的 Shannon 熵时, $H(X, Y)$ 与 $H(X_1, \cdots, X_n)$ 将被用来描述 $H((X, Y))$ 与 $H((X_1, \cdots, X_n))$. 类似地, 当我们考虑向量 $(\alpha_1, \cdots, \alpha_n)$ 的熵时, $H(\alpha_1, \cdots, \alpha_n)$ 将被用来替换 $H((\alpha_1, \cdots, \alpha_n))$.

相对熵函数, 有时也称为 Kullback-Leibler 散度, 与 Shannon 熵有着紧密的关系. 出于本书的目标, 我们介绍这个概念的主要目的是将其用作讨论 Shannon 熵的一种分析工具.

定义 5.3 设 Σ 为字母表, $u, v \in [0, \infty)^\Sigma$ 为由 Σ 作索引的非负实数组成的向量. u 关于 v 的**相对熵** $D(u \| v)$ 定义如下. 如果 u 的支撑集包含于 v 的支撑集 (即, 对所有 $a \in \Sigma$, 如果 $u(a) > 0$ 则 $v(a) > 0$), 则 $D(u \| v)$ 定义为

$$D(u \| v) = \sum_{\substack{a \in \Sigma \\ u(a) > 0}} u(a) \log \left(\frac{u(a)}{v(a)} \right). \tag{5.4}$$

对所有其他的 u 与 v, 我们定义 $D(u \| v) = \infty$.

类似于 Shannon 熵函数, 我们只考虑概率向量间的相对熵. 但是同样地, 我们将它的定义域扩展到任意非负实向量上会更为方便.

对于给定的一对概率向量 $p, q \in \mathcal{P}(\Sigma)$, 它们的相对熵 $D(p \| q)$ 在信息论的视角下可以被看作 p 与 q 之间差异的度量. 更确切地说, 它并不满足度规的定义: 它不是对称的, 对于某些输入对它等于无穷大, 并且它不满足三角不等式. 当扩展到任意 $u, v \in [0, \infty)^\Sigma$ 形式的向量后, 它甚至可以是复数. 虽然相对熵有这些显然的缺陷, 但它依然是信息论中非常重要的工具.

Shannon 熵可以派生两个额外的函数: 条件 Shannon 熵 以及互信息. 它们都与两个经典寄存器 X 与 Y 的关联有关, 并且都是寄存器对 (X, Y) 的联合概率态的函数. 给定 Y 后, X 的条件 Shannon 熵定义为

$$H(X | Y) = H(X, Y) - H(Y). \tag{5.5}$$

直觉上说, 这个量可以用来度量当我们知道 Y 的经典态的信息之后, 我们对 X 的经典态的不确定度的期望. X 与 Y 之间的**互信息**定义为

$$I(X:Y) = H(X) + H(Y) - H(X,Y). \tag{5.6}$$

这个量也可以表示成

$$I(X:Y) = H(Y) - H(Y|X) = H(X) - H(X|Y). \tag{5.7}$$

对这个量的一个典型看法是, 这个量代表了当我们知道 Y 的经典态时我们得到的关于 X 的信息的期望, 或者 (等价地) 当我们知道 X 的经典态时我们得到的关于 Y 的信息的期望.

5.1.2 经典熵函数的性质

Shannon 熵函数与相对熵函数产生了许多有用且有意思的性质. 本节将讨论这些函数的一些基本性质.

5.1.2.1 Shannon 熵与相对熵的标量对应

为了得到 Shannon 熵函数与相对熵函数的一些基本的分析性质, 定义这些函数对应的标量函数会很有用. 这些标量函数由自然对数而非底为 2 的对数来定义, 因为这可以简化后面的一些计算, 特别是当我们需要用到微分的时候.

第一个函数 $\eta : [0,\infty) \to \mathbb{R}$ 代表 Shannon 熵的标量对应, 其定义如下:

$$\eta(\alpha) = \begin{cases} -\alpha \ln(\alpha) & \alpha > 0 \\ 0 & \alpha = 0. \end{cases} \tag{5.8}$$

函数 η 在定义域上处处连续, 并且 η 的导数对所有正实数都存在. 特别地,

$$\eta'(\alpha) = -(1 + \ln(\alpha)), \tag{5.9}$$

而对于 $n \geqslant 1$, 以及所有 $\alpha > 0$,

$$\eta^{(n+1)}(\alpha) = \frac{(-1)^n (n-1)!}{\alpha^n}. \tag{5.10}$$

函数 η 及其一阶导数 η' 如图 5.1 所示. 由于 η 的二阶导数对所有 $\alpha > 0$ 都为负, 所以 η 是凹函数: 对应所有 $\alpha, \beta \geqslant 0$ 与 $\lambda \in [0,1]$,

$$\eta(\lambda\alpha + (1-\lambda)\beta) \geqslant \lambda\eta(\alpha) + (1-\lambda)\eta(\beta). \tag{5.11}$$

第二个函数 $\theta : [0,\infty)^2 \to (-\infty, \infty]$ 代表相对熵的标量对应, 其定义如下:

$$\theta(\alpha,\beta) = \begin{cases} 0 & \alpha = 0 \\ \infty & \alpha > 0 \text{ 且 } \beta = 0 \\ \alpha \ln(\alpha/\beta) & \alpha > 0 \text{ 且 } \beta > 0. \end{cases} \tag{5.12}$$

从定义中我们可以看出, 在限制在 $\alpha, \beta > 0$ 时, 当 $\alpha < \beta$ 时 $\theta(\alpha,\beta)$ 的值为负, 当 $\alpha = \beta$ 时为零, 而当 $\alpha > \beta$ 时为正.

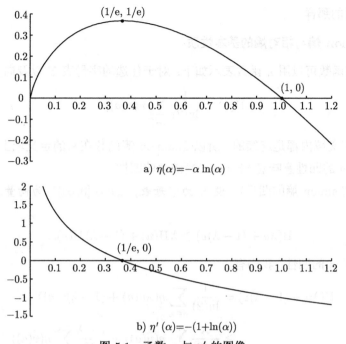

a) $\eta(\alpha) = -\alpha \ln(\alpha)$

b) $\eta'(\alpha) = -(1 + \ln(\alpha))$

图 5.1 函数 η 与 η' 的图像

我们需要注意到, 函数 θ 与 η 可以通过如下等式关联起来:

$$\theta(\alpha, \beta) = -\beta\, \eta\left(\frac{\alpha}{\beta}\right), \tag{5.13}$$

该等式对所有 $\alpha \in [0, \infty)$ 与 $\beta \in (0, \infty)$ 都成立. 函数 θ 在所有 $\beta > 0$ 的点 (α, β) 上都连续. 但是在所有 $(\alpha, 0)$ 上都不连续, 因为这样的点的每一个领域同时包含有限与无限的取值.

下面这个关于函数 θ 的引理非常有用, 它等价于一个通常称为对数–和不等式的事实.

引理 5.4 设 $\alpha_0, \alpha_1, \beta_0, \beta_1 \in [0, \infty)$ 为非负实数. 下式成立:

$$\theta(\alpha_0 + \alpha_1, \beta_0 + \beta_1) \leqslant \theta(\alpha_0, \beta_0) + \theta(\alpha_1, \beta_1). \tag{5.14}$$

证明 如果 β_0 或 β_1 为零, 则这个不等式显然成立. 更确切地说, 如果 $\beta_0 = 0$ 且 $\alpha_0 = 0$, 该不等式等价于

$$\theta(\alpha_1, \beta_1) \leqslant \theta(\alpha_1, \beta_1), \tag{5.15}$$

而当 $\beta_0 = 0$ 且 $\alpha_0 > 0$ 时, 式 (5.14) 的右边是无穷大. 根据对称性, $\beta_1 = 0$ 时有相同的结果.

当 β_0 与 β_1 皆为正数时, 我们可以用恒等式 (5.13) 与 η 的凹性来证明不等式:

$$\begin{aligned}
\theta(\alpha_0, &\beta_0) + \theta(\alpha_1, \beta_1) \\
&= -(\beta_0 + \beta_1)\left[\frac{\beta_0}{\beta_0 + \beta_1}\, \eta\left(\frac{\alpha_0}{\beta_0}\right) + \frac{\beta_1}{\beta_0 + \beta_1}\, \eta\left(\frac{\alpha_1}{\beta_1}\right)\right] \\
&\geqslant -(\beta_0 + \beta_1)\, \eta\left(\frac{\alpha_0 + \alpha_1}{\beta_0 + \beta_1}\right) \\
&= \theta(\alpha_0 + \alpha_1, \beta_0 + \beta_1),
\end{aligned} \tag{5.16}$$

也即是我们声明的那样.　　　　　　　　　　　　　　　　　　　　　□

5.1.2.2 Shannon 熵与相对熵的基本性质

Shannon 熵函数可以用 η-函数表示如下: 对于任选的字母表 Σ 以及向量 $u \in [0,\infty)^\Sigma$,

$$H(u) = \frac{1}{\ln(2)} \sum_{a \in \Sigma} \eta(u(a)). \tag{5.17}$$

由于函数 η 在定义域内都是连续的, 所以 Shannon 熵函数在它的定义域上也是连续的. 如下列命题所示, η 的凹性意味着 Shannon 熵函数的凹性.

命题 5.5 (Shannon 熵的凹性)　设 Σ 为字母表, $u,v \in [0,\infty)^\Sigma$ 为向量, 并设 $\lambda \in [0,1]$. 下式成立:

$$H(\lambda u + (1-\lambda)v) \geqslant \lambda H(u) + (1-\lambda) H(v). \tag{5.18}$$

证明　由于 η 的凹性, 我们有

$$\begin{aligned}
H(\lambda u + (1-\lambda)v) &= \frac{1}{\ln(2)} \sum_{a \in \Sigma} \eta(\lambda u(a) + (1-\lambda)v(a)) \\
&\geqslant \frac{\lambda}{\ln(2)} \sum_{a \in \Sigma} \eta(u(a)) + \frac{1-\lambda}{\ln(2)} \sum_{a \in \Sigma} \eta(v(a)) \\
&= \lambda H(u) + (1-\lambda) H(v).
\end{aligned} \tag{5.19}$$

　　　　　　　　　　　　　　　　　　　　　　　　　　　□

下一个命题给出了关于 Shannon 熵的直和与向量的张量积的两个恒等式. 这两个恒等式都可以由直接计算得到.

命题 5.6　设 $u \in [0,\infty)^\Sigma$ 与 $v \in [0,\infty)^\Gamma$ 为向量, 这里 Σ 与 Γ 为字母表. 如下式子:

$$H(u \oplus v) = H(u) + H(v) \tag{5.20}$$

与

$$H(u \otimes v) = H(u) \sum_{b \in \Gamma} v(b) + H(v) \sum_{a \in \Sigma} u(a) \tag{5.21}$$

成立.

我们可以看到, 对任选的概率向量 $p \in \mathcal{P}(\Sigma)$ 与 $q \in \mathcal{P}(\Gamma)$, 由恒等式 (5.21) 可以得出

$$H(p \otimes q) = H(p) + H(q). \tag{5.22}$$

作为这个恒等式的一个特例, 我们可以发现对于所有标量 $\alpha > 0$ 与概率向量 $p \in \mathcal{P}(\Sigma)$,

$$H(\alpha p) = \alpha H(p) - \alpha \log(\alpha). \tag{5.23}$$

相对熵函数可以用 θ 函数表示如下: 对任选的字母表 Σ 与向量 $u,v \in [0,\infty)^\Sigma$,

$$D(u \| v) = \frac{1}{\ln(2)} \sum_{a \in \Sigma} \theta(u(a), v(a)). \tag{5.24}$$

因此我们知道相对熵函数在 v 的元素只取正数的定义域上是连续的, 但是对于 v 有一个或者多个零元的任意点 (u,v) 都是不连续的.

下一个命题代表了引理 5.4 的一个应用. 它指出了任何两个概率向量间的相对熵都是非负的.

命题 5.7 设 Σ 为字母表, $u,v \in [0,\infty)^\Sigma$ 为向量, 假设

$$\sum_{a\in\Sigma} u(a) \geqslant \sum_{a\in\Sigma} v(a). \tag{5.25}$$

则我们有 $\mathrm{D}(u\|v) \geqslant 0$. 特别地, 对所有的概率向量 $p,q \in \mathcal{P}(\Sigma)$, $\mathrm{D}(p\|q) \geqslant 0$.

证明 根据引理 5.4, 下式成立:

$$\mathrm{D}(u\|v) = \frac{1}{\ln(2)} \sum_{a\in\Sigma} \theta(u(a),v(a)) \geqslant \frac{1}{\ln(2)} \theta\left(\sum_{a\in\Sigma} u(a), \sum_{a\in\Sigma} v(a)\right). \tag{5.26}$$

从这个事实我们可以看到, 对所有满足 $\alpha \geqslant \beta$ 的非负实数 $\alpha,\beta \in [0,\infty)$, $\theta(\alpha,\beta) \geqslant 0$. □

注: 本章后面会提到的定理 5.15 给出了相对熵 $\mathrm{D}(p\|q)$ 由概率向量 p 与 q 之间的 1-范数距离 $\|p-q\|_1$ 给出的下界.

命题 5.7 可以用来证明 Shannon 熵的上下界. 这可以在如下命题的证明中看到.

命题 5.8 设 Σ 为字母表, $u \in [0,\infty)^\Sigma$ 为非零向量, 而且

$$\alpha = \sum_{a\in\Sigma} u(a). \tag{5.27}$$

则下式成立:

$$0 \leqslant \mathrm{H}(u) + \alpha \log(\alpha) \leqslant \alpha \log(|\Sigma|). \tag{5.28}$$

特别地, 对所有概率向量 $p \in \mathcal{P}(\Sigma)$ 我们有 $0 \leqslant \mathrm{H}(p) \leqslant \log(|\Sigma|)$.

证明 首先, 设 $p \in \mathcal{P}(\Sigma)$ 是一个概率向量. Shannon 熵 $\mathrm{H}(p)$ 可以写作

$$\mathrm{H}(p) = \sum_{\substack{a\in\Sigma \\ p(a)>0}} p(a) \log\left(\frac{1}{p(a)}\right), \tag{5.29}$$

由于对所有 $a \in \Sigma$, $p(a) \leqslant 1$, 所以这是一个非负实数的凸组合. 因此有 $\mathrm{H}(p) \geqslant 0$.

接下来, 定义 $q \in \mathcal{P}(\Sigma)$ 为对所有 $a \in \Sigma$ 都有 $q(a) = 1/|\Sigma|$ 的概率向量. 我们可以直接从定义中计算出相对熵 $\mathrm{D}(p\|q)$:

$$\mathrm{D}(p\|q) = -\mathrm{H}(p) + \log(|\Sigma|). \tag{5.30}$$

由于 p 与 q 都是概率向量, 所以由命题 5.7 可以推出相对熵 $\mathrm{D}(p\|q)$ 是非负的, 因此 $\mathrm{H}(p) \leqslant \log(|\Sigma|)$.

现在, 像命题中提及的一样, 考虑 $u \in [0,\infty)^\Sigma$ 以及 α. 设 $p \in \mathcal{P}(\Sigma)$ 为满足 $\alpha p = u$ 的概率向量. 根据式 (5.23), 我们有

$$\mathrm{H}(u) = \mathrm{H}(\alpha p) = \alpha \mathrm{H}(p) - \alpha \log(\alpha). \tag{5.31}$$

给定 $0 \leqslant \mathrm{H}(p) \leqslant \log(|\Sigma|)$, 我们可以得到

$$-\alpha \log(\alpha) \leqslant \mathrm{H}(u) \leqslant \alpha \log(|\Sigma|) - \alpha \log(\alpha), \tag{5.32}$$

也即完成了证明. □

注: 命题 5.8 假设 u 是非零向量, 也即意味着 $\alpha > 0$. 当我们设 $0 \log(0) = 0$ 时, 这个命题给出的不等式对 $u = 0$ 是平凡的.

命题 5.7 也可以用来证明 Shannon 熵是次可加的. 这将在下一个命题中揭示. 直观来说, 这个性质表明一个复合寄存器的不确定度不可能多于每一个寄存器不确定度的总和.

命题 5.9 (Shannon 熵的次可加性) 设 X 与 Y 为经典寄存器. 对于这些寄存器的任意概率态, 我们有

$$\mathrm{H}(\mathsf{X}, \mathsf{Y}) \leqslant \mathrm{H}(\mathsf{X}) + \mathrm{H}(\mathsf{Y}). \tag{5.33}$$

证明 设 $p \in \mathcal{P}(\Sigma \times \Gamma)$ 为寄存器对 (X, Y) 的一个任意的概率态. 这里 Σ 与 Γ 为 X 与 Y 对应的经典态集合. 根据相对熵的定义与对数的基本性质, 我们通过计算可以得到等式

$$\mathrm{D}\big(p \big\| p[\mathsf{X}] \otimes p[\mathsf{Y}]\big) = \mathrm{H}(\mathsf{X}) + \mathrm{H}(\mathsf{Y}) - \mathrm{H}(\mathsf{X}, \mathsf{Y}). \tag{5.34}$$

根据命题 5.7, 由于一个概率向量相对于另一个的相对熵总是非负的, 所以这即得到了我们想要的不等式. □

我们可以看到命题 5.9 等价于如下命题: 两个寄存器间的互信息 $\mathrm{I}(\mathsf{X}:\mathsf{Y})$ 必然是非负的, 或者说寄存器 Y 在给定另一寄存器 X 时的条件 Shannon 熵 $\mathrm{H}(\mathsf{Y}|\mathsf{X})$ 不大于寄存器 Y 自身的 (非条件) Shannon 熵 $\mathrm{H}(\mathsf{Y})$, 即 $\mathrm{H}(\mathsf{Y}|\mathsf{X}) \leqslant \mathrm{H}(\mathsf{Y})$.

下一个命题说明了一个相关的事实: 一对经典寄存器 (X, Y) 的 Shannon 熵不会小于这两个寄存器各自的 Shannon 熵. 等价地, 条件 Shannon 熵 $\mathrm{H}(\mathsf{X}|\mathsf{Y})$ 对于所有寄存器对 (X, Y) 都是非负的.

命题 5.10 设 X 与 Y 为经典寄存器. 对于这两个寄存器的任意概率态, 下式成立:

$$\mathrm{H}(\mathsf{X}) \leqslant \mathrm{H}(\mathsf{X}, \mathsf{Y}). \tag{5.35}$$

证明 设 Σ 与 Γ 为 X 与 Y 对应的经典态集合, $p \in \mathcal{P}(\Sigma \times \Gamma)$ 为 (X, Y) 的任意概率态. 因为对数函数是一个递增函数, 所以对每一对 $(a, b) \in \Sigma \times \Gamma$,

$$\log(p(a,b)) \leqslant \log\left(\sum_{c \in \Gamma} p(a,c)\right). \tag{5.36}$$

因此, 正如我们需要的,

$$
\begin{aligned}
\mathrm{H}(\mathsf{X}, \mathsf{Y}) &= -\sum_{a \in \Sigma} \sum_{b \in \Gamma} p(a,b) \log(p(a,b)) \\
&\geqslant -\sum_{a \in \Sigma} \left(\sum_{b \in \Gamma} p(a,b)\right) \log\left(\sum_{c \in \Gamma} p(a,c)\right) = \mathrm{H}(\mathsf{X}).
\end{aligned}
\tag{5.37}
$$

□

注： 需要注意的是命题 5.10 对量子态的 von Neumann 熵并不都成立 (见定理 5.25).

下一个定理代表了引理 5.4 的一个直接的应用. 我们并不知道这个定理的量子对应 (将在 5.2.3 节中讨论并证明) 是否有这样的直接证明.

定理 5.11 设 Σ 为字母表而 $u_0, u_1, v_0, v_1 \in [0, \infty)^{\Sigma}$ 为由以 Σ 作索引的非负实数组成的向量. 我们有

$$\mathrm{D}(u_0 + u_1 \| v_0 + v_1) \leqslant \mathrm{D}(u_0 \| v_0) + \mathrm{D}(u_1 \| v_1). \tag{5.38}$$

证明 根据引理 5.4, 下式成立:

$$
\begin{aligned}
&\mathrm{D}(u_0 + u_1 \| v_0 + v_1) \\
&= \frac{1}{\ln(2)} \sum_{a \in \Sigma} \theta(u_0(a) + u_1(a), v_0(a) + v_1(a)) \\
&\leqslant \frac{1}{\ln(2)} \sum_{a \in \Sigma} \big(\theta(u_0(a), v_0(a)) + \theta(u_1(a), v_1(a))\big) \\
&= \mathrm{D}(u_0 \| v_0) + \mathrm{D}(u_1 \| v_1),
\end{aligned}
\tag{5.39}
$$

也即是我们声明的定理. □

对应所有向量 $u, v \in [0, \infty)^{\Sigma}$ 以及标量 $\alpha, \beta \in [0, \infty)$, 下式成立:

$$\mathrm{D}(\alpha u \| \beta v) = \alpha \, \mathrm{D}(u \| v) + \frac{1}{\ln(2)} \theta(\alpha, \beta) \sum_{a \in \Sigma} u(a). \tag{5.40}$$

这里在 $\alpha = 0$ 且 $\mathrm{D}(u \| v) = \infty$ 或者 $\theta(\alpha, \beta) = \infty$ 且 $u = 0$ 时, 我们取 $0 \cdot \infty = 0$. 我们可以通过直接计算来验证这一点. 由于对所有 $\alpha \in [0, \infty)$ 都有 $\theta(\alpha, \alpha) = 0$, 所以我们可以得到恒等式

$$\mathrm{D}(\alpha u \| \alpha v) = \alpha \, \mathrm{D}(u \| v). \tag{5.41}$$

这里我们再一次取 $0 \cdot \infty = 0$. 另外, 我们可以通过观察对所有非负实数 $\alpha, \beta, \gamma \in [0, \infty)$,

$$\theta(\alpha\beta, \alpha\gamma) = \alpha \, \theta(\beta, \gamma) \tag{5.42}$$

得知这个恒等式成立. 通过这个恒等式, 我们可以得到定理 5.11 的如下推论.

推论 5.12 (相对熵的联合凸性) 设 Σ 为字母表, $u_0, u_1, v_0, v_1 \in [0, \infty)^{\Sigma}$ 为由以 Σ 作索引的非负实数组成的向量, 而且 $\lambda \in [0, 1]$. 下式成立:

$$
\begin{aligned}
&\mathrm{D}(\lambda u_0 + (1 - \lambda) u_1 \| \lambda v_0 + (1 - \lambda) v_1) \\
&\leqslant \lambda \, \mathrm{D}(u_0 \| v_0) + (1 - \lambda) \, \mathrm{D}(u_1 \| v_1).
\end{aligned}
\tag{5.43}
$$

通过类似的证明, 我们可以证明一个向量对于另一个向量的相对熵不可能通过同时对两个向量进行随机运算而增大.

定理 5.13 设 Σ 与 Γ 为字母表, $u, v \in [0, \infty)^{\Sigma}$ 为向量, 且 $A \in \mathrm{L}(\mathbb{R}^{\Sigma}, \mathbb{R}^{\Gamma})$ 为随机算子. 下式成立:

$$\mathrm{D}(Au \| Av) \leqslant \mathrm{D}(u \| v). \tag{5.44}$$

证明   根据引理 5.4 以及恒等式 (5.42)，下式成立：

$$
\begin{aligned}
\mathrm{D}(Au \,\|\, Av) &= \frac{1}{\ln(2)} \sum_{a \in \Gamma} \theta\left(\sum_{b \in \Sigma} A(a,b)u(b), \sum_{b \in \Sigma} A(a,b)v(b) \right) \\
&\leqslant \frac{1}{\ln(2)} \sum_{a \in \Gamma} \sum_{b \in \Sigma} A(a,b)\, \theta(u(b), v(b)) \\
&= \frac{1}{\ln(2)} \sum_{b \in \Sigma} \theta(u(b), v(b)) \\
&= \mathrm{D}(u \,\|\, v).
\end{aligned}
\tag{5.45}
$$

$\square$

5.1.2.3   Shannon 熵与相对熵的量化界

现在来证明两个界：一个是关于 Shannon 熵的，另一个是关于相对熵的. 第一个界是如下命题的量化形式：Shannon 熵函数在概率向量集合上是连续的.

定理 5.14 (Audenaert)   设 $p_0, p_1 \in \mathcal{P}(\Sigma)$ 为概率向量，这里 Σ 是满足 $|\Sigma| \geqslant 2$ 的字母表. 对于 $\lambda = \frac{1}{2}\|p_0 - p_1\|_1$，下式成立：

$$
|\mathrm{H}(p_0) - \mathrm{H}(p_1)| \leqslant \lambda \log(|\Sigma| - 1) + \mathrm{H}(\lambda, 1 - \lambda).
\tag{5.46}
$$

证明   当 $p_0 = p_1$ 时，这个定理的成立是平凡的，因此我们假设不满足这个条件. 设 $\Sigma_0, \Sigma_1 \subseteq \Sigma$ 为如下定义的不相交集

$$
\begin{aligned}
\Sigma_0 &= \left\{ a \in \Sigma : p_0(a) > p_1(a) \right\}, \\
\Sigma_1 &= \left\{ a \in \Sigma : p_0(a) < p_1(a) \right\},
\end{aligned}
\tag{5.47}
$$

并且设向量 $u_0, u_1 \in [0,1]^{\Sigma}$ 对所有 $a \in \Sigma$ 都满足

$$
u_0(a) = \begin{cases} p_0(a) - p_1(a) & a \in \Sigma_0 \\ 0 & \text{其他,} \end{cases}
\tag{5.48}
$$

$$
u_1(a) = \begin{cases} p_1(a) - p_0(a) & a \in \Sigma_1 \\ 0 & \text{其他.} \end{cases}
\tag{5.49}
$$

对所有 $a \in \Sigma$ 都有 $p_0 - p_1 = u_0 - u_1$ 与 $u_0(a)u_1(a) = 0$. 并且

$$
\sum_{a \in \Sigma} u_0(a) = \lambda = \sum_{a \in \Sigma} u_1(a).
\tag{5.50}
$$

定义 $w \in [0,1]^{\Sigma}$ 对所有 $a \in \Sigma$ 都满足以下条件：

$$
w(a) = \min\{p_0(a), p_1(a)\},
\tag{5.51}
$$

我们可以发现 $p_0 = u_0 + w$, $p_1 = u_1 + w$, 并且

$$\sum_{a \in \Sigma} w(a) = 1 - \lambda. \tag{5.52}$$

接下来我们需要观察到恒等式

$$(\alpha + \beta) \log(\alpha + \beta) - \alpha \log(\alpha) - \beta \log(\beta)$$
$$= (\alpha + \beta) \operatorname{H}\left(\frac{\alpha}{\alpha + \beta}, \frac{\beta}{\alpha + \beta}\right) \tag{5.53}$$

对所有的非负实数 α 与 β 都成立 (假设其中至少有一个是正数, 并且, 像我们希望的那样, 如果 α 或 β 为 0, 则将 $0 \log(0)$ 当作 0). 由这个恒等式, 我们可以得到如下两个表达式:

$$\operatorname{H}(u_0) + \operatorname{H}(w) - \operatorname{H}(p_0) = \sum_{a \in \Sigma_0} p_0(a) \operatorname{H}\left(\frac{u_0(a)}{p_0(a)}, \frac{w(a)}{p_0(a)}\right), \tag{5.54}$$

$$\operatorname{H}(u_1) + \operatorname{H}(w) - \operatorname{H}(p_1) = \sum_{a \in \Sigma_1} p_1(a) \operatorname{H}\left(\frac{u_1(a)}{p_1(a)}, \frac{w(a)}{p_1(a)}\right). \tag{5.55}$$

在这两种情况中, 对集合 Σ_0 与 Σ_1 求和的限制使得加数不得为 0. 这两个和都只包含了非负加数, 因此

$$\operatorname{H}(p_0) \leqslant \operatorname{H}(u_0) + \operatorname{H}(w) \quad \text{且} \quad \operatorname{H}(p_1) \leqslant \operatorname{H}(u_1) + \operatorname{H}(w). \tag{5.56}$$

设

$$\alpha_0 = \sum_{a \in \Sigma_0} p_0(a) \quad \text{且} \quad \alpha_1 = \sum_{a \in \Sigma_1} p_1(a), \tag{5.57}$$

我们有

$$\sum_{a \in \Sigma_0} w(a) = \alpha_0 - \lambda \quad \text{与} \quad \sum_{a \in \Sigma_1} w(a) = \alpha_1 - \lambda, \tag{5.58}$$

也即意味着 $\alpha_0, \alpha_1 \in [\lambda, 1]$. 根据 Shannon 熵的凹性 (命题 5.5), 可以得到如下两个不等式:

$$\operatorname{H}(u_0) + \operatorname{H}(w) - \operatorname{H}(p_0) \leqslant \alpha_0 \operatorname{H}\left(\frac{\lambda}{\alpha_0}, 1 - \frac{\lambda}{\alpha_0}\right), \tag{5.59}$$

$$\operatorname{H}(u_1) + \operatorname{H}(w) - \operatorname{H}(p_1) \leqslant \alpha_1 \operatorname{H}\left(\frac{\lambda}{\alpha_1}, 1 - \frac{\lambda}{\alpha_1}\right). \tag{5.60}$$

由于函数

$$f_\lambda(\alpha) = \alpha \operatorname{H}\left(\frac{\lambda}{\alpha}, 1 - \frac{\lambda}{\alpha}\right) \tag{5.61}$$

在区间 $[\lambda, 1]$ 上是严格递增的, 所以我们有

$$0 \leqslant \operatorname{H}(u_0) + \operatorname{H}(w) - \operatorname{H}(p_0) \leqslant \operatorname{H}(\lambda, 1 - \lambda),$$
$$0 \leqslant \operatorname{H}(u_1) + \operatorname{H}(w) - \operatorname{H}(p_1) \leqslant \operatorname{H}(\lambda, 1 - \lambda). \tag{5.62}$$

因此根据三角不等式以及式 (5.62)，我们可以总结出

$$
\begin{aligned}
&|\mathrm{H}(p_0) - \mathrm{H}(p_1)| - |\mathrm{H}(u_0) - \mathrm{H}(u_1)| \\
&\leqslant |(\mathrm{H}(p_0) - \mathrm{H}(u_0) - \mathrm{H}(w)) - (\mathrm{H}(p_1) - \mathrm{H}(u_1) - \mathrm{H}(w))| \\
&\leqslant \mathrm{H}(\lambda, 1 - \lambda).
\end{aligned} \tag{5.63}
$$

为补全证明过程，我们只需证明如下式子：

$$
|\mathrm{H}(u_0) - \mathrm{H}(u_1)| \leqslant \lambda \log(|\Sigma| - 1) . \tag{5.64}
$$

对于任意字母表 Γ 以及满足

$$
\sum_{b \in \Gamma} v(b) = \lambda \tag{5.65}
$$

的向量 $v \in [0, \infty)^{\Gamma}$，正如命题 5.8 所示，

$$
-\lambda \log(\lambda) \leqslant \mathrm{H}(v) \leqslant \lambda \log(|\Gamma|) - \lambda \log(\lambda). \tag{5.66}
$$

由于 u_0 与 u_1 由 Σ 的不相交集所支撑，并且元素的和都为 λ，所以对于 Σ 的真子集 Γ，

$$
|\mathrm{H}(u_0) - \mathrm{H}(u_1)| \leqslant \lambda \log(|\Gamma|). \tag{5.67}
$$

当 Γ 的元素比 Σ 少一个时，最大值达到上界. 这即得到了我们需要的不等式 (5.64)，并完成了证明. □

第二个界是关于相对熵函数的. 它是命题 5.7 的量化形式，给出了概率向量 p_0 与 p_1 的相对熵 $\mathrm{D}(p_0 \| p_1)$ 由 1-范数距离 $\|p_0 - p_1\|_1$ 确定的下界.

定理 5.15 (Pinsker 不等式)　设 $p_0, p_1 \in \mathcal{P}(\Sigma)$ 为概率向量，这里 Σ 为字母表. 下式成立:

$$
\mathrm{D}(p_0 \| p_1) \geqslant \frac{1}{2 \ln(2)} \|p_0 - p_1\|_1^2. \tag{5.68}
$$

定理 5.15 的证明将会用到如下引理. 这个引理等价于该定理在 $|\Sigma| = 2$ 时的特殊情况.

引理 5.16　对于所有的实数 $\alpha, \beta \in [0, 1]$，下式成立：

$$
\theta(\alpha, \beta) + \theta(1 - \alpha, 1 - \beta) \geqslant 2(\alpha - \beta)^2. \tag{5.69}
$$

证明　当 $\beta \in \{0, 1\}$ 时，该引理的声明中的不等式是直接可得的. 当 $\alpha \in \{0, 1\}$ 且 $\beta \in (0, 1)$ 时，引理中的不等式等价于

$$
-\ln(\beta) \geqslant 2(1 - \beta)^2. \tag{5.70}
$$

这可以用基本微积分验证. 接下来需要考虑的是 $\alpha, \beta \in (0,1)$ 的情况. 在这个假设下, 我们可以验证, 对于被定义为对所有 $\gamma \in [0,1]$ 都有 $f(\gamma) = \eta(\gamma) + \eta(1-\gamma)$ 的 $f : [0,1] \to \mathbb{R}$, 有

$$
\begin{aligned}
\theta(\alpha, \beta) &+ \theta(1-\alpha, 1-\beta) \\
&= (\eta(\beta) + \eta(1-\beta)) - (\eta(\alpha) + \eta(1-\alpha)) \\
&\quad + (\alpha - \beta)(\eta'(\beta) - \eta'(1-\beta)) \\
&= f(\beta) - f(\alpha) + (\alpha - \beta)f'(\beta).
\end{aligned}
\tag{5.71}
$$

根据 Taylor 定理, 对于某些 α 与 β 的凸组合 γ, 下式成立:

$$
f(\alpha) = f(\beta) + (\alpha - \beta)f'(\beta) + \frac{1}{2}(\alpha - \beta)^2 f''(\gamma).
\tag{5.72}
$$

因此对于某些 $\gamma \in (0,1)$, 等式 (5.72) 成立. 通过计算 f 的二阶导数, 可以得到

$$
f''(\gamma) = -\left(\frac{1}{\gamma} + \frac{1}{1-\gamma} \right),
\tag{5.73}
$$

因此有对所有 $\gamma \in (0,1)$, $f''(\gamma) \leqslant -4$. 由此可推出不等式 (5.69), 也即完成了证明. □

定理 5.15 的证明 定义不相交集 $\Sigma_0, \Sigma_1, \Gamma \subseteq \Sigma$ 为

$$
\Sigma_0 = \{ a \in \Sigma : p_0(a) > p_1(a) \},
\tag{5.74}
$$

$$
\Sigma_1 = \{ a \in \Sigma : p_0(a) < p_1(a) \},
\tag{5.75}
$$

$$
\Gamma = \{ a \in \Sigma : p_0(a) = p_1(a) \},
\tag{5.76}
$$

并定义随机算子 $A \in \mathrm{L}\left(\mathbb{R}^\Sigma, \mathbb{R}^{\{0,1\}} \right)$ 为

$$
A = \sum_{a \in \Sigma_0} E_{0,a} + \sum_{a \in \Sigma_1} E_{1,a} + \frac{1}{2} \sum_{a \in \Gamma} (E_{0,a} + E_{1,a}).
\tag{5.77}
$$

设

$$
\alpha = (Ap_0)(0) \quad \text{且} \quad \beta = (Ap_1)(0),
\tag{5.78}
$$

则我们可以注意到, 由于 p_0 与 p_1 为概率向量, 并且 A 是随机的, 所以

$$
(Ap_0)(1) = 1 - \alpha \quad \text{且} \quad (Ap_1)(1) = 1 - \beta.
\tag{5.79}
$$

下式成立:

$$
\alpha - \beta = \sum_{a \in \Sigma_0} (p_0(a) - p_1(a)) = \sum_{a \in \Sigma_1} (p_1(a) - p_0(a)) = \frac{1}{2} \| p_0 - p_1 \|_1.
\tag{5.80}
$$

根据定理 5.13 以及引理 5.16, 我们可以得到

$$
\begin{aligned}
\mathrm{D}(p_0 \| p_1) &\geqslant \mathrm{D}(Ap_0 \| Ap_1) = \frac{1}{\ln(2)} \left(\theta(\alpha, \beta) + \theta(1-\alpha, 1-\beta) \right) \\
&\geqslant \frac{2}{\ln(2)} (\alpha - \beta)^2 = \frac{1}{2\ln(2)} \| p_0 - p_1 \|_1^2,
\end{aligned}
\tag{5.81}
$$

也即我们需要的结果. □

5.2 量子熵

von Neumann 熵函数与量子相对熵函数可以看作 Shannon 熵函数与相对熵函数从非负向量到半正定算子的推广. 本章将对其进行定义, 并介绍这些函数的基本性质, 包括量子相对熵的联合凸性与 von Neumann 熵的强次可加性等关键性质.

5.2.1 量子熵函数的定义

von Neumann 熵函数表示 Shannon 熵函数从非负向量到半正定算子的自然推广; 如下定义显示, von Neumann 熵定义为给定半正定算子的本征值所对应的向量的 Shannon 熵.

定义 5.17 设 $P \in \mathrm{Pos}(\mathcal{X})$ 为半正定算子, 这里 $\mathcal{X}$ 为复欧几里得空间. P 的**熵**定义为

$$\mathrm{H}(P) = \mathrm{H}(\lambda(P)), \tag{5.82}$$

这里 $\lambda(P)$ 是 P 的本征值向量.

von Neumann 熵也可以表示为

$$\mathrm{H}(P) = -\mathrm{Tr}\left(P \log(P)\right). \tag{5.83}$$

正式地说, 这个表达式假设算子 $P \log(P)$ 定义在所有半正定算子 $P \in \mathrm{Pos}(\mathcal{X})$ 上, 然而事实上 $\log(P)$ 只定义在所有的正定算子 P 上. 一个自然的解释是, $P \log(P)$ 代表标量函数

$$\alpha \mapsto \begin{cases} \alpha \log(\alpha) & \alpha > 0 \\ 0 & \alpha = 0 \end{cases} \tag{5.84}$$

用通常的方法拓展到半正定算子函数后得到的算子 (见 1.1.3 节).

类似于我们通常只考虑概率向量的 Shannon 熵, 对于 von Neumann 熵函数, 我们最常考虑的输入还是密度算子. 另外, 类似于 Shannon 熵, 考虑寄存器 X 的 von Neumann 熵 $\mathrm{H}(\mathsf{X})$ 会比较实用, 而对于 X 的当前态 $\rho \in \mathrm{D}(\mathcal{X})$, 这个量就是 $\mathrm{H}(\rho)$. 类似地, 符号 $\mathrm{H}(\mathsf{X}, \mathsf{Y})$ 表示的是 $\mathrm{H}((\mathsf{X}, \mathsf{Y}))$, 对于其他的复合寄存器也是如此.

对 von Neumann 熵的研究需要考虑用量子相对熵来辅助, 它是普通相对熵从向量到半正定算子的拓展.

定义 5.18 设 $P, Q \in \mathrm{Pos}(\mathcal{X})$ 为半正定算子, 这里 $\mathcal{X}$ 是复欧几里得空间. P 相对于 Q 的**量子相对熵**定义为

$$\mathrm{D}(P \| Q) = \begin{cases} \mathrm{Tr}(P \log(P)) - \mathrm{Tr}(P \log(Q)) & \mathrm{im}(P) \subseteq \mathrm{im}(Q) \\ \infty & \text{其他.} \end{cases} \tag{5.85}$$

这个定义需要一个简短的解释. 因为如之前那样, 这个对数并不是定义在半正定算子上的. 但是, 对于满足 $\mathrm{im}(P) \subseteq \mathrm{im}(Q)$ 的半正定算子 P 与 Q, 算子 $P \log(Q)$ 存在一个自然的解释. 这个算子在子空间 $\mathrm{im}(Q)$ 上的行为是良定义的, 因为 Q 在被限制在这个子空间上时

是正定算子, 而它在作用在子空间 $\ker(Q)$ 上时是零算子. 这个解释等价于将 $0\log(0)$ 认同为 0, 因为由 $\mathrm{im}(P) \subseteq \mathrm{im}(Q)$ 可以得到 P 在作用在 $\ker(Q)$ 上时是零算子. 正如我们前面讨论过的, $P\log(P)$ 定义在所有半正定算子 P 上.

将 $\mathrm{D}(P\|Q)$ 在 $\mathrm{im}(P) \subseteq \mathrm{im}(Q)$ 的前提下的具体表达式写下来可以提供一些方便. 设 $n = \dim(\mathcal{X})$ 并假设

$$P = \sum_{j=1}^{n} \lambda_j(P)\, x_j x_j^* \quad \text{与} \quad Q = \sum_{k=1}^{n} \lambda_k(Q)\, y_k y_k^* \tag{5.86}$$

为 P 与 Q 的谱分解. 设 $r = \mathrm{rank}(P)$ 且 $s = \mathrm{rank}(Q)$, 另外可以观察到式 (5.86) 中 P 与 Q 的表达式可以被对应地缩减到 r 与 s 项. 则我们可以得到

$$\mathrm{D}(P\|Q) = \sum_{j=1}^{r} \sum_{k=1}^{s} |\langle x_j, y_k \rangle|^2\, \lambda_j(P) \big(\log(\lambda_j(P)) - \log(\lambda_k(Q)) \big). \tag{5.87}$$

在求和中去掉索引 $j \in \{r+1, \cdots, n\}$ 和 $k \in \{s+1, \cdots, n\}$ 与我们前面做的 $0\log(0) = 0$ 的指定一致. 特别地, 如果 k 满足 $\lambda_k(Q) = 0$, 则根据假设 $\mathrm{im}(P) \subseteq \mathrm{im}(Q)$, 对所有 $j \in \{1, \cdots, n\}$

$$|\langle x_j, y_k \rangle|^2 \lambda_j(P) = 0 \tag{5.88}$$

都成立. 对于谱分解为式 (5.86) 的 P 与 Q, 量子相对熵 $\mathrm{D}(P\|Q)$ 有另一种表达式. 这个对所有 P 与 Q 都存在的表达式为

$$\mathrm{D}(P\|Q) = \frac{1}{\ln(2)} \sum_{j=1}^{n} \sum_{k=1}^{n} \theta\Big(|\langle x_j, y_k \rangle|^2 \lambda_j(P), |\langle x_j, y_k \rangle|^2 \lambda_k(Q) \Big). \tag{5.89}$$

条件 von Neumann 熵与量子互信息是根据类似于条件 Shannon 熵与互信息的方法定义的. 更准确地说, 对于处于给定态上的两个寄存器 X 与 Y, 我们定义给定 Y 后 X 的条件 von Neumann 熵为

$$\mathrm{H}(\mathsf{X}|\mathsf{Y}) = \mathrm{H}(\mathsf{X},\mathsf{Y}) - \mathrm{H}(\mathsf{Y}), \tag{5.90}$$

另外我们定义 X 与 Y 的量子互信息为

$$\mathrm{I}(\mathsf{X}:\mathsf{Y}) = \mathrm{H}(\mathsf{X}) + \mathrm{H}(\mathsf{Y}) - \mathrm{H}(\mathsf{X},\mathsf{Y}). \tag{5.91}$$

5.2.2　量子熵函数的基本性质

本节将讨论 von Neumann 熵与量子相对熵函数的基本性质. 特别地, 证明这些性质并不需要用到量子相对熵的联合凸性. 我们将在下一节证明联合凸性及其等价的表述.

5.2.2.1　von Neumann 熵的连续性

由于 von Neumann 熵函数是连续函数的复合, 所以其也是连续的: Shannon 熵函数在其定义域中的每一个点上都是连续的, 对于 $n = \dim(\mathcal{X})$,

$$\lambda : \mathrm{Herm}(\mathcal{X}) \to \mathbb{R}^n \tag{5.92}$$

也都是连续的.

5.2.2.2   关于量子熵的简单恒等式

为了方便, 我们给出如下三个命题. 它们可以由 von Neumann 熵与量子相对熵函数的定义直接验证.

命题 5.19   设 $\mathcal{X}$ 与 $\mathcal{Y}$ 为满足 $\dim(\mathcal{X}) \leqslant \dim(\mathcal{Y})$ 的复欧几里得空间, $P, Q \in \mathrm{Pos}(\mathcal{X})$ 为半正定算子, $V \in \mathrm{U}(\mathcal{X}, \mathcal{Y})$ 为等距算子. 下式成立:

$$\mathrm{H}(VPV^*) = \mathrm{H}(P) \quad \text{且} \quad \mathrm{D}(VPV^* \| VQV^*) = \mathrm{D}(P \| Q). \tag{5.93}$$

命题 5.20   设 $\mathcal{X}$ 与 $\mathcal{Y}$ 为复欧几里得空间, 且 $P \in \mathrm{Pos}(\mathcal{X})$ 与 $Q \in \mathrm{Pos}(\mathcal{Y})$ 为半正定算子. 下式成立:

$$\mathrm{H}\left(\begin{pmatrix} P & 0 \\ 0 & Q \end{pmatrix} \right) = \mathrm{H}(P) + \mathrm{H}(Q) \tag{5.94}$$

且

$$\mathrm{H}(P \otimes Q) = \mathrm{Tr}(Q)\,\mathrm{H}(P) + \mathrm{Tr}(P)\,\mathrm{H}(Q). \tag{5.95}$$

特别地, 对任选的密度算子 $\rho \in \mathrm{D}(\mathcal{X})$ 与 $\sigma \in \mathrm{D}(\mathcal{Y})$:

$$\mathrm{H}(\rho \otimes \sigma) = \mathrm{H}(\rho) + \mathrm{H}(\sigma). \tag{5.96}$$

命题 5.21   设 $P_0, Q_0 \in \mathrm{Pos}(\mathcal{X})$ 与 $P_1, Q_1 \in \mathrm{Pos}(\mathcal{Y})$ 为复欧几里得空间 $\mathcal{X}$ 与 $\mathcal{Y}$ 上的半正定算子, 并假设 P_0 与 P_1 都不为零. 下式成立:

$$\mathrm{D}(P_0 \otimes P_1 \| Q_0 \otimes Q_1) = \mathrm{Tr}(P_1)\,\mathrm{D}(P_0 \| Q_0) + \mathrm{Tr}(P_0)\,\mathrm{D}(P_1 \| Q_1). \tag{5.97}$$

作为命题 5.20 与命题 5.21 的结果, 我们可以看到如下两个恒等式对任选的复欧几里得空间 $\mathcal{X}$、半正定算子 $P, Q \in \mathrm{Pos}(\mathcal{X})$, 以及标量 $\alpha, \beta \in (0, \infty)$ 都成立:

$$\mathrm{H}(\alpha P) = \alpha\,\mathrm{H}(P) - \alpha \log(\alpha)\,\mathrm{Tr}(P), \tag{5.98}$$

$$\mathrm{D}(\alpha P \| \beta Q) = \alpha\,\mathrm{D}(P \| Q) + \alpha \log(\alpha/\beta)\,\mathrm{Tr}(P). \tag{5.99}$$

5.2.2.3   Klein 不等式

命题 5.7 在量子设定下有一个类似的表述, 它称为 Klein 不等式. 由此可推出对于密度算子输入, 量子相对熵函数是非负的.

命题 5.22 (Klein 不等式)   设 $\mathcal{X}$ 为复欧几里得空间, $P, Q \in \mathrm{Pos}(\mathcal{X})$ 为半正定算子, 并假设 $\mathrm{Tr}(P) \geqslant \mathrm{Tr}(Q)$. 我们有 $\mathrm{D}(P \| Q) \geqslant 0$. 特别地, 对所有的密度算子 $\rho, \sigma \in \mathrm{D}(\mathcal{X})$ 都有 $\mathrm{D}(\rho \| \sigma) \geqslant 0$.

证明   设 $n = \dim(\mathcal{X})$ 且

$$P = \sum_{j=1}^{n} \lambda_j(P)\, x_j x_j^* \quad \text{和} \quad Q = \sum_{k=1}^{n} \lambda_k(Q)\, y_k y_k^* \tag{5.100}$$

为 P 与 Q 的谱分解. 根据引理 5.4, 下式成立:

$$
\begin{aligned}
\mathrm{D}(P\|Q) &= \frac{1}{\ln(2)} \sum_{j,k} \theta\Big(|\langle x_j, y_k\rangle|^2 \lambda_j(P), \ |\langle x_j, y_k\rangle|^2 \lambda_k(Q)\Big) \\
&\geqslant \frac{1}{\ln(2)} \theta\Big(\sum_{j,k} |\langle x_j, y_k\rangle|^2 \lambda_j(P), \ \sum_{j,k} |\langle x_j, y_k\rangle|^2 \lambda_k(Q)\Big) \\
&= \frac{1}{\ln(2)} \theta(\mathrm{Tr}(P), \mathrm{Tr}(Q)),
\end{aligned} \tag{5.101}
$$

其中这个求和是对所有 $j,k \in \{1, \cdots, n\}$ 而言的. 根据假设 $\mathrm{Tr}(P) \geqslant \mathrm{Tr}(Q)$, 我们可以得到 $\theta(\mathrm{Tr}(P), \mathrm{Tr}(Q)) \geqslant 0$, 也即完成了证明. □

5.2.2.4 von Neumann 熵的凹性与次可加性

类似于 Shannon 熵, von Neumann 熵也是凹且次可加的. 这将由如下两个定理给出.

定理 5.23 (von Neumann 熵的凹性) 设 $\mathcal{X}$ 为复欧几里得空间, $P, Q \in \mathrm{Pos}(\mathcal{X})$ 为半正定算子, 并且 $\lambda \in [0,1]$. 下式成立:

$$
\mathrm{H}(\lambda P + (1-\lambda)Q) \geqslant \lambda \mathrm{H}(P) + (1-\lambda) \mathrm{H}(Q). \tag{5.102}
$$

证明 通过直接的计算可以得到

$$
\mathrm{D}\left(\begin{pmatrix} P & 0 \\ 0 & Q \end{pmatrix} \middle\| \begin{pmatrix} \dfrac{P+Q}{2} & 0 \\ 0 & \dfrac{P+Q}{2} \end{pmatrix}\right) = 2\mathrm{H}\left(\frac{P+Q}{2}\right) - \mathrm{H}(P) - \mathrm{H}(Q). \tag{5.103}
$$

由于算子

$$
\begin{pmatrix} P & 0 \\ 0 & Q \end{pmatrix} \quad \text{与} \quad \begin{pmatrix} \frac{P+Q}{2} & 0 \\ 0 & \frac{P+Q}{2} \end{pmatrix} \tag{5.104}
$$

有着相同的迹, 所以根据 Klein 不等式 (命题 5.22), 式 (5.103) 所代表的量非负. 因此下式成立:

$$
\mathrm{H}\left(\frac{P+Q}{2}\right) \geqslant \frac{1}{2}\mathrm{H}(P) + \frac{1}{2}\mathrm{H}(Q), \tag{5.105}
$$

也即意味着在定义域 $\mathrm{Pos}(\mathcal{X})$ 上 von Neumann 熵是中点凹的. 由于 von Neumann 熵函数在整个 $\mathrm{Pos}(\mathcal{X})$ 上是连续的, 所以在这个定义域上它也是凹函数, 也即完成了证明. □

定理 5.24 (von Neumann 熵的次可加性) 设 X 与 Y 为寄存器. 对于寄存器 (X, Y) 上所有的态, 下式成立:

$$
\mathrm{H}(X, Y) \leqslant \mathrm{H}(X) + \mathrm{H}(Y). \tag{5.106}
$$

证明 该命题中表述的不等式可以等价地写作

$$
\mathrm{H}(\rho) \leqslant \mathrm{H}(\rho[X]) + \mathrm{H}(\rho[Y]), \tag{5.107}
$$

这里 $\rho \in D(\mathcal{X} \otimes \mathcal{Y})$ 表示寄存器对 (X, Y) 上任意的态. 利用公式

$$\log(P \otimes Q) = \log(P) \otimes \mathbb{1} + \mathbb{1} \otimes \log(Q) \tag{5.108}$$

以及

$$\mathrm{im}(\rho) \subseteq \mathrm{im}(\rho[\mathsf{X}] \otimes \rho[\mathsf{Y}]), \tag{5.109}$$

我们可以发现

$$D\big(\rho \big\| \rho[\mathsf{X}] \otimes \rho[\mathsf{Y}]\big) = - H(\rho) + H(\rho[\mathsf{X}]) + H(\rho[\mathsf{Y}]). \tag{5.110}$$

根据 Klein 不等式 (命题 5.22)，式 (5.110) 是非负的，因而我们可以得到不等式 (5.107). $\square$

5.2.2.5   von Neumann 熵与纯化

设 X 与 Y 为寄存器，并假设复合寄存器 (X, Y) 处于纯态 uu^*，这里 $u \in \mathcal{X} \otimes \mathcal{Y}$ 是一个单位向量. 通过 Schmidt 分解，我们可以用一个字母表 Σ、概率向量 $p \in \mathcal{P}(\Sigma)$ 以及 $\{x_a : a \in \Sigma\} \subset \mathcal{X}$ 与 $\{y_a : a \in \Sigma\} \subset \mathcal{Y}$ 将其写作

$$u = \sum_{a \in \Sigma} \sqrt{p(a)}\, x_a \otimes y_a . \tag{5.111}$$

下面两式成立：

$$(uu^*)[\mathsf{X}] = \sum_{a \in \Sigma} p(a) x_a x_a^* \quad , \quad (uu^*)[\mathsf{Y}] = \sum_{a \in \Sigma} p(a) y_a y_a^* . \tag{5.112}$$

因而

$$H(\mathsf{X}) = H(p) = H(\mathsf{Y}). \tag{5.113}$$

根据这个简单的事实以及态纯化的概念，我们可以得到一个用于分析一组寄存器的 von Neumann 熵的工具. 下面这个定理的证明就给出了它的一个例子.

定理 5.25   设 X 与 Y 为寄存器. 对寄存器 (X, Y) 上所有的态，下式成立：

$$H(\mathsf{X}) \leqslant H(\mathsf{Y}) + H(\mathsf{X}, \mathsf{Y}). \tag{5.114}$$

证明   设 $\rho \in D(\mathcal{X} \otimes \mathcal{Y})$ 为寄存器对 (X, Y) 上的态，然后考虑对应维度至少为 $\mathrm{rank}(\rho)$ 的复欧几里得空间 $\mathcal{Z}$ 的寄存器 Z. 根据定理 2.10，必然存在一个单位向量 $u \in \mathcal{X} \otimes \mathcal{Y} \otimes \mathcal{Z}$ 使得

$$\rho = \mathrm{Tr}_{\mathcal{Z}}(uu^*). \tag{5.115}$$

现在考虑复合寄存器 (X, Y, Z) 处于纯态 uu^* 的情况，这和式 (5.115) 中 (X, Y) 处于 ρ 这个态的要求是一致的. 根据前面提到的论证，我们可以看到

$$H(\mathsf{X}) = H(\mathsf{Y}, \mathsf{Z}) \quad \text{且} \quad H(\mathsf{X}, \mathsf{Y}) = H(\mathsf{Z}). \tag{5.116}$$

根据 von Neumann 熵的次可加性 (定理 5.24)，我们有

$$H(\mathsf{Y}, \mathsf{Z}) \leqslant H(\mathsf{Y}) + H(\mathsf{Z}), \tag{5.117}$$

因而式 (5.114) 成立. 对于所有的态 ρ，我们需要的不等式都成立，也即完成了证明. $\square$

5.2.2.6　Fannes-Audenaert 不等式

下面这个定理给出了两个密度算子的 von Neumann 熵函数值之差的一个上界. 这可以看作 "在输入限制在密度算子的情况下, von Neumann 熵是连续的" 这个命题的量化形式. 这本质上是定理 5.14 的量子推广. 其证明也基于该定理.

定理 5.26 (Fannes-Audenaert 不等式)　设 $\rho_0, \rho_1 \in \mathrm{D}(\mathcal{X})$ 为密度算子, 这里 $\mathcal{X}$ 为维度 $n \geqslant 2$ 的复欧几里得空间, 且

$$\delta = \frac{1}{2}\|\rho_0 - \rho_1\|_1. \tag{5.118}$$

下式成立:

$$|\mathrm{H}(\rho_0) - \mathrm{H}(\rho_1)| \leqslant \delta \log(n-1) + \mathrm{H}(\delta, 1-\delta). \tag{5.119}$$

下面这个引理将两个 Hermite 算子间的迹距离与由其本征值组成的向量的 1-范数距离关联了起来. 这被用于将定理 5.26 约化为定理 5.14.

引理 5.27　设 $X, Y \in \mathrm{Herm}(\mathcal{X})$ 为 Hermite 算子, 这里 $\mathcal{X}$ 为 n 维复欧几里得空间. 下式成立:

$$\sum_{k=1}^{n} |\lambda_k(X) - \lambda_k(Y)| \leqslant \|X - Y\|_1 \leqslant \sum_{k=1}^{n} |\lambda_k(X) - \lambda_{n-k+1}(Y)|. \tag{5.120}$$

证明　首先考虑 $X - Y$ 的 Jordan-Hahn 分解. 具体地, 设 $P, Q \in \mathrm{Pos}(\mathcal{X})$ 为正交半正定算子, 并且其满足

$$X - Y = P - Q. \tag{5.121}$$

另外设 $Z = P + Y$, 即 $Z = Q + X$. 由于 $Z \geqslant X$, 所以根据 Courant-Fischer 定理 (定理 1.2), 对所有的 $k \in \{1, \cdots, n\}$ 都有 $\lambda_k(Z) \geqslant \lambda_k(X)$. 因此

$$\begin{aligned}
\lambda_k(X) - \lambda_k(Y) &\leqslant \big(\lambda_k(X) - \lambda_k(Y)\big) + 2\big(\lambda_k(Z) - \lambda_k(X)\big) \\
&= 2\lambda_k(Z) - \big(\lambda_k(X) + \lambda_k(Y)\big).
\end{aligned} \tag{5.122}$$

通过类似的方法, 有

$$\lambda_k(Y) - \lambda_k(X) \leqslant 2\lambda_k(Z) - \big(\lambda_k(X) + \lambda_k(Y)\big), \tag{5.123}$$

因而我们有

$$|\lambda_k(X) - \lambda_k(Y)| \leqslant 2\lambda_k(Z) - \big(\lambda_k(X) + \lambda_k(Y)\big). \tag{5.124}$$

因此我们可以得到

$$\begin{aligned}
\sum_{k=1}^{n} |\lambda_k(X) - \lambda_k(Y)| &\leqslant \sum_{k=1}^{n} \big(2\lambda_k(Z) - \big(\lambda_k(X) + \lambda_k(Y)\big)\big) \\
&= 2\,\mathrm{Tr}(Z) - \mathrm{Tr}(X) - \mathrm{Tr}(Y) = \mathrm{Tr}(P) + \mathrm{Tr}(Q) = \|X - Y\|_1.
\end{aligned} \tag{5.125}$$

这即证明了第一个不等式.

为了证明第二个不等式，我们要先观察到，由于 $X - Y$ 是 Hermite 的，所以存在投影算子 Π 使得

$$\|X - Y\|_1 = \langle 2\Pi - \mathbb{1}, X - Y \rangle. \tag{5.126}$$

设 $r = \operatorname{rank}(\Pi)$，并注意如下两个不等式：

$$\begin{aligned}
\langle \Pi, X \rangle &\leqslant \lambda_1(X) + \cdots + \lambda_r(X), \\
\langle \Pi, Y \rangle &\geqslant \lambda_{n-r+1}(Y) + \cdots + \lambda_n(Y).
\end{aligned} \tag{5.127}$$

由此可得

$$\begin{aligned}
&\|X - Y\|_1 \\
&\leqslant 2\big(\lambda_1(X) + \cdots + \lambda_r(X)\big) - 2\big(\lambda_{n-r+1}(Y) + \cdots + \lambda_n(Y)\big) \\
&\quad - \operatorname{Tr}(X) + \operatorname{Tr}(Y) \\
&= \sum_{k=1}^{r} (\lambda_k(X) - \lambda_{n-k+1}(Y)) + \sum_{k=r+1}^{n} (\lambda_{n-k+1}(Y) - \lambda_k(X)) \\
&\leqslant \sum_{k=1}^{n} |\lambda_k(X) - \lambda_{n-k+1}(Y)|,
\end{aligned} \tag{5.128}$$

也即我们需要的结果. $\square$

定理 5.26 的证明   定义 $\delta_0, \delta_1 \in [0, 1]$ 如下：

$$\begin{aligned}
\delta_0 &= \frac{1}{2} \sum_{k=1}^{n} |\lambda_k(\rho_0) - \lambda_k(\rho_1)|, \\
\delta_1 &= \frac{1}{2} \sum_{k=1}^{n} |\lambda_k(\rho_0) - \lambda_{n-k+1}(\rho_1)|.
\end{aligned} \tag{5.129}$$

根据引理 5.27，$\delta_0 \leqslant \delta \leqslant \delta_1$ 成立，因而对于某些 $\alpha \in [0, 1]$，有 $\delta = \alpha\delta_0 + (1-\alpha)\delta_1$. 根据定理 5.14，

$$\begin{aligned}
&|\mathrm{H}(\rho_0) - \mathrm{H}(\rho_1)| \\
&= |\mathrm{H}(\lambda_1(\rho_0), \cdots, \lambda_n(\rho_0)) - \mathrm{H}(\lambda_1(\rho_1), \cdots, \lambda_n(\rho_1))| \\
&\leqslant \delta_0 \log(n-1) + \mathrm{H}(\delta_0, 1 - \delta_0)
\end{aligned} \tag{5.130}$$

与

$$\begin{aligned}
&|\mathrm{H}(\rho_0) - \mathrm{H}(\rho_1)| \\
&= |\mathrm{H}(\lambda_1(\rho_0), \cdots, \lambda_n(\rho_0)) - \mathrm{H}(\lambda_n(\rho_1), \cdots, \lambda_1(\rho_1))| \\
&\leqslant \delta_1 \log(n-1) + \mathrm{H}(\delta_1, 1 - \delta_1)
\end{aligned} \tag{5.131}$$

成立. 因此, 根据 Shannon 熵函数的凹性 (命题 5.5), 我们需要的

$$
\begin{aligned}
|H(\rho_0) - H(\rho_1)| &\leqslant (\alpha\delta_0 + (1-\alpha)\delta_1)\log(n-1) \\
&\quad + \alpha\,H(\delta_0, 1-\delta_0) + (1-\alpha)\,H(\delta_1, 1-\delta_1) \\
&\leqslant \delta\log(n-1) + H(\delta, 1-\delta)
\end{aligned}
\tag{5.132}
$$

成立. □

对于所有的 $\delta \in [0,1]$ 及 $n \geqslant 2$, Fanes-Audenaert 不等式取等. 特别地, 对任选的 $n \geqslant 2$ 与 $\Sigma = \{1, \cdots, n\}$, 我们可以考虑密度算子

$$
\rho_0 = E_{1,1} \quad \text{和} \quad \rho_1 = (1-\delta)E_{1,1} + \frac{\delta}{n-1}\sum_{k=2}^{n} E_{k,k}.
\tag{5.133}
$$

则

$$
\delta = \frac{1}{2}\|\rho_0 - \rho_1\|_1
\tag{5.134}
$$

与

$$
|H(\rho_0) - H(\rho_1)| = H(\rho_1) = H(\delta, 1-\delta) + \delta\log(n-1)
\tag{5.135}
$$

成立.

5.2.2.7 由差商的极限得到的量子相对熵

如以下命题所述, 量子相对熵可以表示为其参数的一个简单表达式的极限. 这个性质在第 5.2.3 节证明量子相对熵的联合凸性时会有用.

命题 5.28 设 $P, Q \in \mathrm{Pos}(\mathcal{X})$ 为半正定算子, 这里 $\mathcal{X}$ 为复欧几里得空间. 下式成立:

$$
D(P\|Q) = \frac{1}{\ln(2)}\lim_{\varepsilon\downarrow 0}\frac{\mathrm{Tr}(P) - \langle P^{1-\varepsilon}, Q^{\varepsilon}\rangle}{\varepsilon}.
\tag{5.136}
$$

证明 当 $\mathrm{im}(P) \not\subseteq \mathrm{im}(Q)$ 时, 这个命题是直接成立的, 因为此时

$$
\lim_{\varepsilon\downarrow 0}\left(\mathrm{Tr}(P) - \langle P^{1-\varepsilon}, Q^{\varepsilon}\rangle\right) = \langle P, \mathbb{1} - \Pi_{\mathrm{im}(Q)}\rangle
\tag{5.137}
$$

是一个正实数. 这意味着式 (5.136) 中的极限可以像量子相对熵一样取到正无穷. 当 $P = 0$ 时该命题也直接成立. 因此剩下要考虑的就是 P 非零并且 $\mathrm{im}(P) \subseteq \mathrm{im}(Q)$ 的情况. 我们在剩下的证明中假设是这种情况.

设 $r = \mathrm{rank}(P)$ 且 $s = \mathrm{rank}(Q)$. 根据谱定理 (如推论 1.4 所述), 我们可以用规范正交的向量集 $\{x_1, \cdots, x_r\}$ 与 $\{y_1, \cdots, y_s\}$ 将其写作

$$
P = \sum_{j=1}^{r}\lambda_j(P)\, x_j x_j^* \quad \text{和} \quad Q = \sum_{k=1}^{s}\lambda_k(Q)\, y_k y_k^*.
\tag{5.138}
$$

定义函数 $f : \mathbb{R} \to \mathbb{R}$ 使得对所有 $\alpha \in \mathbb{R}$ 都有

$$
f(\alpha) = \sum_{j=1}^{r}\sum_{k=1}^{s}|\langle x_j, y_k\rangle|^2\,\lambda_j(P)^{1-\alpha}\,\lambda_k(Q)^{\alpha}.
\tag{5.139}
$$

这个函数在 $\alpha \in \mathbb{R}$ 的所有点上都可微, 其导数为

$$f'(\alpha) = -\sum_{j=1}^{r}\sum_{k=1}^{s}|\langle x_j, y_k\rangle|^2\,\lambda_j(P)^{1-\alpha}\,\lambda_k(Q)^\alpha\ln\left(\frac{\lambda_j(P)}{\lambda_k(Q)}\right). \tag{5.140}$$

现在我们知道对所有 $\alpha \in (0,1)$,

$$f(\alpha) = \langle P^{1-\alpha}, Q^\alpha\rangle \tag{5.141}$$

都成立, 并且

$$f(0) = \langle P, \Pi_{\mathrm{im}(Q)}\rangle = \mathrm{Tr}(P). \tag{5.142}$$

在 0 点取 f 的导数

$$f'(0) = -\ln(2)\,\mathrm{D}(P\|Q), \tag{5.143}$$

根据导数的定义, 即差商的极限, 可以得到

$$f'(0) = \lim_{\varepsilon\downarrow 0}\frac{f(\varepsilon) - f(0)}{\varepsilon} = \lim_{\varepsilon\downarrow 0}\frac{\langle P^{1-\varepsilon}, Q^\varepsilon\rangle - \mathrm{Tr}(P)}{\varepsilon}. \tag{5.144}$$

将式 (5.144) 与式 (5.143) 结合起来就证明了该命题.　□

5.2.3　量子相对熵的联合凸性

本节包含对关于量子相对熵的一个基本事实的证明, 即它是一个联合凸函数. 通过这个关键事实, 我们可以证明 von Neumann 熵与量子相对熵函数的许多重要性质.

5.2.3.1　量子相对熵联合凸性的证明

量子相对熵的联合凸性有很多种证明方法. 将要给出的证明方法需要用到下面这个关于 2 阶半正定块算子的对角与非对角块的引理. 这里假设这些块都是 Hermite 的, 并且对角块对易.

引理 5.29　设 $\mathcal{X}$ 为复欧几里得空间, $P, Q \in \mathrm{Pos}(\mathcal{X})$ 为半正定算子, 并满足 $[P, Q] = 0$, 另外假设 $H \in \mathrm{Herm}(\mathcal{X})$ 为 Hermite 算子, 使得

$$\begin{pmatrix} P & H \\ H & Q \end{pmatrix} \in \mathrm{Pos}(\mathcal{X} \oplus \mathcal{X}). \tag{5.145}$$

则 $H \leqslant \sqrt{P}\sqrt{Q}$ 成立.

证明　先证明这个引理在 P 与 Q 都为半正定算子时成立. 根据引理 3.18 我们有

$$\left\|P^{-\frac{1}{2}}HQ^{-\frac{1}{2}}\right\| \leqslant 1, \tag{5.146}$$

这意味着算子 $P^{-\frac{1}{2}}HQ^{-\frac{1}{2}}$ 的所有本征值的绝对值都小于 1. 由于 P 与 Q 对易, 所以 $P^{-\frac{1}{4}}Q^{-\frac{1}{4}}HQ^{-\frac{1}{4}}P^{-\frac{1}{4}}$ 的所有本征值都满足 $P^{-\frac{1}{2}}HQ^{-\frac{1}{2}}$, 因此

$$\lambda_1\left(P^{-\frac{1}{4}}Q^{-\frac{1}{4}}HQ^{-\frac{1}{4}}P^{-\frac{1}{4}}\right) \leqslant 1. \tag{5.147}$$

不等式 (5.147) 等价于

$$P^{-\frac{1}{4}}Q^{-\frac{1}{4}}HQ^{-\frac{1}{4}}P^{-\frac{1}{4}} \leqslant \mathbb{1}. \tag{5.148}$$

因此，再次根据 P 与 Q 对易，可以推出 $H \leqslant \sqrt{P}\sqrt{Q}$.

在 P 与 Q 不一定半正定的更一般的情况下，上述论证可以用于 $P + \varepsilon\mathbb{1}$ 与 $Q + \varepsilon\mathbb{1}$ 对应地替换 P 与 Q 的情形. 对所有 $\varepsilon > 0$，这可以得到

$$H \leqslant \sqrt{P + \varepsilon\mathbb{1}}\sqrt{Q + \varepsilon\mathbb{1}}. \tag{5.149}$$

函数 $\varepsilon \mapsto \sqrt{P + \varepsilon\mathbb{1}}\sqrt{Q + \varepsilon\mathbb{1}} - H$ 在定义域 $[0, \infty)$ 上是连续的，因此闭集 $\mathrm{Pos}(\mathcal{X})$ 关于该函数的原像也是闭的. 由于任意的 $\varepsilon > 0$ 都处于这个原像中，因而 0 也在这个原像中：$\sqrt{P}\sqrt{Q} - H$ 是半正定的，也即证明了这个引理. □

证明量子相对熵的联合凸性的下一步是证明如下定理. 它是 Lieb 凹定理的一种形式.

定理 5.30（Lieb 凹定理）　设 $A_0, A_1 \in \mathrm{Pos}(\mathcal{X})$ 与 $B_0, B_1 \in \mathrm{Pos}(\mathcal{Y})$ 为半正定算子，这里 $\mathcal{X}$ 与 $\mathcal{Y}$ 为复欧几里得空间. 对任选的实数 $\alpha \in [0, 1]$，下式成立：

$$(A_0 + A_1)^\alpha \otimes (B_0 + B_1)^{1-\alpha} \geqslant A_0^\alpha \otimes B_0^{1-\alpha} + A_1^\alpha \otimes B_1^{1-\alpha}. \tag{5.150}$$

注：在这个定理与它的证明中，我们对所有半正定算子 P 都取 $P^0 = \Pi_{\mathrm{im}(P)}$.

定理 5.30 的证明　对所有实数 $\alpha \in [0, 1]$，定义如下算子：

$$X(\alpha) = A_0^\alpha \otimes B_0^{1-\alpha},$$
$$Y(\alpha) = A_1^\alpha \otimes B_1^{1-\alpha}, \tag{5.151}$$
$$Z(\alpha) = (A_0 + A_1)^\alpha \otimes (B_0 + B_1)^{1-\alpha}.$$

这三组算子相互对易，即对任意的 $\alpha, \beta \in [0, 1]$，

$$[X(\alpha), X(\beta)] = 0, \quad [Y(\alpha), Y(\beta)] = 0 \quad \text{且} \quad [Z(\alpha), Z(\beta)] = 0, \tag{5.152}$$

另外，它们还满足

$$\sqrt{X(\alpha)}\sqrt{X(\beta)} = X\left(\frac{\alpha + \beta}{2}\right), \tag{5.153}$$

$$\sqrt{Y(\alpha)}\sqrt{Y(\beta)} = Y\left(\frac{\alpha + \beta}{2}\right), \tag{5.154}$$

$$\sqrt{Z(\alpha)}\sqrt{Z(\beta)} = Z\left(\frac{\alpha + \beta}{2}\right). \tag{5.155}$$

利用这些算子，该定理等价于对所有 $\alpha \in [0, 1]$，

$$Z(\alpha) \geqslant X(\alpha) + Y(\alpha). \tag{5.156}$$

定义在区间 $[0, 1]$ 上的函数

$$\alpha \mapsto Z(\alpha) - (X(\alpha) + Y(\alpha)) \tag{5.157}$$

是连续的, 因而闭集 $\mathrm{Pos}(\mathcal{X} \otimes \mathcal{Y})$ 关于该函数的原像也是闭的. 所以我们只需要证明 $\alpha \in [0,1]$ 中满足式 (5.156) 的元素在 $[0,1]$ 中是稠密的即可.

现在, 假设我们已经证明了对某些实数 $\alpha, \beta \in [0,1]$ 有

$$Z(\alpha) \geqslant X(\alpha) + Y(\alpha) \quad \text{和} \quad Z(\beta) \geqslant X(\beta) + Y(\beta). \tag{5.158}$$

则

$$\begin{pmatrix} \sqrt{X(\alpha)} \\ \sqrt{X(\beta)} \end{pmatrix} \begin{pmatrix} \sqrt{X(\alpha)} & \sqrt{X(\beta)} \end{pmatrix} = \begin{pmatrix} X(\alpha) & X\left(\dfrac{\alpha+\beta}{2}\right) \\ X\left(\dfrac{\alpha+\beta}{2}\right) & X(\beta) \end{pmatrix} \tag{5.159}$$

是半正定的, 并且

$$\begin{pmatrix} \sqrt{Y(\alpha)} \\ \sqrt{Y(\beta)} \end{pmatrix} \begin{pmatrix} \sqrt{Y(\alpha)} & \sqrt{Y(\beta)} \end{pmatrix} = \begin{pmatrix} Y(\alpha) & Y\left(\dfrac{\alpha+\beta}{2}\right) \\ Y\left(\dfrac{\alpha+\beta}{2}\right) & Y(\beta) \end{pmatrix} \tag{5.160}$$

也是半正定的. 因此这两个矩阵的和也是半正定的. 另外, 由于不等式 (5.158), 所以我们有

$$\begin{pmatrix} Z(\alpha) & X\left(\dfrac{\alpha+\beta}{2}\right) + Y\left(\dfrac{\alpha+\beta}{2}\right) \\ X\left(\dfrac{\alpha+\beta}{2}\right) + Y\left(\dfrac{\alpha+\beta}{2}\right) & Z(\beta) \end{pmatrix} \tag{5.161}$$

是半正定的. 通过使用引理 5.29, 我们可以得到

$$X\left(\frac{\alpha+\beta}{2}\right) + Y\left(\frac{\alpha+\beta}{2}\right) \leqslant \sqrt{Z(\alpha)}\sqrt{Z(\beta)} = Z\left(\frac{\alpha+\beta}{2}\right). \tag{5.162}$$

显然, $Z(0) \geqslant X(0) + Y(0)$ 且 $Z(1) \geqslant X(1) + Y(1)$. 对任选的 $\alpha, \beta \in [0,1]$, 由于不等式 (5.158), 我们可以得到

$$Z\left(\frac{\alpha+\beta}{2}\right) \geqslant X\left(\frac{\alpha+\beta}{2}\right) + Y\left(\frac{\alpha+\beta}{2}\right). \tag{5.163}$$

因此不等式 (5.156) 必须对所有 $\alpha = k/2^n$ 形式的 $\alpha \in [0,1]$ 都成立. 这里 k 为非负整数且与 n 满足 $k \leqslant 2^n$. 所有这类 α 的集合在 $[0,1]$ 中是稠密的, 因而我们证明了该定理. $\square$

推论 5.31 设 $P_0, P_1, Q_0, Q_1 \in \mathrm{Pos}(\mathcal{X})$ 为半正定算子, 这里 $\mathcal{X}$ 为复欧几里得空间. 下式对所有 $\alpha \in [0,1]$ 成立:

$$\langle (P_0 + P_1)^\alpha, (Q_0 + Q_1)^{1-\alpha} \rangle \geqslant \langle P_0^\alpha, Q_0^{1-\alpha} \rangle + \langle P_1^\alpha, Q_1^{1-\alpha} \rangle. \tag{5.164}$$

证明 通过替换定理 5.30 中的算子 $(A_0 = P_0,\ A_1 = P_1,\ B_0 = Q_0^\mathsf{T},\ B_1 = Q_1^\mathsf{T})$ 我们可以得到

$$(P_0 + P_1)^\alpha \otimes (Q_0^\mathsf{T} + Q_1^\mathsf{T})^{1-\alpha} \geqslant P_0^\alpha \otimes (Q_0^\mathsf{T})^{1-\alpha} + P_1^\alpha \otimes (Q_1^\mathsf{T})^{1-\alpha}, \tag{5.165}$$

因此

$$
\begin{aligned}
&\operatorname{vec}(\mathbb{1}_{\mathcal{X}})^* \big((P_0 + P_1)^\alpha \otimes (Q_0^{\mathsf{T}} + Q_1^{\mathsf{T}})^{1-\alpha}\big) \operatorname{vec}(\mathbb{1}_{\mathcal{X}}) \\
&\geqslant \operatorname{vec}(\mathbb{1}_{\mathcal{X}})^* \big(P_0^\alpha \otimes (Q_0^{\mathsf{T}})^{1-\alpha} + P_1^\alpha \otimes (Q_1^{\mathsf{T}})^{1-\alpha}\big) \operatorname{vec}(\mathbb{1}_{\mathcal{X}}).
\end{aligned}
\tag{5.166}
$$

将不等式两边简化即可得到式 (5.164)，即我们需要的结果. □

将推论 5.31 与命题 5.28 结合起来便得到了量子相对熵的联合凸性.

定理 5.32 设 $\mathcal{X}$ 为复欧几里得空间，且 $P_0, P_1, Q_0, Q_1 \in \operatorname{Pos}(\mathcal{X})$ 为半正定算子. 则

$$
\mathrm{D}(P_0 + P_1 \| Q_0 + Q_1) \leqslant \mathrm{D}(P_0 \| Q_0) + \mathrm{D}(P_1 \| Q_1).
\tag{5.167}
$$

证明 根据命题 5.28 以及推论 5.31，下式成立：

$$
\begin{aligned}
&\mathrm{D}(P_0 + P_1 \| Q_0 + Q_1) \\
&= \frac{1}{\ln(2)} \lim_{\varepsilon \downarrow 0} \frac{\operatorname{Tr}(P_0 + P_1) - \langle (P_0 + P_1)^{1-\varepsilon}, (Q_0 + Q_1)^{\varepsilon} \rangle}{\varepsilon} \\
&\leqslant \frac{1}{\ln(2)} \left(\lim_{\varepsilon \downarrow 0} \frac{\operatorname{Tr}(P_0) - \langle P_0^{1-\varepsilon}, Q_0^{\varepsilon} \rangle}{\varepsilon} + \lim_{\varepsilon \downarrow 0} \frac{\operatorname{Tr}(P_1) - \langle P_1^{1-\varepsilon}, Q_1^{\varepsilon} \rangle}{\varepsilon} \right) \\
&= \mathrm{D}(P_0 \| Q_0) + \mathrm{D}(P_1 \| Q_1),
\end{aligned}
\tag{5.168}
$$

也即证明了该定理. □

推论 5.33(量子相对熵的联合凸性) 设 $\mathcal{X}$ 为复欧几里得空间，$P_0, P_1, Q_0, Q_1 \in \operatorname{Pos}(\mathcal{X})$ 为半正定算子，并且 $\lambda \in [0, 1]$. 下式成立：

$$
\begin{aligned}
&\mathrm{D}(\lambda P_0 + (1-\lambda)P_1 \| \lambda Q_0 + (1-\lambda)Q_1) \\
&\leqslant \lambda \, \mathrm{D}(P_0 \| Q_0) + (1-\lambda) \, \mathrm{D}(P_1 \| Q_1).
\end{aligned}
\tag{5.169}
$$

证明 当 $\lambda = 0$ 或者 $\lambda = 1$ 时，这个推论显然成立. 在其他情况下，将定理 5.32 与恒等式 (5.99) 结合起来可以得到

$$
\begin{aligned}
&\mathrm{D}(\lambda P_0 + (1-\lambda)P_1 \| \lambda Q_0 + (1-\lambda)Q_1) \\
&\leqslant \mathrm{D}(\lambda P_0 \| \lambda Q_0) + \mathrm{D}((1-\lambda)P_1 \| (1-\lambda)Q_1) \\
&= \lambda \, \mathrm{D}(P_0 \| Q_0) + (1-\lambda) \, \mathrm{D}(P_1 \| Q_1),
\end{aligned}
\tag{5.170}
$$

也即我们需要的结果. □

5.2.3.2 量子相对熵的单调性

正如前面所说，量子相对熵函数联合凸的性质有很多有趣的应用. 其应用之一就是量子相对熵函数在所有信道作用下的单调递减性. 下一个命题说明了这对混合酉信道的正确性，而接下来的定理说明了这对所有信道都是成立的.

命题 5.34 设 $\mathcal{X}$ 复欧几里得空间，$\Phi \in \mathrm{C}(\mathcal{X})$ 为混合酉信道，而 $P, Q \in \operatorname{Pos}(\mathcal{X})$ 为半正定算子. 下式成立：

$$
\mathrm{D}\big(\Phi(P) \| \Phi(Q)\big) \leqslant \mathrm{D}(P \| Q).
\tag{5.171}
$$

证明 由于 Φ 是混合酉信道，所以必然存在一个字母表 Σ、酉算子集合 $\{U_a : a \in \Sigma\} \subset$ U$(\mathcal{X})$，以及一个概率向量 $p \in \mathcal{P}(\Sigma)$，使得对所有 $X \in$ L$(\mathcal{X})$ 都有

$$\Phi(X) = \sum_{a \in \Sigma} p(a) U_a X U_a^*. \tag{5.172}$$

应用推论 5.33 以及命题 5.19，我们有

$$
\begin{aligned}
D(\Phi(P)\|\Phi(Q)) &= D\left(\sum_{a \in \Sigma} p(a) U_a P U_a^* \,\Big\|\, \sum_{a \in \Sigma} p(a) U_a Q U_a^* \right) \\
&\leqslant \sum_{a \in \Sigma} p(a)\, D\left(U_a P U_a^* \,\|\, U_a Q U_a^* \right) = \sum_{a \in \Sigma} p(a)\, D(P\|Q) = D(P\|Q),
\end{aligned} \tag{5.173}
$$

也即我们要的结果. □

定理 5.35 (量子相对熵的单调性) 设 $\mathcal{X}$ 与 $\mathcal{Y}$ 为复欧几里得空间，$P, Q \in Pos(\mathcal{X})$ 为半正定算子，而 $\Phi \in$ C$(\mathcal{X}, \mathcal{Y})$ 为信道. 下式成立：

$$D(\Phi(P)\|\Phi(Q)) \leqslant D(P\|Q). \tag{5.174}$$

证明 根据推论 2.27，必然存在一个复欧几里得空间 $\mathcal{Z}$ 以及一个线性等距算子 $A \in$ U$(\mathcal{X}, \mathcal{Y} \otimes \mathcal{Z})$ 使得对所有 $X \in$ L$(\mathcal{X})$，

$$\Phi(X) = \mathrm{Tr}_{\mathcal{Z}}(AXA^*). \tag{5.175}$$

设 $\Omega \in$ C$(\mathcal{Z})$ 为完全去极化信道，并且对所有 $Z \in$ L$(\mathcal{Z})$ 都有 $\Omega(Z) = \mathrm{Tr}(Z)\omega$，这里

$$\omega = \frac{\mathbb{1}_{\mathcal{Z}}}{\dim(\mathcal{Z})} \tag{5.176}$$

代表空间 $\mathcal{Z}$ 上的完全混态. 正如 4.1.2 节所说，Ω 是混合酉信道，所以有 $\mathbb{1}_{L(\mathcal{Y})} \otimes \Omega$ 也是混合酉信道. 根据命题 5.34 以及命题 5.19，我们有

$$
\begin{aligned}
D\big((\mathbb{1}_{L(\mathcal{Y})} \otimes \Omega)(APA^*) &\big\| (\mathbb{1}_{L(\mathcal{Y})} \otimes \Omega)(AQA^*)\big) \\
&\leqslant D(APA^* \| AQA^*) = D(P\|Q).
\end{aligned} \tag{5.177}
$$

因为对所有 $X \in$ L$(\mathcal{X})$，

$$(\mathbb{1}_{L(\mathcal{Y})} \otimes \Omega)(AXA^*) = \mathrm{Tr}_{\mathcal{Z}}(AXA^*) \otimes \omega = \Phi(X) \otimes \omega, \tag{5.178}$$

所以根据命题 5.21，

$$D(\Phi(P)\|\Phi(Q)) = D\big(\Phi(P) \otimes \omega \,\big\|\, \Phi(Q) \otimes \omega\big) \leqslant D(P\|Q), \tag{5.179}$$

这样就完成了证明. □

5.2.3.3 von Neumann 熵的强次可加性

下面这个定理是量子相对熵的另一个应用. 该定理说明, von Neumann 熵具有称为强次可加性的性质.

定理 5.36 (von Neumann 熵的强次可加性) 设 X、Y 与 Z 为寄存器. 寄存器 (X, Y, Z) 上所有的态都满足

$$H(X, Y, Z) + H(Z) \leqslant H(X, Z) + H(Y, Z). \tag{5.180}$$

证明 任选 $\rho \in D(\mathcal{X} \otimes \mathcal{Y} \otimes \mathcal{Z})$ 并使

$$\omega = \frac{\mathbb{1}_{\mathcal{X}}}{\dim(\mathcal{X})} \tag{5.181}$$

代表空间 $\mathcal{X}$ 上的完全混态. 可以直接验证下面两个等式:

$$\begin{aligned} &D\big(\rho[X, Y, Z] \,\|\, \omega \otimes \rho[Y, Z]\big) \\ &= -H\big(\rho[X, Y, Z]\big) + H\big(\rho[Y, Z]\big) + \log(\dim(\mathcal{X})) \end{aligned} \tag{5.182}$$

与

$$\begin{aligned} &D\big(\rho[X, Z] \,\|\, \omega \otimes \rho[Z]\big) \\ &= -H\big(\rho[X, Z]\big) + H\big(\rho[Z]\big) + \log(\dim(\mathcal{X})). \end{aligned} \tag{5.183}$$

把 $\Phi \in C(\mathcal{X} \otimes \mathcal{Y} \otimes \mathcal{Z}, \mathcal{X} \otimes \mathcal{Z})$ 设为定理 5.35 中对 $\mathcal{Y}$ 取偏迹的信道, 我们可以发现

$$D\big(\rho[X, Z] \,\|\, \omega \otimes \rho[Z]\big) \leqslant D\big(\rho[X, Y, Z] \,\|\, \omega \otimes \rho[Y, Z]\big), \tag{5.184}$$

因此

$$H\big(\rho[X, Y, Z]\big) + H\big(\rho[Z]\big) \leqslant H\big(\rho[X, Z]\big) + H\big(\rho[Y, Z]\big), \tag{5.185}$$

也即证明了该定理. $\qquad\qquad\square$

下面这个推论给出了 von Neumann 具有强次可加性的一个等价表述. 这是用量子互信息表示的.

推论 5.37 设 X、Y 与 Z 为寄存器. 寄存器 (X, Y, Z) 上所有的态都有

$$I(X : Z) \leqslant I(X : Y, Z). \tag{5.186}$$

证明 根据定理 5.36, 我们有

$$H(X, Y, Z) + H(Z) \leqslant H(X, Z) + H(Y, Z), \tag{5.187}$$

这等价于

$$H(Z) - H(X, Z) \leqslant H(Y, Z) - H(X, Y, Z). \tag{5.188}$$

在其左右两边分别加上 H(X) 可以得到

$$H(X) + H(Z) - H(X, Z) \leqslant H(X) + H(Y, Z) - H(X, Y, Z). \tag{5.189}$$

这个不等式等价于式 (5.186), 也即完成了证明. $\qquad\qquad\square$

5.2.3.4 量子 Pinsker 不等式

本节介绍的量子相对熵的联合凸性的最后一个应用是定理 5.15 的量子版本, 它根据两个密度算子间的迹距离给出了其间量子相对熵的下界.

定理 5.38(量子 Pinsker 不等式) 设 $\rho_0, \rho_1 \in \mathrm{D}(\mathcal{X})$ 为密度算子, 这里 $\mathcal{X}$ 为复欧几里得空间. 下式成立:

$$\mathrm{D}(\rho_0 \| \rho_1) \geqslant \frac{1}{2\ln(2)} \|\rho_0 - \rho_1\|_1^2. \tag{5.190}$$

证明 设 $\Sigma = \{0, 1\}$ 而 $\mu : \Sigma \to \mathrm{Pos}(\mathcal{X})$ 是区分态 ρ_0 与 ρ_1 的最优测量, 这里假设它们像 3.1.1 节中的一样, 以相等的概率出现. 对于定义为 $p_0(a) = \langle \mu(a), \rho_0 \rangle$ 与 $p_1(a) = \langle \mu(a), \rho_1 \rangle$ 的概率向量 $p_0, p_1 \in \mathcal{P}(\Sigma)$ (这里 $a \in \Sigma$), 我们可以得到

$$\|p_0 - p_1\|_1 = \|\rho_0 - \rho_1\|_1. \tag{5.191}$$

现在设 $\Phi \in \mathrm{C}(\mathcal{X}, \mathbb{C}^\Sigma)$ 为关于 μ 的量子-经典信道, 并满足对任意 $X \in \mathrm{L}(\mathcal{X})$ 都有

$$\Phi(X) = \langle \mu(0), X \rangle E_{0,0} + \langle \mu(1), X \rangle E_{1,1}. \tag{5.192}$$

根据定理 5.35, 下式成立:

$$\mathrm{D}(\rho_0 \| \rho_1) \geqslant \mathrm{D}(\Phi(\rho_0) \| \Phi(\rho_1)) = \mathrm{D}(p_0 \| p_1), \tag{5.193}$$

另外根据定理 5.15 我们有

$$\mathrm{D}(p_0 \| p_1) \geqslant \frac{1}{2\ln(2)} \|p_0 - p_1\|_1^2. \tag{5.194}$$

由式 (5.191)、式 (5.193) 与式 (5.194) 即可得到该定理.   □

5.3 信源编码

本节将讨论信源编码的概念. 这与量子信息, 特别是 von Neumann 熵函数有关. 这里讨论的信源编码表示根据信源将信息以可以被解码的方式进行编码的过程. 这个过程的一个自然的目标是, 压缩信源产生的信息以降低储存或者传输的损耗. 这里我们将讨论信源编码的三种主要方法.

第一种方法是一个纯经典的方法. 我们将一个经典信源产生的信息编码到一个固定长度的二元串 (01 串) 上, 使得该信源产生的信息可以被高概率地解码. Shannon 信源编码定理给出了在信源满足标准的假设时, 该任务的压缩率可达的一个渐近界.

第二种方法是第一种方法的量子版本: 将一个信源产生的量子信息编码到一系列量子比特上, 并随后解码. 一个由 Schumacher 得到的定理 (对应于 Shannon 信源编码定理的量子版本) 给出了该任务的压缩率可达的渐近界.

第三种方法是将信源产生的经典信息编码到一些寄存器的量子态上, 然后通过对这些寄存器的测量来进行解码. 由 Holevo 和 Nayak 证明的定理给出了这个任务的两种特定形式的基本限制.

5.3.1 经典信源编码

在本节介绍的第一种信源编码方法中，一个经典信源可以从一个已知概率分布中独立地产生一系列符号. 这一系列符号将通过可解码的方式被编码到二元串上. 在解码时我们需要能以高概率恢复信源产生的原始序列.

正如本书一贯的方式，此讨论的主要目的是介绍经典信源编码的一些基本概念与技术. 这些将在之后被推广到该任务的量子版本. 在这个目标下，我们的讨论只限于固定长度编码的方案. 其中，编码的长度只取决于信源产生的符号数量，而非符号本身. 在设计这样的方案时，一个典型的目标是在保证高概率恢复原始序列的前提下，最小化二元串编码的长度.

Shannon 信源编码定理[⊝]给出了该方案下可达的压缩率与描述该信源的概率向量的 Shannon 熵之间的基本联系.

5.3.1.1 编码方案与 Shannon 信源编码定理的表述

设 Σ 为字母表，$p \in \mathcal{P}(\Sigma)$ 概率向量并且 $\Gamma = \{0,1\}$ 表示二元字母表. 对于任意正整数 n、实数 $\alpha > 0$、$\delta \in (0,1)$ 与 $m = \lfloor \alpha n \rfloor$，如果一对映射

$$
\begin{aligned}
f &: \Sigma^n \to \Gamma^m \\
g &: \Gamma^m \to \Sigma^n
\end{aligned}
\tag{5.195}
$$

对

$$
G = \left\{ a_1 \cdots a_n \in \Sigma^n : g(f(a_1 \cdots a_n)) = a_1 \cdots a_n \right\}
\tag{5.196}
$$

满足

$$
\sum_{a_1 \cdots a_n \in G} p(a_1) \cdots p(a_n) > 1 - \delta,
\tag{5.197}
$$

则它称为 p 的(n, α, δ)-编码方案 (在这里以及本章之后的部分，Σ^n 形式的集合的元素将写作字符串 $a_1 \cdots a_n$，而非 n 元组 $(a_1, \cdots, a_n)$. 对于其他字母表的笛卡儿积的处理也一样).

式 (5.197) 左边的表达式表示以 p 的概率随机独立选取 $a_1, \cdots, a_n \in \Sigma$ 中的符号，满足

$$
g(f(a_1 \cdots a_n)) = a_1 \cdots a_n
\tag{5.198}
$$

的概率. 下面这个情形表示了一个可以使用这个编码方案的设定.

情形 5.39 Alice 有一个从字母表 Σ 中持续产生符号的设备 (信源). 每一个随机产生的符号都是根据概率向量 p 独立分布的. Alice 让这个设备产生包含 n 个符号 $a_1 \cdots a_n$ 的串，并希望用最少的比特数与 Bob 交流这串符号.

⊝ 本章中表述的是该定理在固定长度编码方案下的版本. 这个方案可以更直接地与量子设定相对应. Shannon 信源编码定理通常是用变长编码的方案来表述的，此时我们的目标是在最小化二元串编码的期望长度的前提下，保证完美地复现原始符号.

Alice 与 Bob 使用式 (5.195) 形式的编码方案实现这一目标. 这个方案在生成随机符号 $a_1 \cdots a_n$ 之前便被双方确定了下来. Alice 通过计算 $f(a_1 \cdots a_n)$ 将 $a_1 \cdots a_n$ 编码到一个 $m = \lfloor \alpha n \rfloor$ 比特的串上, 并将生成的串 $f(a_1 \cdots a_n)$ 发给 Bob. Bob 通过使用函数 g 将该串解码, 得到 $g(f(a_1 \cdots a_n))$. 在式 (5.198) 成立的事件中, 我们说这个编码方案是正确的. 这等价于 $a_1 \cdots a_n \in G$, 因为这样 Bob 可以得到正确的字符串 $a_1 \cdots a_n$.

当 (f, g) 是 p 的一个 (n, α, δ)-编码方案时, 数字 δ 是该编码方案出错的概率的一个上界. 在这里, 出错意味着 Bob 无法复原 Alice 从信源得到的字符串. α 代表 (当 n 的值增加的时候) 编码每个符号需要的平均比特数. □

显然, 对于给定的概率向量 p, 总是存在某些参数 n、α 与 δ 能给出一个 (n, α, δ)-编码方案, 并且这三个参数唯一地确定了该方案. 从下面这个定理可知, 使编码方案存在的 α 的值域与 Shannon 熵 $\mathrm{H}(p)$ 紧密相关.

定理 5.40 (Shannon 信源编码定理)   设 Σ 为字母表, $p \in \mathcal{P}(\Sigma)$ 为概率向量, $\alpha > 0$ 并且 $\delta \in (0, 1)$ 是一个实数. 如下命题成立:

1. 如果 $\alpha > \mathrm{H}(p)$, 则对除了有限个正整数以外的 n, 存在 p 的 (n, α, δ)-编码方案.

2. 如果 $\alpha < \mathrm{H}(p)$, 则对最多有有限个正整数 n, 存在 p 的 (n, α, δ)-编码方案.

这个定理的证明将在对典型字符串这个概念的讨论之后给出. 这个概念是本证明的核心. 典型性这个一般的概念可以有多种定义方式. 因为它可以引出量子信道容量这个话题, 所以其在第 8 章中也会是一个主要的部分.

5.3.1.2 典型字符串

对于一个给定的符号的分布、字符串长度以及一个误差参数, 典型字符串的概念定义如下.

定义 5.41   设 Σ 为字母表, $p \in \mathcal{P}(\Sigma)$ 为概率向量, n 为正整数, 且 $\varepsilon > 0$ 为一个正实数. 如果字符串 $a_1 \cdots a_n \in \Sigma^n$ 满足

$$2^{-n(\mathrm{H}(p)+\varepsilon)} < p(a_1) \cdots p(a_n) < 2^{-n(\mathrm{H}(p)-\varepsilon)}, \tag{5.199}$$

则其称为关于 p 是 ε-**典型**的. $T_{n,\varepsilon}(p)$ 代表所有满足不等式 (5.199) 的字符串的集合 $a_1 \cdots a_n \in \Sigma^n$. 由于我们可以把 p 当作内秉参数, 所以可以用 $T_{n,\varepsilon}$ 替代 $T_{n,\varepsilon}(p)$.

下面这个命题指出, 对于其中每一个符号以 $p \in \mathcal{P}(\Sigma)$ 独立分布的随机字符串 $a_1 \cdots a_n \in \Sigma^n$, 随着 n 的增长, 该字符串越来越有可能是 ε-典型的.

命题 5.42   设 Σ 为字母表, $p \in \mathcal{P}(\Sigma)$ 为概率向量, 且 $\varepsilon > 0$. 下式成立:

$$\lim_{n \to \infty} \sum_{a_1 \cdots a_n \in T_{n,\varepsilon}(p)} p(a_1) \cdots p(a_n) = 1. \tag{5.200}$$

证明   定义随机变量 $X : \Sigma \to [0, \infty)$ 为

$$X(a) = \begin{cases} -\log(p(a)) & p(a) > 0 \\ 0 & p(a) = 0 \end{cases} \tag{5.201}$$

并且它的分布服从概率向量 p. 该随机变量的期望值为 $\mathrm{E}(X) = \mathrm{H}(p)$.

现在, 对所有的正整数 n, 以及在 X 上恒等分布的独立随机变量 $X_1, \cdots, X_n$, 我们有

$$\Pr\left(\left|\frac{X_1 + \cdots + X_n}{n} - \mathrm{H}(p)\right| < \varepsilon\right) = \sum_{a_1 \cdots a_n \in T_{n,\varepsilon}(p)} p(a_1) \cdots p(a_n). \tag{5.202}$$

因此根据弱大数定律 (定理 1.15), 该命题得证. □

接下来的命题给出了给定长度的 ε-典型字符串的数量的上界.

命题 5.43 设 Σ 为字母表, $p \in \mathcal{P}(\Sigma)$ 为概率向量, $\varepsilon > 0$ 为正实数, n 为正整数. 下式成立:

$$|T_{n,\varepsilon}(p)| < 2^{n(\mathrm{H}(p)+\varepsilon)}. \tag{5.203}$$

证明 根据 ε-典型的定义, 我们有

$$1 \geqslant \sum_{a_1 \cdots a_n \in T_{n,\varepsilon}(p)} p(a_1) \cdots p(a_n) > 2^{-n(\mathrm{H}(p)+\varepsilon)} |T_{n,\varepsilon}(p)|, \tag{5.204}$$

因此 $|T_{n,\varepsilon}(p)| < 2^{n(\mathrm{H}(p)+\varepsilon)}$. □

5.3.1.3 Shannon 信源编码定理的证明

Shannon 信源编码定理 (定理 5.40) 可以用一个概念上非常简单的方法证明: 对于足够大的 n, 我们只要为每一个典型字符串分配一个唯一的二元串, 并随机分配其他的字符串, 就能得到一个合适的编码方法. 相反, 如果一个编码方案对大比例的典型字符串都失效, 那么我们能证明这个方案有很高的概率失效.

定理 5.40 的证明 首先假设 $\alpha > \mathrm{H}(p)$, 并选择 $\varepsilon > 0$ 使得 $\alpha > \mathrm{H}(p) + 2\varepsilon$. 形式为

$$f_n : \Sigma^n \to \Gamma^m$$
$$g_n : \Gamma^m \to \Sigma^n \tag{5.205}$$

的编码方案 (其中 $m = \lfloor \alpha n \rfloor$) 对所有满足 $n > 1/\varepsilon$ 的 n 都有定义. 我们可以看到, 对于每一个 $n > 1/\varepsilon$, $\alpha > \mathrm{H}(p) + 2\varepsilon$ 的假设都代表

$$m = \lfloor \alpha n \rfloor > n(\mathrm{H}(p) + \varepsilon). \tag{5.206}$$

根据命题 5.43,

$$|T_{n,\varepsilon}| < 2^{n(\mathrm{H}(p)+\varepsilon)} < 2^m \tag{5.207}$$

成立. 因此我们可以定义一个在 $T_{n,\varepsilon}$ 上是单射的函数 $f_n : \Sigma^n \to \Gamma^m$, 以及 $g_n : \Gamma^m \to \Sigma^n$, 满足对所有 $a_1 \cdots a_n \in T_{n,\varepsilon}$, 有

$$g_n(f_n(a_1 \cdots a_n)) = a_1 \cdots a_n. \tag{5.208}$$

因而，对于

$$G_n = \{a_1 \cdots a_n \in \Sigma^n : g_n(f_n(a_1 \cdots a_n)) = a_1 \cdots a_n\}, \tag{5.209}$$

我们有 $T_{n,\varepsilon} \subseteq G_n$，所以

$$\sum_{a_1 \cdots a_n \in G_n} p(a_1) \cdots p(a_n) \geqslant \sum_{a_1 \cdots a_n \in T_{n,\varepsilon}} p(a_1) \cdots p(a_n). \tag{5.210}$$

根据命题 5.42，对于足够大的 n，式 (5.210) 右边的值大于 $1 - \delta$. 因此，对于足够大的 n，编码方案 (f_n, g_n) 是一个 (n, α, δ)-编码方案. 这也即证明了该定理的第一个命题.

现在假设 $\alpha < \mathrm{H}(p)$，并为每一个 n 都给定一个式 (5.205) 形式的编码方案. 另外像式 (5.209) 一样定义 $G_n \subseteq \Sigma^n$. 则对每一个 n，都有

$$|G_n| \leqslant 2^m = 2^{\lfloor \alpha n \rfloor}, \tag{5.211}$$

因为如果有两个或以上不同的字符串具有相同的编码，那么这个编码方案不可能是正确的. 为了完成这个证明，我们只需要证明

$$\lim_{n \to \infty} \sum_{a_1 \cdots a_n \in G_n} p(a_1) \cdots p(a_n) = 0. \tag{5.212}$$

为了完成这一目标，我们需要看到，对所有正整数 n 以及实数 $\varepsilon > 0$ 都有

$$G_n \subseteq (\Sigma^n \backslash T_{n,\varepsilon}) \cup (G_n \cap T_{n,\varepsilon}), \tag{5.213}$$

因此

$$\sum_{a_1 \cdots a_n \in G_n} p(a_1) \cdots p(a_n)$$
$$\leqslant \left(1 - \sum_{a_1 \cdots a_n \in T_{n,\varepsilon}} p(a_1) \cdots p(a_n) \right) + 2^{-n(\mathrm{H}(p) - \varepsilon)} |G_n|. \tag{5.214}$$

选择 $\varepsilon > 0$ 使得 $\alpha < \mathrm{H}(p) - \varepsilon$，我们有

$$\lim_{n \to \infty} 2^{-n(\mathrm{H}(p) - \varepsilon)} |G_n| = 0. \tag{5.215}$$

由于根据命题 5.42 可以得到

$$\lim_{n \to \infty} \sum_{a_1 \cdots a_n \in T_{n,\varepsilon}} p(a_1) \cdots p(a_n) = 1, \tag{5.216}$$

所以式 (5.212) 成立，也即完成了证明. □

5.3.2　量子信源编码

我们可以将经典信源编码的量子版本自然地表述如下. 假设对于正整数 n，一个信源可以产生一系列寄存器 $\mathsf{X}_1, \cdots, \mathsf{X}_n$，并且这些寄存器共用一个经典态集 Σ. 因此这些寄存器对应的复欧几里得空间是 $\mathcal{X}_k = \mathbb{C}^\Sigma$，这里 $k = 1, \cdots, n$，因而对于 $\mathcal{X} = \mathbb{C}^\Sigma$，可以认为

$$\mathcal{X}^{\otimes n} = \mathcal{X}_1 \otimes \cdots \otimes \mathcal{X}_n. \tag{5.217}$$

假设信源产生的复合寄存器 $(\mathsf{X}_1, \cdots, \mathsf{X}_n)$ 的态为 $\rho^{\otimes n}$. 也即是, 对应某些态 $\rho \in \mathrm{D}(\mathcal{X})$, 这些寄存器 $\mathsf{X}_1, \cdots, \mathsf{X}_n$ 都是独立的, 并且都处于态 ρ. 这些寄存器中存储的量子信息将以类似经典设定中的方法进行编码与解码. 只是这里使用的是量子信道, 而非确定性的编码与解码函数.

5.3.2.1 量子编码方案

一个量子编码方案包含一对信道 (Φ, Ψ): 信道 Φ 代表编码过程, Ψ 代表解码过程. 编码信道 Φ 将 $(\mathsf{X}_1, \cdots, \mathsf{X}_n)$ 以给定的正数 m 转换为 $(\mathsf{Y}_1, \cdots, \mathsf{Y}_m)$, 这里寄存器 $\mathsf{Y}_1, \cdots, \mathsf{Y}_m$ 的经典态集等于二元字母表 $\Gamma = \{0, 1\}$. 换言之, 每一个寄存器 Y_k 都代表一个量子比特. 解码信道 Ψ 将 $(\mathsf{Y}_1, \cdots, \mathsf{Y}_m)$ 转换回 $(\mathsf{X}_1, \cdots, \mathsf{X}_n)$.

在寄存器独立并分别处于态 ρ 的如上假设下, 我们需要 $\Psi\Phi$ 在复合寄存器 $(\mathsf{X}_1, \cdots, \mathsf{X}_n)$ 上的作用是平凡的, 或者至少是近乎平凡的. 必须要强调的是, 仅要求在解码信道作用之后 $(\mathsf{X}_1, \cdots, \mathsf{X}_n)$ 的态与 $\rho^{\otimes n}$ 接近是不够的——如果我们没有意识到, 在初始时 $\mathsf{X}_1, \cdots, \mathsf{X}_n$ 可能与一个或多个其他必须遵守编码过程的寄存器有关联, 那么这个要求是平凡的. 事实上, 对于任意复欧几里得空间 $\mathcal{Z}$ 以及满足

$$\sigma[\mathsf{X}_1, \cdots, \mathsf{X}_n] = \rho^{\otimes n} \tag{5.218}$$

的态 $\sigma \in \mathrm{D}(\mathcal{X}_1 \otimes \cdots \otimes \mathcal{X}_n \otimes \mathcal{Z})$, 一个好的编码方式需要保证 $(\Psi\Phi \otimes \mathbb{1}_{\mathrm{L}(\mathcal{Z})})(\sigma)$ 近似于 σ.

这里考虑的近似等价的概念是基于保真度函数的. 这个选择非常方便, 因为我们可以使用命题 3.31 给出的信道保真度的封闭形式表达式. 我们也可以使用迹距离而非保真度函数, 但是这并不会改变本节讨论的这类量子编码方案的渐近行为. 这是由 Fuchs-van de Graaf 不等式 (定理 3.33) 直接给出的.

根据上述讨论, 量子编码方案可以更精确地定义如下. 设 Σ 为字母表, $\rho \in \mathrm{D}(\mathcal{X})$ 为密度算子, $\mathcal{X} = \mathbb{C}^{\Sigma}$, 并且 n 为正整数. 另外设 $\Gamma = \{0, 1\}$ 为二元字母表, $\mathcal{Y} = \mathbb{C}^{\Gamma}$, $\alpha > 0$, $\delta \in (0, 1)$ 为实数, 并且 $m = \lfloor \alpha n \rfloor$. 一对信道

$$\Phi \in \mathrm{C}(\mathcal{X}^{\otimes n}, \mathcal{Y}^{\otimes m}) \quad \text{和} \quad \Psi \in \mathrm{C}(\mathcal{Y}^{\otimes m}, \mathcal{X}^{\otimes n}) \tag{5.219}$$

在满足

$$\mathrm{F}(\Psi\Phi, \rho^{\otimes n}) > 1 - \delta \tag{5.220}$$

时, 被称为 ρ 的一个 (n, α, δ)-量子编码方案. 这里 $\mathrm{F}(\Psi\Phi, \rho^{\otimes n})$ 表示 $\Psi\Phi$ 对于 $\rho^{\otimes n}$ 的信道保真度 (见 3.2.3 节).

5.3.2.2 Schumacher 量子信源编码定理

下一个定理是 Shannon 信源编码定理 (定理 5.40) 的量子版本. 其表述了量子编码方案存在的条件.

定理 5.44 (Schumacher) 设 Σ 为字母表, $\rho \in \mathrm{D}(\mathbb{C}^{\Sigma})$ 为密度算子, 且 $\alpha > 0$ 与 $\delta \in (0, 1)$ 为实数. 如下命题成立:

1. 如果 $\alpha > \mathrm{H}(\rho)$, 则对除了有限多个正整数外的 n, 存在 ρ 的 (n, α, δ)-量子编码方案.

2. 如果 $\alpha < \mathrm{H}(\rho)$, 则对最多有限多个正实数 n, 存在 ρ 的 (n, α, δ)-量子编码方案.

证明   根据谱定理 (推论 1.4 中所述), 对于某个概率向量 $p \in \mathcal{P}(\Sigma)$ 以及 $\mathbb{C}^{\Sigma}$ 上的规范正交基 $\{u_a : a \in \Sigma\}$, 我们可以有态的表示

$$\rho = \sum_{a \in \Sigma} p(a)\, u_a u_a^*. \tag{5.221}$$

ρ 的本征值和本征向量与 Σ 的元素之间的关联可以任意选择, 但是在之后的证明中需要固定. 根据 von Neumann 熵的定义, 我们有 $\mathrm{H}(\rho) = \mathrm{H}(p)$.

首先假设 $\alpha > \mathrm{H}(\rho)$, 并选择足够小的 $\varepsilon > 0$ 使得 $\alpha > \mathrm{H}(\rho) + 2\varepsilon$. 与定理 5.40 的证明类似, 一个形式如下的量子编码方案的 (Φ_n, Ψ_n):

$$\Phi_n \in \mathrm{C}(\mathcal{X}^{\otimes n}, \mathcal{Y}^{\otimes m}) \quad \text{且} \quad \Psi_n \in \mathrm{C}(\mathcal{Y}^{\otimes m}, \mathcal{X}^{\otimes n}) \tag{5.222}$$

可以在所有 $n > 1/\varepsilon$ 上定义, 这里 $m = \lfloor \alpha n \rfloor$. 接下来我们会展示 (Φ_n, Ψ_n) 对足够大的 n 是一个 (n, α, δ)-量子编码方案.

对于给定的 $n > 1/\varepsilon$, 量子编码方案 (Φ_n, Ψ_n) 定义如下. 首先, 考虑关于概率向量 p 的 ε-典型字符串的集合

$$T_{n,\varepsilon} = T_{n,\varepsilon}(p) \subseteq \Sigma^n, \tag{5.223}$$

并定义投影算子 $\Pi_{n,\varepsilon} \in \mathrm{Proj}(\mathcal{X}^{\otimes n})$ 如下:

$$\Pi_{n,\varepsilon} = \sum_{a_1 \cdots a_n \in T_{n,\varepsilon}} u_{a_1} u_{a_1}^* \otimes \cdots \otimes u_{a_n} u_{a_n}^*. \tag{5.224}$$

这个算子投影到的空间是 $\mathcal{X}^{\otimes n}$ 关于 ρ 的 ε-典型子空间. 注意到

$$\langle \Pi_{n,\varepsilon}, \rho^{\otimes n} \rangle = \sum_{a_1 \cdots a_n \in T_{n,\varepsilon}} p(a_1) \cdots p(a_n). \tag{5.225}$$

现在, 根据 Shannon 信源编码定理 (或者更准确地说, 是上一小节中我们对该定理的证明), 存在一个 p 的经典编码方案 (f_n, g_n) 使得对所有 ε-典型字符串 $a_1 \cdots a_n \in T_{n,\varepsilon}$ 都满足

$$g_n(f_n(a_1 \cdots a_n)) = a_1 \cdots a_n. \tag{5.226}$$

定义

$$A_n \in \mathrm{L}(\mathcal{X}^{\otimes n}, \mathcal{Y}^{\otimes m}) \tag{5.227}$$

形式的线性算子如下:

$$A_n = \sum_{a_1 \cdots a_n \in T_{n,\varepsilon}} e_{f_n(a_1 \cdots a_n)} (u_{a_1} \otimes \cdots \otimes u_{a_n})^*. \tag{5.228}$$

最后, 定义式 (5.222) 形式的信道 Φ_n 与 Ψ_n 使得对任意 $X \in L(\mathcal{X}^{\otimes n})$ 与 $Y \in L(\mathcal{Y}^{\otimes m})$, 密度算子 $\sigma \in D(\mathcal{Y}^{\otimes m})$ 以及 $\xi \in D(\mathcal{X}^{\otimes n})$ 都有

$$\Phi_n(X) = A_n X A_n^* + \langle \mathbb{1} - A_n^* A_n, X \rangle \sigma \tag{5.229}$$

$$\Psi_n(Y) = A_n^* Y A_n + \langle \mathbb{1} - A_n A_n^*, Y \rangle \xi. \tag{5.230}$$

剩下需要证明的就是, 对足够大的 n, (Φ_n, Ψ_n) 是一个 (n, α, δ)-量子编码方案. 根据式 (5.229) 与式 (5.230) 我们知道, 对整数 N 以及一些算子 $C_{n,1}, \cdots, C_{n,N}$, 必然存在 $\Psi_n \Phi_n$ 的

$$(\Psi_n \Phi_n)(X) = (A_n^* A_n) X (A_n^* A_n)^* + \sum_{k=1}^{N} C_{n,k} X C_{n,k}^* \tag{5.231}$$

形式的 Kraus 表示. 这些算子的选择不会影响到下面的分析. 因此根据命题 3.31, 我们有

$$F(\Psi_n \Phi_n, \rho^{\otimes n}) \geqslant \langle \rho^{\otimes n}, A_n^* A_n \rangle = \langle \rho^{\otimes n}, \Pi_{n,\varepsilon} \rangle. \tag{5.232}$$

由于

$$\lim_{n \to \infty} \langle \Pi_{n,\varepsilon}, \rho^{\otimes n} \rangle = 1, \tag{5.233}$$

所以对于所有足够大的 n, (Φ_n, Ψ_n) 是一个 (n, α, δ)-量子编码方案, 也即证明了该定理中的第一个命题.

现在假设 $\alpha < H(\rho)$, 并且对于每一个整数 n, Φ_n 与 Ψ_n 为式 (5.222) 形式的任意信道. 我们可以证明, 对于任选的 $\delta \in (0, 1)$, 且对于足够大的 n, (Φ_n, Ψ_n) 都不是 (n, α, δ)-量子编码方案.

选定一个任意的正整数 n, 并设

$$\Phi_n(X) = \sum_{k=1}^{N} A_k X A_k^* \quad \text{与} \quad \Psi_n(Y) = \sum_{k=1}^{N} B_k Y B_k^* \tag{5.234}$$

为 Φ_n 与 Ψ_n 的 Kraus 表示. 其中

$$\begin{aligned} A_1, \cdots, A_N &\in L(\mathcal{X}^{\otimes n}, \mathcal{Y}^{\otimes m}), \\ B_1, \cdots, B_N &\in L(\mathcal{Y}^{\otimes m}, \mathcal{X}^{\otimes n}). \end{aligned} \tag{5.235}$$

(这两个表示有相同数量的 Kraus 算子的假设只是为了表示的方便. 这个假设并不失一般性, 因为我们可以将任意数量的零算子也当作其中某个信道的 Kraus 算子且次数不限). 我们可以得到

$$(\Psi_n \Phi_n)(X) = \sum_{1 \leqslant j, k \leqslant N} (B_k A_j) X (B_k A_j)^* \tag{5.236}$$

是复合信道 $\Psi_n \Phi_n$ 的 Kraus 表示. 考虑到本分析的目的, 这个 Kraus 表示的核心在于, 对于任意的 $j, k \in \{1, \cdots, N\}$,

$$\text{rank}(B_k A_j) \leqslant \dim(\mathcal{Y}^{\otimes m}) = 2^m. \tag{5.237}$$

事实上, 对每一个 $k \in \{1, \cdots, N\}$, 我们都可以选择 $\mathrm{rank}(\Pi_k) \leqslant 2^m$ 的投影算子 $\Pi_k \in \mathrm{Proj}(\mathcal{X}^{\otimes n})$ 使得 $\Pi_k B_k = B_k$. 因此,

$$
\begin{aligned}
\mathrm{F}\big(\Psi_n \Phi_n, \rho^{\otimes n}\big)^2 &= \sum_{1 \leqslant j,k \leqslant N} \big| \langle B_k A_j, \rho^{\otimes n} \rangle \big|^2 \\
&= \sum_{1 \leqslant j,k \leqslant N} \big| \langle \Pi_k B_k A_j, \rho^{\otimes n} \rangle \big|^2 \\
&= \sum_{1 \leqslant j,k \leqslant N} \Big| \big\langle B_k A_j \sqrt{\rho^{\otimes n}}, \Pi_k \sqrt{\rho^{\otimes n}} \big\rangle \Big|^2 \\
&\leqslant \sum_{1 \leqslant j,k \leqslant N} \mathrm{Tr}\big(B_k A_j \rho^{\otimes n} A_j^* B_k^* \big) \langle \Pi_k, \rho^{\otimes n} \rangle,
\end{aligned}
\tag{5.238}
$$

此不等式可以由 Cauchy-Schwarz 不等式推出. 由于每一个 Π_k 的秩都不大于 2^m, 所以对某些大小不大于 2^m 的子集 $G_n \subseteq \Sigma^n$ 有

$$
\langle \Pi_k, \rho^{\otimes n} \rangle \leqslant \sum_{i=1}^{2^m} \lambda_i(\rho^{\otimes n}) = \sum_{a_1 \cdots a_n \in G_n} p(a_1) \cdots p(a_n).
\tag{5.239}
$$

由于信道 $\Psi_n \Phi_n$ 是保迹的, 所以有

$$
\sum_{1 \leqslant j,k \leqslant N} \mathrm{Tr}\big(B_k A_j \rho^{\otimes n} A_j^* B_k^* \big) = 1,
\tag{5.240}
$$

因此, 进一步地, 我们可以知道这个求和中的任何一项都是非负的. 因此式 (5.238) 的最终表达式等于这些值的凸组合, 其中每一项都受限于式 (5.239). 这意味着

$$
\mathrm{F}\big(\Psi_n \Phi_n, \rho^{\otimes n}\big)^2 \leqslant \sum_{a_1 \cdots a_n \in G_n} p(a_1) \cdots p(a_n).
\tag{5.241}
$$

最后, 根据定理 5.40 的证明中的论证, 我们知道在 $\alpha < \mathrm{H}(\rho) = \mathrm{H}(p)$ 的假设下, 由于 G_n 的大小不大于 2^m, 所以

$$
\lim_{n \to \infty} \sum_{a_1 \cdots a_n \in G_n} p(a_1) \cdots p(a_n) = 0.
\tag{5.242}
$$

这代表着, 对任意给定的 $\delta \in (0,1)$, (Φ_n, Ψ_n) 对除了有限多个值以外的 n, 都不是 (n, α, δ)-量子编码方案. $\qquad\square$

5.3.3 在量子态上编码经典信息

本节讨论的最后一种信源编码是将经典信息编码到量子态上, 然后通过测量的方法解码. 下面这个情形代表这个任务的抽象定义.

情形 5.45 设 X 与 Z 为经典态集分别为 Σ 与 Γ 的经典寄存器, 并且 Y 为寄存器. 另外设 $p \in \mathcal{P}(\Sigma)$ 为概率向量,

$$
\{\rho_a : a \in \Sigma\} \subset \mathrm{D}(\mathcal{Y})
\tag{5.243}
$$

为态的合集, 并且 $\mu : \Gamma \to \mathrm{Pos}(\mathcal{Y})$ 为一个测量.

Alice 获取一个储存在寄存器 X 中的、根据概率向量 p 从信源随机生成的元素 $a \in \Sigma$. 她将 ρ_a 制备到 Y 上并将 Y 发送给 Bob. Bob 用测量 μ 测量 Y 然后将测量结果储存到经典寄存器 Z 上. 这个测量结果代表 Bob 获得的关于 X 的经典态的信息.　　□

在这个情形中, 我们会自然地考虑 $\Gamma = \Sigma$ 的情况, 并考虑 Bob 的目标为获知 Alice 的寄存器 X 中存储的符号是哪个. 本质上这是 3.1.2 节中讨论的态区分问题. 但是在接下来的讨论中, 我们并不假设 Bob 必须使用这种策略.

假设 Alice 与 Bob 像在情形 5.45 中一样进行操作, 则 (X, Z) 会处于定义为

$$q(a,b) = p(a)\langle \mu(b), \rho_a \rangle \tag{5.244}$$

的概率态 $q \in \mathcal{P}(\Sigma \times \Gamma)$, 其中 $(a,b) \in \Sigma \times \Gamma$. 对于对所有 $a \in \Sigma$ 都满足

$$\eta(a) = p(a)\rho_a \tag{5.245}$$

的系综 $\eta : \Sigma \to \mathrm{Pos}(\mathcal{Y})$, 概率向量 q 可以等价地表示为

$$q(a,b) = \langle \mu(b), \eta(a) \rangle, \tag{5.246}$$

其中 $(a,b) \in \Sigma \times \Gamma$.

这个情形的一个基本问题如下: Bob 的寄存器 Z 包含多少有关 Alice 的寄存器 X 的信息? Holevo 定理给出了这个信息的量的上界. 其可以由 Alice 的寄存器 X 与 Bob 的寄存器 Z 的互信息给出. Holevo 定理是由系综 η 的两个函数给出的, 即可及信息与 Holevo 信息. 下面我们将介绍这两个函数.

5.3.3.1　可及信息

记住情形 5.45 以及上述讨论, 设 $\eta : \Sigma \to \mathrm{Pos}(\mathcal{Y})$ 为系综, $\mu : \Gamma \to \mathrm{Pos}(\mathcal{Y})$ 为测量, 并且 $q \in \mathcal{P}(\Sigma \times \Gamma)$ 为由式 (5.246) 定义的表示经典寄存器对 (X, Z) 的概率态的概率向量. 符号 $\mathrm{I}_\mu(\eta)$ 表示 X 与 Z 间关于如上定义的概率态的互信息, 继而

$$\mathrm{I}_\mu(\eta) = \mathrm{H}(q[\mathsf{X}]) + \mathrm{H}(q[\mathsf{Z}]) - \mathrm{H}(q) = \mathrm{D}(q \| q[\mathsf{X}] \otimes q[\mathsf{Z}]). \tag{5.247}$$

现在假设固定系综 η, 并且不对测量 μ 加以任何限制. 系综 η 的可及信息 $\mathrm{I}_{\mathrm{acc}}(\eta)$ 定义为所有测量 μ 中这样得到的互信息的上确界, 即

$$\mathrm{I}_{\mathrm{acc}}(\eta) = \sup_\mu \mathrm{I}_\mu(\eta), \tag{5.248}$$

其中的上确界是对所有可能的 Γ 以及测量 $\mu : \Gamma \to \mathrm{Pos}(\mathcal{Y})$ 而言的.

虽然在这个定义中并不显然, 但系综 $\eta : \Sigma \to \mathrm{Pos}(\mathcal{Y})$ 的可及信息 $\mathrm{I}_{\mathrm{acc}}(\eta)$ 事实上是可以由某些字母表 Γ 与测量 $\mu : \Gamma \to \mathrm{Pos}(\mathcal{Y})$ 得到的. 下面的引理对揭示这个事实很有用.

引理 5.46 设 Σ 与 Γ 为字母表，$\mathcal{Y}$ 为复欧几里得空间，且 $\eta : \Sigma \to \mathrm{Pos}(\mathcal{Y})$ 为态的系综. 另外设 $\mu_0, \mu_1 : \Gamma \to \mathrm{Pos}(\mathcal{Y})$ 为测量，并且 $\lambda \in [0,1]$ 为实数. 下式成立:

$$\mathrm{I}_{\lambda \mu_0 + (1-\lambda)\mu_1}(\eta) \leqslant \lambda \mathrm{I}_{\mu_0}(\eta) + (1-\lambda)\,\mathrm{I}_{\mu_1}(\eta). \tag{5.249}$$

证明 设 X 与 Z 为经典态集合分别为 Σ 与 Γ 的经典寄存器. 定义概率向量 $p \in \mathcal{P}(\Sigma)$ 使得对所有 $a \in \Sigma$ 都有

$$p(a) = \mathrm{Tr}(\eta(a)). \tag{5.250}$$

另外定义概率向量 $q_0, q_1 \in \mathcal{P}(\Sigma \times \Gamma)$ 以表示寄存器对 (X, Z) 的概率态，即对所有 $(a,b) \in \Sigma \times \Gamma$,

$$q_0(a,b) = \langle \mu_0(b), \eta(a) \rangle \quad \text{且} \quad q_1(a,b) = \langle \mu_1(b), \eta(a) \rangle. \tag{5.251}$$

根据相对熵函数的联合凸性，我们有

$$\begin{aligned}
\mathrm{I}_{\lambda \mu_0 + (1-\lambda)\mu_1}&(\eta) \\
&= \mathrm{D}\big(\lambda q_0 + (1-\lambda)q_1 \,\big\|\, p \otimes (\lambda q_0[\mathsf{Z}] + (1-\lambda)q_1[\mathsf{Z}])\big) \\
&\leqslant \lambda \, \mathrm{D}\big(q_0 \,\big\|\, p \otimes q_0[\mathsf{Z}]\big) + (1-\lambda)\,\mathrm{D}\big(q_1 \,\big\|\, p \otimes q_1[\mathsf{Z}]\big) \\
&= \lambda \mathrm{I}_{\mu_0}(\eta) + (1-\lambda)\,\mathrm{I}_{\mu_1}(\eta),
\end{aligned} \tag{5.252}$$

也即我们需要的结果. $\qquad\square$

定理 5.47 设 Σ 为字母表，$\mathcal{Y}$ 为复欧几里得空间，并且 $\eta : \Sigma \to \mathrm{Pos}(\mathcal{Y})$ 为态的系综. 存在满足 $|\Gamma| \leqslant \dim(\mathcal{Y})^2$ 的字母表 Γ 以及测量 $\mu : \Gamma \to \mathrm{Pos}(\mathcal{Y})$ 使得

$$\mathrm{I}_\mu(\eta) = \mathrm{I}_{\mathrm{acc}}(\eta). \tag{5.253}$$

证明 设 $\nu : \Lambda \to \mathrm{Pos}(\mathcal{Y})$ 为测量，其中 Λ 为任选的字母表. 根据引理 5.46，函数

$$\mu \mapsto \mathrm{I}_\mu(\eta) \tag{5.254}$$

在 $\mu : \Lambda \to \mathrm{Pos}(\mathcal{Y})$ 形式的所有测量的集合上是凸的. 由于所有这个形式的测量都可以写为同样形式的极点测量的凸组合，因此必然存在极点测量 $\mu : \Lambda \to \mathrm{Pos}(\mathcal{Y})$ 满足 $\mathrm{I}_\mu(\eta) \geqslant \mathrm{I}_\nu(\eta)$. 根据推论 2.48，$\mu : \Lambda \to \mathrm{Pos}(\mathcal{Y})$ 是极点测量的假设意味着

$$\big|\{a \in \Lambda : \mu(a) \neq 0\}\big| \leqslant \dim(\mathcal{Y})^2. \tag{5.255}$$

$\mathrm{I}_\mu(\eta)$ 的值在 μ 被限制于字母表

$$\Gamma = \{a \in \Lambda : \mu(a) \neq 0\} \tag{5.256}$$

上的时候并不会改变，因此我们可知，必然存在测量 $\mu : \Gamma \to \mathrm{Pos}(\mathcal{Y})$，使得 $\mathrm{I}_\mu(\eta) \geqslant \mathrm{I}_\nu(\eta)$，其中 Γ 满足 $|\Gamma| \leqslant \dim(\mathcal{Y})^2$.

由此可得 $\mathrm{I}_{\mathrm{acc}}(\eta)$ 等于 $\mathrm{I}_\mu(\eta)$ 在所有最多有 $\dim(\mathcal{Y})^2$ 个测量结果的测量 μ 上的上确界. $\mathrm{I}_\mu(\eta)$ 的值不随 μ 的测量结果的重命名而改变，因而当我们将这个上确界限制到只需要满足 $|\Gamma| = \dim(\mathcal{Y})^2$ 的某一测量结果集合 Γ 上时，仍然不失一般性. 因此这个上确界取自一个紧集，所以可知必然存在测量 $\mu : \Gamma \to \mathrm{Pos}(\mathcal{Y})$ 能够达到这个上确界的值，也即完成了证明. $\qquad\square$

5.3.3.2　Holevo 信息

再次回想情形 5.45, 设 X 为经典寄存器, Σ 为 X 上的经典态集合, Y 为寄存器, 并且 $\eta : \Sigma \to \mathrm{Pos}(\mathcal{Y})$ 为系综. 正如 2.2.3 节所讨论的, 我们将寄存器对 (X, Y) 的经典–量子态

$$\sigma = \sum_{a \in \Sigma} E_{a,a} \otimes \eta(a) \tag{5.257}$$

关联到系综 η 上. 系综 η 的 Holevo 信息 (或者叫作 Holevo χ-值) 表示为 $\chi(\eta)$. 它定义为寄存器 X 与 Y 间关于态 σ 的量子互信息 $\mathrm{I}(X : Y)$.

假设系综 η 可以写作

$$\eta(a) = p(a)\,\rho_a, \tag{5.258}$$

这里 $a \in \Sigma$, $p \in \mathcal{P}(\Sigma)$ 为概率向量, 且

$$\{\rho_a : a \in \Sigma\} \subseteq \mathrm{D}(\mathcal{Y}) \tag{5.259}$$

为一些态的合集. η 的 Holevo 信息可以由如下计算得到:

$$\begin{aligned}\chi(\eta) &= \mathrm{I}(X : Y) \\ &= \mathrm{H}(X) + \mathrm{H}(Y) - \mathrm{H}(X, Y) \\ &= \mathrm{H}(p) + \mathrm{H}\left(\sum_{a \in \Sigma} p(a)\,\rho_a\right) - \mathrm{H}\left(\sum_{a \in \Sigma} p(a)\,E_{a,a} \otimes \rho_a\right) \\ &= \mathrm{H}\left(\sum_{a \in \Sigma} p(a)\,\rho_a\right) - \sum_{a \in \Sigma} p(a)\,\mathrm{H}(\rho_a),\end{aligned} \tag{5.260}$$

这里最后的等式使用的是恒等式 (5.98). 我们还可以将其写成

$$\chi(\eta) = \mathrm{H}\left(\sum_{a \in \Sigma} \eta(a)\right) - \sum_{\substack{a \in \Sigma \\ \eta(a) \neq 0}} \mathrm{Tr}(\eta(a))\,\mathrm{H}\left(\frac{\eta(a)}{\mathrm{Tr}(\eta(a))}\right), \tag{5.261}$$

或者等价地,

$$\chi(\eta) = \mathrm{H}\left(\sum_{a \in \Sigma} \eta(a)\right) - \sum_{a \in \Sigma} \mathrm{H}(\eta(a)) + \mathrm{H}(p). \tag{5.262}$$

由 von Neumann 熵的凹性 (定理 5.23) 或者 von Neumann 熵的次可加性 (定理 5.24) 可知, Holevo 信息 $\chi(\eta)$ 对所有的系综 η 都是非负的.

从直觉上来说, Holevo 信息可以用如下方式解释. 如果一对寄存器 (X, Y) 处于如上表示的经典–量子态 σ, 且考虑孤立的寄存器 Y, 则它们的 von Neumann 熵为

$$\mathrm{H}(Y) = \mathrm{H}\left(\sum_{a \in \Sigma} p(a)\,\rho_a\right). \tag{5.263}$$

如果有人知道了 X 的经典态 $a \in \Sigma$ 的信息, 则从他们的角度来说, Y 的 von Neumann 熵降到 $H(\rho_a)$. 因此 Holevo 信息 $\chi(\eta)$ 可以被看作在人们知道 X 的经典信息后 Y 的 von Neumann 熵降低的平均值.

一般来讲, 我们不能说 Holevo 信息是凸的. 但是下面这个命题给出了两个使得它是凸的的情况. 这个证明类似于引理 5.46 的证明.

命题 5.48 设 $\eta_0 : \Sigma \to \mathrm{Pos}(\mathcal{Y})$ 与 $\eta_1 : \Sigma \to \mathrm{Pos}(\mathcal{Y})$ 为态的系综, 这里 $\mathcal{Y}$ 为复欧几里得空间, Σ 为字母表, 并进一步假设如下两种情况至少有一个成立:

1. 系综 η_0 与 η_1 有相同的平均态 $\rho \in \mathrm{D}(\mathcal{Y})$:

$$\sum_{a \in \Sigma} \eta_0(a) = \rho = \sum_{a \in \Sigma} \eta_1(a). \tag{5.264}$$

2. 系综 η_0 与 η_1 有着相同的概率分布 (可以在不同的态上):

$$\mathrm{Tr}(\eta_0(a)) = p(a) = \mathrm{Tr}(\eta_1(a)), \tag{5.265}$$

这里 $a \in \Sigma$, 并且 $p \in \mathcal{P}(\Sigma)$ 为概率向量.
对于所有实数 $\lambda \in [0,1]$, 下式成立:

$$\chi(\lambda \eta_0 + (1-\lambda)\eta_1) \leqslant \lambda \chi(\eta_0) + (1-\lambda)\chi(\eta_1). \tag{5.266}$$

证明 设 $\mathcal{X} = \mathbb{C}^\Sigma$, X 与 Y 为关于空间 $\mathcal{X}$ 与 $\mathcal{Y}$ 的寄存器, 并定义经典–量子态 $\sigma_0, \sigma_1 \in \mathrm{D}(\mathcal{X} \otimes \mathcal{Y})$ 为

$$\sigma_0 = \sum_{a \in \Sigma} E_{a,a} \otimes \eta_0(a) \quad \text{和} \quad \sigma_1 = \sum_{a \in \Sigma} E_{a,a} \otimes \eta_1(a). \tag{5.267}$$

对于给定的 $\lambda \in [0,1]$, 定义 $\sigma = \lambda \sigma_0 + (1-\lambda)\sigma_1$. 系综 η_0、η_1 以及 $\lambda \eta_0 + (1-\lambda)\eta_1$ 的 Holevo 信息可以表示为

$$\begin{aligned}
\chi(\eta_0) &= \mathrm{D}(\sigma_0 \| \sigma_0[\mathsf{X}] \otimes \sigma_0[\mathsf{Y}]), \\
\chi(\eta_1) &= \mathrm{D}(\sigma_1 \| \sigma_1[\mathsf{X}] \otimes \sigma_1[\mathsf{Y}]),
\end{aligned} \tag{5.268}$$

和

$$\chi(\lambda \eta_0 + (1-\lambda)\eta_1) = \mathrm{D}(\sigma \| \sigma[\mathsf{X}] \otimes \sigma[\mathsf{Y}]). \tag{5.269}$$

在该命题的第一个情况下, 我们有 $\sigma_0[\mathsf{Y}] = \sigma_1[\mathsf{Y}] = \sigma[\mathsf{Y}] = \rho$. 此时, 不等式 (5.266) 等价于

$$\mathrm{D}(\sigma \| \sigma[\mathsf{X}] \otimes \rho) \leqslant \lambda \mathrm{D}(\sigma_0 \| \sigma_0[\mathsf{X}] \otimes \rho) + (1-\lambda) \mathrm{D}(\sigma_1 \| \sigma_1[\mathsf{X}] \otimes \rho), \tag{5.270}$$

这源于量子相对熵函数的联合凸性 (推论 5.33).

在该命题的第二个条件下, 我们有 $\sigma_0[\mathsf{X}] = \sigma_1[\mathsf{X}] = \sigma[\mathsf{X}] = \mathrm{Diag}(p)$. 通过交换 X 与 Y 在第一个条件中的角色, 我们可以以类似的方式证明这一点. $\qquad \square$

5.3.3.3 Holevo 定理

下面的Holevo 定理指出,对于态的所有系综,可及信息的上界由 Holevo 信息给出.

定理 5.49(Holevo 定理) 设 $\eta : \Sigma \to \mathrm{Pos}(\mathcal{Y})$ 为态的系综,Σ 为字母表而 $\mathcal{Y}$ 为复欧几里得空间. $\mathrm{I}_{\mathrm{acc}}(\eta) \leqslant \chi(\eta)$ 成立.

证明 设 X 为经典态集合为 Σ 的经典寄存器,且 Y 为关于复欧几里得空间 $\mathcal{Y}$ 的寄存器. 定义态 $\sigma \in \mathrm{D}(\mathcal{X} \otimes \mathcal{Y})$ 为

$$\sigma = \sum_{a \in \Sigma} E_{a,a} \otimes \eta(a), \tag{5.271}$$

并假设寄存器对 (X, Y) 处于态 σ. 下式成立:

$$\chi(\eta) = \mathrm{D}\big(\sigma \big\| \sigma[\mathsf{X}] \otimes \sigma[\mathsf{Y}]\big). \tag{5.272}$$

接下来,设 Γ 为字母表,Z 为经典态集合为 Γ 的经典寄存器,并设 $\mu : \Gamma \to \mathrm{Pos}(\mathcal{Y})$ 为测量. 定义信道 $\Phi \in \mathrm{C}(\mathcal{Y}, \mathcal{Z})$ 使得对所有 $Y \in \mathrm{L}(\mathcal{Y})$ 都有

$$\Phi(Y) = \sum_{b \in \Gamma} \langle \mu(b), Y \rangle E_{b,b}, \tag{5.273}$$

也即是一个关于测量 μ 的量子-经典信道. 另外考虑 Φ 将 Y 转换到 Z 上的情况. 我们有

$$(\mathbb{1}_{\mathrm{L}(\mathcal{X})} \otimes \Phi)(\sigma) = \sum_{a \in \Sigma} \sum_{b \in \Gamma} \langle \mu(b), \eta(a) \rangle E_{a,a} \otimes E_{b,b} = \mathrm{Diag}(q), \tag{5.274}$$

这里 $q \in \mathcal{P}(\Sigma \times \Gamma)$ 是定义为对所有 $a \in \Sigma$ 与 $b \in \Gamma$ 都有

$$q(a,b) = \langle \mu(b), \eta(a) \rangle \tag{5.275}$$

的概率向量. 在此情况下

$$\begin{aligned}
\mathrm{I}_\mu(\eta) &= \mathrm{D}(q \| q[\mathsf{X}] \otimes q[\mathsf{Z}]) \\
&= \mathrm{D}\big((\mathbb{1}_{\mathrm{L}(\mathcal{X})} \otimes \Phi)(\sigma) \big\| (\mathbb{1}_{\mathrm{L}(\mathcal{X})} \otimes \Phi)(\sigma[\mathsf{X}] \otimes \sigma[\mathsf{Y}])\big),
\end{aligned} \tag{5.276}$$

因此,由于量子相对熵在信道作用下是非增的,(根据定理 5.35) 我们有 $\mathrm{I}_\mu(\eta) \leqslant \chi(\eta)$. 由于这个界对所有的测量 μ 都成立,所以我们就得到了这个定理. $\quad\square$

对密度算子的所有合集 $\{\rho_a : a \in \Sigma\} \subseteq \mathrm{D}(\mathcal{Y})$ 以及所有的概率向量 $p \in \mathcal{P}(\Sigma)$,我们有

$$\begin{aligned}
\mathrm{H}\bigg(\sum_{a \in \Sigma} p(a)\rho_a\bigg) &- \sum_{a \in \Sigma} p(a)\,\mathrm{H}(\rho_a) \\
&\leqslant \mathrm{H}\bigg(\sum_{a \in \Sigma} p(a)\rho_a\bigg) \leqslant \log(\dim(\mathcal{Y})),
\end{aligned} \tag{5.277}$$

因此每一个系综 $\eta : \Sigma \to \mathrm{Pos}(\mathcal{Y})$ 的 Holevo 信息都不大于 $\log(\dim(\mathcal{Y}))$. 定理 5.49 的推论就是这个观察的一个结果.

推论 5.50　设 Σ 为字母表，$\mathcal{Y}$ 为复欧几里得空间，且 $\eta : \Sigma \to \mathrm{Pos}(\mathcal{Y})$ 为态的系综. 下式成立：

$$I_{\mathrm{acc}}(\eta) \leqslant \log(\dim(\mathcal{Y})). \tag{5.278}$$

虽然这是定理 5.49 的一个简单推论，但是它给出了如下在概念上非常重要的事实：如果两个个体没有共享任何前置的关联或者共享资源，然后其中一方将一个给定的 n 维量子寄存器传递给另一方，则这个过程中传递的经典信息不会超过 $\log(n)$ 比特.

5.3.3.4　量子随机存取码

量子随机存取码是信源编码的一个有意思的变种. 在这个编码方案下，一系列经典符号被编码到量子态上，使得我们可以通过使用解码操作任意地读取其中一个符号. 下面这个情形给出了这类方案的一个抽象定义.

情形 5.51　设 Σ 与 Γ 为字母表，n 为正整数，$\mathsf{X}_1, \cdots, \mathsf{X}_n$ 为经典寄存器并且共享经典态集合 Σ，设 Z 为经典态集合为 Γ 的经典寄存器，而 Y 为寄存器. 另外使得 $p \in \mathcal{P}(\Sigma)$ 为概率向量，

$$\{\rho_{a_1 \cdots a_n} : a_1 \cdots a_n \in \Sigma^n\} \subseteq \mathrm{D}(\mathcal{Y}) \tag{5.279}$$

为由 Σ^n 作索引的一些态，而 $\mu_1, \cdots, \mu_n : \Gamma \to \mathrm{Pos}(\mathcal{Y})$ 为测量.

Alice 从信源得到已独立生成的寄存器 $\mathsf{X}_1, \cdots, \mathsf{X}_n$. 每一个寄存器都处于概率态 p. 她观察 $(\mathsf{X}_1, \cdots, \mathsf{X}_n)$ 的经典态 $a_1 \cdots a_n \in \Sigma^n$，并将寄存器 Y 制备到态 $\rho_{a_1 \cdots a_n}$ 上，然后将其发送给 Bob. Bob 选择一个序号 $k \in \{1, \cdots, n\}$，然后用对应的测量 μ_k 来测量 Y 并将结果储存到经典寄存器 Z 中. Z 的经典态表示 Bob 获取的关于 X_k 上经典态的信息.　　□

下面这个例子描述了 Alice 将两个经典比特编码到一个量子比特上，同时使得 Bob 可以大概率地得到他选择的那个比特的情况.

例 5.52　设 $\Sigma = \{0, 1\}$ 表示二元字母表. 对于任意实数 θ，定义密度算子 $\sigma(\theta) \in \mathrm{D}(\mathbb{C}^{\Sigma})$ 为

$$\sigma(\theta) = \begin{pmatrix} \cos^2(\theta) & \cos(\theta)\sin(\theta) \\ \cos(\theta)\sin(\theta) & \sin^2(\theta) \end{pmatrix}, \tag{5.280}$$

并且注意到每一个这样的算子都是一个秩为 1 的投影.

Alice 获得两个经典寄存器 X_1 与 X_2，并都处于经典态 Σ. 假设这些寄存器的概率态都是独立且均匀分布的. 她将这一对寄存器 $(\mathsf{X}_1, \mathsf{X}_2)$ 的经典态 $(a_1, a_2) \in \Sigma \times \Sigma$ 编码到量子态 $\rho_{a_1 a_2} \in \mathrm{D}(\mathbb{C}^{\Sigma})$ 上. 该量子态定义为

$$\begin{aligned} \rho_{00} = \sigma(\pi/8), &\quad \rho_{10} = \sigma(3\pi/8), \\ \rho_{01} = \sigma(7\pi/8), &\quad \rho_{11} = \sigma(5\pi/8). \end{aligned} \tag{5.281}$$

Bob 从 Alice 处获得量子比特 $\rho_{a_1 a_2}$，然后决定他希望了解 X_1 的经典态 a_1 还是 X_2 的经典态 a_2. 如果 Bob 想了解 a_1，那么他用定义为

$$\mu_1(0) = \sigma(0) \quad \text{和} \quad \mu_1(1) = \sigma(\pi/2) \tag{5.282}$$

的测量 μ_1 来测量这个量子比特. 如果 Bob 想了解 a_2, 那么他用定义为

$$\mu_2(0) = \sigma(\pi/4) \quad \text{和} \quad \mu_2(1) = \sigma(3\pi/4) \tag{5.283}$$

的测量 μ_2 来测量这个量子比特. 通过利用公式

$$\langle \sigma(\phi), \sigma(\theta) \rangle = \cos^2(\phi - \theta), \tag{5.284}$$

我们从这个例子分析出, 如果 Bob 用测量 μ_k 来测量 $\rho_{a_1 a_2}$, 那么他会以 $\cos^2(\pi/8) \approx 0.85$ 的概率得到结果 a_k. □

考虑情形 5.51, 我们可以定义给定正整数 n 与概率向量 $p \in \mathcal{P}(\Sigma)$ 的量子随机存取码. 它包含两个元素: 第一个是一些密度算子

$$\{\rho_{a_1 \cdots a_n} : a_1 \cdots a_n \in \Sigma^n\} \subseteq \mathrm{D}(\mathcal{Y}), \tag{5.285}$$

它表示序列 $a_1 \cdots a_n \in \Sigma^n$ 的可能编码; 第二个是一系列测量

$$\mu_1, \cdots, \mu_n : \Gamma \to \mathrm{Pos}(\mathcal{Y}), \tag{5.286}$$

用于恢复其中一个原始寄存器 $\mathsf{X}_1, \cdots, \mathsf{X}_n$ 的信息.

从这个量子随机存取码中获取的信息的量可以用一个向量 $(\alpha_1, \cdots, \alpha_n)$ 表示, 这里 α_k 表示在使用测量 μ_k 并将结果储存到 Z 的情况下, X_k 与 Z 间的互信息. 向量 $(\alpha_1, \cdots, \alpha_n)$ 可以用更精确的语言定义如下. 首先, 我们定义系综 $\eta : \Sigma^n \to \mathrm{Pos}(\mathcal{Y})$ 为

$$\eta(a_1 \cdots a_n) = p(a_1) \cdots p(a_n)\, \rho_{a_1 \cdots a_n}, \tag{5.287}$$

这里 $a_1 \cdots a_n \in \Sigma^n$. 然后, 对于每一个 $k \in \{1, \cdots, n\}$, 我们定义

$$\alpha_k = \mathrm{I}(\mathsf{X}_k : \mathsf{Z}), \tag{5.288}$$

这里互信息是关于复合寄存器 $(\mathsf{X}_1, \cdots, \mathsf{X}_n, \mathsf{Z})$ 上的概率态 $q_k \in \mathcal{P}(\Sigma^n \times \Gamma)$ 的. 这个态定义为, 对每一个 $a_1 \cdots a_n \in \Sigma^n$ 与 $b \in \Gamma$,

$$q_k(a_1 \cdots a_n, b) = \langle \mu_k(b), \eta(a_1 \cdots a_n) \rangle. \tag{5.289}$$

5.3.3.5 Nayak 定理

虽然例 5.52 似乎给出了量子随机存取码相对经典编码方案的一个可能的优势, 但是这一感觉是错误的. 下面这个定理显示, 量子随机存取码的能力严重受限.

定理 5.53 (Nayak 定理) 设 Σ 为字母表, $p \in \mathcal{P}(\Sigma)$ 为概率向量, 并且 n 为正整数. 另外设 $\mathcal{Y}$ 复欧几里得空间, Γ 为字母表, 并且

$$\{\rho_{a_1 \cdots a_n} : a_1 \cdots a_n \in \Sigma^n\} \subseteq \mathrm{D}(\mathcal{Y}) \quad \text{和} \quad \mu_1, \cdots, \mu_n : \Gamma \to \mathrm{Pos}(\mathcal{Y}) \tag{5.290}$$

为 p 的量子随机存取码. 假设 $(\alpha_1, \cdots, \alpha_n)$ 为表示该码中可以获取的分布 p 上定义的信息的量的向量. 则必然有

$$\sum_{k=1}^{n} \alpha_k \leqslant \chi(\eta), \tag{5.291}$$

这里 $\eta : \Sigma^n \to \mathrm{Pos}(\mathcal{Y})$ 为对每一个 $a_1 \cdots a_n \in \Sigma^n$ 都有

$$\eta(a_1 \cdots a_n) = p(a_1) \cdots p(a_n) \rho_{a_1 \cdots a_n} \tag{5.292}$$

的系综.

证明   设 $\mathsf{X}_1, \cdots, \mathsf{X}_n$ 为经典寄存器, 它们有共同的经典态集合 Σ, 且 Y 为关于复欧几里得空间 $\mathcal{Y}$ 的寄存器 (与情形 5.51 中一样). 设

$$\sigma = \sum_{a_1 \cdots a_n \in \Sigma^n} p(a_1) \cdots p(a_n) E_{a_1, a_1} \otimes \cdots \otimes E_{a_n, a_n} \otimes \rho_{a_1 \cdots a_n} \tag{5.293}$$

为复合寄存器 $(\mathsf{X}_1, \cdots, \mathsf{X}_n, \mathsf{Y})$ 上关于系综 η 的经典–量子态. 对于态 σ, 我们有

$$\mathrm{I}(\mathsf{X}_1, \cdots, \mathsf{X}_n : \mathsf{Y}) = \chi(\eta). \tag{5.294}$$

现在下式成立:

$$\begin{aligned}&\mathrm{I}(\mathsf{X}_1, \cdots, \mathsf{X}_n : \mathsf{Y}) \\ &= \mathrm{I}(\mathsf{X}_n : \mathsf{Y}) + \mathrm{I}(\mathsf{X}_1, \cdots, \mathsf{X}_{n-1} : \mathsf{X}_n, \mathsf{Y}) - \mathrm{I}(\mathsf{X}_1, \cdots, \mathsf{X}_{n-1} : \mathsf{X}_n). \end{aligned} \tag{5.295}$$

这个恒等式 (等价于一个通常称为量子互信息的链式法则的恒等式) 对这些寄存器上的所有态都成立, 并且可以通过推广量子互信息的定义来验证. 对于态 σ 的特殊情况, 我们有

$$\mathrm{I}(\mathsf{X}_1, \cdots, \mathsf{X}_{n-1} : \mathsf{X}_n) = 0, \tag{5.296}$$

因为寄存器 $\mathsf{X}_1, \cdots, \mathsf{X}_n$ 对于该态是独立的, 所以

$$\begin{aligned}\mathrm{I}(\mathsf{X}_1, \cdots, \mathsf{X}_n : \mathsf{Y}) &= \mathrm{I}(\mathsf{X}_n : \mathsf{Y}) + \mathrm{I}(\mathsf{X}_1, \cdots, \mathsf{X}_{n-1} : \mathsf{X}_n, \mathsf{Y}) \\ &\geqslant \mathrm{I}(\mathsf{X}_n : \mathsf{Y}) + \mathrm{I}(\mathsf{X}_1, \cdots, \mathsf{X}_{n-1} : \mathsf{Y}), \end{aligned} \tag{5.297}$$

这里的不等式源于推论 5.37. 通过递归地使用这个不等式, 我们可以得到

$$\mathrm{I}(\mathsf{X}_1, \cdots, \mathsf{X}_n : \mathsf{Y}) \geqslant \sum_{k=1}^{n} \mathrm{I}(\mathsf{X}_k : \mathsf{Y}). \tag{5.298}$$

最后, 我们可以观察到, 对于每一个 $k \in \{1, \cdots, n\}$, $\alpha_k \leqslant \mathrm{I}(\mathsf{X}_k : \mathsf{Y})$. 这源于 Holevo 定理 (定理 5.49). 因此

$$\sum_{k=1}^{n} \alpha_k \leqslant \mathrm{I}(\mathsf{X}_1, \cdots, \mathsf{X}_n : \mathsf{Y}) = \chi(\eta), \tag{5.299}$$

也即我们想要的结果. $\qquad\qquad\square$

量子随机存取码的一个有趣的种类是, 当 Σ 与 Γ 都为二元字母表时的情况, 这包括了例 5.52 中的码. 此时我们想让寄存器 Z 上的经典态在无论测量哪个系数 $k \in \{1, \cdots, n\}$ 的情况下都与 X_k 一致. 定理 5.53 给出了这类情形的一个强限制. 下面这个引理是Fano 不等式的一个特殊情况. 它可以用于分析这种特殊情况.

引理 5.54 设 X 与 Y 为共享经典态集合 $\Sigma = \{0, 1\}$ 的经典寄存器, 并假设寄存器对 (X, Y) 处于概率态 $q \in \mathcal{P}(\Sigma \times \Sigma)$. 这里 $q[\mathsf{X}](0) = q[\mathsf{X}](1) = 1/2$, 并且对于 $\lambda \in [0, 1]$,

$$q(0, 0) + q(1, 1) = \lambda. \tag{5.300}$$

(换句话说, X 上的态是均匀分布的, 并且 Y 与 X 都和概率 λ 相符). 则 $\mathrm{I}(\mathsf{X} : \mathsf{Y}) \geqslant 1 - \mathrm{H}(\lambda, 1 - \lambda)$.

证明 定义 Z 为经典态集合为 Σ 的经典寄存器, 并设 $p \in \mathcal{P}(\Sigma \times \Sigma \times \Sigma)$ 为定义为

$$p(a, b, c) = \begin{cases} q(a, b) & c = a \oplus b \\ 0 & \text{其他} \end{cases} \tag{5.301}$$

的概率向量. 这里 $a \oplus b$ 表示二元值 a 与 b 的异或. 换句话说, p 描述了 (X, Y, Z) 的概率态, 其中 (X, Y) 是以 q 的概率分布的, 而 Z 是 X 与 Y 异或的集合. 对于这个态, 我们有

$$\mathrm{H}(\mathsf{Z}) = \mathrm{H}(\lambda, 1 - \lambda). \tag{5.302}$$

另外, 下式成立:

$$\mathrm{H}(\mathsf{X}|\mathsf{Y}) = \mathrm{H}(\mathsf{Z}|\mathsf{Y}), \tag{5.303}$$

因为对于 Y 上每一个给定的经典态, X 与 Z 的经典态相互唯一确定. 最后, 根据 Shannon 熵的次可加性 (命题 5.9), 我们有

$$\mathrm{H}(\mathsf{Z}|\mathsf{Y}) \leqslant \mathrm{H}(\mathsf{Z}). \tag{5.304}$$

因此

$$\begin{aligned} \mathrm{I}(\mathsf{X} : \mathsf{Y}) = \mathrm{H}(\mathsf{X}) - \mathrm{H}(\mathsf{X}|\mathsf{Y}) = 1 - \mathrm{H}(\mathsf{Z}|\mathsf{Y}) \\ \geqslant 1 - \mathrm{H}(\mathsf{Z}) = 1 - \mathrm{H}(\lambda, 1 - \lambda), \end{aligned} \tag{5.305}$$

也即我们想要的结果. $\qquad\square$

推论 5.55 设 $\Sigma = \{0, 1\}$ 表示二元字母表, n 为正整数, $\mathcal{Y}$ 为复欧几里得空间, 且 $\lambda \in [1/2, 1]$ 为实数. 另外设

$$\{\rho_{a_1 \cdots a_n} : a_1 \cdots a_n \in \Sigma^n\} \subseteq \mathrm{D}(\mathcal{Y}) \tag{5.306}$$

为一些密度算子, 并且设

$$\mu_1, \cdots, \mu_n : \Sigma \to \mathrm{Pos}(\mathcal{Y}) \tag{5.307}$$

为测量. 如果对任选的 $k \in \{1, \cdots, n\}$ 与 $a_1 \cdots a_n \in \Sigma^n$, 有

$$\langle \mu_k(a_k), \rho_{a_1 \cdots a_n} \rangle \geqslant \lambda, \tag{5.308}$$

则

$$\log(\dim(\mathcal{Y})) \geqslant (1 - \mathrm{H}(\lambda, 1 - \lambda))n. \tag{5.309}$$

证明   设 $p \in \mathcal{P}(\Sigma)$ 为均匀分布, 并定义系综 $\eta : \Sigma^n \to \mathrm{Pos}(\mathcal{Y})$, 使得对所有字符串 $a_1 \cdots a_n \in \Sigma^n$ 都有

$$\eta(a_1 \cdots a_n) = p(a_1) \cdots p(a_n) \rho_{a_1 \cdots a_n} = \frac{1}{2^n} \rho_{a_1 \cdots a_n}. \tag{5.310}$$

设 $(\alpha_1, \cdots, \alpha_n)$ 为表示由合集 $\{\rho_{a_1 \cdots a_n} : a_1 \cdots a_n \in \Sigma^n\}$ 与测量 $\mu_1, \cdots, \mu_n$ 定义的分布 p 的量子随机存取码的向量. 结合引理 5.54 以及 $\mathrm{H}(\alpha, 1 - \alpha)$ 是关于 α 在 $[1/2, 1]$ 上的递减函数这一事实, 我们可以得到, 对于每一个 $k \in \{1, \cdots, n\}$,

$$\alpha_k \geqslant 1 - \mathrm{H}(\lambda, 1 - \lambda). \tag{5.311}$$

根据定理 5.53, 我们有

$$\chi(\eta) \geqslant (1 - \mathrm{H}(\lambda, 1 - \lambda))n. \tag{5.312}$$

由于 η 的 Holevo 信息不大于 $\log(\dim(\mathcal{Y}))$, 所以我们完成了证明.   □

因此, 对于这里考虑的量子随机存取码的特殊类型, 编码长度为 n 的二元串需要的量子比特数与 n 呈线性关系. 其中这个常数随着容错率的下降趋于 1.

5.4   习题

习题 5.1   设 X、Y 与 Z 为寄存器. 证明如下两个不等式对这些寄存器上的所有态 $\rho \in \mathrm{D}(\mathcal{X} \otimes \mathcal{Y} \otimes \mathcal{Z})$ 都成立:

(a) $\mathrm{I}(\mathsf{X}, \mathsf{Y} : \mathsf{Z}) + \mathrm{I}(\mathsf{Y} : \mathsf{Z}) \geqslant \mathrm{I}(\mathsf{X} : \mathsf{Z})$

(b) $\mathrm{H}(\mathsf{X}, \mathsf{Y}|\mathsf{Z}) + \mathrm{H}(\mathsf{Y}|\mathsf{Z}) \geqslant \mathrm{H}(\mathsf{X}|\mathsf{Z}) - 2\,\mathrm{H}(\mathsf{Z})$

习题 5.2   设 Σ 为字母表, $\mathcal{X}$、$\mathcal{Y}$ 与 $\mathcal{Z}$ 为复欧几里得空间, $\rho \in \mathrm{D}(\mathcal{X} \otimes \mathcal{Z})$ 为密度算子, $p \in \mathcal{P}(\Sigma)$ 为概率向量, 并且 $\{\Phi_a : a \in \Sigma\} \subseteq \mathrm{C}(\mathcal{X}, \mathcal{Y})$ 为一些信道的合集. 定义系综 $\eta : \Sigma \to \mathrm{Pos}(\mathcal{Y} \otimes \mathcal{Z})$ 使得对每一个 $a \in \Sigma$ 都有

$$\eta(a) = p(a)(\Phi_a \otimes \mathbb{1}_{\mathrm{L}(\mathcal{Z})})(\rho). \tag{5.313}$$

证明

$$\chi(\eta) \leqslant \mathrm{H}\left(\sum_{a \in \Sigma} p(a) \Phi_a(\mathrm{Tr}_{\mathcal{Z}}(\rho))\right) + \sum_{a \in \Sigma} p(a)\,\mathrm{H}(\Phi_a(\mathrm{Tr}_{\mathcal{Z}}(\rho))). \tag{5.314}$$

习题 5.3   设 X、Y 与 Z 为寄存器.

(a) 证明对这些寄存器上所有的态 $\rho \in D(\mathcal{X} \otimes \mathcal{Y} \otimes \mathcal{Z})$, 下式成立:

$$I(X, Y : Z) \leqslant I(Y : X, Z) + 2\, H(X). \tag{5.315}$$

(b) 设 Σ 为 X 上的经典态集合, $\{\sigma_a : a \in \Sigma\} \subseteq D(\mathcal{Y} \otimes \mathcal{Z})$ 为密度算子的合集, $p \in \mathcal{P}(\Sigma)$ 为概率向量, 并且

$$\rho = \sum_{a \in \Sigma} p(a) E_{a,a} \otimes \sigma_a \tag{5.316}$$

为 (X, Y, Z) 上的态. 证明对于态 ρ, 我们有

$$I(X, Y : Z) \leqslant I(Y : X, Z) + H(X). \tag{5.317}$$

习题 5.4 设 Σ 为字母表, $\mathcal{X}$ 与 $\mathcal{Y}$ 为复欧几里得空间. 另外设 $\Phi \in C(\mathcal{X}, \mathcal{Y})$ 为信道, $\eta : \Sigma \to \mathrm{Pos}(\mathcal{X})$ 为系综, 并定义系综 $\Phi(\eta) : \Sigma \to \mathrm{Pos}(\mathcal{Y})$ 使得对每一个 $a \in \Sigma$ 都有

$$(\Phi(\eta))(a) = \Phi(\eta(a)). \tag{5.318}$$

证明 $\chi(\Phi(\eta)) \leqslant \chi(\eta)$.

习题 5.5 设 X 与 Y 为寄存器, 并且 $\rho_0, \rho_1 \in D(\mathcal{X} \otimes \mathcal{Y})$ 为这些寄存器上的态. 证明对任选的 $\lambda \in [0, 1]$ 都有

$$\begin{aligned}
&H(\lambda \rho_0 + (1 - \lambda)\rho_1) - H(\lambda \rho_0[Y] + (1 - \lambda)\rho_1[Y]) \\
&\geqslant \lambda\big(H(\rho_0) - H(\rho_0[Y])\big) + (1 - \lambda)\big(H(\rho_1) - H(\rho_1[Y])\big)
\end{aligned} \tag{5.319}$$

(等价地, 证明 X 在给定 Y 时的条件 von Neumann 熵在这些寄存器的态上是凹函数.)

习题 5.6 设 X 与 Y 为寄存器, $\rho \in \mathcal{D}(\mathcal{X} \otimes \mathcal{Y})$ 为对某些字母表 Σ、概率向量 $p \in \mathcal{P}(\Sigma)$ 以及态的两个合集 $\{\sigma_a : a \in \Sigma\} \subseteq D(\mathcal{X})$ 与 $\{\xi_a : a \in \Sigma\} \subseteq D(\mathcal{Y})$ 满足

$$\rho = \sum_{a \in \Sigma} p(a)\sigma_a \otimes \xi_a$$

的这些寄存器的态.

(a) 证明对于态 ρ, $I(X : Y) \leqslant H(p)$ 成立.

(b) 证明

$$H(\rho) \geqslant \sum_{a \in \Sigma} p(a) H(\sigma_a) + H\left(\sum_{a \in \Sigma} p(a)\xi_a\right). \tag{5.320}$$

5.5 参考书目注释

Shannon 熵的定义始于 Shannon 的论文 (Shannon, 1948). 这一般被认为代表着信息论的出现. 这篇论文证明了许多基本事实, 包括 Shannon 信源编码定理 (定理 5.40 是它的变种) 以及 Shannon 信道编码定理. 在同一篇论文中, Shannon 还定义了条件熵, 并考察了互信息 (虽然没有使用这个名字), 另外还证明了以他的名字命名的熵函数在信息与不确定度的

测度在自然过程中满足某些简单的公理的前提下是唯一的 (只差一个归一化系数). Shannon 在他 1948 年的论文中观察到了他的熵函数与统计力学中熵的概念的相似性, 因而之后人们认为他在 von Neumann 的建议下使用了 "熵" 这个名字 (Tribus 和 McIrvine, 1971). 有很多研究者考虑了熵的这些概念之间更多本质上的联系 (比如, 见 Rosenkrantz (1989)).

相对熵函数是在 1951 年由 Kullback 与 Leibler (Kullback 和 Leibler, 1951) 定义的. 定理 5.14 源于 (Audenaert (2007)). Pinsker 不等式 (使用更小的常数的定理 5.15) 是由 (Pinsker (1964)) 证明的, 之后 Csiszár 与 Kullback 等人优化. 关于经典信息论的更多信息可以在相关课题的很多书中找到, 包括 (Ash (1990)) 与 (Cover 和 Thomas (2006)) 的著作等.

von Neumann 熵最早是由 von Neumann 在 1927 年的论文 (von Neumann, 1927a) 中定义的, 之后他在 1932 年出版的书 (英文版见 von Neumann (1955)) 中在量子统计力学框架下对其进行了更详细的讨论. 虽然 Shannon 声称他与 von Neumann 讨论过 Shannon 熵, 但是我们没有 von Neumann 曾经从信息论的角度考虑过 von Neumann 熵函数的证据.

量子相对熵是由 Umegaki (1962) 定义的. 一个可以得到 Klein 不等式的事实 (命题 5.22 中所说的) 是许多年前由 Klein (1931) 证明的. 定理 5.25 是由 Araki 和 Lieb (1970) 证明的, 他们在同一篇论文中给出了由此得到的纯化方法. Fannes-Audenaert 不等式 (定理 5.26) 的一个弱化版本是由 Fannes (1973) 证明的, 之后又由 Audenaert (2007) 加以强化 (通过约化到定理 5.14 中表述的经典结果. 本结果也是在同一篇论文中证明的).

Lieb 凹定理是由 Lieb (1973) 证明的. 定理 5.30 中对该定理的表述来源于 Ando (1979). 这个定理的证法有很多种. 本书使用的证法来源于 Simon (1979) 的著作, 并且经 Ando 的方法 (Ando, 1979) 的启发而简化过. Simon 把他的证明的核心思想归功于 Uhlmann (1977). von Neumann 熵的强次可加性的猜想是由 Lanford 和 Robinson (1968) 提出的, 并由 Lieb 和 Ruskai (1973) 用 Lieb 凹定理所证明. Lindblad (1974) 也是用 Lieb 凹定理证明了量子相对熵的联合凸性. 量子 Pinsker 不等式 (定理 5.38) 出现于 Hiai、Ohya 和 Tsukada (1981) 的论文, 并且根据 Uhlmann (1977), 它可以作为更一般的定理的特殊情况.

定理 5.44 是由 Schumacher (1995) 证明的. Holevo (1973a) 通过一个与本章中不同的方法证明了以他名字命名的定理 (定理 5.49)—— Holevo 的证明并没有使用 von Neumann 熵的强次可加性或 Lieb 凹定理.

量子随机存取码是由 Ambainis、Nayak、Ta-Shma 和 Vazirani (1999) 给出的, 他们证明的是针对量子随机存取码相比推论 5.55 更弱的一个限制. 而这个推论由 Nayak (1999b) 在短时间后证明 (前面两个参考文献一开始在会议论文集中出现, 之后才发表为期刊论文 (Ambainis、Nayak、Ta-Shma 和 Vazirani, 2002)). 定理 5.53 描述的 Nayak 定理, 源于 Nayak 的博士毕业论文 (Nayak, 1999a) 中一个相关定理的证明.

二分纠缠

纠缠是量子信息理论中的一个基本概念, 它被认为是将量子系统与其相应的经典系统区分开的典型特征. 非正式地讲, 当不可能用经典的术语来精确指出一组寄存器之间存在的关联性时, 我们称这组寄存器的态 $X_1, \cdots, X_n$ 是纠缠的. 当可能用经典的术语描述这些关联性时, 这些寄存器被称为处在一个可分态中. 因此, "纠缠存在于两个或更多的寄存器之间"与"可分性缺失"是同义的.

本章介绍与二分纠缠相关的概念, 其中我们精确地考虑了两个寄存器 (或两组寄存器) 之间的关联性. 我们将要讨论的话题包括: 可分性的性质, 其不但适用于态, 还适用于信道和测量; 纠缠的操作与量化的相关方面; 对与纠缠相关的操作现象的一些讨论, 包括传态、稠密编码和对于可分系统的测量的非经典关联性.

6.1 可分性

本节介绍可分性的概念, 这一概念适用于态、信道以及二分系统上的测量. 我们也可以定义这一概念的一个多分的变体, 但在本书中, 我们只考虑二分可分性.

6.1.1 可分算子与可分态

作用在二分张量积空间上的算子的可分性的性质定义如下.

定义 6.1 对于任选的复欧几里得空间 $\mathcal{X}$ 和 $\mathcal{Y}$, 集合 $\mathrm{Sep}(\mathcal{X} : \mathcal{Y})$ 被定义为包含所有半正定算子 $R \in \mathrm{Pos}(\mathcal{X} \otimes \mathcal{Y})$ 的集合, 其中存在一个字母表 Σ 和两组半正定算子

$$\{P_a : a \in \Sigma\} \subset \mathrm{Pos}(\mathcal{X}) \quad \text{和} \quad \{Q_a : a \in \Sigma\} \subset \mathrm{Pos}(\mathcal{Y}), \tag{6.1}$$

使得

$$R = \sum_{a \in \Sigma} P_a \otimes Q_a. \tag{6.2}$$

集合 $\mathrm{Sep}(\mathcal{X} : \mathcal{Y})$ 的元素称为**可分算子**.

注: 正如上面的定义所反映的那样, 必须强调可分性是根据一个给定算子潜藏的复欧几里得空间的一个特定张量积结构所定义的. 所以, 当我们使用术语"可分算子"时, 我们必须同时表明这个张量积结构 (如果那不是隐含的). 例如, 一个算子 $R \in \mathrm{Pos}(\mathcal{X} \otimes \mathcal{Y} \otimes \mathcal{Z})$ 可能是 $\mathrm{Sep}(\mathcal{X} : \mathcal{Y} \otimes \mathcal{Z})$ 的一个元素, 而非 $\mathrm{Sep}(\mathcal{X} \otimes \mathcal{Y} : \mathcal{Z})$.

通过把上面的定义限定在密度算子上, 我们可以得到可分态的定义.

定义 6.2   令 $\mathcal{X}$ 和 $\mathcal{Y}$ 为复欧几里得空间. 我们可以定义

$$\mathrm{SepD}(\mathcal{X}:\mathcal{Y}) = \mathrm{Sep}(\mathcal{X}:\mathcal{Y}) \cap \mathrm{D}(\mathcal{X} \otimes \mathcal{Y}). \tag{6.3}$$

集合 $\mathrm{SepD}(\mathcal{X}:\mathcal{Y})$ 的元素称为**可分态** (或**可分密度算子**).

6.1.1.1   可分密度算子和可分态的凸性质

集合 $\mathrm{Sep}(\mathcal{X}:\mathcal{Y})$ 和 $\mathrm{SepD}(\mathcal{X}:\mathcal{Y})$ 有着关于凸性的多种性质, 我们将考虑其中的一部分.

命题 6.3   对于任选的复欧几里得空间 $\mathcal{X}$ 和 $\mathcal{Y}$, 集合 $\mathrm{SepD}(\mathcal{X}:\mathcal{Y})$ 是凸的, 并且集合 $\mathrm{Sep}(\mathcal{X}:\mathcal{Y})$ 是一个凸锥.

证明   首先我们将证明 $\mathrm{Sep}(\mathcal{X}:\mathcal{Y})$ 是一个凸锥. 很容易证明 $\mathrm{Sep}(\mathcal{X}:\mathcal{Y})$ 对于加法以及与任何非负实数的乘法是封闭的. 为了这个目的, 假设 $R_0, R_1 \in \mathrm{Sep}(\mathcal{X}:\mathcal{Y})$ 是可分算子, $\lambda \geqslant 0$ 是一个非负实数. 可以写出等式

$$R_0 = \sum_{a \in \Sigma_0} P_a \otimes Q_a \quad \text{和} \quad R_1 = \sum_{a \in \Sigma_1} P_a \otimes Q_a \tag{6.4}$$

对于互斥的字母表 Σ_0 和 Σ_1, 和两个非正定算子的组合

$$\begin{aligned}
\{P_a : a \in \Sigma_0 \cup \Sigma_1\} &\subset \mathrm{Pos}(\mathcal{X}), \\
\{Q_a : a \in \Sigma_0 \cup \Sigma_1\} &\subset \mathrm{Pos}(\mathcal{Y})
\end{aligned} \tag{6.5}$$

成立. 等式

$$R_0 + R_1 = \sum_{a \in \Sigma_0 \cup \Sigma_1} P_a \otimes Q_a \tag{6.6}$$

成立, 所以有 $R_0 + R_1 \in \mathrm{Sep}(\mathcal{X}:\mathcal{Y})$. 此外, 还有等式

$$\lambda R_0 = \sum_{a \in \Sigma_0} (\lambda P_a) \otimes Q_a \tag{6.7}$$

成立. 因为对于每一个半正定算子 $P \in \mathrm{Pos}(\mathcal{X})$ 均有 $\lambda P \in \mathrm{Pos}(\mathcal{X})$, 所以可得 $\lambda R_0 \in \mathrm{Sep}(\mathcal{X}:\mathcal{Y})$.

$\mathrm{SepD}(\mathcal{X}:\mathcal{Y})$ 是凸的, 这是因为它等于两个凸集合 $\mathrm{Sep}(\mathcal{X}:\mathcal{Y})$ 和 $\mathrm{D}(\mathcal{X} \otimes \mathcal{Y})$ 的交集.   □

当与前面的命题相结合时, 由下一个命题可以推导出 $\mathrm{Sep}(\mathcal{X}:\mathcal{Y})$ 与由 $\mathrm{SepD}(\mathcal{X}:\mathcal{Y})$ 生成的锥相等.

命题 6.4   令 $\mathcal{Z}$ 为一个复欧几里得空间, $\mathcal{A} \subseteq \mathrm{Pos}(\mathcal{Z})$ 为一个锥, 并且假设 $\mathcal{B} = \mathcal{A} \cap \mathrm{D}(\mathcal{Z})$ 非空. 有下列等式成立:

$$\mathcal{A} = \mathrm{cone}(\mathcal{B}). \tag{6.8}$$

证明   首先假设 $\rho \in \mathcal{B}$ 以及 $\lambda \geqslant 0$. 则根据 $\mathcal{B} \subseteq \mathcal{A}$ 且 $\mathcal{A}$ 是一个锥, 有 $\lambda \rho \in \mathcal{A}$ 成立. 因此

$$\mathrm{cone}(\mathcal{B}) \subseteq \mathcal{A}. \tag{6.9}$$

现在假设 $P \in \mathcal{A}$. 如果 $P = 0$, 那么对于 $\lambda = 0$ 以及任选的 $\rho \in \mathcal{B}$, 我们有 $P = \lambda\rho$. 如果 $P \neq 0$, 则考虑密度算子 $\rho = P/\mathrm{Tr}(P)$. 有 $1/\mathrm{Tr}(P) > 0$ 且 $\mathcal{A}$ 是一个锥, 故 $\rho \in \mathcal{A}$ 成立, 因此 $\rho \in \mathcal{B}$. 因为对于 $\lambda = \mathrm{Tr}(P) > 0$ 有 $P = \lambda\rho$, 所以 $P \in \mathrm{cone}(\mathcal{B})$ 成立. 因此,

$$\mathcal{A} \subseteq \mathrm{cone}(\mathcal{B}), \tag{6.10}$$

命题得证. □

在下一命题中我们给出了两种等价的精确表述可分态的方式, 它们都是谱定理的直接结果.

命题 6.5 令 $\xi \in \mathrm{D}(\mathcal{X} \otimes \mathcal{Y})$ 为关于复欧几里得空间 $\mathcal{X}$ 和 $\mathcal{Y}$ 的一个密度算子. 下面的声明是等价的:

1. $\xi \in \mathrm{SepD}(\mathcal{X} : \mathcal{Y})$.

2. 存在一个字母表 Σ、态的集合 $\{\rho_a : a \in \Sigma\} \subseteq \mathrm{D}(\mathcal{X})$ 与 $\{\sigma_a : a \in \Sigma\} \subseteq \mathrm{D}(\mathcal{Y})$, 以及一个概率向量 $p \in \mathcal{P}(\Sigma)$, 使得

$$\xi = \sum_{a \in \Sigma} p(a)\, \rho_a \otimes \sigma_a. \tag{6.11}$$

3. 存在一个字母表 Σ、单位向量的集合 $\{x_a : a \in \Sigma\} \subset \mathcal{X}$ 与 $\{y_a : a \in \Sigma\} \subset \mathcal{Y}$, 以及一个概率向量 $p \in \mathcal{P}(\Sigma)$, 使得

$$\xi = \sum_{a \in \Sigma} p(a)\, x_a x_a^* \otimes y_a y_a^*. \tag{6.12}$$

证明 根据声明 3 显然可以推导出声明 2, 同时由声明 2 可以立刻推导出声明 1. 这是因为 $\mathrm{SepD}(\mathcal{X} : \mathcal{Y})$ 是凸的, 并且对于每个 $a \in \Sigma$ 都有 $\rho_a \otimes \sigma_a \in \mathrm{SepD}(\mathcal{X} : \mathcal{Y})$. 我们还需证明由声明 1 可以推导出声明 3.

令 $\xi \in \mathrm{SepD}(\mathcal{X} : \mathcal{Y})$. 由于 $\xi \in \mathrm{Sep}(\mathcal{X} : \mathcal{Y})$, 所以我们可以写出

$$\xi = \sum_{b \in \Gamma} P_b \otimes Q_b, \tag{6.13}$$

该等式对于选定的某些字母表 Γ 以及半正定算子的集合 $\{P_b : b \in \Gamma\} \subset \mathrm{Pos}(\mathcal{X})$ 和 $\{Q_b : b \in \Gamma\} \subset \mathrm{Pos}(\mathcal{Y})$ 成立. 令 $n = \dim(\mathcal{X}), m = \dim(\mathcal{Y})$, 并且对于每个 $b \in \Gamma$, 考虑这些算子的如下谱分解:

$$P_b = \sum_{j=1}^{n} \lambda_j(P_b) u_{b,j} u_{b,j}^* \quad \text{和} \quad Q_b = \sum_{k=1}^{m} \lambda_k(Q_b) v_{b,k} v_{b,k}^*, \tag{6.14}$$

定义 $\Sigma = \Gamma \times \{1, \cdots, n\} \times \{1, \cdots, m\}$, 且定义

$$p((b,j,k)) = \lambda_j(P_b)\lambda_k(Q_b),$$
$$x_{(b,j,k)} = u_{b,j}, \tag{6.15}$$
$$y_{(b,j,k)} = v_{b,k}$$

对每一个 $(b, j, k) \in \Sigma$ 成立. 一个直接的计算表明,

$$\sum_{a \in \Sigma} p(a) \, x_a x_a^* \otimes y_a y_a^* = \sum_{b \in \Gamma} P_b \otimes Q_b = \xi. \tag{6.16}$$

此外, 因为 $p(a)$ 的每个值都是非负的, 并且

$$\sum_{a \in \Sigma} p(a) = \mathrm{Tr}(\xi) = 1, \tag{6.17}$$

所以 p 是一个概率向量. 从而我们证明了由声明 1 可以推导出声明 3.　□

　　根据前面的命题中声明 1 和声明 2 的等价性, 可知一个给定的可分态 $\xi \in \mathrm{SepD}(\mathcal{X} : \mathcal{Y})$ 表示一对寄存器 (X, Y) 的独立的量子态上的一个经典概率分布; 并且在孤立地考虑时, 在这个意义下寄存器 X 和 Y 的可能的态是经典关联的.

　　对于一个可分态 $\xi \in \mathrm{SepD}(\mathcal{X} : \mathcal{Y})$ 来说, 表达式 (6.12) 通常并不唯一——可能存在许多种以这种形式表达 ξ 的等价方式. 很重要的一点是, 我们可以观察到这种形式下的表达式并不能直接从 ξ 的一个谱分解得到. 事实上, 对于选定的某些 $\xi \in \mathrm{SepD}(\mathcal{X} : \mathcal{Y})$, ξ 的每一个形式为式 (6.12) 的表达式都要求 Σ 的势要严格大于 $\mathrm{rank}(\xi)$. 尽管如此, 使形如式 (6.12) 的表达式存在所需的字母表 Σ 尺度的一个上界可以由 Carathéodory 定理 (定理 1.9) 得到.

　　命题 6.6　令 $\xi \in \mathrm{SepD}(\mathcal{X} : \mathcal{Y})$ 为一个可分态, 其中 $\mathcal{X}$ 和 $\mathcal{Y}$ 是复欧几里得空间. 存在一个字母表 Σ 使得 $|\Sigma| \leqslant \mathrm{rank}(\xi)^2$, 两组单位向量 $\{x_a : a \in \Sigma\} \subset \mathcal{X}$ 和 $\{y_a : a \in \Sigma\} \subset \mathcal{Y}$, 以及一个概率向量 $p \in \mathcal{P}(\Sigma)$, 使等式

$$\xi = \sum_{a \in \Sigma} p(a) x_a x_a^* \otimes y_a y_a^* \tag{6.18}$$

成立.

　　证明　根据命题 6.5, 有

$$\mathrm{SepD}(\mathcal{X} : \mathcal{Y}) = \mathrm{conv}\{xx^* \otimes yy^* : x \in \mathcal{S}(\mathcal{X}), y \in \mathcal{S}(\mathcal{Y})\} \tag{6.19}$$

成立, 从而可知 ξ 包含在集合

$$\mathrm{conv}\{xx^* \otimes yy^* : x \in \mathcal{S}(\mathcal{X}), y \in \mathcal{S}(\mathcal{Y}), \mathrm{im}(xx^* \otimes yy^*) \subseteq \mathrm{im}(\xi)\} \tag{6.20}$$

内. 每一个满足 $\mathrm{im}(\rho) \subseteq \mathrm{im}(\xi)$ 的密度算子 $\rho \in \mathrm{D}(\mathcal{X} \otimes \mathcal{Y})$ 都包含在维度为 $\mathrm{rank}(\xi)^2 - 1$ 的实仿射子空间

$$\{H \in \mathrm{Herm}(\mathcal{X} \otimes \mathcal{Y}) : \mathrm{im}(H) \subseteq \mathrm{im}(\xi), \mathrm{Tr}(H) = 1\} \tag{6.21}$$

内, 所以上面的命题可以直接根据 Carathéodory 定理得出.　□

　　通过把上述命题与命题 6.4 相结合, 我们可以得到下面的推论.

推论 6.7 令 $R \in \mathrm{Sep}(\mathcal{X}:\mathcal{Y})$ 为一个关于复欧几里得空间 $\mathcal{X}$ 和 $\mathcal{Y}$ 的非零可分算子. 存在一个字母表 Σ 使得 $|\Sigma| \leqslant \mathrm{rank}(R)^2$, 以及两组向量 $\{x_a : a \in \Sigma\} \subset \mathcal{X}$ 和 $\{y_a : a \in \Sigma\} \subset \mathcal{Y}$, 使等式

$$R = \sum_{a \in \Sigma} x_a x_a^* \otimes y_a y_a^* \tag{6.22}$$

成立.

在本小节中, 关于可分算子与可分态的最后的观察是下面的命题, 它针对集合 $\mathrm{Sep}(\mathcal{X}:\mathcal{Y})$ 和 $\mathrm{SepD}(\mathcal{X}:\mathcal{Y})$ 建立了一个基本的拓扑性质.

命题 6.8 对任选的复欧几里得空间 $\mathcal{X}$ 和 $\mathcal{Y}$, 集合 $\mathrm{SepD}(\mathcal{X}:\mathcal{Y})$ 是紧的, 且集合 $\mathrm{Sep}(\mathcal{X}:\mathcal{Y})$ 是闭的.

证明 单位球 $\mathcal{S}(\mathcal{X})$ 和 $\mathcal{S}(\mathcal{Y})$ 是紧的, 这说明它们的笛卡儿积 $\mathcal{S}(\mathcal{X}) \times \mathcal{S}(\mathcal{Y})$ 也是紧的. 函数

$$\phi : \mathcal{S}(\mathcal{X}) \times \mathcal{S}(\mathcal{Y}) \to \mathrm{Pos}(\mathcal{X} \otimes \mathcal{Y}) : (x, y) \mapsto xx^* \otimes yy^* \tag{6.23}$$

是连续的, 所以集合

$$\phi(\mathcal{S}(\mathcal{X}) \times \mathcal{S}(\mathcal{Y})) = \left\{ xx^* \otimes yy^* : x \in \mathcal{S}(\mathcal{X}),\, y \in \mathcal{S}(\mathcal{Y}) \right\} \tag{6.24}$$

是紧的. 因为一个紧集的凸包必须是紧的, 所以 $\mathrm{SepD}(\mathcal{X}:\mathcal{Y})$ 也是紧的.

由于 $\mathrm{SepD}(\mathcal{X}:\mathcal{Y})$ 是紧的且不包含 0, 所以其生成的锥是闭的, 因此 $\mathrm{Sep}(\mathcal{X}:\mathcal{Y})$ 是闭的.

$\square$

6.1.1.2 Horodecki 准则

下面的定理提供了关于可分性的另外一个特性的描述, 说明了算子可分性的性质与映射的正性是紧密相关的.

定理 6.9 (Horodecki 准则) 令 $\mathcal{X}$ 和 $\mathcal{Y}$ 为复欧几里得空间, $R \in \mathrm{Pos}(\mathcal{X} \otimes \mathcal{Y})$ 为一个半正定算子. 下面三个声明是等价的:

1. $R \in \mathrm{Sep}(\mathcal{X}:\mathcal{Y})$.

2. 对于每一个选定的复欧几里得空间 $\mathcal{Z}$ 和正映射 $\Phi \in \mathrm{T}(\mathcal{X}, \mathcal{Z})$, 有

$$(\Phi \otimes \mathbb{1}_{\mathrm{L}(\mathcal{Y})})(R) \in \mathrm{Pos}(\mathcal{Z} \otimes \mathcal{Y}) \tag{6.25}$$

成立.

3. 对于每一个正的保幺映射,

$$(\Phi \otimes \mathbb{1}_{\mathrm{L}(\mathcal{Y})})(R) \in \mathrm{Pos}(\mathcal{Y} \otimes \mathcal{Y}) \tag{6.26}$$

成立.

证明 首先假设 $R \in \mathrm{Sep}(\mathcal{X} : \mathcal{Y})$，从而

$$R = \sum_{a \in \Sigma} P_a \otimes Q_a \tag{6.27}$$

对选定的某些字母表 Σ 以及合集 $\{P_a : a \in \Sigma\} \subset \mathrm{Pos}(\mathcal{X})$ 和 $\{Q_a : a \in \Sigma\} \subset \mathrm{Pos}(\mathcal{Y})$ 成立. 对每一个复欧几里得空间 $\mathcal{Z}$ 和每一个正映射 $\Phi \in \mathrm{T}(\mathcal{X}, \mathcal{Z})$ 有

$$\big(\Phi \otimes \mathbb{1}_{\mathrm{L}(\mathcal{Y})}\big)(R) = \sum_{a \in \Sigma} \Phi(P_a) \otimes Q_a \in \mathrm{Pos}(\mathcal{Z} \otimes \mathcal{Y}) \tag{6.28}$$

成立. 这是由于对于每个 $a \in \Sigma$, $\Phi(P_a)$ 是一个半正定算子. 因此, 由声明 1 可以推导出声明 2.

显然由声明 2 可以推导出声明 3.

最后, 我们将用反证法证明由声明 3 可以推导出声明 1. 为了这个目的, 假设 $R \in \mathrm{Pos}(\mathcal{X} \otimes \mathcal{Y})$ 不是一个可分算子. 由于 $\mathrm{Sep}(\mathcal{X} : \mathcal{Y})$ 是在实向量空间 $\mathrm{Herm}(\mathcal{X} \otimes \mathcal{Y})$ 内的一个闭合的凸锥, 所以根据超平面分离定理 (定理 1.11) 可以得出, 必须存在一个 Hermite 算子 $H \in \mathrm{Herm}(\mathcal{X} \otimes \mathcal{Y})$ 使得对于每一个 $S \in \mathrm{Sep}(\mathcal{X} : \mathcal{Y})$ 都有 $\langle H, R \rangle < 0$ 和 $\langle H, S \rangle \geqslant 0$. 算子 H 将被用于定义一个正的保幺映射 $\Phi \in \mathrm{T}(\mathcal{X}, \mathcal{Y})$, 其中

$$\big(\Phi \otimes \mathbb{1}_{\mathrm{L}(\mathcal{Y})}\big)(R) \notin \mathrm{Pos}(\mathcal{Y} \otimes \mathcal{Y}). \tag{6.29}$$

首先, 令 $\Psi \in \mathrm{T}(\mathcal{Y}, \mathcal{X})$ 为关于 $J(\Psi) = H$ 的唯一映射, 选定 $\varepsilon > 0$ 为一个满足不等式

$$\langle H, R \rangle + \varepsilon \operatorname{Tr}(R) < 0 \tag{6.30}$$

的充分小的正实数, 且对于每一个 $X \in \mathrm{L}(\mathcal{X})$, 定义 $\Xi \in \mathrm{T}(\mathcal{X}, \mathcal{Y})$ 为

$$\Xi(X) = \Psi^*(X) + \varepsilon \operatorname{Tr}(X)\mathbb{1}_{\mathcal{Y}}. \tag{6.31}$$

对于任选的半正定算子 $P \in \mathrm{Pos}(\mathcal{X})$ 和 $Q \in \mathrm{Pos}(\mathcal{Y})$, 有

$$P \otimes \overline{Q} \in \mathrm{Sep}(\mathcal{X} : \mathcal{Y}), \tag{6.32}$$

从而

$$0 \leqslant \langle H, P \otimes \overline{Q} \rangle = \langle P \otimes \overline{Q}, J(\Psi) \rangle = \langle P, \Psi(Q) \rangle. \tag{6.33}$$

该不等式对选定的每一个 $P \in \mathrm{Pos}(\mathcal{X})$ 和 $Q \in \mathrm{Pos}(\mathcal{Y})$ 成立, 这说明对于选定的每一个 $Q \in \mathrm{Pos}(\mathcal{Y})$ 都有 $\Psi(Q) \in \mathrm{Pos}(\mathcal{X})$. 因此 Ψ 是一个正映射. 根据命题 2.18 我们可以得出 Ψ^* 也是一个正映射. 所以, 对于每一个非零的半正定算子 $P \in \mathrm{Pos}(\mathcal{X})$, 算子 $\Xi(P)$ 等于一个半正定算子 $\Psi^*(P)$ 加上一个单位算子的正积.

现在令 $A = \Xi(\mathbb{1}_{\mathcal{X}})$, 它也必须是一个半正定算子, 且对于每一个 $X \in \mathrm{L}(\mathcal{X})$, 定义 $\Phi \in \mathrm{T}(\mathcal{X}, \mathcal{Y})$ 为

$$\Phi(X) = A^{-\frac{1}{2}} \Xi(X) A^{-\frac{1}{2}}. \tag{6.34}$$

我们还需证明 Φ 是一个令式 (6.29) 成立的正保幺映射, 这可以根据 Ξ 是正的得到, 此外还有

$$\Phi(\mathbb{1}_{\mathcal{X}}) = A^{-\frac{1}{2}} \Xi(\mathbb{1}_{\mathcal{X}}) A^{-\frac{1}{2}} = A^{-\frac{1}{2}} A A^{-\frac{1}{2}} = \mathbb{1}_{\mathcal{Y}} \tag{6.35}$$

成立, 这说明 Φ 是保幺的. 最后, 通过下面的计算, 我们可以证明算子 $(\Phi \otimes \mathbb{1}_{\mathrm{L}(\mathcal{Y})})(R)$ 不是半正定的:

$$\begin{aligned}
&\left\langle \mathrm{vec}\left(\sqrt{A}\right) \mathrm{vec}\left(\sqrt{A}\right)^*, (\Phi \otimes \mathbb{1}_{\mathrm{L}(\mathcal{Y})})(R) \right\rangle \\
&= \left\langle \mathrm{vec}(\mathbb{1}_{\mathcal{Y}}) \mathrm{vec}(\mathbb{1}_{\mathcal{Y}})^*, (\Xi \otimes \mathbb{1}_{\mathrm{L}(\mathcal{Y})})(R) \right\rangle \\
&= \langle J(\Xi^*), R \rangle \\
&= \langle J(\Psi) + \varepsilon \mathbb{1}_{\mathcal{X}} \otimes \mathbb{1}_{\mathcal{Y}}, R \rangle \\
&= \langle H, R \rangle + \varepsilon \mathrm{Tr}(R) \\
&< 0.
\end{aligned} \tag{6.36}$$

从而命题得证. □

定理 6.9 的一个直接应用是提供证明某些半正定算子不可分的一个方法. 下面的例子在 Werner 态和各向同性态上说明了这个方法.

例 6.10　令 Σ 为一个字母表, $\mathcal{X}$ 和 $\mathcal{Y}$ 为形式是 $\mathcal{X} = \mathbb{C}^{\Sigma}$ 和 $\mathcal{Y} = \mathbb{C}^{\Sigma}$ 的复欧几里得空间. 交换算子 $W \in \mathrm{L}(\mathcal{X} \otimes \mathcal{Y})$ 是关于所有向量 $x, y \in \mathbb{C}^{\Sigma}$ 满足

$$W(x \otimes y) = y \otimes x \tag{6.37}$$

的唯一算子. 等价地, 该算子可由

$$W = \sum_{a,b \in \Sigma} E_{a,b} \otimes E_{b,a} \tag{6.38}$$

给出. 算子 W 既是酉算子也是 Hermite 算子, 其本征值为 1 和 −1. W 关于本征值 1 的本征空间由规范正交合集

$$\left\{ \frac{e_a \otimes e_b + e_b \otimes e_a}{\sqrt{2}} : a, b \in \Sigma, a < b \right\} \cup \{ e_a \otimes e_a : a \in \Sigma \} \tag{6.39}$$

扩展而来, 其中我们假设字母表 Σ 的全序是固定的. 而关于本征值 −1 的本征空间由规范正交合集

$$\left\{ \frac{e_a \otimes e_b - e_b \otimes e_a}{\sqrt{2}} : a, b \in \Sigma, a < b \right\} \tag{6.40}$$

扩展而来. 令 $n = |\Sigma|$, 并且定义投影算子 $\Delta_0, \Delta_1, \Pi_0, \Pi_1 \in \mathrm{Proj}(\mathcal{X} \otimes \mathcal{Y})$ 如下:

$$\Delta_0 = \frac{1}{n} \sum_{a,b \in \Sigma} E_{a,b} \otimes E_{a,b}, \qquad \Pi_0 = \frac{1}{2}\mathbb{1} \otimes \mathbb{1} + \frac{1}{2} W, \tag{6.41}$$

$$\Delta_1 = \mathbb{1} \otimes \mathbb{1} - \Delta_0, \qquad \Pi_1 = \mathbb{1} \otimes \mathbb{1} - \Pi_0. \tag{6.42}$$

因为这些算子是 Hermite 的并且其平方等于自身, 所以它们的确是投影算子. 此外, 我们可以看到 $\Delta_0 = uu^*$ 是到 1 维子空间 $\mathcal{X} \otimes \mathcal{Y}$ 上的投影, 这一子空间是由单位向量

$$u = \frac{1}{\sqrt{n}} \sum_{a \in \Sigma} e_a \otimes e_a \tag{6.43}$$

扩展而来的. Δ_1 是到这一子空间的正交补上的投影, 并且 Π_0 和 Π_1 分别是到由相应的合集 (6.39) 和 (6.40) 扩展而来的子空间上的投影 (Π_0 和 Π_1 的像也称为 $\mathbb{C}^\Sigma \otimes \mathbb{C}^\Sigma$ 的对称和反对称子空间, 我们会在第 7 章更详细且更一般地讨论它们). 有

$$\begin{aligned}
\mathrm{rank}(\Delta_0) &= 1, & \mathrm{rank}(\Pi_0) &= \binom{n+1}{2}, \\
\mathrm{rank}(\Delta_1) &= n^2 - 1, & \mathrm{rank}(\Pi_1) &= \binom{n}{2}
\end{aligned} \tag{6.44}$$

成立. 形式为

$$\lambda \Delta_0 + (1 - \lambda) \frac{\Delta_1}{n^2 - 1} \tag{6.45}$$

的态称为 各向同性态, 形式为

$$\lambda \frac{\Pi_0}{\binom{n+1}{2}} + (1 - \lambda) \frac{\Pi_1}{\binom{n}{2}} \tag{6.46}$$

的态称为 Werner 态 (其中在两种情况下都有 $\lambda \in [0, 1]$).

现在, 令 $\mathrm{T} \in \mathrm{T}(\mathcal{X})$ 表示转置映射, 它是根据对于所有 $X \in \mathrm{L}(\mathcal{X})$ 的行为 $\mathrm{T}(X) = X^\mathsf{T}$ 定义的. 映射 T 是一个正映射. 我们观察到

$$(\mathrm{T} \otimes \mathbb{1}_{\mathrm{L}(\mathcal{Y})})(\Delta_0) = \frac{1}{n} W, \tag{6.47}$$

它可以很直接地被证明. 利用这一等式以及 $\mathrm{T}(\mathbb{1}_{\mathcal{X}}) = \mathbb{1}_{\mathcal{X}}$ 和 $\mathrm{T}^2 = \mathbb{1}_{\mathrm{L}(\mathcal{X})}$, 我们可以得到下面的关系:

$$(\mathrm{T} \otimes \mathbb{1}_{\mathrm{L}(\mathcal{Y})})(\Delta_0) = \frac{1}{n} \Pi_0 - \frac{1}{n} \Pi_1, \tag{6.48}$$

$$(\mathrm{T} \otimes \mathbb{1}_{\mathrm{L}(\mathcal{Y})})(\Delta_1) = \frac{n-1}{n} \Pi_0 + \frac{n+1}{n} \Pi_1, \tag{6.49}$$

$$(\mathrm{T} \otimes \mathbb{1}_{\mathrm{L}(\mathcal{Y})})(\Pi_0) = \frac{n+1}{2} \Delta_0 + \frac{1}{2} \Delta_1, \tag{6.50}$$

$$(\mathrm{T} \otimes \mathbb{1}_{\mathrm{L}(\mathcal{Y})})(\Pi_1) = -\frac{n-1}{2} \Delta_0 + \frac{1}{2} \Delta_1. \tag{6.51}$$

对于 $\lambda \in [0, 1]$, 等式

$$\begin{aligned}
&(\mathrm{T} \otimes \mathbb{1}_{\mathrm{L}(\mathcal{Y})}) \left(\lambda \Delta_0 + (1 - \lambda) \frac{\Delta_1}{n^2 - 1} \right) \\
&= \left(\frac{1 + \lambda n}{2} \right) \frac{\Pi_0}{\binom{n+1}{2}} + \left(\frac{1 - \lambda n}{2} \right) \frac{\Pi_1}{\binom{n}{2}}
\end{aligned} \tag{6.52}$$

和

$$
(\mathrm{T} \otimes \mathbb{1}_{\mathrm{L}(\mathcal{Y})})\left(\lambda \frac{\Pi_0}{\binom{n+1}{2}} + (1-\lambda)\frac{\Pi_1}{\binom{n}{2}}\right)
$$
$$
= \left(\frac{2\lambda-1}{n}\right)\Delta_0 + \left(1 - \frac{2\lambda-1}{n}\right)\frac{\Delta_1}{n^2-1} \tag{6.53}
$$

成立. 因此, 对于 $\lambda \in (1/n, 1]$, 各向同性态 (6.45) 是纠缠的 (即非可分的), 而对于 $\lambda \in [0, 1/2)$, Werner 态 (6.46) 是纠缠的.[⊖] $\qquad\square$

6.1.1.3　单位算子的可分邻域

根据 Horodecki 准则 (定理 6.9), 我们可以证明对于任选的复欧几里得空间 $\mathcal{X}$ 和 $\mathcal{Y}$, 存在单位算子 $\mathbb{1}_{\mathcal{X}} \otimes \mathbb{1}_{\mathcal{Y}}$ 的一个邻域, 其中的每个半正定算子都是可分的. 因此, 每个充分接近完全混态的密度算子 $\mathrm{D}(\mathcal{X} \otimes \mathcal{Y})$ 都是可分的. 为了证明这一事实, 我们会用到下面的引理. 该事实会在下面的定理 6.13 中用更精确的术语表述.

引理 6.11　令 Σ 为一个字母表, $\mathcal{X}$ 为一个复欧几里得空间, 使 $\{X_{a,b} : a, b \in \Sigma\} \subset \mathrm{L}(\mathcal{X})$ 为一个算子的集合且 $\mathcal{Y} = \mathbb{C}^{\Sigma}$. 算子

$$
X = \sum_{a,b\in\Sigma} X_{a,b} \otimes E_{a,b} \in \mathrm{L}(\mathcal{X} \otimes \mathcal{Y}) \tag{6.54}
$$

满足

$$
\|X\|^2 \leqslant \sum_{a,b\in\Sigma} \|X_{a,b}\|^2. \tag{6.55}
$$

证明　对于每个 $a \in \Sigma$, 定义算子 $Y_a \in \mathrm{L}(\mathcal{X} \otimes \mathcal{Y})$ 为

$$
Y_a = \sum_{b\in\Sigma} X_{a,b} \otimes E_{a,b}. \tag{6.56}
$$

通过扩张积 $Y_a Y_a^*$ 并且应用三角不等式、谱范数在张量积下的可乘性以及谱范数的恒等式 (1.178), 我们可以发现

$$
\|Y_a Y_a^*\| = \left\|\sum_{b\in\Sigma} X_{a,b} X_{a,b}^* \otimes E_{a,a}\right\| \leqslant \sum_{b\in\Sigma} \|X_{a,b} X_{a,b}^*\| = \sum_{b\in\Sigma} \|X_{a,b}\|^2. \tag{6.57}
$$

此外我们还观察到,

$$
X^* X = \sum_{a\in\Sigma} Y_a^* Y_a. \tag{6.58}
$$

因此, 根据式 (6.57), 以及三角不等式和谱范数的恒等式 (1.178), 有

$$
\|X\|^2 = \|X^* X\| \leqslant \sum_{a\in\Sigma} \|Y_a^* Y_a\| \leqslant \sum_{a,b\in\Sigma} \|X_{a,b}\|^2 \tag{6.59}
$$

成立. 从而命题得证. $\qquad\square$

此外, 我们还需要下面的定理 (该定理与定理 3.39 等价).

⊖ 事实上, 各向同性态 (6.45) 对于 $\lambda \in [0, 1/n]$ 是可分的以及 Werner 态 (6.46) 对于 $\lambda \in [1/2, 1]$ 是可分的并不成立. 我们将在第 7 章中证明这一事实 (参见例 7.25).

定理 6.12 令 $\Phi \in \mathrm{T}(\mathcal{X}, \mathcal{Y})$ 为关于复欧几里得空间 $\mathcal{X}$ 和 $\mathcal{Y}$ 的一个正的保幺映射. 有

$$\|\Phi(X)\| \leqslant \|X\| \tag{6.60}$$

对于每一个算子 $X \in \mathrm{L}(\mathcal{X})$ 成立.

证明 通过假设 Φ 是正的保幺映射, 由命题 2.18 和定理 2.26 可以推导出 Φ^* 是正且保迹的. 因此, 对于算子 $X \in \mathrm{L}(\mathcal{X})$ 和 $Y \in \mathrm{L}(\mathcal{Y})$, 我们有

$$
\begin{aligned}
\left|\langle Y, \Phi(X)\rangle\right| = \left|\langle \Phi^*(Y), X\rangle\right| &\leqslant \|X\| \|\Phi^*(Y)\|_1 \\
&\leqslant \|X\| \|Y\|_1 \|\Phi^*\|_1 = \|X\| \|Y\|_1,
\end{aligned} \tag{6.61}
$$

其中最后一个等式是从推论 3.40 推导而来 (见定理 3.39). 通过在所有满足条件 $\|Y\|_1 \leqslant 1$ 的算子 $Y \in \mathrm{L}(\mathcal{Y})$ 中取最大值, 我们可以发现对于每一个 $X \in \mathrm{L}(\mathcal{X})$, 有 $\|\Phi(X)\| \leqslant \|X\|$ 成立. 从而定理得证. □

定理 6.13 令 $H \in \mathrm{Herm}(\mathcal{X} \otimes \mathcal{Y})$ 为一个对于复欧几里得空间 $\mathcal{X}$ 和 $\mathcal{Y}$ 满足条件 $\|H\|_2 \leqslant 1$ 的 Hermite 算子. 有关系式

$$\mathbb{1}_{\mathcal{X}} \otimes \mathbb{1}_{\mathcal{Y}} - H \in \mathrm{Sep}(\mathcal{X} : \mathcal{Y}) \tag{6.62}$$

成立.

证明 令 $\Phi \in \mathrm{T}(\mathcal{X}, \mathcal{Y})$ 为一个任选的正的保幺映射. 使 Σ 为字母表, 其中 $\mathcal{Y} = \mathbb{C}^{\Sigma}$, 此外还可以写出

$$H = \sum_{a,b \in \Sigma} H_{a,b} \otimes E_{a,b}. \tag{6.63}$$

有等式

$$(\Phi \otimes \mathbb{1}_{\mathrm{L}(\mathcal{Y})})(H) = \sum_{a,b \in \Sigma} \Phi(H_{a,b}) \otimes E_{a,b} \tag{6.64}$$

成立. 因此, 有

$$
\begin{aligned}
\left\|(\Phi \otimes \mathbb{1}_{\mathrm{L}(\mathcal{Y})})(H)\right\|^2 &\leqslant \sum_{a,b \in \Sigma} \|\Phi(H_{a,b})\|^2 \\
&\leqslant \sum_{a,b \in \Sigma} \|H_{a,b}\|^2 \leqslant \sum_{a,b \in \Sigma} \|H_{a,b}\|_2^2 = \|H\|_2^2 \leqslant 1.
\end{aligned} \tag{6.65}
$$

(第一个不等式由引理 6.11 推导而来, 第二个不等式由定理 6.12 推导而来). Φ 是正的, 这说明 $(\Phi \otimes \mathbb{1}_{\mathrm{L}(\mathcal{Y})})(H)$ 是 Hermite 的, 所以 $(\Phi \otimes \mathbb{1}_{\mathrm{L}(\mathcal{Y})})(H) \leqslant \mathbb{1}_{\mathcal{X}} \otimes \mathbb{1}_{\mathcal{Y}}$. 我们可以得到

$$(\Phi \otimes \mathbb{1}_{\mathrm{L}(\mathcal{Y})})(\mathbb{1}_{\mathcal{X}} \otimes \mathbb{1}_{\mathcal{Y}} - H) = \mathbb{1}_{\mathcal{X}} \otimes \mathbb{1}_{\mathcal{Y}} - (\Phi \otimes \mathbb{1}_{\mathrm{L}(\mathcal{Y})})(H) \geqslant 0. \tag{6.66}$$

因为式 (6.66) 对于所有的正的保幺映射 Φ 都成立, 所以从定理 6.9 中我们可以总结出 $\mathbb{1}_{\mathcal{X}} \otimes \mathbb{1}_{\mathcal{Y}} - H$ 是可分的. □

6.1.1.4 二分算子的纠缠秩

令 $\mathcal{X}$ 和 $\mathcal{Y}$ 均为复欧几里得空间，考虑所有半正定算子的合集 $R \in \mathrm{Pos}(\mathcal{X} \otimes \mathcal{Y})$. 其中，存在一个字母表 Σ 和算子的合集 $\{A_a : a \in \Sigma\} \subset \mathrm{L}(\mathcal{Y}, \mathcal{X})$ 使得

$$R = \sum_{a \in \Sigma} \mathrm{vec}(A_a) \, \mathrm{vec}(A_a)^* \tag{6.67}$$

并且对于每个 $a \in \Sigma$ 都有 $\mathrm{rank}(A_a) \leqslant 1$. 算子 $A \in \mathrm{L}(\mathcal{Y}, \mathcal{X})$ 有最大为 1 的秩，当且仅当存在向量 $u \in \mathcal{X}$ 和 $v \in \mathcal{Y}$ 使得 $\mathrm{vec}(A) = u \otimes v$. 从这里我们可以看出刚刚所描述的算子合集 R 与 $\mathrm{Sep}(\mathcal{X} : \mathcal{Y})$ 完全一致.

如果我们任意选取算子 $\{A_a : a \in \Sigma\}$ 的秩的上界，那么可以将这个概念用下面的定义推广开来，这在以后会非常有用.

定义 6.14 令 $\mathcal{X}$ 和 $\mathcal{Y}$ 为复欧几里得空间且 $r \geqslant 1$ 为一个正整数. 集合 $\mathrm{Ent}_r(\mathcal{X} : \mathcal{Y})$ 定义为所有算子 $R \in \mathrm{Pos}(\mathcal{X} \otimes \mathcal{Y})$ 的集合，其中存在一个字母表 Σ 和一组算子

$$\{A_a : a \in \Sigma\} \subset \mathrm{L}(\mathcal{Y}, \mathcal{X}) \tag{6.68}$$

对于每个 $a \in \Sigma$ 均满足 $\mathrm{rank}(A_a) \leqslant r$. 这使得

$$R = \sum_{a \in \Sigma} \mathrm{vec}(A_a) \, \mathrm{vec}(A_a)^*. \tag{6.69}$$

元素 $R \in \mathrm{Ent}_r(\mathcal{X} : \mathcal{Y})$ 称为以 r 为界的**纠缠秩**. 对于 $\mathcal{X}$ 和 $\mathcal{Y}$ 这一二分系统来说，$R \in \mathrm{Pos}(\mathcal{X} \otimes \mathcal{Y})$ 的**纠缠秩**是满足条件 $R \in \mathrm{Ent}_r(\mathcal{X} : \mathcal{Y})$ 的 $r \geqslant 1$ 的最小值.

如上所述，有

$$\mathrm{Sep}(\mathcal{X} : \mathcal{Y}) = \mathrm{Ent}_1(\mathcal{X} : \mathcal{Y}) \tag{6.70}$$

成立. 根据定义 6.14，我们可以立刻得到

$$\mathrm{Ent}_{r-1}(\mathcal{X} : \mathcal{Y}) \subseteq \mathrm{Ent}_r(\mathcal{X} : \mathcal{Y}) \tag{6.71}$$

对每一个整数 $r \geqslant 2$ 均成立.

只有当 $r \leqslant \min\{\dim(\mathcal{X}), \dim(\mathcal{Y})\}$ 时，式 (6.71) 才是真包含的. 为了证明这一点，考虑任意的秩等于 r 的算子 $B \in \mathrm{L}(\mathcal{Y}, \mathcal{X})$，并且假设

$$\mathrm{vec}(B) \, \mathrm{vec}(B)^* = \sum_{a \in \Sigma} \mathrm{vec}(A_a) \, \mathrm{vec}(A_a)^* \tag{6.72}$$

对于某些算子的合集 $\{A_a : a \in \Sigma\} \subset \mathrm{L}(\mathcal{Y}, \mathcal{X})$ 成立. 因为由该等式表示的算子的秩等于 1，所以对于每个 $a \in \Sigma$ 必然有 $A_a = \alpha_a B$ 成立，其中 $\{\alpha_a : a \in \Sigma\}$ 是满足条件

$$\sum_{a \in \Sigma} |\alpha_a|^2 = 1 \tag{6.73}$$

的复数的合集. 所以, 当每个算子 A_a 都有严格小于 r 的秩时, 式 (6.72) 是不可能成立的. 从而,

$$\text{vec}(B)\text{vec}(B)^* \notin \text{Ent}_{r-1}(\mathcal{X}:\mathcal{Y}). \tag{6.74}$$

此外, 我们还可以立刻得出 $\text{vec}(B)\text{vec}(B)^* \in \text{Ent}_r(\mathcal{X}:\mathcal{Y})$.

最后, 我们可以看到

$$\text{Ent}_n(\mathcal{X}:\mathcal{Y}) = \text{Pos}(\mathcal{X} \otimes \mathcal{Y}) \tag{6.75}$$

对于 $n \geqslant \min\{\dim(\mathcal{X}), \dim(\mathcal{Y})\}$ 成立, 因为在这种情况下, 每个算子 $A \in \text{L}(\mathcal{Y}, \mathcal{X})$ 都有以 n 为界的秩.

下面这个关于纠缠秩的简单命题会在本章随后的小节中派上用场.

命题 6.15   令 $B \in \text{L}(\mathcal{Y}, \mathcal{X})$ 为在复欧几里得空间 $\mathcal{X}$ 和 $\mathcal{Y}$ 上的一个算子, 并且假设 $\|B\| \leqslant 1$. 对于每一个正整数 r 和每一个有着以 r 为界的纠缠秩的算子

$$P \in \text{Ent}_r(\mathcal{X}:\mathcal{Y}), \tag{6.76}$$

有

$$\langle \text{vec}(B)\text{vec}(B)^*, P \rangle \leqslant r\,\text{Tr}(P) \tag{6.77}$$

成立.

证明   在 P 有着以 r 为界的纠缠秩这一假设下, 对于一个字母表 Σ, 以及一个算子的合集 $\{A_a : a \in \Sigma\} \subset \text{L}(\mathcal{Y}, \mathcal{X})$, 其中对于每一个 $a \in \Sigma$ 均有 $\text{rank}(A_a) \leqslant r$, 我们可以写出

$$P = \sum_{a \in \Sigma} \text{vec}(A_a)\text{vec}(A_a)^*. \tag{6.78}$$

对于每一个算子 $A \in \text{L}(\mathcal{Y}, \mathcal{X})$, 我们有

$$\left|\langle B, A \rangle\right|^2 \leqslant \|A\|_1^2 \leqslant \text{rank}(A)\|A\|_2^2, \tag{6.79}$$

从而, 通过计算命题的声明中的内积, 我们可以得到

$$
\begin{aligned}
\langle \text{vec}(B)\text{vec}(B)^*, P \rangle &= \sum_{a \in \Sigma} \left|\langle B, A_a \rangle\right|^2 \\
&\leqslant \sum_{a \in \Sigma} \text{rank}(A_a)\|A_a\|_2^2 \leqslant r\sum_{a \in \Sigma}\|A_a\|_2^2 = r\,\text{Tr}(P),
\end{aligned}
\tag{6.80}
$$

从而命题得证.   □

例 6.16   对于字母表 Σ, 令 $n = |\Sigma|$, $\mathcal{X} = \mathbb{C}^\Sigma$ 且 $\mathcal{Y} = \mathbb{C}^\Sigma$, 可定义一个密度算子 $\tau \in \text{D}(\mathcal{X} \otimes \mathcal{Y})$:

$$\tau = \frac{1}{n}\sum_{a,b \in \Sigma} E_{a,b} \otimes E_{a,b}. \tag{6.81}$$

密度算子 τ 是一个关于空间 $\mathcal{X}$ 和 $\mathcal{Y}$ 的最大纠缠态的一个典型示例. 该算子与示例 6.10 中所定义的各向同性态 Δ_0 是相同的. 我们可以看到

$$\tau = \frac{1}{n} \operatorname{vec}(\mathbb{1}) \operatorname{vec}(\mathbb{1})^*, \tag{6.82}$$

其中 $\mathbb{1}$ 表示 $\mathbb{C}^\Sigma$ 上的单位算子, 它也可以直接看作集合 $\mathrm{L}(\mathcal{Y}, \mathcal{X})$ 中的一个元素.

对于每一个正整数 r 和每一个有以 r 为界的纠缠秩的密度算子

$$\rho \in \mathrm{D}(\mathcal{X} \otimes \mathcal{Y}) \cap \operatorname{Ent}_r(\mathcal{X} : \mathcal{Y}), \tag{6.83}$$

从命题 6.15 可以推导出

$$\langle \tau, \rho \rangle = \frac{1}{n} \langle \operatorname{vec}(\mathbb{1}) \operatorname{vec}(\mathbb{1})^*, \rho \rangle \leqslant \frac{r}{n}. \tag{6.84}$$

因此, 每一个纠缠秩有界的态都必须有一个与态 τ 成比例小的内积. $\qquad\square$

6.1.2 可分映射与 LOCC 范式

我们用一种与定义可分算子时相似的方式来定义可分映射, 这反映了全正映射和半正定算子之间自然的对应关系. 由此产生的映射可分性的概念, 包括信道, 本质上是代数的; 并且我们不能说这是直接从物理或者实操角度所产生的.

然而, 这种信道可分性的概念与另一概念紧密相关, 后者更多是从实操角度创造的, 即**局域操作和经典通信** (Local Operations and Classical Communication, LOCC). 一个 LOCC 信道可以由两个单独的信道表示, 这两个信道的局域行为是不受限制的 (对应于任意的测量或者信道), 但是它们相互之间的通信被限制为经典的. 这个范式提供了一个基础. 基于此, 人们已对纠缠的性质进行了大量的研究, 特别是在设置这一方面研究得最为充分, 其中纠缠被认为是信息处理的一种资源.

6.1.2.1 可分映射与可分信道

正如上面所说, 定义映射可分性的概念的方法与定义算子可分性的方法十分相似. 下面的定义用更精确的术语阐述了这一点.

定义 6.17 令 $\mathcal{X}$、$\mathcal{Y}$、$\mathcal{Z}$ 和 $\mathcal{W}$ 为复欧几里得空间. 集合 $\operatorname{SepCP}(\mathcal{X}, \mathcal{Z} : \mathcal{Y}, \mathcal{W})$ 定义为所有形式如下的全正映射的集合:

$$\Xi \in \mathrm{CP}(\mathcal{X} \otimes \mathcal{Y}, \mathcal{Z} \otimes \mathcal{W}). \tag{6.85}$$

其中, 存在一个字母表 Σ 和全正映射的集合 $\{\Phi_a : a \in \Sigma\} \subset \mathrm{CP}(\mathcal{X}, \mathcal{Z})$ 以及 $\{\Psi_a : a \in \Sigma\} \subset \mathrm{CP}(\mathcal{Y}, \mathcal{W})$, 使得

$$\Xi = \sum_{a \in \Sigma} \Phi_a \otimes \Psi_a. \tag{6.86}$$

集合 $\operatorname{SepCP}(\mathcal{X}, \mathcal{Z} : \mathcal{Y}, \mathcal{W})$ 的元素称为**可分映射**.

正如下面这个简单的命题所述, 可分映射正是那些全正且具有 Kraus 表示的映射, 在其 Kraus 表示中单独的 Kraus 算子是算子的张量积. 对该命题的一个直接的证明可以通过考虑定义 6.17 中提及的映射 Φ_a 和 Ψ_a 的 Kraus 表示以及命题 6.5 的证明得到.

命题 6.18   令 $\mathcal{X}$、$\mathcal{Y}$、$\mathcal{Z}$ 和 $\mathcal{W}$ 为复欧几里得空间, 并且令 $\Xi \in \mathrm{CP}(\mathcal{X} \otimes \mathcal{Y}, \mathcal{Z} \otimes \mathcal{W})$ 为一个全正映射. 有

$$\Phi \in \mathrm{SepCP}(\mathcal{X}, \mathcal{Z} : \mathcal{Y}, \mathcal{W}) \tag{6.87}$$

成立, 当且仅当存在一个字母表 Σ 和算子的合集

$$\{A_a : a \in \Sigma\} \subset \mathrm{L}(\mathcal{X}, \mathcal{Z}) \quad \text{和} \quad \{B_a : a \in \Sigma\} \subset \mathrm{L}(\mathcal{Y}, \mathcal{W}) \tag{6.88}$$

使得

$$\Xi(X) = \sum_{a \in \Sigma} (A_a \otimes B_a) X (A_a \otimes B_a)^* \tag{6.89}$$

对每一个算子 $X \in \mathrm{L}(\mathcal{X} \otimes \mathcal{Y})$ 都成立.

下面是关于可分映射的另一个直接命题, 如同上面的命题一样, 该命题也可被直接证明. 它说明了所有可分映射的算子的集合在复合操作下是封闭的.

命题 6.19   令 $\mathcal{X}$、$\mathcal{Y}$、$\mathcal{Z}$、$\mathcal{W}$、$\mathcal{U}$ 和 $\mathcal{V}$ 为复欧几里得空间, 假设 Φ 和 Ψ 是形式为

$$\Phi \in \mathrm{SepCP}(\mathcal{X}, \mathcal{U} : \mathcal{Y}, \mathcal{V}) \quad \text{和} \quad \Psi \in \mathrm{SepCP}(\mathcal{U}, \mathcal{Z} : \mathcal{V}, \mathcal{W}) \tag{6.90}$$

的可分映射. 可以看到复合映射 $\Psi\Phi$ 是可分的:

$$\Psi\Phi \in \mathrm{SepCP}(\mathcal{X}, \mathcal{Z} : \mathcal{Y}, \mathcal{W}). \tag{6.91}$$

与态的类比情况相似, 我们可以将可分性的定义从全正映射限制到信道, 从而对可分信道的集合进行定义.

定义 6.20   对于复欧几里得空间 $\mathcal{X}$、$\mathcal{Y}$、$\mathcal{Z}$ 和 $\mathcal{W}$, 可以定义

$$\begin{aligned}
&\mathrm{SepC}(\mathcal{X}, \mathcal{Z} : \mathcal{Y}, \mathcal{W}) \\
&= \mathrm{SepCP}(\mathcal{X}, \mathcal{Z} : \mathcal{Y}, \mathcal{W}) \cap \mathrm{C}(\mathcal{X} \otimes \mathcal{Y}, \mathcal{Z} \otimes \mathcal{W}).
\end{aligned} \tag{6.92}$$

集合 $\mathrm{SepC}(\mathcal{X}, \mathcal{Z} : \mathcal{Y}, \mathcal{W})$ 的元素称为**可分信道**.

值得注意, 与态的类比情况不同的是, 可分信道并不必须等于乘积信道的凸组合. 下面的例子说明了这一点.

例 6.21   令 $\Sigma = \{0, 1\}$ 表示二元字母表, $\mathcal{X}$、$\mathcal{Y}$、$\mathcal{Z}$ 和 $\mathcal{W}$ 均等于 $\mathbb{C}^\Sigma$, 并且根据对于所有 $a, b, c, d \in \Sigma$ 都成立的等式

$$\Xi(E_{a,b} \otimes E_{c,d}) = \begin{cases} E_{a,a} \otimes E_{a,a} & a = b \text{ 且 } c = d \\ 0 & a \neq b \text{ 或 } c \neq d \end{cases} \tag{6.93}$$

定义一个信道 $\Xi \in C(\mathcal{X} \otimes \mathcal{Y}, \mathcal{Z} \otimes \mathcal{W})$. 可以看出 Ξ 就是一个可分信道, 这意味着 $\Xi \in$ $\mathrm{SepC}(\mathcal{X}, \mathcal{Z} : \mathcal{Y}, \mathcal{W})$. 事实上, 我们可以写出

$$\Xi = \Phi_0 \otimes \Psi_0 + \Phi_1 \otimes \Psi_1, \tag{6.94}$$

对于每一个 $X \in \mathrm{L}(\mathbb{C}^{\Sigma})$, 这个等式关于如下定义的全正映射成立:

$$\begin{aligned} \Phi_0(X) &= \langle E_{0,0}, X \rangle E_{0,0}, \quad \Psi_0(X) = \mathrm{Tr}(X) E_{0,0}, \\ \Phi_1(X) &= \langle E_{1,1}, X \rangle E_{1,1}, \quad \Psi_1(X) = \mathrm{Tr}(X) E_{1,1}. \end{aligned} \tag{6.95}$$

然而, 我们不可能将信道 Ξ 表示为下面的形式:

$$\Xi = \sum_{a \in \Gamma} p(a) \Phi_a \otimes \Psi_a. \tag{6.96}$$

其中我们任选了字母表 Γ、一个概率向量 $p \in \mathcal{P}(\Gamma)$ 和两组信道

$$\{\Phi_a : a \in \Gamma\} \subset C(\mathcal{X}, \mathcal{Z}) \quad \text{和} \quad \{\Psi_a : a \in \Gamma\} \subset C(\mathcal{Y}, \mathcal{W}). \tag{6.97}$$

为了证明这一点, 考虑

$$\Xi(E_{0,0} \otimes \rho) = E_{0,0} \otimes E_{0,0} \quad \text{和} \quad \Xi(E_{1,1} \otimes \rho) = E_{1,1} \otimes E_{1,1} \tag{6.98}$$

对于每一个密度算子 $\rho \in \mathrm{D}(\mathcal{Y})$ 成立. 如果对于都是信道的每个 Φ_a 和 Ψ_a 有式 (6.96) 成立, 那么我们必须要有

$$\sum_{a \in \Gamma} p(a) \Phi_a(E_{0,0}) \otimes \Psi_a(\rho) = E_{0,0} \otimes E_{0,0} \tag{6.99}$$

成立. 因此, 通过在空间 $\mathcal{Z}$ 上取迹, 对于每一个 $\rho \in \mathrm{D}(\mathcal{Y})$, 有

$$\sum_{a \in \Sigma} p(a) \Psi_a(\rho) = E_{0,0}. \tag{6.100}$$

基于类似的原因, 同时还有

$$\sum_{a \in \Sigma} p(a) \Phi_a(E_{1,1}) \otimes \Psi_a(\rho) = E_{1,1} \otimes E_{1,1} \tag{6.101}$$

成立. 因此

$$\sum_{a \in \Sigma} p(a) \Psi_a(\rho) = E_{1,1} \tag{6.102}$$

对每一个 $\rho \in \mathrm{D}(\mathcal{Y})$ 都成立. 式 (6.100) 和式 (6.102) 是矛盾的, 这说明 Ξ 不等于乘积信道的凸组合. $\qquad\square$

直观地讲, 前面的例子所表示的情况是很简单的. 能被表示成乘积信道的凸组合的信道对应于可以通过局域操作和共享随机性来实现的变换——我们并不需要任何通信来实现它

们，并且这种信道并未允许在二分系统的输入和输出系统之间保持一个直接的因果关系，其中也考虑到了可分性. 另一方面，信道 Ξ 则引出了这种形式的一个直接的因果关系.

正如下面的命题所述，对于一个给定的全正映射，对于其所定义的张量积空间的自然二分系统，当且仅当其 Choi 表示是可分的时候，这个映射是可分的.

命题 6.22   令 $\Xi \in \mathrm{CP}(\mathcal{X} \otimes \mathcal{Y}, \mathcal{Z} \otimes \mathcal{W})$ 为一个全正映射，其中 $\mathcal{X}$、$\mathcal{Y}$、$\mathcal{Z}$ 和 $\mathcal{W}$ 为复欧几里得空间，且定义一个等距算子

$$V \in \mathrm{U}(\mathcal{Z} \otimes \mathcal{W} \otimes \mathcal{X} \otimes \mathcal{Y}, \mathcal{Z} \otimes \mathcal{X} \otimes \mathcal{W} \otimes \mathcal{Y}), \tag{6.103}$$

此时用到了等式

$$V \operatorname{vec}(A \otimes B) = \operatorname{vec}(A) \otimes \operatorname{vec}(B), \tag{6.104}$$

该等式对于所有的算子 $A \in \mathrm{L}(\mathcal{X}, \mathcal{Z})$ 和 $B \in \mathrm{L}(\mathcal{Y}, \mathcal{W})$ 都成立.

那么当且仅当

$$V J(\Xi) V^* \in \mathrm{Sep}(\mathcal{Z} \otimes \mathcal{X} : \mathcal{W} \otimes \mathcal{Y}), \tag{6.105}$$

有

$$\Xi \in \mathrm{SepCP}(\mathcal{X}, \mathcal{Z} : \mathcal{Y}, \mathcal{W}) \tag{6.106}$$

成立.

证明   首先假设 Ξ 是一个可分映射. 根据命题 6.18, 一定存在一个字母表 Σ 和两组算子

$$\{A_a : a \in \Sigma\} \subset \mathrm{L}(\mathcal{X}, \mathcal{Z}) \quad \text{和} \quad \{B_a : a \in \Sigma\} \subset \mathrm{L}(\mathcal{Y}, \mathcal{W}), \tag{6.107}$$

使得

$$\Xi(X) = \sum_{a \in \Sigma} (A_a \otimes B_a) X (A_a \otimes B_a)^* \tag{6.108}$$

对于每一个算子 $X \in \mathrm{L}(\mathcal{X} \otimes \mathcal{Y})$ 均成立. 因此，Ξ 的 Choi 表示由

$$J(\Xi) = \sum_{a \in \Sigma} \operatorname{vec}(A_a \otimes B_a) \operatorname{vec}(A_a \otimes B_a)^* \tag{6.109}$$

给出，这使得

$$V J(\Xi) V^* = \sum_{a \in \Sigma} \operatorname{vec}(A_a) \operatorname{vec}(A_a)^* \otimes \operatorname{vec}(B_a) \operatorname{vec}(B_a)^*, \tag{6.110}$$

这也显然包含在 $\mathrm{Sep}(\mathcal{Z} \otimes \mathcal{X} : \mathcal{W} \otimes \mathcal{Y})$ 中.

相反，如果 $V J(\Xi) V^*$ 是可分的，那么对于某些选定的字母表 Σ 和两组如式 (6.107) 的算子，将这个算子用式 (6.110) 的形式进行表达是一定可以做到的. 因此，式 (6.109) 是 Ξ 的一个 Choi 表示，从而式 (6.108) 对于所有的 $X \in \mathrm{L}(\mathcal{X} \otimes \mathcal{Y})$ 都成立，所以映射 Ξ 是可分的，命题得证. $\qquad \square$

注： 命题 6.22 中定义的等距算子 V 还可由关于任选的向量 $x \in \mathcal{X}$、$y \in \mathcal{Y}$、$z \in \mathcal{Z}$ 和 $w \in \mathcal{W}$ 的行为所定义, 即

$$V(z \otimes w \otimes x \otimes y) = z \otimes x \otimes w \otimes y. \tag{6.111}$$

具体地, 这个等距算子表示了张量因子的一个置换操作, 该操作允许涉及关于一个将在下面详细说明的特定二分系统的可分性的关系存在.

在量子信息理论的文献中, 关于这种性质的声明并不总会明确地提及这种等距算子, 而这种做法并不罕见. 这种做法有时可以简化表达式, 并且通常来说并不会导致任何混淆——这种等距算子经常会被内隐地选取, 特别是当底层的复欧几里得空间有着明显不同的名字时. 不过, 为了清晰性和正式性, 我们在本书内总会明确地表示张量因子的这种置换操作.

可分信道不能用来创造纠缠: 一个作用到可分态上的可分信道会产生另一个可分态. 更普遍地说, 正如下面的定理所证明的, 可分映射不能导致纠缠秩的增加.

定理 6.23 令 $\mathcal{X}$、$\mathcal{Y}$、$\mathcal{Z}$ 和 $\mathcal{W}$ 为复欧几里得空间并使 $\Xi \in \mathrm{SepCP}(\mathcal{X}, \mathcal{Z} : \mathcal{Y}, \mathcal{W})$ 为一个可分映射. 对于每一个正整数 r 和每一个算子 $P \in \mathrm{Ent}_r(\mathcal{X} : \mathcal{Y})$, 有 $\Xi(P) \in \mathrm{Ent}_r(\mathcal{Z} : \mathcal{W})$ 成立.

证明 对于一个有着以 r 为界的纠缠秩的算子 $P \in \mathrm{Ent}_r(\mathcal{X} : \mathcal{Y})$, 一定存在一个字母表 Γ 和对于任意的 $b \in \Gamma$ 均满足 $\mathrm{rank}(X_b) \leqslant r$ 的一组算子

$$\{X_b : b \in \Gamma\} \subset \mathrm{L}(\mathcal{Y}, \mathcal{X}), \tag{6.112}$$

使得

$$P = \sum_{b \in \Gamma} \mathrm{vec}(X_b) \mathrm{vec}(X_b)^*. \tag{6.113}$$

根据命题 6.18, 我们有

$$\begin{aligned}
\Xi(P) &= \sum_{a \in \Sigma} \sum_{b \in \Gamma} (A_a \otimes B_a) \mathrm{vec}(X_b) \mathrm{vec}(X_b)^* (A_a \otimes B_a)^* \\
&= \sum_{a \in \Sigma} \sum_{b \in \Gamma} \mathrm{vec}(A_a X_b B_a^\mathsf{T}) \mathrm{vec}(A_a X_b B_a^\mathsf{T})^*
\end{aligned} \tag{6.114}$$

对于选定的一个字母表 Σ 和两组算子

$$\{A_a : a \in \Sigma\} \subset \mathrm{L}(\mathcal{X}, \mathcal{Z}) \quad \text{和} \quad \{B_a : a \in \Sigma\} \subset \mathrm{L}(\mathcal{Y}, \mathcal{W}) \tag{6.115}$$

成立. 对于每一个 $a \in \Sigma$ 和 $b \in \Gamma$, 有

$$\mathrm{rank}(A_a X_b B_a^\mathsf{T}) \leqslant \mathrm{rank}(X_b) \leqslant r \tag{6.116}$$

成立. 因此, $\Xi(P) \in \mathrm{Ent}_r(\mathcal{Z} : \mathcal{W})$, 从而命题得证. $\square$

推论 6.24 令 $\Xi \in \mathrm{SepCP}(\mathcal{X}, \mathcal{Z} : \mathcal{Y}, \mathcal{W})$ 为一个关于复欧几里得空间 $\mathcal{X}$、$\mathcal{Y}$、$\mathcal{Z}$ 和 $\mathcal{W}$ 的可分映射. 对于每一个可分算子 $P \in \mathrm{Sep}(\mathcal{X} : \mathcal{Y})$, $\Xi(P)$ 也是可分的: $\Xi(P) \in \mathrm{Sep}(\mathcal{Z} : \mathcal{W})$.

6.1.2.2 LOCC 信道

正如本小节开头所说, LOCC 信道表示了一种量子态的变换. 这种变换可以由两个以经典方式互相通信的个体, 通过作用量子信道和在共同局域控制的寄存器测量来实施.

比如, 其中一个个体可以将一个信道和测量的组合作用在一组其所拥有的寄存器上, 之后将测量结果传输给另一个个体. 一旦收到了传输, 也许取决于通信得到的测量结果, 接收传输的个体便也可以将一个信道和测量的组合作用在一组其所拥有的寄存器上. 广义上来说, LOCC 信道表示任何有限个此类变换所导致的累积效应.[⊖]

下面的定义正式地给出了这一概念. 我们可以很自然地把这种定义推广到三个或者更多个个体, 但本书中不包含这部分内容.

定义 6.25 令 $\mathcal{X}$、$\mathcal{Y}$、$\mathcal{Z}$ 和 $\mathcal{W}$ 为复欧几里得空间, 使 $\Xi \in \mathrm{C}(\mathcal{X} \otimes \mathcal{Y}, \mathcal{Z} \otimes \mathcal{W})$ 为一个信道. 信道 Ξ 在下列条件下是一个 LOCC **信道**:

1. 若存在一个字母表 Σ 和一组全正映射

$$\{\Phi_a : a \in \Sigma\} \subset \mathrm{CP}(\mathcal{X}, \mathcal{Z}) \tag{6.117}$$

满足

$$\sum_{a \in \Sigma} \Phi_a \in \mathrm{C}(\mathcal{X}, \mathcal{Z}), \tag{6.118}$$

以及一组信道

$$\{\Psi_a : a \in \Sigma\} \subseteq \mathrm{C}(\mathcal{Y}, \mathcal{W}) \tag{6.119}$$

使得

$$\Xi = \sum_{a \in \Sigma} \Phi_a \otimes \Psi_a, \tag{6.120}$$

那么 Ξ 是一个**右单向 LOCC 信道**.

2. 若存在一个字母表 Σ 和一组全正映射

$$\{\Psi_a : a \in \Sigma\} \subset \mathrm{CP}(\mathcal{Y}, \mathcal{W}) \tag{6.121}$$

满足

$$\sum_{a \in \Sigma} \Psi_a \in \mathrm{C}(\mathcal{Y}, \mathcal{W}), \tag{6.122}$$

以及一组信道

$$\{\Phi_a : a \in \Sigma\} \subseteq \mathrm{C}(\mathcal{X}, \mathcal{Z}) \tag{6.123}$$

使式 (6.120) 成立, 那么 Ξ 是一个**左单向 LOCC 信道**.

⊖ 我们可以考虑这种定义的变体, 即考虑根据一个选定的停止规则以概率 1 终止的无限次经典传输. 为了简化, 我们在本书中只考虑有限次的情况.

3. 如果信道 Ξ 等同于一个由有限个左单向和右单向 LOCC 信道所构成的复合信道, 那么该信道是一个**LOCC 信道**. 也就是说, Ξ 或者是一个左单向 LOCC 信道, 或者是一个右单向 LOCC 信道, 或者存在一个整数 $m \geqslant 2$、复欧几里得空间 $\mathcal{U}_1, \cdots, \mathcal{U}_{m-1}$ 和 $\mathcal{V}_1, \cdots, \mathcal{V}_{m-1}$, 以及信道

$$\Xi_1 \in \mathrm{C}(\mathcal{X} \otimes \mathcal{Y}, \mathcal{U}_1 \otimes \mathcal{V}_1),$$
$$\Xi_2 \in \mathrm{C}(\mathcal{U}_1 \otimes \mathcal{V}_1, \mathcal{U}_2 \otimes \mathcal{V}_2), \tag{6.124}$$
$$\vdots$$
$$\Xi_m \in \mathrm{C}(\mathcal{U}_{m-1} \otimes \mathcal{V}_{m-1}, \mathcal{Z} \otimes \mathcal{W}),$$

其中每一个信道不是左单向 LOCC 信道就是右单向 LOCC 信道, 从而使得 Ξ 等于复合信道 $\Xi = \Xi_m \cdots \Xi_1$.

所有这样的 LOCC 信道的集合可以表示为 $\mathrm{LOCC}(\mathcal{X}, \mathcal{Z} : \mathcal{Y}, \mathcal{W})$.

注: 在如上定义中, 左单向与右单向 LOCC 信道表示的是由局域操作与单向经典通信所得的信道. 在这两种情况下, 信道 Ξ 都可以看作两个个体, 即 Alice 与 Bob, 分别进行的操作. Alice 从寄存器 X 开始而 Bob 从寄存器 Y 开始, 在他们的操作后, 这些寄存器被分别转换成了 Z 与 W.

在 Ξ 是右单向 LOCC 信道的情况下, 通信是从 Alice 到 Bob 进行的 (假设 Alice 在左, Bob 在右, 即向右通信), 此时字母表 Σ 表示可能传递的经典信息的集合. Alice 的行为由一组全正映射

$$\{\Phi_a : a \in \Sigma\} \subset \mathrm{CP}(\mathcal{X}, \mathcal{Z}) \tag{6.125}$$

所描述. 它们满足

$$\sum_{a \in \Sigma} \Phi_a \in \mathrm{C}(\mathcal{X}, \mathcal{Z}). \tag{6.126}$$

本质上这一组全正映射指定了一个设备 (见 2.3.2 节). 假设经典通信由关于复欧几里得空间 $\mathcal{V} = \mathbb{C}^\Sigma$ 的经典寄存器 V 所表示. Alice 的行为将由定义为对所有 $X \in \mathrm{L}(\mathcal{X})$ 都满足

$$\Phi(X) = \sum_{a \in \Sigma} \Phi_a(X) \otimes E_{a,a} \tag{6.127}$$

的信道 $\Phi \in \mathrm{C}(\mathcal{X}, \mathcal{Z} \otimes \mathcal{V})$ 所表示. 寄存器 V 被发送给 Bob, 然后 Bob 观测它的经典态 (或者等价地, 在标准基下测量 Y) 然后根据信道 $\Psi_a \in \mathrm{C}(\mathcal{Y}, \mathcal{W})$ 将他的寄存器由 Y 转换为 W, 其中 $a \in \Sigma$ 为 V 被观测到的经典态. 假设寄存器 V 在 Bob 应用了合适的信道之后被丢弃, 则 Alice 与 Bob 行为的组合由 Ξ 所描述.

对于一个左单向 LOCC 信道 Ξ, 情况是相似的, 我们只需把 Alice 和 Bob 的角色调换一下.

显然, 根据定义 6.25 以及可分信道在复合操作下是封闭的 (见命题 6.19) 这一事实, 我们可以看出每一个 LOCC 信道都是一个可分信道.

命题 6.26   对于每一个选定的复欧几里得空间 $\mathcal{X}$、$\mathcal{Y}$、$\mathcal{Z}$ 和 $\mathcal{W}$, 有

$$\mathrm{LOCC}(\mathcal{X}, \mathcal{Z} : \mathcal{Y}, \mathcal{W}) \subseteq \mathrm{SepC}(\mathcal{X}, \mathcal{Z} : \mathcal{Y}, \mathcal{W}) \tag{6.128}$$

成立.

6.1.3   可分测量与 LOCC 测量

正如 2.3.1 节所解释的那样, 我们可以把一个量子–经典信道与每个测量联系起来, 信道的经典输出就代表了测量的结果. 通过这种识别方式, 可分信道和 LOCC 信道的概念可以推广到测量上.

6.1.3.1   可分测量和 LOCC 测量的定义

下面关于可分测量和 LOCC 测量的定义是指量子–经典信道与适用于二分设置的测量之间的一种关联.

定义 6.27   令 Σ 为一个字母表, $\mathcal{X}$ 和 $\mathcal{Y}$ 为复欧几里得空间, $\mu : \Sigma \to \mathrm{Pos}(\mathcal{X} \otimes \mathcal{Y})$ 为一个测量. 定义复欧几里得空间 $\mathcal{Z} = \mathbb{C}^\Sigma$ 和 $\mathcal{W} = \mathbb{C}^\Sigma$, 并且定义一个信道

$$\Phi_\mu \in \mathrm{C}(\mathcal{X} \otimes \mathcal{Y}, \mathcal{Z} \otimes \mathcal{W}) \tag{6.129}$$

对每一个 $X \in \mathrm{L}(\mathcal{X} \otimes \mathcal{Y})$ 都满足

$$\Phi_\mu(X) = \sum_{a \in \Sigma} \langle \mu(a), X \rangle \, E_{a,a} \otimes E_{a,a}. \tag{6.130}$$

如果

$$\Phi_\mu \in \mathrm{SepC}(\mathcal{X}, \mathcal{Z} : \mathcal{Y}, \mathcal{W}), \tag{6.131}$$

那么测量 μ 是一个**可分测量**; 如果

$$\Phi_\mu \in \mathrm{LOCC}(\mathcal{X}, \mathcal{Z} : \mathcal{Y}, \mathcal{W}), \tag{6.132}$$

那么 μ 是一个**LOCC 测量**.

对于一个给定的测量 μ, 定义 6.27 中规定的信道 Φ_μ 与我们通常与 μ 关联起来的量子–经典信道相似, 除了这里产生了两份测量结果而非一份. 在一个二分设置里, 这是一个将量子–经典信道与测量相关联的很自然的方法. 如果这一测量被 Alice 和 Bob 两个人作用在一对寄存器 (X, Y) 上, 其中我们假设 Alice 拥有 X 且 Bob 拥有 Y, 那么信道 Φ_μ 表示在两人仅在测量完成之后才知道测量结果的假设下的测量 μ.

定义 6.27 的一种替代方式是用通常与测量 μ 相关联的量子–经典信道代替信道 Φ_μ, 以及指明测量结果落在二分系统的哪一边 (正如前面的定义中所述, 在此处我们要求这个信道是可分的或 LOCC 的). 本质上, 在 Alice 与 Bob 进行如上所述的测量 μ 时, 这个定义给定了谁会获得测量结果. 这种替代方式在定义中产生了一种不对称性, 但是它与定义 6.27 是等价的.

至于定义 6.27，一个给定测量的可分性与每个测量算子都是可分的这一约束条件是等价的，如下面的命题所述.

命题 6.28 令 $\mathcal{X}$ 和 $\mathcal{Y}$ 为复欧几里得空间，Σ 为一个字母表，并且使 μ 为形式是 $\mu : \Sigma \to \mathrm{Pos}(\mathcal{X} \otimes \mathcal{Y})$ 的测量. 当且仅当对于每一个 $a \in \Sigma$ 都有 $\mu(a) \in \mathrm{Sep}(\mathcal{X} : \mathcal{Y})$ 时，μ 是一个可分测量.

证明 如定义 6.27 所详述的，考虑映射 Φ_μ 的 Choi 表示，其由下面的等式给出：

$$J(\Phi_\mu) = \sum_{a \in \Sigma} E_{a,a} \otimes E_{a,a} \otimes \overline{\mu(a)}. \tag{6.133}$$

与命题 6.22 所述类似，我们令

$$V \in \mathrm{U}(\mathcal{Z} \otimes \mathcal{W} \otimes \mathcal{X} \otimes \mathcal{Y}, \mathcal{Z} \otimes \mathcal{X} \otimes \mathcal{W} \otimes \mathcal{Y}) \tag{6.134}$$

为由对所有算子 $A \in \mathrm{L}(\mathcal{X}, \mathcal{Z})$ 和 $B \in \mathrm{L}(\mathcal{Y}, \mathcal{W})$ 都成立的等式

$$V \mathrm{vec}(A \otimes B) = \mathrm{vec}(A) \otimes \mathrm{vec}(B) \tag{6.135}$$

所定义的等距算子. 如果对于每一个 $a \in \Sigma$ 都有 $\mu(a) \in \mathrm{Sep}(\mathcal{X} : \mathcal{Y})$，那么我们可以立即得到

$$V J(\Phi_\mu) V^* \in \mathrm{Sep}(\mathcal{Z} \otimes \mathcal{X} : \mathcal{W} \otimes \mathcal{Y}), \tag{6.136}$$

根据命题 6.22，这正说明 μ 是一个可分测量.

现在假设 μ 是一个可分测量，从而式 (6.136) 成立. 对于每个 $a \in \Sigma$，定义一个映射

$$\Xi_a \in \mathrm{T}(\mathcal{Z} \otimes \mathcal{X} \otimes \mathcal{W} \otimes \mathcal{Y}, \mathcal{X} \otimes \mathcal{Y}), \tag{6.137}$$

为对于所有的 $X \in \mathrm{L}(\mathcal{Z} \otimes \mathcal{X} \otimes \mathcal{W} \otimes \mathcal{Y})$ 有

$$\Xi_a(X) = \big((e_a^* \otimes \mathbb{1}_{\mathcal{X}}) \otimes (e_a^* \otimes \mathbb{1}_{\mathcal{Y}})\big) X \big((e_a \otimes \mathbb{1}_{\mathcal{X}}) \otimes (e_a \otimes \mathbb{1}_{\mathcal{Y}})\big). \tag{6.138}$$

显然，从这个定义中我们可以看出对于每个 $a \in \Sigma$，Ξ_a 是一个可分映射. 这意味着

$$\Xi_a \in \mathrm{SepCP}(\mathcal{Z} \otimes \mathcal{X}, \mathcal{X} : \mathcal{W} \otimes \mathcal{Y}, \mathcal{Y}). \tag{6.139}$$

对于每个 $a \in \Sigma$ 有

$$\overline{\mu(a)} = \Xi_a\big(V J(\Phi_\mu) V^*\big) \tag{6.140}$$

成立. 从而，根据推论 6.24 有

$$\overline{\mu(a)} \in \mathrm{Sep}(\mathcal{X} : \mathcal{Y}) \tag{6.141}$$

成立. 这与关于每个 $a \in \Sigma$ 的 $\mu(a) \in \mathrm{Sep}(\mathcal{X} : \mathcal{Y})$ 是等价的，因为每个可分算子内元素的复共轭显然是可分的. 从而命题得证. $\qquad\square$

对于两个复欧几里得空间 $\mathcal{X}$ 和 $\mathcal{Y}$ 以及一个字母表 Σ, 所有形式为

$$\mu : \Sigma \to \mathrm{Pos}(\mathcal{X} \otimes \mathcal{Y}) \tag{6.142}$$

的可分测量的集合是所有有着相同形式的测量的集合的一个真子集 (除了那些平凡的情况: $\dim(\mathcal{X})$, $\dim(\mathcal{Y})$, 或者 $|\Sigma|$ 等于 1). 因为每个 LOCC 信道都是可分的, 所以每个 LOCC 测量都是一个可分测量.

6.1.3.2　单向 LOCC 测量

LOCC 测量的一个有趣的限制类型是只允许单向通信的情况. 下面给出了这种测量的正式定义.

定义 6.29　令 $\mathcal{X}$ 和 $\mathcal{Y}$ 为复欧几里得空间, Σ 为一个字母表, 使

$$\mu : \Sigma \to \mathrm{Pos}(\mathcal{X} \otimes \mathcal{Y}) \tag{6.143}$$

为一个测量. 当满足下面两个条件中的任何一个时, 测量 μ 是一个**单向 LOCC 测量**:

1. *存在一个字母表 Γ 和一个测量 $\nu : \Gamma \to \mathrm{Pos}(\mathcal{X})$, 以及关于每个 $b \in \Gamma$ 的测量 $\pi_b : \Sigma \to \mathrm{Pos}(\mathcal{Y})$, 使得等式*

$$\mu(a) = \sum_{b \in \Gamma} \nu(b) \otimes \pi_b(a) \tag{6.144}$$

   *对每一个 $a \in \Sigma$ 都成立. 在这种情况下, 测量 μ 称为**右单向 LOCC 测量**.*

2. *存在一个字母表 Γ 和一个测量 $\nu : \Gamma \to \mathrm{Pos}(\mathcal{Y})$, 以及关于每个 $b \in \Gamma$ 的测量 $\pi_b : \Sigma \to \mathrm{Pos}(\mathcal{X})$, 使得等式*

$$\mu(a) = \sum_{b \in \Gamma} \pi_b(a) \otimes \nu(b) \tag{6.145}$$

   *对每一个 $a \in \Sigma$ 都成立. 在这种情况下, 测量 μ 称为**左单向 LOCC 测量**.*

6.1.3.3　通过可分测量进行态的区分的限制

我们可以如第 3 章所讨论的那样考虑态的区分的问题. 在这里, 测量被限制为可分测量或者 LOCC 测量. 正交纯态集合的许多示例被认为不能通过可分测量或者 LOCC 测量进行没有误差的区分. 下面的定理提供了一类示例, 并且说明了存在有这类特征的相对较小的正交纯态集合.

定理 6.30　令 $\mathcal{X}$ 和 $\mathcal{Y}$ 为复欧几里得空间, $n = \dim(\mathcal{Y})$ 并且假设 $n \leqslant \dim(\mathcal{X})$. 此外, 令

$$\{U_1, \cdots, U_m\} \in \mathrm{U}(\mathcal{Y}, \mathcal{X}) \tag{6.146}$$

为一组等距算子的正交集合, 定义 $u_k \in \mathcal{X} \otimes \mathcal{Y}$ 为关于每个 $k \in \{1, \cdots, m\}$ 都有

$$u_k = \frac{1}{\sqrt{n}} \mathrm{vec}(U_k) \tag{6.147}$$

的单位向量. 对于每一个形式为

$$\mu : \{1, \cdots, m\} \to \operatorname{Sep}(\mathcal{X} : \mathcal{Y}) \tag{6.148}$$

的可分测量, 有

$$\sum_{k=1}^{m} \langle \mu(k), u_k u_k^* \rangle \leqslant \dim(\mathcal{X}) \tag{6.149}$$

成立.

证明   假设 μ 是一个可分测量, 我们可以写出

$$\mu(k) = \sum_{a \in \Sigma} P_{k,a} \otimes Q_{k,a}, \tag{6.150}$$

这一关系对于每个 $k \in \{1, \cdots, m\}$、选定的某些字母表 Σ 和如下半正定算子合集成立:

$$\begin{aligned} &\{P_{k,a} : k \in \{1, \cdots, m\}, \, a \in \Sigma\} \subset \operatorname{Pos}(\mathcal{X}), \\ &\{Q_{k,a} : k \in \{1, \cdots, m\}, \, a \in \Sigma\} \subset \operatorname{Pos}(\mathcal{Y}) \end{aligned} \tag{6.151}$$

(对于选定的每一个 k, 在使用与式 (6.150) 中相同的字母表 Σ 时, 我们并不会丧失普遍性. 这是因为我们可以自由地选择 Σ 使其大到我们需要的程度为止, 并且在必要时, 对于选定的某些 k 和 a, 我们可以令 $P_{k,a} = 0$ 或 $Q_{k,a} = 0$). 有

$$\begin{aligned} \langle \mu(k), \operatorname{vec}(U_k) \operatorname{vec}(U_k)^* \rangle &= \sum_{a \in \Sigma} \operatorname{Tr}\big(U_k^* P_{k,a} U_k Q_{k,a}^\mathsf{T}\big) \\ &\leqslant \sum_{a \in \Sigma} \big\|U_k^* P_{k,a} U_k\big\|_2 \big\|Q_{k,a}\big\|_2 \leqslant \sum_{a \in \Sigma} \|P_{k,a}\|_1 \|Q_{k,a}\|_1 \\ &= \sum_{a \in \Sigma} \operatorname{Tr}(P_{k,a}) \operatorname{Tr}(Q_{k,a}) = \operatorname{Tr}(\mu(k)) \end{aligned} \tag{6.152}$$

成立. 因此,

$$\sum_{k=1}^{m} \langle \mu(k), \operatorname{vec}(U_k) \operatorname{vec}(U_k)^* \rangle \leqslant \sum_{k=1}^{m} \operatorname{Tr}(\mu(k)) = n \dim(\mathcal{X}). \tag{6.153}$$

通过在这个不等式的两边都除以 n, 我们便可得到这一定理. □

对于该定理所描述的任意单位向量的集合 $\{u_1, \cdots, u_m\}$, 其中 $m > \dim(\mathcal{X})$, 我们有

$$\frac{1}{m} \sum_{k=1}^{m} \langle \mu(k), u_k u_k^* \rangle \leqslant \frac{\dim(\mathcal{X})}{m} < 1. \tag{6.154}$$

因此, 对于与这些随机均匀选择的向量相关的 m 个纯态之一, 任何用于区分这些态的可分测量一定会以严格大于 0 的概率产生误差.

6.1.3.4   任意正交纯态对的 LOCC 区分

虽然定理 6.30 证明了存在相对较小的、不能通过可分测量完美地区分开正交纯态的集合，但是这一定理对于正交纯态对并不成立. 事实上，每个正交纯态对都可以通过一次单向 LOCC 测量被无误差地区分开来. 我们将用下面的引理证明这个事实.

引理 6.31   令 $\mathcal{X}$ 为一个维度为 n 的复欧几里得空间，并且使 $X \in \mathrm{L}(\mathcal{X})$ 为一个满足条件 $\mathrm{Tr}(X) = 0$ 的算子. 存在 $\mathcal{X}$ 的一组规范正交基 $\{x_1, \cdots, x_n\}$ 使得 $x_k^* X x_k = 0$ 对于所有的 $k \in \{1, \cdots, n\}$ 成立.

证明   对于上述引理的证明，我们要利用关于 n 的归纳法. 显而易见的是，基本情况 $n = 1$ 成立，所以接下来我们假设 $n \geqslant 2$. 我们还会假设 $\mathcal{X} = \mathbb{C}^n$，这并不会损失普遍性.

对于每一个整数 $k \in \{1, \cdots, n\}$，有 $\lambda_k(X) \in \mathcal{N}(X)$ 成立，其中 $\mathcal{N}(X)$ 表示 X 的数值范围. 根据 Toeplitz-Hausdorff 定理 (定理 3.54)，该数值范围是凸的. 因此，有

$$0 = \frac{1}{n} \mathrm{Tr}(X) = \frac{1}{n} \sum_{k=1}^{n} \lambda_k(X) \in \mathcal{N}(X). \tag{6.155}$$

所以，根据数值范围的定义，一定存在一个单位向量 $x_n \in \mathcal{X}$ 使得 $x_n^* X x_n = 0$.

令 $V \in \mathrm{U}(\mathbb{C}^{n-1}, \mathbb{C}^n)$ 为一个满足 $x_n \perp \mathrm{im}(V)$ 的等距算子，这与

$$VV^* = \mathbb{1} - x_n x_n^* \tag{6.156}$$

等价. 有

$$\mathrm{Tr}(V^* X V) = \mathrm{Tr}((\mathbb{1} - x_n x_n^*) X) = \mathrm{Tr}(X) - x_n^* X x_n = 0 \tag{6.157}$$

成立. 因为 $V^* X V \in \mathrm{L}(\mathbb{C}^{n-1})$，所以归纳法的假设说明存在 $\mathbb{C}^{n-1}$ 的一组规范正交基 $\{u_1, \cdots, u_{n-1}\}$ 使得

$$u_k^* (V^* X V) u_k = 0 \tag{6.158}$$

对于所有的 $k \in \{1, \cdots, n-1\}$ 成立. 对于每个 $k \in \{1, \cdots, n-1\}$，定义 $x_k = V u_k$，我们观察到 $\{x_1, \cdots, x_{n-1}\}$ 是一个规范正交集，该集合的每个元素 x_k 均满足 $x_k^* X x_k = 0$. 因为 V 是一个等距算子并且 $x_n \perp \mathrm{im}(X)$，所以 $\{x_1, \cdots, x_n\}$ 是 $\mathcal{X}$ 的一组有着上面引理所述性质的规范正交基. $\qquad \square$

定理 6.32   令 $u_0, u_1 \in \mathcal{X} \otimes \mathcal{Y}$ 为正交的单位向量，其中 $\mathcal{X}$ 和 $\mathcal{Y}$ 为复欧几里得空间. 存在一个单向 LOCC 测量

$$\mu : \{0, 1\} \to \mathrm{Pos}(\mathcal{X} \otimes \mathcal{Y}) \tag{6.159}$$

使得

$$\langle \mu(0), u_0 u_0^* \rangle = 1 = \langle \mu(1), u_1 u_1^* \rangle. \tag{6.160}$$

证明   令 $n = \dim(\mathcal{Y})$，并且 $A_0, A_1 \in \mathrm{L}(\mathcal{Y}, \mathcal{X})$ 为满足条件 $u_0 = \mathrm{vec}(A_0)$ 和 $u_1 = \mathrm{vec}(A_1)$ 的唯一算子. 向量 u_0 和 u_1 的正交性等价于条件 $\mathrm{Tr}(A_0^* A_1) = 0$. 根据引理 6.31，$\mathcal{Y}$ 存在一组

有着性质 $x_k^* A_0^* A_1 x_k = 0$ 的规范正交基 $\{x_1, \cdots, x_n\}$. 对于每一个 $k \in \{1, \cdots, n\}$, 这与下面的条件等价:

$$\langle A_0 x_k x_k^* A_0^*, A_1 x_k x_k^* A_1^* \rangle = 0. \tag{6.161}$$

对于每个 $k \in \{1, \cdots, n\}$, 定义测量 $\nu : \{1, \cdots, n\} \to \mathrm{Pos}(\mathcal{Y})$ 为

$$\nu(k) = \overline{x_k} x_k^\mathsf{T}. \tag{6.162}$$

根据式 (6.161), 对于每个 $k \in \{1, \cdots, n\}$, 一定存在一个测量 $\pi_k : \{0,1\} \to \mathrm{Pos}(\mathcal{X})$, 使得

$$\langle \pi_k(0), A_1 x_k x_k^* A_1^* \rangle = 0 = \langle \pi_k(1), A_0 x_k x_k^* A_0^* \rangle. \tag{6.163}$$

最后, 对于每个 $a \in \{0,1\}$, 定义 $\mu : \{0,1\} \to \mathrm{Pos}(\mathcal{X} \otimes \mathcal{Y})$ 为

$$\mu(a) = \sum_{k=1}^n \pi_k(a) \otimes \nu(k), \tag{6.164}$$

这是一个符合定义 6.29 第二个条件的一个单向测量. 有

$$
\begin{aligned}
\langle \mu(0), u_1 u_1^* \rangle &= \sum_{k=1}^n \langle \pi_k(0), (\mathbb{1} \otimes x_k^\mathsf{T}) \operatorname{vec}(A_1) \operatorname{vec}(A_1)^* (\mathbb{1} \otimes \overline{x_k}) \rangle \\
&= \sum_{k=1}^n \langle \pi_k(0), A_1 x_k x_k^* A_1^* \rangle = 0
\end{aligned}
\tag{6.165}
$$

成立. 通过相似的计算过程我们发现 $\langle \mu(1), u_0 u_0^* \rangle = 0$, 从而定理得证. $\qquad\square$

注: 我们可以直接利用上面的过程证明存在一个符合定义 6.29 第一个条件 (该条件与第二个条件相反) 的单向 LOCC 测量且该测量满足定理的要求.

6.2 关于纠缠的操作

正如前一节所述, 纠缠定义为可分性的缺失: 对于两个复欧几里得空间 $\mathcal{X}$ 和 $\mathcal{Y}$, 一个不包含在集合 $\mathrm{SepD}(\mathcal{X} : \mathcal{Y})$ 中的二分态 $\rho \in \mathrm{D}(\mathcal{X} \otimes \mathcal{Y})$ 相对于 $\mathcal{X}$ 和 $\mathcal{Y}$ 这一二分系统是纠缠的. 这一定义既不提供一个关于一个给定的态有多少纠缠存在的测度, 也不表明两个纠缠态是如何与对方关联起来的. 从这个意义上来讲, 该定义是定性的. 本节将讨论这一概念, 并建立有关纠缠的定量方面的基本概念和方法.

6.2.1 纠缠变换

下面的定理建立了一个充分必要条件. 在该条件下, 两个个体可以通过局域操作和经典通信将一个纯态变换到另一个. 该条件考虑到了纯态的初态和末态约化到两个个体之一的情况, 这要求初态的约化被末态的约化所优超. 这一条件不仅等价于一个将初态变换到末态的LOCC 信道 (甚至是一个可分信道) 的存在, 它更意味着该变换可以通过单向经典通信完成, 这一通信从两个个体中的任一个开始, 到另一个结束. 该定理提供了一个工具. 通过这一工具, 我们可以对于纯态分析两种量化一个给定的态中存在多少纠缠的基本方法. 这两种方法称为纠缠费用和可提取纠缠.

定理 6.33(Nielsen 定理)　令 $\mathcal{X}$ 和 $\mathcal{Y}$ 为复欧几里得空间, $u, v \in \mathcal{X} \otimes \mathcal{Y}$ 为单位向量. 下面的声明是等价的:

1. $\operatorname{Tr}_{\mathcal{Y}}(uu^*) \prec \operatorname{Tr}_{\mathcal{Y}}(vv^*)$.

2. 存在一个字母表 Σ 和算子合集

$$\{U_a : a \in \Sigma\} \subset \mathrm{U}(\mathcal{X}) \quad 和 \quad \{B_a : a \in \Sigma\} \subset \mathrm{L}(\mathcal{Y}) \tag{6.166}$$

满足

$$\sum_{a \in \Sigma} B_a^* B_a = \mathbb{1}_{\mathcal{Y}} \tag{6.167}$$

和

$$vv^* = \sum_{a \in \Sigma} (U_a \otimes B_a) uu^* (U_a \otimes B_a)^*. \tag{6.168}$$

3. 存在一个字母表 Σ 和算子合集

$$\{A_a : a \in \Sigma\} \subset \mathrm{L}(\mathcal{X}) \quad 和 \quad \{V_a : a \in \Sigma\} \subset \mathrm{U}(\mathcal{Y}) \tag{6.169}$$

满足

$$\sum_{a \in \Sigma} A_a^* A_a = \mathbb{1}_{\mathcal{X}} \tag{6.170}$$

和

$$vv^* = \sum_{a \in \Sigma} (A_a \otimes V_a) uu^* (A_a \otimes V_a)^*. \tag{6.171}$$

4. 存在一个可分信道 $\Phi \in \operatorname{SepC}(\mathcal{X} : \mathcal{Y})^{\ominus}$ 使得

$$vv^* = \Phi(uu^*). \tag{6.172}$$

证明　令 $X, Y \in \mathrm{L}(\mathcal{Y}, \mathcal{X})$ 为满足条件 $u = \operatorname{vec}(X)$ 和 $v = \operatorname{vec}(Y)$ 的唯一算子, 令

$$X = \sum_{k=1}^{r} s_k x_k y_k^* \tag{6.173}$$

为 X 关于 $r = \operatorname{rank}(X)$ 的一个奇异值分解.

首先假设声明 1 成立, 这与 $XX^* \prec YY^*$ 等价. 因此, 一定存在一个字母表 Σ、一个概率向量 $p \in \mathcal{P}(\Sigma)$ 和一组酉算子 $\{W_a : a \in \Sigma\} \subset \mathrm{U}(\mathcal{X})$ 使得

$$XX^* = \sum_{a \in \Sigma} p(a) W_a YY^* W_a^*. \tag{6.174}$$

令 $\mathcal{Z} = \mathbb{C}^{\Sigma}$ 并且定义算子 $Z \in \mathrm{L}(\mathcal{Y} \otimes \mathcal{Z}, \mathcal{X})$ 为

$$Z = \sum_{a \in \Sigma} \sqrt{p(a)} W_a Y \otimes e_a^*. \tag{6.175}$$

$\ominus$　标记 $\operatorname{SepC}(\mathcal{X} : \mathcal{Y})$ 是 $\operatorname{SepC}(\mathcal{X}, \mathcal{X} : \mathcal{Y}, \mathcal{Y})$ 的简写.

有

$$ZZ^* = \sum_{a \in \Sigma} p(a) W_a Y Y^* W_a^* = X X^* \tag{6.176}$$

成立, 所以 Z 和 X 在奇异值和它们关于左奇异向量的可能选择上是一致的. 从而我们可以写出

$$Z = \sum_{k=1}^{r} s_k x_k w_k^*. \tag{6.177}$$

其中, $\{w_1, \cdots, w_r\} \subset \mathcal{Y} \otimes \mathcal{Z}$ 为一组规范正交向量. 令 $V \in \mathrm{U}(\mathcal{Y}, \mathcal{Y} \otimes \mathcal{Z})$ 为一个等距算子, 其中对于所有的 $k \in \{1, \cdots, r\}$ 都有 $V y_k = w_k$. 从而 $X V^* = Z$ 成立.

现在, 对于每个 $a \in \Sigma$, 定义算子

$$U_a = W_a^* \quad \text{和} \quad B_a = (\mathbb{1}_{\mathcal{Y}} \otimes e_a^*) \overline{V}. \tag{6.178}$$

由于 V 是一个等距算子, 所以 $\overline{V}$ 亦然, 因此

$$\sum_{a \in \Sigma} B_a^* B_a = \sum_{a \in \Sigma} V^{\mathsf{T}} (\mathbb{1}_{\mathcal{Y}} \otimes E_{a,a}) \overline{V} = V^{\mathsf{T}} \overline{V} = \mathbb{1}_{\mathcal{Y}}. \tag{6.179}$$

对于每个 $a \in \Sigma$, 有

$$W_a^* X B_a^{\mathsf{T}} = W_a^* X V^* (\mathbb{1}_{\mathcal{Y}} \otimes e_a) = W_a^* Z (\mathbb{1}_{\mathcal{Y}} \otimes e_a) = \sqrt{p(a)} Y \tag{6.180}$$

成立, 因此

$$\begin{aligned}
\sum_{a \in \Sigma} & (U_a \otimes B_a) u u^* (U_a \otimes B_a)^* \\
&= \sum_{a \in \Sigma} \mathrm{vec}(W_a^* X B_a^{\mathsf{T}}) \mathrm{vec}(W_a^* X B_a^{\mathsf{T}})^* \\
&= \sum_{a \in \Sigma} p(a) \mathrm{vec}(Y) \mathrm{vec}(Y)^* \\
&= v v^*.
\end{aligned} \tag{6.181}$$

从而我们证明了由声明 1 可以推导出声明 2.

我们观察到 $\mathrm{Tr}_{\mathcal{Y}}(u u^*) \prec \mathrm{Tr}_{\mathcal{Y}}(v v^*)$ 与 $\mathrm{Tr}_{\mathcal{X}}(u u^*) \prec \mathrm{Tr}_{\mathcal{X}}(v v^*)$ 等价. 利用这一事实, 并将 $\mathcal{X}$ 和 $\mathcal{Y}$ 的角色互换, 我们便可证明由声明 1 能够推导出声明 3.

由声明 2 和 3 都可以直接推导出声明 4, 因为根据操作

$$\begin{aligned}
u u^* &\mapsto \sum_{a \in \Sigma} (U_a \otimes B_a) u u^* (U_a \otimes B_a)^*, \\
u u^* &\mapsto \sum_{a \in \Sigma} (A_a \otimes V_a) u u^* (A_a \otimes V_a)^*
\end{aligned} \tag{6.182}$$

所定义的映射都是可分信道.

最后，假设声明 4 成立，令 $\Phi \in \mathrm{SepC}(\mathcal{X} : \mathcal{Y})$ 为一个固定的可分信道，其中 $\Phi(uu^*) = vv^*$.
我们将要证明

$$\lambda(XX^*) \prec \lambda(YY^*); \tag{6.183}$$

根据定理 4.32，这一关系等价于 $XX^* \prec YY^*$，而它又与声明 1 等价. 令 $n = \dim(\mathcal{X})$，可以
观察到根据 u 和 v 都是单位向量的假设，有

$$\sum_{k=1}^{n} \lambda_k(XX^*) = \mathrm{Tr}(XX^*) = 1 = \mathrm{Tr}(YY^*) = \sum_{k=1}^{n} \lambda_k(YY^*), \tag{6.184}$$

根据定理 4.30，我们可以发现关系式 (6.183) 可以从对于任选的 $m \in \{1, \cdots, n\}$ 均成立的不
等式

$$\sum_{k=m}^{n} \lambda_k(YY^*) \leqslant \sum_{k=m}^{n} \lambda_k(XX^*) \tag{6.185}$$

中导出.

根据信道 Φ 的可分性，一定存在一个字母表 Σ 和两组算子

$$\{A_a : a \in \Sigma\} \subset \mathrm{L}(\mathcal{X}) \quad \text{和} \quad \{B_a : a \in \Sigma\} \subset \mathrm{L}(\mathcal{Y}), \tag{6.186}$$

其中 $\{A_a \otimes B_a : a \in \Sigma\}$ 为 Φ 的一组 Kraus 算子. 在此处有

$$vv^* = \sum_{a \in \Sigma} (A_a \otimes B_a)uu^*(A_a \otimes B_a)^*. \tag{6.187}$$

因为 vv^* 是一个秩为 1 的算子，所以一定存在一个概率向量 $p \in \mathcal{P}(\Sigma)$ 使得

$$(A_a \otimes B_a)uu^*(A_a \otimes B_a)^* = p(a)vv^*, \tag{6.188}$$

对于每个 $a \in \Sigma$，这与

$$\mathrm{vec}\big(A_a X B_a^{\mathsf{T}}\big) \mathrm{vec}\big(A_a X B_a^{\mathsf{T}}\big)^* = p(a) \mathrm{vec}(Y) \mathrm{vec}(Y)^* \tag{6.189}$$

等价. 通过对 $\mathcal{Y}$ 取偏迹，对于每个 $a \in \Sigma$，我们有

$$A_a X B_a^{\mathsf{T}} \overline{B_a} X^* A_a^* = p(a) YY^*. \tag{6.190}$$

因此对于每个 $m \in \{1, \cdots, n\}$，有

$$\sum_{k=m}^{n} \lambda_k\big(YY^*\big) = \sum_{k=m}^{n} \sum_{a \in \Sigma} \lambda_k\big(A_a X B_a^{\mathsf{T}} \overline{B_a} X^* A_a^*\big). \tag{6.191}$$

下面，对于选定的每个 $a \in \Sigma$ 和 $m \in \{1, \cdots, n\}$，令 $\Pi_{a,m} \in \mathrm{Proj}(\mathcal{X})$ 为投影到由集
合 $\{A_a x_1, \cdots, A_a x_{m-1}\}$ 扩展开的 $\mathcal{X}$ 的子空间的正交补上的投影算子. 其中，我们假设对于

$k > r$ 有 $x_k = 0$. 根据这些投影算子的定义, 显然, 对于每一个 $a \in \Sigma$ 和 $m \in \{1, \cdots, n\}$, 我们有

$$\left\langle \Pi_{a,m}, A_a X B_a^\mathsf{T} \overline{B_a} X^* A_a^* \right\rangle = \left\langle \Pi_{a,m}, A_a X_m B_a^\mathsf{T} \overline{B_a} X_m^* A_a^* \right\rangle, \tag{6.192}$$

其中

$$X_m = \sum_{k=m}^{r} s_k x_k y_k^*, \tag{6.193}$$

并且我们将会解释对于 $m > r$ 有 $X_m = 0$. 因为每个算子 $\Pi_{a,m}$ 都是一个投影, 并且算子 $A_a X_m B_a^\mathsf{T} \overline{B_a} X_m^* A_a^*$ 是半正定的, 所以我们有

$$\left\langle \Pi_{a,m}, A_a X_m B_a^\mathsf{T} \overline{B_a} X_m^* A_a^* \right\rangle \leqslant \mathrm{Tr}\left(A_a X_m B_a^\mathsf{T} \overline{B_a} X_m^* A_a^* \right). \tag{6.194}$$

利用 Φ 是一个信道并且因此保迹这一事实, 我们可以发现对于每个 $m \in \{1, \cdots, n\}$ 都有

$$\sum_{a \in \Sigma} \mathrm{Tr}\left(A_a X_m B_a^\mathsf{T} \overline{B_a} X_m^* A_a^* \right) = \mathrm{Tr}\left(\Phi(\mathrm{vec}(X_m)\,\mathrm{vec}(X_m)^*) \right)$$
$$= \mathrm{Tr}\left(\mathrm{vec}(X_m)\,\mathrm{vec}(X_m)^* \right) = \mathrm{Tr}(X_m X_m^*) = \sum_{k=m}^{n} \lambda_k(XX^*). \tag{6.195}$$

最后, 由于对于每一个 $a \in \Sigma$ 和 $m \in \{1, \cdots, n\}$, 一定有 $\mathrm{rank}(\Pi_{a,m}) \geqslant n - m + 1$ 成立, 所以

$$\left\langle \Pi_{a,m}, A_a X B_a^\mathsf{T} \overline{B_a} X^* A_a^* \right\rangle \geqslant \sum_{k=m}^{n} \lambda_k\left(A_a X B_a^\mathsf{T} \overline{B_a} X^* A_a^* \right). \tag{6.196}$$

通过把式 (6.191)、式 (6.192)、式 (6.194)、式 (6.195) 和式 (6.196) 结合起来, 我们可以发现

$$\sum_{k=m}^{n} \lambda_k(YY^*) \leqslant \sum_{k=m}^{n} \lambda_k(XX^*), \tag{6.197}$$

这证明了式 (6.183). 因此我们完成了证明. □

从定理 6.33 可以推导出下面的可以由 LOCC 信道实现的推论, 该推论确定了纯态转化的性质, 其可能涉及不同的复欧几里得空间.

推论 6.34 令 $\mathcal{X}$、$\mathcal{Y}$、$\mathcal{Z}$ 和 $\mathcal{W}$ 为复欧几里得空间, $x \in \mathcal{X} \otimes \mathcal{Y}$ 和 $y \in \mathcal{Z} \otimes \mathcal{W}$ 为单位向量. 下面的声明是等价的:

1. 对于 $\rho = \mathrm{Tr}_{\mathcal{Y}}(xx^*)$、$\sigma = \mathrm{Tr}_{\mathcal{W}}(yy^*)$ 和 $r = \min\{\mathrm{rank}(\rho), \mathrm{rank}(\sigma)\}$, 有

$$\lambda_1(\rho) + \cdots + \lambda_m(\rho) \leqslant \lambda_1(\sigma) + \cdots + \lambda_m(\sigma) \tag{6.198}$$

对于每一个 $m \in \{1, \cdots, r\}$ 都成立.

2. 存在一个右单向 LOCC 信道 $\Phi \in \mathrm{LOCC}(\mathcal{X}, \mathcal{Z} : \mathcal{Y}, \mathcal{W})$, 其中有 $\Phi(xx^*) = yy^*$ 成立.

3. 存在一个左单向 LOCC 信道 $\Phi \in \mathrm{LOCC}(\mathcal{X}, \mathcal{Z} : \mathcal{Y}, \mathcal{W})$, 其中有 $\Phi(xx^*) = yy^*$ 成立.

4. 存在一个可分信道 $\Phi \in \mathrm{SepC}(\mathcal{X}, \mathcal{Z} : \mathcal{Y}, \mathcal{W})$, 其中有 $\Phi(xx^*) = yy^*$ 成立.

证明　对于选定的每一个 $x \in \mathcal{X}$、$y \in \mathcal{Y}$、$z \in \mathcal{Z}$ 和 $w \in \mathcal{W}$，定义四个等距算子 $A_0 \in \mathrm{U}(\mathcal{X}, \mathcal{X} \oplus \mathcal{Z})$、$B_0 \in \mathrm{U}(\mathcal{Y}, \mathcal{Y} \oplus \mathcal{W})$、$A_1 \in \mathrm{U}(\mathcal{Z}, \mathcal{X} \oplus \mathcal{Z})$ 和 $B_1 \in \mathrm{U}(\mathcal{W}, \mathcal{Y} \oplus \mathcal{W})$ 如下：

$$A_0 x = x \oplus 0, \qquad A_1 z = 0 \oplus z,$$
$$B_0 y = y \oplus 0, \qquad B_1 w = 0 \oplus w. \tag{6.199}$$

此外，定义四个信道 $\Psi_0 \in \mathrm{C}(\mathcal{X} \oplus \mathcal{Z}, \mathcal{X})$、$\Lambda_0 \in \mathrm{C}(\mathcal{Y} \oplus \mathcal{W}, \mathcal{Y})$、$\Psi_1 \in \mathrm{C}(\mathcal{X} \oplus \mathcal{Z}, \mathcal{Z})$ 和 $\Lambda_1 \in \mathrm{C}(\mathcal{Y} \oplus \mathcal{W}, \mathcal{W})$ 为

$$\Psi_0(X) = A_0^* X A_0 + \langle \mathbb{1}_{\mathcal{X} \oplus \mathcal{Z}} - A_0 A_0^*, X \rangle \tau_0,$$
$$\Lambda_0(Y) = B_0^* Y B_0 + \langle \mathbb{1}_{\mathcal{Y} \oplus \mathcal{W}} - B_0 B_0^*, Y \rangle \xi_0,$$
$$\Psi_1(X) = A_1^* X A_1 + \langle \mathbb{1}_{\mathcal{X} \oplus \mathcal{Z}} - A_1 A_1^*, X \rangle \tau_1,$$
$$\Lambda_1(Y) = B_1^* Y B_1 + \langle \mathbb{1}_{\mathcal{Y} \oplus \mathcal{W}} - B_1 B_1^*, Y \rangle \xi_1, \tag{6.200}$$

该定义对所有的 $X \in \mathrm{L}(\mathcal{X} \oplus \mathcal{Z})$ 和 $Y \in \mathrm{L}(\mathcal{Y} \oplus \mathcal{W})$ 成立，其中 $\tau_0 \in \mathrm{D}(\mathcal{X})$、$\xi_0 \in \mathrm{D}(\mathcal{Y})$、$\tau_1 \in \mathrm{D}(\mathcal{Z})$ 和 $\xi_1 \in \mathrm{D}(\mathcal{W})$ 是密度算子. 这些密度算子要么是固定的，要么是任意选择的.

首先假设声明 1 成立. 我们可以得出结论

$$A_0 \rho A_0^* \prec A_1 \sigma A_1^*, \tag{6.201}$$

从而定理 6.33 的四个等价声明对于向量

$$u = (A_0 \otimes B_0) x \quad \text{和} \quad v = (A_1 \otimes B_1) y \tag{6.202}$$

成立. 因此，一定存在一个右单向 LOCC 信道 Ξ，使得 $\Xi(uu^*) = vv^*$，Ξ 的形式在定理 6.33 的声明中详细给出. 对于每一个 $X \in \mathrm{L}(\mathcal{X} \otimes \mathcal{Y})$，定义 $\Phi \in \mathrm{C}(\mathcal{X} \otimes \mathcal{Y}, \mathcal{Z} \otimes \mathcal{W})$ 为

$$\Phi(X) = \big((\Psi_1 \otimes \Lambda_1) \Xi \big) \big((A_0 \otimes B_0) X (A_0 \otimes B_0)^* \big). \tag{6.203}$$

Φ 是一个满足 $\Phi(xx^*) = yy^*$ 的右单向 LOCC 信道，从而由声明 1 可以推导出声明 2. 由声明 1 可以推导出声明 3 这一事实可以通过类似的方法证明.

显而易见，声明 2 和 3 成立意味着声明 4 成立.

最后，假设声明 4 成立. 对于所有的 $X \in \mathrm{L}((\mathcal{X} \oplus \mathcal{Z}) \otimes (\mathcal{Y} \oplus \mathcal{W}))$，定义信道 Ξ 为

$$\Xi(X) = (A_1 \otimes B_1) \big(\Phi(\Psi_0 \otimes \Lambda_0) \big)(X)(A_1 \otimes B_1)^*. \tag{6.204}$$

信道 Ξ 是可分的，并且对于如式 (6.202) 中的向量 u 和 v，它满足

$$\Xi(uu^*) = vv^*. \tag{6.205}$$

因此，定理 6.33 中所列出的四个等价声明对于 u 和 v 是成立的. 这说明

$$\mathrm{Tr}_{\mathcal{Y} \oplus \mathcal{W}}\big((A_0 \otimes B_0) xx^* (A_0 \otimes B_0)^* \big)$$
$$\prec \mathrm{Tr}_{\mathcal{Y} \oplus \mathcal{W}}\big((A_1 \otimes B_1) yy^* (A_1 \otimes B_1)^* \big). \tag{6.206}$$

该关系等价于式 (6.201)，这说明声明 1 成立. 从而命题得证. □

6.2.2 可提取纠缠和纠缠费用

令 $\rho \in D(\mathcal{X} \otimes \mathcal{Y})$ 为复欧几里得空间 $\mathcal{X}$ 和 $\mathcal{Y}$ 上的一个态. 对于 $\mathcal{X}$ 和 $\mathcal{Y}$ 这一二分系统, 我们有多种方式来量化 ρ 中存在的纠缠的数量. 可提取纠缠和纠缠费用表示了这样的两种测度. 可提取纠缠关注态 ρ 的拷贝可以被转化为最大纠缠的双量子比特态

$$\tau = \frac{1}{2} \sum_{a,b \in \{0,1\}} E_{a,b} \otimes E_{a,b} \tag{6.207}$$

的拷贝的比率. 这一转化过程可以经由 LOCC 信道非常精确地完成. 纠缠费用则是指该过程的逆过程: 它是 ρ 的近似拷贝可以通过 LOCC 信道从 τ 的拷贝中制造出来的比率. 在这两种情况下, 随着每个态的拷贝数目的增加, 这些过程的渐近行为被认为是纠缠的测度.

对于每一个二分态, 纠缠费用是可提取纠缠的上界. 这两种测度对于纯态是完全一致的. 然而, 通常来说这两个量是不同的, 在某些情况下纠缠费用严格大于可提取纠缠.

6.2.2.1 可提取纠缠和纠缠费用的相关记号

在讨论一个二分态 $\rho \in D(\mathcal{X} \otimes \mathcal{Y})$ 的可提取纠缠和纠缠费用时, 下面定义的记号会派上用场.

首先, 对于一个给定的正整数 n (这里 n 表示能被用于处理可提取纠缠或纠缠费用的态 ρ 的拷贝数), 我们可以定义一个等距算子

$$U_n \in U((\mathcal{X} \otimes \mathcal{Y})^{\otimes n}, \mathcal{X}^{\otimes n} \otimes \mathcal{Y}^{\otimes n}), \tag{6.208}$$

这一定义是通过对于所有算子 $A_1, \cdots, A_n \in L(\mathcal{Y}, \mathcal{X})$ 的操作

$$U_n(\text{vec}(A_1) \otimes \cdots \otimes \text{vec}(A_n)) = \text{vec}(A_1 \otimes \cdots \otimes A_n) \tag{6.209}$$

得到的. 等价地, U_n 由对于所有向量 $x_1, \cdots, x_n \in \mathcal{X}$ 和 $y_1, \cdots, y_n \in \mathcal{Y}$ 的操作

$$U_n((x_1 \otimes y_1) \otimes \cdots \otimes (x_n \otimes y_n)) = (x_1 \otimes \cdots \otimes x_n) \otimes (y_1 \otimes \cdots \otimes y_n) \tag{6.210}$$

所定义. 这一等距算子有着可以将空间 $(\mathcal{X} \otimes \mathcal{Y})^{\otimes n}$ 的张量因子重新排序的作用, 所以它有一个二分张量积空间 $\mathcal{X}^{\otimes n} \otimes \mathcal{Y}^{\otimes n}$ 的形式, 这一形式让我们可以很方便地描述关于纠缠和可分性的记号.

接下来, 二元字母表可以表示为 $\Gamma = \{0,1\}$, 同时我们认为态

$$\tau = \frac{1}{2} \sum_{a,b \in \{0,1\}} E_{a,b} \otimes E_{a,b} \tag{6.211}$$

是集合 $D(\mathcal{Z} \otimes \mathcal{W})$ 的一个元素, 其中 $\mathcal{Z} = \mathbb{C}^\Gamma$ 且 $\mathcal{W} = \mathbb{C}^\Gamma$. 与上面相似, 我们可以定义一个等距算子

$$V_m \in U((\mathcal{Z} \otimes \mathcal{W})^{\otimes m}, \mathcal{Z}^{\otimes m} \otimes \mathcal{W}^{\otimes m}), \tag{6.212}$$

它与等距算子 U_n 有着相似的作用，但是在此处需要将空间 $\mathcal{X}$ 和 $\mathcal{Y}$ 替换为 $\mathcal{Z}$ 和 $\mathcal{W}$. 这个等距算子是由对于所有算子 $B_1, \cdots, B_m \in L(\mathcal{W}, \mathcal{Z})$ 的操作

$$V_m\big(\mathrm{vec}(B_1) \otimes \cdots \otimes \mathrm{vec}(B_m)\big) = \mathrm{vec}(B_1 \otimes \cdots \otimes B_m) \tag{6.213}$$

所定义的. 等价地，V_m 是由对于所有向量 $z_1, \cdots, z_m \in \mathcal{Z}$ 和 $w_1, \cdots, w_m \in \mathcal{W}$ 的操作

$$\begin{aligned} V_m\big((z_1 \otimes w_1) \otimes \cdots \otimes (z_m \otimes w_m)\big) \\ = (z_1 \otimes \cdots \otimes z_m) \otimes (w_1 \otimes \cdots \otimes w_m) \end{aligned} \tag{6.214}$$

所定义的.

6.2.2.2 可提取纠缠和纠缠费用的定义

利用前面介绍的记号，可提取纠缠和纠缠费用的定义如下.

定义 6.35 令 X 和 Y 为寄存器且 $\rho \in D(\mathcal{X} \otimes \mathcal{Y})$ 为 (X, Y) 的一个态. 对于态 ρ，寄存器对 (X, Y) 上的**可提取纠缠** $E_D(X:Y)$ 是满足如下声明的所有实数 $\alpha \geqslant 0$ 的上确界：存在 LOCC 信道的一个序列 $(\Psi_1, \Psi_2, \cdots)$

$$\Psi_n \in \mathrm{LOCC}\big(\mathcal{X}^{\otimes n}, \mathcal{Z}^{\otimes m} : \mathcal{Y}^{\otimes n}, \mathcal{W}^{\otimes m}\big), \tag{6.215}$$

其中 $m = \lfloor \alpha n \rfloor$，使得

$$\lim_{n \to \infty} \mathrm{F}\Big(V_m \tau^{\otimes m} V_m^*, \Psi_n\big(U_n \rho^{\otimes n} U_n^*\big)\Big) = 1. \tag{6.216}$$

定义 6.36 令 X 和 Y 为寄存器且 $\rho \in D(\mathcal{X} \otimes \mathcal{Y})$ 为 (X, Y) 的一个态. 对于态 ρ，关于寄存器对 (X, Y) 的**纠缠费用** $E_C(X:Y)$ 是满足如下声明的所有实数 $\alpha \geqslant 0$ 的下确界：存在 LOCC 信道的一个序列 $(\Phi_1, \Phi_2, \cdots)$

$$\Phi_n \in \mathrm{LOCC}\big(\mathcal{Z}^{\otimes m}, \mathcal{X}^{\otimes n} : \mathcal{W}^{\otimes m}, \mathcal{Y}^{\otimes n}\big), \tag{6.217}$$

其中 $m = \lfloor \alpha n \rfloor$，使得

$$\lim_{n \to \infty} \mathrm{F}\Big(U_n \rho^{\otimes n} U_n^*, \Phi_n\big(V_m \tau^{\otimes m} V_m^*\big)\Big) = 1. \tag{6.218}$$

直观上，对于任选的 $\rho \in D(\mathcal{X} \otimes \mathcal{Y})$，纠缠费用至少和可提取纠缠一样大，否则我们可以重复地从一个给定态 ρ 的拷贝中提取出态 τ 的拷贝，并用它们生成更多 ρ 的拷贝，并且不断地重复这一过程，最终从有限数量的 ρ 的拷贝中产生任何数目的 τ 的拷贝. 显然，这种"纠缠工厂"不可能仅仅通过局域操作和经典通信获得. 下面的命题证实了这一观点.

命题 6.37 令 X 和 Y 为寄存器. 对于寄存器对 (X, Y) 的每一个态，有 $E_D(X:Y) \leqslant E_C(X:Y)$ 成立.

证明 假设 n、m 和 k 为非负整数，且

$$
\Phi_n \in \mathrm{LOCC}\big(\mathcal{Z}^{\otimes m}, \mathcal{X}^{\otimes n} : \mathcal{W}^{\otimes m}, \mathcal{Y}^{\otimes n}\big)
$$
$$
\Psi_n \in \mathrm{LOCC}\big(\mathcal{X}^{\otimes n}, \mathcal{Z}^{\otimes k} : \mathcal{Y}^{\otimes n}, \mathcal{W}^{\otimes k}\big)
$$

$$(6.219)$$

为 LOCC 信道. 复合信道 $\Psi_n \Phi_n$ 是一个 LOCC 信道，因此也是一个可分信道. 有

$$
V_m \tau^{\otimes m} V_m^* \in \mathrm{Ent}_{2^m}\big(\mathcal{Z}^{\otimes m} : \mathcal{W}^{\otimes m}\big)
$$

$$(6.220)$$

成立. 此外根据定理 6.23 有

$$
(\Psi_n \Phi_n)\big(V_m \tau^{\otimes m} V_m^*\big) \in \mathrm{Ent}_{2^m}\big(\mathcal{Z}^{\otimes k} : \mathcal{W}^{\otimes k}\big).
$$

$$(6.221)$$

根据命题 6.15，我们可以发现

$$
\mathrm{F}\Big((\Psi_n \Phi_n)\big(V_m \tau^{\otimes m} V_m^*\big), V_k \tau^{\otimes k} V_k^*\Big)^2
$$
$$
= \Big\langle (\Psi_n \Phi_n)\big(V_m \tau^{\otimes m} V_m^*\big), V_k \tau^{\otimes k} V_k^* \Big\rangle \leqslant 2^{m-k}.
$$

$$(6.222)$$

现在，令 $\rho \in \mathrm{D}(\mathcal{X} \otimes \mathcal{Y})$ 为寄存器对 (X, Y) 的任意态，并且假设 α 和 β 分别为对于态 ρ 满足纠缠费用和可提取纠缠的定义要求的非负实数. 因此，对于所有的 $\varepsilon > 0$，一定存在一个足够大的正整数 n，对于 $m = \lfloor \alpha n \rfloor$ 和 $k = \lfloor \beta n \rfloor$，使得存在形式为式 (6.219) 的 LOCC 信道，其中，下面的界限成立：

$$
\mathrm{F}\Big(\Phi_n\big(V_m \tau^{\otimes m} V_m^*\big), U_n \rho^{\otimes n} U_n^*\Big) > 1 - \varepsilon,
$$
$$
\mathrm{F}\Big(\Psi_n\big(U_n \rho^{\otimes n} V_n^*\big), V_k \tau^{\otimes k} V_k^*\Big) > 1 - \varepsilon.
$$

$$(6.223)$$

所以，根据定理 3.29 以及在信道操作下的保真度函数的单调性 (定理 3.27)，我们可以得出结论：

$$
\mathrm{F}\Big((\Psi_n \Phi_n)\big(V_m \tau^{\otimes m} V_m^*\big), V_k \tau^{\otimes k} V_k^*\Big) > 1 - 4\varepsilon.
$$

$$(6.224)$$

取 $\varepsilon < 1/16$，我们可以得到

$$
\mathrm{F}\Big((\Psi_n \Phi_n)\big(V_m \tau^{\otimes m} V_m^*\big), V_k \tau^{\otimes k} V_k^*\Big)^2 > \frac{1}{2},
$$

$$(6.225)$$

因此根据式 (6.222) 有 $m \geqslant k$. 由于这对于所有足够大的 n 都成立，所以我们有 $\beta \leqslant \alpha$. 从而我们可以得到结论 $\mathrm{E}_{\mathrm{D}}(\mathsf{X} : \mathsf{Y}) \leqslant \mathrm{E}_{\mathrm{C}}(\mathsf{X} : \mathsf{Y})$. $\qquad\square$

6.2.2.3 纯态纠缠

接下来的定理阐述了对于二分纯态，纠缠费用和可提取纠缠是相等的：通过将给定的纯态限制到其二分系统中的任一部分，我们可以得到这个态的 von Neumann 熵. 在上述两种情况下，这种测度的值都与该 von Neumann 熵相等.

定理 6.38　令 X 和 Y 为寄存器. 对于寄存器对 (X, Y) 的每一个纯态, 我们有

$$E_D(X:Y) = H(X) = H(Y) = E_C(X:Y). \tag{6.226}$$

证明　令 $u \in \mathcal{X} \otimes \mathcal{Y}$ 为一个单位向量, 并且考虑寄存器对 (X, Y) 的纯态 uu^*. 我们在 5.1.2 节中讨论过等式 H(X) = H(Y). 特别地, 通过 Schmidt 分解的方法, 对于选定的某个字母表 Σ、一个概率向量 $p \in \mathcal{P}(\Sigma)$ 以及两个规范正交合集 $\{x_a : a \in \Sigma\} \subset \mathcal{X}$ 和 $\{y_a : a \in \Sigma\} \subset \mathcal{Y}$, 我们可以写出

$$u = \sum_{a \in \Sigma} \sqrt{p(a)}\, x_a \otimes y_a. \tag{6.227}$$

有

$$\mathrm{Tr}_{\mathcal{Y}}(uu^*) = \sum_{a \in \Sigma} p(a) x_a x_a^* \quad \text{和} \quad \mathrm{Tr}_{\mathcal{X}}(uu^*) = \sum_{a \in \Sigma} p(a) y_a y_a^* \tag{6.228}$$

成立, 这意味着 H(X) = H(p) = H(Y) 成立.

接下来, 回忆对于每一个正整数 n 和正实数 $\varepsilon > 0$, ε-典型字符串关于 p 的集合 $T_{n,\varepsilon}$ 包含字符串 $a_1 \cdots a_n \in \Sigma^n$, 其中

$$2^{-n(H(p)+\varepsilon)} < p(a_1) \cdots p(a_n) < 2^{-n(H(p)-\varepsilon)}. \tag{6.229}$$

有了这个集合, 对于每一个正整数 n 和正实数 $\varepsilon > 0$, 我们可以定义一个向量 $v_{n,\varepsilon} \in \mathcal{X}^{\otimes n} \otimes \mathcal{Y}^{\otimes n}$ 为

$$v_{n,\varepsilon} = \sum_{a_1 \cdots a_n \in T_{n,\varepsilon}} \sqrt{p(a_1) \cdots p(a_n)}\, x_{a_1 \cdots a_n} \otimes y_{a_1 \cdots a_n}, \tag{6.230}$$

其中为了简洁, 我们利用了简写:

$$x_{a_1 \cdots a_n} = x_{a_1} \otimes \cdots \otimes x_{a_n} \quad \text{和} \quad y_{a_1 \cdots a_n} = y_{a_1} \otimes \cdots \otimes y_{a_n}. \tag{6.231}$$

此外, 定义向量 $v_{n,\varepsilon}$ 的归一化形式为

$$w_{n,\varepsilon} = \frac{v_{n,\varepsilon}}{\|v_{n,\varepsilon}\|}. \tag{6.232}$$

可以观察到

$$2^{-n(H(p)+\varepsilon)} < \lambda_k\Big(\mathrm{Tr}_{\mathcal{Y}^{\otimes n}}\big(v_{n,\varepsilon} v_{n,\varepsilon}^*\big)\Big) < 2^{-n(H(p)-\varepsilon)}, \tag{6.233}$$

因此, 对于 $k = 1, \cdots, |T_{n,\varepsilon}|$ 有

$$\frac{2^{-n(H(p)+\varepsilon)}}{\|v_{n,\varepsilon}\|^2} < \lambda_k\Big(\mathrm{Tr}_{\mathcal{Y}^{\otimes n}}\big(w_{n,\varepsilon} w_{n,\varepsilon}^*\big)\Big) < \frac{2^{-n(H(p)-\varepsilon)}}{\|v_{n,\varepsilon}\|^2}, \tag{6.234}$$

而剩下的本征值在两种情况下都为 0.

现在, 考虑相对于态 uu^* 的寄存器对 (X, Y) 的纠缠费用. 令 α 为任意使得 $\alpha > H(p)$ 成立的实数, 令 $\varepsilon > 0$ 足够小从而有 $\alpha > H(p) + 2\varepsilon$, 并且考虑任选的 $n > 1/\varepsilon$. 对于 $m = \lfloor \alpha n \rfloor$, 有 $m \geqslant n(H(p) + \varepsilon)$ 成立. 此外, 对于 $k = 1, \cdots, 2^m$, 有

$$\lambda_k \left(\text{Tr}_{\mathcal{W}^{\otimes m}} \left(V_m \tau^{\otimes m} V_m^* \right) \right) = 2^{-m} \tag{6.235}$$

成立. 由于

$$2^{-m} \leqslant 2^{-n(H(p)+\varepsilon)} \leqslant \frac{2^{-n(H(p)+\varepsilon)}}{\|v_{n,\varepsilon}\|^2}, \tag{6.236}$$

所以, 对于每一个 $k \in \{1, \cdots, 2^m\}$ 都有

$$\sum_{j=1}^{k} \lambda_j \left(\text{Tr}_{\mathcal{W}^{\otimes m}} \left(V_m \tau^{\otimes m} V_m^* \right) \right) \leqslant \sum_{j=1}^{k} \lambda_j \left(\text{Tr}_{\mathcal{Y}^{\otimes n}} \left(w_{n,\varepsilon} w_{n,\varepsilon}^* \right) \right). \tag{6.237}$$

根据推论 6.34 和 Nielsen 定理 (定理 6.33) 可知, 存在一个 LOCC 信道

$$\Phi_n \in \text{LOCC}(\mathcal{Z}^{\otimes m}, \mathcal{X}^{\otimes n} : \mathcal{W}^{\otimes m}, \mathcal{Y}^{\otimes n}) \tag{6.238}$$

使得

$$\Phi_n(V_m \tau^{\otimes m} V_m^*) = w_{n,\varepsilon} w_{n,\varepsilon}^*. \tag{6.239}$$

因为

$$\text{F}\left(U_n(uu^*)^{\otimes n} U_n^*, w_{n,\varepsilon} w_{n,\varepsilon}^* \right)^2 = \sum_{a_1 \cdots a_n \in T_{n,\varepsilon}} p(a_1) \cdots p(a_n), \tag{6.240}$$

且在 n 接近无穷大的极限下上式接近于 1, 所以 $\text{E}_{\text{C}}(X:Y) \leqslant \alpha$ 成立. 因为该式对所有的 $\alpha > H(p)$ 都成立, 所以不等式 $\text{E}_{\text{C}}(X:Y) \leqslant H(p)$ 也成立.

接下来, 考虑 (X, Y) 相对于态 uu^* 的可提取纠缠. 如果 $H(p) = 0$, 那么我们无须进行任何证明. 这是因为在这种情况下, 可提取纠缠显然是非负的. 所以之后我们假设 $H(p) > 0$. 令 α 为一个使得 $\alpha < H(p)$ 的实数, 令 $\varepsilon \in (0, 1)$ 足够小从而有 $\alpha < H(p) - 2\varepsilon$. 考虑任选的正整数 $n \geqslant -\log(1 - \varepsilon)/\varepsilon$, 并使 $m = \lfloor \alpha n \rfloor$. 有

$$m \leqslant n(H(p) - \varepsilon) + \log(1 - \varepsilon) \tag{6.241}$$

成立. 因此,

$$\frac{2^{-n(H(p)-\varepsilon)}}{1 - \varepsilon} \leqslant 2^{-m}. \tag{6.242}$$

因为在 n 趋近于无穷这个极限下, 量

$$\|v_{n,\varepsilon}\|^2 = \sum_{a_1 \cdots a_n \in T_{n,\varepsilon}} p(a_1) \cdots p(a_n) \tag{6.243}$$

接近于 1, 所以

$$\frac{2^{-n(H(p)-\varepsilon)}}{\|v_{n,\varepsilon}\|^2} \leqslant 2^{-m} \tag{6.244}$$

对于几乎所有正整数 n 成立.

现在，考虑任选的使式 (6.244) 成立的 n (其中像之前那样, $m = \lfloor \alpha n \rfloor$). 从而, 对于每一个 $k \in \{1, \cdots, 2^m\}$, 我们有

$$\sum_{j=1}^{k} \lambda_j \Big(\mathrm{Tr}_{\mathcal{Y}^{\otimes n}} \big(w_{n,\varepsilon} w_{n,\varepsilon}^* \big) \Big) \leqslant \sum_{j=1}^{k} \lambda_j \Big(\mathrm{Tr}_{\mathcal{W}^{\otimes m}} \big(V_m \tau^{\otimes m} V_m^* \big) \Big). \tag{6.245}$$

通过再次利用推论 6.34, 我们可以发现一定存在一个 LOCC 信道

$$\Phi_n \in \mathrm{LOCC}(\mathcal{X}^{\otimes n}, \mathcal{Z}^{\otimes m} : \mathcal{Y}^{\otimes n}, \mathcal{W}^{\otimes m}) \tag{6.246}$$

使得

$$\Phi_n \big(w_{n,\varepsilon} w_{n,\varepsilon}^* \big) = V_m \tau^{\otimes m} V_m^*. \tag{6.247}$$

利用保真度函数在任何信道操作下都有的单调性 (定理 3.27), 我们发现

$$\begin{aligned}
& \mathrm{F} \Big(\Phi_n \big(U_n(uu^*)^{\otimes n} U_n^* \big), V_m \tau^{\otimes m} V_m^* \Big)^2 \\
&= \mathrm{F} \Big(\Phi_n \big(U_n(uu^*)^{\otimes n} U_n^* \big), \Phi_n \big(w_{n,\varepsilon} w_{n,\varepsilon}^* \big) \Big)^2 \\
&\geqslant \mathrm{F} \Big(U_n(uu^*)^{\otimes n} U_n^*, w_{n,\varepsilon} w_{n,\varepsilon}^* \Big)^2 \\
&= \sum_{a_1 \cdots a_n \in T_{n,\varepsilon}} p(a_1) \cdots p(a_n).
\end{aligned} \tag{6.248}$$

这个不等式右侧的量在 n 趋近于无穷时趋近于 1, 所以我们可以得到 $\mathrm{E_D}(\mathsf{X} : \mathsf{Y}) \geqslant \alpha$. 因为这对于所有的 $\alpha < \mathrm{H}(p)$ 都成立, 所以我们可以得到结论: $\mathrm{E_D}(\mathsf{X} : \mathsf{Y}) \geqslant \mathrm{H}(p)$.

我们已经证明了

$$\mathrm{E_C}(\mathsf{X} : \mathsf{Y}) \leqslant \mathrm{H}(p) \leqslant \mathrm{E_D}(\mathsf{X} : \mathsf{Y}). \tag{6.249}$$

根据命题 6.37, 不等式 $\mathrm{E_D}(\mathsf{X} : \mathsf{Y}) \leqslant \mathrm{E_C}(\mathsf{X} : \mathsf{Y})$ 成立, 从而定理得证.   □

注: 对于一个给定的单位向量 $u \in \mathcal{X} \otimes \mathcal{Y}$ 以及复欧几里得空间 $\mathcal{X}$ 和 $\mathcal{Y}$, 式 (6.226) 中的量是纯态 uu^* 的纠缠熵.

6.2.3   束缚纠缠和部分转置

简单地说, 定理 6.38 表明所有的纯态纠缠在二分设置下都是等价的. 一个二分纯态是纠缠的, 当且仅当其有正的纠缠熵. 此外, 给定任意的两个纠缠纯态, 通过 LOCC 信道, 在这两个态的大量拷贝态之间必然存在一种近似转换, 其比例由两个态的纠缠熵之间的比值决定.

对于混态, 情况会更复杂一些. 一部分原因是存在没有可提取纠缠的纠缠态. 这种纠缠态称为束缚纠缠, 它永远不能通过 LOCC 信道被转化为纯态纠缠. 这种态是存在的, 我们可以通过应用转置映射的性质证明这一点.

6.2.3.1 部分转置和可分性

对于任意的复欧几里得空间 $\mathcal{X}$，关于所有 $X \in \mathrm{L}(\mathcal{X})$ 的转置映射 $\mathrm{T} \in \mathrm{T}(\mathcal{X})$ 定义为

$$\mathrm{T}(X) = X^{\mathsf{T}}. \tag{6.250}$$

由于这是一个正映射，所以根据 Horodecki 准则 (定理 6.9)，对于每一个可分算子 $R \in \mathrm{Sep}(\mathcal{X}:\mathcal{Y})$，我们有

$$\big(\mathrm{T} \otimes \mathbb{1}_{\mathrm{L}(\mathcal{Y})}\big)(R) \in \mathrm{Pos}(\mathcal{X} \otimes \mathcal{Y}). \tag{6.251}$$

如果 $P \in \mathrm{Pos}(\mathcal{X} \otimes \mathcal{Y})$ 是一个半正定算子，其中

$$\big(\mathrm{T} \otimes \mathbb{1}_{\mathrm{L}(\mathcal{Y})}\big)(P) \notin \mathrm{Pos}(\mathcal{X} \otimes \mathcal{Y}), \tag{6.252}$$

那么我们可以得出结论：P 是不可分的.

这一结论的逆命题通常是不成立的. 给定一个半正定算子 $P \in \mathrm{Pos}(\mathcal{X} \otimes \mathcal{Y})$，它满足

$$\big(\mathrm{T} \otimes \mathbb{1}_{\mathrm{L}(\mathcal{Y})}\big)(P) \in \mathrm{Pos}(\mathcal{X} \otimes \mathcal{Y}), \tag{6.253}$$

我们不能得出 P 是可分的这一结论；下面我们将给出一个满足式 (6.253) 的不可分算子.

在某种意义上来说，满足式 (6.253) 的算子 $P \in \mathrm{Pos}(\mathcal{X} \otimes \mathcal{Y})$ 在纠缠方式方面受到很高的约束. 牢记这一点，我们可以定义 PPT 算子 (正偏置算子) 和 PPT 态如下.

定义 6.39 对于任意的复欧几里得空间 $\mathcal{X}$ 和 $\mathcal{Y}$，$\mathrm{PPT}(\mathcal{X}:\mathcal{Y})$ 定义为满足条件

$$\big(\mathrm{T} \otimes \mathbb{1}_{\mathrm{L}(\mathcal{Y})}\big)(P) \in \mathrm{Pos}(\mathcal{X} \otimes \mathcal{Y}) \tag{6.254}$$

的所有算子 $P \in \mathrm{Pos}(\mathcal{X} \otimes \mathcal{Y})$ 的集合. 集合 $\mathrm{PPT}(\mathcal{X}:\mathcal{Y})$ 的元素称为 **PPT 算子**，集合 $\mathrm{PPT}(\mathcal{X}:\mathcal{Y}) \cap \mathrm{D}(\mathcal{X} \otimes \mathcal{Y})$ 的元素称为 **PPT 态**.

6.2.3.2 不可扩展积集合和不可分 PPT 算子

构造不可分 PPT 算子的一种方法涉及不可扩展积集合这一概念. 对于复欧几里得空间 $\mathcal{X}$ 和 $\mathcal{Y}$，由单位向量 $u_1, \cdots, u_m \in \mathcal{X}$ 和 $v_1, \cdots, v_m \in \mathcal{Y}$ 构造的规范正交集合

$$\mathcal{A} = \{u_1 \otimes v_1, \cdots, u_m \otimes v_m\}, \tag{6.255}$$

在下面两条性质成立的情况下是一个不可扩展积集合：

1. $\mathcal{A}$ 张出了 $\mathcal{X} \otimes \mathcal{Y}$ 的一个真子空间 (等价地，$m < \dim(\mathcal{X} \otimes \mathcal{Y})$).
2. 对于选定的每一对满足条件 $x \otimes y \perp \mathcal{A}$ 的 $x \in \mathcal{X}$ 和 $y \in \mathcal{Y}$，一定有 $x \otimes y = 0$.

例 6.40 对于 $\mathcal{X} = \mathbb{C}^3$ 和 $\mathcal{Y} = \mathbb{C}^3$，定义单位向量 $u_1, \cdots, u_5 \in \mathcal{X}$ 和 $v_1, \cdots, v_5 \in \mathcal{Y}$

如下:

$$u_1 = e_1, \qquad\qquad v_1 = \frac{1}{\sqrt{2}}(e_1 - e_2),$$

$$u_2 = e_3, \qquad\qquad v_2 = \frac{1}{\sqrt{2}}(e_2 - e_3),$$

$$u_3 = \frac{1}{\sqrt{2}}(e_1 - e_2), \qquad v_3 = e_3, \qquad\qquad (6.256)$$

$$u_4 = \frac{1}{\sqrt{2}}(e_2 - e_3), \qquad v_4 = e_1,$$

$$u_5 = \frac{1}{\sqrt{3}}(e_1 + e_2 + e_3), \qquad v_5 = \frac{1}{\sqrt{3}}(e_1 + e_2 + e_3).$$

因此, 对于每个 $k \in \{1, \cdots, 5\}$, 关于

$$A_1 = \frac{1}{\sqrt{2}}\begin{pmatrix} 1 & -1 & 0 \\ 0 & 0 & 0 \\ 0 & 0 & 0 \end{pmatrix}, \quad A_2 = \frac{1}{\sqrt{2}}\begin{pmatrix} 0 & 0 & 0 \\ 0 & 0 & 0 \\ 0 & 1 & -1 \end{pmatrix},$$

$$A_3 = \frac{1}{\sqrt{2}}\begin{pmatrix} 0 & 0 & 1 \\ 0 & 0 & -1 \\ 0 & 0 & 0 \end{pmatrix}, \quad A_4 = \frac{1}{\sqrt{2}}\begin{pmatrix} 0 & 0 & 0 \\ 1 & 0 & 0 \\ -1 & 0 & 0 \end{pmatrix}, \qquad (6.257)$$

$$A_5 = \frac{1}{3}\begin{pmatrix} 1 & 1 & 1 \\ 1 & 1 & 1 \\ 1 & 1 & 1 \end{pmatrix}$$

有 $u_k \otimes v_k = \mathrm{vec}(A_k)$ 成立. 可以看到集合

$$\mathcal{A} = \{u_1 \otimes v_1, \cdots, u_5 \otimes v_5\} \qquad (6.258)$$

是规范正交的. 如果对于 $k = 1, \cdots, 5$, $x \in \mathcal{X}$ 和 $y \in \mathcal{Y}$ 满足

$$\langle x \otimes y, u_k \otimes v_k \rangle = \langle x, u_k \rangle \langle y, v_k \rangle = 0, \qquad (6.259)$$

那么一定至少有 3 个不同的 $k \in \{1, \cdots, 5\}$ 使得 $\langle x, u_k \rangle = 0$ 或者至少有 3 个不同的 $k \in \{1, \cdots, 5\}$ 使得 $\langle y, v_k \rangle = 0$ 成立. 因为每 3 个 u_k 的不同选择可以张出全部的 $\mathcal{X}$ 且每 3 个 v_k 的不同选择可以张出全部的 $\mathcal{Y}$, 所以有 $x \otimes y = 0$. 因此, 集合 $\mathcal{A}$ 是一个不可扩展积集合. □

正如下面的定理所述, 到一个不可扩展积集合的正交子空间上的投影必须既是 PPT 的也是纠缠的.

定理 6.41 令 $\mathcal{X}$ 和 $\mathcal{Y}$ 为复欧几里得空间, 令

$$\mathcal{A} = \{u_1 \otimes v_1, \cdots, u_m \otimes v_m\} \qquad (6.260)$$

为 $\mathcal{X} \otimes \mathcal{Y}$ 内的一个不可扩展积集合, 并且定义

$$\Pi = \sum_{k=1}^{m} u_k u_k^* \otimes v_k v_k^*. \qquad (6.261)$$

我们有

$$\mathbb{1}_{\mathcal{X}} \otimes \mathbb{1}_{\mathcal{Y}} - \Pi \in \mathrm{PPT}(\mathcal{X} : \mathcal{Y}) \setminus \mathrm{Sep}(\mathcal{X} : \mathcal{Y}). \tag{6.262}$$

证明 假设 $\mathcal{A}$ 是一个规范正交集, 则可以得出 $\{\overline{u_1} \otimes v_1, \cdots, \overline{u_k} \otimes v_k\}$ 也是一个规范正交集. 由此

$$\left(\mathrm{T} \otimes \mathbb{1}_{\mathrm{L}(\mathcal{Y})}\right)(\Pi) = \sum_{k=1}^{m} \overline{u_k} u_k^{\mathsf{T}} \otimes v_k v_k^* \tag{6.263}$$

是一个投影算子, 所以

$$\left(\mathrm{T} \otimes \mathbb{1}_{\mathrm{L}(\mathcal{Y})}\right)(\Pi) \leqslant \mathbb{1}_{\mathcal{X}} \otimes \mathbb{1}_{\mathcal{Y}}. \tag{6.264}$$

由于

$$\left(\mathrm{T} \otimes \mathbb{1}_{\mathrm{L}(\mathcal{Y})}\right)(\mathbb{1}_{\mathcal{X}} \otimes \mathbb{1}_{\mathcal{Y}}) = \mathbb{1}_{\mathcal{X}} \otimes \mathbb{1}_{\mathcal{Y}}, \tag{6.265}$$

所以我们可以得到包含关系

$$\left(\mathrm{T} \otimes \mathbb{1}_{\mathrm{L}(\mathcal{Y})}\right)(\mathbb{1}_{\mathcal{X}} \otimes \mathbb{1}_{\mathcal{Y}} - \Pi) \in \mathrm{Pos}(\mathcal{X} \otimes \mathcal{Y}). \tag{6.266}$$

从而

$$\mathbb{1}_{\mathcal{X}} \otimes \mathbb{1}_{\mathcal{Y}} - \Pi \in \mathrm{PPT}(\mathcal{X} : \mathcal{Y}) \tag{6.267}$$

成立.

现在, 对于相反的情况, 我们假设

$$\mathbb{1}_{\mathcal{X}} \otimes \mathbb{1}_{\mathcal{Y}} - \Pi \in \mathrm{Sep}(\mathcal{X} : \mathcal{Y}), \tag{6.268}$$

这表明

$$\mathbb{1}_{\mathcal{X}} \otimes \mathbb{1}_{\mathcal{Y}} - \Pi = \sum_{a \in \Sigma} x_a x_a^* \otimes y_a y_a^* \tag{6.269}$$

对于选定的字母表 Σ 和集合 $\{x_a : a \in \Sigma\} \subset \mathcal{X}$ 与 $\{y_a : a \in \Sigma\} \subset \mathcal{Y}$ 成立. 因为

$$\begin{aligned} &\sum_{k=1}^{m} \sum_{a \in \Sigma} |\langle x_a \otimes y_a, u_k \otimes v_k \rangle|^2 \\ &= \sum_{k=1}^{m} (u_k \otimes v_k)^* (\mathbb{1}_{\mathcal{X}} \otimes \mathbb{1}_{\mathcal{Y}} - \Pi)(u_k \otimes v_k) = 0, \end{aligned} \tag{6.270}$$

从而

$$\langle x_a \otimes y_a, u_k \otimes v_k \rangle = 0 \tag{6.271}$$

对于每一个 $a \in \Sigma$ 和 $k \in \{1, \cdots, m\}$ 都成立. 由于 $\mathcal{A}$ 是一个不可扩展积集合, 所以 $x_a \otimes y_a = 0$ 对于每一个 $a \in \Sigma$ 都成立. 因此,

$$\mathbb{1}_{\mathcal{X}} \otimes \mathbb{1}_{\mathcal{Y}} - \Pi = 0. \tag{6.272}$$

然而, 这与假设 $m < \dim(\mathcal{X} \otimes \mathcal{Y})$ 是互相矛盾的. 这说明

$$\mathbb{1}_{\mathcal{X}} \otimes \mathbb{1}_{\mathcal{Y}} - \Pi \notin \mathrm{Sep}(\mathcal{X} : \mathcal{Y}), \tag{6.273}$$

从而命题得证. □

6.2.3.3 PPT 态没有可提取纠缠

PPT 态并不总是可分的, 但是它在某些方面展现出了与可分态相似的性质, 比如与每一个最大纠缠态的重合都很小. 接下来的命题是这一事实的一个典型示例, 它可以让人联想起命题 6.15.

命题 6.42 令 $A \in \mathrm{L}(\mathcal{Y}, \mathcal{X})$ 为一个满足 $\|A\| \leqslant 1$ 的算子, 其中 $\mathcal{X}$ 和 $\mathcal{Y}$ 为复欧几里得空间. 对于每一个 $P \in \mathrm{PPT}(\mathcal{X} : \mathcal{Y})$, 有

$$\langle \mathrm{vec}(A)\, \mathrm{vec}(A)^*, P \rangle \leqslant \mathrm{Tr}(P) \tag{6.274}$$

成立.

证明 转置映射是其自身的伴随和逆, 因此

$$
\begin{aligned}
&\langle \mathrm{vec}(A)\, \mathrm{vec}(A)^*, P \rangle \\
&= \big\langle (\mathrm{T} \otimes \mathbb{1}_{\mathrm{L}(\mathcal{Y})})(\mathrm{vec}(A)\, \mathrm{vec}(A)^*), (\mathrm{T} \otimes \mathbb{1}_{\mathrm{L}(\mathcal{Y})})(P) \big\rangle.
\end{aligned}
\tag{6.275}
$$

有

$$\mathrm{vec}(A) = \big(\mathbb{1}_{\mathcal{X}} \otimes A^{\mathsf{T}}\big)\, \mathrm{vec}(\mathbb{1}_{\mathcal{X}}), \tag{6.276}$$

这说明

$$(\mathrm{T} \otimes \mathbb{1}_{\mathrm{L}(\mathcal{Y})})(\mathrm{vec}(A)\, \mathrm{vec}(A)^*) = \big(\mathbb{1}_{\mathcal{X}} \otimes A^{\mathsf{T}}\big) W \big(\mathbb{1}_{\mathcal{X}} \otimes \overline{A}\big) \tag{6.277}$$

成立, 其中 $W \in \mathrm{U}(\mathcal{X} \otimes \mathcal{X})$ 表示 $\mathcal{X} \otimes \mathcal{X}$ 上的交换算子. 由式 (6.277) 表示的算子的谱范数最多为 1, 因此

$$
\begin{aligned}
&\big\langle (\mathrm{T} \otimes \mathbb{1}_{\mathrm{L}(\mathcal{Y})})(\mathrm{vec}(A)\, \mathrm{vec}(A)^*), (\mathrm{T} \otimes \mathbb{1}_{\mathrm{L}(\mathcal{Y})})(P) \big\rangle \\
&\leqslant \big\| (\mathrm{T} \otimes \mathbb{1}_{\mathrm{L}(\mathcal{Y})})(P) \big\|_1.
\end{aligned}
\tag{6.278}
$$

最后, 因为 $P \in \mathrm{PPT}(\mathcal{X} : \mathcal{Y})$, 并且可以观察到转置映射是保迹的, 所以我们有

$$\big\| (\mathrm{T} \otimes \mathbb{1}_{\mathrm{L}(\mathcal{Y})})(P) \big\|_1 = \mathrm{Tr}(P). \tag{6.279}$$

该命题可以根据式 (6.275)、式 (6.278) 和式 (6.279) 得出. □

例 6.43 与例 6.16 相似, 令 Σ 为一个字母表, $n = |\Sigma|$, $\mathcal{X} = \mathbb{C}^{\Sigma}$ 且 $\mathcal{Y} = \mathbb{C}^{\Sigma}$. 定义密度算子 $\tau \in \mathrm{D}(\mathcal{X} \otimes \mathcal{Y})$ 为

$$\tau = \frac{1}{n} \sum_{a,b \in \Sigma} E_{a,b} \otimes E_{a,b} = \frac{1}{n}\, \mathrm{vec}(\mathbb{1})\, \mathrm{vec}(\mathbb{1})^*, \tag{6.280}$$

其中 $\mathbb{1}$ 表示 $\mathbb{C}^{\Sigma}$ 上的单位算子, 它可以看作集合 $\mathrm{L}(\mathcal{Y}, \mathcal{X})$ 的一个元素. 对于每一个 PPT 态

$$\rho \in \mathrm{D}(\mathcal{X} \otimes \mathcal{Y}) \cap \mathrm{PPT}(\mathcal{X} : \mathcal{Y}), \tag{6.281}$$

根据命题 6.42 有

$$\langle \tau, \rho \rangle = \frac{1}{n} \langle \mathrm{vec}(\mathbb{1})\, \mathrm{vec}(\mathbb{1})^*, \rho \rangle \leqslant \frac{1}{n}. \tag{6.282}$$

因此, 相对于其与最大纠缠态 τ 的重合来说, 我们可以得出 PPT 算子以一种与可分算子相似的方式被束缚住. □

下一个命题表明可分映射 (自然包括 LOCC 信道) 可以将 PPT 算子映射到 PPT 算子上. 将这个命题与命题 6.42 结合起来, 可以证明 PPT 态的可提取纠缠为 0.

命题 6.44 令 $\mathcal{X}$、$\mathcal{Y}$、$\mathcal{Z}$ 和 $\mathcal{W}$ 为复欧几里得空间, $P \in \mathrm{PPT}(\mathcal{X} : \mathcal{Y})$ 为一个 PPT 算子, 并且使 $\Phi \in \mathrm{SepCP}(\mathcal{X}, \mathcal{Z} : \mathcal{Y}, \mathcal{W})$ 为一个可分映射. 有 $\Phi(P) \in \mathrm{PPT}(\mathcal{Z} : \mathcal{W})$ 成立.

证明 对于任意的算子 $A \in \mathrm{L}(\mathcal{X}, \mathcal{Z})$ 和 $B \in \mathrm{L}(\mathcal{Y}, \mathcal{W})$, 从假设 $P \in \mathrm{PPT}(\mathcal{X} : \mathcal{Y})$ 可以推导出

$$\begin{aligned}
&\big(\mathrm{T} \otimes \mathbb{1}_{\mathrm{L}(\mathcal{W})}\big)\big((A \otimes B)P(A \otimes B)^*\big) \\
&= \big(\overline{A} \otimes B\big)\big(\mathrm{T} \otimes \mathbb{1}_{\mathrm{L}(\mathcal{Y})}\big)(P)\big(\overline{A} \otimes B\big)^* \in \mathrm{Pos}(\mathcal{Z} \otimes \mathcal{W}).
\end{aligned} \tag{6.283}$$

(根据前文, T 表示 $\mathcal{Z}$ 或 $\mathcal{X}$ 上的转置映射). 由于 Φ 是可分的, 所以我们有

$$\Phi(X) = \sum_{a \in \Sigma} (A_a \otimes B_a) X (A_a \otimes B_a)^* \tag{6.284}$$

对于所有的 $X \in \mathrm{L}(\mathcal{X} \otimes \mathcal{Y})$、某些选定的字母表 Σ 和算子的集合 $\{A_a : a \in \Sigma\} \subset \mathrm{L}(\mathcal{X}, \mathcal{Z})$ 与 $\{B_a : a \in \Sigma\} \subset \mathrm{L}(\mathcal{Y}, \mathcal{W})$ 成立. 最终, 我们可以得到

$$\big(\mathrm{T} \otimes \mathbb{1}_{\mathrm{L}(\mathcal{W})}\big)(\Phi(P)) = \sum_{a \in \Sigma} \big(\overline{A_a} \otimes B_a\big)\big(\mathrm{T} \otimes \mathbb{1}_{\mathrm{L}(\mathcal{Y})}\big)(P)\big(\overline{A_a} \otimes B_a\big)^* \tag{6.285}$$

是半正定的, 因此 $\Phi(P) \in \mathrm{PPT}(\mathcal{Z} : \mathcal{W})$ 成立, 即为所求. $\square$

定理 6.45 令 X 和 Y 为寄存器, 并且考虑一对寄存器 (X, Y) 的 PPT 态

$$\rho \in \mathrm{PPT}(\mathcal{X} : \mathcal{Y}) \cap \mathrm{D}(\mathcal{X} \otimes \mathcal{Y}). \tag{6.286}$$

对于态 ρ, 有 $\mathrm{E_D}(\mathsf{X} : \mathsf{Y}) = 0$.

证明 令 $\Gamma = \{0, 1\}$, $\mathcal{Z} = \mathbb{C}^\Gamma$ 及 $\mathcal{W} = \mathbb{C}^\Gamma$, 并且定义 $\tau \in \mathrm{D}(\mathcal{Z} \otimes \mathcal{W})$ 为

$$\tau = \frac{1}{2} \sum_{a,b \in \Gamma} E_{a,b} \otimes E_{a,b}. \tag{6.287}$$

假设 $\alpha > 0$, 令 n 为任意使 $m = \lfloor \alpha n \rfloor \geqslant 1$ 成立的正整数, 并且考虑任意的 LOCC 信道 $\Phi \in \mathrm{LOCC}(\mathcal{X}^{\otimes n}, \mathcal{Z}^{\otimes m} : \mathcal{Y}^{\otimes n}, \mathcal{W}^{\otimes m})$. 考虑此前由式 (6.210) 和式 (6.213) 定义的算子 U_n 和 V_m. 有

$$U_n \rho^{\otimes n} U_n^* \in \mathrm{PPT}(\mathcal{X}^{\otimes n} : \mathcal{Y}^{\otimes n}) \tag{6.288}$$

成立, 因此根据命题 6.44 可以得到,

$$\Phi(U_n \rho^{\otimes n} U_n^*) \in \mathrm{PPT}(\mathcal{Z}^{\otimes m} : \mathcal{W}^{\otimes m}). \tag{6.289}$$

从而, 我们可以从命题 6.42 得出

$$\mathrm{F}\big(V_m \tau^{\otimes m} V_m^*, \Phi(U_n \rho^{\otimes n} U_n^*)\big) \leqslant 2^{-\frac{m}{2}} \leqslant \frac{1}{\sqrt{2}}. \tag{6.290}$$

所以, α 并不满足定义 6.35 的要求. 因此我们有 $\mathrm{E_D}(\mathsf{X} : \mathsf{Y}) = 0$ 成立. $\square$

6.3   与纠缠有关的现象

本节讨论一些通常与纠缠相关的概念：传态、密集编码和非经典相关. 这些概念代表了纠缠可能导致的一些操作结果.

6.3.1   传态和密集编码

在量子信息理论中，传态通常是指一种协议. 通过这种协议，一个单比特量子信道可以通过利用一个最大纠缠的量子比特对和两个经典通信比特实现. 简单地说，传态意味着下面的变换：

> 1 对最大纠缠量子比特
>
> ＋ 2 比特经典通信
>
> → 1 量子比特的量子通信

从某种意义上说，密集编码协议提供了一种资源交换，这是对远程传态的一种补充. 同样地，它也是指一种协议，通过这种协议，一个两个比特的经典信道可以利用一个最大纠缠量子比特对和一个单量子比特的量子信道来实现. 在这种情况下，其表示的变换如下所述：

> 1 对最大纠缠量子比特
>
> ＋ 1 量子比特的量子通信
>
> → 2 比特经典通信

在这两种情况下，最大纠缠量子比特对都会被两个经典比特与一个量子比特的通信间的转换所消耗；实质上，纠缠量子比特对扮演着使这种转换可以发生的资源的角色.

在下面的讨论中，我们会更广义地考虑传态和密集编码. 前面所说的传统协议会成为一类更广义的协议的特例.

6.3.1.1   传态

考虑下面的情形，其中 Alice 和 Bob 想要通过结合纠缠和经典通信来实现一个理想的量子信道.

情形 6.46（传态）   Alice 拥有一个寄存器 X，Bob 拥有 Y. 两个寄存器有着相同的经典态集合 Σ，并且寄存器对 (X, Y) 的态由最大纠缠态

$$\tau = \frac{1}{|\Sigma|} \sum_{b,c \in \Sigma} E_{b,c} \otimes E_{b,c} \tag{6.291}$$

给出. Alice 得到了一个新的寄存器 Z，其经典态的集合也是 Σ，她想要把 Z 发送给 Bob. Alice 和 Bob 尝试使用经典通信和共享的纠缠态 τ，通过如下所述的协议完成这一任务：

1. Alice 在寄存器对 (Z, X) 上进行测量 $\mu : \Gamma \to \mathrm{Pos}(\mathcal{Z} \otimes \mathcal{X})$，其中 Γ 是一个任选的字母表，随后将该次测量的结果 $a \in \Gamma$ 发送给 Bob.

2. 对于 $\{\Psi_a : a \in \Gamma\} \subseteq \mathrm{C}(\mathcal{Y}, \mathcal{Z})$ 这个由 Γ 作索引的信道集合，Bob 将信道 Ψ_a 应用在 Y 上，其中标记 $a \in \Gamma$ 表示任一个由 Alice 发送给他的结果，这会把该寄存器转换为一个

新的寄存器 Z.

通过分析可以发现选择合适的 Alice 的测量和 Bob 的信道集能够解决目前的问题　　□

注： 我们可以考虑与情形 6.46 类似的一种更普遍的情形. 例如, X、Y 和 Z 可能不会共享相同的经典态集合, 寄存器对 (X, Y) 的初态可能会被初始化为与 τ 不同的态, 并且 Alice 和 Bob 的目标是实现一个与单位信道不同的信道. 但是, 为了简便起见, 下面的讨论会专注于情形 6.46 给出的设定.

对于任意的 Alice 的测量 μ 和 Bob 的信道集合 $\{\Psi_a : a \in \Gamma\}$, 对所有的 $Z \in \mathrm{L}(\mathcal{Z})$, 通过情形 6.46 描述的协议所实现的信道 $\Phi \in \mathrm{C}(\mathcal{Z})$ 可以表示为

$$\Phi(Z) = \frac{1}{|\Sigma|} \sum_{a \in \Gamma} \sum_{b,c \in \Sigma} \langle \mu(a), Z \otimes E_{b,c} \rangle \Psi_a(E_{b,c}). \tag{6.292}$$

下面的定理提供了使信道 Φ 等于单位信道的那些测量和信道集合的特征, 它代表了从 Alice 到 Bob 的一种理想的量子信息的传输.

定理 6.47 令 Σ 和 Γ 为字母表, $\mathcal{X} = \mathbb{C}^\Sigma$ 为一个复欧几里得空间. 此外, 令

$$\mu : \Gamma \to \mathrm{Pos}(\mathcal{X} \otimes \mathcal{X}) \tag{6.293}$$

为对于每一个 $a \in \Gamma$ 都有 $\mu(a) \neq 0$ 的测量, 令

$$\{\Psi_a : a \in \Gamma\} \subseteq \mathrm{C}(\mathcal{X}) \tag{6.294}$$

为一个信道集合. 下面两个声明是等价的:

1. 对于每一个 $X \in \mathrm{L}(\mathcal{X})$, 都有

$$X = \frac{1}{|\Sigma|} \sum_{a \in \Gamma} \sum_{b,c \in \Sigma} \langle \mu(a), X \otimes E_{b,c} \rangle \Psi_a(E_{b,c}) \tag{6.295}$$

成立.

2. 存在酉算子的集合 $\{U_a : a \in \Gamma\} \subset \mathrm{U}(\mathcal{X})$ 和一个概率向量 $p \in \mathcal{P}(\Gamma)$ 使得

$$\mu(a) = p(a)|\Sigma| \, \mathrm{vec}(U_a) \, \mathrm{vec}(U_a)^* \quad \text{和} \quad \Psi_a(X) = U_a X U_a^* \tag{6.296}$$

对于选定的每一个 $a \in \Gamma$ 和 $X \in \mathrm{L}(\mathcal{X})$ 都成立.

定理 6.47 的证明会利用下面的命题, 它会建立一个形式为 $\Phi \in \mathrm{C}(\mathcal{X})$ 的关于任意复欧几里得空间 $\mathcal{X}$ 的信道, 当且仅当该信道为一个酉信道时, 它才能是一个全正映射的逆.

命题 6.48 令 $\mathcal{X}$ 为一个复欧几里得空间, $\Phi \in \mathrm{C}(\mathcal{X})$ 为一个信道, $\Psi \in \mathrm{CP}(\mathcal{X})$ 为一个全正映射, 其中 $\Phi\Psi = \mathbb{1}_{\mathrm{L}(\mathcal{X})}$. 存在一个酉算子 $U \in \mathrm{U}(\mathcal{X})$ 使得

$$\Phi(X) = U^* X U \quad \text{和} \quad \Psi(X) = U X U^* \tag{6.297}$$

对于所有的 $X \in \mathrm{L}(\mathcal{X})$ 都成立.

证明   由于 Ψ 全正并且显然非零，所以它的 Choi 算子 $J(\Psi)$ 是一个非零的半正定算子. 因此根据谱定理 (推论 1.4)，我们可以写出

$$J(\Psi) = \sum_{k=1}^{r} \mathrm{vec}(A_k) \, \mathrm{vec}(A_k)^*, \tag{6.298}$$

其中 $r = \mathrm{rank}(J(\Psi))$，$\{A_1, \cdots, A_r\} \subset \mathrm{L}(\mathcal{X})$ 是一个非零算子的正交集合. 因此，我们有

$$\sum_{k=1}^{r} \big(\Phi \otimes \mathbb{1}_{\mathrm{L}(\mathcal{X})}\big)\big(\mathrm{vec}(A_k) \, \mathrm{vec}(A_k)^*\big) \tag{6.299}$$

$$= \big(\Phi \otimes \mathbb{1}_{\mathrm{L}(\mathcal{X})}\big)(J(\Psi)) = J(\Phi\Psi) = \mathrm{vec}(\mathbb{1}_{\mathcal{X}}) \, \mathrm{vec}(\mathbb{1}_{\mathcal{X}})^*.$$

因为 $\mathrm{vec}(\mathbb{1}_{\mathcal{X}}) \, \mathrm{vec}(\mathbb{1}_{\mathcal{X}})^*$ 的秩等于 1，并且每个算子

$$\big(\Phi \otimes \mathbb{1}_{\mathrm{L}(\mathcal{X})}\big)\big(\mathrm{vec}(A_k) \, \mathrm{vec}(A_k)^*\big) \tag{6.300}$$

都是半正定的 (根据 Φ 的全正性)，所以我们可以推导出，一定存在一个概率向量 $(p_1, \cdots, p_r)$ 使得

$$\big(\Phi \otimes \mathbb{1}_{\mathrm{L}(\mathcal{X})}\big)\big(\mathrm{vec}(A_k) \, \mathrm{vec}(A_k)^*\big) = p_k \, \mathrm{vec}(\mathbb{1}_{\mathcal{X}}) \, \mathrm{vec}(\mathbb{1}_{\mathcal{X}})^* \tag{6.301}$$

对于每个 $k \in \{1, \cdots, r\}$ 都成立. 由于 Φ 是保迹的，所以我们有

$$\big(A_k^* A_k\big)^{\mathsf{T}} = \big(\mathrm{Tr} \otimes \mathbb{1}_{\mathrm{L}(\mathcal{X})}\big)\big(\mathrm{vec}(A_k) \, \mathrm{vec}(A_k)^*\big) = p_k \mathbb{1}_{\mathcal{X}}, \tag{6.302}$$

因此 $A_k = \sqrt{p_k} U_k$ 对于选定的某些酉算子 $U_k \in \mathrm{U}(\mathcal{X})$ 成立，其中 $k \in \{1, \cdots, r\}$. 这说明

$$\big(\mathbb{1}_{\mathcal{X}} \otimes U_k^{\mathsf{T}}\big) J(\Phi) \big(\mathbb{1}_{\mathcal{X}} \otimes U_k^{\mathsf{T}}\big)^* = \big(\Phi \otimes \mathbb{1}_{\mathrm{L}(\mathcal{X})}\big)\big(\mathrm{vec}(U_k) \, \mathrm{vec}(U_k)^*\big) \tag{6.303}$$

$$= \mathrm{vec}(\mathbb{1}_{\mathcal{X}}) \, \mathrm{vec}(\mathbb{1}_{\mathcal{X}})^*,$$

从而

$$J(\Phi) = \mathrm{vec}(U_k^*) \, \mathrm{vec}(U_k^*)^* \tag{6.304}$$

对于每个 $k \in \{1, \cdots, r\}$ 都成立. 因为 $\{A_1, \cdots, A_r\}$ 是一组非零且正交算子的集合，所以它也是线性独立的，因此我们可以得到 $r = 1$ 且 $p_1 = 1$；通过设定 $U = U_1$，命题得证. $\square$

对定理 6.47 的证明   假设声明 1 成立. 对于每个 $a \in \Gamma$，关于所有的 $X \in \mathrm{L}(\mathcal{X})$，定义映射 $\Xi_a \in \mathrm{T}(\mathcal{X})$ 为

$$\Xi_a(X) = \frac{1}{|\Sigma|} \sum_{b,c \in \Sigma} \langle \mu(a), X \otimes E_{b,c} \rangle E_{b,c}. \tag{6.305}$$

Ξ_a 的 Choi 算子由

$$J(\Xi_a) = \frac{1}{|\Sigma|} W \overline{\mu(a)} W \tag{6.306}$$

给出，其中 $W \in \mathrm{U}(\mathcal{X} \otimes \mathcal{X})$ 表示交换算子. 因为 $J(\Xi_a) \in \mathrm{Pos}(\mathcal{X} \otimes \mathcal{X})$ 对于每个 $a \in \Gamma$ 都成立，所以 Ξ_a 是全正的，并且根据 $\mu(a)$ 是非零的这一假设也可以知道 Ξ_a 是非零的. 现在，声明 1 可以表示为

$$\sum_{a \in \Gamma} \Psi_a \Xi_a = \mathbb{1}_{\mathrm{L}(\mathcal{X})}, \tag{6.307}$$

这等价于

$$\sum_{a \in \Gamma} J(\Psi_a \Xi_a) = \mathrm{vec}(\mathbb{1}_{\mathcal{X}}) \mathrm{vec}(\mathbb{1}_{\mathcal{X}})^*. \tag{6.308}$$

由于 $\Psi_a \Xi_a$ 对于每一个 $a \in \Gamma$ 都必须全正且非零，并且算子 $\mathrm{vec}(\mathbb{1}_{\mathcal{X}}) \mathrm{vec}(\mathbb{1}_{\mathcal{X}})^*$ 的秩为 1，所以一定存在一个概率向量 $p \in \mathcal{P}(\Gamma)$ 使得

$$J(\Psi_a \Xi_a) = p(a) \mathrm{vec}(\mathbb{1}_{\mathcal{X}}) \mathrm{vec}(\mathbb{1}_{\mathcal{X}})^* \tag{6.309}$$

对于每个 $a \in \Gamma$ 都成立. 因此,

$$\frac{(\Psi_a \Xi_a)(X)}{p(a)} = X \tag{6.310}$$

对于每一个 $X \in \mathrm{L}(\mathcal{X})$ 都成立. 根据命题 6.48，一定存在一组酉算子的集合 $\{U_a : a \in \Gamma\} \subset \mathrm{U}(\mathcal{X})$ 使得

$$\Psi_a(X) = U_a X U_a^* \quad \text{和} \quad \frac{1}{p(a)} \Xi_a(X) = U_a^* X U_a \tag{6.311}$$

对于每一个 $a \in \Gamma$ 和 $X \in \mathrm{L}(\mathcal{X})$ 都成立. 因此,

$$\frac{1}{|\Sigma|} W \overline{\mu(a)} W = J(\Xi_a) = p(a) \mathrm{vec}(U_a^*) \mathrm{vec}(U_a^*)^*, \tag{6.312}$$

又由于对于每一个 $Y \in \mathrm{L}(\mathcal{X})$ 都有 $W \mathrm{vec}(Y) = \mathrm{vec}(Y^{\mathsf{T}})$，所以

$$\mu(a) = p(a) |\Sigma| \mathrm{vec}(U_a) \mathrm{vec}(U_a)^* \tag{6.313}$$

对每个 $a \in \Gamma$ 都成立. 因此由声明 1 可以推导出声明 2.

现在假设声明 2 成立. 由于我们假设 μ 是一个测量，那么一定有

$$\sum_{a \in \Gamma} p(a) \mathrm{vec}(U_a) \mathrm{vec}(U_a)^* = \frac{1}{|\Sigma|} \mathbb{1}_{\mathcal{X}} \otimes \mathbb{1}_{\mathcal{X}}. \tag{6.314}$$

由式 (6.314) 表示的算子与完全去极化信道 $\Omega \in \mathrm{C}(\mathcal{X})$ 的 Choi 算子 $J(\Omega)$ 相同. 从而对于每一个 $X \in \mathrm{L}(\mathcal{X})$，我们可以写出

$$\Omega(X) = \sum_{a \in \Gamma} p(a) U_a X U_a^*. \tag{6.315}$$

因为完全去极化信道的自然表示为

$$K(\Omega) = \frac{1}{|\Sigma|} \sum_{b,c \in \Sigma} E_{b,c} \otimes E_{b,c}, \tag{6.316}$$

所以根据命题 2.20 我们可以发现

$$\sum_{a \in \Gamma} p(a) \overline{U_a} \otimes U_a = \overline{K(\Omega)} = \frac{1}{|\Sigma|} \sum_{b,c \in \Sigma} E_{b,c} \otimes E_{b,c}. \tag{6.317}$$

现在，对于每一个 $X \in \mathrm{L}(\mathcal{X})$，考虑由

$$\Phi(X) = \frac{1}{|\Sigma|} \sum_{a \in \Gamma} \sum_{b,c \in \Sigma} \langle \mu(a), X \otimes E_{b,c} \rangle \Psi_a(E_{b,c}) \tag{6.318}$$

定义的信道 $\Phi \in \mathrm{C}(\mathcal{X})$. 利用式 (6.317)，对于所有的 $X \in \mathrm{L}(\mathcal{X})$，我们可以写出

$$\Phi(X) = \sum_{a,b \in \Gamma} p(b) \langle \mu(a), X \otimes \overline{U_b} \rangle \Psi_a(U_b). \tag{6.319}$$

根据式 (6.296)，我们可以得到

$$\begin{aligned} \Phi(X) &= |\Sigma| \sum_{a,b \in \Gamma} p(a)p(b) \, \mathrm{vec}(U_a)^* \big(X \otimes \overline{U_b}\big) \, \mathrm{vec}(U_a) U_a U_b U_a^* \\ &= |\Sigma| \sum_{a,b \in \Gamma} p(a)p(b) \langle U_a U_b U_a^*, X \rangle U_a U_b U_a^*. \end{aligned} \tag{6.320}$$

因此，信道 Φ 的自然表示 $K(\Phi)$ 由

$$\begin{aligned} &|\Sigma| \sum_{a,b \in \Gamma} p(a)p(b) \, \mathrm{vec}(U_a U_b U_a^*) \, \mathrm{vec}(U_a U_b U_a^*)^* \\ &= \sum_{a \in \Gamma} p(a) \big(U_a \otimes \overline{U_a}\big) \left(|\Sigma| \sum_{b \in \Gamma} p(b) \, \mathrm{vec}(U_b) \, \mathrm{vec}(U_b)^*\right) \big(U_a \otimes \overline{U_a}\big)^* \\ &= \mathbb{1}_{\mathcal{X}} \otimes \mathbb{1}_{\mathcal{X}} \end{aligned} \tag{6.321}$$

给出，其中最后一个等式用到了式 (6.314). 所以 Φ 与单位信道等价，从而由声明 2 推导出了声明 1. □

定理 6.47 表明每一个完全去极化信道的混合酉表示都会产生一个传态协议. 下面的推论更详细地说明了这一点.

推论 6.49　令 Σ 和 Γ 为字母表，$\mathcal{X} = \mathbb{C}^{\Sigma}$，使

$$\{U_a : a \in \Gamma\} \subset \mathrm{U}(\mathcal{X}) \tag{6.322}$$

为酉算子的一个集合，令 $p \in \mathcal{P}(\Gamma)$ 为一个概率向量，并且假设

$$\Omega(X) = \sum_{a \in \Gamma} p(a) U_a X U_a^* \tag{6.323}$$

对于每一个 $X \in \mathrm{L}(\mathcal{X})$ 都成立，其中 $\Omega \in \mathrm{C}(\mathcal{X})$ 表示关于空间 $\mathcal{X}$ 的完全去极化信道. 对于每个 $a \in \Gamma$，$\mu : \Gamma \to \mathrm{Pos}(\mathcal{X} \otimes \mathcal{X})$ 被定义为

$$\mu(a) = p(a)|\Sigma| \, \mathrm{vec}(U_a) \, \mathrm{vec}(U_a)^*, \tag{6.324}$$

则 μ 是一个测量，此外

$$X = \frac{1}{|\Sigma|} \sum_{a \in \Gamma} \sum_{b,c \in \Sigma} \langle \mu(a), X \otimes E_{b,c} \rangle U_a E_{b,c} U_a^* \tag{6.325}$$

对于所有的 $X \in \mathrm{L}(\mathcal{X})$ 都成立.

证明 不失一般性地，假设对于每一个 $a \in \Gamma$ 都有 $p(a) \neq 0$. 因为如若不然，我们可以定义一个字母表 $\Gamma_0 = \{a \in \Gamma : p(a) \neq 0\}$，证明在这种情况下推论成立，并且可以观察到当 Γ 被 Γ_0 以这种方式替换时推论的声明是等价的.

显然 μ 是一个测量，因为每个 $\mu(a)$ 都是半正定的，且有

$$\sum_{a \in \Gamma} \mu(a) = \sum_{a \in \Gamma} p(a)|\Sigma| \operatorname{vec}(U_a) \operatorname{vec}(U_a)^* = |\Sigma| J(\Omega) = \mathbb{1}_{\mathcal{X}} \otimes \mathbb{1}_{\mathcal{X}}. \tag{6.326}$$

通过定义 $\Psi_a(X) = U_a X U_a^*$ 对每一个 $X \in \mathrm{L}(\mathcal{X})$ 和 $a \in \Gamma$ 都成立，我们可以得到定理 6.47 的声明 2 是成立的. 这说明该定理的声明 1 成立，这与式 (6.325) 是等价的，从而证毕. $\square$

例 6.50 令 $\Gamma = \Sigma \times \Sigma$，其中 $\Sigma = \{0,1\}$ 表示二元字母表. 为了简便起见，Γ 可以被看作长度为 2 的二元字符串. 定义 $p \in \mathcal{P}(\Gamma)$ 为

$$p(00) = p(01) = p(10) = p(11) = \frac{1}{4} \tag{6.327}$$

并且定义酉算子 $U_{00}, U_{01}, U_{10}, U_{11} \in \mathrm{U}(\mathbb{C}^{\Sigma})$ 如下：

$$U_{00} = \begin{pmatrix} 1 & 0 \\ 0 & 1 \end{pmatrix}, \quad U_{01} = \begin{pmatrix} 1 & 0 \\ 0 & -1 \end{pmatrix},$$
$$U_{10} = \begin{pmatrix} 0 & 1 \\ 1 & 0 \end{pmatrix}, \quad U_{11} = \begin{pmatrix} 0 & -1 \\ 1 & 0 \end{pmatrix}. \tag{6.328}$$

算子 U_{00}、U_{01}、U_{10}、U_{11} 与作用在空间 $\mathbb{C}^{\Sigma}$ 上的离散 Weyl 算子一致，并且 (正如在 4.1.2 节中所解释的) 提供了关于 $X \in \mathrm{L}(\mathbb{C}^{\Sigma})$ 的完全去极化信道 $\Omega \in \mathrm{C}(\mathbb{C}^{\Sigma})$ 的一种混合酉的实现：

$$\frac{1}{4} \sum_{a,b \in \Sigma} U_{ab} X U_{ab}^* = \frac{\operatorname{Tr}(X)}{2} \mathbb{1}. \tag{6.329}$$

因此，定义测量 $\mu : \Gamma \to \operatorname{Pos}(\mathbb{C}^{\Sigma} \otimes \mathbb{C}^{\Sigma})$ 为

$$\mu(00) = \frac{\operatorname{vec}(U_{00}) \operatorname{vec}(U_{00})^*}{2}, \quad \mu(01) = \frac{\operatorname{vec}(U_{01}) \operatorname{vec}(U_{01})^*}{2},$$
$$\mu(10) = \frac{\operatorname{vec}(U_{10}) \operatorname{vec}(U_{10})^*}{2}, \quad \mu(11) = \frac{\operatorname{vec}(U_{11}) \operatorname{vec}(U_{11})^*}{2}, \tag{6.330}$$

或者等价地定义为 $\mu(ab) = u_{ab} u_{ab}^*$，其中

$$u_{00} = \frac{e_{00} + e_{11}}{\sqrt{2}}, \quad u_{01} = \frac{e_{00} - e_{11}}{\sqrt{2}},$$
$$u_{10} = \frac{e_{01} + e_{10}}{\sqrt{2}}, \quad u_{11} = \frac{e_{01} - e_{10}}{\sqrt{2}}, \tag{6.331}$$

并且关于每个 $X \in \mathrm{L}(\mathbb{C}^{\Sigma})$ 和 $a, b \in \Sigma$，假定 $\Psi_{ab}(X) = U_{ab} X U_{ab}^*$，我们可以得到如情形 6.46 描述的传态协议. 事实上，所得到的协议等价于传态的传统概念，其中一个理想的单比特信道是通过一个最大纠缠量子比特对和两个比特的经典通信实现的. 集合 $\{u_{00}, u_{01}, u_{10}, u_{11}\}$ 通常称为 Bell 基，并且 μ 表示关于这个基的测量. $\square$

例 6.51   例 6.50 可以作如下推广. 设对于任意正整数 n, 有 $\Sigma = \mathbb{Z}_n$. 令 $\Gamma = \Sigma \times \Sigma$, 并且假设酉算子的集合 $\{U_{ab} : a, b \in \Sigma\} \subset \mathrm{U}(\mathbb{C}^\Sigma)$ 与作用在 $\mathbb{C}^\Sigma$ 上的 Weyl 算子相同. 通过定义 $\mu : \Gamma \to \mathrm{Pos}(\mathbb{C}^\Sigma \otimes \mathbb{C}^\Sigma)$ 为关于每个 $a, b \in \Sigma$ 满足

$$\mu(ab) = \frac{\mathrm{vec}(U_{ab}) \, \mathrm{vec}(U_{ab})^*}{n} \tag{6.332}$$

的测量, 并且设定对于每个 $X \in \mathrm{L}(\mathbb{C}^\Sigma)$ 都有 $\Psi_{ab}(X) = U_{ab} X U_{ab}^*$, 我们可以再一次得到情形 6.46 描述的传态协议.   □

在前面两个例子描述的传态协议中, 必须被传输的单个经典符号的数量等于被传输的量子系统的经典态的数量的平方. 这是最优的. 下面的推论会证明这一点.

推论 6.52   令 Σ 和 Γ 为字母表, $\mu : \Gamma \to \mathrm{Pos}(\mathbb{C}^\Sigma \otimes \mathbb{C}^\Sigma)$ 为一个测量, $\{\Psi_a : a \in \Gamma\} \subseteq \mathrm{C}(\mathbb{C}^\Sigma)$ 为一组信道的集合, 使得

$$X = \frac{1}{|\Sigma|} \sum_{a \in \Gamma} \sum_{b, c \in \Sigma} \langle \mu(a), X \otimes E_{b,c} \rangle \Psi_a(E_{b,c}) \tag{6.333}$$

对于每一个 $X \in \mathrm{L}(\mathbb{C}^\Sigma)$ 都成立. 则有 $|\Gamma| \geqslant |\Sigma|^2$ 成立.

证明   根据定理 6.47, 我们有

$$\mu(a) = p(a)|\Sigma| \, \mathrm{vec}(U_a) \, \mathrm{vec}(U_a)^* \tag{6.334}$$

对于每个 $a \in \Gamma$、选定的某些概率向量 $p \in \mathcal{P}(\Gamma)$ 和一组酉算子的集合 $\{U_a : a \in \Gamma\} \subset \mathrm{U}(\mathbb{C}^\Sigma)$ 成立. 每个算子 $\mu(a)$ 的秩都至多为 1, 而

$$\sum_{a \in \Gamma} \mu(a) = \mathbb{1}_\Sigma \otimes \mathbb{1}_\Sigma \tag{6.335}$$

的秩等于 $|\Sigma|^2$. 我们可以得到 $|\Gamma| \geqslant |\Sigma|^2$, 即为所求.   □

6.3.1.2   密集编码

与前面对传态的讨论类似, 我们可以考虑下面的情形: Alice 和 Bob 想要通过共享纠缠和量子通信实现一个理想的经典信道.

情形 6.53(密集编码)   Alice 持有寄存器 X, Bob 持有寄存器 Y. 两个寄存器有着相同的经典态集合 Σ, 并且寄存器对 (X, Y) 的态由最大纠缠态

$$\tau = \frac{1}{|\Sigma|} \sum_{b, c \in \Sigma} E_{b,c} \otimes E_{b,c} \tag{6.336}$$

给出. Alice 得到了一个拥有经典态集合 Γ 的经典寄存器 Z. 她想要将经典态 Z 通过下面的协议传输给 Bob:

1. Alice 将一组信道

$$\{\Psi_a : a \in \Gamma\} \subseteq \mathrm{C}(\mathcal{X}) \tag{6.337}$$

中的一个应用到 X 上, 所应用的信道由 Z 的经典态 $a \in \Gamma$ 作索引. 然后寄存器 X 便传送给了 Bob.

2. Bob 在寄存器对 (X, Y) 上进行测量

$$\mu : \Gamma \to \mathrm{Pos}(\mathcal{X} \otimes \mathcal{Y}), \tag{6.338}$$

测量的结果 $b \in \Gamma$ 可以理解为是从 Alice 传输而来.

不出所料, 这种协议有着我们所需的功能. 这意味着 Bob 的测量结果 $b \in \Gamma$ 精确地对应着 Alice 的寄存器 Z 的经典态 $a \in \Gamma$. 事实上, 当 Γ 不比 Σ 大时, 即可将任务很简单地完成. 更有趣的是, 存在这种形式的协议, 它在 Γ 与 $\Sigma \times \Sigma$ 同样大的情况下也能很好地工作. □

下面的命题证明密集编码协议可以从完全去极化信道的任意混合酉实现推导出来, 前提是酉算子统一从一个由 $\Sigma \times \Sigma$ 作索引的集合中得到.

命题 6.54 令 Σ 为一个字母表, $\mathcal{X} = \mathbb{C}^\Sigma$, 并且使

$$\tau = \frac{1}{|\Sigma|} \sum_{c,d \in \Sigma} E_{c,d} \otimes E_{c,d}. \tag{6.339}$$

假设 $\{U_{ab} : ab \in \Sigma \times \Sigma\} \subset \mathrm{U}(\mathcal{X})$ 是一组酉算子的集合, 使得

$$\Omega(X) = \frac{1}{|\Sigma|^2} \sum_{ab \in \Sigma \times \Sigma} U_{ab} X U_{ab}^* \tag{6.340}$$

对于所有的 $X \in \mathrm{L}(\mathcal{X})$ 都成立, 其中 $\Omega \in \mathrm{C}(\mathcal{X})$ 是关于空间 $\mathcal{X}$ 的完全去极化信道. 对于每个 $ab \in \Sigma \times \Sigma$ 和 $X \in \mathrm{L}(\mathcal{X})$, $\{\Psi_{ab} : ab \in \Sigma \times \Sigma\} \subseteq \mathrm{C}(\mathcal{X})$ 定义为

$$\Psi_{ab}(X) = U_{ab} X U_{ab}^*, \tag{6.341}$$

并且关于 $ab \in \Sigma \times \Sigma$ 的 $\mu : \Sigma \times \Sigma \to \mathrm{Pos}(\mathcal{X} \otimes \mathcal{X})$ 定义为

$$\mu(ab) = \frac{\mathrm{vec}(U_{ab}) \, \mathrm{vec}(U_{ab})^*}{|\Sigma|}, \tag{6.342}$$

则 μ 是一个测量, 且对于所有的 $a, b, c, d \in \Sigma$, 有

$$\langle \mu(cd), (\Psi_{ab} \otimes \mathbb{1}_{\mathrm{L}(\mathcal{X})})(\tau) \rangle = \begin{cases} 1 & ab = cd \\ 0 & ab \neq cd \end{cases} \tag{6.343}$$

成立.

证明 有

$$\sum_{ab \in \Sigma \times \Sigma} \mu(ab) = |\Sigma| J(\Omega) = \mathbb{1}_{\mathcal{X}} \otimes \mathbb{1}_{\mathcal{X}} \tag{6.344}$$

成立. 因为每个算子 $\mu(ab)$ 显然都是半正定的, 所以 μ 是一个测量. 对于每个 $ab \in \Sigma \times \Sigma$, 我们有

$$\langle \mu(ab), (\Psi_{ab} \otimes \mathbb{1}_{\mathrm{L}(\mathcal{X})})(\tau) \rangle$$
$$= \frac{1}{|\Sigma|^2} \langle \mathrm{vec}(U_{ab}) \, \mathrm{vec}(U_{ab})^*, \mathrm{vec}(U_{ab}) \, \mathrm{vec}(U_{ab})^* \rangle = 1. \tag{6.345}$$

因为 $(\Psi_{ab} \otimes \mathbb{1}_{\mathrm{L}(\mathcal{X})})(\tau)$ 是一个关于 $ab \in \Sigma \times \Sigma$ 的密度算子, 所以我们可以得到

$$\langle \mu(cd), (\Psi_{ab} \otimes \mathbb{1}_{\mathrm{L}(\mathcal{X})})(\tau) \rangle = 0 \tag{6.346}$$

对于 $cd \neq ab$ 成立, 命题得证. □

例 6.55 和例 6.50 中一样, 令 $\Sigma = \{0,1\}$ 并且如下定义酉算子 $U_{00}, U_{01}, U_{10}, U_{11} \in \mathrm{U}(\mathbb{C}^{\Sigma})$:

$$U_{00} = \begin{pmatrix} 1 & 0 \\ 0 & 1 \end{pmatrix}, \quad U_{01} = \begin{pmatrix} 1 & 0 \\ 0 & -1 \end{pmatrix},$$
$$U_{10} = \begin{pmatrix} 0 & 1 \\ 1 & 0 \end{pmatrix}, \quad U_{11} = \begin{pmatrix} 0 & -1 \\ 1 & 0 \end{pmatrix}. \tag{6.347}$$

由于算子 U_{00}、U_{01}、U_{10}、U_{11} 提供了一个完全去极化信道的混合酉实现, 所以通过定义测量 $\mu : \Sigma \times \Sigma \to \mathrm{Pos}(\mathbb{C}^{\Sigma} \otimes \mathbb{C}^{\Sigma})$ 为

$$\mu(00) = \frac{\mathrm{vec}(U_{00})\,\mathrm{vec}(U_{00})^*}{2}, \quad \mu(01) = \frac{\mathrm{vec}(U_{01})\,\mathrm{vec}(U_{01})^*}{2},$$
$$\mu(10) = \frac{\mathrm{vec}(U_{10})\,\mathrm{vec}(U_{10})^*}{2}, \quad \mu(11) = \frac{\mathrm{vec}(U_{11})\,\mathrm{vec}(U_{11})^*}{2}, \tag{6.348}$$

并且如同例 6.50 那样, 对于每个 $X \in \mathrm{L}(\mathbb{C}^{\Sigma})$ 假定 $\Psi_{ab}(X) = U_{ab}XU_{ab}^*$, 就可以得到一个情形 6.53 所描述的密集编码协议. 通过这样的操作所得到的协议等价于密集编码的传统定义, 其中一个理想的双比特经典信道可以通过一个最大纠缠量子比特对和一个量子通信的量子比特实现. □

与前面所表述的一类更广义的传态协议相似, 我们可以考虑关于一个任选字母表 Γ 的密集编码协议, 而不是 $\Gamma = \Sigma \times \Sigma$. 特别地, 对于一个任选的字母表 Γ, 假设 Alice 的信道由集合

$$\{\Psi_a : a \in \Gamma\} \subseteq \mathrm{C}(\mathcal{X}) \tag{6.349}$$

给出, 并且 Alice 想要传送给 Bob 的符号 $a \in \Gamma$ 是根据一个概率向量 $p \in \mathcal{P}(\Gamma)$ 随机选择的. 在 Bob 进行测量之前的寄存器对 (X, Y) 的态由系综 $\eta : \Gamma \to \mathrm{Pos}(\mathcal{X} \otimes \mathcal{X})$ 描述, 对于所有的 $a \in \Gamma$, 该系综定义为

$$\eta(a) = \frac{p(a)}{|\Sigma|} \sum_{b,c \in \Sigma} \Psi_a(E_{b,c}) \otimes E_{b,c}. \tag{6.350}$$

下面的定理描述了该系综的 Holevo 信息 $\chi(\eta)$ 取最大值 (即 $2\log(|\Sigma|)$) 时的一个特征.

定理 6.56 令 Σ 和 Γ 为字母表, $p \in \mathcal{P}(\Gamma)$ 为一个对于 $a \in \Gamma$ 满足 $p(a) \neq 0$ 的概率向量, 并且使

$$\{\Psi_a : a \in \Gamma\} \subseteq \mathrm{C}(\mathbb{C}^{\Sigma}) \tag{6.351}$$

为一组信道集合. 下面两个声明是等价的:

1. 关于所有 $a \in \Gamma$ 的系综 $\eta : \Gamma \to \mathrm{Pos}(\mathbb{C}^\Sigma \otimes \mathbb{C}^\Sigma)$ 定义为

$$\eta(a) = \frac{p(a)}{|\Sigma|} \sum_{b,c \in \Sigma} \Psi_a(E_{b,c}) \otimes E_{b,c}, \tag{6.352}$$

我们有 $\chi(\eta) = 2 \log(|\Sigma|)$.

2. 存在一组酉算子的集合 $\{U_a : a \in \Gamma\} \subset \mathrm{U}(\mathbb{C}^\Sigma)$ 使得

$$\Psi_a(X) = U_a X U_a^* \tag{6.353}$$

对于任选的 $a \in \Gamma$ 和 $X \in \mathrm{L}(\mathbb{C}^\Sigma)$ 都成立. 此外对于所有的 $X \in \mathrm{L}(\mathbb{C}^\Sigma)$ 有

$$\Omega(X) = \sum_{a \in \Gamma} p(a) U_a X U_a^*, \tag{6.354}$$

其中 $\Omega \in \mathrm{C}(\mathbb{C}^\Sigma)$ 表示关于空间 $\mathbb{C}^\Sigma$ 的完全去极化信道.

证明 由式 (6.352) 定义的系综 η 的 Holevo 信息为

$$\chi(\eta) = \mathrm{H}\left(\sum_{a \in \Gamma} \frac{p(a)}{|\Sigma|} \sum_{b,c \in \Sigma} \Psi_a(E_{b,c}) \otimes E_{b,c} \right) \\ - \sum_{a \in \Gamma} p(a) \, \mathrm{H}\left(\frac{1}{|\Sigma|} \sum_{b,c \in \Sigma} \Psi_a(E_{b,c}) \otimes E_{b,c} \right), \tag{6.355}$$

它也可以写作

$$\chi(\eta) = \mathrm{H}\left(\sum_{a \in \Gamma} p(a) \frac{J(\Psi_a)}{|\Sigma|} \right) - \sum_{a \in \Gamma} p(a) \, \mathrm{H}\left(\frac{J(\Psi_a)}{|\Sigma|} \right). \tag{6.356}$$

基于 $\chi(\eta) = 2 \log(|\Sigma|)$ 的假设，一定有

$$\mathrm{H}\left(\sum_{a \in \Gamma} p(a) \frac{J(\Psi_a)}{|\Sigma|} \right) = 2 \log(|\Sigma|) \quad \text{和} \quad \mathrm{H}\left(\frac{J(\Psi_a)}{|\Sigma|} \right) = 0 \tag{6.357}$$

对于每个 $a \in \Gamma$ 都成立. 因此，对于每个 $a \in \Gamma$，$J(\Psi_a)$ 的秩都等于 1，并且由于每个 Ψ_a 都是一个信道，所以一定存在一个酉算子的集合

$$\{U_a : a \in \Gamma\} \subset \mathrm{U}(\mathbb{C}^\Sigma) \tag{6.358}$$

使得式 (6.353) 对于每个 $X \in \mathrm{L}(\mathbb{C}^\Sigma)$ 和每个 $a \in \Gamma$ 都成立. 式 (6.357) 的第一个等式等价于

$$\sum_{a \in \Gamma} p(a) \frac{J(\Psi_a)}{|\Sigma|} = \frac{\mathbb{1} \otimes \mathbb{1}}{|\Sigma|^2}, \tag{6.359}$$

这说明

$$\sum_{a \in \Gamma} p(a) \, \mathrm{vec}(U_a) \, \mathrm{vec}(U_a)^* = \frac{\mathbb{1} \otimes \mathbb{1}}{|\Sigma|} = J(\Omega), \tag{6.360}$$

所以

$$\sum_{a \in \Gamma} p(a) U_a X U_a^* = \Omega(X) \tag{6.361}$$

对于所有的 $X \in L(\mathbb{C}^\Sigma)$ 都成立. 从而, 由声明 1 可以推导出声明 2.

假设声明 2 成立, 那么可以直接计算出 η 的 Holevo 信息:

$$
\begin{aligned}
\chi(\eta) &= H\left(\sum_{a \in \Gamma} \frac{p(a)}{|\Sigma|} \sum_{b,c \in \Sigma} \Psi_a(E_{b,c}) \otimes E_{b,c} \right) \\
&\quad - \sum_{a \in \Gamma} p(a) H\left(\frac{1}{|\Sigma|} \sum_{b,c \in \Sigma} \Psi_a(E_{b,c}) \otimes E_{b,c} \right) \\
&= H\left(\frac{\mathbb{1} \otimes \mathbb{1}}{|\Sigma|^2} \right) - \sum_{a \in \Gamma} p(a) H\left(\frac{\operatorname{vec}(U_a) \operatorname{vec}(U_a)^*}{|\Sigma|} \right) \\
&= 2 \log(|\Sigma|).
\end{aligned}
\tag{6.362}
$$

从而由声明 2 可以推导出声明 1, 证毕. □

6.3.2　非经典关联

因为可分性的缺失, 所以纠缠的定义并不直接与一个可观测物理现象直接相关. 然而, 纠缠从根本上与作用在物理系统的两个或多个可分部分的测量结果之间的关联性有关. 为了描述这一关联, 我们可以考虑下面的情形.

情形 6.57　Alice 和 Bob 共享一个复合寄存器 (X, Y), 其中 Alice 拥有 X, Bob 拥有 Y. 有两种事件发生:

1. 从一个确定的字母表 Σ_A 中, Alice 收到了一个输入符号, 并且她必须从一个确定的字母表 Γ_A 中产生一个输出符号.

2. 从一个确定的字母表 Σ_B 中, Bob 收到了一个输入符号, 并且他必须从一个确定的字母表 Γ_B 中产生一个输出符号.

在收到输入符号后, Alice 和 Bob 在任意时刻都不能和对方进行交流. 通常情况下, 他们产生的输出符号可以是概率性的, 可能是在执行测量的个体所拥有的寄存器 X 或 Y 之中的任一个寄存器上进行的测量的结果. □

接下来的讨论主要与以下内容有关: 在情形 6.57 中, 由 Alice 和 Bob 通过一个共享的纠缠态上的测量所产生的可能的输出分布的合集, 其关联性不同于初始寄存器对 (X, Y) 可分时的情况.

6.3.2.1　关联算子

情形 6.57 的一个特例是, 当 Alice 和 Bob 所产生的输出分布的范围遍及所有的输入符号时, 它们可以由一个单独的算子描述:

$$C \in L\left(\mathbb{R}^{\Sigma_B \times \Gamma_B}, \mathbb{R}^{\Sigma_A \times \Gamma_A} \right), \tag{6.363}$$

该算子的定义使得 $C((a,c),(b,d))$ 为 Alice 和 Bob 输出 $(c,d) \in \Gamma_A \times \Gamma_B$ 的概率, 其中假设他们获得的输入对为 $(a,b) \in \Sigma_A \times \Sigma_B$. 这样的一个算子必须满足某些约束条件. 例如, 为了使 C 表示一组概率分布的集合, 其中的每个元素都必须是非负实数, 且一定有

$$\sum_{(c,d) \in \Gamma_A \times \Gamma_B} C((a,c),(b,d)) = 1 \tag{6.364}$$

对于每一对 $(a,b) \in \Sigma_A \times \Sigma_B$ 都成立. 附加约束条件是此外假设 Alice 和 Bob 分离且无法通信.

定义 6.58 令 Σ_A、Σ_B、Γ_A 和 Γ_B 为字母表, 且使

$$C \in \mathrm{L}\big(\mathbb{R}^{\Sigma_B \times \Gamma_B}, \mathbb{R}^{\Sigma_A \times \Gamma_A}\big) \tag{6.365}$$

为一个算子.

1. 如果

$$C = \sum_{(a,b) \in \Sigma_A \times \Sigma_B} E_{a,b} \otimes E_{f(a),g(b)}, \tag{6.366}$$

或者等价地, 对于选定的某些函数 $f : \Sigma_A \to \Gamma_A$ 和 $g : \Sigma_B \to \Gamma_B$ 有

$$C((a,c),(b,d)) = \begin{cases} 1 & c = f(a) \text{ 且 } d = g(b) \\ 0 & \text{其他}, \end{cases} \tag{6.367}$$

那么 C 是一个**确定性关联算子**. 如果 C 等于确定性关联算子的一个凸组合, 则我们称 C 是一个**概率关联算子**.

2. 如果存在复欧几里得空间 $\mathcal{X}$ 和 $\mathcal{Y}$、一个态 $\rho \in \mathrm{D}(\mathcal{X} \otimes \mathcal{Y})$, 以及两组测量 $\{\mu_a : a \in \Sigma_A\}$ 和 $\{\nu_b : b \in \Sigma_B\}$, 其形式为

$$\mu_a : \Gamma_A \to \mathrm{Pos}(\mathcal{X}) \quad \text{和} \quad \nu_b : \Gamma_B \to \mathrm{Pos}(\mathcal{Y}), \tag{6.368}$$

使得

$$C((a,c),(b,d)) = \langle \mu_a(c) \otimes \nu_b(d), \rho \rangle \tag{6.369}$$

对于每一个 $a \in \Sigma_A$、$b \in \Sigma_B$、$c \in \Gamma_A$ 和 $d \in \Gamma_B$ 都成立, 那么算子 C 是一个**量子关联算子**.

例 6.59 令 Σ_A、Σ_B、Γ_A 和 Γ_B 均等于二元字母表 $\Sigma = \{0,1\}$, 令 $\mathcal{X} = \mathbb{C}^\Sigma$ 且 $\mathcal{Y} = \mathbb{C}^\Sigma$, 定义 $\tau \in \mathrm{D}(\mathcal{X} \otimes \mathcal{Y})$ 为最大纠缠态

$$\tau = \frac{1}{2} \sum_{a,b \in \Sigma} E_{a,b} \otimes E_{a,b}, \tag{6.370}$$

并且定义测量 $\mu_0, \mu_1 : \Gamma_A \to \mathrm{Pos}(\mathcal{X})$ 与 $\nu_0, \nu_1 : \Gamma_B \to \mathrm{Pos}(\mathcal{Y})$ 为

$$\begin{aligned} \mu_0(0) &= \Pi_0, & \mu_0(1) &= \Pi_{\pi/2}, \\ \mu_1(0) &= \Pi_{\pi/4}, & \mu_1(1) &= \Pi_{3\pi/4}, \\ \nu_0(0) &= \Pi_{\pi/8}, & \nu_0(1) &= \Pi_{5\pi/8}, \\ \nu_1(0) &= \Pi_{7\pi/8}, & \nu_1(1) &= \Pi_{3\pi/8}, \end{aligned} \tag{6.371}$$

其中

$$\Pi_\theta = \begin{pmatrix} \cos^2(\theta) & \cos(\theta)\sin(\theta) \\ \cos(\theta)\sin(\theta) & \sin^2(\theta) \end{pmatrix}. \tag{6.372}$$

等价地，这些测量算子如图 6.1 所示.

$$\mu_0(0) = \begin{pmatrix} 1 & 0 \\ 0 & 0 \end{pmatrix}, \qquad \mu_0(1) = \begin{pmatrix} 0 & 0 \\ 0 & 1 \end{pmatrix},$$

$$\mu_1(0) = \begin{pmatrix} \frac{1}{2} & \frac{1}{2} \\ \frac{1}{2} & \frac{1}{2} \end{pmatrix}, \qquad \mu_1(1) = \begin{pmatrix} \frac{1}{2} & -\frac{1}{2} \\ -\frac{1}{2} & \frac{1}{2} \end{pmatrix},$$

$$\nu_0(0) = \begin{pmatrix} \frac{2+\sqrt{2}}{4} & \frac{\sqrt{2}}{4} \\ \frac{\sqrt{2}}{4} & \frac{2-\sqrt{2}}{4} \end{pmatrix}, \qquad \nu_0(1) = \begin{pmatrix} \frac{2-\sqrt{2}}{4} & -\frac{\sqrt{2}}{4} \\ -\frac{\sqrt{2}}{4} & \frac{2+\sqrt{2}}{4} \end{pmatrix},$$

$$\nu_1(0) = \begin{pmatrix} \frac{2+\sqrt{2}}{4} & -\frac{\sqrt{2}}{4} \\ -\frac{\sqrt{2}}{4} & \frac{2-\sqrt{2}}{4} \end{pmatrix}, \qquad \nu_1(1) = \begin{pmatrix} \frac{2-\sqrt{2}}{4} & \frac{\sqrt{2}}{4} \\ \frac{\sqrt{2}}{4} & \frac{2+\sqrt{2}}{4} \end{pmatrix}.$$

图 6.1　例 6.59 中描述的测量算子的矩阵表示

对于选定的这种 τ，并且由于上面的每个测量算子都有实数元素，所以有

$$\langle \mu_a(c) \otimes \nu_b(d), \tau \rangle = \frac{1}{2} \langle \mu_a(c), \nu_b(d) \rangle \tag{6.373}$$

对于每个 $a \in \Sigma_A$、$b \in \Sigma_B$、$c \in \Gamma_A$ 和 $d \in \Gamma_B$ 都成立. 计算表明，式 (6.369) 定义的量子关联算子由

$$C = \begin{pmatrix} \frac{2+\sqrt{2}}{8} & \frac{2-\sqrt{2}}{8} & \frac{2+\sqrt{2}}{8} & \frac{2-\sqrt{2}}{8} \\ \frac{2-\sqrt{2}}{8} & \frac{2+\sqrt{2}}{8} & \frac{2-\sqrt{2}}{8} & \frac{2+\sqrt{2}}{8} \\ \frac{2+\sqrt{2}}{8} & \frac{2-\sqrt{2}}{8} & \frac{2-\sqrt{2}}{8} & \frac{2+\sqrt{2}}{8} \\ \frac{2-\sqrt{2}}{8} & \frac{2+\sqrt{2}}{8} & \frac{2+\sqrt{2}}{8} & \frac{2-\sqrt{2}}{8} \end{pmatrix}. \tag{6.374}$$

给出. 我们接下来会简单说明 C 不是一个概率关联算子. □

例 6.60　令 Σ_A、Σ_B、Γ_A 和 Γ_B 均等于二元字母表 $\Sigma = \{0,1\}$. 一共存在 16 个确定性关联算子，它们对应于 16 种可能的函数对 (f, g)，这些函数对有着形式 $f : \Sigma_A \to \Gamma_A$ 和 $g : \Sigma_B \to \Gamma_B$. 如图 6.2 中的矩阵所示. □

$$\begin{pmatrix} 1 & 0 & 1 & 0 \\ 0 & 0 & 0 & 0 \\ 1 & 0 & 1 & 0 \\ 0 & 0 & 0 & 0 \end{pmatrix}, \quad \begin{pmatrix} 1 & 0 & 0 & 1 \\ 0 & 0 & 0 & 0 \\ 1 & 0 & 0 & 1 \\ 0 & 0 & 0 & 0 \end{pmatrix}, \quad \begin{pmatrix} 0 & 1 & 1 & 0 \\ 0 & 0 & 0 & 0 \\ 0 & 1 & 1 & 0 \\ 0 & 0 & 0 & 0 \end{pmatrix}, \quad \begin{pmatrix} 0 & 1 & 0 & 1 \\ 0 & 0 & 0 & 0 \\ 0 & 1 & 0 & 1 \\ 0 & 0 & 0 & 0 \end{pmatrix},$$

$$\begin{pmatrix} 1 & 0 & 1 & 0 \\ 0 & 0 & 0 & 0 \\ 0 & 0 & 0 & 0 \\ 1 & 0 & 1 & 0 \end{pmatrix}, \quad \begin{pmatrix} 1 & 0 & 0 & 1 \\ 0 & 0 & 0 & 0 \\ 0 & 0 & 0 & 0 \\ 1 & 0 & 0 & 1 \end{pmatrix}, \quad \begin{pmatrix} 0 & 1 & 1 & 0 \\ 0 & 0 & 0 & 0 \\ 0 & 0 & 0 & 0 \\ 0 & 1 & 1 & 0 \end{pmatrix}, \quad \begin{pmatrix} 0 & 1 & 0 & 1 \\ 0 & 0 & 0 & 0 \\ 0 & 0 & 0 & 0 \\ 0 & 1 & 0 & 1 \end{pmatrix},$$

$$\begin{pmatrix} 0 & 0 & 0 & 0 \\ 1 & 0 & 1 & 0 \\ 1 & 0 & 1 & 0 \\ 0 & 0 & 0 & 0 \end{pmatrix}, \quad \begin{pmatrix} 0 & 0 & 0 & 0 \\ 1 & 0 & 0 & 1 \\ 1 & 0 & 0 & 1 \\ 0 & 0 & 0 & 0 \end{pmatrix}, \quad \begin{pmatrix} 0 & 0 & 0 & 0 \\ 0 & 1 & 1 & 0 \\ 0 & 1 & 1 & 0 \\ 0 & 0 & 0 & 0 \end{pmatrix}, \quad \begin{pmatrix} 0 & 0 & 0 & 0 \\ 0 & 1 & 0 & 1 \\ 0 & 1 & 0 & 1 \\ 0 & 0 & 0 & 0 \end{pmatrix},$$

$$\begin{pmatrix} 0 & 0 & 0 & 0 \\ 1 & 0 & 1 & 0 \\ 0 & 0 & 0 & 0 \\ 1 & 0 & 1 & 0 \end{pmatrix}, \quad \begin{pmatrix} 0 & 0 & 0 & 0 \\ 1 & 0 & 0 & 1 \\ 0 & 0 & 0 & 0 \\ 1 & 0 & 0 & 1 \end{pmatrix}, \quad \begin{pmatrix} 0 & 0 & 0 & 0 \\ 0 & 1 & 1 & 0 \\ 0 & 0 & 0 & 0 \\ 0 & 1 & 1 & 0 \end{pmatrix}, \quad \begin{pmatrix} 0 & 0 & 0 & 0 \\ 0 & 1 & 0 & 1 \\ 0 & 0 & 0 & 0 \\ 0 & 1 & 0 & 1 \end{pmatrix}.$$

图 6.2　例 6.60 中描述的关联算子的矩阵表示

6.3.2.2　Bell 不等式

根据定义, 所有形式为

$$C \in \mathrm{L}\big(\mathbb{R}^{\Sigma_\mathrm{B} \times \Gamma_\mathrm{B}}, \mathbb{R}^{\Sigma_\mathrm{A} \times \Gamma_\mathrm{A}}\big) \tag{6.375}$$

的概率算子的集合都是凸的. 事实上, 该集合由一个有限集的凸包给出, 因为其中存在有限多个相同形式的确定性关联算子. 因此我们可以得出, 所有形如式 (6.375) 的概率关联算子的集合都是紧的. 因此, 根据分离超平面定理 (定理 1.11), 如果算子

$$D \in \mathrm{L}\big(\mathbb{R}^{\Sigma_\mathrm{B} \times \Gamma_\mathrm{B}}, \mathbb{R}^{\Sigma_\mathrm{A} \times \Gamma_\mathrm{A}}\big) \tag{6.376}$$

不是一个概率关联算子, 那么一定存在一个算子

$$K \in \mathrm{L}\big(\mathbb{R}^{\Sigma_\mathrm{B} \times \Gamma_\mathrm{B}}, \mathbb{R}^{\Sigma_\mathrm{A} \times \Gamma_\mathrm{A}}\big) \tag{6.377}$$

以及一个实数 α 使得

$$\langle K, D \rangle > \alpha \quad \text{和} \quad \langle K, C \rangle \leqslant \alpha \tag{6.378}$$

对于所有形式为式 (6.375) 的概率关联算子 C 都成立.

对于选定的算子 K 和实数 α, 如果不等式 $\langle K, C \rangle \leqslant \alpha$ 对于所有形如式 (6.375) 的概率关联算子 C 都成立, 则其通常被称为 Bell 不等式. 此时, 如果对于某些选定的关联算子 D, 不等式 $\langle K, D \rangle > \alpha$ 成立, 那么我们说其违背了 Bell 不等式.

　　下面的例子利用对 Bell 不等式的违背简单地证明了某些特定的关联算子并不是概率关联算子.

　　例 6.61 (Clauser-Horn-Shimony-Holt 不等式)　令 Σ_A、Σ_B、Γ_A 和 Γ_B 都等于二元字母表 $\Sigma = \{0,1\}$，并且定义

$$K \in L\left(\mathbb{R}^{\Sigma_B \times \Gamma_B}, \mathbb{R}^{\Sigma_A \times \Gamma_A}\right) \tag{6.379}$$

为

$$K = \begin{pmatrix} 1 & -1 & 1 & -1 \\ -1 & 1 & -1 & 1 \\ 1 & -1 & -1 & 1 \\ -1 & 1 & 1 & -1 \end{pmatrix}. \tag{6.380}$$

对于每一个确定性关联算子

$$C \in L\left(\mathbb{R}^{\Sigma_B \times \Gamma_B}, \mathbb{R}^{\Sigma_A \times \Gamma_A}\right), \tag{6.381}$$

有

$$\langle K, C \rangle \leqslant 2 \tag{6.382}$$

成立. 这可以通过观察例 6.60 中的 16 个确定性关联算子来证明. 所以根据凸性, 对于任意的概率关联算子 C, 有同样的不等式成立. 另外, 例 6.59 中的量子关联算子

$$D = \begin{pmatrix} \dfrac{2+\sqrt{2}}{8} & \dfrac{2-\sqrt{2}}{8} & \dfrac{2+\sqrt{2}}{8} & \dfrac{2-\sqrt{2}}{8} \\[2mm] \dfrac{2-\sqrt{2}}{8} & \dfrac{2+\sqrt{2}}{8} & \dfrac{2-\sqrt{2}}{8} & \dfrac{2+\sqrt{2}}{8} \\[2mm] \dfrac{2+\sqrt{2}}{8} & \dfrac{2-\sqrt{2}}{8} & \dfrac{2-\sqrt{2}}{8} & \dfrac{2+\sqrt{2}}{8} \\[2mm] \dfrac{2-\sqrt{2}}{8} & \dfrac{2+\sqrt{2}}{8} & \dfrac{2+\sqrt{2}}{8} & \dfrac{2-\sqrt{2}}{8} \end{pmatrix} \tag{6.383}$$

满足

$$\langle K, D \rangle = 2\sqrt{2}. \tag{6.384}$$

这说明 D 不是一个概率关联算子.　　　　　　　　　　　　　　　　　　　□

6.3.2.3　二元值测量之间的关联性

　　对于选定的字母表 Σ_A、Σ_B、Γ_A 和 Γ_B, 以及算子

$$K \in L\left(\mathbb{R}^{\Sigma_B \times \Gamma_B}, \mathbb{R}^{\Sigma_A \times \Gamma_A}\right), \tag{6.385}$$

在某些情况下, 确定 $\langle K, C \rangle$ 的上确界并且在所有形式为

$$C \in L\left(\mathbb{R}^{\Sigma_B \times \Gamma_B}, \mathbb{R}^{\Sigma_A \times \Gamma_A}\right) \tag{6.386}$$

的量子关联算子上进行优化可能是十分困难的. 然而, 存在一类很有趣的算子 K, 对于这类算子该问题是可解的. 这一类算子的输出字母表 Γ_A 和 Γ_B 都等于二元字母表 $\Sigma = \{0,1\}$. 此外算子 K 的形式为

$$K = M \otimes \begin{pmatrix} 1 & -1 \\ -1 & 1 \end{pmatrix}, \tag{6.387}$$

该形式对于选定的某些算子

$$M \in \mathrm{L}\big(\mathbb{R}^{\Sigma_B}, \mathbb{R}^{\Sigma_A}\big) \tag{6.388}$$

成立. 当考虑到 Bell 不等式以及违背该不等式的情况时, 形式为式 (6.387) 的算子有着一种很简单的解释——对于每个可能的输入对 (a,b), 它们等效地将值 $M(a,b)$ 赋给 Alice 和 Bob 的输出二元值相等的事件, 而把值 $-M(a,b)$ 赋给他们的输出不同的事件.

下面的定理称为 Tsirelson 定理. 它为所考虑的问题提供了解答的基础.

定理 6.62 (Tsirelson 定理) 令 Σ_A 和 Σ_B 为字母表, $X \in \mathrm{L}\big(\mathbb{R}^{\Sigma_B}, \mathbb{R}^{\Sigma_A}\big)$ 为一个算子. 下面的声明是等价的:

1. *存在复欧几里得空间 $\mathcal{X}$ 和 $\mathcal{Y}$、态 $\rho \in \mathrm{D}(\mathcal{X} \otimes \mathcal{Y})$ 以及两个算子的集合*

$$\{A_a : a \in \Sigma_A\} \subset \mathrm{Herm}(\mathcal{X}) \quad \text{和} \quad \{B_b : b \in \Sigma_B\} \subset \mathrm{Herm}(\mathcal{Y}), \tag{6.389}$$

其中的算子满足条件 $\|A_a\| \leqslant 1$, $\|B_b\| \leqslant 1$. 此外还有

$$X(a,b) = \langle A_a \otimes B_b, \rho \rangle \tag{6.390}$$

对于每一个 $a \in \Sigma_A$ 和 $b \in \Sigma_B$ 都成立.

2. *在一些附加要求下, 声明 1 是成立的. 这些附加要求为: 对于选定的某个字母表 Γ, 我们有 $\mathcal{X} = \mathbb{C}^{\Gamma}$、$\mathcal{Y} = \mathbb{C}^{\Gamma}$ 以及*

$$\rho = \frac{1}{|\Gamma|} \sum_{c,d \in \Gamma} E_{c,d} \otimes E_{c,d} \tag{6.391}$$

成立. 此外, 集合

$$\{A_a : a \in \Sigma_A\} \quad \text{和} \quad \{B_b : b \in \Sigma_B\} \tag{6.392}$$

中的算子 (除了是 Hermite 的之外) 是幺正的.

3. *存在算子*

$$P \in \mathrm{Pos}(\mathbb{C}^{\Sigma_A}) \quad \text{和} \quad Q \in \mathrm{Pos}(\mathbb{C}^{\Sigma_B}), \tag{6.393}$$

其中 $P(a,a) = 1$ 和 $Q(b,b) = 1$ 对于每一个 $a \in \Sigma_A$ 和 $b \in \Sigma_B$ 都成立, 从而使得

$$\begin{pmatrix} P & X \\ X^* & Q \end{pmatrix} \in \mathrm{Pos}(\mathbb{C}^{\Sigma_A} \oplus \mathbb{C}^{\Sigma_B}) \tag{6.394}$$

成立.

4. 存在两个单位向量的集合

$$\{u_a : a \in \Sigma_A\}, \{v_b : b \in \Sigma_B\} \subset \mathbb{R}^{\Sigma_A} \oplus \mathbb{R}^{\Sigma_B} \tag{6.395}$$

使得

$$X(a,b) = \langle u_a, v_b \rangle \tag{6.396}$$

对于每一个 $a \in \Sigma_A$ 和 $b \in \Sigma_B$ 都成立.

对于该定理的证明会利用一组称为 Weyl-Brauer 算子的幺正且 Hermite 的算子.

定义 6.63 令 m 为一个正整数, $\Gamma = \{0,1\}$, 并且 $\mathcal{Z} = \mathbb{C}^{\Gamma}$. 阶数为 m 的 **Weyl-Brauer 算子**

$$V_0, \cdots, V_{2m} \in \mathrm{L}(\mathcal{Z}^{\otimes m}) \tag{6.397}$$

定义如下: $V_0 = \sigma_z^{\otimes m}$ 且对于 $k = 1, \cdots, m$ 有

$$
\begin{aligned}
V_{2k-1} &= \sigma_z^{\otimes(k-1)} \otimes \sigma_x \otimes \mathbb{1}^{\otimes(m-k)}, \\
V_{2k} &= \sigma_z^{\otimes(k-1)} \otimes \sigma_y \otimes \mathbb{1}^{\otimes(m-k)},
\end{aligned}
\tag{6.398}
$$

其中 $\mathbb{1}$ 表示 $\mathcal{Z}$ 上的单位算子且 σ_x、σ_y 和 σ_z 由 Pauli 算子给出. 在矩阵形式中, 这些算子定义如下:

$$\mathbb{1} = \begin{pmatrix} 1 & 0 \\ 0 & 1 \end{pmatrix}, \ \sigma_x = \begin{pmatrix} 0 & 1 \\ 1 & 0 \end{pmatrix}, \ \sigma_y = \begin{pmatrix} 0 & -i \\ i & 0 \end{pmatrix}, \ \sigma_z = \begin{pmatrix} 1 & 0 \\ 0 & -1 \end{pmatrix}. \tag{6.399}$$

例 6.64 在 $m = 3$ 的情况下, Weyl-Brauer 算子 $V_0, \cdots, V_6$ 为

$$
\begin{aligned}
V_0 &= \sigma_z \otimes \sigma_z \otimes \sigma_z, \\
V_1 &= \sigma_x \otimes \mathbb{1} \otimes \mathbb{1}, \\
V_2 &= \sigma_y \otimes \mathbb{1} \otimes \mathbb{1}, \\
V_3 &= \sigma_z \otimes \sigma_x \otimes \mathbb{1}, \\
V_4 &= \sigma_z \otimes \sigma_y \otimes \mathbb{1}, \\
V_5 &= \sigma_z \otimes \sigma_z \otimes \sigma_x, \\
V_6 &= \sigma_z \otimes \sigma_z \otimes \sigma_y.
\end{aligned}
\tag{6.400}
$$

$\square$

在下面我们将展示一个命题, 该命题总结了与 Tsirelson 定理的证明相关的 Weyl-Brauer 算子的性质.

命题 6.65 令 m 为一个正整数, $V_0, \cdots, V_{2m}$ 表示阶数为 m 的 Weyl-Brauer 算子, 使

$$(\alpha_0, \cdots, \alpha_{2m}), (\beta_0, \cdots, \beta_{2m}) \in \mathbb{R}^{2m+1} \tag{6.401}$$

为实数的向量. 有

$$\left(\sum_{k=0}^{2m} \alpha_k V_k\right)^2 = \left(\sum_{k=0}^{2m} \alpha_k^2\right) \mathbb{1}^{\otimes m} \tag{6.402}$$

和

$$\frac{1}{2^m}\left\langle \sum_{j=0}^{2m} \alpha_j V_j, \sum_{k=0}^{2m} \beta_k V_k \right\rangle = \sum_{k=0}^{2m} \alpha_k \beta_k \tag{6.403}$$

成立.

证明 Pauli 算子是成对反对易的:

$$\sigma_x \sigma_y = -\sigma_y \sigma_x, \quad \sigma_x \sigma_z = -\sigma_z \sigma_x, \quad \sigma_y \sigma_z = -\sigma_z \sigma_y. \tag{6.404}$$

通过观察 Weyl-Brauer 算子的定义, 我们可以发现对于不同的 $j, k \in \{0, \cdots, 2m\}$, $V_0, \cdots, V_{2m}$ 同样成对反对易:

$$V_j V_k = -V_k V_j. \tag{6.405}$$

此外, 每个 V_k 都是幺正且 Hermite 的, 因此 $V_k^2 = \mathbb{1}^{\otimes m}$. 我们可以得到

$$\left(\sum_{k=0}^{2m} \alpha_k V_k\right)^2 = \sum_{k=0}^{2m} \alpha_k^2 V_k^2 + \sum_{0 \leqslant j < k \leqslant 2m} \alpha_j \alpha_k \left(V_j V_k + V_k V_j\right) \tag{6.406}$$
$$= \left(\sum_{k=0}^{2m} \alpha_k^2\right) \mathbb{1}^{\otimes m}.$$

此外,

$$\langle V_j, V_k \rangle = \begin{cases} 2^m & j = k \\ 0 & j \neq k, \end{cases} \tag{6.407}$$

所以

$$\frac{1}{2^m}\left\langle \sum_{j=0}^{2m} \alpha_j V_j, \sum_{k=0}^{2m} \beta_k V_k \right\rangle = \frac{1}{2^m} \sum_{j=0}^{2m} \sum_{k=0}^{2m} \alpha_j \beta_k \langle V_j, V_k \rangle = \sum_{k=0}^{2m} \alpha_k \beta_k, \tag{6.408}$$

即为所求. $\qquad\square$

对定理 6.62 的证明 在证明该定理的过程中, 以下声明之间的推导关系会很有用:

$$(2) \Rightarrow (1) \Rightarrow (3) \Rightarrow (4) \Rightarrow (2). \tag{6.409}$$

第一个包含关系, 即由声明 2 可以推导出声明 1, 是显而易见的.

假设声明 1 成立, 定义算子

$$K = \sum_{a \in \Sigma_A} e_a \operatorname{vec}\big((A_a \otimes \mathbb{1})\sqrt{\rho}\big)^* + \sum_{b \in \Sigma_B} e_b \operatorname{vec}\big((\mathbb{1} \otimes B_b)\sqrt{\rho}\big)^*, \tag{6.410}$$

并且考虑算子 $KK^* \in \mathrm{Pos}(\mathbb{C}^{\Sigma_A \sqcup \Sigma_B})$, 它的分块形式可以写作

$$KK^* = \begin{pmatrix} P & Y \\ Y^* & Q \end{pmatrix}, \tag{6.411}$$

其中 $P \in \mathrm{Pos}(\mathbb{C}^{\Sigma_A})$, $Q \in \mathrm{Pos}(\mathbb{C}^{\Sigma_B})$ 并且 $Y \in \mathrm{L}(\mathbb{C}^{\Sigma_B}, \mathbb{C}^{\Sigma_A})$. 有

$$Y(a,b) = \langle (A_a \otimes \mathbb{1})\sqrt{\rho}, (\mathbb{1} \otimes B_b)\sqrt{\rho} \rangle = \langle A_a \otimes B_b, \rho \rangle = X(a,b) \tag{6.412}$$

对于每一个 $a \in \Sigma_A$ 和 $b \in \Sigma_B$ 都成立, 从而有 $Y = X$. 此外, 对于每个 $a \in \Sigma_A$ 我们有

$$P(a,a) = \langle (A_a \otimes \mathbb{1})\sqrt{\rho}, (A_a \otimes \mathbb{1})\sqrt{\rho} \rangle = \langle A_a^2 \otimes \mathbb{1}, \rho \rangle, \tag{6.413}$$

这必须是区间 $[0,1]$ 内的一个非负实数; 通过相似的计算过程, 我们可以发现对于每个 $b \in \Sigma_B$, $Q(b,b)$ 也是区间 $[0,1]$ 内的一个非负整数. 我们可以在这个算子的每一个对角元上都加上一个非负实数, 这样可以得到另一个半正定算子, 从而声明 3 成立. 因此, 我们证明了由声明 1 可以推导出声明 3.

下面, 假设声明 3 成立, 观察到

$$\frac{1}{2}\begin{pmatrix} P & X \\ X^* & Q \end{pmatrix} + \frac{1}{2}\begin{pmatrix} P & X \\ X^* & Q \end{pmatrix}^{\mathsf{T}} = \begin{pmatrix} \dfrac{P+\overline{P}}{2} & X \\ X^* & \dfrac{Q+\overline{Q}}{2} \end{pmatrix} \tag{6.414}$$

是一个有着实数元素的半正定算子, 并且其所有的对角元都等于 1. 对于每个 $a \in \Sigma_A$ 和 $b \in \Sigma_B$, 定义

$$u_a = \begin{pmatrix} \dfrac{P+\overline{P}}{2} & X \\ X^* & \dfrac{Q+\overline{Q}}{2} \end{pmatrix}^{\frac{1}{2}} \begin{pmatrix} e_a \\ 0 \end{pmatrix} \quad \text{和} \quad v_b = \begin{pmatrix} \dfrac{P+\overline{P}}{2} & X \\ X^* & \dfrac{Q+\overline{Q}}{2} \end{pmatrix}^{\frac{1}{2}} \begin{pmatrix} 0 \\ e_b \end{pmatrix}. \tag{6.415}$$

由于有着实数元素的半正定算子的平方根也有实数元素, 所以我们可以得到 u_a 和 v_b 都是有着实数元素的单位向量, 并且对于所有的 $a \in \Sigma_A$ 和 $b \in \Sigma_B$, 有

$$\langle u_a, v_b \rangle = X(a,b) \tag{6.416}$$

成立. 从而我们证明了由声明 3 可以推导出声明 4.

最后, 假设声明 4 成立. 令

$$m = \left\lceil \frac{|\Sigma_A| + |\Sigma_B| - 1}{2} \right\rceil, \tag{6.417}$$

从而有 $2m + 1 \geqslant |\Sigma_A| + |\Sigma_B|$, 并且使 $f : \Sigma_A \sqcup \Sigma_B \to \{0, \cdots, 2m\}$ 为一个确定但任意选择的单射函数. 令 $\Gamma = \{0,1\}$, $\mathcal{Z} = \mathbb{C}^{\Gamma}$, 并且对于每个 $a \in \Sigma_A$ 和 $b \in \Sigma_B$, 定义

$$A_a = \sum_{c \in \Sigma_A \sqcup \Sigma_B} u_a(c) V_{f(c)} \quad \text{和} \quad B_b = \sum_{c \in \Sigma_A \sqcup \Sigma_B} v_b(c) V_{f(c)}^{\mathsf{T}}, \tag{6.418}$$

其中 $V_0, \cdots, V_{2m}$ 为阶数为 m 的 Weyl-Brauer 算子，它们可以看作 $L(\mathcal{Z}^{\otimes m})$ 的元素. 因为向量 $\{u_a : a \in \Sigma_\mathrm{A}\}$ 和 $\{v_b : b \in \Sigma_\mathrm{B}\}$ 为有着实元素的单位向量，所以根据命题 6.65 可知算子 $\{A_a : a \in \Sigma_\mathrm{A}\}$ 和 $\{B_b : b \in \Sigma_\mathrm{B}\}$ 是幺正的，并且它们显然也是 Hermite 的. 定义

$$\tau = \frac{1}{2^m} \operatorname{vec}(\mathbb{1}_{\mathcal{Z}}^{\otimes m}) \operatorname{vec}(\mathbb{1}_{\mathcal{Z}}^{\otimes m})^*. \tag{6.419}$$

再次根据命题 6.65，对于选定的每一个 $a \in \Sigma_\mathrm{A}$ 和 $b \in \Sigma_\mathrm{B}$，有

$$\begin{aligned}
\langle A_a \otimes B_b, \tau \rangle &= \frac{1}{2^m} \operatorname{Tr}(A_a B_b^\mathsf{T}) \\
&= \frac{1}{2^m} \sum_{c,d \in \Sigma_\mathrm{A} \sqcup \Sigma_\mathrm{B}} \langle u_a(c) V_{f(c)}, v_b(d) V_{f(d)} \rangle = \langle u_a, v_b \rangle,
\end{aligned} \tag{6.420}$$

这与声明 2 是等价的 (只需把 Γ 换为 Γ^m). 所以我们证明了由声明 4 可以推导出声明 2. 命题得证. □

根据 Tsirelson 定理 (定理 6.62)，存在计算内积 $\langle K, C \rangle$ 上确界值的一个半定规划，其中 K 形如式 (6.387) 且 C 可以在所有形式为

$$C \in L(\mathbb{R}^{\Sigma_\mathrm{B} \times \Gamma_\mathrm{B}}, \mathbb{R}^{\Sigma_\mathrm{A} \times \Gamma_\mathrm{A}}) \tag{6.421}$$

的量子关联算子中选取. 这里 Σ_A 和 Σ_B 为任意的字母表，Γ_A 和 Γ_B 都等于二元字母表 $\Gamma = \{0, 1\}$.

为了理解其原理，考虑一个任意的量子关联算子 C，它必须由

$$C((a, c), (b, d)) = \langle \mu_a(c) \otimes \nu_b(d), \rho \rangle \tag{6.422}$$

给出. 该等式关于每一个 $a \in \Sigma_\mathrm{A}$、$b \in \Sigma_\mathrm{B}$ 和 $c, d \in \Gamma$，选定的某些复欧几里得空间 $\mathcal{X}$ 和 $\mathcal{Y}$，态 $\rho \in \mathrm{D}(\mathcal{X} \otimes \mathcal{Y})$ 以及两组测量 $\{\mu_a : a \in \Sigma_\mathrm{A}\}$ 和 $\{\nu_b : b \in \Sigma_\mathrm{B}\}$，其元素的形式为

$$\mu_a : \Gamma \to \operatorname{Pos}(\mathcal{X}) \quad \text{和} \quad \nu_b : \Gamma \to \operatorname{Pos}(\mathcal{Y}). \tag{6.423}$$

对于形如式 (6.387) 的算子 K 以及选定的某些 $M \in L(\mathbb{R}^{\Sigma_\mathrm{B}}, \mathbb{R}^{\Sigma_\mathrm{A}})$，我们可以得到内积 $\langle K, C \rangle$ 的值由

$$\sum_{(a,b) \in \Sigma_\mathrm{A} \times \Sigma_\mathrm{B}} M(a, b) \langle (\mu_a(0) - \mu_a(1)) \otimes (\nu_b(0) - \nu_b(1)), \rho \rangle \tag{6.424}$$

给出.

现在，对于某些二元值的测量 μ，作用在一个任意复欧几里得空间上的算子 H 可以写作

$$H = \mu(0) - \mu(1), \tag{6.425}$$

当且仅当 H 是 Hermite 的并且满足 $\|H\| \leqslant 1$. 因此，在选择的所有测量 $\{\mu_a : a \in \Sigma_\mathrm{A}\}$ 和 $\{\nu_b : b \in \Sigma_\mathrm{B}\}$ 上对式 (6.424) 的优化等价于对表达式

$$\sum_{(a,b) \in \Sigma_\mathrm{A} \times \Sigma_\mathrm{B}} M(a, b) \langle A_a \otimes B_b, \rho \rangle \tag{6.426}$$

的优化，该优化作用在所有 Hermite 算子的集合

$$\{A_a : a \in \Sigma_{\mathrm{A}}\} \subset \mathrm{Herm}(\mathcal{X}) \quad \text{和} \quad \{B_b : b \in \Sigma_{\mathrm{B}}\} \subset \mathrm{Herm}(\mathcal{Y}) \tag{6.427}$$

上. 这些 Hermite 算子分别满足 $\|A_a\| \leqslant 1$ 且 $\|B_b\| \leqslant 1$，其中 $a \in \Sigma_{\mathrm{A}}$ 且 $b \in \Sigma_{\mathrm{B}}$.

通过所有复欧几里得空间 $\mathcal{X}$ 和 $\mathcal{Y}$ 以及密度算子 $\rho \in \mathrm{D}(\mathcal{X} \otimes \mathcal{Y})$ 上的优化，我们 (根据定理 6.62) 可以发现 $\langle K, C \rangle$ 在所有量子关联算子 C 上的上确界的值等于内积 $\langle M, X \rangle$ 在选定的所有算子 $X \in \mathrm{L}(\mathbb{R}^{\Sigma_{\mathrm{B}}}, \mathbb{R}^{\Sigma_{\mathrm{A}}})$ 上的上确界的值. 其中有

$$\begin{pmatrix} P & X \\ X^* & Q \end{pmatrix} \in \mathrm{Pos}(\mathbb{C}^{\Sigma_{\mathrm{A}}} \oplus \mathbb{C}^{\Sigma_{\mathrm{B}}}), \tag{6.428}$$

此处有 $P \in \mathrm{Pos}(\mathbb{C}^{\Sigma_{\mathrm{A}}})$ 和 $Q \in \mathrm{Pos}(\mathbb{C}^{\Sigma_{\mathrm{B}}})$ 对于每一个 $a \in \Sigma_{\mathrm{A}}$ 和 $b \in \Sigma_{\mathrm{B}}$ 都满足 $P(a, a) = 1$ 和 $Q(b, b) = 1$. 这样的优化直接对应于下面的半定规划的原始问题：

原始问题

最大化： $\dfrac{1}{2}\langle M, X \rangle + \dfrac{1}{2}\langle M^*, X^* \rangle$

条件： $\begin{pmatrix} P & X \\ X^* & Q \end{pmatrix} \geqslant 0,$

$\Delta(P) = \mathbb{1}, \ \Delta(Q) = \mathbb{1},$

$P \in \mathrm{Pos}(\mathbb{C}^{\Sigma_{\mathrm{A}}}), \ Q \in \mathrm{Pos}(\mathbb{C}^{\Sigma_{\mathrm{B}}}),$

$X \in \mathrm{L}(\mathbb{C}^{\Sigma_{\mathrm{B}}}, \mathbb{C}^{\Sigma_{\mathrm{A}}}).$

在这一问题中，Δ 指完全失相信道，它是关于 $\mathbb{C}^{\Sigma_{\mathrm{A}}}$ 或 $\mathbb{C}^{\Sigma_{\mathrm{B}}}$ 定义的；$\mathbb{1}$ 表示各自空间上的单位算子. 根据前后文，这个符号应该不会产生歧义.

该半定规划的对偶问题如下：

对偶问题

最小化： $\dfrac{1}{2}\mathrm{Tr}(Y) + \dfrac{1}{2}\mathrm{Tr}(Z)$

条件： $\begin{pmatrix} \Delta(Y) & -M \\ -M^* & \Delta(Z) \end{pmatrix} \geqslant 0,$

$Y \in \mathrm{Herm}(\mathbb{C}^{\Sigma_{\mathrm{A}}}),$

$Z \in \mathrm{Herm}(\mathbb{C}^{\Sigma_{\mathrm{B}}}).$

根据 Slater 定理 (定理 1.18)，该半定规划的强对偶性成立——且对于原始问题和对偶问题都严格成立.

例 6.66（Tsirelson 界）　考虑算子

$$K = \begin{pmatrix} 1 & -1 & 1 & -1 \\ -1 & 1 & -1 & 1 \\ 1 & -1 & -1 & 1 \\ -1 & 1 & 1 & -1 \end{pmatrix} = M \otimes \begin{pmatrix} 1 & -1 \\ -1 & 1 \end{pmatrix}, \tag{6.429}$$

其中

$$M = \begin{pmatrix} 1 & 1 \\ 1 & -1 \end{pmatrix}, \tag{6.430}$$

这在例 6.61 中研究过. 我们有 $\|M\| = \sqrt{2}$, 从而

$$\begin{pmatrix} \sqrt{2}\mathbb{1} & -M \\ -M^* & \sqrt{2}\mathbb{1} \end{pmatrix} \geqslant 0. \tag{6.431}$$

通过在上面的对偶问题中取 $Y = \sqrt{2}\mathbb{1}$ 和 $Z = \sqrt{2}\mathbb{1}$, 我们可以得到一个能够得到目标值 $2\sqrt{2}$ 的对偶可行解. 因此, 对于每一个量子关联算子 C, 有

$$\langle K, C \rangle \leqslant 2\sqrt{2}, \tag{6.432}$$

所以, 例 6.61 所示的 Bell 不等式破坏对于这一选定的 K 是最优的. □

6.4　习题

习题 6.1　对于复欧几里得空间 $\mathcal{X}$ 和 $\mathcal{Y}$, 令 $\Phi \in C(\mathcal{X}, \mathcal{Y})$ 为一个信道. 证明下面三个声明是等价的:

1. 对于每一个复欧几里得空间 $\mathcal{Z}$ 和每一个态 $\rho \in D(\mathcal{X} \otimes \mathcal{Z})$, 有

$$\left(\Phi \otimes \mathbb{1}_{L(\mathcal{Z})} \right)(\rho) \in \mathrm{SepD}(\mathcal{Y} : \mathcal{Z}) \tag{6.433}$$

成立.

2. $J(\Phi) \in \mathrm{Sep}(\mathcal{Y} : \mathcal{X})$.

3. 存在一个字母表 Σ、一个测量 $\mu : \Sigma \to \mathrm{Pos}(\mathcal{X})$ 以及一组态的集合 $\{\sigma_a : a \in \Sigma\} \subseteq D(\mathcal{Y})$ 使得

$$\Phi(X) = \sum_{a \in \Sigma} \langle \mu(a), X \rangle \sigma_a \tag{6.434}$$

对于所有的 $X \in L(\mathcal{X})$ 成立.

使这些声明成立的信道称为**纠缠破坏信道**.

习题 6.2   令 $\mathcal{X}$ 和 $\mathcal{Y}$ 为复欧几里得空间，令 $n = \dim(\mathcal{Y})$，并且假设 $n \leqslant \dim(\mathcal{X})$. 此外令 $\{U_1, \cdots, U_m\} \in \mathrm{U}(\mathcal{Y}, \mathcal{X})$ 为一个等距算子的正交组合，并且令 $u_k \in \mathcal{X} \otimes \mathcal{Y}$ 为关于 $k \in \{1, \cdots, m\}$ 的单位向量

$$u_k = \frac{1}{\sqrt{n}} \operatorname{vec}(U_k). \tag{6.435}$$

证明：如果测量 $\mu : \{1, \cdots, m\} \to \operatorname{Pos}(\mathcal{X} \otimes \mathcal{Y})$ 对于每一个 $k \in \{1, \cdots, m\}$ 都满足 $\mu(k) \in \mathrm{PPT}(\mathcal{X} : \mathcal{Y})$，那么

$$\sum_{k=1}^{m} \langle \mu(k), u_k u_k^* \rangle \leqslant \dim(\mathcal{X}) \tag{6.436}$$

(可以观察到这一习题的正确解推广了定理 6.30).

习题 6.3   令 X 和 Y 为寄存器，并且 $\rho \in \mathrm{D}(\mathcal{X} \otimes \mathcal{Y})$ 为寄存器对 (X, Y) 的一个态. 对于 ρ，我们可以定义 X 和 Y 之间的**构造纠缠**为

$$\mathrm{E_F}(\mathsf{X} : \mathsf{Y}) = \inf \left\{ \sum_{a \in \Sigma} p(a)\, \mathrm{H}\big(\mathrm{Tr}_{\mathcal{Y}}(u_a u_a^*)\big) : \sum_{a \in \Sigma} p(a) u_a u_a^* = \rho \right\}, \tag{6.437}$$

其中下确界是在字母表 Σ 中的所有选择、一个概率向量 $p \in \mathcal{P}(\Sigma)$ 以及一组单位算子 $\{u_a : a \in \Sigma\} \subset \mathcal{X} \otimes \mathcal{Y}$ 之上. 在这组单位算子中，有

$$\sum_{a \in \Sigma} p(a) u_a u_a^* = \rho \tag{6.438}$$

成立.

(a) 证明式 (6.437) 中的下确界是可以由某些选定的 Σ、p 和 $\{u_a : a \in \Sigma\}$ 得到的，其中 $|\Sigma| \leqslant \dim(\mathcal{X} \otimes \mathcal{Y})^2$.

(b) 假设 Z 和 W 为寄存器且 $\Phi \in \mathrm{LOCC}(\mathcal{X}, \mathcal{Z} : \mathcal{Y}, \mathcal{W})$ 是一个 LOCC 信道. 证明

$$\mathrm{E_F}(\mathsf{Z} : \mathsf{W})_\sigma \leqslant \mathrm{E_F}(\mathsf{X} : \mathsf{Y})_\rho, \tag{6.439}$$

其中 $\sigma = \Phi(\rho)$，且 $\mathrm{E_F}(\mathsf{X} : \mathsf{Y})_\rho$ 和 $\mathrm{E_F}(\mathsf{Z} : \mathsf{W})_\sigma$ 分别表示寄存器对 (X, Y) 和 (Z, W) 对应于 ρ 和 σ 的构造纠缠.

(c) 证明在 (b) 中所得到的解的一个更一般的声明. 该声明不仅对所有的 LOCC 信道成立，还对于所有形式为 $\Phi \in \mathrm{SepC}(\mathcal{X}, \mathcal{Z} : \mathcal{Y}, \mathcal{W})$ 的可分信道都成立.

习题 6.4   令 $\mathcal{X}$ 和 $\mathcal{Y}$ 为复欧几里得空间，并且假设两个空间的维度都至少为 2. 证明存在习题 6.1 定义的纠缠破坏信道 $\Phi_0, \Phi_1 \in \mathrm{C}(\mathcal{X}, \mathcal{Y})$，使得

$$\left\|\left\|\Phi_0 - \Phi_1\right\|\right\|_1 > \left\|\Phi_0(\rho) - \Phi_1(\rho)\right\|_1 \tag{6.440}$$

对于每一个 $\rho \in \mathrm{D}(\mathcal{X})$ 都成立. 这样的信道有着看似很奇怪的性质：它会破坏纠缠，然而将它们作用在纠缠态上可以帮助我们将它们区分开.

习题 6.5 令 Σ 为一个字母表，$\mathcal{X}$ 和 $\mathcal{Y}$ 为形式为 $\mathcal{X} = \mathbb{C}^\Sigma$ 和 $\mathcal{Y} = \mathbb{C}^\Sigma$ 的复欧几里得空间，$n = |\Sigma|$，并且考虑例 6.10 定义的投影 Δ_0、Δ_1、Π_0 和 Π_1. 此外定义

$$\rho_0 = \frac{\Pi_0}{\binom{n+1}{2}}, \quad \rho_1 = \frac{\Pi_1}{\binom{n}{2}}, \quad \sigma_0 = \Delta_0, \quad \sigma_1 = \frac{\Delta_1}{n^2 - 1}. \tag{6.441}$$

因此，态 ρ_0 和 ρ_1 是 Werner 态，同时 σ_0 和 σ_1 是各向同性态.

(a) 证明如果 $\mu : \{0,1\} \to \mathrm{Pos}(\mathcal{X} \otimes \mathcal{Y})$ 是一个满足 $\mu(0), \mu(1) \in \mathrm{PPT}(\mathcal{X} : \mathcal{Y})$ 的测量，那么

$$\frac{1}{2}\langle \mu(0), \rho_0 \rangle + \frac{1}{2}\langle \mu(1), \rho_1 \rangle \leqslant \frac{1}{2} + \frac{1}{n+1}. \tag{6.442}$$

证明存在一个 LOCC 测量 μ，对于该测量，式 (6.442) 以等式形式成立.

(b) 证明如果 $\nu : \{0,1\} \to \mathrm{Pos}(\mathcal{X} \otimes \mathcal{Y})$ 是一个满足 $\nu(0), \nu(1) \in \mathrm{PPT}(\mathcal{X} : \mathcal{Y})$ 的测量，那么

$$\frac{1}{2}\langle \nu(0), \sigma_0 \rangle + \frac{1}{2}\langle \nu(1), \sigma_1 \rangle \leqslant 1 - \frac{1}{2n+2}. \tag{6.443}$$

证明存在一个 LOCC 测量 ν，对于该测量，式 (6.443) 以等式形式成立.

习题 6.6 令 N 和 m 为正整数，并且假设存在幺正且 Hermite 的算子 $U_0, \cdots, U_{2m} \in \mathrm{L}(\mathbb{C}^N)$，这些算子成对反对易：对于不同的 $j, k \in \{0, \cdots, 2m\}$ 有 $U_j U_k = -U_k U_j$. 证明集合

$$\left\{ U_0^{a_0} \cdots U_{2m}^{a_{2m}} : a_0, \cdots, a_{2m} \in \{0, 1\}, \ a_0 + \cdots + a_{2m} \text{ 为偶数} \right\} \tag{6.444}$$

是一个正交集合，并且得出结论 $N \geqslant 2^m$（由该习题的正确解答可以推导出上面的性质所要求的 Weyl-Brauer 算子的最小维度）.

6.5 参考书目注释

尽管并未正式定义或取名为纠缠，但纠缠这一现象首先是由 Einstein、Podolsky 和 Rosen (1935) 发现的. Einstein、Podolsky 和 Rosen 的工作启发了 Schrödinger 去研究纠缠这一现象并为之命名；他以德语发表了一篇由三部分组成的论文 (Schrödinger，1935a, b, c)，以及两篇相关的英文论文 (Schröedinger，1935d, 1969) 来讨论纠缠和其他问题，因为在那个时代他们主要关注量子力学的本质问题 (Schrödinger 那篇由三部分组成的德语论文的英文版 (Trimmer，1980) 也在之后发表). Werner (1989) 使用经典关联和 EPR (Einstein-Podolsky-Rosen) 关联而不是可分和纠缠定义了"纠缠"（即可分性的缺失）这个概念.

定理 6.9 中前两个声明的等价性是由 M. Horodecki、P. Horodecki 和 R. Horodecki (1996) 证明的，并且命题 6.6 是由 P. Horodecki (1997) 证明的. 6.1.1 节讨论的关于可分态集合的几个基本分析见于证明了这些事实的论文. 定理 6.9 中第三个声明与前两个声明的等价性是在几年之后由 P. Horodecki (2001) 证明的. 总之，正如 Gurvits (2003) 所证明的计算复杂度的结果所示，检测一个二分密度算子的可分性可能是一个计算上很复杂的任务.

在一个二分张量积空间内，任意充分接近单位算子的算子都是可分的. 这一事实首先由 Życzkowski、P. Horodecki、Sanpera 和 Lewenstein (1998) 证明. 定理 6.13 则得益于 Gurvits 和 Barnum (2002).

局域操作和经典通信范式，也称为远程实验室范式，是在考虑了多种量子信息处理任务后自然地从量子信息理论中产生的. 最先考虑这一范式的学者包括 Peres 和 Wootters (1991)，在"信息编码在二分积态中"这一设定下，他们将 LOCC 测量和普通测量进行了比较. Bennett、Brassard、Crepéau、Jozsa、Peres 和 Wootters (1993) 在之后不久也进行了关于传态过程的工作.

LOCC 信道的定义有一些自然的扩展，我们在本章中并未讨论. 特别地，本章中 LOCC 信道的定义要求一个 LOCC 信道为单向 LOCC 信道的有限组合，这对应着两个应用这一信道的个体之间所传输的固定数量的经典信息. 但是我们也可以考虑能够传输无限数量的经典信息的信道. 正如本章所定义的那样，我们知道 LOCC 信道的集合通常对于选定的某些空间不是闭的；这一事实 (对于二分信道) 由 Chitambar、Leung、Mančinska、Ozols 和 Winter (2014) 证明. 本章展示的 LOCC 信道的定义基于这些作者所考虑的定义之一.

可分信道的类别是由 Vedral、Plenio、Rippin 和 Knight (1997) 确定的，不过他们并未认识到某些可分信道可能不是 LOCC 信道 (这首先由 Rains (1997) 提出). 存在不是 LOCC 测量的可分测量 (事实上，在极限情况下甚至不能被一系列的 LOCC 测量所趋近) 首先由 Bennett、DiVincenzo、Fuchs、Mor、Rains、Shor、Smolin 和 Wootters (1999b) 证明. Childs、Leung、Mančinska 和 Ozols (2013) 给出了关于这一事实的一个简易版本的证明，并且对其进行了一些推广.

可提取纠缠和纠缠费用测度是由 Bennett、Bernstein、Popescu 和 Schumacher (1996a) 定义的. 他们使用了术语构造纠缠而非纠缠费用——但是这一术语后来指代习题 6.3 中所描述的纠缠的测度. 在同一篇文章中，作者通过设计分析纯态可提取纠缠的 LOCC 信道及其反向信道证明了定理 6.38.

Bennett、Brassard、Popescu、Schumacher、Smolin 和 Wootters (1996c) 以及 Bennett、DiVincenzo、Smolin 和 Wootters (1996b) 大概在同一时间研究了一般量子态的可提取纠缠. 我们知道每一个二分纠缠态的纠缠费用均不为 0 (Yang、M. Horodecki、R. Horodecki 和 Synak-Radtke, 2005).

纠缠秩首先由 Terhal 和 P. Horodecki (2000) 定义，他们称之为一个密度算子的 Schmidt 数 (因为它推广了一个关于给定纯态的向量表示的 Schmidt 分解中非零项的数目). 基于 Lo 和 Popescu (2001) 对纯态的观察，他们也证明了 LOCC 信道不能增加一个态的纠缠秩，并且其通常就张量积而言不是可乘的.

定理 6.30 由 Nathanson (2005) 证明，而定理 6.32 由 Walgate、Short、Hardy 和 Vedral (2000) 证明.

定理 6.33 中的声明 1、2 和 3，以及关于 LOCC 信道而非可分信道的声明 4 的等价性，由 Nielsen (1999) 证明. Nielsen 的证明利用了这一事实：每一个由 LOCC 信道所引起的二分纯态的转换也可以由一个单向 LOCC 信道引起，这在更早的时候由 Lo 和 Popescu (2001) 证明. 定理 6.38 关于纯态的可提取纠缠和纠缠费用的证明也在 Nielsen 的同一篇论文中出现. Nielsen 定理中的声明 4 和前三个声明之间的等价性由 Gheorghiu 和 Griffiths (2008) 证明.

Peres (1996) 提出了高效计算二分密度算子可分性的偏置测试；他观察到可分态必须是 PPT 的，并且有一族有意思的纠缠态的纠缠可以被这个测试所验出. 根据在不久之后被证明的 Horodecki 判据 (定理 6.9)，Størmer (1963) 和 Woronowicz (1972) 在其工作中证明了，两个维度为 2，或者一个为 2 另一个为 3 的复欧几里得空间的张量积中的所有纠缠态都可以被偏置测试所识别，然而在更高维的空间中，一定存在纠缠的 PPT 态 (M. Horodecki、P. Horodecki 和 R. Horodecki，1996). 纠缠 PPT 态的第一个范例由 P. Horodecki (1997) 给出；这种态的不可扩展积集合的构造是 Bennett、DiVincenzo、Mor、Shor、Smolin 和 Terhal (1999c) 提出的，他们引入了不可扩展积集合的概念，以及本章所给出的特定示例. 命题 6.44 和定理 6.45 由 M. Horodecki、P. Horodecki 和 R. Horodecki (1998) 证明.

正如前面提到的，例 6.50 所描述的传态过程是 Bennett、Brassard、Crepéau、Jozsa、Peres 和 Wootters (1993) 提出的. 例 6.55 描述的密集编码过程是 Bennettt 和 Wiesner (1992) 提出的. 这些过程已经以多种方式推广开来. 本章中传态和密集编码的一般表示依据的是 Werner (2001) 的工作.

Bell 在 1964 年提出纠缠态可以产生非经典关联性 (Bell, 1964). 例 6.61 描述的 Bell 不等式是 Clauser、Horn、Shimony 和 Holt (1969) 提出的. 一些纠缠态不能产生非经典相关性——Werner (1989) 在投影测量作用在一个二分态的两部分上这一特殊情况下展示了这一点，而 Barrett (2002) 将其推广到了一般情况 (即允许任意测量). 有着这种性质的、由 Werner 所构造的纠缠态出现在例 6.10 中. 定理 6.62 是 Tsirel'son (1987) 提出的.

本章只展示了关于纠缠的大量工作中很小的一部分. 有兴趣更深入了解这一主题的读者请查阅 R. Horodecki、P. Horodecki、M. Horodecki 和 K. Horodecki (2009) 的研究.

置换不变性和酉不变测度

本章介绍两个概念——置换不变性和酉不变测度. 在量子信息理论中, 这两个概念有着很有趣的应用. 一组全同寄存器的态是置换不变的, 如果它在寄存器内容的任意置换作用下都保持不变. 酉不变测度是 Borel 测度, 定义在向量集合或算子集合上, 使得任意酉算子作用在其基础空间上, 其都保持不变. 这两个概念是不同的, 然而它们之间又相互关联, 这种相互作用提供了用于在这两种设定下进行计算的一种有力工具.

7.1 置换不变的向量和算子

本节讨论全同寄存器集合的置换不变态的性质. 从更广义的角度讲, 我们可以考虑置换不变的半正定算子以及置换不变的向量.

在本节中, 我们假设字母表 Σ 和正整数 $n \geqslant 2$ 已经确定, 且 $\mathsf{X}_1, \cdots, \mathsf{X}_n$ 是一个寄存器序列, 它们共享同样的经典态集合 Σ. 寄存器 $\mathsf{X}_1, \cdots, \mathsf{X}_n$ 共享同样的经典态集合 Σ 这一假设使我们可以用单个空间 $\mathcal{X} = \mathbb{C}^\Sigma$ 来表示与这些寄存器相关的复欧几里得空间 $\mathcal{X}_1, \cdots, \mathcal{X}_n$, 为了简便起见, 写作

$$\mathcal{X}^{\otimes n} = \mathcal{X}_1 \otimes \cdots \otimes \mathcal{X}_n. \tag{7.1}$$

在本节中我们会主要关注复合寄存器 $(\mathsf{X}_1, \cdots, \mathsf{X}_n)$ 的态的代数性质. 这种性质与单个寄存器之间的置换和对称性相关.

7.1.1 置换不变向量的子空间

在张量积空间

$$\mathcal{X}^{\otimes n} = \mathcal{X}_1 \otimes \cdots \otimes \mathcal{X}_n \tag{7.2}$$

中, 某些向量在张量因子 $\mathcal{X}_1, \cdots, \mathcal{X}_n$ 的所有置换下保持不变. 所有这种向量的集合形成了对称子空间. 我们稍后会给出这类子空间的一种更正式的描述. 在此之前, 我们会简短地讨论表示空间 (7.2) 的张量因子上的置换操作的算子.

7.1.1.1 张量因子的置换

对于每个置换 $\pi \in S_n$, 关于选定的每一个向量 $x_1, \cdots, x_n \in \mathcal{X}$, 根据作用

$$W_\pi(x_1 \otimes \cdots \otimes x_n) = x_{\pi^{-1}(1)} \otimes \cdots \otimes x_{\pi^{-1}(n)} \tag{7.3}$$

定义酉算子 $W_\pi \in \mathrm{U}(\mathcal{X}^{\otimes n})$. 当算子 W_π 被当作作用在态 ρ 上的信道时, 它的作用为

$$\rho \mapsto W_\pi \rho W_\pi^*, \tag{7.4}$$

这相当于将寄存器 $X_1, \cdots, X_n$ 的内容根据 π 所描述的行为进行置换. 图 7.1 描述了这种作用的一个示例.

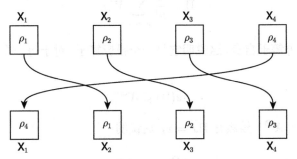

图 7.1 当 $\pi = (1\,2\,3\,4)$ 时, 算子 W_π 在寄存器 (X_1, X_2, X_3, X_4) 上的作用. 如果寄存器 (X_1, X_2, X_3, X_4) 最初是在乘积态 $\rho = \rho_1 \otimes \rho_2 \otimes \rho_3 \otimes \rho_4$ 内, 并且这些寄存器的内容如所述的那样根据 π 进行置换, 那么所产生的态将由 $W_\pi \rho W_\pi^* = \rho_4 \otimes \rho_1 \otimes \rho_2 \otimes \rho_3$ 给出. 对于非乘积态, W_π 的作用由线性性决定

我们可以观察到

$$W_\pi W_\sigma = W_{\pi\sigma} \quad \text{和} \quad W_\pi^{-1} = W_\pi^* = W_{\pi^{-1}} \tag{7.5}$$

对于所有的置换操作 $\pi, \sigma \in S_n$ 都成立. 每一个算子 W_π 都是转置算子, 即酉算子, 并且每一个元素都由 $\{0, 1\}$ 给出. 因此对于每一个 $\pi \in S_n$, 我们都有

$$\overline{W_\pi} = W_\pi \quad \text{且} \quad W_\pi^{\mathsf{T}} = W_\pi^*. \tag{7.6}$$

7.1.1.2 对称子空间

正如前面所说, 对于选定的每一个 $\pi \in S_n$, $\mathcal{X}^{\otimes n}$ 中的某些向量在 W_π 的作用下是不变的, 而所有这样的向量的集合构成一个子空间, 称为对称子空间. 这个子空间记作 $\mathcal{X}^{\otimes n}$, 用更精确的术语可以定义为

$$\mathcal{X}^{\otimes n} = \left\{ x \in \mathcal{X}^{\otimes n} : x = W_\pi x, \ \forall \pi \in S_n \right\}. \tag{7.7}$$

在需要的时候, 这一空间也可表示为 $\mathcal{X}_1 \otimes \cdots \otimes \mathcal{X}_n$ (在应用这一表示时, 我们自然地假设 $\mathcal{X}_1, \cdots, \mathcal{X}_n$ 已经被单个复欧几里得空间 $\mathcal{X}$ 指定).

下面的命题可以作为一个很方便的起点. 从它开始, 其他关于对称子空间的事实均可推导而出.

命题 7.1 令 $\mathcal{X}$ 为一个复欧几里得空间, n 为一个正整数. 到对称子空间 $\mathcal{X}^{\otimes n}$ 上的投影由

$$\Pi_{\mathcal{X}^{\otimes n}} = \frac{1}{n!} \sum_{\pi \in S_n} W_\pi \tag{7.8}$$

给出.

证明   利用式 (7.5)，我们可以直接证明算子

$$\Pi = \frac{1}{n!} \sum_{\pi \in S_n} W_\pi \tag{7.9}$$

是 Hermite 的且其平方等于自身，这说明它是一个投影算子. 对于每一个 $\pi \in S_n$ 有 $W_\pi \Pi = \Pi$ 成立，因此有

$$\mathrm{im}(\Pi) \subseteq \mathcal{X}^{\textcircled{S}n}. \tag{7.10}$$

此外，对于每一个 $x \in \mathcal{X}^{\textcircled{S}n}$ 显然有 $\Pi x = x$，这说明

$$\mathcal{X}^{\textcircled{S}n} \subseteq \mathrm{im}(\Pi). \tag{7.11}$$

由于 Π 是一个满足 $\mathrm{im}(\Pi) = \mathcal{X}^{\textcircled{S}n}$ 的投影算子，从而命题得证.   □

我们接下来会确定对称子空间 $\mathcal{X}^{\textcircled{S}n}$ 的一个规范正交基，在这个过程中我们还会确定该空间的维度. 利用基本的组合概念对实现这一目标很有帮助.

首先，对于每一个字母表 Σ 和每一个正整数 n，我们可以定义集合 $\mathrm{Bag}(n, \Sigma)$ 为所有形如 $\phi : \Sigma \to \mathbb{N}$ 的函数的集合 (其中 $\mathbb{N} = \{0, 1, 2, \cdots\}$)，其有着性质

$$\sum_{a \in \Sigma} \phi(a) = n. \tag{7.12}$$

每个函数 $\phi \in \mathrm{Bag}(n, \Sigma)$ 都可以被看作在描述一个包含 n 个物体的包 (bag)，其中每一个物体都由字母表 Σ 内的一个符号作为标签. 对于每个 $a \in \Sigma$，值 $\phi(a)$ 特指由 a 作标签的包内物体的个数. 我们并不认为这些物体在包内有序——函数 ϕ 仅表示拥有每个可能的标签的物体的个数. 等价地，函数 $\phi \in \mathrm{Bag}(n, \Sigma)$ 可以解释为大小精确为 n 的多重集的一个描述，其元素是从 Σ 内得到的.

一个 n 元组 $(a_1, \cdots, a_n) \in \Sigma^n$ 与函数 $\phi \in \mathrm{Bag}(n, \Sigma)$ 是一致的，当且仅当对于每一个 $a \in \Sigma$ 都有

$$\phi(a) = \big| \{ k \in \{1, \cdots, n\} : a = a_k \} \big|. \tag{7.13}$$

换言之，$(a_1, \cdots, a_n)$ 与 ϕ 是一致的，当且仅当 $(a_1, \cdots, a_n)$ 表示由 ϕ 指定的多重集内元素的一种可能排序. 对于每个 $\phi \in \mathrm{Bag}(n, \Sigma)$，定义集合 Σ_ϕ^n 为包含与 ϕ 一致的元素 $(a_1, \cdots, a_n) \in \Sigma^n$ 的 Σ^n 的子集. 这得到了 Σ^n 的一个分割，因为每个 n 元组 $(a_1, \cdots, a_n) \in \Sigma^n$ 都精确地与一个函数 $\phi \in \mathrm{Bag}(n, \Sigma)$ 一致. 对于任意两个与同一函数 $\phi \in \mathrm{Bag}(n, \Sigma)$ 一致的 n 元组

$$(a_1, \cdots, a_n), (b_1, \cdots, b_n) \in \Sigma_\phi^n, \tag{7.14}$$

一定至少存在一个置换 $\pi \in S_n$，使得

$$(a_1, \cdots, a_n) = (b_{\pi(1)}, \cdots, b_{\pi(n)}). \tag{7.15}$$

不同函数 $\phi \in \mathrm{Bag}(n, \Sigma)$ 的数量由公式

$$|\mathrm{Bag}(n, \Sigma)| = \binom{|\Sigma| + n - 1}{|\Sigma| - 1} \tag{7.16}$$

给出，而对于每个 $\phi \in \mathrm{Bag}(n, \Sigma)$，在子集 Σ_ϕ^n 内的不同 n 元组的数量由

$$|\Sigma_\phi^n| = \frac{n!}{\prod_{a \in \Sigma}(\phi(a)!)} \tag{7.17}$$

给出.

正如下面的命题所述，对称子空间 $\mathcal{X}^{\otimes n}$ 的一组规范正交基可以通过刚刚介绍的概念获得.

命题 7.2　令 Σ 为一个字母表，n 为一个正整数，并且 $\mathcal{X} = \mathbb{C}^\Sigma$. 对于每个 $\phi \in \mathrm{Bag}(n, \Sigma)$，定义向量 $u_\phi \in \mathcal{X}^{\otimes n}$ 为

$$u_\phi = |\Sigma_\phi^n|^{-\frac{1}{2}} \sum_{(a_1, \cdots, a_n) \in \Sigma_\phi^n} e_{a_1} \otimes \cdots \otimes e_{a_n}. \tag{7.18}$$

集合

$$\{u_\phi : \phi \in \mathrm{Bag}(n, \Sigma)\} \tag{7.19}$$

是 $\mathcal{X}^{\otimes n}$ 的一组规范正交基.

证明　很显然，每个向量 u_ϕ 都是一个单位向量. 此外，对于选定的满足 $\phi \neq \psi$ 的 $\phi, \psi \in \mathrm{Bag}(n, \Sigma)$，有

$$\Sigma_\phi^n \cap \Sigma_\psi^n = \varnothing, \tag{7.20}$$

所以 $\langle u_\phi, u_\psi \rangle = 0$，这是因为每个元素 $(a_1, \cdots, a_n) \in \Sigma^n$ 都精确地与 $\mathrm{Bag}(n, \Sigma)$ 的一个元素一致. 所以式 (7.19) 是一个规范正交集. 因为对于每一个 $\pi \in \mathcal{S}_n$，每个向量 u_ϕ 在 W_π 的作用下是不变的，所以有

$$u_\phi \in \mathcal{X}^{\otimes n} \tag{7.21}$$

对于每一个 $\phi \in \mathrm{Bag}(n, \Sigma)$ 都成立.

我们还需要证明集合

$$\{u_\phi : \phi \in \mathrm{Bag}(n, \Sigma)\} \tag{7.22}$$

可以张成整个 $\mathcal{X}^{\otimes n}$. 可以通过下面的观察得到这一事实：对于每一个 n 元组 $(a_1, \cdots, a_n) \in \Sigma^n$，关于与 n 元组 $(a_1, \cdots, a_n)$ 一致的唯一元素 $\phi \in \mathrm{Bag}(n, \Sigma)$，有

$$\begin{aligned} &\Pi_{\mathcal{X}^{\otimes n}}(e_{a_1} \otimes \cdots \otimes e_{a_n}) \\ &= \frac{1}{n!} \sum_{\pi \in \mathcal{S}_n} W_\pi(e_{a_1} \otimes \cdots \otimes e_{a_n}) = |\Sigma_\phi^n|^{-\frac{1}{2}} u_\phi \end{aligned} \tag{7.23}$$

成立.　　　　　　　　　　　　　　　　　　　　　　　　　　　　　　□

推论 7.3 令 $\mathcal{X}$ 为一个复欧几里得空间且 n 为一个正整数. 有

$$\dim(\mathcal{X}^{\textcircled{S}n}) = \binom{\dim(\mathcal{X}) + n - 1}{\dim(\mathcal{X}) - 1} = \binom{\dim(\mathcal{X}) + n - 1}{n} \tag{7.24}$$

成立.

例 7.4 假设 $\Sigma = \{0, 1\}$, $\mathcal{X} = \mathbb{C}^{\Sigma}$, 并且 $n = 3$. 下面四个向量形成了 $\mathcal{X}^{\textcircled{S}3}$ 的一组规范正交基:

$$\begin{aligned}
u_0 &= e_0 \otimes e_0 \otimes e_0, \\
u_1 &= \frac{1}{\sqrt{3}}(e_0 \otimes e_0 \otimes e_1 + e_0 \otimes e_1 \otimes e_0 + e_1 \otimes e_0 \otimes e_0), \\
u_2 &= \frac{1}{\sqrt{3}}(e_0 \otimes e_1 \otimes e_1 + e_1 \otimes e_0 \otimes e_1 + e_1 \otimes e_1 \otimes e_0), \\
u_3 &= e_1 \otimes e_1 \otimes e_1.
\end{aligned} \tag{7.25}$$
□

7.1.1.3 对称子空间的张量指数生成集

很显然, 包含关系

$$v^{\otimes n} \in \mathcal{X}^{\textcircled{S}n} \tag{7.26}$$

对于每一个向量 $v \in \mathcal{X}$ 都成立. 下面的定理说明了对称子空间 $\mathcal{X}^{\textcircled{S}n}$ 事实上是由有着这种形式的所有向量的集合张成的. 当 v 的元素被限制在 $\mathbb{C}$ 的有限子集内时, 只要这些集合足够大, 该结论就成立.

定理 7.5 令 Σ 为一个字母表, n 为一个正整数, 并且 $\mathcal{X} = \mathbb{C}^{\Sigma}$. 对于任意满足条件 $|\mathcal{A}| \geqslant n + 1$ 的集合 $\mathcal{A} \subseteq \mathbb{C}$, 有

$$\mathrm{span}\left\{v^{\otimes n} : v \in \mathcal{A}^{\Sigma}\right\} = \mathcal{X}^{\textcircled{S}n} \tag{7.27}$$

成立.

我们可以用多种方式证明定理 7.5. 其中一种证明利用了下面关于多元多项式的一个基本事实.

引理 7.6 (Schwartz-Zippel) 令 P 为一个多元多项式, 其变量为 $Z_1, \cdots, Z_m$ 并且有着复数系数 n. 该多项式不恒为零且总次数最多为 n. 此外, 令 $\mathcal{A} \subset \mathbb{C}$ 为一个非空且有限的复数集合. 则有

$$\left|\left\{(\alpha_1, \cdots, \alpha_m) \in \mathcal{A}^m : P(\alpha_1, \cdots, \alpha_m) = 0\right\}\right| \leqslant n|\mathcal{A}|^{m-1} \tag{7.28}$$

成立.

证明 在 $|\mathcal{A}| \leqslant n$ 这一情况下该引理是显而易见的, 所以我们在接下来的证明中假设 $|\mathcal{A}| \geqslant n + 1$. 此处我们利用了 m 上的归纳法. 当 $m = 1$ 时, 我们知道一个非零且次数为 n 的一元多项式最多有 n 个根, 从而该引理是成立的.

假设 $m \geqslant 2$，我们可以写出

$$P(Z_1, \cdots, Z_m) = \sum_{k=0}^{n} Q_k(Z_1, \cdots, Z_{m-1}) Z_m^k, \tag{7.29}$$

其中 $Q_0, \cdots, Q_n$ 为变量是 $Z_1, \cdots, Z_{m-1}$ 的复多项式，且对于每个 $k \in \{0, \cdots, n\}$，Q_k 的总次数至多为 $n-k$．我们将 k 固定为集合 $\{0, \cdots, n\}$ 中 Q_k 非零的最大值．由于 P 非零，所以一定存在一个这样的 k．

因为 Q_k 有着至多为 $n-k$ 的总次数，所以根据归纳法的假设我们有

$$\begin{aligned}
&\left| \{(\alpha_1, \cdots, \alpha_{m-1}) \in \mathcal{A}^{m-1} : Q_k(\alpha_1, \cdots, \alpha_{m-1}) \neq 0\} \right| \\
&\geqslant |\mathcal{A}|^{m-1} - (n-k)|\mathcal{A}|^{m-2}.
\end{aligned} \tag{7.30}$$

对于每一个选定的 $(\alpha_1, \cdots, \alpha_{m-1}) \in \mathcal{A}^{m-1}$，其中 $Q_k(\alpha_1, \cdots, \alpha_{m-1}) \neq 0$，

$$P(\alpha_1, \cdots, \alpha_{m-1}, Z_m) = \sum_{j=0}^{k} Q_j(\alpha_1, \cdots, \alpha_{m-1}) Z_m^j \tag{7.31}$$

是一个次数为 k 且变量为 Z_m 的一元多项式．这说明一定存在至少 $|\mathcal{A}| - k$ 个 $\alpha_m \in \mathcal{A}$ 的选择，使得

$$P(\alpha_1, \cdots, \alpha_m) \neq 0. \tag{7.32}$$

所以，至少有

$$\left(|\mathcal{A}|^{m-1} - (n-k)|\mathcal{A}|^{m-2} \right)\left(|\mathcal{A}| - k \right) \geqslant |\mathcal{A}|^m - n|\mathcal{A}|^{m-1} \tag{7.33}$$

个不同的 m 元组 $(\alpha_1, \cdots, \alpha_m) \in \mathcal{A}^m$，使得 $P(\alpha_1, \cdots, \alpha_m) \neq 0$．这样，我们便证明了这一引理． $\qquad \square$

注：尽管与它在证明定理 7.5 中所起的作用无关，但我们可以观察到引理 7.6 对于一个任意域上的多元多项式 P 是成立的，而不仅仅是复数域．这在上面的证明中有所体现，即它没有使用复数域在其他域上不成立的性质．

定理 7.5 的证明 对于选定的每一个置换 $\pi \in S_n$ 和向量 $v \in \mathbb{C}^\Sigma$，有

$$W_\pi v^{\otimes n} = v^{\otimes n} \tag{7.34}$$

成立．于是我们有 $v^{\otimes n} \in \mathcal{X}^{\oslash n}$，所以

$$\text{span}\left\{ v^{\otimes n} : v \in \mathcal{A}^\Sigma \right\} \subseteq \mathcal{X}^{\oslash n}. \tag{7.35}$$

为了证明反向的包含关系，令 $w \in \mathcal{X}^{\oslash n}$ 为任意非零向量，对于一些复数系数的集合 $\{\alpha_\phi : \phi \in \mathrm{Bag}(n, \Sigma)\}$，其中每个向量 u_ϕ 如式 (7.18) 中所定义，我们可以写出

$$w = \sum_{\phi \in \mathrm{Bag}(n, \Sigma)} \alpha_\phi u_\phi. \tag{7.36}$$

可以证明对于至少一个选定的向量 $v \in \mathcal{A}^\Sigma$, 有

$$\langle w, v^{\otimes n} \rangle \neq 0 \tag{7.37}$$

成立. 我们所需的包含关系可以从这一事实得出, 因为如果包含关系 (7.35) 成立, 那么对于每一个 $v \in \mathcal{A}^\Sigma$ 选择 $w \in \mathcal{X}^{\otimes n}$ 使其与 $v^{\otimes n}$ 正交是可能的.

在余下的证明中我们假设 $\mathcal{A}$ 是一个有限集. 这不会损失普遍性, 因为如果 $\mathcal{A}$ 是无限的, 那么我们可以关注大小至少为 $n+1$ 的 $\mathcal{A}$ 的任意有限子集, 由此也可以得到我们所需的包含关系.

在一组变量 $\{Z_a : a \in \Sigma\}$ 中, 定义一个多元多项式

$$Q = \sum_{\phi \in \mathrm{Bag}(n,\Sigma)} \overline{\alpha_\phi} \sqrt{|\Sigma_\phi^n|} \prod_{a \in \Sigma} Z_a^{\phi(a)}. \tag{7.38}$$

由于单项式

$$\prod_{a \in \Sigma} Z_a^{\phi(a)} \tag{7.39}$$

是离散的 (这是因为 ϕ 在 $\mathrm{Bag}(n,\Sigma)$ 的元素中取值且每个单项式的总次数为 n), 所以 Q 是一个总次数为 n 的非零多项式. 通过计算可知, 对于每一个向量 $v \in \mathbb{C}^\Sigma$, 有

$$Q(v) = \langle w, v^{\otimes n} \rangle \tag{7.40}$$

成立, 其中 $Q(v)$ 是指对于每个 $a \in \Sigma$, 将值 $v(a)$ 代入 Q 中的变量 Z_a 所得到的复数. 因为 Q 是一个总次数为 n 的非零多元多项式, 所以根据 Schwartz-Zippel 引理 (引理 7.6), 对于至多

$$n|\mathcal{A}|^{|\Sigma|-1} < |\mathcal{A}|^{|\Sigma|} \tag{7.41}$$

个向量 $v \in \mathcal{A}^\Sigma$, 我们有 $Q(v) = 0$. 这说明至少存在一个向量 $v \in \mathcal{A}^\Sigma$, 使得 $\langle w, v^{\otimes n} \rangle \neq 0$. 命题得证. $\square$

7.1.1.4 反对称子空间

与定义张量积空间 $\mathcal{X}^{\otimes n}$ 的对称子空间 $\mathcal{X}^{\otimes n}$ 的方式相似, 我们可以定义同一个张量积空间的反对称子空间为

$$\mathcal{X}^{\otimes n} = \{x \in \mathcal{X}^{\otimes n} : W_\pi x = \mathrm{sign}(\pi)x, \quad \forall \pi \in S_n\}. \tag{7.42}$$

从很大程度上讲, 下面关于反对称子空间的简短讨论可以看作一些题外话. 除了 $n=2$ 的情况, 反对称子空间在本书的其他地方并不发挥重要作用. 然而, 将这种子空间与对称子空间一起考虑是很自然的. 下面的命题证明了关于反对称子空间的一些基本事实.

命题 7.7　令 $\mathcal{X}$ 为一个复欧几里得空间且 n 为一个正整数. 到反对称子空间 $\mathcal{X}^{\otimes n}$ 上的投影由

$$\Pi_{\mathcal{X}^{\otimes n}} = \frac{1}{n!} \sum_{\pi \in S_n} \mathrm{sign}(\pi) W_\pi \tag{7.43}$$

给出.

证明　该证明与命题 7.1 的证明相似. 利用式 (7.5)，以及对于选定的每一个 $\pi, \sigma \in S_n$ 都有 $\mathrm{sign}(\pi)\,\mathrm{sign}(\sigma) = \mathrm{sign}(\pi\sigma)$ 成立这一事实，我们可以证明算子

$$\Pi = \frac{1}{n!} \sum_{\pi \in S_n} \mathrm{sign}(\pi) W_\pi \tag{7.44}$$

是 Hermite 的且其平方等于自身. 这说明它是一个投影算子. 对于每一个 $\pi \in S_n$ 有

$$W_\pi \Pi = \mathrm{sign}(\pi)\Pi \tag{7.45}$$

成立，所以有

$$\mathrm{im}(\Pi) \subseteq \mathcal{X}^{\otimes n}. \tag{7.46}$$

对于每一个向量 $x \in \mathcal{X}^{\otimes n}$ 都有 $\Pi x = x$ 成立，这说明

$$\mathcal{X}^{\otimes n} \subseteq \mathrm{im}(\Pi). \tag{7.47}$$

因为 Π 是一个满足 $\mathrm{im}(\Pi) = \mathcal{X}^{\otimes n}$ 的投影算子，所以命题得证. □

当关于 $\mathcal{X} = \mathbb{C}^\Sigma$ 建立反对称子空间 $\mathcal{X}^{\otimes n}$ 的一组规范正交基时，我们可以很方便地假设 Σ 的全序关系是确定的. 对于每一个 n 元组 $(a_1, \cdots, a_n) \in \Sigma^n$，其中 $a_1 < \cdots < a_n$，定义向量

$$u_{a_1, \cdots, a_n} = \frac{1}{\sqrt{n!}} \sum_{\pi \in S_n} \mathrm{sign}(\pi) W_\pi(e_{a_1} \otimes \cdots \otimes e_{a_n}). \tag{7.48}$$

命题 7.8　令 Σ 为一个字母表，$n \geqslant 2$ 为一个正整数，$\mathcal{X} = \mathbb{C}^\Sigma$，并且如式 (7.48) 那样，对于每个满足 $a_1 < \cdots < a_n$ 的 n 元组 $(a_1, \cdots, a_n) \in \Sigma^n$，定义 $u_{a_1, \cdots, a_n} \in \mathcal{X}^{\otimes n}$. 集合

$$\{u_{a_1, \cdots, a_n} : (a_1, \cdots, a_n) \in \Sigma^n, \, a_1 < \cdots < a_n\} \tag{7.49}$$

是关于 $\mathcal{X}^{\otimes n}$ 的一组规范正交基.

证明　每个向量 $u_{a_1, \cdots, a_n}$ 都显然是一个单位向量并且包含在空间 $\mathcal{X}^{\otimes n}$ 中. 对于不同的 n 元组 $(a_1, \cdots, a_n)$ 和 $(b_1, \cdots, b_n)$，其中 $a_1 < \cdots < a_n$ 且 $b_1 < \cdots < b_n$，有

$$\langle u_{a_1, \cdots, a_n}, u_{b_1, \cdots, b_n}\rangle = 0 \tag{7.50}$$

成立. 这是因为这些向量是标准基向量不相交集的线性组合. 因此我们只需证明集合 (7.49) 可以张成 $\mathcal{X}^{\otimes n}$.

对于任选的不同索引 $j, k \in \{1, \cdots, n\}$，并且对于只交换 j 和 k 而令所有其他元素 $\{1, \cdots, n\}$ 固定的置换 $(j\ k) \in S_n$，我们有

$$W_{(j\ k)} \Pi_{\mathcal{X}^{\otimes n}} = -\Pi_{\mathcal{X}^{\otimes n}} = \Pi_{\mathcal{X}^{\otimes n}} W_{(j\ k)}. \tag{7.51}$$

因此，对于任选的一个 n 元组 $(a_1, \cdots, a_n) \in \Sigma^n$，其中存在使 $a_j = a_k$ 的不同索引 $j, k \in \{1, \cdots, n\}$，有

$$
\begin{aligned}
\Pi_{\mathcal{X}^{\otimes n}}(e_{a_1} \otimes \cdots \otimes e_{a_n}) &= \Pi_{\mathcal{X}^{\otimes n}} W_{(j\ k)}(e_{a_1} \otimes \cdots \otimes e_{a_n}) \\
&= -\Pi_{\mathcal{X}^{\otimes n}}(e_{a_1} \otimes \cdots \otimes e_{a_n})
\end{aligned} \tag{7.52}
$$

成立，所以

$$\Pi_{\mathcal{X}^{\otimes n}}(e_{a_1} \otimes \cdots \otimes e_{a_n}) = 0. \tag{7.53}$$

另一方面，如果 $(a_1, \cdots, a_n) \in \Sigma^n$ 是一个 n 元组，其中 $a_1, \cdots, a_n$ 是 Σ 的不同元素，那么一定有

$$(a_{\pi(1)}, \cdots, a_{\pi(n)}) = (b_1, \cdots, b_n) \tag{7.54}$$

对于选定的某些置换 $\pi \in S_n$ 和一个满足 $b_1 < \cdots < b_n$ 的 n 元组 $(b_1, \cdots, b_n) \in \Sigma^n$ 成立．因此，我们有

$$
\begin{aligned}
\Pi_{\mathcal{X}^{\otimes n}}(e_{a_1} \otimes \cdots \otimes e_{a_n}) &= \Pi_{\mathcal{X}^{\otimes n}} W_\pi(e_{b_1} \otimes \cdots \otimes e_{b_n}) \\
&= \mathrm{sign}(\pi) \Pi_{\mathcal{X}^{\otimes n}}(e_{b_1} \otimes \cdots \otimes e_{b_n}) = \frac{\mathrm{sign}(\pi)}{\sqrt{n!}} u_{b_1, \cdots, b_n}.
\end{aligned} \tag{7.55}
$$

所以

$$\mathrm{im}(\Pi_{\mathcal{X}^{\otimes n}}) \subseteq \mathrm{span}\{u_{a_1, \cdots, a_n} : (a_1, \cdots, a_n) \in \Sigma^n,\ a_1 < \cdots < a_n\} \tag{7.56}$$

成立，命题得证．　$\square$

根据前面的命题，我们可以发现反对称子空间的维度等于满足 $a_1 < \cdots < a_n$ 的 n 元组 $(a_1, \cdots, a_n) \in \Sigma^n$ 的个数．这一数量等于有着 n 个元素的 Σ 的子集的个数．

推论 7.9　令 $\mathcal{X}$ 为一个复欧几里得空间且 n 为一个正整数．有

$$\dim(\mathcal{X}^{\otimes n}) = \binom{\dim(\mathcal{X})}{n} \tag{7.57}$$

成立．

7.1.2　置换不变算子的代数

根据定义，对称子空间 $\mathcal{X}^{\otimes n}$ 包含所有在每个 $\pi \in S_n$ 的作用 W_π 下都不变的向量 $x \in \mathcal{X}^{\otimes n}$．我们可以考虑对于算子的一种类似标记，其中操作 $x \mapsto W_\pi x$ 被关于每个 $X \in \mathrm{L}(\mathcal{X}^{\otimes n})$ 的操作

$$X \mapsto W_\pi X W_\pi^* \tag{7.58}$$

所代替. 标记 $L(\mathcal{X})^{\otimes n}$ 可以用来表示在该操作下不变的算子 X 的集合:

$$L(\mathcal{X})^{\otimes n} = \left\{ X \in L(\mathcal{X}^{\otimes n}) : X = W_\pi X W_\pi^*, \quad \forall \pi \in S_n \right\}. \tag{7.59}$$

与向量的类似概念相似, 我们可以在需要时把这一集合表示为 $L(\mathcal{X}_1) \otimes \cdots \otimes L(\mathcal{X}_n)$, 在此假设 $\mathcal{X}_1, \cdots, \mathcal{X}_n$ 由单个空间 $\mathcal{X}$ 所确定.

假设 $X_1, \cdots, X_n$ 为共享同一经典态集合 Σ 的寄存器, 并且根据 $\mathcal{X} = \mathbb{C}^\Sigma$ 确定空间 $\mathcal{X}_1, \cdots, \mathcal{X}_n$ 中的每一个, 我们可以观察到集合 $L(\mathcal{X})^{\otimes n}$ 中的密度算子元素表示复合寄存器 $(X_1, \cdots, X_n)$ 的态, 这些态在所有寄存器 $X_1, \cdots, X_n$ 的置换下都是不变的. 这种态称为可交换的.

集合 $L(\mathcal{X})^{\otimes n}$ 的代数性质以及可交换态与置换不变向量之间的关系将会在下面的小节详细说明.

7.1.2.1 置换不变算子的向量空间结构

对于由所有置换不变算子形成的空间, 我们可以很自然地选择标记 $L(\mathcal{X})^{\otimes n}$. 如果把 $L(\mathcal{X})$ 看作一个向量空间, 那么 $L(\mathcal{X})^{\otimes n}$ 事实上与张量积空间 $L(\mathcal{X})^{\otimes n}$ 的对称子空间一致. 接下来的命题将这种连接形式化, 并且阐述了前一节结果的一些直接结论.

命题 7.10 $\mathcal{X}$ 为一个复欧几里得空间, n 为一个正整数, 并且 $X \in L(\mathcal{X}^{\otimes n})$. 下述声明等价:

1. $X \in L(\mathcal{X})^{\otimes n}$.

2. $V \in U(\mathcal{X}^{\otimes n} \otimes \mathcal{X}^{\otimes n}, (\mathcal{X} \otimes \mathcal{X})^{\otimes n})$ 为由等式

$$V \operatorname{vec}(Y_1 \otimes \cdots \otimes Y_n) = \operatorname{vec}(Y_1) \otimes \cdots \otimes \operatorname{vec}(Y_n) \tag{7.60}$$

定义的等距算子且其对于所有 $Y_1, \cdots, Y_n \in L(\mathcal{X})$ 都成立, 则我们有

$$V \operatorname{vec}(X) \in (\mathcal{X} \otimes \mathcal{X})^{\otimes n}. \tag{7.61}$$

3. $X \in \operatorname{span}\{Y^{\otimes n} : Y \in L(\mathcal{X})\}$.

证明 对于每个置换 $\pi \in S_n$, 令

$$U_\pi \in U((\mathcal{X} \otimes \mathcal{X})^{\otimes n}) \tag{7.62}$$

为由等式

$$U_\pi(w_1 \otimes \cdots \otimes w_n) = w_{\pi^{-1}(1)} \otimes \cdots \otimes w_{\pi^{-1}(n)} \tag{7.63}$$

定义的酉算子且对于所有向量 $w_1, \cdots, w_n \in \mathcal{X} \otimes \mathcal{X}$ 都成立. 每个算子 U_π 都与式 (7.3) 中定义的 W_π 类似, 但空间 $\mathcal{X}$ 由 $\mathcal{X} \otimes \mathcal{X}$ 所代替. 有

$$U_\pi = V(W_\pi \otimes W_\pi)V^* \tag{7.64}$$

对于每一个 $\pi \in S_n$ 都成立，这样我们可以得出结论：声明 1 和声明 2 等价.

定理 7.5 说明

$$V \operatorname{vec}(X) \in (\mathcal{X} \otimes \mathcal{X})^{\mathbb{Q}n}, \tag{7.65}$$

当且仅当

$$V \operatorname{vec}(X) \in \operatorname{span}\{\operatorname{vec}(Y)^{\otimes n} : Y \in \mathrm{L}(\mathcal{X})\}. \tag{7.66}$$

包含关系 (7.66) 与

$$\operatorname{vec}(X) \in \operatorname{span}\{\operatorname{vec}(Y^{\otimes n}) : Y \in \mathrm{L}(\mathcal{X})\} \tag{7.67}$$

等价，而它反过来也与

$$X \in \operatorname{span}\{Y^{\otimes n} : Y \in \mathrm{L}(\mathcal{X})\} \tag{7.68}$$

等价. 因此，声明 2 和声明 3 是等价的. □

定理 7.11 令 $\mathcal{X}$ 为一个复欧几里得空间且 n 为一个正整数. 有

$$\mathrm{L}(\mathcal{X})^{\mathbb{Q}n} = \operatorname{span}\{U^{\otimes n} : U \in \mathrm{U}(\mathcal{X})\} \tag{7.69}$$

成立.

证明 令 Σ 为字母表，其中 $\mathcal{X} = \mathbb{C}^{\Sigma}$，并且令

$$D = \operatorname{Diag}(u) \tag{7.70}$$

为一个关于任选的 $u \in \mathcal{X}$ 的对角算子. 由于有 $u^{\otimes n} \in \mathcal{X}^{\mathbb{Q}n}$ 成立，所以根据定理 7.5 我们有

$$u^{\otimes n} \in \operatorname{span}\{v^{\otimes n} : v \in \mathbb{T}^{\Sigma}\} \tag{7.71}$$

成立，其中 $\mathbb{T} = \{\alpha \in \mathbb{C} : |\alpha| = 1\}$ 表示复单位的集合. 因而对于选定的字母表 Γ、向量 $\{v_b : b \in \Gamma\} \subset \mathbb{T}^{\Sigma}$ 以及复数 $\{\beta_b : b \in \Gamma\} \subset \mathbb{C}$，我们可以写出

$$u^{\otimes n} = \sum_{b \in \Gamma} \beta_b v_b^{\otimes n}, \tag{7.72}$$

于是得到

$$D^{\otimes n} = \sum_{b \in \Gamma} \beta_b U_b^{\otimes n}, \tag{7.73}$$

其中 $U_b \in \mathrm{U}(\mathcal{X})$ 为关于每个 $b \in \Gamma$ 由

$$U_b = \operatorname{Diag}(v_b) \tag{7.74}$$

定义的酉算子.

现在, 对于一个任意的算子 $A \in \mathrm{L}(\mathcal{X})$, 根据推论 1.7 (对奇异值定理的推论), 我们可以写出 $A = VDW$, $V, W \in \mathrm{U}(\mathcal{X})$ 为酉算子且 $D \in \mathrm{L}(\mathcal{X})$ 为对角算子. 利用上面的论证, 我们可以假设式 (7.73) 成立, 因此

$$A^{\otimes n} = \sum_{b \in \Gamma} \beta_b (VU_b W)^{\otimes n} \tag{7.75}$$

对于选定的字母表 Γ、复数 $\{\beta_b : b \in \Gamma\} \subset \mathbb{C}$ 以及对角酉算子 $\{U_b : b \in \Gamma\}$ 成立. 由于对于每个 $b \in \Gamma, V U_b W$ 都是幺正的, 我们有

$$A^{\otimes n} \in \operatorname{span}\{U^{\otimes n} : U \in \mathrm{U}(\mathcal{X})\}, \tag{7.76}$$

所以根据命题 7.10 我们可以得到

$$\mathrm{L}(\mathcal{X})^{\otimes n} \subseteq \operatorname{span}\{U^{\otimes n} : U \in \mathrm{U}(\mathcal{X})\}. \tag{7.77}$$

而反向的包含关系十分直接, 所以定理得证. $\qquad\square$

7.1.2.2 可交换密度算子的对称纯化

一个密度算子 $\rho \in \mathrm{D}(\mathcal{X}^{\otimes n})$ 是可交换的, 当且仅当 $\rho \in \mathrm{L}(\mathcal{X})^{\otimes n}$. 这与关于每一个置换 $\pi \in S_n$ 都满足

$$\rho = W_\pi \rho W_\pi^* \tag{7.78}$$

等价. 用算子行为来表述就是, 对于 n 个全同寄存器 $\mathsf{X}_1, \cdots, \mathsf{X}_n$, 复合寄存器 $(\mathsf{X}_1, \cdots, \mathsf{X}_n)$ 的可交换态 ρ 即为这 n 个寄存器的内容以一种任意的方式置换时不变的态.

对于每一个对称单位向量 $u \in \mathcal{X}^{\otimes n}$, 纯态 uu^* 是可交换的, 并且很自然地, 这种态的任意凸组合也必然是可交换的. 一般来说, 这并未列举出所有可能的可交换态. 例如 $\mathrm{D}(\mathcal{X}^{\otimes n})$ 中的完全混态是可交换的, 但是与这个态对应的密度算子的像通常来说并不包含在对称子空间内.

然而, 在可交换态和对称纯态之间存在一种有趣的关系, 即每一个可交换态可以以这样一种方式进行纯化: 就下面的定理所描述的意义而言, 该可交换态的纯化存在于一个更大的对称子空间之内.

定理 7.12 令 Σ 和 Γ 为字母表, 其中 $|\Gamma| \geqslant |\Sigma|$, 且令 n 为一个正整数. 此外, 令 $\mathsf{X}_1, \cdots, \mathsf{X}_n$ 为寄存器, 每一个都拥有经典态集合 Σ; 令 $\mathsf{Y}_1, \cdots, \mathsf{Y}_n$ 为寄存器, 每一个都拥有经典态集合 Γ. 再令 $\rho \in \mathrm{D}(\mathcal{X}_1 \otimes \cdots \otimes \mathcal{X}_n)$ 为一个可交换密度算子. 存在一个单位向量

$$u \in (\mathcal{X}_1 \otimes \mathcal{Y}_1) \oslash \cdots \oslash (\mathcal{X}_n \otimes \mathcal{Y}_n) \tag{7.79}$$

使得

$$(uu^*)[\mathsf{X}_1, \cdots, \mathsf{X}_n] = \rho. \tag{7.80}$$

证明   令 $A \in \mathrm{U}(\mathbb{C}^\Sigma, \mathbb{C}^\Gamma)$ 为一个任选的等距算子，且对于任选的 $k \in \{1, \cdots, n\}$ 我们可以把该等距算子看作 $\mathrm{U}(\mathcal{X}_k, \mathcal{Y}_k)$ 的一个元素. 此外令

$$V \in \mathrm{U}((\mathcal{X}_1 \otimes \cdots \otimes \mathcal{X}_n) \otimes (\mathcal{Y}_1 \otimes \cdots \otimes \mathcal{Y}_n), \quad (\mathcal{X}_1 \otimes \mathcal{Y}_1) \otimes \cdots \otimes (\mathcal{X}_n \otimes \mathcal{Y}_n)) \tag{7.81}$$

为由对于所有选定的 $B_1 \in \mathrm{L}(\mathcal{Y}_1, \mathcal{X}_1), \cdots, B_n \in \mathrm{L}(\mathcal{Y}_n, \mathcal{X}_n)$ 都成立的等式

$$V \operatorname{vec}(B_1 \otimes \cdots \otimes B_n) = \operatorname{vec}(B_1) \otimes \cdots \otimes \operatorname{vec}(B_n) \tag{7.82}$$

定义的等距算子. 等价地，该等距算子由对于所有向量 $x_1 \in \mathcal{X}_1, \cdots, x_n \in \mathcal{X}_n$ 和 $y_1 \in \mathcal{Y}_1, \cdots, y_n \in \mathcal{Y}_n$ 都成立的等式

$$\begin{aligned} &V((x_1 \otimes \cdots \otimes x_n) \otimes (y_1 \otimes \cdots \otimes y_n)) \\ &= (x_1 \otimes y_1) \otimes \cdots \otimes (x_n \otimes y_n) \end{aligned} \tag{7.83}$$

定义.

考虑向量

$$u = V \operatorname{vec}(\sqrt{\rho}(A^* \otimes \cdots \otimes A^*)) \in (\mathcal{X}_1 \otimes \mathcal{Y}_1) \otimes \cdots \otimes (\mathcal{X}_n \otimes \mathcal{Y}_n). \tag{7.84}$$

计算表明

$$(uu^*)[\mathsf{X}_1, \cdots, \mathsf{X}_n] = \rho, \tag{7.85}$$

因此我们只需证明 u 是对称的. 因为 ρ 是可交换的，所以我们有

$$\left(W_\pi \sqrt{\rho} W_\pi^*\right)^2 = W_\pi \rho W_\pi^* = \rho \tag{7.86}$$

对于每一个置换 $\pi \in \mathcal{S}_n$ 都成立，于是根据平方根的唯一性，有

$$W_\pi \sqrt{\rho} W_\pi^* = \sqrt{\rho}. \tag{7.87}$$

因此根据命题 7.10,

$$\sqrt{\rho} \in \operatorname{span}\{Y^{\otimes n} : Y \in \mathrm{L}(\mathbb{C}^\Sigma)\} \tag{7.88}$$

成立. 结果我们有

$$u \in \operatorname{span}\left\{V \operatorname{vec}\left((YA^*)^{\otimes n}\right) : Y \in \mathrm{L}(\mathbb{C}^\Sigma)\right\}, \tag{7.89}$$

所以

$$u \in \operatorname{span}\left\{\operatorname{vec}(YA^*)^{\otimes n} : Y \in \mathrm{L}(\mathbb{C}^\Sigma)\right\}. \tag{7.90}$$

根据该包含关系，显然

$$u \in (\mathcal{X}_1 \otimes \mathcal{Y}_1) \varowedge \cdots \varowedge (\mathcal{X}_n \otimes \mathcal{Y}_n) \tag{7.91}$$

成立，证毕. $\square$

7.1.2.3 von Neumann 二次中心化子定理

为了证明集合 $L(\mathcal{X})^{\otimes n}$ 的更多性质, 特别是关于其元素的算子结构的性质, 我们可以很方便地利用 von Neumann 二次中心化子定理 (一组算子的中心化子的定义见式 (1.93)). 该定理稍后给出, 它的证明将利用下面的引理.

引理 7.13 令 $\mathcal{X}$ 为一个复欧几里得空间, $\mathcal{V} \subseteq \mathcal{X}$ 为 $\mathcal{X}$ 的一个子空间, 并且 $A \in L(\mathcal{X})$ 为一个算子. 下面两个声明是等价的:
1. $A\mathcal{V} \subseteq \mathcal{V}$ 和 $A^*\mathcal{V} \subseteq \mathcal{V}$ 同时成立.
2. $[A, \Pi_{\mathcal{V}}] = 0$ 成立.

证明 首先假设声明 2 成立. 如果两个算子对易, 那么它们的伴随也必须对易, 所以对于每一个向量 $v \in \mathcal{V}$ 我们有

$$Av = A\Pi_{\mathcal{V}}v = \Pi_{\mathcal{V}}Av \in \mathcal{V},$$
$$A^*v = A^*\Pi_{\mathcal{V}}v = \Pi_{\mathcal{V}}A^*v \in \mathcal{V}. \tag{7.92}$$

这便证明了由声明 2 可以推导出声明 1.

现在假设声明 1 成立. 对于每一个 $v \in \mathcal{V}$, 我们有

$$\Pi_{\mathcal{V}}Av = Av = A\Pi_{\mathcal{V}}v, \tag{7.93}$$

其依据是 $Av \in \mathcal{V}$. 对于每一个满足 $w \perp \mathcal{V}$ 的 $w \in \mathcal{X}$, 根据假设 $A^*v \in \mathcal{V}$, 一定有

$$\langle v, Aw \rangle = \langle A^*v, w \rangle = 0 \tag{7.94}$$

对于每一个 $v \in \mathcal{V}$ 都成立, 所以 $Aw \perp \mathcal{V}$. 因此,

$$\Pi_{\mathcal{V}}Aw = 0 = A\Pi_{\mathcal{V}}w. \tag{7.95}$$

由于对于选定的 $v \in \mathcal{V}$ 和 $w \in \mathcal{X}$, 其中 $w \perp \mathcal{V}$, 每一个向量 $u \in \mathcal{X}$ 都可以写作 $u = v + w$, 所以式 (7.93) 和式 (7.95) 说明

$$\Pi_{\mathcal{V}}Au = A\Pi_{\mathcal{V}}u \tag{7.96}$$

对于每一个向量 $u \in \mathcal{X}$ 都成立, 因此 $\Pi_{\mathcal{V}}A = A\Pi_{\mathcal{V}}$. 我们证明了由声明 1 可以推导出声明 2, 证毕. $\square$

定理 7.14(von Neumann 二次中心化子定理) 令 $\mathcal{A}$ 为 $L(\mathcal{X})$ 的一个自伴的保幺子代数, 其中 $\mathcal{X}$ 为一个复欧几里得空间. 有

$$\text{comm}(\text{comm}(\mathcal{A})) = \mathcal{A} \tag{7.97}$$

成立.

证明   根据中心化子的定义我们可以立即得到

$$\mathcal{A} \subseteq \mathrm{comm}(\mathrm{comm}(\mathcal{A})), \tag{7.98}$$

所以只需证明反向的包含关系.

本证明的核心思想是考虑代数 $\mathrm{L}(\mathcal{X} \otimes \mathcal{X})$ 并且利用其与 $\mathrm{L}(\mathcal{X})$ 之间的关系. 定义 $\mathcal{B} \subseteq \mathrm{L}(\mathcal{X} \otimes \mathcal{X})$ 为

$$\mathcal{B} = \{X \otimes \mathbb{1} : X \in \mathcal{A}\}, \tag{7.99}$$

并且令 Σ 为满足 $\mathcal{X} = \mathbb{C}^{\Sigma}$ 的字母表. 对于选定的唯一算子 $\{Y_{a,b} : a, b \in \Sigma\} \subset \mathrm{L}(\mathcal{X})$, 每一个算子 $Y \in \mathrm{L}(\mathcal{X} \otimes \mathcal{X})$ 都可以写作

$$Y = \sum_{a,b \in \Sigma} Y_{a,b} \otimes E_{a,b}. \tag{7.100}$$

关于任意算子 $X \in \mathrm{L}(\mathcal{X})$ 和任意有着形式 (7.100) 的算子 Y, 条件

$$Y(X \otimes \mathbb{1}) = (X \otimes \mathbb{1})Y \tag{7.101}$$

等价于关于选定的每一个 $a, b \in \Sigma$ 的 $[Y_{a,b}, X] = 0$, 所以

$$\mathrm{comm}(\mathcal{B}) = \left\{ \sum_{a,b \in \Sigma} Y_{a,b} \otimes E_{a,b} : \{Y_{a,b} : a, b \in \Sigma\} \subset \mathrm{comm}(\mathcal{A}) \right\}. \tag{7.102}$$

因此, 对于一个给定的算子 $X \in \mathrm{comm}(\mathrm{comm}(\mathcal{A}))$, 显然有

$$X \otimes \mathbb{1} \in \mathrm{comm}(\mathrm{comm}(\mathcal{B})). \tag{7.103}$$

现在, 定义子空间 $\mathcal{V} \subseteq \mathcal{X} \otimes \mathcal{X}$ 为

$$\mathcal{V} = \{\mathrm{vec}(X) : X \in \mathcal{A}\}, \tag{7.104}$$

并且任意选择 $X \in \mathcal{A}$. 根据 $\mathcal{A}$ 是一个代数这一事实, 有

$$(X \otimes \mathbb{1})\mathcal{V} \subseteq \mathcal{V}, \tag{7.105}$$

由于 $\mathcal{A}$ 是自伴的, 所以有 $X^* \in \mathcal{A}$, 从而

$$(X^* \otimes \mathbb{1})\mathcal{V} \subseteq \mathcal{V}. \tag{7.106}$$

因此, 引理 7.13 说明

$$[X \otimes \mathbb{1}, \Pi_{\mathcal{V}}] = 0. \tag{7.107}$$

因为 $X \in \mathcal{A}$ 是任选的, 所以有 $\Pi_{\mathcal{V}} \in \mathrm{comm}(\mathcal{B})$ 成立.

最后，令 $X \in \mathrm{comm}(\mathrm{comm}(\mathcal{A}))$ 为任选的. 因此正如前面所论述的, 包含关系 (7.103) 成立, 从而对易关系 (7.107) 成立. 由引理 7.13 的反义可以推导出包含关系 (7.105). 特别地, 若给定子代数 $\mathcal{A}$ 是有幺元的, 那么我们有 $\mathrm{vec}(\mathbb{1}) \in \mathcal{V}$, 因此

$$\mathrm{vec}(X) = (X \otimes \mathbb{1})\,\mathrm{vec}(\mathbb{1}) \in \mathcal{V}, \tag{7.108}$$

这说明 $X \in \mathcal{A}$. 因此, 我们证明了包含关系

$$\mathrm{comm}(\mathrm{comm}(\mathcal{A})) \subseteq \mathcal{A}, \tag{7.109}$$

从而命题得证. $\qquad\qquad\qquad\qquad\qquad\qquad\qquad\qquad\qquad\qquad\qquad\qquad\qquad\qquad\qquad$ $\square$

7.1.2.4 置换不变算子的算子结构

有了 von Neumann 二次中心化子定理, 我们便有了充足的准备来证明下面的基本定理. 该定理关注集合 $\mathrm{L}(\mathcal{X})^{\otimes n}$ 的算子结构.

定理 7.15 令 $\mathcal{X}$ 为一个复欧几里得空间, n 为一个正整数, 且 $X \in \mathrm{L}(\mathcal{X}^{\otimes n})$ 为一个算子. 下面的声明是等价的:

1. 对于所有的 $Y \in \mathrm{L}(\mathcal{X})$, 有 $[X, Y^{\otimes n}] = 0$ 成立.
2. 对于所有的 $U \in \mathrm{U}(\mathcal{X})$, 有 $[X, U^{\otimes n}] = 0$ 成立.
3. 对于选定的某个向量 $u \in \mathbb{C}^{S_n}$, 有

$$X = \sum_{\pi \in S_n} u(\pi) W_\pi \tag{7.110}$$

成立.

证明 根据命题 7.10 和定理 7.11 以及 Lie 括号的双线性, 声明 1 和声明 2 等价于包含关系

$$X \in \mathrm{comm}\big(\mathrm{L}(\mathcal{X})^{\otimes n}\big). \tag{7.111}$$

对于由

$$\mathcal{A} = \left\{ \sum_{\pi \in S_n} u(\pi) W_\pi : u \in \mathbb{C}^{S_n} \right\} \tag{7.112}$$

定义的集合 $\mathcal{A} \subseteq \mathrm{L}(\mathcal{X}^{\otimes n})$, 我们得知声明 3 等价于包含关系 $X \in \mathcal{A}$. 为了证明该定理, 我们需要说明

$$\mathcal{A} = \mathrm{comm}\big(\mathrm{L}(\mathcal{X})^{\otimes n}\big). \tag{7.113}$$

对于任意算子 $Z \in \mathrm{L}(\mathcal{X}^{\otimes n})$, 通过观察式 (7.59) 显然有 $Z \in \mathrm{L}(\mathcal{X})^{\otimes n}$, 当且仅当 $[Z, W_\pi] = 0$ 对于每个 $\pi \in S_n$ 都成立. 再次利用 Lie 括号的双线性, 可得

$$\mathrm{L}(\mathcal{X})^{\otimes n} = \mathrm{comm}(\mathcal{A}). \tag{7.114}$$

最后，我们观察到集合 $\mathcal{A}$ 形成了 $\mathrm{L}(\mathcal{X}^{\otimes n})$ 的一个自伴的保幺子代数. 根据定理 7.14，我们有

$$\mathrm{comm}\left(\mathrm{L}(\mathcal{X})^{\oplus n}\right) = \mathrm{comm}(\mathrm{comm}(\mathcal{A})) = \mathcal{A}, \tag{7.115}$$

这证明了关系 (7.113)，从而命题得证. □

7.2 酉不变概率测度

在本节中，我们将介绍两种在量子信息论中有着重要地位的概率测度：对于每一个复欧几里得空间 $\mathcal{X}$，定义在单位球 $\mathcal{S}(\mathcal{X})$ 上的均匀球测度，以及定义在酉算子集合 $\mathrm{U}(\mathcal{X})$ 上的 Haar 测度. 这两种测度紧密相关，并且都可以根据实线上的标准 Gauss 测度 (见 1.22 节) 以一种简单且具体的方式定义.

7.2.1 均匀球测度和 Haar 测度

下面我们将讨论均匀球测度和 Haar 测度的定义和基本性质.

7.2.1.1 均匀球测度

直觉上说，均匀球测度提供了一种形式. 通过这种形式，我们可以考虑一种复欧几里得空间中向量在单位球上均匀的概率分布. 用更精确的术语来讲，均匀球测度是一种概率测度 μ，它定义在复欧几里得空间 $\mathcal{X}$ 的单位球 $\mathcal{S}(\mathcal{X})$ 的 Borel 子集上. 对于每一个 $\mathcal{A} \in \mathrm{Borel}(\mathcal{S}(\mathcal{X}))$ 和 $U \in \mathrm{U}(\mathcal{X})$，该测度在每一个酉算子

$$\mu(\mathcal{A}) = \mu(U\mathcal{A}) \tag{7.116}$$

的作用下都保持不变$^{\ominus}$. 一种定义这种测度的具体方式如下.

定义 7.16 令 Σ 为一个字母表，$\{X_a : a \in \Sigma\} \cup \{Y_a : a \in \Sigma\}$ 为相互独立且同分布的标准正态随机变量的集合，并且 $\mathcal{X} = \mathbb{C}^{\Sigma}$. 通过取 $\mathcal{X}$ 中的值，定义向量值随机变量 Z 为

$$Z = \sum_{a \in \Sigma} (X_a + \mathrm{i}Y_a)e_a. \tag{7.117}$$

$\mathcal{S}(\mathcal{X})$ 上的均匀球测度 μ 是 Borel 概率测度

$$\mu : \mathrm{Borel}(\mathcal{S}(\mathcal{X})) \to [0, 1], \tag{7.118}$$

其由关于每一个 $\mathcal{A} \in \mathrm{Borel}(\mathcal{S}(\mathcal{X}))$ 的

$$\mu(\mathcal{A}) = \mathrm{Pr}(\alpha Z \in \mathcal{A}, \quad \exists \alpha > 0) \tag{7.119}$$

所定义.

$\ominus$ 事实上，测度 μ 由这些要求唯一确定. 其证明会利用 Haar 测度完成，我们稍后将介绍 Haar 测度.

我们可以通过三种观察得知均匀球测度 μ 是一种良定义的 Borel 概率测度. 首先, 我们有

$$\{x \in \mathcal{X} : \alpha x \in \mathcal{A}, \quad \exists \, \alpha > 0\} = \mathrm{cone}(\mathcal{A}) \backslash \{0\} \tag{7.120}$$

对于 $\mathcal{S}(\mathcal{X})$ 的每一个 Borel 子集 $\mathcal{A}$ 都是 $\mathcal{X}$ 的一个 Borel 子集, 这说明 μ 是一个良定义的函数. 其次, 如果 $\mathcal{A}$ 和 $\mathcal{B}$ 是 $\mathcal{S}(\mathcal{X})$ 的不相交 Borel 子集, 那么 $\mathrm{cone}(\mathcal{A}) \backslash \{0\}$ 和 $\mathrm{cone}(\mathcal{B}) \backslash \{0\}$ 也是不相交的, 从而 μ 是一个测度. 最后, 有

$$\mu(\mathcal{S}(\mathcal{X})) = \Pr(Z \neq 0) = 1 \tag{7.121}$$

成立, 所以 μ 是一个概率测度.

显然, 这一定义与如何对字母表 Σ 中的元素进行排序无关. 基于这一原因, 定义在 $\mathcal{S}(\mathcal{X})$ 上的均匀球测度的一些有趣的基本性质将根据 $\mathcal{S}(\mathbb{C}^n)$ 上的均匀球测度的相同性质得出. 因此, 在某些情况下, 我们只关注形式为 $\mathbb{C}^n$ 的复欧几里得空间. 这样做会提供许多便利, 特别是标记上的简化, 同时也不会损失普遍性.

正如下面命题的证明所解释的, 均匀球测度的酉不变性是标准 Gauss 测度的旋转不变性的直接结果.

命题 7.17 每一个复欧几里得空间 $\mathcal{X}$, $\mathcal{S}(\mathcal{X})$ 上的均匀球测度 μ 关于每一个 $\mathcal{A} \in \mathrm{Borel}(\mathcal{S}(\mathcal{X}))$ 和 $U \in \mathrm{U}(\mathcal{X})$ 是酉不变的:

$$\mu(U\mathcal{A}) = \mu(\mathcal{A}). \tag{7.122}$$

证明 假设 Σ 是使 $\mathcal{X} = \mathbb{C}^\Sigma$ 的字母表, 并且令

$$\{X_a : a \in \Sigma\} \cup \{Y_a : a \in \Sigma\} \tag{7.123}$$

为相互独立且同分布的标准正态随机变量的集合. 通过在 $\mathbb{R}^\Sigma$ 中取值, 定义向量值随机变量 X 和 Y 为

$$X = \sum_{a \in \Sigma} X_a e_a \quad \text{和} \quad Y = \sum_{a \in \Sigma} Y_a e_a, \tag{7.124}$$

从而定义 7.16 中所指的向量值随机变量 Z 可以表示为 $Z = X + \mathrm{i}Y$. 为了证明这一命题, 观察到 Z 和 UZ 对于每一个酉算子 $U \in \mathrm{U}(\mathcal{X})$ 都是同分布的, 从而对于 $\mathcal{S}(\mathcal{X})$ 的每一个 Borel 子集 $\mathcal{A}$ 我们有

$$
\begin{aligned}
\mu(U^{-1}\mathcal{A}) &= \Pr(\alpha U Z \in \mathcal{A}, \, \exists \, \alpha > 0) \\
&= \Pr(\alpha Z \in \mathcal{A}, \, \exists \, \alpha > 0) = \mu(\mathcal{A}).
\end{aligned} \tag{7.125}
$$

为了证明对于任选的酉算子 $U \in \mathrm{U}(\mathcal{X})$, Z 和 UZ 是同分布的, 我们注意到

$$
\begin{aligned}
\begin{pmatrix} \Re(UZ) \\ \Im(UZ) \end{pmatrix} &= \begin{pmatrix} \Re(U) & -\Im(U) \\ \Im(U) & \Re(U) \end{pmatrix} \begin{pmatrix} \Re(Z) \\ \Im(Z) \end{pmatrix} \\
&= \begin{pmatrix} \Re(U) & -\Im(U) \\ \Im(U) & \Re(U) \end{pmatrix} \begin{pmatrix} X \\ Y \end{pmatrix},
\end{aligned} \tag{7.126}
$$

其中正如计算所揭示的那样, 这里 $\Re(\cdot)$ 和 $\Im(\cdot)$ 表示算子和向量分元素的实部和虚部. 算子

$$\begin{pmatrix} \Re(U) & -\Im(U) \\ \Im(U) & \Re(U) \end{pmatrix} \tag{7.127}$$

是一个正交算子, 同时向量值随机变量 $X \oplus Y$ 是根据 $\mathbb{R}^\Sigma \oplus \mathbb{R}^\Sigma$ 上的标准 Gauss 测度进行分布的, 因此在正交变换下保持不变. 所以, 我们有

$$X \oplus Y \quad \text{和} \quad \Re(UZ) \oplus \Im(UZ) \tag{7.128}$$

是同分布的, 这说明 Z 和 UZ 也是同分布的. $\qquad\square$

7.2.1.2 Haar 测度

与均匀球测度相似, Haar 测度$^{\ominus}$ 可以定义在作用于给定的复欧几里得空间 $\mathcal{X}$ 的酉算子集合 $\mathrm{U}(\mathcal{X})$ 上. 更精确地说, 这种测度对于左乘和右乘任意酉算子都是不变的: 对于选定的每一个 $\mathcal{A} \in \mathrm{Borel}(\mathrm{U}(\mathcal{X}))$ 和 $U \in \mathrm{U}(\mathcal{X})$, 有

$$\eta(U\mathcal{A}) = \eta(\mathcal{A}) = \eta(\mathcal{A}U). \tag{7.129}$$

定义 7.18 令 Σ 为一个字母表, $\mathcal{X} = \mathbb{C}^\Sigma$, 并且

$$\{X_{a,b} : a,b \in \Sigma\} \cup \{Y_{a,b} : a,b \in \Sigma\} \tag{7.130}$$

为相互独立且同分布的标准正态随机变量的集合. 通过在 $\mathrm{L}(\mathcal{X})$ 中取值, 定义算子值随机变量 Z 为

$$Z = \sum_{a,b \in \Sigma} (X_{a,b} + \mathrm{i}Y_{a,b}) E_{a,b}. \tag{7.131}$$

$\mathrm{U}(\mathcal{X})$ 上的 Haar 测度 η 是 Borel 概率测度

$$\eta : \mathrm{Borel}(\mathrm{U}(\mathcal{X})) \to [0,1], \tag{7.132}$$

且其定义为关于每一个 $\mathcal{A} \in \mathrm{Borel}(\mathrm{U}(\mathcal{X}))$ 的

$$\eta(\mathcal{A}) = \mathrm{Pr}\big(PZ \in \mathcal{A}, \quad \exists\, P \in \mathrm{Pd}(\mathcal{X})\big). \tag{7.133}$$

正如下面的定理所述, 如上定义的 Haar 测度确实是一种 Borel 概率测度.

定理 7.19 对于任选的复欧几里得空间 $\mathcal{X}$, 令 $\eta : \mathrm{Borel}(\mathrm{U}(\mathcal{X})) \to [0,1]$ 为如定义 7.18 所述的测度. 则 η 是 Borel 概率测度.

$\ominus$ 术语 Haar 测度通常是指一种更广义的概念, 即定义在某类群上的测度, 这种测度关于其所定义的群上的操作是不变的. 此处展示的定义把这一概念限定为作用在一个给定复欧几里得空间的酉算子群上.

证明　对于每一个 $\mathcal{A} \in \mathrm{Borel}(\mathrm{U}(\mathcal{X}))$，定义集合 $\mathcal{R}(\mathcal{A}) \subseteq \mathrm{L}(\mathcal{X})$ 为

$$\mathcal{R}(\mathcal{A}) = \big\{ QU : Q \in \mathrm{Pd}(\mathcal{X}),\, U \in \mathcal{A} \big\}. \tag{7.134}$$

对于任意算子 $X \in \mathrm{L}(\mathcal{X})$，我们有 $PX \in \mathcal{A}$ 对于某 $P \in \mathrm{Pd}(\mathcal{X})$ 成立，当且仅当 $X \in \mathcal{R}(\mathcal{A})$. 为了证明 η 是 Borel 测度，我们需要证明对于每一个 $\mathcal{A} \in \mathrm{Borel}(\mathrm{U}(\mathcal{X}))$，$\mathcal{R}(\mathcal{A})$ 是 $\mathrm{L}(\mathcal{X})$ 的一个 Borel 子集，并且当 $\mathcal{A}$ 和 $\mathcal{B}$ 不相交时 $\mathcal{R}(\mathcal{A})$ 和 $\mathcal{R}(\mathcal{B})$ 也不相交.

相对于这些集合的笛卡儿积的积拓扑来说，我们可以观察到集合 $\mathrm{Pd}(\mathcal{X}) \times \mathcal{A}$ 是 $\mathrm{Pd}(\mathcal{X}) \times \mathrm{U}(\mathcal{X})$ 的一个 Borel 子集，同时根据算子的乘积是一个连续映射这一事实，我们可以满足这些要求的第一项.

对于第二项要求，我们观察到如果

$$Q_0 U_0 = Q_1 U_1 \tag{7.135}$$

对于选定的 $Q_0, Q_1 \in \mathrm{Pd}(\mathcal{X})$ 和 $U_0, U_1 \in \mathrm{U}(\mathcal{X})$ 成立，那么一定有 $Q_0 = Q_1 V$ 在 V 幺正的前提下成立. 因此，

$$Q_0^2 = Q_1 V V^* Q_1 = Q_1^2, \tag{7.136}$$

根据半正定算子有唯一的平方根，这说明 $Q_0 = Q_1$. 所以有 $U_0 = U_1$ 成立. 结果是，如果 $\mathcal{R}(\mathcal{A}) \cap \mathcal{R}(\mathcal{B})$ 是非空的，那么同样的结论也对 $\mathcal{A} \cap \mathcal{B}$ 成立.

我们还需证明 η 是一个概率测度. 假设 Σ 是字母表，其中 $\mathcal{X} = \mathbb{C}^{\Sigma}$，令

$$\{ X_{a,b} : a, b \in \Sigma \} \cup \{ Y_{a,b} : a, b \in \Sigma \} \tag{7.137}$$

为相互独立且同分布的标准正态随机变量的集合，并且如定义 7.18 中那样定义算子值随机变量

$$Z = \sum_{a,b \in \Sigma} (X_{a,b} + \mathrm{i} Y_{a,b}) E_{a,b}. \tag{7.138}$$

有 $PZ \in \mathrm{U}(\mathcal{X})$ 对于半正定算子 $P \in \mathrm{Pd}(\mathcal{X})$ 成立，当且仅当 Z 是非奇异的，所以

$$\eta(\mathrm{U}(\mathcal{X})) = \mathrm{Pr}\big(\mathrm{Det}(Z) \neq 0 \big). \tag{7.139}$$

一个算子是奇异的，当且仅当其列向量可以形成一个线性无关集合，因此 $\mathrm{Det}(Z) = 0$，当且仅当存在一个符号 $b \in \Sigma$ 使得

$$\sum_{a \in \Sigma} (X_{a,b} + \mathrm{i} Y_{a,b}) e_a \in \mathrm{span}\left\{ \sum_{a \in \Sigma} (X_{a,c} + \mathrm{i} Y_{a,c}) e_a : c \in \Sigma \backslash \{b\} \right\}. \tag{7.140}$$

这一等式中的子空间必然是 $\mathcal{X}$ 的一个真子空间，这是因为它的维度至多为 $|\Sigma| - 1$，因此事件 (7.140) 出现的概率为零. 根据 Boole 不等式，正如命题 1.17 中所提到的，我们有 $\mathrm{Det}(Z) = 0$ 的概率为 0，所以 $\eta(\mathrm{U}(\mathcal{X})) = 1$. □

下面的命题说明,在式 (7.129) 给定的意义下,Haar 测度是酉不变的.

命题 7.20 令 $\mathcal{X}$ 为一个复欧几里得空间. 对于每一个 $\mathcal{A} \in \text{Borel}(\text{U}(\mathcal{X}))$ 和 $U \in \text{U}(\mathcal{X})$, $\text{U}(\mathcal{X})$ 上的 Haar 测度 η 满足

$$\eta(U\mathcal{A}) = \eta(\mathcal{A}) = \eta(\mathcal{A}U). \tag{7.141}$$

证明 假设 Σ 是字母表,其中 $\mathcal{X} = \mathbb{C}^\Sigma$,令

$$\{X_{a,b} : a,b \in \Sigma\} \cup \{Y_{a,b} : a,b \in \Sigma\} \tag{7.142}$$

为一个相互独立且同分布的标准正态随机变量的集合,并且使

$$Z = \sum_{a,b \in \Sigma} (X_{a,b} + \mathrm{i}Y_{a,b})E_{a,b}, \tag{7.143}$$

如定义 7.18 中所述.

假设 $\mathcal{A}$ 是 $\text{U}(\mathcal{X})$ 的一个 Borel 子集,并且 $U \in \text{U}(\mathcal{X})$ 是任意的酉算子. 为了证明 η 的左酉不变性,我们需要证明 Z 和 UZ 是同分布的,而为了证明 η 的右酉不变性,我们需要证明 Z 和 ZU 是同分布的,因为此时我们有

$$\begin{aligned} \eta(U\mathcal{A}) &= \Pr(U^{-1}PZ \in \mathcal{A}, \quad \exists P \in \text{Pd}(\mathcal{X})) \\ &= \Pr((U^{-1}PU)Z \in \mathcal{A}, \quad \exists P \in \text{Pd}(\mathcal{X})) = \eta(\mathcal{A}) \end{aligned} \tag{7.144}$$

和

$$\begin{aligned} \eta(\mathcal{A}U) &= \Pr(PZU^{-1} \in \mathcal{A}, \quad \exists P \in \text{Pd}(\mathcal{X})) \\ &= \Pr(PZ \in \mathcal{A}, \quad \exists P \in \text{Pd}(\mathcal{X})) = \eta(\mathcal{A}). \end{aligned} \tag{7.145}$$

UZ、Z 和 ZU 是同分布的这一事实,可以从正交变换下的标准 Gauss 测度得到,其证明在本质上与命题 7.17 的证明是相同的. $\qquad \square$

对于每一个复欧几里得空间,在 $\text{U}(\mathcal{X})$ 上的 Haar 测度 η 为既左酉不变又右酉不变的 Borel 概率测度. 事实上,$\text{U}(\mathcal{X})$ 上的任意既左酉不变又右酉不变的 Borel 概率测度必然等于 Haar 测度. 下面的定理会揭示这一点.

定理 7.21 令 $\mathcal{X}$ 为一个复欧几里得空间,并且令

$$\nu : \text{Borel}(\text{U}(\mathcal{X})) \to [0,1] \tag{7.146}$$

为一个拥有下面两种性质之一的 Borel 概率测度:

1. **左酉不变性**:$\nu(U\mathcal{A}) = \nu(\mathcal{A})$ 对于所有的 Borel 子集 $\mathcal{A} \subseteq \text{U}(\mathcal{X})$ 和所有的酉算子 $U \in \text{U}(\mathcal{X})$ 成立.

2. **右酉不变性**:$\nu(\mathcal{A}U) = \nu(\mathcal{A})$ 对于所有的 Borel 子集 $\mathcal{A} \subseteq \text{U}(\mathcal{X})$ 和所有的酉算子 $U \in \text{U}(\mathcal{X})$ 成立.

则有 ν 等于 Haar 测度 $\eta : \text{Borel}(\text{U}(\mathcal{X})) \to [0,1]$ 成立.

证明 假设 ν 是左酉不变的, 而 ν 是右酉不变的这一情况将用相似的论证方法证明. 令 $\mathcal{A}$ 为 $\mathrm{U}(\mathcal{X})$ 的一个任意 Borel 子集, 并且令 f 表示 $\mathcal{A}$ 关于每一个 $U \in \mathrm{U}(\mathcal{X})$ 的特征函数:

$$f(U) = \begin{cases} 1 & U \in \mathcal{A} \\ 0 & U \notin \mathcal{A}. \end{cases} \tag{7.147}$$

根据 ν 的左酉不变性, 我们有

$$\nu(\mathcal{A}) = \int f(U)\, \mathrm{d}\nu(U) = \int f(VU)\, \mathrm{d}\nu(U) \tag{7.148}$$

对于每一个酉算子 $V \in \mathrm{U}(\mathcal{X})$ 成立. 关于 Haar 测度 η 在所有酉算子 V 上进行积分, 我们可得

$$\nu(\mathcal{A}) = \iint f(VU)\, \mathrm{d}\nu(U)\, \mathrm{d}\eta(V) = \iint f(VU)\, \mathrm{d}\eta(V)\, \mathrm{d}\nu(U), \tag{7.149}$$

其中 Fubini 定理使积分顺序的变化成为可能. 根据 Haar 测度的右酉不变性, 有

$$\nu(\mathcal{A}) = \iint f(V)\, \mathrm{d}\eta(V)\, \mathrm{d}\nu(U) = \int f(V)\, \mathrm{d}\eta(V) = \eta(\mathcal{A}). \tag{7.150}$$

由于 $\mathcal{A}$ 是任意选择的, 所以 $\nu = \eta$, 即为所求. $\qquad\square$

正如下面的定理所述, Haar 测度和均匀球测度是紧密相关的. 其证明利用了与前述定理的证明相同的方法.

定理 7.22 令 $\mathcal{X}$ 为一个复欧几里得空间, μ 表示 $\mathcal{S}(\mathcal{X})$ 上的均匀球测度, 而 η 表示 $\mathrm{U}(\mathcal{X})$ 上的 Haar 测度. 对于每一个 $\mathcal{A} \in \mathrm{Borel}(\mathcal{S}(\mathcal{X}))$ 和 $x \in \mathcal{S}(\mathcal{X})$, 有

$$\mu(\mathcal{A}) = \eta\big(\{U \in \mathrm{U}(\mathcal{X}) : Ux \in \mathcal{A}\}\big) \tag{7.151}$$

成立.

证明 令 $\mathcal{A}$ 为 $\mathcal{S}(\mathcal{X})$ 的任意 Borel 子集, 并且令 f 表示 $\mathcal{A}$ 关于每一个 $y \in \mathcal{S}(\mathcal{X})$ 的特征函数:

$$f(y) = \begin{cases} 1 & y \in \mathcal{A} \\ 0 & y \notin \mathcal{A}. \end{cases} \tag{7.152}$$

根据均匀球测度的酉不变性, 有

$$\mu(\mathcal{A}) = \int f(y)\, \mathrm{d}\mu(y) = \int f(Uy)\, \mathrm{d}\mu(y) \tag{7.153}$$

对于每一个 $U \in \mathrm{U}(\mathcal{X})$ 都成立. 关于 Haar 测度在所有 $U \in \mathrm{U}(\mathcal{X})$ 上积分, 并且依据 Fubini 定理改变积分的顺序, 我们可以得到

$$\mu(\mathcal{A}) = \iint f(Uy)\, \mathrm{d}\mu(y)\, \mathrm{d}\eta(U) = \iint f(Uy)\, \mathrm{d}\eta(U)\, \mathrm{d}\mu(y). \tag{7.154}$$

现在, 对于任意选定的单位向量 $x, y \in \mathcal{S}(\mathcal{X})$, 我们可以选择一个酉算子 $V \in \mathrm{U}(\mathcal{X})$ 使 $Vy = x$ 成立. 根据 Haar 测度的右酉不变性, 有

$$\int f(Uy)\,\mathrm{d}\eta(U) = \int f(UVy)\,\mathrm{d}\eta(U) = \int f(Ux)\,\mathrm{d}\eta(U). \tag{7.155}$$

因此,

$$
\begin{aligned}
\mu(\mathcal{A}) &= \iint f(Uy)\,\mathrm{d}\eta(U)\,\mathrm{d}\mu(y) = \iint f(Ux)\,\mathrm{d}\eta(U)\,\mathrm{d}\mu(y) \\
&= \int f(Ux)\,\mathrm{d}\eta(U) = \eta(\{U \in \mathrm{U}(\mathcal{X}) : Ux \in \mathcal{A}\}),
\end{aligned}
\tag{7.156}
$$

即为所求.   □

由于注意到在对前述定理的证明中, 除了测度 μ 是规范且酉不变的之外我们并没有用到它的任何性质, 所以可以得到下面的推论.

推论 7.23   令 $\mathcal{X}$ 为一个复欧几里得空间并且令

$$\nu : \mathrm{Borel}(\mathcal{S}(\mathcal{X})) \to [0, 1] \tag{7.157}$$

为一个酉不变的 Borel 概率测度: $\nu(U\mathcal{A}) = \nu(\mathcal{A})$ 对于 $\mathcal{A} \subseteq \mathcal{S}(\mathcal{X})$ 的每一个 Borel 子集都成立. 则有 ν 等于均匀球测度 $\mu : \mathrm{Borel}(\mathcal{S}(\mathcal{X})) \to [0, 1]$ 成立.

7.2.1.3   依据对称性计算积分

某些关于均匀球测度或 Haar 测度定义的积分可以通过考虑这些积分中所呈现的对称性进行计算. 例如, 对于任意字母表 Σ 和 $\mathcal{S}(\mathbb{C}^{\Sigma})$ 上的均匀球测度 μ, 我们有

$$\int uu^*\,\mathrm{d}\mu(u) = \frac{\mathbb{1}}{|\Sigma|}. \tag{7.158}$$

这是因为该积分所表示的算子必然是半正定的, 有着单位迹, 并且在每一个酉算子的共轭操作下都是不变的, $\mathbb{1}/|\Sigma|$ 是有这些性质的唯一算子.

下面的引理对该事实进行了推广, 它提供了对 7.1.1 节中所定义的到对称子空间上的投影的另一种描述.

引理 7.24   令 $\mathcal{X}$ 为一个复欧几里得空间, n 为一个正整数, 并且 μ 表示 $\mathcal{S}(\mathcal{X})$ 上的均匀球测度. 有

$$\Pi_{\mathcal{X}^{\otimes n}} = \dim(\mathcal{X}^{\otimes n}) \int (uu^*)^{\otimes n}\,\mathrm{d}\mu(u) \tag{7.159}$$

成立.

证明   令

$$P = \dim(\mathcal{X}^{\otimes n}) \int (uu^*)^{\otimes n}\,\mathrm{d}\mu(u), \tag{7.160}$$

并且首先注意到

$$\mathrm{Tr}(P) = \dim(\mathcal{X}^{\otimes n}), \tag{7.161}$$

这是因为 μ 是一个规范测度.

接下来, 根据均匀球测度的酉不变性, 我们有 $[P, U^{\otimes n}] = 0$ 对于每一个 $U \in \mathrm{U}(\mathcal{X})$ 成立. 根据定理 7.15, 我们可以得到

$$P = \sum_{\pi \in S_n} v(\pi) W_\pi \tag{7.162}$$

对于选定的向量 $v \in \mathbb{C}^{S_n}$ 成立. 利用 $u^{\otimes n} \in \mathcal{X}^{\otimes n}$ 对每一个单位向量 $u \in \mathbb{C}^\Sigma$ 成立的事实, 我们必然有

$$\Pi_{\mathcal{X}^{\otimes n}} P = P, \tag{7.163}$$

这说明由命题 7.1 我们可以得到

$$\begin{aligned} P &= \frac{1}{n!} \sum_{\sigma \in S_n} W_\sigma \sum_{\pi \in S_n} v(\pi) W_\pi = \frac{1}{n!} \sum_{\pi \in S_n} \sum_{\sigma \in S_n} v(\sigma^{-1}\pi) W_\pi \\ &= \frac{1}{n!} \sum_{\sigma \in S_n} v(\sigma) \sum_{\pi \in S_n} W_\pi = \sum_{\sigma \in S_n} v(\sigma) \Pi_{\mathcal{X}^{\otimes n}}. \end{aligned} \tag{7.164}$$

根据式 (7.161), 我们有

$$\sum_{\sigma \in S_n} v(\sigma) = 1, \tag{7.165}$$

因此 $P = \Pi_{\mathcal{X}^{\otimes n}}$, 即为所求. $\qquad\square$

下面的例子是例 6.10 的一个延续. 我们依据对称性对与 Werner 态和各向同性态有着紧密联系的两种信道进行分析.

例 7.25　　如例 6.10 所述, 令 Σ 为一个字母表, $n = |\Sigma|$, 并且 $\mathcal{X} = \mathbb{C}^\Sigma$, 同时回忆四个投影算子[⊖]

$$\Delta_0, \Delta_1, \Pi_0, \Pi_1 \in \mathrm{Proj}(\mathcal{X} \otimes \mathcal{X}), \tag{7.166}$$

它们分别被定义为

$$\Delta_0 = \frac{1}{n} \sum_{a,b \in \Sigma} E_{a,b} \otimes E_{a,b}, \tag{7.167}$$

$$\Delta_1 = \mathbb{1} \otimes \mathbb{1} - \frac{1}{n} \sum_{a,b \in \Sigma} E_{a,b} \otimes E_{a,b}, \tag{7.168}$$

$$\Pi_0 = \frac{1}{2} \mathbb{1} \otimes \mathbb{1} + \frac{1}{2} \sum_{a,b \in \Sigma} E_{a,b} \otimes E_{b,a}, \tag{7.169}$$

$$\Pi_1 = \frac{1}{2} \mathbb{1} \otimes \mathbb{1} - \frac{1}{2} \sum_{a,b \in \Sigma} E_{a,b} \otimes E_{b,a}. \tag{7.170}$$

⊖ 利用 7.1.1 节介绍的标记, 我们也可以写出 $\Pi_0 = \Pi_{\mathcal{X}\,\varominus\,\mathcal{X}}$ 和 $\Pi_1 = \Pi_{\mathcal{X}\,\varominus\,\mathcal{X}}$. 在这个例子中我们将用标记 Π_0 和 Π_1, 以与例 6.10 保持一致.

等价地，我们可以写出

$$\Delta_0 = \frac{1}{n}(\mathrm{T} \otimes \mathbb{1}_{\mathrm{L}(\mathcal{X})})(W), \qquad \Pi_0 = \frac{1}{2}\mathbb{1} \otimes \mathbb{1} + \frac{1}{2}W, \tag{7.171}$$

$$\Delta_1 = \mathbb{1} \otimes \mathbb{1} - \frac{1}{n}(\mathrm{T} \otimes \mathbb{1}_{\mathrm{L}(\mathcal{X})})(W), \quad \Pi_1 = \frac{1}{2}\mathbb{1} \otimes \mathbb{1} - \frac{1}{2}W, \tag{7.172}$$

其中 $\mathrm{T}(X) = X^{\mathsf{T}}$ 表示 $\mathrm{L}(\mathcal{X})$ 上的转置映射，同时

$$W = \sum_{a,b \in \Sigma} E_{a,b} \otimes E_{b,a} \tag{7.173}$$

为 $\mathcal{X} \otimes \mathcal{X}$ 上的交换算子. 对于 $\lambda \in [0,1]$，形式为

$$\lambda \Delta_0 + (1-\lambda)\frac{\Delta_1}{n^2-1} \quad \text{和} \quad \lambda\frac{\Pi_0}{\binom{n+1}{2}} + (1-\lambda)\frac{\Pi_1}{\binom{n}{2}} \tag{7.174}$$

的态在例 6.10 中被相应地称为*各向同性态*和 Werner *态*.

现在，对于所有的 $X \in \mathrm{L}(\mathcal{X} \otimes \mathcal{X})$，考虑定义为

$$\Xi(X) = \int (U \otimes U)X(U \otimes U)^* \, \mathrm{d}\eta(U) \tag{7.175}$$

的信道 $\Xi \in \mathrm{C}(\mathcal{X} \otimes \mathcal{X})$，其中 η 表示 $\mathrm{U}(\mathcal{X})$ 上的 Haar 测度. 根据 Haar 测度的酉不变性，我们有 $[\Xi(X), U \otimes U] = 0$ 对于所有的 $X \in \mathrm{L}(\mathcal{X} \otimes \mathcal{X})$ 和 $U \in \mathrm{U}(\mathcal{X})$ 成立. 根据定理 7.15，有

$$\Xi(X) \in \mathrm{span}\{\mathbb{1} \otimes \mathbb{1}, W\} = \mathrm{span}\{\Pi_0, \Pi_1\}, \tag{7.176}$$

因此一定有

$$\Xi(X) = \alpha(X)\,\Pi_0 + \beta(X)\,\Pi_1 \tag{7.177}$$

成立，其中 $\alpha(X), \beta(X) \in \mathbb{C}$ 为与 X 线性相关的复数. 信道 Ξ 是自伴的且满足 $\Xi(\mathbb{1} \otimes \mathbb{1}) = \mathbb{1} \otimes \mathbb{1}$ 和 $\Xi(W) = W$，从而有 $\Xi(\Pi_0) = \Pi_0$ 和 $\Xi(\Pi_1) = \Pi_1$. 下面的两个等式成立：

$$\begin{aligned}
\alpha(X) &= \frac{1}{\binom{n+1}{2}}\langle \Pi_0, \Xi(X) \rangle = \frac{1}{\binom{n+1}{2}}\langle \Xi(\Pi_0), X \rangle = \frac{1}{\binom{n+1}{2}}\langle \Pi_0, X \rangle, \\
\beta(X) &= \frac{1}{\binom{n}{2}}\langle \Pi_1, \Xi(X) \rangle = \frac{1}{\binom{n}{2}}\langle \Xi(\Pi_1), X \rangle = \frac{1}{\binom{n}{2}}\langle \Pi_1, X \rangle.
\end{aligned} \tag{7.178}$$

从而有

$$\Xi(X) = \frac{1}{\binom{n+1}{2}}\langle \Pi_0, X \rangle \Pi_0 + \frac{1}{\binom{n}{2}}\langle \Pi_1, X \rangle \Pi_1. \tag{7.179}$$

在任意密度算子的输入上，根据这个表达式，显然 Ξ 的输出是一个 Werner 态，而且每一个 Werner 态都由这个信道确定. 信道 Ξ 有时被称为Werner *旋转信道*.

对于所有的 $X \in \mathrm{L}(\mathcal{X} \otimes \mathcal{X})$，一个不同但紧密相关的信道 $\Lambda \in \mathrm{C}(\mathcal{X} \otimes \mathcal{X})$ 定义为

$$\Lambda(X) = \int (U \otimes \overline{U})X(U \otimes \overline{U})^* \, \mathrm{d}\eta(U), \tag{7.180}$$

其中 η 依旧表示 $\mathrm{U}(\mathcal{X})$ 上的 Haar 测度. 该信道的另一种表达式可以利用前述对信道 Ξ 的分析得到. 首先, 在这个过程中, 我们可以观察到, Λ 可以通过如下方法将偏置与信道 Ξ 复合而得到:

$$\Lambda = (\mathbb{1}_{\mathrm{L}(\mathcal{X})} \otimes \mathrm{T})\, \Xi \,(\mathbb{1}_{\mathrm{L}(\mathcal{X})} \otimes \mathrm{T}). \tag{7.181}$$

接下来, 利用恒等式

$$(\mathbb{1}_{\mathrm{L}(\mathcal{X})} \otimes \mathrm{T})(\Pi_0) = \frac{n+1}{2}\Delta_0 + \frac{1}{2}\Delta_1,$$
$$(\mathbb{1}_{\mathrm{L}(\mathcal{X})} \otimes \mathrm{T})(\Pi_1) = -\frac{n-1}{2}\Delta_0 + \frac{1}{2}\Delta_1, \tag{7.182}$$

我们可以发现

$$\Lambda(X) = \langle \Delta_0, X \rangle \Delta_0 + \frac{1}{n^2-1}\langle \Delta_1, X \rangle \Delta_1. \tag{7.183}$$

在任意密度算子输入上, 信道 Λ 的输出是一个各向同性态, 并且每一个各向同性态都由 Λ 确定. 信道 Λ 有时被称为**各向同性旋转信道**.

根据信道 Ξ 和 Λ 的特性, 显然我们有下面的表达式, 其中 Φ_U 表示由关于每个 $X \in \mathrm{L}(\mathcal{X})$ 的 $\Phi_U(X) = UXU^*$ 所定义的酉信道.

$$\Xi \in \mathrm{conv}\{\Phi_U \otimes \Phi_U : U \in \mathrm{U}(\mathcal{X})\},$$
$$\Lambda \in \mathrm{conv}\{\Phi_U \otimes \Phi_{\overline{U}} : U \in \mathrm{U}(\mathcal{X})\}. \tag{7.184}$$

从而 Ξ 和 Λ 是混合酉信道, 也是 LOCC 信道. 事实上, 这两种信道都可以在没有通信的情况下实现——局域操作和共享随机性便已足够.

最后, 对于任选的正交单位向量 $u, v \in \mathcal{X}$, 我们可以观察到下面的等式:

$$\langle \Pi_0, uu^* \otimes vv^* \rangle = \frac{1}{2}, \quad \langle \Pi_1, uu^* \otimes vv^* \rangle = \frac{1}{2},$$
$$\langle \Pi_0, uu^* \otimes uu^* \rangle = 1, \quad \langle \Pi_1, uu^* \otimes uu^* \rangle = 0. \tag{7.185}$$

因此对于选定的每一个 $\alpha \in [0,1]$, 我们有

$$\Xi(uu^* \otimes (\alpha uu^* + (1-\alpha)vv^*)) = \frac{1+\alpha}{2}\frac{\Pi_0}{\binom{n+1}{2}} + \frac{1-\alpha}{2}\frac{\Pi_1}{\binom{n}{2}}. \tag{7.186}$$

由于对于每一个 $\alpha \in [0,1]$, Ξ 是一个可分信道并且

$$uu^* \otimes (\alpha uu^* + (1-\alpha)vv^*) \in \mathrm{SepD}(\mathcal{X} : \mathcal{X}) \tag{7.187}$$

是一个可分态, 所以态 (7.186) 也是可分的. 等价地, Werner 态

$$\lambda \frac{\Pi_0}{\binom{n+1}{2}} + (1-\lambda)\frac{\Pi_1}{\binom{n}{2}} \tag{7.188}$$

对于所有的 $\lambda \in [1/2, 1]$ 都是可分的. 态 (7.188) 的偏置为

$$\frac{2\lambda-1}{n}\Delta_0 + \left(1 - \frac{2\lambda-1}{n}\right)\frac{\Delta_1}{n^2-1}. \tag{7.189}$$

假设 $\lambda \in [1/2, 1]$, 则态 (7.188) 是可分的, 因此它的偏置也是可分的. 从而各向同性态

$$\lambda\Delta_0 + (1 - \lambda)\frac{\Delta_1}{n^2 - 1} \tag{7.190}$$

对于所有的 $\lambda \in [0, 1/n]$ 都是可分的. $\qquad\qquad\qquad\qquad\qquad\qquad\qquad\qquad$ □

7.2.2 酉不变测度的应用

在量子信息论中, 有许多关于均匀球测度和 Haar 测度的积分的应用. 我们将展示三个例子, 其他涉及测度集中现象的例子将在 7.3.2 节展示.

7.2.2.1 量子 de Finetti 定理

直觉上来说, 量子 de Finetti 定理说明, 如果一组全同寄存器集合的态是可交换的, 那么任意相对较少数目的这些寄存器的约化态一定与全同积态的一个凸组合相近. 对该定理我们首先将对于对称纯态进行阐述和证明, 并且根据这个定理, 关于任意可分态的更一般的阐述可以从定理 7.12 中推导而出.

定理 7.26 令 Σ 为一个字母表, n 为正整数, 并且令 $\mathsf{X}_1, \cdots, \mathsf{X}_n$ 为寄存器且每个寄存器都有经典态集合 Σ. 此外令

$$v \in \mathcal{X}_1 \varovoid \cdots \varovoid \mathcal{X}_n \tag{7.191}$$

为一个对称单位向量并且令 $k \in \{1, \cdots, n\}$. **存在一个态**

$$\tau \in \mathrm{conv}\left\{ (uu^*)^{\otimes k} : u \in \mathcal{S}(\mathbb{C}^\Sigma) \right\} \tag{7.192}$$

使得

$$\left\| (vv^*)[\mathsf{X}_1, \cdots, \mathsf{X}_k] - \tau \right\|_1 \leqslant \frac{4k(|\Sigma| - 1)}{n + 1}. \tag{7.193}$$

证明 我们将会证明该定理的要求由算子

$$\tau = \binom{n + |\Sigma| - 1}{|\Sigma| - 1} \int \langle (uu^*)^{\otimes n}, vv^* \rangle (uu^*)^{\otimes k} \, \mathrm{d}\mu(u) \tag{7.194}$$

满足, 其中 μ 表示 $\mathcal{S}(\mathbb{C}^\Sigma)$ 上的均匀球测度. 根据其定义, 显然 τ 是半正定的, 并且根据引理 7.24 以及假设 $v \in \mathcal{X}_1 \varovoid \cdots \varovoid \mathcal{X}_n$, 我们有 $\mathrm{Tr}(\tau) = 1$.

为了建立边界 (7.193), 对于每一个非负整数 m 我们可以很方便地定义

$$N_m = \binom{m + |\Sigma| - 1}{|\Sigma| - 1}. \tag{7.195}$$

N_{n-k} 和 N_n 之间的比值的以下界成立:

$$\begin{aligned}
1 \geqslant \frac{N_{n-k}}{N_n} &= \frac{n - k + |\Sigma| - 1}{n + |\Sigma| - 1} \cdots \frac{n - k + 1}{n + 1} \\
&\geqslant \left(\frac{n - k + 1}{n + 1} \right)^{|\Sigma| - 1} \geqslant 1 - \frac{k(|\Sigma| - 1)}{n + 1}.
\end{aligned} \tag{7.196}$$

对于每一个单位向量 $u \in \mathcal{S}(\mathbb{C}^{\Sigma})$ 和每一个正整数 m, 定义投影算子

$$\Delta_{m,u} = (uu^*)^{\otimes m}, \tag{7.197}$$

此外定义算子 $P_u \in \mathrm{Pos}(\mathcal{X}_1 \otimes \cdots \otimes \mathcal{X}_k)$ 为

$$P_u = \mathrm{Tr}_{\mathcal{X}_{k+1} \otimes \cdots \otimes \mathcal{X}_n} \Big((\mathbb{1}_{\mathcal{X}_1 \otimes \cdots \otimes \mathcal{X}_k} \otimes \Delta_{n-k,u}) vv^* \Big). \tag{7.198}$$

根据引理 7.24 以及假设 $v \in \mathcal{X}_1 \otimes \cdots \otimes \mathcal{X}_n$, 我们有

$$vv^* = N_{n-k} \int (\mathbb{1}_{\mathcal{X}_1 \otimes \cdots \otimes \mathcal{X}_k} \otimes \Delta_{n-k,u}) vv^* \mathrm{d}\mu(u), \tag{7.199}$$

因此

$$(vv^*)[\mathsf{X}_1, \cdots, \mathsf{X}_k] = N_{n-k} \int P_u \, \mathrm{d}\mu(u). \tag{7.200}$$

该密度算子将与 τ 进行比较, 这可以表示为

$$\tau = N_n \int \Delta_{k,u} P_u \Delta_{k,u} \, \mathrm{d}\mu(u). \tag{7.201}$$

该证明其余部分的首要目标是为算子

$$\frac{1}{N_{n-k}} (vv^*)[\mathsf{X}_1, \cdots, \mathsf{X}_k] - \frac{1}{N_n} \tau = \int \Big(P_u - \Delta_{k,u} P_u \Delta_{k,u} \Big) \, \mathrm{d}\mu(u) \tag{7.202}$$

的迹范数构造界, 因为这样的界可以直接引出

$$(vv^*)[\mathsf{X}_1, \cdots, \mathsf{X}_k] - \tau \tag{7.203}$$

的迹范数的界. 对于作用在一个给定空间上的任意两个方算子 A 和 B 成立的算子恒等式

$$A - BAB = A(\mathbb{1} - B) + (\mathbb{1} - B)A - (\mathbb{1} - B)A(\mathbb{1} - B) \tag{7.204}$$

对实现这一目的有很大的帮助. 因为有

$$\int \Delta_{k,u} P_u \, \mathrm{d}\mu(u) = \int \mathrm{Tr}_{\mathcal{X}_{k+1} \otimes \cdots \otimes \mathcal{X}_n} \Big(\Delta_{n,u} vv^* \Big) \, \mathrm{d}\mu(u)$$
$$= \frac{1}{N_n} (vv^*)[\mathsf{X}_1, \cdots, \mathsf{X}_k] \tag{7.205}$$

成立, 所以

$$\int (\mathbb{1} - \Delta_{k,u}) P_u \, \mathrm{d}\mu(u) = \left(\frac{1}{N_{n-k}} - \frac{1}{N_n} \right) (vv^*)[\mathsf{X}_1, \cdots, \mathsf{X}_k], \tag{7.206}$$

这说明

$$\left\| \int (\mathbb{1} - \Delta_{k,u}) P_u \, \mathrm{d}\mu(u) \right\|_1 = \left(\frac{1}{N_{n-k}} - \frac{1}{N_n} \right). \tag{7.207}$$

基于相似的原因, 我们发现

$$\left\| \int P_u (\mathbb{1} - \Delta_{k,u}) \, \mathrm{d}\mu(u) \right\|_1 = \left(\frac{1}{N_{n-k}} - \frac{1}{N_n} \right). \tag{7.208}$$

此外，我们有

$$\left\| \int (\mathbb{1} - \Delta_{k,u}) P_u (\mathbb{1} - \Delta_{k,u}) \, \mathrm{d}\mu(u) \right\|_1$$

$$= \mathrm{Tr}\left(\int (\mathbb{1} - \Delta_{k,u}) P_u (\mathbb{1} - \Delta_{k,u}) \, \mathrm{d}\mu(u) \right) \tag{7.209}$$

$$= \mathrm{Tr}\left(\int (\mathbb{1} - \Delta_{k,u}) P_u \, \mathrm{d}\mu(u) \right) = \left(\frac{1}{N_{n-k}} - \frac{1}{N_n} \right),$$

所以根据三角不等式和恒等式 (7.204)，有

$$\left\| \frac{1}{N_{n-k}} (vv^*)[\mathsf{X}_1, \cdots, \mathsf{X}_k] - \frac{1}{N_n}\tau \right\|_1 \leqslant 3\left(\frac{1}{N_{n-k}} - \frac{1}{N_n} \right). \tag{7.210}$$

在建立算子 (7.202) 迹范数的边界之后，我们可以得到：

$$\left\| (vv^*)[\mathsf{X}_1, \cdots, \mathsf{X}_k] - \tau \right\|_1$$

$$\leqslant N_{n-k} \left\| \frac{1}{N_{n-k}} (vv^*)[\mathsf{X}_1, \cdots, \mathsf{X}_k] - \frac{1}{N_n}\tau \right\|_1$$

$$+ N_{n-k} \left\| \frac{1}{N_n}\tau - \frac{1}{N_{n-k}}\tau \right\|_1 \tag{7.211}$$

$$\leqslant 4\left(1 - \frac{N_{n-k}}{N_n} \right)$$

$$\leqslant \frac{4k(|\Sigma| - 1)}{n + 1},$$

即为所求。 $\qquad\qquad\qquad\qquad\qquad\qquad\qquad\qquad\qquad\qquad\qquad\qquad\qquad\qquad\qquad\qquad\square$

推论 7.27(量子 de Finetti 定理) 令 Σ 为一个字母表，n 为一个正整数，并且 $\mathsf{X}_1, \cdots, \mathsf{X}_n$ 为共享相同经典态集合 Σ 的寄存器。对于每一个可交换密度算子 $\rho \in \mathrm{D}(\mathcal{X}_1 \otimes \cdots \otimes \mathcal{X}_n)$ 和每一个正整数 $k \in \{1, \cdots, n\}$，一定存在一个密度算子

$$\tau \in \mathrm{conv}\{\sigma^{\otimes k} : \sigma \in \mathrm{D}(\mathbb{C}^\Sigma)\} \tag{7.212}$$

使得

$$\left\| \rho[\mathsf{X}_1, \cdots, \mathsf{X}_k] - \tau \right\|_1 \leqslant \frac{4k(|\Sigma|^2 - 1)}{n + 1}. \tag{7.213}$$

证明 令 $\mathsf{Y}_1, \cdots, \mathsf{Y}_n$ 为寄存器，它们共享经典态集合 Σ。根据定理 7.12，存在一个对称单位向量

$$v \in (\mathcal{X}_1 \otimes \mathcal{Y}_1) \varovee \cdots \varovee (\mathcal{X}_n \otimes \mathcal{Y}_n) \tag{7.214}$$

表示复合寄存器 $((\mathsf{X}_1, \mathsf{Y}_1), \cdots, (\mathsf{X}_n, \mathsf{Y}_n))$ 的一个纯态，它有着性质

$$(vv^*)[\mathsf{X}_1, \cdots, \mathsf{X}_n] = \rho. \tag{7.215}$$

根据定理 7.26，存在一个代表复合寄存器 $((\mathsf{X}_1, \mathsf{Y}_1), \cdots, (\mathsf{X}_k, \mathsf{Y}_k))$ 的一个态的密度算子

$$\xi \in \mathrm{conv}\{(uu^*)^{\otimes k} : u \in \mathcal{S}(\mathbb{C}^\Sigma \otimes \mathbb{C}^\Sigma)\}, \tag{7.216}$$

使得

$$\big\|(vv^*)[(\mathsf{X}_1,\mathsf{Y}_1),\cdots,(\mathsf{X}_k,\mathsf{Y}_k)] - \xi\big\|_1 \leqslant \frac{4k\big(|\Sigma|^2 - 1\big)}{n+1}. \tag{7.217}$$

取 $\tau = \xi[\mathsf{X}_1,\cdots,\mathsf{X}_k]$，我们有

$$\tau \in \operatorname{conv}\big\{\sigma^{\otimes k} : \sigma \in \mathrm{D}(\mathbb{C}^\Sigma)\big\}, \tag{7.218}$$

则所求的边界

$$
\begin{aligned}
\big\|\rho[\mathsf{X}_1,\cdots,\mathsf{X}_k] - \tau\big\|_1 &\leqslant \big\|(vv^*)[(\mathsf{X}_1,\mathsf{Y}_1),\cdots,(\mathsf{X}_k,\mathsf{Y}_k)] - \xi\big\|_1 \\
&\leqslant \frac{4k\big(|\Sigma|^2 - 1\big)}{n+1}
\end{aligned} \tag{7.219}
$$

可以由偏迹下迹范数的单调性得到. $\qquad\square$

7.2.2.2 量子纯态的最优克隆

令 Σ 为一个字母表，n 和 m 为正整数且 $n \leqslant m$，并且 $\mathsf{X}_1,\cdots,\mathsf{X}_m$ 为寄存器，它们共享相同的经典态 Σ. 对于克隆这一任务，我们假设对于选定的 $\rho \in \mathrm{D}(\mathbb{C}^\Sigma)$，$(\mathsf{X}_1,\cdots,\mathsf{X}_n)$ 的态由

$$\rho^{\otimes n} \in \mathrm{D}(\mathcal{X}_1 \otimes \cdots \otimes \mathcal{X}_n) \tag{7.220}$$

给出，并且其目标是将 $(\mathsf{X}_1,\cdots,\mathsf{X}_n)$ 以某种方式变换为 $(\mathsf{X}_1,\cdots,\mathsf{X}_m)$，这种方式使得该寄存器的结果态尽可能地接近

$$\rho^{\otimes m} \in \mathrm{D}(\mathcal{X}_1 \otimes \cdots \otimes \mathcal{X}_m). \tag{7.221}$$

我们可以考虑给定信道

$$\Phi \in \mathrm{C}(\mathcal{X}_1 \otimes \cdots \otimes \mathcal{X}_n, \mathcal{X}_1 \otimes \cdots \otimes \mathcal{X}_m) \tag{7.222}$$

通过多种特定的方法完成这一任务的质量. 例如：可以关于迹范数、其他范数或者保真度函数，测量从 $\Phi(\rho^n)$ 到 ρ^m 的距离；也可以考虑可能选择的 ρ 上的某分布的平均距离，或者考虑所有 ρ 或某些可选的 ρ 的子集上的最差情况. 最典型的情况是假设 ρ 为一个纯态——混态的情况更为复杂，并且有着与纯态的情况非常不同的特征.

我们在这里考虑的克隆任务的特定情况是选择形式为式 (7.222) 的信道，从而在所有纯态 $\rho = uu^*$ 上最大化最小保真度

$$\alpha(\Phi) = \inf_{u \in \mathcal{S}(\mathbb{C}^\Sigma)} \mathrm{F}\big(\Phi\big((uu^*)^{\otimes n}\big), (uu^*)^{\otimes m}\big). \tag{7.223}$$

下面的定理为这个量确立了一个上界，并且说明该界是可以由某个信道 Φ 获得的.

定理 7.28(Werner) 令 $\mathcal{X}$ 为一个复欧几里得空间，n 和 m 为满足 $n \leqslant m$ 的正整数. 对于每个信道

$$\Phi \in \mathrm{C}(\mathcal{X}^{\otimes n}, \mathcal{X}^{\otimes m}) \tag{7.224}$$

有

$$\inf_{u\in\mathcal{S}(\mathcal{X})}\left\langle\Phi\left((uu^*)^{\otimes n}\right),(uu^*)^{\otimes m}\right\rangle\leqslant\frac{N_n}{N_m}\tag{7.225}$$

成立, 其中

$$N_k=\binom{k+\dim(\mathcal{X})-1}{\dim(\mathcal{X})-1}\tag{7.226}$$

对于每个正整数 k 成立. 此外, 存在一个上述形式的信道 Φ, 使得式 (7.225) 取等.

注: 在 $n=1$ 和 $m=2$ 的情况下, 我们有

$$\frac{N_1}{N_2}=\frac{2}{\dim(\mathcal{X})+1},\tag{7.227}$$

如果 $\dim(\mathcal{X})\geqslant2$, 它会严格小于 1. 所以, 定理 7.28 提供了不可克隆定理的一种量化形式, 它说明创造一个未知量子态的完美拷贝是不可能的 (除了一维系统这一平凡的情况).

定理 7.28 的证明   不等式 (7.225) 左边的下确界不能大于 $\mathcal{S}(\mathcal{X})$ 上的均匀球测度的平均值:

$$\begin{aligned}&\inf_{u\in\mathcal{S}(\mathcal{X})}\left\langle\Phi\left((uu^*)^{\otimes n}\right),(uu^*)^{\otimes m}\right\rangle\\&\leqslant\int\left\langle\Phi\left((uu^*)^{\otimes n}\right),(uu^*)^{\otimes m}\right\rangle\mathrm{d}\mu(u).\end{aligned}\tag{7.228}$$

因为 $(uu^*)^{\otimes n}\leqslant\Pi_{\mathcal{X}^{\otimes n}}$ 对于每一个 $u\in\mathcal{S}(\mathcal{X})$ 都成立, 所以

$$\begin{aligned}\int\left\langle\Phi\left((uu^*)^{\otimes n}\right),(uu^*)^{\otimes m}\right\rangle\mathrm{d}\mu(u)&\leqslant\int\left\langle\Phi\left(\Pi_{\mathcal{X}^{\otimes n}}\right),(uu^*)^{\otimes m}\right\rangle\mathrm{d}\mu(u)\\&=\frac{1}{N_m}\left\langle\Phi\left(\Pi_{\mathcal{X}^{\otimes n}}\right),\Pi_{\mathcal{X}^{\otimes m}}\right\rangle\leqslant\frac{1}{N_m}\operatorname{Tr}\left(\Phi\left(\Pi_{\mathcal{X}^{\otimes n}}\right)\right)=\frac{N_n}{N_m}.\end{aligned}\tag{7.229}$$

这确立了要求的边界 (7.225).

我们还需证明存在一个信道

$$\Phi\in\mathrm{C}(\mathcal{X}^{\otimes n},\mathcal{X}^{\otimes m})\tag{7.230}$$

使得式 (7.225) 取等. 对于所有的 $X\in\mathrm{L}(\mathcal{X}^{\otimes n})$, 定义

$$\Phi(X)=\frac{N_n}{N_m}\Pi_{\mathcal{X}^{\otimes m}}\left(X\otimes\mathbb{1}_{\mathcal{X}}^{\otimes(m-n)}\right)\Pi_{\mathcal{X}^{\otimes m}}+\left\langle\mathbb{1}_{\mathcal{X}}^{\otimes n}-\Pi_{\mathcal{X}^{\otimes n}},X\right\rangle\sigma,\tag{7.231}$$

其中 $\sigma\in\mathrm{D}(\mathcal{X}^{\otimes m})$ 是一个任意的密度算子. 显然 Φ 是全正的, 并且由

$$\left(\mathbb{1}_{\mathrm{L}(\mathcal{X})}^{\otimes n}\otimes\operatorname{Tr}_{\mathcal{X}}^{\otimes(m-n)}\right)\left(\Pi_{\mathcal{X}^{\otimes m}}\right)=\frac{N_m}{N_n}\Pi_{\mathcal{X}^{\otimes n}}\tag{7.232}$$

可知 Φ 是保迹的. 通过直接计算我们可以发现

$$\left\langle(uu^*)^{\otimes m},\Phi\left((uu^*)^{\otimes n}\right)\right\rangle=\frac{N_n}{N_m}\tag{7.233}$$

对于每一个单位向量 $u\in\mathcal{S}(\mathcal{X})$ 都成立, 从而证毕.   □

例 7.29   例 2.33 所描述的信道是一个最优克隆信道, 它在 $\mathcal{X}=\mathbb{C}^2$、$n=1$ 且 $m=2$ 的情况下使式 (7.225) 取等.   □

7.2.2.3 近完全失相信道的保幺信道

在本小节中，我们将展示酉不变测度在量子信息论中的应用的最后一个例子，这个例子说明所有足够接近完全失相信道的保幺信道都必须是混合酉信道. 我们将用下面的引理说明这一事实.

引理 7.30 令 $\mathcal{X}$ 为维度 $n \geqslant 2$ 的复欧几里得空间，η 表示 $\mathrm{U}(\mathcal{X})$ 上的 Haar 测度，并且 $\Omega \in \mathrm{C}(\mathcal{X})$ 表示关于空间 $\mathcal{X}$ 定义的完全失相信道. 对于每一个 $X \in \mathrm{L}(\mathcal{X} \otimes \mathcal{X})$，定义为

$$\Xi(X) = \int \langle \mathrm{vec}(U)\,\mathrm{vec}(U)^*, X \rangle \,\mathrm{vec}(U)\,\mathrm{vec}(U)^*\,\mathrm{d}\eta(U) \tag{7.234}$$

的映射 $\Xi \in \mathrm{CP}(\mathcal{X} \otimes \mathcal{X})$ 由

$$\Xi = \frac{1}{n^2-1}\big(\mathbb{1}_{\mathrm{L}(\mathcal{X})} \otimes \mathbb{1}_{\mathrm{L}(\mathcal{X})} - \Omega \otimes \mathbb{1}_{\mathrm{L}(\mathcal{X})} - \mathbb{1}_{\mathrm{L}(\mathcal{X})} \otimes \Omega + n^2 \Omega \otimes \Omega\big) \tag{7.235}$$

给出.

证明 令 $V \in \mathrm{U}(\mathcal{X} \otimes \mathcal{X} \otimes \mathcal{X} \otimes \mathcal{X})$ 为由对所有 $Y, Z \in \mathrm{L}(\mathcal{X})$ 成立的等式

$$V\,\mathrm{vec}(Y \otimes Z) = \mathrm{vec}(Y) \otimes \mathrm{vec}(Z) \tag{7.236}$$

定义的置换算子. 或者，该算子可以由对所有 $x_1, x_2, x_3, x_4 \in \mathcal{X}$ 成立的等式

$$V(x_1 \otimes x_2 \otimes x_3 \otimes x_4) = x_1 \otimes x_3 \otimes x_2 \otimes x_4 \tag{7.237}$$

定义. 因为 V 是其自身的逆，所以我们有

$$V\big(\mathrm{vec}(Y) \otimes \mathrm{vec}(Z)\big) = \mathrm{vec}(Y \otimes Z) \tag{7.238}$$

对于所有的 $Y, Z \in \mathrm{L}(\mathcal{X})$ 成立. 对于选定的每一对映射 $\Phi_0, \Phi_1 \in \mathrm{T}(\mathcal{X})$，有

$$V J(\Phi_0 \otimes \Phi_1) V^* = J(\Phi_0) \otimes J(\Phi_1) \tag{7.239}$$

成立.

现在，Ξ 的 Choi 表示由

$$J(\Xi) = \int \mathrm{vec}(U)\,\mathrm{vec}(U)^* \otimes \mathrm{vec}(\overline{U})\,\mathrm{vec}(\overline{U})^*\,\mathrm{d}\eta(U) \tag{7.240}$$

给出，因此

$$V J(\Xi) V^* = \int \mathrm{vec}(U \otimes \overline{U})\,\mathrm{vec}(U \otimes \overline{U})^*\,\mathrm{d}\eta(U). \tag{7.241}$$

该算子是例 7.25 中定义的各向同性旋转信道

$$\Lambda(X) = \int (U \otimes \overline{U}) X (U \otimes \overline{U})^*\,\mathrm{d}\eta(U) \tag{7.242}$$

的 Choi 表示. 从该例子的分析中我们可知

$$VJ(\Xi)V^* = \frac{1}{n^2} J(\mathbb{1}_{\mathrm{L}(\mathcal{X})}) \otimes J(\mathbb{1}_{\mathrm{L}(\mathcal{X})})$$
$$+ \frac{1}{n^2-1}\left(nJ(\Omega) - \frac{1}{n}J(\mathbb{1}_{\mathrm{L}(\mathcal{X})})\right) \otimes \left(nJ(\Omega) - \frac{1}{n}J(\mathbb{1}_{\mathrm{L}(\mathcal{X})})\right). \tag{7.243}$$

通过对式 (7.243) 进行展开并且利用恒等式 (7.239)，我们可以得到式 (7.235)，即为所求.　□

定理 7.31　令 $\mathcal{X}$ 为一个维度 $n \geqslant 2$ 的复欧几里得空间，$\Omega \in \mathrm{C}(\mathcal{X})$ 表示关于空间 $\mathcal{X}$ 定义的完全失相信道，并且 $\Phi \in \mathrm{C}(\mathcal{X})$ 为一个保幺信道. 则信道

$$\frac{n^2-2}{n^2-1}\Omega + \frac{1}{n^2-1}\Phi \tag{7.244}$$

是一个混合酉信道.

证明　令 $\Psi \in \mathrm{CP}(\mathcal{X})$ 是定义为

$$\Psi(X) = \int \langle \mathrm{vec}(U)\,\mathrm{vec}(U)^*, J(\Phi) \rangle\, UXU^*\, \mathrm{d}\eta(U) \tag{7.245}$$

的映射，其中 η 是 $\mathrm{U}(\mathcal{X})$ 上的 Haar 测度. 有

$$\int \mathrm{vec}(U)\,\mathrm{vec}(U)^*\, \mathrm{d}\eta(U) = \frac{1}{n}\mathbb{1}_{\mathcal{X} \otimes \mathcal{X}} \tag{7.246}$$

成立，因此

$$\int \langle \mathrm{vec}(U)\,\mathrm{vec}(U)^*, J(\Phi) \rangle\, \mathrm{d}\eta(U) = \frac{1}{n}\mathrm{Tr}(J(\Phi)) = 1. \tag{7.247}$$

从而映射 Ψ 是一个混合酉信道.

根据引理 7.30，我们有 $J(\Psi) = \Xi(J(\Phi))$，其中 $\Xi \in \mathrm{CP}(\mathcal{X} \otimes \mathcal{X})$ 定义为

$$\Xi = \frac{1}{n^2-1}\big(\mathbb{1}_{\mathrm{L}(\mathcal{X})} \otimes \mathbb{1}_{\mathrm{L}(\mathcal{X})} - \Omega \otimes \mathbb{1}_{\mathrm{L}(\mathcal{X})} - \mathbb{1}_{\mathrm{L}(\mathcal{X})} \otimes \Omega + n^2 \Omega \otimes \Omega\big). \tag{7.248}$$

根据 Φ 是一个保幺信道这一假设，我们有

$$(\Omega \otimes \mathbb{1}_{\mathrm{L}(\mathcal{X})})(J(\Phi)) = (\mathbb{1}_{\mathrm{L}(\mathcal{X})} \otimes \Omega)(J(\Phi))$$
$$= (\Omega \otimes \Omega)(J(\Phi)) = \frac{\mathbb{1}_{\mathcal{X}} \otimes \mathbb{1}_{\mathcal{X}}}{n}, \tag{7.249}$$

因此

$$J(\Psi) = \frac{1}{n^2-1}J(\Phi) + \frac{n^2-2}{n(n^2-1)}\mathbb{1}_{\mathcal{X}} \otimes \mathbb{1}_{\mathcal{X}}. \tag{7.250}$$

这等价于 Ψ 等于式 (7.244)，从而定理得证.　□

推论 7.32　令 $\mathcal{X}$ 为一个维度 $n \geqslant 2$ 的复欧几里得空间，$\Omega \in \mathrm{C}(\mathcal{X})$ 表示关于空间 $\mathcal{X}$ 定义的完全失相信道，并且令 $\Phi \in \mathrm{T}(\mathcal{X})$ 为一个保 Hermite 且保迹的保幺映射，并且满足

$$\|J(\Omega) - J(\Phi)\| \leqslant \frac{1}{n(n^2-1)}. \tag{7.251}$$

则 Φ 是一个混合酉信道.

证明　定义映射 $\Psi \in \mathrm{T}(\mathcal{X})$ 为

$$\Psi = (n^2 - 1)\Phi - (n^2 - 2)\Omega. \tag{7.252}$$

则 Ψ 是保迹且有幺元的. 此外, 我们有

$$
\begin{aligned}
J(\Psi) &= (n^2 - 1)(J(\Phi) - J(\Omega)) + J(\Omega) \\
&= (n^2 - 1)(J(\Phi) - J(\Omega)) + \frac{1}{n}\mathbb{1}_{\mathcal{X} \otimes \mathcal{X}},
\end{aligned} \tag{7.253}
$$

根据推论的假设, 这说明 Ψ 是全正的. 根据定理 7.31,

$$\frac{n^2 - 2}{n^2 - 1}\Omega + \frac{1}{n^2 - 1}\Psi = \Phi \tag{7.254}$$

是一个混合酉信道, 证毕.　　□

7.3　测度集中及其应用

上一节介绍的酉不变测度展示了一种名为*测度集中*的现象[○]. 对于定义在复欧几里得空间 $\mathcal{X}$ 的单位球上的均匀球测度 μ, 下面的事实反映了这一现象: 对于每一个 Lipschitz 连续函数 $f : \mathcal{S}(\mathcal{X}) \to \mathbb{R}$, $\mathcal{S}(\mathcal{X})$ 的那些 f 明显偏离其平均值 (或者任何其他的中位值) 的子集必然有相对较小的测度. 随着 $\mathcal{X}$ 的维度的增加, 这一现象变得越来越显著.

在量子信息论中, 当用在*概率方法*上下文时, 测度集中特别有用. 通过随机选择 (通常基于均匀球测度或 Haar 测度) 一些我们感兴趣的对象 (比如信道), 然后分析并展示这些随机选择的对象满足某个有意思的性质的概率不为零, 我们可以证明这些满足这个性质的对象存在. 该方法已经成功用于说明几类有趣对象的存在, 且这些对象的明确构成是未知的.

本节解释这一方法, 其证明的首要目标是量子信道的最小输出熵是不可加的. 在证明这一目标的过程中, 我们针对均匀球测度确立了集中的界, 这给出了称为 Dvoretzky 定理的一种渐近强形式.

7.3.1　Lévy 引理和 Dvoretzky 定理

本小节将证明关于前面提到的测度集中现象的一些事实, 其中测度的定义在上一节已给出. 我们会有选择地展示一些界, 旨在对 Dvoretzky 定理进行证明. 该定理表明存在给定的复欧几里得空间 $\mathcal{X}$ 的一个相对大的子空间 $\mathcal{V}$, 使得 $\mathcal{X}$ 上给定的 Lipschitz 函数 $f : \mathcal{S}(\mathcal{X}) \to \mathbb{R}$ 在这个子空间上的值并不显著偏离其关于均匀球测度的平均值或中位数.

○　测度集中并不只局限于上一节中介绍的测度——它是一种更为普遍的现象. 然而, 出于本书的目的, 我们只考虑关于这些特定测度的测度集中.

7.3.1.1 Gauss 测度的集中的界

关于给定的复欧几里得空间 $\mathcal{X}$, 为了证明均匀球测度的集中是有界的, 我们可以从证明 $\mathbb{R}^n$ 上的标准 Gauss 测度的一个相似结论开始. 定理 7.33 证明了这一形式的结果, 该结果可以作为证明集中的界的一个开始. 我们将在下面陈述且证明这一定理.

在下面展示的代表集中的界的定理的声明 (包括定理 7.33) 中, 我们必须考虑某些全局实数常数. 根据一般传统, 这些常数会记为 δ、δ_1、δ_2 等, 并且为了不同定理成立, 它们必须取足够小的值. 虽然这些绝对常数的优化不能被看作无趣或不重要的, 但这对本书而言是次要的. 在每种情况下我们都会给出这些常数的合适取值, 但是在某些情况下我们选择这些值的原则是简化表达式与证明, 而非其值的优化.

定理 7.33   存在一个正实数 $\delta_1 > 0$ 使得下面的陈述成立. 对于选定的每一个 n、独立且同分布的标准正态随机变量 $X_1, \cdots, X_n$、κ-Lipschitz 函数 $f : \mathbb{R}^n \to \mathbb{R}$ 以及正实数 $\varepsilon > 0$, 有

$$\Pr\big(f(X_1, \cdots, X_n) - \mathrm{E}(f(X_1, \cdots, X_n)) \geqslant \varepsilon\big) \leqslant \exp\left(-\frac{\delta_1 \varepsilon^2}{\kappa^2}\right) \tag{7.255}$$

成立.

注: 我们可以取 $\delta_1 = 2/\pi^2$.

定理 7.33 的证明将用到下面的两个引理. 第一个引理是一个相当标准的平滑论证, 它允许将基本的多元微积分应用于定理的证明.

引理 7.34   令 n 为一个正整数, $f : \mathbb{R}^n \to \mathbb{R}$ 为一个 κ-Lipschitz 函数, 并且 $\varepsilon > 0$ 为一个正实数. 存在一个可微的 κ-Lipschitz 函数 $g : \mathbb{R}^n \to \mathbb{R}$ 使得 $|f(x) - g(x)| \leqslant \varepsilon$ 对于每一个 $x \in \mathbb{R}^n$ 都成立.

证明   对于每一个 $\delta > 0$, 关于所有 $x \in \mathbb{R}^n$ 定义函数 $g_\delta : \mathbb{R}^n \to \mathbb{R}$ 为

$$g_\delta(x) = \int f(x + \delta z) \, \mathrm{d}\gamma_n(z), \tag{7.256}$$

其中 γ_n 表示 $\mathbb{R}^n$ 上的标准 Gauss 测度. 我们将会证明对于合适的 δ, $g = g_\delta$ 满足引理的所有要求.

首先, 根据 f 是 κ-Lipschitz 函数的这一假设, 有

$$\begin{aligned}
|f(x) - g_\delta(x)| &\leqslant \int |f(x) - f(x + \delta z)| \, \mathrm{d}\gamma_n(z) \\
&\leqslant \delta\kappa \int \|z\| \, \mathrm{d}\gamma_n(z) \leqslant \delta\kappa\sqrt{n}
\end{aligned} \tag{7.257}$$

对于所有的 $x \in \mathbb{R}^n$ 和 $\delta > 0$ 成立. 式 (7.257) 中的最后一项不等式利用了式 (1.279). 此时, 我们可以固定

$$\delta = \frac{\varepsilon}{\kappa\sqrt{n}} \tag{7.258}$$

和 $g = g_\delta$, 从而 $|f(x) - g(x)| \leqslant \varepsilon$ 对于每一个 $x \in \mathbb{R}^n$ 都成立.

下面, 正如接下来的计算所展示的那样, g 是 κ-Lipschitz 函数, 即对于每一个 $x, y \in \mathbb{R}^n$ 都有:

$$
\begin{aligned}
|g(x) - g(y)| &\leqslant \int |f(x + \delta z) - f(y + \delta z)| \, \mathrm{d}\gamma_n(z) \\
&\leqslant \int \kappa \|x - y\| \, \mathrm{d}\gamma_n(z) = \kappa \|x - y\|.
\end{aligned}
\tag{7.259}
$$

我们还需证明 g 是可微的. 利用标准 Gauss 测度的定义, 我们可以计算 g 在任意一点 $x \in \mathbb{R}^n$ 上的梯度:

$$
\nabla g(x) = \frac{1}{\delta} \int f(x + \delta z) z \, \mathrm{d}\gamma_n(z).
\tag{7.260}
$$

式 (7.260) 右边的积分存在这一事实是根据不等式

$$
\begin{aligned}
&\int \|f(x + \delta z) z\| \, \mathrm{d}\gamma_n(z) \\
&\leqslant \int \|f(x + \delta z) z - f(x) z\| \, \mathrm{d}\gamma_n(z) + \int \|f(x) z\| \, \mathrm{d}\gamma_n(z) \\
&\leqslant \kappa \delta \int \|z\|^2 \, \mathrm{d}\gamma_n(z) + |f(x)| \int \|z\| \, \mathrm{d}\gamma_n(z) \leqslant \kappa \delta n + |f(x)| \sqrt{n}
\end{aligned}
\tag{7.261}
$$

得出的. 此外, $\nabla g(x)$ 是 x 的一个连续函数 (事实上是 Lipschitz 连续的), 因为

$$
\begin{aligned}
\|\nabla g(x) - \nabla g(y)\| &\leqslant \frac{1}{\delta} \int |f(x + \delta z) - f(y + \delta z)| \|z\| \, \mathrm{d}\gamma_n(z) \\
&\leqslant \frac{\kappa}{\delta} \|x - y\| \sqrt{n}.
\end{aligned}
\tag{7.262}
$$

由于 $\nabla g(x)$ 是 x 的一个连续函数, 所以 g 是可微的, 证毕.   □

第二个引理证明了对于独立且正态分布的随机变量 $X_1, \cdots, X_n$ 和一个可微的 κ-Lipschitz 函数 f, 随机变量 $f(X_1, \cdots, X_n)$ 并不与其自身的一个独立拷贝偏离太多.

引理 7.35 令 n 为一个正整数, $f : \mathbb{R}^n \to \mathbb{R}$ 为对于每一个 $x \in \mathbb{R}^n$ 都满足 $\|\nabla f(x)\| \leqslant \kappa$ 的可微函数, $X_1, \cdots, X_n$ 和 $Y_1, \cdots, Y_n$ 为独立且全同分布的标准正态随机变量, 并且定义向量值随机变量

$$
X = (X_1, \cdots, X_n) \ \text{和} \ Y = (Y_1, \cdots, Y_n).
\tag{7.263}
$$

则对于每一个实数 $\lambda \in \mathbb{R}$, 有

$$
\mathrm{E}\big(\exp(\lambda f(X) - \lambda f(Y))\big) \leqslant \exp\left(\frac{\lambda^2 \pi^2 \kappa^2}{8}\right)
\tag{7.264}
$$

成立.

证明 首先, 对于选定的每一个向量 $x, y \in \mathbb{R}^n$, 定义函数 $g_{x,y} : \mathbb{R} \to \mathbb{R}$ 如下:

$$
g_{x,y}(\theta) = f(\sin(\theta) x + \cos(\theta) y).
\tag{7.265}
$$

应用微分的链式法则，我们可以发现

$$g'_{x,y}(\theta) = \langle \nabla f(\sin(\theta)x + \cos(\theta)y), \cos(\theta)x - \sin(\theta)y \rangle \tag{7.266}$$

对于每一个 $x, y \in \mathbb{R}^n$ 和 $\theta \in \mathbb{R}$ 都成立. 因此根据微积分的基本定理, 有

$$\begin{aligned} f(x) - f(y) &= g_{x,y}(\pi/2) - g_{x,y}(0) = \int_0^{\frac{\pi}{2}} g'_{x,y}(\theta)\mathrm{d}\theta \\ &= \int_0^{\frac{\pi}{2}} \langle \nabla f(\sin(\theta)x + \cos(\theta)y), \cos(\theta)x - \sin(\theta)y \rangle \, \mathrm{d}\theta. \end{aligned} \tag{7.267}$$

接下来, 对于每个 $\theta \in [0, \pi/2]$, 定义 Z_θ 为

$$Z_\theta = \langle \nabla f(\sin(\theta)X + \cos(\theta)Y), \cos(\theta)X - \sin(\theta)Y \rangle. \tag{7.268}$$

根据式 (7.267), 有

$$\mathrm{E}(\exp(\lambda f(X) - \lambda f(Y))) = \mathrm{E}\left(\exp\left(\lambda \int_0^{\frac{\pi}{2}} Z_\theta \, \mathrm{d}\theta\right)\right). \tag{7.269}$$

根据 Jensen 不等式, 我们有

$$\mathrm{E}\left(\exp\left(\lambda \int_0^{\frac{\pi}{2}} Z_\theta \, \mathrm{d}\theta\right)\right) \leqslant \frac{2}{\pi} \int_0^{\frac{\pi}{2}} \mathrm{E}\left(\exp\left(\frac{\pi\lambda}{2} Z_\theta\right)\right) \mathrm{d}\theta. \tag{7.270}$$

最后, 我们到了本证明的关键一步: 我们需要证明作为正交变换下 Gauss 测度不变性的结果, 每个随机变量 Z_θ 都是同分布的. 也就是说, 我们有下面关于向量值随机变量的等式:

$$\begin{pmatrix} \sin(\theta)X + \cos(\theta)Y \\ \cos(\theta)X - \sin(\theta)Y \end{pmatrix} = \begin{pmatrix} \sin(\theta)\mathbb{1} & \cos(\theta)\mathbb{1} \\ \cos(\theta)\mathbb{1} & -\sin(\theta)\mathbb{1} \end{pmatrix} \begin{pmatrix} X \\ Y \end{pmatrix}. \tag{7.271}$$

由于 $(X, Y) = (X_1, \cdots, X_n, Y_1, \cdots, Y_n)$ 的分布在正交变换下是不变的, 所以 Z_θ 的分布并不依赖于 θ. 因此,

$$\frac{2}{\pi} \int_0^{\frac{\pi}{2}} \mathrm{E}\left(\exp\left(\frac{\pi\lambda}{2} Z_\theta\right)\right) \mathrm{d}\theta = \mathrm{E}\left(\exp\left(\frac{\pi\lambda}{2} Z_0\right)\right). \tag{7.272}$$

我们可以利用 Gauss 积分等式 (1.268) 计算这个量, 其结果是

$$\mathrm{E}\left(\exp\left(\frac{\pi\lambda}{2} Z_0\right)\right) = \mathrm{E}\left(\exp\left(\frac{\pi^2\lambda^2}{8} \|\nabla f(Y)\|^2\right)\right). \tag{7.273}$$

由于我们对于所有 $x \in \mathbb{R}^n$ 假设了 $\|\nabla f(x)\| \leqslant \kappa$, 所以作为式 (7.269)、式 (7.270)、式 (7.272) 和式 (7.273) 的结果, 我们可以得到所求的界. □

对定理 7.33 的证明　令 X 为一个定义为 $X = (X_1, \cdots, X_n)$ 的向量值随机变量, 令 $\lambda > 0$ 为一个我们在之后会详细说明的正实数. 根据 Markov 不等式, 我们有

$$\begin{aligned} &\Pr(f(X) - \mathrm{E}(f(X)) \geqslant \varepsilon) \\ &= \Pr(\exp(\lambda f(X) - \lambda \mathrm{E}(f(X))) \geqslant \exp(\lambda\varepsilon)) \\ &\leqslant \exp(-\lambda\varepsilon) \mathrm{E}(\exp(\lambda f(X) - \lambda \mathrm{E}(f(X)))). \end{aligned} \tag{7.274}$$

通过引入一个新的随机变量 $Y = (Y_1, \cdots, Y_n)$ 并且该变量与 X 是相互独立且同分布的，我们发现根据 Jensen 不等式有

$$\mathrm{E}\big(\exp(\lambda f(X) - \lambda \mathrm{E}(f(X)))\big) \leqslant \mathrm{E}\big(\exp(\lambda f(X) - \lambda f(Y))\big). \tag{7.275}$$

将上面的两个不等式结合我们可以得到

$$\Pr\big(f(X) - \mathrm{E}(f(X)) \geqslant \varepsilon\big) \leqslant \exp(-\lambda\varepsilon)\,\mathrm{E}\big(\exp(\lambda f(X) - \lambda f(Y))\big). \tag{7.276}$$

首先假设 f 是可微的，从而根据 f 是 κ-Lipschitz 的这一假设，有 $\|\nabla f(x)\| \leqslant \kappa$ 对于所有的 $x \in \mathbb{R}^n$ 都成立. 根据引理 7.35，

$$\exp(-\lambda\varepsilon)\,\mathrm{E}\big(\exp(\lambda f(X) - \lambda f(Y))\big) \leqslant \exp\Big(-\lambda\varepsilon + \frac{\lambda^2 \pi^2 \kappa^2}{8}\Big). \tag{7.277}$$

设定 $\lambda = 4\varepsilon/(\pi^2\kappa^2)$，并且将式 (7.276) 与式 (7.277) 相结合，我们有

$$\Pr\big(f(X) - \mathrm{E}(f(X)) \geqslant \varepsilon\big) \leqslant \exp\Big(-\frac{2\varepsilon^2}{\pi^2\kappa^2}\Big), \tag{7.278}$$

这便是定理中所声明的边界 (对于 $\delta_1 = 2/\pi^2$).

最后，假设 f 是 κ-Lipschitz 的，但并不必须是可微的. 根据引理 7.34，对于每一个 $\zeta \in (0, \varepsilon/2)$，存在一个可微 κ-Lipschitz 函数 $g : \mathbb{R}^n \to \mathbb{R}$ 对于每一个 $x \in \mathbb{R}^n$ 都满足 $|f(x) - g(x)| \leqslant \zeta$，因此

$$\Pr\big(f(X) - \mathrm{E}(f(X)) \geqslant \varepsilon\big) \leqslant \Pr\big(g(X) - \mathrm{E}(g(X)) \geqslant \varepsilon - 2\zeta\big). \tag{7.279}$$

用 g 代替 f 并且重复上述分析，我们有

$$\Pr\big(f(X) - \mathrm{E}(f(X)) \geqslant \varepsilon\big) \leqslant \exp\Big(-\frac{2(\varepsilon - 2\zeta)^2}{\pi^2\kappa^2}\Big). \tag{7.280}$$

因为这一不等式对于每一个 $\zeta \in (0, \varepsilon/2)$ 都成立，所以定理得证. $\qquad\square$

下面的示例说明了定理 7.33 在欧几里得范数上的应用. 该示例展示的分析与之后要讨论的均匀球测度有关.

例 7.36 令 n 为一个正整数并且对于每个 $x \in \mathbb{R}^n$ 定义 $f(x) = \|x\|$. 根据三角不等式我们可以立即得到对于所有 $x, y \in \mathbb{R}^n$，f 是 1-Lipschitz 的：

$$\big|f(x) - f(y)\big| = \big|\|x\| - \|y\|\big| \leqslant \|x - y\|. \tag{7.281}$$

$f(X_1, \cdots, X_n)$ 的平均值，其中 $X_1, \cdots, X_n$ 为互相独立且同分布的标准正交随机变量，有着下面的解析表达式 (参见 1.2.2 节)：

$$\mathrm{E}(f(X_1, \cdots, X_n)) = \frac{\sqrt{2}\,\Gamma\left(\dfrac{n+1}{2}\right)}{\Gamma\left(\dfrac{n}{2}\right)}. \tag{7.282}$$

通过分析该表达式我们可以得到

$$\mathrm{E}\big(f(X_1,\cdots,X_n)\big)=\upsilon_n\sqrt{n}, \tag{7.283}$$

其中 $\upsilon_1,\upsilon_2,\upsilon_3,\cdots$ 是一个严格递增的序列，它以

$$\upsilon_1=\sqrt{\frac{2}{\pi}}, \quad \upsilon_2=\frac{\sqrt{\pi}}{2}, \quad \upsilon_3=\sqrt{\frac{8}{3\pi}}, \quad \cdots \tag{7.284}$$

开始，并且在 n 趋近于无穷的极限下收敛到 1.

对于任意正实数 $\varepsilon>0$，根据定理 7.33 我们可以总结出下面两个边界：

$$\begin{aligned}
\Pr\big(\|(X_1,\cdots,X_n)\|\leqslant(\nu_n-\varepsilon)\sqrt{n}\big)&\leqslant\exp\big(-\delta_1\varepsilon^2 n\big),\\
\Pr\big(\|(X_1,\cdots,X_n)\|\geqslant(\nu_n+\varepsilon)\sqrt{n}\big)&\leqslant\exp\big(-\delta_1\varepsilon^2 n\big).
\end{aligned} \tag{7.285}$$

从而我们有

$$\Pr\big(\big|\|(X_1,\cdots,X_n)\|-\nu_n\sqrt{n}\big|\geqslant\varepsilon\sqrt{n}\big)\leqslant 2\exp\big(-\delta_1\varepsilon^2 n\big). \tag{7.286}$$

该边界说明 Gauss 随机向量 $x\in\mathbb{R}^n$ 的欧几里得范数紧紧集中于其平均值 $\upsilon_n\sqrt{n}$. $\qquad\square$

7.3.1.2 均匀球测度的集中的界

正如 7.2.1.1 节所述，均匀球测度可以从标准 Gauss 测度推导而出，所以有理由猜测定理 7.33 会导向一个对均匀球测度成立的相似事实. 事实上情况正是如此，下面的定理将会证明这一点.

第一个定理关于定义在均匀球测度上的 Lipschitz 随机变量与其平均值的偏差.

定理 7.37(Lévy 引理 (平均值形式)) *存在一个正实数 $\delta_2>0$ 使得下面的事实成立. 对于基于 $\mathcal{S}(\mathcal{X})$ 上的均匀球测度 μ 的每一个 κ-Lipschitz 随机变量 $X:\mathcal{S}(\mathcal{X})\to\mathbb{R}$，其中 $\mathcal{X}$ 是一个给定的复欧几里得空间，对于每一个正实数 $\varepsilon>0$，有*

$$\begin{aligned}
\Pr\big(X-\mathrm{E}(X)\geqslant\varepsilon\big)&\leqslant 2\exp\left(-\frac{\delta_2\varepsilon^2 n}{\kappa^2}\right),\\
\Pr\big(X-\mathrm{E}(X)\leqslant-\varepsilon\big)&\leqslant 2\exp\left(-\frac{\delta_2\varepsilon^2 n}{\kappa^2}\right)
\end{aligned} \tag{7.287}$$

和

$$\Pr\big(|X-\mathrm{E}(X)|\geqslant\varepsilon\big)\leqslant 3\exp\left(-\frac{\delta_2\varepsilon^2 n}{\kappa^2}\right) \tag{7.288}$$

成立，其中 $n=\dim(\mathcal{X})$.

注： 我们可以取 $\delta_2=1/(25\pi)$.

引理 7.37 的证明会用到下面的引理，它提供了一个简单的机制，可以将定义在 $\mathbb{C}^n$ 的单位球上的 Lipschitz 函数推广到定义在所有 $\mathbb{R}^{2n}$ 上的 Lipschitz 函数.

引理 7.38 令 n 为一个正整数, $f : \mathcal{S}(\mathbb{C}^n) \to \mathbb{R}$ 为一个既不严格为正也不严格为负的 κ-Lipschitz 函数. 对于所有的 $x, y \in \mathbb{R}^n$, 定义函数 $g : \mathbb{R}^{2n} \to \mathbb{R}$ 为

$$g(x \oplus y) = \begin{cases} \|x + \mathrm{i}y\| f\left(\dfrac{x + \mathrm{i}y}{\|x + \mathrm{i}y\|}\right) & x + \mathrm{i}y \neq 0 \\ 0 & x + \mathrm{i}y = 0. \end{cases} \tag{7.289}$$

则 g 是一个 (3κ)-Lipschitz 函数.

证明 根据 f 既不严格为正也不严格为负这一假设, 对于每一个单位向量 $u \in \mathbb{C}^n$, 一定存在一个单位向量 $v \in \mathbb{C}^n$ 使得 $f(u)f(v) \leqslant 0$. 根据 f 是 κ-Lipschitz 的这一假设, 这反过来说明

$$|f(u)| \leqslant |f(u) - f(v)| \leqslant \kappa \|u - v\| \leqslant 2\kappa. \tag{7.290}$$

现在假设 $x_0, y_0, x_1, y_1 \in \mathbb{R}^n$ 是向量. 如果 $x_0 + \mathrm{i}y_0 = 0$ 且 $x_1 + \mathrm{i}y_1 = 0$, 那么我们立即有

$$|g(x_0 \oplus y_0) - g(x_1 \oplus y_1)| = 0. \tag{7.291}$$

如果有 $x_0 + \mathrm{i}y_0 \neq 0$ 和 $x_1 + \mathrm{i}y_1 = 0$ 成立, 那么式 (7.290) 说明

$$|g(x_0 \oplus y_0) - g(x_1 \oplus y_1)| = |g(x_0 \oplus y_0)| \leqslant 2\kappa \|x_0 + \mathrm{i}y_0\| = 2\kappa \|x_0 \oplus y_0\|. \tag{7.292}$$

一个相似的界对于 $x_0 + \mathrm{i}y_0 = 0$ 且 $x_1 + \mathrm{i}y_1 \neq 0$ 的情况成立.

最后, 假设 $x_0 + \mathrm{i}y_0$ 和 $x_1 + \mathrm{i}y_1$ 都非零. 可以写出

$$z_0 = x_0 + \mathrm{i}y_0 \quad \text{和} \quad z_1 = x_1 + \mathrm{i}y_1, \tag{7.293}$$

并且设定

$$\alpha_0 = \frac{1}{\|z_0\|} \quad \text{和} \quad \alpha_1 = \frac{1}{\|z_1\|}. \tag{7.294}$$

这说明 $\alpha_0 z_0$ 和 $\alpha_1 z_1$ 都是单位向量. 在假设 $\alpha_0 \leqslant \alpha_1$ 时我们不会损失普遍性; 我们利用对称的方式处理 $\alpha_1 \leqslant \alpha_0$ 这一情况. 根据三角不等式, 我们有

$$\begin{aligned} |g(x_0 \oplus y_0) - g(x_1 \oplus y_1)| &= \big| \|z_0\| f(\alpha_0 z_0) - \|z_1\| f(\alpha_1 z_1) \big| \\ &\leqslant |f(\alpha_0 z_0)| \|z_0 - z_1\| + \|z_1\| |f(\alpha_0 z_0) - f(\alpha_1 z_1)|. \end{aligned} \tag{7.295}$$

利用式 (7.290), 我们发现式 (7.295) 的最后一个表达式的第一项有着如下的界:

$$|f(\alpha_0 z_0)| \|z_0 - z_1\| \leqslant 2\kappa \|z_0 - z_1\| = 2\kappa \|x_0 \oplus y_0 - x_1 \oplus y_1\|. \tag{7.296}$$

为了构造第二项的界, 首先再次通过假设 f 是 κ-Lipschitz 的, 我们可以注意到

$$\|z_1\| |f(\alpha_0 z_0) - f(\alpha_1 z_1)| \leqslant \kappa \|z_1\| \|\alpha_0 z_0 - \alpha_1 z_1\|. \tag{7.297}$$

考虑到 $0 < \alpha_0 \leqslant \alpha_1$，同时 $\alpha_0 z_0$ 和 $\alpha_1 z_1$ 都是单位向量，我们可以发现

$$\|\alpha_0 z_0 - \alpha_1 z_1\| \leqslant \|\alpha_1 z_0 - \alpha_1 z_1\| = \frac{\|z_0 - z_1\|}{\|z_1\|}, \tag{7.298}$$

所以

$$\kappa \|z_1\| \|\alpha_0 z_0 - \alpha_1 z_1\| \leqslant \kappa \|z_0 - z_1\| = \kappa \|x_0 \oplus y_0 - x_1 \oplus y_1\|. \tag{7.299}$$

从而

$$|g(x_0 \oplus y_0) - g(x_1 \oplus y_1)| \leqslant 3\kappa \|x_0 \oplus y_0 - x_1 \oplus y_1\|. \tag{7.300}$$

因此我们证明了 g 是 (3κ)-Lipschitz 的，即为所求. □

对定理 7.37 的证明　随机变量 $X - \mathrm{E}(X)$ 的平均值为 0，因此它既不严格为正也不严格为负. 由于 X 是 κ-Lipschitz 的，所以 $X - \mathrm{E}(X)$ 也是如此，因此正如引理 7.38 的证明的第一段中所论述的，

$$|X - \mathrm{E}(X)| \leqslant 2\kappa. \tag{7.301}$$

因此，式 (7.287) 和式 (7.288) 在 $\varepsilon > 2\kappa$ 时显然成立. 基于这个原因，我们在本证明剩下的部分里假设 $\varepsilon \leqslant 2\kappa$. 我们还会假设 $\mathcal{X} = \mathbb{C}^n$，其中 n 为一个任意的正整数. 这样我们在简化证明中所用到的标记的同时不会损失普遍性.

对于所有的 $y, z \in \mathbb{R}^n$，定义函数 $g : \mathbb{R}^{2n} \to \mathbb{R}$ 为

$$g(y \oplus z) = \begin{cases} \|y + \mathrm{i}z\| \Big(X\Big(\dfrac{y + \mathrm{i}z}{\|y + \mathrm{i}z\|} \Big) - \mathrm{E}(X) \Big) & y + \mathrm{i}z \neq 0 \\ 0 & y + \mathrm{i}z = 0. \end{cases} \tag{7.302}$$

根据引理 7.38，这是一个 (3κ)-Lipschitz 函数. 令 $Y = (Y_1, \cdots, Y_n)$ 和 $Z = (Z_1, \cdots, Z_n)$ 为向量值随机变量，其中 $Y_1, \cdots, Y_n$ 和 $Z_1, \cdots, Z_n$ 是独立且同分布的标准正态随机变量，并且定义随机变量

$$W = g(Y \oplus Z). \tag{7.303}$$

由于 $X - \mathrm{E}(X)$ 的平均值为 0，所以显然 $\mathrm{E}(W) = 0$ 也成立. 最后，考虑均匀球测度的定义，我们可以发现

$$\Pr(X - \mathrm{E}(X) \geqslant \varepsilon) = \Pr(W \geqslant \varepsilon \|Y + \mathrm{i}Z\|). \tag{7.304}$$

对于选定的每一个 $\lambda > 0$，可以利用 Boole 不等式确立概率 (7.304) 的上界：

$$\Pr(X - \mathrm{E}(X) \geqslant \varepsilon) \leqslant \Pr\Big(W \geqslant \varepsilon \lambda \sqrt{2n} \Big) + \Pr\Big(\|Y + \mathrm{i}Z\| \leqslant \lambda \sqrt{2n} \Big). \tag{7.305}$$

根据定理 7.33，有

$$\Pr\Big(W \geqslant \varepsilon \lambda \sqrt{2n} \Big) \leqslant \exp\left(-\frac{2\delta_1 \varepsilon^2 \lambda^2 n}{9\kappa^2} \right) \tag{7.306}$$

成立, 并且正如例 7.36 所述,

$$\Pr\left(\|Y + \mathrm{i}Z\| \leqslant \lambda\sqrt{2n}\right) \leqslant \exp\left(-2\delta_1(\upsilon_{2n} - \lambda)^2 n\right) \tag{7.307}$$

成立. 通过设定

$$\lambda = \frac{3\kappa\upsilon_{2n}}{3\kappa + \varepsilon} \tag{7.308}$$

可以得到

$$\Pr(X \geqslant \mathrm{E}(X) + \varepsilon) \leqslant 2\exp\left(-\frac{2\delta_1\varepsilon^2\upsilon_{2n}^2 n}{(3\kappa + \varepsilon)^2}\right) \leqslant 2\exp\left(-\frac{\delta_1\pi\varepsilon^2 n}{50\kappa^2}\right), \tag{7.309}$$

其中第二个不等式利用了假设 $\varepsilon \leqslant 2\kappa$ 以及观察到的 $\upsilon_{2n} \geqslant \upsilon_2 = \sqrt{\pi}/2$. 因为在定理 7.33 中我们可以取 $\delta_1 = 2/\pi^2$, 所以对于 $\delta_2 = 1/(25\pi)$, 我们证明了第一个不等式.

第二和三个不等式可以用本质上相同的方法证明. 特别地, 我们有

$$\begin{aligned} &\Pr(X - \mathrm{E}(X) \leqslant -\varepsilon) \\ &\leqslant \Pr\left(W \leqslant -\varepsilon\lambda\sqrt{2n}\right) + \Pr\left(\|Y + \mathrm{i}Z\| \leqslant \lambda\sqrt{2n}\right) \end{aligned} \tag{7.310}$$

和

$$\begin{aligned} &\Pr(|X - \mathrm{E}(X)| \geqslant \varepsilon) \\ &\leqslant \Pr\left(W \geqslant \varepsilon\lambda\sqrt{2n}\right) + \Pr\left(W \leqslant -\varepsilon\lambda\sqrt{2n}\right) \\ &\quad + \Pr\left(\|Y + \mathrm{i}Z\| \leqslant \lambda\sqrt{2n}\right), \end{aligned} \tag{7.311}$$

再次通过设定 $\lambda = 3\kappa\upsilon_{2n}/(3\kappa + \varepsilon)$ 我们就可以得到所求的界. □

下面将对均匀球测度的测度集中的第二个定理进行阐述并加以证明. 该定理在精神上与定理 7.37 相似, 但是它更关注 Lipschitz 随机变量与其中位值——或者更一般地说, 其任意中心值——而非其平均值之间的偏离. 下面的定义明确给出了随机变量的中位值和中心值的概念, 之后我们会声明并且证明该定理.

定义 7.39 令 X 为一个随机变量, β 为一个实数. 如果

$$\Pr(X \geqslant \beta) \geqslant \frac{1}{2} \quad \text{且} \quad \Pr(X \leqslant \beta) \geqslant \frac{1}{2}, \tag{7.312}$$

那么我们称 β 是 X 的一个中位值; 如果

$$\Pr(X \geqslant \beta) \geqslant \frac{1}{4} \quad \text{和} \quad \Pr(X \leqslant \beta) \geqslant \frac{1}{4}, \tag{7.313}$$

那么我们称 β 是 X 的一个中心值.

定理 7.40 (Lévy 引理 (中心值形式)) 存在一个正实数 $\delta_3 > 0$ 使得下面的事实成立. 对于每一个复欧几里得空间 $\mathcal{X}$、每一个 κ-Lipschitz 随机变量

$$X : \mathcal{S}(\mathcal{X}) \to \mathbb{R}, \tag{7.314}$$

(该变量的分布基于 $S(\mathcal{X})$ 上的均匀球测度 μ)、X 的每一个中心值 β 以及每一个正实数 $\varepsilon > 0$, 有

$$\Pr\big(|X - \beta| \geqslant \varepsilon\big) \leqslant 8 \exp\left(-\frac{\delta_3 \varepsilon^2 n}{\kappa^2}\right) \tag{7.315}$$

成立, 其中 $n = \dim(\mathcal{X})$.

注: 我们可以取 $\delta_3 = 1/(100\pi)$.

证明 令

$$\zeta = \sqrt{\frac{\ln(8)\kappa^2}{\delta_2 n}}, \tag{7.316}$$

其中 δ_2 为任意使定理 7.37 成立的正实数. 根据该定理, 我们可以得出下面的两个不等式对于每一个正实数 $\alpha > 0$ 都成立:

$$\Pr\big(X - \mathrm{E}(X) \geqslant \zeta + \alpha\big) \leqslant 2 \exp\left(-\frac{\delta_2 (\zeta + \alpha)^2 n}{\kappa^2}\right) < \frac{1}{4}, \tag{7.317}$$

$$\Pr\big(X - \mathrm{E}(X) \leqslant -(\zeta + \alpha)\big) \leqslant 2 \exp\left(-\frac{\delta_2 (\zeta + \alpha)^2 n}{\kappa^2}\right) < \frac{1}{4}. \tag{7.318}$$

根据这些不等式我们可以得出结论 $|\mathrm{E}(X) - \beta| \leqslant \zeta$.

现在假设 ε 是一个给定的正实数. 如果 $\varepsilon \geqslant 2\zeta$, 那么定理 7.37 说明

$$\begin{aligned}
\Pr\big(|X - \beta| \geqslant \varepsilon\big) &\leqslant \Pr\big(|X - \mathrm{E}(X)| \geqslant \varepsilon - \zeta\big) \\
&\leqslant \Pr\Big(|X - \mathrm{E}(X)| \geqslant \frac{\varepsilon}{2}\Big) \leqslant 3 \exp\left(-\frac{\delta_2 \varepsilon^2 n}{4\kappa^2}\right).
\end{aligned} \tag{7.319}$$

此外, 如果 $\varepsilon < 2\zeta$, 那么我们有

$$\exp\left(-\frac{\delta_2 \varepsilon^2 n}{4\kappa^2}\right) > \exp\left(-\frac{\delta_2 \zeta^2 n}{\kappa^2}\right) = \frac{1}{8}, \tag{7.320}$$

所以显然一定有

$$\Pr\big(|X - \beta| \geqslant \varepsilon\big) \leqslant 8 \exp\left(-\frac{\delta_2 \varepsilon^2 n}{4\kappa^2}\right). \tag{7.321}$$

因此, 只要我们取 $\delta_3 \leqslant \delta_2/4$, 那么所需的边界 (7.315) 在两种情况下都成立. 因为定理 7.37 对于 $\delta_2 = 1/(25\pi)$ 成立, 所以边界 (7.315) 对于 $\delta_3 = 1/(100\pi)$ 成立. $\qquad\square$

7.3.1.3 Dvoretzky 定理

Dvoretzky 定理将在下一小节中起重要作用. 它证明了定义在复欧几里得空间 $\mathcal{X}$ 的均匀球测度上的 Lipschitz 随机变量必须在某个维度相对较大的子空间 $\mathcal{V} \subseteq \mathcal{X}$ 内单位球 $S(\mathcal{V})$ 上的每一处都接近它的中心值. 事实上, 存在 Dvoretzky 定理的许多变体与推广; 本书将要考虑的变体是特定于本章之前所定义的酉不变测度的, 并且也可以应用在相不变函数上. 该函数的定义将在下面给出.

定义 7.41　令 $f : \mathcal{S}(\mathcal{X}) \to \mathbb{R}$ 为关于复欧几里得空间 $\mathcal{X}$ 的一个函数. 函数 f 被称为相不变函数, 如果有 $f(x) = f(e^{i\theta}x)$ 对于所有的 $x \in \mathcal{S}(\mathcal{X})$ 和 $\theta \in \mathbb{R}$ 成立.

定理 7.42 (Dvoretzky 定理)　存在一个正实数 $\delta > 0$ 使得下面的事实成立. 令 $f : \mathcal{S}(\mathcal{X}) \to \mathbb{R}$ 为定义在维度为 n 的复欧几里得空间 $\mathcal{X}$ 上 κ-Lipschitz 且相不变的随机变量, 该随机变量的分布基于 $\mathcal{S}(\mathcal{X})$ 的均匀球测度 μ. 令 β 为 X 的一个中心值, $\varepsilon > 0$ 和 $\zeta > 0$ 为正实数, 并且 $\mathcal{V} \subseteq \mathcal{X}$ 为一个有着性质

$$1 \leqslant \dim(\mathcal{V}) \leqslant \frac{\delta \varepsilon^2 \zeta^2 n}{\kappa^2} \tag{7.322}$$

的子空间. 对于每个单位向量 $v \in \mathcal{V}$, 关于每一个 $U \in \mathrm{U}(\mathcal{X})$ 定义随机变量 $Y_v : \mathrm{U}(\mathcal{X}) \to \mathbb{R}$ 为

$$Y_v(U) = X(Uv) \tag{7.323}$$

且该变量关于 $\mathrm{U}(\mathcal{X})$ 上的 Haar 测度分布. 有

$$\mathrm{Pr}\big(|Y_v - \beta| \leqslant \varepsilon, \quad \forall v \in \mathcal{S}(\mathcal{V})\big) \geqslant 1 - \zeta \tag{7.324}$$

成立.

注： 我们可以取 $\delta = 1/(160000\pi)$.

定理 7.42 的证明会用到下面的两个引理.

引理 7.43　令 $\mathcal{X}$ 为一个维度是 $n \geqslant 2$ 的复欧几里得空间, $f : \mathcal{S}(\mathcal{X}) \to \mathbb{R}$ 为一个 κ-Lipschitz 的且相不变的函数. 对于每一个单位向量 $u \in \mathcal{S}(\mathcal{X})$, 关于所有的 $U \in \mathrm{U}(\mathcal{X})$ 定义随机变量 $X_u : \mathrm{U}(\mathcal{X}) \to \mathbb{R}$ 为

$$X_u(U) = f(Uu) \tag{7.325}$$

且该变量关于 $\mathrm{U}(\mathcal{X})$ 上的 Haar 测度 η 分布. 对于任意的线性独立单位向量对 $u, v \in \mathcal{X}$ 以及每一个正实数 $\varepsilon > 0$, 有

$$\mathrm{Pr}\big(|X_u - X_v| \geqslant \varepsilon\big) \leqslant 3 \exp\left(-\frac{\delta_2 \varepsilon^2 (n-1)}{\kappa^2 \|u - v\|^2}\right) \tag{7.326}$$

对于任意满足定理 7.37 的要求的正实数 δ_2 成立.

证明　我们会首先针对 $\langle u, v \rangle$ 是一个非负实数这一特殊情况证明该引理. 首先, 定义

$$\lambda = \frac{1 + \langle u, v \rangle}{2}, \tag{7.327}$$

根据假设 $\langle u, v \rangle$ 是非负的且 u 和 v 是线性无关的, 该定义满足 $1/2 \leqslant \lambda < 1$. 设

$$x = \frac{u + v}{2\sqrt{\lambda}} \quad \text{和} \quad y = \frac{u - v}{2\sqrt{1 - \lambda}}, \tag{7.328}$$

从而 x 和 y 是使得

$$\begin{aligned} u &= \sqrt{\lambda}\, x + \sqrt{1 - \lambda}\, y, \\ v &= \sqrt{\lambda}\, x - \sqrt{1 - \lambda}\, y \end{aligned} \tag{7.329}$$

成立的规范正交单位向量.

接下来, 令 $\mathcal{Y}$ 为任意维度是 $n-1$ 的复欧几里得空间, $V \in \mathrm{U}(\mathcal{Y}, \mathcal{X})$ 为任意使 $x \perp \mathrm{im}(V)$ 成立的等距算子. 对于每一个 $U \in \mathrm{U}(\mathcal{X})$, 关于每一个 $w \in \mathcal{S}(\mathcal{Y})$ 定义随机变量 $Y_U : \mathcal{S}(\mathcal{Y}) \to \mathbb{R}$ 为

$$Y_U(w) = f\left(U\left(\sqrt{\lambda}x + \sqrt{1-\lambda}Vw\right)\right) - f\left(U\left(\sqrt{\lambda}x - \sqrt{1-\lambda}Vw\right)\right) \tag{7.330}$$

且该变量关于 $\mathcal{S}(\mathcal{Y})$ 上的均匀球测度 μ 分布. 利用三角不等式以及

$$\|u - v\| = 2\sqrt{1-\lambda}, \tag{7.331}$$

我们可以证明每个 Y_U 都是 $(\kappa\|u-v\|)$-Lipschitz 的并且满足 $\mathrm{E}(Y_U) = 0$. 所以根据 Lévy 引理 (定理 7.37), 有

$$\mathrm{Pr}\left(|Y_U| \geqslant \varepsilon\right) \leqslant 3\exp\left(-\frac{\delta_2 \varepsilon^2 (n-1)}{\kappa^2 \|u-v\|^2}\right) \tag{7.332}$$

对于每一个 $U \in \mathrm{U}(\mathcal{X})$ 和每一个 $\varepsilon > 0$ 成立.

最后, 对于所有的 $U \in \mathrm{U}(\mathcal{X})$ 和 $w \in \mathcal{S}(\mathcal{Y})$, 定义随机变量 $Z : \mathrm{U}(\mathcal{X}) \times \mathcal{S}(\mathcal{Y}) \to \mathbb{R}$ 为

$$Z(U, w) = Y_U(w) \tag{7.333}$$

且该变量关于积测度 $\eta \times \mu$ 分布. 因为均匀球测度和 Haar 测度都是酉不变的, 所以 Z 和 $X_u - X_v$ 是同分布的. 因此有

$$\begin{aligned}
\mathrm{Pr}\left(|X_u - X_v| \geqslant \varepsilon\right) &= \mathrm{Pr}\left(|Z| \geqslant \varepsilon\right) \\
&= \int \mathrm{Pr}\left(|Y_U| \geqslant \varepsilon\right) \mathrm{d}\eta(U) \leqslant 3\exp\left(-\frac{\delta_2 \varepsilon^2 (n-1)}{\kappa^2 \|u-v\|^2}\right),
\end{aligned} \tag{7.334}$$

这便证明了该引理在 $\langle u, v\rangle$ 是一个非负实数的情况下成立.

在 $\langle u, v\rangle$ 不是一个非负实数的情况下, 我们可以选择 $\alpha \in \mathbb{C}$, 其中 $|\alpha| = 1$, 从而 $\langle u, \alpha v\rangle$ 是一个非负实数. 根据 f 是相不变的这一假设, 有 $X_v = X_{\alpha v}$ 成立, 因此根据上面的分析,

$$\begin{aligned}
\mathrm{Pr}\left(|X_u - X_v| \geqslant \varepsilon\right) &= \mathrm{Pr}\left(|X_u - X_{\alpha v}| \geqslant \varepsilon\right) \\
&\leqslant 3\exp\left(-\frac{\delta_2 \varepsilon^2 (n-1)}{\kappa^2 \|u - \alpha v\|^2}\right),
\end{aligned} \tag{7.335}$$

成立. 由于 $\|u - \alpha v\| \leqslant \|u - v\|$ 必然成立, 所以

$$\mathrm{Pr}\left(|X_u - X_v| \geqslant \varepsilon\right) \leqslant 3\exp\left(-\frac{\delta_2 \varepsilon^2 (n-1)}{\kappa^2 \|u-v\|^2}\right) \tag{7.336}$$

对于每一个 $\varepsilon > 0$ 成立, 证毕. $\qquad\square$

下面的引理为一组非负随机变量最大值的平均值确立了界. 这组变量满足的性质可以让我们联想到由上面展示的测度集中的结果给出的界.

引理 7.44 令 $N \geqslant 2$ 为一个正整数，K 和 θ 为正实数，并且 $Y_1, \cdots, Y_N$ 为使

$$\Pr(Y_k \geqslant \lambda) \leqslant K \exp(-\theta\lambda^2) \tag{7.337}$$

对于每一个 $k \in \{1, \cdots, N\}$ 和每一个 $\lambda \geqslant 0$ 都成立的非负随机变量. 有

$$\mathrm{E}(\max\{Y_1, \cdots, Y_N\}) \leqslant \sqrt{\frac{\ln(N)}{\theta}} + \frac{K}{\sqrt{2\theta}} \tag{7.338}$$

成立.

证明 因为随机变量 $Y_1, \cdots, Y_N$ 只能取非负值，所以我们可以写出

$$\mathrm{E}(\max\{Y_1, \cdots, Y_N\}) = \int_0^\infty \Pr(\max\{Y_1, \cdots, Y_N\} \geqslant \lambda) \, \mathrm{d}\lambda. \tag{7.339}$$

将积分分成两部分，并且利用任何事件的概率至多为 1 的事实，我们可以得到

$$\begin{aligned} &\mathrm{E}(\max\{Y_1, \cdots, Y_N\}) \\ &\leqslant \sqrt{\frac{\ln(N)}{\theta}} + \int_{\sqrt{\frac{\ln(N)}{\theta}}}^\infty \Pr(\max\{Y_1, \cdots, Y_N\} \geqslant \lambda) \, \mathrm{d}\lambda. \end{aligned} \tag{7.340}$$

根据 Boole 不等式以及 $Y_1, \cdots, Y_N$ 上的假设 (7.337)，我们有

$$\int_{\sqrt{\frac{\ln(N)}{\theta}}}^\infty \Pr(\max\{Y_1, \cdots, Y_N\} \geqslant \lambda) \, \mathrm{d}\lambda \leqslant KN \int_{\sqrt{\frac{\ln(N)}{\theta}}}^\infty \exp(-\theta\lambda^2) \, \mathrm{d}\lambda. \tag{7.341}$$

由于 $\ln(2) > 1/2$，所以 $\lambda\sqrt{2\theta} > 1$ 对于选定的每一个满足

$$\lambda \geqslant \sqrt{\frac{\ln(N)}{\theta}} \tag{7.342}$$

的 λ 都成立，从而

$$\int_{\sqrt{\frac{\ln(N)}{\theta}}}^\infty \exp(-\theta\lambda^2) \, \mathrm{d}\lambda \leqslant \int_{\sqrt{\frac{\ln(N)}{\theta}}}^\infty \lambda\sqrt{2\theta} \exp(-\theta\lambda^2) \, \mathrm{d}\lambda = \frac{1}{N\sqrt{2\theta}}. \tag{7.343}$$

现在我们可以根据式 (7.340)、式 (7.341) 和式 (7.343) 得到所求的不等式. $\qquad\square$

对定理 7.42 的证明 我们将会证明任意选定的满足

$$\delta \leqslant \left(\frac{8}{\sqrt{\delta_3}} + \frac{64}{\sqrt{\delta_2}}\right)^{-2} \tag{7.344}$$

的 $\delta > 0$ 都满足定理的要求，其中 δ_2 和 δ_3 为分别满足定理 7.37 和定理 7.40 的要求的正实数. 取 $\delta_2 = 1/(25\pi)$ 和 $\delta_3 = 1/(100\pi)$，我们有

$$\delta = \frac{1}{160000\pi} \tag{7.345}$$

满足要求 (7.344). 在 $n = 1$ 的情况下该定理是显然成立的, 因为 X 的相不变性说明 X 在这种情况下是常数. 基于这个原因我们在其余的证明里假设 $n \geqslant 2$.

因为根据 Markov 不等式, 我们有

$$
\begin{aligned}
&\Pr\bigl(\sup\{|Y_v - \beta| : v \in \mathcal{S}(\mathcal{V})\} \leqslant \varepsilon\bigr) \\
&\qquad \geqslant 1 - \frac{\mathrm{E}\bigl(\sup\{|Y_v - \beta| : v \in \mathcal{S}(\mathcal{V})\}\bigr)}{\varepsilon},
\end{aligned}
\tag{7.346}
$$

所以我们只需证明

$$
\mathrm{E}\bigl(\sup\{|Y_v - \beta| : v \in \mathcal{S}(\mathcal{V})\}\bigr) \leqslant \zeta\varepsilon
\tag{7.347}
$$

便可证明该定理.

令 $m = \dim(\mathcal{V})$, 并且对于每个非负整数 $k \in \mathbb{N}$, 使 $\mathcal{N}_k$ 为一个关于 $\mathcal{S}(\mathcal{V})$ 的最小的 (2^{-k+1})-网. 显然 $|\mathcal{N}_0| = 1$, 并且对于每一个 $k \in \mathbb{N}$, 根据定理 1.8 有

$$
|\mathcal{N}_k| \leqslant \bigl(1 + 2^k\bigr)^{2m} \leqslant 4^{(k+1)m}
\tag{7.348}
$$

成立. 对于每个 $v \in \mathcal{S}(\mathcal{V})$ 和 $k \in \mathbb{N}$, 固定 $z_k(v) \in \mathcal{N}_k$ 为集合 $\mathcal{N}_k$ 的任意元素且其到 v 的距离最小, 这说明

$$
\|v - z_k(v)\| \leqslant 2^{-k+1}.
\tag{7.349}
$$

我们观察到 $z_0 = z_0(v)$ 是独立于 v 的, 这是因为集合 $\mathcal{N}_0$ 中只有单个元素, 另外

$$
\lim_{k \to \infty} z_k(v) = v
\tag{7.350}
$$

对于每一个 $v \in \mathcal{S}(\mathcal{V})$ 都成立.

接下来, 观察到

$$
X(Uv) = X(Uz_0) + \sum_{k=0}^{\infty} \Bigl(X\bigl(Uz_{k+1}(v)\bigr) - X\bigl(Uz_k(v)\bigr) \Bigr)
\tag{7.351}
$$

对于每一个 $v \in \mathcal{S}(\mathcal{V})$ 和 $U \in \mathrm{U}(\mathcal{X})$ 成立; 这一事实可以通过缩并这个加和, 然后利用式 (7.350) 以及 X 的连续性来证明. 则

$$
Y_v = Y_{z_0} + \sum_{k=0}^{\infty} \bigl(Y_{z_{k+1}(v)} - Y_{z_k(v)} \bigr)
\tag{7.352}
$$

对于每一个 $v \in \mathcal{S}(\mathcal{V})$ 都成立. 所以根据三角不等式, 我们有

$$
\begin{aligned}
&\sup\{|Y_v - \beta| : v \in \mathcal{S}(\mathcal{V})\} \\
&\qquad \leqslant |Y_{z_0} - \beta| + \sup\left\{ \textstyle\sum_{k=0}^{\infty} \bigl|Y_{z_{k+1}(v)} - Y_{z_k(v)}\bigr| : v \in \mathcal{S}(\mathcal{V}) \right\}.
\end{aligned}
\tag{7.353}
$$

我们将分别构造不等式右边两项的界.

我们将首先考虑第一项 $|Y_{z_0} - \beta|$ 的期望值. 因为随机变量 Y_{z_0} 与 X 同分布, 所以由定理 7.40 可得

$$\Pr\left(|Y_{z_0} - \beta| \geqslant \lambda\right) = \Pr\left(|X - \beta| \geqslant \lambda\right) \leqslant 8 \exp\left(-\frac{\delta_3 \lambda^2 n}{\kappa^2}\right) \tag{7.354}$$

对于每一个 $\lambda \geqslant 0$ 成立. 这说明

$$\begin{aligned}
\mathrm{E}\left(|Y_{z_0} - \beta|\right) &= \int_0^\infty \Pr\left(|Y_{z_0} - \beta| \geqslant \lambda\right) \mathrm{d}\lambda \\
&\leqslant 8 \int_0^\infty \exp\left(-\frac{\delta_3 \lambda^2 n}{\kappa^2}\right) \mathrm{d}\lambda = 4\sqrt{\frac{\pi\kappa^2}{\delta_3 n}} < \frac{8\kappa}{\sqrt{\delta_3 n}}.
\end{aligned} \tag{7.355}$$

我们还需为式 (7.353) 右边第二项的期望值构造界.

$$\|z_{k+1}(v) - z_k(v)\| \leqslant \|z_{k+1}(v) - v\| + \|v - z_k(v)\| < 2^{-k+2} \tag{7.356}$$

对于所有的 $v \in \mathcal{S}(\mathcal{V})$ 和所有的 $k \in \mathbb{N}$ 成立, 因此

$$\begin{aligned}
&\sup\left\{ \sum_{k=0}^\infty \left|Y_{z_{k+1}(v)} - Y_{z_k(v)}\right| : v \in \mathcal{S}(\mathcal{V}) \right\} \\
&\leqslant \sum_{k=0}^\infty \max\left\{|Y_x - Y_y| : (x, y) \in \mathcal{M}_k\right\},
\end{aligned} \tag{7.357}$$

其中

$$\mathcal{M}_k = \left\{ (x, y) \in \mathcal{N}_{k+1} \times \mathcal{N}_k, \|x - y\| < 2^{-k+2} \right\}. \tag{7.358}$$

根据引理 7.43, 有

$$\Pr\left(|Y_x - Y_y| \geqslant \varepsilon\right) \leqslant 3 \exp\left(-\frac{\delta_2 \varepsilon^2 (n-1)}{\kappa^2 \|x - y\|^2}\right) \tag{7.359}$$

对于每一对线性独立向量 $x, y \in \mathcal{S}(\mathcal{V})$, 以及任意使定理 7.37 成立的正实数 δ_2 成立 (根据 X 相不变的假设, 如果 $x, y \in \mathcal{S}(\mathcal{V})$ 是线性相关的, 那么我们有 $Y_x = Y_y$.) 对于每个 $k \in \mathbb{N}$ 的, 根据引理 7.44 有

$$\mathrm{E}\left(\max\left\{|Y_x - Y_y| : (x, y) \in \mathcal{M}_k\right\}\right) \leqslant \sqrt{\frac{\ln(N)}{\theta}} + \frac{3}{\sqrt{2\theta}} \tag{7.360}$$

成立, 其中

$$\theta = \frac{4^k \delta_2 (n-1)}{16 \kappa^2} \quad \text{且} \quad N = |\mathcal{M}_k| < 16^{(k+2)m}. \tag{7.361}$$

剩下的证明只需要常规的计算, 它显示我们获得了所求的界. 利用界

$$\sqrt{\ln(N)} \leqslant \sqrt{\log(N)} < 2\sqrt{(k+2)m}, \tag{7.362}$$

然后在所有 $k \in \mathbb{N}$ 上求和, 并且利用总和

$$\sum_{k=0}^\infty 2^{-k}\sqrt{k+2} < \frac{7}{2} \quad \text{和} \quad \sum_{k=0}^\infty 2^{-k} = 2, \tag{7.363}$$

我们可以得出结论

$$\sum_{k=0}^{\infty} \mathrm{E}\Big(\max\big\{|Y_x - Y_y| : (x,y) \in \mathcal{M}_k\big\}\Big) < \frac{64\kappa}{\sqrt{\delta_2}}\sqrt{\frac{m}{n}}. \tag{7.364}$$

根据式 (7.353)、式 (7.355) 和式 (7.364)，有

$$\mathrm{E}\big(\sup\{|Y_v - \beta| : v \in \mathcal{S}(\mathcal{V})\}\big) < \left(\frac{8}{\sqrt{\delta_3}} + \frac{64}{\sqrt{\delta_2}}\right)\kappa\sqrt{\frac{m}{n}}. \tag{7.365}$$

所以在假设

$$m \leqslant \frac{\delta\varepsilon^2\zeta^2 n}{\kappa^2} \tag{7.366}$$

下，其中 δ 满足式 (7.344)，有

$$\mathrm{E}\big(\sup\{|Y_v - \beta| : v \in \mathcal{S}(\mathcal{V})\}\big) < \zeta\varepsilon \tag{7.367}$$

成立，从而证毕.   □

7.3.2　测度集中的应用

我们现在将展示前面小节中讨论的测度集中结果的两个应用. 第一个应用说明一对寄存器的大多数纯态是高度纠缠的，而第二个应用则证明信道的最小输出熵通常是不可加的. 这两种应用互相关联，且第二个应用依赖于第一个.

7.3.2.1　大多数纯态是高度纠缠的

假设 $\mathcal{X}$ 和 $\mathcal{Y}$ 是复欧几里得空间，并且进一步假设这些空间的维度 $n = \dim(\mathcal{X})$ 和 $m = \dim(\mathcal{Y})$ 满足 $n \leqslant m$. 对于选定的某些单位向量 $u \in \mathcal{X} \otimes \mathcal{Y}$，有

$$\mathrm{Tr}_{\mathcal{Y}}(uu^*) = \omega \tag{7.368}$$

成立，其中 $\omega = \mathbb{1}/n$ 表示关于 $\mathcal{X}$ 的完全混合态. 当然，并非所有的单位向量 $u \in \mathcal{X} \otimes \mathcal{Y}$ 都满足该等式 (除非 $n = 1$)；但是随着 n 的增加，该等式对于集合 $\mathcal{S}(\mathcal{X} \otimes \mathcal{Y})$ 越来越多的部分近似成立.

下面的引理证明按照这些方法证明了一个特定的事实，其中我们考虑了关于态之间 2-范数距离的近似. 该证明利用了 Lévy 引理 (定理 7.37) 以及涉及均匀球测度的积分计算.

引理 7.45　*存在一个有着下面性质的正实数 K_0. 对于维度分别是 $n = \dim(\mathcal{X})$ 和 $m = \dim(\mathcal{Y})$ 的复欧几里得空间 $\mathcal{X}$ 和 $\mathcal{Y}$，并且对于随机变量*

$$X : \mathcal{S}(\mathcal{X} \otimes \mathcal{Y}) \to \mathbb{R}, \tag{7.369}$$

其中该变量关于 $\mathcal{S}(\mathcal{X} \otimes \mathcal{Y})$ 上的均匀球测度分布并且定义为

$$X(u) = \big\|\mathrm{Tr}_{\mathcal{Y}}(uu^*) - \omega\big\|_2, \tag{7.370}$$

其中 $\omega = \mathbb{1}/n$, 有

$$\Pr\left(X \geqslant \frac{K_0}{\sqrt{m}}\right) < 4^{-n} \tag{7.371}$$

成立.

证明　我们将会证明该引理对于 $K_0 = \sqrt{12/\delta_2} + 1$ 成立, 其中 δ_2 为满足 Lévy 引理平均值形式 (定理 7.37) 的要求的任意正实数.

对于每一个满足 $\|A\|_2 = 1$ 的算子 $A \in \mathrm{L}(\mathcal{Y}, \mathcal{X})$, 随机变量 X 还可以定义为

$$X(\mathrm{vec}(A)) = \|AA^* - \omega\|_2. \tag{7.372}$$

三角不等式说明

$$\big|X(\mathrm{vec}(A)) - X(\mathrm{vec}(B))\big| \leqslant \|AA^* - BB^*\|_2. \tag{7.373}$$

再次利用三角不等式以及 2-范数的次可乘性, 我们有

$$
\begin{aligned}
\|AA^* - BB^*\|_2 &\leqslant \|AA^* - AB^*\|_2 + \|AB^* - BB^*\|_2 \\
&\leqslant (\|A\|_2 + \|B\|_2)\|A - B\|_2 \leqslant 2\|A - B\|_2
\end{aligned} \tag{7.374}
$$

对于所有满足 $\|A\|_2 = \|B\|_2 = 1$ 的 $A, B \in \mathrm{L}(\mathcal{Y}, \mathcal{X})$ 成立. 所以 X 是 2-Lipschitz 的.

接下来我们将证明

$$\mathrm{E}(X) \leqslant \frac{1}{\sqrt{m}}. \tag{7.375}$$

该边界由 Jensen 不等式,

$$\big(\mathrm{E}(X)\big)^2 \leqslant \mathrm{E}(X^2), \tag{7.376}$$

以及 $\mathrm{E}(X^2)$ 的计算得到. 为了证明该期望值, 首先观察到

$$\|\mathrm{Tr}_{\mathcal{Y}}(uu^*) - \omega\|_2^2 = \mathrm{Tr}\Big(\big(\mathrm{Tr}_{\mathcal{Y}}(uu^*)\big)^2\Big) - \frac{1}{n}. \tag{7.377}$$

对于每一个向量 $u \in \mathcal{X} \otimes \mathcal{Y}$, 有

$$\mathrm{Tr}\Big(\big(\mathrm{Tr}_{\mathcal{Y}}(uu^*)\big)^2\Big) = \langle V, uu^* \otimes uu^* \rangle \tag{7.378}$$

成立, 其中 $V \in \mathrm{L}(\mathcal{X} \otimes \mathcal{Y} \otimes \mathcal{X} \otimes \mathcal{Y})$ 为对于所有向量 $x_0, x_1 \in \mathcal{X}$ 和 $y_0, y_1 \in \mathcal{Y}$ 定义为

$$V(x_0 \otimes y_0 \otimes x_1 \otimes y_1) = x_1 \otimes y_0 \otimes x_0 \otimes y_1 \tag{7.379}$$

的算子. 等价地, 对于字母表 Σ 和 Γ, 其中 $\mathcal{X} = \mathbb{C}^\Sigma$ 且 $\mathcal{Y} = \mathbb{C}^\Gamma$, 我们可以写出

$$V = \sum_{\substack{a,b \in \Sigma \\ c,d \in \Gamma}} E_{a,b} \otimes E_{c,c} \otimes E_{b,a} \otimes E_{d,d}. \tag{7.380}$$

对均匀球测度进行积分可以得到

$$
\begin{aligned}
\mathrm{E}(X^2) &= \int \langle V, uu^* \otimes uu^* \rangle \, \mathrm{d}\mu(u) - \frac{1}{n} \\
&= \frac{1}{\binom{nm+1}{2}} \langle V, \Pi_{(\mathcal{X} \otimes \mathcal{Y}) \otimes (\mathcal{X} \otimes \mathcal{Y})} \rangle - \frac{1}{n}.
\end{aligned}
\tag{7.381}
$$

通过分类讨论可知

$$
\begin{aligned}
&\langle E_{a,b} \otimes E_{c,c} \otimes E_{b,a} \otimes E_{d,d}, \Pi_{(\mathcal{X} \otimes \mathcal{Y}) \otimes (\mathcal{X} \otimes \mathcal{Y})} \rangle \\
&= \begin{cases}
1 & a = b \text{ 且 } c = d \\
\frac{1}{2} & (a = b \text{ 且 } c \neq d) \text{ 或 } (a \neq b \text{ 且 } c = d) \\
0 & a \neq b \text{ 且 } c \neq d.
\end{cases}
\end{aligned}
\tag{7.382}
$$

进行所求的运算可以得到

$$
\mathrm{E}(X^2) = \frac{n+m}{nm+1} - \frac{1}{n} < \frac{1}{m},
\tag{7.383}
$$

因此我们便证明了式 (7.375).

最后, 根据 Lévy 引理的平均值形式 (定理 7.37), 我们有

$$
\Pr\left(X \geqslant \frac{K_0}{\sqrt{m}} \right) \leqslant 2 \exp\left(-\frac{\delta_2 (K_0 - 1)^2 n}{4} \right).
\tag{7.384}
$$

对于 $K_0 = \sqrt{12/\delta_2} + 1$, 我们有

$$
2 \exp\left(-\frac{\delta_2 (K_0 - 1)^2 n}{4} \right) = 2 \exp(-3n) < 4^{-n},
\tag{7.385}
$$

证毕.   □

对于一个给定的单位向量 $u \in \mathcal{X} \otimes \mathcal{Y}$, 如果 $\mathrm{Tr}_{\mathcal{Y}}(uu^*)$ 近似等于完全混合态 ω, 那么我们可以合理地期望由 u 所表示的纯态的纠缠熵 $\mathrm{H}(\mathrm{Tr}_{\mathcal{Y}}(uu^*))$ 会近似等于其可能的最大值 $\log(\dim(\mathcal{X}))$, 这取决于我们所考虑的特定的近似相等的概念. 下面的引理证明了 von Neumann 熵的一个下界, 它使得我们在将其与引理 7.45 相结合时可以按照相同的方法做出一个精确的推导.

引理 7.46 令 $\mathcal{X}$ 为一个复欧几里得空间, $n = \dim(\mathcal{X})$. 对于每一个密度算子 $\rho \in \mathrm{D}(\mathcal{X})$, 有

$$
\mathrm{H}(\rho) \geqslant \log(n) - \frac{n}{\ln(2)} \|\rho - \omega\|_2^2
\tag{7.386}
$$

成立, 其中 $\omega = \mathbb{1}/n$ 表示关于 $\mathcal{X}$ 的完全混合态.

证明 对于所有的 $\alpha > 0$ 有 $\ln(\alpha) \leqslant \alpha - 1$ 成立, 因此

$$
\begin{aligned}
\frac{n}{\ln(2)} \|\rho - \omega\|_2^2 &= \frac{n \operatorname{Tr}(\rho^2) - 1}{\ln(2)} \\
&\geqslant \log(n \operatorname{Tr}(\rho^2)) = \log(n) + \log(\operatorname{Tr}(\rho^2)).
\end{aligned}
\tag{7.387}
$$

由于对数函数是凹的, 所以对于每一个字母表 Σ 和每一个概率向量 $p \in \mathcal{P}(\Sigma)$, 我们有

$$-\mathrm{H}(p) = \sum_{a \in \Sigma} p(a) \log(p(a)) \leqslant \log\left(\sum_{a \in \Sigma} p(a)^2\right). \tag{7.388}$$

因此,

$$-\mathrm{H}(\rho) \leqslant \log\left(\mathrm{Tr}(\rho^2)\right), \tag{7.389}$$

从而

$$\frac{n}{\ln(2)} \|\rho - \omega\|_2^2 \geqslant \log(n) - \mathrm{H}(\rho), \tag{7.390}$$

这等价于所求的不等式. □

作为引理 7.45 和引理 7.46 的结果, 大多数二分纯态的纠缠熵接近于这个量可能的最大值.

定理 7.47 存在一个有着下面性质的正实数 K. 对于选定的复欧几里得空间 $\mathcal{X}$ 和 $\mathcal{Y}$, 以及关于 $\mathcal{S}(\mathcal{X} \otimes \mathcal{Y})$ 上的均匀球测度分布的随机变量 $X : \mathcal{S}(\mathcal{X} \otimes \mathcal{Y}) \to \mathbb{R}$, 有

$$\Pr\left(X \leqslant \log(n) - \frac{Kn}{m}\right) < 4^{-n} \tag{7.391}$$

成立, 其中 $n = \dim(\mathcal{X})$ 且 $m = \dim(\mathcal{Y})$ 而 X 被定义为对每一个 $u \in \mathcal{S}(\mathcal{X} \otimes \mathcal{Y})$ 有

$$X(u) = \mathrm{H}\left(\mathrm{Tr}_{\mathcal{Y}}(uu^*)\right). \tag{7.392}$$

证明 我们将证明该定理对于 $K = K_0^2 / \ln(2)$ 成立, 在此 K_0 是任意满足引理 7.45 的要求的正实数.

对于每一个 $u \in \mathcal{S}(\mathcal{X} \otimes \mathcal{Y})$, 定义随机变量 $Y : \mathcal{S}(\mathcal{X} \otimes \mathcal{Y}) \to \mathbb{R}$ 为

$$Y(u) = \left\|\mathrm{Tr}_{\mathcal{Y}}(uu^*) - \omega\right\|_2, \tag{7.393}$$

该变量关于均匀球测度分布. 如果一个给定的单位向量 $u \in \mathcal{X} \otimes \mathcal{Y}$ 满足

$$Y(u) < \frac{K_0}{\sqrt{m}}, \tag{7.394}$$

那么根据引理 7.46 有

$$X(u) > \log(n) - \frac{n}{\ln(2)} \frac{K_0^2}{m} = \log(n) - \frac{Kn}{m}. \tag{7.395}$$

因此根据引理 7.45 我们有

$$\Pr\left(X > \log(n) - \frac{Kn}{m}\right) \geqslant \Pr\left(Y < \frac{K_0}{\sqrt{m}}\right) > 1 - 4^{-n}, \tag{7.396}$$

该边界等价于式 7.391, 证毕. □

7.3.2.2   最小输出熵的可加性的反例

正如下面的定义详细说明的，一个信道的最小输出熵即为可以通过在一个量子态输入上估算该信道得到的 von Neumann 熵的最小值.

定义 7.48   对于复欧几里得空间 $\mathcal{X}$ 和 $\mathcal{Y}$, 令 $\Phi \in C(\mathcal{X}, \mathcal{Y})$ 为一个信道. Φ 的最小输出熵定义为

$$H_{\min}(\Phi) = \min\{H(\Phi(\rho)) : \rho \in D(\mathcal{X})\}. \tag{7.397}$$

根据 von Neumann 熵函数的凹性可知，一个给定信道 $\Phi \in C(\mathcal{X}, \mathcal{Y})$ 的最小输出熵 $H_{\min}(\Phi)$ 可以通过一个纯态获得:

$$H_{\min}(\Phi) = \min\{H(\Phi(uu^*)) : u \in \mathcal{S}(\mathcal{X})\}. \tag{7.398}$$

对于信道的张量积来说，最小输出熵是可加的是一个存在已久的猜想. 下面的定理证明了事实上情况并非如此.

定理 7.49 (Hastings)   存在复欧几里得空间 $\mathcal{X}$ 和 $\mathcal{Y}$ 以及信道 $\Phi, \Psi \in C(\mathcal{X}, \mathcal{Y})$ 使得

$$H_{\min}(\Phi \otimes \Psi) < H_{\min}(\Phi) + H_{\min}(\Psi). \tag{7.399}$$

一个关于定理 7.49 的证明的高度概括如下. 对于每个选定的正整数 n, 我们可以考虑具有

$$\dim(\mathcal{X}) = n^2, \quad \dim(\mathcal{Y}) = n \quad \text{和} \quad \dim(\mathcal{Z}) = n^2. \tag{7.400}$$

的复欧几里得空间 $\mathcal{X}$、$\mathcal{Y}$ 和 $\mathcal{Z}$. 我们将证明对于选定的一个足够大的 n, 存在一个等距算子 $V \in U(\mathcal{X}, \mathcal{Y} \otimes \mathcal{Z})$, 使得对于所有的 $X \in L(\mathcal{X})$ 定义为

$$\Phi(X) = \text{Tr}_{\mathcal{Z}}(VXV^*) \quad \text{和} \quad \Psi(X) = \text{Tr}_{\mathcal{Z}}(\overline{V}XV^\mathsf{T}) \tag{7.401}$$

的信道 $\Phi, \Psi \in C(\mathcal{X}, \mathcal{Y})$ 严格遵循不等式 (7.399).

我们利用概率方法证明一个合适的等距算子 V 的存在: 对于任意确定的等距算子 $V_0 \in U(\mathcal{X}, \mathcal{Y} \otimes \mathcal{Z})$, 我们将证明所有令等距算子 $V = UV_0$ 满足所需性质的酉算子 $U \in U(\mathcal{Y} \otimes \mathcal{Z})$ 的集合关于 $U(\mathcal{Y} \otimes \mathcal{Z})$ 上的 Haar 测度有着正的测度.

对定理 7.49 的证明将用到下面的引理. 第一个引理为定义为式 (7.401) 的两个信道 Φ 和 Ψ 的张量积 $\Phi \otimes \Psi$ 的最小输出熵提供了一个上界.

引理 7.50   令 n 为一个正整数, $\mathcal{X}$、$\mathcal{Y}$ 和 $\mathcal{Z}$ 分别为 $\dim(\mathcal{X}) = n^2$、$\dim(\mathcal{Y}) = n$ 和 $\dim(\mathcal{Z}) = n^2$ 的复欧几里得空间. 令 $V \in U(\mathcal{X}, \mathcal{Y} \otimes \mathcal{Z})$ 为一个等距算子，并且对于所有的 $X \in L(\mathcal{X})$, 定义信道 $\Phi, \Psi \in C(\mathcal{X}, \mathcal{Y})$ 为

$$\Phi(X) = \text{Tr}_{\mathcal{Z}}(VXV^*) \quad \text{和} \quad \Psi(X) = \text{Tr}_{\mathcal{Z}}(\overline{V}XV^\mathsf{T}). \tag{7.402}$$

则有

$$H_{\min}(\Phi \otimes \Psi) \leqslant 2\log(n) - \frac{\log(n) - 2}{n} \tag{7.403}$$

成立.

证明　定义 $\tau \in \mathrm{D}(\mathcal{X} \otimes \mathcal{X})$ 及 $\sigma \in \mathrm{D}(\mathcal{Y} \otimes \mathcal{Y})$ 如下：

$$\tau = \frac{\mathrm{vec}(\mathbb{1}_{\mathcal{X}})\,\mathrm{vec}(\mathbb{1}_{\mathcal{X}})^*}{n^2} \quad \text{和} \quad \sigma = \frac{\mathrm{vec}(\mathbb{1}_{\mathcal{Y}})\,\mathrm{vec}(\mathbb{1}_{\mathcal{Y}})^*}{n}. \tag{7.404}$$

通过计算可以发现

$$\langle \sigma, (\Phi \otimes \Psi)(\tau)\rangle = \frac{1}{n^3}\big\|\mathrm{Tr}_{\mathcal{Y}}(VV^*)\big\|_2^2. \tag{7.405}$$

更详细地说，假设 $\mathcal{Y} = \mathbb{C}^{\Sigma}$，则我们有

$$\begin{aligned}
&\langle \sigma, (\Phi \otimes \Psi)(\tau)\rangle \\
&= \frac{1}{n}\sum_{a,b \in \Sigma}\Big\langle V^*\big(E_{a,b} \otimes \mathbb{1}_{\mathcal{Z}}\big)V \otimes V^{\mathsf{T}}\big(E_{a,b} \otimes \mathbb{1}_{\mathcal{Z}}\big)\overline{V}, \tau\Big\rangle \\
&= \frac{1}{n^3}\sum_{a,b \in \Sigma}\mathrm{Tr}\Big(\big(V^*(E_{b,a} \otimes \mathbb{1}_{\mathcal{Z}})V\big)\big(V^*(E_{a,b} \otimes \mathbb{1}_{\mathcal{Z}})V\big)\Big) \\
&= \frac{1}{n^3}\big\|\mathrm{Tr}_{\mathcal{Y}}(VV^*)\big\|_2^2.
\end{aligned} \tag{7.406}$$

由于算子 $\mathrm{Tr}_{\mathcal{Y}}(VV^*)$ 是半正定的，并且其迹等于 n^2 且秩至多为 n^2，所以其 2-范数平方必须至少为 n^2. 最后，我们有

$$\lambda_1\big((\Phi \otimes \Psi)(\tau)\big) \geqslant \langle \sigma, (\Phi \otimes \Psi)(\tau)\rangle \geqslant \frac{1}{n}. \tag{7.407}$$

现在，在一个给定的密度算子 $\rho \in \mathrm{D}(\mathcal{Y} \otimes \mathcal{Y})$ 有着至少为 $1/n$ 的最大本征值这一约束条件下，当该最大本征值等于 $1/n$ 并且其他本征值都相等时 von Neumann 熵 $\mathrm{H}(\rho)$ 是最大的：

$$\mathrm{H}(\rho) \leqslant \Big(1 - \frac{1}{n}\Big)\log(n^2 - 1) + \mathrm{H}\Big(\frac{1}{n}, 1 - \frac{1}{n}\Big). \tag{7.408}$$

因为 $\ln(\alpha) \geqslant 1 - 1/\alpha$ 对于所有正的 α 成立，所以我们发现

$$\mathrm{H}(\lambda, 1 - \lambda) \leqslant -\lambda\log(\lambda) + \frac{\lambda}{\ln(2)} \leqslant -\lambda\log(\lambda) + 2\lambda \tag{7.409}$$

对于所有的 $\lambda \in [0,1]$ 成立，因此

$$\mathrm{H}(\rho) \leqslant 2\log(n) - \frac{\log(n) - 2}{n}. \tag{7.410}$$

由于该不等式对于 $\rho = (\Phi \otimes \Psi)(\tau)$ 成立，所以证明完毕. $\qquad\square$

我们需要接下来的几个引理来构造关于某些形式为式 (7.401) 的信道 Φ 和 Ψ 的值 $\mathrm{H}_{\min}(\Phi) + \mathrm{H}_{\min}(\Psi)$ 的下界，进而证明定理 7.49. 第一个引理关于修改一个在定义域的紧子集上 Lipschitz 的随机变量，从而得到一个在整个定义域都 Lipschitz 的变量.

引理 7.51　令 $\mathcal{X}$ 为一个复欧几里得空间，$X : \mathcal{S}(\mathcal{X}) \to \mathbb{R}$ 为一个连续随机变量且关于 $\mathcal{S}(\mathcal{X})$ 上的均匀球测度 μ 分布，并且 $\mathcal{A} \subseteq \mathcal{S}(\mathcal{X})$ 为 $\mathcal{S}(\mathcal{X})$ 的一个满足 $\mu(\mathcal{A}) \geqslant 3/4$ 的紧子集. 对于所有 $x, y \in \mathcal{A}$，令 κ 为一个正实数使得

$$|X(x) - X(y)| \leqslant \kappa \|x - y\|, \tag{7.411}$$

并且对于所有的 $x \in \mathcal{S}(\mathcal{X})$, 定义一个关于 μ 分布的新随机变量 $Y : \mathcal{S}(\mathcal{X}) \to \mathbb{R}$ 为

$$Y(x) = \min_{y \in \mathcal{A}}(X(y) + \kappa \|x - y\|). \tag{7.412}$$

下面的声明成立:

1. Y 是 κ-Lipschitz 的.

2. 对于每一个 $x \in \mathcal{A}$, 有 $X(x) = Y(x)$ 成立.

3. Y 的每一个中位值都是 X 的一个中心值.

证明   无论 X 在 $\mathcal{A}$ 中的点上的行为是什么, 第一个声明都成立. 考虑任意两个向量 $x_0, x_1 \in \mathcal{S}(\mathcal{X})$, 并且令 $y_0, y_1 \in \mathcal{A}$ 满足

$$Y(x_0) = X(y_0) + \kappa \|x_0 - y_0\| \ \text{和} \ Y(x_1) = X(y_1) + \kappa \|x_1 - y_1\|. \tag{7.413}$$

也就是说, y_0 和 y_1 相应地取在 x_0 和 x_1 上定义函数 Y 的最小值. 因此一定有

$$X(y_0) + \kappa \|x_0 - y_0\| \leqslant X(y_1) + \kappa \|x_0 - y_1\| \tag{7.414}$$

成立, 这说明

$$Y(x_0) - Y(x_1) \leqslant \kappa \|x_0 - y_1\| - \kappa \|x_1 - y_1\| \leqslant \kappa \|x_0 - x_1\|. \tag{7.415}$$

我们可以通过交换索引 0 和 1, 利用相同的论证证明不等式

$$Y(x_1) - Y(x_0) \leqslant \kappa \|x_0 - x_1\|. \tag{7.416}$$

从而

$$|Y(x_0) - Y(x_1)| \leqslant \kappa \|x_0 - x_1\| \tag{7.417}$$

成立, 所以 Y 是 κ-Lipschitz 的.

接下来, 考虑任意向量 $x \in \mathcal{A}$. 根据引理的假设, 我们有

$$|X(x) - X(y)| \leqslant \kappa \|x - y\| \tag{7.418}$$

对于每一个 $y \in \mathcal{A}$ 成立, 因此

$$Y(x) - X(x) = \min_{y \in \mathcal{A}}\Big(X(y) - X(x) + \kappa \|x - y\|\Big) \geqslant 0. \tag{7.419}$$

另一方面, 因为我们在考虑最小值时可以选择 $y = x$, 所以 $Y(x) \leqslant X(x)$ 成立. 这导致 $X(x) = Y(x)$ 成立, 也即证明了第二个声明.

最后, 令 $\alpha \in \mathbb{R}$ 为 Y 的一个中位值, 从而

$$\Pr(Y \geqslant \alpha) \geqslant \frac{1}{2} \ \text{且} \ \Pr(Y \leqslant \alpha) \geqslant \frac{1}{2}. \tag{7.420}$$

再次定义一个关于 μ 分布的随机变量 $Z : \mathcal{S}(\mathcal{X}) \to [0,1]$ 为

$$Z(x) = \begin{cases} 1 & x \in \mathcal{A} \\ 0 & x \notin \mathcal{A}, \end{cases} \tag{7.421}$$

使得 $\Pr(Z = 0) \leqslant 1/4$. 根据 Boole 不等式, 我们有

$$\Pr(Y < \alpha \text{ 或 } Z = 0) \leqslant \frac{3}{4}, \tag{7.422}$$

因此

$$\Pr(X \geqslant \alpha) \geqslant \Pr(Y \geqslant \alpha \text{ 且 } Z = 1) \geqslant \frac{1}{4}. \tag{7.423}$$

根据相似的原因,

$$\Pr(X \leqslant \alpha) \geqslant \Pr(Y \leqslant \alpha \text{ 且 } Z = 1) \geqslant \frac{1}{4}. \tag{7.424}$$

这说明 α 是 X 的一个中心值, 证毕. $\qquad\square$

在某种意义上来说, 接下来的引理是定理 7.49 的证明的核心. 它证明了对于一个足够大的 n, 存在可以在信道 Φ 和 Ψ 的定义 (7.401) 中得到的等距算子 $V \in \mathrm{U}(\mathcal{X}, \mathcal{Y} \otimes \mathcal{Z})$ 满足不等式 (7.399). 该引理的证明利用了 Dvoretzky 定理.

引理 7.52 存在一个实数 $K > 0$ 使下面的声明成立. 对于每一个选定的正整数 n, 并且对于维度分别为

$$\dim(\mathcal{X}) = n^2, \quad \dim(\mathcal{Y}) = n, \quad \text{和} \quad \dim(\mathcal{Z}) = n^2 \tag{7.425}$$

的复欧几里得空间 $\mathcal{X}$、$\mathcal{Y}$ 和 $\mathcal{Z}$, 存在一个等距算子 $V \in \mathrm{U}(\mathcal{X}, \mathcal{Y} \otimes \mathcal{Z})$ 使得

$$\left\| \mathrm{Tr}_{\mathcal{Z}}(Vxx^*V^*) - \omega \right\|_2 \leqslant \frac{K}{n} \tag{7.426}$$

对于每一个单位向量 $x \in \mathcal{S}(\mathcal{X})$ 成立, 其中 $\omega = \mathbb{1}/n$ 表示关于 $\mathcal{Y}$ 的完全混合态.

证明 令 δ 为一个满足 Dvoretzky 定理 (定理 7.42) 要求的正实数, 并且使 K_0 为一个满足引理 7.45 要求的正实数. 我们将证明引理对于

$$K = K_0 + 6\sqrt{\frac{K_0 + 1}{\delta}} + \frac{18}{\delta} \tag{7.427}$$

成立.

在剩下的证明中, 假设正整数 n 和满足式 (7.425) 的复欧几里得空间 $\mathcal{X}$、$\mathcal{Y}$ 和 $\mathcal{Z}$ 是确定的. 令 $\mathcal{V}$ 为维度是 n^2 的 $\mathcal{Y} \otimes \mathcal{Z}$ 的任意子空间. 在整个证明中, μ 将表示 $\mathcal{S}(\mathcal{Y} \otimes \mathcal{Z})$ 上的均匀球测度, η 将表示 $\mathrm{U}(\mathcal{Y} \otimes \mathcal{Z})$ 上的 Haar 测度.

证明的第一步要先确定一组随机变量, 然后对这些随机变量进行分析. 首先, 令

$$X, Y : \mathcal{S}(\mathcal{Y} \otimes \mathcal{Z}) \to \mathbb{R} \tag{7.428}$$

为随机变量, 它们关于均匀球测度 μ 分布并且对于所有的 $u \in \mathcal{S}(\mathcal{Y} \otimes \mathcal{Z})$ 定义如下:

$$X(u) = \sqrt{\|\mathrm{Tr}_{\mathcal{Z}}(uu^*)\|} \quad \text{和} \quad Y(u) = \|\mathrm{Tr}_{\mathcal{Z}}(uu^*) - \omega\|_2. \tag{7.429}$$

接下来, 令

$$K_1 = \sqrt{K_0 + 1} + \frac{3}{\sqrt{\delta}} \quad \text{且} \quad \kappa = \frac{2K_1}{\sqrt{n}}. \tag{7.430}$$

定义集合

$$\mathcal{A} = \left\{ u \in \mathcal{S}(\mathcal{Y} \otimes \mathcal{Z}) : X(u) \leqslant \frac{K_1}{\sqrt{n}} \right\}, \tag{7.431}$$

并且对于每一个 $u \in \mathcal{S}(\mathcal{Y} \otimes \mathcal{Z})$, 定义一个也关于均匀球测度 μ 分布的随机变量 $Z : \mathcal{S}(\mathcal{Y} \otimes \mathcal{Z}) \to \mathbb{R}$ 为

$$Z(u) = \min_{v \in \mathcal{A}} (Y(v) + \kappa\|u - v\|). \tag{7.432}$$

根据定义, 显然 X、Y 和 Z 都是相不变随机变量. 最后, 对于每个单位向量 $v \in \mathcal{S}(\mathcal{V})$, 定义关于 $\mathrm{U}(\mathcal{Y} \otimes \mathcal{Z})$ 上的 Haar 测度 η 分布的随机变量

$$P_v, Q_v, R_v : \mathrm{U}(\mathcal{Y} \otimes \mathcal{Z}) \to \mathbb{R}, \tag{7.433}$$

关于每一个 $U \in \mathrm{U}(\mathcal{Y} \otimes \mathcal{Z})$, 它们分别为

$$P_v(U) = X(Uv), \quad Q_v(U) = Y(Uv), \quad R_v(U) = Z(Uv). \tag{7.434}$$

从下面这一步开始分析刚刚定义的随机变量会很有帮助: 观察到

$$X(\mathrm{vec}(A)) = \|A\| \quad \text{和} \quad Y(\mathrm{vec}(A)) = \|AA^* - \omega\|_2 \tag{7.435}$$

对于每一个满足 $\|A\|_2 = 1$ 的算子 $A \in \mathrm{L}(\mathcal{Z}, \mathcal{Y})$ 成立. 从上述第一个表达式以及不等式 $\|A\| \leqslant \|A\|_2$, 我们可以立即得到 X 是 1-Lipschitz 的. 此外, 考虑到

$$\|A\|^2 = \|AA^*\| \leqslant \|AA^* - \omega\| + \|\omega\| \leqslant \|AA^* - \omega\|_2 + \frac{1}{n} \tag{7.436}$$

对于每一个算子 $A \in \mathrm{L}(\mathcal{Z}, \mathcal{Y})$ 都成立, 则必须有

$$X^2 \leqslant Y + \frac{1}{n}. \tag{7.437}$$

所以根据引理 7.45, 我们可以得到

$$\Pr\left(X \leqslant \sqrt{\frac{K_0 + 1}{n}} \right) \geqslant \Pr\left(Y \leqslant \frac{K_0}{n} \right) > \frac{3}{4}. \tag{7.438}$$

Dvoretzky 定理 (定理 7.42) 将在该证明中应用两次, 第一次应用与随机变量 X 和对应 $v \in \mathcal{S}(\mathcal{V})$ 的 P_v 有关. 根据式 (7.438) 可知每一个 X 的中心值至多为

$$\sqrt{\frac{K_0 + 1}{n}}. \tag{7.439}$$

通过在 Dvoretzky 定理中设定

$$\varepsilon = \frac{3}{\sqrt{\delta n}} \quad \text{和} \quad \zeta = \frac{1}{3} \tag{7.440}$$

可以得到

$$\Pr\left(P_v \leqslant \frac{K_1}{\sqrt{n}}, \quad \forall v \in \mathcal{S}(\mathcal{V}) \right) \geqslant \frac{2}{3}, \tag{7.441}$$

这是因为 $\dim(\mathcal{V}) = \delta \varepsilon^2 \zeta^2 \dim(\mathcal{Y} \otimes \mathcal{Z})$.

第二次使用 Dvoretzky 定理是将其用于 Z 和关于 $v \in \mathcal{S}(\mathcal{V})$ 的 R_v. 然而, 在应用 Dvoretzky 定理之前, 我们会先考虑引理 7.51 对于随机变量 Y 和 Z 的应用. 首先注意到

$$\mu(\mathcal{A}) = \Pr\left(X \leqslant \frac{K_1}{\sqrt{n}} \right) \geqslant \Pr\left(X \leqslant \sqrt{\frac{K_0 + 1}{n}} \right) > \frac{3}{4}. \tag{7.442}$$

其次, 对于任选的向量 $u, v \in \mathcal{A}$, 我们可以写出 $u = \mathrm{vec}(A)$ 和 $v = \mathrm{vec}(B)$, 这里的 $A, B \in \mathrm{L}(\mathcal{Z}, \mathcal{Y})$ 满足 $\|A\|_2 = \|B\|_2 = 1$, 从而

$$\|A\| = X(\mathrm{vec}(A)) \leqslant \frac{K_1}{\sqrt{n}} \quad \text{且} \quad \|B\| = X(\mathrm{vec}(B)) \leqslant \frac{K_1}{\sqrt{n}}. \tag{7.443}$$

这说明

$$\begin{aligned}
|Y(u) - Y(v)| &= \left| \|AA^* - \omega\|_2 - \|BB^* - \omega\|_2 \right| \\
&\leqslant \|AA^* - BB^*\|_2 \leqslant (\|A\| + \|B\|)\|A - B\|_2 \leqslant \kappa\|u - v\|.
\end{aligned} \tag{7.444}$$

所以根据引理 7.51, Z 是 κ-Lipschitz 的, Z 和 Y 在 $\mathcal{A}$ 上的每一处都相同, 并且 Z 的每一个中位值都是 Y 的一个中心值. 根据式 (7.438), Y 的每一个中心值至多为 K_0/n, 因此同样的上界对于 Z 的每一个中位值也存在. 所以, 设定

$$\varepsilon = \frac{3\kappa}{\sqrt{\delta n}} \quad \text{和} \quad \zeta = \frac{1}{3} \tag{7.445}$$

并且应用 Dvoretzky 定理, 可以得到

$$\Pr\left(R_v \leqslant \frac{K}{n}, \quad \forall v \in \mathcal{S}(\mathcal{V}) \right) \geqslant \frac{2}{3}, \tag{7.446}$$

这是因为

$$\dim(\mathcal{V}) = \frac{\delta \varepsilon^2 \zeta^2}{\kappa^2} \dim(\mathcal{Y} \otimes \mathcal{Z}). \tag{7.447}$$

最后, 考虑随机变量 Y 和关于所有 $v \in \mathcal{S}(\mathcal{V})$ 的 Q_v. 对于每一个向量 $u \in \mathcal{S}(\mathcal{Y} \otimes \mathcal{Z})$, 我们有 $u \in \mathcal{A}$ 或 $u \notin \mathcal{A}$ 成立; 并且如果 $u \in \mathcal{A}$ 成立, 那么 $Y(u) = Z(u)$. 最后, 如果对于一个给定的 $u \in \mathcal{S}(\mathcal{Y} \otimes \mathcal{Z})$ 有 $Y(u) > K/n$, 那么一定有

$$Z(u) > \frac{K}{n} \quad \text{或} \quad X(u) > \frac{K_1}{\sqrt{n}} \tag{7.448}$$

(或者二者都成立). 根据 Boole 不等式, 我们可以得出结论

$$\Pr\left(Q_v > \frac{K}{n}, \quad \exists\, v \in \mathcal{S}(\mathcal{V}) \right)$$

$$\leqslant \Pr\left(R_v > \frac{K}{n}, \quad \exists\, v \in \mathcal{S}(\mathcal{V}) \right) \tag{7.449}$$

$$+ \Pr\left(P_v > \frac{K_1}{\sqrt{n}}, \quad \exists\, v \in \mathcal{S}(\mathcal{V}) \right).$$

根据式 (7.441) 和式 (7.446), 有

$$\Pr\left(Q_v \leqslant \frac{K}{n}, \quad \forall v \in \mathcal{S}(\mathcal{V}) \right) \geqslant \frac{1}{3} > 0. \tag{7.450}$$

根据式 (7.450), 我们可知存在一个酉算子 U, 使得 $Q_v(U) \leqslant K/n$ 对于所有的 $v \in \mathcal{S}(\mathcal{V})$ 都成立. 取 $V_0 \in \mathrm{U}(\mathcal{X}, \mathcal{Y} \otimes \mathcal{Z})$ 为任意使 $\mathrm{im}(V_0) = \mathcal{V}$ 成立的线性等距算子, 则我们有

$$\left\| \mathrm{Tr}_{\mathcal{Z}}\left(U V_0 x x^* V_0^* U^* \right) - \omega \right\|_2 \leqslant \frac{K}{n} \tag{7.451}$$

对于每一个单位向量 $x \in \mathcal{S}(\mathcal{X})$ 都成立. 取 $V = U V_0$, 即证明了该引理. $\square$

最后我们将给出对定理 7.49 的证明. 通过应用引理 7.50 和引理 7.52, 该定理的证明相当直接.

对定理 7.49 的证明　令 $K > 0$ 为一个使引理 7.52 成立的实数, 并且使 n 为一个满足

$$\log(n) > \frac{2K^2}{\ln(2)} + 2 \tag{7.452}$$

的正整数.

对于维度分别是 $\dim(\mathcal{X}) = n^2$、$\dim(\mathcal{Y}) = n$ 和 $\dim(\mathcal{Z}) = n^2$ 的复欧几里得空间 $\mathcal{X}$、$\mathcal{Y}$ 和 $\mathcal{Z}$, 根据引理 7.52, 一定存在一个等距算子 $V \in \mathrm{U}(\mathcal{X}, \mathcal{Y} \otimes \mathcal{Z})$ 使得

$$\left\| \mathrm{Tr}_{\mathcal{Z}}\left(V x x^* V^* \right) - \frac{\mathbb{1}_{\mathcal{Y}}}{n} \right\|_2 \leqslant \frac{K}{n} \tag{7.453}$$

对于每一个单位向量 $x \in \mathcal{S}(\mathcal{X})$ 都成立. 所以, 根据引理 7.46, 我们有

$$\mathrm{H}\left(\mathrm{Tr}_{\mathcal{Z}}(V x x^* V^*) \right) \geqslant \log(n) - \frac{K^2}{n \ln(2)} \tag{7.454}$$

对于每一个 $x \in \mathcal{S}(\mathcal{X})$ 都成立. 通过将 V 替换为 V 的元素复共轭, 我们可以对于每一个 $x \in \mathcal{S}(\mathcal{X})$ 得到相同的界:

$$\mathrm{H}\left(\mathrm{Tr}_{\mathcal{Z}}(\overline{V} x x^* V^{\mathsf{T}}) \right) \geqslant \log(n) - \frac{K^2}{n \ln(2)}. \tag{7.455}$$

现在, 对于所有 $X \in \mathrm{L}(\mathcal{X})$, 定义信道 $\Phi, \Psi \in \mathrm{C}(\mathcal{X}, \mathcal{Y})$ 为

$$\Phi(X) = \mathrm{Tr}_{\mathcal{Z}}\left(V X V^* \right) \quad \text{和} \quad \Psi(X) = \mathrm{Tr}_{\mathcal{Z}}\left(\overline{V} X V^{\mathsf{T}} \right). \tag{7.456}$$

我们有

$$H_{\min}(\Phi) = H_{\min}(\Psi) \geqslant \log(n) - \frac{K^2}{n\ln(2)}, \tag{7.457}$$

所以

$$H_{\min}(\Phi) + H_{\min}(\Psi) \geqslant 2\log(n) - \frac{2K^2}{n\ln(2)}. \tag{7.458}$$

另一方面，引理 7.50 说明

$$H_{\min}(\Phi \otimes \Psi) \leqslant 2\log(n) - \frac{\log(n) - 2}{n}. \tag{7.459}$$

因此，

$$\begin{aligned} &H_{\min}(\Phi \otimes \Psi) - \big(H_{\min}(\Phi) + H_{\min}(\Psi)\big) \\ &= \frac{2K^2}{n\ln(2)} - \frac{\log(n) - 2}{n} < 0, \end{aligned} \tag{7.460}$$

证毕. $\qquad\qquad\qquad\qquad\qquad\qquad\qquad\qquad\qquad\qquad\qquad\qquad\qquad\square$

7.4 习题

习题 7.1 对于每一个正整数 $n \geqslant 2$, 关于每一个 $X \in \mathrm{L}(\mathbb{C}^n)$ 定义保幺信道 $\Phi_n \in \mathrm{C}(\mathbb{C}^n)$ 为

$$\Phi_n(X) = \frac{1}{n-1}\operatorname{Tr}(X)\mathbb{1}_n - \frac{1}{n-1}X^\mathsf{T}, \tag{7.461}$$

其中 $\mathbb{1}_n$ 表示 $\mathbb{C}^n$ 上的单位算子. 证明 Φ_n 在 n 为偶数时是一个混合酉信道 (可以观察到本习题是习题 4.2 的一个补充).

习题 7.2 令 n 和 m 为正整数且 $n < m$, 考虑从 $\mathbb{C}^n$ 到 $\mathbb{C}^m$ 的所有等距算子的集合 $\mathrm{U}(\mathbb{C}^n, \mathbb{C}^m)$.

(a) 证明存在一个 Borel 概率测度

$$\nu : \mathrm{Borel}\big(\mathrm{U}(\mathbb{C}^n, \mathbb{C}^m)\big) \to [0,1] \tag{7.462}$$

使得

$$\nu(\mathcal{A}) = \nu(U\mathcal{A}V) \tag{7.463}$$

对于选定的每一个 Borel 子集 $\mathcal{A} \in \mathrm{Borel}(\mathrm{U}(\mathbb{C}^n, \mathbb{C}^m))$ 和酉算子 $U \in \mathrm{U}(\mathbb{C}^m)$ 与 $V \in \mathrm{U}(\mathbb{C}^n)$ 成立.

(b) 证明如果

$$\mu : \mathrm{Borel}\big(\mathrm{U}(\mathbb{C}^n, \mathbb{C}^m)\big) \to [0,1] \tag{7.464}$$

是 $\mathrm{U}(\mathbb{C}^n, \mathbb{C}^m)$ 上的一个 Borel 概率测度，并且它对于选定的每一个 Borel 子集 $\mathcal{A} \in \mathrm{Borel}(\mathrm{U}(\mathbb{C}^n, \mathbb{C}^m))$ 和酉算子 $U \in \mathrm{U}(\mathbb{C}^m)$ 都满足

$$\mu(\mathcal{A}) = \mu(U\mathcal{A}), \tag{7.465}$$

那么一定有 $\mu = \nu$ 成立，其中 ν 是对 (a) 的正确解答中所定义的测度.

习题 7.3　令 $\mathcal{X}$ 为一个复欧几里得空间, $n = \dim(\mathcal{X})$, 并且对于所有 $X \in L(\mathcal{X})$, 定义映射 $\Phi \in CP(\mathcal{X})$ 为

$$\Phi(X) = n \int \langle uu^*, X \rangle uu^* \mathrm{d}\mu(u), \tag{7.466}$$

其中 μ 表示 $\mathcal{S}(\mathcal{X})$ 上的均匀球测度. 给出 Φ 的一个简单的解析表达式.

习题 7.4　令 $\mathcal{X}$ 为一个复欧几里得空间, $n = \dim(\mathcal{X})$, 并且对于所有 $X \in L(\mathcal{X})$, 定义信道 $\Phi \in C(\mathcal{X}, \mathcal{X} \otimes \mathcal{X})$ 为

$$\Phi(X) = n \int \langle uu^*, X \rangle uu^* \otimes uu^* \mathrm{d}\mu(u), \tag{7.467}$$

其中 μ 表示 $\mathcal{S}(\mathcal{X})$ 上的均匀球测度. 给出通过使用 Φ 得到的最小克隆保真度

$$\alpha(\Phi) = \inf_{v \in \mathcal{S}(\mathcal{X})} F(\Phi(vv^*), vv^* \otimes vv^*) \tag{7.468}$$

的解析表达式 (在定理 7.28 的意义下, 观察到 Φ 是一个次优克隆信道. $\dim(\mathcal{X}) = 1$ 这种简单情况除外).

习题 7.5　证明存在一个有着下面性质的正实数 K. 对于每一个正整数 n 和每一个关于 $\mathcal{S}(\mathbb{C}^n)$ 上的均匀球测度分布的非负 κ-Lipschitz 随机变量

$$X : \mathcal{S}(\mathbb{C}^n) \to [0, \infty), \tag{7.469}$$

我们有

$$E(X^2) - E(X)^2 \leqslant \frac{K\kappa^2}{n}. \tag{7.470}$$

习题 7.6　证明存在正实数 $K, \delta > 0$ 使下面的声明成立. 对于选定的每一个复欧几里得空间 $\mathcal{X}$, 一个关于 $\mathcal{S}(\mathcal{X})$ 上的均匀球测度 μ 分布的 κ-Lipschitz 非负随机变量

$$X : \mathcal{S}(\mathcal{X}) \to [0, \infty), \tag{7.471}$$

以及每一个正实数 $\varepsilon > 0$,

$$\Pr\left(\left| X - \sqrt{E(X^2)} \right| \geqslant \varepsilon \right) \leqslant K \exp\left(-\frac{\delta \varepsilon^2 n}{\kappa^2} \right) \tag{7.472}$$

成立. 对习题 7.5 的正确解答所证明的事实会对证明此处的结果大有帮助 (观察到对本问题的正确解答建立了 Lévy 引理的一个变体, 其中集中在一个非负随机变量的均方根值附近出现, 而非其平均值或中心值).

7.5　参考书目注释

置换不变向量和算子是人们在多重线性代数中广泛研究的对象, 它们是 Greub (1978) 和 Marcus(1973, 1975) 等人的著作的主题. 这些概念以及它们的推广也与表示论的主题相

关, 例如 Goodman 和 Wallach(1998) 的著作便解释了这一点. 定理 7.14 是二次中心化子定理的一个有限维形式, 它也被称为 bicommutant theorem, 由 von Neumann (1930) 证明.

一个复欧几里得空间中单位球和酉算子集合上酉不变测量的存在是由 Haar (1933) 提出的更为广义的构造说明的. von Neumann(1933) 证明了由 Haar 所构造的测度的独特性, 他们的两篇文章连续在同一期刊上发表. 该工作被 Weil (1979) 等人进行了进一步的推广. 由于这些概念的推广, 许多涉及 Haar 测度的书并未考虑本章展示的 (对于有限维中的酉算子的) 均匀球测度或 Haar 测度的专门定义. 然而, 这种定义在随机矩阵理论中是相当标准的. 这些定义根植于 Dyson (1962a, b, c) 以及 Diaconis 和 Shahshahani (1987) 的工作中, 在 Mehta (2004) 的著作中也可以找到随机矩阵理论更广阔的概述.

例 7.25 中定义的 Werner 旋转信道由 Werner (1989) 引入. 我们在上一章中提到过该论文, 它引入的态现在称为 Werner 态. 关于纯态最优克隆的定理 7.28 也归功于 Werner (1998). 不可克隆定理的起源通常归于 Wootters 和 Zurek(1982) 以及 Deiks (1982), 尽管在 Park (1970) 的一篇更早的论文中出现过等价的声明和证明. 尽管直到 1983 年才发表, Wiesner (1983) 的论文提出了基于量子信息的不可伪造货币的方案, 该方案隐式地依赖于量子态不可克隆这一假设. 据说这篇论文写于 20 世纪 60 年代末期.

我们知道量子 de Finetti 定理的许多版本. 这些定理如此命名的原因是它们推广了最初由 de Finetti (1937) 发现的组合学和概率论中的定理. 以 de Finetti 命名的定理的一个量子信息理论的变体首先在 1976 年由 Hudson 和 Moody (1976) 证明. Caves、Fuchs 和 Schack (2002) 在其后给出了对该定理更简单的证明. 像原始的 de Finetti 定理一样, 这是关于无限多全同系统的行为的一个定性结果. de Finetti 定理的一个有限量子表述在精神上与 Diaconis 和 Freedman (1980) 得到的经典结果更为接近, 它由 König 和 Renner (2005) 证明. 定理 7.12 和 7.26 以及推论 7.27 由 Christandl、König、Mitchison 和 Renner (2007) 证明, 他们改良了误差的界并且推广了 König 和 Renner 获得的结果.

定理 7.31 和推论 7.32 归功于 Watrous (2009a).

对测度集中现象感兴趣的读者可以参考 Ledoux (2001) 以及 Milman 和 Schechtman (1986) 的著作. 定理 7.37 和 7.40 是 Lévy (1951) 提出的一个定理的变体. 本章中出现的对于这些定理的证明大多数依据 Milman 和 Schechtman 的著作的附录 V (它们部分基于 Maurey 和 Pisier (1976) 提出的技术). 我们知道 Dvoretzky 定理的多种表述, 其原始表述在大约 1960 年由 Dvoretzky 证明 (Dvoretzky, 1961). Mil' man (1971) 依据测度集中现象给出了 Dvoretzky 定理的证明, 他也是第一位明确证明该定理的人.

为了证明关于最小输出熵的不可加性的定理 7.49, 显然我们需要 Dvoretzky 定理的一个特别强的版本 (如定理 7.42 中所述). 该定理的证明以及它在定理 7.49 上的应用归功于 Aubrun、Szarek 和 Werner (2011). 该证明实质上利用了 Talagrand (2006) 的链式法则.

我们知道数个测度集中在量子信息理论上的应用, 其中第一个归于 Hayden、Leung、Shor 和 Winter (2004), Bennett、Hayden、Leung、Shor 和 Winter (2005), 以及 Harrow、Hayden

和 Leung (2004). 定理 7.47 是 Hayden、Leung 和 Winter (2006) 所提出的一个定理的变体.

定理 7.49 由 Hastings (2009) 证明，该证明部分基于 Hayden 和 Winter 对所谓的最大 p-范数可乘性猜想的证伪 (Hayden 和 Winter，2008). 正如上面所说，本章中展示的对定理 7.49 的证明归功于 Aubrun、Szarek 和 Werner (2011). Hastings 对信道容量研究的发现将在下一章进行讨论.

量子信道容量

本章关注的是用于传输信息的量子信道容量. 信道容量的概念在量子环境中具有多种不等价的公式. 例如, 我们可以考虑一个信道传输的经典信息或量子信息的容量, 以及各种可以协助信息传输的资源, 比如在信息传输之前发送者和接收者之间共享的纠缠.

我们将展示三个基本定理, 这些定理描述了在有或没有预先共享纠缠的情况下, 量子信道传输经典或量子信息的容量. 当发送者和接受者之间的预先共享纠缠不可用的时候, 这些特征有着某种程度上不太受欢迎的性质: 它们需要正则化——或者说在一个给定信道越来越多的使用次数上取平均——且因此无法得到明确的或可以有效计算容量的公式. 本章的最后一节将讨论这种正则化的明显需求, 以及相关的量子容量超激发现象.

8.1 量子信道上的经典信息

本章考虑的普遍情况涉及两个假想的个体: 一个发送者和一个接收者. 发送者试图通过多次独立使用一个信道 Φ 将经典或量子信息传输给接收者. 在我们考虑的方案中, 发送者为信道制备输入, 而接收者处理输出, 进而让信息以高精确度传输. 正如信息理论中的标准做法, 本章主要处理渐近体系, 其中我们利用熵来分析在越来越多的独立信道使用次数上取平均这一极限下的信息传输率.

本节的主题是量子信道传输经典信息的容量, 其中包括发送者与接收者共享预先纠缠与否的两种情况. 8.1.1 节将介绍关于信道容量的概念和术语, 本节以及本章的其余部分都会用到这些知识. 8.1.2 节将证明 Holevo-Schumacher-Westmoreland 定理, 该定理描述了不使用预先共享纠缠来传输经典信息的信道容量的特征. 8.1.3 节将证明有纠缠协助的容量定理, 该定理描述了在预先共享纠缠的协助下进行信息传输的信道容量的特征.

8.1.1 量子信道的经典容量

下面我们将定义有关信道信息传输容量的五个量. 前两个量——*经典容量和有纠缠协助的经典容量*——在量子信道容量这一主题下是基本内容. 剩下的三个量分别是 Holevo 容量、有纠缠协助的 Holevo 容量以及相干信息, 它们都在即将介绍的主要结果中起着重要作用.

8.1.1.1 信道的经典容量

直觉上, 信道的经典容量描述了使用一次该信道可以高精度传输的经典信息的平均比特数. 正如典型的信息理论概念一样, 信道容量在渐近行为中的定义更为正式, 此时我们考虑的是随信道使用次数的增加而达到的极限.

在陈述信道容量的一个精确数学定义时,考虑一个信道对于另一个信道的仿真会很方便.

定义 8.1   令 $\Phi \in \mathrm{C}(\mathcal{X}, \mathcal{Y})$ 和 $\Psi \in \mathrm{C}(\mathcal{Z})$ 为信道,其中 $\mathcal{X}$、$\mathcal{Y}$ 和 $\mathcal{Z}$ 是复欧几里得空间. 如果存在信道 $\Xi_{\mathrm{E}} \in \mathrm{C}(\mathcal{Z}, \mathcal{X})$ 和 $\Xi_{\mathrm{D}} \in \mathrm{C}(\mathcal{Y}, \mathcal{Z})$ 使得

$$\Psi = \Xi_{\mathrm{D}} \Phi \Xi_{\mathrm{E}}, \tag{8.1}$$

那么我们称信道 Φ **仿真了** Ψ. 当这一关系成立时,信道 Ξ_{E} 称为**编码信道**,Ξ_{D} 称为**解码信道**.

我们也可以很方便地考虑一个信道对另一个信道的近似. 在本章中,我们总是假设这种近似是关于完全有界的迹范数定义的.

定义 8.2   令 $\Psi_0, \Psi_1 \in \mathrm{C}(\mathcal{Z})$ 为信道,其中 $\mathcal{Z}$ 为一个复欧几里得空间,并且使 $\varepsilon > 0$ 为正实数. 如果

$$\||\Psi_0 - \Psi_1\||_1 < \varepsilon, \tag{8.2}$$

那么信道 Ψ_0 是对 Ψ_1 的 ε-**近似** (等价地,Ψ_1 是对 Ψ_0 的 ε-**近似**).

利用上面两个定义,对信道经典容量的定义如下.

定义 8.3 (信道的经典容量)   令 $\mathcal{X}$ 和 $\mathcal{Y}$ 为复欧几里得空间,$\Phi \in \mathrm{C}(\mathcal{X}, \mathcal{Y})$ 为信道. 令 $\Gamma = \{0,1\}$ 表示二元字母表,$\mathcal{Z} = \mathbb{C}^{\Gamma}$,并且 $\Delta \in \mathrm{C}(\mathcal{Z})$ 表示关于空间 $\mathcal{Z}$ 定义的完全失相信道.

1. 如果 $\alpha = 0$ 或 $\alpha > 0$ 且下述内容对于每一个正实数 $\varepsilon > 0$ 都成立——对于除了有限个之外的所有正整数 n,以及 $m = \lfloor \alpha n \rfloor$,信道 $\Phi^{\otimes n}$ 仿真了信道 $\Delta^{\otimes m}$ 的 ε-近似——那么值 $\alpha \geqslant 0$ 是对于通过 Φ 进行的经典信息传输的**可达率**.

2. 由 $\mathrm{C}(\Phi)$ 所表示的 Φ 的**经典容量**是关于通过 Φ 进行的经典信息传输的所有可达率的上确界.

在定义 8.3 下,我们把完全失相信道 Δ 看作传输单比特经典信息的理想信道. 当考虑用 $\Phi^{\otimes n}$ 去仿真该理想经典信道的 m 重张量积 $\Delta^{\otimes m}$ 时,我们只关注经典到量子编码信道 Ξ_{E} 和量子到经典解码信道 Ξ_{D},此时不会损失普遍性. 也就是说,我们可以假设

$$\Xi_{\mathrm{E}} = \Xi_{\mathrm{E}} \Delta^{\otimes m} \quad \text{和} \quad \Xi_{\mathrm{D}} = \Delta^{\otimes m} \Xi_{\mathrm{D}}. \tag{8.3}$$

该假设并不会导致任何普遍性的损失,因为

$$\begin{aligned}
&\||(\Delta^{\otimes m}\Xi_{\mathrm{D}})\Phi^{\otimes n}(\Xi_{\mathrm{E}}\Delta^{\otimes m}) - \Delta^{\otimes m}\||_1 \\
&= \||\Delta^{\otimes m}(\Xi_{\mathrm{D}}\Phi^{\otimes n}\Xi_{\mathrm{E}} - \Delta^{\otimes m})\Delta^{\otimes m}\||_1 \\
&\leqslant \||\Xi_{\mathrm{D}}\Phi^{\otimes n}\Xi_{\mathrm{E}} - \Delta^{\otimes m}\||_1;
\end{aligned} \tag{8.4}$$

在此用 $\Xi_{\mathrm{E}}\Delta^{\otimes m}$ 和 $\Delta^{\otimes m}\Xi_{\mathrm{D}}$ 代替所给定的 Ξ_{E} 和 Ξ_{D} 不会降低所获得的仿真度.

鉴于这一观察, 对于定义 8.3 中完全有界迹范数的隐含使用可能看起来有些笨拙; 一个等价的定义可以通过要求 $\Phi^{\otimes n}$ 仿真某些满足

$$\left\|\left(\Delta^{\otimes m}\Psi\right)\left(E_{a_1\cdots a_m, a_1\cdots a_m}\right) - E_{a_1\cdots a_m, a_1\cdots a_m}\right\|_1 < \varepsilon \tag{8.5}$$

的信道 $\Psi \in \mathrm{C}(\mathcal{Z}^{\otimes m})$ 得到, 而这等价于对于所有的 $a_1\cdots a_m \in \Gamma^m$ 有

$$\left\langle E_{a_1\cdots a_m, a_1\cdots a_m}, \Psi(E_{a_1\cdots a_m, a_1\cdots a_m})\right\rangle > 1 - \frac{\varepsilon}{2} \tag{8.6}$$

成立. 对该要求的一种解释是每一个字符串 $a_1\cdots a_m \in \Gamma^m$ 都由 Ψ 以小于 $\varepsilon/2$ 的误差概率传输.

另一方面, 使用定义 8.3 中的完全有界迹范数所定义的更强的信道近似概念有一个好处, 即允许量子容量 (将在 8.2 节中讨论) 以一种与定义经典容量类似的方式定义, 只需用单位信道 $\mathbb{1}_{\mathrm{L}(\mathcal{Z})}$ 代替失相信道 Δ (对于量子容量, 完全有界迹范数提供了信道近似的最自然的概念).

下面的命题可能是不证自明的, 但是依旧值得明确地说明. 用来证明该命题的论证也可以应用在其他的容量概念上, 该证明并不依赖于经典容量的特殊性质.

命题 8.4 对于复欧几里得空间 $\mathcal{X}$ 和 $\mathcal{Y}$, 令 $\Phi \in \mathrm{C}(\mathcal{X}, \mathcal{Y})$ 为一个信道, 并且使 k 为正整数. 有

$$\mathrm{C}(\Phi^{\otimes k}) = k\,\mathrm{C}(\Phi) \tag{8.7}$$

成立.

证明 如果 α 是通过 Φ 进行的经典信息传输的可达率, 那么显然 αk 是通过 $\Phi^{\otimes k}$ 进行的经典信息传输的可达率. 因此

$$\mathrm{C}(\Phi^{\otimes k}) \geqslant k\,\mathrm{C}(\Phi) \tag{8.8}$$

成立.

现在假设 $\alpha > 0$ 是对于通过 $\Phi^{\otimes k}$ 进行的经典信息传输的可达率. 所以, 对于任意 $\varepsilon > 0$ 和除了有限多个以外的所有正整数 n, 信道 $\Phi^{\otimes k\lfloor n/k\rfloor}$ 对于 $m = \lfloor \alpha\lfloor n/k\rfloor\rfloor$ 仿真了 $\Delta^{\otimes m}$ 的 ε-近似. 我们将证明 $\alpha/k - \delta$ 是对于所有的 $\delta \in (0, \alpha/k)$ 通过 Φ 进行的经典信息传输的可达率. 对于任意整数 $n \geqslant k$, 信道 $\Phi^{\otimes n}$ 显然仿真了所有被 $\Phi^{\otimes k\lfloor n/k\rfloor}$ 仿真的信道, 且对于 $\delta \in (0, \alpha/k)$, 关于除了有限多个以外的所有正整数 n 我们有 $\alpha\lfloor n/k\rfloor \geqslant (\alpha/k - \delta)n$. 因此, 对于任意的 $\varepsilon > 0$, 以及除了有限多个以外的所有正整数 n, 信道 $\Phi^{\otimes n}$ 仿真了 $\Delta^{\otimes m}$ 的 ε-近似, 其中 $m = \lfloor(\alpha/k - \delta)n\rfloor$, 这说明 $\alpha/k - \delta$ 是通过 Φ 进行的经典信息传输的可达率. 在 $\delta = 0$ 这一情况下, 我们显然有 α/k 是通过 Φ 进行的经典信息传输的可达率. 在所有可达率上取上确界, 我们可以发现

$$\mathrm{C}(\Phi) \geqslant \frac{1}{k}\,\mathrm{C}(\Phi^{\otimes k}), \tag{8.9}$$

命题得证. □

8.1.1.2　信道的有纠缠协助的经典容量

除了我们假设发送者和接收者可以在通过信道传输信息之前共享他们选择的任意态之外，一个信道的有纠缠协助的经典容量是通过与经典容量相似的方式定义的 (由于在该设定下可分态并无任何优势，所以我们通常假设该共享态是纠缠的). 与不能共享纠缠的情况相比，发送者和接收者共享纠缠的能力可以导致一个量子信道的经典容量显著提升. 例如，共享纠缠可以通过利用密集编码 (在 6.3.1 节中进行了讨论) 加倍单位信道的经典容量，而对于其他信道，也可能有某些 (常数倍) 的提升.

一个信道的有纠缠协助的经典容量的正式定义只需对经典容量的原始定义进行很小的改变即可得到：我们修改了一个信道对另一个信道的仿真的定义以允许下面所述的共享态存在.

定义 8.5　令 $\Phi \in C(\mathcal{X}, \mathcal{Y})$ 和 $\Psi \in C(\mathcal{Z})$ 为信道，其中 $\mathcal{X}$、$\mathcal{Y}$ 和 $\mathcal{Z}$ 是复欧几里得空间. 对于复欧几里得空间 $\mathcal{V}$ 和 $\mathcal{W}$，如果存在一个态 $\xi \in D(\mathcal{V} \otimes \mathcal{W})$ 和信道 $\Xi_E \in C(\mathcal{Z} \otimes \mathcal{V}, \mathcal{X})$ 及 $\Xi_D \in C(\mathcal{Y} \otimes \mathcal{W}, \mathcal{Z})$，使得

$$\Psi(Z) = \big(\Xi_D\big(\Phi\Xi_E \otimes \mathbb{1}_{L(\mathcal{W})}\big)\big)(Z \otimes \xi) \tag{8.10}$$

对于所有的 $Z \in L(\mathcal{Z})$ 成立，那么信道 Φ **在纠缠的协助下仿真**了 Ψ (对于由该等式右边所表示的信道的图解，见图 8.1). 当这一关系成立时，信道 Ξ_E 称为**编码信道**，Ξ_D 称为**解码信道**，并且 ξ 称为协助该仿真的**共享态**.

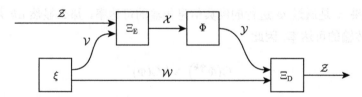

图 8.1　定义 8.5 提到的映射 $Z \mapsto \big(\Xi_D\big(\Phi\Xi_E \otimes \mathbb{1}_{L(\mathcal{W})}\big)\big)(Z \otimes \xi)$ 的图解

除了前面定义中的修改之外，有纠缠协助的经典容量与经典容量的定义类似.

定义 8.6(信道的有纠缠协助的经典容量)　对于复欧几里得空间 $\mathcal{X}$ 和 $\mathcal{Y}$，令 $\Phi \in C(\mathcal{X}, \mathcal{Y})$ 为一个信道，令 $\Gamma = \{0, 1\}$ 表示二元字母表，$\mathcal{Z} = \mathbb{C}^\Gamma$，并且 $\Delta \in C(\mathcal{Z})$ 表示关于空间 $\mathcal{Z}$ 定义的完全失相信道.

1. 如果 $\alpha = 0$ 或 $\alpha > 0$ 并且下述内容对每一个正实数 $\varepsilon > 0$ 都成立：对于除有限个以外的所有正整数 n，以及 $m = \lfloor \alpha n \rfloor$，信道 $\Phi^{\otimes n}$ 在纠缠的协助下仿真了 $\Delta^{\otimes m}$ 的 ε-近似，那么值 $\alpha \geqslant 0$ 是通过 Φ 进行的有纠缠协助的经典信息传输的**可达率**.

2. 由 $C_E(\Phi)$ 表示的 Φ 的**有纠缠协助的经典容量**是通过 Φ 进行的有纠缠协助的经典信息传输的所有可达率上的上确界.

通过与证明命题 8.4 时所用的相同论证，有下面的简单命题成立.

命题 8.7 对于 $\mathcal{X}$ 和 $\mathcal{Y}$, 令 $\Phi \in \mathrm{C}(\mathcal{X}, \mathcal{Y})$ 为一个信道, 并且使 k 为正整数. 于是, 有

$$C_E(\Phi^{\otimes k}) = kC_E(\Phi) \tag{8.11}$$

成立.

8.1.1.3 信道的 Holevo 容量

假设 $\mathcal{X}$ 是一个复欧几里得空间, Σ 是一个字母表, $p \in \mathcal{P}(\Sigma)$ 是一个概率向量, $\{\rho_a : a \in \Sigma\} \subseteq \mathrm{D}(\mathcal{X})$ 是一个态集合. 令 $\eta : \Sigma \to \mathrm{Pos}(\mathcal{X})$ 是由对于每个 $a \in \Sigma$ 的

$$\eta(a) = p(a)\rho_a \tag{8.12}$$

定义的系综, 则 η 的 Holevo 信息由

$$\chi(\eta) = \mathrm{H}\left(\sum_{a \in \Sigma} p(a)\rho_a\right) - \sum_{a \in \Sigma} p(a)\,\mathrm{H}(\rho_a) \tag{8.13}$$

给出. 根据这个量, 我们可以利用定义 8.8 中所阐述的方式定义一个信道的 Holevo 容量. 该定义会利用下面的概念: 对于任意系综 $\eta : \Sigma \to \mathrm{Pos}(\mathcal{X})$ 和任意信道 $\Phi \in \mathrm{C}(\mathcal{X}, \mathcal{Y})$, 我们定义系综 $\Phi(\eta) : \Sigma \to \mathrm{Pos}(\mathcal{Y})$ 为关于每个 $a \in \Sigma$ 的

$$(\Phi(\eta))(a) = \Phi(\eta(a)). \tag{8.14}$$

也就是说, $\Phi(\eta)$ 是通过用最自然的方式在系综 η 上作用 Φ 所得的系综.

定义 8.8 令 $\Phi \in \mathrm{C}(\mathcal{X}, \mathcal{Y})$ 为一个信道, 其中 $\mathcal{X}$ 和 $\mathcal{Y}$ 为复欧几里得空间. Φ 的 Holevo 容量定义为

$$\chi(\Phi) = \sup_{\eta} \chi(\Phi(\eta)), \tag{8.15}$$

在此, 上确界是在所有字母表 Σ 和形式为 $\eta : \Sigma \to \mathrm{Pos}(\mathcal{X})$ 的系综上选取的.

我们可以对定义 8.8 中式 (8.15) 的上确界加上两个限制条件, 同时却不降低对给定信道定义的值. 第一个限制条件是该上确界可以由在所有形式为 $\eta : \Sigma \to \mathrm{Pos}(\mathcal{X})$ 的系综上的最大值所代替, 其中 Σ 是大小为

$$|\Sigma| = \dim(\mathcal{X})^2 \tag{8.16}$$

的字母表. 第二, 这些系综可以被限制在那些对于每个 $a \in \Sigma$ 满足条件 $\mathrm{rank}(\eta(a)) \leqslant 1$ 的系综之中. 下面的命题对于证明该表述很有用.

命题 8.9 对于复欧几里得空间 $\mathcal{X}$ 和 $\mathcal{Y}$, 令 $\Phi \in \mathrm{C}(\mathcal{X}, \mathcal{Y})$ 为一个信道, Σ 为一个字母表, $\eta : \Sigma \to \mathrm{Pos}(\mathcal{X})$ 为一个系综. 存在一个字母表 Γ 和一个系综 $\theta : \Gamma \to \mathrm{Pos}(\mathcal{X})$ 使得

1. $\mathrm{rank}(\theta(b)) \leqslant 1$ 对于每个 $b \in \Gamma$ 都成立.

2. $\chi(\Phi(\eta)) \leqslant \chi(\Phi(\theta))$ 成立.

证明   假设 Λ 是使 $\mathcal{X} = \mathbb{C}^\Lambda$ 的字母表, 令

$$\eta(a) = \sum_{b \in \Lambda} \lambda_{a,b} x_{a,b} x_{a,b}^* \tag{8.17}$$

为 $\eta(a)$ 对于每个 $a \in \Sigma$ 的一个谱分解. 命题的要求对于关于每个 $(a,b) \in \Sigma \times \Lambda$ 由

$$\theta(a,b) = \lambda_{a,b} x_{a,b} x_{a,b}^* \tag{8.18}$$

定义的系综 $\theta : \Sigma \times \Lambda \to \mathrm{Pos}(\mathcal{X})$ 成立. 显然第一个性质成立, 所以我们只需证明第二个性质.

定义 $\mathcal{Z} = \mathbb{C}^\Sigma$ 和 $\mathcal{W} = \mathbb{C}^\Lambda$, 并且考虑三个寄存器 Y、Z 及 W, 它们分别对应空间 $\mathcal{Y}$、$\mathcal{Z}$ 和 $\mathcal{W}$. 对于定义为

$$\rho = \sum_{(a,b) \in \Sigma \times \Lambda} \lambda_{a,b} \Phi(x_{a,b} x_{a,b}^*) \otimes E_{a,a} \otimes E_{b,b} \tag{8.19}$$

的密度算子 $\rho \in \mathrm{D}(\mathcal{Y} \otimes \mathcal{Z} \otimes \mathcal{W})$, 有下面的两个等式成立:

$$\chi(\Phi(\theta)) = \mathrm{D}\big(\rho[\mathsf{Y}, \mathsf{Z}, \mathsf{W}] \,\|\, \rho[\mathsf{Y}] \otimes \rho[\mathsf{Z}, \mathsf{W}]\big),$$
$$\chi(\Phi(\eta)) = \mathrm{D}\big(\rho[\mathsf{Y}, \mathsf{Z}] \,\|\, \rho[\mathsf{Y}] \otimes \rho[\mathsf{Z}]\big). \tag{8.20}$$

不等式 $\chi(\Phi(\eta)) \leqslant \chi(\Phi(\theta))$ 可以从偏迹的量子相对熵函数的单调性而得到 (该不等式表示定理 5.35 的一个特殊情况). $\square$

定理 8.10   令 $\mathcal{X}$ 和 $\mathcal{Y}$ 为复欧几里得空间, $\Phi \in \mathrm{C}(\mathcal{X}, \mathcal{Y})$ 为一个信道, Σ 为一个大小是 $|\Sigma| = \dim(\mathcal{X})^2$ 的字母表. 存在一个系综 $\eta : \Sigma \to \mathrm{Pos}(\mathcal{X})$ 使得

$$\chi(\Phi(\eta)) = \chi(\Phi). \tag{8.21}$$

对于每个 $a \in \Sigma$, 我们还可以假设 $\mathrm{rank}(\eta(a)) \leqslant 1$.

证明   考虑形式为 $\theta : \Gamma \to \mathrm{Pos}(\mathcal{X})$ 的任意系综, 其中 Γ 为任意字母表, 令

$$\sigma = \sum_{a \in \Gamma} \theta(a) \tag{8.22}$$

表示系综 θ 的平均态. 通过命题 2.52, 我们发现一定存在一个字母表 Λ、一个概率向量 $p \in \mathcal{P}(\Lambda)$ 和一个形式为 $\theta_b : \Gamma \to \mathrm{Pos}(\mathcal{X})$ 的系综集合 $\{\theta_b : b \in \Lambda\}$, 其中每个都满足约束条件

$$\sum_{a \in \Gamma} \theta_b(a) = \sigma \tag{8.23}$$

并且有着性质

$$\big|\{a \in \Gamma : \theta_b(a) \neq 0\}\big| \leqslant \dim(\mathcal{X})^2, \tag{8.24}$$

从而 θ 由凸组合

$$\theta = \sum_{b \in \Lambda} p(b) \theta_b \tag{8.25}$$

给出.

因为根据命题 5.48 我们有

$$\chi(\Phi(\theta)) \leqslant \sum_{b \in \Lambda} p(b) \chi(\Phi(\theta_b)), \tag{8.26}$$

所以一定存在至少一个符号 $b \in \Lambda$，其中 $p(b) > 0$ 且

$$\chi(\Phi(\theta)) \leqslant \chi(\Phi(\theta_b)). \tag{8.27}$$

将任选的 $b \in \Lambda$ 固定下来，并且使

$$\Gamma_0 = \{a \in \Gamma : \theta_b(a) \neq 0\}. \tag{8.28}$$

对于一个任选的单射 $f : \Gamma_0 \to \Sigma$，我们可以得到一个系综 $\eta : \Sigma \to \mathrm{Pos}(\mathcal{X})$ 使得

$$\chi(\Phi(\eta)) \geqslant \chi(\Phi(\theta)) \tag{8.29}$$

通过对于每一个 $a \in \Gamma_0$ 设定 $\eta(f(a)) = \theta_b(a)$ 以及对于每一个 $c \notin f(\Gamma_0)$ 设定 $\eta(c) = 0$ 而成立.

因为刚刚展示的论证对于任选的的系综 θ 成立，所以有

$$\chi(\Phi) = \sup_{\eta} \chi(\Phi(\eta)), \tag{8.30}$$

其中上确界在所有形式为 $\eta : \Sigma \to \mathrm{Pos}(\mathcal{X})$ 的系综上. 由于所有这样的系综的集合是紧的，所以一定存在一个相同形式的系综使式 (8.21) 成立.

我们可以通过下面的方式假设关于每个 $a \in \Sigma$ 的额外约束条件 $\mathrm{rank}(\eta(a)) \leqslant 1$ 成立：首先利用命题 8.9，用一个对于每个 $a \in \Gamma$ 都满足约束条件 $\mathrm{rank}(\theta(a)) \leqslant 1$ 的系综代替给定的系综 θ，并且接下来继续进行上面的论证. 这样我们便会得到系综 $\eta : \Sigma \to \mathrm{Pos}(\mathcal{X})$ 且对于每个 $a \in \Sigma$ 都有 $\mathrm{rank}(\eta(a)) \leqslant 1$，从而式 (8.21) 成立，证毕. $\square$

8.1.1.4　信道的有纠缠协助的 Holevo 容量

利用与有纠缠协助的经典容量相似的方式，其中我们在发送者和接收者预先共享一个其选择的态这一设定下借鉴了经典容量的定义，我们可以定义信道的有纠缠协助的 Holevo 容量. 在描述该概念时引入下面的定义会很有帮助.

定义 8.11　令 Σ 为一个字母表，$\mathcal{X}$ 和 $\mathcal{Y}$ 为复欧几里得空间，$\eta : \Sigma \to \mathrm{Pos}(\mathcal{X} \otimes \mathcal{Y})$ 为一个系综，并且

$$\rho = \sum_{a \in \Sigma} \eta(a) \tag{8.31}$$

表示 η 的平均态. 如果对于每一个 $a \in \Sigma$ 都有

$$\mathrm{Tr}_{\mathcal{X}}(\eta(a)) = \mathrm{Tr}(\eta(a)) \mathrm{Tr}_{\mathcal{X}}(\rho) \tag{8.32}$$

成立，那么称 η 是在 $\mathcal{Y}$ 上均匀的.

对于在一个给定复欧几里得空间上均匀的系综的简单操作特征描述由下面的命题给出. 它本质上说明了这种系综是通过在确定二分态的另一个子系统上作用一个随机选择的信道而获得的.

命题 8.12　令 Σ 为一个字母表, $\mathcal{X}$ 和 $\mathcal{Y}$ 为复欧几里得空间, 并且 $\eta : \Sigma \to \mathrm{Pos}(\mathcal{X} \otimes \mathcal{Y})$ 为一个系综. 下面三个声明是等价的:

1. 系综 η 在 $\mathcal{Y}$ 上是均匀的.
2. 存在一个复欧几里得空间 $\mathcal{Z}$、一个态 $\sigma \in \mathrm{D}(\mathcal{Z} \otimes \mathcal{Y})$、一组信道集合 $\{\Phi_a : a \in \Sigma\} \subseteq \mathrm{C}(\mathcal{Z}, \mathcal{X})$ 以及一个概率向量 $p \in \mathcal{P}(\Sigma)$, 使得

$$\eta(a) = p(a)\big(\Phi_a \otimes \mathbb{1}_{\mathrm{L}(\mathcal{Y})}\big)(\sigma) \tag{8.33}$$

对于每一个 $a \in \Sigma$ 都成立.

3. 在 $\sigma = uu^*$ 对于选定的某些单位向量 $u \in \mathcal{Z} \otimes \mathcal{Y}$ 成立这一额外假设下声明 2 仍然成立.

证明　显然由声明 2 可以推导出声明 1, 并且由声明 3 可以直接推导出声明 2. 所以我们只需证明由声明 1 可以推导出声明 3.

为了实现这个目的, 假设 η 在 $\mathcal{Y}$ 上是均匀的, 令 ρ 表示系综 η 的平均态, 并且使

$$\xi = \mathrm{Tr}_{\mathcal{X}}(\rho). \tag{8.34}$$

令 $\mathcal{Z}$ 为一个维度是 $\mathrm{rank}(\xi)$ 的复欧几里得空间, 令 $u \in \mathcal{Z} \otimes \mathcal{Y}$ 为一个纯化 ξ 的单位向量:

$$\mathrm{Tr}_{\mathcal{Z}}(uu^*) = \xi. \tag{8.35}$$

由于 η 在 $\mathcal{Y}$ 上是均匀的, 所以有

$$\mathrm{Tr}(\eta(a)) \, \mathrm{Tr}_{\mathcal{Z}}(uu^*) = \mathrm{Tr}_{\mathcal{X}}(\eta(a)) \tag{8.36}$$

对于每一个 $a \in \Sigma$ 都成立. 根据命题 2.29, 我们可以得到结论: 一定存在信道 $\Phi_a \in \mathrm{C}(\mathcal{Z}, \mathcal{X})$ 使得对于每一个 $a \in \Sigma$ 都有

$$\eta(a) = \mathrm{Tr}(\eta(a))\big(\Phi_a \otimes \mathbb{1}_{\mathrm{L}(\mathcal{Y})}\big)\big(uu^*\big). \tag{8.37}$$

对于每个 $a \in \Sigma$ 设定 $\sigma = uu^*$ 及 $p(a) = \mathrm{Tr}(\eta(a))$, 我们就可以完成对该命题的证明.　□

定义 8.13　令 $\Phi \in \mathrm{C}(\mathcal{X}, \mathcal{Y})$ 为一个关于复欧几里得空间 $\mathcal{X}$ 和 $\mathcal{Y}$ 的信道. Φ 的**有纠缠协助的** Holevo **容量**是定义为

$$\chi_{\mathrm{E}}(\Phi) = \sup_{\eta} \chi\big(\big(\Phi \otimes \mathbb{1}_{\mathrm{L}(\mathcal{W})}\big)(\eta)\big) \tag{8.38}$$

的量 $\chi_{\mathrm{E}}(\Phi)$, 其中上确界在选定的所有复欧几里得空间 $\mathcal{W}$、字母表 Σ 以及在 $\mathcal{W}$ 上均匀的系综 $\eta : \Sigma \to \mathrm{Pos}(\mathcal{X} \otimes \mathcal{W})$ 上.

有纠缠协助的经典容量和有纠缠协助的 Holevo 容量之间的关系将在 8.1.3 节中讨论. 关于这一点, 对于一个给定的在 $\mathcal{W}$ 上均匀的系综, 由命题 8.12 推导出的其存在的二分态可以看作一个在发送者和接收者之间共享的态, 这个态可以促进信息的传输.

8.1.1.5 相干信息

本小节将定义的与一个给定信道相关的最后一个量是相干信息.

定义 8.14 对于复欧几里得空间 $\mathcal{X}$ 和 $\mathcal{Y}$, 令 $\Phi \in \mathrm{C}(\mathcal{X}, \mathcal{Y})$ 为一个信道且 $\sigma \in \mathrm{D}(\mathcal{X})$ 为一个态. σ 通过 Φ 的**相干信息**定义为

$$\mathrm{I}_{\mathrm{C}}(\sigma; \Phi) = \mathrm{H}(\Phi(\sigma)) - \mathrm{H}\left((\Phi \otimes \mathbb{1}_{\mathrm{L}(\mathcal{X})})\left(\mathrm{vec}(\sqrt{\sigma})\,\mathrm{vec}(\sqrt{\sigma})^*\right)\right) \tag{8.39}$$

的量 $\mathrm{I}_{\mathrm{C}}(\sigma; \Phi)$. Φ 的**最大相干信息**是

$$\mathrm{I}_{\mathrm{C}}(\Phi) = \max_{\sigma \in \mathrm{D}(\mathcal{X})} \mathrm{I}_{\mathrm{C}}(\sigma; \Phi). \tag{8.40}$$

一般来说, 态 σ 通过一个信道 Φ 的相干信息量化了将 Φ 作用在 σ 的纯化态上之后所存在的关联性. 为了简洁且具体, 该定义隐含地令该纯化为 $\mathrm{vec}(\sqrt{\sigma})$; 其他的纯化都会得到同样的量.

正如上面的定义所述, 考虑关于空间 $\mathcal{Y}$ 和 $\mathcal{X}$ 的一对寄存器 (Y, X) 的态

$$\rho = \left(\Phi \otimes \mathbb{1}_{\mathrm{L}(\mathcal{X})}\right)\left(\mathrm{vec}(\sqrt{\sigma})\,\mathrm{vec}(\sqrt{\sigma})^*\right) \in \mathrm{D}(\mathcal{Y} \otimes \mathcal{X}). \tag{8.41}$$

则 σ 通过 Φ 的相干信息 $\mathrm{I}_{\mathrm{C}}(\sigma; \Phi)$ 等于 $\mathrm{H}(\mathsf{Y}) - \mathrm{H}(\mathsf{Y}, \mathsf{X})$. 因此, Y 和 X 之间的量子互信息由

$$\mathrm{I}(\mathsf{Y} : \mathsf{X}) = \mathrm{I}_{\mathrm{C}}(\sigma; \Phi) + \mathrm{H}(\sigma) \tag{8.42}$$

给出. 尽管相干信息与信道容量的定义间的关联无法被直接看出, 但我们在后面会证明该量对于有纠缠协助的经典容量和量子容量 (将在 8.2 节中定义) 来说有着基本的重要性.

下面的定理证明了一个直观的事实: 关于一个任选的输入态, 把一个信道的输出输送给第二个信道不会导致相干信息的增加.

命题 8.15 对于复欧几里得空间 $\mathcal{X}$、$\mathcal{Y}$ 和 $\mathcal{Z}$, 令 $\Phi \in \mathrm{C}(\mathcal{X}, \mathcal{Y})$ 和 $\Psi \in \mathrm{C}(\mathcal{Y}, \mathcal{Z})$ 为信道且 $\sigma \in \mathrm{D}(\mathcal{X})$ 为一个态. 有

$$\mathrm{I}_{\mathrm{C}}(\sigma; \Psi\Phi) \leqslant \mathrm{I}_{\mathrm{C}}(\sigma; \Phi) \tag{8.43}$$

成立.

证明 选择复欧几里得空间 $\mathcal{W}$ 和 $\mathcal{V}$, 以及等距算子 $A \in \mathrm{U}(\mathcal{X}, \mathcal{Y} \otimes \mathcal{W})$ 和 $B \in \mathrm{U}(\mathcal{Y}, \mathcal{Z} \otimes \mathcal{V})$, 从而对于所有 $X \in \mathrm{L}(\mathcal{X})$ 和 $Y \in \mathrm{L}(\mathcal{Y})$, 可以得到 Φ 和 Ψ 的 Stinespring 表示分别为

$$\Phi(X) = \mathrm{Tr}_{\mathcal{W}}(AXA^*) \quad \text{和} \quad \Psi(Y) = \mathrm{Tr}_{\mathcal{V}}(BYB^*). \tag{8.44}$$

定义一个单位向量 $u \in \mathcal{Z} \otimes \mathcal{V} \otimes \mathcal{W} \otimes \mathcal{X}$ 为

$$u = (B \otimes \mathbb{1}_{\mathcal{W}} \otimes \mathbb{1}_{\mathcal{X}})(A \otimes \mathbb{1}_{\mathcal{X}})\,\mathrm{vec}(\sqrt{\sigma}). \tag{8.45}$$

现在, 考虑四个寄存器 Z、V、W 和 X, 它们分别对应空间 $\mathcal{Z}$、$\mathcal{V}$、$\mathcal{W}$ 和 $\mathcal{X}$. 假设复合寄存器 (Z,V,W,X) 在纯态 uu^* 内, 我们有下面的表达式:

$$I_C(\sigma;\Phi) = H(Z,V) - H(Z,V,X),$$
$$I_C(\sigma;\Psi\Phi) = H(Z) - H(Z,X). \tag{8.46}$$

则该命题可以根据 von Neumann 熵的强次可加性 (定理 5.36) 得到.　□

在本章的某些证明中, 我们可以很方便地参考互补信道的概念. 这一概念定义如下.

定义 8.16　令 $\Phi \in C(\mathcal{X},\mathcal{Y})$ 和 $\Psi \in C(\mathcal{X},\mathcal{Z})$ 为信道, 其中 $\mathcal{X}$、$\mathcal{Y}$ 和 $\mathcal{Z}$ 为复欧几里得空间. 如果存在一个等距算子 $A \in U(\mathcal{X},\mathcal{Y}\otimes\mathcal{Z})$ 使

$$\Phi(X) = \mathrm{Tr}_{\mathcal{Z}}(AXA^*) \quad \text{和} \quad \Psi(X) = \mathrm{Tr}_{\mathcal{Y}}(AXA^*) \tag{8.47}$$

对于每一个 $X \in L(\mathcal{X})$ 都成立, 则我们称 Φ 和 Ψ 是**互补的**.

根据推论 2.27 我们可以立即得到, 对于每一个信道 $\Phi \in C(\mathcal{X},\mathcal{Y})$, 一定存在一个复欧几里得空间 $\mathcal{Z}$ 和一个互补于 Φ 的信道 $\Psi \in C(\mathcal{X},\mathcal{Z})$; 这样的信道 Ψ 可以从 Φ 的一个任选的 Stinespring 表示获得.

命题 8.17　对于复欧几里得空间 $\mathcal{X}$、$\mathcal{Y}$ 和 $\mathcal{Z}$, 令 $\Phi \in C(\mathcal{X},\mathcal{Y})$ 和 $\Psi \in C(\mathcal{X},\mathcal{Z})$ 为互补信道, 令 $\sigma \in D(\mathcal{X})$ 为一个态. 有

$$I_C(\sigma;\Phi) = H(\Phi(\sigma)) - H(\Psi(\sigma)) \tag{8.48}$$

成立.

证明　根据 Φ 和 Ψ 是互补的这一假设, 一定存在一个等距算子 $A \in U(\mathcal{X},\mathcal{Y}\otimes\mathcal{Z})$ 使得式 (8.47) 对于每一个 $X \in L(\mathcal{X})$ 都成立. 令 X、Y 和 Z 分别为关于空间 $\mathcal{X}$、$\mathcal{Y}$ 和 $\mathcal{Z}$ 的寄存器, 定义单位向量 $u \in \mathcal{Y}\otimes\mathcal{Z}\otimes\mathcal{X}$ 为

$$u = (A \otimes \mathbb{1}_{\mathcal{X}})\mathrm{vec}(\sqrt{\sigma}). \tag{8.49}$$

关于复合寄存器 (Y,Z,X) 的纯态 uu^*, 有 H(Z) = H(Y,X) 成立, 因此

$$H\Big((\Phi \otimes \mathbb{1}_{L(\mathcal{X})})\big(\mathrm{vec}(\sqrt{\sigma})\,\mathrm{vec}(\sqrt{\sigma})^*\big)\Big) = H(\Psi(\sigma)), \tag{8.50}$$

由此可得命题成立.　□

8.1.2　Holevo-Schumacher-Westmoreland 定理

本节将阐述并证明的 Holevo-Schumacher-Westmoreland 定理说明了一个量子信道的经典容量由它的 Hoelvo 容量约束了下界, 并且通过对 Holevo 容量进行正则化我们可以得到经典容量的一个特征. 我们将首先介绍经典到量子乘积态信道码的概念以及对于分析这些码很有用的一些数学结果.

8.1.2.1 经典到量子乘积态信道码

在研究量子信道的经典容量时，考虑一个相关但是某种程度上来说更为基础的利用确定的量子态集合编码经典信息的任务会大有裨益. 为了将这一任务与一个信道的经典容量的概念相联系，我们必须在用来编码经典信息的特定态集合与给定的信道之间建立一种联系——不过，从实际出发，我们可以先单独考察将经典信息编码在量子态上的任务.

在接下来的讨论中，$\Gamma = \{0,1\}$ 将表示二元字母表，

$$\{\sigma_a : a \in \Sigma\} \subseteq \mathrm{D}(\mathcal{X}) \tag{8.51}$$

将表示一组固定的态集合，其中 $\mathcal{X}$ 为一个复欧几里得空间且 Σ 为一个字母表$^\ominus$. 我们将要考虑的情况是，表示经典信息的二元字符串将以每一个二元字符串都可以以高概率从其编码恢复原状的方式，被编码在从集合 (8.51) 中得到的量子态的张量积上.

用更精确的术语来说，我们将假设选定了正整数 n 和 m，并且对于选定的某些字符串 $a_1 \cdots a_n \in \Sigma^n$，每一个长度为 m 的二元字符串 $b_1 \cdots b_m \in \Gamma^m$ 都将由形式为

$$\sigma_{a_1} \otimes \cdots \otimes \sigma_{a_n} \in \mathrm{D}(\mathcal{X}^{\otimes n}) \tag{8.52}$$

的乘积态编码. 也就是说，我们将选择函数 $f : \Gamma^m \to \Sigma^n$，并且每个字符串 $b_1 \cdots b_m \in \Gamma^m$ 都将由态 (8.52) 编码，其中 $a_1 \cdots a_n = f(b_1 \cdots b_m)$. 当讨论这种码时，对于每个字符串 $a_1 \cdots a_n \in \Sigma^n$，利用简化符号

$$\sigma_{a_1 \cdots a_n} = \sigma_{a_1} \otimes \cdots \otimes \sigma_{a_n} \tag{8.53}$$

进行表示会很方便，关于这个符号我们有

$$\sigma_{f(b_1 \cdots b_m)} \in \mathrm{D}(\mathcal{X}^{\otimes n}) \tag{8.54}$$

表示编码字符串 $b_1 \cdots b_m \in \Gamma^m$ 的态.

从对一个给定二元字符串的编码，我们可以希望用测量来解码该字符串. 这种测量有着形式 $\mu : \Gamma^m \to \mathrm{Pos}(\mathcal{X}^{\otimes n})$，并且可以成功地将一个特定字符串 $b_1 \cdots b_m$ 以概率

$$\langle \mu(b_1 \cdots b_m), \sigma_{f(b_1 \cdots b_m)} \rangle \tag{8.55}$$

从其编码进行恢复.

作为一般的目标，我们通常对可以使成功解码的概率接近于 1 且比率 m/n 尽可能大的编码方案感兴趣，该比率表示经典信息的有效传输率. 下面的定义总结了这些概念.

定义 8.18 令 Σ 为一个字母表，$\mathcal{X}$ 为一个复欧几里得空间，

$$\{\sigma_a : a \in \Sigma\} \subseteq \mathrm{D}(\mathcal{X}) \tag{8.56}$$

$\ominus$ 我们可以推广整个讨论，以使任意字母表 Γ 替代二元字母表. 由于从本书的角度来说，这样做收益甚微，所以为了简便我们会假设 $\Gamma = \{0,1\}$.

为一组态集合, $\Gamma = \{0,1\}$ 表示二元字母表, 并且 n 和 m 为正整数. 态集合 (8.56) 的**经典到量子乘积态信道码**是由形式为

$$f: \Gamma^m \to \Sigma^n \quad \text{和} \quad \mu: \Gamma^m \to \text{Pos}(\mathcal{X}^{\otimes n}) \tag{8.57}$$

的一个函数和一个测量组成的对 (f, μ). 这种码的**比率**等于分数 m/n. 另外, 如果该码有以 δ 为边界的误差, 则意味着有

$$\langle \mu(b_1 \cdots b_m), \sigma_{f(b_1 \cdots b_m)} \rangle > 1 - \delta \tag{8.58}$$

对于每一个字符串 $b_1 \cdots b_m \in \Gamma^m$ 都成立.

注: 在这一定义中, 我们使用了术语信道码来区分这种码与源码 (参见第 5 章). 从某种意义上来说, 这两个概念是互补的. 信道码表示信息被编码在有着一定随机度的态上这一情况, 而源码表示由一个随机源产生的信息被编码在一个选定态上这一情况.

显然, 某些选定的集合 $\{\sigma_a : a \in \Sigma\}$ 相比其他集合来说更适合建立经典到量子的乘积态信道码, 在此假设我们希望将这样的码的比率最大化, 将误差最小化. 在极大程度上, 后面的分析将关注这种情况: 对于一个固定的态的集合, 我们关心这个集合关于经典到量子乘积态信道码的能力.

8.1.2.2   态的系综的典型性

典型性的概念是本章将展示的多个证明的核心, 本章包括关于经典到量子乘积信道码的处理速率与误差界的基本定理.

我们在 5.3.1 节中曾介绍过典型性的标准定义——但是在信道编码下我们将用到该定义对态的系综的一个推广. 下面的定义是对该概念的讨论的一个起始点, 它提供了一个关于联合概率分布的典型性的概念.

定义 8.19   对于字母表 Σ 和 Γ, 令 $p \in \mathcal{P}(\Sigma \times \Gamma)$ 为一个概率向量, 并且使 $q \in \mathcal{P}(\Sigma)$ 为对于每个 $a \in \Sigma$ 定义为

$$q(a) = \sum_{b \in \Gamma} p(a, b) \tag{8.59}$$

的边际概率向量. 对于选定的每一个正实数 $\varepsilon > 0$、正整数 n 以及满足 $q(a_1) \cdots q(a_n) > 0$ 的字符串 $a_1 \cdots a_n \in \Sigma^n$, 若下式成立, 则称字符串 $b_1 \cdots b_n \in \Gamma^n$ 为**在 $a_1 \cdots a_n \in \Sigma^n$ 条件下 ε-典型的**:

$$2^{-n(\text{H}(p) - \text{H}(q) + \varepsilon)} < \frac{p(a_1, b_1) \cdots p(a_n, b_n)}{q(a_1) \cdots q(a_n)} < 2^{-n(\text{H}(p) - \text{H}(q) - \varepsilon)}. \tag{8.60}$$

我们可以用 $K_{a_1 \cdots a_n, \varepsilon}(p)$ 来表示所有这样的字符串 $b_1 \cdots b_n \in \Gamma^n$ 的集合.

对于所有使得 $q(a_1) \cdots q(a_n) = 0$ 的字符串 $a_1 \cdots a_n \in \Sigma^n$, 我们还可以很方便地定义 $K_{a_1 \cdots a_n, \varepsilon}(p) = \varnothing$. 当一个概率向量 $p \in \mathcal{P}(\Sigma \times \Gamma)$ 已固定, 或者可以安全地认为它是隐含的时, $K_{a_1 \cdots a_n, \varepsilon}$ 可以用来代替 $K_{a_1 \cdots a_n, \varepsilon}(p)$.

直觉上，如果我们根据一个给定的概率向量 $p \in \mathcal{P}(\Sigma \times \Gamma)$，通过独立地随机选取 (a_1, b_1), $\cdots$, (a_n, b_n) 来选择字符串 $a_1 \cdots a_n \in \Sigma^n$ 和 $b_1 \cdots b_n \in \Gamma^n$，那么我们可以合理地期望 $b_1 \cdots b_n$ 被包含在 $K_{a_1 \cdots a_n, \varepsilon}(p)$ 之中，且随着 n 的增加，这一期望愈发可能是事实. 我们将通过下面的命题阐述这一事实，该命题依据弱大数定理 (定理 1.15)——这一方法本质上与相似的事实 (命题 5.42) 是相同的，这一事实是基于 5.3.1 节中所讨论的典型性的定义证明的.

命题 8.20 对于字母表 Σ 和 Γ，令 $p \in \mathcal{P}(\Sigma \times \Gamma)$ 为一个概率向量. 对于每一个 $\varepsilon > 0$，有

$$\lim_{n \to \infty} \sum_{a_1 \cdots a_n \in \Sigma^n} \sum_{b_1 \cdots b_n \in K_{a_1 \cdots a_n, \varepsilon}} p(a_1, b_1) \cdots p(a_n, b_n) = 1 \tag{8.61}$$

成立.

证明 对于每个 $a \in \Sigma$，令 $q \in \mathcal{P}(\Sigma)$ 为定义为

$$q(a) = \sum_{b \in \Gamma} p(a, b) \tag{8.62}$$

的边缘概率向量，并且定义一个随机变量 $X : \Sigma \times \Gamma \to [0, \infty)$ 为

$$X(a, b) = \begin{cases} -\log(p(a,b)) + \log(q(a)) & p(a,b) > 0 \\ 0 & p(a,b) = 0 \end{cases} \tag{8.63}$$

且该变量关于概率向量 p 分布. 该随机变量的期望值由

$$\mathrm{E}(X) = \mathrm{H}(p) - \mathrm{H}(q) \tag{8.64}$$

给出.

现在，对于任意正整数 n，以及根据 X 同分布的独立随机变量 $X_1, \cdots, X_n$，我们有

$$\Pr\left(\left| \frac{X_1 + \cdots + X_n}{n} - (\mathrm{H}(p) - \mathrm{H}(q)) \right| < \varepsilon \right)$$
$$= \sum_{a_1 \cdots a_n \in \Sigma^n} \sum_{b_1 \cdots b_n \in K_{a_1 \cdots a_n, \varepsilon}} p(a_1, b_1) \cdots p(a_n, b_n). \tag{8.65}$$

从而该命题的结论可以根据弱大数定理 (定理 1.15) 得出. □

以下命题给出了集合 $K_{a_1 \cdots a_n, \varepsilon}$ 期望大小的上界. 对于典型性的标准定义来说，它与命题 5.43 相似.

命题 8.21 对于字母表 Σ 和 Γ，令 $p \in \mathcal{P}(\Sigma \times \Gamma)$ 为一个概率向量，并且使 $q \in \mathcal{P}(\Sigma)$ 为对每个 $a \in \Sigma$ 定义为

$$q(a) = \sum_{b \in \Gamma} p(a, b) \tag{8.66}$$

的边际概率向量. 对于每一个正整数 n 和每一个正实数 $\varepsilon > 0$，有

$$\sum_{a_1 \cdots a_n \in \Sigma^n} q(a_1) \cdots q(a_n) \left| K_{a_1 \cdots a_n, \varepsilon}(p) \right| < 2^{n(\mathrm{H}(p) - \mathrm{H}(q) + \varepsilon)} \tag{8.67}$$

成立.

证明　对于每个满足 $q(a_1) \cdots q(a_n) > 0$ 的字符串 $a_1 \cdots a_n \in \Sigma^n$ 和每个字符串 $b_1 \cdots b_n \in K_{a_1 \cdots a_n, \varepsilon}(p)$, 我们有

$$2^{-n(\mathrm{H}(p) - \mathrm{H}(q) + \varepsilon)} < \frac{p(a_1, b_1) \cdots p(a_n, b_n)}{q(a_1) \cdots q(a_n)}, \tag{8.68}$$

因此

$$2^{-n(\mathrm{H}(p) - \mathrm{H}(q) + \varepsilon)} \sum_{a_1 \cdots a_n \in \Sigma^n} q(a_1) \cdots q(a_n) |K_{a_1 \cdots a_n, \varepsilon}(p)|$$

$$= \sum_{a_1 \cdots a_n \in \Sigma^n} \sum_{b_1 \cdots b_n \in K_{a_1 \cdots a_n, \varepsilon}(p)} q(a_1) \cdots q(a_n) 2^{-n(\mathrm{H}(p) - \mathrm{H}(q) + \varepsilon)} \tag{8.69}$$

$$< \sum_{a_1 \cdots a_n \in \Sigma^n} \sum_{b_1 \cdots b_n \in K_{a_1 \cdots a_n, \varepsilon}} p(a_1, b_1) \cdots p(a_n, b_n) \leqslant 1,$$

由此命题成立. □

通过考察一个系综内的态的谱分解, 由定义 8.19 所建立的关于联合概率分布的典型性的概念可以直接扩展到量子态的系综上.

定义 8.22　令 $\eta : \Sigma \to \mathrm{Pos}(\mathcal{X})$ 为一个态的系综, 其中 $\mathcal{X}$ 是一个复欧几里得空间且 Σ 是一个字母表, 并且使 Γ 为一个字母表使得 $|\Gamma| = \dim(\mathcal{X})$. 根据谱定理 (如推论 1.4 所述), 对于某些选定的概率向量 $p \in \mathcal{P}(\Sigma \times \Gamma)$ 和关于每个 $a \in \Sigma$ 的 $\mathcal{X}$ 的规范正交基 $\{u_{a,b} : b \in \Gamma\}$, 我们可以写出

$$\eta(a) = \sum_{b \in \Gamma} p(a, b) u_{a,b} u_{a,b}^*. \tag{8.70}$$

关于系综 η, 并且对于每个正实数 $\varepsilon > 0$、每个正整数 n 以及每个字符串 $a_1 \cdots a_n \in \Sigma^n$, 到 $\mathcal{X}^{\otimes n}$ 的在 $a_1 \cdots a_n$ 条件下 ε-典型子空间上的投影定义为

$$\Lambda_{a_1 \cdots a_n, \varepsilon} = \sum_{b_1 \cdots b_n \in K_{a_1 \cdots a_n, \varepsilon}(p)} u_{a_1, b_1} u_{a_1, b_1}^* \otimes \cdots \otimes u_{a_n, b_n} u_{a_n, b_n}^*. \tag{8.71}$$

注：对于一个选定的字符串 $a_1 \cdots a_n \in \Sigma^n$, $K_{a_1 \cdots a_n, \varepsilon}(p)$ 中的每个字符串 $b_1 \cdots b_n$ 的包含关系由值 $\{p(a_1, b_1), \cdots, p(a_n, b_n)\}$ 的多重集独立确定. 因此, 同样的结论对于总和 (8.71) 中每个秩为 1 的投影也成立. 从而由定义 8.22 所明确的投影 $\Lambda_{a_1 \cdots a_n, \varepsilon}$ 由系综 η 唯一定义, 并且独立于谱分解 (8.70) 的选择.

我们将在下面给出与上面两个命题相似, 但是对于系综而非联合概率分布成立的事实.

命题 8.23　令 $\eta : \Sigma \to \mathrm{Pos}(\mathcal{X})$ 为一个态的系综, 其中 $\mathcal{X}$ 是一个复欧几里得空间且 Σ 是一个字母表. 对于每一个 $\varepsilon > 0$, 有

$$\lim_{n \to \infty} \sum_{a_1 \cdots a_n \in \Sigma^n} \langle \Lambda_{a_1 \cdots a_n, \varepsilon}, \eta(a_1) \otimes \cdots \otimes \eta(a_n) \rangle = 1, \tag{8.72}$$

其中, 关于系综 η, 对于每个正整数 n 和每个字符串 $a_1 \cdots a_n \in \Sigma^n$, $\Lambda_{a_1 \cdots a_n, \varepsilon}$ 是到 $\mathcal{X}^{\otimes n}$ 的在 $a_1 \cdots a_n$ 条件下 ε-典型子空间上的投影. 此外, 我们有

$$\sum_{a_1 \cdots a_n \in \Sigma^n} \mathrm{Tr}(\eta(a_1)) \cdots \mathrm{Tr}(\eta(a_n)) \, \mathrm{Tr}(\Lambda_{a_1 \cdots a_n, \varepsilon}) < 2^{n(\beta + \varepsilon)}, \tag{8.73}$$

其中

$$\beta = \sum_{\substack{a \in \Sigma \\ \eta(a) \neq 0}} \mathrm{Tr}(\eta(a)) \, \mathrm{H}\!\left(\frac{\eta(a)}{\mathrm{Tr}(\eta(a))}\right). \tag{8.74}$$

证明 对于每个 $a \in \Sigma$, 令

$$\eta(a) = \sum_{b \in \Gamma} p(a,b) u_{a,b} u_{a,b}^* \tag{8.75}$$

为如定义 8.22 所描述的 $\eta(a)$ 的一个谱分解, 并且定义 $q \in \mathcal{P}(\Sigma)$ 为

$$q(a) = \sum_{b \in \Gamma} p(a,b) \tag{8.76}$$

(这等价于 $q(a) = \mathrm{Tr}(\eta(a))$). 对于每个正整数 n、每个正实数 $\varepsilon > 0$ 和每个字符串 $a_1 \cdots a_n \in \Sigma^n$, 我们有

$$\begin{aligned} &\left\langle \Lambda_{a_1 \cdots a_n, \varepsilon}, \eta(a_1) \otimes \cdots \otimes \eta(a_n) \right\rangle \\ &= \sum_{b_1 \cdots b_n \in K_{a_1 \cdots a_n, \varepsilon}} p(a_1, b_1) \cdots p(a_n, b_n), \end{aligned} \tag{8.77}$$

此外

$$\beta = \mathrm{H}(p) - \mathrm{H}(q) \quad \text{且} \quad \mathrm{Tr}\big(\Lambda_{a_1 \cdots a_n, \varepsilon}\big) = \big| K_{a_1 \cdots a_n, \varepsilon} \big|. \tag{8.78}$$

因此该命题可以根据命题 8.20 和命题 8.21 得到. $\qquad\square$

8.1.2.3 一个有用的算子不等式

在分析经典到量子乘积态信道码的表现时, 可以利用一个算子不等式, 我们将在引理 8.25 中给出该不等式. 对于该不等式的证明利用了下面关于半正定算子的平方根的事实.

引理 8.24 (平方根函数的算子单调性) 令 $\mathcal{X}$ 为一个复欧几里得空间且 $P, Q \in \mathrm{Pos}(\mathcal{X})$ 为半正定算子. 有

$$\sqrt{P} \leqslant \sqrt{P + Q} \tag{8.79}$$

成立.

证明 块算子

$$\begin{pmatrix} P & \sqrt{P} \\ \sqrt{P} & \mathbb{1} \end{pmatrix} + \begin{pmatrix} Q & 0 \\ 0 & 0 \end{pmatrix} = \begin{pmatrix} P + Q & \sqrt{P} \\ \sqrt{P} & \mathbb{1} \end{pmatrix} \tag{8.80}$$

是半正定的. 由于 $[P + Q, \mathbb{1}] = 0$ 和 $\sqrt{P}$ 是 Hermite 的, 所以根据引理 5.29 我们有

$$\sqrt{P} \leqslant \sqrt{P + Q}\sqrt{\mathbb{1}} = \sqrt{P + Q}, \tag{8.81}$$

即为所求. $\qquad\square$

注: 不依赖引理 5.29 而直接证明引理 8.24 不会太难, 我们可以利用算子的谱性质进行证明. 这些性质也在引理 5.29 中有过应用.

引理 8.25 (Hayashi-Nagaoka)   令 $\mathcal{X}$ 为一个复欧几里得空间，$P, Q \in \mathrm{Pos}(\mathcal{X})$ 为半正定算子，并且假设 $P \leqslant \mathbb{1}$. 有

$$\mathbb{1} - \sqrt{(P+Q)^+}\, P\, \sqrt{(P+Q)^+} \leqslant 2(\mathbb{1} - P) + 4Q \tag{8.82}$$

成立.

证明   对于每一个选定的算子 $A, B \in \mathrm{L}(\mathcal{X})$，我们有

$$0 \leqslant (A-B)(A-B)^* = AA^* + BB^* - (AB^* + BA^*), \tag{8.83}$$

因此 $AB^* + BA^* \leqslant AA^* + BB^*$. 对于一个给定的算子 $X \in \mathrm{L}(\mathcal{X})$，设定

$$A = X\sqrt{Q} \quad \text{和} \quad B = (\mathbb{1} - X)\sqrt{Q}, \tag{8.84}$$

这样可以得到

$$XQ(\mathbb{1} - X)^* + (\mathbb{1} - X)QX^* \leqslant XQX^* + (\mathbb{1} - X)Q(\mathbb{1} - X)^*, \tag{8.85}$$

因此

$$\begin{aligned}
Q &= XQX^* + XQ(\mathbb{1} - X)^* + (\mathbb{1} - X)QX^* + (\mathbb{1} - X)Q(\mathbb{1} - X)^* \\
&\leqslant 2XQX^* + 2(\mathbb{1} - X)Q(\mathbb{1} - X)^*.
\end{aligned} \tag{8.86}$$

对于特定选择的 $X = \sqrt{P+Q}$，我们可以得到

$$Q \leqslant 2\sqrt{P+Q}\, Q\, \sqrt{P+Q} + 2\left(\mathbb{1} - \sqrt{P+Q}\right) Q \left(\mathbb{1} - \sqrt{P+Q}\right), \tag{8.87}$$

由于观察到 $Q \leqslant P + Q$，我们有

$$\begin{aligned}
Q &\leqslant 2\sqrt{P+Q}\, Q\, \sqrt{P+Q} \\
&\quad + 2\left(\mathbb{1} - \sqrt{P+Q}\right)(P+Q)\left(\mathbb{1} - \sqrt{P+Q}\right) \\
&= \sqrt{P+Q}\left(2\mathbb{1} + 4Q - 4\sqrt{P+Q} + 2P\right)\sqrt{P+Q}.
\end{aligned} \tag{8.88}$$

利用 $P \leqslant \mathbb{1}$ 以及引理 8.24，我们有

$$P \leqslant \sqrt{P} \leqslant \sqrt{P+Q}, \tag{8.89}$$

因此

$$Q \leqslant \sqrt{P+Q}\left(2\mathbb{1} - 2P + 4Q\right)\sqrt{P+Q}. \tag{8.90}$$

根据 $\sqrt{P+Q}$ 的 Moore-Penrose 伪逆对该不等式两边取共轭可以得到

$$\sqrt{(P+Q)^+}\, Q\, \sqrt{(P+Q)^+} \leqslant 2\Pi_{\mathrm{im}(P+Q)} - 2P + 4Q. \tag{8.91}$$

所以有

$$\mathbb{1} - \sqrt{(P+Q)^+}\, P\, \sqrt{(P+Q)^+}$$
$$= \mathbb{1} - \Pi_{\mathrm{im}(P+Q)} + \sqrt{(P+Q)^+}\, Q\, \sqrt{(P+Q)^+} \tag{8.92}$$
$$\leqslant \mathbb{1} + \Pi_{\mathrm{im}(P+Q)} - 2P + 4Q$$
$$\leqslant 2(\mathbb{1} - P) + 4Q,$$

即为所求. □

8.1.2.4 对于经典到量子乘积态信道码的存在性证明

我们回到对于经典到量子乘积态信道码的讨论. 如之前那样我们假设字母表 Σ、复欧几里得空间 $\mathcal{X}$ 和一组态集合

$$\{\sigma_a : a \in \Sigma\} \subseteq \mathrm{D}(\mathcal{X}) \tag{8.93}$$

已经确定, 并且令 $\Gamma = \{0, 1\}$ 表示二元字母表. 我们很自然地想知道, 对于任意选定的正实数 $\delta > 0$ 和正整数 m 与 n, 对于该集合, 是否存在一个误差小于 δ 的形式为

$$f : \Gamma^m \to \Sigma^n \quad \text{和} \quad \mu : \Gamma^m \to \mathrm{Pos}(\mathcal{X}^{\otimes n}), \tag{8.94}$$

的经典到量子乘积态信道码 (f, μ).

普遍来说, 我们认为从计算的角度来看做出这样的判断并不容易. 然而, 通过概率方法证明一个尚可的经典到量子乘积态信道码的存在是可能的: 对于合适的 n、m 和 δ, 随机选择的函数 $f : \Gamma^m \to \Sigma^n$ 以及合适的测量 $\mu : \Gamma^m \to \mathrm{Pos}(\mathcal{X}^{\otimes n})$, 获得一个误差小于 δ 的编码方案的可能性不为零. 下面的定理给出了一个关于参数 n、m 和 δ 的声明, 通过这些参数, 这一方法给出了对经典到量子乘积态信道码的存在性的证明.

定理 8.26 令 Σ 为一个字母表, $\mathcal{X}$ 为一个复欧几里得空间,

$$\{\sigma_a : a \in \Sigma\} \subseteq \mathrm{D}(\mathcal{X}) \tag{8.95}$$

为态的集合, 并且使 $\Gamma = \{0, 1\}$ 表示二元字母表. 此外令 $p \in \mathcal{P}(\Sigma)$ 为一个概率向量, 令 $\eta : \Sigma \to \mathrm{Pos}(\mathcal{X})$ 为对于每个 $a \in \Sigma$ 定义为

$$\eta(a) = p(a)\sigma_a \tag{8.96}$$

的系综, 假设 α 是一个满足 $\alpha < \chi(\eta)$ 的正实数, 并且使 $\delta > 0$ 为一个正实数. 对于除有限个以外的所有正整数 n, 以及 $m = \lfloor \alpha n \rfloor$, 存在一个函数 $f : \Gamma^m \to \Sigma^n$ 和一个测量 $\mu : \Gamma^m \to \mathrm{Pos}(\mathcal{X}^{\otimes n})$ 使得

$$\langle \mu(b_1 \cdots b_m), \sigma_{f(b_1 \cdots b_m)} \rangle > 1 - \delta \tag{8.97}$$

对于每一个 $b_1 \cdots b_m \in \Gamma^m$ 都成立.

证明　我们首先假设 n 和 m 是任意正整数. 正如上面提到的, 证明利用了概率方法: 根据一个特定的概率分布选择一个随机函数 $g: \Gamma^{m+1} \to \Sigma^n$, 对每个可选的 g 都定义一个解码测量 μ, 然后分析 (g, μ) 的解码误差的概率的期望. 正如证明中之后会解释的, 这一分析暗示了信道编码方案 (f, μ) 的存在性, 其中 $f: \Gamma^m \to \Sigma^n$ 来源于 g, 并且对于除有限个以外的所有 n 和 $m = \lfloor \alpha n \rfloor$ 满足定理的要求.

g 将根据一个特定分布进行选择, 在这个分布中 g 的每个输出符号都是根据概率向量 p 独立挑选出来的. 等价地, 对于根据上述分布所做出的 g 的随机选择, 我们有

$$\Pr\big(g(b_1 \cdots b_{m+1}) = a_1 \cdots a_n\big) = p(a_1) \cdots p(a_n) \tag{8.98}$$

对于每一个 $b_1 \cdots b_{m+1} \in \Gamma^{m+1}$ 和 $a_1 \cdots a_n \in \Sigma^n$ 的选择都成立, 此外在独立选定的输入字符串 $b_1 \cdots b_{m+1}$ 上随机选择的 g 的输出之间是互不相关的.

与 g 相联系的解码测量 μ 并不是随机选择的; 对于每个 g 我们都以一种依赖于系综 η 的方式定义了一个特定的测量. 首先, 令 $\varepsilon > 0$ 为一个足够小的正实数使得不等式

$$\alpha < \chi(\eta) - 3\varepsilon \tag{8.99}$$

成立. 对于每个字符串 $a_1 \cdots a_n \in \Sigma^n$, 关于系综 η, 令 $\Lambda_{a_1 \cdots a_n}$ 表示到 $\mathcal{X}^{\otimes n}$ 上在 $a_1 \cdots a_n$ 条件下的 ε-典型子空间的投影, 并且使 Π_n 为到 $\mathcal{X}^{\otimes n}$ 关于系综 η 的平均态

$$\sigma = \sum_{a \in \Sigma} p(a) \sigma_a \tag{8.100}$$

的 ε-典型子空间上的投影 (由于 ε 已确定, 所以我们并没明确地写出 $\Lambda_{a_1 \cdots a_n}$ 和 Π_n 对 ε 的依赖性, 这样可以使表达式稍微没有那么混乱). 接下来, 对于一个给定的函数 $g: \Gamma^{m+1} \to \Sigma^n$, 定义算子

$$Q = \sum_{b_1 \cdots b_{m+1} \in \Gamma^{m+1}} \Pi_n \Lambda_{g(b_1 \cdots b_{m+1})} \Pi_n, \tag{8.101}$$

并且, 对于每个二元字符串 $b_1 \cdots b_{m+1} \in \Gamma^{m+1}$, 定义算子

$$Q_{b_1 \cdots b_{m+1}} = \sqrt{Q^+} \, \Pi_n \Lambda_{g(b_1 \cdots b_{m+1})} \Pi_n \sqrt{Q^+}. \tag{8.102}$$

每个算子 $Q_{b_1 \cdots b_{m+1}}$ 都是半正定的, 此外

$$\sum_{b_1 \cdots b_{m+1} \in \Gamma^{m+1}} Q_{b_1 \cdots b_{m+1}} = \Pi_{\mathrm{im}(Q)}. \tag{8.103}$$

最后, 对于每个 $b_1 \cdots b_{m+1} \in \Gamma^{m+1}$, 与 g 相关的测量 $\mu: \Gamma^{m+1} \to \mathrm{Pos}(\mathcal{X}^{\otimes n})$ 定义为

$$\mu(b_1 \cdots b_{m+1}) = Q_{b_1 \cdots b_{m+1}} + \frac{1}{2^{m+1}} \big(\mathbb{1} - \Pi_{\mathrm{im}(Q)}\big). \tag{8.104}$$

对于选定的每个 g，在恢复一个字符串 $b_1 \cdots b_{m+1} \in \Gamma^{m+1}$ 的过程中，与 g 相关的测量 μ 出错的概率等于

$$\langle \mathbb{1} - \mu(b_1 \cdots b_{m+1}), \sigma_{g(b_1 \cdots b_{m+1})} \rangle. \tag{8.105}$$

证明的下一步为平均错误率

$$\frac{1}{2^{m+1}} \sum_{b_1 \cdots b_{m+1} \in \Gamma^{m+1}} \langle \mathbb{1} - \mu(b_1 \cdots b_{m+1}), \sigma_{g(b_1 \cdots b_{m+1})} \rangle \tag{8.106}$$

确定了一个上界，其中字符串 $b_1 \cdots b_{m+1} \in \Gamma^{m+1}$ 是均匀选择的. 为了构造这个平均错误率的界，我们首先观察到对于每个 $b_1 \cdots b_{m+1} \in \Gamma^{m+1}$，由引理 8.25 可以推导出

$$\begin{aligned} &\mathbb{1} - Q_{b_1 \cdots b_{m+1}} \\ &\leqslant 2\big(\mathbb{1} - \Pi_n \Lambda_{g(b_1 \cdots b_{m+1})} \Pi_n\big) + 4\big(Q - \Pi_n \Lambda_{g(b_1 \cdots b_{m+1})} \Pi_n\big). \end{aligned} \tag{8.107}$$

因此，对于一个确定的 g，恢复一个给定字符串 $b_1 \cdots b_{m+1}$ 的错误率由

$$\begin{aligned} &2\big\langle \mathbb{1} - \Pi_n \Lambda_{g(b_1 \cdots b_{m+1})} \Pi_n, \sigma_{g(b_1 \cdots b_{m+1})} \big\rangle \\ &+ 4\big\langle Q - \Pi_n \Lambda_{g(b_1 \cdots b_{m+1})} \Pi_n, \sigma_{g(b_1 \cdots b_{m+1})} \big\rangle \end{aligned} \tag{8.108}$$

给出了上界. 我们将会说明，在 $m = \lfloor \alpha n \rfloor$ 这一额外假设下，当 $b_1 \cdots b_{m+1} \in \Gamma^{m+1}$ 是均匀选择的且 g 是根据上述分布选择的时，这一表达式的期望值是很小的.

我们将首先考虑式 (8.108) 中的第一项. 为了证明该量的期望值的上界，我们可以很方便地利用算子恒等式

$$ABA = AB + BA - B + (\mathbb{1} - A)B(\mathbb{1} - A). \tag{8.109}$$

特别地，对于任选的字符串 $a_1 \cdots a_n \in \Sigma^n$，该恒等式说明

$$\begin{aligned} &\langle \Pi_n \Lambda_{a_1 \cdots a_n} \Pi_n, \sigma_{a_1 \cdots a_n} \rangle \\ ={}& \langle \Pi_n \Lambda_{a_1 \cdots a_n}, \sigma_{a_1 \cdots a_n} \rangle + \langle \Lambda_{a_1 \cdots a_n} \Pi_n, \sigma_{a_1 \cdots a_n} \rangle - \langle \Lambda_{a_1 \cdots a_n}, \sigma_{a_1 \cdots a_n} \rangle \\ &+ \langle (\mathbb{1} - \Pi_n) \Lambda_{a_1 \cdots a_n} (\mathbb{1} - \Pi_n), \sigma_{a_1 \cdots a_n} \rangle \\ \geqslant{}& \langle \Pi_n \Lambda_{a_1 \cdots a_n}, \sigma_{a_1 \cdots a_n} \rangle + \langle \Lambda_{a_1 \cdots a_n} \Pi_n, \sigma_{a_1 \cdots a_n} \rangle - \langle \Lambda_{a_1 \cdots a_n}, \sigma_{a_1 \cdots a_n} \rangle. \end{aligned} \tag{8.110}$$

由于 $\Lambda_{a_1 \cdots a_n}$ 是一个投影算子并且与 $\sigma_{a_1 \cdots a_n}$ 对易，所以有

$$\begin{aligned} &\langle \Pi_n \Lambda_{a_1 \cdots a_n}, \sigma_{a_1 \cdots a_n} \rangle + \langle \Lambda_{a_1 \cdots a_n} \Pi_n, \sigma_{a_1 \cdots a_n} \rangle - \langle \Lambda_{a_1 \cdots a_n}, \sigma_{a_1 \cdots a_n} \rangle \\ ={}& \langle 2\Pi_n - \mathbb{1}, \Lambda_{a_1 \cdots a_n} \sigma_{a_1 \cdots a_n} \rangle \\ ={}& \langle 2\Pi_n - \mathbb{1}, \sigma_{a_1 \cdots a_n} \rangle + \langle \mathbb{1} - 2\Pi_n, (\mathbb{1} - \Lambda_{a_1 \cdots a_n}) \sigma_{a_1 \cdots a_n} \rangle \\ \geqslant{}& \langle 2\Pi_n - \mathbb{1}, \sigma_{a_1 \cdots a_n} \rangle - \langle \mathbb{1} - \Lambda_{a_1 \cdots a_n}, \sigma_{a_1 \cdots a_n} \rangle \\ ={}& 2\langle \Pi_n, \sigma_{a_1 \cdots a_n} \rangle + \langle \Lambda_{a_1 \cdots a_n}, \sigma_{a_1 \cdots a_n} \rangle - 2. \end{aligned} \tag{8.111}$$

通过结合不等式 (8.110) 和不等式 (8.111)，并且对所有 $a_1 \cdots a_n \in \Sigma^n$ 的选择取平均，其中每个 a_k 都根据概率向量 p 独立选择，我们可以发现

$$
\sum_{a_1 \cdots a_n \in \Sigma^n} p(a_1) \cdots p(a_n) \langle \Pi_n \Lambda_{a_1 \cdots a_n} \Pi_n, \sigma_{a_1 \cdots a_n} \rangle
$$
$$
\geqslant 2 \langle \Pi_n, \sigma^{\otimes n} \rangle + \sum_{a_1 \cdots a_n \in \Sigma^n} p(a_1) \cdots p(a_n) \langle \Lambda_{a_1 \cdots a_n}, \sigma_{a_1 \cdots a_n} \rangle - 2. \tag{8.112}
$$

根据命题 5.42 和 8.23，式 (8.112) 的右边在 n 趋近于无穷这一极限下接近于 1，从中我们可以得到

$$
\sum_{a_1 \cdots a_n \in \Sigma^n} p(a_1) \cdots p(a_n) \langle \mathbb{1} - \Pi_n \Lambda_{a_1 \cdots a_n} \Pi_n, \sigma_{a_1 \cdots a_n} \rangle < \frac{\delta}{8} \tag{8.113}
$$

对于除有限个以外的所有正整数 n 成立. 所以，对于任意使不等式 (8.113) 成立的 n，对于一个如上面所述的随机选择的 $g : \Gamma^{m+1} \to \Sigma^n$，表达式

$$
2 \langle \mathbb{1} - \Pi_n \Lambda_{g(b_1 \cdots b_{m+1})} \Pi_n, \sigma_{g(b_1 \cdots b_{m+1})} \rangle \tag{8.114}
$$

的期望值对于一个任选的 $b_1 \cdots b_{m+1}$ 至多为 $\delta/4$，从而同样的界对于一个均匀选择的二元字符串 $b_1 \cdots b_{m+1} \in \Gamma^{m+1}$ 也成立.

接下来我们考虑式 (8.108) 中的第二项. 首先我们可以观察到

$$
Q - \Pi_n \Lambda_{g(b_1 \cdots b_{m+1})} \Pi_n = \sum_{\substack{c_1 \cdots c_{m+1} \in \Gamma^{m+1} \\ c_1 \cdots c_{m+1} \neq b_1 \cdots b_{m+1}}} \Pi_n \Lambda_{g(c_1 \cdots c_{m+1})} \Pi_n, \tag{8.115}
$$

从而

$$
\langle Q - \Pi_n \Lambda_{g(b_1 \cdots b_{m+1})} \Pi_n, \sigma_{g(b_1 \cdots b_{m+1})} \rangle
$$
$$
= \sum_{\substack{c_1 \cdots c_{m+1} \in \Gamma^{m+1} \\ c_1 \cdots c_{m+1} \neq b_1 \cdots b_{m+1}}} \langle \Pi_n \Lambda_{g(c_1 \cdots c_{m+1})} \Pi_n, \sigma_{g(b_1 \cdots b_{m+1})} \rangle. \tag{8.116}
$$

因为每个输入字符串上的函数 g 的值都是根据概率向量 $p^{\otimes n}$ 独立选择的，所以对于 $b_1 \cdots b_{m+1} \neq c_1 \cdots c_{m+1}$，$g(b_1 \cdots b_{m+1})$ 和 $g(c_1 \cdots c_{m+1})$ 之间不存在相关性. 因此上述表达式的期望值由

$$
\left(2^{m+1} - 1\right) \sum_{a_1 \cdots a_n \in \Sigma^n} p(a_1) \cdots p(a_n) \langle \Lambda_{a_1 \cdots a_n}, \Pi_n \sigma^{\otimes n} \Pi_n \rangle \tag{8.117}
$$

给出. 根据命题 8.23，有

$$
\sum_{a_1 \cdots a_n \in \Sigma^n} p(a_1) \cdots p(a_n) \operatorname{Tr}(\Lambda_{a_1 \cdots a_n}) \leqslant 2^{n(\beta + \varepsilon)} \tag{8.118}
$$

对于

$$
\beta = \sum_{a \in \Sigma} p(a) \operatorname{H}(\sigma_a) \tag{8.119}
$$

成立, 并且根据 Π_n 的定义我们有

$$\lambda_1\big(\Pi_n \sigma^{\otimes n} \Pi_n\big) \leqslant 2^{-n(\mathrm{H}(\sigma)-\varepsilon)}. \tag{8.120}$$

所以

$$\big(2^{m+1}-1\big) \sum_{a_1\cdots a_n \in \Sigma^n} p(a_1)\cdots p(a_n)\big\langle \Lambda_{a_1\cdots a_n}, \Pi_n \sigma^{\otimes n}\Pi_n\big\rangle \tag{8.121}$$

$$\leqslant 2^{m+1-n(\chi(\eta)-2\varepsilon)},$$

从而式 (8.108) 中的第二项的期望值由

$$2^{m-n(\chi(\eta)-2\varepsilon)+3} \tag{8.122}$$

确立上界.

现在假设 $m = \lfloor \alpha n \rfloor$. 对于根据之前说明的分布所选取的 $g: \Gamma^{m+1} \to \Sigma^n$ 和均匀选择的 $b_1 \cdots b_{m+1} \in \Gamma^{m+1}$, 对于除有限个以外的所有 n, 错误率 (8.106) 的期望值至多为

$$\frac{\delta}{4} + 2^{\alpha n - n(\chi(\eta)-2\varepsilon)+3} \leqslant \frac{\delta}{4} + 2^{-\varepsilon n+3}. \tag{8.123}$$

因为

$$2^{-\varepsilon n} < \frac{\delta}{32} \tag{8.124}$$

对于所有足够大的 n 都成立, 所以对于除有限个以外的所有 n, 错误率 (8.106) 的期望值小于 $\delta/2$. 因此, 对于除有限个以外的所有 n, 一定存在至少一个函数 $g: \Gamma^{m+1} \to \Sigma^n$, 使得对于与 g 相关的测量 μ, 有

$$\frac{1}{2^{m+1}} \sum_{b_1\cdots b_{m+1} \in \Gamma^{m+1}} \big\langle \mathbb{1} - \mu(b_1\cdots b_{m+1}), \sigma_{g(b_1\cdots b_{m+1})}\big\rangle < \frac{\delta}{2} \tag{8.125}$$

成立.

最后, 对于使得界 (8.125) 成立的 n, $m = \lfloor \alpha n \rfloor$, 以及 g 和 μ, 考虑所有编码会导致以至少为 δ 的概率出现解码错误的字符串的集合

$$B = \Big\{ b_1\cdots b_{m+1} \in \Gamma^{m+1} : \big\langle \mathbb{1} - \mu(b_1\cdots b_{m+1}), \sigma_{g(b_1\cdots b_{m+1})}\big\rangle \geqslant \delta \Big\}, \tag{8.126}$$

有

$$\frac{\delta|B|}{2^{m+1}} < \frac{\delta}{2}, \tag{8.127}$$

因此 $|B| \leqslant 2^m$. 通过定义函数 $f: \Gamma^m \to \Sigma^n$ 为 $f = gh$, 对于一个任选的单射 $h: \Gamma^m \to \Gamma^{m+1}\backslash B$, 我们有

$$\big\langle \mu(b_1\cdots b_m), \sigma_{f(b_1\cdots b_m)}\big\rangle > 1 - \delta \tag{8.128}$$

对于所有的 $b_1\cdots b_m \in \Gamma^m$ 都成立. 证毕. $\qquad\square$

8.1.2.5   Holevo-Schumacher-Westmoreland 定理的阐述与证明

接下来我们要说明 Holevo-Schumacher-Westmoreland 定理，并且利用定理 8.26 对其进行证明.

定理 8.27 (Holevo-Schumacher-Westmoreland 定理)   令 $\mathcal{X}$ 和 $\mathcal{Y}$ 为复欧几里得空间，$\Phi \in \mathrm{C}(\mathcal{X}, \mathcal{Y})$ 为一个信道. Φ 的经典容量等于它正则化后的 Holevo 容量:

$$\mathrm{C}(\Phi) = \lim_{n \to \infty} \frac{\chi(\Phi^{\otimes n})}{n}. \tag{8.129}$$

证明   证明的第一个关键步骤是利用定理 8.26 证明不等式

$$\chi(\Phi) \leqslant \mathrm{C}(\Phi). \tag{8.130}$$

该不等式在 $\chi(\Phi) = 0$ 时显然成立，所以我们假设 $\chi(\Phi)$ 为正.

对于任意字母表 Σ，考虑系综 $\eta : \Sigma \to \mathrm{Pos}(\mathcal{X})$，它对于每个 $a \in \Sigma$ 表示为 $\eta(a) = p(a)\rho_a$，其中

$$\{\rho_a : a \in \Sigma\} \subseteq \mathrm{D}(\mathcal{X}) \tag{8.131}$$

是态的集合且 $p \in \mathcal{P}(\Sigma)$ 是一个概率向量. 假设 $\chi(\Phi(\eta))$ 为正并且固定一个正实数 $\alpha < \chi(\Phi(\eta))$. 此外对于每个 $a \in \Sigma$ 定义 $\sigma_a = \Phi(\rho_a)$，令 $\varepsilon > 0$ 为一个正实数，令 $\Gamma = \{0, 1\}$ 表示二元字母表，并且定义 $\mathcal{Z} = \mathbb{C}^{\Gamma}$.

根据定理 8.26，对于除有限个以外的所有正整数 n，以及 $m = \lfloor \alpha n \rfloor$，存在一个经典到量子乘积态信道码 (f, μ)，其形式为

$$f : \Gamma^m \to \Sigma^n \quad 和 \quad \mu : \Gamma^m \to \mathrm{Pos}(\mathcal{Y}^{\otimes n}), \tag{8.132}$$

且对于集合

$$\{\sigma_a : a \in \Sigma\} \subseteq \mathrm{D}(\mathcal{Y}), \tag{8.133}$$

在每一个长度为 m 的二元字符串上出错概率严格小于 $\varepsilon/2$. 假设这样选择的 n、m，以及码 (f, μ) 已确定，并且对于所有的 $Z \in \mathrm{L}(\mathcal{Z}^{\otimes m})$ 和 $Y \in \mathrm{L}(\mathcal{Y}^{\otimes n})$，定义编码和解码信道

$$\Xi_{\mathrm{E}} \in \mathrm{C}(\mathcal{Z}^{\otimes m}, \mathcal{X}^{\otimes n}) \quad 和 \quad \Xi_{\mathrm{D}} \in \mathrm{C}(\mathcal{Y}^{\otimes n}, \mathcal{Z}^{\otimes m}) \tag{8.134}$$

如下:

$$\begin{aligned}
\Xi_{\mathrm{E}}(Z) &= \sum_{b_1 \cdots b_m \in \Gamma^m} \langle E_{b_1 \cdots b_m, b_1 \cdots b_m}, Z \rangle \rho_{f(b_1 \cdots b_m)}, \\
\Xi_{\mathrm{D}}(Y) &= \sum_{b_1 \cdots b_m \in \Gamma^m} \langle \mu(b_1 \cdots b_m), Y \rangle E_{b_1 \cdots b_m, b_1 \cdots b_m}.
\end{aligned} \tag{8.135}$$

根据码 (f, μ) 的上述性质可以得到

$$\langle E_{b_1 \cdots b_m, b_1 \cdots b_m}, (\Xi_{\mathrm{D}} \Phi^{\otimes n} \Xi_{\mathrm{E}})(E_{b_1 \cdots b_m, b_1 \cdots b_m}) \rangle > 1 - \frac{\varepsilon}{2} \tag{8.136}$$

对于每一个 $b_1 \cdots b_m \in \Gamma^m$ 都成立. 由于 Ξ_E 是一个经典到量子信道且 Ξ_D 是量子到经典的, 我们可以发现 $\Xi_D \Phi^{\otimes n} \Xi_E$ 是完全失相信道 $\Delta^{\otimes m} \in C(\mathcal{Z}^{\otimes m})$ 的一个 ε-近似.

我们已经证明了对于任意选定的正实数 $\alpha < \chi(\Phi)$ 和 $\varepsilon > 0$, 对于除有限个以外的所有 n 以及 $m = \lfloor \alpha n \rfloor$, 信道 $\Phi^{\otimes n}$ 仿真了完全失相信道 $\Delta^{\otimes m}$ 的 ε-近似. 在此我们可以得到不等式 (8.130) 成立. 对于任意正整数 n, 我们可以将相同的推理应用到信道 $\Phi^{\otimes n}$ 上来代替 Φ, 以获得

$$\frac{\chi(\Phi^{\otimes n})}{n} \leqslant \frac{C(\Phi^{\otimes n})}{n} = C(\Phi). \tag{8.137}$$

证明的第二个关键步骤说明了正则化的 Holevo 容量是 Φ 的经典容量上的一个上界. 当与不等式 (8.137) 结合起来时, 我们可以发现式 (8.129) 中的极限确实存在并且等式成立. 如果 $C(\Phi) = 0$, 那么我们无须证明任何东西, 所以以下我们将假设 $C(\Phi) > 0$.

令 $\alpha > 0$ 为通过 Φ 进行经典信息传输的可达率, 并且令 $\varepsilon > 0$ 任意. 所以, 对于除有限个以外的所有正整数 n 以及 $m = \lfloor \alpha n \rfloor$, 一定有 $\Phi^{\otimes n}$ 仿真了完全失相信道 $\Delta^{\otimes m} \in C(\mathcal{Z}^{\otimes m})$ 的一个 ε-近似. 令 n 为使这一性质成立且满足 $m = \lfloor \alpha n \rfloor \geqslant 2$ 的任意正整数. 我们将考虑下面的情况: 一个发送者均匀随机地生成一个长度为 m 的二元字符串, 并且通过由 $\Phi^{\otimes n}$ 对完全失相信道 $\Delta^{\otimes m}$ 的 ε-近似的仿真来传输该字符串.

令 X 和 Z 为经典寄存器且都有着态集合 Γ^m; 寄存器 X 对应由发送者挑选的随机生成的字符串, 而 Z 对应当储存在 X 内的一个字符串的拷贝通过由 $\Phi^{\otimes n}$ 对 $\Delta^{\otimes m}$ 的 ε-近似的仿真来进行传输时接收者得到的字符串. 因为 $\Phi^{\otimes n}$ 仿真了 $\Delta^{\otimes m}$ 的 ε-近似, 所以一定存在一个态集合

$$\{ \rho_{b_1 \cdots b_m} : b_1 \cdots b_m \in \Gamma^m \} \subseteq D(\mathcal{X}^{\otimes n}) \tag{8.138}$$

以及一个测量 $\mu : \Gamma^m \to \text{Pos}(\mathcal{Y}^{\otimes n})$, 使得

$$\langle \mu(b_1 \cdots b_m), \Phi^{\otimes n}(\rho_{b_1 \cdots b_m}) \rangle > 1 - \frac{\varepsilon}{2} \tag{8.139}$$

对每一个二元字符串 $b_1 \cdots b_m \in \Gamma^m$ 都成立. 关于定义为

$$p(b_1 \cdots b_m, c_1 \cdots c_m) = \frac{1}{2^m} \langle \mu(c_1 \cdots c_m), \Phi^{\otimes n}(\rho_{b_1 \cdots b_m}) \rangle \tag{8.140}$$

的概率向量 $p \in \mathcal{P}(\Gamma^m \times \Gamma^m)$, 且该向量表示上述 (X, Z) 的概率态, 根据 Holevo 定理 (定理 5.49) 可以得出

$$I(X : Z) \leqslant \chi(\Phi^{\otimes n}(\eta)), \tag{8.141}$$

其中 $\eta : \Gamma^m \to \text{Pos}(\mathcal{X}^{\otimes n})$ 是对于每个 $b_1 \cdots b_m \in \Gamma^m$ 定义为

$$\eta(b_1 \cdots b_m) = \frac{1}{2^m} \rho_{b_1 \cdots b_m} \tag{8.142}$$

的系综.

我们现在要推导互信息 $\mathrm{I}(\mathsf{X}:\mathsf{Z})$ 的下界. 由边缘概率向量 $p[\mathsf{X}]$ 所表示的分布是均匀的, 因此 $\mathrm{H}(p[\mathsf{X}]) = m$. 根据式 (8.139), 概率向量 $p[\mathsf{Z}]$ 的每一个元素都由 $(1-\varepsilon/2)2^{-m}$ 确立下界. 从而我们可以写出

$$p[\mathsf{Z}] = \left(1-\frac{\varepsilon}{2}\right)r + \frac{\varepsilon}{2}q, \tag{8.143}$$

其中 $q \in \mathcal{P}(\Gamma^m)$ 为选定的某个概率向量, 并且 $r \in \mathcal{P}(\Gamma^m)$ 表示均匀概率向量, 其对于每一个 $b_1 \cdots b_m \in \Gamma^m$ 定义为 $r(b_1 \cdots b_m) = 2^{-m}$. 不等式

$$\mathrm{H}(p[\mathsf{Z}]) \geqslant \left(1-\frac{\varepsilon}{2}\right)\mathrm{H}(r) + \frac{\varepsilon}{2}\mathrm{H}(q) \geqslant \left(1-\frac{\varepsilon}{2}\right)m \tag{8.144}$$

可以根据 Shannon 熵函数的凹性 (命题 5.5) 得到. 另一方面, 因为概率向量 p 对于每一个 $b_1 \cdots b_m \in \Gamma^m$ 都满足

$$p(b_1 \cdots b_m, b_1 \cdots b_m) \geqslant \left(1-\frac{\varepsilon}{2}\right)2^{-m}, \tag{8.145}$$

所以一定有

$$\mathrm{H}(p) \leqslant -\left(1-\frac{\varepsilon}{2}\right)\log\left(\frac{1-\varepsilon/2}{2^m}\right) - \frac{\varepsilon}{2}\log\left(\frac{\varepsilon/2}{2^{2m}-2^m}\right) \tag{8.146}$$
$$< \left(1+\frac{\varepsilon}{2}\right)m + \mathrm{H}\left(1-\frac{\varepsilon}{2},\frac{\varepsilon}{2}\right) \leqslant \left(1+\frac{\varepsilon}{2}\right)m + 1$$

成立. 其中第一个不等式是下面事实的结果: 受制于约束条件 (8.145) 的 p 的熵在 p 如下定义时取最大值:

$$p(b_1 \cdots b_m, c_1 \cdots c_m) = \begin{cases} \dfrac{1-\varepsilon/2}{2^m} & b_1 \cdots b_m = c_1 \cdots c_m \\ \dfrac{\varepsilon/2}{2^m(2^m-1)} & b_1 \cdots b_m \neq c_1 \cdots c_m. \end{cases} \tag{8.147}$$

因此有

$$\chi(\Phi^{\otimes n}) \geqslant \mathrm{I}(\mathsf{X}:\mathsf{Z}) = \mathrm{H}(p[\mathsf{X}]) + \mathrm{H}(p[\mathsf{Z}]) - \mathrm{H}(p) \tag{8.148}$$
$$\geqslant (1-\varepsilon)m - 1 \geqslant (1-\varepsilon)\alpha n - 2,$$

最终

$$\frac{\chi(\Phi^{\otimes n})}{n} \geqslant (1-\varepsilon)\alpha - \frac{2}{n}. \tag{8.149}$$

我们已经证明了对于任意由通过 Φ 传输经典信息的可达率 $\alpha > 0$, 并且对于任意 $\varepsilon > 0$, 不等式 (8.149) 对于除有限个以外的所有正整数 n 都成立. 因为所有通过 Φ 进行的经典信息传输的可达率 α 的上确界等于 $\mathrm{C}(\Phi)$, 所以可以将该不等式与式 (8.137) 相结合来获得所求的等式 (8.129). $\qquad\square$

8.1.3 有纠缠协助的经典容量定理

本节关注有纠缠协助的经典容量定理, 该定理描述了一个给定信道的有纠缠协助的经典容量的特征. 它从本章所介绍的容量定理中脱颖而出, 这是因为它提供的特征描述不需要任何正则化.

8.1.3.1 有纠缠协助的 Holevo-Schumacher-Westmoreland 定理

我们可以观察到，当经典容量和 Holevo 容量由其有纠缠协助的形式所代替时，一个与 Holevo-Schumacher-Westmoreland 定理相似的声明成立. 这是证明有纠缠协助的 Holevo-Schumacher-Westmoreland 经典容量定理的一个准备步骤.

定理 8.28 对于复欧几里得空间 $\mathcal{X}$ 和 $\mathcal{Y}$，令 $\Phi \in \mathrm{C}(\mathcal{X}, \mathcal{Y})$ 为一个信道. Φ 的有纠缠协助的经典容量等于正则化后的 Φ 的有纠缠协助的 Holevo 容量:

$$C_{\mathrm{E}}(\Phi) = \lim_{n \to \infty} \frac{\chi_{\mathrm{E}}(\Phi^{\otimes n})}{n}. \tag{8.150}$$

证明 本质上我们以一个与证明 Holevo-Schumacher-Westmoreland 定理 (定理 8.27) 相同的方式证明了该定理，其中我们调整了证明中的每一步以允许有纠缠协助的可能性存在.

更详细地说，令 Σ 为一个字母表，$\mathcal{W}$ 为一个复欧几里得空间，η 为一个形式是 $\eta: \Sigma \to \mathrm{Pos}(\mathcal{X} \otimes \mathcal{W})$ 且在 $\mathcal{W}$ 上是均匀的系综，假设 $\chi((\Phi \otimes \mathbb{1}_{\mathrm{L}(\mathcal{W})})(\eta))$ 为正，并且使 α 为一个满足

$$\alpha < \chi\big((\Phi \otimes \mathbb{1}_{\mathrm{L}(\mathcal{W})})(\eta)\big) \tag{8.151}$$

的正实数. 根据命题 8.12，我们可以选择一个复欧几里得空间 $\mathcal{V}$、一个态 $\xi \in \mathrm{D}(\mathcal{V} \otimes \mathcal{W})$、一个概率向量 $p \in \mathcal{P}(\Sigma)$ 以及一组信道集合

$$\{\Psi_a : a \in \Sigma\} \subseteq \mathrm{C}(\mathcal{V}, \mathcal{X}) \tag{8.152}$$

使得

$$\eta(a) = p(a)\big(\Psi_a \otimes \mathbb{1}_{\mathrm{L}(\mathcal{W})}\big)(\xi) \tag{8.153}$$

对于每一个 $a \in \Sigma$ 都成立. 对于每个 $a \in \Sigma$ 令

$$\sigma_a = \big(\Phi\Psi_a \otimes \mathbb{1}_{\mathrm{L}(\mathcal{W})}\big)(\xi), \tag{8.154}$$

并且使 $\varepsilon > 0$ 为一个任选的正实数.

根据定理 8.26，对于除有限个以外的所有正整数 n 以及 $m = \lfloor \alpha n \rfloor$，存在一个经典到量子乘积态信道码 (f, μ)，其形式为

$$f: \Gamma^m \to \Sigma^n \quad \text{和} \quad \mu: \Gamma^m \to \mathrm{Pos}((\mathcal{Y} \otimes \mathcal{W})^{\otimes n}), \tag{8.155}$$

其中集合 $\{\sigma_a : a \in \Sigma\} \subseteq \mathrm{D}(\mathcal{Y} \otimes \mathcal{W})$ 在每一个长度为 m 的二元字符串上产生误差的概率严格小于 $\varepsilon/2$. 假设这样选择的 n、m 以及码 (f, μ) 已确定.

我们现在将证明信道 $\Phi^{\otimes n}$ 在纠缠的协助下仿真了完全失相信道 $\Delta^{\otimes m} \in \mathrm{C}(\mathcal{Z}^{\otimes m})$ 的一个 ε-近似. 将用来协助这一仿真的纠缠态为

$$V\xi^{\otimes n}V^* \in \mathrm{D}(\mathcal{V}^{\otimes n} \otimes \mathcal{W}^{\otimes n}), \tag{8.156}$$

其中 $V \in \mathrm{U}\big((\mathcal{V}\otimes\mathcal{W})^{\otimes n}, \mathcal{V}^{\otimes n}\otimes\mathcal{W}^{\otimes n}\big)$ 表示关于所有向量 $v_1,\cdots,v_n \in \mathcal{V}$ 和 $w_1,\cdots,w_n \in \mathcal{W}$ 的张量因子的一个置换：

$$V((v_1\otimes w_1)\otimes\cdots\otimes(v_n\otimes w_n))$$
$$= (v_1\otimes\cdots\otimes v_n)\otimes(w_1\otimes\cdots\otimes w_n). \tag{8.157}$$

用来进行这一仿真的编码信道 $\Xi_{\mathrm{E}} \in \mathrm{C}\big(\mathcal{Z}^{\otimes m}\otimes\mathcal{V}^{\otimes n}, \mathcal{X}^{\otimes n}\big)$ 定义为

$$\Xi_{\mathrm{E}} = \sum_{b_1\cdots b_m\in\Gamma^m} \Theta_{b_1\cdots b_m}\otimes\Psi_{f(b_1\cdots b_m)}, \tag{8.158}$$

其中对于每个 $a_1\cdots a_n \in \Sigma^n$ 都有

$$\Psi_{a_1\cdots a_n} = \Psi_{a_1}\otimes\cdots\otimes\Psi_{a_n}, \tag{8.159}$$

且在此对于每一个 $Z \in \mathrm{L}(\mathcal{Z}^{\otimes m})$，$\Theta_{b_1\cdots b_m} \in \mathrm{CP}(\mathcal{Z}^{\otimes m},\mathbb{C})$ 由

$$\Theta_{b_1\cdots b_m}(Z) = Z(b_1\cdots b_m, b_1\cdots b_m) \tag{8.160}$$

给出. 具体地，编码映射 Ξ_{E} 把一个复合寄存器 $(\mathsf{Z}_1,\cdots,\mathsf{Z}_m,\mathsf{V}_1,\cdots,\mathsf{V}_n)$ 看作输入, 对 $(\mathsf{Z}_1,\cdots,\mathsf{Z}_m)$ 进行标准基测量, 并且把信道 $\Psi_{f(b_1\cdots b_m)}$ 作用在 $(\mathsf{V}_1,\cdots,\mathsf{V}_n)$ 上, 其中 $b_1\cdots b_m$ 为从 $(\mathsf{Z}_1,\cdots,\mathsf{Z}_m)$ 上的标准基测量中获得的字符串.

对于所有的 $Y \in \mathrm{L}(\mathcal{Y}^{\otimes n}\otimes\mathcal{W}^{\otimes n})$, 用来进行这一仿真的解码信道 $\Xi_{\mathrm{D}} \in \mathrm{C}\big(\mathcal{Y}^{\otimes n}\otimes\mathcal{W}^{\otimes n}, \mathcal{Z}^{\otimes m}\big)$ 定义为

$$\Xi_{\mathrm{D}}(Y) = \sum_{b_1\cdots b_m\in\Gamma^m} \big\langle W\mu(b_1\cdots b_m)W^*, Y\big\rangle E_{b_1\cdots b_m, b_1\cdots b_m}, \tag{8.161}$$

其中 $W \in \mathrm{U}\big((\mathcal{Y}\otimes\mathcal{W})^{\otimes n}, \mathcal{Y}^{\otimes n}\otimes\mathcal{W}^{\otimes n}\big)$ 为一个表示与 V 相似的张量因子的置换的等距算子, 其中的 $\mathcal{V}$ 被 $\mathcal{Y}$ 所代替, 对于所有向量 $y_1,\cdots,y_n \in \mathcal{Y}$ 和 $w_1,\cdots,w_n \in \mathcal{W}$：

$$W((y_1\otimes w_1)\otimes\cdots\otimes(y_n\otimes w_n))$$
$$= (y_1\otimes\cdots\otimes y_n)\otimes(w_1\otimes\cdots\otimes w_n). \tag{8.162}$$

现在, 令 $\Psi \in \mathrm{C}(\mathcal{Z}^{\otimes m})$ 表示通过上述构造已在纠缠的协助下被仿真的信道；对于每一个 $Z \in \mathrm{L}(\mathcal{Z}^{\otimes m})$, 该信道可以表示为

$$\Psi(Z) = \big(\Xi_{\mathrm{D}}\big(\Phi^{\otimes n}\Xi_{\mathrm{E}}\otimes\mathbb{1}_{\mathrm{L}(\mathcal{W})}^{\otimes n}\big)\big)\big(Z\otimes V\xi^{\otimes n}V^*\big), \tag{8.163}$$

并且可以观察到 $\Psi = \Delta^{\otimes m}\Psi\Delta^{\otimes m}$. 对于每一个字符串 $b_1\cdots b_m \in \Gamma^m$, 有

$$\big(\Phi^{\otimes n}\Xi_{\mathrm{E}}\otimes\mathbb{1}_{\mathrm{L}(\mathcal{W})}^{\otimes n}\big)\big(E_{b_1\cdots b_m, b_1\cdots b_m}\otimes V\xi^{\otimes n}V^*\big) = W\sigma_{f(b_1\cdots b_m)}W^* \tag{8.164}$$

成立, 因此

$$\big\langle E_{b_1\cdots b_m, b_1\cdots b_m}, \Psi(E_{b_1\cdots b_m, b_1\cdots b_m})\big\rangle > 1-\frac{\varepsilon}{2}. \tag{8.165}$$

从中我们可以得到, 正如所声称的那样, Ψ 是对 $\Delta^{\otimes m}$ 的一个 ε-近似.

总而言之, 对于任选的正实数 $\alpha < \chi_{\mathrm{E}}(\Phi)$ 和 $\varepsilon > 0$, 关于除有限个以外的所有正整数 n 以及对于 $m = \lfloor \alpha n \rfloor$, $\Phi^{\otimes n}$ 在纠缠的协助下仿真了完全失相信道 $\Delta^{\otimes m}$ 的一个 ε-近似. 从这里我们可以得到结论 $\chi_{\mathrm{E}}(\Phi) \leqslant \mathrm{C}_{\mathrm{E}}(\Phi)$. 让信道 $\Phi^{\otimes n}$ 代替 Φ 并且应用相同的论证, 对于任选的正整数 n, 我们可以得到

$$\frac{\chi_{\mathrm{E}}(\Phi^{\otimes n})}{n} \leqslant \frac{\mathrm{C}_{\mathrm{E}}(\Phi^{\otimes n})}{n} = \mathrm{C}_{\mathrm{E}}(\Phi). \tag{8.166}$$

接下来我们将证明 Φ 的有纠缠协助的经典容量不能超过其正则化的有纠缠协助的 Holevo 容量. 正如定理 8.27 的证明中所述, 我们可以假设 $\mathrm{C}_{\mathrm{E}}(\Phi) > 0$, 并且我们只需考虑发送者把一个长度为 m 且均匀生成的二元字符串传输给接收者这一情况.

假设 $\alpha > 0$ 是通过 Φ 进行的有纠缠协助的经典信息传输的可达率, 并且令 $\varepsilon > 0$ 为任选的. 从而, 对于除有限个以外的所有正整数 n 并且对于 $m = \lfloor \alpha n \rfloor$, $\Phi^{\otimes n}$ 在纠缠协助下仿真了完全失相信道 $\Delta^{\otimes m}$ 的一个 ε-近似. 令 n 为使该性质成立的任选的正整数且对其有 $m = \lfloor \alpha n \rfloor \geqslant 2$.

像之前那样, 令 X 和 Z 为都有态集合 Γ^m 的经典寄存器; X 存储了由发送者挑选的随机生成的字符串, 而 Z 代表当存储在 X 中的字符串的一个拷贝在纠缠的协助下通过由 $\Phi^{\otimes n}$ 对 $\Delta^{\otimes m}$ 的 ε-近似的仿真进行传输时所获得的字符串. 根据 $\Phi^{\otimes n}$ 在纠缠的协助下仿真了 $\Delta^{\otimes m}$ 的一个 ε-近似这一假设, 我们可以总结出存在复欧几里得空间 $\mathcal{V}$ 和 $\mathcal{W}$、态 $\xi \in \mathrm{D}(\mathcal{V} \otimes \mathcal{W})$、一组信道集合

$$\left\{ \Psi_{b_1 \cdots b_m} : b_1 \cdots b_m \in \Gamma^m \right\} \subseteq \mathrm{C}\big(\mathcal{V}, \mathcal{X}^{\otimes n}\big), \tag{8.167}$$

以及测量 $\mu : \Gamma^m \to \mathrm{Pos}(\mathcal{Y}^{\otimes n} \otimes \mathcal{W})$, 使得

$$\left\langle \mu(b_1 \cdots b_m), \big(\Phi^{\otimes n} \Psi_{b_1 \cdots b_m} \otimes \mathbb{1}_{\mathrm{L}(\mathcal{W})}\big)(\xi) \right\rangle > 1 - \frac{\varepsilon}{2} \tag{8.168}$$

对于每一个字符串 $b_1 \cdots b_m \in \Gamma^m$ 都成立. 关于定义为

$$\begin{aligned} & p(b_1 \cdots b_m, c_1 \cdots c_m) \\ & = \frac{1}{2^m} \left\langle \mu(c_1 \cdots c_m), \big(\Phi^{\otimes n} \Psi_{b_1 \cdots b_m} \otimes \mathbb{1}_{\mathrm{L}(\mathcal{W})}\big)(\xi) \right\rangle \end{aligned} \tag{8.169}$$

的表示上述 (X, Z) 的概率态的 $p \in \mathcal{P}(\Gamma^m \times \Gamma^m)$, 根据 Holevo 定理 (定理 5.49) 我们有

$$\mathrm{I}(\mathsf{X} : \mathsf{Z}) \leqslant \chi\big(\big(\Phi^{\otimes n} \otimes \mathbb{1}_{\mathrm{L}(\mathcal{W})}\big)(\eta)\big), \tag{8.170}$$

其中 $\eta : \Gamma^m \to \mathrm{Pos}(\mathcal{X}^{\otimes n} \otimes \mathcal{W})$ 是对于每个 $b_1 \cdots b_m \in \Gamma^m$ 定义为

$$\eta(b_1 \cdots b_m) = \frac{1}{2^m} \big(\Psi_{b_1 \cdots b_m} \otimes \mathbb{1}_{\mathrm{L}(\mathcal{W})}\big)(\xi) \tag{8.171}$$

的系综.

量子信息论

定理 8.27 的证明中推导出的量 $I(X:Z)$ 的下界在现在的情况下也成立. 由此我们可以得到

$$\chi_{\mathrm{E}}\big(\Phi^{\otimes n}\big) \geqslant I(X:Z) \geqslant (1-\varepsilon)\alpha n - 2, \tag{8.172}$$

因此

$$\frac{\chi_{\mathrm{E}}\big(\Phi^{\otimes n}\big)}{n} \geqslant (1-\varepsilon)\alpha - \frac{2}{n}. \tag{8.173}$$

因此,对于通过 Φ 进行的有纠缠协助的经典信息传输的任意可达率 $\alpha > 0$,并且对于任意正实数 $\varepsilon > 0$,不等式 (8.173) 对于除有限个以外的所有 n 都成立. 因为所有通过 Φ 进行的有纠缠协助的经典信息传输的可达率 α 的上确界等于 $C_{\mathrm{E}}(\Phi)$,所以我们可以把该不等式与上界 (8.166) 进行结合来得到所求的等式 (8.150). □

8.1.3.2 强典型字符串和投影

本书展示的对有纠缠协助的经典容量定理的证明将利用典型性的一个概念. 这一概念称为强典型性,它与之前在 5.3.1 节中讨论过的标准概念有所不同. 顾名思义,强典型性更具限定性:每一个强典型字符串都必然是一个典型字符串,其至多只对参数有简单的更改,而有些典型字符串并不是强典型的.

与典型性的标准概念类似,关于一个给定态的谱分解,我们可以定义其 ε-强典型子空间. 不过,与标准典型子空间不同,强典型子空间并不总是由一个给定态唯一确定;它 (在推论 1.4 的意义下) 可以依赖于定义它的谱分解的特定选择. 尽管有这一明显的缺点,ε-强典型子空间的概念在证明有纠缠协助的经典容量定理时仍将是一个有力的工具.

下面对强典型性的定义利用了以下标记,在这些标记中我们将假设 Σ 是一个字母表且 n 是一个正整数. 对于每一个字符串 $a_1 \cdots a_n \in \Sigma^n$ 和符号 $a \in \Sigma$,我们可以写出

$$N(a \,|\, a_1 \cdots a_n) = \big|\{k \in \{1, \cdots, n\} : a_k = a\}\big|, \tag{8.174}$$

也就是符号 a 在字符串 $a_1 \cdots a_n$ 中出现的次数.

定义 8.29 令 Σ 为一个字母表,$p \in \mathcal{P}(\Sigma)$ 为一个概率向量,n 为一个正整数,并且 $\varepsilon > 0$ 为一个正实数. 如果对于每一个 $a \in \Sigma$ 都有

$$\left| \frac{N(a \,|\, a_1 \cdots a_n)}{n} - p(a) \right| \leqslant p(a)\varepsilon, \tag{8.175}$$

那么我们称字符串 $a_1 \cdots a_n \in \Sigma^n$ 是**关于 p ε-强典型的**. 所有关于 p 的长度为 n 的 ε-强典型字符串表示为 $S_{n,\varepsilon}(p)$ (或者当 p 是隐含的并且可以被安全地忽略时为 $S_{n,\varepsilon}$).

定义在一个强典型字符串的单个符号上的非负实数值函数的平均表现可以利用下面的基本命题进行分析.

命题 8.30 令 Σ 为一个字母表,$p \in \mathcal{P}(\Sigma)$ 为一个概率向量,n 为一个正整数,$\varepsilon > 0$ 为一个正实数,$a_1 \cdots a_n \in S_{n,\varepsilon}(p)$ 为关于 p 的一个 ε-强典型字符串,并且 $\phi : \Sigma \to [0, \infty)$ 为一

个非负实数值函数. 有

$$\left| \frac{\phi(a_1) + \cdots + \phi(a_n)}{n} - \sum_{a \in \Sigma} p(a)\phi(a) \right| \leqslant \varepsilon \sum_{a \in \Sigma} p(a)\phi(a) \tag{8.176}$$

成立.

证明 不等式 (8.176) 可以根据强典型性的定义以及三角不等式得出:

$$
\begin{aligned}
& \left| \frac{\phi(a_1) + \cdots + \phi(a_n)}{n} - \sum_{a \in \Sigma} p(a)\phi(a) \right| \\
&= \left| \sum_{a \in \Sigma} \left(\frac{N(a \mid a_1 \cdots a_n)\phi(a)}{n} - p(a)\phi(a) \right) \right| \\
&\leqslant \sum_{a \in \Sigma} \phi(a) \left| \frac{N(a \mid a_1 \cdots a_n)}{n} - p(a) \right| \leqslant \varepsilon \sum_{a \in \Sigma} p(a)\phi(a),
\end{aligned}
\tag{8.177}
$$

即为所求. □

作为命题 8.30 的一个推论, 关于一个给定的概率向量 p, 我们有每一个 ε-强典型字符串对于每一个 $\delta > \varepsilon \operatorname{H}(p)$ 都必然是 δ-典型的.

推论 8.31 令 Σ 为一个字母表, $p \in \mathcal{P}(\Sigma)$ 为一个概率向量, n 为一个正整数, $\varepsilon > 0$ 为一个正实数, 并且 $a_1 \cdots a_n \in S_{n,\varepsilon}(p)$ 为一个关于 p 的 ε-强典型字符串. 有

$$2^{-n(1+\varepsilon)\operatorname{H}(p)} \leqslant p(a_1) \cdots p(a_n) \leqslant 2^{-n(1-\varepsilon)\operatorname{H}(p)} \tag{8.178}$$

成立.

证明 定义函数 $\phi : \Sigma \to [0, \infty)$ 为

$$
\phi(a) = \begin{cases} -\log(p(a)) & p(a) > 0 \\ 0 & p(a) = 0. \end{cases}
\tag{8.179}
$$

对这个函数而言, 命题 8.30 中的界等价于式 (8.178). □

通过根据一个给定的概率向量随机且独立地选择符号所获得的字符串可能不仅是典型的, 而且是强典型的, 且强典型性的概率随着字符串长度的增加而提高. 下面的定理为这一概率确立了一个量化的界.

引理 8.32 令 Σ 为一个字母表, $p \in \mathcal{P}(\Sigma)$ 为一个概率向量, n 为一个正整数, 并且 $\varepsilon > 0$ 为一个正实数. 有

$$\sum_{a_1 \cdots a_n \in S_{n,\varepsilon}(p)} p(a_1) \cdots p(a_n) \geqslant 1 - \zeta_{n,\varepsilon}(p) \tag{8.180}$$

关于

$$\zeta_{n,\varepsilon}(p) = 2 \sum_{\substack{a \in \Sigma \\ p(a) > 0}} \exp(-2n\varepsilon^2 p(a)^2) \tag{8.181}$$

成立.

证明　首先假设 $a \in \Sigma$ 是确定的, 并且考虑一个根据概率向量 $p^{\otimes n}$ 随机选择的字符串 $a_1 \cdots a_n \in \Sigma^n$ 满足

$$\left| \frac{N(a \mid a_1 \cdots a_n)}{n} - p(a) \right| > p(a)\varepsilon \tag{8.182}$$

的概率. 为了对这一概率确立边界, 我们可以定义 $X_1, \cdots, X_n$ 为独立且同分布的随机变量, 这些变量以 $p(a)$ 的概率取值为 1, 否则取值为 0, 从而事件 (8.182) 的概率等于

$$\Pr\left(\left| \frac{X_1 + \cdots + X_n}{n} - p(a) \right| > p(a)\varepsilon \right). \tag{8.183}$$

如果 $p(a) > 0$, 那么 Hoeffding 不等式 (定理 1.16) 说明

$$\Pr\left(\left| \frac{X_1 + \cdots + X_n}{n} - p(a) \right| > p(a)\varepsilon \right) \leqslant 2\exp\left(-2n\varepsilon^2 p(a)^2\right), \tag{8.184}$$

而在 $p(a) = 0$ 下有

$$\Pr\left(\left| \frac{X_1 + \cdots + X_n}{n} - p(a) \right| > p(a)\varepsilon \right) = 0 \tag{8.185}$$

成立. 所以根据 Boole 不等式有引理成立. □

下面的命题为 ε-强典型集合中给定长度字符串的数量确立了上界和下界.

命题 8.33　令 Σ 为一个字母表, $p \in \mathcal{P}(\Sigma)$ 为一个概率向量, n 为一个正整数, 并且 $\varepsilon > 0$ 为一个正实数. 有

$$(1 - \zeta_{n,\varepsilon}(p))\, 2^{n(1-\varepsilon)\,\mathrm{H}(p)} \leqslant \left| S_{n,\varepsilon}(p) \right| \leqslant 2^{n(1+\varepsilon)\,\mathrm{H}(p)} \tag{8.186}$$

对于引理 8.32 中定义的 $\zeta_{n,\varepsilon}(p)$ 成立.

证明　根据推论 8.31, 我们有

$$p(a_1) \cdots p(a_n) \geqslant 2^{-n(1+\varepsilon)\,\mathrm{H}(p)} \tag{8.187}$$

对于每一个字符串 $a_1 \cdots a_n \in S_{n,\varepsilon}(p)$ 成立. 因此,

$$1 \geqslant \sum_{a_1 \cdots a_n \in S_{n,\varepsilon}(p)} p(a_1) \cdots p(a_n) \geqslant \left| S_{n,\varepsilon}(p) \right| 2^{-n(1+\varepsilon)\,\mathrm{H}(p)}, \tag{8.188}$$

所以

$$\left| S_{n,\varepsilon}(p) \right| \leqslant 2^{n(1+\varepsilon)\,\mathrm{H}(p)}. \tag{8.189}$$

同理, 我们有

$$p(a_1) \cdots p(a_n) \leqslant 2^{-n(1-\varepsilon)\,\mathrm{H}(p)} \tag{8.190}$$

对于每一个字符串 $a_1 \cdots a_n \in S_{n,\varepsilon}(p)$ 都成立. 根据引理 8.32, 有

$$1 - \zeta_{n,\varepsilon}(p) \leqslant \sum_{a_1 \cdots a_n \in S_{n,\varepsilon}(p)} p(a_1) \cdots p(a_n) \leqslant \left| S_{n,\varepsilon}(p) \right| 2^{-n(1-\varepsilon)\,\mathrm{H}(p)}, \tag{8.191}$$

所以

$$\left|S_{n,\varepsilon}(p)\right| \geqslant (1 - \zeta_{n,\varepsilon}(p))\, 2^{n(1-\varepsilon)\,\mathrm{H}(p)}, \tag{8.192}$$

即为所求. □

与一个给定密度算子相关的 ε-强典型子空间定义如下.

定义 8.34 令 $\mathcal{X}$ 为一个复欧几里得空间, $\rho \in \mathrm{D}(\mathcal{X})$ 为一个密度算子, $\varepsilon > 0$ 为一个正实数, 并且 n 为一个正整数. 此外, 令

$$\rho = \sum_{a \in \Sigma} p(a) x_a x_a^* \tag{8.193}$$

为 ρ 的一个谱分解, 其中 Σ 为一个字母表, $p \in \mathcal{P}(\Sigma)$ 为一个概率向量, 且 $\{x_a : a \in \Sigma\} \subset \mathcal{X}$ 为向量的一个规范正交集. 关于谱分解 (8.193) 到 $\mathcal{X}^{\otimes n}$ 的 ε-强典型子空间上的投影算子定义为

$$\Lambda = \sum_{a_1 \cdots a_n \in S_{n,\varepsilon}(p)} x_{a_1} x_{a_1}^* \otimes \cdots \otimes x_{a_n} x_{a_n}^*. \tag{8.194}$$

关于分解 (8.193), $\mathcal{X}^{\otimes n}$ 的 ε-强典型子空间定义为 Λ 的像.

例 8.35 令 $\Sigma = \{0, 1\}$, $\mathcal{X} = \mathbb{C}^\Sigma$, 并且 $\rho = \mathbb{1}/2 \in \mathrm{D}(\mathcal{X})$. 关于谱分解

$$\rho = \frac{1}{2} e_0 e_0^* + \frac{1}{2} e_1 e_1^*, \tag{8.195}$$

其中 $n = 2$, 并且对于任选的 $\varepsilon \in (0, 1)$, 相应的到 ε-强典型子空间上的投影算子由

$$\Lambda_0 = E_{0,0} \otimes E_{1,1} + E_{1,1} \otimes E_{0,0} \tag{8.196}$$

给出. 把谱分解用

$$\rho = \frac{1}{2} x_0 x_0^* + \frac{1}{2} x_1 x_1^* \tag{8.197}$$

代替, 其中

$$x_0 = \frac{e_0 + e_1}{\sqrt{2}} \quad \text{且} \quad x_1 = \frac{e_0 - e_1}{\sqrt{2}}, \tag{8.198}$$

我们可以得到相应的投影算子

$$\Lambda_1 = x_0 x_0^* \otimes x_1 x_1^* + x_1 x_1^* \otimes x_0 x_0^* \neq \Lambda_0. \tag{8.199}$$

□

8.1.3.3 信道输出熵的两个引理

本节最后对有纠缠协助的经典容量定理的证明将用到多个引理. 下面的两个引理涉及信道的输出熵. 其中, 第一个引理也会在下一节用于证明相干信息为一个信道的量子容量确立了下界.

引理 8.36 令 $\mathcal{X}$ 和 $\mathcal{Y}$ 为复欧几里得空间, $\Phi \in \mathrm{C}(\mathcal{X}, \mathcal{Y})$ 为一个信道, $\rho \in \mathrm{D}(\mathcal{X})$ 为一个密度算子, $\varepsilon > 0$ 为一个正实数, 并且 n 为一个正整数. 此外, 令

$$\rho = \sum_{a \in \Sigma} p(a) x_a x_a^* \tag{8.200}$$

为 ρ 的一个谱分解, 其中 Σ 为一个字母表, $\{x_a : a \in \Sigma\} \subset \mathcal{X}$ 为一个正交集, 且 $p \in \mathcal{P}(\Sigma)$ 为一个概率向量, 使 $\Lambda_{n,\varepsilon}$ 表示到 $\mathcal{X}^{\otimes n}$ 关于分解 (8.200) 的 ε-强典型子空间上的投影算子, 并且令

$$\omega_{n,\varepsilon} = \frac{\Lambda_{n,\varepsilon}}{\mathrm{Tr}(\Lambda_{n,\varepsilon})}. \tag{8.201}$$

有

$$\left| \frac{\mathrm{H}\big(\Phi^{\otimes n}(\omega_{n,\varepsilon})\big)}{n} - \mathrm{H}(\Phi(\rho)) \right| \tag{8.202}$$

$$\leqslant 2\varepsilon\,\mathrm{H}(\rho) + \varepsilon\,\mathrm{H}(\Phi(\rho)) - \frac{\log(1 - \zeta_{n,\varepsilon}(p))}{n},$$

其中 $\zeta_{n,\varepsilon}(p)$ 是引理 8.32 中定义的量.

证明 可以证明等式

$$\mathrm{H}(\Phi(\rho)) - \frac{1}{n}\mathrm{H}\big(\Phi^{\otimes n}(\omega_{n,\varepsilon})\big)$$
$$= \frac{1}{n}\mathrm{D}\big(\Phi^{\otimes n}(\omega_{n,\varepsilon}) \,\big\|\, \Phi^{\otimes n}(\rho^{\otimes n})\big) \tag{8.203}$$
$$+ \frac{1}{n}\mathrm{Tr}\big((\Phi^{\otimes n}(\omega_{n,\varepsilon}) - \Phi(\rho)^{\otimes n}) \log(\Phi(\rho)^{\otimes n})\big)$$

对每一个正整数 n 都成立. 我们将为该等式右边两项的绝对值分别构造界.

式 (8.203) 右边的第一项是非负的, 并且其上界可以根据信道的作用下量子相对熵的单调性 (定理 5.35) 来获得. 特别地, 我们有

$$\frac{1}{n}\mathrm{D}\big(\Phi^{\otimes n}(\omega_{n,\varepsilon}) \,\big\|\, \Phi^{\otimes n}(\rho^{\otimes n})\big) \leqslant \frac{1}{n}\mathrm{D}\big(\omega_{n,\varepsilon} \,\big\|\, \rho^{\otimes n}\big)$$
$$= -\frac{1}{n}\log(|S_{n,\varepsilon}|) - \frac{1}{n|S_{n,\varepsilon}|} \sum_{a_1\cdots a_n \in S_{n,\varepsilon}} \log(p(a_1)\cdots p(a_n)), \tag{8.204}$$

其中 $S_{n,\varepsilon}$ 表示关于 p 的长度为 n 的 ε-强典型字符串的集合. 根据推论 8.31 有

$$-\frac{1}{n|S_{n,\varepsilon}|} \sum_{a_1\cdots a_n \in S_{n,\varepsilon}} \log(p(a_1)\cdots p(a_n)) \leqslant (1+\varepsilon)\,\mathrm{H}(\rho), \tag{8.205}$$

根据命题 8.33, 我们有

$$\frac{1}{n}\log(|S_{n,\varepsilon}|) \geqslant \frac{\log(1 - \zeta_{n,\varepsilon}(p))}{n} + (1-\varepsilon)\,\mathrm{H}(\rho). \tag{8.206}$$

因此

$$\frac{1}{n}\mathrm{D}\big(\Phi^{\otimes n}(\omega_{n,\varepsilon}) \,\big\|\, \Phi^{\otimes n}(\rho^{\otimes n})\big) \leqslant 2\varepsilon\,\mathrm{H}(\rho) - \frac{\log(1 - \zeta_{n,\varepsilon}(p))}{n} \tag{8.207}$$

成立.

为了为式 (8.203) 右边的第二项构造界, 首先可以对于每个 $a \in \Sigma$ 定义一个函数 $\phi : \Sigma \to [0,\infty)$ 为

$$\phi(a) = \begin{cases} -\mathrm{Tr}(\Phi(x_a x_a^*)\log(\Phi(\rho))) & p(a) > 0 \\ 0 & p(a) = 0. \end{cases} \tag{8.208}$$

从中可以看出，显然 $\phi(a)$ 对于每个 $a \in \Sigma$ 都是非负的，并且由于

$$\operatorname{im}(\Phi(x_a x_a^*)) \subseteq \operatorname{im}(\Phi(\rho)), \tag{8.209}$$

其对于每个满足 $p(a) > 0$ 的 $a \in \Sigma$ 都是有限的. 利用恒等式

$$\log(P^{\otimes n}) = \sum_{k=1}^{n} \mathbb{1}^{\otimes(k-1)} \otimes \log(P) \otimes \mathbb{1}^{\otimes(n-k)}, \tag{8.210}$$

可以证明

$$\operatorname{Tr}\big(\Phi^{\otimes n}(\omega_{n,\varepsilon}) \log(\Phi(\rho)^{\otimes n})\big)$$
$$= -\frac{1}{|S_{n,\varepsilon}|} \sum_{a_1 \cdots a_n \in S_{n,\varepsilon}} (\phi(a_1) + \cdots + \phi(a_n)). \tag{8.211}$$

将命题 8.30 与

$$\mathrm{H}(\Phi(\rho)) = \sum_{a \in \Sigma} p(a)\phi(a) \tag{8.212}$$

相结合，我们发现

$$\left| \frac{1}{n} \operatorname{Tr}\big((\Phi^{\otimes n}(\omega_{n,\varepsilon}) - \Phi(\rho)^{\otimes n}) \log(\Phi(\rho)^{\otimes n})\big) \right|$$
$$\leqslant \frac{1}{|S_{n,\varepsilon}|} \sum_{a_1 \cdots a_n \in S_{n,\varepsilon}} \left| \mathrm{H}(\Phi(\rho)) - \frac{\phi(a_1) + \cdots + \phi(a_n)}{n} \right| \tag{8.213}$$
$$\leqslant \varepsilon \, \mathrm{H}(\Phi(\rho)).$$

由不等式 (8.207) 和不等式 (8.213) 一同推导出了所需的不等式 (8.202)，证毕. □

引理 8.37 令 $\Phi \in \mathrm{C}(\mathcal{X}, \mathcal{Y})$ 为一个信道，其中 $\mathcal{X}$ 和 $\mathcal{Y}$ 是复欧几里得空间. 由

$$f(\rho) = \mathrm{H}(\rho) - \mathrm{H}(\Phi(\rho)) \tag{8.214}$$

定义的函数 $f : \mathrm{D}(\mathcal{X}) \to \mathbb{R}$ 是凹的.

证明 令 $\mathcal{Z}$ 为一个任意的复欧几里得空间，首先考虑对于每一个 $\sigma \in \mathrm{D}(\mathcal{Y} \otimes \mathcal{Z})$ 定义为

$$g(\sigma) = \mathrm{H}(\sigma) - \mathrm{H}(\operatorname{Tr}_{\mathcal{Z}}(\sigma)) \tag{8.215}$$

的函数 $g : \mathrm{D}(\mathcal{Y} \otimes \mathcal{Z}) \to \mathbb{R}$. g 的另一种表达式为

$$g(\sigma) = -\mathrm{D}(\sigma \,\|\, \operatorname{Tr}_{\mathcal{Z}}(\sigma) \otimes \mathbb{1}_{\mathcal{Z}}), \tag{8.216}$$

因此 g 的凹性可以根据量子相对熵的联合凸性 (推论 5.33) 得出.

对于一个合适的复欧几里得空间的选择 $\mathcal{Z}$，令 $A \in \mathrm{U}(\mathcal{X}, \mathcal{Y} \otimes \mathcal{Z})$ 为一个对于每一个 $X \in \mathrm{L}(\mathcal{X})$ 都可以得到 Φ 的 Stinespring 表示的等距算子:

$$\Phi(X) = \operatorname{Tr}_{\mathcal{Z}}(AXA^*). \tag{8.217}$$

对于每一个 $\rho \in \mathrm{D}(\mathcal{X})$，函数 f 由 $f(\rho) = g(A\rho A^*)$ 给出，因此 g 的凹性说明 f 也是凹的. □

8.1.3.4　关于相干信息的可加性引理

我们将在下面证明在有纠缠协助的容量定理的证明中将要用到的另一个引理. 它说明了对于每个信道 $\Phi \in C(\mathcal{X}, \mathcal{Y})$ 所定义的量

$$\max_{\sigma \in D(\mathcal{X})} \left(H(\sigma) + I_C(\sigma; \Phi) \right) \tag{8.218}$$

关于张量积都是可加的. 这个由有纠缠协助的经典容量定理确立的量等于信道 Φ 的有纠缠协助的经典容量.

引理 8.38 (Adami-Cerf)　对于复欧几里得空间 $\mathcal{X}_0$、$\mathcal{X}_1$、$\mathcal{Y}_0$ 和 $\mathcal{Y}_1$, 令 $\Phi_0 \in C(\mathcal{X}_0, \mathcal{Y}_0)$ 和 $\Phi_1 \in C(\mathcal{X}_1, \mathcal{Y}_1)$ 为信道. 则

$$\max_{\sigma \in D(\mathcal{X}_0 \otimes \mathcal{X}_1)} \left(H(\sigma) + I_C(\sigma; \Phi_0 \otimes \Phi_1) \right)$$
$$= \max_{\sigma_0 \in D(\mathcal{X}_0)} \left(H(\sigma_0) + I_C(\sigma_0; \Phi_0) \right) + \max_{\sigma_1 \in D(\mathcal{X}_1)} \left(H(\sigma_1) + I_C(\sigma_1; \Phi_1) \right). \tag{8.219}$$

证明　对于所有的 $X_0 \in L(\mathcal{X}_0)$ 和 $X_1 \in L(\mathcal{X}_1)$, 在合适的复欧几里得空间 $\mathcal{Z}_0$ 和 $\mathcal{Z}_1$ 中, 选择等距算子 $A_0 \in U(\mathcal{X}_0, \mathcal{Y}_0 \otimes \mathcal{Z}_0)$ 和 $A_1 \in U(\mathcal{X}_1, \mathcal{Y}_1 \otimes \mathcal{Z}_1)$, 从而得到 Φ_0 和 Φ_1 的 Stinespring 表示:

$$\Phi_0(X_0) = \text{Tr}_{\mathcal{Z}_0} \left(A_0 X_0 A_0^* \right) \quad \text{和} \quad \Phi_1(X_1) = \text{Tr}_{\mathcal{Z}_1} \left(A_1 X_1 A_1^* \right). \tag{8.220}$$

所以, 对于所有的 $X_0 \in L(\mathcal{X}_0)$ 和 $X_1 \in L(\mathcal{X}_1)$, 定义为

$$\Psi_0(X_0) = \text{Tr}_{\mathcal{Y}_0} \left(A_0 X_0 A_0^* \right) \quad \text{和} \quad \Psi_1(X_1) = \text{Tr}_{\mathcal{Y}_1} \left(A_1 X_1 A_1^* \right) \tag{8.221}$$

的信道 $\Psi_0 \in C(\mathcal{X}_0, \mathcal{Z}_0)$ 和 $\Psi_1 \in C(\mathcal{X}_1, \mathcal{Z}_1)$ 分别是 Φ_0 和 Φ_1 的补.

现在, 考虑寄存器 X_0、X_1、Y_0、Y_1、Z_0 和 Z_1, 它们分别对应空间 $\mathcal{X}_0$、$\mathcal{X}_1$、$\mathcal{Y}_0$、$\mathcal{Y}_1$、$\mathcal{Z}_0$ 和 $\mathcal{Z}_1$. 令 $\sigma \in D(\mathcal{X}_0 \otimes \mathcal{X}_1)$ 为一个任意的密度算子. 关于 $(\mathsf{Y}_0, \mathsf{Z}_0, \mathsf{Y}_1, \mathsf{Z}_1)$ 的态

$$(A_0 \otimes A_1) \sigma (A_0 \otimes A_1)^* \in D(\mathcal{Y}_0 \otimes \mathcal{Z}_0 \otimes \mathcal{Y}_1 \otimes \mathcal{Z}_1), \tag{8.222}$$

我们有

$$H(\sigma) + I_C(\sigma; \Phi_0 \otimes \Phi_1)$$
$$= H(\mathsf{Y}_0, \mathsf{Z}_0, \mathsf{Y}_1, \mathsf{Z}_1) + H(\mathsf{Y}_0, \mathsf{Y}_1) - H(\mathsf{Z}_0, \mathsf{Z}_1). \tag{8.223}$$

对于 $(\mathsf{Y}_0, \mathsf{Z}_0, \mathsf{Y}_1, \mathsf{Z}_1)$ 的每一个态, 包括态 (8.222), 有

$$H(\mathsf{Y}_0, \mathsf{Z}_0, \mathsf{Y}_1, \mathsf{Z}_1) \leqslant H(\mathsf{Z}_0, \mathsf{Y}_1, \mathsf{Z}_1) + H(\mathsf{Y}_0, \mathsf{Z}_0) - H(\mathsf{Z}_0)$$
$$\leqslant H(\mathsf{Z}_0, \mathsf{Z}_1) + H(\mathsf{Y}_1, \mathsf{Z}_1) - H(\mathsf{Z}_1) + H(\mathsf{Y}_0, \mathsf{Z}_0) - H(\mathsf{Z}_0) \tag{8.224}$$

成立. 这两个不等式都由 von Neumann 熵的强次可加性 (定理 5.36) 而来. von Neumann 熵的次可加性 (定理 5.24) 指出了 $H(Y_0, Y_1) \leqslant H(Y_0) + H(Y_1)$，所以

$$
\begin{aligned}
& H(Y_0, Z_0, Y_1, Z_1) + H(Y_0, Y_1) - H(Z_0, Z_1) \\
& \leqslant \big(H(Y_0, Z_0) + H(Y_0) - H(Z_0) \big) \\
& \quad + \big(H(Y_1, Z_1) + H(Y_1) - H(Z_1) \big).
\end{aligned}
\tag{8.225}
$$

对于 $\sigma_0 = \sigma[X_0]$ 和 $\sigma_1 = \sigma[X_1]$，我们有等式

$$
\begin{aligned}
H(Y_0, Z_0) + H(Y_0) - H(Z_0) &= H(\sigma_0) + I_C(\sigma_0; \Phi_0), \\
H(Y_1, Z_1) + H(Y_1) - H(Z_1) &= H(\sigma_1) + I_C(\sigma_1; \Phi_1).
\end{aligned}
\tag{8.226}
$$

所以有

$$
\begin{aligned}
& H(\sigma) + I_C(\sigma; \Phi_0 \otimes \Phi_1) \\
& \leqslant \big(H(\sigma_0) + I_C(\sigma_0; \Phi_0) \big) + \big(H(\sigma_1) + I_C(\sigma_1; \Phi_1) \big).
\end{aligned}
\tag{8.227}
$$

通过在所有的 $\sigma \in D(\mathcal{X}_0 \otimes \mathcal{X}_1)$ 上取最大值，我们可以得到不等式

$$
\begin{aligned}
& \max_{\sigma \in D(\mathcal{X}_0 \otimes \mathcal{X}_1)} \big(H(\sigma) + I_C(\sigma; \Phi_0 \otimes \Phi_1) \big) \\
& \leqslant \max_{\sigma_0 \in D(\mathcal{X}_0)} \big(H(\sigma_0) + I_C(\sigma_0; \Phi_0) \big) + \max_{\sigma_1 \in D(\mathcal{X}_1)} \big(H(\sigma_1) + I_C(\sigma_1; \Phi_1) \big).
\end{aligned}
\tag{8.228}
$$

对于相反的不等式，我们只需观察，对于选择的每一个 $\sigma_0 \in D(\mathcal{X}_0)$ 和 $\sigma_1 \in D(\mathcal{X}_1)$，有

$$
\begin{aligned}
& H(\sigma_0 \otimes \sigma_1) + I_C(\sigma_0 \otimes \sigma_1; \Phi_0 \otimes \Phi_1) \\
& = H(\sigma_0) + I_C(\sigma_0; \Phi_0) + H(\sigma_1) + I_C(\sigma_1; \Phi_1),
\end{aligned}
\tag{8.229}
$$

因此

$$
\begin{aligned}
& \max_{\sigma \in D(\mathcal{X}_0 \otimes \mathcal{X}_1)} \big(H(\sigma) + I_C(\sigma; \Phi_0 \otimes \Phi_1) \big) \\
& \geqslant \max_{\sigma_0 \in D(\mathcal{X}_0)} \big(H(\sigma_0) + I_C(\sigma_0; \Phi_0) \big) + \max_{\sigma_1 \in D(\mathcal{X}_1)} \big(H(\sigma_1) + I_C(\sigma_1; \Phi_1) \big),
\end{aligned}
\tag{8.230}
$$

证毕. □

8.1.3.5 根据密集编码的扁平态的 Holevo 容量的下界

在证明有纠缠协助的经典容量定理所需的引理中，下一个引理为一个给定信道的有纠缠协助的 Holevo 容量确立了下界. 它的证明可以看作密集编码 (参见 6.3.1 节) 的一个应用.

引理 8.39 令 $\mathcal{X}$ 和 $\mathcal{Y}$ 为复欧几里得空间，$\Phi \in C(\mathcal{X}, \mathcal{Y})$ 为一个信道，$\Pi \in \mathrm{Proj}(\mathcal{X})$ 为一个非零投影算子，并且 $\omega = \Pi / \mathrm{Tr}(\Pi)$. 有

$$
\chi_E(\Phi) \geqslant H(\omega) + I_C(\omega; \Phi)
\tag{8.231}
$$

成立.

证明 令 $m = \mathrm{rank}(\Pi)$，$\mathcal{W} = \mathbb{C}^{\mathbb{Z}_m}$，$V \in \mathrm{U}(\mathcal{W}, \mathcal{X})$ 为任意满足 $VV^* = \Pi$ 的等距算子，并且

$$\tau = \frac{1}{m} \mathrm{vec}(V)\,\mathrm{vec}(V)^* \in \mathrm{D}(\mathcal{X} \otimes \mathcal{W}). \tag{8.232}$$

回忆 4.1.2 节定义的离散 Weyl 算子的集合

$$\{W_{a,b} : a, b \in \mathbb{Z}_m\} \subset \mathrm{U}(\mathcal{W}), \tag{8.233}$$

并且定义一组酉信道的集合

$$\{\Psi_{a,b} : a, b \in \mathbb{Z}_m\} \subseteq \mathrm{C}(\mathcal{W}), \tag{8.234}$$

它们对于每个 $Y \in \mathrm{L}(\mathcal{W})$ 对应着这些算子：

$$\Psi_{a,b}(Y) = W_{a,b} Y W_{a,b}^*. \tag{8.235}$$

最后，考虑系综

$$\eta : \mathbb{Z}_m \times \mathbb{Z}_m \to \mathrm{Pos}(\mathcal{X} \otimes \mathcal{W}) \tag{8.236}$$

对于所有的 $(a,b) \in \mathbb{Z}_m \times \mathbb{Z}_m$，它定义为

$$\eta(a,b) = \frac{1}{m^2} \left(\mathbb{1}_{\mathrm{L}(\mathcal{X})} \otimes \Psi_{a,b}\right)(\tau). \tag{8.237}$$

有

$$\mathrm{H}\left(\frac{1}{m^2} \sum_{a,b \in \mathbb{Z}_m} (\Phi \otimes \Psi_{a,b})(\tau)\right) \tag{8.238}$$
$$= \mathrm{H}\left(\Phi(\omega) \otimes \frac{\mathbb{1}_{\mathcal{W}}}{m}\right) = \mathrm{H}(\Phi(\omega)) + \mathrm{H}(\omega)$$

成立，并且

$$\frac{1}{m^2} \sum_{a,b \in \mathbb{Z}_n} \mathrm{H}((\Phi \otimes \Psi_{a,b})(\tau)) = \mathrm{H}((\Phi \otimes \mathbb{1}_{\mathrm{L}(\mathcal{W})})(\tau)) \tag{8.239}$$
$$= \mathrm{H}\left((\Phi \otimes \mathbb{1}_{\mathrm{L}(\mathcal{X})})\left(\mathrm{vec}(\sqrt{\omega})\,\mathrm{vec}(\sqrt{\omega})^*\right)\right),$$

从中我们可以得到

$$\chi\left((\Phi \otimes \mathbb{1}_{\mathrm{L}(\mathcal{W})})(\eta)\right) = \mathrm{H}(\omega) + \mathrm{I}_{\mathrm{C}}(\omega; \Phi). \tag{8.240}$$

此外，η 在 $\mathcal{W}$ 上是均匀的，显然这可以根据对于选定的每个 $(a,b) \in \mathbb{Z}_m \times \mathbb{Z}_m$ 都有

$$\mathrm{Tr}_{\mathcal{X}}(\eta(a,b)) = \frac{1}{m^3}\mathbb{1}_{\mathcal{W}} \tag{8.241}$$

得出. 因此有

$$\chi_{\mathrm{E}}(\Phi) \geqslant \chi\left((\Phi \otimes \mathbb{1}_{\mathrm{L}(\mathcal{W})})(\eta)\right) = \mathrm{H}(\omega) + \mathrm{I}_{\mathrm{C}}(\omega; \Phi) \tag{8.242}$$

成立，引理得证. $\qquad\square$

8.1.3.6 Holevo 容量的上界

最后一个引理为一个信道的有纠缠协助的 Holevo 容量确立了上界.

引理 8.40 对于复欧几里得空间 $\mathcal{X}$ 和 $\mathcal{Y}$, 令 $\Phi \in \mathrm{C}(\mathcal{X}, \mathcal{Y})$ 为一个信道. 此外令 $\mathcal{W}$ 为一个复欧几里得空间, Σ 为一个字母表, $\eta : \Sigma \to \mathrm{Pos}(\mathcal{X} \otimes \mathcal{W})$ 为在 $\mathcal{W}$ 上均匀的系综, 并且

$$\sigma = \sum_{a \in \Sigma} \mathrm{Tr}_{\mathcal{W}}(\eta(a)). \tag{8.243}$$

有

$$\chi\big((\Phi \otimes \mathbb{1}_{\mathrm{L}(\mathcal{W})})(\eta)\big) \leqslant \mathrm{H}(\sigma) + \mathrm{I}_{\mathrm{c}}(\sigma; \Phi) \tag{8.244}$$

成立.

证明 假设 $\mathcal{Z}$ 是一个复欧几里得空间且 $A \in \mathrm{U}(\mathcal{X}, \mathcal{Y} \otimes \mathcal{Z})$ 是一个对于所有的 $X \in \mathrm{L}(\mathcal{X})$ 有

$$\Phi(X) = \mathrm{Tr}_{\mathcal{Z}}\big(A X A^*\big) \tag{8.245}$$

成立的等距算子. 所以, 对于所有的 $X \in \mathrm{L}(\mathcal{X})$, 由

$$\Psi(X) = \mathrm{Tr}_{\mathcal{Y}}\big(A X A^*\big) \tag{8.246}$$

定义的信道 $\Psi \in \mathrm{C}(\mathcal{X}, \mathcal{Z})$ 互补于 Φ, 从而

$$\mathrm{I}_{\mathrm{c}}(\sigma; \Phi) = \mathrm{H}(\Phi(\sigma)) - \mathrm{H}(\Psi(\sigma)). \tag{8.247}$$

因此我们只需证明

$$\chi\big((\Phi \otimes \mathbb{1}_{\mathrm{L}(\mathcal{W})})(\eta)\big) \leqslant \mathrm{H}(\sigma) + \mathrm{H}(\Phi(\sigma)) - \mathrm{H}(\Psi(\sigma)). \tag{8.248}$$

根据 η 在 $\mathcal{W}$ 上均匀的假设, 命题 8.12 说明一定存在一个复欧几里得空间 $\mathcal{V}$、一组信道集合

$$\{\Xi_a : a \in \Sigma\} \subseteq \mathrm{C}(\mathcal{V}, \mathcal{X}), \tag{8.249}$$

一个单位向量 $u \in \mathcal{V} \otimes \mathcal{W}$ 以及一个概率向量 $p \in \mathcal{P}(\Sigma)$, 使得

$$\eta(a) = p(a)\big(\Xi_a \otimes \mathbb{1}_{\mathrm{L}(\mathcal{W})}\big)(uu^*) \tag{8.250}$$

对于每一个 $a \in \Sigma$ 都成立. 然后我们假设这些对象已确定, 并且分别定义态 $\tau \in \mathrm{D}(\mathcal{W})$ 和 $\xi \in \mathrm{D}(\mathcal{V})$ 为

$$\tau = \mathrm{Tr}_{\mathcal{V}}(uu^*) \quad \text{和} \quad \xi = \mathrm{Tr}_{\mathcal{W}}(uu^*). \tag{8.251}$$

可以注意到

$$\sigma = \sum_{a \in \Sigma} p(a)\Xi_a(\xi). \tag{8.252}$$

令 $\mathcal{U}$ 为一个使 $\dim(\mathcal{U}) = \dim(\mathcal{V} \otimes \mathcal{X})$ 的复欧几里得空间，并且对于每一个 $V \in \mathrm{L}(\mathcal{V})$，选择一组等距算子 $\{B_a : a \in \Sigma\} \subset \mathrm{U}(\mathcal{V}, \mathcal{X} \otimes \mathcal{U})$ 满足

$$\Xi_a(V) = \mathrm{Tr}_{\mathcal{U}}(B_a V B_a^*). \tag{8.253}$$

我们暂时假设 $a \in \Sigma$ 已确定，并且定义一个单位向量

$$v_a = (A \otimes \mathbb{1}_{\mathcal{U}} \otimes \mathbb{1}_{\mathcal{W}})(B_a \otimes \mathbb{1}_{\mathcal{W}})u \in \mathcal{Y} \otimes \mathcal{Z} \otimes \mathcal{U} \otimes \mathcal{W}. \tag{8.254}$$

令 Y、Z、U 和 W 为相应复欧几里得空间分别是 $\mathcal{Y}$、$\mathcal{Z}$、$\mathcal{U}$ 和 $\mathcal{W}$ 的寄存器，并且考虑复合寄存器 (Y, Z, U, W) 处于纯态 $v_a v_a^*$ 这一情况. 可以证明下面的等式：

$$\begin{aligned}
\mathrm{H}(\mathsf{W}) &= \mathrm{H}(\tau), \\
\mathrm{H}(\mathsf{Y}, \mathsf{W}) &= \mathrm{H}\big((\Phi\Xi_a \otimes \mathbb{1}_{\mathrm{L}(\mathcal{W})})(uu^*)\big), \\
\mathrm{H}(\mathsf{U}, \mathsf{W}) &= \mathrm{H}(\mathsf{Y}, \mathsf{Z}) = \mathrm{H}\big(\Xi_a(\xi)\big), \\
\mathrm{H}(\mathsf{Y}, \mathsf{U}, \mathsf{W}) &= \mathrm{H}(\mathsf{Z}) = \mathrm{H}\big((\Psi\Xi_a)(\xi)\big).
\end{aligned} \tag{8.255}$$

根据 von Neumann 熵的强次可加性 (定理 5.36)，有

$$\mathrm{H}(\mathsf{W}) - \mathrm{H}(\mathsf{Y}, \mathsf{W}) \leqslant \mathrm{H}(\mathsf{U}, \mathsf{W}) - \mathrm{H}(\mathsf{Y}, \mathsf{U}, \mathsf{W}) \tag{8.256}$$

成立，因此

$$\mathrm{H}(\tau) - \mathrm{H}\big((\Phi\Xi_a \otimes \mathbb{1}_{\mathrm{L}(\mathcal{W})})(uu^*)\big) \leqslant \mathrm{H}\big(\Xi_a(\xi)\big) - \mathrm{H}\big((\Psi\Xi_a)(\xi)\big). \tag{8.257}$$

最后，与概率向量 p 所对应，我们可以对式 (8.257) 的两边在所有 $a \in \Sigma$ 上求平均，并且应用引理 8.37，从而得到

$$\begin{aligned}
&\mathrm{H}(\tau) - \sum_{a \in \Sigma} p(a)\,\mathrm{H}\big((\Phi\Xi_a \otimes \mathbb{1}_{\mathrm{L}(\mathcal{W})})(uu^*)\big) \\
&\leqslant \sum_{a \in \Sigma} p(a)\big(\mathrm{H}(\Xi_a(\xi)) - \mathrm{H}((\Psi\Xi_a)(\xi))\big) \leqslant \mathrm{H}(\sigma) - \mathrm{H}(\Psi(\sigma)).
\end{aligned} \tag{8.258}$$

根据 von Neumann 熵的次可加性 (定理 5.24)，有

$$\mathrm{H}\left(\sum_{a \in \Sigma} p(a)(\Phi\Xi_a \otimes \mathbb{1}_{\mathrm{L}(\mathcal{W})})(uu^*)\right) \leqslant \mathrm{H}(\Phi(\sigma)) + \mathrm{H}(\tau). \tag{8.259}$$

不等式 (8.248) 可以由式 (8.258) 和式 (8.259) 得出，引理得证. $\qquad\square$

8.1.3.7 有纠缠协助的经典容量定理

最后，我们将说明有纠缠协助的经典容量定理，并且利用前面展示的引理对其加以证明.

定理 8.41 (有纠缠协助的经典容量定理) 令 $\mathcal{X}$ 和 $\mathcal{Y}$ 为复欧几里得空间，$\Phi \in \mathrm{C}(\mathcal{X}, \mathcal{Y})$ 为一个信道. 有

$$\mathrm{C}_{\mathrm{E}}(\Phi) = \max_{\sigma \in \mathrm{D}(\mathcal{X})} \big(\mathrm{H}(\sigma) + \mathrm{I}_{\mathrm{C}}(\sigma; \Phi)\big) \tag{8.260}$$

成立.

证明 通过应用引理 8.40，随后应用引理 8.38，我们可以对于每一个正整数 n 得到结论

$$
\begin{aligned}
\chi_{\mathrm{E}}(\Phi^{\otimes n}) &\leqslant \max_{\sigma \in \mathrm{D}(\mathcal{X}^{\otimes n})} \big(\mathrm{H}(\sigma) + \mathrm{I}_{\mathrm{C}}(\sigma; \Phi^{\otimes n})\big) \\
&= n \max_{\sigma \in \mathrm{D}(\mathcal{X})} \big(\mathrm{H}(\sigma) + \mathrm{I}_{\mathrm{C}}(\sigma; \Phi)\big).
\end{aligned}
\tag{8.261}
$$

因此，根据定理 8.28，可以得到

$$
\mathrm{C}_{\mathrm{E}}(\Phi) = \lim_{n \to \infty} \frac{\chi_{\mathrm{E}}(\Phi^{\otimes n})}{n} \leqslant \max_{\sigma \in \mathrm{D}(\mathcal{X})} \big(\mathrm{H}(\sigma) + \mathrm{I}_{\mathrm{C}}(\sigma; \Phi)\big).
\tag{8.262}
$$

对于反向的不等式，我们可以首先选择一个复欧几里得空间 $\mathcal{Z}$ 和一个等距算子 $A \in \mathrm{U}(\mathcal{X}, \mathcal{Y} \otimes \mathcal{Z})$ 使得

$$
\Phi(X) = \mathrm{Tr}_{\mathcal{Z}}(AXA^*)
\tag{8.263}
$$

对于所有的 $X \in \mathrm{L}(\mathcal{X})$ 都成立. 则对于所有的 $X \in \mathrm{L}(\mathcal{X})$，由

$$
\Psi(X) = \mathrm{Tr}_{\mathcal{Y}}(AXA^*)
\tag{8.264}
$$

定义的信道 $\Psi \in \mathrm{C}(\mathcal{X}, \mathcal{Z})$ 互补于 Φ，因此命题 8.17 说明

$$
\mathrm{I}_{\mathrm{C}}(\sigma; \Phi) = \mathrm{H}(\Phi(\sigma)) - \mathrm{H}(\Psi(\sigma))
\tag{8.265}
$$

对于所有的 $\sigma \in \mathrm{D}(\mathcal{X})$ 都成立.

接下来，令 $\sigma \in \mathrm{D}(\mathcal{X})$ 为任意密度算子，令 $\delta > 0$ 是任选的，并且选择足够小的 $\varepsilon > 0$ 使得

$$
(7\,\mathrm{H}(\sigma) + \mathrm{H}(\Phi(\sigma)) + \mathrm{H}(\Psi(\sigma)))\varepsilon < \delta.
\tag{8.266}
$$

此外，令

$$
\omega_{n,\varepsilon} = \frac{\Lambda_{n,\varepsilon}}{\mathrm{Tr}(\Lambda_{n,\varepsilon})},
\tag{8.267}
$$

其中 $\Lambda_{n,\varepsilon}$ 表示对于每个正整数 n，对于 σ 的任意确定的谱分解的 ε-强典型投影成立.

根据引理 8.36，我们可以得到结论，即下面三个不等式对于除有限个以外的所有正整数 n 同时成立：

$$
\begin{aligned}
\mathrm{H}(\sigma) - \frac{\mathrm{H}(\omega_{n,\varepsilon})}{n} &\leqslant 3\,\mathrm{H}(\sigma)\varepsilon + \delta, \\
\mathrm{H}(\Phi(\sigma)) - \frac{\mathrm{H}(\Phi^{\otimes n}(\omega_{n,\varepsilon}))}{n} &\leqslant (2\,\mathrm{H}(\sigma) + \mathrm{H}(\Phi(\sigma)))\varepsilon + \delta, \\
\frac{\mathrm{H}(\Phi^{\otimes n}(\omega_{n,\varepsilon}))}{n} - \mathrm{H}(\Psi(\sigma)) &\leqslant (2\,\mathrm{H}(\sigma) + \mathrm{H}(\Psi(\sigma)))\varepsilon + \delta.
\end{aligned}
\tag{8.268}
$$

因此，根据引理 8.39，有

$$
\begin{aligned}
\frac{\chi_{\mathrm{E}}(\Phi^{\otimes n})}{n} &\geqslant \frac{1}{n}\Big(\mathrm{H}(\omega_{n,\varepsilon}) + \mathrm{H}(\Phi^{\otimes n}(\omega_{n,\varepsilon})) - \mathrm{H}(\Psi^{\otimes n}(\omega_{n,\varepsilon}))\Big) \\
&\geqslant \mathrm{H}(\sigma) + \mathrm{H}(\Phi(\sigma)) - \mathrm{H}(\Psi(\sigma)) - 4\delta
\end{aligned}
\tag{8.269}
$$

对于所有但有限多个正整数 n 都成立, 最终

$$C_E(\Phi) = \lim_{n \to \infty} \frac{\chi_E(\Phi^{\otimes n})}{n} \geqslant H(\sigma) + H(\Phi(\sigma)) - H(\Psi(\sigma)) - 4\delta. \tag{8.270}$$

由于该不等式对于所有的 $\delta > 0$ 都成立, 所以我们有

$$C_E(\Phi) \geqslant H(\sigma) + H(\Phi(\sigma)) - H(\Psi(\sigma)) = H(\sigma) + I_C(\sigma; \Phi), \tag{8.271}$$

通过在所有的 $\sigma \in D(\mathcal{X})$ 上取最大值, 定理得证. $\square$

8.2   量子信道上的量子信息

本节关注量子信道在将量子信息从一个发送者传输到一个接收者时的容量. 与上一节所考虑的经典容量类似, 我们可以考虑在发送者和接收者预先共享或不共享纠缠来协助信息传输这两种情况下一个信道的量子容量.

事实证明, 在所有情况下, 一个信道在纠缠的协助下传输量子信息的容量等于相同信道的有纠缠协助的经典容量的二分之一. 我们在下面通过在 6.3.1 节中讨论过的传态与密集编码协议的结合证明了这一事实. 由于有纠缠协助的经典容量已经由定理 8.41 所刻画, 我们将直接给出对在纠缠的协助下一个量子信道传输量子信息的容量的刻画. 基于这个原因, 本节的首要目标是分析量子信道在没有纠缠协助时传输量子信息的容量.

8.2.1 节将介绍一个信道的量子容量的定义, 以及与其紧密相关的术语——信道生成共享纠缠的容量. 8.2.2 节将展示对量子容量定理的证明, 该定理刻画了一个给定的传输量子信息的信道的容量.

8.2.1   量子容量与相关概念的定义

下面我们将介绍一个信道的量子容量和纠缠生成容量的定义, 并且证明这两个量是一致的. 我们还将定义一个信道的有纠缠协助的量子容量, 并且阐明它与一个信道的有纠缠协助的经典容量之间的简单关系.

8.2.1.1   信道的量子容量

非正式地说, 一个信道的量子容量是在对该信道的每次使用中能精确传输的量子比特的平均个数. 正如上一节中所讨论的容量, 一个信道的量子容量是用信息理论术语定义的, 它是指作用在可能纠缠的寄存器集合上时, 可以渐近地多次使用信道时的情况.

下面对量子容量的定义利用了一个信道由另一个信道进行的仿真 (定义 8.1) 以及上一节用到的一个信道对另一信道的 ε-近似 (定义 8.2) 的相同概念.

定义 8.42(信道的量子容量)   对于复欧几里得空间 $\mathcal{X}$ 和 $\mathcal{Y}$, 令 $\Phi \in C(\mathcal{X}, \mathcal{Y})$ 为一个信道, 并且使 $\mathcal{Z} = \mathbb{C}^\Gamma$ (其中 $\Gamma = \{0, 1\}$ 表示二元字母表).

1. 如果 (i) $\alpha = 0$, 或 (ii) $\alpha > 0$ 且对于选定的每一个正实数 $\varepsilon > 0$, 对除有限个以外的所有正整数 n 以及 $m = \lfloor \alpha n \rfloor$, 信道 $\Phi^{\otimes n}$ 仿真了单位信道 $\mathbb{1}_{L(\mathcal{Z})}^{\otimes m}$ 的一个 ε-近似, 那么值 $\alpha \geqslant 0$ 是通过 Φ 传输量子信息的一个**可达率**.

2. **Φ 的量子容量**表示为 Q(Φ), 它定义为通过 Φ 进行的量子信息传输的所有可达率上的上确界.

上一节在证明命题 8.4 时所使用的论证可以用来证明下面关于量子容量的类似命题.

命题 8.43 对于复欧几里得空间 $\mathcal{X}$ 和 $\mathcal{Y}$, 令 $\Phi \in C(\mathcal{X}, \mathcal{Y})$ 为一个信道. 有 $Q(\Phi^{\otimes k}) = k\, Q(\Phi)$ 对每一个正整数 k 都成立.

8.2.1.2 信道的纠缠生成容量

我们用与定义量子容量相似的方式定义一个信道的纠缠生成容量, 只是相关的任务更为集中: 通过多次对一个信道的独立使用, 发送者和接收者期望建立一个与最大纠缠态之间有高保真度的态, 且该态由他们共享.

定义 8.44(信道的纠缠生成容量) 令 $\mathcal{X}$ 和 $\mathcal{Y}$ 为复欧几里得空间, $\Phi \in C(\mathcal{X}, \mathcal{Y})$ 为一个信道, 并且 $\mathcal{Z} = \mathbb{C}^{\Gamma}$ (其中 $\Gamma = \{0, 1\}$ 表示二元字母表).

1. 如果 (i) $\alpha = 0$, 或 (ii) $\alpha > 0$ 并且下列条件对所有的正实数 $\varepsilon > 0$ 都成立: 对除有限个以外的所有正整数 n, 以及 $m = \lfloor \alpha n \rfloor$, 存在一个态 $\rho \in D(\mathcal{X}^{\otimes n} \otimes \mathcal{Z}^{\otimes m})$ 和一个信道 $\Xi \in C(\mathcal{Y}^{\otimes n}, \mathcal{Z}^{\otimes m})$ 使得

$$F\left(2^{-m}\operatorname{vec}(\mathbb{1}_{\mathcal{Z}}^{\otimes m})\operatorname{vec}(\mathbb{1}_{\mathcal{Z}}^{\otimes m})^*, \left(\Xi\Phi^{\otimes n} \otimes \mathbb{1}_{L(\mathcal{Z})}^{\otimes m}\right)(\rho)\right) \geqslant 1 - \varepsilon, \tag{8.272}$$

那么称值 $\alpha \geqslant 0$ 是通过 Φ 进行的纠缠生成的一个**可达率**.

2. 由 $Q_{EG}(\Phi)$ 表示的 Φ 的**纠缠生成容量**定义为通过 Φ 进行的纠缠生成的所有可达率的上确界.

注: 对于任选的复欧几里得空间 $\mathcal{X}$ 和 $\mathcal{Y}$、一个单位向量 $y \in \mathcal{Y}$ 以及一个信道 $\Psi \in C(\mathcal{X}, \mathcal{Y})$, $\rho \in D(\mathcal{X})$ 上的保真度 $F(yy^*, \Psi(\rho))$ 的最大值在 ρ 是一个纯态时取得. 根据这一点我们可以得到, 如果定义 8.44 对可达率的解释中考虑到的态 $\rho \in D(\mathcal{X}^{\otimes n} \otimes \mathcal{Z}^{\otimes m})$ 被限制为纯态, 量 $Q_{EG}(\Phi)$ 的值也不会发生变化.

8.2.1.3 量子容量与纠缠生成容量的等价性

纠缠生成容量的相关任务看起来比量子容量的相关任务更为具体. 也就是说, 对一个单位信道的严格近似的仿真显然允许发送者和接收者生成一个与最大纠缠态之间有高保真度的共享态. 但是一个信道生成近最大纠缠态的能力允许以一个相似的比率传输量子信息这一点却并非显而易见. 特别地, 我们可以注意到 6.3.1 节讨论的传态协议在这一情况下并不能直接应用, 因为这一协议要求必须在传输率的计算中把经典通信考虑在内. 不过, 由下述定理提供的纠缠生成和单位信道仿真之间的关系允许我们证明任意给定信道的量子容量和纠缠生成容量确实是一致的.

定理 8.45 令 $\mathcal{X}$ 和 $\mathcal{Y}$ 为复欧几里得空间, $\Phi \in C(\mathcal{X}, \mathcal{Y})$ 为一个信道, 并且 $u \in \mathcal{X} \otimes \mathcal{Y}$ 为一个单位向量. 此外令 $n = \dim(\mathcal{Y})$ 且 $\delta \geqslant 0$ 为一个非负实数使得

$$F\left(\frac{1}{n}\operatorname{vec}(\mathbb{1}_{\mathcal{Y}})\operatorname{vec}(\mathbb{1}_{\mathcal{Y}})^*, \left(\Phi \otimes \mathbb{1}_{L(\mathcal{Y})}\right)(uu^*)\right) \geqslant 1 - \delta. \tag{8.273}$$

对于任意满足 $\dim(\mathcal{Z}) \leqslant n/2$ 的复欧几里得空间 $\mathcal{Z}$, 有 Φ 仿真了单位信道 $\mathbb{1}_{\mathrm{L}(\mathcal{Z})}$ 的一个 ε-近似, 其中 $\varepsilon = 4\delta^{\frac{1}{4}}$.

证明 令 $A \in \mathrm{L}(\mathcal{Y}, \mathcal{X})$ 为由等式 $\mathrm{vec}(A) = u$ 定义的算子, 令 $r = \mathrm{rank}(A)$, 并且令

$$A = \sum_{k=1}^{r} \sqrt{p_k}\, x_k y_k^* \tag{8.274}$$

为 A 的一个奇异值分解, 从而 $(p_1, \cdots, p_r)$ 是一个概率向量, $\{x_1, \cdots, x_r\} \subset \mathcal{X}$ 和 $\{y_1, \cdots, y_r\} \subset \mathcal{Y}$ 是规范正交集. 此外定义 $W \in \mathrm{L}(\mathcal{Y}, \mathcal{X})$ 为

$$W = \sum_{k=1}^{r} x_k y_k^*, \tag{8.275}$$

并且定义单位向量 $v \in \mathcal{X} \otimes \mathcal{Y}$ 为

$$v = \frac{1}{\sqrt{r}}\, \mathrm{vec}(W). \tag{8.276}$$

根据偏迹下保真度函数的单调性, 我们有

$$\frac{1}{\sqrt{n}} \sum_{k=1}^{r} \sqrt{p_k} = \mathrm{F}\left(\frac{1}{n}\mathbb{1}_{\mathcal{Y}}, \mathrm{Tr}_{\mathcal{X}}(uu^*)\right)$$
$$\geqslant \mathrm{F}\left(\frac{1}{n}\mathrm{vec}(\mathbb{1}_{\mathcal{Y}})\mathrm{vec}(\mathbb{1}_{\mathcal{Y}})^*, (\Phi \otimes \mathbb{1}_{\mathrm{L}(\mathcal{Y})})(uu^*)\right) \geqslant 1 - \delta, \tag{8.277}$$

因此

$$\mathrm{F}(uu^*, vv^*) = \frac{1}{\sqrt{r}} \sum_{k=1}^{r} \sqrt{p_k} \geqslant \frac{1}{\sqrt{n}} \sum_{k=1}^{r} \sqrt{p_k} \geqslant 1 - \delta. \tag{8.278}$$

因而, 根据定理 3.27 和 3.29, 我们有

$$\mathrm{F}\left(\frac{1}{n}\mathrm{vec}(\mathbb{1}_{\mathcal{Y}})\mathrm{vec}(\mathbb{1}_{\mathcal{Y}})^*, (\Phi \otimes \mathbb{1}_{\mathrm{L}(\mathcal{Y})})(vv^*)\right) + 1$$
$$\geqslant \mathrm{F}\left(\frac{1}{n}\mathrm{vec}(\mathbb{1}_{\mathcal{Y}})\mathrm{vec}(\mathbb{1}_{\mathcal{Y}})^*, (\Phi \otimes \mathbb{1}_{\mathrm{L}(\mathcal{Y})})(uu^*)\right)^2 + \mathrm{F}(vv^*, uu^*)^2 \tag{8.279}$$
$$\geqslant 2(1 - \delta)^2,$$

因此

$$\mathrm{F}\left(\frac{1}{n}\mathrm{vec}(\mathbb{1}_{\mathcal{Y}})\mathrm{vec}(\mathbb{1}_{\mathcal{Y}})^*, (\Phi \otimes \mathbb{1}_{\mathrm{L}(\mathcal{Y})})(vv^*)\right) \geqslant 1 - 4\delta. \tag{8.280}$$

接下来, 定义投影算子 $\Pi_r = W^*W \in \mathrm{Proj}(\mathcal{Y})$ 并定义 $\mathcal{V}_r = \mathrm{im}(\Pi_r)$. 对每个从 r 开始并减小到 1 的 k, 选择 $w_k \in \mathcal{V}_k$ 为使量

$$\alpha_k = \langle w_k w_k^*, \Phi(W w_k w_k^* W^*)\rangle \tag{8.281}$$

最小化的单位向量, 并且定义

$$\mathcal{V}_{k-1} = \{z \in \mathcal{V}_k : \langle w_k, z\rangle = 0\}. \tag{8.282}$$

观察到 $\alpha_1 \geqslant \alpha_2 \geqslant \cdots \geqslant \alpha_r$ 且对于每个 $k \in \{1, \cdots, r\}$，$\{w_1, \cdots, w_k\}$ 是关于 $\mathcal{V}_k$ 的一组规范正交基. 特别地，我们有

$$v = \frac{1}{\sqrt{r}}(W \otimes \mathbb{1}_{\mathcal{Y}}) \operatorname{vec}(\Pi_r) = \frac{1}{\sqrt{r}} \sum_{k=1}^{r} W w_k \otimes \overline{w_k}. \tag{8.283}$$

此时，计算表明

$$
\begin{aligned}
& \mathrm{F}\left(\frac{1}{n} \operatorname{vec}(\mathbb{1}_{\mathcal{Y}}) \operatorname{vec}(\mathbb{1}_{\mathcal{Y}})^*, \big(\Phi \otimes \mathbb{1}_{\mathrm{L}(\mathcal{Y})}\big)(vv^*)\right)^2 \\
&= \frac{1}{nr} \sum_{j,k \in \{1,\cdots,r\}} \langle w_j w_k^*, \Phi(W w_j w_k^* W^*) \rangle.
\end{aligned}
\tag{8.284}
$$

根据 Φ 的全正性，对每个 $j, k \in \{1, \cdots, r\}$，我们可以得到结论

$$
\begin{aligned}
& |\langle w_j w_k^*, \Phi(W w_j w_k^* W^*) \rangle| \\
& \leqslant \sqrt{\langle w_j w_j^*, \Phi(W w_j w_j^* W^*) \rangle} \sqrt{\langle w_k w_k^*, \Phi(W w_k w_k^* W^*) \rangle} \\
& = \sqrt{\alpha_j \alpha_k}.
\end{aligned}
\tag{8.285}
$$

因此，由三角不等式，有

$$\mathrm{F}\left(\frac{1}{n} \operatorname{vec}(\mathbb{1}_{\mathcal{Y}}) \operatorname{vec}(\mathbb{1}_{\mathcal{Y}})^*, \big(\Phi \otimes \mathbb{1}_{\mathrm{L}(\mathcal{Y})}\big)(vv^*)\right) \leqslant \frac{1}{\sqrt{nr}} \sum_{k=1}^{r} \sqrt{\alpha_k} \tag{8.286}$$

成立. 应用 Cauchy-Schwarz 不等式，我们可以得到

$$\frac{1}{\sqrt{nr}} \sum_{k=1}^{r} \sqrt{\alpha_k} \leqslant \sqrt{\frac{1}{n} \sum_{k=1}^{r} \alpha_k}, \tag{8.287}$$

因此

$$\frac{1}{n} \sum_{k=1}^{r} \alpha_k \geqslant (1 - 4\delta)^2 \geqslant 1 - 8\delta. \tag{8.288}$$

现在令

$$m = \max\{k \in \{1, \cdots, r\} : \alpha_k \geqslant 1 - 16\delta\}. \tag{8.289}$$

由式 (8.288) 可得

$$1 - 8\delta \leqslant \frac{m}{n} + \frac{n-m}{n}(1 - 16\delta), \tag{8.290}$$

因此 $m \geqslant n/2$. 根据值 $\alpha_1, \cdots, \alpha_r$ 的定义，我们可以得到

$$\langle ww^*, \Phi(W w w^* W^*) \rangle \geqslant 1 - 16\delta \tag{8.291}$$

对于每一个单位向量 $w \in \mathcal{V}_m$ 都成立.

最后，令 $V \in \mathrm{U}(\mathcal{Z}, \mathcal{Y})$ 为使 $\mathrm{im}(V) \subseteq \mathcal{V}_m$ 的任意等距算子. 这样的等距算子的存在性可由 $\dim(\mathcal{Z}) \leqslant n/2$ 这一假设和 $n/2 \leqslant m = \dim(\mathcal{V}_m)$ 这一事实得出. 对于所有 $Z \in \mathrm{L}(\mathcal{Z})$ 和 $Y \in \mathrm{L}(\mathcal{Y})$, 令 $\Xi_{\mathrm{E}} \in \mathrm{C}(\mathcal{Z}, \mathcal{X})$ 和 $\Xi_{\mathrm{D}} \in \mathrm{C}(\mathcal{Y}, \mathcal{Z})$ 为形式是

$$
\begin{aligned}
\Xi_{\mathrm{E}}(Z) &= WVZV^*W^* + \Psi_{\mathrm{E}}(Z), \\
\Xi_{\mathrm{D}}(Y) &= V^*YV + \Psi_{\mathrm{D}}(Y)
\end{aligned}
\tag{8.292}
$$

的信道, 其中 $\Psi_{\mathrm{E}} \in \mathrm{CP}(\mathcal{Z}, \mathcal{X})$ 和 $\Psi_{\mathrm{D}} \in \mathrm{CP}(\mathcal{Y}, \mathcal{Z})$ 是使 Ξ_{E} 和 Ξ_{D} 保迹的全正映射. 因为对于每一个单位向量 $z \in \mathcal{Z}$ 有

$$
\begin{aligned}
&\langle zz^*, (\Xi_{\mathrm{D}}\Phi\Xi_{\mathrm{E}})(zz^*)\rangle \\
&\geqslant \langle Vzz^*V^*, \Phi(WVzz^*V^*W^*)\rangle \geqslant 1 - 16\delta,
\end{aligned}
\tag{8.293}
$$

所以根据 Fuchs-van de Graaf 不等式 (定理 3.33) 之一, 有

$$
\left\| zz^* - (\Xi_{\mathrm{D}}\Phi\Xi_{\mathrm{E}})(zz^*) \right\|_1 \leqslant 8\sqrt{\delta}
\tag{8.294}
$$

成立. 因此, 应用定理 3.56, 我们可以发现

$$
\left\| \left\| \Xi_{\mathrm{D}}\Phi\Xi_{\mathrm{E}} - \mathbb{1}_{\mathrm{L}(\mathcal{Z})} \right\| \right\|_1 \leqslant 4\delta^{\frac{1}{4}},
\tag{8.295}
$$

证毕. □

定理 8.46 对于 $\mathcal{X}$ 和 $\mathcal{Y}$, 令 $\Phi \in \mathrm{C}(\mathcal{X}, \mathcal{Y})$ 为一个信道. Φ 的纠缠生成容量和量子容量是相等的: $\mathrm{Q}(\Phi) = \mathrm{Q}_{\mathrm{EG}}(\Phi)$.

证明 我们将首先证明 $\mathrm{Q}(\Phi) \leqslant \mathrm{Q}_{\mathrm{EG}}(\Phi)$, 而这是直接成立的. 因为如果 Φ 的量子容量为零, 那么我们无须证明任何东西, 所以我们将假设 $\mathrm{Q}(\Phi) > 0$. 令 $\alpha > 0$ 为通过 Φ 进行的量子信息传输的可达率, 并任选 $\varepsilon > 0$.

因此, 设定 $\Gamma = \{0, 1\}$ 和 $\mathcal{Z} = \mathbb{C}^{\Gamma}$, 我们有对于除有限个以外的所有正整数 n 以及 $m = \lfloor \alpha n \rfloor$, 信道 $\Phi^{\otimes n}$ 仿真了单位信道 $\mathbb{1}_{\mathrm{L}(\mathcal{Z})}^{\otimes m}$ 的一个 ε-近似. 也就是说, 对除有限个以外的所有正整数 n, 以及 $m = \lfloor \alpha n \rfloor$, 一定存在信道 $\Xi_{\mathrm{E}} \in \mathrm{C}(\mathcal{Z}^{\otimes m}, \mathcal{X}^{\otimes n})$ 和 $\Xi_{\mathrm{D}} \in \mathrm{C}(\mathcal{Y}^{\otimes n}, \mathcal{Z}^{\otimes m})$ 使得

$$
\left\| \left\| \Xi_{\mathrm{D}}\Phi^{\otimes n}\Xi_{\mathrm{E}} - \mathbb{1}_{\mathrm{L}(\mathcal{Z})}^{\otimes m} \right\| \right\|_1 < \varepsilon.
\tag{8.296}
$$

假设 n 和 m 是使这样的信道存在的正整数, 则我们可以考虑密度算子

$$\tau = 2^{-m} \operatorname{vec}(\mathbb{1}_{\mathcal{Z}}^{\otimes m}) \operatorname{vec}(\mathbb{1}_{\mathcal{Z}}^{\otimes m})^* \quad \text{和} \quad \rho = (\Xi_{\mathrm{E}} \otimes \mathbb{1}_{\mathrm{L}(\mathcal{Z})}^{\otimes m})(\tau), \tag{8.297}$$

以及信道 $\Xi = \Xi_{\mathrm{D}}$. Fuchs-van de Graaf 不等式 (定理 3.33) 之一说明

$$
\begin{aligned}
\mathrm{F}\Big(\tau, \big(\Xi \Phi^{\otimes n} \otimes \mathbb{1}_{\mathrm{L}(\mathcal{Z})}^{\otimes m}\big)(\rho)\Big) &= \mathrm{F}\Big(\tau, \big(\Xi_{\mathrm{D}} \Phi^{\otimes n} \Xi_{\mathrm{E}} \otimes \mathbb{1}_{\mathrm{L}(\mathcal{Z})}^{\otimes m}\big)(\tau)\Big) \\
&\geqslant 1 - \frac{1}{2}\big\|\big(\Xi_{\mathrm{D}} \Phi^{\otimes n} \Xi_{\mathrm{E}} \otimes \mathbb{1}_{\mathrm{L}(\mathcal{Z})}^{\otimes m}\big)(\tau) - \tau\big\|_1 > 1 - \frac{\varepsilon}{2}.
\end{aligned}
\tag{8.298}
$$

因为这对除有限个以外的所有正整数 n 以及 $m = \lfloor \alpha n \rfloor$ 都成立, 所以 α 是通过 Φ 进行的纠缠生成的可达率. 对所有通过 Φ 进行的量子通信可达率 α 取上确界, 我们得到了 $\mathrm{Q}(\Phi) \leqslant \mathrm{Q}_{\mathrm{EG}}(\Phi)$.

我们还需证明 $\mathrm{Q}_{\mathrm{EG}}(\Phi) \leqslant \mathrm{Q}(\Phi)$. 就像我们刚刚证明的反向不等式那样, 因为如果 $\mathrm{Q}_{\mathrm{EG}}(\Phi) = 0$ 那么我们无须证明任何东西, 所以我们将假设 $\mathrm{Q}_{\mathrm{EG}}(\Phi) > 0$. 令 $\alpha > 0$ 为通过 Φ 进行的纠缠生成的可达率, 并且任选 $\beta \in (0, \alpha)$. 我们将证明 β 是通过 Φ 的量子通信的可达率. 所需的关系 $\mathrm{Q}_{\mathrm{EG}}(\Phi) \geqslant \mathrm{Q}(\Phi)$ 可由在所有通过 Φ 进行的纠缠生成的可达率 α 上取上确界, 并在所有 $\beta \in (0, \alpha)$ 上取上确界而得.

令 $\varepsilon > 0$ 为任选的, 并且令 $\delta = \varepsilon^4/256$, 从而 $\varepsilon = 4\delta^{\frac{1}{4}}$. 对除有限个以外的所有正整数 n, 以及 $m = \lfloor \alpha n \rfloor$, 存在一个态 $\rho \in \mathrm{D}(\mathcal{X}^{\otimes n} \otimes \mathcal{Z}^{\otimes m})$ 和一个信道 $\Xi \in \mathrm{C}(\mathcal{Y}^{\otimes n}, \mathcal{Z}^{\otimes m})$ 使得

$$\mathrm{F}\big(2^{-m} \operatorname{vec}(\mathbb{1}_{\mathcal{Z}}^{\otimes m}) \operatorname{vec}(\mathbb{1}_{\mathcal{Z}}^{\otimes m})^*, (\Xi \Phi^{\otimes n} \otimes \mathbb{1}_{\mathrm{L}(\mathcal{Z})}^{\otimes m})(\rho)\big) \geqslant 1 - \delta. \tag{8.299}$$

可以注意到使式 (8.299) 成立的态 ρ 的存在说明了使同样的不等式成立的纯态 $\rho = uu^*$ 的存在, 这是因为函数

$$
\begin{aligned}
\rho &\mapsto \mathrm{F}\big(2^{-m} \operatorname{vec}(\mathbb{1}_{\mathcal{Z}}^{\otimes m}) \operatorname{vec}(\mathbb{1}_{\mathcal{Z}}^{\otimes m})^*, \big(\Xi \Phi^{\otimes n} \otimes \mathbb{1}_{\mathrm{L}(\mathcal{Z})}^{\otimes m}\big)(\rho)\big)^2 \\
&= \big\langle 2^{-m} \operatorname{vec}(\mathbb{1}_{\mathcal{Z}}^{\otimes m}) \operatorname{vec}(\mathbb{1}_{\mathcal{Z}}^{\otimes m})^*, \big(\Xi \Phi^{\otimes n} \otimes \mathbb{1}_{\mathrm{L}(\mathcal{Z})}^{\otimes m}\big)(\rho)\big\rangle
\end{aligned}
\tag{8.300}
$$

必须在纯态上取得它 (在所有密度算子上) 的最大值. 根据定理 8.45, $\Phi^{\otimes n}$ 对于 $k = m - 1$ 仿真了单位信道 $\mathbb{1}_{\mathrm{L}(\mathcal{Z})}^{\otimes k}$ 的一个 ε-近似.

在 $n \geqslant 1/(\alpha - \beta)$ 这一假设下, 我们有 $\beta n \leqslant \alpha n - 1$. 因此, 对除有限个以外的所有正整数 n 以及 $k = \lfloor \beta n \rfloor$, 有 $\Phi^{\otimes n}$ 仿真了单位信道 $\mathbb{1}_{\mathrm{L}(\mathcal{Z})}^{\otimes k}$ 的一个 ε-近似. 由于 $\varepsilon > 0$ 是任选的, 所以 β 是通过 Φ 的量子通信的可达率, 从而定理得证. $\qquad\square$

8.2.1.4 信道的有纠缠协助的量子容量

我们将在下面正式定义一个信道的有纠缠协助的量子容量, 并且证明它等于该信道有纠缠协助的经典容量的二分之一.

定义 8.47(信道的有纠缠协助的量子容量) 令 $\mathcal{X}$ 和 $\mathcal{Y}$ 为复欧几里得空间且 $\Phi \in \mathrm{C}(\mathcal{X}, \mathcal{Y})$ 为一个信道. 此外令 $\Gamma = \{0, 1\}$ 表示二元字母表, 并且使 $\mathcal{Z} = \mathbb{C}^{\Gamma}$.

1. 如果 (i) $\alpha = 0$, 或 (ii) $\alpha > 0$ 并且对每一个正实数 $\varepsilon > 0$, 对除有限个以外的所有正整数 n, 并且对于 $m = \lfloor \alpha n \rfloor$, 信道 $\Phi^{\otimes n}$ 仿真了单位信道 $\mathbb{1}_{\mathrm{L}(\mathcal{Z})}^{\otimes m}$ 的一个 ε-近似, 那么值 $\alpha \geqslant 0$ 是通过 Φ 的有纠缠协助的量子信息传输的一个可达率.

2. 表示为 $\mathrm{Q}_\mathrm{E}(\Phi)$ 的 Φ 的**有纠缠协助的量子容量** 是通过 Φ 的有纠缠协助的量子信息传输的所有可达率的上确界.

命题 8.48 对于复欧几里得空间 $\mathcal{X}$ 和 $\mathcal{Y}$, $\Phi \in \mathrm{C}(\mathcal{X}, \mathcal{Y})$ 为一个信道. 有

$$\mathrm{Q}_\mathrm{E}(\Phi) = \frac{\mathrm{C}_\mathrm{E}(\Phi)}{2} \tag{8.301}$$

成立.

证明 假设 α 是通过 Φ 的有纠缠协助的经典通信的可达率. 我们将证明 $\alpha/2$ 是通过 Φ 的有纠缠协助的量子信息传输的可达率. 对通过 Φ 的有纠缠协助的经典通信的所有可达率 α 取上确界, 我们可以得到

$$\mathrm{Q}_\mathrm{E}(\Phi) \geqslant \frac{\mathrm{C}_\mathrm{E}(\Phi)}{2}. \tag{8.302}$$

由于 $\alpha = 0$ 这种情形是平凡的, 所以我们将假设 $\alpha > 0$.

假设 n 和 $m = \lfloor \alpha n \rfloor$ 为正整数且 $\varepsilon > 0$ 为使得 $\Phi^{\otimes n}$ 仿真了信道 $\Delta^{\otimes m}$ 的一个 ε-近似的正实数, 其中 $\Delta \in \mathrm{C}(\mathcal{Z})$ 依然表示完全失相信道. 令 $k = \lfloor m/2 \rfloor$, 并且考虑最大纠缠态

$$\tau = 2^{-k} \operatorname{vec}\left(\mathbb{1}_{\mathcal{Z}}^{\otimes k}\right) \operatorname{vec}\left(\mathbb{1}_{\mathcal{Z}}^{\otimes k}\right)^*. \tag{8.303}$$

通过将 τ 张乘上 (在通过 $\Phi^{\otimes n}$ 对 $\Delta^{\otimes m}$ 进行的 ε-近似的仿真中用到的) 态 ξ, 我们可以通过使用传统的传态协议 (参见 6.3.1 节中的例 6.50) 定义一个新的信道 $\Psi \in \mathrm{C}(\mathcal{Z}^{\otimes k})$, 但是其中传态所需的经典通信信道被由 $\Phi^{\otimes n}$ 所仿真的信道 $\Delta^{\otimes m}$ 的 ε-近似所代替. 则 Ψ 是单位信道 $\mathbb{1}_{\mathrm{L}(\mathcal{Z})}^{\otimes k}$ 的一个 ε-近似.

因此, 对于所有的 $\varepsilon > 0$, 对除有限个以外的所有正整数 n, 以及对于

$$k = \left\lfloor \frac{\lfloor \alpha n \rfloor}{2} \right\rfloor = \left\lfloor \frac{\alpha n}{2} \right\rfloor, \tag{8.304}$$

信道 $\Phi^{\otimes n}$ 通过纠缠的协助仿真了单位信道 $\mathbb{1}_{\mathrm{L}(\mathcal{Z})}^{\otimes k}$ 的一个 ε-近似. 因此 $\alpha/2$ 是通过 Φ 的有纠缠协助的量子通信的可达率, 即为所求.

现在假设 α 是通过 Φ 的有纠缠协助的量子通信的可达率. 我们将证明 2α 是通过 Φ 的有纠缠协助的经典通信的可达率. 由于这一声明在 $\alpha = 0$ 这一情况下是显而易见的, 所以我们将假设 $\alpha > 0$. 该证明与刚刚考虑的相反方向的证明在本质上是相同的, 只是我们用密集编码代替了传态.

假设 n 和 $m = \lfloor \alpha n \rfloor$ 是正整数且 $\varepsilon > 0$ 为使得 $\Phi^{\otimes n}$ 仿真了 $\mathbb{1}_{\mathrm{L}(\mathcal{Z})}^{\otimes m}$ 的一个 ε-近似的正实数. 利用最大纠缠态

$$\tau = 2^{-m} \operatorname{vec}\left(\mathbb{1}_{\mathcal{Z}}^{\otimes m}\right) \operatorname{vec}\left(\mathbb{1}_{\mathcal{Z}}^{\otimes m}\right)^* \tag{8.305}$$

(将其张乘上由 $\Phi^{\otimes n}$ 对 $\mathbb{1}_{L(\mathcal{Z})}^{\otimes m}$ 的仿真中所用到的 ξ), 我们可以通过传统密集编码协议 (参见 6.3.1 节中的例 6.55) 定义一个新的信道 $\Psi \in C(\mathcal{Z}^{\otimes 2m})$, 其中密集编码所需的量子信道被由 $\Phi^{\otimes n}$ 仿真的信道 $\mathbb{1}_{L(\mathcal{Z})}^{\otimes m}$ 的 ε-近似所代替. 则 Ψ 是对 $\Delta^{\otimes 2m}$ 的一个 ε-近似.

因此, 对于所有的 $\varepsilon > 0$, 对除有限个以外的所有正整数 n, 并且对于 $m = \lfloor \alpha n \rfloor$, $\Phi^{\otimes n}$ 仿真了信道 $\Delta^{\otimes 2m}$ 的一个 ε-近似, 这说明 2α 是通过 Φ 的有纠缠协助的经典通信的可达率. 不等式

$$C_E(\Phi) \geqslant 2Q_E(\Phi) \tag{8.306}$$

可以在我们对所有通过 Φ 的有纠缠协助的量子通信的可达率 α 取上确界时得到.

因此不等式 (8.301) 成立, 定理得证. □

8.2.2 量子容量定理

本节的目的是阐述并证明量子容量定理, 该定理可以得到一个给定信道的量子容量的表达式. 与 Holevo-Schumacher-Westmoreland 定理 (定理 8.27) 类似, 从量子容量定理得到的表达式涉及对给定信道越来越多的使用次数的正则化.

下面的小节包含对将用来证明量子容量定理的引理的阐述与证明, 以及对该定理本身的阐述与证明.

8.2.2.1 解耦引理

第一个用于证明量子容量定理的引理涉及一种称为解耦的现象. 非正式地说, 通过在输入空间的随机选择的子空间上作用足够嘈杂的信道产生的现象不止可以破坏子系统间的纠缠, 还可以破坏经典关联.

引理 8.49 令 $\mathcal{X}$、$\mathcal{Y}$、$\mathcal{W}$ 和 $\mathcal{Z}$ 为使得 $\dim(\mathcal{Z}) \leqslant \dim(\mathcal{X}) \leqslant \dim(\mathcal{Y} \otimes \mathcal{W})$ 的复欧几里得空间, 并且令 $A \in U(\mathcal{X}, \mathcal{Y} \otimes \mathcal{W})$ 和 $V \in U(\mathcal{Z}, \mathcal{X})$ 为等距算子. 定义态 $\xi \in D(\mathcal{W} \otimes \mathcal{X})$ 为

$$\xi = \frac{1}{n} \text{Tr}_{\mathcal{Y}}\big(\text{vec}(A)\,\text{vec}(A)^*\big), \tag{8.307}$$

并且对于每个酉算子 $U \in U(\mathcal{X})$, 定义态 $\rho_U \in D(\mathcal{W} \otimes \mathcal{Z})$ 为

$$\rho_U = \frac{1}{m} \text{Tr}_{\mathcal{Y}}\big(\text{vec}(AUV)\,\text{vec}(AUV)^*\big), \tag{8.308}$$

其中 $n = \dim(\mathcal{X})$ 且 $m = \dim(\mathcal{Z})$. 则有

$$\int \big\| \rho_U - \text{Tr}_{\mathcal{Z}}(\rho_U) \otimes \omega \big\|_2^2 \, d\eta(U) \leqslant \text{Tr}(\xi^2) \tag{8.309}$$

成立, 其中 $\omega = \mathbb{1}_{\mathcal{Z}}/m$ 且 η 表示 $U(\mathcal{X})$ 上的 Haar 测度.

证明 首先观察到

$$\big\| \rho_U - \text{Tr}_{\mathcal{Z}}(\rho_U) \otimes \omega \big\|_2^2 = \text{Tr}(\rho_U^2) - \frac{1}{m}\text{Tr}\Big(\big(\text{Tr}_{\mathcal{Z}}(\rho_U)\big)^2\Big). \tag{8.310}$$

该引理需要所有的 U 上的式 (8.310) 的积分的上界, 并且为了这个目标我们将对该等式右边表达式的两项分别进行积分.

为了对式 (8.310) 右边的第一项进行积分，令 Γ 为使 $\mathcal{Y} = \mathbb{C}^\Gamma$ 的字母表，对于每个 $a \in \Gamma$ 定义 $B_a = (e_a^* \otimes \mathbb{1}_\mathcal{W}) A$，并且观察到

$$\rho_U = \frac{1}{m} \sum_{a \in \Gamma} \mathrm{vec}(B_a U V)\, \mathrm{vec}(B_a U V)^*. \tag{8.311}$$

从而有

$$\begin{aligned}
\mathrm{Tr}\big(\rho_U^2\big) &= \frac{1}{m^2} \sum_{a,b \in \Gamma} \big|\mathrm{Tr}\big(V^* U^* B_a^* B_b U V\big)\big|^2 \\
&= \frac{1}{m^2} \sum_{a,b \in \Gamma} \mathrm{Tr}\big(V^* U^* B_a^* B_b U V \otimes V^* U^* B_b^* B_a U V\big) \\
&= \left\langle U V V^* U^* \otimes U V V^* U^*, \frac{1}{m^2} \sum_{a,b \in \Gamma} B_a^* B_b \otimes B_b^* B_a \right\rangle
\end{aligned} \tag{8.312}$$

成立. 通过在所有的 $U \in \mathrm{U}(\mathcal{X})$ 上进行积分可以得到

$$\int \mathrm{Tr}\big(\rho_U^2\big)\, \mathrm{d}\eta(U) = \left\langle \Xi(V V^* \otimes V V^*), \frac{1}{m^2} \sum_{a,b \in \Gamma} B_a^* B_b \otimes B_b^* B_a \right\rangle, \tag{8.313}$$

其中 $\Xi \in \mathrm{C}(\mathcal{X} \otimes \mathcal{X})$ 表示 Werner 旋转信道 (参见例 7.25). 利用表达式

$$\Xi(X) = \frac{2}{n(n+1)} \langle \Pi_{\mathcal{X} \otimes \mathcal{X}}, X \rangle \Pi_{\mathcal{X} \otimes \mathcal{X}} + \frac{2}{n(n-1)} \langle \Pi_{\mathcal{X} \otimes \mathcal{X}}, X \rangle \Pi_{\mathcal{X} \otimes \mathcal{X}} \tag{8.314}$$

(对于每一个 $X \in \mathrm{L}(\mathcal{X} \otimes \mathcal{X})$ 都成立)，并且观察到等式

$$\langle \Pi_{\mathcal{X} \otimes \mathcal{X}}, V V^* \otimes V V^* \rangle = \frac{m(m+1)}{2}, \tag{8.315}$$

$$\langle \Pi_{\mathcal{X} \otimes \mathcal{X}}, V V^* \otimes V V^* \rangle = \frac{m(m-1)}{2}, \tag{8.316}$$

我们有

$$\begin{aligned}
&\int \mathrm{Tr}\big(\rho_U^2\big)\, \mathrm{d}\eta(U) \\
&= \frac{1}{nm} \left\langle \frac{m+1}{n+1} \Pi_{\mathcal{X} \otimes \mathcal{X}} + \frac{m-1}{n-1} \Pi_{\mathcal{X} \otimes \mathcal{X}}, \sum_{a,b \in \Gamma} B_a^* B_b \otimes B_b^* B_a \right\rangle.
\end{aligned} \tag{8.317}$$

我们可以利用相似的方法来对式 (8.310) 右边的第二项进行积分. 特别地，我们有

$$\mathrm{Tr}_\mathcal{Z}(\rho_U) = \frac{1}{m} \sum_{a \in \Gamma} B_a U V V^* U^* B_a^*, \tag{8.318}$$

因此

$$
\begin{aligned}
&\mathrm{Tr}\!\left(\left(\mathrm{Tr}_{\mathcal{Z}}(\rho_U)\right)^2\right)\\
&=\frac{1}{m^2}\sum_{a,b\in\Gamma}\mathrm{Tr}\!\left(V^*U^*B_a^*B_bUVV^*U^*B_b^*B_aUV\right)\\
&=\left\langle W_{\mathcal{Z}},\frac{1}{m^2}\sum_{a,b\in\Gamma}V^*U^*B_a^*B_bUV\otimes V^*U^*B_b^*B_aUV\right\rangle\\
&=\left\langle (UV\otimes UV)W_{\mathcal{Z}}(UV\otimes UV)^*,\frac{1}{m^2}\sum_{a,b\in\Gamma}B_a^*B_b\otimes B_b^*B_a\right\rangle,
\end{aligned}
\tag{8.319}
$$

其中 $W_{\mathcal{Z}}\in\mathrm{U}(\mathcal{Z}\otimes\mathcal{Z})$ 表示 $\mathcal{Z}\otimes\mathcal{Z}$ 上的交换算子, 并且第二个等式利用了恒等式 $\langle W_{\mathcal{Z}},X\otimes Y\rangle=\mathrm{Tr}(XY)$. 通过在所有的 $U\in\mathrm{U}(\mathcal{X})$ 上进行积分可以得到

$$
\begin{aligned}
&\int\mathrm{Tr}\!\left(\left(\mathrm{Tr}_{\mathcal{Z}}(\rho_U)\right)^2\right)\mathrm{d}\eta(U)\\
&=\left\langle \Xi\!\left((V\otimes V)W_{\mathcal{Z}}(V\otimes V)^*\right),\frac{1}{m^2}\sum_{a,b\in\Gamma}B_a^*B_b\otimes B_b^*B_a\right\rangle.
\end{aligned}
\tag{8.320}
$$

利用等式

$$
\begin{aligned}
\langle \Pi_{\mathcal{X}\otimes\mathcal{X}},(V\otimes V)W_{\mathcal{Z}}(V\otimes V)^*\rangle&=\frac{m(m+1)}{2},\\
\langle \Pi_{\mathcal{X}\otimes\mathcal{X}},(V\otimes V)W_{\mathcal{Z}}(V\otimes V)^*\rangle&=-\frac{m(m-1)}{2},
\end{aligned}
\tag{8.321}
$$

并且对上面的等式进行相似的计算, 我们发现

$$
\begin{aligned}
&\int\mathrm{Tr}\!\left(\left(\mathrm{Tr}_{\mathcal{Z}}(\rho_U)\right)^2\right)\mathrm{d}\eta(U)\\
&=\frac{1}{nm}\left\langle \frac{m+1}{n+1}\Pi_{\mathcal{X}\otimes\mathcal{X}}-\frac{m-1}{n-1}\Pi_{\mathcal{X}\otimes\mathcal{X}},\sum_{a,b\in\Gamma}B_a^*B_b\otimes B_b^*B_a\right\rangle.
\end{aligned}
\tag{8.322}
$$

将式 (8.310)、式 (8.317) 和式 (8.322) 结合一些代数运算可以得到

$$
\begin{aligned}
&\int\left\|\rho_U-\mathrm{Tr}_{\mathcal{Z}}(\rho_U)\otimes\omega\right\|_2^2\mathrm{d}\eta(U)\\
&=\frac{m^2-1}{m^2(n^2-1)}\left\langle \mathbb{1}_{\mathcal{X}}\otimes\mathbb{1}_{\mathcal{X}}-\frac{1}{n}W_{\mathcal{X}},\sum_{a,b\in\Gamma}B_a^*B_b\otimes B_b^*B_a\right\rangle,
\end{aligned}
\tag{8.323}
$$

其中 $W_{\mathcal{X}}$ 表示 $\mathcal{X}\otimes\mathcal{X}$ 上的交换算子. 通过对式 (8.312) 和式 (8.319) 进行类似计算, 其中把 U 和 V 用 $\mathbb{1}_{\mathcal{X}}$ 代替, 我们可以证明

$$
\mathrm{Tr}(\xi^2)=\frac{1}{n^2}\mathrm{Tr}\!\left(\sum_{a,b\in\Gamma}B_a^*B_b\otimes B_b^*B_a\right)
\tag{8.324}
$$

和

$$
\mathrm{Tr}\Big((\mathrm{Tr}_{\mathcal{X}}(\xi))^2\Big) = \frac{1}{n^2}\bigg\langle W_{\mathcal{X}}, \sum_{a,b\in\Gamma} B_a^* B_b \otimes B_b^* B_a \bigg\rangle. \tag{8.325}
$$

进而，

$$
\int \big\| \rho_U - \mathrm{Tr}_{\mathcal{Z}}(\rho_U)\otimes\omega \big\|_2^2 \, \mathrm{d}\eta(U)
$$
$$
= \frac{1-m^{-2}}{1-n^{-2}}\left(\mathrm{Tr}(\xi^2) - \frac{1}{n}\mathrm{Tr}\Big((\mathrm{Tr}_{\mathcal{X}}(\xi))^2\Big)\right) \leqslant \mathrm{Tr}(\xi^2), \tag{8.326}
$$

即为所求。 $\square$

8.2.2.2 纠缠生成解码保真度的下界

在对量子容量定理的证明中，接下来的引理用于推断一个关于纠缠生成任务的解码信道的存在性。基于包含该信道的 Stinespring 表示的计算，这一推理考虑了通过该信道的纠缠生成。

引理 8.50 令 $\mathcal{X}$、$\mathcal{Y}$、$\mathcal{W}$ 和 $\mathcal{Z}$ 为使得 $\dim(\mathcal{Z}) \leqslant \dim(\mathcal{X}) \leqslant \dim(\mathcal{Y}\otimes\mathcal{W})$ 的复欧几里得空间，并且 $A\in\mathrm{U}(\mathcal{X}, \mathcal{Y}\otimes\mathcal{W})$ 和 $W\in\mathrm{U}(\mathcal{Z}, \mathcal{X})$ 为等距算子。对于所有的 $X\in\mathrm{L}(\mathcal{X})$，定义信道 $\Phi\in\mathrm{C}(\mathcal{X},\mathcal{Y})$ 为

$$
\Phi(X) = \mathrm{Tr}_{\mathcal{W}}\big(AXA^*\big), \tag{8.327}
$$

并且定义态 $\rho\in\mathrm{D}(\mathcal{W}\otimes\mathcal{Z})$ 为

$$
\rho = \frac{1}{m}\mathrm{Tr}_{\mathcal{Y}}\big(\mathrm{vec}(AW)\,\mathrm{vec}(AW)^*\big), \tag{8.328}
$$

其中 $m = \dim(\mathcal{Z})$。存在一个信道 $\Xi\in\mathrm{C}(\mathcal{Y},\mathcal{Z})$ 使得

$$
\mathrm{F}\bigg(\frac{1}{m}\mathrm{vec}(\mathbb{1}_{\mathcal{Z}})\,\mathrm{vec}(\mathbb{1}_{\mathcal{Z}})^*, \; \frac{1}{m}(\Xi\Phi\otimes\mathbb{1}_{\mathrm{L}(\mathcal{Z})})\big(\mathrm{vec}(W)\,\mathrm{vec}(W)^*\big)\bigg)
$$
$$
\geqslant \mathrm{F}\big(\rho, \mathrm{Tr}_{\mathcal{Z}}(\rho)\otimes\omega\big), \tag{8.329}
$$

其中 $\omega = \mathbb{1}_{\mathcal{Z}}/m$。

证明 令 $\mathcal{V}$ 为一个维数足够大的复欧几里得空间使得 $\dim(\mathcal{V})\geqslant\dim(\mathcal{W})$ 和 $\dim(\mathcal{V}\otimes\mathcal{Z})\geqslant\dim(\mathcal{Y})$ 成立，并且令 $B\in\mathrm{L}(\mathcal{W},\mathcal{V})$ 为使得 $\mathrm{Tr}_{\mathcal{V}}\big(\mathrm{vec}(B)\,\mathrm{vec}(B)^*\big) = \mathrm{Tr}_{\mathcal{Z}}(\rho)$ 的算子。对于向量

$$
u = \frac{1}{\sqrt{m}}\mathrm{vec}(B\otimes\mathbb{1}_{\mathcal{Z}})\in(\mathcal{V}\otimes\mathcal{Z})\otimes(\mathcal{W}\otimes\mathcal{Z}), \tag{8.330}
$$

我们有 $\mathrm{Tr}_{\mathcal{V}\otimes\mathcal{Z}}(uu^*) = \mathrm{Tr}_{\mathcal{Z}}(\rho)\otimes\omega$。显然，向量

$$
v = \frac{1}{\sqrt{m}}\mathrm{vec}(AW)\in\mathcal{Y}\otimes\mathcal{W}\otimes\mathcal{Z} \tag{8.331}
$$

满足 $\mathrm{Tr}_{\mathcal{Y}}(vv^*) = \rho$，所以根据 Uhlmann 定理（定理 3.22），存在一个等距算子 $V\in\mathrm{U}(\mathcal{Y},\mathcal{V}\otimes\mathcal{Z})$ 使得

$$
\mathrm{F}\big(\rho, \mathrm{Tr}_{\mathcal{Z}}(\rho)\otimes\omega\big) = \mathrm{F}\big(uu^*, (V\otimes\mathbb{1}_{\mathcal{W}\otimes\mathcal{Z}})vv^*(V\otimes\mathbb{1}_{\mathcal{W}\otimes\mathcal{Z}})^*\big). \tag{8.332}
$$

对于每一个 $Y \in \mathrm{L}(\mathcal{Y})$，定义信道 $\Xi \in \mathrm{C}(\mathcal{Y}, \mathcal{Z})$ 为

$$\Xi(Y) = \mathrm{Tr}_{\mathcal{V}}(VYV^*). \tag{8.333}$$

有

$$\mathrm{Tr}_{\mathcal{V}}\big(\mathrm{Tr}_{\mathcal{W}}(uu^*)\big) = \frac{1}{m}\,\mathrm{vec}(\mathbb{1}_{\mathcal{Z}})\,\mathrm{vec}(\mathbb{1}_{\mathcal{Z}})^* \tag{8.334}$$

和

$$\mathrm{Tr}_{\mathcal{V}}\big(\mathrm{Tr}_{\mathcal{W}}((V \otimes \mathbb{1}_{\mathcal{W} \otimes \mathcal{Z}})vv^*(V \otimes \mathbb{1}_{\mathcal{W} \otimes \mathcal{Z}})^*)\big)$$
$$= \frac{1}{m}(\Xi\Phi \otimes \mathbb{1}_{\mathrm{L}(\mathcal{Z})})(\mathrm{vec}(W)\,\mathrm{vec}(W)^*) \tag{8.335}$$

成立，因此

$$\mathrm{F}\big(uu^*, (V \otimes \mathbb{1}_{\mathcal{W} \otimes \mathcal{Z}})vv^*(V \otimes \mathbb{1}_{\mathcal{W} \otimes \mathcal{Z}})^*\big)$$
$$\leqslant \mathrm{F}\left(\frac{1}{m}\,\mathrm{vec}(\mathbb{1}_{\mathcal{Z}})\,\mathrm{vec}(\mathbb{1}_{\mathcal{Z}})^*,\ \frac{1}{m}(\Xi\Phi \otimes \mathbb{1}_{\mathrm{L}(\mathcal{Z})})(\mathrm{vec}(W)\,\mathrm{vec}(W)^*)\right), \tag{8.336}$$

这是由于保真度在偏迹下的单调性 (即定理 3.27 的一个特殊情况). 因此，信道 Ξ 满足该引理的要求. $\qquad\square$

8.2.2.3 量子容量定理额外需要的两个引理

下面的两个引理展示了将应用于证明量子容量定理的技术事实. 第一个引理关注满足某些谱条件的一个等距算子对另一个等距算子的近似，第二个引理是关于 Haar 测度的一个普遍事实.

引理 8.51 令 $\mathcal{X}$、$\mathcal{Y}$ 和 $\mathcal{W}$ 为使得 $\dim(\mathcal{X}) \leqslant \dim(\mathcal{Y} \otimes \mathcal{W})$ 的复欧几里得空间，令 $A \in \mathrm{U}(\mathcal{X}, \mathcal{Y} \otimes \mathcal{W})$ 为一个等距算子，$\Lambda \in \mathrm{Proj}(\mathcal{Y})$ 和 $\Pi \in \mathrm{Proj}(\mathcal{W})$ 为投影算子，并且 $\varepsilon \in (0, 1/4)$ 为一个正实数. 此外，令 $n = \dim(\mathcal{X})$，并且假设约束条件

$$\langle \Lambda \otimes \Pi, AA^* \rangle \geqslant (1 - \varepsilon)n \tag{8.337}$$

和

$$2\,\mathrm{rank}(\Pi) \leqslant \dim(\mathcal{W}) \tag{8.338}$$

已被满足. 则存在一个等距算子 $B \in \mathrm{U}(\mathcal{X}, \mathcal{Y} \otimes \mathcal{W})$ 使得

1. $\|A - B\|_2 < 3\varepsilon^{1/4}\sqrt{n}$.
2. $\mathrm{Tr}_{\mathcal{W}}(BB^*) \leqslant 4\Lambda\,\mathrm{Tr}_{\mathcal{W}}(AA^*)\Lambda$.
3. $\mathrm{rank}(\mathrm{Tr}_{\mathcal{Y}}(BB^*)) \leqslant 2\,\mathrm{rank}(\Pi)$.

证明 由奇异值定理，存在 $\mathcal{X}$ 的一组规范正交基 $\{x_1, \cdots, x_n\}$、$\mathcal{Y} \otimes \mathcal{W}$ 中的向量的一组规范正交集 $\{u_1, \cdots, u_n\}$ 以及一组非负实数的集合 $\{s_1, \cdots, s_n\} \subset [0, 1]$ 使得

$$(\Lambda \otimes \Pi)A = \sum_{k=1}^{n} s_k u_k x_k^*. \tag{8.339}$$

则有

$$\sum_{k=1}^n s_k^2 = \langle \Lambda \otimes \Pi, AA^* \rangle \geqslant (1-\varepsilon)n. \tag{8.340}$$

成立. 定义 $\Gamma \subseteq \{1, \cdots, n\}$ 为

$$\Gamma = \Big\{ k \in \{1, \cdots, n\} : s_k^2 \geqslant 1 - \sqrt{\varepsilon} \Big\}, \tag{8.341}$$

并且观察到不等式

$$\sum_{k=1}^n s_k^2 \leqslant |\Gamma| + (n - |\Gamma|)\big(1 - \sqrt{\varepsilon}\big). \tag{8.342}$$

由式 (8.340) 和式 (8.342), 我们有

$$|\Gamma| \geqslant \big(1 - \sqrt{\varepsilon}\big)n > \frac{n}{2}. \tag{8.343}$$

因此, 一定存在一个单射函数 $f : \{1, \cdots, n\} \backslash \Gamma \to \Gamma$; 这个函数可以是任选的, 但是它在证明的余下部分将是固定的.

接下来, 令 $W \in \mathrm{U}(\mathcal{W})$ 为任意满足 $\Pi W \Pi = 0$ 的酉算子. $2\operatorname{rank}(\Pi) \leqslant \dim(\mathcal{W})$ 这一假设保证了这样的算子 W 的存在. 至于函数 f, 在满足约束 $\Pi W \Pi = 0$ 条件下, 酉算子 W 可以是任选的, 但我们默认在证明的余下部分该算子是固定的.

最后, 定义等距算子 $B \in \mathrm{U}(\mathcal{X}, \mathcal{Y} \otimes \mathcal{W})$ 如下:

$$B = \sum_{k \in \Gamma} u_k x_k^* + \sum_{k \in \{1, \cdots, n\} \backslash \Gamma} (\mathbb{1}_{\mathcal{Y}} \otimes W) u_{f(k)} x_k^*. \tag{8.344}$$

我们只需证明 B 有着引理声明中所需的性质.

首先, 我们要证明 B 确实是一个等距算子. 集合 $\{u_k : k \in \Gamma\}$ 显然是规范正交的, 集合

$$\big\{ (\mathbb{1}_{\mathcal{Y}} \otimes W) u_{f(k)} : k \in \{1, \cdots, n\} \backslash \Gamma \big\} \tag{8.345}$$

也是规范正交的. 对每个 $k \in \{1, \cdots, n\}$, 我们有

$$s_k u_k \in \operatorname{im}\big((\Lambda \otimes \Pi)A\big) \subseteq \operatorname{im}(\mathbb{1}_{\mathcal{Y}} \otimes \Pi), \tag{8.346}$$

因此 $s_k u_k = s_k(\mathbb{1}_{\mathcal{Y}} \otimes \Pi) u_k$. 对于所选的每一对 $j, k \in \{1, \cdots, n\}$, 基于 $\Pi W \Pi = 0$ 我们有

$$\begin{aligned} s_j s_k \langle u_j, (\mathbb{1}_{\mathcal{Y}} \otimes W) u_k \rangle &= s_j s_k \langle (\mathbb{1}_{\mathcal{Y}} \otimes \Pi) u_j, (\mathbb{1}_{\mathcal{Y}} \otimes \Pi W) u_k \rangle \\ &= s_j s_k \langle u_j, (\mathbb{1}_{\mathcal{Y}} \otimes \Pi W \Pi) u_k \rangle = 0. \end{aligned} \tag{8.347}$$

对于 $j, k \in \Gamma$, 一定有 $s_j s_k > 0$ 成立, 因此 $u_j \perp (\mathbb{1}_{\mathcal{Y}} \otimes W) u_k$. 这说明集合

$$\{u_k : k \in \Gamma\} \cup \big\{ (\mathbb{1}_{\mathcal{Y}} \otimes W) u_{f(k)} : k \in \{1, \cdots, n\} \backslash \Gamma \big\} \tag{8.348}$$

是规范正交的, 因此 B 是一个等距算子.

接下来, 观察到

$$\|A - B\|_2 \leqslant \|A - (\Lambda \otimes \Pi)A\|_2 + \|(\Lambda \otimes \Pi)A - B\|_2. \tag{8.349}$$

该表达式的第一项由

$$\|A - (\Lambda \otimes \Pi)A\|_2 = \sqrt{\langle \mathbb{1} - \Lambda \otimes \Pi, AA^* \rangle} \leqslant \sqrt{\varepsilon n} \tag{8.350}$$

所限制. 对于第二项, 有

$$\begin{aligned}
\big\|(\Lambda \otimes \Pi)A - B\big\|_2^2 &= \sum_{k \in \Gamma}(s_k - 1)^2 + \sum_{k \in \{1,\cdots,n\}\backslash\Gamma}(s_k^2 + 1) \\
&= n + \sum_{k=1}^{n}s_k^2 - 2\sum_{k\in\Gamma}s_k \leqslant 2n - 2|\Gamma|\big(1 - \sqrt{\varepsilon}\big)^{\frac{1}{2}}
\end{aligned} \tag{8.351}$$

成立. 为了得到式 (8.351) 中的第一个等式, 可以观察到对于 $k \in \{1,\cdots,n\}\backslash\Gamma$,

$$s_k u_k \perp (\mathbb{1}_{\mathcal{Y}} \otimes W)u_{f(k)}, \tag{8.352}$$

这利用了式 (8.347) 以及包含关系 $f(k) \in \Gamma$. 所以, 根据不等式 (8.343) 有

$$\big\|(\Lambda \otimes \Pi)A - B\big\|_2^2 \leqslant 2n - 2\big(1 - \sqrt{\varepsilon}\big)^{\frac{3}{2}}n < 3n\sqrt{\varepsilon} \tag{8.353}$$

成立, 从而有

$$\|A - B\|_2 < 3\varepsilon^{1/4}\sqrt{n}. \tag{8.354}$$

因此, 引理中所列出的对 B 的第一个要求已经得到满足.

对 B 的第二个要求可验证如下:

$$\begin{aligned}
\mathrm{Tr}_{\mathcal{W}}\big(BB^*\big) &\leqslant 2\sum_{k\in\Gamma}\mathrm{Tr}_{\mathcal{W}}\big(u_k u_k^*\big) \\
&\leqslant \frac{2}{1 - \sqrt{\varepsilon}}\mathrm{Tr}_{\mathcal{W}}\big((\Lambda \otimes \Pi)AA^*(\Lambda \otimes \Pi)\big) \leqslant 4\Lambda\,\mathrm{Tr}_{\mathcal{W}}(AA^*)\Lambda.
\end{aligned} \tag{8.355}$$

最后, 为了证明对 B 的第三个要求能得到满足, 我们可以再一次利用 $(\mathbb{1} \otimes \Pi)u_k = u_k$, 这说明

$$\mathrm{im}(\mathrm{Tr}_{\mathcal{Y}}(u_k u_k^*)) \subseteq \mathrm{im}(\Pi) \tag{8.356}$$

对于每个 $k \in \Gamma$ 都成立. 因为

$$\mathrm{Tr}_{\mathcal{Y}}(BB^*) = \sum_{k\in\Gamma}\mathrm{Tr}_{\mathcal{Y}}(u_k u_k^*) + \sum_{k\in\{1,\cdots,n\}\backslash\Gamma}W(\mathrm{Tr}_{\mathcal{Y}}(u_{f(k)}u_{f(k)}^*))W^*, \tag{8.357}$$

所以有

$$\mathrm{im}\big(\mathrm{Tr}_{\mathcal{Y}}(BB^*)\big) \subseteq \mathrm{im}(\Pi) + \mathrm{im}(W\Pi), \tag{8.358}$$

从而

$$\mathrm{rank}\big(\mathrm{Tr}_{\mathcal{Y}}(BB^*)\big) \leqslant 2\,\mathrm{rank}(\Pi), \tag{8.359}$$

即为所求. $\qquad\qquad\square$

引理 8.52　令 $\mathcal{X}$、$\mathcal{W}$ 和 $\mathcal{Z}$ 为使得 $\dim(\mathcal{Z}) \leqslant \dim(\mathcal{X})$ 的复欧几里得空间，$V \in \mathrm{U}(\mathcal{Z}, \mathcal{X})$ 为一个等距算子，并且使 $Z \in \mathrm{L}(\mathcal{W} \otimes \mathcal{X})$ 为一个算子. 有

$$\int \left\| (\mathbb{1}_{\mathcal{W}} \otimes V^* U^*) Z (\mathbb{1}_{\mathcal{W}} \otimes UV) \right\|_1 \mathrm{d}\eta(U) \leqslant \frac{m}{n} \| Z \|_1 \tag{8.360}$$

成立，其中 $m = \dim(\mathcal{Z})$，$n = \dim(\mathcal{X})$，并且 η 表示 $\mathrm{U}(\mathcal{X})$ 上的 Haar 测度.

证明　令 $\{W_1, \cdots, W_{n^2}\} \subset \mathrm{U}(\mathcal{X})$ 为一组正交的酉算子 (4.1.2 节定义的离散 Weyl 算子提供了这样的集合的明确选择). 所以，对于所有的 $X \in \mathrm{L}(\mathcal{X})$，完全失相信道 $\Omega \in \mathrm{C}(\mathcal{X})$ 可以表达为

$$\Omega(X) = \frac{1}{n^2} \sum_{k=1}^{n^2} W_k X W_k^*. \tag{8.361}$$

定义 $\mathcal{Y} = \mathbb{C}^{n^2}$，并且对于每一个 $X \in \mathrm{L}(\mathcal{X})$，定义信道 $\Phi \in \mathrm{C}(\mathcal{X}, \mathcal{Z} \otimes \mathcal{Y})$ 为

$$\Phi(X) = \frac{1}{nm} \sum_{k=1}^{n^2} V^* W_k^* X W_k V \otimes E_{k,k}. \tag{8.362}$$

Φ 是一个信道这一事实可以从推论 2.27 以及计算

$$\frac{1}{nm} \sum_{k=1}^{n^2} W_k V V^* W_k^* = \frac{n}{m} \Omega(VV^*) = \mathbb{1}_{\mathcal{X}} \tag{8.363}$$

得到.

接下来，根据 Haar 测度的右酉不变性，有

$$\int \left\| (\mathbb{1}_{\mathcal{W}} \otimes V^* U^*) Z (\mathbb{1}_{\mathcal{W}} \otimes UV) \right\|_1 \mathrm{d}\eta(U)$$
$$= \int \left\| (\mathbb{1}_{\mathcal{W}} \otimes V^* W_k^* U^*) Z (\mathbb{1}_{\mathcal{W}} \otimes U W_k V) \right\|_1 \mathrm{d}\eta(U) \tag{8.364}$$

对每个 $k \in \{1, \cdots, n^2\}$ 都成立，因此

$$\int \left\| (\mathbb{1}_{\mathcal{W}} \otimes UV)^* Z (\mathbb{1}_{\mathcal{W}} \otimes UV) \right\|_1 \mathrm{d}\eta(U)$$
$$= \frac{1}{n^2} \sum_{k=1}^{n^2} \int \left\| (\mathbb{1}_{\mathcal{W}} \otimes U W_k V)^* Z (\mathbb{1}_{\mathcal{W}} \otimes U W_k V) \right\|_1 \mathrm{d}\eta(U)$$
$$= \frac{1}{n^2} \int \left\| \sum_{k=1}^{n^2} (\mathbb{1}_{\mathcal{W}} \otimes U W_k V)^* Z (\mathbb{1}_{\mathcal{W}} \otimes U W_k V) \otimes E_{k,k} \right\|_1 \mathrm{d}\eta(U) \tag{8.365}$$
$$= \frac{m}{n} \int \left\| (\mathbb{1}_{\mathrm{L}(\mathcal{W})} \otimes \Phi)((\mathbb{1}_{\mathcal{W}} \otimes U^*) Z (\mathbb{1}_{\mathcal{W}} \otimes U)) \right\|_1 \mathrm{d}\eta(U).$$

由于迹范数在信道的作用下是不增且酉不变的，所以有

$$\frac{m}{n} \int \left\| (\mathbb{1}_{\mathrm{L}(\mathcal{W})} \otimes \Phi)((\mathbb{1}_{\mathcal{W}} \otimes U^*) Z (\mathbb{1}_{\mathcal{W}} \otimes U)) \right\|_1 \mathrm{d}\eta(U)$$
$$\leqslant \frac{m}{n} \int \left\| (\mathbb{1}_{\mathcal{W}} \otimes U^*) Z (\mathbb{1}_{\mathcal{W}} \otimes U) \right\|_1 \mathrm{d}\eta(U) = \frac{m}{n} \| Z \|_1, \tag{8.366}$$

证毕.　　　　　　　　　　　　　　　　　　　　　　　　　　　　　　　　$\square$

8.2.2.4 量子容量定理

正如下面的定理证明的, 一个给定信道的纠缠生成容量的大小总是至少与通过该信道的完全混合态的相干信息的大小相同. 这一事实是证明量子容量定理的关键, 我们将在这个定理的推论中将这一事实中的完全混合态推广为任意的态.

定理 8.53 对复欧几里得空间 $\mathcal{X}$ 和 $\mathcal{Y}$, 令 $\Phi \in C(\mathcal{X}, \mathcal{Y})$ 为一个信道. Φ 的纠缠生成容量至少是通过 Φ 的完全混合态 $\omega \in D(\mathcal{X})$ 的相干信息:

$$I_C(\omega; \Phi) \leqslant Q_{EG}(\Phi). \tag{8.367}$$

证明 令 $\mathcal{W}$ 为一个使得

$$\dim(\mathcal{W}) = 2 \dim(\mathcal{X} \otimes \mathcal{Y}) \tag{8.368}$$

的复欧几里得空间, 令 $A \in U(\mathcal{X}, \mathcal{Y} \otimes \mathcal{W})$ 为一个使得

$$\Phi(X) = \text{Tr}_{\mathcal{W}}(AXA^*) \tag{8.369}$$

对所有的 $X \in L(\mathcal{X})$ 均成立的等距算子. 式 (8.368) 右边这一略不同寻常的因子 2 可以保证满足引理 8.51 所需的假设, 这在后面的证明中会有所提及. 对于所有的 $X \in L(\mathcal{X})$, 定义信道 $\Psi \in C(\mathcal{X}, \mathcal{W})$ 为

$$\Psi(X) = \text{Tr}_{\mathcal{Y}}(AXA^*), \tag{8.370}$$

从而 Ψ 互补于 Φ. 因此有

$$I_C(\omega; \Phi) = H(\Phi(\omega)) - H(\Psi(\omega)) \tag{8.371}$$

成立.

在 $I_C(\omega; \Phi) \leqslant 0$ 这一情况下该定理是没有意义的, 所以此后我们将假设 $I_C(\omega; \Phi)$ 是正的. 为了证明该定理, 我们只需说明每一个小于 $I_C(\omega; \Phi)$ 的正实数都是通过 Φ 的纠缠生成的可达率. 为了这一目标, 假设一个任选的且满足 $\alpha < I_C(\omega; \Phi)$ 的正实数 α 已固定, 并且选择 $\varepsilon > 0$ 为一个足够小从而满足不等式

$$\alpha < I_C(\omega; \Phi) - 2\varepsilon(H(\Phi(\omega)) + H(\Psi(\omega))) \tag{8.372}$$

的正实数. 本证明的其余部分将围绕证明 α 是通过 Φ 的纠缠生成的可达率展开.

考虑一个任意的正整数 $n \geqslant 1/\alpha$, 并且令 $m = \lfloor \alpha n \rfloor$. 此外, 令 $\Gamma = \{0, 1\}$ 表示二元字母表, 并且使 $\mathcal{Z} = \mathbb{C}^\Gamma$. 我们会考虑下面的任务, 该任务是在一个发送者和一个接收者之间通过信道 $\Phi^{\otimes n}$ 建立一个与最大纠缠态

$$2^{-m} \text{vec}(\mathbb{1}_{\mathcal{Z}}^{\otimes m}) \text{vec}(\mathbb{1}_{\mathcal{Z}}^{\otimes m})^* \tag{8.373}$$

有着高保真度的态. 由于注意到 $\mathrm{I_c}(\omega;\Phi)$ 至多为 $\log(\dim(\mathcal{X}))$, 所以 $\alpha < \log(\dim(\mathcal{X}))$, 这说明 $\dim(\mathcal{Z}^{\otimes m}) \leqslant \dim(\mathcal{X}^{\otimes n})$. 因为对于任意等距算子 $W \in \mathrm{U}(\mathcal{Z}^{\otimes m}, \mathcal{X}^{\otimes n})$ 和信道 $\Xi \in \mathrm{C}(\mathcal{Y}^{\otimes n}, \mathcal{Z}^{\otimes m})$, 态

$$2^{-m}\big(\Xi\Phi^{\otimes n} \otimes \mathbb{1}_{\mathrm{L}(\mathcal{Z})}^{\otimes m}\big)\big(\mathrm{vec}(W)\,\mathrm{vec}(W)^*\big) \tag{8.374}$$

可以通过信道 $\Phi^{\otimes n}$ 来建立, 所以我们可以考虑证明存在 Ξ 和 W 使得态 (8.373) 和态 (8.374) 之间的保真度很高.

这时, 令 $A_n \in \mathrm{U}(\mathcal{X}^{\otimes n}, \mathcal{Y}^{\otimes n} \otimes \mathcal{W}^{\otimes n})$ 为由对每个向量 $x_1, \cdots, x_n \in \mathcal{X}$、$y_1, \cdots, y_n \in \mathcal{Y}$ 及 $w_1, \cdots, w_n \in \mathcal{W}$ 都成立的等式

$$\begin{aligned}&\langle y_1 \otimes \cdots \otimes y_n \otimes w_1 \otimes \cdots \otimes w_n, A_n(x_1 \otimes \cdots \otimes x_n)\rangle \\ &= \langle y_1 \otimes w_1, Ax_1\rangle \cdots \langle y_n \otimes w_n, Ax_n\rangle\end{aligned} \tag{8.375}$$

所定义的等距算子会很有帮助. 实际上, A_n 等价于 $A^{\otimes n}$, 只是其输出空间的张量因子已被置换, 以至于输出空间变为 $\mathcal{Y}^{\otimes n} \otimes \mathcal{W}^{\otimes n}$ 而非 $(\mathcal{Y} \otimes \mathcal{W})^{\otimes n}$. 可以注意到对每个 $X \in \mathrm{L}(\mathcal{X}^{\otimes n})$, 有

$$\Phi^{\otimes n}(X) = \mathrm{Tr}_{\mathcal{W}^{\otimes n}}\big(A_n X A_n^*\big) \quad \text{和} \quad \Psi^{\otimes n}(X) = \mathrm{Tr}_{\mathcal{Y}^{\otimes n}}\big(A_n X A_n^*\big). \tag{8.376}$$

现在, 在解码信道 $\Xi \in \mathrm{C}(\mathcal{Y}^n, \mathcal{Z}^{\otimes m})$ 已为最优这一假设下, 引理 8.50 说明态 (8.373) 和态 (8.374) 之间的保真度由

$$\mathrm{F}\big(\rho, \mathrm{Tr}_{\mathcal{Z}^{\otimes m}}(\rho) \otimes \omega_{\mathcal{Z}}^{\otimes m}\big) \tag{8.377}$$

给出下界, 其中 $\rho \in \mathrm{D}(\mathcal{W}^{\otimes n} \otimes \mathcal{Z}^{\otimes m})$ 定义为

$$\rho = 2^{-m}\mathrm{Tr}_{\mathcal{Y}^{\otimes n}}\big(\mathrm{vec}(A_n W)\,\mathrm{vec}(A_n W)^*\big) \tag{8.378}$$

并且 $\omega_{\mathcal{Z}} \in \mathrm{D}(\mathcal{Z})$ 表示 $\mathcal{Z}$ 上的完全混合态.

我们将利用概率统计方法来证明在 n 足够大这一条件下, 使式 (8.377) 接近于 1 的等距算子 W 的存在. 特别地, 我们可以固定 $V \in \mathrm{U}(\mathcal{Z}^{\otimes m}, \mathcal{X}^{\otimes n})$ 为一个任意的等距算子, 并且使 $W = UV$, 其中 U 是关于 $\mathrm{U}(\mathcal{X}^{\otimes n})$ 上的 Haar 测度随机选择的. 下面的分析说明, 对于一个这样选择的算子 W, 我们期望对于足够大的 n, 式 (8.377) 可以接近于 1, 这也将证明使得这一命题为真的 W 的存在.

令 $k = \dim(\mathcal{X})$ 并且定义 $\xi \in \mathrm{D}(\mathcal{W}^{\otimes n} \otimes \mathcal{X}^{\otimes n})$ 为

$$\xi = \frac{1}{k^n}\mathrm{Tr}_{\mathcal{Y}^{\otimes n}}\big(\mathrm{vec}(A_n)\,\mathrm{vec}(A_n)^*\big). \tag{8.379}$$

此外对于每个酉算子 $U \in \mathrm{U}(\mathcal{X}^{\otimes n})$, 定义 $\rho_U \in \mathrm{D}(\mathcal{W}^{\otimes n} \otimes \mathcal{Z}^{\otimes m})$ 为

$$\rho_U = \frac{1}{2^m}\mathrm{Tr}_{\mathcal{Y}^{\otimes n}}\big(\mathrm{vec}(A_n UV)\,\mathrm{vec}(A_n UV)^*\big), \tag{8.380}$$

并且观察到

$$\rho_U = \frac{k^n}{2^m}\big(\mathbb{1}_{\mathcal{W}}^{\otimes n} \otimes V^{\intercal}U^{\intercal}\big)\xi\big(\mathbb{1}_{\mathcal{W}}^{\otimes n} \otimes V^{\intercal}U^{\intercal}\big)^*. \tag{8.381}$$

对于等距算子 $W = UV$，选择恰当的解码信道 Ξ，态 (8.373) 和态 (8.374) 之间的保真度由

$$\mathrm{F}\big(\rho_U\,,\,\mathrm{Tr}_{\mathcal{Z}^{\otimes m}}(\rho_U) \otimes \omega_{\mathcal{Z}}^{\otimes m}\big) \tag{8.382}$$

给出下界.

任意选定 $\Phi(\omega)$ 和 $\Psi(\omega)$ 的谱分解，令 $\Lambda_{n,\varepsilon} \in \mathrm{Proj}(\mathcal{Y}^{\otimes n})$ 和 $\Pi_{n,\varepsilon} \in \mathrm{Proj}(\mathcal{W}^{\otimes n})$ 为其相应到 $\mathcal{Y}^{\otimes n}$ 和 $\mathcal{W}^{\otimes n}$ 的 ε-强典型子空间上的投影算子. 我们可以观察到因为 $\varepsilon > 0$ 且 $\mathrm{rank}(\Psi(\omega)) \leqslant \dim(\mathcal{X} \otimes \mathcal{Y})$，所以有

$$\mathrm{rank}(\Pi_{n,\varepsilon}) \leqslant \frac{1}{2^n} \dim(\mathcal{W}^{\otimes n}) \leqslant \frac{1}{2} \dim(\mathcal{W}^{\otimes n}) \tag{8.383}$$

成立. 这是一个非常粗糙的界，尽管如此，为了利用引理 8.51，我们仍需要它，并且它还解释了式 (8.368) 中的因子 2.

根据引理 8.32，一定存在正实数 K 和 δ，它们都独立于 n 和 ε，并且在证明的余下部分我们假设它们是固定的，从而使得对于

$$\zeta_{n,\varepsilon} = K \exp(-\delta n \varepsilon^2), \tag{8.384}$$

我们有下列不等式:

$$\begin{aligned}
&\frac{1}{k^n} \big\langle \Lambda_{n,\varepsilon} \otimes \mathbb{1}_{\mathcal{W}}^{\otimes n} \otimes \mathbb{1}_{\mathcal{X}}^{\otimes n}, \mathrm{vec}(A_n) \mathrm{vec}(A_n)^* \big\rangle \\
&= \big\langle \Lambda_{n,\varepsilon}, (\Phi(\omega))^{\otimes n} \big\rangle \geqslant 1 - \frac{\zeta_{n,\varepsilon}}{2}, \\
&\frac{1}{k^n} \big\langle \mathbb{1}_{\mathcal{Y}}^{\otimes n} \otimes \Pi_{n,\varepsilon} \otimes \mathbb{1}_{\mathcal{X}}^{\otimes n}, \mathrm{vec}(A_n) \mathrm{vec}(A_n)^* \big\rangle \\
&= \big\langle \Pi_{n,\varepsilon}, (\Psi(\omega))^{\otimes n} \big\rangle \geqslant 1 - \frac{\zeta_{n,\varepsilon}}{2}.
\end{aligned} \tag{8.385}$$

于是有

$$\frac{1}{k^n} \big\langle \Lambda_{n,\varepsilon} \otimes \Pi_{n,\varepsilon} \otimes \mathbb{1}_{\mathcal{X}}^{\otimes n}, \mathrm{vec}(A_n) \mathrm{vec}(A_n)^* \big\rangle \geqslant 1 - \zeta_{n,\varepsilon} \tag{8.386}$$

成立，这等价于

$$\big\langle \Lambda_{n,\varepsilon} \otimes \Pi_{n,\varepsilon}, A_n A_n^* \big\rangle \geqslant (1 - \zeta_{n,\varepsilon}) \, k^n. \tag{8.387}$$

如果 n 足够大从而 $\zeta_{n,\varepsilon} < 1/4$，那么根据引理 8.51，存在一个等距算子 $B_n \in \mathrm{U}(\mathcal{X}^{\otimes n}, \mathcal{Y}^{\otimes n} \otimes \mathcal{W}^{\otimes n})$ 满足下面三个条件:

$$\begin{aligned}
&\big\| A_n - B_n \big\|_2 \leqslant 3 \zeta_{n,\varepsilon}^{1/4} \, k^{n/2}, \\
&\mathrm{Tr}_{\mathcal{W}^{\otimes n}}\big(B_n B_n^*\big) \leqslant 4 \Lambda_{n,\varepsilon} \, \mathrm{Tr}_{\mathcal{W}^{\otimes n}}\big(A_n A_n^*\big) \Lambda_{n,\varepsilon}, \\
&\mathrm{rank}\big(\mathrm{Tr}_{\mathcal{Y}^{\otimes n}}\big(B_n B_n^*\big)\big) \leqslant 2 \, \mathrm{rank}(\Pi_{n,\varepsilon}).
\end{aligned} \tag{8.388}$$

根据命题 8.33，第三个条件说明

$$\mathrm{rank}\big(\mathrm{Tr}_{\mathcal{Y}^{\otimes n}}\big(B_n B_n^*\big)\big) \leqslant 2^{n(1+\varepsilon)\,\mathrm{H}(\Psi(\omega))+1}. \tag{8.389}$$

利用第二个条件以及推论 8.31 和对于所有 $P \geqslant 0$ 都成立的不等式 $\operatorname{Tr}(P^2) \leqslant \lambda_1(P)\operatorname{Tr}(P)$，我们可以得到

$$
\begin{aligned}
&\operatorname{Tr}\left(\left(\frac{1}{k^n}\operatorname{Tr}_{\mathcal{W}^{\otimes n}}(B_n B_n^*)\right)^2\right)\\
&\leqslant \operatorname{Tr}\left(\left(\frac{4}{k^n}\Lambda_{n,\varepsilon}\operatorname{Tr}_{\mathcal{W}^{\otimes n}}(A_n A_n^*)\Lambda_{n,\varepsilon}\right)^2\right)\\
&= 16\operatorname{Tr}\left(\left(\Lambda_{n,\varepsilon}\Phi(\omega)^{\otimes n}\Lambda_{n,\varepsilon}\right)^2\right)\\
&\leqslant 2^{-n(1-\varepsilon)\operatorname{H}(\Phi(\omega))+4}.
\end{aligned}
\tag{8.390}
$$

最后，定义

$$
\sigma = \frac{1}{k^n}\operatorname{Tr}_{\mathcal{Y}^{\otimes n}}\left(\operatorname{vec}(B_n)\operatorname{vec}(B_n)^*\right),
\tag{8.391}
$$

并且对于每个 $U \in \mathrm{U}(\mathcal{X}^{\otimes n})$，定义

$$
\begin{aligned}
\tau_U &= \frac{1}{2^m}\operatorname{Tr}_{\mathcal{Y}^{\otimes n}}\left(\operatorname{vec}(B_n UV)\operatorname{vec}(B_n UV)^*\right)\\
&= \frac{k^n}{2^m}\left(\mathbb{1}_{\mathcal{W}}^{\otimes n}\otimes V^\mathsf{T}U^\mathsf{T}\right)\sigma\left(\mathbb{1}_{\mathcal{W}}^{\otimes n}\otimes V^\mathsf{T}U^\mathsf{T}\right)^*.
\end{aligned}
\tag{8.392}
$$

因为有

$$
\begin{aligned}
&\left\|\rho_U - \operatorname{Tr}_{\mathcal{Z}^{\otimes m}}(\rho_U)\otimes\omega_{\mathcal{Z}}^{\otimes m}\right\|_1\\
&\leqslant \left\|\rho_U - \tau_U\right\|_1 + \left\|\tau_U - \operatorname{Tr}_{\mathcal{Z}^{\otimes m}}(\tau_U)\otimes\omega_{\mathcal{Z}}^{\otimes m}\right\|_1\\
&\quad + \left\|\left(\operatorname{Tr}_{\mathcal{Z}^{\otimes m}}(\tau_U) - \operatorname{Tr}_{\mathcal{Z}^{\otimes m}}(\rho_U)\right)\otimes\omega_{\mathcal{Z}}^{\otimes m}\right\|_1\\
&\leqslant \left\|\tau_U - \operatorname{Tr}_{\mathcal{Z}^{\otimes m}}(\tau_U)\otimes\omega_{\mathcal{Z}}^{\otimes m}\right\|_1 + 2\left\|\rho_U - \tau_U\right\|_1
\end{aligned}
\tag{8.393}
$$

成立，所以我们只需考虑该不等式中最后一个表达式中的两项的平均值. 在考虑式 (8.393) 中最后一个表达式的第一项时，可以注意到

$$
\operatorname{im}(\tau_U) \subseteq \operatorname{im}\left(\operatorname{Tr}_{\mathcal{Z}^{\otimes m}}(\tau_U)\otimes\omega_{\mathcal{Z}}^{\otimes m}\right)
\tag{8.394}
$$

因此

$$
\begin{aligned}
\operatorname{rank}\left(\tau_U - \operatorname{Tr}_{\mathcal{Z}^{\otimes m}}(\tau_U)\otimes\omega_{\mathcal{Z}}^{\otimes m}\right) &\leqslant \operatorname{rank}\left(\operatorname{Tr}_{\mathcal{Z}^{\otimes m}}(\tau_U)\otimes\omega_{\mathcal{Z}}^{\otimes m}\right)\\
&\leqslant 2^m\operatorname{rank}\left(\operatorname{Tr}_{\mathcal{Y}^{\otimes n}}(B_n B_n^*)\right) \leqslant 2^{n(1+\varepsilon)\operatorname{H}(\Psi(\omega))+m+1}.
\end{aligned}
\tag{8.395}
$$

另外，我们还有

$$
\operatorname{Tr}(\sigma^2) = \operatorname{Tr}\left(\left(\frac{1}{k^n}\operatorname{Tr}_{\mathcal{W}^{\otimes n}}(B_n B_n^*)\right)^2\right) \leqslant 2^{-n(1-\varepsilon)\operatorname{H}(\Phi(\omega))+4}.
\tag{8.396}
$$

因此, 利用引理 8.49 可以得到

$$
\begin{aligned}
\int &\left\| \tau_U - \operatorname{Tr}_{\mathcal{Z}^{\otimes m}}(\tau_U) \otimes \omega_{\mathcal{Z}}^{\otimes m} \right\|_1^2 \mathrm{d}\eta(U) \\
&\leqslant 2^{n(1+\varepsilon)\,\mathrm{H}(\Psi(\omega))+m+1} \int \left\| \tau_U - \operatorname{Tr}_{\mathcal{Z}^{\otimes m}}(\tau_U) \otimes \omega_{\mathcal{Z}}^{\otimes m} \right\|_2^2 \mathrm{d}\eta(U) \\
&\leqslant 2^{n((1+\varepsilon)\,\mathrm{H}(\Psi(\omega))-(1-\varepsilon)\,\mathrm{H}(\Phi(\omega)))+m+5} \\
&= 2^{-n(\mathrm{I}_{\mathrm{c}}(\omega;\Phi)-2\varepsilon(\mathrm{H}(\Phi(\omega))+\mathrm{H}(\Psi(\omega))))+m+5}.
\end{aligned} \tag{8.397}
$$

根据假设 (8.372), 并且利用 $m = \lfloor \alpha n \rfloor$, 这个量在 n 趋于无穷的极限下趋近于 0. 因此 (根据 Jensen 不等式) 在 n 趋于无穷的极限下, 量

$$
\int \left\| \tau_U - \operatorname{Tr}_{\mathcal{Z}^{\otimes m}}(\tau_U) \otimes \omega_{\mathcal{Z}}^{\otimes m} \right\|_1 \mathrm{d}\eta(U) \tag{8.398}
$$

也趋近于 0. 式 (8.393) 的最后一个表达式中的第二项的平均值可以根据引理 8.52 得到如下上界:

$$
\begin{aligned}
\int &\left\| \rho_U - \tau_U \right\|_1 \mathrm{d}\eta(U) \\
&= \frac{k^n}{2^m} \int \left\| \left(\mathbb{1}_{\mathcal{W}^{\otimes n}} \otimes V^{\mathsf{T}} U^{\mathsf{T}} \right) (\xi - \sigma) \left(\mathbb{1}_{\mathcal{W}^{\otimes n}} \otimes V^{\mathsf{T}} U^{\mathsf{T}} \right)^* \right\|_1 \mathrm{d}\eta(U) \\
&\leqslant \| \xi - \sigma \|_1 \leqslant \frac{1}{k^n} \left\| \operatorname{vec}(A_n) \operatorname{vec}(A_n)^* - \operatorname{vec}(B_n) \operatorname{vec}(B_n)^* \right\|_1 \\
&\leqslant \frac{2}{k^{n/2}} \| A_n - B_n \|_2 \leqslant 6 \zeta_{n,\varepsilon}^{1/4}.
\end{aligned} \tag{8.399}
$$

同理, 在 n 趋近于无穷的极限下这个量趋近于 0. 所以 Φ 的纠缠生成容量至少为 α, 证毕.

$\square$

推论 8.54 令 $\mathcal{X}$ 和 $\mathcal{Y}$ 为复欧几里得空间, $\Phi \in \mathrm{C}(\mathcal{X}, \mathcal{Y})$ 为一个信道, 并且 $\sigma \in \mathrm{D}(\mathcal{X})$ 为一个密度算子. Φ 的量子容量由通过 Φ 的 σ 的相干信息确立下界:

$$
\mathrm{I}_{\mathrm{c}}(\sigma; \Phi) \leqslant \mathrm{Q}(\Phi). \tag{8.400}
$$

证明 首先观察到定理 8.53 的一个结果是对于每一个非平凡子空间 $\mathcal{V} \subseteq \mathcal{X}$, 有

$$
\mathrm{I}_{\mathrm{c}}(\omega_{\mathcal{V}}; \Phi) \leqslant \mathrm{Q}(\Phi), \tag{8.401}
$$

其中

$$
\omega_{\mathcal{V}} = \frac{\Pi_{\mathcal{V}}}{\dim(\mathcal{V})} \tag{8.402}
$$

是对应于子空间 $\mathcal{V}$ 的扁平态. 为了检验这一点, 令 $\mathcal{Z}$ 为任意使得 $\dim(\mathcal{Z}) = \dim(\mathcal{V})$ 的复欧几里得空间, 令 $V \in \mathrm{U}(\mathcal{Z}, \mathcal{X})$ 为一个等距算子使得 $VV^* = \Pi_{\mathcal{V}}$, 并且对于所有的 $Z \in \mathrm{L}(\mathcal{Z})$, 定义信道 $\Xi \in \mathrm{C}(\mathcal{Z}, \mathcal{Y})$ 为

$$
\Xi(Z) = \Phi(VZV^*). \tag{8.403}
$$

显然 $Q(\Xi) \leqslant Q(\Phi)$；由于信道 Φ 仿真了 Ξ，所以对于每一个正整数 n，$\Phi^{\otimes n}$ 仿真了每一个可以被 $\Xi^{\otimes n}$ 仿真的信道. 于是正如声称的那样我们有

$$Q(\Phi) \geqslant Q(\Xi) = Q_{\mathrm{EG}}(\Xi) \geqslant I_{\mathrm{C}}(\omega_{\mathcal{Z}}; \Xi)$$
$$= I_{\mathrm{C}}(V \omega_{\mathcal{Z}} V^*; \Phi) = I_{\mathrm{C}}(\omega_{\mathcal{V}}; \Phi). \tag{8.404}$$

现在，令 $A \in \mathrm{U}(\mathcal{X}, \mathcal{Y} \otimes \mathcal{W})$ 为一个使得

$$\Phi(X) = \mathrm{Tr}_{\mathcal{W}}(AXA^*) \tag{8.405}$$

在恰当的复欧几里得空间 $\mathcal{W}$ 上对所有 $X \in \mathrm{L}(\mathcal{X})$ 都成立的等距算子，并且对于所有的 $X \in \mathrm{L}(\mathcal{X})$，定义信道 $\Psi \in \mathrm{C}(\mathcal{X}, \mathcal{W})$ 为

$$\Psi(X) = \mathrm{Tr}_{\mathcal{Y}}(AXA^*). \tag{8.406}$$

因此 Ψ 互补于 Φ，从而

$$I_{\mathrm{C}}(\sigma; \Phi) = \mathrm{H}(\Phi(\sigma)) - \mathrm{H}(\Psi(\sigma)). \tag{8.407}$$

令

$$\sigma = \sum_{a \in \Sigma} p(a) x_a x_a^* \tag{8.408}$$

为 σ 的一个谱分解，并且对于每个正整数 n 和每个正实数 $\varepsilon > 0$，令

$$\omega_{n,\varepsilon} = \frac{\Lambda_{n,\varepsilon}}{\mathrm{Tr}(\Lambda_{n,\varepsilon})} \in \mathrm{D}(\mathcal{X}^{\otimes n}), \tag{8.409}$$

其中 $\Lambda_{n,\varepsilon}$ 表示关于谱分解 (8.408) 的到 $\mathcal{X}^{\otimes n}$ 的 ε-强典型子空间上的投影.

接下来，令 $\varepsilon > 0$ 为一个任选的正实数. 根据引理 8.36，一定存在一个正整数 n_0 使得对于所有的 $n \geqslant n_0$，我们有

$$\left| \frac{1}{n} \mathrm{H}\big(\Phi^{\otimes n}(\omega_{n,\varepsilon})\big) - \mathrm{H}(\Phi(\sigma)) \right| \leqslant (2\mathrm{H}(\sigma) + \mathrm{H}(\Phi(\sigma)) + 1)\varepsilon. \tag{8.410}$$

类似地，一定存在一个正整数 n_1 使得对于所有的 $n \geqslant n_1$，我们有

$$\left| \frac{1}{n} \mathrm{H}\big(\Psi^{\otimes n}(\omega_{n,\varepsilon})\big) - \mathrm{H}(\Psi(\sigma)) \right| \leqslant (2\mathrm{H}(\sigma) + \mathrm{H}(\Psi(\sigma)) + 1)\varepsilon. \tag{8.411}$$

因此，一定存在一个正整数 n 使得

$$\left| \frac{1}{n} I_{\mathrm{C}}\big(\omega_{n,\varepsilon}; \Phi^{\otimes n}\big) - I_{\mathrm{C}}(\sigma; \Phi) \right| \tag{8.412}$$
$$\leqslant (4\mathrm{H}(\sigma) + \mathrm{H}(\Phi(\sigma)) + \mathrm{H}(\Psi(\sigma)) + 2)\varepsilon.$$

根据该证明最初提出的论证，有

$$\frac{I_{\mathrm{C}}\big(\omega_{n,\varepsilon}; \Phi^{\otimes n}\big)}{n} \leqslant \frac{Q(\Phi^{\otimes n})}{n} = Q(\Phi) \tag{8.413}$$

成立, 因此

$$Q(\Phi) \geqslant I_C(\sigma; \Phi) - (4\,H(\sigma) + H(\Phi(\sigma)) + H(\Psi(\sigma)) + 2)\varepsilon. \tag{8.414}$$

由于我们已经选择的 ε 是一个任意的正实数, 所以有

$$Q(\Phi) \geqslant I_C(\sigma; \Phi), \tag{8.415}$$

证毕. $\qquad\qquad\qquad\qquad\qquad\qquad\qquad\qquad\qquad\qquad\qquad\qquad\qquad\qquad\square$

最后, 我们可以阐述并证明量子容量定理.

定理 8.55 (量子容量定理) 令 $\mathcal{X}$ 和 $\mathcal{Y}$ 为复欧几里得空间并且使 $\Phi \in C(\mathcal{X}, \mathcal{Y})$ 为一个信道. 有

$$Q(\Phi) = \lim_{n \to \infty} \frac{I_C(\Phi^{\otimes n})}{n} \tag{8.416}$$

成立.

证明 对于每一个正整数 n 和每一个密度算子 $\sigma \in D(\mathcal{X}^{\otimes n})$, 根据推论 8.54, 我们有

$$I_C(\sigma; \Phi^{\otimes n}) \leqslant Q(\Phi^{\otimes n}) = n\,Q(\Phi), \tag{8.417}$$

因此

$$\frac{I_C(\Phi^{\otimes n})}{n} \leqslant Q(\Phi). \tag{8.418}$$

由于如果 $Q(\Phi) = 0$ 成立, 那么该定理显然成立, 所以在证明的余下部分我们将假设 $Q(\Phi) > 0$.

假设 $\alpha > 0$ 是通过 Φ 的纠缠生成的可达率, 令 $\delta \in (0, 1)$ 为任选的, 并且设定 $\varepsilon = \delta^2/2$. 此外令 $\Gamma = \{0, 1\}$ 且 $\mathcal{Z} = \mathbb{C}^{\Gamma}$. 由于 α 是通过 Φ 的纠缠生成的可达率, 所以对除有限个以外的所有正整数 n 以及对于 $m = \lfloor \alpha n \rfloor$, 一定存在一个单位向量 $u \in \mathcal{X}^{\otimes n} \otimes \mathcal{Z}^{\otimes m}$ 和一个信道 $\Xi \in C(\mathcal{Y}^{\otimes n}, \mathcal{Z}^{\otimes m})$ 使得

$$F\Big(2^{-m} \operatorname{vec}(\mathbb{1}_{\mathcal{Z}}^{\otimes m}) \operatorname{vec}(\mathbb{1}_{\mathcal{Z}}^{\otimes m})^*, (\Xi\Phi^{\otimes n} \otimes \mathbb{1}_{L(\mathcal{Z})}^{\otimes m})(uu^*)\Big) > 1 - \varepsilon, \tag{8.419}$$

因此根据 Fuchs-van de Graaf 不等式 (定理 3.33) 之一, 有

$$\Big\| 2^{-m} \operatorname{vec}(\mathbb{1}_{\mathcal{Z}}^{\otimes m}) \operatorname{vec}(\mathbb{1}_{\mathcal{Z}}^{\otimes m})^* - (\Xi\Phi^{\otimes n} \otimes \mathbb{1}_{L(\mathcal{Z})}^{\otimes m})(uu^*) \Big\|_1 < 2\delta \tag{8.420}$$

成立. 对于任意使不等式 (8.420) 成立的单位向量 $u \in \mathcal{X}^{\otimes n} \otimes \mathcal{Z}^{\otimes m}$, 由 Fannes-Audenaert 不等式 (定理 5.26) 我们可以得出结论: 对于

$$\rho = \operatorname{Tr}_{\mathcal{Z}^{\otimes m}}(uu^*), \tag{8.421}$$

不等式

$$H\big((\Xi\Phi^{\otimes n} \otimes \mathbb{1}_{L(\mathcal{Z})}^{\otimes m})(uu^*)\big) \leqslant 2\delta m + 1 \tag{8.422}$$

和

$$m - \mathrm{H}\big(\Xi\Phi^{\otimes n}(\rho)\big) \leqslant \delta m + 1 \tag{8.423}$$

已被满足. 结合命题 8.15, 这些不等式说明

$$\mathrm{I_C}\big(\rho; \Phi^{\otimes n}\big) \geqslant \mathrm{I_C}\big(\rho; \Xi\Phi^{\otimes n}\big) \geqslant (1 - 3\delta)m - 2. \tag{8.424}$$

由于 $m = \lfloor \alpha n \rfloor \geqslant \alpha n - 1$, 所以有

$$\frac{\mathrm{I_C}\big(\rho; \Phi^{\otimes n}\big)}{n} \geqslant (1 - 3\delta)\alpha - \frac{3}{n}. \tag{8.425}$$

我们已经证明了对于通过 Φ 的纠缠生成的任意可达率 $\alpha > 0$ 以及对于任意 $\delta > 0$, 有

$$(1 - 3\delta)\alpha - \frac{3}{n} \leqslant \frac{\mathrm{I_C}\big(\rho; \Phi^{\otimes n}\big)}{n} \leqslant \mathrm{Q}(\Phi) \tag{8.426}$$

对于除有限多个以外的所有正整数 n 都成立. 因为 $\mathrm{Q}(\Phi)$ 等于通过 Φ 的纠缠生成的所有可达率的上确界, 并且可以选择 $\delta > 0$ 为任意小的, 所以我们可以得到所求的式 (8.416).   □

8.3   非可加性和超激发

一个量子信道的经典容量和量子容量的表达式由 Holevo 容量和最大相干信息的正则化所给出,

$$\mathrm{C}(\Phi) = \lim_{n \to \infty} \frac{\chi(\Phi^{\otimes n})}{n} \quad 和 \quad \mathrm{Q}(\Psi) = \lim_{n \to \infty} \frac{\mathrm{I_C}(\Psi^{\otimes n})}{n}, \tag{8.427}$$

正如 Holevo-Schumacher-Westmoreland 定理和量子容量定理 (定理 8.27 和 8.55) 所确立的那样. 通常来说, 这些公式的非正则化的类似公式并不成立. 特别地, 严格不等式

$$\chi(\Phi \otimes \Phi) > 2\chi(\Phi) \quad 和 \quad \mathrm{I_C}(\Psi \otimes \Psi) > 2\mathrm{I_C}(\Psi) \tag{8.428}$$

对于恰当选择的信道 Φ 和 Ψ 成立, 这将在下面的小节中有所阐述. 这些例子解释了 Holevo 容量并不直接与经典容量一致, 最大相干信息和量子容量也是如此.

关于 Holevo 容量, 严格不等式对于式 (8.428) 中的某些信道 Φ 成立这一事实将在 8.3.1 节中通过使用定理 7.49 加以说明. 这样的信道的存在远非显而易见, 并且在本书撰写时没有已知的明确示例——只有这种信道的存在是已知的. 现在已被证伪的猜想, 即等式

$$\chi(\Phi_0 \otimes \Phi_1) = \chi(\Phi_0) + \chi(\Phi_1) \tag{8.429}$$

应对所有的信道 Φ_0 和 Φ_1 成立, 曾被称为可加性猜想.

相反, 想要找一个信道 Ψ 使式 (8.428) 中的严格不等式成立的例子并不困难. 事实上, 存在信道超出最大相干信息的非可加性的惊人例子. 特别地, 我们可以找到信道 Ψ_0 和 Ψ_1 使得二者的量子容量均为零, 从而

$$\mathrm{I_C}(\Psi_0) = \mathrm{I_C}(\Psi_1) = 0, \tag{8.430}$$

但是

$$I_C(\Psi_0 \otimes \Psi_1) > 0, \tag{8.431}$$

因此 $\Psi_0 \otimes \Psi_1$ 有着非零的量子容量. 这一现象称为**超激发**, 将在 8.3.2 节中进行讨论. 选择这样的信道 Ψ_0 和 Ψ_1, 可以构造使严格不等式 (8.428) 成立的信道 Ψ.

8.3.1 Holevo 容量的非可加性

我们将在下面说明存在一个信道 Φ 使

$$\chi(\Phi \otimes \Phi) > 2\chi(\Phi) \tag{8.432}$$

这一事实. 该证明利用了定理 7.49, 以及两个基本想法: 一个关于两个信道的直和, 另一个是构造一个信道使其 Holevo 容量能与给定信道的最小输出熵关联起来.

8.3.1.1 信道和其最小输出熵的直和

两个映射的直和定义如下 (我们也可以考虑超过两个映射的直和, 但是对于本节而言, 我们只需考虑两种映射的情况).

定义 8.56　令 $\mathcal{X}_0$、$\mathcal{X}_1$、$\mathcal{Y}_0$ 和 $\mathcal{Y}_1$ 为复欧几里得空间, 并且设 $\Phi_0 \in \mathrm{T}(\mathcal{X}_0, \mathcal{Y}_0)$ 和 $\Phi_1 \in \mathrm{T}(\mathcal{X}_1, \mathcal{Y}_1)$ 为映射. Φ_0 和 Φ_1 的**直和**定义为使

$$(\Phi_0 \oplus \Phi_1) \begin{pmatrix} X_0 & \cdot \\ \cdot & X_1 \end{pmatrix} = \begin{pmatrix} \Phi_0(X_0) & 0 \\ 0 & \Phi_1(X_1) \end{pmatrix} \tag{8.433}$$

对每个 $X_0 \in \mathrm{L}(\mathcal{X}_0)$ 和 $X_1 \in \mathrm{L}(\mathcal{X}_1)$ 均成立的映射 $\Phi_0 \oplus \Phi_1 \in \mathrm{T}(\mathcal{X}_0 \oplus \mathcal{X}_1, \mathcal{Y}_0 \oplus \mathcal{Y}_1)$. 式 (8.433) 中的点表示 $\mathrm{L}(\mathcal{X}_1, \mathcal{X}_0)$ 和 $\mathrm{L}(\mathcal{X}_0, \mathcal{X}_1)$ 中的任意算子, 这些算子对于映射 $\Phi_0 \oplus \Phi_1$ 的输出没有任何影响.

两个信道的直和也是一个信道, 这可直接由下面的命题来证明.

命题 8.57　令 $\mathcal{X}_0$、$\mathcal{X}_1$、$\mathcal{Y}_0$ 和 $\mathcal{Y}_1$ 为复欧几里得空间, 并且设 $\Phi_0 \in \mathrm{C}(\mathcal{X}_0, \mathcal{Y}_0)$ 和 $\Phi_1 \in \mathrm{C}(\mathcal{X}_1, \mathcal{Y}_1)$ 为信道. 则 Φ_0 和 Φ_1 的直和是一个信道: $\Phi_0 \oplus \Phi_1 \in \mathrm{C}(\mathcal{X}_0 \oplus \mathcal{X}_1, \mathcal{Y}_0 \oplus \mathcal{Y}_1)$.

证明　因为由 Φ_0 和 Φ_1 的直和的定义我们即可得到 $\Phi_0 \oplus \Phi_1$ 是保迹的, 所以我们只需证明 $\Phi_0 \oplus \Phi_1$ 是全正的. 因为 Φ_0 和 Φ_1 是全正的, 所以其如下形式的 Kraus 表示

$$\Phi_0(X_0) = \sum_{a \in \Sigma} A_a X_0 A_a^* \quad \text{和} \quad \Phi_1(X_1) = \sum_{b \in \Gamma} B_b X_1 B_b^* \tag{8.434}$$

一定存在. 通过直接的计算, 我们可以验证

$$(\Phi_0 \oplus \Phi_1)(X) = \sum_{a \in \Sigma} \begin{pmatrix} A_a & 0 \\ 0 & 0 \end{pmatrix} X \begin{pmatrix} A_a & 0 \\ 0 & 0 \end{pmatrix}^* \\ + \sum_{b \in \Gamma} \begin{pmatrix} 0 & 0 \\ 0 & B_b \end{pmatrix} X \begin{pmatrix} 0 & 0 \\ 0 & B_b \end{pmatrix}^* \tag{8.435}$$

对于所有的 $X \in \mathrm{L}(\mathcal{X}_0 \oplus \mathcal{X}_1)$ 都成立. 从而我们有 $\Phi_0 \oplus \Phi_1$ 是全正的, 即为所求. □

根据定理 7.49, 存在信道 Φ_0 和 Φ_1 使得

$$\mathrm{H}_{\min}(\Phi_0 \otimes \Phi_1) < \mathrm{H}_{\min}(\Phi_0) + \mathrm{H}_{\min}(\Phi_1). \tag{8.436}$$

由该事实可以得到一个单独的信道 Φ 使得

$$\mathrm{H}_{\min}(\Phi \otimes \Phi) < 2\,\mathrm{H}_{\min}(\Phi). \tag{8.437}$$

下面的 (对定理 7.49 的) 推论证明的确如此.

推论 8.58 对于选定的某些复欧几里得空间 $\mathcal{X}$ 和 $\mathcal{Y}$, 存在一个信道 $\Phi \in \mathrm{C}(\mathcal{X}, \mathcal{Y})$, 使得

$$\mathrm{H}_{\min}(\Phi \otimes \Phi) < 2\,\mathrm{H}_{\min}(\Phi). \tag{8.438}$$

证明 根据定理 7.49, 存在复欧几里得空间 $\mathcal{Z}$ 和 $\mathcal{W}$ 以及信道 $\Psi_0, \Psi_1 \in \mathrm{C}(\mathcal{Z}, \mathcal{W})$ 使得

$$\mathrm{H}_{\min}(\Psi_0 \otimes \Psi_1) < \mathrm{H}_{\min}(\Psi_0) + \mathrm{H}_{\min}(\Psi_1). \tag{8.439}$$

假设这样选择的信道在证明的其余部分已经固定.

令 $\sigma_0, \sigma_1 \in \mathrm{D}(\mathcal{Z})$ 为满足

$$\mathrm{H}(\Psi_0(\sigma_0)) = \mathrm{H}_{\min}(\Psi_0) \quad \text{和} \quad \mathrm{H}(\Psi_1(\sigma_1)) = \mathrm{H}_{\min}(\Psi_1) \tag{8.440}$$

的密度算子, 并且对于所有的 $Z \in \mathrm{L}(\mathcal{Z})$, 定义信道 $\Phi_0, \Phi_1 \in \mathrm{C}(\mathcal{Z}, \mathcal{W} \otimes \mathcal{W})$ 为

$$\Phi_0(Z) = \Psi_0(Z) \otimes \Psi_1(\sigma_1) \quad \text{和} \quad \Phi_1(Z) = \Psi_0(\sigma_0) \otimes \Psi_1(Z). \tag{8.441}$$

可以观察到

$$\mathrm{H}_{\min}(\Phi_0) = \mathrm{H}_{\min}(\Psi_0) + \mathrm{H}_{\min}(\Psi_1) = \mathrm{H}_{\min}(\Phi_1) \tag{8.442}$$

且

$$\begin{aligned}
\mathrm{H}_{\min}(\Phi_0 \otimes \Phi_1) &= \mathrm{H}_{\min}(\Psi_0 \otimes \Psi_1) + \mathrm{H}_{\min}(\Psi_0) + \mathrm{H}_{\min}(\Psi_1) \\
&< 2\,\mathrm{H}_{\min}(\Psi_0) + 2\,\mathrm{H}_{\min}(\Psi_0) = \mathrm{H}_{\min}(\Phi_0) + \mathrm{H}_{\min}(\Phi_1).
\end{aligned} \tag{8.443}$$

最后, 令 $\mathcal{X} = \mathcal{Z} \oplus \mathcal{Z}$ 且 $\mathcal{Y} = (\mathcal{W} \otimes \mathcal{W}) \oplus (\mathcal{W} \otimes \mathcal{W})$, 并且定义 $\Phi \in \mathrm{C}(\mathcal{X}, \mathcal{Y})$ 为

$$\Phi = \Phi_0 \oplus \Phi_1. \tag{8.444}$$

我们只需验证 $\mathrm{H}_{\min}(\Phi \otimes \Phi) < 2\,\mathrm{H}_{\min}(\Phi)$.

对于任意态 $\rho \in \mathrm{D}(\mathcal{Z} \oplus \mathcal{Z})$, 通过选定的某些 $\lambda \in [0,1]$、$\rho_0, \rho_1 \in \mathrm{D}(\mathcal{Z})$ 和 $Z \in \mathrm{L}(\mathcal{Z})$, 我们可以将其写成

$$\rho = \begin{pmatrix} \lambda\rho_0 & Z \\ Z^* & (1-\lambda)\rho_1 \end{pmatrix}. \tag{8.445}$$

通过计算作用到这样一个态 ρ 上的 Φ 可以得到

$$\Phi(\rho) = \begin{pmatrix} \lambda\Phi_0(\rho_0) & 0 \\ 0 & (1-\lambda)\Phi_1(\rho_1) \end{pmatrix}, \tag{8.446}$$

从而

$$\mathrm{H}(\Phi(\rho)) = \lambda\,\mathrm{H}(\Phi_0(\rho_0)) + (1-\lambda)\,\mathrm{H}(\Phi_1(\rho_1)) + \mathrm{H}(\lambda, 1-\lambda). \tag{8.447}$$

我们可以得到结论:

$$\mathrm{H}_{\min}(\Phi) = \mathrm{H}_{\min}(\Phi_0) = \mathrm{H}_{\min}(\Phi_1). \tag{8.448}$$

最后, 根据对于所有 $z_0, z_1 \in \mathcal{Z}$ 都成立的等式

$$V(z_0 \otimes z_1) = (z_0 \oplus 0) \otimes (0 \oplus z_1) \tag{8.449}$$

定义等距算子 $V \in \mathrm{U}(\mathcal{Z} \otimes \mathcal{Z}, (\mathcal{Z} \oplus \mathcal{Z}) \otimes (\mathcal{Z} \oplus \mathcal{Z}))$. 因此, 对每个算子 $Z_0, Z_1 \in \mathrm{L}(\mathcal{Z})$, 有

$$V(Z_0 \otimes Z_1)V^* = \begin{pmatrix} Z_0 & 0 \\ 0 & 0 \end{pmatrix} \otimes \begin{pmatrix} 0 & 0 \\ 0 & Z_1 \end{pmatrix} \tag{8.450}$$

成立, 从而

$$(\Phi \otimes \Phi)\big(V(Z_0 \otimes Z_1)V^*\big) = \begin{pmatrix} \Phi_0(Z_0) & 0 \\ 0 & 0 \end{pmatrix} \otimes \begin{pmatrix} 0 & 0 \\ 0 & \Phi_1(Z_1) \end{pmatrix}. \tag{8.451}$$

我们可以得到结论, 即对于每一个密度算子 $\xi \in \mathrm{D}(\mathcal{Z} \otimes \mathcal{Z})$, 有

$$\mathrm{H}\big((\Phi \otimes \Phi)(V\xi V^*)\big) = \mathrm{H}\big((\Phi_0 \otimes \Phi_1)(\xi)\big) \tag{8.452}$$

成立, 因此

$$\mathrm{H}_{\min}(\Phi \otimes \Phi) \leqslant \mathrm{H}_{\min}(\Phi_0 \otimes \Phi_1) < \mathrm{H}_{\min}(\Phi_0) + \mathrm{H}_{\min}(\Phi_1) = 2\,\mathrm{H}_{\min}(\Phi), \tag{8.453}$$

即为所求. $\qquad\qquad\square$

8.3.1.2 从低的最小输出熵到高的 Holevo 容量

下面将描述的构造允许我们得到结论: 存在一个信道 Ψ 使 Holevo 容量是超可加的, 依据推论 8.58, 这意味着

$$\chi(\Psi \otimes \Psi) > 2\chi(\Psi) \tag{8.454}$$

成立.

假设 $\mathcal{X}$ 和 $\mathcal{Y}$ 是复欧几里得空间且 $\Phi \in \mathrm{C}(\mathcal{X}, \mathcal{Y})$ 是一个任意信道. 我们进一步假设 Σ 是一个字母表且

$$\{U_a : a \in \Sigma\} \subset \mathrm{U}(\mathcal{Y}) \tag{8.455}$$

是一个有着如下性质的酉算子集合: 对于所有的 $Y \in \mathrm{L}(\mathcal{Y})$, 完全失相信道 $\Omega \in \mathrm{C}(\mathcal{Y})$ 由

$$\Omega(Y) = \frac{1}{|\Sigma|} \sum_{a \in \Sigma} U_a Y U_a^* \tag{8.456}$$

给出 (举例来说, 这样的一个集合可以由 4.1.2 节定义的离散 Weyl 算子推导得到). 令 $\mathcal{Z} = \mathbb{C}^\Sigma$ 并且根据对于所有 $a, b \in \Sigma$ 和 $X \in \mathrm{L}(\mathcal{X})$ 都成立的等式

$$\Psi(E_{a,b} \otimes X) = \begin{cases} U_a \Phi(X) U_a^* & a = b \\ 0 & \text{其他} \end{cases} \tag{8.457}$$

定义一个新的信道 $\Psi \in \mathrm{C}(\mathcal{Z} \otimes \mathcal{X}, \mathcal{Y})$.

也可以对信道 Ψ 的作用进行如下表述. 我们将一对寄存器 (Z, X) 看成输入, 并且对寄存器 Z 施加关于 $\mathcal{Z}$ 的标准基的测量, 从而得到符号 $a \in \Sigma$. 接下来将信道 Φ 应用到 X 上, 其目标寄存器为 Y, 并且将由 U_a 所描述的酉信道应用到 Y 上. 我们舍弃测量结果 a 并取 Y 为信道的输出.

正如下面的命题所展示的, 用这个方式所构造的信道 Ψ 的 Holevo 容量由信道 Φ 的最小输出熵所确定.

命题 8.59 对于复欧几里得空间 $\mathcal{X}$ 和 $\mathcal{Y}$, 令 $\Phi \in \mathrm{C}(\mathcal{X}, \mathcal{Y})$ 为一个信道, 令 Σ 为一个字母表, $\{U_a : a \in \Sigma\} \subset \mathrm{U}(\mathcal{Y})$ 为一个使式 (8.456) 对于所有的 $Y \in \mathrm{L}(\mathcal{Y})$ 都成立的酉算子的集合, 令 $\mathcal{Z} = \mathbb{C}^\Sigma$, 并且使 $\Psi \in \mathrm{C}(\mathcal{Z} \otimes \mathcal{X}, \mathcal{Y})$ 为一个由对于所有的 $a, b \in \Sigma$ 和 $X \in \mathrm{L}(\mathcal{X})$ 都成立的式 (8.457) 所定义的信道. 有

$$\chi(\Psi) = \log(\dim(\mathcal{Y})) - \mathrm{H}_{\min}(\Phi) \tag{8.458}$$

成立.

证明 首先, 考虑对于所有的 $a \in \Sigma$ 定义为

$$\eta(a) = \frac{1}{|\Sigma|} E_{a,a} \otimes \rho \tag{8.459}$$

的系综 $\eta : \Sigma \to \mathrm{Pos}(\mathcal{Z} \otimes \mathcal{X})$, 其中 $\rho \in \mathrm{D}(\mathcal{X})$ 是任意使

$$\mathrm{H}_{\min}(\Phi) = \mathrm{H}(\Phi(\rho)) \tag{8.460}$$

成立的态 $\rho \in \mathrm{D}(\mathcal{X})$. 我们有

$$\begin{aligned} \chi(\Psi(\eta)) &= \mathrm{H}\left(\frac{1}{|\Sigma|} \sum_{a \in \Sigma} U_a \Phi(\rho) U_a^*\right) - \frac{1}{|\Sigma|} \sum_{a \in \Sigma} \mathrm{H}\left(U_a \Phi(\rho) U_a^*\right) \\ &= \mathrm{H}(\Omega(\rho)) - \mathrm{H}(\Phi(\rho)) \\ &= \log(\dim(\mathcal{Y})) - \mathrm{H}_{\min}(\Phi). \end{aligned} \tag{8.461}$$

因此, 有

$$\chi(\Psi) \geqslant \log(\dim(\mathcal{Y})) - \mathrm{H}_{\min}(\Phi) \tag{8.462}$$

成立.

接下来, 考虑任意一个态 $\sigma \in \mathrm{D}(\mathcal{Z} \otimes \mathcal{X})$. 对于表示完全失相信道的 $\Delta \in \mathrm{C}(\mathcal{Z})$, 我们可以写出

$$\big(\Delta \otimes \mathbb{1}_{\mathrm{L}(\mathcal{X})}\big)(\sigma) = \sum_{a \in \Sigma} q(a) E_{a,a} \otimes \xi_a, \tag{8.463}$$

这一定义对于选定的某些概率向量 $q \in \mathcal{P}(\Sigma)$ 和态集合

$$\{\xi_a : a \in \Sigma\} \subseteq \mathrm{D}(\mathcal{X}) \tag{8.464}$$

成立. 因为有

$$\Psi(\sigma) = \sum_{a \in \Sigma} q(a) U_a \Phi(\xi_a) U_a^* \tag{8.465}$$

成立, 所以根据 von Neumann 熵函数的凹性 (定理 5.23),

$$\mathrm{H}(\Psi(\sigma)) \geqslant \sum_{a \in \Sigma} q(a)\, \mathrm{H}\big(\Phi(\xi_a)\big) \geqslant \mathrm{H}_{\min}(\Phi) \tag{8.466}$$

成立.

最后, 考虑任意一个系综 $\eta : \Gamma \to \mathrm{Pos}(\mathcal{Z} \otimes \mathcal{X})$, 对于每个 $b \in \Gamma$, 它可以写为

$$\eta(b) = p(b)\sigma_b, \tag{8.467}$$

其中 $p \in \mathcal{P}(\Gamma)$ 为一个概率向量且

$$\{\sigma_b : b \in \Gamma\} \subseteq \mathrm{D}(\mathcal{Z} \otimes \mathcal{X}) \tag{8.468}$$

为一组态集合. 有

$$\chi(\Psi(\eta)) = \mathrm{H}\left(\sum_{b \in \Gamma} p(b)\Psi(\sigma_b)\right) - \sum_{b \in \Gamma} p(b)\, \mathrm{H}(\Psi(\sigma_b))$$
$$\leqslant \log(\dim(\mathcal{Y})) - \mathrm{H}_{\min}(\Phi) \tag{8.469}$$

成立. 由于系综 η 是任选的, 所以

$$\chi(\Psi) \leqslant \log(\dim(\mathcal{Y})) - \mathrm{H}_{\min}(\Phi), \tag{8.470}$$

证毕. $\qquad\square$

定理 8.60 对某些复欧几里得空间 $\mathcal{W}$ 和 $\mathcal{Y}$, 存在一个信道 $\Psi \in \mathrm{C}(\mathcal{W}, \mathcal{Y})$, 使得

$$\chi(\Psi \otimes \Psi) > 2\chi(\Psi). \tag{8.471}$$

证明   根据推论 8.58，存在复欧几里得空间 $\mathcal{X}$ 和 $\mathcal{Y}$ 以及信道 $\Phi \in \mathrm{C}(\mathcal{X}, \mathcal{Y})$ 使不等式

$$\mathrm{H}_{\min}(\Phi \otimes \Phi) < 2\,\mathrm{H}_{\min}(\Phi) \tag{8.472}$$

成立. 令 Σ 为一个字母表, 以及

$$\{U_a : a \in \Sigma\} \subset \mathrm{U}(\mathcal{Y}) \tag{8.473}$$

为一组使

$$\Omega(Y) = \frac{1}{|\Sigma|} \sum_{a \in \Sigma} U_a Y U_a^* \tag{8.474}$$

对于所有 $Y \in \mathrm{L}(\mathcal{Y})$ 都成立的酉算子的集合. 此外令 $\mathcal{Z} = \mathbb{C}^{\Sigma}$ 并且令 $\Psi \in \mathrm{C}(\mathcal{Z} \otimes \mathcal{X}, \mathcal{Y})$ 为由对所有 $a, b \in \Sigma$ 和 $X \in \mathrm{L}(\mathcal{X})$ 都成立的式 (8.457) 定义的信道.

在至多为其输入空间上的张量因子的一次置换的意义下, $\Psi \otimes \Psi$ 等价于将信道 $\Phi \otimes \Phi$ 利用酉算子的集合

$$\{U_a \otimes U_b : (a, b) \in \Sigma \times \Sigma\} \subset \mathrm{U}(\mathcal{Y} \otimes \mathcal{Y}) \tag{8.475}$$

进行类似构造所得到的信道 $\Xi \in \mathrm{C}((\mathcal{Z} \otimes \mathcal{Z}) \otimes (\mathcal{X} \otimes \mathcal{X}), \mathcal{Y} \otimes \mathcal{Y})$.

所以由命题 8.59 可得

$$\chi(\Psi) = \log(\dim(\mathcal{Y})) - \mathrm{H}_{\min}(\Phi), \tag{8.476}$$

同时

$$\chi(\Psi \otimes \Psi) = \log(\dim(\mathcal{Y} \otimes \mathcal{Y})) - \mathrm{H}_{\min}(\Phi \otimes \Phi) > 2\chi(\Psi). \tag{8.477}$$

取 $\mathcal{W} = \mathcal{Z} \otimes \mathcal{X}$, 便可证明该定理. □

这一定理的一个推论是, 与 Holevo-Schumacher-Westmoreland 定理 (定理 8.27) 类似但未经正则化的论断通常来说并不成立. 也就是说, 因为

$$\mathrm{C}(\Phi) \geqslant \frac{\chi(\Phi \otimes \Phi)}{2}, \tag{8.478}$$

所以 $\mathrm{C}(\Phi) > \chi(\Phi)$ 对于选择的某些信道 Φ 成立.

8.3.2   量子信道容量的超激发

本节的目的是阐明超激发现象, 在这一现象中两个零容量信道的张量积有着正量子容量. 作为一个副产物, 我们可以得到满足 $\mathrm{I}_{\mathrm{c}}(\Psi \otimes \Psi) > 2\mathrm{I}_{\mathrm{c}}(\Psi)$ 的信道 Ψ 的一个例子.

8.3.2.1   两类零容量信道

我们可以证明某类信道有着零量子容量. 自补信道和其 Choi 算子是 PPT 的信道都属于这一类信道. 下面的命题证明了其 Choi 算子是 PPT 的信道一定有着零容量.

命题 8.61   对于复欧几里得空间 $\mathcal{X}$ 和 $\mathcal{Y}$, 令 $\Phi \in \mathrm{C}(\mathcal{X}, \mathcal{Y})$ 为一个信道, 使得 $J(\Phi) \in \mathrm{PPT}(\mathcal{Y} : \mathcal{X})$. 则有 $\mathrm{Q}(\Phi) = 0$ 成立.

证明　证明的第一步是证明对于每个复欧几里得空间 $\mathcal{W}$ 和态 $\rho \in D(\mathcal{X} \otimes \mathcal{W})$，我们有

$$(\Phi \otimes \mathbb{1}_{L(\mathcal{W})})(\rho) \in \text{PPT}(\mathcal{Y} : \mathcal{W}). \tag{8.479}$$

为了这一目标，观察到对于任选的复欧几里得空间 $\mathcal{W}$ 和半正定算子 $P \in \text{Pos}(\mathcal{X} \otimes \mathcal{W})$，一定存在一个全正映射 $\Psi_P \in \text{CP}(\mathcal{X}, \mathcal{W})$ 满足

$$P = (\mathbb{1}_{L(\mathcal{X})} \otimes \Psi_P)(\text{vec}(\mathbb{1}_{\mathcal{X}}) \text{vec}(\mathbb{1}_{\mathcal{X}})^*). \tag{8.480}$$

事实上，映射 Ψ_P 是由这一要求所唯一确定的；我们可以通过交换 P 的张量因子得到它的 Choi 表示. 所以，对于任意复欧几里得空间 $\mathcal{W}$ 和任意态 $\rho \in D(\mathcal{X} \otimes \mathcal{W})$，我们一定有

$$\begin{aligned}
&(\text{T} \otimes \mathbb{1}_{L(\mathcal{W})})((\Phi \otimes \mathbb{1}_{L(\mathcal{W})})(\rho)) \\
&= (\mathbb{1}_{L(\mathcal{Y})} \otimes \Psi_\rho)((\text{T} \otimes \mathbb{1}_{L(\mathcal{X})})(J(\Phi))) \in \text{Pos}(\mathcal{Y} : \mathcal{W}),
\end{aligned} \tag{8.481}$$

这是根据 Ψ_ρ 是全正的且 $J(\Phi) \in \text{PPT}(\mathcal{Y} : \mathcal{X})$ 这一事实，同时我们也证明了式 (8.479).

由于 $J(\Phi) \in \text{PPT}(\mathcal{Y} : \mathcal{X})$，所以有

$$J(\Phi^{\otimes n}) \in \text{PPT}(\mathcal{Y}^{\otimes n} : \mathcal{X}^{\otimes n}) \tag{8.482}$$

对于每一个正整数 n 都成立. 因此，对每个正整数 n 和 m，对于 $\mathcal{Z} = \mathbb{C}^\Gamma$ (这里 $\Gamma = \{0,1\}$)，并且对于任意信道 $\Xi \in \text{C}(\mathcal{Y}^{\otimes n}, \mathcal{Z}^{\otimes m})$，有

$$(\Xi\Phi^{\otimes n} \otimes \mathbb{1}_{L(\mathcal{Z})}^{\otimes m})(\rho) \in \text{PPT}(\mathcal{Z}^{\otimes m} : \mathcal{Z}^{\otimes m}) \tag{8.483}$$

对于每一个态 $\rho \in D(\mathcal{X}^{\otimes n} \otimes \mathcal{Z}^{\otimes m})$ 都成立. 所以，根据命题 6.42，我们有

$$\text{F}\left(2^{-m} \text{vec}(\mathbb{1}_{\mathcal{Z}}^{\otimes m}) \text{vec}(\mathbb{1}_{\mathcal{Z}}^{\otimes m})^*, (\Xi\Phi^{\otimes n} \otimes \mathbb{1}_{L(\mathcal{Z})}^{\otimes m})(\rho)\right) \leqslant 2^{-m/2}. \tag{8.484}$$

对每个正实数 $\alpha > 0$，α 一定不是通过 Φ 进行的纠缠生成的可达率. 因此，Φ 对于纠缠生成有着零容量，根据定理 8.46，这说明 $\text{Q}(\Phi) = 0$. $\square$

上面提到的有着零量子容量的第二类信道是自补信道. 它们是使得存在一个等距算子 $A \in \text{U}(\mathcal{X}, \mathcal{Y} \otimes \mathcal{Y})$ 使

$$\Phi(X) = (\mathbb{1}_{L(\mathcal{Y})} \otimes \text{Tr})(AXA^*) = (\text{Tr} \otimes \mathbb{1}_{L(\mathcal{Y})})(AXA^*) \tag{8.485}$$

对于每一个 $X \in \text{L}(\mathcal{X})$ 都成立的信道 $\Phi \in \text{C}(\mathcal{X}, \mathcal{Y})$. 根据命题 8.17，通过自补信道 Φ 的每个态 $\sigma \in D(\mathcal{X})$ 的相干信息都必须为零：

$$\text{I}_\text{C}(\sigma; \Phi) = \text{H}(\Phi(\sigma)) - \text{H}(\Phi(\sigma)) = 0. \tag{8.486}$$

因为一个自补信道的每一个张量幂都必然是自补的，所以量子容量定理 (定理 8.55) 说明自补信道有着零量子容量. 下面的命题说明了这一观察的更一般的变体.

命题 8.62 对于复欧几里得空间 $\mathcal{X}$、$\mathcal{Y}$ 和 $\mathcal{Z}$，令 $\Phi \in C(\mathcal{X}, \mathcal{Y})$ 和 $\Psi \in C(\mathcal{X}, \mathcal{Z})$ 为互补信道，并且假设存在一个信道 $\Xi \in C(\mathcal{Z}, \mathcal{Y})$ 使得 $\Phi = \Xi\Psi$. 则 Φ 有着零量子容量：$Q(\Phi) = 0$.

证明 令 n 为正整数，并且令 $\sigma \in D(\mathcal{X}^{\otimes n})$ 为一个态. 根据命题 8.15，我们有

$$I_C(\sigma; \Phi^{\otimes n}) = I_C(\sigma; \Xi^{\otimes n}\Psi^{\otimes n}) \leqslant I_C(\sigma; \Psi^{\otimes n}). \tag{8.487}$$

因为 Ψ 互补于 Φ，所以 $\Psi^{\otimes n}$ 互补于 $\Phi^{\otimes n}$，从而

$$
\begin{aligned}
I_C(\sigma; \Phi^{\otimes n}) &= H(\Phi^{\otimes n}(\sigma)) - H(\Psi^{\otimes n}(\sigma)) \\
&= -I_C(\sigma; \Psi^{\otimes n}) \leqslant -I_C(\sigma; \Phi^{\otimes n}),
\end{aligned}
\tag{8.488}
$$

这说明

$$I_C(\sigma; \Phi^{\otimes n}) \leqslant 0. \tag{8.489}$$

由于这对于每个 n 和每一个态 $\sigma \in D(\mathcal{X}^{\otimes n})$ 都成立，所以根据定理 8.55 有 $Q(\Phi) = 0$ 成立.

□

注：使得互补于 Φ 的信道 $\Psi \in C(\mathcal{X}, \mathcal{Z})$ 以及满足 $\Phi = \Xi\Psi$ 的信道 $\Xi \in C(\mathcal{Z}, \mathcal{Y})$ 存在的信道 $\Phi \in C(\mathcal{X}, \mathcal{Y})$ 称为**反可退化信道**（可退化信道的补）.

8.3.2.2 50%-擦除信道

50%-擦除信道是自补信道的一个简单类型，它在下面展示的超激发示例中起着特殊的作用. 对于任选的复欧几里得空间 $\mathcal{X}$，关于 $\mathcal{X}$ 定义的 50%-擦除信道定义为对每个 $X \in L(\mathcal{X})$，

$$\Xi(X) = \frac{1}{2}\begin{pmatrix} \mathrm{Tr}(X) & 0 \\ 0 & X \end{pmatrix} \tag{8.490}$$

都成立的信道 $\Xi \in C(\mathcal{X}, \mathbb{C} \oplus \mathcal{X})$.

直觉上，一个 50%-擦除信道表现为概率是 $1/2$ 的单位信道，反之它的输入会被擦除. 在 $\mathcal{X} = \mathbb{C}^{\Sigma}$ 这一假设下，其中 Σ 为一个给定字母表，我们可以把复欧几里得空间 $\mathbb{C} \oplus \mathcal{X}$ 与 $\mathbb{C}^{\{\#\} \cup \Sigma}$ 联系起来，其中 $\#$ 为一个不在 Σ 中的空白符号. 有了这一假设，输入被擦除这一事件可以与空白符号 $\#$ 被生成这一事件联系起来，从而

$$\Xi(X) = \frac{1}{2}X + \frac{1}{2}\mathrm{Tr}(X)E_{\#,\#} \tag{8.491}$$

对于每一个 $X \in L(\mathcal{X})$ 都成立.

对于每个 $\mathcal{X}$，50%-擦除信道 $\Xi \in C(\mathcal{X}, \mathbb{C} \oplus \mathcal{X})$ 是自补的：我们有

$$\Xi(X) = (\mathrm{Tr} \otimes \mathbb{1})(AXA^*) = (\mathbb{1} \otimes \mathrm{Tr})(AXA^*), \tag{8.492}$$

其中 $A \in U(\mathcal{X}, (\mathbb{C} \oplus \mathcal{X}) \otimes (\mathbb{C} \oplus \mathcal{X}))$ 是对于每一个 $x \in \mathcal{X}$ 定义为

$$Ax = \frac{1}{\sqrt{2}}(0 \oplus x) \otimes (1 \oplus 0) + \frac{1}{\sqrt{2}}(1 \oplus 0) \otimes (0 \oplus x) \tag{8.493}$$

的等距算子. 从而有 $Q(\Xi) = 0$.

8.3.2.3 Smith 与 Yard 定理

下面的定理允许我们证明一个信道与一个足够大的空间上的 50%-擦除信道张乘得到的最大相干信息的下界. 通过选择合适的零容量信道与 50%-擦除信道张乘, 该定理可以阐明超激发现象.

定理 8.63(Smith-Yard)　令 $\mathcal{X}$、$\mathcal{Y}$ 和 $\mathcal{Z}$ 为复欧几里得空间, $A \in U(\mathcal{X}, \mathcal{Y} \otimes \mathcal{Z})$ 为一个等距算子, 并且 $\Phi \in C(\mathcal{X}, \mathcal{Y})$ 和 $\Psi \in C(\mathcal{X}, \mathcal{Z})$ 为对于每一个 $X \in L(\mathcal{X})$ 定义为

$$\Phi(X) = \mathrm{Tr}_{\mathcal{Z}}(AXA^*) \quad \text{和} \quad \Psi(X) = \mathrm{Tr}_{\mathcal{Y}}(AXA^*) \tag{8.494}$$

的互补信道. 此外令 Σ 为一个字母表, $\eta : \Sigma \to \mathrm{Pos}(\mathcal{X})$ 为态的一个系综, $\mathcal{W}$ 为一个满足

$$\dim(\mathcal{W}) \geqslant \sum_{a \in \Sigma} \mathrm{rank}(\eta(a)) \tag{8.495}$$

的复欧几里得空间, 并且使 $\Xi \in C(\mathcal{W}, \mathbb{C} \oplus \mathcal{W})$ 表示 $\mathcal{W}$ 上的 50%-擦除信道. 存在一个密度算子 $\rho \in D(\mathcal{X} \otimes \mathcal{W})$ 使得

$$I_c(\rho ; \Phi \otimes \Xi) = \frac{1}{2}\chi(\Phi(\eta)) - \frac{1}{2}\chi(\Psi(\eta)). \tag{8.496}$$

证明　根据假设

$$\dim(\mathcal{W}) \geqslant \sum_{a \in \Sigma} \mathrm{rank}(\eta(a)), \tag{8.497}$$

我们可以选择一组向量集合 $\{u_a : a \in \Sigma\} \subset \mathcal{X} \otimes \mathcal{W}$ 使

$$\mathrm{Tr}_{\mathcal{W}}(u_a u_a^*) = \eta(a) \tag{8.498}$$

对于每个 $a \in \Sigma$ 都成立, 并且使

$$\{\mathrm{Tr}_{\mathcal{X}}(u_a u_a^*) : a \in \Sigma\} \tag{8.499}$$

为一个算子的正交集. 令 $\mathcal{V} = \mathbb{C}^\Sigma$, 定义单位向量

$$u = \sum_{a \in \Sigma} e_a \otimes u_a \in \mathcal{V} \otimes \mathcal{X} \otimes \mathcal{W}, \tag{8.500}$$

并且使 $\rho = \mathrm{Tr}_{\mathcal{V}}(uu^*)$. 我们可以观察到, 根据式 (8.499) 是一个正交集, 有

$$\mathrm{Tr}_{\mathcal{W}}(uu^*) = \sum_{a \in \Sigma} E_{a,a} \otimes \eta(a). \tag{8.501}$$

所以, 对于定义为 $v = (\mathbb{1}_{\mathcal{V}} \otimes A \otimes \mathbb{1}_{\mathcal{W}})u$ 的单位向量 $v \in \mathcal{V} \otimes \mathcal{Y} \otimes \mathcal{Z} \otimes \mathcal{W}$, 有

$$\mathrm{Tr}_{\mathcal{W}}(vv^*) = \sum_{a \in \Sigma} E_{a,a} \otimes A\eta(a)A^* \tag{8.502}$$

成立.

50%-擦除信道 Ξ 有着性质

$$H\big((\Phi \otimes \Xi)(\rho)\big) = \frac{1}{2} H\big((\Phi \otimes \mathbb{1}_{L(\mathcal{W})})(\rho)\big) + \frac{1}{2} H\big(\Phi(\mathrm{Tr}_{\mathcal{W}}(\rho))\big) + 1, \qquad (8.503)$$

并且当用 Ψ 替代 Φ 时也有相同的性质成立. 由于 Ψ 互补于 Φ 且 Ξ 是自补的, 所以有

$$
\begin{aligned}
\mathrm{I}_c(\rho; \Phi \otimes \Xi) &= H\big((\Phi \otimes \Xi)(\rho)\big) - H\big((\Psi \otimes \Xi)(\rho)\big) \\
&= \frac{1}{2} H\big((\Phi \otimes \mathbb{1}_{L(\mathcal{W})})(\rho)\big) - \frac{1}{2} H\big((\Psi \otimes \mathbb{1}_{L(\mathcal{W})})(\rho)\big) \\
&\quad + \frac{1}{2} H\big(\Phi(\mathrm{Tr}_{\mathcal{W}}(\rho))\big) - \frac{1}{2} H\big(\Psi(\mathrm{Tr}_{\mathcal{W}}(\rho))\big).
\end{aligned}
\qquad (8.504)
$$

现在, 令 V、Y、Z 和 W 为分别对应于空间 $\mathcal{V}$、$\mathcal{Y}$、$\mathcal{Z}$ 和 $\mathcal{W}$ 的寄存器, 并且考虑复合寄存器 (V, Y, Z, W) 在纯态 vv^* 中这一情况. 由于

$$
\begin{aligned}
H\big((\Phi \otimes \mathbb{1}_{L(\mathcal{W})})(\rho)\big) &= H(Y, W) = H(V, Z), \\
H\big((\Psi \otimes \mathbb{1}_{L(\mathcal{W})})(\rho)\big) &= H(Z, W) = H(V, Y), \\
H\big(\Phi(\mathrm{Tr}_{\mathcal{W}}(\rho))\big) &= H(Y), \\
H\big(\Psi(\mathrm{Tr}_{\mathcal{W}}(\rho))\big) &= H(Z),
\end{aligned}
\qquad (8.505)
$$

所以有

$$\mathrm{I}_c(\rho; \Phi \otimes \Xi) = \frac{1}{2} \mathrm{I}(V : Y) - \frac{1}{2} \mathrm{I}(V : Z) = \frac{1}{2} \chi(\Phi(\eta)) - \frac{1}{2} \chi(\Psi(\eta)), \qquad (8.506)$$

即为所求. $\qquad\qquad\qquad\qquad\qquad\qquad\qquad\qquad\qquad\qquad\qquad\qquad\qquad\qquad \Box$

8.3.2.4 超激发的一个详细示例

基于定理 8.63, 我们将要阐述一个关于超激发现象的示例. 第一步是按如下方式定义一个零容量信道 Φ. 令

$$
A_1 = \begin{pmatrix} 0 & 0 & \alpha & 0 \\ 0 & 0 & 0 & 0 \\ \gamma & 0 & 0 & 0 \\ 0 & \gamma & 0 & 0 \end{pmatrix}, \quad
A_2 = \begin{pmatrix} 0 & 0 & 0 & 0 \\ 0 & 0 & 0 & \alpha \\ -\gamma & 0 & 0 & 0 \\ 0 & \gamma & 0 & 0 \end{pmatrix},
$$

$$
A_3 = \begin{pmatrix} \beta & 0 & 0 & 0 \\ 0 & 0 & 0 & 0 \\ 0 & 0 & \beta & 0 \\ 0 & 0 & 0 & 0 \end{pmatrix}, \quad
A_4 = \begin{pmatrix} 0 & 0 & 0 & 0 \\ \beta & 0 & 0 & 0 \\ 0 & 0 & 0 & \beta \\ 0 & 0 & 0 & 0 \end{pmatrix},
\qquad (8.507)
$$

$$
A_5 = \begin{pmatrix} 0 & 0 & 0 & 0 \\ 0 & \beta & 0 & 0 \\ 0 & 0 & 0 & 0 \\ 0 & 0 & 0 & -\beta \end{pmatrix}, \quad
A_6 = \begin{pmatrix} 0 & \beta & 0 & 0 \\ 0 & 0 & 0 & 0 \\ 0 & 0 & 0 & 0 \\ 0 & 0 & \beta & 0 \end{pmatrix},
$$

其中

$$\alpha = \sqrt{\sqrt{2}-1}, \quad \beta = \sqrt{1-\frac{1}{\sqrt{2}}}, \quad \gamma = \sqrt{\frac{1}{\sqrt{2}}-\frac{1}{2}}, \tag{8.508}$$

并且对于每一个 $X \in \mathrm{L}(\mathbb{C}^4)$，定义 $\Phi \in \mathrm{C}(\mathbb{C}^4)$ 为

$$\Phi(X) = \sum_{k=1}^{6} A_k X A_k^*. \tag{8.509}$$

Φ 是一个零容量信道这一事实可以根据 Φ 的 Choi 表示是一个 PPT 算子得到. 证明该事实一个方法是验证

$$(\mathrm{T} \otimes \mathbb{1}_{\mathrm{L}(\mathbb{C}^4)})(J(\Phi)) = J(\Theta), \tag{8.510}$$

其中 $\Theta \in \mathrm{C}(\mathbb{C}^4)$ 是对于每一个 $X \in \mathrm{L}(\mathbb{C}^4)$ 定义为

$$\Theta(X) = \sum_{k=1}^{6} B_k X B_k^* \tag{8.511}$$

的信道，这里

$$B_1 = \begin{pmatrix} 0 & 0 & \alpha & 0 \\ 0 & 0 & 0 & 0 \\ \gamma & 0 & 0 & 0 \\ 0 & \gamma & 0 & 0 \end{pmatrix}, \quad B_2 = \begin{pmatrix} 0 & 0 & 0 & 0 \\ 0 & 0 & 0 & \alpha \\ \gamma & 0 & 0 & 0 \\ 0 & -\gamma & 0 & 0 \end{pmatrix},$$

$$B_3 = \begin{pmatrix} \beta & 0 & 0 & 0 \\ 0 & 0 & 0 & 0 \\ 0 & 0 & \beta & 0 \\ 0 & 0 & 0 & 0 \end{pmatrix}, \quad B_4 = \begin{pmatrix} 0 & 0 & 0 & 0 \\ \beta & 0 & 0 & 0 \\ 0 & 0 & 0 & -\beta \\ 0 & 0 & 0 & 0 \end{pmatrix}, \tag{8.512}$$

$$B_5 = \begin{pmatrix} 0 & 0 & 0 & 0 \\ 0 & \beta & 0 & 0 \\ 0 & 0 & 0 & 0 \\ 0 & 0 & 0 & \beta \end{pmatrix}, \quad B_6 = \begin{pmatrix} 0 & \beta & 0 & 0 \\ 0 & 0 & 0 & 0 \\ 0 & 0 & 0 & 0 \\ 0 & 0 & \beta & 0 \end{pmatrix}.$$

因此由命题 8.61 可得：Φ 有着零量子容量.

与 Φ 互补的信道由对于每一个 $X \in \mathrm{L}(\mathbb{C}^4)$ 定义为

$$\Psi(X) = \sum_{k=1}^{4} C_k X C_k^* \tag{8.513}$$

的信道 $\Psi \in C(\mathbb{C}^4, \mathbb{C}^6)$ 给出，其中

$$
C_1 = \begin{pmatrix} 0 & 0 & \alpha & 0 \\ 0 & 0 & 0 & 0 \\ \beta & 0 & 0 & 0 \\ 0 & 0 & 0 & 0 \\ 0 & 0 & 0 & 0 \\ 0 & \beta & 0 & 0 \end{pmatrix}, \quad
C_2 = \begin{pmatrix} 0 & 0 & 0 & 0 \\ 0 & 0 & 0 & \alpha \\ 0 & 0 & 0 & 0 \\ \beta & 0 & 0 & 0 \\ 0 & \beta & 0 & 0 \\ 0 & 0 & 0 & 0 \end{pmatrix},
$$

$$(8.514)$$

$$
C_3 = \begin{pmatrix} \gamma & 0 & 0 & 0 \\ -\gamma & 0 & 0 & 0 \\ 0 & 0 & \beta & 0 \\ 0 & 0 & 0 & \beta \\ 0 & 0 & 0 & 0 \\ 0 & 0 & 0 & 0 \end{pmatrix}, \quad
C_4 = \begin{pmatrix} 0 & \gamma & 0 & 0 \\ 0 & \gamma & 0 & 0 \\ 0 & 0 & 0 & 0 \\ 0 & 0 & 0 & 0 \\ 0 & 0 & 0 & -\beta \\ 0 & 0 & \beta & 0 \end{pmatrix}.
$$

最后，定义密度算子

$$
\sigma_0 = \begin{pmatrix} \frac{1}{2} & 0 & 0 & 0 \\ 0 & \frac{1}{2} & 0 & 0 \\ 0 & 0 & 0 & 0 \\ 0 & 0 & 0 & 0 \end{pmatrix} \quad 和 \quad \sigma_1 = \begin{pmatrix} 0 & 0 & 0 & 0 \\ 0 & 0 & 0 & 0 \\ 0 & 0 & \frac{1}{2} & 0 \\ 0 & 0 & 0 & \frac{1}{2} \end{pmatrix},
$$

$$(8.515)$$

并且定义系综 $\eta : \{0, 1\} \to \mathrm{Pos}(\mathbb{C}^4)$ 为

$$
\eta(0) = \frac{1}{2}\sigma_0 \quad 和 \quad \eta(1) = \frac{1}{2}\sigma_1.
$$

$$(8.516)$$

有

$$
\Phi(\sigma_0) = \begin{pmatrix} \dfrac{2-\sqrt{2}}{2} & 0 & 0 & 0 \\ 0 & \dfrac{2-\sqrt{2}}{2} & 0 & 0 \\ 0 & 0 & \dfrac{\sqrt{2}-1}{2} & 0 \\ 0 & 0 & 0 & \dfrac{\sqrt{2}-1}{2} \end{pmatrix}
$$

$$(8.517)$$

和

$$
\Phi(\sigma_1) = \begin{pmatrix} \dfrac{\sqrt{2}-1}{2} & 0 & 0 & 0 \\ 0 & \dfrac{\sqrt{2}-1}{2} & 0 & 0 \\ 0 & 0 & \dfrac{2-\sqrt{2}}{2} & 0 \\ 0 & 0 & 0 & \dfrac{2-\sqrt{2}}{2} \end{pmatrix}
$$

$$(8.518)$$

成立, 同时

$$\Psi(\sigma_0) = \Psi(\sigma_1) = \begin{pmatrix} \dfrac{\sqrt{2}-1}{2} & 0 & 0 & 0 & 0 & 0 \\ 0 & \dfrac{\sqrt{2}-1}{2} & 0 & 0 & 0 & 0 \\ 0 & 0 & \dfrac{2-\sqrt{2}}{4} & 0 & 0 & 0 \\ 0 & 0 & 0 & \dfrac{2-\sqrt{2}}{4} & 0 & 0 \\ 0 & 0 & 0 & 0 & \dfrac{2-\sqrt{2}}{4} & 0 \\ 0 & 0 & 0 & 0 & 0 & \dfrac{2-\sqrt{2}}{4} \end{pmatrix}. \tag{8.519}$$

因此我们有

$$\chi(\Phi(\eta)) = \mathrm{H}\Big(\frac{1}{4}, \frac{1}{4}, \frac{1}{4}, \frac{1}{4}\Big) - \mathrm{H}\Big(\frac{2-\sqrt{2}}{2}, \frac{2-\sqrt{2}}{2}, \frac{\sqrt{2}-1}{2}, \frac{\sqrt{2}-1}{2}\Big) > \frac{1}{50}, \tag{8.520}$$

同时 $\chi(\Psi(\eta)) = 0$. 根据定理 8.63, 一定存在一个密度算子 $\rho \in \mathrm{D}(\mathbb{C}^4 \otimes \mathbb{C}^4)$ 使得

$$\mathrm{I}_\mathrm{c}(\rho; \Phi \otimes \Xi) > \frac{1}{100} \tag{8.521}$$

对某个 50%-擦除信道 $\Xi \in \mathrm{C}(\mathbb{C}^4, \mathbb{C} \oplus \mathbb{C}^4)$ 成立. 因此我们有 $\mathrm{Q}(\Phi) = \mathrm{Q}(\Xi) = 0$, 以及 $\mathrm{Q}(\Phi \otimes \Xi) > 0$.

8.3.2.5 量子容量定理中对正则化的需求

前面描述的超激发的示例说明最大相干信息是不可加的; 我们有

$$\mathrm{I}_\mathrm{c}(\Phi \otimes \Xi) > \mathrm{I}_\mathrm{c}(\Phi) + \mathrm{I}_\mathrm{c}(\Xi), \tag{8.522}$$

其中信道 Φ 和 Ξ 由该示例给出. 由于这些信道是不同的, 所以并不能立即得到严格不等式

$$\mathrm{I}_\mathrm{c}(\Psi^{\otimes n}) > n\mathrm{I}_\mathrm{c}(\Psi) \tag{8.523}$$

对所有的信道 Ψ 和正整数 n 都成立. 然而, 我们可以得出这样的一个不等式 (对于 $n = 2$) 在利用与 Holevo 容量和最小输出熵中所使用的类似方法进行直和构造时是成立的. 下面三个关于信道直和的命题将使我们最终得到这一结论.

命题 8.64 令 $\mathcal{X}_0$、$\mathcal{X}_1$、$\mathcal{Y}_0$、$\mathcal{Y}_1$、$\mathcal{Z}_0$ 和 $\mathcal{Z}_1$ 是复欧几里得空间, 并且令 $\Phi_0 \in \mathrm{C}(\mathcal{X}_0, \mathcal{Y}_0)$、$\Phi_1 \in \mathrm{C}(\mathcal{X}_1, \mathcal{Y}_1)$、$\Psi_0 \in \mathrm{C}(\mathcal{X}_0, \mathcal{Z}_0)$ 和 $\Psi_1 \in \mathrm{C}(\mathcal{X}_1, \mathcal{Z}_1)$ 为使得 Ψ_0 互补于 Φ_0 且 Ψ_1 互补于 Φ_1 的信道. 则信道 $\Psi_0 \oplus \Psi_1$ 互补于 $\Phi_0 \oplus \Phi_1$.

证明 令 $A_0 \in \mathrm{U}(\mathcal{X}_0, \mathcal{Y}_0 \otimes \mathcal{Z}_0)$ 和 $A_1 \in \mathrm{U}(\mathcal{X}_1, \mathcal{Y}_1 \otimes \mathcal{Z}_1)$ 为等距算子, 使得下面的等式对所有的 $X_0 \in \mathrm{L}(\mathcal{X}_0)$ 和 $X_1 \in \mathrm{L}(\mathcal{X}_1)$ 都成立:

$$\begin{aligned} \Phi_0(X_0) &= \mathrm{Tr}_{\mathcal{Z}_0}\big(A_0 X_0 A_0^*\big), & \Psi_0(X_0) &= \mathrm{Tr}_{\mathcal{Y}_0}\big(A_0 X_0 A_0^*\big), \\ \Phi_1(X_1) &= \mathrm{Tr}_{\mathcal{Z}_1}\big(A_1 X_1 A_1^*\big), & \Psi_1(X_1) &= \mathrm{Tr}_{\mathcal{Y}_1}\big(A_1 X_1 A_1^*\big). \end{aligned} \tag{8.524}$$

令 $W \in \mathrm{U}((\mathcal{Y}_0 \otimes \mathcal{Z}_0) \oplus (\mathcal{Y}_1 \otimes \mathcal{Z}_1), (\mathcal{Y}_0 \oplus \mathcal{Y}_1) \otimes (\mathcal{Z}_0 \oplus \mathcal{Z}_1))$ 为对于每一个 $y_0 \in \mathcal{Y}_0$、$y_1 \in \mathcal{Y}_1$、$z_0 \in \mathcal{Z}_0$ 和 $z_1 \in \mathcal{Z}_1$ 由等式

$$W((y_0 \otimes z_0) \oplus (y_1 \otimes z_1))$$

$$= (y_0 \oplus 0) \otimes (z_0 \oplus 0) + (0 \oplus y_1) \otimes (0 \oplus z_1) \tag{8.525}$$

定义的等距算子. 等式

$$(\Phi_0 \oplus \Phi_1)(X) = \mathrm{Tr}_{\mathcal{Z}_0 \oplus \mathcal{Z}_1}\left(W \begin{pmatrix} A_0 & 0 \\ 0 & A_1 \end{pmatrix} X \begin{pmatrix} A_0^* & 0 \\ 0 & A_1^* \end{pmatrix} W^*\right)$$

$$(\Psi_0 \oplus \Psi_1)(X) = \mathrm{Tr}_{\mathcal{Y}_0 \oplus \mathcal{Y}_1}\left(W \begin{pmatrix} A_0 & 0 \\ 0 & A_1 \end{pmatrix} X \begin{pmatrix} A_0^* & 0 \\ 0 & A_1^* \end{pmatrix} W^*\right) \tag{8.526}$$

对所有的 $X \in \mathrm{L}(\mathcal{X}_0 \oplus \mathcal{X}_1)$ 都成立, 这说明 $\Psi_0 \oplus \Psi_1$ 互补于 $\Phi_0 \oplus \Phi_1$, 即为所求. □

命题 8.65   令 $\Phi_0 \in \mathrm{C}(\mathcal{X}_0, \mathcal{Y}_0)$ 和 $\Phi_1 \in \mathrm{C}(\mathcal{X}_1, \mathcal{Y}_1)$ 为信道, 其中 $\mathcal{X}_0$、$\mathcal{X}_1$、$\mathcal{Y}_0$ 和 $\mathcal{Y}_1$ 为复欧几里得空间, 并且令 $\sigma \in \mathrm{D}(\mathcal{X}_0 \oplus \mathcal{X}_1)$ 为一个任意的态, 它可以写成

$$\sigma = \begin{pmatrix} \lambda\sigma_0 & X \\ X^* & (1-\lambda)\sigma_1 \end{pmatrix}, \tag{8.527}$$

其中 $\lambda \in [0,1]$, $\sigma_0 \in \mathrm{D}(\mathcal{X}_0)$, $\sigma_1 \in \mathrm{D}(\mathcal{X}_1)$ 且 $X \in \mathrm{L}(\mathcal{X}_1, \mathcal{X}_0)$. 则有

$$\mathrm{I}_{\mathrm{C}}(\sigma; \Phi_0 \oplus \Phi_1) = \lambda\mathrm{I}_{\mathrm{C}}(\sigma_0; \Phi_0) + (1-\lambda)\mathrm{I}_{\mathrm{C}}(\sigma_1; \Phi_1) \tag{8.528}$$

成立.

证明   首先观察到

$$\mathrm{H}((\Phi_0 \oplus \Phi_1)(\sigma)) = \mathrm{H}\begin{pmatrix} \lambda\Phi_0(\sigma_0) & 0 \\ 0 & (1-\lambda)\Phi_1(\sigma_1) \end{pmatrix}$$

$$= \lambda\,\mathrm{H}(\Phi_0(\sigma_0)) + (1-\lambda)\,\mathrm{H}(\Phi_1(\sigma_1)) + \mathrm{H}(\lambda, 1-\lambda). \tag{8.529}$$

假设 $\mathcal{Z}_0$ 和 $\mathcal{Z}_1$ 为复欧几里得空间且 $\Psi_0 \in \mathrm{C}(\mathcal{X}_0, \mathcal{Z}_0)$ 和 $\Psi_1 \in \mathrm{C}(\mathcal{X}_1, \mathcal{Z}_1)$ 是分别互补于 Φ_0 和 Φ_1 的信道, 那么通过类似式 (8.529) 的计算, 我们有

$$\mathrm{H}((\Psi_0 \oplus \Psi_1)(\sigma))$$

$$= \lambda\,\mathrm{H}(\Psi_0(\sigma_0)) + (1-\lambda)\,\mathrm{H}(\Psi_1(\sigma_1)) + \mathrm{H}(\lambda, 1-\lambda). \tag{8.530}$$

正如命题 8.64 中所证明的, $\Psi_0 \oplus \Psi_1$ 互补于 $\Phi_0 \oplus \Phi_1$, 我们有

$$\mathrm{I}_{\mathrm{C}}(\sigma; \Phi_0 \oplus \Phi_1) = \mathrm{H}((\Phi_0 \oplus \Phi_1)(\sigma)) - \mathrm{H}((\Psi_0 \oplus \Psi_1)(\sigma))$$

$$= \lambda\big(\mathrm{H}(\Phi_0(\sigma_0)) - \mathrm{H}(\Psi_0(\sigma_0))\big)$$

$$+ (1-\lambda)\big(\mathrm{H}(\Phi_1(\sigma_1)) - \mathrm{H}(\Psi_1(\sigma_1))\big)$$

$$= \lambda\mathrm{I}_{\mathrm{C}}(\sigma_0; \Phi_0) + (1-\lambda)\mathrm{I}_{\mathrm{C}}(\sigma_1; \Phi_1) \tag{8.531}$$

成立, 即为所求. □

命题 8.66 令 $\mathcal{X}_0$、$\mathcal{X}_1$、$\mathcal{Y}_0$ 和 $\mathcal{Y}_1$ 为复欧几里得空间且令 $\Phi_0 \in \mathrm{C}(\mathcal{X}_0, \mathcal{Y}_0)$ 和 $\Phi_1 \in \mathrm{C}(\mathcal{X}_1, \mathcal{Y}_1)$ 为信道. 则有

$$\mathrm{I}_c((\Phi_0 \oplus \Phi_1) \otimes (\Phi_0 \oplus \Phi_1)) \geqslant \mathrm{I}_c(\Phi_0 \otimes \Phi_1) \tag{8.532}$$

成立.

证明 根据对所有 $x_0 \in \mathcal{X}_0$ 和 $x_1 \in \mathcal{X}_1$ 都成立的等式

$$W(x_0 \otimes x_1) = (x_0 \oplus 0) \otimes (0 \oplus x_1) \tag{8.533}$$

定义一个等距算子 $W \in \mathrm{U}(\mathcal{X}_0 \otimes \mathcal{X}_1, (\mathcal{X}_0 \oplus \mathcal{X}_1) \otimes (\mathcal{X}_0 \oplus \mathcal{X}_1))$, 并且类似地, 根据对所有 $y_0 \in \mathcal{Y}_0$ 和 $y_1 \in \mathcal{Y}_1$ 都成立的等式

$$V(y_0 \otimes y_1) = (y_0 \oplus 0) \otimes (0 \oplus y_1) \tag{8.534}$$

定义一个等距算子 $V \in \mathrm{U}(\mathcal{Y}_0 \otimes \mathcal{Y}_1, (\mathcal{Y}_0 \oplus \mathcal{Y}_1) \otimes (\mathcal{Y}_0 \oplus \mathcal{Y}_1))$. 我们有

$$\begin{aligned} &((\Phi_0 \oplus \Phi_1) \otimes (\Phi_0 \oplus \Phi_1))(W(X_0 \otimes X_1)W^*) \\ &= \begin{pmatrix} \Phi_0(X_0) & 0 \\ 0 & 0 \end{pmatrix} \otimes \begin{pmatrix} 0 & 0 \\ 0 & \Phi_1(X_1) \end{pmatrix} \\ &= V(\Phi_0(X_0) \otimes \Phi_1(X_1))V^* \end{aligned} \tag{8.535}$$

对于所有的 $X_0 \in \mathrm{L}(\mathcal{X}_0)$ 和 $X_1 \in \mathrm{L}(\mathcal{X}_1)$ 都成立.

对所有的密度算子 $\sigma \in \mathrm{D}(\mathcal{X}_0 \otimes \mathcal{X}_1)$, 有

$$\mathrm{I}_c(W\sigma W^*; (\Phi_0 \oplus \Phi_1) \otimes (\Phi_0 \oplus \Phi_1)) = \mathrm{I}_c(\sigma; \Phi_0 \otimes \Phi_1) \tag{8.536}$$

成立, 由此便可以推导出该命题. □

最后, 对于 Φ 和 Ξ, 考虑上面所描述的超激发的示例中的信道 $\Psi = \Phi \oplus \Xi$. 根据命题 8.65, 我们可以得到结论 $\mathrm{I}_c(\Phi \oplus \Xi) = 0$, 同时命题 8.66 说明

$$\mathrm{I}_c((\Phi \oplus \Xi) \otimes (\Phi \oplus \Xi)) \geqslant \mathrm{I}_c(\Phi \otimes \Xi) > 0. \tag{8.537}$$

从而有信道 $\Psi = \Phi \oplus \Xi$ 满足 $n = 2$ 时的严格不等式 (8.523).

作为该事实的结果, 我们有量子容量和最大相干信息对于某些信道来说是不同的. 在这个意义上, 量子容量定理 (定理 8.55) 中的正则化与 Holevo-Schumacher-Westmoreland 定理 (定理 8.27) 中的正则化类似, 通常来说在这些定理中我们不能移除正则化.

8.4 习题

习题 8.1 对任意的复欧几里得空间 $\mathcal{X}_0$、$\mathcal{X}_1$、$\mathcal{Y}_0$ 和 $\mathcal{Y}_1$, 令 $\Phi_0 \in \mathrm{C}(\mathcal{X}_0, \mathcal{Y}_0)$ 和 $\Phi_1 \in \mathrm{C}(\mathcal{X}_1, \mathcal{Y}_1)$ 为信道.

(a) 证明

$$I_C(\Phi_0 \oplus \Phi_1) = \max\{I_C(\Phi_0), I_C(\Phi_1)\}. \tag{8.538}$$

(b) 证明

$$\chi(\Phi_0 \oplus \Phi_1) = \max_{\lambda \in [0,1]} \Big(\lambda \chi(\Phi_0) + (1-\lambda)\chi(\Phi_1) + H(\lambda, 1-\lambda) \Big). \tag{8.539}$$

习题 8.2 令 $\mathcal{X}$、$\mathcal{Y}$、$\mathcal{Z}$ 和 $\mathcal{W}$ 为复欧几里得空间，令 $\Phi \in C(\mathcal{X}, \mathcal{Y})$ 和 $\Psi \in C(\mathcal{Z}, \mathcal{W})$ 为信道，并且假设 Φ 是一个纠缠破坏信道 (参见习题 6.1). 证明下面的恒等式成立:

(a) $H_{\min}(\Phi \otimes \Psi) = H_{\min}(\Phi) + H_{\min}(\Psi)$.

(b) $\chi(\Phi \otimes \Psi) = \chi(\Phi) + \chi(\Psi)$.

(c) $I_C(\Phi \otimes \Psi) = I_C(\Psi)$.

习题 8.3 对于复欧几里得空间 $\mathcal{X}$ 和 $\mathcal{Y}$，令 $\Phi \in C(\mathcal{X}, \mathcal{Y})$ 为一个信道. 如果存在一个复欧几里得空间 $\mathcal{Z}$ 和一个信道 $\Psi \in C(\mathcal{Y}, \mathcal{Z})$ 使得 $\Psi\Phi$ 互补于 Φ，那么我们称 Φ 是可退化的.

(a) 证明对于任选的可退化信道 $\Phi \in C(\mathcal{X}, \mathcal{Y})$、态 $\sigma_0, \sigma_1 \in D(\mathcal{X})$ 和实数 $\lambda \in [0,1]$，下面的不等式成立:

$$I_C\big(\lambda\sigma_0 + (1-\lambda)\sigma_1; \Phi\big) \geqslant \lambda I_C(\sigma_0; \Phi) + (1-\lambda)I_C(\sigma_1; \Phi) \tag{8.540}$$

(等价地，定义在 $D(\mathcal{X})$ 上的函数 $\sigma \mapsto I_C(\sigma; \Phi)$ 是凹的).

(b) 证明对于任选的复欧几里得空间 $\mathcal{X}$、$\mathcal{Y}$、$\mathcal{Z}$ 和 $\mathcal{W}$ 以及可退化信道 $\Phi \in C(\mathcal{X}, \mathcal{Y})$ 和 $\Psi \in C(\mathcal{Z}, \mathcal{W})$，有

$$I_C(\Phi \otimes \Psi) = I_C(\Phi) + I_C(\Psi) \tag{8.541}$$

成立.

习题 8.4 令 $\mathcal{X}$ 为一个复欧几里得空间，$\lambda \in [0,1]$，并且对于所有的 $X \in L(\mathcal{X})$，定义信道 $\Xi \in C(\mathcal{X}, \mathbb{C} \oplus \mathcal{X})$ 为

$$\Xi(X) = \begin{pmatrix} \lambda \operatorname{Tr}(X) & 0 \\ 0 & (1-\lambda)X \end{pmatrix}. \tag{8.542}$$

(a) 给出通过 Ξ 的任意态 $\sigma \in D(\mathcal{X})$ 的相干信息 $I_c(\sigma; \Xi)$ 的一个解析表达式.

(b) 给出 Ξ 的有纠缠协助的经典容量 $C_E(\Xi)$ 的一个解析表达式.

(c) 给出 Ξ 的量子容量 $Q(\Xi)$ 的一个解析表达式.

(b) 和 (c) 两部分的解析表达式应仅为 λ 和 $n = \dim(\mathcal{X})$ 的函数.

习题 8.5 令 n 为一个正整数，令 $\mathcal{X} = \mathbb{C}^{\mathbb{Z}_n}$，并且使

$$\{W_{a,b} : a, b \in \mathbb{Z}_n\} \tag{8.543}$$

表示作用在 $\mathcal{X}$ 上的离散 Weyl 算子的集合 (参见 4.1.2 节). 此外, 令 $p \in \mathcal{P}(\mathbb{Z}_n)$ 为一个概率向量, 并且对于所有的 $X \in \mathrm{L}(\mathcal{X})$, 定义信道 $\Phi \in \mathrm{C}(\mathcal{X})$ 为

$$\Phi(X) = \sum_{a \in \mathbb{Z}_n} p(a) W_{0,a} X W_{0,a}^*. \tag{8.544}$$

证明

$$\mathrm{I}_{\mathrm{C}}(\Phi) = \log(n) - \mathrm{H}(p). \tag{8.545}$$

习题 8.6 对于每一个正整数 n 和每一个正实数 $\varepsilon \in [0,1]$, 定义信道 $\Phi_{n,\varepsilon} \in \mathrm{C}(\mathbb{C}^n)$ 为

$$\Phi_{n,\varepsilon} = \varepsilon \mathbb{1}_n + (1-\varepsilon)\Omega_n, \tag{8.546}$$

其中 $\mathbb{1}_n \in \mathrm{C}(\mathbb{C}^n)$ 和 $\Omega_n \in \mathrm{C}(\mathbb{C}^n)$ 表示关于空间 $\mathbb{C}^n$ 定义的单位信道和完全失相信道.

(a) 证明对每个正实数 K, 存在 n 和 ε 使

$$\mathrm{C}_{\mathrm{E}}(\Phi_{n,\varepsilon}) \geqslant K\chi(\Phi_{n,\varepsilon}) > 0 \tag{8.547}$$

成立.

(b) 证明由 (a) 的正确答案所确立的事实在 $\chi(\Phi_{n,\varepsilon})$ 被 $\mathrm{C}(\Phi_{n,\varepsilon})$ 代替时依然成立.

8.5 参考书目注释

对量子信道容量的研究显然在很大程度上是由 Shannon 信道编码定理 (Shannon, 1948) 以及对在量子信道中期望得到一些类似结论的目标所启发的. 然而, 在量子信息理论研究的早期人们已经发现并不存在一个量子信道的单一容量, 而是几个不等价但根本上很有趣的容量. Bennett 和 Shor (1998) 的综述在相对早期的时候提供了一个对信道容量已知结果的总结.

Holevo (1998) 以及 Schumacher 和 Westmoreland (1997) 分别独立证明了 Holevo-Schumacher-Westmoreland 定理 (定理 8.27), 他们的证明都是在 Hausladen、Jozsa、Schumacher、Westmoreland 和 Wootters (1996) 的工作的基础上进行的. 现在称为 Holevo 容量 (或一个信道的 Holevo 信息) 的定义起源于 Holevo 和 Schumacher 及 Westmoreland 的工作. 引理 8.25 由 Hayashi 和 Nagaoka (2003) 证明, 他们在对 Holevo-Schumacher-Westmoreland 定理的推广的分析中利用了这一引理.

有纠缠协助的经典容量定理 (定理 8.41) 由 Bennett、Shor、Smolin 和 Thapliyal (1999a) 证明. 本章展示的对该定理的证明归功于 Holevo (2002). 引理 8.38 归功于 Adami 和 Cerf (1997).

Schumacher (1996), Schumache 和 Nielsen (1996), Adami 和 Cerf (1997) 以及 Barnum、Nielsen 和 Schumacher (1998) 等人研究了涉及通过量子信道的量子信息传输任务以及与这些任务相关的基本定义. 信道的纠缠生成容量由 Devetak (2005) 定义, 而定理 8.45 和 8.46 依据的是由 Barnum、Knill 和 Nielsen (2000) 证明的结果.

一个态通过一个信道的相干信息由 Schumacher 和 Nielsen (1996) 定义. Lloyd (1997) 确定了一个信道的最大相干信息和量子容量之间的基本联系, 并且提供了一个支持量子容量定理 (定理 8.55) 的启发式论证. 第一个已发表的对量子容量定理的严格证明应归功于 Devetak (2005). Shor 在 Devetak 的证明之前提出过一个不同的证明方法, 但这一工作并未发表. 随后的 Hayden、Shor 和 Winter (2008b) 的论文与 Shor 的原始证明类似.

本章展示的对量子容量定理的证明归功于 Hayden、M. Horodecki、Winter 和 Yard (2008a)，其中我们也合并了 Klesse (2008) 的一些简化想法，他根据类似的技术独立证明了相同的定理. 解耦现象 (由引理 8.49 展示) 为该证明提供了关键性的一步; 这一基本技术为 Devetak (2005) 所用，并由 M. Horodecki、Oppenheim 和 Winter (2007) 以及 Abeyesinghe、Devetak、Hayden 和 Winter (2009) 明确表述. 关于解耦的进一步信息可以在 Dupuis (2009) 的博士论文中找到.

Shor (2004) 证明了 Holevo 容量的非可加性可以根据最小输出熵的非可加性得到. 在同一篇论文中, Shor 也提供了反向的证明. 我们自然会认为这与原命题有很高的关联性, 直到 Hastings (2009) 证明了最小输出熵的不可加性, 以及这两个不可加命题与另外两个关于构造纠缠命题的等价性. 信道的直和构造以及其关于信道容量可加性的推导由 Fukuda 和 Wolf (2007) 所研究.

相干信息是不可加的这一事实首先被 DiVincenzo、Shor 和 Smolin (1997) 证明. Bennett、DiVincenzo 和 Smolin (1997) 确立了量子擦除信道的多种性质. 定理 8.63, 以及该定理给出了超激发现象的示例的这一发现应归功于 Smith 和 Yard (2008). 本章描述的信道 Φ 给出了超激发现象的一个示例, 这也在 Smith 和 Yard 的论文中出现过, 它由 K. Horodecki、Pankowski、M. Horodecki 和 P. Horodecki (2008) 定义, 这是因为它与称为信道的私有容量的一种不同容量相关.

参 考 文 献

Abeyesinghe, A., Devetak, I., Hayden, P., and Winter, A. 2009. The mother of all protocols: restructuring quantum information's family tree. *Proceedings of the Royal Society A*, **465**(2108), 2537–2563.

Adami, C., and Cerf, N. 1997. Von Neumann capacity of noisy quantum channels. *Physical Review A*, **56**(5), 3470–3483.

Aharonov, D., Kitaev, A., and Nisan, N. 1998. Quantum circuits with mixed states. Pages 20–30 of: *Proceedings of the 30th Annual ACM Symposium on Theory of Computing*.

Alber, G., Beth, T., Charnes, C., Delgado, A., Grassl, M., and Mussinger, M. 2001. Stabilizing distinguishable qubits against spontaneous decay by detected-jump correcting quantum codes. *Physical Review Letters*, **86**(19), 4402–4405.

Alberti, P. 1983. A note on the transition probability over C*-algebras. *Letters in Mathematical Physics*, **7**(1), 25–32.

Alberti, P., and Uhlmann, A. 1982. *Stochasticity and Partial Order*. Mathematics and Its Applications, vol. 9. D. Reidel.

Alberti, P., and Uhlmann, A. 1983. Stochastic linear maps and transition probability. *Letters in Mathematical Physics*, **7**(2), 107–112.

Ambainis, A., Nayak, A., Ta-Shma, A., and Vazirani, U. 1999. Dense quantum coding and a lower bound for 1-way quantum automata. Pages 376–383 of: *Proceedings of the Thirty-First Annual ACM Symposium on Theory of Computing*.

Ambainis, A., Nayak, A., Ta-Shma, A., and Vazirani, U. 2002. Dense quantum coding and quantum finite automata. *Journal of the ACM*, **49**(4), 496–511.

Ando, T. 1979. Concavity of certain maps on positive definite matrices and applications to Haramard products. *Linear Algebra and Its Applications*, **26**, 203–241.

Apostol, T. 1974. *Mathematical Analysis*, 2nd edn. Addison-Wesley.

Araki, H., and Lieb, E. 1970. Entropy inequalities. *Communications in Mathematical Physics*, **18**(2), 160–170.

Arias, A., Gheondea, A., and Gudder, S. 2002. Fixed points of quantum operations. *Journal of Mathematical Physics*, **43**(12), 5872–5881.

Arveson, W. 1969. Subalgebras of C*-algebras. *Acta Mathematica*, **123**(1), 141–224.

Ash, R. 1990. *Information Theory*. Dover. Originally published in 1965 by Interscience.

Aubrun, G., Szarek, S., and Werner, E. 2011. Hastings' additivity counterexample via Dvoretzky's theorem. *Communications in Mathematical Physics*, **305**(1), 85–97.

Audenaert, K. 2007. A sharp Fannes-type inequality for the von Neumann entropy. *Journal of Physics A: Mathematical and Theoretical*, **40**(28), 8127–8136.

Audenaert, K., and Scheel, S. 2008. On random unitary channels. *New Journal of Physics*, **10**, 023011.

Axler, S. 1997. *Linear Algebra Done Right*, 2nd edn. Springer.

Barnum, H., and Knill, E. 2002. Reversing quantum dynamics with near-optimal quantum and classical fidelity. *Journal of Mathematical Physics*, **43**(5), 2097–2106.

Barnum, H., Nielsen, M., and Schumacher, B. 1998. Information transmission through a noisy quantum channel. *Physical Review A*, **57**(6), 4153–4175.

Barnum, H., Knill, E., and Nielsen, M. 2000. On quantum fidelities and channel capacities. *IEEE Transactions on Information Theory*, **46**(4), 1317–1329.

Barrett, J. 2002. Nonsequential positive-operator-valued measurements on entangled mixed states do not always violate a Bell inequality. *Physical Review A*, **65**(4), 042302.

Bartle, R. 1966. *The Elements of Integration*. John Wiley & Sons.

Beckman, D., Gottesman, D., Nielsen, M., and Preskill, J. 2001. Causal and localizable quantum operations. *Physical Review A*, **64**(5), 52309.

Belavkin, V. 1975. Optimal multiple quantum statistical hypothesis testing. *Stochastics*, **1**, 315–345.

Bell, J. 1964. On the Einstein Podolsky Rosen paradox. *Physics*, **1**(3), 195–200.

Ben-Aroya, A., and Ta-Shma, A. 2010. On the complexity of approximating the diamond norm. *Quantum Information and Computation*, **10**(1), 77–86.

Bengtsson, I., and Życzkowski, K. 2006. *Geometry of Quantum States*. Cambridge University Press.

Bennett, C., and Shor, P. 1998. Quantum information theory. *IEEE Transactions on Information Theory*, **44**(6), 2724–2742.

Bennett, C., and Wiesner, S. 1992. Communication via one- and two-particle operators on Einstein-Podolsky-Rosen states. *Physical Review Letters*, **69**(20), 2881–2884.

Bennett, C., Brassard, G., Crépeau, C., Jozsa, R., Peres, A., and Wootters, W. 1993. Teleporting an unknown quantum state via dual classical and EPR channels. *Physical Review Letters*, **70**(12), 1895–1899.

Bennett, C., Bernstein, H., Popescu, S., and Schumacher, B. 1996a. Concentrating partial entanglement by local operations. *Physical Review A*, **53**(4), 2046–2052.

Bennett, C., DiVincenzo, D., Smolin, J., and Wootters, W. 1996b. Mixed-state entanglement and quantum error correction. *Physical Review A*, **54**(5), 3824–3851.

Bennett, C., Brassard, G., Popescu, S., Schumacher, B., Smolin, J., and Wootters, W. 1996c. Purification of noisy entanglement and faithful teleportation via noisy channels. *Physical Review Letters*, **76**(5), 722–725.

Bennett, C., DiVincenzo, D., and Smolin, J. 1997. Capacities of quantum erasure channels. *Physical Review Letters*, **78**(16), 3217–3220.

Bennett, C., Shor, P., Smolin, J., and Thapliyal, A. 1999a. Entanglement-assisted classical capacity of noisy quantum channels. *Physical Review Letters*, **83**(15), 3081–3084.

Bennett, C., DiVincenzo, D., Fuchs, C., Mor, T., Rains, E., Shor, P., Smolin, J., and Wootters,W. 1999b. Quantum nonlocality without entanglement. *Physical Review A*, **59**, 1070–1091.

Bennett, C., DiVincenzo, D., Mor, T., Shor, P., Smolin, J., and Terhal, B. 1999c. Unextendible product bases and bound entanglement. *Physical Review Letters*, **82**(26), 5385–5388.

Bennett, C., Hayden, P., Leung, D., Shor, P., and Winter, A. 2005. Remote preparation of quantum states. *IEEE Transactions on Information Theory*, **51**(1), 56–74.

Bhatia, R. 1997. *Matrix Analysis*. Springer.

Bratteli, O., Jorgensen, P., Kishimoto, A., and Werner, R. 2000. Pure states on $\mathcal{O}_d$. *Journal of Operator Theory*, **43**(1), 97–143.

Buscemi, F. 2006. On the minimum number of unitaries needed to describe a random-unitary channel. *Physics Letters A*, **360**(2), 256–258.

Caves, C., Fuchs, C., and Schack, R. 2002. Unknown quantum states: the quantum de Finetti representation. *Journal of Mathematical Physics*, **43**(9), 4537–4559.

Childs, A., Preskill, J., and Renes, J. 2000. Quantum information and precision measurement. *Journal of Modern Optics*, **47**(2-3), 155–176.

Childs, A., Leung, D., Mančinska, L., and Ozols, M. 2013. A framework for bounding nonlocality of state discrimination. *Communications in Mathematical Physics*, **323**(3), 1121–1153.

Chiribella, G., D' Ariano, G., and Perinotti, P. 2008. Transforming quantum operations: quantum supermaps. *Europhysics Letters*, **83**(3), 30004.

Chiribella, G., D'Ariano, G., and Perinotti, P. 2009. Theoretical framework for quantum networks. *Physical Review A*, **80**(2), 022339.

Chitambar, E., Leung, D., Mančinska, L., Ozols, M., and Winter, A. 2014. Everything you always wanted to know about LOCC (but were afraid to ask). *Communications in Mathematical Physics*, **328**(1), 303–326.

Choi, M.-D. 1975. Completely positive linear maps on complex matrices. *Linear Algebra and Its Applications*, **10**(3), 285–290.

Christandl, M., König, R., Mitchison, G., and Renner, R. 2007. One-and-a-half quantum de Finetti theorems. *Communications in Mathematical Physics*, **273**(2), 473–498.

Clauser, J., Horne, M., Shimony, A., and Holt, R. 1969. Proposed experiment to test local hidden-variable theories. *Physical Review Letters*, **23**(15), 880–884.

Cover, T., and Thomas, J. 2006. *Elements of Information Theory*, 2nd edn. Wiley Interscience.

Davies, E. 1970. On the repeated measurement of continuous observables in quantum mechanics. *Journal of Functional Analysis*, **6**(2), 318–346.

Davies, E., and Lewis, J. 1970. An operational approach to quantum probability. *Communications in Mathematical Physics*, **17**, 239–260.

de Finetti, B. 1937. La prévision : ses lois logiques, ses sources subjectives. *Annales de l'Institut Henri Poincaré*, **7**(1), 1–68.

de Pillis, J. 1967. Linear transformations which preserve Hermitian and positive semidefinite operators. *Pacific Journal of Mathematics*, **23**(1), 129–137.

Deiks, D. 1982. Communication by EPR devices. *Physical Letters A*, **92**(6), 271–272.

Devetak, I. 2005. The private classical capacity and quantum capacity of a quantum channel. *IEEE*

Transactions on Information Theory, **51**(1), 44–55.

Diaconis, P., and Freedman, D. 1980. Finite exchangeable sequences. *Annals of Probability*, **8**(4), 745–764.

Diaconis, P., and Shahshahani, M. 1987. The subgroup algorithm for generating uniform random variables. *Probability in the Engineering and Informational Sciences*, **1**(1), 15–32.

DiVincenzo, D., Shor, P., and Smolin, J. 1998. Quantum-channel capacity of very noisy channels. *Physical Review A*, **57**(2), 830–839.

Dupuis, F. 2009. *The Decoupling Approach to Quantum Information Theory*. Ph.D. thesis, Université de Montréal.

Dvoretzky, A. 1961. Some results on convex bodies and Banach spaces. Pages 123–160 of: *Proceedings of the International Symposium on Linear Spaces (Held at the Hebrew University of Jerusalem, July 1960)*.

Dyson, F. 1962a. Statistical theory of the energy levels of complex systems. I. *Journal of Mathematical Physics*, **3**(1), 140–156.

Dyson, F. 1962b. Statistical theory of the energy levels of complex systems. II. *Journal of Mathematical Physics*, **3**(1), 157–165.

Dyson, F. 1962c. Statistical theory of the energy levels of complex systems. III. *Journal of Mathematical Physics*, **3**(1), 166–175.

Eggeling, T., Schlingemann, D., and Werner, R. 2002. Semicausal operations are semilocalizable. *Europhysics Letters*, **57**(6), 782–788.

Einstein, A., Podolsky, B., and Rosen, N. 1935. Can quantum-mechanical description of physical reality be considered complete? *Physical Review*, **47**(10), 777–780.

Eldar, Y., and Forney, D. 2001. On quantum detection and the square-root measurement. *IEEE Transactions on Information Theory*, **47**(3), 858–872.

Eldar, Y., Megretski, A., and Verghese, G. 2003. Designing optimal quantum detectors via semidefinite programming. *IEEE Transactions on Information Theory*, **49**(4), 1007–1012.

Fannes, M. 1973. A continuity property of the entropy density for spin lattice systems. *Communications in Mathematical Physics*, **31**(4), 291–294.

Feller, W. 1968. *An Introduction to Probability Theory and Its Applications*, 3rd edn, vol. I. John Wiley & Sons.

Feller, W. 1971. *An Introduction to Probability Theory and Its Applications*, 2nd edn, vol. II. John Wiley & Sons.

Fuchs, C., and Caves, C. 1995. Mathematical techniques for quantum communication theory. *Open Systems & Information Dynamics*, **3**(3), 345–356.

Fuchs, C., and van de Graaf, J. 1999. Cryptographic distinguishability measures for quantum-mechanical states. *IEEE Transactions on Information Theory*, **45**(4), 1216–1227.

Fukuda, M., and Wolf, M. 2007. Simplifying additivity problems using direct sum constructions. *Journal of Mathematical Physics*, **48**(7), 072101.

Gheorghiu, V., and Griffiths, R. 2008. Separable operations of pure states. *Physical Review A*, **78**(2),

020304.

Gilchrist, A., Langford, N., and Nielsen, M. 2005. Distance measures to compare real and ideal quantum processes. *Physical Review A*, **71**(6), 062310.

Goodman, R., and Wallach, N. 1998. *Representations and Invariants of the Classical Groups*. Encyclopedia of Mathematics and Its Applications, vol. 68. Cambridge University Press.

Gregoratti, M., and Werner, R. 2003. Quantum lost and found. *Journal of Modern Optics*, **50**(67), 915–933.

Greub, W. 1978. *Multilinear Algebra*, 2nd edn. Springer.

Gurvits, L. 2003. Classical deterministic complexity of Edmonds' problem and quantum entanglement. Pages 10–19 of: *Proceedings of the Thirty-Fifth Annual ACM Symposium on Theory of Computing*.

Gurvits, L., and Barnum, H. 2002. Largest separable balls around the maximally mixed bipartite quantum state. *Physical Review A*, **66**(6), 062311.

Gutoski, G., and Watrous, J. 2005. Quantum interactive proofs with competing provers. Pages 605–616 of: *Proceedings of the 22nd Symposium on Theoretical Aspects of Computer Science*. Lecture Notes in Computer Science, vol. 3404. Springer.

Gutoski, G., and Watrous, J. 2007. Toward a general theory of quantum games. Pages 565–574 of: *Proceedings of the 39th Annual ACM Symposium on Theory of Computing*.

Haag, R., and Kastler, D. 1964. An algebraic approach to quantum field theory. *Journal of Mathematical Physics*, **5**(7), 848–861.

Haar, A. 1933. Der Massbegriff in der Theorie der kontinuierlichen Gruppen. *Annals of Mathematics (Second Series)*, **34**(1), 147–169.

Halmos, P. 1974. *Measure Theory*. Springer. Originally published in 1950 by Litton Educational.

Halmos, P. 1978. *Finite-Dimensional Vector Spaces*. Springer. Originally published in 1942 by Princeton University Press.

Harrow, A., Hayden, P., and Leung, D. 2004. Superdense coding of quantum states. *Physical Review Letters*, **92**(18), 187901.

Hastings, M. 2009. Superadditivity of communication capacity using entangled inputs. *Nature Physics*, **5**(4), 255–257.

Hausladen, P., and Wootters, W. 1994. A "pretty good" measurement for distinguishing quantum states. *Journal of Modern Optics*, **41**(12), 2385–2390.

Hausladen, P., Jozsa, R., Schumacher, B., Westmoreland, M., and Wootters, W. 1996. Classical information capacity of a quantum channel. *Physical Review A*, **54**(3), 1869–1876.

Hayashi, M., and Nagaoka, H. 2003. General formulas for capacity of classical-quantum channels. *IEEE Transactions on Information Theory*, **49**(7), 1753–1768.

Hayden, P., and Winter, A. 2008. Counterexamples to the maximal p-norm multiplicativity conjecture for all $p > 1$. *Communications in Mathematical Physics*, **284**(1), 263–280.

Hayden, P., Leung, D., Shor, P., and Winter, A. 2004. Randomizing quantum states: constructions and applications. *Communications in Mathematical Physics*, **250**(2), 371–391.

Hayden, P., Leung, D., and Winter, A. 2006. Aspects of generic entanglement. *Communications in*

Mathematical Physics, **265**(1), 95–117.

Hayden, P., Horodecki, M., Winter, A., and Yard, J. 2008a. A decoupling approach to the quantum capacity. *Open Systems & Information Dynamics*, **15**(1), 7–19.

Hayden, P., Shor, P., and Winter, A. 2008b. Random quantum codes from Gaussian ensembles and an uncertainty relation. *Open Systems & Information Dynamics*, **15**(1), 71–89.

Helstrom, C. 1967. Detection theory and quantum mechanics. *Information and Control*, **10**, 254–291.

Helstrom, C. 1976. *Quantum Detection and Estimation Theory*. Academic Press.

Hiai, F., Ohya, M., and Tsukada, M. 1981. Sufficiency, KMS condition and relative entropy in von Neumann algebras. *Pacific Journal of Mathematics*, **96**(1), 99–109.

Hoffman, K., and Kunze, R. 1971. *Linear Algebra*, 2nd edn. Prentice-Hall.

Holevo, A. 1972. An analogue of statistical decision theory and noncommutative probability theory. *Trudy Moskovskogo Matematicheskogo Obshchestva*, **26**, 133–149.

Holevo, A. 1973a. Bounds for the quantity of information transmitted by a quantum communication channel. *Problemy Peredachi Informatsii*, **9**(3), 3–11.

Holevo, A. 1973b. Information-theoretical aspects of quantum measurement. *Problemy Peredachi Informatsii*, **9**(2), 31–42.

Holevo, A. 1973c. Statistical decision theory for quantum systems. *Journal of Multivariate Analysis*, **3**, 337–394.

Holevo, A. 1973d. Statistical problems in quantum physics. Pages 104–119 of: *Proceedings of the Second Japan-USSR Symposium on Probability Theory*. Lecture Notes in Mathematics, vol. 330. Springer.

Holevo, A. 1993. A note on covariant dynamical semigroups. *Reports on Mathematical Physics*, **32**(2), 211–216.

Holevo, A. 1996. Covariant quantum Markovian evolutions. *Journal of Mathematical Physics*, **37**(4), 1812–1832.

Holevo, A. 1998. The capacity of the quantum channel with general signal states. *IEEE Transactions on Information Theory*, **44**(1), 269–273.

Holevo, A. 2002. On entanglement-assisted classical capacity. *Journal of Mathematical Physics*, **43**(9), 4326–4333.

Horn, A. 1954. Doubly stochastic matrices and the diagonal of a rotation matrix. *American Journal of Mathematics*, **76**(3), 620–630.

Horn, R., and Johnson, C. 1985. Matrix Analysis. Cambridge University Press.

Horodecki, K., Pankowski, L., Horodecki, M., and Horodecki, P. 2008. Lowdimensional bound entanglement with one-way distillable cryptographic key. *IEEE Transactions on Information Theory*, **54**(6), 2621–2625.

Horodecki, M., Horodecki, P., and Horodecki, R. 1996. Separability of mixed states: necessary and sufficient conditions. *Physics Letters A*, **223**(1), 1–8.

Horodecki, M., Horodecki, P., and Horodecki, R. 1998. Mixed-state entanglement and distillation: is there a "bound" entanglement in nature? *Physical Review Letters*, **80**(24), 5239–5242.

Horodecki, M., Oppenheim, J., and Winter, A. 2007. Quantum state merging and negative information. *Communications in Mathematical Physics*, **269**(1), 107–136.

Horodecki, P. 1997. Separability criterion and inseparable mixed states with positive partial transposition. *Physics Letters A*, **232**(5), 333–339.

Horodecki, P. 2001. From entanglement witnesses to positive maps: towards optimal characterisation of separability. Pages 299–307 of: Gonis, A., and Turchi, P. (eds), *Decoherence and Its Implications in Quantum Computing and Information Transfer*. NATO Science Series III: Computer and System Sciences, vol. 182. IOS Press.

Horodecki, R., Horodecki, P., Horodecki, M., and Horodecki, K. 2009. Quantum entanglement. *Reviews of Modern Physics*, **81**(865), 865–942.

Hudson, R., and Moody, G. 1976. Locally normal symmetric states and an analogue of de Finetti's theorem. *Zeitschrift für Wahrscheinlichkeitstheorie und Verwandte Gebiete*, **33**(4), 343–351.

Hughston, L., Jozsa, R., and Wootters, W. 1993. A complete classification of quantum ensembles having a given density matrix. *Physics Letters A*, **183**(1), 14–18.

Jain, R. 2005. Distinguishing sets of quantum states. Unpublished manuscript. Available as arXiv.org e-Print quant-ph/0506205.

Jamiolkowski, A. 1972. Linear transformations which preserve trace and positive semidefiniteness of operators. *Reports on Mathematical Physics*, **3**(4), 275–278.

Johnston, N., Kribs, D., and Paulsen, V. 2009. Computing stabilized norms for quantum operations. *Quantum Information and Computation*, **9**(1), 16–35.

Jozsa, R. 1994. Fidelity for mixed quantum states. *Journal of Modern Optics*, **41**(12), 2315–2323.

Killoran, N. 2012. *Entanglement Quantification and Quantum Benchmarking of Optical Communication Devices*. Ph.D. thesis, University of Waterloo.

Kitaev, A. 1997. Quantum computations: algorithms and error correction. *Russian Mathematical Surveys*, **52**(6), 1191–1249.

Kitaev, A., Shen, A., and Vyalyi, M. 2002. *Classical and Quantum Computation*. Graduate Studies in Mathematics, vol. 47. American Mathematical Society.

Klein, O. 1931. Zur quantenmechanischen Begründung des zweiten Hauptsatzes der Wärmelehre. *Zeitschrift für Physik*, **72**(11-12), 767–775.

Klesse, R. 2008. A random coding based proof for the quantum coding theorem. *Open Systems & Information Dynamics*, **15**(1), 21–45.

König, R., and Renner, R. 2005. A de Finetti representation for finite symmetric quantum states. *Journal of Mathematical Physics*, **46**(12), 122108.

Kraus, K. 1971. General state changes in quantum theory. *Annals of Physics*, **64**, 311–335.

Kraus, K. 1983. *States, Effects, and Operations: Fundamental Notions of Quantum Theory*. Springer.

Kretschmann, D., and Werner, R. 2004. *Tema con variazioni*: quantum channel capacity. *New Journal of Physics*, **6**(1), 26.

Kretschmann, D., Schlingemann, D., and Werner, R. 2008. The information-disturbance tradeoff and the continuity of Stinespring's representation. *IEEE Transactions on Information Theory*, **54**(4),

1708–1717.

Kribs, D. 2003. Quantum channels, wavelets, dilations and representations of $\mathcal{O}_n$. *Proceedings of the Edinburgh Mathematical Society (Series 2)*, **46**, 421–433.

Kullback, S., and Leibler, R. 1951. On information and sufficiency. *Annals of Mathematical Statistics*, **22**(1), 79–86.

Kümmerer, B., and Maassen, H. 1987. The essentially commutative dilations of dynamical semigroups on M_n. *Communications in Mathematical Physics*, **109**(1), 1–22.

Landau, L. 1927. Das Dämpfungsproblem in der Wellenmechanik. *Zeitschrift für Physik*, **45**, 430–441.

Landau, L., and Streater, R. 1993. On Birkhoff's theorem for doubly stochastic completely positive maps of matrix algebras. *Linear Algebra and Its Applications*, **193**, 107–127.

Lanford, O., and Robinson, D. 1968. Mean entropy of states in quantum-statistical mechanics. *Journal of Mathematical Physics*, **9**(7), 1120–1125.

Ledoux, M. 2001. *The Concentration of Measure Phenomenon*. Mathematical Surveys and Monographs, vol. 89. American Mathematical Society.

Lévy, P. 1951. *Problémes Concrets d'Analyse Fonctionelle*. Gauthier-Villars.

Lieb, E. 1973. Convex trace functions and the Wigner-Yanase-Dyson conjecture. *Advances in Mathematics*, **11**(3), 267–288.

Lieb, E., and Ruskai, M. 1973. Proof of the strong subadditivity of quantummechanical entropy. *Journal of Mathematical Physics*, **14**(12), 1938–1941.

Lindblad, G. 1974. Expectation and entropy inequalities for finite quantum systems. *Communications in Mathematical Physics*, **39**(2), 111–119.

Lindblad, G. 1999. A general no-cloning theorem. *Letters in Mathematical Physics*, **47**(2), 189–196.

Lloyd, S. 1997. Capacity of the noisy quantum channel. *Physical Review A*, **55**(3), 1613–1622.

Lo, H.-K., and Popescu, S. 2001. Concentrating entanglement by local actions: beyond mean values. *Physical Review A*, **63**(2), 022301.

Marcus, M. 1973. *Finite Dimensional Multilinear Algebra*, vol. 1. Marcel Dekker.

Marcus, M. 1975. *Finite Dimensional Multilinear Algebra*, vol. 2. Marcel Dekker.

Marshall, A., Olkin, I., and Arnold, B. 2011. *Inequalities: Theory of Majorization and Its Applications*, 2nd edn. Springer.

Maurey, B., and Pisier, G. 1976. Séries de variables aléatoires vectorielles indépendantes et propriétés géométriques des espaces de Banach. *Studia Mathematica*, **58**(1), 45–90.

Mehta, M. 2004. *Random Matrices*. Elsevier.

Mil'man, V. 1971. New proof of the theorem of A. Dvoretzky on intersections of convex bodies. *Functional Analysis and Its Applications*, **5**(4), 288–295.

Milman, V., and Schechtman, G. 1986. *Asymptotic Theory of Finite Dimensional Normed Spaces*. Lecture Notes in Mathematics, vol. 1200. Springer.

Naimark, M. 1943. On a representation of additive operator set functions. *Doklady Akademii Nauk SSSR*, **41**, 359–361.

Nathanson, M. 2005. Distinguishing bipartitite orthogonal states using LOCC: best and worst cases.

Journal of Mathematical Physics, **46**(6), 062103.

Nayak, A. 1999a. *Lower Bounds for Quantum Computation and Communication*. Ph.D. thesis, University of California, Berkeley.

Nayak, A. 1999b. Optimal lower bounds for quantum automata and random access codes. Pages 369–376 of: *40th Annual IEEE Symposium on Foundations of Computer Science*.

Nielsen, M. 1999. Conditions for a class of entanglement transformations. *Physical Review Letters*, **83**(2), 436–439.

Nielsen, M. 2000. Probability distributions consistent with a mixed state. *Physical Review A*, **62**(5), 052308.

Nielsen, M., and Chuang, I. 2000. *Quantum Computation and Quantum Information*. Cambridge University Press.

Nielson, M. 1998. *Quantum Information Theory*. Ph.D. thesis, University of New Mexico.

Park, J. 1970. The concept of transition in quantum mechanics. *Foundations of Physics*, **1**(1), 23–33.

Parthasarathy, K. 1999. Extremal decision rules in quantum hypothesis testing. *Infinite Dimensional Analysis, Quantum Probability and Related Topics*, **2**(4), 557–568.

Paulsen, V. 2002. *Completely Bounded Maps and Operator Algebras*. Cambridge Studies in Advanced Mathematics. Cambridge University Press.

Peres, A. 1993. *Quantum Theory: Concepts and Methods*. Kluwer Academic.

Peres, A. 1996. Separability criterion for density matrices. *Physical Review Letters*, **77**(8), 1413–1415.

Peres, A., and Wootters, W. 1991. Optimal detection of quantum information. *Physical Review Letters*, **66**(9), 1119–1122.

Pérez-García, D., Wolf, M., Petz, D., and Ruskai, M. 2006. Contractivity of positive and trace-preserving maps under L_p norms. *Journal of Mathematical Physics*, **47**(8), 083506.

Pinsker, M. 1964. *Information and Information Stability of Random Variables and Processes*. Holden-Day.

Rains, E. 1997. Entanglement purification via separable superoperators. Unpublished manuscript. Available as arXiv.org e-Print quant-ph/9707002.

Rockafellar, R. 1970. *Convex Analysis*. Princeton University Press.

Rosenkrantz, R. (ed). 1989. *E. T. Jaynes: Papers on Probability, Statistics and Statistical Physics*. Kluwer Academic.

Rosgen, B., and Watrous, J. 2005. On the hardness of distinguishing mixed-state quantum computations. Pages 344–354 of: *Proceedings of the 20th Annual Conference on Computational Complexity*.

Rudin, W. 1964. *Principles of Mathematical Analysis*. McGraw-Hill.

Russo, B., and Dye, H. 1966. A note on unitary operators in C*-algebras. *Duke Mathematical Journal*, **33**(2), 413–416.

Schrödinger, E. 1935a. Die gegenwärtige Situation in der Quantenmechanik. *Naturwissenschaften*, **23**(48), 807–812.

Schrödinger, E. 1935b. Die gegenwärtige Situation in der Quantenmechanik. *Naturwissenschaften*, **23**(49), 823–828.

Schrödinger, E. 1935c. Die gegenwärtige Situation in der Quantenmechanik. *Naturwissenschaften*, **23**(50), 844–849.

Schrödinger, E. 1935d. Discussion of probability relations between separated systems. *Mathematical Proceedings of the Cambridge Philosophical Society*, **31**(4), 555–563.

Schrödinger, E. 1936. Probability relations between separated systems. *Mathematical Proceedings of the Cambridge Philosophical Society*, **32**(3), 446–452.

Schumacher, B. 1995. Quantum coding. *Physical Review A*, **51**(4), 2738–2747.

Schumacher, B. 1996. Sending entanglement through noisy quantum channels. *Physical Review A*, **54**(4), 2614–2628.

Schumacher, B., and Nielsen, M. 1996. Quantum data processing and error correction. *Physical Review A*, **54**(4), 2629–2635.

Schumacher, B., and Westmoreland, M. 1997. Sending classical information via noisy quantum channels. *Physical Review A*, **56**(1), 131–138.

Schur, I. 1923. Über eine Klasse von Mittelbildungen mit Anwendungen auf die Determinantentheorie. *Sitzungsberichte der Berliner Mathematischen Gesellschaft*, **22**, 9–20.

Schur, J. 1911. Bemerkungen zur Theorie der beschränkten Bilinearformen mit unendlich vielen Veränderlichen. *Journal für die reine und angewandte Mathematik*, **140**, 1–28.

Shannon, C. 1948. A mathematical theory of communication. *Bell System Technical Journal*, **27**, 379–423.

Shor, P. 2004. Equivalence of additivity questions in quantum information theory. *Communications in Mathematical Physics*, **246**(3), 453–472.

Simon, B. 1979. *Trace Ideals and Their Applications*. London Mathematical Society Lecture Note Series, vol. 35. Cambridge University Press.

Smith, G., and Yard, J. 2008. Quantum communication with zero-capacity channels. *Science*, **321**(5897), 1812–1815.

Smith, R. 1983. Completely bounded maps between C*-algebras. *Journal of the London Mathematical Society*, **2**(1), 157–166.

Spekkens, R., and Rudolph, T. 2001. Degrees of concealment and bindingness in quantum bit commitment protocols. *Physical Review A*, **65**(1), 012310.

Stinespring, W. 1955. Positive functions on C*-algebras. *Proceedings of the American Mathematical Society*, **6**(2), 211–216.

Størmer, E. 1963. Positive linear maps of operator algebras. *Acta Mathematica*, **110**(1), 233–278.

Talagrand, M. 2006. *The Generic Chaining: Upper and Lower Bounds of Stochastic Processes*. Springer.

Terhal, B., and Horodecki, P. 2000. Schmidt number for density matrices. *Physical Review A*, 61(4), 040301.

Timoney, R. 2003. Computing the norms of elementary operators. *Illinois Journal of Mathematics*, **47**(4), 1207–1226.

Tregub, S. 1986. Bistochastic operators on finite-dimensional von Neumann algebras. *Izvestiya*

Vysshikh Uchebnykh Zavedenii Matematika, **30**(3), 75–77.

Tribus, M., and McIrvine, E. 1971. Energy and information. *Scientific American*, **225**(3), 179–188.

Trimmer, J. 1980. The present situation in quantum mechanics: a translation of Schrödinger's "cat paradox" paper. *Proceedings of the American Philosophical Society*, **124**(5), 323–338.

Tsirel'son, B. 1987. Quantum analogues of the Bell inequalities. The case of two spatially separated domains. *Journal of Soviet Mathematics*, **36**, 557–570.

Uhlmann, A. 1971. Sätze über Dichtematrizen. *Wissenschaftliche Zeitschrift der Karl-Marx-Universitat Leipzig. Mathematisch-naturwissenschaftliche Reihe*, **20**(4/5), 633–653.

Uhlmann, A. 1972. Endlich-dimensionale Dichtematrizen I. *Wissenschaftliche Zeitschrift der Karl-Marx-Universitat Leipzig. Mathematisch-naturwissenschaftliche Reihe*, **21**(4), 421–452.

Uhlmann, A. 1973. Endlich-dimensionale Dichtematrizen II. *Wissenschaftliche Zeitschrift der Karl-Marx-Universitat Leipzig. Mathematisch-naturwissenschaftliche Reihe*, **22**(2), 139–177.

Uhlmann, A. 1976. The "transition probability" in the state space of a *-algebra. *Reports on Mathematical Physics*, **9**(2), 273–279.

Uhlmann, A. 1977. Relative entropy and the Wigner-Yanase-Dyson-Lieb concavity in an interpolation theory. *Communications in Mathematical Physics*, **54**(1), 21–32.

Umegaki, H. 1962. Conditional expectations in an operator algebra IV (entropy and information). *Kodai Mathematical Seminar Reports*, **14**(2), 59–85.

Vedral, V., Plenio, M., Rippin, M., and Knight, P. 1997. Quantifying entanglement. *Physical Review Letters*, **78**(12), 2275–2278.

von Neumann, J. 1927a. Thermodynamik quantenmechanischer Gesamtheiten. *Nachrichten von der Gesellschaft der Wissenschaften zu Göttingen*, **1**(11), 273–291.

von Neumann, J. 1927b. Wahrscheinlichkeitstheoretischer aufbau der Mechanik. *Nachrichten von der Gesellschaft der Wissenschaften zu Göttingen*, **1**(11), 245–272.

von Neumann, J. 1930. Zur Algebra der Funktionaloperationen und Theorie der normalen Operatoren. *Mathematische Annalen*, **102**(1), 370–427.

von Neumann, J. 1933. Die Einfuhrung analytischer Parameter in topologischen Gruppen. *Annals of Mathematics (Second Series)*, **34**(1), 170–179.

von Neumann, J. 1955. *Mathematical Foundations of Quantum Mechanics*. Princeton University Press. Originally published in German in 1932 as *Mathematische Grundlagen der Quantenmechanik*.

Walgate, J., Short, A., Hardy, L., and Vedral, V. 2000. Local distinguishability of multipartite orthogonal quantum states. *Physical Review Letters*, **85**(23), 4972–4975.

Watrous, J. 2005. Notes on super-operator norms induced by Schatten norms. *Quantum Information and Computation*, **5**(1), 58–68.

Watrous, J. 2008. Distinguishing quantum operations having few Kraus operators. *Quantum Information and Computation*, **8**(9), 819–833.

Watrous, J. 2009a. Mixing doubly stochastic quantum channels with the completely depolarizing channel. *Quantum Information and Computation*, **9**(5/6), 406–413.

Watrous, J. 2009b. Semidefinite programs for completely bounded norms. *Theory of Computing*, **5** (art. 11), 217–238.

Watrous, J. 2013. Simpler semidefinite programs for completely bounded norms. *Chicago Journal of Theoretical Computer Science*, **2013** (art. 8), 1–19.

Weil, A. 1979. *L'Intégration dans les Groupes Topologiques et ses Applications*, 2nd edn. Hermann. Originally published in 1940.

Werner, R. 1989. Quantum states with Einstein-Podolsky-Rosen correlations admitting a hidden-variable model. *Physical Review A*, *40*(8), 4277–4281.

Werner, R. 1998. Optimal cloning of pure states. *Physical Review A*, **58**(3), 1827–1832.

Werner, R. 2001. All teleportation and dense coding schemes. *Journal of Physics A: Mathematical and General*, **34**(35), 7081–7094.

Weyl, H. 1950. *The Theory of Groups and Quantum Mechanics*. Dover. Originally published in German in 1929.

Wiesner, S. 1983. Conjugate coding. *SIGACT News*, **15**(1), 78–88.

Wilde, M. 2013. *Quantum Information Theory*. Cambridge University Press.

Winter, A. 1999. Coding theorem and strong converse for quantum channels. *IEEE Transactions on Information Theory*, **45**(7), 2481–2485.

Wolkowicz, H., Saigal, R., and Vandenberge, L. (eds). 2000. *Handbook of Semidefinite Programming: Theory, Algorithms, and Applications*. Kluwer Academic.

Wootters, W., and Zurek, W. 1982. A single quantum cannot be cloned. *Nature*, **299**, 802–803.

Woronowicz, S. 1976. Positive maps of low dimensional matrix algebras. *Reports on Mathematical Physics*, **10**(2), 165–183.

Yang, D., Horodecki, M., Horodecki, R., and Synak-Radtke, B. 2005. Irreversibility for all bound entangled states. *Physical Review Letters*, **95**(19), 190501.

Yuen, H., Kennedy, R., and Lax, M. 1970. On optimal quantum receivers for digital signal detection. *Proceedings of the IEEE*, **58**(10), 1770–1773.

Yuen, H., Kennedy, R., and Lax, M. 1975. Optimum testing of multiple hypotheses in quantum detection theory. *IEEE Transactions on Information Theory*, **21**(2), 125–134.

Zarikian, V. 2006. Alternating-projection algorithms for operator-theoretic calculation. *Linear Algebra and Its Applications*, **419**(2-3), 710–734.

Życzkowski, K., Horodecki, P., Sanpera, A., and Lewenstein, M. 1998. Volume of the set of separable states. *Physical Review A*, **58**(2), 883–892.